# 轴对称问题有限元求解体系

田宗漱 著

科学出版社
北京

## 内 容 简 介

本书总结了力学研究者在轴对称有限元方面的工作，部分反映了作者的研究成果。书中不仅对现在广为应用的单场变量位移元进行了总结，关键在于系统归纳筛选了近些年发展起来的多场变量轴对称元，它们代表了此学科的发展方向，具有广阔的应用前景。本书依照作者见解，以变分原理为纲，将散见于浩繁文献中的轴对称元，分类梳理为六大类 74 种单元，详细阐述了各种单元建立所依据的基本原理、单元列式、单刚导出、敛散分析与数值算例，以利于读者进行深入的探索与发现。本书展示了轴对称元理论的完备性与创新性以及应用的灵活性与适用性。

本书读者对象为工程力学师生及相关专业工程技术人员。

**图书在版编目（CIP）数据**

轴对称问题有限元求解体系 / 田宗漱著. —北京：科学出版社，2022.6

ISBN 978-7-03-071870-9

Ⅰ. ①轴…　Ⅱ. ①田…　Ⅲ. ①轴对称体-有限元法　Ⅳ. ①O342 ②O241.82

中国版本图书馆 CIP 数据核字（2022）第 040978 号

责任编辑：赵敬伟　郭学雯 / 责任校对：彭珍珍

责任印制：吴兆东 / 封面设计：无极书装

科学出版社 出版

北京东黄城根北街 16 号

邮政编码：100717

http://www.sciencep.com

北京虎彩文化传播有限公司 印刷

科学出版社发行　各地新华书店经销

*

2022年6月第　一　版　开本：720×1000　B5

2022年6月第一次印刷　印张：31 1/2

字数：635 000

**定价：258.00 元**

（如有印装质量问题，我社负责调换）

# 前　言

有限元分析弹性轴对称问题，不仅是弹性力学的一个重要问题，在数学上与许多实用物理问题相关联，而且在工程上也有广泛重大的应用。

最初的轴对称有限元建立在单场变量位移的基础上，故称为假定位移有限元（简称轴对称位移元）。解决轴对称问题，国内外至今一直广泛应用的就是这种传统的位移元，它方便、简捷，程序完整。但是，这类位移元的不足及严重缺点也日益暴露出来，例如，有的工况下误差高达 70%，有的工况下不收敛。

为此，相继建立了一些新型多场变量轴对称有限元，它们可以提供远较位移元准确的解答、保证收敛、对不可压缩材料不产生锁住现象、对单元歪斜不敏感及不产生伪剪应力。多场变量轴对称元代表轴对称元的发展方向，具有重要的应用前景。但是，其数学及力学起点高、杂乱无章、艰涩难啃，一般学者难以掌握其要领，且程序欠完备。

本书整合了世界各国学者在轴对称位移元，尤其在多场变量轴对称元方面的研究成果。本书考究源流、分类筛选、归纳整理，从基本原理出发，系统严谨且易于学习。书中对有的文献中推导失误给予了纠正，也对有的学者之基本观点进行了质疑，并列出主要参考文献，以便探讨。

作者希望通过本书，和读者一起领略国内外学者在轴对称有限元学科方面所取得的闪亮成果，了解各类多场变量轴对称元建立的创新思维、杰出优点与应用前景、目前研究动向和今后发展趋势，为解决工程中的疑难问题提供先进的数值工具，共享科学家群体才智 结晶所形成的生命芳香。作者更期望后继的年轻学者们，掌握这门学科的优异成果，做出创新业绩。

本书承王宝瑞同志帮查资料，张仪同志帮助打字，以邵世林同志为主、与杨庆平及王安平两同志一起作出了全书的绘图，在此深深致谢！中国科学院大学对本书的出版给予了资助，在此一并致谢。

书中必定存在诸多缺点及不足之处，恳请读者批评指正。

田宗漱

2021 年 4 月于北京博雅西园

# 目　录

# 第 1 章　小位移变形弹性理论基本方程

## 1.1　应力、应变、位移、体积力、表面力

弹性体的力学响应可用三类量：应力（力学量）、应变及位移（几何量）来表示。这三种量通常有以下三种表示方法。

工程表示：　　　　　　　　　E（engineering）

仿射正交张量表示：　　　　　T（cartesian tensor）

矩阵（或矢量）表示：　　　　M（matrix or vector）

这三种表示方法是等同的。

1. 应力：物体内一点的应力状态用 6 个独立的应力分量表示

E：$\sigma_x, \sigma_y, \sigma_z, \tau_{yz}, \tau_{zx}, \tau_{xy}$（直角坐标：$x, y, z$）

$$(\tau_{yz} = \tau_{zy}, \tau_{zx} = \tau_{xz}, \tau_{xy} = \tau_{yx}) \tag{1.1.1a}$$

T：$\sigma_{ij}$（$i, j = 1, 2, 3$；卡氏坐标：$x_1, x_2, x_3$）

$$(\sigma_{ij} = \sigma_{ji}) \tag{1.1.1b}$$

M：$$\boldsymbol{\sigma} = \{\sigma_x, \sigma_y, \sigma_z, \tau_{yz}, \tau_{zx}, \tau_{xy}\}^{\mathrm{T}} = \{\sigma_{11}, \sigma_{22}, \sigma_{33}, \sigma_{23}, \sigma_{31}, \sigma_{12}\}^{\mathrm{T}} \tag{1.1.1c}$$

2. 应变：物体内一点的应变状态也用 6 个独立的应变分量表示

E：$\varepsilon_x, \varepsilon_y, \varepsilon_z, \gamma_{yz}, \gamma_{zx}, \gamma_{xy}$

$$(\gamma_{yz} = \gamma_{zy}, \gamma_{zx} = \gamma_{xz}, \gamma_{xy} = \gamma_{yx}) \tag{1.1.2a}$$

T：$\varepsilon_{ij}$（$i, j = 1, 2, 3$；$\varepsilon_{ij} = \varepsilon_{ji}$）　(1.1.2b)

M：$$\boldsymbol{\varepsilon} = \{\varepsilon_x, \varepsilon_y, \varepsilon_z, \gamma_{yz}, \gamma_{zx}, \gamma_{xy}\}^{\mathrm{T}} = \{\varepsilon_{11}, \varepsilon_{22}, \varepsilon_{33}, 2\varepsilon_{23}, 2\varepsilon_{31}, 2\varepsilon_{12}\}^{\mathrm{T}} \tag{1.1.2c}$$

剪应变的工程表示与张量表示差 1/2，即

$$\gamma_{yz} = 2\varepsilon_{23}, \quad \gamma_{zx} = 2\varepsilon_{31}, \quad \gamma_{xy} = 2\varepsilon_{12} \tag{1.1.3}$$

3. 位移：物体内一点的位移以 3 个位移分量表示

E：$u, v, w$　(1.1.4a)

T：$u_i$（$i = 1, 2, 3$）　(1.1.4b)

M：$$\boldsymbol{u} = \{u, v, w\}^{\mathrm{T}} = \{u_1, u_2, u_3\}^{\mathrm{T}} \tag{1.1.4c}$$

所以，弹性理论空间问题的未知量有 6 个应力分量、6 个应变分量及 3 个位移分量，共 15 个。实际上，应力、应变、位移都是弹性体内各点坐标的函数，即

都是场量。以后，为了与弹性理论变分原理的术语一致，将$\boldsymbol{\sigma}$，$\boldsymbol{\varepsilon}$，$\boldsymbol{u}$称为三类变量。

同时，弹性体还有给定的单位体积的体积力及单位表面上的表面力。

4. 体积力：给定的单位体积的体积力有 3 个分量

E：$\bar{F}_x, \bar{F}_y, \bar{F}_z$ ①　（1.1.5a）

T：$\bar{F}_i \ (i=1, 2, 3)$　（1.1.5b）

M：$\bar{\boldsymbol{F}} = \{\bar{F}_x, \bar{F}_y, \bar{F}_z\}^{\mathrm{T}} = \{\bar{F}_1, \bar{F}_2, \bar{F}_3\}^{\mathrm{T}}$　（1.1.5c）

表面力：边界面单位表面上的表面力也有 3 个分量

E：$\bar{T}_x, \bar{T}_y, \bar{T}_z$　（1.1.6a）

T：$\bar{T}_i \ (i=1, 2, 3)$　（1.1.6b）

M：$\bar{\boldsymbol{T}} = \{\bar{T}_x, \bar{T}_y, \bar{T}_z\}^{\mathrm{T}} = \{\bar{T}_1, \bar{T}_2, \bar{T}_3\}^{\mathrm{T}}$　（1.1.6c）

## 1.2 应变能和余能

### 1.2.1 应变能密度

考虑一杆件承受轴向拉伸（图 1.1（a）），假定其拉力$P$的变化很慢，以致杆在各瞬时均处于平衡状态，这种加载过程称为静过程。这时拉力$P$与伸长$u$之间的关系如图 1.1（b）所示。横坐标$u$与曲线之间的面积$W_a$代表拉力$P$所做的功。在静过程中，可以忽略其动态力，同时，不考虑随物体的弹性变形而产生的极小电磁及热现象等能量消耗，根据能量守恒原理，此功在数值上等于物体变形所储存的**应变能**。对于一个理想弹性体，外力做的功将全部转变为物体所储存的应变能。随着变形的消失，它又以功的形式放出。这种应变能是由于变形而且仅由于变形而产生。

图 1.1（c）为此杆对应的应力-应变曲线，其横坐标$\varepsilon_x$与曲线间的面积代表单位体积的应变能，又称**应变能密度**，以$A(\varepsilon)$表示。因此可知，在单向受力状态，应变能密度为

$$A(\varepsilon) = \int_0^{\varepsilon_x} \sigma_x \mathrm{d}\varepsilon_x \tag{a}$$

同理，在复杂受力状态下其应变能密度定义为

$$\begin{aligned} A(\varepsilon) &= \int_0^{\varepsilon_{ij}} (\sigma_{11}\mathrm{d}\varepsilon_{11} + \sigma_{22}\mathrm{d}\varepsilon_{22} + \sigma_{33}\mathrm{d}\varepsilon_{33} + 2\sigma_{23}\mathrm{d}\varepsilon_{23} + 2\sigma_{31}\mathrm{d}\varepsilon_{31} + 2\sigma_{12}\mathrm{d}\varepsilon_{12}) \\ &= \int_0^{\varepsilon_{ij}} \sigma_{ij}\mathrm{d}\varepsilon_{ij} \end{aligned} \tag{1.2.1}$$

---

① 书中除特别说明，字母上加一横线表示该量是给定的。

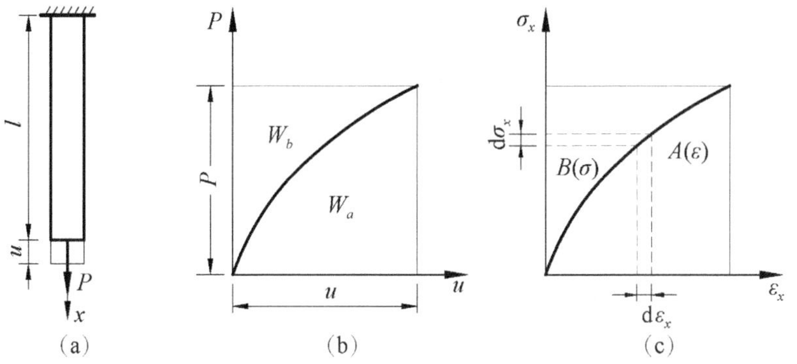


图 1.1　应变能密度与余能密度

### 1.2.2　余能密度

图 1.1（b）中，纵坐标 $P$ 与曲线之间的面积 $W_b$ 称为**余能**。同理，图 1.1（c）中纵坐标 $\sigma_x$ 与曲线之间的面积 $B(\sigma)$ 为单位体积的余能，又称**余能密度**。因此

$$B(\sigma)=\int_0^{\sigma_x}\varepsilon_x \mathrm{d}\sigma_x \tag{b}$$

而且

$$A(\varepsilon)+B(\sigma)=\varepsilon_x\sigma_x \tag{c}$$

对于线性弹性体，由于应力-应变为直线关系，所以 $A(\varepsilon)=B(\sigma)$。对于非线性弹性体，其应力-应变为曲线关系，因而应变能密度与余能密度并不相等。

弹性体在复杂受力状态时，其余能密度 $B(\sigma)$ 为

$$\begin{aligned}B(\sigma)&=\int_0^{\sigma_{ij}}(\varepsilon_{11}\mathrm{d}\sigma_{11}+\varepsilon_{22}\mathrm{d}\sigma_{22}+\varepsilon_{33}\mathrm{d}\sigma_{33}+2\varepsilon_{23}\mathrm{d}\sigma_{23}+2\varepsilon_{31}\mathrm{d}\sigma_{31}+2\varepsilon_{12}\mathrm{d}\sigma_{12})\\&=\int_0^{\sigma_{ij}}\varepsilon_{ij}\mathrm{d}\sigma_{ij}\end{aligned} \tag{1.2.2}$$

同时存在

$$A(\varepsilon)+B(\sigma)=\varepsilon_{ke}\sigma_{ke}=\boldsymbol{\varepsilon}^{\mathrm{T}}\boldsymbol{\sigma} \tag{1.2.3}$$

## 1.3　小位移变形弹性理论基本方程

以下讨论在给定体力和边界条件下、处于平衡状态小位移变形弹性体的基本方程。所谓小位移变形弹性理论，是假定物体内一点的位移分量 $u$、$v$、$w$ 小到可以把基本方程线性化。这些线性化的基本方程有以下几组。

### 1.3.1　平衡方程（力学方程）

E：在笛卡儿直角坐标系中，弹性体一点的 6 个应力分量必须满足 3 个平衡方程

$$\begin{aligned}\frac{\partial \sigma_x}{\partial x}+\frac{\partial \tau_{xy}}{\partial y}+\frac{\partial \tau_{xz}}{\partial z}+\bar{F}_x=0\\ \frac{\partial \tau_{yx}}{\partial x}+\frac{\partial \sigma_y}{\partial y}+\frac{\partial \tau_{yz}}{\partial z}+\bar{F}_y=0\\ \frac{\partial \tau_{zx}}{\partial x}+\frac{\partial \tau_{zy}}{\partial y}+\frac{\partial \sigma_z}{\partial z}+\bar{F}_z=0\end{aligned} \tag{1.3.1a}$$

T：以上 3 个平衡方程可用张量形式表达

$$\sigma_{ij,j}+\bar{F}_i=0 \quad (i,j=1,2,3) \tag{1.3.1b}$$

其中，$\sigma_{ij,j}$ 表示 $\sigma_{ij}$ 对 $x_j$ 的偏导数，即 $\dfrac{\partial \sigma_{ij}}{\partial x_j}$。在本书后文中，凡是 $(\cdots)_{,j}$ 都表示 $\dfrac{\partial(\cdots)}{\partial x_j}$。

同时，同一项中指标的符号（而不是阿拉伯数字）重复，代表该指标由 1 至 3 求和，即代表 $\sum\limits_{1}^{3}$。略去求和符号，这种重复的指标，称为**哑标**，例如

$$\sigma_{ii}=\sigma_{11}+\sigma_{22}+\sigma_{33} \tag{a}$$

所以式（1.3.1b）中第一项的符号 $j$ 为哑标，它表示指标 $j$ 由 1 至 3 求和，即代表

$$\frac{\partial \sigma_{i1}}{\partial x_1}+\frac{\partial \sigma_{i2}}{\partial x_2}+\frac{\partial \sigma_{i3}}{\partial x_3}+\bar{F}_i=0 \quad (i=1,2,3) \tag{b}$$

式（b）中，取 $i=1$，可得

$$\frac{\partial \sigma_{11}}{\partial x_1}+\frac{\partial \sigma_{12}}{\partial x_2}+\frac{\partial \sigma_{13}}{\partial x_3}+\bar{F}_1=0 \tag{c}$$

这就是工程表示中平衡方程（1.3.1a）的第一式。同样，$i$ 分别取 2 及 3，将得到其余两个方程。

由于哑标代表求和，所以可用任何重复的字母表示，如下式

$$\sigma_{ik,k}+\bar{F}_i=0 \quad (i=1,2,3) \tag{d}$$

与式（1.3.1b）的展开式（b）完全相同。因此，哑标用别的重复符号置换，结果一样。

M：平衡方程同样可用矩阵表达。

$$\boldsymbol{D}^{\mathrm{T}}\boldsymbol{\sigma}+\bar{\boldsymbol{F}}=\boldsymbol{0} \tag{1.3.1c}$$

其中，$\boldsymbol{D}$ 为微分算子阵，

$$\boldsymbol{D}^{\mathrm{T}}=\begin{bmatrix}\partial_{,1} & 0 & 0 & 0 & \partial_{,3} & \partial_{,2}\\ 0 & \partial_{,2} & 0 & \partial_{,3} & 0 & \partial_{,1}\\ 0 & 0 & \partial_{,3} & \partial_{,2} & \partial_{,1} & 0\end{bmatrix}=\begin{bmatrix}\dfrac{\partial}{\partial x} & 0 & 0 & 0 & \dfrac{\partial}{\partial z} & \dfrac{\partial}{\partial y}\\ 0 & \dfrac{\partial}{\partial y} & 0 & \dfrac{\partial}{\partial z} & 0 & \dfrac{\partial}{\partial x}\\ 0 & 0 & \dfrac{\partial}{\partial z} & \dfrac{\partial}{\partial y} & \dfrac{\partial}{\partial x} & 0\end{bmatrix} \tag{1.3.2}$$

矩阵 $\boldsymbol{D}$ 中元素的排列，与式（1.1.1a）至式（1.1.1c）阵中应力分量的排列顺序一一对应。如改变式（1.1.1c）中应力分量的顺序，矩阵 $\boldsymbol{D}$ 中元素的排列顺序也需作相应改变。

### 1.3.2　应变–位移方程（几何方程）

小位移变形弹性体中，应变-位移关系的三种表示方式如下所述。

E：在笛卡儿直角坐标系中，弹性体的 6 个应变分量与 3 个位移分量的关系为

$$\begin{aligned}\varepsilon_x&=\frac{\partial u}{\partial x}\\ \varepsilon_y&=\frac{\partial v}{\partial y}\\ \varepsilon_z&=\frac{\partial w}{\partial z}\\ \gamma_{yz}&=\frac{\partial v}{\partial z}+\frac{\partial w}{\partial y}\\ \gamma_{zx}&=\frac{\partial u}{\partial z}+\frac{\partial w}{\partial x}\\ \gamma_{xy}&=\frac{\partial u}{\partial y}+\frac{\partial v}{\partial x}\end{aligned} \tag{1.3.3a}$$

T：以上 6 个方程可用如下张量形式表示：

$$\varepsilon_{ij}=\frac{1}{2}(u_{i,j}+u_{j,i})\quad (i,j=1,2,3) \tag{1.3.3b}$$

当取 $i=1$，而 $j$ 分别取 1 及 2 时，可得

$$\varepsilon_{11}=\frac{\partial u_1}{\partial x_1} \tag{e}$$

$$2\varepsilon_{12}=\frac{\partial u_1}{\partial x_2}+\frac{\partial u_2}{\partial x_1} \tag{f}$$

此结果与式（1.3.3a）中的第 1 式及第 6 式相同。同时由式（f）可见，剪应变 $2\varepsilon_{12}$ 与 $\gamma_{xy}$ 相等。这就是式（1.1.2c）中诸剪应变 $\varepsilon_{23}$、$\varepsilon_{31}$ 及 $\varepsilon_{12}$ 前面加系数 2 的原因。

M：应变-位移方程的矩阵表达为

$$\boldsymbol{\varepsilon}=\boldsymbol{D}\,\boldsymbol{u} \tag{1.3.3c}$$

上式展开得

$$\begin{Bmatrix}\varepsilon_x\\ \varepsilon_y\\ \varepsilon_z\\ \gamma_{yz}\\ \gamma_{zx}\\ \gamma_{xy}\end{Bmatrix}=\begin{Bmatrix}\varepsilon_{11}\\ \varepsilon_{22}\\ \varepsilon_{33}\\ 2\varepsilon_{23}\\ 2\varepsilon_{31}\\ 2\varepsilon_{12}\end{Bmatrix}=\begin{bmatrix}\frac{\partial}{\partial x} & 0 & 0\\ 0 & \frac{\partial}{\partial y} & 0\\ 0 & 0 & \frac{\partial}{\partial z}\\ 0 & \frac{\partial}{\partial z} & \frac{\partial}{\partial y}\\ \frac{\partial}{\partial z} & 0 & \frac{\partial}{\partial x}\\ \frac{\partial}{\partial y} & \frac{\partial}{\partial x} & 0\end{bmatrix}\begin{Bmatrix}u\\ v\\ w\end{Bmatrix} \tag{1.3.3d}$$

可见，用矩阵表示的平衡方程（1.3.1c）和应变-位移方程（1.3.3c）中的微分算子阵互为转置。

### 1.3.3 应力-应变关系（物理方程或本构方程）[1]

小位移变形弹性理论中的应力-应变关系，以线性、齐次形式给出。它们有两类表达式。

1. 第一类应力-应变关系表达式

E：对于**各向异性的线性弹性体**，以应变表示应力时，其应力-应变关系为

$$\begin{aligned}
\sigma_x&=c_{11}\varepsilon_x+c_{12}\varepsilon_y+c_{13}\varepsilon_z+c_{14}\gamma_{yz}+c_{15}\gamma_{zx}+c_{16}\gamma_{xy}\\
\sigma_y&=c_{21}\varepsilon_x+c_{22}\varepsilon_y+c_{23}\varepsilon_z+c_{24}\gamma_{yz}+c_{25}\gamma_{zx}+c_{26}\gamma_{xy}\\
\sigma_z&=c_{31}\varepsilon_x+c_{32}\varepsilon_y+c_{33}\varepsilon_z+c_{34}\gamma_{yz}+c_{35}\gamma_{zx}+c_{36}\gamma_{xy}\\
\tau_{yz}&=c_{41}\varepsilon_x+c_{42}\varepsilon_y+c_{43}\varepsilon_z+c_{44}\gamma_{yz}+c_{45}\gamma_{zx}+c_{46}\gamma_{xy}\\
\tau_{zx}&=c_{51}\varepsilon_x+c_{52}\varepsilon_y+c_{53}\varepsilon_z+c_{54}\gamma_{yz}+c_{55}\gamma_{zx}+c_{56}\gamma_{xy}\\
\tau_{xy}&=c_{61}\varepsilon_x+c_{62}\varepsilon_y+c_{63}\varepsilon_z+c_{64}\gamma_{yz}+c_{65}\gamma_{zx}+c_{66}\gamma_{xy}
\end{aligned} \tag{1.3.4a}$$

方程中与对角线居对称位置的弹性系数相等

$$c_{mn}=c_{nm}\quad(m,n=1,2,\cdots,6)\tag{1.3.5}$$

相反，用应力表示应变时，其应力-应变关系为

$$\begin{aligned}
\varepsilon_x&=s_{11}\sigma_x+s_{12}\sigma_y+s_{13}\sigma_z+s_{14}\tau_{yz}+s_{15}\tau_{zx}+s_{16}\tau_{xy}\\
\varepsilon_y&=s_{21}\sigma_x+s_{22}\sigma_y+s_{23}\sigma_z+s_{24}\tau_{yz}+s_{25}\tau_{zx}+s_{26}\tau_{xy}\\
\varepsilon_z&=s_{31}\sigma_x+s_{32}\sigma_y+s_{33}\sigma_z+s_{34}\tau_{yz}+s_{35}\tau_{zx}+s_{36}\tau_{xy}\\
\gamma_{yz}&=s_{41}\sigma_x+s_{42}\sigma_y+s_{43}\sigma_z+s_{44}\tau_{yz}+s_{45}\tau_{zx}+s_{46}\tau_{xy}\\
\gamma_{zx}&=s_{51}\sigma_x+s_{52}\sigma_y+s_{53}\sigma_z+s_{54}\tau_{yz}+s_{55}\tau_{zx}+s_{56}\tau_{xy}\\
\gamma_{xy}&=s_{61}\sigma_x+s_{62}\sigma_y+s_{63}\sigma_z+s_{64}\tau_{yz}+s_{65}\tau_{zx}+s_{66}\tau_{xy}
\end{aligned}\tag{1.3.6a}$$

式中，柔度系数 $s_{mn}$ 同样存在

$$s_{mn}=s_{nm}\quad(m,n=1,2,\cdots,6)\tag{1.3.7}$$

对于**各向同性线性弹性体**，上述应力-应变关系简化为

$$\begin{aligned}
\sigma_x&=\lambda\varepsilon_V+2\mu\varepsilon_x\\
\sigma_y&=\lambda\varepsilon_V+2\mu\varepsilon_y\\
\sigma_z&=\lambda\varepsilon_V+2\mu\varepsilon_z\\
\tau_{yz}&=\mu\gamma_{yz}\\
\tau_{zx}&=\mu\gamma_{zx}\\
\tau_{xy}&=\mu\gamma_{xy}
\end{aligned}\tag{1.3.8a}$$

式中，$\varepsilon_V$ 为体积应变

$$\varepsilon_V=\varepsilon_x+\varepsilon_y+\varepsilon_z\tag{1.3.9}$$

这里，两个独立弹性常数为拉梅系数 $\lambda$、$\mu$，它们和杨氏模量 $E$ 及泊松比 $\nu$ 的关系为

$$\lambda=\frac{\nu E}{(1+\nu)(1-2\nu)},\quad\mu=\frac{E}{2(1+\nu)}\tag{1.3.10}$$

将式（1.3.8a）倒过来，也可以用应力表示应变

$$\begin{aligned}
\varepsilon_x&=\frac{1}{E}[\sigma_x-\nu(\sigma_y+\sigma_z)]\\
\varepsilon_y&=\frac{1}{E}[\sigma_y-\nu(\sigma_z+\sigma_x)]\\
\varepsilon_z&=\frac{1}{E}[\sigma_z-\nu(\sigma_x+\sigma_y)]\\
\gamma_{yz}&=\frac{2(1+\nu)}{E}\tau_{yz}\\
\gamma_{zx}&=\frac{2(1+\nu)}{E}\tau_{zx}
\end{aligned}\tag{1.3.11a}$$

$$\gamma_{xy}=\frac{2(1+\nu)}{E}\tau_{xy}$$

以上是第一类应力-应变关系的工程表达式。其对应的张量及矩阵表达形式如下所述。

T：对于**各向异性线性弹性体**，式（1.3.4a）用张量表示为

$$\sigma_{ij}=C_{ijkl}\varepsilon_{kl}\quad (i,j=1,2,3) \tag{1.3.4b}$$

式中，$C_{ijkl}$ 为弹性系数，而且

$$C_{ijkl}=C_{klij}=C_{jikl}=C_{ijlk} \tag{1.3.12}$$

式（1.3.4b）右侧，指标 $k$ 、$l$ 重复，是哑标，表示 1 至 3 求和，所以此式展开为

$$\begin{aligned}\sigma_{ij}=&C_{ij11}\varepsilon_{11}+C_{ij22}\varepsilon_{22}+C_{ij33}\varepsilon_{33}+2C_{ij23}\varepsilon_{23}\\&+2C_{ij31}\varepsilon_{31}+2C_{ij12}\varepsilon_{12}\quad (i,j=1,2,3)\end{aligned} \tag{1.3.13}$$

当 $i$ 、$j$ 分别取 1、2、3 时，即得到对应的工程表达式（1.3.4a）。

反之，也可以应力表示应变

$$\varepsilon_{ij}=S_{ijkl}\sigma_{kl}\quad (i,j=1,2,3) \tag{1.3.6b}$$

式中，$k$ 、$l$ 为哑标，也存在

$$S_{ijkl}=S_{klij}=S_{jikl}=S_{ijlk} \tag{1.3.14}$$

同时还有

$$C_{ijkl}S_{klmn}=\delta_{mn}^{ij} \tag{1.3.15}$$

这里，$\delta_{mn}^{ij}$ 为

$$\begin{aligned}&\delta_{mn}^{ij}=\delta_{mn}^{ji}=\delta_{nm}^{ji}=\delta_{nm}^{ij}=1\quad (ij=mn)\\&\delta_{mn}^{ij}=\delta_{mn}^{ji}=\delta_{nm}^{ji}=\delta_{nm}^{ij}=0\quad (ij\neq mn)\end{aligned} \tag{1.3.16}$$

对于**各向同性线性弹性体**，式（1.3.8a）用张量表示为

$$\sigma_{ij}=\lambda\varepsilon_{kk}\delta_{ij}+2\mu\varepsilon_{ij}\quad (i,j=1,2,3) \tag{1.3.8b}$$

式中，$\delta_{ij}$ 也是克罗内克（Kronecker）符号，即

$$\delta_{ij}=\begin{cases}1 & (i=j)\\0 & (i\neq j)\end{cases}$$

$\varepsilon_{kk}$ 中的 $k$ 重复是哑标，它代表体积应变 $\varepsilon_V$

$$\varepsilon_{kk}=\varepsilon_{11}+\varepsilon_{22}+\varepsilon_{33}=\varepsilon_V=u_{k,k}=\frac{\partial u_1}{\partial x_1}+\frac{\partial u_2}{\partial x_2}+\frac{\partial u_3}{\partial x_3} \tag{1.3.17}$$

当式（1.3.8b）中 $i=1$、 $j$ 分别取 1 及 2 时，可得

$$\begin{aligned}&\sigma_{11}=\lambda\varepsilon_V\delta_{11}+2\mu\varepsilon_{11}=\lambda\varepsilon_V+2\mu\varepsilon_x\\&\sigma_{12}=\lambda\varepsilon_V\delta_{12}+2\mu\varepsilon_{12}=2\mu\varepsilon_{12}=\mu\gamma_{xy}\end{aligned} \tag{1.3.18}$$

此两式与式（1.3.8a）中的第一式及第六式一致。同时可见，虽然 $\varepsilon_{12}$ 与 $\gamma_{xy}$ 相差 1/2，但二者所得应力 $\sigma_{12}$ 一样。

与式（1.3.11a）对应，也可以用应力张量表示应变

$$\varepsilon_{ij}=\frac{1}{E}[(1+\nu)\sigma_{ij}-\nu\sigma_{kk}\delta_{ij}] \tag{1.3.11b}$$

M：小位移变形线性弹性体，不管材料各向同性与否，其应力-应变关系均统一表达为如下矩阵的形式

$$\boldsymbol{\sigma}=\boldsymbol{C}\boldsymbol{\varepsilon} \tag{1.3.4c}$$

$$\boldsymbol{\varepsilon}=\boldsymbol{S}\boldsymbol{\sigma} \tag{1.3.6c}$$

对于线性各向异性弹性体的柔度阵 $\boldsymbol{S}$ 及弹性阵 $\boldsymbol{C}$ 分别为

$$\boldsymbol{S}=\begin{bmatrix} s_{11} & s_{12} & s_{13} & s_{14} & s_{15} & s_{16} \\ & s_{22} & s_{23} & s_{24} & s_{25} & s_{26} \\ & & s_{33} & s_{34} & s_{35} & s_{36} \\ & \text{对称} & & s_{44} & s_{45} & s_{46} \\ & & & & s_{55} & s_{56} \\ & & & & & s_{66} \end{bmatrix} \tag{1.3.19}$$

$$\boldsymbol{C}=\begin{bmatrix} c_{11} & c_{12} & c_{13} & c_{14} & c_{15} & c_{16} \\ & c_{22} & c_{23} & c_{24} & c_{25} & c_{26} \\ & & c_{33} & c_{34} & c_{35} & c_{36} \\ & \text{对称} & & c_{44} & c_{45} & c_{46} \\ & & & & c_{55} & c_{56} \\ & & & & & c_{66} \end{bmatrix} \tag{1.3.20}$$

对于各向同性弹性体，$\boldsymbol{C}$ 及 $\boldsymbol{S}$ 中的元素可以简化。

应力-应变关系适用于已知应力求应变，或者已知应变求应力，有时，也称它们为物理方程或本构关系。

2. *第二类应力-应变关系表达式*

在讨论这种表达式前，先导出线性弹性体的应变能密度 $A(\varepsilon)$ 及余能密度 $B(\sigma)$ 表达式。

应变能密度定义为

$$A(\varepsilon)=\int_0^{\varepsilon_{ij}}\sigma_{ij}\,\mathrm{d}\,\varepsilon_{ij} \tag{1.3.21a}$$

对于**线性弹性体**，将其应力-应变关系表达式代入上式，得到

$$
\begin{aligned}
A(\boldsymbol{\varepsilon}) &= \int_0^{\varepsilon_{ij}} C_{ijkl}\,\varepsilon_{kl}\,\mathrm{d}\,\varepsilon_{ij} \\
&= \frac{1}{2} C_{ijkl}\,\varepsilon_{kl}\,\varepsilon_{ij} \\
&= \frac{1}{2}\boldsymbol{\varepsilon}^{\mathrm{T}}\,\boldsymbol{C}\,\boldsymbol{\varepsilon}
\end{aligned}
\tag{1.3.21b}
$$

同理，余能密度定义为

$$
B(\sigma) = \int_0^{\sigma_{ij}} \varepsilon_{ij}\,\mathrm{d}\,\sigma_{ij} \tag{1.3.22a}
$$

利用式（1.3.6b）可得

$$
\begin{aligned}
B(\boldsymbol{\sigma}) &= \int_0^{\sigma_{ij}} S_{ijkl}\,\sigma_{kl}\,\mathrm{d}\,\sigma_{ij} \\
&= \frac{1}{2} S_{ijkl}\sigma_{ij}\sigma_{kl} \\
&= \frac{1}{2}\boldsymbol{\sigma}^{\mathrm{T}}\,\boldsymbol{S}\boldsymbol{\sigma}
\end{aligned}
\tag{1.3.22b}
$$

对于**线性各向同性弹性体**，如将式（1.3.8b）及式（1.3.11b）分别代入以上两式，得到

$$
A(\varepsilon) = \frac{1}{2}(\lambda\,\varepsilon_{kk}\varepsilon_{ll} + 2\mu\,\varepsilon_{kl}\varepsilon_{kl}) \tag{1.3.21c}
$$

$$
B(\sigma) = \frac{1}{2E}[(1+\nu)\sigma_{kl}\sigma_{kl} - \nu\sigma_{kk}\sigma_{ll}] \tag{1.3.22c}
$$

由上式可见，应变能密度及余能密度分别是应变 $\boldsymbol{\varepsilon}$ 及应力 $\boldsymbol{\sigma}$ 的二次式，所以

$$
A \geqslant 0, \quad B \geqslant 0 \tag{1.3.23}
$$

只有当应变或应力为零时，上式才取零值。

现在转向导出应力-应变关系的第二类表达式。

E：由应变能的定义（1.2.1），显而易见

$$
\begin{aligned}
&\sigma_x = \frac{\partial A}{\partial \varepsilon_x} \quad \sigma_y = \frac{\partial A}{\partial \varepsilon_y} \quad \sigma_z = \frac{\partial A}{\partial \varepsilon_z} \\
&\tau_{yz} = \frac{\partial A}{\partial \gamma_{yz}} \quad \tau_{zx} = \frac{\partial A}{\partial \gamma_{zx}} \quad \tau_{xy} = \frac{\partial A}{\partial \gamma_{xy}}
\end{aligned}
\tag{1.3.24a}
$$

同理，由余能定义（1.2.2）可知

$$
\begin{aligned}
&\varepsilon_x = \frac{\partial B}{\partial \sigma_x} \quad \varepsilon_y = \frac{\partial B}{\partial \sigma_y} \quad \varepsilon_z = \frac{\partial B}{\partial \sigma_z} \\
&\gamma_{yz} = \frac{\partial B}{\partial \tau_{yz}} \quad \gamma_{zx} = \frac{\partial B}{\partial \tau_{zx}} \quad \gamma_{xy} = \frac{\partial B}{\partial \tau_{xy}}
\end{aligned}
\tag{1.3.25a}
$$

同时，由式（1.2.3）给出

$$A(\varepsilon)+B(\sigma)=\sigma_x\varepsilon_x+\sigma_y\varepsilon_y+\cdots+\tau_{xy}\gamma_{xy} \tag{1.3.26a}$$

以上三式均为应力-应变关系表达式。它们也可以用下列张量及矩阵形式表达。

T：

$$\sigma_{ij}=\frac{\partial A(\varepsilon)}{\partial \varepsilon_{ij}} \tag{1.3.24b}$$

$$\varepsilon_{ij}=\frac{\partial B(\sigma)}{\partial \sigma_{ij}} \tag{1.3.25b}$$

$$A(\varepsilon)+B(\sigma)=\varepsilon_{kl}\sigma_{kl} \tag{1.3.26b}$$

M：

$$\boldsymbol{\sigma}=\frac{\partial A(\boldsymbol{\varepsilon})}{\partial \boldsymbol{\varepsilon}} \tag{1.3.24c}$$

$$\boldsymbol{\varepsilon}=\frac{\partial B(\boldsymbol{\sigma})}{\partial \boldsymbol{\sigma}} \tag{1.3.25c}$$

$$A(\boldsymbol{\varepsilon})+B(\boldsymbol{\sigma})=\boldsymbol{\varepsilon}^{\mathrm{T}}\boldsymbol{\sigma} \tag{1.3.26c}$$

对于应力-应变关系式的第二类表达式，可注意到以下两点：

（1）这三种表达式不仅适用于**线性弹性体**，也适用于**非线性弹性体**；同时，这三种表达式等价。

如对式（1.3.26b）取变分，可见

$$\frac{\partial A}{\partial \varepsilon_{ij}}\delta\varepsilon_{ij}+\frac{\partial B}{\partial \sigma_{ij}}\delta\sigma_{ij}=\varepsilon_{kl}\delta\sigma_{kl}+\sigma_{kl}\delta\varepsilon_{kl} \tag{g}$$

从而得

$$\left(\frac{\partial A}{\partial \varepsilon_{ij}}-\sigma_{ij}\right)\delta\varepsilon_{ij}+\left(\frac{\partial B}{\partial \sigma_{ij}}-\varepsilon_{ij}\right)\delta\sigma_{ij}=0 \tag{h}$$

由于 $\delta\varepsilon_{ij}$ 与 $\delta\sigma_{ij}$ 是彼此无关的两个独立变分，而要使式（h）成立，必须使它们括号里的系数项分别为零，这样就得到式（1.3.24）及式（1.3.25）。所以这三种应力-应变关系式**彼此等价**。

（2）对于线性弹性体，由于

$$A=\frac{1}{2}C_{ijkl}\varepsilon_{ij}\varepsilon_{kl},\quad B=\frac{1}{2}S_{ijkl}\sigma_{ij}\sigma_{kl} \tag{i}$$

所以，$A(\varepsilon)+B(\sigma)=\varepsilon_{kl}\sigma_{kl}$ 可以写成

$$\frac{1}{2}C_{ijkl}\varepsilon_{ij}\varepsilon_{kl}+\frac{1}{2}S_{ijkl}\sigma_{ij}\sigma_{kl}=\varepsilon_{kl}\sigma_{kl} \tag{1.3.27}$$

上式也可简化为

$$A+B-\varepsilon_{ij}\sigma_{ij}=-\frac{1}{2}(\varepsilon_{ij}-S_{ijkl}\sigma_{kl})(\sigma_{ij}-C_{ijmn}\varepsilon_{mn}) \tag{1.3.28}$$

而对于非线性弹性体，以上等式不成立

$$A+B-\varepsilon_{ij}\sigma_{ij}\neq\frac{1}{2}\left(\sigma_{ij}-\frac{\partial A}{\partial\varepsilon_{ij}}\right)\left(\varepsilon_{ij}-\frac{\partial B}{\partial\sigma_{ij}}\right) \tag{1.3.29}$$

三类基本方程中，平衡方程与应变-位移方程是适用于连续介质的一般方程，它们与物体的性质无关；而应力-应变关系则不同，它代表了弹性体的材料性质，与材料的弹性系数有关。

### 1.3.4　边界条件

弹性体的表面 $S$ 可以分为两部分 $(S=S_\sigma\cup S_u)$：一部分表面 $S_\sigma$ 上给出了表面力 $\bar{\boldsymbol{T}}$，另一部分表面 $S_u$ 上给出了位移 $\bar{\boldsymbol{u}}$（图 1.2），因此，其边界条件分为两类。

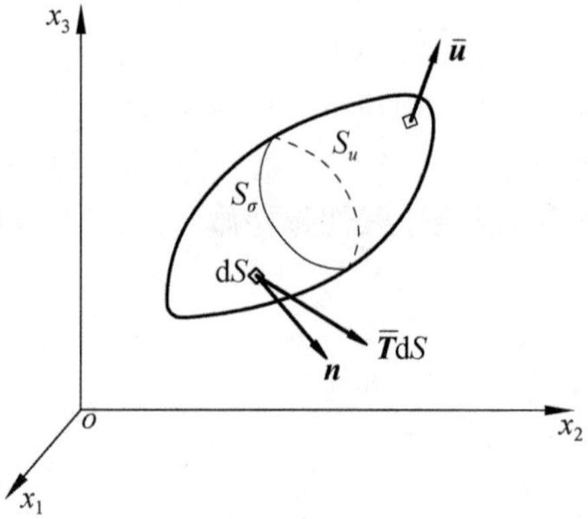


图 1.2　弹性体表面 $S=S_\sigma\cup S_u$ 的边界条件

1. 位移已知边界条件

E：$u_x=\bar{u}_x\quad u_y=\bar{u}_y\quad u_z=\bar{u}_z$　　（1.3.30a）

T：$u_i=\bar{u}_i\quad(i=1,2,3)$　　$(S_u$上)　　（1.3.30b）

M：$\boldsymbol{u}=\bar{\boldsymbol{u}}$　　（1.3.30c）

2. 表面力已知边界条件

E：
$$\begin{aligned}\sigma_x\nu_x+\tau_{xy}\nu_y+\tau_{xz}\nu_z&=\bar{T}_x\\ \tau_{yx}\nu_x+\sigma_y\nu_y+\tau_{yz}\nu_z&=\bar{T}_y\\ \tau_{zx}\nu_x+\tau_{zy}\nu_y+\sigma_z\nu_z&=\bar{T}_z\end{aligned}\qquad(S_\sigma\text{上}) \tag{1.3.31a}$$

其中，$\nu_x$、$\nu_y$、$\nu_z$ 为边界外向法线的方向余弦[①]。

$$\text{T:}\quad T_i = \overline{T}_i \quad (i=1,2,3) \quad (S_\sigma \text{上}) \tag{1.3.31b}$$

$$(T_i = \sigma_{ij}\nu_j)$$

其中

$$\nu_x = \cos(n,x) \quad \nu_y = \cos(n,y) \quad \nu_z = \cos(n,z) \tag{1.3.32}$$

式（1.3.31b）左边哑标 $j$ 展开

$$\sigma_{i1}\nu_1 + \sigma_{i2}\nu_2 + \sigma_{i3}\nu_3 = \overline{T}_i \quad (i=1,2,3) \tag{1.3.33}$$

与式（1.3.31a）相同。

其矩阵形式为

$$\text{M:}\quad \begin{bmatrix} \nu_x & 0 & 0 & 0 & \nu_z & \nu_y \\ 0 & \nu_y & 0 & \nu_z & 0 & \nu_x \\ 0 & 0 & \nu_z & \nu_y & \nu_x & 0 \end{bmatrix} \begin{Bmatrix} \sigma_x \\ \vdots \\ \tau_{xy} \end{Bmatrix} = \begin{bmatrix} \overline{T}_x \\ \overline{T}_y \\ \overline{T}_z \end{bmatrix} \quad (S_\sigma \text{上}) \tag{1.3.31c}$$

或

$$\boldsymbol{T} = \overline{\boldsymbol{T}} \quad (\boldsymbol{\nu\sigma} = \boldsymbol{T}) \quad (S_\sigma \text{上}) \tag{1.3.31d}$$

以上讨论可见，基本方程的张量及矩阵表达较工程表达简洁。以后在变分推导时，采用张量表达式；而在有限元列式时，采用矩阵表达式，以简化计算。

由于小位移变形理论假定位移小到允许所有基本方程（应力-应变关系除外）线性化，而现在所得到的全部基本方程——平衡方程、应变位移方程、应力-应变关系，以及力学和几何边界条件——都具有**线性**形式，因此在求解问题时可应用**叠加原理**。

## 1.4　散 度 定 理

后面的变分公式推导中，常用到以下数学恒等式（又称为散度定理（divergence theorem））

$$\text{T:}\quad \int_V \frac{1}{2}\sigma_{ij}(u_{i,j}+u_{j,i})\,\mathrm{d}V = -\int_V \sigma_{ij,j}u_i\,\mathrm{d}V + \int_S \sigma_{ij}\nu_j u_i\,\mathrm{d}S \tag{1.4.1a}$$

$$\text{M:}\quad \int_V \boldsymbol{\sigma}^{\mathrm{T}}(\boldsymbol{Du})\,\mathrm{d}V = -\int_V (\boldsymbol{D}^{\mathrm{T}}\boldsymbol{\sigma})^{\mathrm{T}}\boldsymbol{u}\,\mathrm{d}V + \int_S (\boldsymbol{\nu\sigma})^{\mathrm{T}}\boldsymbol{u}\,\mathrm{d}S \tag{1.4.1b}$$

式中，$V$ 为体积；$S$ 为表面积。

---

① 本书 $\nu$ 表示泊松比；而 $\nu_x$、$\nu_y$、$\nu_z$ 及 $\nu_1$、$\nu_2$、$\nu_3$ 表示边界面外向法线方向余弦。

此恒等式的数学证明如下：

由于 $\sigma_{ij}=\sigma_{ji}$，有

$$\int_V \frac{1}{2}\sigma_{ij}(u_{i,j}+u_{j,i})\,\mathrm{d}V=\int_V\left(\frac{1}{2}\sigma_{ij}u_{i,j}+\frac{1}{2}\sigma_{ji}u_{j,i}\right)\mathrm{d}V \tag{a}$$

上式右边第二项 $i$ 及 $j$ 均为哑标，而哑标可用别的符号置换，因此，这里用 $i$ 置换 $j$，用 $j$ 置换 $i$，从而得到

$$\begin{aligned}\int_V \frac{1}{2}\sigma_{ij}(u_{i,j}+u_{j,i})\,\mathrm{d}V&=\int_V\left(\frac{1}{2}\sigma_{ij}u_{i,j}+\frac{1}{2}\sigma_{ji}u_{j,i}\right)\mathrm{d}V\\&=\int_V \sigma_{ij}u_{i,j}\,\mathrm{d}V\\&=\int_V[(\sigma_{ij}u_i)_{,j}-\sigma_{ij,j}u_i]\,\mathrm{d}V\end{aligned} \tag{b}$$

再利用高斯公式（又称 Остроградский 公式），即得

$$\int_V \frac{1}{2}\sigma_{ij}(u_{i,j}+u_{j,i})\,\mathrm{d}V=-\int_V \sigma_{ij,j}u_i\,\mathrm{d}V+\int_S \sigma_{ij}\nu_j u_i\,\mathrm{d}S$$

从力学方面证明此定理可见文献[1]。

## 1.5　小　　结

1. 小位移变形弹性理论平衡问题基本方程

（1）平衡方程（3 个）

$$\sigma_{ij,j}+\bar{F}_i=0\quad(i=1,2,3)$$

$$\begin{bmatrix}\partial_{,1}&0&0&0&\partial_{,3}&\partial_{,2}\\0&\partial_{,2}&0&\partial_{,3}&0&\partial_{,1}\\0&0&\partial_{,3}&\partial_{,2}&\partial_{,1}&0\end{bmatrix}\boldsymbol{\sigma}+\bar{\boldsymbol{F}}=\boldsymbol{D}^{\mathrm{T}}\boldsymbol{\sigma}+\bar{\boldsymbol{F}}=\boldsymbol{0}$$

（2）应变-位移方程（6 个）

$$\varepsilon_{ij}=\frac{1}{2}(u_{i,j}+u_{j,i})\quad(i,j=1,2,3)$$

$$\boldsymbol{\varepsilon}=\boldsymbol{D}\boldsymbol{u}$$

（3）应力-应变关系（物理方程）（6 个）：适用于线性及非线性弹性体

$$\frac{\partial A(\varepsilon)}{\partial\varepsilon_{ij}}=\sigma_{ij}\qquad\frac{\partial B(\sigma)}{\partial\sigma_{ij}}=\varepsilon_{ij}\qquad A(\varepsilon)+B(\sigma)=\sigma_{kl}\varepsilon_{kl}$$

$$\frac{\partial A(\boldsymbol{\varepsilon})}{\partial\boldsymbol{\varepsilon}}=\boldsymbol{\sigma}\qquad\frac{\partial B(\boldsymbol{\sigma})}{\partial\boldsymbol{\sigma}}=\boldsymbol{\varepsilon}\qquad A(\boldsymbol{\varepsilon})+B(\boldsymbol{\sigma})=\boldsymbol{\sigma}^{\mathrm{T}}\boldsymbol{\varepsilon}$$

对线性弹性体

$$\sigma_{ij} = C_{ijkl}\varepsilon_{kl} \qquad \varepsilon_{ij} = S_{ijkl}\sigma_{kl} \qquad (i, j = 1, 2, 3)$$

$$\boldsymbol{\sigma} = \boldsymbol{C}\boldsymbol{\varepsilon} \qquad \boldsymbol{\varepsilon} = \boldsymbol{S}\boldsymbol{\sigma} \qquad (\boldsymbol{C}, \boldsymbol{S}\text{为对称阵})$$

（4）边界条件

位移已知边界条件

$$u_i = \overline{u}_i \qquad (i = 1, 2, 3) \qquad (S_u\text{上})$$

$$\boldsymbol{u} = \overline{\boldsymbol{u}}$$

外力已知边界条件

$$\sigma_{ij}\nu_j = \overline{T}_i \qquad (i = 1, 2, 3) \qquad (S_\sigma\text{上})$$

$$\begin{bmatrix} \nu_x & 0 & 0 & 0 & \nu_z & \nu_y \\ 0 & \nu_y & 0 & \nu_z & 0 & \nu_x \\ 0 & 0 & \nu_z & \nu_y & \nu_x & 0 \end{bmatrix} \boldsymbol{\sigma} = \boldsymbol{\nu}\boldsymbol{\sigma} = \overline{\boldsymbol{T}}$$

2. 数学恒等式（散度定理）

$$\int_V \frac{1}{2}\sigma_{ij}(u_{i,j} + u_{j,i})\,\mathrm{d}V = -\int_V \sigma_{ij,j}u_i\,\mathrm{d}V + \int_S \sigma_{ij}\nu_j u_i\,\mathrm{d}S$$

$$\int_V \boldsymbol{\sigma}^{\mathrm{T}}(\boldsymbol{D}\boldsymbol{u})\mathrm{d}V = -\int_V (\boldsymbol{D}^{\mathrm{T}}\boldsymbol{\sigma})^{\mathrm{T}}\boldsymbol{u}\,\mathrm{d}V + \int_S (\boldsymbol{\nu}\boldsymbol{\sigma})^{\mathrm{T}}\boldsymbol{u}\,\mathrm{d}S$$

## 参 考 文 献

[1] 田宗漱，卞学鐄（Pian T H H）. 多变量变分原理与多变量有限元方法. 2 版. 北京：科学出版社，2014

# 第 2 章　小位移变形弹性理论经典变分原理及广义变分原理

第 1 章将小位移变形弹性理论的静力问题，归结为求解微分方程组的边值问题。这种问题，除了少数情况，一般难以求得准确解。

为此，从 19 世纪后期，人们将求解微分方程边值问题，转化为寻求在一定条件下一些泛函的极值（或驻值）①去解决，这种方法称为微分方程边值问题的**变分解法**。

对于给定的微分方程边值问题，变分解法有时不仅可以提供一种与之等价且易于求解的方法，更重要的是，当所给问题不能精确求解时，变分解法可提供近似解。同时，在连续介质问题中，很多微分方程边值问题，都可以转化为多种场函数泛函的变分问题，而且，用变分方法直接去找这类问题的近似解一般并不困难，因此，这种方法引起了人们广泛的重视。

将弹性理论的微分方程边值问题转化为泛函的极值（或驻值）问题，称为**弹性理论的变分原理**。

这些变分原理，不仅是求解弹性理论问题的有力工具，也是多种类型有限元方法建立的数学基础。有限元学科的进展表明，变分原理促进了有限元方法的发展，同时，有限元方法的发展又推动了变分原理的发展。

本书讲述建立在变分原理基础上的轴对称有限元方法。在讨论这些有限元之前，先介绍一些常规的变分原理。更多的一些变分原理，将在以后各章讲述不同的轴对称有限元时分别介绍。

首先推导小位移变形弹性理论的经典变分原理——最小势能原理及最小余能原理。

## 2.1　小位移变形弹性理论最小势能（位能）原理

### 2.1.1　最小势能原理及泛函约束条件[1-4]

**在一切具有足够光滑性并满足应变-位移方程和位移已知边界条件的允许应**

① 所谓泛函，是指其值由一个或多个函数的选取而确定的量，即函数的函数。泛函的极大点和极小点统称为极点。极大点、极小点和拐点合在一起统称为驻点。极点上的泛函值称为极值，驻点上的泛函值称为驻值。

**变 $\boldsymbol{\varepsilon}$ 及允许位移 $\boldsymbol{u}$ 中，实际的 $\boldsymbol{\varepsilon}$ 及 $\boldsymbol{u}$ 必定使弹性体的总势能（或总位能）为极小。**

弹性体的总势能由两部分组成：

1. 弹性体的应变能

$$\Pi_{P_1} = \int_V A(\varepsilon)\mathrm{d}V \tag{a}$$

式中，$A(\varepsilon)$ 为应变能密度，是应变分量的函数。

2. 体积力及表面力的位能

$$\Pi_{P_2} = -\int_V \overline{F}_i u_i \mathrm{d}V - \int_{S_\sigma} \overline{T}_i u_i \mathrm{d}S \tag{b}$$

式中，$V$ 为整个域的体积；$S_\sigma$ 为外力已知表面。

由于此时势能降低，所以数值上为外力在位移上做功的负值。

弹性体的总势能为

$$\Pi_P = \Pi_{P_1} + \Pi_{P_2}$$

最小势能原理可归结为

最小势能原理的变分泛函[①]

$$\Pi_P = \int_V [A(\varepsilon) - \overline{F}_i u_i]\mathrm{d}V - \int_{S_\sigma} \overline{T}_i u_i \mathrm{d}S = \min$$

$$\left(\Pi_P = \int_V [A(\boldsymbol{\varepsilon}) - \overline{\boldsymbol{F}}^{\mathrm{T}}\boldsymbol{u}]\mathrm{d}V - \int_{S_\sigma} \overline{\boldsymbol{T}}^{\mathrm{T}}\boldsymbol{u}\,\mathrm{d}S = \min\right) \tag{2.1.1}$$

变分约束条件

$$\varepsilon_{ij} = \frac{1}{2}(u_{i,j} + u_{j,i}) \quad (\boldsymbol{\varepsilon} = \boldsymbol{D}\boldsymbol{u}) \quad （V 内） \tag{2.1.2}$$

$$u_i = \overline{u}_i \quad (\boldsymbol{u} = \overline{\boldsymbol{u}}) \quad （S_u 上） \tag{2.1.3}$$

### 2.1.2　证明

证明包括两部分：

（1）$\delta\Pi_P = 0$，在借助了应力-应变关系

$$\sigma_{ij} = \frac{\partial A(\varepsilon)}{\partial \varepsilon_{ij}} \quad \left(\boldsymbol{\sigma} = \frac{\partial A(\boldsymbol{\varepsilon})}{\partial \boldsymbol{\varepsilon}}\right) \quad （V 内） \tag{2.1.4}$$

以后，泛函 $\Pi_P$ 变分结果将使平衡方程及外力已知边界条件

$$\begin{aligned} &\sigma_{ij,j} + \overline{F}_i = 0 \quad (\boldsymbol{D}^{\mathrm{T}}\boldsymbol{\sigma} + \overline{\boldsymbol{F}} = \boldsymbol{0}) \quad （V 内）\\ &\sigma_{ij}\nu_j = \overline{T}_i \quad (\boldsymbol{\nu\sigma} = \overline{\boldsymbol{T}}) \quad （S_\sigma 上）\end{aligned} \tag{c}$$

得到满足。

① 括号中为矩阵表达式，以下相同。

（2）当 $\delta\Pi_P=0$ 时，$\delta^2\Pi_P\geqslant 0$，即泛函 $\Pi_P$ 取极小值。

设 $u_i$ 及 $\varepsilon_{ij}$ 为满足约束条件

$$\begin{aligned} &u_i=\overline{u}_i &&（S_u\text{ 上}）\\ &\varepsilon_{ij}=\frac{1}{2}(u_{i,j}+u_{j,i}) &&（V\text{ 内}）\end{aligned} \tag{d}$$

并使泛函 $\Pi_P$ 取**极小值**的允许位移及应变。

又设 $u_i^*$、$\varepsilon_{ij}^*$ 为另一组，也满足约束条件

$$\begin{aligned} &u_i^*=\overline{u}_i &&（S_u\text{ 上}）\\ &\varepsilon_{ij}^*=\frac{1}{2}(u_{i,j}^*+u_{j,i}^*) &&（V\text{ 内}）\end{aligned} \tag{e}$$

的任意允许位移及应变。

并设

$$\begin{aligned} &u_i^*=u_i+\delta u_i &&（S_u\text{ 上}）\\ &\varepsilon_{ij}^*=\varepsilon_{ij}+\delta\varepsilon_{ij} &&（V\text{ 内}）\end{aligned} \tag{f}$$

式（e）与式（d）相减，可得

$$\begin{aligned} &\delta u_i=0 &&（S_u\text{ 上}）\\ &\delta\varepsilon_{ij}=\frac{1}{2}(\delta u_{i,j}+\delta u_{j,i}) &&（V\text{ 内}）\end{aligned} \tag{g}$$

将 $\varepsilon_{ij}^*$ 及 $u_i^*$ 代入泛函 $\Pi_P$，注意，对于小位移变形，在位移微小变化过程中，外力（体积力及表面力）的大小及方向保持不变，所以有

$$\begin{aligned}\Pi_P^* &= \int_V [A(\varepsilon^*)-\overline{F}_i u_i^*]\mathrm{d}V-\int_{S_\sigma}\overline{T}_i u_i^*\mathrm{d}S\\ &=\int_V [A(\varepsilon+\delta\varepsilon)-\overline{F}_i(u_i+\delta u_i)]\mathrm{d}V-\int_{S_\sigma}\overline{T}_i(u_i+\delta u_i)\mathrm{d}S\end{aligned} \tag{h}$$

将 $\varepsilon_{ij}$ 及 $u_i$ 也代入泛函 $\Pi_P$，得到

$$\Pi_P=\int_V[A(\varepsilon)-\overline{F}_i u_i]\mathrm{d}V-\int_{S_\sigma}\overline{T}_i u_i\,\mathrm{d}S \tag{i}$$

式（i）与式（h）相减，得到

$$\begin{aligned}\Delta\Pi_P&=\Pi_P^*-\Pi_P\\ &=\int_V [A(\varepsilon+\delta\varepsilon)-A(\varepsilon)]\mathrm{d}V-\int_V\overline{F}_i\,\delta u_i\,\mathrm{d}V-\int_{S_\sigma}\overline{T}_i u_i\,\mathrm{d}S\end{aligned} \tag{j}$$

将 $A(\varepsilon+\delta\varepsilon)$ 展开

$$A(\varepsilon+\delta\varepsilon)-A(\varepsilon)=\frac{\partial A}{\partial\varepsilon_{ij}}\delta\varepsilon_{ij}+\frac{1}{2}\frac{\partial^2 A}{\partial\varepsilon_{ij}\,\partial\varepsilon_{kl}}\delta\varepsilon_{ij}\delta\varepsilon_{kl}+\cdots \tag{k}$$

从而有

$$\begin{aligned}\Delta \Pi_P &= \Pi_P^* - \Pi_P \\ &= \int_V \left( \frac{\partial A}{\partial \varepsilon_{ij}} \delta \varepsilon_{ij} - \bar{F}_i \delta u_i \right) \mathrm{d}V - \int_{S_\sigma} \bar{T}_i \delta u_i \, \mathrm{d}S \\ &\quad + \frac{1}{2} \int_V \frac{\partial^2 A}{\partial \varepsilon_{ij} \partial \varepsilon_{kl}} \delta \varepsilon_{ij} \delta \varepsilon_{kl} \, \mathrm{d}V\end{aligned} \tag{l}$$

上式可写为

$$\Delta \Pi_P = \delta \Pi_P + \delta^2 \Pi_P + O(\delta^3 \Pi_P) \tag{m}$$

这里

$$\delta \Pi_P = \int_V \left( \frac{\partial A}{\partial \varepsilon_{ij}} \delta \varepsilon_{ij} - \bar{F}_i \delta u_i \right) \mathrm{d}V - \int_{S_\sigma} \bar{T}_i \delta u_i \, \mathrm{d}S \tag{n}$$

$$\delta^2 \Pi_P = \frac{1}{2} \int_V \frac{\partial^2 A}{\partial \varepsilon_{ij} \partial \varepsilon_{kl}} \delta \varepsilon_{ij} \delta \varepsilon_{kl} \, \mathrm{d}V \tag{o}$$

（1）证明：$\delta^2 \Pi_P \geqslant 0$。

对于小位移变形线性弹性体，$A(\varepsilon) = \frac{1}{2} C_{ijkl} \varepsilon_{ij} \varepsilon_{kl}$，所以

$$\begin{aligned}&A(\varepsilon + \delta \varepsilon) - A(\varepsilon) \\ &= \frac{1}{2} C_{ijkl} (\varepsilon_{ij} + \delta \varepsilon_{ij})(\varepsilon_{kl} + \delta \varepsilon_{kl}) - \frac{1}{2} C_{ijkl} \varepsilon_{ij} \varepsilon_{kl} \\ &= C_{ijkl} \varepsilon_{ij} \delta \varepsilon_{kl} + \frac{1}{2} C_{ijkl} \delta \varepsilon_{ij} \delta \varepsilon_{kl}\end{aligned} \tag{p}$$

因此

$$\delta^2 \Pi_P = \int_V \frac{1}{2} C_{ijkl} \delta \varepsilon_{ij} \delta \varepsilon_{kl} \, \mathrm{d}V = \int_V A(\delta \varepsilon) \mathrm{d}V \tag{q}$$

由于应变能密度 $A(\varepsilon)$ 是应变的二次正定函数，除非 $\varepsilon_{ij} = 0$，所以恒有

$$\delta^2 \Pi_P > 0 \tag{r}$$

对于非线性弹性体，只有当

$$\frac{\partial^2 A}{\partial \varepsilon_{ij} \partial \varepsilon_{kl}} \geqslant 0 \tag{s}$$

时，才有

$$\delta^2 \Pi_P \geqslant 0 \tag{t}$$

对绝大多数非线性弹性体，条件（s）是满足的。

（2）证明：当 $\delta \Pi_P = 0$ 时，在利用了应力-应变关系后，可导出平衡方程及外力已知边界条件。

令泛函 $\Pi_P$ 的一次变分等于零

$$\delta \Pi_P = \int_V \left( \frac{\partial A}{\partial \varepsilon_{ij}} \delta \varepsilon_{ij} - \overline{F}_i \delta u_i \right) \mathrm{d}V - \int_{S_\sigma} \overline{T}_i \delta u_i \, \mathrm{d}S \tag{u}$$

其中等号右侧第一项，在利用了约束条件（2.1.2）应变-位移方程后，可写为

$$\begin{aligned} \int_V \frac{\partial A}{\partial \varepsilon_{ij}} \delta \varepsilon_{ij} \mathrm{d}V &= \int_V \frac{\partial A}{\partial \varepsilon_{ij}} \frac{1}{2} (\delta u_{i,j} + \delta u_{j,i}) \mathrm{d}V \\ &= \int_V \left( \frac{1}{2} \frac{\partial A}{\partial \varepsilon_{ij}} \delta u_{i,j} + \frac{1}{2} \frac{\partial A}{\partial \varepsilon_{ji}} \delta u_{j,i} \right) \mathrm{d}V \quad (\varepsilon_{ij} = \varepsilon_{ji}) \\ &= \int_V \frac{\partial A}{\partial \varepsilon_{ij}} \delta u_{i,j} \mathrm{d}V \end{aligned} \tag{v}$$

再利用散度定理

$$\int_V \frac{\partial A}{\partial \varepsilon_{ij}} \delta \varepsilon_{ij} \, \mathrm{d}V = -\int_V \left( \frac{\partial A}{\partial \varepsilon_{ij}} \right)_{,j} \delta u_i \, \mathrm{d}V + \int_{S_u + S_\sigma} \frac{\partial A}{\partial \varepsilon_{ij}} \nu_j \, \delta u_i \, \mathrm{d}S \tag{w}$$

根据约束条件（2.1.3），以及在面 $S_u$ 上 $\delta u_i = 0$ ，所以

$$\int_V \frac{\partial A}{\partial \varepsilon_{ij}} \delta \varepsilon_{ij} \mathrm{d}V = -\int_V \left( \frac{\partial A}{\partial \varepsilon_{ij}} \right)_{,j} \delta u_i \, \mathrm{d}V + \int_{S_\sigma} \frac{\partial A}{\partial \varepsilon_{ij}} \nu_j \, \delta u_i \, \mathrm{d}S \tag{x}$$

代入式（u），得

$$\begin{aligned} \delta \Pi_P = &-\int_V \left[ \left( \frac{\partial A}{\partial \varepsilon_{ij}} \right)_{,j} + \overline{F}_i \right] \delta u_i \mathrm{d}V \\ &+ \int_{S_\sigma} \left( \frac{\partial A}{\partial \varepsilon_{ij}} \nu_j - \overline{T}_i \right) \delta u_i \, \mathrm{d}S = 0 \end{aligned} \tag{y}$$

由于域 $V$ 内的 $\delta u_i$ 及外力已知面 $S_\sigma$ 上的 $\delta u_i$ 是两个任意的独立变分，所以 $\delta \Pi_P = 0$ 。给出欧拉方程

$$\left( \frac{\partial A}{\partial \varepsilon_{ij}} \right)_{,j} + \overline{F} = 0 \quad （V\ 内） \tag{2.1.5}$$

及自然边界条件

$$\left( \frac{\partial A}{\partial \varepsilon_{ij}} \right) \nu_j - \overline{T}_i = 0 \quad （S_\sigma\ 上） \tag{2.1.6}$$

变分后所得域内方程称为**欧拉方程**，变分后所得边界条件为**自然边界条件**。欧拉方程和自然边界条件一起，统称为变分的**自然条件**，它们是变分的结果，是

通过变分得到满足的条件。

变分前的约束条件及变分后的自然条件之和，应与弹性理论全部基本方程（包括边界条件）相同。

自然边界条件与变分前必须满足的边界条件（此变分原理中的约束条件(2.1.3)）不同。自然边界条件式（2.1.6）是变分的结果。而未变分前约束条件中的边界条件，则是在变分前自变函数必须严格满足的边界条件，这种变分前约束条件中的边界条件式（2.1.3），又称为**本质边界条件**。

对于最小势能原理，虽然变分运算到式（2.1.6）为止，如果再继续利用应力-应变关系

$$\frac{\partial A}{\partial \varepsilon_{ij}}=\sigma_{ij} \tag{z}$$

则欧拉方程（2.1.5）及自然边界条件（2.1.6）成为

平衡方程

$$\sigma_{ij,j}+\bar{F}_i=0 \quad （V\ 内） \tag{2.1.7}$$

及外力已知边界条件

$$\sigma_{ij}\nu_j-\bar{T}_i=0 \quad （S_\sigma\ 上） \tag{2.1.8}$$

由以上推导可见：**利用了应力-应变关系之后**，$\delta\Pi_p=0$ 的确给出平衡方程（2.1.7）及外力已知边界条件（2.1.8）。

连同泛函 $\Pi_p$ 未变分前的约束条件：应变-位移方程（2.1.2）、位移边界条件（2.1.3），以及变分后所应用的应力-应变关系（2.1.4），可知此原理使弹性理论全部域内方程及边界条件得到满足，因此是弹性理论问题的正确解。

同时，由于 $\delta\Pi_p=0$，$\delta^2\Pi_p\geqslant 0$，所以正确解使弹性体的总势能取极小值。

对于这个变分原理，可注意以下几点：

（1）此原理告知，**真实的位移与变形可能的位移**（即只满足应变-位移方程及位移已知边界条件的位移）**的区别在于：真实的位移满足平衡条件**（平衡方程及外力已知边界条件）。所以最小势能原理可视为平衡条件的变分表达形式。

（2）注意此变分原理中应力 $\boldsymbol{\sigma}$ 及应力-应变关系的特殊地位。

如果原来问题不要求计算应力，计算就到式（2.1.6）为止。这样，在这个变分原理中，参与变分的自变函数是 $\boldsymbol{u}$ 及 $\boldsymbol{\varepsilon}$，变分的结果是：以应变表示的平衡方程（2.1.5）及以应变表示的外力已知边界条件（2.1.6）。

可以看到：应力 $\boldsymbol{\sigma}$ 并不参与变分运算，只是在最后需要计算应力时，才用到应力-应变关系。应力-应变关系在这个变分原理的证明中也不参与运算，它的作用是在最后由应变求应力，以及把式（2.1.5）及式（2.1.6）转化为式（2.1.7）及式（2.1.8）。对于这种不参与变分运算但又需强制服从的附加条件，钱伟长称其为

**“非变分的约束条件”** [5]。

（3）如果不是从**一切**而只是从**一部分**应变及位移中，选取满足变分约束条件的应变及位移，使泛函 $\Pi_P$ 取极小值，那么这样的 $\boldsymbol{\varepsilon}$、$\boldsymbol{u}$ 一般大于真正的极小值，而且近似地满足平衡方程及外力已知边界条件，所以是弹性理论的近似解。

（4）如果根据最小势能原理找得位移及应变的近似解，理论上讲，可以利用应力-应变关系找应力，但是这样得到的应力精度较低，这是由于平衡方程及外力已知边界条件不是准确满足而只是变分满足，同时，近似解的精度也随着取导数而降低。所以常用其他的方法来提高所求应力的精度，比如，用 J 积分计算应力强度因子等。

（5）最小势能原理是瑞利-里茨（Rayleigh-Ritz）近似法的基础。现在广为应用的假定位移有限元，就是建立在离散化的最小势能原理的基础之上。

## 2.2　最小余能原理

### 2.2.1　最小余能原理及泛函约束条件[5-7]

**在一切具有足够光滑性并满足平衡方程及外力已知边界条件的允许应力 $\boldsymbol{\sigma}$ 中，真实的应力 $\boldsymbol{\sigma}$ 必定使弹性系统的总余能为最小。**

弹性系统的总余能 $\Pi_C$ 由两部分组成：

弹性体的余能

$$\Pi_{C_1} = \int_V B(\sigma)\mathrm{d}V \tag{a}$$

已知边界位移的余能

$$\Pi_{C_2} = -\int_{S_u} \bar{u}_i \sigma_{ij}\nu_j \,\mathrm{d}S = -\int_{S_u} T_i \bar{u}_i \,\mathrm{d}S \quad (T_i = \sigma_{ij}\nu_j) \tag{b}$$

弹性体的总余能

$$\Pi_C = \Pi_{C_1} + \Pi_{C_2} \tag{c}$$

最小余能原理归结为

最小余能原理的泛函

$$\Pi_C = \int_V B(\sigma)\mathrm{d}V - \int_{S_u} \bar{u}_i \sigma_{ij}\nu_j \,\mathrm{d}S = \min$$

$$\left(\Pi_C = \int_V B(\boldsymbol{\sigma})\mathrm{d}V - \int_{S_u} \boldsymbol{T}^{\mathrm{T}}\bar{\boldsymbol{u}}\,\mathrm{d}S = \min\right) \quad (\boldsymbol{T} = \boldsymbol{\nu}\boldsymbol{\sigma}) \tag{2.2.1}$$

变分约束条件

$$\sigma_{ij,j} + \bar{F}_i = 0 \quad (\boldsymbol{D}^{\mathrm{T}}\boldsymbol{\sigma} + \bar{\boldsymbol{F}} = \boldsymbol{0}) \quad （V\text{内}） \tag{2.2.2}$$

$$\sigma_{ij}\nu_j - \bar{T}_i = 0 \quad (\boldsymbol{\nu}\boldsymbol{\sigma} = \bar{\boldsymbol{T}}) \quad （S_\sigma\text{上}） \tag{2.2.3}$$

### 2.2.2 证明

最小余能原理的证明也包括两部分：

（1）当 $\delta\Pi_C=0$ 时，在应用了应力-应变关系后，满足应变-位移方程及位移已知边界条件

$$\varepsilon_{ij}=\frac{1}{2}(u_{i,j}+u_{j,i})\quad(\boldsymbol{\varepsilon}=\boldsymbol{D}\,\boldsymbol{u})\quad（V\text{ 内}）\tag{2.2.4}$$

$$u_i=\overline{u}_i\quad(\boldsymbol{u}=\overline{\boldsymbol{u}})\quad（S_u\text{ 上}）\tag{2.2.5}$$

（2）当 $\delta\Pi_C=0$ 时，$\delta^2\Pi_C\geqslant 0$，即泛函 $\Pi_C$ 取极小值。

设 $\sigma_{ij}$ 为一组满足平衡条件

$$\begin{aligned}&\sigma_{ij,j}+\overline{F}_i=0\quad（V\text{ 内}）\\&\sigma_{ij}\nu_j-\overline{T}_i=0\quad（S_\sigma\text{ 上}）\end{aligned}\tag{d}$$

并使 $\Pi_C$ 为**极小值**的允许应力。

设 $\sigma_{ij}^*$ 为另一组只满足平衡条件

$$\begin{aligned}&\sigma_{ij,j}^*+\overline{F}_i=0\quad（V\text{ 内}）\\&\sigma_{ij}^*\nu_j-\overline{T}_i=0\quad（S_\sigma\text{ 上}）\end{aligned}\tag{e}$$

的任意允许应力。

对于小位移变形理论，假定应力 $\sigma_{ij}$ 产生微小变化 $\delta\sigma_{ij}$ 时，物体的形状保持不变，因此边界面的 $\nu_j$ 不变，所以式（e）中的方向余弦仍为 $\nu_j$。

同时设

$$\sigma_{ij}^*=\sigma_{ij}+\delta\sigma_{ij}\tag{f}$$

代入式（e）并减去式（d），可得

$$\delta\sigma_{ij,j}=0\quad（V\text{ 内}）\tag{g}$$

$$\delta\sigma_{ij}\nu_j=0\quad（S_\sigma\text{ 上}）\tag{h}$$

将 $\sigma_{ij}$ 及 $\sigma_{ij}^*$ 分别代入泛函 $\Pi_C$，有

$$\begin{aligned}&\Pi_C^*=\int_V B(\sigma+\delta\sigma)\,\mathrm{d}V-\int_{S_u}\overline{u}_i(\sigma_{ij}+\delta\sigma_{ij})\nu_j\,\mathrm{d}S\\&\Pi_C=\int_V B(\sigma)\,\mathrm{d}V-\int_{S_u}\overline{u}_i\sigma_{ij}\nu_j\,\mathrm{d}S\end{aligned}\tag{i}$$

从而得到

$$\begin{aligned}\Delta\Pi_C&=\Pi_C^*-\Pi_C\\&=\int_V[B(\sigma+\delta\sigma)-B(\sigma)]\,\mathrm{d}V-\int_{S_u}\overline{u}_i\,\delta\sigma_{ij}\nu_j\mathrm{d}S\end{aligned}\tag{j}$$

将 $B(\sigma+\delta\sigma)$ 展开

$$B(\sigma+\delta\sigma)-B(\sigma)=\frac{\partial B}{\partial \sigma_{ij}}\delta\sigma_{ij}+\frac{1}{2}\frac{\partial^2 B}{\partial\sigma_{ij}\partial\sigma_{kl}}\delta\sigma_{ij}\delta\sigma_{kl}+\cdots \tag{k}$$

由于

$$\Delta\Pi_C=\delta\Pi_C+\delta^2\Pi_C+O(\delta^3\Pi_C) \tag{l}$$

所以

$$\delta\Pi_C=\int_V\frac{\partial B}{\partial\sigma_{ij}}\delta\sigma_{ij}\ \mathrm{d}V-\int_{S_u}\overline{u}_i\,\delta(\sigma_{ij}\nu_j)\ \mathrm{d}S \tag{m}$$

$$\delta^2\Pi_C=\frac{1}{2}\int_V\frac{\partial^2 B}{\partial\sigma_{ij}\partial\sigma_{kl}}\delta\sigma_{ij}\delta\sigma_{kl}\ \mathrm{d}V \tag{n}$$

式（m）中，不考虑$\nu_j$的改变，所以写入变分符号内。

（1）证明：$\delta^2\Pi_C\geqslant 0$。

对于小位移变形线性弹性体，由于$B(\sigma)\geqslant 0$，所以

$$\delta^2\Pi_C=\int_V B(\delta\sigma)\ \mathrm{d}V\geqslant 0 \tag{o}$$

对于非线性弹性体，只要

$$\frac{\partial^2 B}{\partial\sigma_{ij}\partial\sigma_{kl}}\geqslant 0 \tag{p}$$

则$\delta^2\Pi_C\geqslant 0$。

对于大多数弹性体，条件（p）是满足的。

（2）证明：$\delta\Pi_C=0$导出应变-位移方程及位移已知边界条件。

由于泛函$\Pi_C$中的自变函数$\sigma_{ij}$受到平衡方程的约束，所以$\sigma_{ij}$中6个应力分量并不是全部独立的，应力的变分$\delta\sigma_{ij}$需满足齐次平衡方程（g），因此，现在不能由式（m）等于零得出自然条件。由于式（g），引入积分

$$\int_V u_i\,\delta\sigma_{ij,j}\,\mathrm{d}V=0 \tag{q}$$

来解除平衡方程对应力的约束①，引入量的量纲与$\Pi_C$相同。

将式（q）加在式（m）上对原等式没有影响，因而有

$$\delta\Pi_C=\int_V\frac{\partial B}{\partial\sigma_{ij}}\delta\sigma_{ij}\ \mathrm{d}V+\int_V u_i\,\delta\sigma_{ij,j}\ \mathrm{d}V-\int_{S_u}\overline{u}_i\,\delta(\sigma_{ij}\nu_j)\ \mathrm{d}S \tag{r}$$

利用散度定理

$$\int_V u_i\,\delta\sigma_{ij,j}\ \mathrm{d}V=-\int_V u_{i,j}\delta\sigma_{ij}\ \mathrm{d}V+\int_{S_u+S_\sigma}u_i\,\delta(\sigma_{ij}\nu_j)\ \mathrm{d}S \tag{s}$$

由式（h）知，在$S_\sigma$上$\delta\sigma_{ij}\nu_j=0$；同时，将上式等号右侧第一项写成对称的形式

---

① 此问题将在2.4节讨论。

$$\int_V u_i \delta\sigma_{ij,j}\,\mathrm{d}V = -\int_V \frac{1}{2}(u_{i,j}+u_{j,i})\delta\sigma_{ij}\,\mathrm{d}V + \int_{S_u} u_i \delta(\sigma_{ij}\nu_j)\,\mathrm{d}S \tag{t}$$

代入式（r），并令 $\delta\Pi_C = 0$，有

$$\begin{aligned}\delta\Pi_C = &\int_V \left[\frac{\partial B}{\partial\sigma_{ij}} - \frac{1}{2}(u_{i,j}+u_{j,i})\right]\delta\sigma_{ij}\mathrm{d}V \\ &+ \int_{S_u}(u_i - \overline{u}_i)\delta(\sigma_{ij}\nu_j)\,\mathrm{d}S = 0\end{aligned} \tag{u}$$

由于引入式（q）已解除了域内平衡方程对应力的约束，所以式（u）中域 $V$ 内的 $\delta\sigma_{ij}$ 没有约束，于是域 $V$ 内的 $\delta\sigma_{ij}$，以及边界 $S_u$ 上的 $\delta(\sigma_{ij}\nu_j)$ 都是独立的任意变分，从而得到：

欧拉方程

$$\frac{\partial B}{\partial\sigma_{ij}} - \frac{1}{2}(u_{i,j}+u_{j,i}) = 0 \qquad (V\text{内}) \tag{2.2.6}$$

和自然边界条件

$$u_i = \overline{u}_i \qquad (S_u\text{上}) \tag{2.2.7}$$

如果再利用应力-应变关系

$$\frac{\partial B}{\partial\sigma_{ij}} = \varepsilon_{ij} \tag{2.2.8}$$

则欧拉方程（2.2.6）转变为应变-位移方程

$$\varepsilon_{ij} = \frac{1}{2}(u_{i,j}+u_{j,i}) \qquad (V\text{内}) \tag{2.2.9}$$

所以，在**利用了应力-应变关系**（2.2.8）**后**，$\delta\Pi_C = 0$ 的确给出了应变-位移方程，连同变分所得位移已知边界条件，变分前的平衡方程和外力已知边界条件，以及所用的应力-应变关系，从而使弹性理论全部基本方程得到满足，因而是弹性理论问题的正确解。

由此可见，$\delta\Pi_C = 0$ 时，$\delta^2\Pi_C \geqslant 0$，所以正确解使弹性体的总余能取极小值。

对于余能原理，可以注意到以下几点。

（1）此变分原理阐明，**真实的应力与静力可能的应力**（即只满足平衡方程及外力已知边界条件的应力）**之区别在于：真实的应力满足变形连续条件**（即满足应变-位移方程及位移已知边界条件）。

因此，最小余能原理是变形连续条件的变分表达式；或者说，最小余能原理是能从应变-位移方程及位移已知边界条件中解出位移的充要条件。

（2）最小余能原理只与应力 $\boldsymbol{\sigma}$ 有关（域内的及边界 $S_\sigma$ 上的应力），变分所得欧拉方程及自然边界条件（式（2.2.6）及式（2.2.7））也只涉及应力 $\boldsymbol{\sigma}$ 及位移 $\boldsymbol{u}$。

应变 $\boldsymbol{\varepsilon}$ 并不参与变分。如不需求 $\boldsymbol{\varepsilon}$，则不用应力-应变关系（2.2.8）。应力-应

变关系也不参与这个原理证明过程的运算，只是作为求应变$\boldsymbol{\varepsilon}$的一个附加条件，所以应力-应变关系也是这个变分原理的**非变分约束条件**[5]。

（3）这个变分原理，开始选择允许应力时，要求$\boldsymbol{\sigma}$既满足外力已知边界条件又满足平衡方程，有时是不易的。为此，可以引入应力分量的应力函数表达式，使平衡方程自动满足

$$\boldsymbol{\sigma} = \overline{\boldsymbol{D}}^{\mathrm{T}}\boldsymbol{\phi} + \boldsymbol{\sigma}^{\mathrm{F}} \tag{2.2.10}$$

其中，$\boldsymbol{\phi}$为应力函数。这样，所选$\boldsymbol{\sigma}$只须满足外力已知边界条件。

同时，余能原理$\varPi_C$的泛函也可用应力函数表示为

$$\varPi_C(\phi) = \int_V B(\boldsymbol{\sigma})\ \mathrm{d}V + \int_{S_u} (\overline{\boldsymbol{D}}^{\mathrm{T}}\boldsymbol{\phi} + \boldsymbol{\sigma}^{\mathrm{F}})^{\mathrm{T}}\boldsymbol{\nu}^{\mathrm{T}}\ \overline{\boldsymbol{u}}\ \mathrm{d}S \tag{2.2.11}$$

这个公式在有限元列式中有时用到。

（4）余能原理为弹性理论近似分析提供了另一条有效途径。当用这个原理找得应力$\boldsymbol{\sigma}$的近似解后，如果还需求应变$\boldsymbol{\varepsilon}$，则可利用应力-应变关系，一般没有困难。

但是，如果还需求位移$\boldsymbol{u}$，这一步将是困难的，实际上往往行不通。因为这时的$\boldsymbol{\sigma}$是近似值，再求得的$\boldsymbol{\varepsilon}$也是近似值，一般$\boldsymbol{\varepsilon}$不能严格满足应变协调方程，所以不能由$\boldsymbol{\varepsilon}$求出$\boldsymbol{u}$。为了求得位移，就得用其他方法，如单位虚载荷等方法。

## 2.3　小位移变形弹性理论广义变分原理

（1）应用前面讨论的小位移变形弹性理论经典变分原理，常常可以简便地寻找某些微分方程边值问题的近似解。但是，它们都是在一定的约束条件下寻求总位能或总余能的极小值，而在一些情况，例如复杂的边界条件下，要事先满足这两个变分原理的约束条件，并不容易。

因此自然想到：是否可以利用拉格朗日乘子法解除泛函变分时的约束条件？这个问题的回答是肯定的。这样，对于新泛函，其自变函数将不必事先满足这些约束条件。

有关这种解除约束后泛函的变分原理，我国称为**广义变分原理**（generalized variational principle），美国称为修正的变分原理（modified variational principle），或扩展的变分原理（extended variational principle），Zienkiewiez 称它们为混合变分原理（mixed variational principle）。它们都是 20 世纪在弹性理论中首先使用的一个新词汇。

（2）一般讲，所谓**广义变分原理**，是指用拉格朗日乘子法（或其他方法）解除了原有基本变分原理的约束，从而建立的比基本原理少约束条件或者无约束条件的变分原理。广义变分原理是将基本变分原理的部分或全部约束条件解除，所得的变分原理。

小位移变形弹性理论的广义变形原理，是以以上经典变分原理为基本的变分原理。

（3）早在 1759 年，拉格朗日（Lagrange）即提出了现在称之为“拉格朗日乘子（简称拉氏乘子）”的方法，以解决约束条件下函数的极值问题。Courant 及 Hilbert 从数学上阐述了利用拉氏乘子法解除变分法中的约束条件[8]。

但是，将这种方法引入力学，逐级解除弹性理论中原有变分原理的各种约束条件，从而系统地建立各级广义变分原理，却是近 50 多年来一些学者的成就。他们利用拉氏乘子法，不仅使一些学科中有关场变量的广义变分原理的建立，有了一个统一的方法，而且对连续介质特定问题，也提供了建立其相应广义变分原理的统一方法，这是十分重要的进展。

但是到目前为止，人们对广义变分原理仍在进行深入的探讨，一些学者的意见也不尽相同，对拉氏乘子法也还有若干不理解的地方，这将推动这门学科继续朝前发展。

## 2.4　Hellinger-Reissner 广义变分原理

Hellinger-Reissner 变分原理是一种弹性理论的广义变分原理，它是包含两类场变量 $(\boldsymbol{u},\boldsymbol{\sigma})$ 且仅受应力-应变关系约束的变分原理。

### 2.4.1　Hellinger-Reissner 变分原理泛函 $\Pi_{\mathrm{HR}}(\boldsymbol{\sigma},\boldsymbol{u})$ 的建立

Hellinger-Reissner 变分原理，可以通过利用拉氏乘子，解除最小余能原理的变分约束条件——域内的平衡方程及外力已知边界条件——来建立。

最小余能原理的变分约束条件为

平衡方程

$$\sigma_{ij,j}+\overline{F}_i=0 \qquad (V\text{ 内}) \tag{a}$$

及外力已知边界条件

$$\sigma_{ij}\nu_j-\overline{T}_i=0 \qquad (S_\sigma\text{ 上}) \tag{b}$$

泛函为

$$\Pi_C(\sigma_{ij})=\int_V B(\sigma)\,\mathrm{d}V-\int_{S_u}\sigma_{ij}\nu_j\overline{u}_i\,\mathrm{d}S \tag{c}$$

变分后给出

欧拉方程（以应力表示的变形协调条件）

$$\frac{\partial B}{\partial\sigma_{ij}}=\frac{1}{2}(u_{i,j}+u_{j,i}) \qquad (V\text{ 内}) \tag{d}$$

及自然边界条件（位移已知边界条件）

$$u_i = \overline{u}_i \quad （S_u 上） \tag{e}$$

应力-应变关系是此变分原理的非变分约束条件

$$\frac{\partial B}{\partial \sigma_{ij}} = \varepsilon_{ij} \tag{f}$$

在利用了应力-应变关系式（f）以后，式（d）给出应变-位移方程

$$\varepsilon_{ij} = \frac{1}{2}(u_{i,j} + u_{j,i}) \tag{g}$$

现在引入两类拉氏乘子 $\lambda_i(x_i)$ 及 $\eta_i(x_i)(i=1,2,3)$ 解除 $\Pi_C$ 的两类约束，从而构成新的泛函 $\Pi^*$

$$\begin{aligned}\Pi^*(\sigma_{ij},\lambda_i,\eta_i) &= \int_V [B(\sigma) + \lambda_i(\sigma_{ij,j} + \overline{F}_i)]\,\mathrm{d}V \\ &\quad - \int_{S_u} \sigma_{ij}\nu_j \overline{u}_i \mathrm{d}S + \int_{S_\sigma} \eta_i(\sigma_{ij}\nu_j - \overline{T}_i)\,\mathrm{d}S\end{aligned} \tag{h}$$

注意，$\lambda_i$ 及 $\eta_i$ 也是新泛函 $\Pi^*$ 的独立自变函数，所以 $\Pi^*$ 有三类独立变量：$\sigma_{ij}$、$\lambda_i$ 及 $\eta_i$。

令其变分为零，得到

$$\begin{aligned}\delta\Pi^* &= \int_V \left[\frac{\partial B(\sigma)}{\partial \sigma_{ij}}\delta\sigma_{ij} + \lambda_i\,\delta\sigma_{ij,j} + (\sigma_{ij,j} + \overline{F}_i)\delta\lambda_i\right]\mathrm{d}V \\ &\quad - \int_{S_u} \overline{u}_i\,\delta\,(\sigma_{ij}\nu_j)\,\mathrm{d}S \\ &\quad + \int_{S_\sigma} [\eta_i\delta\,(\sigma_{ij}\nu_j) + (\sigma_{ij}\nu_j - \overline{T}_i)\delta\eta_i]\mathrm{d}S = 0\end{aligned} \tag{i}$$

式中

$$\int_V \lambda_i\,\delta\sigma_{ij,j}\;\mathrm{d}V = \int_{S_u+S_\sigma} \lambda_i\,\delta\,(\sigma_{ij}\nu_j)\;\mathrm{d}S - \int_V \lambda_{i,j}\,\delta\sigma_{ij}\;\mathrm{d}V \tag{j}$$

注意到 $\delta\sigma_{ij} = \delta\sigma_{ji}$ 及哑标置换，上式最后一项可写为

$$\int_V \lambda_{i,j}\,\delta\sigma_{ij}\;\mathrm{d}V = \int_V \left(\frac{1}{2}\lambda_{i,j} + \frac{1}{2}\lambda_{j,i}\right)\delta\sigma_{ij}\;\mathrm{d}V \tag{k}$$

将式（j）及式（k）代回式（i），有

$$\begin{aligned}\delta\Pi^* &= \int_V \left\{\left[\frac{\partial B(\sigma)}{\partial \sigma_{ij}} - \frac{1}{2}(\lambda_{i,j} + \lambda_{j,i})\right]\delta\sigma_{ij} + (\sigma_{ij,j} + \overline{F}_i)\delta\lambda_i\right\}\mathrm{d}V \\ &\quad + \int_{S_u} (\lambda_i - \overline{u}_i)\delta\,(\sigma_{ij}\nu_j)\,\mathrm{d}S \\ &\quad + \int_{S_\sigma} [(\eta_i + \lambda_i)\delta\,(\sigma_{ij}\nu_j) + (\sigma_{ij}\nu_j - \overline{T}_i)\delta\eta_i]\mathrm{d}S \\ &= 0\end{aligned} \tag{l}$$

由于在$V$内的$\delta\sigma_{ij}$及$\delta\lambda_i$，$S_u$上的$\delta(\sigma_{ij}\nu_j)$，$S_\sigma$上的$\delta(\sigma_{ij}\nu_j)$及$\delta\eta_i$都是独立变分，所以由$\delta\Pi^*=0$，得到

欧拉方程

$$\left.\begin{aligned}&\frac{\partial B}{\partial\sigma_{ij}}-\frac{1}{2}(\lambda_{i,j}+\lambda_{j,i})=0\\&\sigma_{ij,j}+\bar{F}_i=0\end{aligned}\right\}\quad (V\text{ 内}) \tag{m}$$

自然边界条件

$$\lambda_i-\bar{u}_i=0\quad (S_u\text{ 上}) \tag{n}$$

$$\eta_i+\lambda_i=0\quad (S_\sigma\text{ 上}) \tag{o}$$

$$\sigma_{ij}\nu_j-\bar{T}_i=0\quad (S_\sigma\text{ 上}) \tag{p}$$

现在识别拉氏乘子，由式（n）及式（o）得到

$$\lambda_i=u_i\text{①}\quad (V\text{ 内}) \tag{q}$$

$$\eta_i=-u_i\quad (S_\sigma\text{ 上}) \tag{r}$$

顺便指出，在弹性理论变分中，可通过两条途径来识别拉氏乘子：

（1）力学等型识别：即通过强制变分后的欧拉方程应与弹性理论基本方程相同，来识别拉氏乘子，如上面由式（q）推出$\lambda_i$。

（2）数学代换性识别：由数学方程直接推导得到，如式（r）的$\eta_i$。

将已识别的拉氏乘子$\lambda_i$、$\eta_i$代入新泛函$\Pi^*$，即得到已识别拉氏乘子的Hellinger-Reissner 变分原理的泛函：

$$\begin{aligned}\Pi_{\mathrm{HR}}(\boldsymbol{\sigma},\boldsymbol{u})&=\int_V[B(\sigma)+(\sigma_{ij,j}+\bar{F}_i)]u_i\,\mathrm{d}V\\&\quad-\int_{S_u}\sigma_{ij}\nu_j\bar{u}_i\,\mathrm{d}S-\int_{S_\sigma}(\sigma_{ij}\nu_j-\bar{T}_i)u_i\,\mathrm{d}S\\&=\text{驻值}\end{aligned}$$

或 　　(2.4.1)

$$\begin{aligned}\Pi_{\mathrm{HR}}(\boldsymbol{\sigma},\boldsymbol{u})&=\int_V B(\boldsymbol{\sigma})+(\boldsymbol{D}^{\mathrm{T}}\boldsymbol{\sigma}+\bar{\boldsymbol{F}})^{\mathrm{T}}\boldsymbol{u}]\mathrm{d}V\\&\quad-\int_{S_u}\boldsymbol{T}^{\mathrm{T}}\bar{\boldsymbol{u}}\,\mathrm{d}S-\int_{S_\sigma}(\boldsymbol{T}-\bar{\boldsymbol{T}})^{\mathrm{T}}\boldsymbol{u}\,\mathrm{d}S\quad(\boldsymbol{T}=\boldsymbol{\nu\sigma})\\&=\text{驻值}\end{aligned}$$

---

① 在2.2节推导最小余能原理时，为了反映平衡方程这组约束条件，泛函$\Pi_C$中加了一项$\int_V u_i\delta\sigma_{ij,j}\mathrm{d}V$。这一项实际是用已识别的拉氏乘子$\lambda_i=u_i$，与本节$\delta\sigma_{ij,j}$项乘积的积分（式（i）中右侧第二项），所以这一项表示，用拉氏乘子解除$\Pi_C$域中平衡方程这组约束。

如利用散度定理

$$\int_V \sigma_{ij,j} u_i \, \mathrm{d}V = -\int_V \sigma_{ij} u_{i,j} \, \mathrm{d}V + \int_{S_u+S_\sigma} \sigma_{ij} \nu_j u_i \, \mathrm{d}S \tag{s}$$

则 Hellinger-Reissner 变分原理的泛函也可以写为

$$\begin{aligned} \Pi_{\mathrm{HR}}(\boldsymbol{\sigma},\boldsymbol{u}) &= \int_V [B(\sigma) - \sigma_{ij} u_{i,j} + \bar{F}_i u_i] \, \mathrm{d}V \\ &\quad - \int_{S_u} \sigma_{ij} \nu_j (\bar{u}_i - u_i) \, \mathrm{d}S + \int_{S_\sigma} \bar{T}_i u_i \, \mathrm{d}S \\ &= \text{驻值} \end{aligned}$$

或　　（2.4.2）

$$\begin{aligned} \Pi_{\mathrm{HR}}(\boldsymbol{\sigma},\boldsymbol{u}) &= \int_V [B(\boldsymbol{\sigma}) - \boldsymbol{\sigma}^{\mathrm{T}}(\boldsymbol{D}\boldsymbol{u}) + \bar{\boldsymbol{F}}^{\mathrm{T}}\boldsymbol{u}] \, \mathrm{d}V \\ &\quad - \int_{S_u} \boldsymbol{T}^{\mathrm{T}}(\bar{\boldsymbol{u}} - \boldsymbol{u}) \, \mathrm{d}S + \int_{S_\sigma} \bar{\boldsymbol{T}}^{\mathrm{T}} \boldsymbol{u} \, \mathrm{d}S \quad (\boldsymbol{T} = \boldsymbol{\nu}\boldsymbol{\sigma}) \\ &= \text{驻值} \end{aligned}$$

这个广义变分原理的泛函是 Reissner 于 1950 年提出的[9]，由于 Hellinger 在 1914 年也做了基本相同的工作[10]，所以称之为 Hellinger-Reissner 变分原理。Reissner 在《有限元手册》(*Finite Element Handbook*)[11]中指出：他在推导此泛函时，假定自变函数事先满足位移约束条件 $u_i = \bar{u}_i (S_u\text{上})$，所以在式（2.4.2）中没有面积分 $\int_{S_u} \boldsymbol{T}^{\mathrm{T}}(\bar{\boldsymbol{u}} - \boldsymbol{u}) \, \mathrm{d}S$ 这一项。现在，由于解除了位移已知边界的约束条件，而导出包含此项的泛函表达式，是由 Fraeijs de Veubeke [12]和 Langhaar[13]给出的。

### 2.4.2　Hellinger-Reissner 变分原理注意事项

（1）泛函 $\Pi_{\mathrm{HR}}$ 具有两类独立的自变函数：应力 $\boldsymbol{\sigma}$ 及位移 $\boldsymbol{u}$ 。

在最小余能原理中，应力 $\boldsymbol{\sigma}$ 是自变函数，但 $\boldsymbol{\sigma}$ 的 6 个分量需满足 3 个平衡方程，所以它们不全是独立的。而在 Hellinger-Reissner 变分原理中，引入拉氏乘子解除了平衡方程这组约束条件，所以 6 个应力分量全是独立的自变函数。

同时，在解除约束组成新泛函 $\Pi^*$ 时，拉氏乘子 $\boldsymbol{\lambda}$ 也是新泛函的独立自变函数，当识别了 $\boldsymbol{\lambda} = \boldsymbol{u}$，并在 $\Pi^*$ 中以位移 $\boldsymbol{u}$ 取代 $\boldsymbol{\lambda}$ 后，位移 $\boldsymbol{u}$ 就成为泛函 $\Pi_{\mathrm{HR}}$ 的独立自变函数。

所以 Hellinger-Reissner 变分原理是包含两类独立变量（应力 $\boldsymbol{\sigma}$ 及位移 $\boldsymbol{u}$ ）的广义变分原理。

（2）$\Pi_{\mathrm{HR}}$ 较 $\Pi_C$ 的推广在于：$\boldsymbol{u}$ 不必事先满足位移边界条件及应变-位移方程，$\boldsymbol{\sigma}$ 也不必事先满足平衡方程及外力已知边界条件，$\boldsymbol{u}$ 与 $\boldsymbol{\sigma}$ 之间也不必满足任何关系，同时，$\boldsymbol{u}$ 与 $\boldsymbol{\sigma}$ 可以是广义函数[14]，允许它们有某些不连续。

（3）$\Pi_{\mathrm{HR}}$ 的变分只取驻值，而不取极值。也就是说，只能证明 $\delta\Pi_{\mathrm{HR}}=0$ 导出弹性理论全部基本方程，而不能证明它的二次变分大于、小于或等于零。

（4）应力-应变关系是最小余能原理的非变分约束条件。现在由最小余能原理到 Hellinger-Reissner 变分原理的推导中，并没有引用拉氏乘子消去这组约束条件，也就是说，没有通过任何途径，使应力-应变关系变成此变分原理的欧拉方程，所以**应力应变关系仍然**是 Hellinger-Reissner **变分原理的非变分约束条件**。

Hellinger-Reissner 变分原理的泛函 $\Pi_{\mathrm{HR}}(\boldsymbol{\sigma},\boldsymbol{u})$ 中没有包含应变 $\boldsymbol{\varepsilon}$，如需求 $\boldsymbol{\varepsilon}$，可根据应力-应变关系

$$\frac{\partial B}{\partial \sigma_{ij}}=\varepsilon_{ij} \tag{t}$$

进行计算。

（5）对于泛函 $\Pi_{\mathrm{HR}}$，当选择的 $\boldsymbol{\sigma}$ 满足平衡方程及外力已知边界条件时，$\Pi_{\mathrm{HR}}$ 将退化为 $\Pi_C$，即事先满足所解除的约束条件，新泛函即退化为原来的泛函。

## 2.5　$(\boldsymbol{\varepsilon},\boldsymbol{u})$ 双变量广义变分原理

应变 $\boldsymbol{\varepsilon}$ 及位移 $\boldsymbol{u}$ 双变量广义变分原理是弹性理论的又一种广义变分原理。

### 2.5.1　$(\boldsymbol{\varepsilon},\boldsymbol{u})$ 双变量广义变分原理泛函 $\Pi_{P2}(\boldsymbol{\varepsilon},\boldsymbol{u})$ 的建立[12]

这个变分原理是通过用拉氏乘子，解除最小势能原理的两组约束条件——域内应变-位移方程及位移已知边界条件——而建立的。

最小势能原理 $\Pi_P(\boldsymbol{u})$ 的变分约束条件为

应变-位移方程

$$\varepsilon_{ij}=\frac{1}{2}(u_{i,j}+u_{j,i}) \qquad （V\text{ 内}） \tag{a}$$

及位移已知边界条件

$$u_i=\overline{u}_i \qquad （S_u\text{ 上}） \tag{b}$$

泛函为

$$\Pi_P(\boldsymbol{u}) = \int_V [A(\varepsilon) - \overline{F}_i u_i] \mathrm{d}V - \int_{S_\sigma} \overline{T}_i u_i \mathrm{d}S \qquad \text{(c)}$$

变分后给出

欧拉方程$\left(以\dfrac{\partial A}{\partial \varepsilon_{ij}}表示的平衡方程\right)$

$$\left(\frac{\partial A}{\partial \varepsilon_{ij}}\right)_{,j} + \overline{F}_i = 0 \quad （V\text{ 内}） \qquad \text{(d)}$$

自然边界条件$\left(以\dfrac{\partial A}{\partial \varepsilon_{ij}}表示的外力已知边界条件\right)$

$$\frac{\partial A}{\partial \varepsilon_{ij}} \nu_j = \overline{T}_i \quad （S_\sigma\text{ 上}） \qquad \text{(e)}$$

同时，应力-应变关系

$$\frac{\partial A}{\partial \varepsilon_{ij}} = \sigma_{ij} \qquad \text{(f)}$$

也是这个变分原理的非变分约束条件。

现在引入两组拉氏乘子 $\lambda_{ij}$ 及 $\beta_i$ 来解除式（a）、式（b）两组约束条件，建立新泛函

$$\begin{aligned}\Pi^*(u_i, \varepsilon_{ij}, \lambda_{ij}, \beta_i) = &\int_V \left[ A(\varepsilon) + \lambda_{ij}\left(\varepsilon_{ij} - \frac{1}{2}u_{i,j} - \frac{1}{2}u_{j,i}\right) - \overline{F}_i u_i \right] \mathrm{d}V \\ &- \int_{S_\sigma} \overline{T}_i u_i \,\mathrm{d}S + \int_{S_u} \beta_i (u_i - \overline{u}_i) \mathrm{d}S\end{aligned} \qquad (2.5.1)$$

式中，$u_i$、$\varepsilon_{ij}$ 和拉氏乘子 $\lambda_{ij}$ 及 $\beta_i$ 均为新泛函 $\Pi^*$ 的独立自变量，所以它包含四组独立变量。

对 $\Pi^*$ 取变分，得到

$$\begin{aligned}\delta \Pi^* = &\int_V \left[ \frac{\partial A}{\partial \varepsilon_{ij}} \delta \varepsilon_{ij} + \left(\varepsilon_{ij} - \frac{1}{2}u_{i,j} - \frac{1}{2}u_{j,i}\right)\delta\lambda_{ij} \right. \\ &\left. + \lambda_{ij}\left(\delta\varepsilon_{ij} - \frac{1}{2}\delta u_{i,j} - \frac{1}{2}\delta u_{j,i}\right) - \overline{F}_i \delta u_i \right] \mathrm{d}V \\ &- \int_{S_\sigma} \overline{T}_i \delta u_i \,\mathrm{d}S + \int_{S_u} [\beta_i \delta u_i + (u_i - \overline{u}_i)\delta\beta_i] \mathrm{d}S = 0\end{aligned} \qquad \text{(g)}$$

由上式（并认为 $\lambda_{ij} = \lambda_{ji}$）有

$$
\begin{aligned}
&-\int_V \lambda_{ij}\left(\frac{1}{2}\delta u_{i,j}+\frac{1}{2}\delta u_{j,i}\right)\mathrm{d}V \\
&=-\int_V \lambda_{ij}\,\delta u_{i,j}\,\mathrm{d}V \\
&=-\int_{S_\sigma+S_u}\lambda_{ij}\nu_j\,\delta u_i\,\mathrm{d}S+\int_V \lambda_{ij,j}\,\delta u_i\,\mathrm{d}V
\end{aligned} \tag{h}
$$

代回式（g）得到

$$
\begin{aligned}
\delta \Pi^* = &\int_V\left[\left(\frac{\partial A}{\partial \varepsilon_{ij}}+\lambda_{ij}\right)\delta\varepsilon_{ij}+\left(\varepsilon_{ij}-\frac{1}{2}u_{i,j}-\frac{1}{2}u_{j,i}\right)\delta\lambda_{ij}\right. \\
&\left.+(\lambda_{ij,j}-\bar{F}_i)\,\delta u_i\right]\mathrm{d}V \\
&+\int_{S_u}[(\beta_i-\lambda_{ij}\nu_j)\,\delta u_i+(u_i-\bar{u}_i)\delta\beta_i]\mathrm{d}S \\
&-\int_{S_\sigma}(\lambda_{ij}\nu_j+\bar{T}_i)\,\delta u_i\,\mathrm{d}S=0
\end{aligned} \tag{i}
$$

上式$V$内$\delta\varepsilon_{ij}$、$\delta\lambda_{ij}$、$\delta u_i$，$S_u$上的$\delta u_i$及$\delta\beta_i$，以及$S_\sigma$上的$\delta u_i$都是独立变分，所以式（i）给出：

欧拉方程

$$\frac{\partial A}{\partial \varepsilon_{ij}}+\lambda_{ij}=0 \tag{j}$$

$$\varepsilon_{ij}=\frac{1}{2}(u_{i,j}+u_{j,i}) \quad （V\text{ 内}） \tag{k}$$

$$\lambda_{ij,j}-\bar{F}_i=0 \tag{l}$$

自然边界条件

$$\lambda_{ij}\nu_j+\bar{T}_i=0 \quad （S_\sigma\text{ 上}） \tag{m}$$

$$\beta_i-\lambda_{ij}\nu_j=0 \quad （S_u\text{ 上}） \tag{n}$$

$$u_i=\bar{u}_i \quad （S_u\text{ 上}） \tag{o}$$

通过式（j）及式（n），可以识别两组拉氏乘子

$$\lambda_{ij}=-\frac{\partial A}{\partial \varepsilon_{ij}} \tag{p}$$

$$\beta_i=-\frac{\partial A}{\partial \varepsilon_{ij}}\nu_j \tag{q}$$

同时可见，$\lambda_{ij}$的确等于$\lambda_{ji}$。

把已识别的拉氏乘子$\lambda_{ij}$及$\beta_i$代回泛函$\Pi^*$，得到如下解除约束后的泛函$\Pi_{P2}$：

$$
\begin{aligned}
\Pi_{P2}(\boldsymbol{\varepsilon},\boldsymbol{u}) &= \int_V \left[ A(\varepsilon) - \frac{\partial A}{\partial \varepsilon_{ij}} \left( \varepsilon_{ij} - \frac{1}{2}u_{i,j} - \frac{1}{2}u_{j,i} \right) - \overline{F}_i u_i \right] \mathrm{d}V \\
&\quad - \int_{S_\sigma} \overline{T}_i u_i \mathrm{d}S - \int_{S_u} \frac{\partial A}{\partial \varepsilon_{ij}} \nu_j (u_i - \overline{u}_i) \mathrm{d}S \\
&= \text{驻值}
\end{aligned}
$$

或　　　　（2.5.2）

$$
\begin{aligned}
\Pi_{P2}(\boldsymbol{\varepsilon},\boldsymbol{u}) &= \int_V \left[ A(\boldsymbol{\varepsilon}) - \left( \frac{\partial A}{\partial \boldsymbol{\varepsilon}} \right)^{\mathrm{T}} (\boldsymbol{\varepsilon} - \boldsymbol{D}\boldsymbol{u}) - \overline{\boldsymbol{F}}^{\mathrm{T}} \boldsymbol{u} \right] \mathrm{d}V \\
&\quad - \int_{S_u} \left( \boldsymbol{\nu} \frac{\partial A}{\partial \boldsymbol{\varepsilon}} \right)^{\mathrm{T}} (\boldsymbol{u} - \overline{\boldsymbol{u}}) \mathrm{d}S - \int_{S_\sigma} \overline{\boldsymbol{T}}^{\mathrm{T}} \boldsymbol{u} \mathrm{d}S \\
&= \text{驻值}
\end{aligned}
$$

这就是（$\boldsymbol{\varepsilon}$, $\boldsymbol{u}$）双变量广义变分原理$\Pi_{P2}$。

Felippa 指出[15]：早在 1951 年 Fraeijs de Veubeke 的一篇报告中[12]，首先引入这两组拉氏乘子，并建立了四组变量的泛函（式（2.5.1）），Fraeijs de Veubeke 称其为“广义变分原理”。然后，Fraeijs de Veubeke 通过识别拉氏乘子，得到现在两类变量$\boldsymbol{\varepsilon}$及$\boldsymbol{u}$广义变分原理的泛函。

### 2.5.2　$\Pi_{P2}(\boldsymbol{\varepsilon},\boldsymbol{u})$变分原理的注意事项

（1）最小势能原理的泛函由于受应变-位移方程的约束，所以它独立的自变函数只有位移$\boldsymbol{u}$，而($\boldsymbol{\varepsilon}$, $\boldsymbol{u}$)双变量变分原理是对最小势能原理引入拉氏乘子，解除了其应变-位移方程的约束，所以应变$\boldsymbol{\varepsilon}$也可以独立变化，因此$\Pi_{P2}$是两类独立变量$\boldsymbol{\varepsilon}$与$\boldsymbol{u}$的广义变分原理。

（2）$\Pi_{P2}$较之$\Pi_P$推广在于：位移$\boldsymbol{u}$与应变$\boldsymbol{\varepsilon}$事先不必满足应变-位移方程及位移已知边界条件；$\boldsymbol{u}$与$\boldsymbol{\varepsilon}$可以是广义函数，允许它们存在某些不连续性。

但是$\Pi_{P2}$泛函的变分也只给出驻值，而非极值。

显然，如选择的$\boldsymbol{u}$及$\boldsymbol{\varepsilon}$事先满足应变-位移方程及位移已知边界条件，则$\Pi_{P2}$退化为$\Pi_P$。

（3）$\Pi_{P2}$的泛函中不涉及应力$\boldsymbol{\sigma}$，它仍然可以由应力-应变关系

$$
\frac{\partial A}{\partial \varepsilon_{ij}} = \sigma_{ij} \tag{r}
$$

求得。

（4）由 $\Pi_P$ 导至 $\Pi_{P2}$ 的过程，既然没有移去应力-应变关系这组原来 $\Pi_P$ 的非变分约束条件，也就没有使其转变为 $\Pi_{P2}$ 的欧拉方程，所以应力-应变关系仍然是**这个广义变分原理的非变分约束条件**。

从以上两个广义变分原理可以看到，本构方程都是它们的非变分约束条件：

$$\Pi_{\mathrm{HR}}:\ \boldsymbol{\sigma},\boldsymbol{u}\ \rightarrow\ \varepsilon_{ij}=\frac{\partial B}{\partial \sigma_{ij}} \tag{s}$$

$$\Pi_{P2}:\ \boldsymbol{\varepsilon},\boldsymbol{u}\ \rightarrow\ \sigma_{ij}=\frac{\partial A}{\partial \varepsilon_{ij}} \tag{t}$$

注意到式（s）与式（t）均为代数变换，钱伟长的意见是：这种域内的代数变换只能作为非变分约束条件，而不能用简单的拉氏乘子去消除。他认为，这不只是广义变分原理所独具的特性，一般来讲，在域内可用拉氏乘子移去的变分约束条件，是自变函数微分变换型约束。而用简单的拉氏乘子法，无法移去代数变换型约束，对于代数变换型约束，建议采用高阶拉氏乘子法去解除[16]。

## 2.6　这两种广义变分原理泛函之间的关系

将 $\Pi_{\mathrm{HR}}$ 与 $\Pi_{P2}$ 的两个泛函相加

$$\begin{aligned}\Pi_{\mathrm{HR}}+\Pi_{P2}&=\int_V[A(\varepsilon)+B(\sigma)-\sigma_{ij}\varepsilon_{ij}]\mathrm{d}V\\&\quad+\int_V\left[\left(\sigma_{ij}-\frac{\partial A}{\partial \varepsilon_{ij}}\right)\left(\varepsilon_{ij}-\frac{1}{2}u_{i,j}-\frac{1}{2}u_{j,i}\right)\right]\mathrm{d}V\\&\quad+\int_V\left[\sigma_{ij}\frac{1}{2}(u_{i,j}+u_{j,i})+\sigma_{ij,j}u_i\right]\mathrm{d}V\\&\quad+\int_{S_u}\left(\sigma_{ij}-\frac{\partial A}{\partial \varepsilon_{ij}}\right)\nu_j(u_i-\bar{u}_i)\mathrm{d}S\\&\quad-\int_{S_\sigma+S_u}\sigma_{ij}\nu_j u_i\,\mathrm{d}S\end{aligned} \tag{a}$$

利用散度定理

$$\int_V\left[\sigma_{ij}\frac{1}{2}(u_{i,j}+u_{j,i})+\sigma_{ij,j}u_i\right]\mathrm{d}V=\int_{S_u+S_\sigma}\sigma_{ij}\nu_j u_i\,\mathrm{d}S \tag{b}$$

将式（b）代入式（a），得到

$$\Pi_{\mathrm{HR}}+\Pi_{P2}=\int_V[A(\varepsilon)+B(\sigma)-\sigma_{ij}\varepsilon_{ij}]\mathrm{d}V$$

$$+\int_V\left[\left(\sigma_{ij}-\frac{\partial A}{\partial\varepsilon_{ij}}\right)\left(\varepsilon_{ij}-\frac{1}{2}u_{i,j}-\frac{1}{2}u_{j,i}\right)\right]\mathrm{d}V \quad \text{(c)}$$

$$+\int_{S_u}\left(\sigma_{ij}-\frac{\partial A}{\partial\varepsilon_{ij}}\right)\nu_j(u_i-\overline{u}_i)\,\mathrm{d}S$$

可见，当满足应力-应变关系

$$A(\varepsilon)+B(\sigma)-\sigma_{ij}\varepsilon_{ij}=0 \quad \text{(d)}$$

及

$$\sigma_{ij}=\frac{\partial A}{\partial\varepsilon_{ij}} \quad \text{(e)}$$

时，式（c）成为

$$\Pi_{\mathrm{HR}}+\Pi_{P2}=0 \quad (2.6.1)$$

即，这两个广义变分原理的物理本质相同，处理相同的弹性理论问题，在满足本构方程的前提下，两个原理泛函的数学表达式相等，只差一个符号。文献[5]称“**这两个变分原理在满足本构方程的前提下等价**”。

关于变分原理的等价性，早在 1979 年就被提出，但至今还没有关于“等价”的明确定义。

1985 年，胡海昌与龙驭球建议采用如下定义：

1. 两个变分原理等价，需满足三个条件

（1）具有相同自变函数；

（2）自变函数具有相同的选择域；

（3）二者导出的驻值方程等价。

2. 两个变分原理互等，需满足两个条件

（1）变分原理等价；

（2）二个泛函互等（“互等”是指两个泛函只差一个比例系数，通常是差一个符号，如式（2.6.1））。

若按以上建议的条件，$\Pi_{\mathrm{HR}}$ 与 $\Pi_{P2}$ 不满足等价的条件，起码不具有相同的自变函数。也有的文献把两个变分原理对应的泛函之和等于零，称它们是“等价”的，显然这种所谓的“等价”，与胡海昌、龙驭球建议的“等价”内涵不同。参阅文献时，请注意其所定义等价的具体含义。

# 2.7　Hu-Washizu 广义变分原理

再来推导另一个广泛应用的变分原理——Hu-Washizu（胡海昌-鹫津久一郎）广义变分原理。

### 2.7.1　Hu-Washizu 变分原理泛函 $\Pi_{\mathrm{HW}}$ 的建立

泛函 $\Pi_{\mathrm{HW}}$ 可通过两条途径建立：

1. 由 $\Pi_P$ 解除约束条件建立

如 2.5 节所述，如果引入两类拉氏乘子 $\lambda_{ij}$ 及 $\beta_i$，解除最小势能的两组约束条件：域内的应变-位移方程及边界上的位移已知条件，则得到如下新泛函 $\Pi^*$：

$$\begin{aligned}\Pi^*(\boldsymbol{u},\boldsymbol{\varepsilon},\boldsymbol{\lambda},\boldsymbol{\beta}) &= \int_V \left[ A(\varepsilon) + \lambda_{ij}\left( \varepsilon_{ij} - \frac{1}{2}u_{i,j} - \frac{1}{2}u_{j,i} \right) - \bar{F}_i u_i \right] \mathrm{d}V \\ &\quad + \int_{S_u} \beta_i (u - \bar{u}_i)\,\mathrm{d}S - \int_{S_\sigma} \bar{T}_i u_i \mathrm{d}S \end{aligned} \tag{a}$$

$\Pi^*$ 的变分驻值条件给出

$$\begin{aligned}\delta\Pi^* &= \int_V \left\{ \left[ \frac{\partial A}{\partial \varepsilon_{ij}} + \lambda_{ij} \right] \delta\varepsilon_{ij} + \left( \varepsilon_{ij} - \frac{1}{2}u_{i,j} - \frac{1}{2}u_{j,i} \right) \delta\lambda_{ij} \right. \\ &\quad \left. + \left( \lambda_{ij,j} - \bar{F}_i \right) \delta u_i \right\} \mathrm{d}V \\ &\quad + \int_{S_u} [(u_i - \bar{u}_i)\delta\beta_i + (\beta_i - \lambda_{ij}\nu_j)\delta u_i]\mathrm{d}S \\ &\quad - \int_{S_\sigma} (\lambda_{ij}\nu_j + \bar{T}_i)\,\delta u_i\,\mathrm{d}S = 0 \end{aligned} \tag{b}$$

由于 $V$ 内的 $\delta\varepsilon_{ij}$、$\delta\lambda_{ij}$、$\delta u_i$，$S_u$ 上的 $\delta u_i$、$\delta\beta_i$，以及 $S_\sigma$ 上的 $\delta u_i$ 都是独立变分，所以得到

| 欧拉方程 | | $\Pi_P^*$ 数学识别拉氏乘子 | | $\Pi_{\mathrm{HW}}$ 力学识别拉氏乘子 | |
|---|---|---|---|---|---|
| $\dfrac{\partial A}{\partial \varepsilon_{ij}} + \lambda_{ij} = 0$ | | | | | (c) |
| $\varepsilon_{ij} = \dfrac{1}{2}(u_{i,j} + u_{j,i})$ | （$V$ 内） → | $\lambda_{ij} = -\dfrac{\partial A}{\partial \varepsilon_{ij}}$ | → | $\lambda_{ij} = -\sigma_{ij}$ | (d) |
| $\lambda_{ij,j} - \bar{F}_i = 0$ | | | | | (e) |

和自然边界条件

$$\left.\begin{aligned} u_i - \bar{u}_i &= 0 \\ \beta_i - \lambda_{ij}\nu_j &= 0 \end{aligned}\right\} \quad (S_u\text{上}) \qquad \rightarrow \qquad \beta_i = -\frac{\partial A}{\partial \varepsilon_{ij}}\nu_j \qquad \rightarrow \qquad \beta_i = -\sigma_{ij}\nu_j \qquad \begin{matrix}\text{(f)}\\ \text{(g)}\end{matrix}$$

$$\lambda_{ij}\nu_j + \bar{T}_i = 0 \qquad (S_\sigma\text{上}) \tag{h}$$

如认定

$$\lambda_{ij} = -\sigma_{ij} \tag{2.7.1}$$

$$\beta_i = -\sigma_{ij}\nu_j \tag{2.7.2}$$

这时，式（c）、（d）、（e）分别代表应力-应变关系、应变-位移方程及平衡条件，而式（f）及（h）分别代表位移已知边界条件及外力已知边界条件，所以是小位移变形弹性理论问题的正确解。

将已识别的拉氏乘子代入泛函 $\Pi^*$，可得到如下 Hu-Washizu 广义变分原理：

$$\begin{aligned} \Pi_{\mathrm{HW}}(\boldsymbol{\sigma},\boldsymbol{\varepsilon},\boldsymbol{u}) &= \int_V \left[ A(\varepsilon) - \sigma_{ij}\left(\varepsilon_{ij} - \frac{1}{2}u_{i,j} - \frac{1}{2}u_{j,i}\right) - \bar{F}_i u_i \right] \mathrm{d}V \\ &\quad - \int_{S_\sigma} \bar{T}_i u_i \,\mathrm{d}S - \int_{S_u} \sigma_{ij}\nu_j (u_i - \bar{u}_i)\,\mathrm{d}S \\ &= \text{驻值} \end{aligned}$$

或　　　　(2.7.3a)

$$\begin{aligned} \Pi_{\mathrm{HW}}(\boldsymbol{\sigma},\boldsymbol{\varepsilon},\boldsymbol{u}) &= \int_V \left[ A(\boldsymbol{\varepsilon}) - \boldsymbol{\sigma}^{\mathrm{T}}(\boldsymbol{\varepsilon} - \boldsymbol{D}\boldsymbol{u}) - \bar{\boldsymbol{F}}^{\mathrm{T}}\boldsymbol{u} \right] \mathrm{d}V \\ &\quad - \int_{S_\sigma} \bar{\boldsymbol{T}}^{\mathrm{T}}\boldsymbol{u}\,\mathrm{d}S - \int_{S_u} \boldsymbol{\sigma}^{\mathrm{T}}\boldsymbol{\nu}^{\mathrm{T}}(\boldsymbol{u} - \bar{\boldsymbol{u}})\,\mathrm{d}S \\ &= \text{驻值} \end{aligned}$$

当利用了散度定理后，也可写为

$$\begin{aligned} \Pi_{\mathrm{HW}}(\boldsymbol{\sigma},\boldsymbol{\varepsilon},\boldsymbol{u}) &= \int_V [\sigma_{ij}\varepsilon_{ij} - A(\varepsilon) + (\sigma_{ij,j} + \bar{F}_i)u_i]\,\mathrm{d}V \\ &\quad - \int_{S_\sigma} (\sigma_{ij}\nu_j - \bar{T}_i)u_i\,\mathrm{d}S - \int_{S_u} \sigma_{ij}\nu_j\bar{u}_i\,\mathrm{d}S \\ &= \text{驻值} \end{aligned}$$

或　　　　(2.7.3b)

$$\begin{aligned} \Pi_{\mathrm{HW}}(\boldsymbol{\sigma},\boldsymbol{\varepsilon},\boldsymbol{u}) &= \int_V \left[ \boldsymbol{\sigma}^{\mathrm{T}}\boldsymbol{\varepsilon} - A(\boldsymbol{\varepsilon}) + (\boldsymbol{D}^{\mathrm{T}}\boldsymbol{\sigma} + \bar{\boldsymbol{F}}^{\mathrm{T}})^{\mathrm{T}}\boldsymbol{u} \right] \mathrm{d}V \\ &\quad - \int_{S_\sigma} (\boldsymbol{\nu}\boldsymbol{\sigma} - \bar{\boldsymbol{T}})^{\mathrm{T}}\boldsymbol{u}\,\mathrm{dS} - \int_{S_u} \boldsymbol{\sigma}^{\mathrm{T}}\boldsymbol{\nu}^{\mathrm{T}}\bar{\boldsymbol{u}}\,\mathrm{d}S \\ &= \text{驻值} \end{aligned}$$

这个广义变分原理的泛函（2.7.3）是胡海昌（Hu）于 1954 年首先提出的[17]，他用试算法得到了这个泛函；后来鹫津久一郎（Washizu）用拉氏乘子法导出了同样的泛函[7,18]，所以称之为 Hu-Washizu **广义变分原理**。1965 年 Fraeijs de Veubeke[19] 也提到以应力、应变、位移为三类独立场变量的广义变分原理。

2. 由 $\Pi_{P2}$ 泛函建立

由式（2.5.2）知 $\Pi_{P2}$ 的泛函为

$$
\begin{aligned}
\Pi_{P2} = &\int_V \left[ A(\varepsilon) - \bar{F}_i u_i - \frac{\partial A}{\partial \varepsilon_{ij}} \left( \varepsilon_{ij} - \frac{1}{2} u_{i,j} - \frac{1}{2} u_{j,i} \right) \right] \mathrm{d}V \\
&- \int_{S_\sigma} \bar{T}_i u_i \, \mathrm{d}S - \int_{S_u} \frac{\partial A}{\partial \varepsilon_{ij}} \nu_j (u_i - \bar{u}_i) \, \mathrm{d}S
\end{aligned}
\tag{i}
$$

此式可改写成

$$
\begin{aligned}
\Pi_{P2} = &\int_V \left[ A(\varepsilon) - \sigma_{ij} \left( \varepsilon_{ij} - \frac{1}{2} u_{i,j} - \frac{1}{2} u_{j,i} \right) - \bar{F}_i u_i \right] \mathrm{d}V \\
&- \int_{S_\sigma} \bar{T}_i u_i \mathrm{d}S - \int_{S_u} \sigma_{ij} \nu_j (u_i - \bar{u}_i) \mathrm{d}S \\
&+ \int_V \left( \sigma_{ij} - \frac{\partial A}{\partial \varepsilon_{ij}} \right) \left( \varepsilon_{ij} - \frac{1}{2} u_{i,j} - \frac{1}{2} u_{j,i} \right) \mathrm{d}V \\
&+ \int_{S_u} \left( \sigma_{ij} - \frac{\partial A}{\partial \varepsilon_{ij}} \right) \nu_j (u_i - \bar{u}_i) \mathrm{d}S
\end{aligned}
\tag{j}
$$

注意由（i）式至（j）只是作了恒等代换。如在应力-应变关系

$$
\sigma_{ij} = \frac{\partial A}{\partial \varepsilon_{ij}} \tag{k}
$$

的约束下，则（j）式变为

$$
\begin{aligned}
\Pi_{P2} = &\int_V \left[ A(\varepsilon) - \sigma_{ij} \left( \varepsilon_{ij} - \frac{1}{2} u_{i,j} - \frac{1}{2} u_{j,i} \right) - \bar{F}_i u_i \right] \mathrm{d}V \\
&- \int_{S_\sigma} \bar{T}_i u_i \, \mathrm{d}S - \int_{S_u} \sigma_{ij} \nu_j (u_i - \bar{u}_i) \mathrm{d}S = \Pi_{\mathrm{HW}}
\end{aligned}
\tag{l}
$$

可见，当式（k）成立时，$\Pi_{P2}$ 即转化为泛函 $\Pi_{\mathrm{HW}}$（式（2.7.3a））：

$$
\Pi_{P2} \xrightarrow[\sigma_{ij} - \frac{\partial A}{\partial \varepsilon_{ij}} = 0]{} \Pi_{\mathrm{HW}} \tag{m}
$$

### 2.7.2　对 Hu-Washizu 广义变分原理的论战

20 世纪 90 年代，我国学者胡海昌与钱伟长两派曾就 Hu-Washizu 广义变分原理展开了一场激烈的争论，其焦点主要是：这个变分原理究竟是两类独立场变量，

还是三类独立场变量？应力-应变关系是 Hu-Washizu 广义变分原理变分后的欧拉方程，还是这个变分原理的非变分约束条件？

双方主要论点如下所述。

1. 胡海昌等的观点[17,18,20-22]

Hu-Washizu 广义变分原理是具有三类独立自变函数 $\boldsymbol{u}$、$\boldsymbol{\varepsilon}$ 及 $\boldsymbol{\sigma}$ 的广义变分原理，应力-应变关系是此变分原理变分后的欧拉方程。

这是基于以下几点：

（1）根据 Hellinger-Reissner 变分原理，可知

$$\begin{aligned}\Pi_{\mathrm{HR}} &= \int_V [B(\sigma) + (\sigma_{ij,j} + \bar{F}_i)u_i]\,\mathrm{d}V \\ &\quad - \int_{S_\sigma} (\sigma_{ij}\nu_j - \bar{T}_i)u_i\,\mathrm{d}S - \int_{S_u} \sigma_{ij}\nu_j \bar{u}_i\,\mathrm{d}S\end{aligned} \tag{n}$$

计算泛函差

$$\Pi_{\mathrm{HW}} - \Pi_{\mathrm{HR}} = \int_V [\sigma_{ij}\varepsilon_{ij} - A(\varepsilon) - B(\sigma)]\mathrm{d}V \tag{o}$$

对于线弹性体

$$\begin{aligned}\sigma_{ij}\varepsilon_{ij} - A(\varepsilon) - B(\sigma) &= \sigma_{ij}\varepsilon_{ij} - \frac{1}{2}C_{ijkl}\varepsilon_{ij}\varepsilon_{kl} - \frac{1}{2}S_{ijkl}\sigma_{ij}\sigma_{kl} \\ &= -\frac{1}{2}(\varepsilon_{ij} - S_{ijkl}\sigma_{kl})C_{ijkl}(\varepsilon_{kl} - S_{ijkl}\sigma_{ij}) \\ &\leqslant 0\end{aligned} \tag{p}$$

所以

$$\begin{aligned}\Pi_{\mathrm{HW}} - \Pi_{\mathrm{HR}} &= -\frac{1}{2}\int_V (\varepsilon_{ij} - S_{ijkl}\sigma_{kl})C_{ijkl}(\varepsilon_{kl} - S_{ijkl}\sigma_{ij})\mathrm{d}V \\ &\leqslant 0\end{aligned} \tag{q}$$

上式等号只有在满足应力-应变关系

$$\varepsilon_{ij} = S_{ijkl}\sigma_{kl} \tag{r}$$

或

$$\sigma_{ij}\varepsilon_{ij} = A(\varepsilon) + B(\sigma) \tag{s}$$

时才成立。

可见，一般情况下，Hu-Washizu 广义变分原理并不等于 Hellinger-Reissner 变分原理，只有当应变 $\boldsymbol{\varepsilon}$ 按应力-应变关系依赖于应力 $\boldsymbol{\sigma}$，从而失去它的独立性之后，才有 $\Pi_{\mathrm{HW}} = \Pi_{\mathrm{HR}}$。换句话说，只有在服从应力-应变关系的条件下，Hu-Washizu 广义变分原理才退化为 Hellinger-Reissner 原理。

（2）对泛函 $\Pi_{\mathrm{HW}}$ 取变分，并令 $\delta\Pi_{\mathrm{HW}}=0$，得到

$$\begin{aligned}\delta\Pi_{\mathrm{HW}}=&\int_V\left[\frac{\partial A}{\partial\varepsilon_{ij}}\delta\varepsilon_{ij}-\left(\varepsilon_{ij}-\frac{1}{2}u_{i,j}-\frac{1}{2}u_{j,i}\right)\delta\sigma_{ij}\right.\\&\left.-\sigma_{ij}(\delta\varepsilon_{ij}-\delta u_{i,j})-\bar{F}_i\delta u_i\right]\mathrm{d}V-\int_{S_\sigma}\bar{T}_i\delta u_i\,\mathrm{d}S\\&-\int_{S_u}[(u_i-\bar{u}_i)\delta\sigma_{ij}\nu_j+\sigma_{ij}\nu_j\delta u_i]\mathrm{d}S=0\end{aligned}\tag{t}$$

利用散度定理

$$\int_V\sigma_{ij}\,\delta u_{i,j}\mathrm{d}V=-\int_V\sigma_{ij,j}\,\delta u_i\,\mathrm{d}V+\int_{S_\sigma+S_u}\sigma_{ij}\nu_j\,\delta u_i\,\mathrm{d}S\tag{u}$$

式（t）成为

$$\begin{aligned}\delta\Pi_{\mathrm{HW}}=&\int_V\left[\left(\frac{\partial A}{\partial\varepsilon_{ij}}-\sigma_{ij}\right)\delta\varepsilon_{ij}-\left(\varepsilon_{ij}-\frac{1}{2}u_{i,j}-\frac{1}{2}u_{j,i}\right)\delta\sigma_{ij}\right.\\&\left.-(\sigma_{ij,j}+\bar{F}_i)\delta u_i\right]\mathrm{d}V+\int_{S_\sigma}(\sigma_{ij}\nu_j-\bar{T}_i)\delta u_i\,\mathrm{d}S\\&-\int_{S_u}(u_i-\bar{u}_i)\delta\sigma_{ij}\nu_j\,\mathrm{d}S=0\end{aligned}\tag{v}$$

在式（v）中，由于域内 $\delta\varepsilon_{ij}$、$\delta\sigma_{ij}$、$\delta u_i$，以及边界上的 $\delta u_i$ 及 $\delta\sigma_{ij}\nu_j$ 都是独立变分，所以得到

欧拉方程

$$\frac{\partial A}{\partial\varepsilon_{ij}}-\sigma_{ij}=0\tag{w}$$

$$\varepsilon_{ij}=\frac{1}{2}(u_{i,j}+u_{j,i})\qquad（V\text{ 内}）\tag{x}$$

$$\sigma_{ij,j}+\bar{F}_i=0\tag{y}$$

和自然边界条件

$$\sigma_{ij}\nu_j-\bar{T}_i=0\qquad（S_\sigma\text{ 上}）\tag{z}$$

$$u_i=\bar{u}_i\qquad（S_u\text{ 上}）\tag{a$^1$}$$

因此，**应力-应变关系是 $\Pi_{\mathrm{HW}}$ 取驻值变分后的欧拉方程**。

胡海昌认为：“**Hu-Washizu 广义变分原理是三类变量应力 $\boldsymbol{\sigma}$、应变 $\boldsymbol{\varepsilon}$ 及位移 $\boldsymbol{u}$ 的广义变分原理，反映了弹性理论的全部三大基本规律。Hu-Washizu 变分原理是弹性力学中最一般的变分原理，其他的变分原理（包括 Hellinger-Reissner 变分原理）是它的特殊情况**”。

（3）从应用上看，如用瑞利-里茨法找近似解，而又想近似满足应力-应变关系时，则只能用 $\Pi_{\mathrm{HW}}$。

例如，工程上的梁板壳理论，由于它们计入了横向剪应力而忽略横向剪应变，所以从弹性理论看，它们是不满足应力-应变关系的近似理论。这种近似理论长期被排斥在能量法之外，只有在建立了 Hu-Washizu 广义变分原理后，才可能用瑞利-里茨法从弹性理论空间问题中推导出梁板壳的经典理论，完成弹性理论精确理论与近似的经典理论在能量方法上的统一。

2. 钱伟长等的观点[5, 16, 23-33]

Hu-Washuizu 广义变分原理只具有两类独立自变函数（$\boldsymbol{\varepsilon}$、$\boldsymbol{\sigma}$ 以及 $\boldsymbol{u}$ 中的两类），而不是三类独立自变函数的广义变分原理；应力-应变关系是此广义变分原理的约束条件，而不是其变分后的欧拉方程。

理由如下：

（1）注意到，在建立泛函 $\Pi_{\mathrm{HW}}$ 的 2.7.1 节中式（b），其之所以能得到式（c），是因为通过力学识别了拉氏乘子，即

$$\lambda_{ij} = -\sigma_{ij} \tag{b$^1$}$$

这时，就已经**默认了**应力-应变关系

$$\frac{\partial A}{\partial \varepsilon_{ij}} = \sigma_{ij} \tag{c$^1$}$$

**的成立**，否则不可能将数学型识别 $\left(\lambda_{ij} = -\dfrac{\partial A}{\partial \varepsilon_{ij}}\right)$ 所得的 $\dfrac{\partial A}{\partial \varepsilon_{ij}}$（原为 $\varepsilon_{ij}$ 的函数），用新变量 $\sigma_{ij}$ 取代，所以 $\boldsymbol{\varepsilon}$ 与 $\boldsymbol{\sigma}$ 双方中只有一方独立。

这并不是说通过力学型识别的拉氏乘子不独立，而是要仔细分析在识别时是否又引入了新的约束条件，如引入了，就有一方不独立；如没有引入新的约束条件，则通过力学型识别的 $\lambda_{ij}$ 就是独立的（$\Pi_{\mathrm{HR}}$ 泛函的导出即属于这种情况）。

（2）建立泛函 $\Pi_{\mathrm{HW}}$ 时的新变量 $\sigma_{ij}$，是在承认应力-应变关系（c）$^1$ 式成立的条件下引入的。

从 $\Pi_P$ 建立 $\Pi_{\mathrm{HW}}$ 可见，这里并没有采取任何方法解除应力-应变关系这组约束，即，没有在 2.7.1 节新泛函 $\Pi^*$ 的式（a）中，引入拉氏乘子去解除这组约束；也没有在新泛函式（a）中用应力-应变关系的 $\boldsymbol{\sigma}$ 去取代泛函中的 $\boldsymbol{\varepsilon}$（这也是消去这个约束条件的方法之一）。所以应力-应变关系仍然是 $\Pi_{\mathrm{HW}}$ 的约束条件。

因此，$\Pi_{\mathrm{HW}}$ 不是没有任何约束条件的最广义的变分原理。

同时，对泛函 $\Pi_{\mathrm{HW}}$ 变分，所得式（v）等号右侧第一项为

$$\int_V \left(\frac{\partial A}{\partial \varepsilon_{ij}} - \sigma_{ij}\right)\delta\varepsilon_{ij}\mathrm{d}V \tag{d$^1$}$$

注意，并不是由于 $\delta\varepsilon_{ij}$ 是独立变分，从而导出欧拉方程中的应力-应变关系；而是在导出泛函 $\Pi_{\mathrm{HW}}$ 时，事先已认为应力-应变关系成立（式（c）$^1$），因而式（d）$^1$ 中的系数为零，而使这一项积分为零。所以，应力-应变关系并不是 $\Pi_{\mathrm{HW}}$ 变分的欧拉方程，而是 $\Pi_{\mathrm{HW}}$ 变分前的原始约束条件。

正是由于 $\delta\Pi_{\mathrm{HW}}$ 的式（v）中，等号右侧第一项为零，所以在域 $V$ 内只有 $\delta\sigma_{ij}$ 与 $\delta u_i$ 是独立的，这样，由 $\delta\Pi_{\mathrm{HW}}=0$ 只能得到

欧拉方程

$$\varepsilon_{ij} = \frac{1}{2}(u_{i,j}+u_{j,i}) \quad (V\text{内}) \tag{e$^1$}$$

$$\sigma_{ij,j}+\bar{F}_i = 0 \tag{f$^1$}$$

及自然边界条件

$$\sigma_{ij}\nu_j = \bar{T} \quad (S_\sigma\text{上}) \tag{g$^1$}$$

$$u_i = \bar{u}_i \quad (S_u\text{上}) \tag{h$^1$}$$

钱伟长等认为：“**Hu-Washizu 广义变分原理不是最一般的变分原理，Hellinger-Reissner 广义变分原理也不是 Hu-Washizu 原理的特殊情况，这两种变分原理是等价的**”。

# 2.8　小　　结

## 2.8.1　小位移变形弹性理论静力问题

以上导出的最小势能原理及最小余能原理，统称为弹性理论的经典变分原理。

最小势能原理是从一切允许的位移场中找真正的位移场，而最小余能原理则是从一切允许的应力场中找真正的应力场，两个变分原理显然是不同的。

但是这两个变分原理也有以下共同点：

（1）它们都是将求解小位移变形弹性理论问题，转化为求泛函的极小值问题。

（2）这两个变分原理的优点在于，都明确指出正确解使对应泛函取极小值。

（3）这两个变分原理，任一个泛函中参加变分的变量都是 9 个，不参加变分的变量也都是 6 个，而且应力-应变关系均为其非变分约束条件（表 2.1）[5]。

非变分约束方程都是对该变分原理的补充。当求解不包含在泛函中的变量时，可以用非变分约束条件，也可以用其他方法。

如用这两个变分原理求近似解，则变分前的约束条件必须严格满足，而变分后的欧拉方程及自然边界条件就自然近似得到了满足。

（4）同样，两个变分原理的泛函都没有全部包括弹性理论的三类场变量。所以它们均有不足之处，即比较对象都有一定的限制：$\Pi_P$ 只比较变形可能的位移 $\boldsymbol{u}$ 与应变 $\boldsymbol{\varepsilon}$；而 $\Pi_C$ 则只比较静力可能的应力 $\boldsymbol{\sigma}$。

为了在更大范围内比较各种可能状态，就需要进一步研究广义变分原理。

**表 2.1　最小势能原理及最小余能原理的泛函变量、泛函及变分结果[5]**

| 项目 | $\Pi_P$ | $\Pi_C$ |
|---|---|---|
| 参加变分的变量 | $\boldsymbol{u},\boldsymbol{\varepsilon}$（3＋6＝9 个） | $\boldsymbol{u},\boldsymbol{\sigma}$（3＋6＝9 个） |
| 约束条件 | $\varepsilon_{ij}=\frac{1}{2}(u_{i,j}+u_{j,i})$　（$V$ 内）<br>$u_i=\bar{u}_i$　（$S_u$ 上） | $\sigma_{ij,j}+\bar{F}_i=0$　（$V$ 内）<br>$\sigma_{ij}\nu_j-\bar{T}_i=0$　（$S_\sigma$ 上） |
| 泛函 | $\Pi_P=\int_V\left[A(\varepsilon)-\bar{F}_iu_i\right]\mathrm{d}V-\int_{S_\sigma}\bar{T}_iu_i\,\mathrm{d}S$ ＝极小<br>$\left(\Pi_P=\int_V\left[A(\boldsymbol{\varepsilon})-\bar{\boldsymbol{F}}^{\mathrm{T}}\boldsymbol{u}\right]\mathrm{d}V-\int_{S_\sigma}\bar{\boldsymbol{T}}^{\mathrm{T}}\boldsymbol{u}\,\mathrm{d}S\right.$ ＝极小$\left.\right)$ | $\Pi_C=\int_V B(\sigma)\mathrm{d}V-\int_{S_u}\bar{u}_i\sigma_{ij}\nu_j\mathrm{d}S$ ＝极小<br>$\left(\Pi_C=\int_V B(\boldsymbol{\sigma})\mathrm{d}V-\int_{S_u}\boldsymbol{T}^{\mathrm{T}}\bar{\boldsymbol{u}}\,\mathrm{d}S\right.$ ＝极小$\left.\right)$　$(\boldsymbol{T}=\boldsymbol{\nu\sigma})$ |
| 变分结果（自然条件） | $\left(\frac{\partial A}{\partial\varepsilon_{ij}}\right)_{,j}+\bar{F}_i=0$　（$V$ 内）<br>$\left(\frac{\partial A}{\partial\varepsilon_{ij}}\right)\nu_j-\bar{T}_i=0$　（$S_\sigma$ 上） | $\frac{\partial B}{\partial\sigma_{ij}}=\frac{1}{2}(u_{i,j}+u_{j,i})$　（$V$ 内）<br>$u_i=\bar{u}_i$　（$S_u$ 上） |
| 非变分约束条件（a） | $\partial A/\partial\varepsilon_{ij}=\sigma_{ij}$　（a） | $\partial B/\partial\sigma_{ij}=\varepsilon_{ij}$　（a） |
| 利用了条件（a）后的变分结果 | $\sigma_{ij,j}+\bar{F}_i=0$　（$V$ 内）<br>$\sigma_{ij}\nu_j-\bar{T}_i=0$　（$S_\sigma$ 上） | $\varepsilon_{ij}=\frac{1}{2}(u_{i,j}+u_{j,i})$　（$V$ 内）<br>$u_i=\bar{u}_i$　（$S_u$ 上） |
| 不包含在泛函变分中的变量 | $\sigma_{ij}$（6 个） | $\varepsilon_{ij}$（6 个） |

### 2.8.2　弹性理论常规变分原理之间的关系

本章讨论了最小势能原理及最小余能原理，以及双变量广义变分原理、Hellinger-Reissner 广义变分原理和 Hu-Washizu 广义变分原理，这些变分原理之间的关系可以统一表示如下（表 2.2 和表 2.3）。

1. 观点Ⅰ（三类独立场变量）[34]

**表 2.2　弹性理论常规变分原理（观点Ⅰ）**

**最小势能原理**

$$\Pi_P(\boldsymbol{u})=\int_V[A(\boldsymbol{\varepsilon})-\bar{\boldsymbol{F}}^{\mathrm{T}}\boldsymbol{u}]\mathrm{d}V-\int_{S_\sigma}\boldsymbol{T}^{\mathrm{T}}\boldsymbol{u}\,\mathrm{d}S$$

= 极小

↓　　↑

约束条件：$\boldsymbol{\varepsilon}=\boldsymbol{D}\boldsymbol{u}$　（$V$ 内）

$\boldsymbol{u}-\bar{\boldsymbol{u}}=\mathbf{0}$　（$S_u$ 上）

拉氏乘子：$-\boldsymbol{\sigma}$、$-\boldsymbol{\nu}\boldsymbol{\sigma}$

$\boldsymbol{D}\boldsymbol{u}=\boldsymbol{\varepsilon}$　（$V$ 内）

$\boldsymbol{u}-\bar{\boldsymbol{u}}=\mathbf{0}$　（$S_u$ 上）

↓　　↑

**Hu-Washizu 广义变分原理①**

$$\Pi_{\mathrm{HW}}(\boldsymbol{u},\boldsymbol{\varepsilon},\boldsymbol{\sigma})=\int_V[A(\boldsymbol{\varepsilon})-\boldsymbol{\sigma}^{\mathrm{T}}(\boldsymbol{\varepsilon}-\boldsymbol{D}\boldsymbol{u})-\bar{\boldsymbol{F}}^{\mathrm{T}}\boldsymbol{u}]\mathrm{d}V-\int_{S_u}(\boldsymbol{\nu}\boldsymbol{\sigma})^{\mathrm{T}}(\boldsymbol{u}-\bar{\boldsymbol{u}})\mathrm{d}S$$

$$-\int_{S_\sigma}\bar{\boldsymbol{T}}^{\mathrm{T}}\boldsymbol{u}\,\mathrm{d}S\ =\ \text{驻值}$$

↓　　↑

$$\int_V\boldsymbol{\sigma}^{\mathrm{T}}(\boldsymbol{D}\boldsymbol{u})\mathrm{d}V=-\int_V(\boldsymbol{D}^{\mathrm{T}}\boldsymbol{\sigma})^{\mathrm{T}}\boldsymbol{u}\,\mathrm{d}V+\int_{S_u+S_\sigma}(\boldsymbol{\nu}\boldsymbol{\sigma})^{\mathrm{T}}\boldsymbol{u}\mathrm{d}S$$

↓　　↑

$$\Pi_{\mathrm{HW}}^{*}(\boldsymbol{u},\boldsymbol{\varepsilon},\boldsymbol{\sigma})=\int_V[\boldsymbol{\sigma}^{\mathrm{T}}\boldsymbol{\varepsilon}-A(\boldsymbol{\varepsilon})+(\boldsymbol{D}^{\mathrm{T}}\boldsymbol{\sigma}+\bar{\boldsymbol{F}})^{\mathrm{T}}\boldsymbol{u}]\mathrm{d}V-\int_{S_\sigma}(\boldsymbol{\nu}\boldsymbol{\sigma}-\bar{\boldsymbol{T}})^{\mathrm{T}}\boldsymbol{u}\mathrm{d}S$$

$$-\int_{S_u}(\boldsymbol{\nu}\boldsymbol{\sigma})^{\mathrm{T}}\bar{\boldsymbol{u}}\,\mathrm{d}S\ =\ \text{驻值}$$

↓　　↑

① 利用龙驭球建议的换元乘子法，也可以根据线性弹性体最小势能原理导出 Hellinger-Reissner 变分原理，以及由最小余能原理导出 Hu-Washizu 广义变分原理[35, 36]。

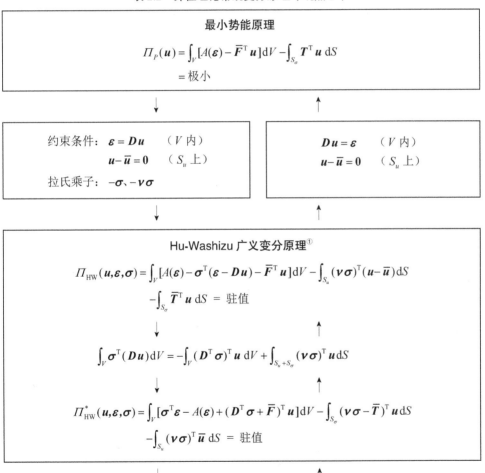

**$(\boldsymbol{u},\boldsymbol{\varepsilon})$ 双变量广义变分原理**

$$\Pi_{P2}(\boldsymbol{u},\boldsymbol{\varepsilon})=\int_V\left[A(\boldsymbol{\varepsilon})-\left(\frac{\partial A}{\partial\boldsymbol{\varepsilon}}\right)^{\mathrm{T}}(\boldsymbol{\varepsilon}-\boldsymbol{D}\boldsymbol{u})-\overline{\boldsymbol{F}}^{\mathrm{T}}\boldsymbol{u}\right]\mathrm{d}V-\int_{S_u}\left(\frac{\partial A}{\partial\boldsymbol{\varepsilon}}\right)^{\mathrm{T}}\boldsymbol{\nu}^{\mathrm{T}}(\boldsymbol{u}-\overline{\boldsymbol{u}})\mathrm{d}S-\int_{S_\sigma}\boldsymbol{T}^{\mathrm{T}}\boldsymbol{u}\,\mathrm{d}S=\text{驻值}$$

Hellinger-Reissner 变分原理

$$\Pi_{\mathrm{HR}}(\boldsymbol{u},\boldsymbol{\sigma})=\int_V[-B(\boldsymbol{\sigma})+\boldsymbol{\sigma}^{\mathrm{T}}(\boldsymbol{D}\boldsymbol{u})-\overline{\boldsymbol{F}}^{\mathrm{T}}\boldsymbol{u}]\mathrm{d}V-\int_{S_u}(\boldsymbol{\nu}\boldsymbol{\sigma})^{\mathrm{T}}(\boldsymbol{u}-\overline{\boldsymbol{u}})\mathrm{d}S-\int_{S_\sigma}\overline{\boldsymbol{T}}^{\mathrm{T}}\boldsymbol{u}\,\mathrm{d}S=\text{驻值}$$

↓ ↑

$$\int_V\boldsymbol{\sigma}^{\mathrm{T}}(\boldsymbol{D}\boldsymbol{u})\mathrm{d}V=-\int_V(\boldsymbol{D}^{\mathrm{T}}\boldsymbol{\sigma})^{\mathrm{T}}\boldsymbol{u}\,\mathrm{d}V+\int_{S_\sigma+S_u}(\boldsymbol{\nu}\boldsymbol{\sigma})^{\mathrm{T}}\boldsymbol{u}\,\mathrm{d}S$$

↓ ↑

$$\Pi_{\mathrm{HR}}^{*}(\boldsymbol{u},\boldsymbol{\sigma})=\int_V[-B(\boldsymbol{\sigma})-(\boldsymbol{D}^{\mathrm{T}}\boldsymbol{\sigma}+\overline{\boldsymbol{F}})^{\mathrm{T}}\boldsymbol{u}]\,\mathrm{dV}+\int_{S_u}(\boldsymbol{\nu}\boldsymbol{\sigma})^{\mathrm{T}}\overline{\boldsymbol{u}}\,\mathrm{d}S+\int_{S_\sigma}(\boldsymbol{\nu}\boldsymbol{\sigma}-\overline{\boldsymbol{T}})^{\mathrm{T}}\boldsymbol{u}\,\mathrm{d}S=\text{驻值}$$

↓ ↑

$\boldsymbol{D}^{\mathrm{T}}\boldsymbol{\sigma}+\overline{\boldsymbol{F}}=\boldsymbol{0}$ （$V$ 内）
$\boldsymbol{\nu}\boldsymbol{\sigma}=\overline{\boldsymbol{T}}$ （$S_\sigma$ 上）

约束条件：$\boldsymbol{D}^{\mathrm{T}}\boldsymbol{\sigma}+\overline{\boldsymbol{F}}=\boldsymbol{0}$ （$V$ 内）
$\boldsymbol{\nu}\boldsymbol{\sigma}-\overline{\boldsymbol{T}}=\boldsymbol{0}$ （$S_\sigma$ 上）
拉氏乘子：$\boldsymbol{u},-\boldsymbol{u}$

↓ ↑

**最小余能原理**

$$\Pi_C(\boldsymbol{\sigma})=\int_V B(\boldsymbol{\sigma})\mathrm{d}V-\int_{S_u}(\boldsymbol{\nu}\boldsymbol{\sigma})^{\mathrm{T}}\overline{\boldsymbol{u}}\,\mathrm{d}S=\text{极小}$$

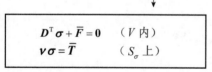

2. 观点Ⅱ（两类独立场变量）

**表 2.3　弹性理论常规变分原理（观点Ⅱ）**

最小势能原理

$$\Pi_P(\boldsymbol{u})=\int_V\left[A(\boldsymbol{\varepsilon})-\overline{\boldsymbol{F}}^{\mathrm{T}}\boldsymbol{u}\right]\mathrm{d}V-\int_{S_\sigma}\overline{\boldsymbol{T}}^{\mathrm{T}}\boldsymbol{u}\ \mathrm{d}S=\text{极小}$$

约束条件：$\boldsymbol{\varepsilon}=\boldsymbol{D}\boldsymbol{u}$（$V$内）　　拉氏乘子：$\boldsymbol{\lambda}=-\dfrac{\partial A(\boldsymbol{\varepsilon})}{\partial\boldsymbol{\varepsilon}}$

$\boldsymbol{u}=\overline{\boldsymbol{u}}$（$S_u$上）　　$\boldsymbol{\beta}=-\boldsymbol{\nu}\dfrac{\partial A(\boldsymbol{\varepsilon})}{\partial\boldsymbol{\varepsilon}}$

$\Pi_{P2}$广义变分原理

$$\Pi_{P2}(\boldsymbol{\varepsilon},\boldsymbol{u})=\int_V\left[A(\boldsymbol{\varepsilon})-\left(\frac{\partial A(\boldsymbol{\varepsilon})}{\partial\boldsymbol{\varepsilon}}\right)^{\mathrm{T}}(\boldsymbol{\varepsilon}-\boldsymbol{D}\boldsymbol{u})-\overline{\boldsymbol{F}}^{\mathrm{T}}\boldsymbol{u}\right]\mathrm{d}V-\int_{S_\sigma}\overline{\boldsymbol{T}}^{\mathrm{T}}\boldsymbol{u}\,\mathrm{d}S-\int_{S_u}\left(\boldsymbol{\nu}\frac{\partial A(\boldsymbol{\varepsilon})}{\partial\boldsymbol{\varepsilon}}\right)^{\mathrm{T}}(\boldsymbol{u}-\overline{\boldsymbol{u}})\,\mathrm{d}S=\text{驻值}$$

$$\boldsymbol{\sigma}=\frac{\partial A(\boldsymbol{\varepsilon})}{\partial\boldsymbol{\varepsilon}}$$

$A(\boldsymbol{\varepsilon})+B(\boldsymbol{\sigma})=\boldsymbol{\sigma}^{\mathrm{T}}\boldsymbol{\varepsilon}$　　$-\Pi_{\mathrm{HW}}$　　$-\Pi_{\mathrm{HR}}^{*}$

Hu-Washizu原理

$\Pi_{\mathrm{HW}}(\boldsymbol{\sigma},\boldsymbol{u},\boldsymbol{\varepsilon}$ 3个场变量中的2个)

$$=\int_V\left[A(\boldsymbol{\varepsilon})-\boldsymbol{\sigma}^{\mathrm{T}}(\boldsymbol{\varepsilon}-\boldsymbol{D}\boldsymbol{u})-\overline{\boldsymbol{F}}^{\mathrm{T}}\boldsymbol{u}\right]\mathrm{d}V-\int_{S_\sigma}\overline{\boldsymbol{T}}^{\mathrm{T}}\boldsymbol{u}\ \mathrm{d}S-\int_{S_u}(\boldsymbol{\nu}\boldsymbol{\sigma})^{\mathrm{T}}(\boldsymbol{u}-\overline{\boldsymbol{u}})\mathrm{d}S=\text{驻值}$$

$$\int_V\boldsymbol{\sigma}^{\mathrm{T}}(\boldsymbol{D}\boldsymbol{u})\mathrm{d}V=-\int_V\boldsymbol{u}^{\mathrm{T}}(\boldsymbol{D}^{\mathrm{T}}\boldsymbol{\sigma})\mathrm{d}V+\int_{\partial V}(\boldsymbol{\nu}\boldsymbol{\sigma})^{\mathrm{T}}\boldsymbol{u}\ \mathrm{d}S$$

$\Pi_{\mathrm{HW}}^{*}(\boldsymbol{\sigma},\boldsymbol{\varepsilon},\boldsymbol{u}$ 3类场变量中的2类)

$$=\int_V\left[A(\boldsymbol{\varepsilon})-\boldsymbol{\sigma}^{\mathrm{T}}\boldsymbol{\varepsilon}-(\boldsymbol{D}^{\mathrm{T}}\boldsymbol{\sigma}+\overline{\boldsymbol{F}})\right]\mathrm{d}V+\int_{S_\sigma}\left((\boldsymbol{\nu}\boldsymbol{\sigma})^{\mathrm{T}}-\overline{\boldsymbol{T}}\right)^{\mathrm{T}}\boldsymbol{u}\,\mathrm{d}S+\int_{S_u}(\boldsymbol{\nu}\boldsymbol{\sigma})^{\mathrm{T}}\overline{\boldsymbol{u}}\ \mathrm{d}S=\text{驻值}$$

$-\Pi_{\mathrm{HW}}^{*}$　　$-\Pi_{\mathrm{HR}}$

$A(\boldsymbol{\varepsilon})+B(\boldsymbol{\sigma})=\boldsymbol{\varepsilon}^{\mathrm{T}}\boldsymbol{\sigma}$

Hellinger-Resissner原理

$$\Pi_{\mathrm{HR}}^{*}(\boldsymbol{\sigma},\boldsymbol{u})=\int_V\left[B(\boldsymbol{\sigma})-\boldsymbol{\sigma}^{\mathrm{T}}(\boldsymbol{D}\boldsymbol{u})+\overline{\boldsymbol{F}}^{\mathrm{T}}\boldsymbol{u}\right]\mathrm{d}V+\int_{S_\sigma}\overline{\boldsymbol{T}}^{\mathrm{T}}\boldsymbol{u}\ \mathrm{d}S+\int_{S_u}(\boldsymbol{\nu}\boldsymbol{\sigma})^{\mathrm{T}}(\boldsymbol{u}-\overline{\boldsymbol{u}})\,\mathrm{d}S=\text{驻值}$$

$$\int_V\boldsymbol{\sigma}^{\mathrm{T}}(\boldsymbol{D}\boldsymbol{u})\mathrm{d}V=-\int_V\boldsymbol{u}^{\mathrm{T}}(\boldsymbol{D}^{\mathrm{T}}\boldsymbol{\sigma})\mathrm{d}V+\int_{\partial V}(\boldsymbol{\nu}\boldsymbol{\sigma})^{\mathrm{T}}\boldsymbol{u}\ \mathrm{d}S$$

$$\Pi_{HR}(\boldsymbol{\sigma},\boldsymbol{u})=\int_V\left[B(\boldsymbol{\sigma})+\left(\boldsymbol{D}^{\mathrm{T}}\boldsymbol{\sigma}+\overline{\boldsymbol{F}}\right)^{\mathrm{T}}\boldsymbol{u}\right]\mathrm{d}V-\int_{S_u}(\boldsymbol{\nu}\boldsymbol{\sigma})^{\mathrm{T}}\overline{\boldsymbol{u}}\ \mathrm{d}S-\int_{S_\sigma}\left(\boldsymbol{\nu}\boldsymbol{\sigma}-\overline{\boldsymbol{T}}\right)^{\mathrm{T}}\boldsymbol{u}\ \mathrm{d}S=\text{驻值}$$

约束条件：$\boldsymbol{D}^{\mathrm{T}}\boldsymbol{\sigma}+\boldsymbol{F}=0$（$V$内）

$\boldsymbol{\nu}\boldsymbol{\sigma}-\overline{\boldsymbol{T}}=0$（$S_\sigma$上）

拉氏乘子：$\boldsymbol{\lambda}=\boldsymbol{u}$

$\boldsymbol{\eta}=-\boldsymbol{u}$

最小余能原理

$$\Pi_C(\boldsymbol{\sigma})=\int_V B(\boldsymbol{\sigma})\,\mathrm{d}V-\int_{S_u}(\boldsymbol{\nu}\boldsymbol{\sigma})^{\mathrm{T}}\overline{\boldsymbol{u}}\ \mathrm{d}S=\text{极小}$$

广义变分原理位移形式　　广义变分原理余能形式

- $\Pi_{P2}+\Pi_{\mathrm{HR}}=0$
- $\Pi_{\mathrm{HW}}-\Pi_{\mathrm{HW}}^{*}=0$

  $\Pi_{\mathrm{HR}}-\Pi_{\mathrm{HR}}^{*}=0$
- $\Pi_{\mathrm{HR}}^{*}+\Pi_{\mathrm{HW}}=0$

  $\Pi_{\mathrm{HR}}+\Pi_{\mathrm{HW}}^{*}=0$

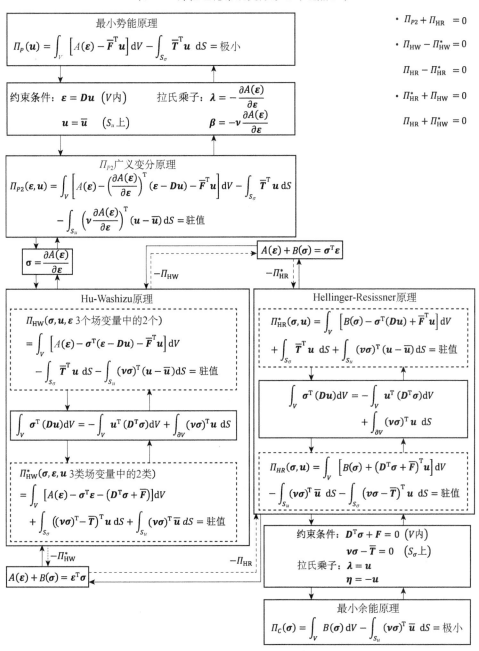

# 参 考 文 献

[1] 田宗漱，卞学鐄（Pian T H H）. 多变量变分原理与多变量有限元方法. 2 版. 北京：科学出版社，2014
[2] 胡海昌. 弹性力学变分原理选讲. 北京：中国科学院研究生院，1988
[3] 胡海昌. 弹性力学的变分原理及其应用. 北京：科学出版社，1981
[4] 钱伟长. 变分法及有限元（上）. 北京：科学出版社，1980
[5] 钱伟长. 广义变分原理. 上海：知识出版社，1985
[6] 钱令希. 余能原理. 中国科学，1950，1：449-456
[7] Washizu K. Variational Methods in Elasticity and Plasticity. 3rd ed. Oxford：Pergamon Press，1982
[8] Courant R，Hilbert D. Methods of Mathematical Physics. Berlin：Springer，1924
[9] Reissner E. On a variational theorem of elasticity. J. Math. & Phys.，1950，29：90-95
[10] Hellinger E. Die allgemeinen ansätze der mechanik der kontinua. Enzyklopädae der Mathematischen Wissenschaften，1914，part 4，30：654-655
[11] Reissner E. Variational principles in elasticity//Kardestuncer H，et al. Finite Element Handbook. New York：McGraw-Hill，1987
[12] Fraeijs de Veubeke B M. Diffusion des inconnues hyperstatiques dans les voilures à longerons couplés. Bull Serv Technique Aeronautique，1951，24：1-18
[13] Langhaar H L. Energy Methods in Applied Mechanics. London：John Wiley & Sons，1962
[14] 哈尔本 I. 广义函数论导引. 王光寅，译. 北京：科学出版社，1957
[15] Felippa C A. On the original publication of the general canonical functional of linear elasticity. J. Appl. Mech.，2000，67（1）：217-219
[16] 钱伟长. 高阶拉氏乘子法和弹性理论中更一般的广义变分原理. 应用数学与力学，1983，4：137-150
[17] 胡海昌. 论弹性体力学与受范性体力学中的一般变分原理. 物体学报，1954，10（3）：259-290
[18] Washizu K. On the variational principles of elasticity. Aero. and Struct. Res. Lab，Tech Rep MIT，No 25-18，1955
[19] Fraeijs de Veubeke B M. Displacement and equilibrium models//Zienkiewicz O C，Hollister G. Stress Analysis. London：John Wiley & Sons，1965
[20] 胡海昌. 关于拉格朗日乘子及其它. 力学学报，1985，17（5）：426-434
[21] 胡海昌. 略论 Hellinger-Reissner 原理和胡海昌-鹫津久一郎两种广义变分原理的联系. 力

学学报，1983. 3：301-304
[22] 胡海昌. 广义变分原理和无条件变分原理. 固体力学学报，1983，3：462-463
[23] 钱伟长. 弹性理论中广义变分原理的研究及其在有限元中的应用. 机械工程学报，1979，15：1-23
[24] 钱伟长. 广义变分原理. 钱伟长论文集. 福州：福建教育出版社，1981：797-812
[25] 钱伟长. 再论弹性力学中的广义变分原理——就等价定理问题和胡海昌先生商榷. 力学学报，1983，4（2）：325-339
[26] 钱伟长. 亦论广义变分原理与无条件变分原理——就本题答胡海昌先生. 固体力学学报，1984，3：451-468
[27] 钱伟长. 弹性力学中各类变分原理的分类. 应用数学和力学，1984，5（6）：765-770
[28] 钱伟长. 关于弹性力学的广义变分原理及其在板壳上的应用. 钱伟长科学论文集. 福州：福建教育出版社，1985：419-443
[29] 钱伟长. 非线性弹性体的弹性力学变分原理. 应用数学及力学，1987，8（7）：567-577
[30] 钱伟长. 论拉氏乘子法及其唯一性问题. 力学学报，1988，20（4）：313-323
[31] 钱伟长. 弹性力学中广义变分原理的进一步研究. 中国力学学会. 第十六届国际理论与应用力学大会（ICTAM）中国学者论文集. 北京：北京大学出版社，1988
[32] 梁国平，傅子智. 用混合/杂交罚函数的有限元及其应用. 大连国际混合/杂交有限元会议，1982
[33] 刘殿魁，张其浩. 弹性理论中非保守问题的一般变分原理. 力学学报，1981，6：562-570
[34] Pian T H H. Advanced Finite Element Metohds. Boston：Teaching Materials of MIT，1982
[35] 龙驭球. 含多个任意参数的广义变分原理及换元乘子法. 应用数学及力学，1987，8（7）：591-602
[36] 龙驭球. 变分原理和有限元的新近进展. 结构工程学报专刊，1991：1-18

# 第3章　根据最小势能原理建立的轴对称位移元（Ⅰ）

求微分方程边（初）值问题的近似解，可以用瑞利-里茨法[1]、差分法[2]、加权残数法[3]等许多方法。有限元法与这些方法中的大多数之区别在于：瑞利-里茨法等所选择的近似函数必须满足整个定义域的边界条件，有限元法则不是在整个定义域，而只是在一个具有简单形状的单元上选择近似函数，事先不必满足整个定义域的复杂边界条件，这是有限元法显著优点之一，正因如此，随着计算机的发展及普及，有限元法成为处理连续介质边（初）值问题广为应用的一种数值方法。

## 3.1　协调的假定位移有限元

假定位移有限元是建立最早、应用最广且为大家所熟悉的一种有限元模式。现在我们重温这种有限元。

### 3.1.1　变分原理

位移元建立在最小势能原理的基础上，最小势能原理的泛函为

$$\Pi_P=\int_V[A(\boldsymbol{\varepsilon})-\overline{\boldsymbol{F}}^{\mathrm{T}}\boldsymbol{u}]\mathrm{d}V-\int_{S_\sigma}\overline{\boldsymbol{T}}^{\mathrm{T}}\boldsymbol{u}\mathrm{d}S=\text{极小} \tag{3.1.1}$$

变分约束条件

$$\boldsymbol{\varepsilon}=\boldsymbol{D}\boldsymbol{u}\qquad（V\text{ 内}） \tag{a}$$

$$\boldsymbol{u}=\overline{\boldsymbol{u}}\qquad（S_u\text{ 上}） \tag{b}$$

对线性弹性体

$$A(\boldsymbol{\varepsilon})=\frac{1}{2}\boldsymbol{\varepsilon}^{\mathrm{T}}\boldsymbol{C}\boldsymbol{\varepsilon} \tag{c}$$

并且对所有材料应力-应变关系成立。

设想将整个定义域$V$离散成$N$个有限元（图 3.1），设$V_n$为第 $n$ 个单元的体积；$S_{\sigma_n}$为第$n$个单元的外力已知边界；$S_{u_n}$为第$n$个单元的位移已知边界；$S_{ab}$为第$n$个单元与其他单元的相邻边界，单元间交界面$S_{ab}$是将域离散为有限元时才出现的。

设第 $n$ 个单元的边界为 $S_n$，则

$$S_n = \partial V_n = S_{\sigma_n} \cup S_{u_n} \cup S_{ab} \tag{d}$$

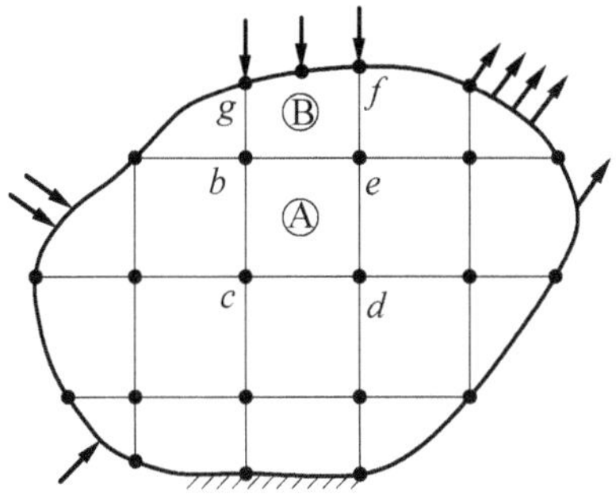


图 3.1　定义域被离散为有限元

如图 3.1 中的单元 B，其 $S_{ab} = S_{gb} \cup S_{be} \cup S_{ef}, S_{u_n} = 0, S_{\sigma_n} = S_{gf}$。以后各类有限元的分析中，对相邻两个单元交界面上的位移及边界力需给予充分注意。

当域 $V$ 离散为 $N$ 个有限元时，其总势能为各单元势能之和

$$\Pi_P = \sum_{n=1}^{N} \left\{ \int_{V_n} \left[ \frac{1}{2}(\boldsymbol{D}\boldsymbol{u})^{\mathrm{T}} \boldsymbol{C}(\boldsymbol{D}\boldsymbol{u}) - \boldsymbol{u}^{\mathrm{T}} \bar{\boldsymbol{F}} \right] \mathrm{d}V - \int_{S_{\sigma_n}} \boldsymbol{u}^{\mathrm{T}} \bar{\boldsymbol{T}} \, \mathrm{d}S \right\} \tag{3.1.2}$$

约束条件为

$$\boldsymbol{u} = \bar{\boldsymbol{u}} \qquad （S_{u_n} \text{ 上}） \tag{3.1.3}$$

$$\boldsymbol{u}^{(a)} = \boldsymbol{u}^{(b)} \qquad （S_{ab} \text{ 上}） \tag{3.1.4}$$

$S_{ab}$ 面上一组约束条件的产生，是由于利用式（3.1.1）计算泛函 $\Pi_P$ 时，要求在域 $V$ 上由所选择的位移 $\boldsymbol{u}$ 可以算得 $\Pi_P$，这就要求位移 $\boldsymbol{u}$ 在域上连续，并且应变 $\boldsymbol{D}\boldsymbol{u}$ 有界。现在将域 $V$ 离散为许多子域（单元）$V_n$，并在各子域上选择局部场函数 $\boldsymbol{u}$，则要求 $\boldsymbol{u}$ 不仅在单元内连续，而且在两个相邻单元的交界面 $S_{ab}$ 上也连续，因而产生约束条件（3.1.4）。这个条件称为**协调条件（或位移连续条件），满足协调条件的有限元称为协调元**。

### 3.1.2　单元列式

有限元分析的关键在于单元列式，它包括选择合理的近似场函数，以及形成单元刚度矩阵。

根据 $\Pi_P$ 列式的有限元只有一类场变量——位移 $\boldsymbol{u}$，所以首先确定一组以单元结点位移（有时包括位移的导数）表示的近似位移场。例如，对图 3.2 所示单元，假定元内任一点的位移 $\boldsymbol{u}$，可由单元边界上结点的位移及单元内部结点的位移共

同插值得到

$$\boldsymbol{u}=\begin{bmatrix}\boldsymbol{N}_q & \boldsymbol{N}_r\end{bmatrix}\begin{Bmatrix}\boldsymbol{q}\\ \boldsymbol{r}\end{Bmatrix} \tag{3.1.5}$$

式中，$\boldsymbol{q}$ 为单元边界上结点的位移；$\boldsymbol{r}$ 为单元内部结点的位移；$\boldsymbol{N}_q$、$\boldsymbol{N}_r$ 为选定的插值函数（又称形函数）。

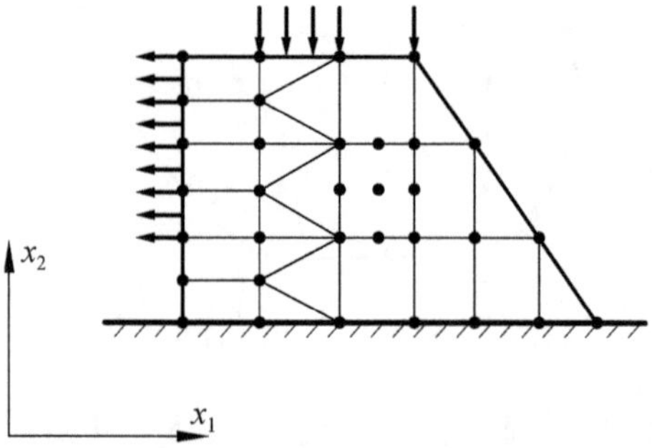


图 3.2　具有边界及内部结点的有限元

也就是说，现在用近似的位移 $\boldsymbol{u}$ 来逼近元内真实的位移。同时，所选插值方程（3.1.5）必须在两个相邻单元交界面 $S_{ab}$ 上满足协调条件 $\boldsymbol{u}^{(a)}=\boldsymbol{u}^{(b)}$。

确定了位移 $\boldsymbol{u}$ 后，应用位移-应变方程求得应变

$$\boldsymbol{\varepsilon}=\boldsymbol{D}\boldsymbol{u}=\begin{bmatrix}\boldsymbol{B}_q & \boldsymbol{B}_r\end{bmatrix}\begin{Bmatrix}\boldsymbol{q}\\ \boldsymbol{r}\end{Bmatrix} \tag{3.1.6}$$

式中

$$\begin{aligned}\boldsymbol{B}_q&=\boldsymbol{D}\boldsymbol{N}_q\\ \boldsymbol{B}_r&=\boldsymbol{D}\boldsymbol{N}_r\end{aligned} \tag{3.1.7}$$

$\boldsymbol{D}$ 为微分算子阵。代入式（3.1.2）可得

$$\Pi_P=\sum_n\left(\frac{1}{2}\boldsymbol{q}^{\mathrm{T}}\boldsymbol{k}_{qq}\boldsymbol{q}+\boldsymbol{r}^{\mathrm{T}}\boldsymbol{k}_{rq}\boldsymbol{q}+\frac{1}{2}\boldsymbol{r}^{\mathrm{T}}\boldsymbol{k}_{rr}\boldsymbol{r}-\boldsymbol{q}^{\mathrm{T}}\bar{\boldsymbol{Q}}_q-\boldsymbol{r}^{\mathrm{T}}\bar{\boldsymbol{Q}}_r\right) \tag{e}$$

式中

$$\begin{aligned}\boldsymbol{k}_{qq}&=\int_{V_n}\boldsymbol{B}_q^{\mathrm{T}}\boldsymbol{C}\boldsymbol{B}_q\,\mathrm{d}V\\ \boldsymbol{k}_{rr}&=\int_{V_n}\boldsymbol{B}_r^{\mathrm{T}}\boldsymbol{C}\boldsymbol{B}_r\,\mathrm{d}V\\ \boldsymbol{k}_{rq}&=\int_{V_n}\boldsymbol{B}_r^{\mathrm{T}}\boldsymbol{C}\boldsymbol{B}_q\,\mathrm{d}V=\boldsymbol{k}_{qr}^{\mathrm{T}}\qquad(\boldsymbol{C}\text{ 为对称阵})\\ \bar{\boldsymbol{Q}}_q&=\int_{V_n}\boldsymbol{N}_q^{\mathrm{T}}\bar{\boldsymbol{F}}\,\mathrm{d}V+\int_{S_{\sigma_n}}\boldsymbol{N}_q^{\mathrm{T}}\bar{\boldsymbol{T}}\,\mathrm{d}S\end{aligned} \tag{f}$$

$$\bar{\boldsymbol{Q}}_r = \int_{V_n} \boldsymbol{N}_r^{\mathrm{T}} \bar{\boldsymbol{F}} \,\mathrm{d}V + \int_{S_{\sigma_n}} \boldsymbol{N}_r^{\mathrm{T}} \bar{\boldsymbol{T}} \,\mathrm{d}S$$

对于各个单元，其内部结点位移 $\boldsymbol{r}$ 彼此独立，因此在单元上将它们并缩掉

$$\frac{\partial \Pi_P}{\partial \boldsymbol{r}} = \boldsymbol{0},\quad \boldsymbol{k}_{rq}\,\boldsymbol{q} + \boldsymbol{k}_{rr}\,\boldsymbol{r} - \bar{\boldsymbol{Q}}_r = \boldsymbol{0} \tag{g}$$

得到

$$\boldsymbol{r} = \boldsymbol{k}_{rr}^{-1}(\bar{\boldsymbol{Q}}_r - \boldsymbol{k}_{rq}\,\boldsymbol{q}) \tag{h}$$

代回式（e），则得到离散形式的总势能

$$\Pi_P = \sum_n \left(\frac{1}{2}\boldsymbol{q}^{\mathrm{T}}\boldsymbol{k}\,\boldsymbol{q} - \boldsymbol{q}^{\mathrm{T}}\bar{\boldsymbol{Q}}_n + \text{常数}\right) \tag{i}$$

其中

$$\boldsymbol{k} = \boldsymbol{k}_{qq} - \boldsymbol{k}_{rq}^{\mathrm{T}}\boldsymbol{k}_{rr}^{-1}\boldsymbol{k}_{rq} \tag{j}$$

$$\bar{\boldsymbol{Q}}_n = \bar{\boldsymbol{Q}}_q - \boldsymbol{k}_{rq}^{\mathrm{T}}\boldsymbol{k}_{rr}^{-1}\bar{\boldsymbol{Q}}_r \tag{k}$$

式中，$\boldsymbol{k}$ 是**单元刚度矩阵（简称单刚）**；$\bar{\boldsymbol{Q}}_n$ 是单元等效结点载荷。

各单元边界上的结点位移 $\boldsymbol{q}$，对相邻单元彼此并不独立，式（i）取和同时略去常数项，有

$$\Pi_P = \frac{1}{2}\boldsymbol{q}^{\mathrm{T}}\boldsymbol{K}\,\boldsymbol{q} - \boldsymbol{q}^{\mathrm{T}}\boldsymbol{Q} \tag{l}$$

式中，$\boldsymbol{K} = \sum_n \boldsymbol{k}$，为整体刚度矩阵（简称总刚）；$\boldsymbol{Q} = \sum_n \bar{\boldsymbol{Q}}_n$，为总的结点载荷。

由 $\delta \Pi_P = 0$，得到有限元的待解方程

$$\boldsymbol{K}\boldsymbol{q} = \boldsymbol{Q} \tag{3.1.8}$$

根据位移已知边界条件式（3.1.3），由上式解得结点位移 $\boldsymbol{q}$。代入式（h）得到单元内部结点位移 $\boldsymbol{r}$，已知 $\boldsymbol{q}$ 及 $\boldsymbol{r}$，由式（3.1.5）求得单元各点的位移 $\boldsymbol{u}$，从而可求出其相应的应变 $\boldsymbol{\varepsilon}$ 及应力 $\boldsymbol{\sigma}$。

通过这条途径，将原来解弹性理论偏微分方程组的问题，转化为简便地求解代数方程组问题（对于动力问题转化为求解常微分方程组）。

所以，对于协调位移元，其单元刚度矩阵 $\boldsymbol{k}$ 通过以下步骤建立：

选取 $\boldsymbol{u} = \boldsymbol{N}_q\,\boldsymbol{q} + \boldsymbol{N}_r\,\boldsymbol{r}$ （满足 $S_{ab}$ 上 $\boldsymbol{u}^{(a)} = \boldsymbol{u}^{(b)}$ 条件）$\xrightarrow{\text{式(3.1.7)}}$

$$\longrightarrow \begin{cases} \boldsymbol{B}_q = \boldsymbol{D}\boldsymbol{N}_q \\ \boldsymbol{B}_r = \boldsymbol{D}\boldsymbol{N}_r \end{cases} \xrightarrow{\text{式(f)}} \begin{cases} \boldsymbol{k}_{qq} = \int_{V_n} \boldsymbol{B}_q^{\mathrm{T}}\boldsymbol{C}\boldsymbol{B}_q \,\mathrm{d}V \\ \boldsymbol{k}_{rq} = \int_{V_n} \boldsymbol{B}_r^{\mathrm{T}}\boldsymbol{C}\boldsymbol{B}_q \,\mathrm{d}V \\ \boldsymbol{k}_{rr} = \int_{V_n} \boldsymbol{B}_r^{\mathrm{T}}\boldsymbol{C}\boldsymbol{B}_r \,\mathrm{d}V \end{cases} \xrightarrow{\text{式(j)}} \boldsymbol{k} = \boldsymbol{k}_{qq} - \boldsymbol{k}_{rq}^{\mathrm{T}}\boldsymbol{k}_{rr}^{-1}\boldsymbol{k}_{rq} \tag{3.1.9}$$

当单元内部没有结点时，$\boldsymbol{r}=\boldsymbol{0}, \boldsymbol{k}=\boldsymbol{k}_{qq}$。

这种有限元，从变分原理看，是以最小势能原理为基础。从求解方法看，是以单元结点位移为广义坐标，通过分段假定形函数，得到待解方程（3.1.8），此方程以结点位移 $\boldsymbol{q}$ 为未知数，这种求解方法为**矩阵位移法**。

对于由最小势能原理建立的求解方程（3.1.8），可以注意到以下两点：

（1）**此原理指出，系统的总势能取极小值，由式（l）给出的总势能 $\Pi_P$ 是由所有单元势能组合而成，它不代表某一个单元的势能。所以对一个单元，式(3.1.8)并不成立**。

（2）最小势能原理变分的结果，给出的欧拉方程式（3.1.8），代表在整个定义域上结点的平衡方程。外力边界条件由式（f）的后两个积分项转换为等价结点力，引入待解方程。

各类有限元的特性，由其近似场函数及单元刚度矩阵代表。**有限元单元分析的关键，就是选择合理的近似场函数及建立单元刚度矩阵 $\boldsymbol{k}$**。

完成了单元分析后，进行整体分析，即，将单元刚度阵组成总体刚度阵，单元等效结点载荷组成总体等效结点载荷，建立待解方程（3.1.8），利用位移已知边界条件（及初始条件）进行求解，这几步对于多类有限元是类同的，我们认为大家已经熟悉，许多有限元书籍也均有详细讲述，以后不再讨论。

## 3.2　有限元收敛准则　几何各向同性

用有限元方法求解连续介质问题时，首先遇到的问题是：随着有限元网格的逐级加密，有限元所得近似解是否收敛？而且是否收敛于准确解？

所谓网格逐级加密，是指加密时满足以下条件：

（1）加密的细网格必须**嵌入**粗网格中，当有限元的尺寸变小时，求解域的每一点**始终**在单元内，也就是说，有限元插值函数的新空间应包含在以前用过的空间之内。

（2）网格加密时，场变量的插值函数保持不变。

### 3.2.1　有限元单调收敛准则

当单元的尺寸趋近于零时，单元近似场函数使泛函收敛，并且使有限元的近似解收敛于原来基本微分方程的正确解，这时必须满足以下两个收敛准则[4-8]。

（1）**协调准则（相容准则）：如有限元的泛函中，场函数的最高阶导数为 $m$ 阶，则在相邻单元的交界面上，场函数必须具有 $C_{m-1}$ 阶连续性**。

基于以上准则，在相邻单元交界面上，场函数及其直至 $m-1$ 阶导数连续，将使其泛函在整个域上是有定义的。这样，整个系统的泛函才可能趋于它的准确值。

从物理上看，协调准则要求原来连续的物体，当用有限元离散它所形成的离散体时，在变形后应该仍然是一个连续体，各单元的内部及单元交界面上不应出现裂缝与重叠。例如，$C_0$ 连续性的位移元，要求位移函数在相邻单元的交界面上必须连续。如果位移不连续，这时系统的总势能就不再等于各个单元势能之和，还应加上不连续处的附加应变能，而以前在建立有限元的总势能 $\Pi_p$ 时，并没有计入这一部分能量，因此，这时有限元的解就不能保证一定收敛于正确解①。

当所选位移函数不能保证沿单元边界连续时，这种位移 $\boldsymbol{u}$ 是**非协调**的，这类单元称为**非协调元**。

有限元单调收敛，除满足协调准则外，还必须满足完备准则。

（2）**完备准则：如果有限元的泛函中，场函数的最高阶导数为 $m$ 阶，则在单元内部，场函数必须具有 $C_m$ 阶连续性**。

基于以上准则，当有限元的几何尺寸缩小为零时，必然能表示场函数及其直至 $m$ 阶导数的每一项为均匀状态。

例如，对于 $C_0$ 阶的位移元，其泛函 $\Pi_p$ 中场函数的最高阶导数为一阶，因此，完备准则等价于当单元尺寸趋于零时，其单元的位移函数必须包括刚体位移（零应变状态）及常应变状态②。

一般来讲，要求所选择的场函数不但能描述单元的变形，而且还要能描述由于其他单元变形，通过结点位移引起该单元产生的刚体位移——这是以上完备准则要求的内容之一。同时，当有限元的网格逐渐加密、单元尺寸逐渐减至很小时，单元内的应变状态接近于常应变状态，因此，所选择的场函数还应反映这种常应变状态，这样才有可能收敛于正确解——这是以上完备准则要求的另一内容。

如果有限元所选择的场函数同时满足完备及协调准则，当网格逐级加密时，有限元所得近似解收敛，并且**单调收敛于正确解**。

但是，以上两个收敛准则并不等同，完备性是**必须**满足的准则，也是容易满足的条件；而协调性则可以**稍加放松**。**协调而不完备的有限元，不收敛**[10]**；完备而不协调的有限元，则有可能收敛**。

现在进一步讨论非协调元的收敛条件。

### 3.2.2　非协调元的收敛条件

如果单元只满足完备条件而不协调，那么由很多这样的单元组成一个小片，

---

① 在许多情况下，应用不满足协调准则的近似场函数也可以得到收敛解，而且是确有改善的解。这个问题将在以后详细讨论。

② Bazeley 等提出完备准则时[9]，要求单元尺寸趋于零。但是，当有限元的尺寸不趋近于零而为有限值时，单元满足这个准则也会使解的精度改善。

这个小片是否仍能保持常应变状态？回答是不肯定的。由于组成这个片的单元是非协调的，因此，这个片也可能不再保持常应变状态。

研究表明：如果这个小片也能保持常应变状态，则随着网格加密，非协调元的解也能收敛于正确解，但这种收敛不是单调的。这种非协调元的收敛条件可阐述如下。

1. 分片试验

**单个的有限元完备而不协调，由一些这种非协调元组成一个任意尺寸的小片，如果这个片能表示常应变状态，则此非协调元也收敛，但不单调收敛**。

由于这个条件不是对单独一个单元，而是对一些单元连成的一个片，所以又称它是**一个片的完备条件**。

这种片的完备性，是由 Irons 等提出的[11, 12]。他们提出用一个很简单的方法来检查这种完备性，这个方法称为**分片试验**（patch test），即，采用一个在给定位移下准确解是常应变状态的单独小片，将此小片划分为由一种非协调元组成的网格，如果此小片在上述应变所对应的结点位移下，算得的片内各点值是它们的正确值，则此小片通过分片试验。也就是说，由这种非协调元组成的片满足完备条件。

进行分片试验时需注意以下几点：

（1）检查是否通过分片试验，很重要的一个因素是单元的几何形状，不能仅用矩形等规则网格检查分片试验。

（2）分片试验的独立小片可以取任意形状，网格也可以任意划分。对于有些非协调元，分片试验的小片形状及网格划分，一些文献给出的建议可作参考[13,14]。

（3）分片试验是由一些非协调元组成的小片。进一步研究表明，分片试验，也可以不用小片，而只用一个单元，现在来讨论这个问题。

2. 分片试验的单元形式[15-17]

如单元位移 $\boldsymbol{u}$ 仍能表达为协调位移 $\boldsymbol{u}_q$ 及非协调位移 $\boldsymbol{u}_\lambda$ 两部分组合，则

$$\boldsymbol{u}=\boldsymbol{u}_q+\boldsymbol{u}_\lambda=\boldsymbol{N}\boldsymbol{q}+\boldsymbol{M}\boldsymbol{\lambda} \tag{a}$$

其中，

$$\begin{aligned}\boldsymbol{u}_q&=\boldsymbol{N}\boldsymbol{q}\\ \boldsymbol{u}_\lambda&=\boldsymbol{M}\boldsymbol{\lambda}\end{aligned} \tag{b}$$

这里，$\boldsymbol{u}_q$ 为协调位移；$\boldsymbol{u}_\lambda$ 为非协调位移；$\boldsymbol{q}$ 为结点位移；$\boldsymbol{\lambda}$ 为非协调位移参数；$\boldsymbol{N}$ 及 $\boldsymbol{M}$ 分别为协调与非协调位移插值函数。

将式（a）代入泛函

$$\Pi_P=\sum_n\left\{\int_V[A(\varepsilon_{ij})-\bar{F}_i u_i]\mathrm{d}V-\int_{S_{\sigma_n}}\bar{T}_i u_i\,\mathrm{d}S\right\} \tag{c}$$

进行变分

$$\delta \Pi_P = \sum_n \left\{ \int_{V_n} - \left[ \left( \frac{\partial A}{\partial \varepsilon_{ij}} \right)_{,j} + \bar{F}_i \right] \delta (u_{qi} + u_{\lambda i}) \mathrm{d}V - \int_{S_{\sigma_n}} \bar{T}_i \delta (u_{qi} + u_{\lambda i}) \mathrm{d}S + \int_{\partial V_n} \frac{\partial A}{\partial \varepsilon_{ij}} \nu_j \delta (u_{qi} + \delta u_{\lambda i}) \mathrm{d}S \right\} \tag{d}$$

利用应力-应变关系

$$\frac{\partial A}{\partial \varepsilon_{ij}} = \sigma_{ij} \tag{e}$$

及表达式

$$\sigma_{ij} \nu_j = T_i \tag{f}$$

同时注意 $\partial V_n = S_{u_n} \cup S_{\sigma_n} \cup S_{ab}$ 及在 $S_{u_n}$ 上令 $\boldsymbol{u}_q = \bar{\boldsymbol{u}}$，则取 $\delta \Pi_P = 0$，式（d）成为

$$\begin{aligned} \delta \Pi_P = & \sum_n \left[ \int_{V_n} -(\sigma_{ij,j} + \bar{F}_i) \delta (u_{qi} + u_{\lambda i}) \mathrm{d}V + \int_{S_{\sigma_n}} (T_i - \bar{T}_i) \delta u_{qi} \, \mathrm{d}S \right] \\ & + \sum_{ab} \int_{S_{ab}} (T_i^{(a)} + T_i^{(b)}) \, \delta u_{qi} \, \mathrm{d}S \\ & + \sum_n \left( - \int_{S_{\sigma_n}} \bar{T}_i \delta u_{\lambda_i} \mathrm{d}S + \int_{\partial V_n} T_i \delta u_{\lambda_i} \mathrm{d}S \right) = 0 \end{aligned} \tag{g}$$

式中，$\sum\limits_{ab}$ 代表在两个单元的交界面 $S_{ab}$ 上取和。

为使 $\delta \Pi_P = 0$，除需满足以下方程外：

$$\begin{aligned} & \sigma_{ij,j} + \bar{F}_i = 0 \qquad (V_n \text{内}) \\ & T_i - \bar{T}_i = 0 \qquad (S_{\sigma_n} \text{上}) \\ & T_i^{(a)} + T_i^{(b)} = 0 \qquad (S_{ab} \text{上}) \end{aligned} \tag{h}$$

还需满足

$$\sum_n \int_{S_{\sigma_n}} \bar{T}_i \delta u_{\lambda i} \mathrm{d}S = 0 \tag{i}$$

$$\sum_n \int_{\partial V_n} T_i \delta u_{\lambda i} \mathrm{d}S = 0 \tag{j}$$

式（i）与已知表面力 $\bar{\boldsymbol{T}}$ 有关，一般有限元计算时，将表面力 $\bar{\boldsymbol{T}}$ 按 $\boldsymbol{u}_q$ 转化为等效结点载荷，所以式（i）不再计入。

对于式（j），当有限元的网格连续加密，单元的最大边长 $h \to 0$ 时，应力 $\boldsymbol{\sigma}$ 趋于常应力状态 $\boldsymbol{\sigma}_c$，式（j）成为

$$\sum_n \int_{\partial V_n} \boldsymbol{\sigma}_c^{\mathrm{T}} \boldsymbol{\nu}^{\mathrm{T}} \delta \boldsymbol{u}_\lambda \, \mathrm{d}S \to \boldsymbol{0} \tag{3.2.1a}$$

取上式封闭形式，则得到 Irons 的分片试验准则[12]

$$\sum_{n}\int_{\partial V_n}\boldsymbol{\sigma}_{\mathrm{c}}^{\mathrm{T}}\boldsymbol{v}^{\mathrm{T}}\delta\boldsymbol{u}_{\lambda}\,\mathrm{d}S=\mathbf{0} \tag{3.2.1b}$$

如上式取**单元**上等于零的强形式，即得到**分片试验的单元检验公式**

$$\int_{\partial V_n}\boldsymbol{\sigma}_{\mathrm{c}}^{\mathrm{T}}\boldsymbol{v}^{\mathrm{T}}\delta\boldsymbol{u}_{\lambda}\,\mathrm{d}S=\mathbf{0} \tag{3.2.2a}$$

或者

$$\int_{\partial V_n}\boldsymbol{v}^{\mathrm{T}}\boldsymbol{u}_{\lambda}\,\mathrm{d}S=\mathbf{0} \tag{3.2.2b}$$

利用散度定理，有

$$\begin{aligned}\int_{\partial V_n}\boldsymbol{\sigma}_{\mathrm{c}}^{\mathrm{T}}\boldsymbol{v}^{\mathrm{T}}\delta\boldsymbol{u}_{\lambda}\,\mathrm{d}S&=\boldsymbol{\sigma}_{\mathrm{c}}^{\mathrm{T}}\int_{V_n}\delta\boldsymbol{\varepsilon}_{\lambda}\,\mathrm{d}V\\&=\boldsymbol{\sigma}_{\mathrm{c}}^{\mathrm{T}}\delta\int_{V_n}\boldsymbol{\varepsilon}_{\lambda}\,\mathrm{d}V\end{aligned} \tag{k}$$

式中

$$\boldsymbol{\varepsilon}_{\lambda}=\boldsymbol{D}\boldsymbol{u}_{\lambda}=\boldsymbol{D}\boldsymbol{M}\boldsymbol{\lambda}=\boldsymbol{B}_{\lambda}\boldsymbol{\lambda} \tag{l}$$

其中

$$\boldsymbol{B}_{\lambda}=\boldsymbol{D}\boldsymbol{M} \tag{m}$$

利用式（m）及散度定理得到

$$\int_{\partial V_n}\boldsymbol{\sigma}_{\mathrm{c}}^{\mathrm{T}}\boldsymbol{v}^{\mathrm{T}}\delta\boldsymbol{u}_{\lambda}\,\mathrm{d}V=\boldsymbol{\sigma}_{\mathrm{c}}^{\mathrm{T}}\delta\left(\int_{V_n}\boldsymbol{B}_{\lambda}\,\mathrm{d}V\right)\boldsymbol{\lambda}=\mathbf{0} \tag{n}$$

还可以得到以下分片试验公式：

$$\int_{V_n}\boldsymbol{B}_{\lambda}\,\mathrm{d}V=\mathbf{0} \tag{3.2.2c}$$

或

$$\int_{V_n}\boldsymbol{\sigma}_{\mathrm{c}}^{\mathrm{T}}\boldsymbol{\varepsilon}_{\lambda}\mathrm{d}V=\mathbf{0} \tag{3.2.2d}$$

式（3.2.2c）及式（3.2.2d）就是 Strang 和 Fix[5]所指出的非协调元一个单元试验（single-element test，SET）的收敛条件，即，**一个非协调元要通过常应变分片试验，其非协调位移所产生的应变在整个单元上积分应为零（或其非协调应变所形成的应变能为零）**。

因此，对于分片试验，可以不去计算一些单元所组成的小片，只需检查一个单元，如果非协调位移（或非协调应变）使上面式（3.2.2a）至式（3.2.2d）中任一式满足，则通过分片试验。

现在用这种检查方法，来分析以下平面一般 4 结点 Wilson 元是否通过单元分片试验。

平面 4 结点 Wilson 元如图 3.3 所示。

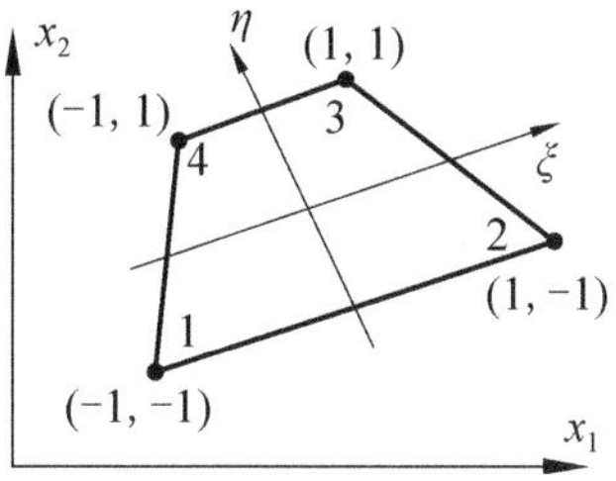


图 3.3　平面 4 结点 Wilson 元

其位移场由协调位移 $\boldsymbol{u}_q$ 及附加的内部位移 $\boldsymbol{u}_\lambda$ 两部分组成

$$\boldsymbol{u}=\boldsymbol{u}_q+\boldsymbol{u}_\lambda \tag{3.2.3a}$$

式中

$$\begin{aligned}\boldsymbol{u}_q&=\sum_i \frac{1}{4}(1+\xi_i\xi)(1+\eta_i\eta)\begin{Bmatrix}u_i\\ v_i\end{Bmatrix}\\ &=\boldsymbol{N}(\xi,\eta)\boldsymbol{q}\\ \boldsymbol{u}_\lambda&=\begin{bmatrix}\lambda_1(1-\xi^2)+\lambda_2(1-\eta^2)\\ \lambda_3(1-\xi^2)+\lambda_4(1-\eta^2)\end{bmatrix}\\ &=\boldsymbol{M}(\xi,\eta)\boldsymbol{\lambda}\end{aligned} \tag{3.2.3b}$$

其中，$\boldsymbol{q}$ 是结点位移；$\boldsymbol{\lambda}$ 是内部位移参数。

现在来讨论 Wilson 元的协调性。在两个相邻单元的每条边界上，由于只有两个公共结点，且插值函数 $\boldsymbol{N}$ 是线性的，所以沿相邻边界的位移 $\boldsymbol{u}_q$ 相同，$\boldsymbol{u}_q$ 是协调位移。

再来看附加内位移 $\boldsymbol{u}_\lambda$，图 3.4 给出 $\boldsymbol{u}_\lambda$ 在单元上的分布，可见 $\boldsymbol{u}_\lambda$ 中的每一项沿单元边界均呈抛物线分布，由于每个单元有其各自的内位移参数 $\boldsymbol{\lambda}$，相邻单元的 $\boldsymbol{\lambda}$ 彼此并不相等，所以位移 $\boldsymbol{u}_\lambda$ 沿相邻两单元的边界不等，$\boldsymbol{u}_\lambda$ 是非协调位移。

因而**总位移 $\boldsymbol{u}_q+\boldsymbol{u}_\lambda$ 沿相邻单元边界也不协调**，所以 Wilson **元是非协调的位移元**。

1. 检查它是否满足式（3.2.2c），令

$$\boldsymbol{D}_x=\begin{Bmatrix}\partial_{,x}\\ \partial_{,y}\end{Bmatrix},\quad \boldsymbol{D}_\xi=\begin{Bmatrix}\partial_{,\xi}\\ \partial_{,\eta}\end{Bmatrix} \tag{o}$$

其中

$$\boldsymbol{D}_x=\boldsymbol{J}^{-1}\boldsymbol{D}_\xi$$

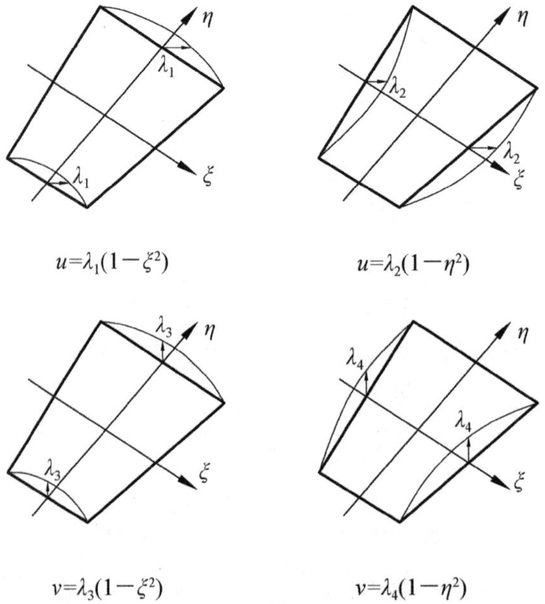


图 3.4　4 结点 Wilson 元的附加内部位移

$$
\boldsymbol{J}^{-1}=\frac{\boldsymbol{J}^*}{|\boldsymbol{J}|}=\frac{\begin{bmatrix} y_{,\eta} & y_{,\xi} \\ -x_{,\eta} & x_{,\xi} \end{bmatrix}}{\begin{vmatrix} x_{,\xi} & y_{,\xi} \\ x_{,\eta} & y_{,\eta} \end{vmatrix}} \tag{p}
$$

这里，$\boldsymbol{J}^*$ 是 $\boldsymbol{J}$ 的伴随矩阵。

代入式（3.2.2c），得到

$$
\begin{aligned}
\int_{V_n} \boldsymbol{B}_\lambda \mathrm{d}V &= \int_{-1}^{1}\int_{-1}^{1} \boldsymbol{B}_\lambda |\boldsymbol{J}| \mathrm{d}\xi\,\mathrm{d}\eta = \int_{-1}^{1}\int_{-1}^{1} \boldsymbol{D}_x \boldsymbol{M} |\boldsymbol{J}| \mathrm{d}\xi\,\mathrm{d}\eta \\
&= \int_{-1}^{1}\int_{-1}^{1} \boldsymbol{J}^*(\boldsymbol{D}_\xi \boldsymbol{M})\mathrm{d}\xi\mathrm{d}\eta
\end{aligned} \tag{q}
$$

由于 4 结点 Wilson 元，矩阵 $\boldsymbol{M}$ 元素为 $(1-\xi)^2$ 及 $(1-\eta^2)$（式（3.2.3b）），所以 $\boldsymbol{D}_\xi \boldsymbol{M}$ 是 $\xi$ 、$\eta$ 的一次式，因此有以下两种情况：

（1）对于规则形状的单元（矩形元及平行四边形元），$\boldsymbol{J}^*$ 是常数阵，所以，式（q）积分 $\int_{V_n} \boldsymbol{B}_\lambda \,\mathrm{d}V = \boldsymbol{0}$，因此通过分片试验。

（2）一般的四边形 Wilson 元，由于 $\boldsymbol{J}^*$ 不是常数阵，$\int_{V_n} \boldsymbol{B}_\lambda \,\mathrm{d}V \neq \boldsymbol{0}$，所以不通过分片试验。

2. 使一般几何形状的 Wilson 元通过分片试验的改进方法

可以用以下方法，使一般形状的 Wilson 元也通过分片试验：

（1）一个简单的方法是设法使 $\boldsymbol{J}^*$ 成为常数阵，为此 Taylor 等[18]建议用坐标原点的 $\boldsymbol{J}^*(0,0)$ 代替现在的 $\boldsymbol{J}^*(\xi,\eta)$。这样 $\boldsymbol{J}^*$ 对一般 4 结点平面元也成为常数阵，它显然通过分片试验。这种修正后的 Wilson 元称为 $\mathrm{QM}_6$ 元。计算表明，这种单元的确通过分片试验，而且给出好的结果。当单元形状为规则元时，$\mathrm{QM}_6$ 元与 Wilson 元一致。

请注意，这个美好的建议对 4 结点轴对称回转元并不成功，甚至对矩形的轴对称元也不成功。这是因为轴对称问题的应变为

$$\boldsymbol{\varepsilon}=\begin{Bmatrix}\varepsilon_r\\ \varepsilon_z\\ \varepsilon_\theta\\ \gamma_{rz}\end{Bmatrix}=\begin{Bmatrix}u_{,r}\\ w_{,z}\\ \dfrac{u}{r}\\ u_{,z}+w_{,r}\end{Bmatrix} \tag{r}$$

为了简化，我们只讨论前三个应变分量对应的阵 $\boldsymbol{D}_x$，令

$$\boldsymbol{D}_x=\begin{Bmatrix}\partial_{,r}\\ \partial_{,z}\\ \dfrac{1}{r}\end{Bmatrix} \tag{s}$$

可以得到

$$\boldsymbol{D}_x\boldsymbol{M}=\frac{\boldsymbol{J}^*}{|\boldsymbol{J}|}\begin{Bmatrix}\partial_{,\xi}\\ \partial_{,\eta}\\ 0\end{Bmatrix}\boldsymbol{M}+\begin{Bmatrix}0\\ 0\\ \dfrac{1}{r}\end{Bmatrix}\boldsymbol{M} \tag{t}$$

对应式（3.2.2c）的积分现在成为

$$\begin{aligned}\int_{V_n}\boldsymbol{B}_\lambda\mathrm{d}V&=2\pi\int_{-1}^{1}\int_{-1}^{1}(\boldsymbol{D}_x\boldsymbol{M})|\boldsymbol{J}|\,r(\xi,\eta)\mathrm{d}\xi\,\mathrm{d}\eta\\&=2\pi\int_{-1}^{1}\int_{-1}^{1}\begin{Bmatrix}\boldsymbol{J}^*(\boldsymbol{D}_\xi\boldsymbol{M})\,r(\xi,\eta)\\ |\boldsymbol{J}|\boldsymbol{M}\end{Bmatrix}\mathrm{d}\xi\,\mathrm{d}\eta\end{aligned} \tag{u}$$

注意，对于矩形轴对称元，纵然 $\boldsymbol{J}^*$ 为常数阵，但 $r(\xi,\eta)$ 不是常数，所以此项积分不等于零。因此，轴对称的矩形 Wilson 元不通过分片试验，即使用了 Taylor 等的修正，也不通过。

（2）使一般形状的单元也通过分片试验的另一方法，即设法使 $\boldsymbol{u}_\lambda$ 事先满足式（3.2.2）中的一个。为此，一些学者[19-21]建议选择内位移 $\boldsymbol{u}_\lambda$ 的方法之一如下：首先，令

$$\boldsymbol{u}_\lambda = \boldsymbol{M}\boldsymbol{\lambda} + \boldsymbol{N}_0\boldsymbol{\lambda}_0 \tag{3.2.4}$$

式中，$\boldsymbol{\lambda}_0$ 为待定参数；$\boldsymbol{N}_0$ 为选定的已知阵。

通过使 $\boldsymbol{u}_\lambda$ 满足公式（3.2.2b）来确定 $\boldsymbol{\lambda}_0$，为此，将式（3.2.4）代入式（3.2.2b），得

$$\boldsymbol{P}\boldsymbol{\lambda} + \boldsymbol{P}_0\boldsymbol{\lambda}_0 = \boldsymbol{0} \tag{v}$$

式中，

$$\boldsymbol{P} = \int_{\partial V_n} \boldsymbol{v}^{\mathrm{T}}\boldsymbol{M}\,\mathrm{d}S,\quad \boldsymbol{P}_0 = \int_{\partial V_n} \boldsymbol{v}^{\mathrm{T}}\boldsymbol{N}_0\,\mathrm{d}S \tag{w}$$

选择阵 $\boldsymbol{N}_0$ 使 $\boldsymbol{P}_0$ 不奇异，从而可得

$$\boldsymbol{\lambda}_0 = -\boldsymbol{P}_0^{-1}\boldsymbol{P}\boldsymbol{\lambda} \tag{x}$$

再代回式（3.2.4），即得到通过分片试验的 $\boldsymbol{u}_\lambda$

$$\boldsymbol{u}_\lambda = \boldsymbol{M}\boldsymbol{\lambda} - \boldsymbol{N}_0(\boldsymbol{P}_0^{-1}\boldsymbol{P}\boldsymbol{\lambda}) \tag{3.2.5}$$

例如，对 4 结点平面元，引入的 $\boldsymbol{M}$ 阵与以前 Wilson 元相同，而 $\boldsymbol{N}_0$ 选择为

$$\boldsymbol{N}_0 = \begin{bmatrix} \xi & \eta & 0 & 0 \\ 0 & 0 & \xi & \eta \end{bmatrix} \begin{Bmatrix} \lambda_{01} \\ \vdots \\ \lambda_{04} \end{Bmatrix} \tag{y}$$

这样，Pian 和 Wu[19]就得到通过分片试验的一般 4 结点 $\mathrm{NQ}_6$ 元。通过此法也可以得到通过分片试验其他的非协调位移元。

进行 SET 时要小心慎重，例如，Taylor 等[22]对文献[9]建立的三角形弯曲板元（习惯称为 BCIZ 元）的分析表明：一个 BCIZ 元通过 SET，但它并不一定通过一些单元所组成的小片试验。它通过图 3.5（a）的小片网格划分，却不通过图 3.5（b）、（c）的网格划分。也就是说，这种单元并不通过一般小片的网格划分，所以，**SET 与一些单元的小片试验并不完全等同**，有关进一步讨论，可见文献[23]。

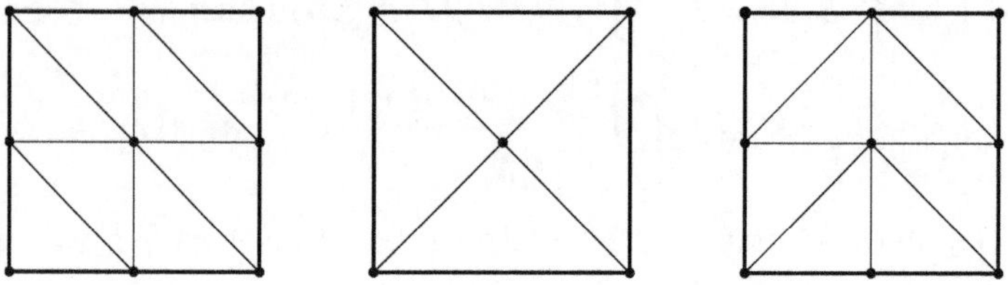

（a）网格1　（b）网格2　（c）网格3

图 3.5　三种单元分布试验网格

### 3.2.3　几何各向同性

当位移元的假定位移场采用多项式时，其收敛速度取决于多项式的形式。对各向同性材料的二维及三维连续体进行受力分析时，Dunne[24]建议所选择的位移场应满足几何各向同性的要求。

几何各向同性（或空间等向性），是指场函数与局部坐标的原点位置及局部坐标的方位无关。即，场函数应对局部坐标的一切线性变化保持不变。

所以，几何各向同性的实质是：当沿单元边界用自然坐标的多项式表示场函数时，无论在单元的哪个边上，此多项式都应具有相同的幂次，从而保证相邻单元的位移按相同幂次的多项式连接。

## 3.3　轴对称问题

一个弹性体，其几何形状、约束条件、所受外力及其他外部因素（温度、磁场等），均对称于一个轴的问题，称之为轴对称问题。

分析轴对称问题，用柱坐标$(r,\theta,z)$比用直角坐标要方便，这里，选取 $z$ 轴为对称轴（图 3.6）。轴对称问题中，位移、应变与应力均与 $\theta$ 方向无关，只是$(r, z)$的函数。

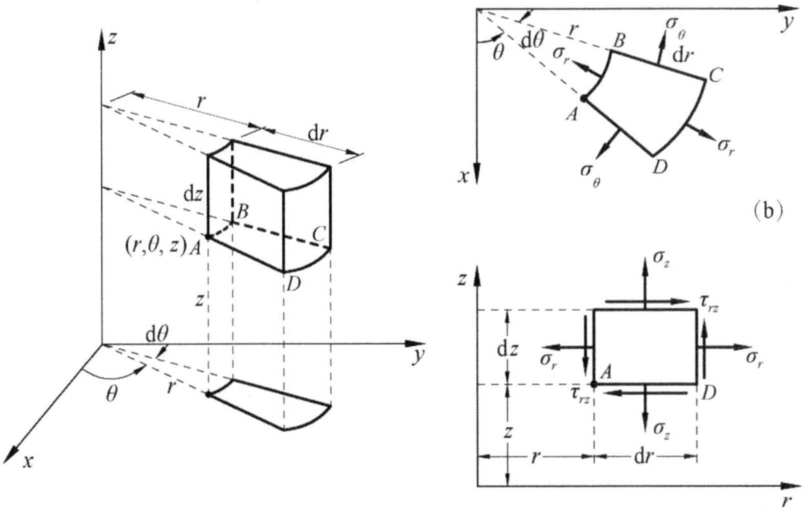

（a）　（b）　（c）

图 3.6　轴对称应力分布

### 3.3.1 轴对称问题的场变量

1. 位移 $\boldsymbol{u}$

轴对称问题中物体任一点的位移，只有两个分量：沿径向 $r$ 的位移分量 $u$，以及沿对称轴 $z$ 方向的位移分量 $w$

$$\boldsymbol{u}=\begin{Bmatrix} u(r,z) \\ w(r,z) \end{Bmatrix} \tag{3.3.1}$$

由于对称，沿 $\theta$ 方向的位移分量等于零，所以轴对称问题是一个二维问题。

2. 应力 $\boldsymbol{\sigma}$

轴对称问题中，物体内任一点具有四个应力分量（图 3.6）：径向应力 $\sigma_r$、环向应力 $\sigma_\theta$、轴向应力 $\sigma_z$ 及切应力 $\tau_{rz}$（$\tau_{rz}=\tau_{zr}$）。

$$\boldsymbol{\sigma}(r,z)=\begin{Bmatrix} \sigma_r \\ \sigma_\theta \\ \sigma_z \\ \tau_{rz} \end{Bmatrix} \tag{3.3.2}$$

对于轴对称问题，所有应力也都不随 $\theta$ 变化，在同一圆周上的应力分量相等。

3. 应变 $\boldsymbol{\varepsilon}$

轴对称问题的应变场，也只包括三个线应变及一个剪应变。

$$\boldsymbol{\varepsilon}(r,z)=\begin{Bmatrix} \varepsilon_r \\ \varepsilon_\theta \\ \varepsilon_z \\ \gamma_{rz} \end{Bmatrix} \tag{3.3.3}$$

同样，这四个应变分量也只是 $(r, z)$ 的函数。

### 3.3.2 轴对称问题基本方程[25]

1. 几何方程

$$\begin{aligned} \varepsilon_r &= \frac{\partial u}{\partial r} \\ \varepsilon_\theta &= \frac{u}{r} \\ \varepsilon_z &= \frac{\partial w}{\partial z} \\ \gamma_{rz} &= \gamma_{zr} = \frac{\partial w}{\partial r}+\frac{\partial u}{\partial z} \end{aligned} \tag{3.3.4a}$$

以矩阵表示为

$$\boldsymbol{\varepsilon}=\boldsymbol{D}\boldsymbol{u}=\begin{bmatrix}\dfrac{\partial}{\partial r} & 0\\ \dfrac{1}{r} & 0\\ 0 & \dfrac{\partial}{\partial z}\\ \dfrac{\partial}{\partial z} & \dfrac{\partial}{\partial r}\end{bmatrix}\begin{Bmatrix}u\\ w\end{Bmatrix} \tag{3.3.4b}$$

2. 应力-应变关系

对各向同性线性弹性材料，其应力-应变关系为

$$\begin{Bmatrix}\sigma_r\\ \sigma_\theta\\ \sigma_z\\ \tau_{rz}\end{Bmatrix}=\frac{E(1-\nu)}{(1+\nu)(1-2\nu)}\begin{bmatrix}1 & \dfrac{\nu}{1-\nu} & \dfrac{\nu}{1-\nu} & 0\\ \dfrac{\nu}{1-\nu} & 1 & \dfrac{\nu}{1-\nu} & 0\\ \dfrac{\nu}{1-\nu} & \dfrac{\nu}{1-\nu} & 1 & 0\\ 0 & 0 & 0 & \dfrac{1-2\nu}{2(1-\nu)}\end{bmatrix}\begin{Bmatrix}\varepsilon_r\\ \varepsilon_\theta\\ \varepsilon_z\\ \gamma_{rz}\end{Bmatrix} \tag{3.3.5a}$$

其中，$E$ 为材料杨氏模量；$\nu$ 为泊松比。

如以 $\boldsymbol{C}$ 表示材料弹性阵

$$\boldsymbol{C}=\frac{E(1-\nu)}{(1+\nu)(1-\nu)}\begin{bmatrix}1 & \dfrac{\nu}{1-\nu} & \dfrac{\nu}{1-\nu} & 0\\ & 1 & \dfrac{\nu}{1-\nu} & 0\\ & & 1 & 0\\ & \text{对称} & & \dfrac{1-2\nu}{2(1-\nu)}\end{bmatrix} \tag{3.3.6}$$

考虑温度应力，其应力-应变关系为

$$\boldsymbol{\sigma}=\boldsymbol{C}[\boldsymbol{\varepsilon}-\boldsymbol{\varepsilon}_0] \tag{3.3.5b}$$

其中，$\boldsymbol{\varepsilon}_0$ 为温度变化引起的变形

$$\boldsymbol{\varepsilon}_0=\alpha T\begin{bmatrix}1 & 1 & 1 & 0\end{bmatrix}^{\mathrm{T}} \tag{3.3.7}$$

这里，$\alpha$ 为材料线膨胀系数；$T$ 为温度的变化。

## 3.4　3 结点三角形轴对称位移元（一）（元 LDT）

离散轴对称物体，采用的有限元是一个圆环。这个环形单元与平面 *roz* 相交的平面可以具有不同形状。图 3.7 为一个 3 结点三角形元 $\Delta_{ijm}$，它绕 *z* 轴旋转形成了一个环形单元。

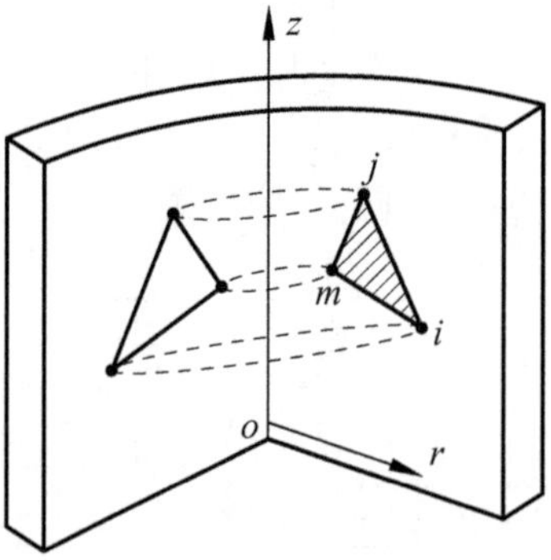


图 3.7　3 结点三角形轴对称环元

轴对称元的单元刚度矩阵、等效结点载荷等，都是在这个环上进行计算——这是用有限元分析轴对称问题的特点。

有限元分析轴对称问题，其环形截面可以是三角形、矩形等多种形状。现在首先讨论 Chough 和 Rashid[26]，以及 Wilson[27]建议的最简单的一种 3 结点三角形轴对称位移元，如前所述，这个元实际是一个环，其在 *roz* 面上的截面为 $\Delta_{ijm}$。

建立位移元的关键一步，是确定单元位移场。

### 3.4.1　位移场 *u*

**单元内任一点的位移 *u* 以单元结点位移 *q* 表示**

$$\boldsymbol{u} = \boldsymbol{N}\boldsymbol{q} \tag{3.4.1}$$

式中，$\boldsymbol{N}$ 为位移插值函数（即形函数）。

对一个 3 结点三角形元，其三个结点 $(i, j, m)$ 的结点位移为 $\boldsymbol{q}$（图 3.8）

$$\boldsymbol{q} = \begin{Bmatrix} \boldsymbol{q}_i \\ \boldsymbol{q}_j \\ \boldsymbol{q}_m \end{Bmatrix}, \quad \boldsymbol{q}_i = \begin{Bmatrix} u_i \\ w_i \end{Bmatrix} \quad (i,\ j,\ m) \tag{3.4.2}$$

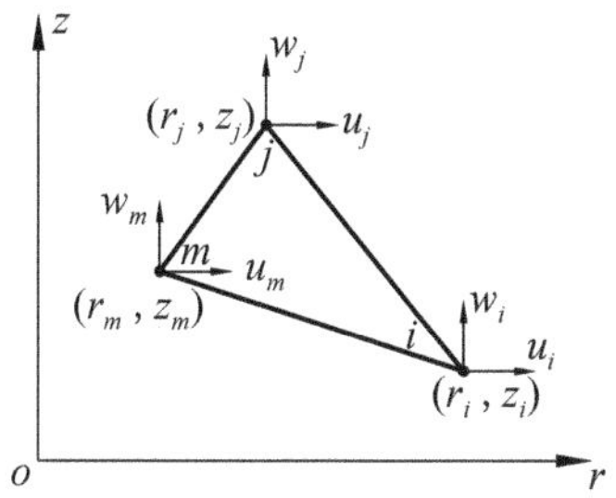


图 3.8 一个 3 结点三角形元

按以下步骤确定插值函数：

1. 元内位移选用线性模式

$$\begin{cases} u = \alpha_1 + \alpha_2 r + \alpha_3 z \\ w = \alpha_4 + \alpha_5 r + \alpha_6 z \end{cases} \tag{a}$$

其中，$\alpha_i (i = 1 \sim 6)$ 为待定广义坐标。

应用式（a），则变形前元间相邻两点的位移为直线，变形后则仍为直线，从而保证了单元间各点位移的连续性，这样建立的单元是协调元。

式（a）写为

$$\boldsymbol{u} = \begin{Bmatrix} u \\ w \end{Bmatrix} = \begin{bmatrix} \boldsymbol{\varphi} & 0 \\ 0 & \boldsymbol{\varphi} \end{bmatrix} \boldsymbol{\alpha}, \quad \boldsymbol{\varphi} = \begin{bmatrix} 1 & r & z \end{bmatrix}, \quad \boldsymbol{\alpha} = \begin{bmatrix} \alpha_1, & \cdots, & \alpha_6 \end{bmatrix}^{\mathrm{T}} \tag{b}$$

2. 广义坐标 $\boldsymbol{\alpha}$ 以结点坐标 $\boldsymbol{q}$ 表示

将单元 $(i, j, m)$ 的三个结点坐标 $(r_i, z_i), (r_j, z_j)$ 及 $(r_m, z_m)$ 代入式（b），从而有

$$\boldsymbol{q} = \Delta \boldsymbol{\alpha} \tag{c}$$

式中

$$\boldsymbol{q} = \begin{bmatrix} u_i & u_j & u_m & w_i & w_j & w_m \end{bmatrix}^{\mathrm{T}}$$

$$2\Delta = \begin{vmatrix} 1 & r_i & z_i \\ 1 & r_j & z_j \\ 1 & r_m & z_m \end{vmatrix} \tag{d}$$

$\Delta$ 为三角形元的面积。由式（c）解得

$$\boldsymbol{\alpha} = \frac{\boldsymbol{q}}{\Delta} \tag{e}$$

再将式（e）代回式（b），即得到元内一点位移 $\boldsymbol{u}$ 以结点位移 $\boldsymbol{q}$ 表示

$$\boldsymbol{u} = \begin{bmatrix} \boldsymbol{\varphi} & 0 \\ 0 & \boldsymbol{\varphi} \end{bmatrix} \frac{\boldsymbol{q}}{\Delta} = \boldsymbol{N} \boldsymbol{q} = \begin{bmatrix} N_i u_i + N_j u_j + N_m u_m \\ N_i w_i + N_j w_j + N_m w_m \end{bmatrix} \tag{3.4.3}$$

其中

$$N_i = \frac{1}{2\Delta}(a_i + b_i r + c_i z) \quad (i, j, m) \tag{3.4.4}$$

式中

$$a_i = r_j z_m - r_m z_j$$
$$b_i = z_j - z_m$$
$$c_i = r_m - r_j$$

式（3.4.3）可写为

$$\begin{aligned} \boldsymbol{u} = \begin{bmatrix} u \\ w \end{bmatrix} &= \begin{bmatrix} N_i & 0 & N_j & 0 & N_m & 0 \\ 0 & N_i & 0 & N_j & 0 & N_m \end{bmatrix} \boldsymbol{q} \\ &= \begin{bmatrix} \boldsymbol{N}_i \boldsymbol{I} & \boldsymbol{N}_j \boldsymbol{I} & \boldsymbol{N}_m \boldsymbol{I} \end{bmatrix} \boldsymbol{q} \\ &= \boldsymbol{N} \boldsymbol{q} \end{aligned} \tag{3.4.5}$$

其中

$$\boldsymbol{N} = \begin{bmatrix} \boldsymbol{N}_i & \boldsymbol{N}_j & \boldsymbol{N}_m \end{bmatrix}, \quad \boldsymbol{N}_i = \begin{bmatrix} N_i & 0 \\ 0 & N_i \end{bmatrix} \quad (i, j, m) \tag{f}$$

$\boldsymbol{I}$ 为 $2\times 2$ 单位阵。

对一个轴对称位移元，式（3.4.3）（或式（3.4.5））是建立单元的关键所在。

### 3.4.2　元内一点的应力及应变以结点位移表示

1. 应变

$$\boldsymbol{\varepsilon} = \boldsymbol{D}\,\boldsymbol{u} = \boldsymbol{D}\,\boldsymbol{N}\,\boldsymbol{q} = \boldsymbol{B}\,\boldsymbol{q} \tag{3.4.6a}$$

其中

$$\boldsymbol{B} = \boldsymbol{D}\,\boldsymbol{N}$$

或写成 $\boldsymbol{\varepsilon}$ 的一般表达式

$$\boldsymbol{\varepsilon} = \begin{Bmatrix} \varepsilon_r \\ \varepsilon_\theta \\ \varepsilon_z \\ \gamma_{rz} \end{Bmatrix} = \begin{bmatrix} \partial u/\partial r \\ u/r \\ \partial w/\partial z \\ \dfrac{\partial u}{\partial z} + \dfrac{\partial w}{\partial r} \end{bmatrix} = \frac{1}{2\Delta} \begin{bmatrix} b_i & 0 & b_j & 0 & b_m & 0 \\ f_i & 0 & f_j & 0 & f_m & 0 \\ 0 & c_i & 0 & c_j & 0 & c_m \\ c_i & b_i & c_j & b_j & c_m & b_m \end{bmatrix} \begin{Bmatrix} u_i \\ w_i \\ u_j \\ w_j \\ u_m \\ w_m \end{Bmatrix} \tag{3.4.6b}$$

其中

$$f_i = \frac{a_i}{r} + b_i + \frac{c_i z}{r} \quad (i, j, m)$$

令

$$\boldsymbol{B}_i = \frac{1}{2\Delta}\begin{bmatrix} b_i & 0 \\ f_i & 0 \\ 0 & c_i \\ c_i & b_i \end{bmatrix} \quad (i, j, m) \tag{3.4.7}$$

则 $\boldsymbol{\varepsilon}$ 写为

$$\boldsymbol{\varepsilon} = \begin{bmatrix} \boldsymbol{B}_i & \boldsymbol{B}_j & \boldsymbol{B}_m \end{bmatrix}\boldsymbol{q} \tag{3.4.6c}$$

可见，三角形轴对称元的应变分量 $\varepsilon_r, \varepsilon_z, \gamma_{rz}$ 是常量，只有环向应变 $\boldsymbol{\varepsilon}_\theta$ 是变量，其中 $f_i, f_j, f_m$ 与单元各点的坐标 $(r, z)$ 有关。

2. 单元应力

$$\begin{aligned} \boldsymbol{\sigma} &= \boldsymbol{C}\,\boldsymbol{\varepsilon} = \boldsymbol{C}\,\boldsymbol{B}\,\boldsymbol{q} = \boldsymbol{s}\,\boldsymbol{q} \\ \boldsymbol{s} &= \boldsymbol{C}\,\boldsymbol{B} \end{aligned} \tag{3.4.8a}$$

$\boldsymbol{\sigma}$ 也可以写成

$$\boldsymbol{\sigma} = \begin{Bmatrix} \sigma_r \\ \sigma_\theta \\ \sigma_z \\ \tau_{rz} \end{Bmatrix} = \begin{bmatrix} \boldsymbol{s}_i & \boldsymbol{s}_j & \boldsymbol{s}_m \end{bmatrix}\boldsymbol{q} \tag{3.4.8b}$$

式中

$$\boldsymbol{s}_i = \frac{E(1-\nu)}{2\Delta(1+\nu)(1-2\nu)}\begin{bmatrix} b_i + A_1 f_i & A_1 c_i \\ A_1(b_i + f_i) & A_1 c_i \\ A_1(b_i + f_i) & c_i \\ A_2 c_i & A_2 b_i \end{bmatrix} \quad \begin{aligned} A_1 &= \frac{\nu}{1-\nu} \\ A_2 &= \frac{1-2\nu}{2(1-\nu)} \end{aligned} \quad (i, j, m) \tag{3.4.9}$$

这里，三个应力分量 $\sigma_r$，$\sigma_\theta$ 与 $\sigma_z$ 均与 $f_i, f_j, f_m$ 有关，都是变量；而剪应力 $\tau_{rz}$ 是常量。

### 3.4.3　建立单元刚度阵[25-27]

根据式（3.1.9），由于单元内部没有结点，$\boldsymbol{r} = \boldsymbol{0}$①，$\boldsymbol{B}_q = \boldsymbol{B}$，在圆环上单元刚度阵 $\boldsymbol{k}$ 为

$$\begin{aligned} \boldsymbol{k} &= \int_{V_n} \boldsymbol{B}^{\mathrm{T}}\boldsymbol{C}\,\boldsymbol{B}\,\mathrm{d}V \\ &= 2\pi\int_{\Delta_{ijm}} \boldsymbol{B}^{\mathrm{T}}\boldsymbol{C}\,\boldsymbol{B}\,r\,\mathrm{d}r\,\mathrm{d}z \end{aligned} \tag{3.4.10}$$

---

① 此处 $\boldsymbol{r}$ 代表单元内部结点。

3 结点三角形轴对称环元的单元刚度矩阵，有以下两种计算方法。

1. 近似计算单元刚度矩阵[28-31]

将 $\boldsymbol{B}$ 阵代入式（3.4.10）进行积分时，由式（3.4.7）可见，由于 $\boldsymbol{B}$ 阵中 $f_i$ 与 $1/r$ 有关，对一个实心旋转体，当元上的点落在旋转轴上时，$r=0$，则 $f_i \to \infty$，此时 $\boldsymbol{B}$ 阵奇异，为消除这种奇异性，并简化计算，这里用三角形元形心处的坐标 $(\overline{r},\overline{z})$，代替元内各点的坐标 $(r,z)$，即令

$$\begin{aligned} r &\doteq \overline{r} = \frac{1}{3}(r_i + r_j + r_m) \\ z &\doteq \overline{z} = \frac{1}{3}(z_i + z_j + z_m) \end{aligned} \tag{3.4.11}$$

进行近似单刚计算。由于

$$f_i = \frac{a_i}{r} + b_i + \frac{c_i z}{r} \doteq \frac{a_i}{\overline{r}} + b_i + \frac{c_i \overline{z}}{\overline{r}} = \overline{f}_i \quad (i, j, m) \tag{g}$$

这样，应变的 $\boldsymbol{B}$ 阵及应力的 $\boldsymbol{s}$ 阵均成为常数阵，单元刚度阵 $\boldsymbol{k}$ 则成为

$$\boldsymbol{k} = 2\pi \overline{r}\, \boldsymbol{B}^{\mathrm{T}}\, \boldsymbol{C}\, \boldsymbol{B}\, \Delta = \begin{bmatrix} \boldsymbol{k}_{ii} & \boldsymbol{k}_{ij} & \boldsymbol{k}_{im} \\ \boldsymbol{k}_{ji} & \boldsymbol{k}_{jj} & \boldsymbol{k}_{jm} \\ \boldsymbol{k}_{mi} & \boldsymbol{k}_{mj} & \boldsymbol{k}_{mm} \end{bmatrix} \tag{3.4.12}$$

其中

$$\boldsymbol{k}_{rs} = 2\pi \overline{r}\, \boldsymbol{B}_r^{\mathrm{T}}\, \boldsymbol{C}\, \boldsymbol{B}_s\, \Delta = \frac{\pi E(1-\nu)\overline{r}}{2\Delta(1+\nu)(1-2\nu)} \begin{bmatrix} k_1 & k_3 \\ k_2 & k_4 \end{bmatrix} \tag{h}$$

$$\begin{aligned} k_1 &= b_r(b_s + A_1\overline{f}_s) + \overline{f}_r(\overline{f}_s + A_1 b_s) + A_2 c_r c_s \\ k_2 &= A_1 c_r(b_s + \overline{f}_s) + A_2 b_r c_s \\ k_3 &= A_1 c_s(b_r + \overline{f}_r) + A_2 c_r b_s \qquad (r,s = i, j, m) \\ k_4 &= c_r c_s + A_2 b_r b_s \end{aligned} \tag{i}$$

以上单元刚度矩阵的近似计算中，由于用单元形心坐标 $(\overline{r},\overline{z})$ 代替被积函数 $(r,z)$，回避了准确积分计算上的困难。但是，当邻近转轴 $z$ 的单元其 $r$ 值变化较大，特别是这种单元又较多时，用这样近似计算精度损失大，误差也随之增大。为提高精度，Zienkiewicz 和 Cheung 提出对单元刚度阵引入了一个修正项，其作法如下。

2. 精确计算单元刚度[28]

由于单元刚度阵的子块，只与应变阵有关的项为

$$\boldsymbol{k}_{rs} = 2\pi \int_{\Delta_{ijm}} \boldsymbol{B}_r^{\mathrm{T}}\, \boldsymbol{C}\, \boldsymbol{B}_s\, r\,\mathrm{d}r\,\mathrm{d}z \quad (r,s = i, j, m) \tag{3.4.13}$$

现在将 $\boldsymbol{B}_r$ 阵分成如下的两个子阵：

$$\boldsymbol{B}_r=\frac{1}{2\Delta}\begin{bmatrix} b_r & 0 \\ \dfrac{a_r+c_r z}{r}+b_r & 0 \\ 0 & c_r \\ c_r & b_r \end{bmatrix} \quad (r=i,\ j,m)$$

$$=\frac{1}{2\Delta}\begin{bmatrix} b_r & 0 \\ \dfrac{a_r+c_r \overline{z}}{\overline{r}}+b_r & 0 \\ 0 & c_r \\ c_r & b_r \end{bmatrix}+\frac{1}{2\Delta}\begin{bmatrix} 0 & 0 \\ \dfrac{a_r+c_r z}{r}-\dfrac{a_r+c_r \overline{z}}{\overline{r}} & 0 \\ 0 & 0 \\ 0 & 0 \end{bmatrix} \qquad (3.4.14)$$

$$=\overline{\boldsymbol{B}}_r+\boldsymbol{B}_r'$$

其中，$\overline{\boldsymbol{B}}_r$ 为近似计算单刚时所用的应变阵（$\overline{r},\overline{z}$ 代表三角形元形心的坐标）；$\boldsymbol{B}_r'$ 为应变阵中随坐标 $(r,z)$ 的变化项，即代表对 $\overline{\boldsymbol{B}}_r$ 阵的修正项。

将式（3.4.14）代入式（3.4.13），有

$$\boldsymbol{k}_{rs}=2\pi\int_{\Delta_{ijm}}(\overline{\boldsymbol{B}}_r^{\mathrm{T}}\boldsymbol{C}\,\overline{\boldsymbol{B}}_s+\overline{\boldsymbol{B}}_r^{\mathrm{T}}\boldsymbol{C}\,\boldsymbol{B}_s'+\boldsymbol{B}_r'^{\mathrm{T}}\boldsymbol{C}\,\overline{\boldsymbol{B}}_s+\boldsymbol{B}_r'^{\mathrm{T}}\boldsymbol{C}\,\boldsymbol{B}_s')r\,\mathrm{d}r\,\mathrm{d}z \qquad (\mathrm{j})$$

式（j）等号右侧第二及第三项分别为

$$\int_{\Delta_{ijm}}\overline{\boldsymbol{B}}_r^{\mathrm{T}}\boldsymbol{C}\,\boldsymbol{B}_s' r\,\mathrm{d}r\,\mathrm{d}z=\overline{\boldsymbol{B}}_r^{\mathrm{T}}\boldsymbol{C}\left(\int_{\Delta_{ijm}}\boldsymbol{B}_s' r\,\mathrm{d}r\,\mathrm{d}z\right)$$

及

$$\int_{\Delta_{ijm}}\boldsymbol{B}_r'^{\mathrm{T}}\boldsymbol{C}\,\overline{\boldsymbol{B}}_s r\,\mathrm{d}r\,\mathrm{d}z=\left(\int_{\Delta_{ijm}}\boldsymbol{B}_r'^{\mathrm{T}} r\,\mathrm{d}r\,\mathrm{d}z\right)\boldsymbol{C}\,\overline{\boldsymbol{B}}_s \qquad (\mathrm{k})$$

由于以上两个面积分都涉及如下积分，而此项积分在利用了合力力矩定理后结果为零，即

$$\int_{\Delta_{ijm}}\boldsymbol{B}_r'^{\mathrm{T}} r\,\mathrm{d}r\,\mathrm{d}z=\int_{\Delta_{ijm}}\left(\frac{a_r+c_r z}{r}-\frac{a_r+c_r\overline{z}}{\overline{r}}\right)r\,\mathrm{d}r\,\mathrm{d}z$$

$$=a_r\Delta+c_r\overline{z}\Delta-\left(\frac{a_r+c_r\overline{z}}{\overline{r}}\right)\overline{r}\Delta \qquad (\mathrm{l})$$

$$=0$$

这样，式（j）化为

$$\boldsymbol{k}_{rs}=\overline{\boldsymbol{k}}_{rs}+\boldsymbol{k}_{rs}' \qquad (3.4.15)$$

式中，$\overline{\boldsymbol{k}}_{rs}$ 为用 $\overline{r},\overline{z}$ 代替 $r,z$ 所得近似单刚；$\boldsymbol{k}_{rs}'$ 为对 $\overline{\boldsymbol{k}}_{rs}$ 阵的修正项。

现在进一步讨论此修正项，由于

$$
\begin{aligned}
\boldsymbol{k}'_{rs} &= 2\pi\int_{\Delta_{ijm}} \boldsymbol{B}_r'^{\mathrm{T}}\,\boldsymbol{C}\,\boldsymbol{B}'_s\, r\,\mathrm{d}r\,\mathrm{d}z \\
&= \frac{2\pi}{(2\Delta)^2}\begin{bmatrix} 0 & 1 & 0 & 0 \\ 0 & 0 & 0 & 0 \end{bmatrix}\boldsymbol{C}\begin{bmatrix} 0 & 0 \\ 1 & 0 \\ 0 & 0 \\ 0 & 0 \end{bmatrix} \\
&\quad \times \int_{\Delta_{ijm}}\left(\frac{a_r + c_r z}{r} - \frac{a_r + c_r \overline{z}}{\overline{r}}\right)\left(\frac{a_s + c_s z}{r} - \frac{a_s + c_s \overline{z}}{\overline{r}}\right) r\,\mathrm{d}r\,\mathrm{d}z \\
&= \frac{\pi E(1-\nu)}{2\Delta(1+\nu)(1-2\nu)}\begin{bmatrix} 1 & 0 \\ 0 & 0 \end{bmatrix}\left[a_r a_s\left(I_1 - \frac{1}{\overline{r}}\right) + (a_r c_s + a_s c_r)\left(I_2 - \frac{\overline{z}}{\overline{r}}\right) + c_r c_s\left(I_3 - \frac{\overline{z}^2}{\overline{r}}\right)\right]
\end{aligned} \tag{m}
$$

式中，$I_1$、$I_2$、$I_3$为

$$
I_n = \frac{1}{\Delta}\int_{\Delta_{ijm}} \frac{z^{n-1}}{r}\,\mathrm{d}r\,\mathrm{d}z \quad (n=1,2,3) \tag{n}
$$

此积分域，可视为由图 3.9 中的三个梯形域组成

$$
\int_{\square_{ii_1mm_1}} + \int_{\square_{mm_1jj_1}} - \int_{\square_{ii_1jj_1}} = \int_{\Delta_{ijm}} \tag{o}
$$

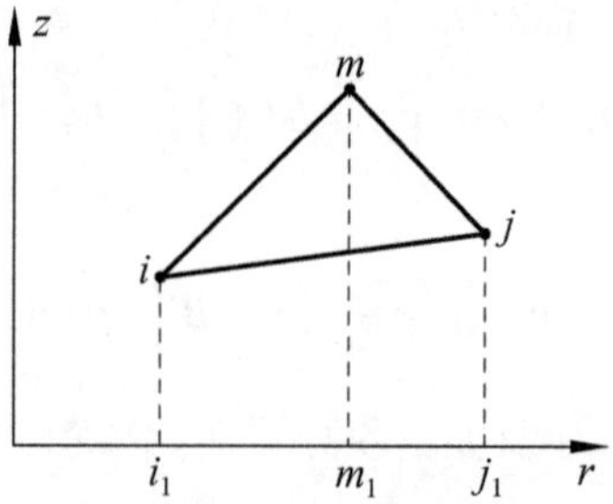


图 3.9　$\Delta_{ijm}$ 积分域

利用式（o），算得

$$
\begin{aligned}
I_n = \frac{1}{\Delta}\sum_{i,j,m}\Bigg[&\frac{1}{n}(A_{ji}^n - A_{im}^n)l_i + A_{mj}^{n-1}B_{mj}(r_j - r_m) + \frac{n-1}{4}A_{mj}^{n-2}B_{mj}^2(r_j^2 - r_m^2) \\
&+ \frac{(n-1)(n-2)}{18}B_{mj}^3(r_j^3 - r_m^3)\Bigg] \quad (n=1,2,3)
\end{aligned} \tag{p}
$$

式中

$$
\begin{aligned}
&l_i = \ln r_i \\
&A_{mj} = -a_i / c_i \quad (i, j, m) \\
&B_{mj} = -b_i / c_i
\end{aligned}
\tag{q}
$$

$\sum\limits_{i,j,m}$表 示大括号内各项进行$(i, j, m)$轮换后再求和。

由以上讨论可知，对轴对称 3 结点三角形单元，其准确刚度矩阵，应依照以下步骤进行计算，即，按单元结点坐标依次计算：

$$
\left.\begin{cases}
a_i\ \ b_i\ \ c_i\ \ \bar{r}\ \ \bar{z} \ \rightarrow \ \underset{(r=i,j,m)}{\bar{\boldsymbol{B}}_r} \ \rightarrow \ \underset{(r,s=i,j,m)}{\bar{\boldsymbol{k}}_{rs}} \\
a_i\ \ b_i\ \ c_i\ \ r,\ z \ \rightarrow \ \underset{(i,j,m)}{l_i, A_{mj}, B_{mj}} \xrightarrow{(p)} I_1, I_2, I_3 \rightarrow \boldsymbol{k}'_{rs}
\end{cases}\right\} \rightarrow \boldsymbol{k}_{rs} = \bar{\boldsymbol{k}}_{rs} + \boldsymbol{k}'_{rs}
$$

精确计算单刚需用到式（m），而当单元的结点落在对称轴上时，式（m）产生奇异性，此问题引起诸多学者的关注[32-35]，钱伟长认为[33]：对于实心轴对称物体，以上精确计算刚度矩阵不收敛，因此，此法不适用于实心轴对称物体。而文献[34]和[35]则认为：这时所谓的“奇异性”，是可去型假性奇异，其处理方法如下：

1. 当三角形元一个结点位于转轴 $z$ 上时（如结点 $i$）

$$r_i = 0, \quad l_i = \ln r_i \ \rightarrow \ \infty$$

式（p）等号右侧第一项成为

$$
\begin{aligned}
(A_{ji}^n - A_{im}^n) l_i &= \left[ \frac{(r_i z_j - r_j z_i)^n}{(r_i - r_j)^n} - \frac{(r_m z_i - r_i z_m)^n}{(r_m - r_i)^n} \right] \ln r_i \\
&= 0 \cdot \infty
\end{aligned}
\tag{r}
$$

用洛必达法则可确定此项为零。

所以当结点 $i$ 位于对称轴上时，其 $r_i$ 为零，这时只需令相应的对数项为零即可。

2. 一个单元的两个结点与 $z$ 轴等距（如图 3.10 中 $j, m$ 两点），此时

$$
\begin{aligned}
c_i = -r_j + r_m = 0 \rightarrow A_{mj} &= -a_i / c_i \rightarrow \infty \\
B_{mj} &= -b_i / c_i \rightarrow \infty
\end{aligned}
\tag{s}
$$

梯形 $jj_1mm_1$ 为零，所以对 $jm$ 部分不必进行积分，只要令 $A_{mj} = B_{mj} = 0$ 即可①。

郭仲衡[32]及钱伟长[33]作了仔细推导，他们指出此页下部注①中 Zienkiewicz 问题的产生在于以下两点：

---

① Zienkiewicz 和 Cheung 在他们 1967 年的著作[28]中，给出了式（m）的精确积分，但 Zienkiewicz 在他 1971 年的著作[29]中又删去了这部分，并认为：“看来很奇怪，实际上简单近似有时优于正确积分”。

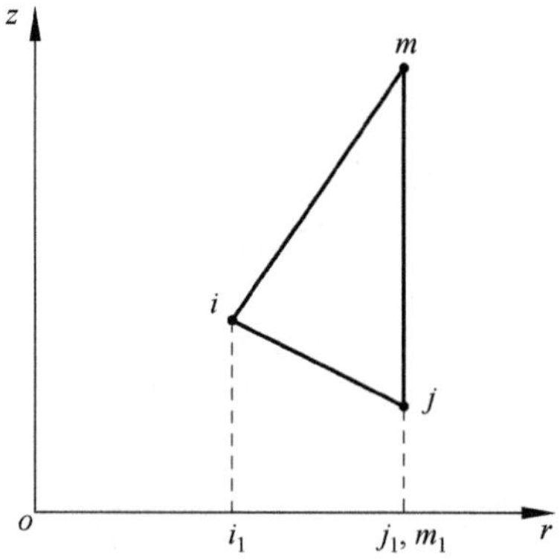


图 3.10　单元两点距轴等距

（1）三角形元三个结点都不在 $z$ 轴上

这时 $r_i \neq r_j \neq r_m$，从而有

$$
\begin{aligned}
2\Delta I_1 &= \int_{\Delta_{ijm}} \frac{1}{r} \mathrm{d}r\,\mathrm{d}z \\
&= A_{mi}\ln\frac{r_m}{r_i} + A_{ij}\ln\frac{r_i}{r_j} + A_{jm}\ln\frac{r_j}{r_m} + B_{mi}(r_m - r_i) + B_{ij}(r_i - r_j) + B_{jm}(r_j - r_m)
\end{aligned} \tag{i}
$$

容易证明，当 $r_i \neq r_j \neq r_m$ 时

$$
B_{mi}(r_m - r_i) + B_{ij}(r_i - r_j) + B_{jm}(r_j - r_m) = 0 \tag{ii}
$$

因而 Zienkiewicz 根据式（ii）将式（i）简化为

$$
2\Delta I_1 = A_{mi}\ln\frac{r_m}{r_i} + A_{ij}\ln\frac{r_i}{r_j} + A_{jm}\ln\frac{r_j}{r_m} \tag{iii}
$$

这时不误。

（2）三角形元的一边平行于对称轴 $z$（如图 3.10 中 $mj$ 边）

这时 $r_j = r_m$，由式（n）积分得到

$$
\lim_{r_j \to r_m} 2\Delta I_1 = (A_{mi} - A_{ij})\ln\frac{r_m}{r_i} + B_{mi}(r_m - r_i) + B_{ij}(r_i - r_j) \tag{iv}
$$

注意，如果 $r_j \to r_m$，在 $I_1$ 的一般表达式（iv）中，既没有 $A_{mj}$ 项，也没有 $B_{mj}$ 项，因而不同于（i）。这时，如令式（i）中 $A_{mj} = B_{mj} = 0$，同时令 $r_j = r_m$，即得式（iv）。

文献[33]指出：Zienkiewicz 在 $2\Delta I_1$ 的一般表达式（i）中，消去了式（ii）的后三项，这在三角形的边都不和 $z$ 轴平行时，是完全正确的。但当三角形有一边（如 $jm$ 边）平行于 $z$ 轴时，取 $r_j \to r_m$ 极限，如果在一般表达式（i）中，没有后三项式（iii），　就不可能得到式（iv）。这就是 Zienkiewicz 得出不正确结论的一个原因。

对以上讨论，汇总如下[36]：

$$l_i = \begin{cases} 0 & r_i = 0 \\ \ln r_i & r_i \neq 0 \end{cases}$$
$$A_{mj} = \begin{cases} 0 & c_i = 0 \\ -a_i/c_i & c_i \neq 0 \end{cases} \qquad (i,j,m) \tag{t}$$
$$B_{mj} = \begin{cases} 0 & c_i = 0 \\ -b_i/c_i & c_i \neq 0 \end{cases}$$

3. 一个单元的两个结点位于对称轴上（如图 3.11 中的 $i$、$j$ 两点）

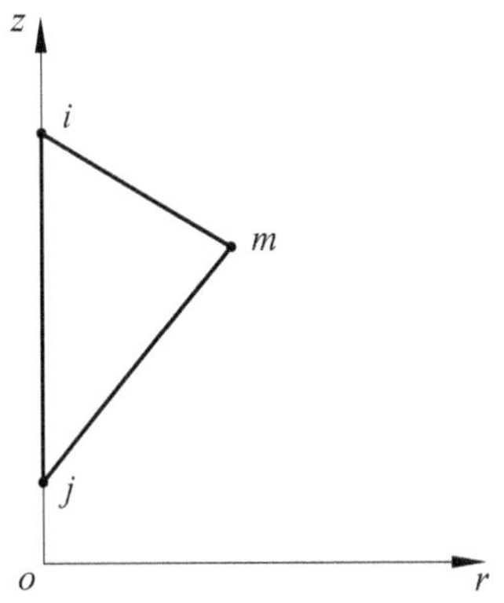


图 3.11　单元两点 $i$、$j$ 位于对称轴上

由于式（a）中取沿 $r$ 方向位移 $u$ 为线性函数[36]

$$u = \alpha_1 + \alpha_2 r + \alpha_3 z \tag{u}$$

当 $i, j$ 两点都位于对称轴上时

$$\begin{aligned} r = 0 \quad z = z_i: \quad u = 0 \\ r = 0 \quad z = z_j: \quad u = 0 \end{aligned} \tag{v}$$

式（v）代入式（u），有

$$\alpha_1 = \alpha_3 = 0 \tag{w}$$

这时

$$u = \alpha_2 r \rightarrow \varepsilon_\theta = \frac{u}{r} = \alpha_2 = \text{常数} \tag{x}$$

以前对 $\overline{\boldsymbol{B}}_r$ 进行修正为

$$\boldsymbol{B}_r = \overline{\boldsymbol{B}}_r + \boldsymbol{B}'_r \tag{y}$$

而现在由于 $\varepsilon_\theta$ 为常数，$\varepsilon_\theta$ 随 $r$、$z$ 变化产生的修正部分

$$\boldsymbol{B}_r' = \boldsymbol{0} \rightarrow \boldsymbol{k}_{rs}' = \boldsymbol{0} \tag{z}$$

所以，当一个单元的两个结点均位于对称轴上时，其相应的单刚 $\boldsymbol{k}$ 等于常应变时的单刚，无须引入修正项 $\boldsymbol{k}_{rs}'$。

对于轴对称单元刚度矩阵的精确计算，Belytschko[37]曾利用旋转轴附近两种不同的位移场，讨论了当单元的一个或两个结点落在旋转轴上时奇异性的处理，并指出精确计算单刚，避免对称轴上的奇异性，对瞬态动力方程的求解有重要意义。丁浩江和徐博侯[38]在引入一个结点自由度的变换后，导出了较文献[33]更简单的精确单刚矩阵。Utku[39]直接导出了线性位移场及材料服从广义胡克定律时，3 结点三角形元单刚的显式表达式，它由平面应变状态下的单元刚度矩阵及 $\varepsilon_\theta$ 对单刚的影响两部分组合，当单元的一个或两个结点落在对称轴上，或单元一边平行于旋转轴时，仍需对其奇异性进行修正，并且不比以上讨论简单。

### 3.4.4 等效结点载荷

根据 3.1 节最小势能原理，进行单元列式时，由式（f）可知，作用于环状单元上的体积力及表面力所产生的等效结点力 $\bar{\boldsymbol{Q}}_F$ 及 $\bar{\boldsymbol{Q}}_T$ 为

$$\begin{aligned} \bar{\boldsymbol{Q}}_F &= 2\pi\int_\Delta \boldsymbol{N}^{\mathrm{T}}\, \bar{\boldsymbol{F}}\, r\,\mathrm{d}r\,\mathrm{d}z \\ \bar{\boldsymbol{Q}}_T &= 2\pi\int_{\partial V} \boldsymbol{N}^{\mathrm{T}}\, \bar{\boldsymbol{T}}\, r\,\mathrm{d}S \end{aligned} \tag{3.4.16}$$

这里以 $\boldsymbol{N}^{\mathrm{T}}$ 代表位移式中的形函数 $\boldsymbol{N}_q$。

同样可求得由温度改变引起的等效结点力

$$\boldsymbol{Q}_{\varepsilon_0} = 2\pi\int_\Delta \boldsymbol{B}^{\mathrm{T}}\, \boldsymbol{C}\boldsymbol{\varepsilon}_0\, r\,\mathrm{d}r\,\mathrm{d}z \tag{3.4.17}$$

其中温度改变 $T$ 引起的应变 $\boldsymbol{\varepsilon}_0$ 为

$$\boldsymbol{\varepsilon}_0 = \alpha T\begin{bmatrix}1 & 1 & 1 & 0\end{bmatrix}^{\mathrm{T}} \tag{a}$$ [1]

注意，这里的结点力是指整个圆环上的力，而不是三角形平面上的力。

### 3.4.5 数值算例

**例 1** 厚球承受外压[40]

球体外径 10.4cm，内径 9.1cm，承受均匀外压 $p = 1500\mathrm{N/cm^2}$。图 3.12 给出四分之一球体的有限元网格，计算所得径向应力 $\sigma_R$ 及环向应力 $\sigma_\theta$，如图 3.13 所示，可见结果相当准确，其 $\sigma_\theta^{\max}$ 的相对误差小于 2%。

**例 2** 承受外压的厚球[34]

与上例外形相近的厚球，其球体内径 9cm，外径 10cm，杨氏模量 $E = 206\,\mathrm{GPa}$，泊松比 $\nu = 0.3$，承受外压 $p = 9.8\,\mathrm{MPa}$。

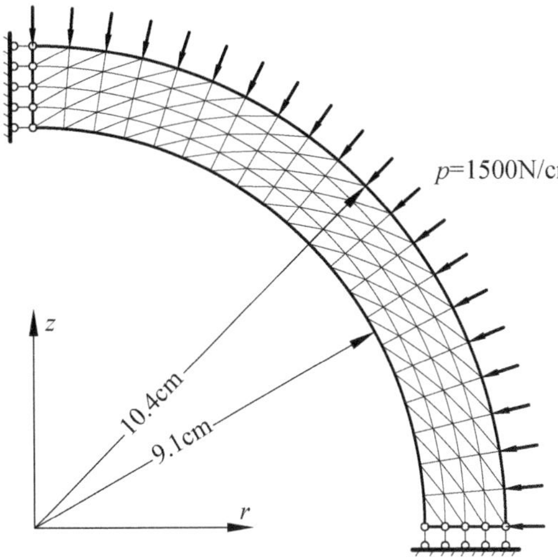


图 3.12　厚球承受外压

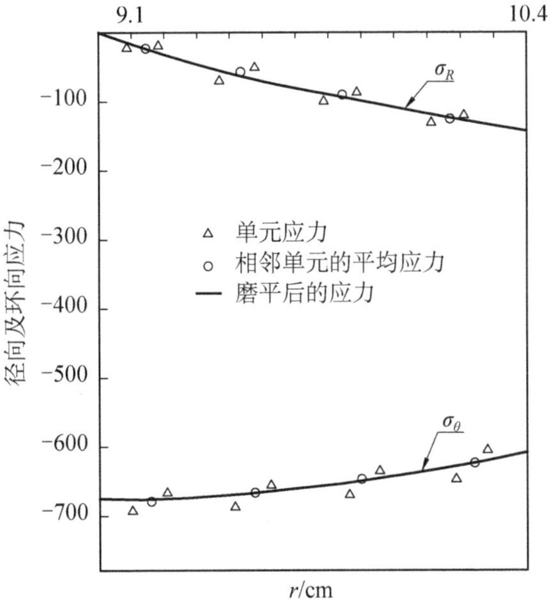


图 3.13　厚球承受外压时应力分布

这里采用精确及近似两种方法计算单刚，并与解析解对比。表 3.1 给出对称轴附近环向应力 $\sigma_\theta$ 的结果，可见，用精确单刚与近似单刚计算，二者结果相差不大，均十分准确。

**表 3.1　对称轴处环向应力 $\sigma_\theta$ 的计算结果（MPa）**
**（承受外压的厚球）**

| 径向坐标 $r$/mm | 解析解 | 精确单刚 | 近似单刚 |
|---|---|---|---|
| 91.25 | **53.55** | 54.01 | 54.21 |
| 93.75 | **52.20** | 51.99① | 52.07 |
| 96.25 | **50.96** | 50.29 | 50.27 |
| 98.75 | **49.89** | 48.73 | 48.62 |

注：应力结果为相邻两个三角形单元中心点应力值的平均值。单元取靠近轴的一列元。表 3.2 与此相同。

**例 3**　无限长圆柱体承受内压[27]

用图 3.14（a）所示三种有限元网格进行计算，所得径向与环向应力由图 3.14（b）给出。图中四边形中点应力，由 4 个三角形元的平均值得到。结果显示，除十分粗的网格外，两组应力与解析解也均十分接近。

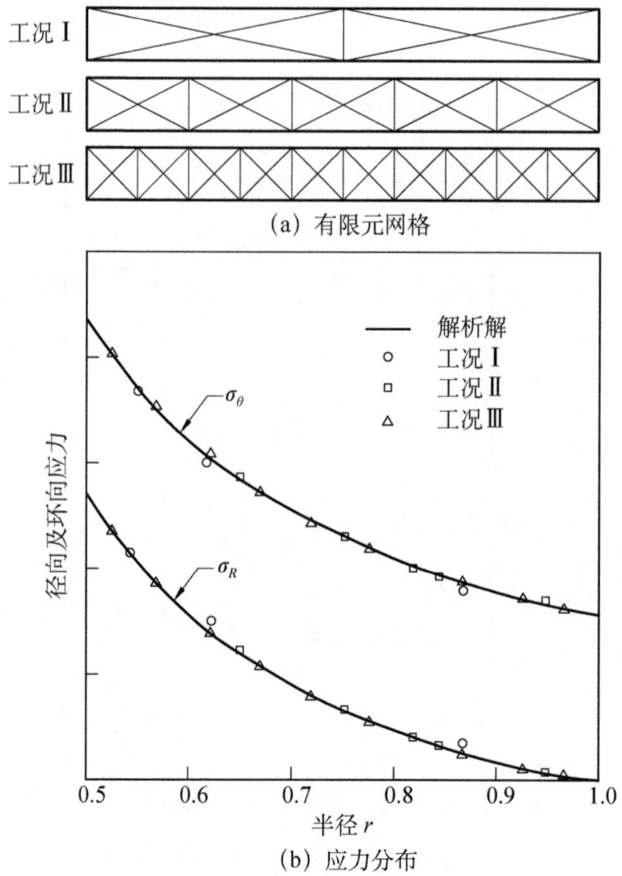


图 3.14　无限长圆柱体承受内压

① 文献[34]此处印刷有误。

**例 4**　半空间弹性体边界承受法向集中力[34]

边界集中力 $F$ 为 9.8kN，弹性体的杨氏模量 $E$ 为 206GPa，泊松比 $\nu$ 等于 0.3，有限元网格如图 3.15 所示。

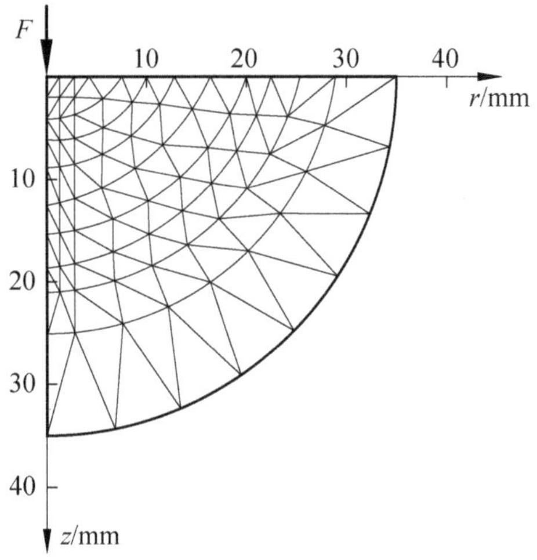


图 3.15　半空间弹性体边界上受法向集中力

表 3.2 给出用近似单刚算得沿 $r = 0.75\text{mm}$ 直线上的应力 $\sigma_z$。对这个在对称轴附近应力变化较大的问题，以上结果表明，近似单刚方法不仅实用，而且结果十分准确。

**表 3.2　计算所得直线($r = 0.75$mm)上的应力 $\sigma_z$ (GPa)**
**（半空间弹性体边界上受法向集中力）**

| $z$/mm | 0.75 | 2.50 | 5.00 | 8.00 | 11.00 | 14.00 | 17.00 | 20.00 |
|---|---|---|---|---|---|---|---|---|
| $\sigma_z$ 有限元解 | −15.83 | −6.526 | 1.884 | −0.740 | −0.392 | −0.238 | −0.161 | −0.113 |
| $\sigma_z$ 解析解 | **−14.71** | **−6.039** | **−1.771** | **−0.715** | **−0.382** | **−0.237** | **−0.161** | **−0.116** |

**例 5**　中心小孔圆柱体承受侧向压力[34]

外径 20cm 的圆柱体，内含 1cm 小孔，承受外压 $p$ 为 9.8MPa（图 3.16），圆柱体的材料杨氏模量 $E = 206\text{GPa}$。泊松比 $\nu = 0.3$。图 3.16 给出有限元计算网格。表 3.3 给出用近似单刚算得的应力 $\sigma_r$ 及 $\sigma_\theta$，可见，现在的三角形线性位移模式结果良好。

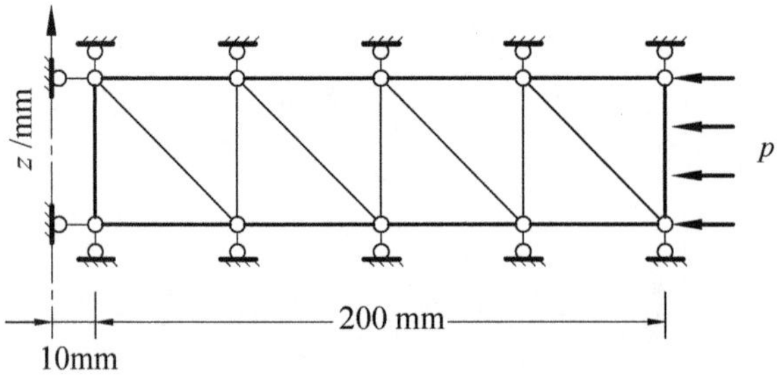


图 3.16　中心小孔的圆柱体承受外压

**表 3.3　计算所得 $\sigma_r$ 及 $\sigma_\theta$ 沿 $r$ 分布值（GPa）**
**（中心小孔的圆柱体受外侧压力）**

| $r$ / mm | $\sigma_r$ | | $\sigma_\theta$ | |
|---|---|---|---|---|
| | 解析解 | 有限元解 | 解析解 | 有限元解 |
| 35 | **9.027** | 8.974 | **10.631** | 10.926 |
| 85 | **9.694** | 9.729 | **9.965** | 9.930 |
| 135 | **9.776** | 9.788 | **9.886** | 9.862 |
| 185 | **9.801** | 9.803 | **9.857** | 9.842 |

**例 6**　圆柱体承受拉伸[36]

轴向拉伸的圆柱体尺寸如图 3.17（a）所示，承受两对边拉伸，$\sigma_z = 6\times10^7\,\text{Pa}$。四分之一柱体有限元网格由图 3.17（b）给出。

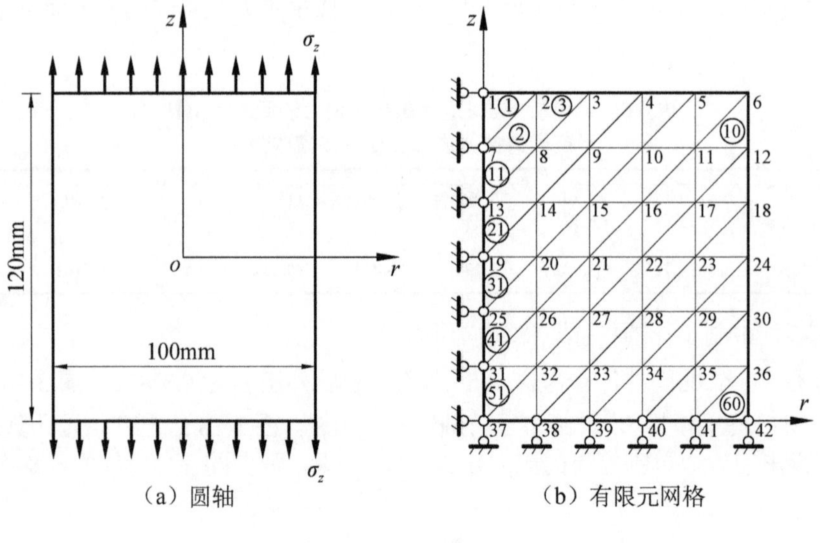


图 3.17　圆柱体承受拉伸

这里分别计算了以下四种工况：

（1）精确的等效结点力，考虑了单刚修正项，精确地计算单元刚度矩阵；

（2）精确的等效结点力，忽略单刚修正项，近似地计算单元刚度矩阵；

（3）按照静力等效原则，把二分之一表面力分到有关结点，近似的等效结点力，精确地计算单元刚度矩阵；

（4）近似的等效结点力，近似地计算单元刚度矩阵。

计算结果由表 3.4 至表 3.6 给出。

**表 3.4　单元 1、10 的应力（$10^4$Pa）**
**（圆柱体承受拉伸）**

| 工况 | $\sigma_r$ | | $\sigma_\theta$ | | $\sigma_z$ | | $\tau_{rs}$ | |
|---|---|---|---|---|---|---|---|---|
| | 单元 1 | 单元 10 | 单元 1 | 单元 10 | 单元 1 | 单元 10 | 单元 1 | 单元 10 |
| 1，2 | 0.0000 | 0.0000 | 0.0000 | 0.0000 | 6000.0000 | 6000.0000 | 0.0000 | 0.0000 |
| 3 | 896.0794 | −23.8248 | 896.0794 | −39.0481 | 8042.0261 | 5826.5092 | −957.9739 | −9.1522 |
| 4 | 889.7162 | −24.2959 | 880.7162 | −39.3981 | 8041.8890 | 5827.1377 | −958.1110 | −9.7611 |

**表 3.5　中心轴线附近单元的应力 $\sigma_z$（$10^4$Pa）**
**（圆柱体承受拉伸）**

| 单元 | | 1 | 11 | 21 | 31 | 41 | 51 |
|---|---|---|---|---|---|---|---|
| $\sigma_z$ | 1，2 | 6000.0000 | 6000.0000 | 6000.0000 | 6000.0000 | 6000.0000 | 6000.0000 |
| | 3 | 8041.0261 | 5916.7958 | 6425.3372 | 6210.7884 | 6116.5217 | 6080.2388 |
| | 4 | 8041.8890 | 6914.7600 | 6425.2331 | 6211.2306 | 6117.0104 | 6080.6383 |

**表 3.6　结点径向及轴向位移 $u,w$ (cm)**
**（圆柱体承受拉伸）**

| 结点 | $u\times10^3$ | | | $w\times10^3$ | | |
|---|---|---|---|---|---|---|
| | 1，2 | 3 | 4 | 1, 2 | 3 | 4 |
| 1 | 0.0000 | 0.0000 | 0.0000 | 18.0000 | 19.5315 | 19.5257 |
| 2 | −0.9000 | −0.8927 | −0.8949 | 18.0000 | 18.2862 | 18.2831 |
| 3 | −1.8000 | −1.7406 | −1.7433 | 18.0000 | 18.1082 | 18.1010 |
| 4 | −2.7000 | −2.6190 | −2.6214 | 18.0000 | 18.0136 | 18.0134 |
| 5 | −3.6000 | −3.5015 | −3.5037 | 18.0000 | 17.9278 | 17.9284 |
| 6 | −4.5000 | −4.3976 | −4.3908 | 18.0000 | 17.7816 | 17.7833 |
| 7 | 0.0000 | 0.0000 | 0.0000 | 15.0000 | 15.7794 | 15.7747 |
| 13 | 0.0000 | 0.0000 | 0.0000 | 12.0000 | 12.4060 | 12.4039 |
| 19 | 0.0000 | 0.0000 | 0.0000 | 9.0000 | 9.2155 | 9.2148 |
| 25 | 0.0000 | 0.0000 | 0.0000 | 6.0000 | 6.1107 | 6.1104 |
| 31 | 0.0000 | 0.0000 | 0.0000 | 3.0000 | 3.0466 | 3.0466 |
| 37 | 0.0000 | 0.0000 | 0.0000 | 0.0000 | 0.0000 | 0.0000 |

以上结果显示：

（1）采用近似等效结点力（工况（3）和（4）），对应力及位移的结果影响显著，误差很大。由表 3.4 可见，在靠近转轴附近，以及离最外面载荷较近的单元，所有点的应力误差均相当大，其中单元 1 最为严重，其 $\sigma_z$ 值 $(8.04\times10^7\,\text{Pa})$ 较用精确等效结力计算的结果 $(6\times10^7\,\text{Pa})$，相差 34%。

（2）与以上诸例相同，用近似单元刚度矩阵对应力及位移结果影响不大。

所以，采取精确的等效结点力，在单元不很大时，利用近似单刚进行计算，可以达到应力及位移的误差在 5%之内的工程要求。

总之，这种线性位移模式的 3 结点三角形环元，利用精确的等效结点力与单刚，完全可以用于实心轴对称问题的分析。

### 3.4.6　三角形元应用推广

1. 非各向同性材料[27]

对大多数由非各向同性材料构成的轴对称结构，其应力-应变关系为

$$\begin{Bmatrix}\sigma_r\\ \sigma_\theta\\ \sigma_z\\ \tau_{rz}\end{Bmatrix}=\begin{bmatrix}c_{11} & c_{12} & c_{13} & 0\\ c_{21} & c_{22} & c_{23} & 0\\ c_{31} & c_{32} & c_{33} & 0\\ 0 & 0 & 0 & c_{44}\end{bmatrix}\begin{Bmatrix}\varepsilon_r\\ \varepsilon_\theta\\ \varepsilon_z\\ \gamma_{rz}\end{Bmatrix} \tag{3.4.18}$$

利用此材料弹性阵 $\boldsymbol{C}$ 及式（3.4.6）中的矩阵，由式（3.4.10）同样可导出单元刚度阵。文献[31]给出成层材料的单刚显式表达式，Utku[39]给出一般线弹性材料的单刚矩阵。

2. 四边形轴对称元[27]

对于一个任意四边形元（图 3.18），Wilson 建议用四个三角形环元进行求解，并在单刚组成总刚时，将其内部结点 5 并缩掉。即，将每个单元的单刚分成

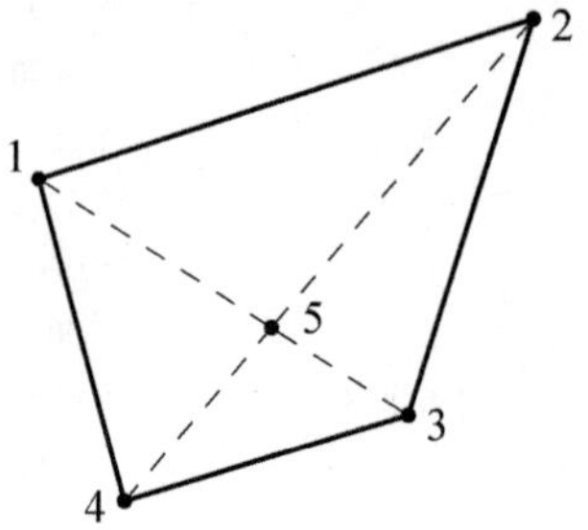


图 3.18　四边形元

$$\begin{bmatrix} \boldsymbol{k}_{aa} & \boldsymbol{k}_{ab} \\ \boldsymbol{k}_{ba} & \boldsymbol{k}_{bb} \end{bmatrix} \begin{Bmatrix} \boldsymbol{q}_a \\ \boldsymbol{q}_b \end{Bmatrix} = \begin{Bmatrix} \boldsymbol{Q}_a \\ \boldsymbol{Q}_b \end{Bmatrix} \tag{3.4.19}$$

式中，$\boldsymbol{q}_a$ 与 $\boldsymbol{Q}_a$ 为与外部结点 1 至 4 相关的量；$\boldsymbol{q}_b$ 与 $\boldsymbol{Q}_b$ 为只与内部结点 5 相关的量。从而得到

$$\begin{aligned} \boldsymbol{k}_{aa}\boldsymbol{q}_a + \boldsymbol{k}_{ab}\boldsymbol{q}_b &= \boldsymbol{Q}_a \\ \boldsymbol{k}_{ba}\boldsymbol{q}_a + \boldsymbol{k}_{bb}\boldsymbol{q}_b &= \boldsymbol{Q}_b \end{aligned} \tag{b}^1$$

再由（b）$^1$ 式解得 $\boldsymbol{q}_b$

$$\boldsymbol{q}_b = -\boldsymbol{k}_{bb}^{-1}\boldsymbol{k}_{ba}\boldsymbol{q}_a + \boldsymbol{k}_{bb}^{-1}\boldsymbol{Q}_b \tag{c}^1$$

从而得到解结点 1 至 4 的位移方程

$$[\boldsymbol{k}_{aa} - \boldsymbol{k}_{ab}\boldsymbol{k}_{bb}^{-1}\boldsymbol{k}_{ba}]\boldsymbol{q}_a = \boldsymbol{Q}_a - \boldsymbol{k}_{ab}\boldsymbol{k}_{bb}^{-1}\boldsymbol{Q}_b \tag{3.4.20}$$

消去了内部结点 5 的位移 $\boldsymbol{q}_b$。

3. 轴对称物体承受非轴对称载荷

工程上有些轴对称结构，承受的载荷是非轴对称的，比如，水平埋设的管道承受土压力或地震载荷，烟筒承受风压作用等，对这类问题，由于结构本身是对称的，有时可以将这种三维问题化简为若干个二维问题进行分析，以减小计算工作量。

（1）三维问题基本方程[25]。

a. 场变量：引用柱坐标表示（图 3.19）。

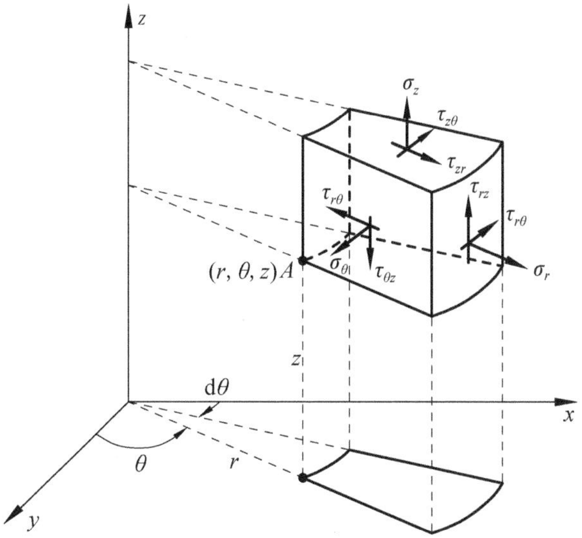


图 3.19　三维柱坐标单元

位移场

$$\boldsymbol{u}=\begin{Bmatrix} u \\ v \\ w \end{Bmatrix} \tag{d}$$ [1]

应力场

$$\boldsymbol{\sigma}=[\sigma_r \quad \sigma_\theta \quad \sigma_z \quad \tau_{r\theta} \quad \tau_{\theta z} \quad \tau_{zr}]^{\mathrm{T}} \tag{e}$$ [1]

应变场

$$\boldsymbol{\varepsilon}=[\varepsilon_r \quad \varepsilon_\theta \quad \varepsilon_z \quad \gamma_{r\theta} \quad \gamma_{\theta z} \quad \gamma_{zr}]^{\mathrm{T}} \tag{f}$$ [1]

b. 应变-位移方程

$$\boldsymbol{\varepsilon}=\begin{Bmatrix} \varepsilon_r \\ \varepsilon_\theta \\ \varepsilon_z \\ \gamma_{r\theta} \\ \gamma_{\theta z} \\ \gamma_{zr} \end{Bmatrix}=\begin{bmatrix} \dfrac{\partial}{\partial r} & 0 & 0 \\ \dfrac{1}{r} & \dfrac{1}{r}\dfrac{\partial}{\partial\theta} & 0 \\ 0 & 0 & \dfrac{\partial}{\partial z} \\ \dfrac{1}{r}\dfrac{\partial}{\partial\theta} & \dfrac{\partial}{\partial r}-\dfrac{1}{r} & 0 \\ 0 & \dfrac{\partial}{\partial z} & \dfrac{1}{r}\dfrac{\partial}{\partial\theta} \\ \dfrac{\partial}{\partial z} & 0 & \dfrac{\partial}{\partial r} \end{bmatrix}\begin{Bmatrix} u \\ v \\ w \end{Bmatrix}=\boldsymbol{D}\,\boldsymbol{u} \tag{3.4.21}$$

c. 应力-应变方程（对各向同性材料）

$$\boldsymbol{\sigma}=\begin{Bmatrix} \sigma_r \\ \sigma_\theta \\ \sigma_z \\ \tau_{r\theta} \\ \tau_{\theta z} \\ \tau_{zr} \end{Bmatrix}=\begin{bmatrix} 1 & \dfrac{\mu}{1-\mu} & \dfrac{\mu}{1-\mu} & 0 & 0 & 0 \\ \dfrac{\mu}{1-\mu} & 1 & \dfrac{\mu}{1-\mu} & 0 & 0 & 0 \\ \dfrac{\mu}{1-\mu} & \dfrac{\mu}{1-\mu} & 1 & 0 & 0 & 0 \\ 0 & 0 & 0 & \dfrac{1-2\mu}{2(1-\mu)} & 0 & 0 \\ 0 & 0 & 0 & 0 & \dfrac{1-2\mu}{2(1-\mu)} & 0 \\ 0 & 0 & 0 & 0 & 0 & \dfrac{1-2\mu}{2(1-\mu)} \end{bmatrix}\frac{E(1-\mu)}{(1+\mu)(1-2\mu)}\begin{Bmatrix} \varepsilon_r \\ \varepsilon_\theta \\ \varepsilon_z \\ \gamma_{r\theta} \\ \gamma_{\theta z} \\ \gamma_{zr} \end{Bmatrix}$$

$$=\boldsymbol{C}\,\boldsymbol{\varepsilon} \tag{3.4.22}$$

（2）载荷及位移沿$\theta$方向展成傅里叶（Fourier）级数[27,37,38,40]。

a. 设物体上任一点载荷的三个分量为$\bar{F}_r$、$\bar{F}_\theta$、$\bar{F}_z$

$$\bar{\boldsymbol{F}}(r,\theta,z)=[\bar{F}_r,\bar{F}_\theta,\bar{F}_z]^{\mathrm{T}} \qquad (\mathrm{g})^{1}$$

现将这三个分量沿$\theta$方向分别展成 Fourier 级数

$$\begin{aligned}
&r\text{ 方向：}\ F_r(r,\theta,z)=\bar{F}_{ro}(r,z)+\sum_{l=1}^{L}\bar{F}_{rl}^{\mathrm{s}}(r,z)\cos l\theta+\sum_{l=1}^{L}\bar{F}_{rl}^{\mathrm{A}}(r,z)\sin l\theta\\
&\theta\text{ 方向：}\ F_\theta(r,\theta,z)=\bar{F}_{\theta o}(r,z)+\sum_{l=1}^{L}\bar{F}_{\theta l}^{\mathrm{s}}(r,z)\sin l\theta+\sum_{l=1}^{L}\bar{F}_{\theta l}^{\mathrm{A}}(r,z)\cos l\theta\\
&z\text{ 方向：}\ F_z(r,\theta,z)=\bar{F}_{zo}(r,z)+\sum_{l=1}^{L}\bar{F}_{zl}^{\mathrm{s}}(r,z)\cos l\theta+\sum_{l=1}^{L}\bar{F}_{zl}^{\mathrm{A}}(r,z)\sin l\theta
\end{aligned} \qquad (3.4.23)$$

以上三式中等号右侧的第一项$\bar{F}_{ro}$、$\bar{F}_{\theta o}$及$\bar{F}_{zo}$与$\theta$无关，$\bar{F}_{ro}$与$\bar{F}_{zo}$为轴对称载荷，而$F_{\theta o}$产生$\theta$方向的位移，是扭转载荷；第二项$\bar{F}_{rl}^{\mathrm{s}}\cos l\theta$、$\bar{F}_{\theta l}^{\mathrm{s}}\sin l\theta$及$\bar{F}_{zl}^{\mathrm{s}}\cos l\theta$产生与$\theta=0$平面对称的弯曲变形，称其为对称载荷；第三项$\bar{F}_{rl}^{\mathrm{A}}\sin l\theta$、$\bar{F}_{\theta l}^{\mathrm{A}}\cos l\theta$及$\bar{F}_{zl}^{\mathrm{A}}\sin l\theta$产生于$\theta=0$平面反对称的弯曲变形，称为反对称载荷。

b. 轴对称物体上任一点的位移$u$、$v$、$w$也按$\theta$方向展开为 Fourier 级数

$$\begin{aligned}
&r\text{ 方向：}\ u(r,\theta,z)=u_0(r,z)+\sum_{l=1}^{L}u_l^{\mathrm{s}}(r,z)\cos l\theta+\sum_{l=1}^{L}u_l^{\mathrm{A}}(r,z)\sin l\theta\\
&\theta\text{ 方向：}\ v(r,\theta,z)=v_0(r,z)+\sum_{l=1}^{L}v_l^{\mathrm{s}}(r,z)\sin l\theta+\sum_{l=1}^{L}v_l^{\mathrm{A}}(r,z)\cos l\theta\\
&z\text{ 方向：}\ w(r,\theta,z)=w_0(r,z)+\sum_{l=1}^{L}w_l^{\mathrm{s}}(r,z)\cos l\theta+\sum_{l=1}^{L}w_l^{\mathrm{A}}(r,z)\sin l\theta
\end{aligned} \qquad (3.4.24)$$

式中，$u_0$及$w_0$为轴对称位移；$v_0$是环向转动位移；等号右侧第二项相应于对称载荷下与$\theta=0$平面对称的变形，第三项是反对称载荷作用下的反对称变形。

这个问题可分为以下三部分：

第一部分，$\bar{F}_{ro}$、$\bar{F}_{zo}$及对应的$u_0$、$w_0$：为轴对载荷及轴对称位移（相当第二部分$l=0$），可以用以前讨论的轴对称问题处理。$\bar{F}_{\theta o}$及对应的$v_0$：以下讨论。

第二部分，对应于右上角标“s”部分，即对称于$\theta=0$平面的弯曲变形。

第三部分，相应于右上角标为“A”的部分，是反对称于$\theta=0$平面的弯曲变形。

下面先阐述第二部分，对称载荷下的有限元列式。

（3）第二部分——对称载荷下的有限元列式。

a. 这一部分的载荷$\boldsymbol{\bar{F}}^{\mathrm{s}}$及相应的位移$\boldsymbol{u}^{\mathrm{s}}$分别为

$$\bar{\boldsymbol{F}}^{s}(r,z,\theta)=\begin{Bmatrix}\bar{F}_{r}\\\bar{F}_{\theta}\\\bar{F}_{z}\end{Bmatrix}=\begin{Bmatrix}\sum_{l=1}^{L}\bar{F}_{rl}^{s}(r,z)\cos l\theta\\\sum_{l=1}^{L}\bar{F}_{\theta l}^{s}(r,z)\sin l\theta\\\sum_{l=1}^{L}\bar{F}_{zl}^{s}(r,z)\cos l\theta\end{Bmatrix}\tag{3.4.25}$$

$$\boldsymbol{u}^{s}(r,z,\theta)=\begin{Bmatrix}u^{s}\\v^{s}\\w^{s}\end{Bmatrix}=\begin{Bmatrix}\sum_{l=1}^{L}u_{l}^{s}(r,z)\cos l\theta\\\sum_{l=1}^{L}v_{l}^{s}(r,z)\sin l\theta\\\sum_{l=1}^{L}w_{l}^{s}(r,z)\cos l\theta\end{Bmatrix}\tag{3.4.26}$$

由于是非轴对称问题，所以 $v^{s}$ 不等于零。

b. 采用 3 结点线性模式三角形元进行分析

在式（3.4.26）中已将场函数 $\boldsymbol{u}^{s}(r,z,\theta)$ 的 $\theta$ 变量作为一个独立变量分离了出去，所以现在只需对 $\boldsymbol{u}^{s}(r,z,\theta)$ 中的 $u_{l}^{s}(r,z)$、$v_{l}^{s}(r,z)$ 及 $w_{l}^{s}(r,z)$ 在 $r$、$z$ 域内作部分离散，对 3 结点三角形元，采用线性位移模式，用与 3.4.1 节相同的方法及步骤，可以得到

$$\boldsymbol{u}_{l}^{s}(r,z)=\begin{Bmatrix}u_{l}^{s}\\v_{l}^{s}\\w_{l}^{s}\end{Bmatrix}=\begin{bmatrix}N_{i}u_{i}^{l}+N_{j}u_{j}^{l}+N_{m}u_{m}^{l}\\N_{i}v_{i}^{l}+N_{j}v_{j}^{l}+N_{m}v_{m}^{l}\\N_{i}w_{i}^{l}+N_{j}w_{j}^{l}+N_{m}w_{m}^{l}\end{bmatrix}\tag{3.4.27}$$

式中，插值函数为

$$N_{i}(r,z)=\frac{1}{2\Delta}(a_{i}+b_{i}r+c_{i}z)\quad(i,j,m)\qquad\text{(h)}^{1}$$

其中，$a_{i},b_{i},c_{i}$ 及 $\Delta$ 定义同式（d）及式（3.4.4）。$u_{i}^{l},v_{i}^{l},w_{i}^{l}$ 为结点 $i$ 的 3 个位移分量其第 $l$ 项 Fourier 级数展开幅值，现在为有限元待求变量。

如以 $\boldsymbol{q}^{l}$ 代表单元结点位移

$$\boldsymbol{q}^{l}=\begin{Bmatrix}\boldsymbol{q}_{i}^{l}\\\boldsymbol{q}_{j}^{l}\\\boldsymbol{q}_{m}^{l}\end{Bmatrix}\qquad\text{(i)}^{1}$$

则其中各结点的位移又具有三个分量

$$\boldsymbol{q}_i^l = \begin{Bmatrix} u_i^l \\ v_j^l \\ w_m^l \end{Bmatrix} \quad (i,j,m) \tag{j}$$[1]

令

$$\boldsymbol{J}^l = \begin{bmatrix} \cos l\theta & 0 & 0 \\ 0 & \sin l\theta & 0 \\ 0 & 0 & \cos l\theta \end{bmatrix} \tag{k}$$[1]

$$\boldsymbol{N}^l = \sum_l \begin{bmatrix} N_i \boldsymbol{J}^l & N_j \boldsymbol{J}^l & N_m \boldsymbol{J}^l \end{bmatrix} \tag{3.4.28}$$

则式（3.4.26）成为

$$\boldsymbol{u}^{\mathrm{s}}(r,z,\theta) = \begin{Bmatrix} u^{\mathrm{s}} \\ v^{\mathrm{s}} \\ w^{\mathrm{s}} \end{Bmatrix}$$

$$= \begin{bmatrix} \sum\limits_{l=1}^{L} (N_i u_i^l + N_j u_j^l + N_m u_m^l)\cos l\theta \\ \sum\limits_{l=1}^{L} (N_i v_i^l + N_j v_j^l + N_m v_m^l)\sin l\theta \\ \sum\limits_{l=1}^{L} (N_i w_i^l + N_j w_j^l + N_m w_m^l)\cos l\theta \end{bmatrix}$$

$$= \sum_{l=1}^{L} \begin{bmatrix} N_i\cos l\theta & 0 & 0 & N_j\cos l\theta & 0 & 0 & N_m\cos l\theta & 0 & 0 \\ 0 & N_i\sin l\theta & 0 & 0 & N_j\sin l\theta & 0 & 0 & N_m\sin l\theta & 0 \\ 0 & 0 & N_i\cos l\theta & 0 & 0 & N_j\cos l\theta & 0 & 0 & N_m\cos l\theta \end{bmatrix} \begin{Bmatrix} \boldsymbol{q}_i^l \\ \boldsymbol{q}_j^l \\ \boldsymbol{q}_m^l \end{Bmatrix}$$

$$= \sum_{l=1}^{L} \begin{bmatrix} N_i \boldsymbol{J}^l & N_j \boldsymbol{J}^l & N_m \boldsymbol{J}^l \end{bmatrix} \boldsymbol{q}^l = \sum_{l=1}^{L} \boldsymbol{N}^l \boldsymbol{q}^l = \boldsymbol{N}\boldsymbol{q} \tag{3.4.29}$$

其中

$$\boldsymbol{N} = \begin{bmatrix} \boldsymbol{N}^1 & \boldsymbol{N}^2 & \cdots & \boldsymbol{N}^L \end{bmatrix}$$

$$\boldsymbol{q} = \begin{Bmatrix} \boldsymbol{q}^1 \\ \boldsymbol{q}^2 \\ \vdots \\ \boldsymbol{q}^L \end{Bmatrix} \tag{3.4.30}$$

c. 由位移 $\boldsymbol{u}^{\mathrm{s}}$ 求对应的应变

$$\boldsymbol{\varepsilon}^{\mathrm{s}}=\begin{Bmatrix}\varepsilon_r\\ \varepsilon_\theta\\ \varepsilon_z\\ \gamma_{rz}\\ \gamma_{r\theta}\\ \gamma_{\theta z}\end{Bmatrix}=\boldsymbol{D}\,\boldsymbol{u}^{\mathrm{s}}=\sum_{l=1}^{L}\begin{bmatrix}\boldsymbol{B}_i^l & \boldsymbol{B}_j^l & \boldsymbol{B}_m^l\end{bmatrix}\boldsymbol{q}^l=\sum_{i=1}^{L}\boldsymbol{B}^l\,\boldsymbol{q}^l=\boldsymbol{B}\,\boldsymbol{q} \tag{3.4.31}$$

其中

$$\boldsymbol{B}_i^l=\begin{bmatrix}\dfrac{\partial N_i}{\partial r}\cos l\theta & 0 & 0\\ \dfrac{N_i}{r}\cos l\theta & \dfrac{l}{r}N_i\cos l\theta & 0\\ 0 & 0 & \dfrac{\partial N_i}{\partial z}\cos l\theta\\ \dfrac{\partial N_i}{\partial z}\cos l\theta & 0 & \dfrac{\partial N_i}{\partial r}\cos l\theta\\ -\dfrac{l}{r}N_i\sin l\theta & \left(\dfrac{\partial N_i}{\partial r}-\dfrac{N_i}{r}\right)\sin l\theta & 0\\ 0 & \dfrac{\partial N_i}{\partial z}\sin l\theta & -\dfrac{l}{r}N_i\sin l\theta\end{bmatrix}\quad(i,j,m) \tag{3.4.32}$$

d. 单元刚度阵 $\boldsymbol{k}^{\mathrm{s}}$

由于三角级数的正交性，单元刚度矩阵呈块状对角化，各阶 Fourier 展开之间互不耦合，即得

$$\boldsymbol{k}^{lm}=\int_V \boldsymbol{B}^{l\,\mathrm{T}}\,\boldsymbol{C}\,\boldsymbol{B}^m\,\mathrm{d}V=\begin{cases}\boldsymbol{k}^{ll} & (l=m)\\ \boldsymbol{0} & (l\neq m)\end{cases} \qquad (1)^{1}$$

从而有

$$\boldsymbol{k}^e=\begin{bmatrix}\boldsymbol{k}^{11} & & & & & \\ & \boldsymbol{k}^{22} & & & \boldsymbol{0} & \\ & & \ddots & & & \\ & & & \boldsymbol{k}^{ll} & & \\ & \boldsymbol{0} & & & \ddots & \\ & & & & & \boldsymbol{k}^{LL}\end{bmatrix} \tag{3.4.33}$$

其中任意一个子阵 $\boldsymbol{k}^{ll}$ 的展开式为

$$\boldsymbol{k}^{ll}=\begin{bmatrix}\boldsymbol{k}_{11}^{ll} & \boldsymbol{k}_{12}^{ll} & \cdots & \boldsymbol{k}_{1n}^{ll}\\ & \boldsymbol{k}_{22}^{ll} & \cdots & \boldsymbol{k}_{2n}^{ll}\\ & & \ddots & \vdots\\ & \text{对称} & & \boldsymbol{k}_{nn}^{ll}\end{bmatrix}\tag{3.4.34}$$

$n$ 为单元结点数，现在为 3。

上式右侧矩阵中各子阵 $\boldsymbol{k}_{ij}^{ll}$ 为一个 $3\times3$ 的子矩，由下式计算：

$$\boldsymbol{k}_{ij}^{ll}=\int_{V_n}\boldsymbol{B}_i^{l\mathrm{T}}\boldsymbol{C}\boldsymbol{B}_j^l\,\mathrm{d}V\tag{3.4.35}$$

所以式（3.4.33）的 $\boldsymbol{k}^e$ 为一个 $3nL\times3nL$ 对称方阵。

e. 等效结点载荷

设单元承受表面力 $\bar{\boldsymbol{T}}^{\mathrm{s}}$，其对应 $l$ 阶 Fourier 级数展开项的结点载荷为

$$\bar{\boldsymbol{T}}_l^{\mathrm{s}}=\int_{\partial V_n}\boldsymbol{N}^{l\mathrm{T}}\begin{Bmatrix}\bar{T}_{rl}^{\mathrm{s}}(r,z)\cos l\theta\\ \bar{T}_{\theta l}^{\mathrm{s}}(r,z)\sin l\theta\\ \bar{T}_{zl}^{\mathrm{s}}(r,z)\cos l\theta\end{Bmatrix}r\,\mathrm{d}S\,\mathrm{d}\theta=\begin{Bmatrix}\bar{\boldsymbol{T}}_i^l\\ \bar{\boldsymbol{T}}_j^l\\ \bar{\boldsymbol{T}}_m^l\end{Bmatrix}\tag{3.4.36}$$

其中，$\partial V_n$ 为承受表面力的边界；$\mathrm{d}S$ 为边界微分弧长。其中

$$\begin{aligned}\bar{\boldsymbol{T}}_i^l&=\int_{\partial V_n}(N_i\boldsymbol{J}^l)^{\mathrm{T}}\begin{bmatrix}\bar{T}_{rl}^{\mathrm{s}}(r,z)\cos l\theta\\ \bar{T}_{\theta l}^{\mathrm{s}}(r,z)\sin l\theta\\ \bar{T}_{zl}^{\mathrm{s}}(r,z)\cos l\theta\end{bmatrix}r\,\mathrm{d}S\,\mathrm{d}\theta\\ &=\int_{\partial V_n}N_i(r,z)\begin{bmatrix}\cos l\theta & 0 & 0\\ 0 & \sin l\theta & 0\\ 0 & 0 & \cos l\theta\end{bmatrix}\begin{bmatrix}\bar{T}_{rl}^{\mathrm{s}}(r,z)\cos l\theta\\ \bar{T}_{\theta l}^{\mathrm{s}}(r,z)\sin l\theta\\ \bar{T}_{zl}^{\mathrm{s}}(r,z)\cos l\theta\end{bmatrix}r\,\mathrm{d}\theta\,\mathrm{d}S\\ &=\int_{\partial V_n}N_i(r,z)\begin{bmatrix}\bar{T}_{rl}^{\mathrm{s}}(r,z)\cos^2 l\theta\\ \bar{T}_{\theta l}^{\mathrm{s}}(r,z)\sin^2 l\theta\\ \bar{T}_{zl}^{\mathrm{s}}(r,z)\cos^2 l\theta\end{bmatrix}r\,\mathrm{d}\theta\,\mathrm{d}S\end{aligned}\qquad\text{(m)}^1$$

由于

$$\int_0^{2\pi}\begin{bmatrix}\bar{T}_{rl}^{\mathrm{s}}(r,z)\cos^2 l\theta\\ \bar{T}_{\theta l}^{\mathrm{s}}(r,z)\sin^2 l\theta\\ \bar{T}_{zl}^{\mathrm{s}}(r,z)\cos^2 l\theta\end{bmatrix}\mathrm{d}\theta=\begin{cases}\pi\begin{bmatrix}\bar{T}_{rl}^{\mathrm{s}}(r,z)\\ \bar{T}_{\theta l}^{\mathrm{s}}(r,z)\\ \bar{T}_{zl}^{\mathrm{s}}(r,\theta)\end{bmatrix} & (l=1,2,\cdots)\\ 2\pi\begin{bmatrix}\bar{T}_{rl}^{\mathrm{s}}(r,z)\\ 0\\ \bar{T}_{zl}^{\mathrm{s}}(r,\theta)\end{bmatrix} & (l=0)\end{cases}\qquad\text{(n)}^1$$

所以得到

$$\overline{\boldsymbol{T}}_i^l=\begin{Bmatrix}\overline{T}_{ri}^{\mathrm{s}}\\ \overline{T}_{ji}^{\mathrm{s}}\\ \overline{T}_{mi}^{\mathrm{s}}\end{Bmatrix}=\pi\int_S rN_i\begin{Bmatrix}\overline{T}_{rl}^{\mathrm{s}}\\ \overline{T}_{\theta l}^{\mathrm{s}}\\ \overline{T}_{zl}^{\mathrm{s}}\end{Bmatrix}\mathrm{d}S\quad(l=1,2,\cdots)$$

$$\overline{\boldsymbol{T}}_i^l=\begin{Bmatrix}\overline{T}_{ri}^{\mathrm{s}}\\ \overline{T}_{ji}^{\mathrm{s}}\\ \overline{T}_{mi}^{\mathrm{s}}\end{Bmatrix}=2\pi\int_S rN_i\begin{Bmatrix}\overline{T}_{rl}^{\mathrm{s}}\\ 0\\ \overline{T}_{zl}^{\mathrm{s}}\end{Bmatrix}\mathrm{d}S\quad(l=0)\tag{3.4.37}$$

体积力类似处理。

（4）第三部分——反对称载荷下三角形有限元计算。

反对称载荷 $\overline{\boldsymbol{F}}^{\mathrm{A}}$ 下的计算与第二部分类似，只需将第二部分的 $\cos l\theta$ 及 $\sin l\theta$，分别以 $\sin l\theta$ 和 $\cos l\theta$ 代替。

将以上两部分的单刚取和，即得单元刚度阵

$$\boldsymbol{k}=\boldsymbol{k}^{\mathrm{s}}+\boldsymbol{k}^{\mathrm{A}}\tag{3.4.38}$$

（5）Crose[41]进一步讨论了轴对称物体承受非轴对称机械力及热载荷问题，以及由不同力学特性环向材料组成的轴对称结构受力分析。

对这类问题，Crose 建议仍用以上方法，将问题分解为对称与反对称两部分进行处理，其特点在于，不仅将非对称的载荷，而且将沿环向变化的材料弹性阵 $\boldsymbol{C}$，均展成对称与反对称两部分 Fourier 级数，例如，其中 $\boldsymbol{C}$ 的对称部分为

$$\boldsymbol{C}_{\mathrm{m}}^{\mathrm{s}}=\sum_{l_{\mathrm{m}}}C_{l_{\mathrm{m}}}\cos l_{\mathrm{m}}\theta\tag{3.4.39}$$

这里，m 角标代表与材料特性有关项，它与载荷项所取的 Fourier 级数彼此独立。

将此式代替轴对称物体承受轴对称变形时的单刚计算式 $(1)^1$ 中的 $\boldsymbol{C}$ 阵，可求得对应的 $\boldsymbol{k}^{\mathrm{s}}$。类似地，也可求得反对称变形时的单刚 $\boldsymbol{k}^{\mathrm{A}}$。

用这种半解析法，文献[42]用 3 结点三角形元线性模式，计算了 60 万 kW 汽轮机高、中、低压三根整锻转子以及一根低压焊接转子，各轴段的刚度。文献[43]用 4 结点矩形元，分析了汽轮机转子碰磨时，转子局部的温度及应力，同时，也计算了转子强制冷却时，由于冷却气流分布不均匀，造成的转子温度分布及其热弯曲变形。

（6）以上分析可见：

a. 现在处理这类问题所用手段，原来是一个三维问题（包括 $r,z,\theta$ 三种变量），由于物体几何形状，可以在 $r,z$ 域内进行离散，而将变量 $\theta$ 分离出去，只剩两种变量($r,z$)，从而使问题退化为二维问题，再用有限元法进行分析，以减小计

算工作量。由于系统在$\theta$方向的解可以用标准解析方法得到，所以这种方法又称为“半解析法”，这是弹性理论在处理梁等问题常用的方法。这种方法也多用于有关时间变量的问题，这时，先将时间分离出去，插值域不再随时间改变，以简化计算。

b. 当载荷取不多几项即可逼近真实载荷时，此法可取。如果载荷复杂，需用很多项，这种方法并不理想。当级数项取得多时，这种算法也未必合适，还是用三维元去解这类轴对称物体承受非轴对称载荷问题，更为合适。

## 3.5　3 结点三角形轴对称位移元（二）（元 LDTC）

### 3.5.1　基本列式

3.4 节 Wilson[27]提出的 3 结点三角形轴对称位移元（LDT），取$r$方向位移$u$为线性函数

$$u = \alpha_1 + \alpha_2 r + \alpha_3 z \tag{a}$$

当有限元的结点落在了旋转轴上，这时$r=0$，由式（a）可知，$\alpha_1$及$\alpha_3$必须为零。否则在此点的环向应变$\varepsilon_\theta$将趋于无穷大，所以，钱伟长[33]认为，对这种线性位移模式的三角环元，用“近似积分对靠近旋转对称轴的元素，误差很大”；而用精确积分计算单刚，“对实心的轴对称体而言，这种刚度矩阵都不收敛，计算是无效的。”因此，他建议对实心轴对称元采用以下位移场：

$$u = \begin{Bmatrix} u \\ w \end{Bmatrix} = \begin{bmatrix} rN_i\varepsilon_{\theta i} + rN_j\varepsilon_{\theta j} + rN_m\varepsilon_{\theta m} \\ N_i w_i + N_j w_j + N_m w_m \end{bmatrix} \tag{3.5.1}$$

其中，$\varepsilon_{\theta i}$、$\varepsilon_{\theta j}$及$\varepsilon_{\theta m}$分别为结点$i$、$j$、$m$上的环向应变值$\varepsilon_\theta$。这样，单元结点落在转轴上$r=0$时，$u$一定为零。

单元结点位移$\boldsymbol{q}^*$选为

$$\boldsymbol{q}^* = \begin{bmatrix} \boldsymbol{q}_i^* & \boldsymbol{q}_j^* & \boldsymbol{q}_m^* \end{bmatrix}^{\mathrm{T}} \tag{3.5.2}$$

这里，

$$\boldsymbol{q}_i^* = \begin{Bmatrix} \varepsilon_{\theta i} \\ w_i \end{Bmatrix} \quad (i,j,m)$$

$N_i(i,j,m)$同式（3.4.4）。

从而，有

$$
\boldsymbol{u}=\begin{bmatrix} rN_i & 0 & rN_j & 0 & rN_m & 0 \\ 0 & N_i & 0 & N_j & 0 & N_m \end{bmatrix}\begin{Bmatrix} \varepsilon_{\theta i} \\ w_i \\ \varepsilon_{\theta j} \\ w_j \\ \varepsilon_{\theta m} \\ w_m \end{Bmatrix} \tag{3.5.3}
$$

由位移得到应变

$$
\boldsymbol{\varepsilon}=\boldsymbol{B}^{*}\boldsymbol{q}^{*} \tag{3.5.4}
$$

其中，

$$
\boldsymbol{\varepsilon}=\begin{bmatrix}\varepsilon_r & \varepsilon_\theta & \varepsilon_z & \gamma_{rz}\end{bmatrix}^{\mathrm{T}} \tag{b}
$$

$$
\begin{aligned}
[\boldsymbol{B}^{*}] &= \begin{bmatrix} N_i+r\dfrac{\partial N_i}{\partial r} & 0 & N_j+r\dfrac{\partial N_j}{\partial r} & 0 & N_m+r\dfrac{\partial N_m}{\partial r} & 0 \\ N_i & 0 & N_j & 0 & N_m & 0 \\ 0 & \dfrac{\partial N_i}{\partial z} & 0 & \dfrac{\partial N_j}{\partial z} & 0 & \dfrac{\partial N_m}{\partial z} \\ r\dfrac{\partial N_i}{\partial z} & \dfrac{\partial N_i}{\partial r} & r\dfrac{\partial N_j}{\partial z} & \dfrac{\partial N_j}{\partial r} & r\dfrac{\partial N_m}{\partial z} & \dfrac{\partial N_m}{\partial r} \end{bmatrix} \\
&= \frac{1}{2\Delta}\begin{bmatrix} 2N_i\Delta+rb_i & 0 & 2N_j\Delta+rb_j & 0 & 2N_m\Delta+rb_m & 0 \\ 2N_i\Delta & 0 & 2N_j\Delta & 0 & 2N_m\Delta & 0 \\ 0 & c_i & 0 & c_j & 0 & c_m \\ rc_i & b_i & rc_j & b_j & rc_m & b_m \end{bmatrix}
\end{aligned} \tag{3.5.5}
$$

于是刚度矩阵为

$$
\begin{aligned}
\boldsymbol{k}^{*} &= 2\pi\int_{\Delta_{ijm}}\boldsymbol{B}^{*\mathrm{T}}\boldsymbol{C}\boldsymbol{B}^{*}\,r\,\mathrm{d}r\,\mathrm{d}z \\
&= \begin{bmatrix} \boldsymbol{k}_{ii}^{*} & \boldsymbol{k}_{ij}^{*} & \boldsymbol{k}_{im}^{*} \\ \boldsymbol{k}_{ji}^{*} & \boldsymbol{k}_{jj}^{*} & \boldsymbol{k}_{jm}^{*} \\ \boldsymbol{k}_{mi}^{*} & \boldsymbol{k}_{mj}^{*} & \boldsymbol{k}_{mm}^{*} \end{bmatrix}
\end{aligned} \tag{3.5.6}
$$

其中每个刚度子阵

$$
\boldsymbol{k}_{ij}^{*}=2\pi\int_{\Delta_{ijm}}\boldsymbol{B}_i^{*\mathrm{T}}\boldsymbol{C}\boldsymbol{B}_j^{*}\,r\,\mathrm{d}r\,\mathrm{d}z \tag{3.5.7}
$$

而

$$\boldsymbol{B}_i^* = \frac{1}{2\Delta}\begin{bmatrix} 2N_i\Delta + rb_i & 0 \\ 2N_i\Delta & 0 \\ 0 & c_i \\ rc_i & b_i \end{bmatrix} \quad (i,\ j,\ m) \tag{3.5.8}$$

将式（3.5.8）代入式（3.5.7），无论三角形环元在何种位置，均可算得单刚的子阵

$$\begin{aligned} \boldsymbol{k}_{ij}^* &= \begin{bmatrix} H_{11}^* & H_{12}^* \\ H_{21}^* & H_{22}^* \end{bmatrix}_{(ij)} \\ &= \frac{E_0\pi}{2\Delta^2}\int_{\Delta_{ijm}}\begin{bmatrix} 2\Delta N_i + rb_i & 2\Delta N_i & 0 & rc_i \\ 0 & 0 & c_i & b_i \end{bmatrix}\begin{bmatrix} 1-\nu & \nu & \nu & 0 \\ \nu & 1-\nu & \nu & 0 \\ \nu & \nu & 1-\nu & 0 \\ 0 & 0 & 0 & \dfrac{1-2\nu}{2} \end{bmatrix} \\ &\quad \times \begin{bmatrix} 2\Delta N_j + rb_j & 0 \\ 2\Delta N_j & 0 \\ 0 & c_j \\ rc_j & b_j \end{bmatrix} r\,\mathrm{d}r\,\mathrm{d}z \end{aligned} \tag{3.5.9}$$

式（3.5.6）中

$$\boldsymbol{C} = \begin{bmatrix} 1+2\mu & \lambda & \lambda & 0 \\ \lambda & 1+2\mu & \lambda & 0 \\ \lambda & \nu & 1+2\mu & 0 \\ 0 & 0 & 0 & \mu \end{bmatrix} = E_0\begin{bmatrix} 1-\nu & \nu & \nu & 0 \\ \nu & 1-\nu & \nu & 0 \\ \nu & \nu & 1-\nu & 0 \\ 0 & 0 & 0 & \dfrac{1}{2}(1-2\nu) \end{bmatrix} \tag{c}$$

其中

$$E_0 = \frac{E}{(1+\nu)(1-2\nu)} \tag{d}$$

式（3.5.9）中诸元素 $H_{11(ij)}^*$、$H_{12(ij)}^*$、$H_{21(ij)}^*$、$H_{22(ij)}^*$ 计算所得分别为

$$\begin{aligned} H_{11(ij)}^* &= \Big\{2a_ia_j\bar{r} + 3(a_ib_j + a_jb_i)I_4 + 2(a_ic_j + a_jc_i)I_5 \\ &\quad + \left[(5-\nu)b_ib_j + \frac{1}{2}(1-2\nu)c_ic_j\right]I_6 + 3(b_ic_j + b_jc_i)I_7 + 2c_ic_jI_8\Big\}\frac{E_0\pi}{2\Delta} \\ H_{12(ij)}^* &= \left\{2\nu a_ic_j\bar{r} + \left[3rb_ic_j + \frac{1}{2}(1-2\nu)c_ib_j\right]I_4 + 2\nu c_ic_jI_5\right\}\frac{E_0\pi}{2\Delta} \end{aligned} \tag{3.5.10}$$

$$H^*_{21(ij)}=\left\{2\nu a_j c_i \overline{r}+\left[3rb_j c_i+\frac{1}{2}(1-2\nu)c_j b_i\right]I_4+2\nu c_i c_j I_5\right\}\frac{E_0\pi}{2\Delta}$$

$$H^*_{22(ij)}=\left[(1-\nu)c_i c_j \overline{r}+\frac{1}{2}(1-2\nu)b_i b_j \overline{r}\right]\frac{E_0\pi}{2\Delta}$$

其中

$$\overline{r}=\frac{1}{3}(r_i+r_j+r_m)$$

$I_4$，$I_5$，$I_6$，$I_7$，$I_8$ 分别为

$$I_4\Delta=\int_{\Delta_{ijm}} r^2 \mathrm{d}r\,\mathrm{d}z \qquad I_5\Delta=\int_{\Delta_{ijm}} z\,r\,\mathrm{d}r\,\mathrm{d}z \qquad I_6\Delta=\int_{\Delta_{ijm}} r^3 \mathrm{d}r\,\mathrm{d}z$$

$$I_7\Delta=\int_{\Delta_{ijm}} r^2 z\,\mathrm{d}r\,\mathrm{d}z \qquad I_8\Delta=\int_{\Delta_{ijm}} r\,z^2 \mathrm{d}r\,\mathrm{d}z \tag{3.5.11}$$

积分后得

$$\begin{aligned}
I_4\Delta=&\frac{1}{3}\left[A_{mi}(r_m^3-r_i^3)+A_{ij}(r_i^3-r_j^3)+A_{jm}(r_j^3-r_m^3)\right]\\
&+\frac{1}{4}\left[B_{mi}(r_m^4-r_i^4)+B_{ij}(r_i^4-r_j^4)+B_{jm}(r_j^4-r_m^4)\right]\\
I_5\Delta=&\frac{1}{4}\left[A_{mi}^2(r_m^2-r_i^2)+A_{ij}^2(r_i^2-r_j^2)+A_{jm}^2(r_j^2-r_m^2)\right]\\
&+\frac{1}{3}\left[B_{mi}A_{mi}(r_m^3-r_i^3)+B_{ij}A_{ij}(r_i^3-r_j^3)+B_{jm}A_{jm}(r_j^3-r_m^3)\right]\\
&+\frac{1}{8}\left[B_{mi}^2(r_m^4-r_i^4)+B_{ij}^2(r_i^4-r_j^4)+B_{jm}^2(r_j^4-r_m^4)\right]\\
I_6\Delta=&\frac{1}{4}\left[A_{mi}(r_m^4-r_i^4)+A_{ij}(r_i^4-r_j^4)+A_{jm}(r_j^4-r_m^4)\right]\\
&+\frac{1}{5}\left[B_{mi}(r_m^5-r_i^5)+B_{ij}(r_i^5-r_j^5)+B_{jm}(r_j^5-r_m^5)\right]\\
I_7\Delta=&\frac{1}{6}\left[A_{mi}^2(r_m^3-r_i^3)+A_{ij}^2(r_i^3-r_j^3)+A_{jm}^2(r_j^3-r_m^3)\right]\\
&+\frac{1}{4}\left[A_{mi}B_{mi}(r_m^4-r_i^4)+B_{ij}A_{ij}(r_i^4-r_j^4)+B_{jm}A_{jm}(r_j^4-r_m^4)\right]\\
&+\frac{1}{10}\left[B_{mi}^2(r_m^5-r_i^5)+B_{ij}^2(r_i^5-r_j^5)+B_{jm}^2(r_j^5-r_m^5)\right]\\
I_8\Delta=&\frac{1}{6}\left[A_{mi}^3(r_m^2-r_i^2)+A_{ij}^3(r_i^2-r_j^2)+A_{jm}^3(r_j^2-r_m^2)\right]\\
&+\frac{1}{3}\left[A_{mi}^2B_{mi}(r_m^3-r_i^3)+A_{ij}^2B_{ij}(r_i^3-r_j^3)+A_{jm}^2B_{jm}(r_j^3-r_m^3)\right]
\end{aligned} \tag{3.5.12}$$

$$+\frac{1}{4}\left[A_{mi}B_{mi}^2(r_m^4-r_i^4)+A_{ij}B_{ij}^2(r_i^4-r_j^4)+A_{jm}B_{jm}^2(r_j^4-r_m^4)\right]$$
$$+\frac{1}{15}\left[B_{mi}^3(r_m^5-r_i^5)+B_{ij}^3(r_i^5-r_j^5)+B_{jm}^2(r_j^5-r_m^5)\right]$$

式中，

$$A_{mi}=\frac{z_ir_m-z_mr_i}{r_m-r_i}=-\frac{a_j}{c_j}\qquad A_{ij}=\frac{z_jr_i-z_ir_j}{r_i-r_j}=-\frac{a_m}{c_m}\tag{3.5.13}$$

$$A_{jm}=\frac{z_mr_j-z_jr_m}{r_j-r_m}=-\frac{a_i}{c_i}\qquad B_{mi}=\frac{z_m-z_i}{r_m-r_i}=-\frac{b_j}{c_j}$$

$$B_{ij}=\frac{B_i-B_j}{r_i-r_j}=-\frac{b_m}{c_m}\qquad B_{jm}=\frac{B_j-B_m}{r_j-r_m}=-\frac{b_i}{c_i}\tag{3.5.14}$$

### 3.5.2　基本列式讨论

1. 如三角形一边（如 $im$ 边）平行于 $z$ 轴，则 $r_i=r_m$，应将 $A_{mi}=B_{mi}=0$ 代入式（3.5.12）。

2. 如三角形一边（如 $im$ 边）位于 $z$ 轴上，则 $r_i=r_m=0$，应将 $A_{mi}=B_{mi}=0$ 代入式（3.5.12）。

3. 钱伟长所建议的单元（LDTC），可用于分析中心无孔或有较大中心孔的轴对称问题。但对于具有很小中心孔的轴对称问题，这种方法遇到困难[44]，因为当单元结点 $i$ 位于孔边时，令 $r_i$ 为孔的半径，依照式（3.5.4）及式（3.5.5）得到 $i$ 点的环向应变及径向应变为

$$\varepsilon_\theta=\varepsilon_{\theta i}$$
$$\varepsilon_r=\left(1+\frac{r_ib_i}{2\Delta}\right)\varepsilon_{\theta i}+\frac{r_ib_j}{2\Delta}\varepsilon_{\theta j}+\frac{r_ib_m}{2\Delta}\varepsilon_{\theta m}\tag{e}$$

当孔的尺寸较单元尺寸小得多时

$$\frac{r_ib_k}{2\Delta}\to 0\quad (k=i,j,m)$$

这时得到 $i$ 点的应变

$$\varepsilon_r=\varepsilon_\theta$$

对具有中心小孔的轴对称问题，上式显然不对。

反之，当单元尺寸比孔径小得多时，$\varepsilon_r$ 不会等于 $\varepsilon_\theta$。而对一些外尺寸很大而中心孔很小的轴对称问题，又必须将单元网格划分得很细，这时单元数目将大大增加，也成了困难之所在。

### 3.5.3 算例

**例 1** 人造金刚石的底垫[44]

人造金刚石底垫如图 3.20 所示，有关数据列于表 3.7。计算所得沿对称轴及沿 $z = H_B$ 截面上的应力分布，分别如图 3.21 及图 3.22 所示①。

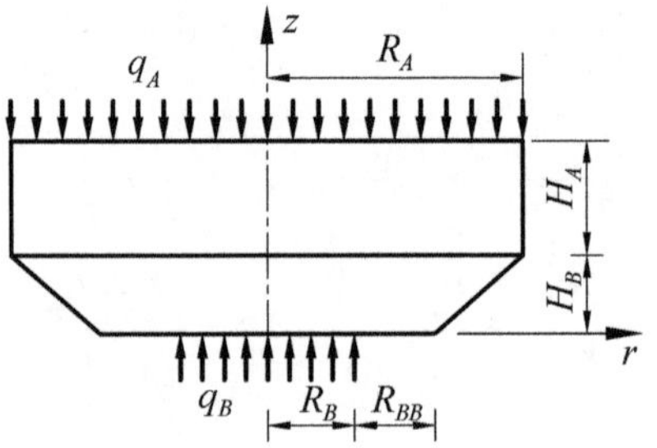


图 3.20　人造金刚石底垫

**表 3.7　底垫尺寸**

| $R_A$/cm | $R_B$/cm | $H_A$/cm | $H_B$/cm | $R_{BB}$/cm | $q_A$/(kg/cm$^2$) | $q_B$/(kg/cm$^2$) | $E$/(kg/cm$^2$) | $\nu$ |
|---|---|---|---|---|---|---|---|---|
| 14.4 | 4.0 | 4.113 | 5.012 | 5.388 | 1688 | 21880 | $2.1\times10^6$ | 0.28 |

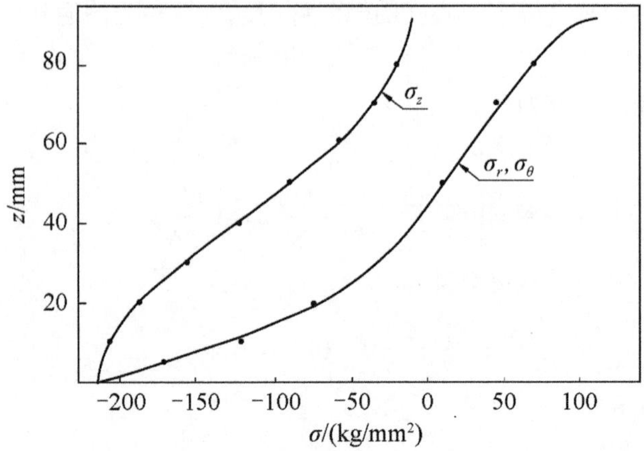


图 3.21　底垫沿对称轴 z 的应力分布

① 此文献未给出计算所用有限元网格，也没给出准确的应力对比数值。

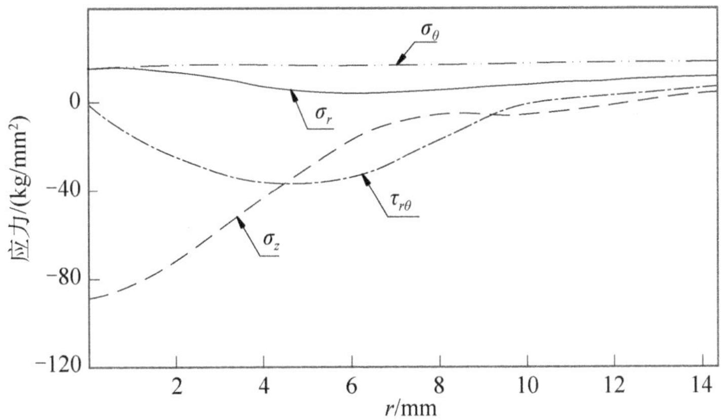


图 3.22　底垫 $z=H_B$ 截面的应力分布

**例 2**　圆球在中心对称温度场作用下的热应力[35]

球半径 $R=100\,\text{mm}$，球心温度 0℃，表面温度 1000℃，温度沿半径直线分布。材料杨氏模量 $E=0.7\times10^4\ \text{kg/mm}^2$，泊松比 $\nu=0.3$，线膨胀系数 $\alpha=0.2\times10^{-4}\ ℃^{-1}$。有限元网格由图 3.23 给出。Wilson 三角形元（LDT）及钱氏三角形元（LDTC）的计算结果，均列于表 3.8 中。由结果可见，两种单元计算精度相近，元 LDT 给出的精度更高一点。

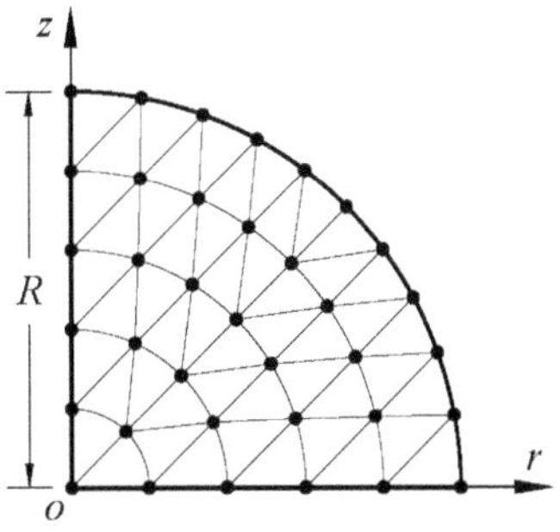


图 3.23　圆球有限元网格

**表 3.8　计算所得热应力（kg/mm²）**
**（中心对称温度场作用下的圆球）**

| 计算点位置 | 应力分量 | Wilson 三角形元（LDT） | | | 钱氏三角形元（LDTC） | | | 解析解 |
|---|---|---|---|---|---|---|---|---|
| | | 36 个结点 | 121 个结点 | 226 个结点 | 36 个结点 | 121 个结点 | 226 个结点 | |
| 球心 | $\sigma_r$ | 132.1 | 116.3 | 109.9 | 146.3 | 125.6 | 115.9 | **100.0** |
| | $\sigma_z$ | 131.2 | 115.9 | 110.6 | 135.7 | 117.7 | 110.5 | **100.0** |
| | $\sigma_\theta$ | 132.1 | 116.3 | 109.9 | 146.3 | 125.6 | 115.9 | **100.0** |

**例 3**　空心长圆柱承受法向拉力[35]

长圆柱体外半径 $R = 50\,\text{mm}$，内半径 $r = 2\,\text{mm}$，承受法向拉力 $p = 50\,\text{kg/mm}^2$。由表 3.9 给出的计算结果同样显示，Wilson 元的计算精度更高。

**表 3.9　计算所得内孔壁处环向应变 $\varepsilon_\theta(\times 10^{-6})$**
**（长圆柱承受法向拉力）**

| 单元直角边长①/mm | Wilson 元（LDT） | 钱氏元（LDTC） | 解析解 |
|---|---|---|---|
| 10 | 9144.5～11577.2 | 5608.3～6439.1 | |
| 5 | 10596.6～13211.7 | | |
| 3 | 11699.6～13911.0 | 7273.6～9661.4 | **14309** |
| 2 | 12547.6～14283.5 | | |

丁浩江与徐博侯[38]也用 Wilson 元（LDT）及钱氏元（LDTC），计算了承受内压的厚壁筒与球壳，以及承受均布载荷的简支圆板等算例，结果表明，当有径向外力时，在同样网格下，无论得到的是应力还是位移，元 LDT 较元 LDTC 更佳；当只有轴向外力时，元 LDTC 较元 LDT 略好一点或精度相同。

## 3.6　3 结点三角形轴对称位移元（三）

### 3.6.1　单元建立

胡海昌等[45]提出了另一种三角形轴对称元，其构造出发点基于具有轴对称变形旋转体的位移通解[46]：

$$
\begin{aligned}
u &= -\frac{\partial}{\partial r}(\varphi_0 + z\varphi_2) \\
w &= 4(1-\nu)\varphi_2 - \frac{\partial}{\partial z}(\varphi_0 + z\varphi_2)
\end{aligned}
\tag{3.6.1}
$$

$$
\nabla^2\varphi_0 = 0,\quad \nabla^2\varphi_2 = 0,\quad \nabla^2 = \frac{\partial^2}{\partial r^2} + \frac{1}{r}\frac{\partial}{\partial r} + \frac{\partial^2}{\partial z^2} \tag{a}
$$

式中，$\varphi_0, \varphi_2$ 为应力函数。

调和方程用分离变量法求解，并考虑当 $r = 0$ 时位移解为有限值，得到

$$
\varphi_i = J_0(\lambda r)[A_i \mathrm{e}^{\lambda z} + B_i \mathrm{e}^{-\lambda z}] \quad (i = 0, 2) \tag{b}
$$

式中，$\lambda$ 为特征值。

由于 $J_0(\lambda r)$ 为 $r$ 的偶函数，将式（b）代入式（3.6.1），可知 $u$ 为 $r$ 奇函数，$w$

① 文献[35]未给出单元直角边长与圆柱内径具体关系。

为 $r$ 的偶函数。

由于

$$\boldsymbol{\varepsilon}=\begin{Bmatrix}\varepsilon_r\\ \varepsilon_\theta\\ \varepsilon_z\\ \gamma_{rz}\end{Bmatrix}=\begin{Bmatrix}\dfrac{\partial u}{\partial r}\\ \dfrac{u}{r}\\ \dfrac{\partial w}{\partial z}\\ \dfrac{\partial u}{\partial z}+\dfrac{\partial w}{\partial r}\end{Bmatrix}\tag{3.6.2}$$

这样，$\varepsilon_r$、$\varepsilon_\theta$、$\varepsilon_z$（从而 $\sigma_r$、$\sigma_\theta$、$\sigma_z$）为 $r$ 偶函数，$\gamma_{rz}$（及 $\tau_{rz}$）为 $r$ 的奇函数，同时 $\gamma_{rz}$ 没有常应变项。

文献[45]采用与钱氏元（LDTC）类似的方法，以环向应变 $\varepsilon_\theta$ 及轴向位移 $w$ 为三角形元的结点未知量，而与元 LDTC 的不同在于，其 $\varepsilon_\theta$ 及 $w$ 均选取为 $r$ 的偶函数，即

$$\begin{cases}\varepsilon_\theta=f_1(r^2,z)=f_1(t,z)\\ w=f_2(r^2,z)=f_2(t,z)\end{cases}\tag{3.6.3}$$

式中

$$t=r^2\tag{c}$$

现在的三角形元不同于 3.5 节的单元，元 LDTC 在平面 $(r,z)$ 上列式，而现在的单元在平面 $(t,z)$ 上列式，因而现在单元的应变-位移关系为

$$\boldsymbol{\varepsilon}=\begin{Bmatrix}\varepsilon_r\\ \varepsilon_\theta\\ \varepsilon_z\\ \gamma_{rz}\end{Bmatrix}=\begin{bmatrix}1+2t\dfrac{\partial}{\partial t} & 0\\ 1 & 0\\ 0 & \dfrac{\partial}{\partial z}\\ \sqrt{t}\dfrac{\partial}{\partial z} & 2t\dfrac{\partial}{\partial t}\end{bmatrix}\begin{Bmatrix}\varepsilon_\theta\\ w\end{Bmatrix}=\boldsymbol{D}^*\boldsymbol{u}\tag{3.6.4}$$

由于

$$\boldsymbol{u}=\begin{Bmatrix}\varepsilon_\theta\\ w\end{Bmatrix}=\boldsymbol{N}^*\boldsymbol{q}^*\tag{3.6.5}$$

所以有

$$\boldsymbol{\varepsilon}=\boldsymbol{D}^*\boldsymbol{u}=\boldsymbol{D}^*\boldsymbol{N}^*\boldsymbol{q}^*=\boldsymbol{B}^*\boldsymbol{q}^*\tag{3.6.6}$$

其中

$$
\boldsymbol{q}^* = \begin{bmatrix} \varepsilon_{\theta i} & w_i & \varepsilon_{\theta j} & w_j & \varepsilon_{\theta m} & w_m \end{bmatrix}^{\mathrm{T}}
$$

$$
\boldsymbol{N}^* = \begin{bmatrix} N_i^* & 0 & N_j^* & 0 & N_m^* & 0 \\ 0 & N_i^* & 0 & N_j^* & 0 & N_m^* \end{bmatrix} \tag{d}
$$

$$
\boldsymbol{N}_i^* = \frac{1}{2\Delta}(a_i + b_i t + c_i z) \qquad (i, j, m)
$$

这里，

$$
2\Delta = \begin{vmatrix} 1 & t_i & z_i \\ 1 & t_j & z_j \\ 1 & t_m & z_m \end{vmatrix} \tag{e}
$$

$$
\begin{aligned}
a_i &= t_j z_m - t_m z_j \\
b_i &= z_j - z_m \qquad\qquad (i, j, m) \\
c_i &= t_m - t_j
\end{aligned} \tag{f}
$$

同理可得单元刚度阵

$$
\begin{aligned}
\boldsymbol{k}_{ij} &= 2\pi \int_{S_{rz}} \boldsymbol{B}_i^{*\mathrm{T}} \boldsymbol{C} \boldsymbol{B}_j^* \, r \,\mathrm{d}r \,\mathrm{d}z \\
&= \pi \int_{S_{tz}} \boldsymbol{B}_i^{*\mathrm{T}} \boldsymbol{C} \boldsymbol{B}_j^* \,\mathrm{d}t \,\mathrm{d}z
\end{aligned} \tag{3.6.7}
$$

这里，$S_{rz}$ 与 $S_{tz}$ 分别代表单元在 $(r, z)$ 及 $(t, z)$ 平面上的面积。

将式（3.6.6）代入式（3.6.7），即得到这种三角形元的单刚表达式

$$
\boldsymbol{k}_{ij} = \frac{\pi}{4\Delta^2} \begin{bmatrix} k_{ij}^{11} & k_{ij}^{12} \\ k_{ij}^{21} & k_{ij}^{22} \end{bmatrix} \tag{3.6.8}
$$

其中

$$
\begin{aligned}
k_{ij}^{11} = {} & 2(\lambda + \mu) a_i a_j H_1 + [4(\lambda + \mu)(a_i b_j + a_j b_i) + G c_i c_j] H_2 \\
& + 2(\lambda + \mu)(a_i c_j + a_j c_i) H_3 + 2(5\lambda + 3\mu) b_i b_j H_4 \\
& + 4(\lambda + \mu)(b_i c_j + b_j c_i) H_5 + 2(\lambda + \mu) c_i c_j H_6 \\
k_{ij}^{12} = {} & 2\mu a_i c_j H_1 + (4\mu b_i c_j + 2G c_i b_j) H_2 + 2\mu c_i c_j H_3 \\
k_{ij}^{21} = {} & 2\mu a_j c_i H_1 + (4\mu b_j c_i + 2G c_j b_i) H_2 + 2\mu c_i c_j H_3 \\
k_{ij}^{22} = {} & \lambda c_i c_j H_1 + 4G b_i b_j H_2
\end{aligned} \tag{3.6.9}
$$

其中，常数 $H_1$ 至 $H_6$ 为

$$
\begin{aligned}
H_1 &= \Delta \\
H_2 &= \frac{1}{3}(t_i + t_j + t_m)\Delta \\
H_3 &= \frac{1}{3}(z_i + z_j + z_m)\Delta \\
H_4 &= \frac{1}{6}\Delta(t_i^2 + t_j^2 + t_m^2 + t_i t_j + t_j t_m + t_m t_i) \\
H_5 &= \frac{1}{6}\Delta[t_i z_i + t_j z_j + t_m z_m \\
&\quad + \frac{1}{2}(t_i z_j + t_j z_i + t_m z_i + t_i z_m + t_j z_m + t_m z_j)] \\
H_6 &= \frac{1}{6}\Delta(z_i^2 + z_j^2 + z_m^2 + z_i z_j + z_j z_m + z_m z_i)
\end{aligned}
\qquad (3.6.10)
$$

式中，$\lambda$、$\mu$ 为材料的拉梅系数，$G$ 为剪切模量。

这种列式方法同样可避免计算单刚及应力时，在对称轴上出现的 $1/r$ 奇异性。

### 3.6.2　数值算例

**例 1**　绕旋转轴转动的圆盘[45]

一个绕中心轴旋转的圆盘，其一半划分为 10 个三角形元（图 3.24）。用以上所述三种轴对称元进行计算。

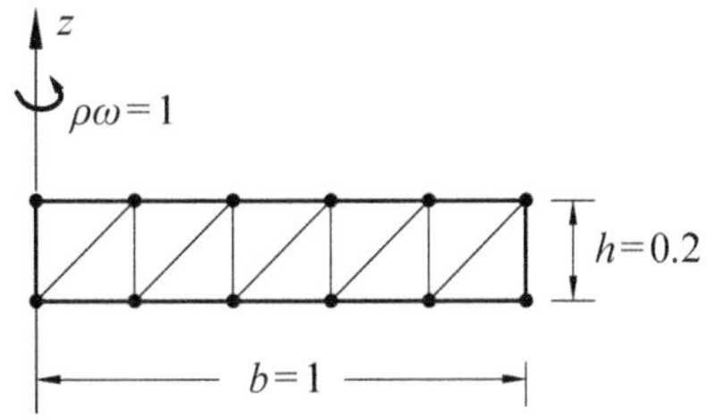


图 3.24　旋转圆盘的有限元网格

算得的圆盘的径向应力 $\sigma_r$ 及环向应力 $\sigma_\theta$ 沿径向 $r$ 的分布如图 3.25 所示。图中解析解由文献[47]给出。可见，现在的三角形元的结果最接近于理论解；Wislon 三角形元除了在对称轴附近略有误差，大部分结果也相当精确；但元 LDTC 欠佳。

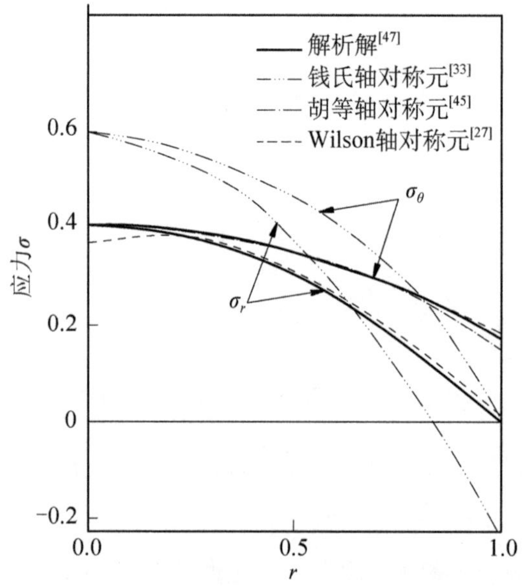


图 3.25　旋转圆盘的径向应力 $\sigma_r$ 和环向应力 $\sigma_\theta$ 沿 $r$ 方向分布

**例 2**　径向受压圆球[45]

四分之一球体划分为八个 8 结点轴对称元①（图 3.26）。计算所得 $z=0$ 上应力 $\sigma_z$ 沿半径 $AB$ 的分布，由图 3.27 给出，解析解由文献[46]提供。图 3.27 显示，在距对称轴较远的区域，三种轴对称元的结果均十分接近于解析解；但在接近于对称轴的区域，两种三角形元给出的误差均较大，而四边形元的结果有所改善。

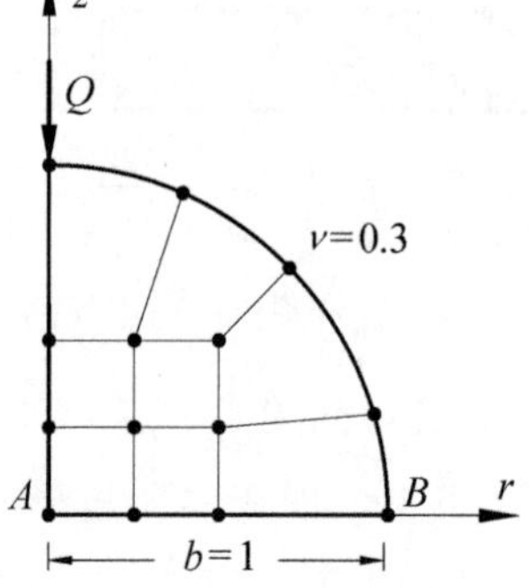


图 3.26　径向受压圆球

① 文献[45]未说明与其对比轴对称三角形元的网格划分。

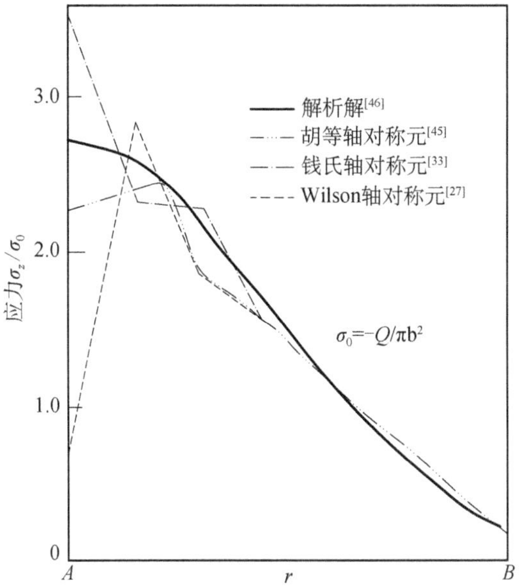


图 3.27　径向受压圆球中面 $z=0$ 上的法向应力 $\sigma_z/\sigma_0$ 分布

## 3.7　4 结点三角形轴对称位移元

### 3.7.1　单元建立

1. 位移

Chacour[48]提出建立一个 4 结点的三角形元（图 3.28），这种元每个角结点有 6 个结点位移 $(u,u_r,u_z,w,w_r,w_z)$，这里 $u_r=\partial u/\partial r, u_z=\partial u/\partial z$，$w_r=\partial w/\partial r$，$w_z=\partial w/\partial z$。单元形心结点 $c$ 仅有 2 个结点位移（$u_c$，$w_c$），所以共有 20 个结点自由度。

单元位移场取完整三次式

$$
\begin{aligned}
u=\ & a_1+a_2r+a_3z+a_4r^2+a_5rz+a_6z^2\\
&+a_7r^3+a_8r^2z+a_9rz^2+a_{10}z^3\\
w=\ & a_{11}+a_{12}r+a_{13}z+a_{14}r^2+a_{15}rz+a_{16}z^2\\
&+a_{17}r^3+a_{18}r^2z+a_{19}rz^2+a_{20}z^3
\end{aligned}
\qquad \text{(a)}
$$

令

$$
\begin{aligned}
\boldsymbol{u}_i&=[u,u_r,u_z,w,w_r,w_z]^{\mathrm{T}}\\
\boldsymbol{a}&=[a_1,a_2,\cdots,a_{20}]^{\mathrm{T}}
\end{aligned}
\qquad \text{(b)}
$$

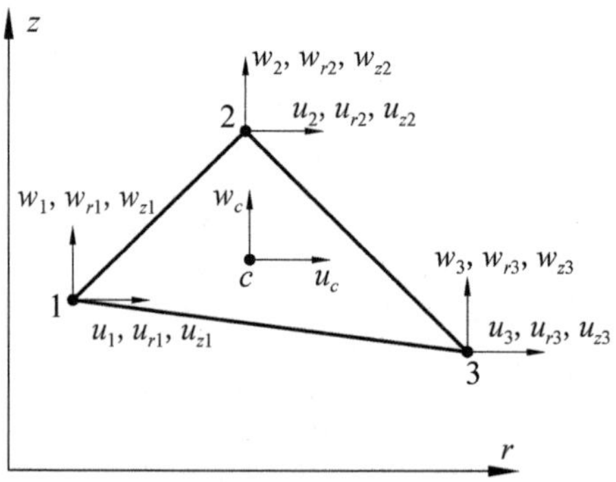


图 3.28　4 结点三角形元

利用式（a），则式（b）可表示为

$$\boldsymbol{u}_i=\boldsymbol{M}(r,z)\boldsymbol{a} \tag{c}$$

其中，矩阵 $\boldsymbol{M}$ 为

$$\boldsymbol{M}(r,z)=\begin{bmatrix}1 & r & z & r^2 & rz & z^2 & r^3 & r^2z & rz^2 & z^3 & 0 & 0 & 0 & 0 & 0 & 0 & 0 & 0 & 0 & 0\\ 0 & 1 & 0 & 2r & z & 0 & 3r^2 & 2rz & z^2 & 0 & 0 & 0 & 0 & 0 & 0 & 0 & 0 & 0 & 0 & 0\\ 0 & 0 & 1 & 0 & r & 2z & 0 & r^2 & 2rz & 3z^2 & 0 & 0 & 0 & 0 & 0 & 0 & 0 & 0 & 0 & 0\\ 0 & 0 & 0 & 0 & 0 & 0 & 0 & 0 & 0 & 0 & 1 & r & z & r^2 & rz & z^2 & r^3 & r^2z & rz^2 & z^3\\ 0 & 0 & 0 & 0 & 0 & 0 & 0 & 0 & 0 & 0 & 0 & 1 & 0 & 2r & z & 0 & 3r^2 & 2rz & z^2 & 0\\ 0 & 0 & 0 & 0 & 0 & 0 & 0 & 0 & 0 & 0 & 0 & 0 & 1 & 0 & r & 2z & 0 & r^2 & 2rz & 3z^2\end{bmatrix} \tag{d}$$

将单元结点坐标代入式（c），即得到以广义坐标 $\boldsymbol{a}$ 表示的结点位移 $\boldsymbol{q}$

$$\boldsymbol{q}=\boldsymbol{A}\,\boldsymbol{a} \tag{e}$$

这里

$$\boldsymbol{A}=\begin{bmatrix}\boldsymbol{M}(r_1,z_1)\\ \boldsymbol{M}(r_2,z_2)\\ \boldsymbol{M}(r_3,z_3)\\ \boldsymbol{F}\end{bmatrix} \tag{f}$$

其中

$$\boldsymbol{F}=\begin{bmatrix}1 & r_c & z_c & r_c^2 & r_cz_c & z_c^2 & r_c^3 & r_c^2z_c & r_cz_c^2 & z_c^3 & 0 & 0 & 0 & 0 & 0 & 0 & 0 & 0 & 0 & 0\\ 0 & 0 & 0 & 0 & 0 & 0 & 0 & 0 & 0 & 0 & 1 & r_c & z_c & r_c^2 & r_cz_c & z_c^2 & r_c^3 & r_c^2z_c & r_cz_c^2 & z_c^3\end{bmatrix} \tag{g}$$

$$\begin{aligned}r_c&=(r_1+r_2+r_3)/3\\ z_c&=(z_1+z_2+z_3)/3\end{aligned} \tag{h}$$

由式（e）解得 $\boldsymbol{a}$，代入式（c），即得到以结点位移 $\boldsymbol{q}$ 表示 的单元位移 $\boldsymbol{u}_i$

$$\boldsymbol{u}_i = \boldsymbol{M}\boldsymbol{A}^{-1}\boldsymbol{q} \tag{3.7.1}$$

由于此元所选结点自由度的数目与其广义坐标 $\boldsymbol{a}$ 的数目相同，所以元间的协调性得以保持。

2. 应变

由式（3.7.1）可得到轴对称环元的应变

$$\boldsymbol{\varepsilon} = \begin{Bmatrix} \varepsilon_r \\ \varepsilon_z \\ \varepsilon_\theta \\ \gamma_{rz} \end{Bmatrix} = \begin{Bmatrix} \partial u / \partial r \\ \partial v / \partial r \\ u/r \\ \dfrac{\partial u}{\partial z} + \dfrac{\partial v}{\partial r} \end{Bmatrix} = \boldsymbol{B}\boldsymbol{A}^{-1}\boldsymbol{q} \tag{3.7.2}$$

这里

$$\boldsymbol{B} = \begin{bmatrix} 0 & 1 & 0 & 2r & z & 0 & 3r^2 & 2rz & z^2 & 0 & 0 & 0 & 0 & 0 & 0 & 0 & 0 & 0 & 0 & 0 \\ 0 & 0 & 0 & 0 & 0 & 0 & 0 & 0 & 0 & 0 & 0 & 0 & 1 & 0 & r & 2z & 0 & r^2 & 2rz & 3z^2 \\ \dfrac{1}{r} & 1 & \dfrac{z}{r} & r & z & \dfrac{z^2}{r} & r^2 & rz & z^2 & \dfrac{z^3}{r} & 0 & 0 & 0 & 0 & 0 & 0 & 0 & 0 & 0 & 0 \\ 0 & 0 & 1 & 0 & r & 2z & 0 & r^2 & 2rz & 3z^2 & 0 & 1 & 0 & 2r & z & 0 & 3r^2 & 2rz & z^2 & 0 \end{bmatrix} \tag{3.7.3}$$

3. 应力

由应变求得应力

$$\boldsymbol{\sigma} = \boldsymbol{C}\boldsymbol{\varepsilon} = \boldsymbol{C}\boldsymbol{B}\boldsymbol{A}^{-1}\boldsymbol{q} \tag{3.7.4}$$

其中

$$\boldsymbol{\sigma} = [\sigma_r \quad \sigma_z \quad \sigma_\theta \quad \tau_{rz}]^{\mathrm{T}} \tag{3.7.5}$$

4. 单元刚度阵

$$\boldsymbol{k} = \boldsymbol{A}^{-\mathrm{T}} \int_{V_n} \boldsymbol{B}^{\mathrm{T}} \boldsymbol{C} \boldsymbol{B} \,\mathrm{d}V \boldsymbol{A}^{-1} \quad (\mathrm{d}V = 2\pi r \,\mathrm{d}r \,\mathrm{d}z) \tag{3.7.6}$$

为节省 CPU 时间，单元装配时，可先将元内结点 $c$ 并缩掉。

5. 等效结点载荷

（1）等效体积力

$$\boldsymbol{G} = \boldsymbol{A}^{-\mathrm{T}} \int_{V_n} \boldsymbol{M}(r,z)^{\mathrm{T}} \bar{\boldsymbol{F}} \,\mathrm{d}V \tag{3.7.7}$$

式中，$\bar{\boldsymbol{F}}$ 为体积力列阵。

（2）等效表面力

$$\boldsymbol{P} = \boldsymbol{A}^{-\mathrm{T}} \int_{S} \boldsymbol{M}(r,z)^{\mathrm{T}} \bar{\boldsymbol{T}} \,\mathrm{d}S \tag{3.7.8}$$

式中，$\bar{\boldsymbol{T}}$ 为表面力列阵。

### 3.7.2　数值算例[48]

短圆柱壳，尺寸及承载如图 3.29 所示，图 3.30 给出其有限元网格。用现在的三阶三角形元（单元 20 个，结点 17 个，自由度 102 个）计算，所得径向位移 $u_r$ 由表 3.10 给出。

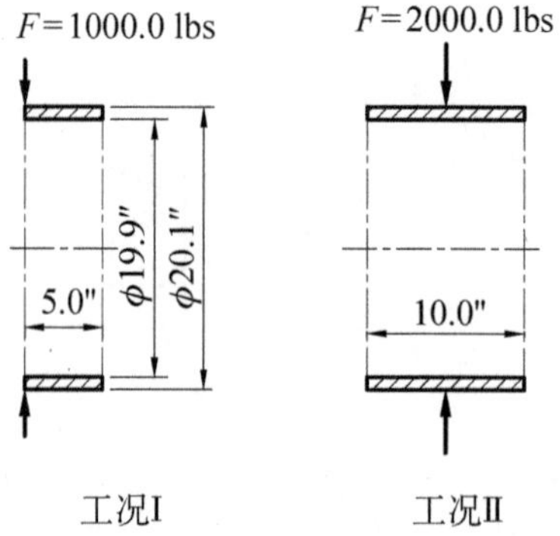


图 3.29　短圆柱壳

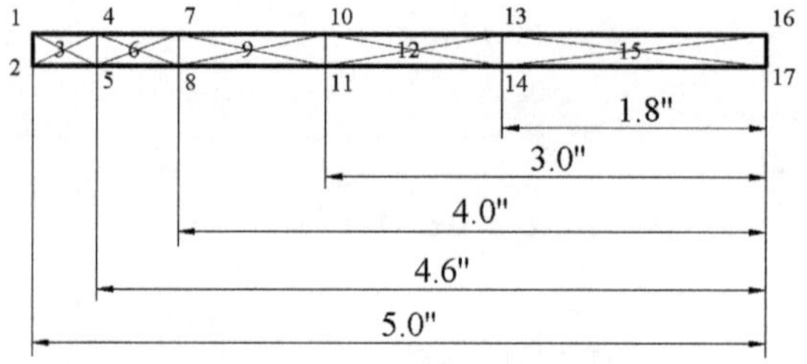


图 3.30　有限元网格

**表 3.10　计算所得径向位移 $u_r$**
**（短圆柱壳）**

| 结点序号 | 工况 I | | 工况 II | |
|---|---|---|---|---|
| | 有限元解 | 解析解 | 有限元解 | 解析解 |
| 1 | 0.0013841 | **0.0013638** | 0.0006856 | **0.0006818** |
| 2 | 0.0013874 | | 0.0006869 | |
| 3 | 0.0010321 | | 0.0006471 | |
| 4 | 0.0007124 | | 0.0005546 | |
| 5 | 0.0007145 | | 0.0005562 | |
| 6 | 0.0003349 | | 0.0003871 | |
| 7 | 0.0000819 | | 0.0002262 | |
| 8 | 0.0000822 | | 0.0002269 | |
| 9 | −0.0000886 | | 0.0000576 | |
| 10 | −0.0000869 | | −0.0000115 | |
| 11 | −0.0000873 | | −0.0000115 | |
| 12 | −0.0000350 | | −0.0000281 | |

续表

| 结点序号 | 工况Ⅰ | | 工况Ⅱ | |
|---|---|---|---|---|
| | 有限元解 | 解析解 | 有限元解 | 解析解 |
| 13 | 0.0000265 | | −0.0000135 | |
| 14 | 0.0000261 | | −0.0000136 | |
| 15 | −0.0000075 | | −0.0000014 | |
| 16 | 0.0000117 | | 0.0000037 | |
| 17 | 0.0000092 | | 0.0000036 | |

由以上结果可见，现在的三阶三角形轴对称位移元给出了十分准确的结果，在结点 1 及 2，其误差均小于 2%，而用 Wilson 三角形线性元[27]（单元 420 个，结点 473，自由度 946），以上点的误差在工况 1 为 14%，在工况 2 达 18%。

# 参 考 文 献


［1］ 米赫林 C Г. 数学物理中的直接方法. 周先意，译. 北京：高等教育出版社，1955

［2］ 易大义，蒋叔豪，李有法. 数值方法. 杭州：浙江科学技术出版社，1984

［3］ 徐次达. 固体力学加权残值法. 上海：同济大学出版社，1987

［4］ Pian T H H，Tong P. The convergence of finite element method in solving linear elastic problems. Int. J. Solid. Struct.，1967，3：865-880

［5］ Strang W G，Fix G J. An Analysis of the Finite Elemment Method. New Jersey：Prentice-Hall，1973

［6］ De Arantes Oliveira E R. Theoretical foundations of the finite element method. Int. J. Solids. Struct.，1968，4：929-952

［7］ Mikhlin S C. The Problem of the Minimum of a Quadratic Functional. San Franciso：Holden-Day，1964

［8］ Johnson M W，McILay R W. Convergence of the finite element method in the theory of elasticity. J. Appl. Mech. Trans.，Am. Soc. Meth. Eng.，1968，35：274-278

［9］ Bazeley G P，Cheung Y K，Irons B M，et al. Triangular elements in plate bending conforming and non-conforming solutions. Proc. 1st Conf. on Matrix Methods in Struct. Mech.，AFFDL-TR-66-80，1965：547-576

［10］ Clough R W，Tocher J L. Finite elements siffness matirces for analysis of plate bending. AFFDL-TR-66-80，1965：515-546

［11］ Irons B M. Testing and assessing finite element by an eigenvalue technique. Proc. Conf. On Recent Developments in Stress—New Concepts and Techniques and their Practical Applications，Royal Aeronaut Society，London：1968

［12］ Irons B M，Razque A. Experience with the patch test for convergence of finite element methods//

Aziz A K. The Mathematical Foundations of the Finite Element Method with Applications to Partial Differential Equations. New York，London：Academic Press，1972
［13］ Richard H M，Robert L H. A proposed standard set of problems to test finite element accuracy. J. Finite Elements Anal. Des.，1985，2：3-20
［14］ MacNeal R H，Harder R L. A proposed standard set of problem to finite element accuracy. J. Finite Elements Anal. Des.，1985，1：3-20
［15］ Wu C C，Hans B. Multiveriable finite clements：consistency and optimization. Science in China（Seri-A），1991，34(3)：284-299
［16］ Sander G，Beckers P. The influence of the choice of connectors in the finite element method. Int. J. Num. Meth. Engng.，1977，11：1491-1505
［17］ Shi Z C. On the convergence properties of the quadrilateral elements of Sander and Beckers. Math. Comp.，1984，42：493-504
［18］ Taylor R L，Bresford P J，Wilson E L. A non-conforming element for stress analysis. Int. J. Num. Meth. Engng.，1976，10：1211-1219
［19］ Pian T H H，Wu C C. General formulation of incompatible shape function and an incompatible isoparametric element. Proc. Invitational China-American Workshop on Finite Element Methods，Chengde，1986：159-165
［20］ Wu C C，Huang M K，Pian T H H. Consistency condition and convergen criteria of incompatible functions and its application. Comput. & Struc.，1987，27：639-644
［21］ 焦兆平，吴长春. 非协调平面等参元 NQ-9 的改进——NQ-T 元. 合肥工业大学学报（自然科学版），1988，3：20-26
［22］ Taylor R L，Simo J C，Zienkiewicz O C，et al. The patch test a condition for assessing FEM convergence. Int. J. Num. Meth. Engng.，1986，22：39-62
［23］ 田宗漱，卞学鐄（Pian T H H）. 多变量变分原理与多变量有限元方法. 2 版. 北京：科学出版社，2014
［24］ Dunne P. Complete polynomial displacement fields for the finite element method. Aeronaut J.，1968，72：245-246，Discussion. Aeronaut J.，1968，72：709-711
［25］ 徐芝纶. 弹性力学. 2 版. 北京：高等教育出版社，1984
［26］ Chough R W，Rashid Y. Finite element analysis of axisymmetric solids. ASME J.，1965，91（No EMI）：71-85
［27］ Wilson E L. Structureal analysis of axisymmetric solids. AIAA J.，1965，3（12）：2269-2274
［28］ Zienkiewicz O C，Cheung Y K. The Finite Element Method in Structural and Continum Mechanics. New York：McGraw-Hill，1967
［29］ Zienkiewicz O C. The Finite Element Method in Engineering Science. London：McGraw-Hill，1971

[30] 华东水利学院. 弹性力学有限单元法. 北京：水利电力出版社，1974
[31] Huebner K H. The Finite Element Method of Engineerings. New York：John Wileg & Sons，1975
[32] 郭仲衡. 关于有限单元法轴对称问题的一点注记. 计算数学，1978，4：51-52
[33] 钱伟长. 轴对称弹性体的有限元分析. 应用数学和力学，1980，1（1）：25-35
[34] 王勖成，薛伟民，郭远非. 关于轴对称有限元刚度矩阵的精确积分. 清华大学学报（自然科学版），1988，28（5）：37-41
[35] 徐孝诚. 轴对称实体有限元分析. 宇航学报，1983，4：23-29
[36] 谢贻权，何福保. 弹性及塑性力学中的有限单元法. 北京：机械工业出版社，1981
[37] Belytschko T. Finite element for axisymmetric solids under arbitrary loadings with nodes on origin. AIAA J.，1972，10（11）：1532-1533
[38] 丁浩江，徐博侯. 旋转体的有限元分析. 浙江大学学报，1983，2（2）：13-21
[39] Utku S. Explicity expresions for trangular element stiffness matrix. AIAA J.，1968，6：1174-1176
[40] 王勖成，邵敏. 有限单元法基本原理和数值方法. 2 版. 北京：清华大学出版社，1998
[41] Crose J G. Stress anaysis of axisymmetric solids with axisymmetric properties. AIAA J.，1972，10：866-871
[42] 邹经湘，安为民. 在任意载荷作用下轴对称结构计算的有限元半解析法. 哈尔滨工业大学学报，1977，03：73-85
[43] 李宝昌. 轴对称结构半解析法有限元分析（硕士论文）. 华北电力大学，2005
[44] 谢志诚，陈光祖，杨学忠，等. 以环向应变和轴向位移为独立变量的轴对称问题有限元计算. 清华大学学报，1982，22（3）：11-20
[45] 胡海昌，任永坚，丁浩江. 实旋转体轴对称变形的一种有限元新模式. 力学与实践，1990，2：17-19
[46] 丁浩江. 关于轴对称问题的应力函数. 上海力学，1987，1：42
[47] 徐秉业. 弹性与塑性力学——例题与习题. 北京：机械工业出版社，1981
[48] Chacour S. A high procison axisymmetric triangular element used in the analysis of hydraulic turbin components. J. Basic Engineering，Tran. ASME，1970：819-826

# 第 4 章　根据最小势能原理建立的轴对称位移元（Ⅱ）

## 4.1　多结点三角形协调轴对称位移元的形函数

以上讨论了 3 结点三角形轴对称元，现在进一步讨论多结点三角形元[1]（图 4.1）。这些单元变形前各边可以是直线，也可以是曲线，由此，扩大了单元的适用范围，能更好地模拟待解构件的几何形状。

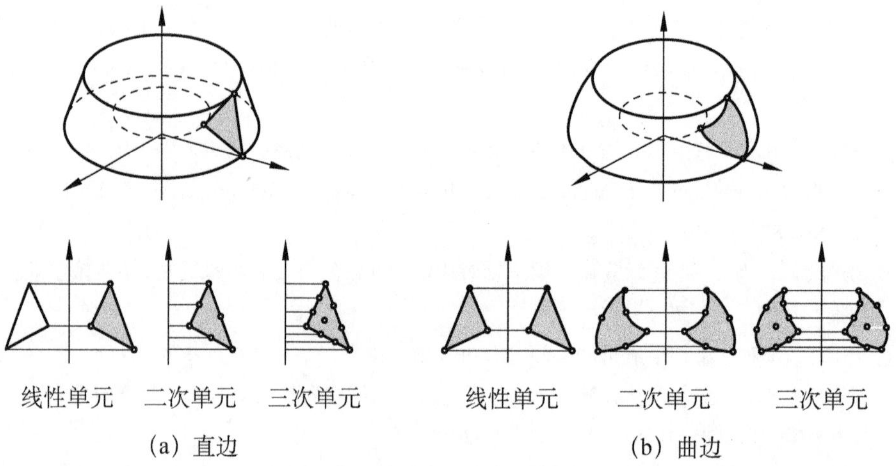


图 4.1　三角形等参位移元（直边与曲边）

对于平面元，其结点数 $i$ 与单元位移场完整多项式幂次 $m$ 的关系为

$$i = \frac{(m+1)(m+2)}{2} \tag{a}$$

所以，对线性单元，结点数为 3；二次单元，结点数为 6；三次单元，结点数为 10。

对于给定结点位移的 $C_0$ 阶三角形轴对称元，利用面积坐标及 Lagrange 插值函数为形函数，可以很方便地建立多种单元。

### 4.1.1　Lagrange 定理

1. Lagrange 插值定理

设函数 $\varphi(x)$ 在 $x_1, x_2, \cdots, x_n$ 点上的值 $\varphi_1, \varphi_2, \cdots, \varphi_n$ 已知，则在 $x_1 \leqslant x \leqslant x_n$ 区间上，存在 $\varphi(x)$ 的 $n-1$ 阶多项式

$$\varphi(x)=\sum_{i=1}^{n} l_i(x)\varphi_i \tag{4.1.1}$$

其中，

$$\begin{aligned} l_i(x) &= \frac{(x-x_1)(x-x_2)\cdots(x-x_{i-1})(x-x_{i+1})\cdots(x-x_n)}{(x_i-x_1)(x_i-x_2)\cdots(x_i-x_{i-1})(x_i-x_{i+1})\cdots(x_i-x_n)} \\ &= \prod_{\substack{j=1 \\ j\neq i}}^{n} \frac{x-x_j}{x_i-x_j} \end{aligned} \tag{4.1.2}$$

$l_i(x)$ 称为 Lagrange 插值函数。

2. Lagrange 插值函数的性质

（1）$l_i(x)$ 是一个 $n-1$ 阶多项式。

（2）由式（4.1.2）可知，在 $i$ 点上，$l_i(x_i)=1$；除了 $i$ 点以外的诸点 $x=x_1,x_2,\cdots,x_{i-1},x_{i+1},\cdots,x_n$，$l_i(x_j)=0\ (j=1,\cdots,n,j\neq i)$，因而

$$l_i(x_j)=\delta_{ij} \quad \begin{matrix} i=j & l_i=1 & x=x_i \\ i\neq j & l_i=0 & x\neq x_i \end{matrix} \tag{4.1.3}$$

3. Lagrange 插值函数的意义

设函数 $f(x)$ 在 $x_1,x_2,\cdots,x_5$ 点上的值 $\phi_1,\phi_2,\cdots,\phi_5$ 已知（图 4.2），则由式（4.1.1）可知

$$\phi(x)=l_1\phi_1+l_2\phi_2+\cdots+l_5\phi_5 \tag{b}$$

其中，

$$\begin{aligned} l_1(x) &= \frac{(x-x_2)(x-x_3)(x-x_4)(x-x_5)}{(x_1-x_2)(x_1-x_3)(x_1-x_4)(x_1-x_5)} \\ &\cdots \\ l_5(x) &= \frac{(x-x_1)(x-x_2)(x-x_3)(x-x_4)}{(x_5-x_1)(x_5-x_2)(x_5-x_3)(x_5-x_4)} \end{aligned} \tag{c}$$

这里，$l_i(x)(i=1,2,\cdots,5)$ 均为一个 $n-1$ 阶多项式。

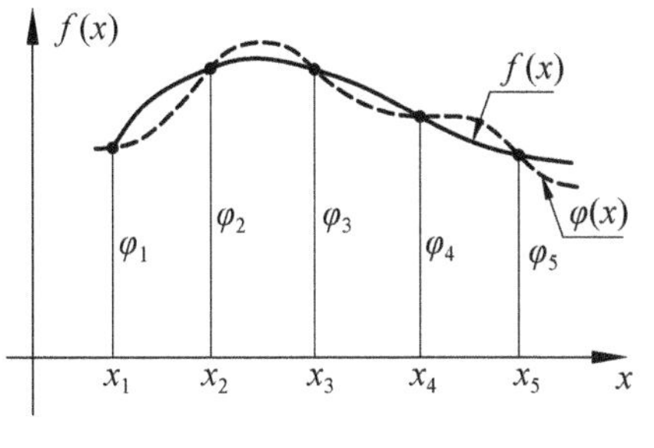


图 4.2　$f(x)$ 变化曲线

由于 $l_1$ 至 $l_5$ 在 $i=1$ 至 $i=5$ 各结点上的值为 1，而在其余结点上为零，所以插值公式（b）保证在 $x=x_1$ 至 $x_5$ 各结点上，$\varphi_1$ 至 $\varphi_5$ 等于准确值。除 $x=x_i(i=1,\cdots,5)$ 5 个结点外，$\varphi(x)$ 均为近似值。

式（c）中 $l_i(x)$ 的分母为常数，$l_i(x)$ 当 $i=1$ 至 5 时，式（c）均为 4 阶（$n-1$ 阶）多项式；而且 $l_i(x_j)=\delta_{ij}$，所以式（b）这样 $n-1$ 阶多项式的线性组合，形成的 $\varphi(x)$ 仍是一个 $n-1$ 阶多项式。因而现在问题的实质是：

以 $n$ 个 $n-1$ 阶多项式 $l_i(x)$ 为基底，以 $\varphi_i$ 为坐标，来表达一个多项式 $\varphi(x)$

$$\varphi(x)=\sum_{i=1}^{n} l_i(x)\varphi_i \tag{4.1.4}$$

可以证明[2]：

（1）$l_i(x)$ 是线性无关的，所以它可以作为一组基底；

（2）这条 $(n-1)$ 阶曲线是唯一的。

正是由于 $l_i(x_j)=\delta_{ij}$，从而保证了 $\varphi(x_i)=\varphi_i$。所以应用 Lagrange 插值公式（b），保证了 $\varphi$ 函数在结点 $x_i$ 上 $\varphi_i$ 值的连续性。

4. 应用 Lagrange 插值函数，处理 $C_0$ 阶有限元

Lagrange 插值函数以一组线性无关的 $l_i(x)$ 为基底，而以结点上的值 $\varphi_i$ 为坐标，即

$$\varphi(x)=\sum_{i=1}^{n} l_i(x)\varphi_i \tag{d}$$

考虑位移场

$$\boldsymbol{u}=\begin{Bmatrix} u \\ w \end{Bmatrix}=\sum_{i=1}^{n}\begin{bmatrix} N_i & 0 \\ 0 & N_i \end{bmatrix}\begin{Bmatrix} u_i \\ w_i \end{Bmatrix}=\boldsymbol{N}\boldsymbol{q} \tag{e}$$

它是以结点位移 $\boldsymbol{q}=[u_i \;\; w_i]^{\mathrm{T}}$ 为坐标，而以形函数 $\boldsymbol{N}$ 为基底。

所以，可以以 $\varphi_i$ 为结点位移值 $\boldsymbol{q}$，而以 Lagrange 插值函数 $l_i(x)$ 为形函数 $\boldsymbol{N}$，很方便地建立位移元。同时，这种以 Lagrange 插值函数为形函数的方法，保证了在结点上的位移连续性，即 $C_0$ 阶元。

下面利用 Lagrange 插值函数建立三角形元的形函数。

### 4.1.2　多种结点三角形轴对称元的形函数

利用面积坐标的 Lagrange 插值函数为

$$\begin{aligned} N_i &= \frac{(L-L_1)(L-L_2)\cdots(L-L_{i-1})(L-L_{i+1})\cdots(L-L_n)}{(L_i-L_1)(L_i-L_2)\cdots(L_i-L_{i-1})(L_i-L_{i+1})\cdots(L_i-L_n)} \\ &= \prod_{\substack{j=1 \\ j\neq i}}^{n}\frac{F(L)}{F(L_i)} \end{aligned} \tag{4.1.5}$$

式中，$F(L)=L-L_j; F(L_i)=L_i-L_j$；$N_i$ 为单元 $i$ 点的 Lagrange 插值函数，即 $i$ 点位移场的形函数。

式（4.1.5）的分子连乘项中，少 $(L-L_i)$ 一项，它们代表不通过 $L_i$ 的诸线；而分母代表诸连乘项在 $i$ 点的值；所以，以上两项相除，得到 $i$ 点的形函数 $N_i$ 等于 1。

现在依据式（4.1.5）建立各种结点三角形元位移场的形函数。

1. 线性元（图 4.3）

单元位移为完整一次式，结点数为 3。

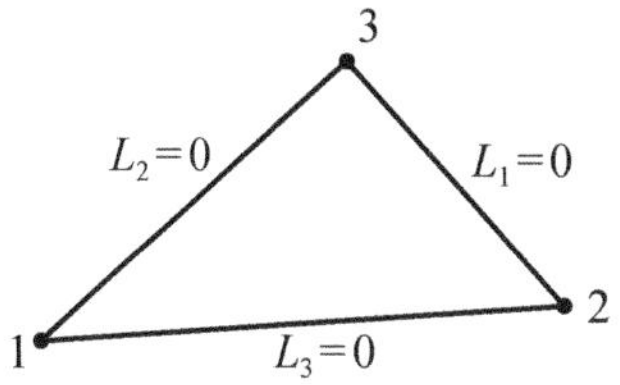


图 4.3　3 结点三角形元

结点 1 的形函数为

$$N_i=\frac{L_1}{1}=L_1 \tag{f}$$

式（f）中，分子为不通过 1 点直线 $(L_1=0)$ 的左边部分，分母为 1 点的 $L_1$ 值。

所以此元的形函数为

$$N_i=L_i \quad (i=1,2,3) \tag{4.1.6}$$

其形函数满足条件 $N_i(L_j)=\delta_{ij}$。

2. 二次元（图 4.4）

位移为完整二次多项式，结点数为 6。

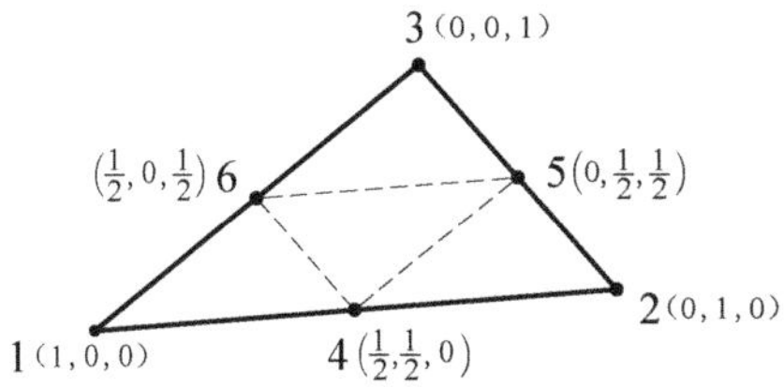


图 4.4　6 结点三角形元

结点 1 的形函数为

$$N_1=\frac{L_1}{1}\frac{L_1-\dfrac{1}{2}}{1-\dfrac{1}{2}}=L_1(2L_1-1) \tag{g}$$

式（g）中，分子 $L_1$ 代表不过 1 点直线 253 方程 $L_1=0$ 的左侧，$L_1-\dfrac{1}{2}$ 代表不过 1 点直线 46 方程 $L_1-\dfrac{1}{2}=0$ 的左侧，这两条线通过除 1 点以外所有的点；分母表示将 1 点坐标 $(L_1=1)$ 代入分子 $L_1$ 的对应项所得之值。

结点 4 的形函数为

$$N_4=\frac{L_1}{\frac{1}{2}}\frac{L_2}{\frac{1}{2}}=4L_1L_2 \text{①} \tag{h}$$

式（h）中，分子 $L_1, L_2$ 分别代表不通过 4 点的直线 $L_1=0$ 及 $L_2=0$ 的左侧；分母系将 4 点坐标 $\left(L_1=L_2=\dfrac{1}{2}\right)$ 代入分子的对应值。

所以，此 6 结点二次元的形函数为

$$\begin{aligned}&N_i=L_i(2L_i-1)\quad (i=1,2,3)\\&N_4=4L_1L_2\\&N_5=4L_2L_3\\&N_6=4L_1L_3\end{aligned} \tag{4.1.7}$$

这组形函数也满足 $N_i(L_j)=\delta_{ij}$。

3. 三次元（图 4.5）

此元的位移为完整三次式，单元结点 10 个。

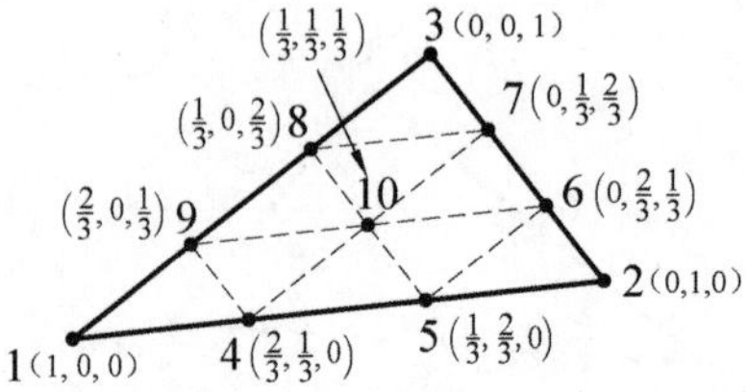


图 4.5　10 结点三角形元

其 1，4，10 三点的形函数分别为

① 文献[3]第 119 页中给出的此式，误印为 $N_4=4L_1L_3$（图 4.4）。

$$N_1 = \frac{L_1}{1}\frac{L_1 - \frac{1}{3}}{1-\frac{1}{3}}\frac{L_1 - \frac{2}{3}}{1-\frac{2}{3}} = \frac{9}{2}L_1\left(L_1 - \frac{1}{3}\right)\left(L_1 - \frac{2}{3}\right)$$

$$N_4 = \frac{L_1}{\frac{2}{3}}\frac{L_2}{\frac{1}{3}}\frac{L_1 - \frac{1}{3}}{\frac{2}{3}-\frac{1}{3}} = \frac{9}{2}L_1L_2(3L_1 - 1)^{①} \tag{i}$$

$$N_{10} = \frac{L_1}{\frac{1}{3}}\frac{L_2}{\frac{1}{3}}\frac{L_3}{\frac{1}{3}} = 27L_1L_2L_3$$

此三次三角形元的形函数为

$$\left.\begin{aligned}
N_i &= \frac{9}{2}L_i\left(L_i - \frac{1}{3}\right)\left(L_i - \frac{2}{3}\right) \quad (i = 1,2,3)\\
N_4 &= \frac{27}{2}L_1L_2\left(L_1 - \frac{1}{3}\right)\\
N_5 &= \frac{27}{2}L_1L_2\left(L_2 - \frac{1}{3}\right)\\
N_6 &= \frac{27}{2}L_2L_3\left(L_2 - \frac{1}{3}\right)\\
N_7 &= \frac{27}{2}L_2L_3\left(L_3 - \frac{1}{3}\right)\\
N_8 &= \frac{27}{2}L_1L_3\left(L_3 - \frac{1}{3}\right)\\
N_9 &= \frac{27}{2}L_1L_3\left(L_1 - \frac{1}{3}\right)\\
N_{10} &= 27L_1L_2L_3
\end{aligned}\right\} \tag{4.1.8}$$

式（4.1.8）也满足 $N_i(L_j) = \delta_{ij}$。

### 4.1.3　各种一维元

以上三种三角形元均可退化为图 4.6 所示的 2 结点、3 结点及 4 结点的一维元。

---

① 文献[3]第 119 页中给出的此式也误印为 $N_4 = \frac{9}{4}L_1L_2(3L_1 - 1)$（图 4.5）。

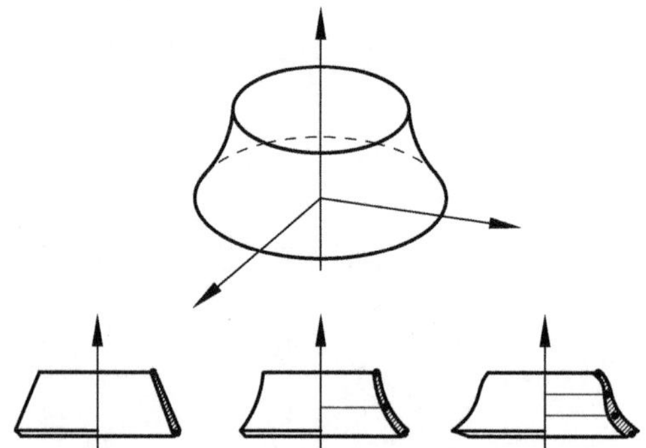

（a）2结点元　（b）3结点元　（c）4结点元

图 4.6　各种一维元

## 4.2　多结点四边形协调轴对称位移元的形函数

对平面四边形元，可利用自然坐标系下的 Lagrange 插值函数进行形函数计算，其在 $\xi$ 方向的插值公式为

$$
\begin{aligned}
l_i(\xi) &= \frac{(\xi-\xi_1)(\xi-\xi_2)\cdots(\xi-\xi_{i-1})(\xi-\xi_{i+1})\cdots(\xi-\xi_n)}{(\xi_i-\xi_1)(\xi_i-\xi_2)\cdots(\xi_i-\xi_{i=1})(\xi_i-\xi_{i+1})\cdots(\xi_i-\xi_n)} \\
&= \prod_{\substack{j=1 \\ j\neq i}}^{n} \frac{\xi-\xi_j}{\xi_i-\xi_j}
\end{aligned}
\tag{4.2.1}
$$

$\eta$ 方向的形函数同理。

现在来建立边界位移分别为线性、二次和三次式的四边形轴对称元的形函数。这类单元通称为 serendipity 元。

### 4.2.1　线性元

图 4.7 为线性元示意图。

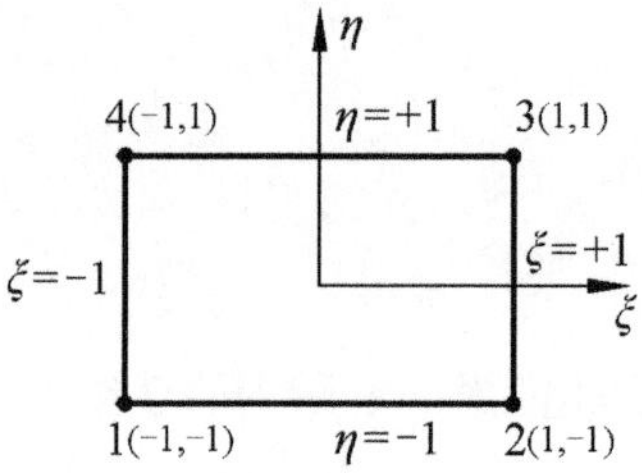


图 4.7　线性元

以 1 点为例，其形函数为

$$N_1=\frac{1-\xi}{1-(-1)}\frac{1-\eta}{1-(-1)}=\frac{1}{4}(1-\xi)(1-\eta) \tag{a}$$

式（a）中，分子代表不通过 1 点两条直线$1-\xi=0$及$1-\eta=0$的左端；分母为 1 点坐标代入以上两式的结果。可见，在 1 点，$N_1=1$；在其余三点，$N_1=0$。

同理可得

$$\begin{aligned}N_2&=\frac{1}{4}(1+\xi)(1-\eta)\\N_3&=\frac{1}{4}(1+\xi)(1+\eta)\\N_4&=\frac{1}{4}(1-\xi)(1+\eta)\end{aligned} \tag{b}$$

以上式（a）及式（b）统一表示为

$$N_i=\frac{1}{4}(1+\xi_0)(1+\eta_0) \tag{4.2.2}$$

式中

$$\left.\begin{aligned}\xi_0&=\xi_i\,\xi\\\eta_0&=\eta_i\,\xi\end{aligned}\right.\quad (i=1,2,3,4)$$

这里，$(\xi_i,\eta_i)$为四个结点的坐标。

### 4.2.2　二次元

图 4.8 为二次 serendipity 元。

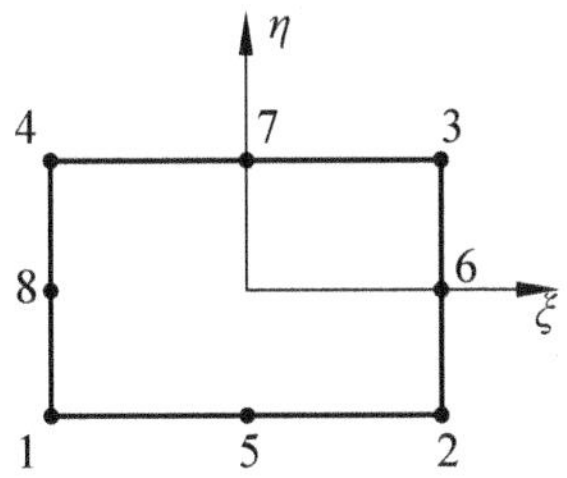


图 4.8　二次 serendipity 元

结点 5 的插值函数为

$$N_5=\frac{1}{2}(1-\xi^2)(1-\eta) \tag{c}$$

结点 8 的插值函数值为

$$N_8=\frac{1}{2}(1-\eta^2)(1-\xi) \tag{d}$$

结点 1 的插值函数，可依照图 4.9 所示构造 serendipity 元的一般方法进行构造，首先，依照图 4.8，当单元只有 4 个结点时，其 1 点的插值函数如以 $\hat{N}_1$ 表示，则

$$\hat{N}_1=\frac{1}{4}(1-\xi)(1-\eta) \tag{e}$$

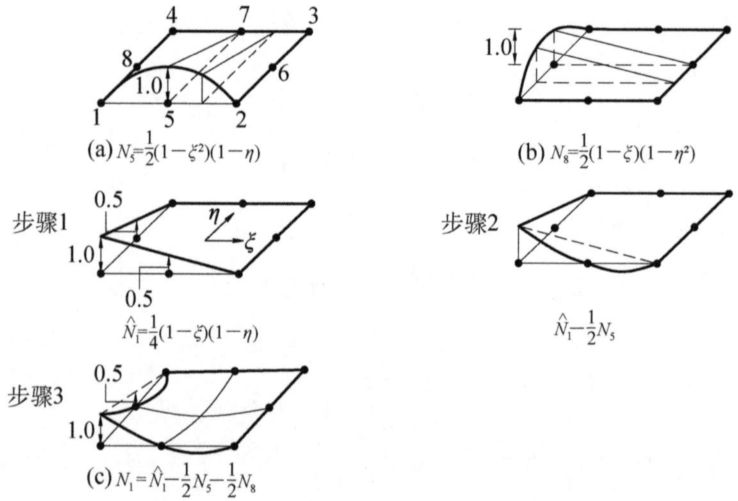


图 4.9　构造 serendipity 单元插值函数的一般方法

现在增加结点 5（图 4.9，步骤 1），这时，对所有 5 个结点，都要满足 $N_{5j}=\delta_{ij}$ $(j=1,2,\cdots,5)$。而现在 $\hat{N}_1$ 在结点 5 处不等于零，为满足上述 $N_{5j}$ 条件，对 $\hat{N}_1$ 需修正为（图 4.9，步骤 2）

$$\hat{N}_1-\frac{1}{2}N_5 \tag{f}$$

同理，由于增加了结点 8（图 4.9，步骤 3），$\hat{N}_1$ 最终修正为

$$N_1=\hat{N}_1-\frac{1}{2}N_5-\frac{1}{2}N_8$$

这样，得到此 8 结点元的插值函数

$$N_1=\hat{N}_1-\frac{1}{2}N_5-\frac{1}{2}N_8 \quad N_2=\hat{N}_2-\frac{1}{2}N_6-\frac{1}{2}N_5$$

$$N_3=\hat{N}_3-\frac{1}{2}N_6-\frac{1}{2}N_7 \quad N_4=\hat{N}_4-\frac{1}{2}N_7-\frac{1}{2}N_8$$

$$N_5=\frac{1}{2}(1-\xi^2)(1-\eta)\quad N_6=\frac{1}{2}(1-\eta^2)(1+\xi)$$
$$N_7=\frac{1}{2}(1-\xi^2)(1+\eta)\quad N_8=\frac{1}{2}(1-\eta^2)(1-\xi) \tag{4.2.3}$$

其中，$\hat{N}_i(i=1,2,3,4)$ 同式（4.2.2）。

可见，当四个边中点（5, 6, 7, 8）不存在时，其插值函数退化为 $\hat{N}_i$。以上插值函数同样满足 $N_{ij}=\delta_{ij}$ 和 $\sum_{i=1}^{n}N_i=1$ 这两项基本要求。

### 4.2.3　三次元

图 4.10 为三次 serendipity 元图。

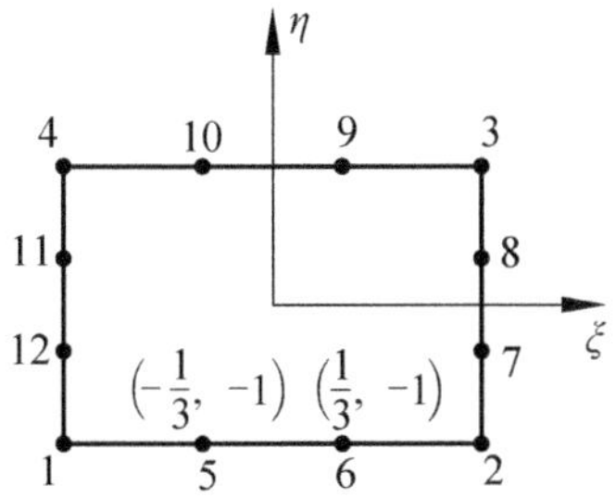


图 4.10　三次 serendipity 元

单元共有 12 个结点，其插值函数为

$$N_1=\hat{N}_1-\frac{2}{3}(N_5+N_{12})-\frac{1}{3}(N_6+N_{11})$$
$$N_2=\hat{N}_2-\frac{2}{3}(N_6+N_7)-\frac{1}{3}(N_5+N_8)$$
$$N_3=\hat{N}_3-\frac{2}{3}(N_8+N_9)-\frac{1}{3}(N_7+N_{10})$$
$$N_4=\hat{N}_4-\frac{2}{3}(N_{10}+N_{11})-\frac{1}{3}(N_9+N_{12})$$

如令

$$\xi_0=\xi\xi_i,\quad \eta_0=\eta\eta_i \tag{4.2.4}$$

以上四个式子可简化为

$$N_i=\frac{1}{32}(1+\xi_0)(1+\eta_0)\left[-10+9(\xi^2+\eta^2)\right]\quad (i=1,2,3,4,\ \xi_i=\pm 1,\eta_i=\pm 1) \tag{4.2.5a}$$

同理有

$$N_i = \frac{9}{32}(1-\xi^2)(1+9\xi_0)(1+\eta_0) \quad (i=5,6,9,10,\quad \xi_i = \pm\frac{1}{3}, \eta_i = \pm 1)$$
$$N_i = \frac{9}{32}(1-\eta^2)(1+9\eta_0)(1+\xi_0) \quad (i=7,8,11,12,\quad \xi_i = \pm 1, \eta_i = \pm\frac{1}{3}) \tag{4.2.5b}$$

所有这些单元的插值函数，必须满足以下两项基本条件：

$$N_{ij} = \delta_{ij} \tag{4.2.6}$$

$$\sum_{i=1}^{n} N_i = 1$$ ①

用这种方法也可以建立其他具有不同结点的 serendipity 元。

## 4.3　轴对称等参位移元

### 4.3.1　轴对称等参位移元

前面建立了矩形 4 结点元（图 4.11（a）），现在的问题是，可否应用这种方法建立一般形状的 4 结点元（图 4.11（b））？为此，进一步讨论后者的位移场。

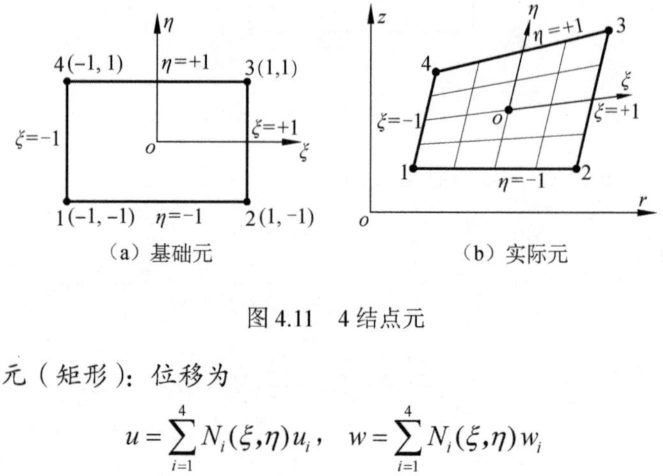


（a）基础元　　（b）实际元

图 4.11　4 结点元

1. 基础元（矩形）：位移为

$$u = \sum_{i=1}^{4} N_i(\xi,\eta)u_i, \quad w = \sum_{i=1}^{4} N_i(\xi,\eta)w_i \tag{4.3.1}$$

式中

$$N_i = \frac{1}{4}(1+\xi_0\xi)(1+\eta_0\eta) \quad (\xi_0 = \xi_i\xi,\quad \eta_0 = \eta_i\eta,\quad i=1,2,3,4)$$

这里，$u_i, w_i$ 为结点位移。

实际元（一般四边形）：如选取它的自然坐标$(\xi, \eta)$（图 4.11（b）），其位移场

① 必需满足此条件的原因在 4.3 节中说明。

是否也可以选择式（4.3.1）？

现在来分析这样选择的可行性：首先，在实际元的 4 个结点上，式（4.3.1）给出 4 个结点的位移 $(u_i, w_i)$ $(i=1,2,3,4)$；其次，在实际元的四条边上，位移 $u, w$ 呈线性变化，所以这个位移场（式（4.3.1））也适用于一般四边形单元。

2. 轴对称等参元

式（4.3.1）给出的位移模式以自然坐标 $(\xi, \eta)$ 表示，将这个自然坐标与整体坐标 $(r, z)$ 选取为如下关系：

$$r = \sum_{i=1}^{4} N_i(\xi, \eta) r_i, \quad z = \sum_{i=1}^{4} N_i(\xi, \eta) z_i \tag{4.3.2}$$

式中，$(r_i, z_i)$ $(i=1,2,3,4)$ 为实际元结点的整体坐标。

现在再来分析式（4.3.2）：首先，在实际元的 4 个结点上，式（4.3.2）给出 4 个结点的整体坐标（$r_i, z_i$）；沿实际元的边沿上，比如，沿 23 边 $(\xi = +1)$：

$$\begin{aligned} r &= N_1 r_1 + N_2 r_2 + N_3 r_3 + N_4 r_4 \Big|_{\xi=+1} \\ &= \frac{1}{2}(1-\eta) r_2 + \frac{1}{2}(1+\eta) r_3 \end{aligned} \tag{a}$$

可见，整体坐标 $r$ 沿 23 边呈线性变化，是一条通过 2 点及 3 点的直线。所以式（4.3.2）是实际元（图 4.11（b））的正确坐标变换式。

对这样的一般四边形元，由于其位移模式（式（4.3.1））和坐标变换（式（4.3.2））采用了相同的变换函数 $N_i$，所以称其为**等参数元**，简称**等参元**。

坐标变换式（4.3.2）实际是将图（4.11）中 $\xi, \eta$ 平面上的规则元（图 4.11（a）），映射为笛卡儿坐标（$r, z$）上的歪斜元，前者称之为**基础元**，而一般四边形元称为**实际元**。

这种方法也适用于其他各类结点单元，如图 4.12 所示的 6 结点等参元。

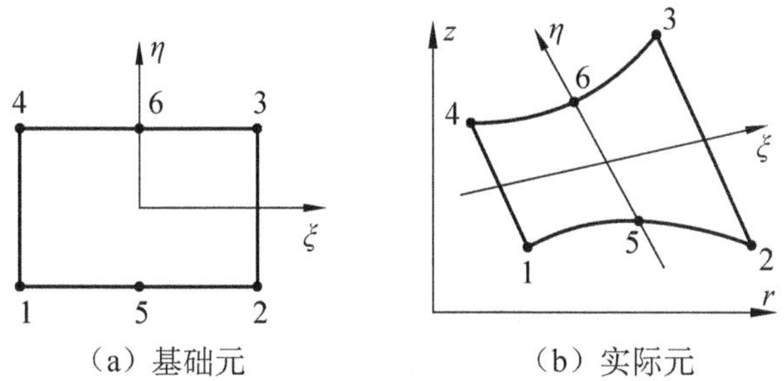


（a）基础元　　（b）实际元

图 4.12　6 结点等参元

其位移及坐标转换为

$$\begin{cases} u = \sum_{i=1}^{6} N_i(\xi,\eta) u_i \\ w_i = \sum_{i=1}^{6} N_i(\xi,\eta) w_i \end{cases} \qquad \begin{cases} r = \sum_{i=1}^{6} N_i(\xi,\eta) r_i \\ z = \sum_{i=1}^{6} N_i(\xi,\eta) z_i \end{cases} \tag{b}$$

基础元与实际元的位移与坐标采用的插值函数 $N_i(\xi,\eta)\ (i=1,2,\cdots,6)$ 相同（均为4.2节的Lagrange插值函数），所以也是等参元。

再例如第3章讨论的3结点三角形元，当采用面积坐标 $L_i, L_j, L_m$ 表示时

$$\begin{cases} u = \sum_{i=1}^{3} L_i u_i \\ w = \sum_{i=1}^{3} L_i w_i \end{cases} \qquad \begin{cases} r = \sum_{i=1}^{3} L_i r_i \\ z = \sum_{i=1}^{3} L_i z_i \end{cases} \tag{c}$$

这里

$$L_i + L_j + L_m = 1$$

它们也是等参元。

同样，以前讨论的多结点三角元，如整体坐标及位移变换均采用相同插值函数时，也都是等参元。

### 4.3.2 等参元的收敛性

1. 等参元变换条件

建立等参元的关键，是要保证整体坐标（$r, z$）与局部坐标 $(\xi,\eta)$ 的一一对应，也就是，每个自然坐标点 $(\xi,\eta)$，只对应整体坐标上一点（$r, z$），反之亦然。而要保证这种一一对应关系成立，从数学上讲，必须雅可比（Jacobi）行列式

$$|\boldsymbol{J}| \neq 0 \tag{4.3.3}$$

对于二维问题，其面积微元为

$$\mathrm{d}A = |\mathrm{d}\boldsymbol{\xi} \times \mathrm{d}\boldsymbol{\eta}| = |\mathrm{d}\boldsymbol{\xi}||\mathrm{d}\boldsymbol{\eta}|\sin(\mathrm{d}\boldsymbol{\xi},\mathrm{d}\boldsymbol{\eta})$$
$$\mathrm{d}A = |\boldsymbol{J}|\mathrm{d}\xi\mathrm{d}\eta \tag{d}$$

所以

$$|\boldsymbol{J}| = \frac{|\mathrm{d}\boldsymbol{\xi}||\mathrm{d}\boldsymbol{\eta}|\sin(\mathrm{d}\boldsymbol{\xi},\mathrm{d}\boldsymbol{\eta})}{\mathrm{d}\xi\mathrm{d}\eta} \tag{e}$$

而要使 $|\boldsymbol{J}| = 0$，有以下两种情况：

（1）$\sin(\mathrm{d}\boldsymbol{\xi},\mathrm{d}\boldsymbol{\eta}) = 0$

从图4.13所示的4结点元可见

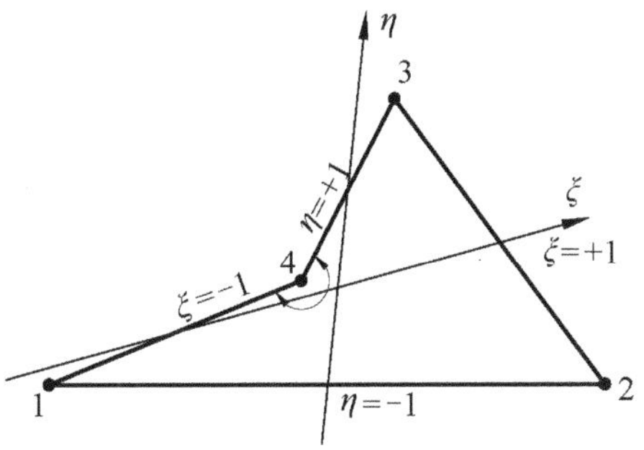


图 4.13　4 结点元

结点 1, 2, 3 处：　$\sin(\mathrm{d}\boldsymbol{\xi},\mathrm{d}\boldsymbol{\eta})>0$

结点 4 处：　　　$\sin(\mathrm{d}\boldsymbol{\xi},\mathrm{d}\boldsymbol{\eta})<0$

当 $\sin(\mathrm{d}\boldsymbol{\xi},\mathrm{d}\boldsymbol{\eta})$ 在元内连续从 1 点变化至 4 点时，一定有一点，其 $\sin(\mathrm{d}\boldsymbol{\xi},\mathrm{d}\boldsymbol{\eta})=0$，而这是不允许的。

所以要求 $|\boldsymbol{J}|\neq 0$，单元所有内角必须小于 180°。

（2）$|\mathrm{d}\boldsymbol{\xi}|=0$ 或 $|\mathrm{d}\boldsymbol{\eta}|=0$

文献[4]指出：当单元一个边，例如边 14 的 $|\mathrm{d}\boldsymbol{\xi}|=0$ 时，图 4.14 所示的 4 结点元的结点 1,4 退化为一个结点，单元退化成 3 结点的三角形元，这是不正常的，应加以防止。

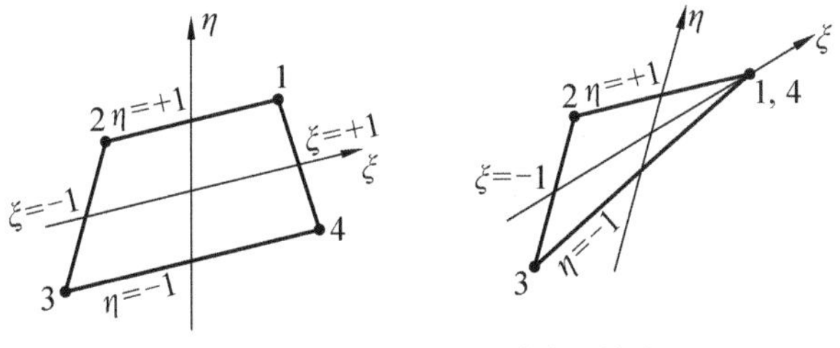


(a) 4结点元　　　(b) 3结点元

图 4.14　单元退化

文献[5]持不同看法，其作者指出：当 $|\mathrm{d}\boldsymbol{\xi}|=0$（或 $|\mathrm{d}\boldsymbol{\eta}|=0$）时，式（e）呈现 0 / 0 的情况，可能导致 $|\boldsymbol{J}|=0$，但这时与工况（1）不同，工况（1）是必须要避免，而这时不仅不必回避，相反，可以加以利用，去构造具有特殊功能的有限元，读者有兴趣可参阅有关文献及通用程序[5-10]。

2. 等参元收敛条件

等参元收敛应满足 3.2 节所述协调性及完备性两方面准则，下面首先检查单元协调性应满足的条件。

（1）协调性

设图 4.15 所示两个相邻的单元①及②，它们各自对应的基础元如图 4.16 所示。

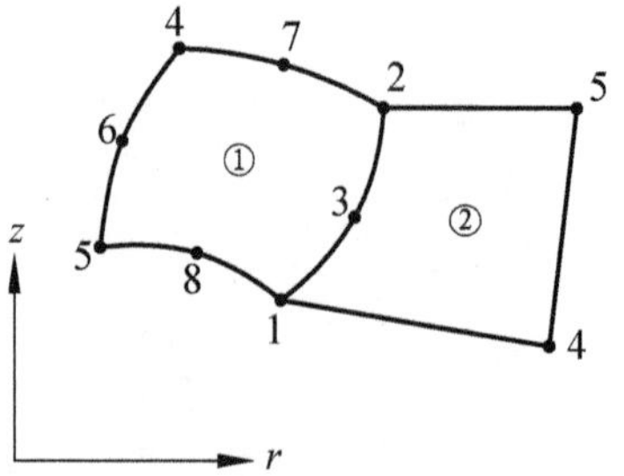


图 4.15　两相邻协调元

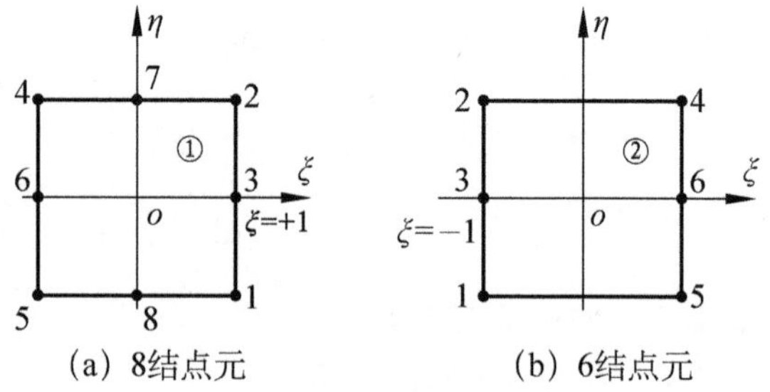


图 4.16　8 结点元和 6 结点元

从图 4.15 得出，两个基础元各对应公共 132 边上的形函数为

8 结点元①132 边 $(\xi=+1)$：

$$
\begin{aligned}
N_1&=\frac{1}{4}(1+\xi)(1-\eta)(\xi-\eta-1)=-\frac{1}{2}(1-\eta)\eta\\
N_2&=\frac{1}{4}(1+\xi)(1+\eta)(\xi+\eta-1)=\frac{1}{2}(1+\eta)\eta\\
N_3&=1-\eta^2\\
&\text{其余}\quad N_i=0\quad(i=4,\cdots,8)
\end{aligned}
$$

6 结点元②132 边 $(\xi=-1)$：

$$
\begin{aligned}
N_1&=\frac{1}{4}(1-\xi)(1-\eta)(-\eta)=-\frac{1}{2}(1-\eta)\eta\\
N_2&=\frac{1}{2}(1+\eta)\eta\frac{1}{2}(1-\xi)=\frac{1}{2}(1+\eta)\eta\\
N_3&=1-\eta^2\\
&\text{其余}\quad N_i=0\quad(i=4,5,6)
\end{aligned}
\tag{f}
$$

变形前，两个单元在 132 边上任意点的整体坐标，依照式（f）均为

$$
\begin{aligned}
r&=\Sigma N_i r_i=N_1(\eta)r_1+N_2(\eta)r_2+N_3(\eta)r_3\\
z&=\Sigma N_i z_i=N_1(\eta)z_1+N_2(\eta)z_2+N_3(\eta)z_3
\end{aligned}
\tag{g}
$$

可见，在两个单元交界线 132 上任一点，其位置只取决于交界线上结点 1, 2, 3 的坐标及相应的形函数。而两相邻元交界线上的形函数相同（式（f）），所以，只要两个元交界边上的结点数目及结点坐标相同，则两个实际元（图 4.16）变形前就紧贴在一起。

变形后，由于

$$
\begin{aligned}
u &= N_1(\eta)u_1 + N_2(\eta)u_2 + N_3(\eta)u_3 \\
w &= N_1(\eta)w_1 + N_2(\eta)w_2 + N_3(\eta)w_3
\end{aligned} \tag{h}
$$

两元交界线上各结点位移（式（h））的形函数相同，所以，只要两侧结点相同，则其上各点位移就相同，因此，两个实际元变形后也紧贴在一起。

所以**等参元的协调性，要求相邻单元在交界面上具有相同坐标的结点**，相反，如在两个元公共交界面上的结点不同，则不能保证变形后两元连续，即，不保证协调。

（2）完备性

考虑等参元，由于

$$
u = \sum_{i=1}^{n} N_i u_i \qquad w = \sum_{i=1}^{n} N_i w_i \tag{i}
$$

$$
r = \sum_{i=1}^{n} N_i r_i \qquad z = \sum_{i=1}^{n} N_i z_i \tag{j}
$$

现在如给出各结点的位移呈线性变化

$$
\left.\begin{aligned}
u_i &= \alpha_1 + \alpha_2 r_i + \alpha_3 z_i \\
w_i &= \gamma_1 + \gamma_2 r_i + \gamma_3 z_i
\end{aligned}\right. \quad (i = 1,2,\cdots,n) \tag{k}
$$

我们来检查对应这样的结点位移式（k），单元内部的位移是否也呈线性变化。

为此，将式（k）代入式（i），有

$$
\begin{aligned}
u &= \alpha_1 \sum_{i=1}^{n} N_i + \alpha_2 \sum_{i=1}^{n} N_i r_i + \alpha_3 \sum_{i=1}^{n} N_i z_i \\
w &= \gamma_1 \sum_{i=1}^{n} N_i + \gamma_2 \sum_{i=1}^{n} N_i r_i + \gamma_3 \sum_{i=1}^{n} N_i z_i
\end{aligned} \tag{l}
$$

利用式（j）得到

$$
\begin{aligned}
u &= \alpha_1 \sum_{i=1}^{n} N_i + \alpha_2 r + \alpha_3 z \\
w &= \gamma_1 \sum_{i=1}^{n} N_i + \gamma_2 r + \gamma_3 z
\end{aligned} \tag{m}
$$

由式（m）可见，要使位移 $u, w$ 包括刚体位移及常应变状态，即，位移呈线性变化，在元内结点上的插值函数 $N_i$ 必须满足

$$
\sum_{i=1}^{n} N_i = 1 \tag{4.3.4}
$$

这就是**等参元的完备性条件**。

满足了完备性条件，式（m）即包括了任意常数项及任意且完备的线性项。这也就是前面在建立单元插值函数时，指出必须检查式（4.3.4）成立与否的原因所在。同时可见，前面建立的各类多结点三角形及矩形元，也均满足完备要求。

等参元的优越性之一就是，当基础元满足了完备性要求式（4.3.4）时，实际元也就严格满足了完备性要求。

有时也会遇到一个单元其位移插值多项式的幂次，大于其坐标插值函数的幂次，这种元称为**亚参元**，或**次参元**。可以证明，亚参元满足以上完备条件，是收敛的。反之，当一个单元其位移插值多项式的幂次，小于其坐标插值函数的幂次时，这种元称为**超参元**，这类元的收敛分析比较复杂，一般不满足完备条件。

### 4.3.3　等参元单元列式

1. 应变计算

形函数对自然坐标$(\xi,\eta)$取偏导数，有

$$\begin{Bmatrix}\dfrac{\partial N_i}{\partial\xi}\\ \dfrac{\partial N_i}{\partial\eta}\end{Bmatrix}=\begin{Bmatrix}\dfrac{\partial r}{\partial\xi} & \dfrac{\partial z}{\partial\xi}\\ \dfrac{\partial r}{\partial\eta} & \dfrac{\partial z}{\partial\eta}\end{Bmatrix}\begin{Bmatrix}\dfrac{\partial N_i}{\partial r}\\ \dfrac{\partial N_i}{\partial z}\end{Bmatrix}=\boldsymbol{J}\begin{Bmatrix}\dfrac{\partial N_i}{\partial r}\\ \dfrac{\partial N_i}{\partial z}\end{Bmatrix} \tag{n}$$

$\boldsymbol{J}$为雅可比阵。

利用式（4.3.2）得到

$$\begin{aligned}\boldsymbol{J}&=\begin{Bmatrix}\dfrac{\partial r}{\partial\xi} & \dfrac{\partial z}{\partial\xi}\\ \dfrac{\partial r}{\partial\eta} & \dfrac{\partial z}{\partial\eta}\end{Bmatrix}\\ &=\sum_{i=1}^{n}\begin{Bmatrix}\dfrac{\partial N_i}{\partial\xi}r_i & \dfrac{\partial N_i}{\partial\xi}z_i\\ \dfrac{\partial N_i}{\partial\eta}r_i & \dfrac{\partial N_i}{\partial\eta}z_i\end{Bmatrix}\\ &=\begin{bmatrix}\dfrac{\partial N_1}{\partial\xi} & \dfrac{\partial N_2}{\partial\xi} & \cdots & \dfrac{\partial N_n}{\partial\xi}\\ \dfrac{\partial N_1}{\partial\eta} & \dfrac{\partial N_2}{\partial\eta} & \cdots & \dfrac{\partial N_n}{\partial\eta}\end{bmatrix}\begin{bmatrix}r_1 & z_1\\ r_2 & z_2\\ \vdots & \vdots\\ r_n & z_n\end{bmatrix}\end{aligned} \tag{4.3.5}$$

其中，$n$为单元结点数。

根据式（n），同样有

$$\begin{Bmatrix}\dfrac{\partial N_i}{\partial r}\\ \dfrac{\partial N_i}{\partial z}\end{Bmatrix}=\boldsymbol{J}^{-1}\begin{Bmatrix}\dfrac{\partial N_i}{\partial\xi}\\ \dfrac{\partial N_i}{\partial\eta}\end{Bmatrix}=\frac{1}{|\boldsymbol{J}|}\begin{Bmatrix}\dfrac{\partial z}{\partial\eta} & -\dfrac{\partial z}{\partial\xi}\\ -\dfrac{\partial r}{\partial\eta} & \dfrac{\partial r}{\partial\eta}\end{Bmatrix}\begin{Bmatrix}\dfrac{\partial N_i}{\partial\xi}\\ \dfrac{\partial N_i}{\partial\eta}\end{Bmatrix}$$

$$
=\frac{1}{|\boldsymbol{J}|}\left\{\begin{array}{l}
\dfrac{\partial z}{\partial \eta}\dfrac{\partial N_i}{\partial \xi}-\dfrac{\partial z}{\partial \xi}\dfrac{\partial N_i}{\partial \eta} \\
-\dfrac{\partial r}{\partial \eta}\dfrac{\partial N_i}{\partial \xi}+\dfrac{\partial r}{\partial \xi}\dfrac{\partial N_i}{\partial \eta}
\end{array}\right\} \tag{4.3.6}
$$

其中

$$
|\boldsymbol{J}|=r_{,\xi}\, z_{,\eta}-z_{,\xi}\, r_{,\eta}
$$

由位移

$$
\boldsymbol{u}=\begin{Bmatrix} u \\ w \end{Bmatrix}=\boldsymbol{N}(\xi, \eta)\boldsymbol{q} \tag{4.3.7}
$$

式中

$$
\begin{aligned}
&\boldsymbol{N}=\begin{bmatrix} N_1 & 0 & N_2 & 0 & \cdots & N_n & 0 \\ 0 & N_1 & 0 & N_2 & \cdots & 0 & N_n \end{bmatrix} \\
&\boldsymbol{q}=\begin{bmatrix} u_1 & 0 & u_2 & 0 & \cdots & u_n & 0 \\ 0 & w_1 & 0 & w_2 & \cdots & 0 & w_n \end{bmatrix}
\end{aligned} \tag{o}
$$

从而得到等参轴对称元的应变

$$
\boldsymbol{\varepsilon}=\begin{Bmatrix} \varepsilon_r \\ \varepsilon_\theta \\ \varepsilon_z \\ \gamma_{rz} \end{Bmatrix}=\begin{Bmatrix} \dfrac{\partial u}{\partial r} \\ \dfrac{u}{r} \\ \dfrac{\partial w}{\partial z} \\ \dfrac{\partial u}{\partial z}+\dfrac{\partial w}{\partial r} \end{Bmatrix}
$$

$$
=\frac{1}{|\boldsymbol{J}|}\begin{Bmatrix}
\left(\dfrac{\partial z}{\partial \eta}\dfrac{\partial}{\partial \xi}-\dfrac{\partial z}{\partial \xi}\dfrac{\partial}{\partial \eta}\right) & 0 \\
\dfrac{|\boldsymbol{J}|}{r} & 0 \\
0 & \left(\dfrac{\partial r}{\partial \xi}\dfrac{\partial}{\partial \eta}-\dfrac{\partial r}{\partial \eta}\dfrac{\partial}{\partial \xi}\right) \\
\left(\dfrac{\partial r}{\partial \xi}\dfrac{\partial}{\partial \eta}-\dfrac{\partial r}{\partial \eta}\dfrac{\partial}{\partial \xi}\right) & \left(\dfrac{\partial z}{\partial \eta}\dfrac{\partial}{\partial \xi}-\dfrac{\partial z}{\partial \xi}\dfrac{\partial}{\partial \eta}\right)
\end{Bmatrix}\begin{Bmatrix} u \\ w \end{Bmatrix} \tag{4.3.8}
$$

将式（4.3.7）代入，得到

$$
\boldsymbol{\varepsilon}=\boldsymbol{B}(\xi, \eta)\boldsymbol{q}=\sum_{i=1}^{n}\boldsymbol{B}_i\,\boldsymbol{q}_i \tag{4.3.9}
$$

其中

$$\boldsymbol{B}(\xi,\eta)=\boldsymbol{D}\boldsymbol{N} \tag{p}$$

$$\boldsymbol{B}_i=\begin{bmatrix} N_{i,r} & 0 \\ \dfrac{N_i}{r} & 0 \\ 0 & N_{i,z} \\ N_{i,z} & N_{i,r} \end{bmatrix},\quad \boldsymbol{q}_i=\begin{Bmatrix} u_i \\ w_i \end{Bmatrix} \tag{4.3.10}$$

2. 单元刚度及应力计算

根据 $\boldsymbol{B}$ 阵，可导出单元刚度矩阵

$$\boldsymbol{k}^{\mathrm{e}}=2\pi\int_{-1}^{1}\int_{-1}^{1}\boldsymbol{B}^{\mathrm{T}}\boldsymbol{C}\boldsymbol{B}r\left|\boldsymbol{J}\right|\mathrm{d}\xi\mathrm{d}\eta \tag{4.3.11}$$

同时，得到单元应力

$$\boldsymbol{\sigma}=\boldsymbol{C}\boldsymbol{\varepsilon}=\boldsymbol{S}(\xi,\eta)\boldsymbol{q} \tag{4.3.12}$$

其中

$$\boldsymbol{S}(\xi,\eta)=\boldsymbol{C}\boldsymbol{B}(\xi,\eta) \tag{q}$$

以上等参轴对称元推导归纳为

$$\begin{cases} r=\sum\limits_{n}N_i r_i \\ z=\sum\limits_{n}N_i z_i \end{cases}\to\begin{cases} r_{,\xi}=\sum\limits_{n}N_{i,\xi}\,r_i \quad r_{,\eta}=\sum\limits_{n}N_{i,\eta}\,r_i \\ z_{,\xi}=\sum\limits_{n}N_{i,\xi}\,z_i \quad z_{,\eta}=\sum\limits_{n}N_{i,\eta}\,z_i \end{cases}\to\boldsymbol{J}=\begin{bmatrix} r_{,\xi} & z_{,\xi} \\ r_{,\eta} & z_{,\eta} \end{bmatrix}$$

$$\to\left.\begin{matrix} \boldsymbol{J}^{-1}=\dfrac{1}{\left|\boldsymbol{J}\right|}\begin{bmatrix} z_{,\eta} & -z_{,\xi} \\ -r_{,\eta} & r_{,\xi} \end{bmatrix} \\ \begin{Bmatrix} N_{i,\xi} \\ N_{i,\eta} \end{Bmatrix} \end{matrix}\right\}\to\begin{Bmatrix} N_{i,r} \\ N_{i,z} \end{Bmatrix}\to\boldsymbol{B}\to\boldsymbol{k}^{\mathrm{e}} \tag{r}$$

可见，以上单元分析均在自然坐标中进行，注意式（4.3.8）的应变 $\boldsymbol{\varepsilon}$ 分量是定义在整体坐标中，而式（4.3.9）右侧的 $\boldsymbol{B}$ 阵又需转化为局部坐标进行计算。求应力 $\boldsymbol{\sigma}$ 依式（4.3.12）也在局部坐标中进行，$\boldsymbol{S}$ 是 $\xi,\eta$ 的函数。如需确定该应力点的整体坐标，要用坐标转换 $r=\sum N_i r_i, z=\sum N_i z_i$，将单元应力点的局部坐标转换为整体坐标。

### 4.3.4 数值算例

**例 1** 具有圆柱形喷嘴的球形压力容器[11]

结构尺寸如图 4.17 所示。喷嘴端部承受轴向推力为 $10^5$ lbf（1 lbf=4.448N）。图 4.18 给出计算的有限元网格，共采用 92 个 6 结点三角形元（544 个自由度）。为简化，其下端认为固支。

计算所得容器的径向与环向应力沿其内、外表面母线方向分布，如图 4.19 及图 4.20 所示，此结果十分接近薄球壳解答[12]（对壳与喷嘴接处需用另外网格计算）。

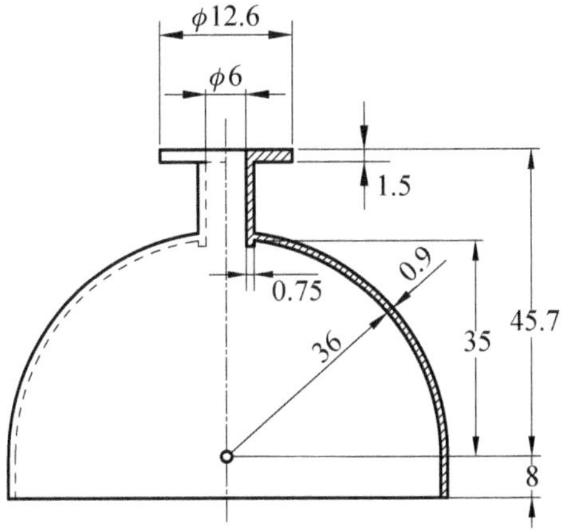


图 4.17　轴向推力下的球形压力容器
（单位：in（1in = 2.54cm））

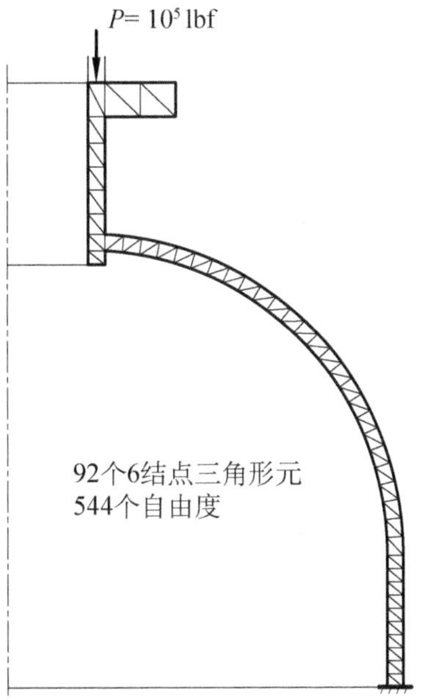


图 4.18　压力容器的有限元网格

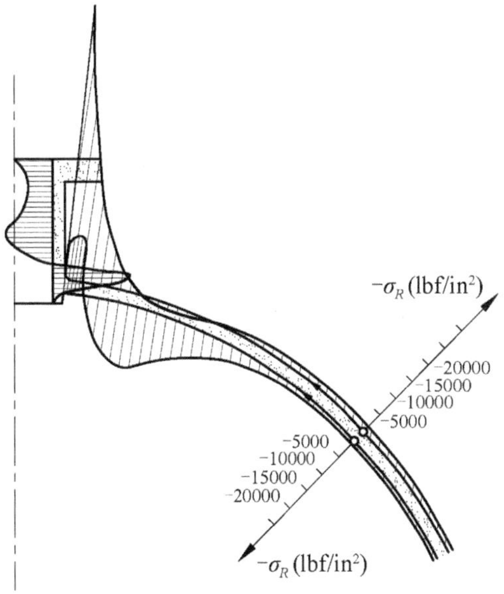


图 4.19　径向应力 $\sigma_R$ 沿球壳内、外表面母线方向分布（轴向推力下球形压力容器）

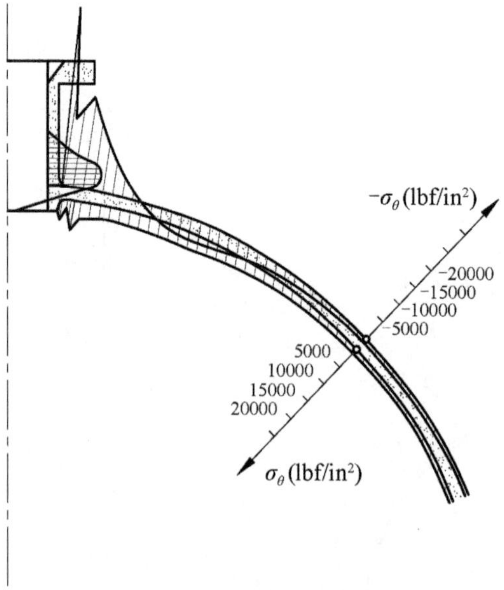


图 4.20　环向应力 $\sigma_\theta$ 沿球壳内、外表面母线方向分布（轴向推力下球形压力容器）

**例 2**　旋转厚壁筒承受内压[2]

厚壁筒内径为 10cm，外径为 20cm。承受均匀内压 $p = 1.2\times10^8\,\text{Pa}$ 。圆筒以角速度 $\omega = 205\,\text{rad/s}$ 绕中心轴 $z$ 旋转。材料杨氏模量 $E = 2\times10^{11}\,\text{N/m}^2$，泊松比 $\nu = 0.3$，材料密度 $\rho = 0.78\times10^5\,\text{N/m}^2$ 。

用 5 个 8 结点元进行分析（图 4.21），计算所得径向位移 $u_R$、环向应力 $\sigma_\theta$ 及径向应力 $\sigma_R$ 分别由表 4.1 至表 4.3 给出。结果可见：位移 $u_R$ 及应力 $\sigma_\theta$ 的结果较好，而 $\sigma_R$ 的误差较大。

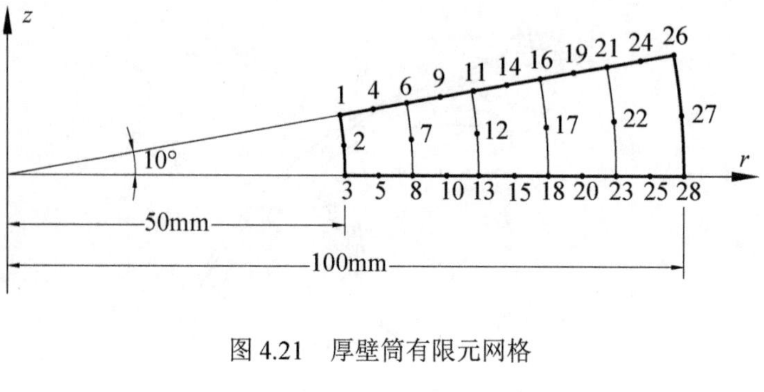


图 4.21　厚壁筒有限元网格

**表 4.1　计算所得径向位移 $u_R$（$10^{-5}$mm）（厚壁筒承受内压）**

| 结点号 | 坐标 x/min | 承受内压 | | 承受向心力 | |
|---|---|---|---|---|---|
| | | 有限单元法 | 解析解 | 有限单元法 | 解析解 |
| 3 | 50 | 5399 | **5900** | 7582 | **7583** |
| 5 | 55 | 5498 | **5479** | 7390 | **7390** |
| 8 | 60 | 5173 | **5173** | 7252 | **7242** |
| 10 | 65 | 4910 | **4910** | 7151 | **7148** |
| 13 | 70 | 4604 | **4683** | 7073 | **7073** |
| 15 | 75 | 4517 | **4517** | 7008 | **7008** |
| 18 | 80 | 4370 | **4370** | 6950 | **6968** |
| 20 | 85 | 4249 | **4249** | 6890 | **6889** |
| 23 | 90 | 4149 | **4149** | 6824 | **6823** |
| 25 | 95 | 4066 | **4067** | 6748 | **6747** |
| 28 | 100 | 4000 | **4000** | 6656 | **6655** |

**表 4.2　计算所得环向应力 $\sigma_\theta$（$10^4$Pa）（厚壁筒承受内压）**

| 结点号 | 承受内压 | | 承受向心力 | |
|---|---|---|---|---|
| | 有限单元法 | 解析解 | 有限单元法 | 解析解 |
| 3 | 19928 | **20000** | 30289 | **30331** |
| 5 | 17504 | **17223** | 27657 | **27395** |
| 8 | 15118 | **15001** | 25061 | **25017** |
| 10 | 13668 | **13464** | 23223 | **23020** |
| 13 | 12199 | **12163** | 21369 | **21287** |
| 15 | 11252 | **11108** | 19899 | **19737** |
| 18 | 10296 | **10250** | 18422 | **18320** |
| 20 | 9641 | **9536** | 17134 | **16994** |
| 23 | 8980 | **8938** | 15840 | **15729** |
| 25 | 8499 | **8432** | 14605 | **14508** |
| 28 | 8014 | **8000** | 13367 | **13311** |

**表 4.3　计算所得径向应力 $\sigma_R$（$10^4$Pa）（厚壁筒承受内压）**

| 结点号 | 承受内压 | | 承受向心力 | |
|---|---|---|---|---|
| | 有限单元法 | 解析解 | 有限单元法 | 解析解 |
| 3 | −11929 | **−12000** | 80 | **0** |
| 5 | −9504 | **−9223** | 1482 | **1744** |
| 8 | −7118 | **−7001** | 2582 | **2817** |
| 10 | −5669 | **−5464** | 3210 | **3367** |
| 13 | −4200 | **−4163** | 3604 | **3598** |
| 15 | −3252 | **−3108** | 3385 | **3501** |
| 18 | −2294 | **−2250** | 3174 | **3160** |

续表

| 结点号 | 承受内压 | | 承受向心力 | |
|---|---|---|---|---|
| | 有限单元法 | 解析解 | 有限单元法 | 解析解 |
| 20 | −1640 | **−1536** | 2539 | **2614** |
| 23 | −981 | **−938** | 1911 | **1892** |
| 25 | −499 | **−432** | 947 | **1015** |
| 28 | −12 | **0** | −17 | **0** |

**例 3**　实心回转圆盘[12]

半径为 $R$ 的圆盘，绕中心轴 $z$ 旋转。这里分别用 6 结点二次三角形元及 3 结点线性三角形元求解，一个 6 结点元由 4 个线性元组成。圆盘共用了 104 个 6 结点二次元，或 416 个线性元进行计算，共 265 个结点（图 4.22）。

计算所得径向应力 $\sigma_R$ 与环向应力 $\sigma_\theta$ 与 Odqvist[13]给出的平面应力解相比较，其误差结果（图 4.22）显示，6 结点元的结果更佳。

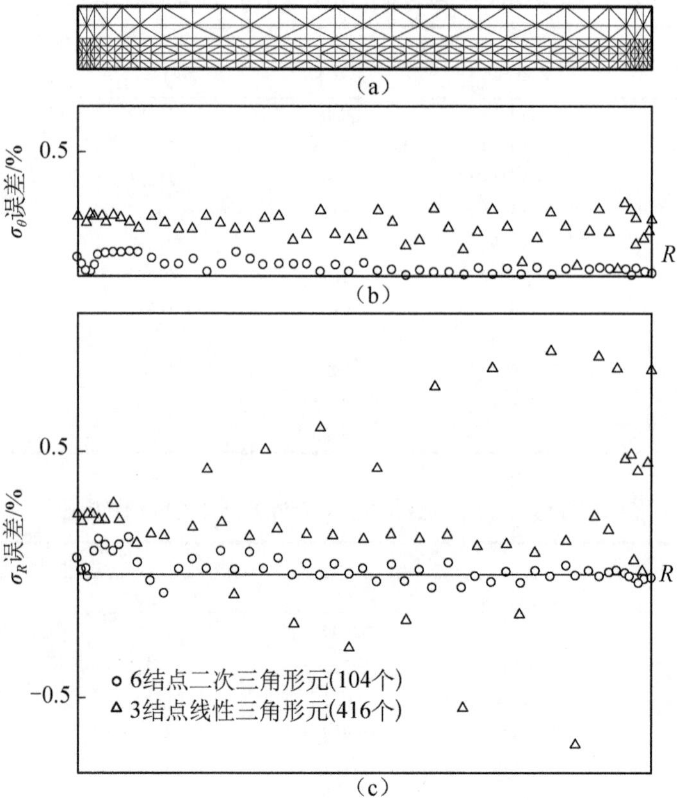


图 4.22　实心回转圆盘的有限元分析

**例 4**　变厚度实体回转圆盘[12]

圆盘承受均匀拉伸 $\sigma_R=\sigma_\theta=\sigma$，呈平面应力状态，其边界条件为

$$\frac{\sigma_z}{\sigma}=\left(\frac{1}{2}\frac{\mathrm{d}t}{\mathrm{d}R}\right)^2,\quad \frac{\tau_{Rz}}{\sigma}=\frac{1}{2}\frac{\mathrm{d}t}{\mathrm{d}R} \tag{s}$$

式中，厚度函数

$$t(R)=t(o)\mathrm{e}^{-\rho R^2\omega^2/2\sigma}$$

$\omega$ 为角连度，$\rho$ 为单位体积的质量。

图 4.23（a）给出计算网格，它由 179 个 6 结点二次三角形元，或 716 个 3 个结点线性三角形元组成，结点总数 448 个。计算结果与式（s）对比，如图 4.23（b）及（c）所示，可见，两种元给出的应力 $\sigma_\theta$ 及 $\sigma_R$ 均相当精确，其中，6 结点元更好一些。

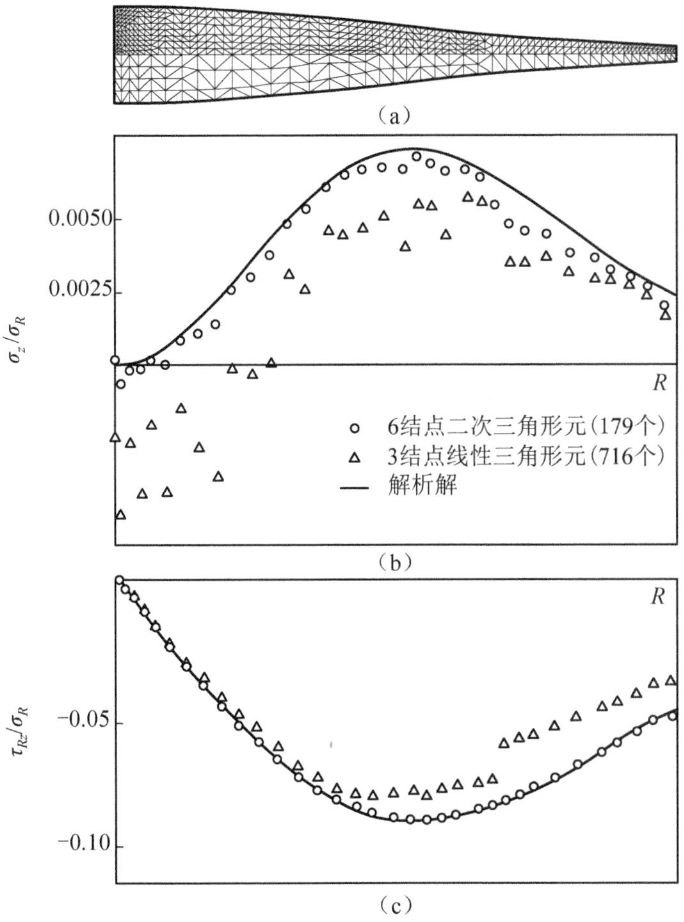


图 4.23　变厚度常应力回转圆盘

## 4.4 几种轴对称元数值比较

Dorocher 等[10]用以下三个算例，对图 4.24 所示 7 种三角形及四边形等参轴对称元进行了数值比较。这 7 种单元如下：

（1）元 LDT、IQT 及 ICT 分别为线性、二次及三次等参位移元，ICT 具有 2 个内部自由度，在形成单刚时并缩掉；

（2）元 CDT 的位移场为完整三次式，每个结点具有 6 个自由度，与元 ICT 一样，其内部 2 个自由度在形成单刚时并缩掉；

（3）元 ILQ 的位移场包括完整的线性项及混合二次项；

（4）元 IPQ 的位移场包括完整的二次项及混合三次项；

（5）元 ICQ 的位移场包括完整的三次项及混合四次项。

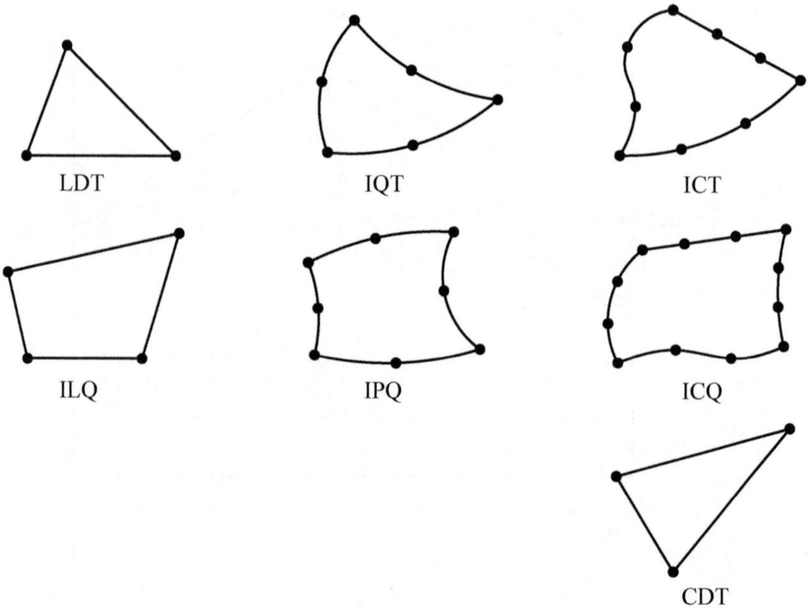


图 4.24　7 种等参轴对称元

采用以下算例计算①

**例 1**　厚壁筒承受均匀外压

圆筒内径 10 in，外径 20 in，承受 15000 psi（1 psi=6.895 kPa）外压。端部呈

① Dorocher 等采用了文献[3, 14]中相应单元的插值函数进行计算，不知他们是否对该书中元 IQT 及 ICT 错误进行了更正。

平面应变状态。图 4.25 给出有限元网格，此网格由各种单元计算所得应力误差在 ±2 %范围内得出。

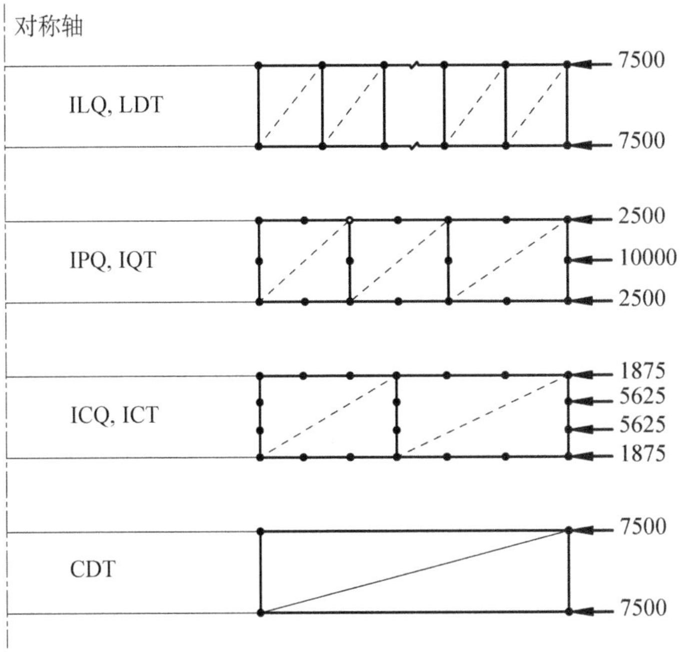


图 4.25　厚壁筒有限元网格

表 4.4 给出各类单元计算所需 CPU 时间，可见，在没有弯曲载荷及几何形状不连续性，同时应力梯度变化平稳时，元 LDT 最为经济。对于粗与细的网格系列，计算结果显示，元 ICQ、IPQ 及 ILQ 在单元高斯点提供更准确的应力。然而，通过单元结点应力"磨平"①，元 IPQ 给出最准确的应力分布，特别在圆柱体边界附近。

**表 4.4　各类单元计算所需 CPU 时间**

| 单元类型 | ILQ | IPQ | ICQ | LDT | I QT | ICT | CDT | |
|---|---|---|---|---|---|---|---|---|
| 圆柱 | 24 | 36 | 40 | 24 | 42 | 56 | 24 | DOF |
| | 4 | 7 | 15 | 2 | 5 | 17 | 9 | SEC |
| 平板 | 110 | 26 | 24 | 210 | 18 | 32 | 24 | DOF |
| | 30 | 5 | 9 | 80 | 2 | 10 | 9 | SEC |
| 空腔 | 510 | 186 | 164 | 510 | 234 | 212 | — | DOF |
| | 247 | 120 | 147 | 295 | 129 | 156 | — | SEC |

① 文献[12]给出这种应力"磨平"采用了双线性的插函数。

**例 2**　简支环板承受环形载荷

环板内径 20 in，外径 40 in，厚度 1 in，承受环形载荷 1000 lb / in（1 lb=0.454 kg）。有限元计算网格如图 4.26 所示（该网格计算所得位移误差不大于 2%）。由于厚度及径向有限元的数目显著影响计算结果，所以在以上算例中，对线性元沿厚度方向至少用 4 个元，以使位移的误差小于 2%。对二次及三次元，沿厚度方向仅用了一个元，以满足 2%的要求。计算结果显示，各类元均给出十分准确的环向应力 $\sigma_\theta$。但用图 4.26 网格，均难以满足内径处径向应力 $\sigma_r$ 的边界条件。

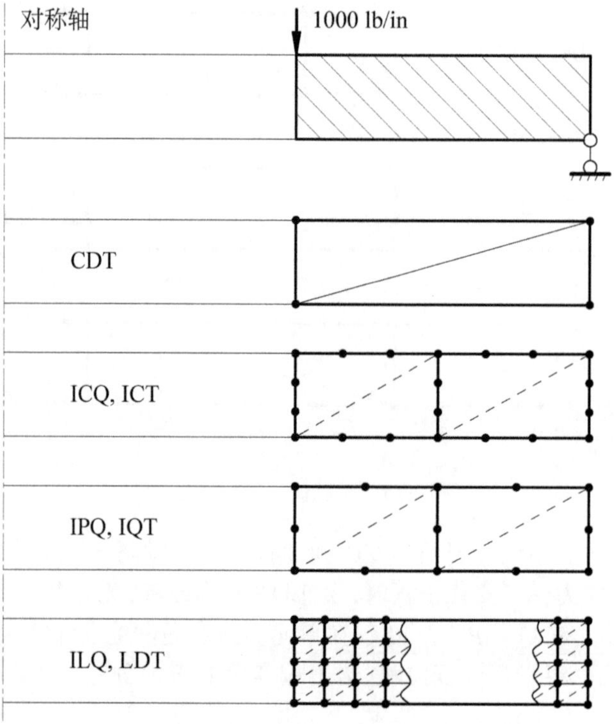


图 4.26　简支环板的有限元计算网格

对这类弯曲问题，计算结果表明，二次元十分有效，三次元也不相上下，但一次元明显欠佳。

对环板的有限元分析，Pedersen 和 Megahed 指出[15, 16]：当应用线性或二次三角形元 ICT 及 IQT，如果单元距对称轴太远，会出现轴对称问题有限元分析数值解的不稳定性，而且二次元更甚。文献[12]也指出：当板的外径增至 50 in 时，网格加密不仅不会改善结果，而且会引起错误的数值结果；这种不稳定问题，用这七类元在对环形板的分析中均有出现，高阶元更为严重。

这种现象的出现与其数值计算所用的单精度及计算机的存储量有关，当板的半径与单元尺寸之比变大，网格加密时，会失去单刚计算中的有效数据，从而导致数值不稳定，这种现象对高阶元更为显著，所以文献[10]指示：可以应用双精度排除这种不准确性。

**例 3**　含有一个空心球腔圆柱体承受均匀载荷

空腔半径 $a$=1 in，圆柱体高 $H$ 及直径 $D$ 均为 8 in，两端承受外力 $p$=12000 psi（图 4.27）。支承及有限元网格如图 4.28 所示。除直边元 CDT 外，六种单元网格划分，均使其径向及轴向应力的误差小于 5%。

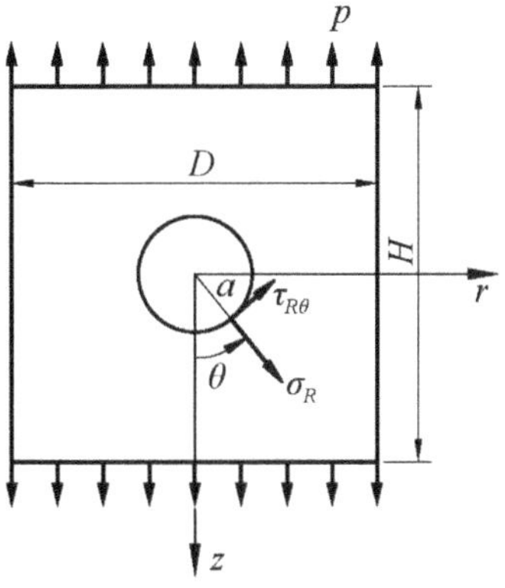


图 4.27　含有空心球腔的圆柱体

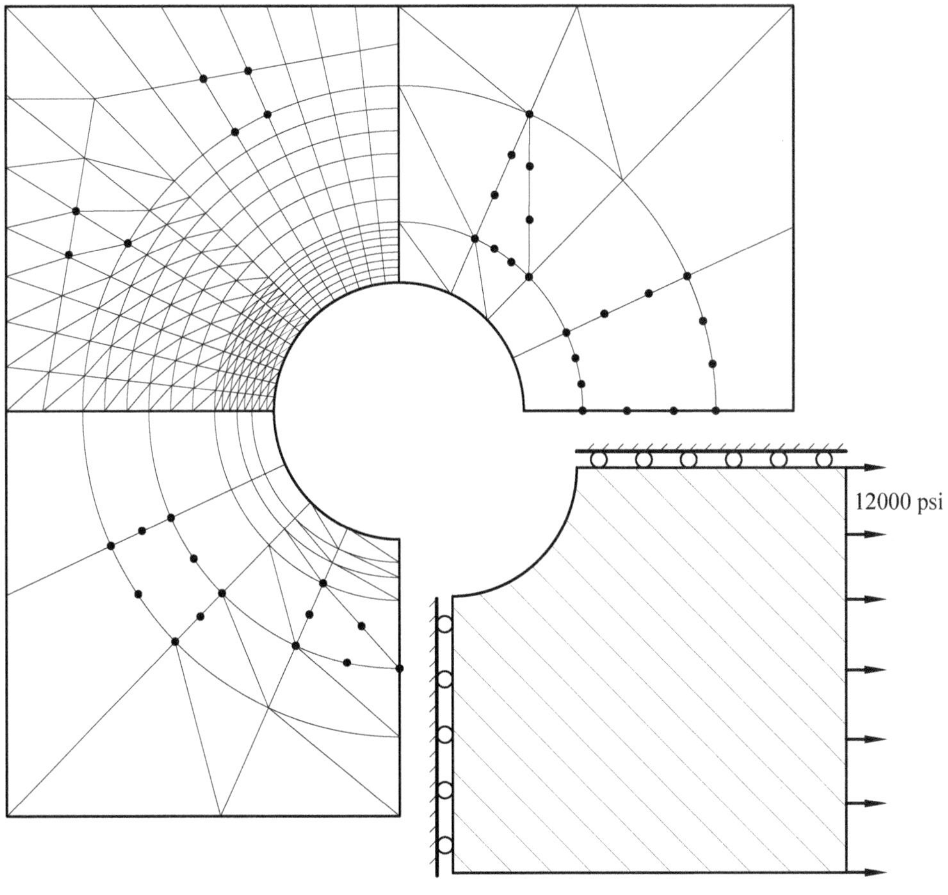


图 4.28　含有空心球腔的圆柱体的有限元网格（$z=0$ 面上）

计算所需 CPU 时间及自由度数由表 4.4 给出。同样可见：二次元所需 CPU 时间最少，三次元也具有竞争性，而线性元不经济。

总之，通过以上算例可见：

（1）当弯曲及高应力梯度现象不存在时，线性元 LDT 可能是最经济的单元。而当弯曲及高应力梯度出现时，二次元（IQT 和 IPQ）会更经济；

（2）对所有类型轴对称问题，都用一种类型元时，IPQ 及 IQT 更有效；

（3）具有结点应变为自由度的单元 CDT，应用上不方便，但在经济上具有竞争性；

以上讨论的是协调的轴对称位移元，它们是建立最早、程序最完备而且应用最广的有限元。这类元由于以位移为未知数，求解时首先得到位移，所以一般位移解是准确的。由位移经应变找得的应力，精度往往不够理想，而应力是强度分析的关键。

因此，一些学者转向建立了非协调轴对称位移元。

## 4.5　4 结点非协调轴对称位移元（一）

Guan 等[17]建立了两种独具特色的广义协调轴对称元，其关键在于利用广义协调法及四边形面积坐标，具体作法如下。

### 4.5.1　广义协调元四边形面积坐标

1. 广义协调元[17-19]

对于协调元，单元的位移沿其周边需满足协调条件

$$\boldsymbol{u}-\tilde{\boldsymbol{u}}=\mathbf{0}\quad(\partial V_n) \tag{a}$$

这里，$\tilde{\boldsymbol{u}}$ 为元间位移。

建立广义协调元时，对以上协调条件给予适当放松，文献[17]建立的四边形轴对称元，是将协调条件放松为如下广义协调条件：

$$\boxed{\begin{aligned}&\sum_{i=1}^{4}(u-\tilde{u})_i=0\\&\sum_{i=1}^{4}(u-\tilde{u})_i\xi_i\,\eta_i=0\\&\int_{\partial V_n}l(u-\tilde{u})r\,\mathrm{d}S=0\\&\int_{\partial V_n}m(u-\tilde{u})r\,\mathrm{d}S=0\end{aligned}} \tag{4.5.1}$$

式中，$l$、$m$ 为单元边界外向法线方向余弦。

式（4.5.1）的前两式是结点条件，后两式为周边广义协调条件，其中 $r$ 是附加的。

基于以上广义协调条件为约束条件，所建立的非协调元，称为广义协调元。

可见，广义协调元不是沿两个相邻单元边界上严格逐点满足位移协调条件，而是使单元的协调条件在各结点及沿单元边界上加权积分得以满足。

2. 四边形元面积坐标

现在利用龙驭球等建议的四边形面积坐标[20, 21]，建立了单元位移场。

对一个凸形四边形，首先定义了两个特殊参数 $g_1$ 及 $g_2$（图 4.29），以其代表一个四边形的形状特性：

$$
\begin{aligned}
g_1 &= \frac{A(\Delta 124)}{A} \quad (0 < g_1 < 1) \\
g_2 &= \frac{A(\Delta 123)}{A} \quad (0 < g_2 < 1)
\end{aligned}
\tag{b}
$$

式中，$A$ 为四边形面积；$A(\Delta 124)$ 及 $A(\Delta 123)$ 分别为三角形 $\Delta 124$ 及 $\Delta 123$ 的面积（图 4.29）。

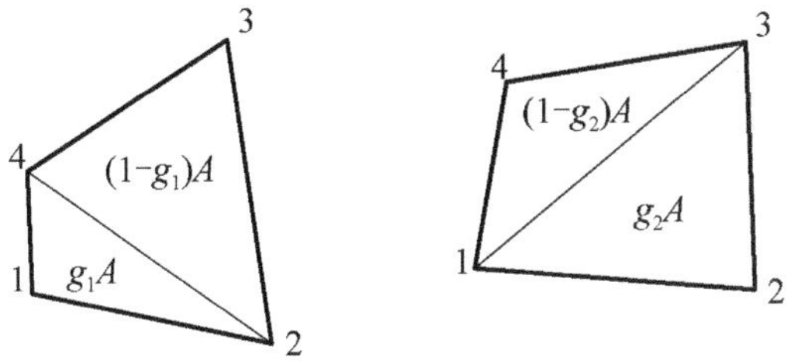


图 4.29　$g_1$ 及 $g_2$ 的定义

与广泛应用的三角形面积坐标的定义相似，对四边形内一定 $P$，其四边形面积坐标 $P(L_1, L_2, L_3, L_4)$ 定义为

$$
L_i = \frac{A_i}{A} \quad (i = 1, 2, 3, 4) \tag{4.5.2}
$$

这里，$A_1$、$A_2$、$A_3$、$A_4$ 分别为 $P$ 点与两个相邻顶点所形成的四个三角形面积（图 4.30）。

显然，沿四边形的各边

$$
L_i = 0 \quad (i = 1, 2, 3, 4) \tag{c}
$$

平面上任一点具有两个自由度，所以四个面积坐标中仅两个是独立的，它们可以取相邻坐标 $(L_1, L_2)$, $(L_2, L_3)$, $(L_3, L_4)$ 或 $(L_4, L_1)$。同时，可以证明[21]，四个面积坐标

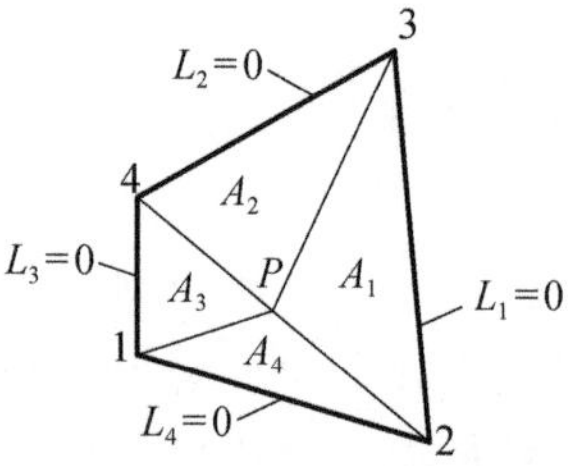


图 4.30　四边形面积坐标的定义

满足以下关系式：

$$L_1+L_2+L_3+L_4=1$$
$$g_1(1-g_2)L_1-g_1g_2L_2+g_2(1-g_1)L_3-(1-g_1)(1-g_2)L_4=0 \tag{d}$$

也可以导出，它们与笛卡儿坐标之间，存在与三角形面积坐标相似的线性变换关系：

$$L_i=\frac{1}{2A}(a_i+b_ix+c_iy)\qquad(i=1,2,3,4)$$

式中

$$\begin{aligned}a_1&=x_2y_3-x_3y_2\\b_1&=y_2-y_3\\c_1&=x_3-x_2\end{aligned} \tag{e}$$

通过下标轮换，可以得其他的 $a_i$、$b_i$ 及 $c_i$。

文献[20]也给出面积坐标 $(L_1,L_2,L_3,L_4)$ 与四边形等参坐标之间的变换关系：

$$\begin{aligned}L_1&=\frac{1}{4}(1-\xi)[g_2(1-\eta)+(1-g_1)(1+\eta)]\\L_2&=\frac{1}{4}(1-\eta)[(1-g_2)(1-\xi)+(1-g_1)(1+\xi)]\\L_3&=\frac{1}{4}(1+\xi)[g_1(1-\eta)+(1-g_2)(1+\eta)]\\L_4&=\frac{1}{4}(1+\eta)[g_1(1-\xi)+g_2(1+\xi)]\end{aligned} \tag{f}$$

下面讨论利用四边形面积坐标建立的广义协调轴对称元。

### 4.5.2　4 结点四边形广义协调轴对称元

1. 单元位移

4 结点四边形轴对称元的相应结点位移为

$$\boldsymbol{q}=\begin{bmatrix}u_1 & w_1 & u_2 & w_2 & u_3 & w_3 & u_4 & w_4\end{bmatrix}^{\mathrm{T}} \tag{g}$$

与此结点位移对应的单元基本位移场 $u_0$，选取以二阶四边形面积坐标表示：

$$\boxed{u_0 = \alpha_1 + \alpha_2(L_3 - L_1) + \alpha_3(L_4 - L_2) + \alpha_4(L_3 - L_1)(L_4 - L_2)} \tag{4.5.3}$$

式中，$\alpha_i(i = 1 \sim 4)$ 代表四个待定参数。

利用式（4.5.1）的四个广义协调条件，可以确定四个参数，从而得到位移场的形函数 $\boldsymbol{N}$：

$$\boldsymbol{u}_q = \boldsymbol{N}\,\boldsymbol{q} \tag{4.5.4}$$

2. 建立非协调轴对称元 AQACQ6

为了使单元的位移场为整体坐标 $(r, z)$ 的二阶完整多项式，选取如下内位移 $\boldsymbol{u}_\lambda$：

$$\boldsymbol{u}_\lambda = \begin{bmatrix} L_1L_3 & L_2L_4 & 0 & 0 \\ 0 & 0 & L_1L_3 & L_2L_4 \end{bmatrix} \begin{Bmatrix} \lambda_1 \\ \lambda_2 \\ \lambda_3 \\ \lambda_4 \end{Bmatrix} = \boldsymbol{M}\boldsymbol{\lambda} \tag{4.5.5}$$

这样，式（4.5.4）与式（4.5.5）相加，组成具有坐标（$r,z$）完整二次式的位移场 $\boldsymbol{u}$，具有这种 $\boldsymbol{u}_q + \boldsymbol{u}_\lambda = \boldsymbol{u}$ 位移场之单元，称为元 AQACQ6。这种元满足结点广义协调条件，当网格加密时，它的解逐渐逼近解析解，称其为满足弱分片实验（weak patch test）[22, 23]。

3. 非协调轴对称元 AQACQ6M

为了使非协调元严格通过分片实验，其应变 $\boldsymbol{\varepsilon}_\lambda$ 应满足方程[24]

$$\int_{V_n} \boldsymbol{\varepsilon}_\lambda \mathrm{d}V = \boldsymbol{0}, \quad \boldsymbol{\varepsilon}_\lambda = [\varepsilon_r \ \ \varepsilon_z \ \ \gamma_{rz} \ \ \varepsilon_\theta]^{\mathrm{T}}$$

为此，将单元 AQACQ6 的应变修改为

$$\boldsymbol{B}_\lambda^* = \boldsymbol{B}_\lambda - \boldsymbol{B}_\lambda^0 + \boldsymbol{B}_\lambda^1 \tag{4.5.6}$$

其中

$$\left.\begin{aligned} &\boldsymbol{B}_\lambda = \boldsymbol{D}\boldsymbol{M} \\ &\boldsymbol{B}_\lambda^0 = \frac{1}{\Delta}\int_{V_n} \boldsymbol{B}_\lambda\, r\,\mathrm{d}r\,\mathrm{d}z \quad \left(\Delta = \int_{V_n} r\,\mathrm{d}r\,\mathrm{d}z\right) \\ &\boldsymbol{B}_\lambda^1 = \begin{bmatrix} 0 & 0 & 0 & 0 \\ 0 & 0 & 0 & 0 \\ 0 & 0 & 0 & 0 \\ \varphi_1 & 0 & \varphi_2 & 0 \end{bmatrix} \end{aligned}\right\} \tag{h}$$

$$\varphi_i = \frac{1}{\Delta}\left[\frac{r - r_c}{r}\int_{V_n} N_{\lambda i}\mathrm{d}r\mathrm{d}z - \frac{r - r_c}{r}\int_{V_n} \frac{\partial N_{\lambda i}}{\partial r} r\mathrm{d}r\mathrm{d}z - \frac{z - z_c}{r}\int_{V_n} \frac{\partial N_{\lambda i}}{\partial z} r\mathrm{d}r\mathrm{d}z\right] \quad (i = 1,2)$$

式中，$(r_c, z_c)$ 为单元形心坐标；$N_{\lambda 1} = L_1 L_3$，$N_{\lambda 2} = L_2 L_4$。

这样构造的单位元，称为元 AQACQ6M。

4. 数值算例[20, 21]

以下图表中，同时给出下列单元的计算结果，以资比较。

（1）Q4：4 结点等参轴对称元；

（2）AQ6：Wu 和 Pian 建立的非协调四边形轴对称元[24]；

（3）NAQ6：Chen 和 Cheung 建立的非协调四边形轴对称元[25]。

**例 1**　分片试验

具有内半径 $r_1$ 及外半径 $r_2$ 的厚壁筒，承受均匀内压 $p = 2000/\pi$，圆筒截面分为 $2\times 2$ 个规则及歪斜网格（图 4.31）。计算结果显示：AQACQ6M 产生准确解，而元 AQACQ6 只有当网格逐渐加密时，才趋向准确解。

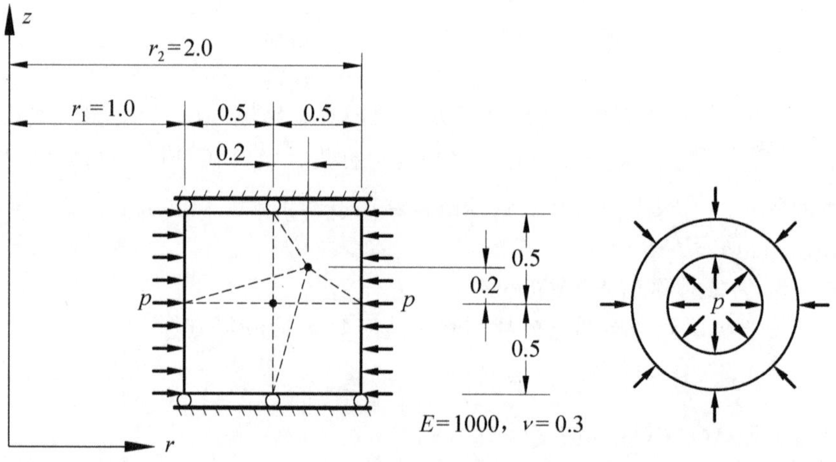


图 4.31　分片试验

**例 2**　厚壁筒承受均匀内压

这是 MacNeal 和 Harder 提出的一种标准检验[26]，用一个单位厚度的薄片进行分析（图 4.32），计算结果列于表 4.5。

结果显示：对于规则元，除位移元 Q4 以外，所有各种类型单元均产生满意的结果；当材料接近不可压缩时，均不产生锁住现象；其中 AQ6，NAQ6 及 AQACQ6M 三种非协调元的结果十分相近；而元 AQACQ6 给出稳定且最佳解。对歪斜元，目前的元 AQACQ6 及元 AQACQ6M 能提供较其余元更准确的结果。

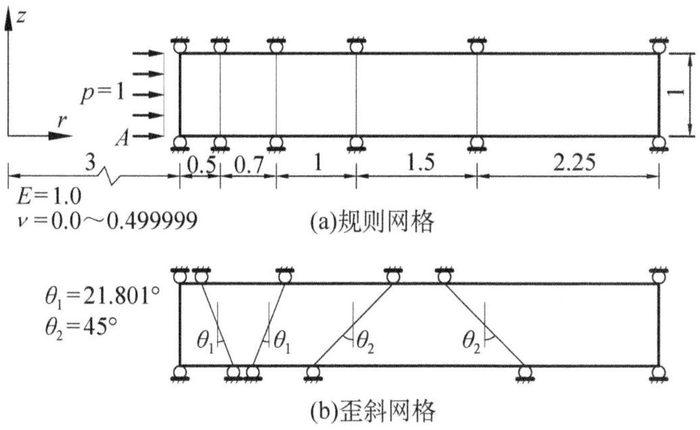


图 4.32　承受内压厚壁筒有限元网格

**表 4.5　厚壁筒承受内压计算结果**

| 泊松比 $\nu$ | Q4 | AQ6 | NAQ6 | AQACQ6 | AQACQ6M |
|---|---|---|---|---|---|
| | | 规则网格（a） | | | |
| 0.0 | 0.994 | 0.994 | 0.994 | 1.007 | 0.994 |
| 0.3 | 0.988 | 0.990 | 0.990 | 1.007 | 0.990 |
| 0.49 | 0.847 | 0.986 | 0.986 | 1.007 | 0.986 |
| 0.499 | 0.359 | 0.985 | 0.986 | 1.007 | 0.986 |
| 0.4999 | 0.053 | 0.986 | 0.986 | 1.007 | 0.986 |
| 0.49999 | 0.00056 | 0.985 | 0.986 | 1.007 | 0.986 |
| | | 歪斜网格（b） | | | |
| 0.0 | 0.989 | 0.991 | 0.989 | 1.005 | 0.989 |
| 0.3 | 0.982 | 0.985 | 0.985 | 1.016 | 0.986 |
| 0.49 | 0.816 | 0.938 | 0.939 | 1.028 | 0.981 |
| 0.499 | 0.315 | 0.718 | 0.713 | 1.023 | 0.975 |
| 0.4999 | 0.044 | 0.472 | 0.445 | 1.002 | 0.954 |
| 0.49999 | 0.00044 | 0.410 | 0.372 | 0.978 | 0.925 |

**例 3**　厚壁筒承受内压

无限长圆筒，内半径 $r_1=5$，外半径 $r_2=10$，承受均匀内压 $p=10/\pi$（图 4.33）。圆筒截面仅用单位厚度的两个单元进行分析（图 4.33），当单元的歪斜参数 $e$ 从零增至 0.25 时，计算所得 $A$ 点径向位移 $u_A$ 如图 4.34 所示。由图可见，单元 AQACQ6 及 AQACQ6M 对其几何形状歪斜均不敏感。

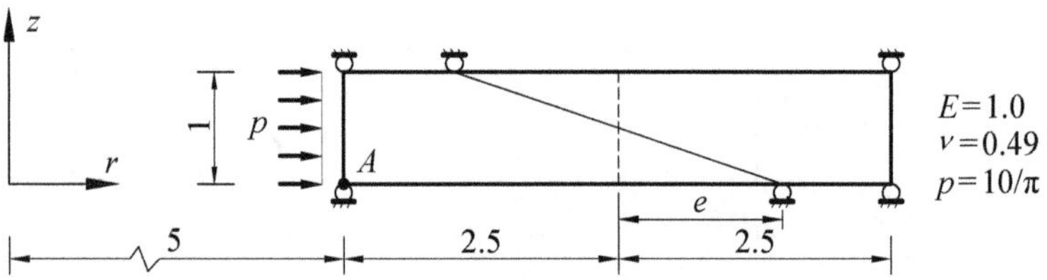


图 4.33　圆筒承受内压的有限元网格

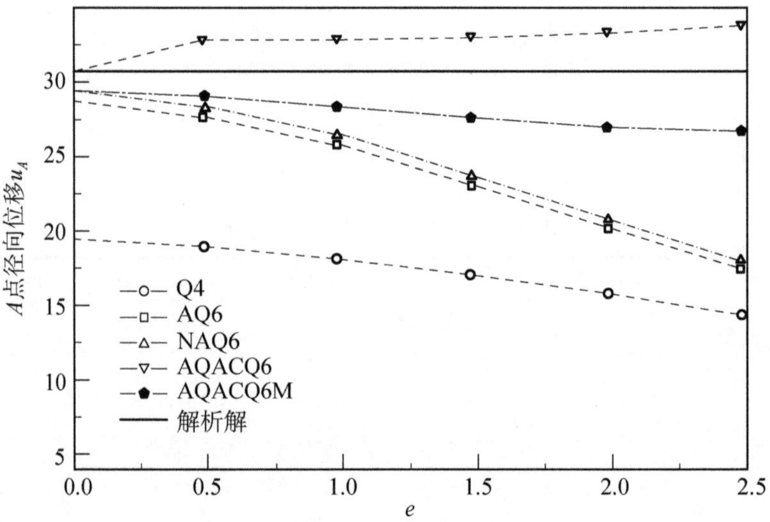


图 4.34　$A$ 点径向位移 $u_A$ 随元歪斜参数 $e$ 的变化（圆筒承受内压）

## 4.6　4 结点非协调轴对称位移元（二）

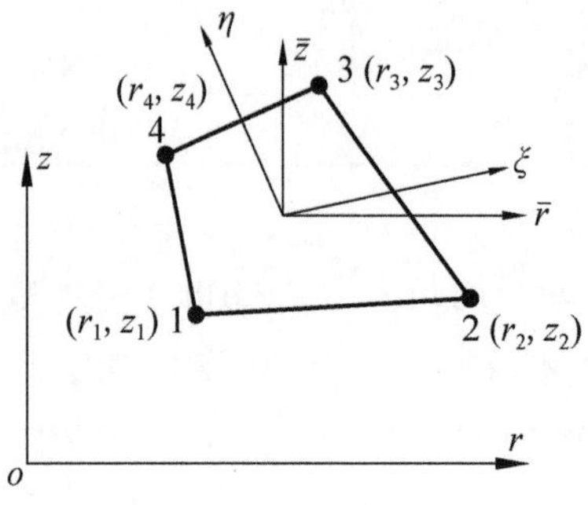


图 4.35　4 结点四边形轴对称元

Huang 和 Li 用下列方法建立了九种 4 结点轴对称非协调元[27]。

### 4.6.1　建立单元初始位移

考虑图 4.35 所示为一个 4 结点四边形轴对称元。

单元坐标变换及元内协调位移 $u_q$ 选取为

$$\begin{Bmatrix} r \\ z \\ u_q \end{Bmatrix} = \sum_{i=1}^{4} \frac{1}{4}(1+\xi_i\xi)(1+\eta_i\eta) \begin{Bmatrix} r_i \\ z_i \\ u_i \end{Bmatrix} = \begin{Bmatrix} a_1\xi + a_2\xi\eta + a_3\eta + a_4 \\ b_1\xi + b_2\xi\eta + b_3\eta + b_4 \\ c_1\xi + c_2\xi\eta + c_3\eta + c_4 \end{Bmatrix} \tag{4.6.1}$$

式中

$$\begin{bmatrix} a_1 & b_1 & c_1 \\ a_2 & b_2 & c_2 \\ a_3 & b_3 & c_3 \\ a_4 & b_4 & c_4 \end{bmatrix} = \frac{1}{4} \begin{bmatrix} -1 & 1 & 1 & -1 \\ 1 & -1 & 1 & -1 \\ -1 & -1 & 1 & 1 \\ 1 & 1 & 1 & 1 \end{bmatrix} \begin{bmatrix} r_1 & z_1 & u_1 \\ r_2 & z_2 & u_2 \\ r_3 & z_3 & u_3 \\ r_4 & z_4 & u_4 \end{bmatrix} \tag{a}$$

由于式（4.6.1）中所假定的单元位移，在整体坐标及局部坐标中均只是线性完备的，不足以模拟二次位移问题，为此 Wilson 和 Ibrahimbegovic[28]引入了如下非协调位移 $\boldsymbol{u}_\lambda$，建立了单元 Q6：

$$\boldsymbol{u}_\lambda = \begin{bmatrix} 1-\xi^2 & 0 & 0 & 0 \\ 0 & 1-\eta^2 & 0 & 0 \\ 0 & 0 & 1-\xi^2 & 0 \\ 0 & 0 & 0 & 1-\xi \end{bmatrix} \begin{Bmatrix} \lambda_1 \\ \vdots \\ \lambda_4 \end{Bmatrix} = \boldsymbol{M}\boldsymbol{\lambda} \tag{b}$$

元 Q6 在局部坐标内具完整的二次项，应用它们在进行规则元计算时，对平面弯曲问题给出好的结果，但如前所述，对轴对称问题，这种元不通过分片试验。

为此，文献[27]建议对元 Q6 作如下改进，首先，引入局部直角坐标 $(\bar{r},\bar{z})$（图 4.35），它与整体坐标 $(r,z)$ 的关系为

$$\begin{aligned} \bar{r} &= r - a_4 = a_1\xi + a_2\xi\eta + a_3\eta \\ \bar{z} &= z - b_4 = b_1\xi + b_2\xi\eta + b_3\eta \end{aligned} \tag{c}$$

单元位移分量采用以局部直角坐标 $(\bar{r},\bar{z})$ 表示的二次完整多项式，例如，径向位移 $u$ 为

$$u = \alpha_1 + \alpha_2\bar{r} + \alpha_3\bar{z} + \alpha_4\bar{r}\,\bar{z} + \lambda_1\bar{r}^2 + \lambda_2\bar{z}^2 \tag{4.6.2}$$

将公式（c）代入式（4.6.2），得到

$$\begin{aligned} u = {} & \alpha_1 + (a_1\alpha_2 + b_1\alpha_3)\xi + (a_3\alpha_2 + b_3\alpha_3)\eta \\ & + [a_2\alpha_2 + b_2\alpha_3 + (a_1b_3 + a_3b_1)\alpha_4 + 2a_1a_3\lambda_1 + 2b_1b_3\lambda_2]\xi\eta \\ & + f_3\alpha_4 + f_1\lambda_1 + f_2\lambda_2 \end{aligned} \tag{d}$$

其中

$$f_1 = \bar{r}^2 - 2a_1a_3\xi\eta,\quad f_2 = \bar{z}^2 - 2b_1b_3\xi\eta,\quad f_3 = \bar{r}\,\bar{z} - (a_1b_3 + a_3b_1)\xi\eta \tag{e}$$

再将式（d）中包含的常数项、线性项$\xi$和$\eta$以及项$\xi\eta$这前四项，与式（4.6.1）$u_q$的四项对比，可见

$$\begin{aligned}&\alpha_1 = c_4,\quad \alpha_2 = (c_1 b_3 - c_3 b_1)/J_0,\quad \alpha_3 = (c_3 a_1 - c_1 a_3)/J_0\\&\alpha_4 = (c_2 - a_2\alpha_2 - b_2\alpha_3 - 2a_1 a_3 \lambda_1 - 2b_1 b_3 \lambda_2)/(a_1 b_3 + a_3 b_1)\end{aligned}\tag{f}$$

式中

$$J_0 = a_1 b_3 - a_3 b_1 \tag{g}$$

将式（f）代回式（d），就得到此 4 结点轴对称元的径向位移

$$\boxed{u = u_q + u_\lambda = u_q + (u_{q\lambda} + u_{\lambda\lambda})^{①}} \tag{4.6.3}$$

式中

$$\begin{aligned}u_{q\lambda} &= \frac{1}{a_1 b_3 + a_3 b_1}\left(c_2 - \frac{J_2 c_1 + J_1 c_3}{J_0}\right) f_3 = \sum_{i=1}^{4} N_{q\lambda}^i u_i\\u_{\lambda\lambda} &= \left(f_1 - \frac{2a_1 a_3}{a_1 b_3 + a_3 b_1} f_3\right)\lambda_1 + \left(f_2 - \frac{2b_1 b_3}{a_1 b_3 + a_3 b_1} f_3\right)\lambda_2\end{aligned}\tag{h}$$

其中

$$\begin{aligned}&N_{q\lambda}^i = \frac{1}{4(a_1 b_3 + a_3 b_1)}\left(\xi_i \eta_i - \frac{J_2 \xi_i + J_1 \eta_i}{J_0}\right) f_3 \quad (i = 1, 2, 3, 4)\\&J_1 = a_1 b_2 - a_2 b_1,\quad J_2 = a_2 b_3 - a_3 b_2\end{aligned}\tag{i}$$

可见，此单元的位移同样分为协调位移$u_q$及非协调位移$u_\lambda$两部分，而且其非协调位移依照式（4.6.3）又分为$u_{q\lambda}$及$u_{\lambda\lambda}$两部分。其中$u_{q\lambda}$与结点位移量$\boldsymbol{u}_i$相关；而$u_{\lambda\lambda}$部分则与非协调位移$u_\lambda$的参数$\lambda_1$及$\lambda_2$有关。

这个位移$u$（式（4.6.3））在不增加单元自由度的前提下，保证在各种网格时，单元位移具有整体坐标的二次完备性。

### 4.6.2　修正的非协调位移

一般情况下，公式（4.6.3）给出的非协调单元并**不通过分片试验，需对其进行修正**。根据以前所述，单元通过分片试验其非协调应变–位移阵$\boldsymbol{B}_\lambda$应满足

$$\int_{V_n} \boldsymbol{B}_\lambda \,\mathrm{d}V = \boldsymbol{0} \tag{4.6.4a}$$

对轴对称元，上式成为[29]

$$2\pi \int_{-1}^{1}\int_{-1}^{1} \boldsymbol{B}_\lambda(\xi, \eta)\, r \left|\boldsymbol{J}\right| \mathrm{d}\xi \mathrm{d}\eta = \boldsymbol{0} \tag{4.6.4b}$$

由于

① 注意式（4.6.3）只在$a_1 b_3 + a_3 b_1 \neq 0$时才成立；当$a_1 b_3 + a_3 b_1 = 0$时的修正，见文献[27]附录。

$$\boldsymbol{u}_\lambda = \begin{Bmatrix} u_\lambda \\ w_\lambda \end{Bmatrix} = \boldsymbol{M}\boldsymbol{\lambda} \tag{j}$$

$$\boldsymbol{\varepsilon}_\lambda = \begin{Bmatrix} \varepsilon_{r\lambda} \\ \varepsilon_{\theta\lambda} \\ \varepsilon_{z\lambda} \\ \gamma_{rz\lambda} \end{Bmatrix} = \begin{bmatrix} \dfrac{\partial}{\partial r} & 0 \\ \dfrac{1}{r} & 0 \\ 0 & \dfrac{\partial}{\partial z} \\ \dfrac{\partial}{\partial z} & \dfrac{\partial}{\partial r} \end{bmatrix} \begin{Bmatrix} u_\lambda \\ w_\lambda \end{Bmatrix} = \boldsymbol{B}_\lambda \boldsymbol{\lambda} \tag{k}$$

式中

$$\boldsymbol{B}_\lambda = \begin{bmatrix} \dfrac{\partial}{\partial r} & 0 \\ \dfrac{1}{r} & 0 \\ 0 & \dfrac{\partial}{\partial z} \\ \dfrac{\partial}{\partial z} & \dfrac{\partial}{\partial r} \end{bmatrix} \boldsymbol{M} \tag{l}$$

所以式（4.6.4b）可写成

$$2\pi\int_{-1}^{1}\int_{-1}^{1} \begin{bmatrix} \dfrac{\partial}{\partial r} & 0 \\ \dfrac{1}{r} & 0 \\ 0 & \dfrac{\partial}{\partial z} \\ \dfrac{\partial}{\partial z} & \dfrac{\partial}{\partial r} \end{bmatrix} \boldsymbol{u}_\lambda r |\boldsymbol{J}| \mathrm{d}\xi \mathrm{d}\eta = \boldsymbol{0} \tag{4.6.4c}$$

或只取

$$\int_{-1}^{1}\int_{-1}^{1} \begin{bmatrix} \dfrac{\partial}{\partial r} \\ \dfrac{1}{r} \\ \dfrac{\partial}{\partial z} \end{bmatrix} \boldsymbol{u}_\lambda r |\boldsymbol{J}| \mathrm{d}\xi \mathrm{d}\eta = \boldsymbol{0} \tag{4.6.4d}$$

以上式（4.6.4a）至式（4.6.4d）均为保证轴对称元通过分片试验的条件。

用以下方法对各类非协调位移 $\boldsymbol{u}_\lambda$ 进行修正，可以建立通过分片试验的 4 结点非协调轴对称位移元[27]。

1. *方法 1*

将 Taylor 等[30]提出的对建立非协调平面元的修正方法，延伸至轴对称问题，建立修正的应变-位移阵 $\boldsymbol{B}_{m\lambda}$，使之满足分片试验条件（式（4.6.4b）），令

$$\int_{-1}^{+1}\int_{-1}^{+1}\boldsymbol{B}_{m\lambda}\, r\left|\boldsymbol{J}\right|\mathrm{d}\xi\,\mathrm{d}\eta=\int_{-1}^{+1}\int_{-1}^{+1}(\boldsymbol{B}_\lambda(\xi,\eta)r\left|\boldsymbol{J}\right|-\xi^2\boldsymbol{B}_1-\eta^2\boldsymbol{B}_2)\mathrm{d}\xi\,\mathrm{d}\eta=\boldsymbol{0} \quad (4.6.5)$$

得到

$$\boldsymbol{B}_{m\lambda}=\boldsymbol{B}_\lambda-\frac{\xi^2\boldsymbol{B}_1+\eta^2\boldsymbol{B}_2}{r\left|\boldsymbol{J}\right|} \quad (4.6.6)$$

其中

$$\begin{aligned}\boldsymbol{B}_1&=\frac{3}{4}\int_{-1}^{+1}\int_{-1}^{+1}\boldsymbol{B}_\lambda(\xi,0)(a_4+a_1\xi)(J_0+J_1\xi)\mathrm{d}\xi\,\mathrm{d}\eta\\ \boldsymbol{B}_2&=\frac{3}{4}\int_{-1}^{+1}\int_{-1}^{+1}\boldsymbol{B}_\lambda(0,\eta)(a_4+a_3\eta)(J_0+J_2\eta)\mathrm{d}\xi\,\mathrm{d}\eta\end{aligned} \quad (\mathrm{m})$$

应用这个方法，关键在于在非协调位移的形函数中不包含常数项，否则，由于非协调环向应变的影响，轴对称不能通过分片试验。为了避免此问题，修正公式（4.6.6）改为

$$\boldsymbol{B}_{m\lambda}=\boldsymbol{B}_\lambda-\frac{\xi^2\boldsymbol{B}_1+\eta^2\boldsymbol{B}_2+\boldsymbol{B}_3}{r\left|\boldsymbol{J}\right|} \quad (4.6.7)$$

式中

$$\boldsymbol{B}_3=a_4J_0\,\boldsymbol{B}_\lambda(0,0) \quad (\mathrm{n})$$

这组公式，是假定被积函数 $\boldsymbol{B}_\lambda r\left|\boldsymbol{J}\right|$ 中仅含偶次项 $\xi^2$ 及 $\eta^2$。如果 $\boldsymbol{B}_\lambda r\left|\boldsymbol{J}\right|$ 项中除 $\xi^2$、$\eta^2$ 外，还有其他偶次项，则上式无效。这个方法也对前述的具有二次完整性模式（式（h））无效。

用修正后的诸方法通过分片试验，其非协调应变阵均以 $\boldsymbol{B}_{m\lambda}$ 表示。

2. *方法 2*

对被积函数 $\boldsymbol{B}_\lambda r\left|\boldsymbol{J}\right|$ 增补一个常数阵 $\boldsymbol{B}_0$，以满足分片试验，即

$$\int_{-1}^{+1}\int_{-1}^{+1}\boldsymbol{B}_{m\lambda}\, r\left|\boldsymbol{J}\right|\mathrm{d}\xi\,\mathrm{d}\eta=\int_{-1}^{+1}\int_{-1}^{+1}(\boldsymbol{B}_\lambda r\left|\boldsymbol{J}\right|+\boldsymbol{B}_0)\mathrm{d}\xi\,\mathrm{d}\eta=\boldsymbol{0} \quad (4.6.8)$$

这里

$$\boldsymbol{B}_{m\lambda}=\boldsymbol{B}_\lambda+\frac{\boldsymbol{B}_0}{r\left|\boldsymbol{J}\right|} \quad (\mathrm{o})$$

从而有

$$\boldsymbol{B}_0 = -\frac{1}{4}\int_{-1}^{+1}\int_{-1}^{+1}\boldsymbol{B}_\lambda\, r\left|\boldsymbol{J}\right|\mathrm{d}\xi\,\mathrm{d}\eta \tag{4.6.9}$$

3. *方法 3*

应用 Wilson 及 Ibrahimbegovic[28]的方法，用一个常数阵 $\boldsymbol{B}_0$ 对 $\boldsymbol{B}_\lambda$ 直接进行修正：

$$\int_{-1}^{+1}\int_{-1}^{+1}\boldsymbol{B}_{m\lambda}\, r\left|\boldsymbol{J}\right|\mathrm{d}\xi\,\mathrm{d}\eta = \int_{-1}^{+1}\int_{-1}^{+1}(\boldsymbol{B}_\lambda + \boldsymbol{B}_0)r\left|\boldsymbol{J}\right|\mathrm{d}\xi\,\mathrm{d}\eta = \boldsymbol{0} \tag{4.6.10}$$

因而有

$$\boldsymbol{B}_{m\lambda} = \boldsymbol{B}_\lambda + \boldsymbol{B}_0 \tag{4.6.11}$$

这里

$$\boldsymbol{B}_0 = -\frac{3}{4(3a_4J_0 + a_1J_1 + a_3J_2)}\int_{-1}^{+1}\int_{-1}^{+1}\boldsymbol{B}_\lambda\, r\left|\boldsymbol{J}\right|\mathrm{d}\xi\,\mathrm{d}\eta \tag{p}$$

4. *方法 4*

从直接修正具有线性项的初始非协调形函数 $M_i$ 入手，假定修正的形函数 $M_i^*$ 采取如下坐标 $(\overline{r},\overline{z})$ 的线性形式：

$$M_i^* = M_i + A_1\overline{r} + A_2\overline{z} + A_3 \tag{4.6.12}$$

再令其满足分片试验强形式（式（4.6.4d）），从而确定 $M_i^*$ 的系数为

$$A_1 = -\frac{3d_1}{4d_0},\quad A_2 = -\frac{3d_2}{4d_0} \tag{4.6.13}$$

$$\begin{aligned} A_3 &= -\frac{1}{4J_0}\int_{-1}^{+1}\int_{-1}^{+1}(M_i + A_1\overline{r} + A_2\overline{z})\left|\boldsymbol{J}\right|\mathrm{d}\xi\,\mathrm{d}\eta \\ &= -\frac{d_3}{4J_0} + \frac{(a_1J_1 + a_3J_2)d_1 + (b_1J_1 + b_3J_2)d_2}{4J_0d_0} \end{aligned}$$

这里

$$\begin{aligned} &d_0 = 3a_4J_0 + a_1J_1 + a_3J_2 \qquad d_1 = \int_{-1}^{+1}\int_{-1}^{+1}\frac{\partial M_i}{\partial r}r\left|\boldsymbol{J}\right|\mathrm{d}\xi\,\mathrm{d}\eta \\ &d_2 = \int_{-1}^{+1}\int_{-1}^{+1}\frac{\partial M_i}{\partial z}r\left|\boldsymbol{J}\right|\mathrm{d}\xi\,\mathrm{d}\eta \qquad d_3 = \int_{-1}^{+1}\int_{-1}^{+1}M_i\left|\boldsymbol{J}\right|\mathrm{d}\xi\,\mathrm{d}\eta \end{aligned} \tag{q}$$

5. *方法 5*

假定修正的形函数 $M_i^*$ 以局部坐标 $(\xi,\eta)$ 而不是以整体坐标表示：

$$M_i^* = M_i + A_1\xi + A_2\eta + A_3 \tag{4.6.14}$$

同样代入分片试验式（4.6.4d），得到方程组

$$\begin{aligned}&\int_{-1}^{+1}\int_{-1}^{+1}\frac{\partial}{\partial r}(M_i + A_1\xi + A_2\eta + A_3)r\left|\boldsymbol{J}\right|\mathrm{d}\xi\,\mathrm{d}\eta = 0\\&\int_{-1}^{+1}\int_{-1}^{+1}\frac{\partial}{\partial z}(M_i + A_1\xi + A_2\eta + A_3)r\left|\boldsymbol{J}\right|\mathrm{d}\xi\,\mathrm{d}\eta = 0\\&\int_{-1}^{+1}\int_{-1}^{+1}(M_i + A_1\xi + A_2\eta + A_3)\left|\boldsymbol{J}\right|\mathrm{d}\xi\,\mathrm{d}\eta = 0\end{aligned} \tag{r}$$

解得

$$\begin{aligned}A_1 &= -\frac{(3a_4a_1 + a_3a_2)d_1 + (3a_4b_1 + a_3b_2)d_2}{4a_4d_0}\\A_2 &= -\frac{(3a_4a_3 + a_1a_2)d_1 + (3a_4b_3 + a_1b_2)d_2}{4a_4d_0}\\A_3 &= -\frac{d_3}{4J_0} - \frac{A_1J_1 + A_2J_2}{3J_0}\end{aligned} \tag{s}$$

式中，系数 $d_i(i = 0, 1, 2, 3)$ 同式（q）。

### 4.6.3　数值算例

1. 单元类型

文献[27]分别以 Wilson 和 Ibrahimbegovic 的非协调元 Q6（下称“Wilson 类型元”）及以完整二次位移元（统称为 P2 类型元）（式（4.6.3））为基础，依据以上修正方法，建立了以下九种轴对称元，并进行了数值算例比较。

（1）Wilson 类型元修正

对 Wilson 类型元　$\boldsymbol{u} = \boldsymbol{u}_q + \boldsymbol{u}_\lambda$（$\boldsymbol{u}_\lambda$ 由式（b）给出）

用上述方法 1 至 5 进行修正，得到 5 种单元：元 AQ6-I 至 AQ6-V。

（2）完整二次型位移元 P2-element 修正

对完整二次型位移元（P2-element）

$$\boldsymbol{u} = \boldsymbol{u}_q + (\boldsymbol{u}_{q\lambda} + \boldsymbol{u}_{\lambda\lambda})\quad（\boldsymbol{u}_{q\lambda},\ \boldsymbol{u}_{\lambda\lambda}\ 由式（h）给出） \tag{t}$$

用方法 2 至 5 进行修正，得到 4 种单元：P2-AQ6-II 至 P2-AQ6-Ⅴ。

2. 数值算例

**例 1**　分片试验

利用文献[29]中内、外表面均匀受压的厚壁筒为例进行计算，结果表明，以上所有修正的非协调元，均通过常应力/应变分片试验。这些非协调元不作修正，甚至对规则网格也不通过分片试验。

**例 2**　无限长厚壁筒承受均匀内压

用图 4.36 所示两个歪斜单元进行分析。考虑材料的不可压缩性，泊松比=0.49。

计算所得筒内表面 $A$ 点径向位移 $u_A$ 随歪斜参数 $e$ 的变化，由图 4.37 给出。由图可见，两类修正的单元 AQ6 及 P2-AQ6，对此问题的结果相近。而 P2 类型元较 Wilson 类型元对网格歪斜更不敏感。同样可见，对不可压缩材料，4 结点等参位移轴对称元 Q4 产生锁住现象。

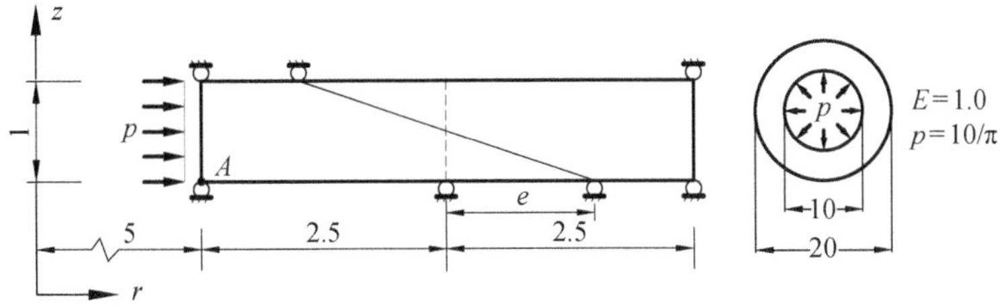


图 4.36　厚壁筒承受内压 $(E=1, p=10/\pi)$

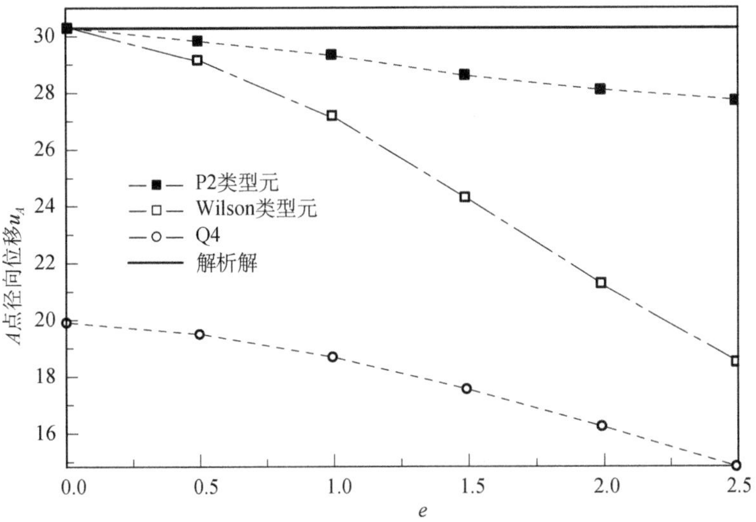


图 4.37　$A$ 点径向位移 $u_A$ 随歪斜参数 $e$ 的变化

**例 3**　厚球承受内压

厚球承受均匀内压 $p$ 作用，其四分之一截面的有限元网格如图 4.38 所示。表 4.6 给出计算所得内、外表面 $A$、$B$ 两点正则化径向位移 $u_R$ 随泊松比 $\nu$ 的变化。文献[31]给出解析解。结果显示，现在两类非协调元，在各种工况下均给出较好的结果；而 4 结点等参元 Q4，当泊松比 $\nu$ 趋近 0.5 时产生位移锁住现象。

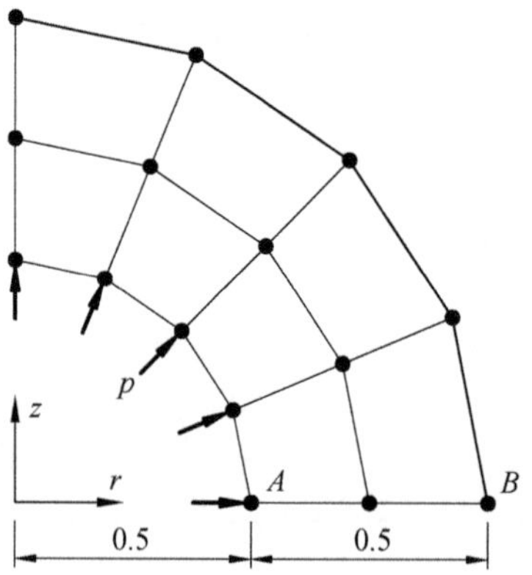


图 4.38　承受内压厚球有限元网格

**表 4.6　计算所得 *A* 及 *B* 两点正则化径向位移 $u_R$**
**（厚球承受内压力（$u_A = u_R^A E/p,\ \ u_B = u_R^B E/p$））**

| 单元 | $\nu=0.3$ | | $\nu=0.49$ | | $\nu=0.499$ | |
|---|---|---|---|---|---|---|
| | $u_A$ | $u_B$ | $u_A$ | $u_B$ | $u_A$ | $u_B$ |
| Q4 | 0.3624 | 0.1396 | 0.1505 | 0.03876 | 0.0208 | 0.00405 |
| AQ6-Ⅰ, Ⅱ | 0.3688 | 0.1382 | 0.3788 | 0.09218 | 0.3788 | 0.09090 |
| AQ6-Ⅲ | 0.3680 | 0.1381 | 0.3767 | 0.09177 | 0.3769 | 0.09013 |
| AQ6-Ⅳ | 0.3678 | 0.1379 | 0.3756 | 0.09126 | 0.3756 | 0.08942 |
| AQ6-Ⅴ | 0.3680 | 0.1379 | 0.3759 | 0.09134 | 0.3759 | 0.08943 |
| P2-AQ6-Ⅱ | 0.3693 | 0.1385 | 0.3790 | 0.09214 | 0.3762 | 0.08911 |
| P2-AQ6-Ⅲ | 0.3684 | 0.1379 | 0.3775 | 0.09164 | 0.3777 | 0.08955 |
| P2-AQ6-Ⅳ | 0.3680 | 0.1378 | 0.3762 | 0.09122 | 0.3765 | 0.08917 |
| P2-AQ6-Ⅴ | 0.3681 | 0.1380 | 0.3763 | 0.09146 | 0.3764 | 0.08937 |
| 解析解[31] | **0.4** | **0.15** | **0.4271** | **0.1093** | **0.4284** | **0.1074** |

**例 4**　旋转圆盘

具有半径 $a=10$ 及厚度 $h=1$ 的圆盘，以等角速度 $\omega$ 绕垂直轴 $z$ 转动（图 4.39）。由于圆盘相对较薄，略去应力沿盘厚的变化，圆盘径向位移 $u_r$ 及径向应力 $\sigma_r$ 的解析解分别为[31]：

$$u_r = \frac{1-\nu}{8E}\rho\omega^2[(3+\nu)a^2 r-(1+\nu)r^3],\quad \sigma_r = \frac{3+\nu}{8}\rho\omega^2(a^2-r^2) \tag{u}$$

式中，$E$ 为杨氏模量；$\rho$ 为圆盘单位体积的质量；$\nu$ 为泊松比。

用图 4.39 所示非规则网格进行分析。当泊松比 $\nu$ 分别为 0.3 及 0.49 时，计算所得正则化 $A$ 点位移 $u_r$ 及 $B$ 点正则化应力 $\sigma_r$ 列于表 4.7。

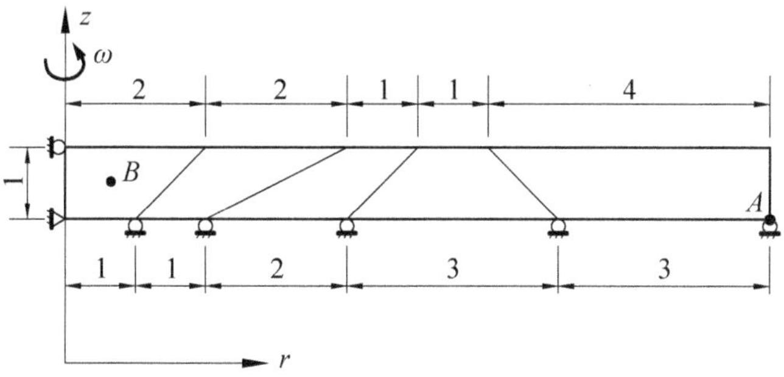


图 4.39　旋转圆盘有限元网格划分

**表 4.7　计算所得正则化径向位移 $u_r$ 及径向应力 $\sigma_r$**
**（旋转圆盘 $u_A = u_r^A E / (\rho\omega^2 a^3), \sigma_B = \sigma_r^B / (\rho\omega^2 a^2)$）**

| 单元 | $\nu = 0.3$ | | $\nu = 0.49$ | |
|---|---|---|---|---|
| | $u_A$ | $\sigma_B$ | $u_A$ | $\sigma_B$ |
| Q4 | 0.1746 | 0.4200 | 0.1287 | 0.4155 |
| AQ6-Ⅰ | 0.1720 | 0.4169 | 0.1240 | 0.4004 |
| AQ6-Ⅱ | 0.1720 | 0.4177 | 0.1240 | 0.4598 |
| AQ6-Ⅲ | 0.1722 | 0.4192 | 0.1241 | 0.5144 |
| AQ6-Ⅳ | 0.1722 | 0.4187 | 0.1241 | 0.5176 |
| AQ6-Ⅴ | 0.1723 | 0.4185 | 0.1242 | 0.5376 |
| P2-AQ6-Ⅱ | 0.1722 | 0.4172 | 0.1244 | 0.4475 |
| P2-AQ6-Ⅲ | 0.1722 | 0.4179 | 0.1244 | 0.4672 |
| P2-AQ6-Ⅳ | 0.1722 | 0.4178 | 0.1244 | 0.4566 |
| P2-AQ6-Ⅴ | 0.1724 | 0.4176 | 0.1246 | 0.4467 |
| 解析解[31] | **0.175** | **0.4102** | **0.1275** | **0.4338** |

以上结果可见：对于位移，所有类型单元（包括 4 结点的等参元 Q4）均给出好的结果，与解析解相比误差不大于 3%。这是由于，式（u）给出的解析解中不包含二次位移或线性应力项，因而此例引入的非协调位移不起作用。同时可见，当泊松比 $\nu = 0.49$ 时，P2 类型元给出的应力结果较 Wilson 类型元更佳。

总之，由以上讨论可知，用九种修正方法建立的两类非协调 4 结点轴对称元，对单元位移场，P2 类型元在整体坐标下具有二次完备性，Wilson 类型元在局部坐标下具有二次完备性。两类单元具有相同自由度。数值分析表明，这两类单元均通过常应力分片试验；当应用粗网时，P2 类型元较 Wilson 类型元，对网格歪斜的敏感性降低；所有两类非协调轴对称元在材料不可压缩时，均不产生位移锁住现象；对于球体承受内压及旋转圆盘问题，两类元提供相近的良好结果。

## 4.7 小　　结

1. 用有限元法寻求连续介质问题的近似解，当单元的近似场函数满足协调准则及完备准则时，随着有限元网格的逐级加密，近似解单调收敛于准确解。对于通过分片试验的非协调元，其近似解也收敛，但不单调收敛。

2. 根据最小势能原理所建立的协调位移元，只包含一类位移场变量，这类有限元，公式推导简单；对其收敛性及误差理论的研究充分；且通用程序完善，是现在广为应用的一种有限元。对于只要求$C_0$阶连续性的位移元（如平面元、轴对称元、三维元、位移及转角为独立变量的板、壳元等），应用等参坐标变换容易建立协调的单元位移场，同时，所形成的单元也易保持不变性。

但是，在位移元发展的早期也遇到如下困难：

（1）难以构造具有$C_1$阶连续性的单元。

（2）位移元一般可以提供较准确的位移解，但由位移求导得到应力的准确性会有所降低。

（3）数值算例表明：对一些包含应力奇异性的问题（如裂纹问题、应力集中问题），用传统的位移元求解收敛缓慢。

（4）更为重要的是，对固体力学中的一些极限情况，例如，当材料接近不可压缩时体应变接近于零等情况，位移元会变得非常刚硬（即总刚很大），从而产生锁住现象。

（5）一些低阶元，如 4 结点平面元、8 结点三维元，由于它们的位移沿端部边沿呈线性分布，弯曲时会产生剪切锁住现象。

3. Wilson 非协调元 Q6 的建立，打开了非协调元的大门，使高效单元的建立朝前迈进了一大步，由于非协调位移的引入，使单元位移场在自然坐标系内成为完整多项式，从而改善了元的性质，这种新观念被推广至构造其他多类非协调有限元。

这里有两个问题引起诸多学者的关注：

（1）对于单元位移（$\boldsymbol{u}=\boldsymbol{u}_q+\boldsymbol{u}_\lambda$），Wilson 元是在局部坐标系下考虑其位移$\boldsymbol{u}$的完备性，并以此确定单元非协调位移$\boldsymbol{u}_\lambda$。这种位移场$\boldsymbol{u}$，当单元几何形状歪斜时，由于位移在整体坐标下并不完备，因而，给出的应力欠佳；因此，一些学者转向**考虑在整体坐标下位移的完备性**，以期减小有限元网格歪斜时的负面影响。

（2）单元位移$\boldsymbol{u}$由于完备性的要求，其中加入了非协调位移$\boldsymbol{u}_\lambda$，这时位移将不再是协调的，为保证收敛，位移必须通过分片试验。

而要通过分片试验，又可能使$\boldsymbol{u}$的完备性遭到破坏。因此，一些学者们建议引入与单元协调位移 $\boldsymbol{u}_q$ 相互独立的非协调位移 $\boldsymbol{u}_\lambda$；使 $\boldsymbol{u}_\lambda$ 满足分片试验并不破坏 $\boldsymbol{u}_q$ 的常应变状态；$\boldsymbol{u}_\lambda$ 的引入也不破坏位移 $\boldsymbol{u}$ 在整体坐标下的二次完备性；这些方法十分巧妙。

（3）对于含有内位移 $\boldsymbol{u}_\lambda$ 的非协调元，本章介绍了两种类型。

一种是 Wilson 类型元，其位移 $\boldsymbol{u}$ 在局部自然坐标（$\xi,\eta$）下具有二次完备性；另一种是 P2 类型元，其位移 $\boldsymbol{u}$ 在整体坐标下具有二次完备性。纵然两类非协调元均通过分片试验，但诸多平面问题的算例表明：Wilson 类型元可以改进位移的计算精度，但所得应力及元内应力分布欠佳；而 P2 类型元不仅能提供较好的位移解，在有些情况下还能提供较好的应力解及应力分布[27]。

4. 利用沿单元边界积分满足协调条件的方法，在网格细分的极限情况下，使非协调位移产生的能量附加项趋于零，最后得到以 $\Pi_P$ 为基础的一系列广义协调元，则是建立保证收敛的非协调元的另一条有效途径，它的自由度少、精度较高，同时不产生锁住现象。

5. 现将第 3、第 4 两章建立的几种协调及非协调轴对称位移元汇总，列于表 4.8。表中还有一种利用最小势能原理建立的非协调位移元 NAQ6[32]，对这种元，为了阐述方便，将在本书 8.2 节进行论述。

**表 4.8　根据 $\Pi_P$ 建立的轴对称位移元**

| 有限元模型 | 变量 | 矩阵方程中的未知数 | 矩阵方法 | 参考文献 |
|---|---|---|---|---|
| 1. 协调的轴对称元 | 位移：$\boldsymbol{u}=\boldsymbol{Nq}$<br>$\boldsymbol{q}$：结点位移 | $\boldsymbol{q}$<br>$\Pi_P(\boldsymbol{q})$ | 位移法<br>$\boldsymbol{Kq}=\boldsymbol{Q}$ | |
| • 3 结点三角形元（LDT） | | | | Clough 和 Rashid[32]（1965）<br>Wilson[33]（1965） |
| • 3 结点三角形元（LDTC） | | | | 钱伟长[34]（1980） |
| • 3 结点三角形元 | | | | 胡海昌和任永坚等[35]（1990） |
| • 4 结点三角形元 | | | | Chacour[36]（1970） |
| • 多结点三角形元 | | | | Argyris 等[1]（1970） |
| • 多结点四边形元 | | | | Zienkiewicz 和 Cheung[14]（1967） |
| 2. 非协调轴对称元 | 协调位移：$\boldsymbol{u}_q=\boldsymbol{Nq}$<br>内部位移：$\boldsymbol{u}_\lambda=\boldsymbol{M\lambda}$<br>$\boldsymbol{q}$：结点位移<br>$\boldsymbol{\lambda}$：广义位移 | $\boldsymbol{q}$<br>$\Pi_P(\boldsymbol{q},\boldsymbol{\lambda})$<br>$\to\Pi_P(\boldsymbol{q})$ | 位移法<br>$\boldsymbol{Kq}=\boldsymbol{Q}$ | Wilson 和 Ibrahimbegovic[28]（1990） |
| • 4 结点非协调广义元（AQACQ6，AQACQ6M） | | | | Guan 和 Chen 等[17]（2007） |
| • 4 结点非协调元（Wilson 类型，P2 类型） | | | | Huang 和 Li[27]（2004） |
| • 4 结点非协调元（NAQ6）① | | | | Chen 和 Cheung[25]（1996） |

① 此元建立在第 8 章论述。

# 参 考 文 献


[1] Argyris J H，Buck K E，Grieger I，et al. Application of the matrix displacement method to the analysis of pressure vessels. Transactions ASME，1970：317-327

[2] 谢贻权，何福保. 弹性及塑性力学中的有限单元法. 北京：机械工业出版社，1981

[3] Zienkiewicz O C. The Finite Element Method in Engineering Science. London：McGraw-Hill，1971

[4] 王勖成，邵敏. 有限单元法基本原理和数值方法. 2 版. 北京：清华大学出版社，1997

[5] Newton R E. Degernation of brick-type isoparametric elements. Int. J. Num. Meth. Engng.，1973，7：579-581

[6] Tong P，Pian T H H，Lasry S J. A hybrid element approach to crack problems in plane Elasticity. Int. J. Num. Meth. Engng.，1973，7：297-308

[7] Kuna M，Zwicke M. A mixed hybrid finite element for three–dimensional elastic crack analysis. Int. J. Fract，1990，45：65-79

[8] Barsoum R S. On the use of isoparametric finite elements in linear fracture mechanics. Int. J. Num. Meth. Engng.，1976，10：25-37

[9] Barasoum R S. Triangular quarter-point elements on elastic and perfectly plastic crack tip element. Int. J. Num. Meth. Engng.，1977，11：85-98

[10] Durocher L L，Gasper A，Rhoades G. A numerical comparison of axisymmetric finite element. Int. J. Num. Meth. Engng.，1978，12：1415-1427

[11] Bijlaard P P. Computation of the stresses from local loads in spherical pressure vessels or pressure vessel heads. Welding Research Conuncil Bulletin，No 34，1957

[12] Pedersen P，Megahed M M. Axisymmetric elements analysis using analytical computing. Comput. & Struc.，1975，5：241-247

[13] Odqvist F K G. Hàllfashetslära. 2nd ed. Stocholm，1961

[14] Zienkiewicz O C，Cheung Y K. The Finite Elements Method in Strtuctural and Continum Mechanics. New York：McGraw-Hill，1967

[15] Pedersen P，Megahed M M. Axisymmetric elements analysis using analytical computing. Comput. & Struc.，1975，5：241-247

[16] Pedersen P，Megahed M M. Axisymmetric element analysis using analytical computing. DCAMM Report No. 66，The Technical University of Denmark，1974

[17] Guan N，Chen S，Chen X. Quadrilateral axisymmetric elements formulated by the area coordinate method. Comput. Mech.，ISCM 2007，2007：1055-1059

[18] 龙驭球，黄民丰. 广义协调等参元. 应用数学与力学，1988，9：871-877
[19] 龙驭球，辛克贵. 广义协调元. 土木工程学报，1987，20：1-14
[20] Long Y Q，Li J X，Long Z F，et al. Area coordinates used in quadrilateral elements. Communications Num. Meth. Engng.，1999，15（8）：533-545
[21] Long Z F，Li J X，Cen S，et al. Some basic formulae for area coordinates used in quadrilateral elements. Communications Num. Meth. Engng.，1999，15（12）：841-852
[22] Chen X M，Chen S，Long Y Q，et al. Membrane elements insensitive to distortion using the quadrilateral area coordinate method. Comput. & Struc.，2004，82（1）：35-54
[23] Cook R D，Malkus D S，Plesha M E. Concepts and Applications of Finite Eement Analysis. 3rd ed. Chichester，England：John Wiley & Sons Inc，1989
[24] Wu C C，Pian T H H. The Nonconforming Numerical Analysis and Hybirid Element Method. Beijing：Science Press，1997
[25] Chen W J，Cheung Y K. The nonconforming element method and refined hybrid element method for axisymmetric solid. Int. Num. Meth. Engng.，1996，39：2509-2529
[26] MacNeal R H，Harder R L. A proposed strandard set of problems to test finite element accuracy. Finite Elements Anal. Des.，1985，1（1）：3-20
[27] Huang Y Q，Li Q S. Four-node incompatible plane and axisymmetric elements with quadritic completeness in the physical space. Int. J. Num. Meth. Engng.，2004，61：1603-1624
[28] Wilson E L，Ibrahimbegovic A. Use of incompatible displacement modes for the calculation of element stiffnesses or stress. J. Finte Element Anal. Des.，1990，7：229-241
[29] Wu C C，Huang Y Q，Ramm E. A further study on incompatible models：revise-stiffness approach and completeness of trial functions. Comput. Meth. Appl. Mech. Engng.，2001，190：5923-5934
[30] Taylor R L，Beresford P J，Wilson E L. A nonconforming element for stress analysis. Int. J. Num. Meth. Engng.，1976，10：1211-1219
[31] Timoshenko S，Goodier J N. Theory of Elasticity. 2nd ed. New York：McGraw-Hill，1951
[32] Clough R W，Rashid Y. Finite element analysis of axisymmetric solids. ASME J.，1965，91（NO EMI）：71-85
[33] Wilson E L. Structural analysis of axisymmetric solids. AIAA J.，1965，3（12）：2269-2274
[34] 钱伟长. 轴对称弹性体的有限元分析. 应用数学与力学，1980，1（1）：23-35
[35] 胡海昌，任永坚，丁浩江. 实体旋转轴对称变形的一种有限元新模式. 力学与实践，1990，2：17-19
[36] Chacour S. A high procison axisymmetric triangular element used in the analysis of hydraulic turbin components. J Basic Engineering，Tran ASME，1970：819-826

# 第 5 章　根据修正的余能原理 $\Pi_{mc}$、$\Pi_{mc}^{(1)}$ 及 Hellinger-Reissner 原理 $\Pi_{mR}$ 建立的轴对称有限元

这一章介绍根据修正的余能原理及 Hellinger-Reissner 原理建立的三种早期杂交应力模式——早期杂交应力元Ⅰ、Ⅱ、Ⅲ，以及根据这三种模式建立的杂交应力轴对称元。

在讨论这些内容之前，先明确有限元的分类。对有限元的分类有两种方法，为避免混淆，这里将依据卞学鐄（Pian T H H）在文献[1]中提到的、1981 年在美国亚特兰大举行的“杂交及混合有限元国际会议”上，Gallagher 建议的方法进行分类，即，**凡用多变量泛函进行列式，最后求解矩阵方程中的未知量仅为结点位移的有限元方法，均称杂交法；而求解方程包含多于一类场变量的方法称为混合法。**

本书中，对多场变量有限元均依照上述统一意见，按其最后矩阵方程中待解未知量的性质进行分类。

## 5.1　修正的余能原理 $\Pi_{mc}$ 及早期杂交应力元Ⅰ

### 5.1.1　最小余能原理

用有限元进行求解时，按第 4 章所述，首先将弹性体离散为许多的单元。现在设想将整个定义域 $V$ 离散成 $N$ 个单元，$V_n$ 为其中第 $n$ 个单元的体积；$S_{\sigma_n}$ 为第 $n$ 个单元的外力已知边界；$S_{u_n}$ 为第 $n$ 个单元的位移已知边界；$S_{ab}$ 为第 $n$ 个单元和其他单元的相邻边界。单元间交界面 $S_{ab}$ 是由于将域离散为有限元时才出现的界面。

对离散后弹性体的最小余能原理为

$$\Pi_c(\boldsymbol{\sigma}^*) = \sum_n \left[\int_{V_n} B(\boldsymbol{\sigma})\mathrm{d}V - \int_{S_{u_n}} \boldsymbol{T}^{\mathrm{T}}\bar{\boldsymbol{u}}\mathrm{d}S\right] = 极小\ (\boldsymbol{T} = \boldsymbol{\nu\sigma}) \tag{5.1.1}$$

$$线性弹性体：B(\boldsymbol{\sigma}) = \frac{1}{2}\boldsymbol{\sigma}^{\mathrm{T}}\boldsymbol{S}\boldsymbol{\sigma}$$

约束条件

$$\boldsymbol{D}^{\mathrm{T}}\boldsymbol{\sigma} + \bar{\boldsymbol{F}} = \boldsymbol{0}\quad（V_n 内） \tag{5.1.2}$$

$$\boldsymbol{\nu\sigma} - \bar{\boldsymbol{T}} = \boldsymbol{0}\quad（S_{\sigma_n} 上） \tag{5.1.3}$$

$$\boldsymbol{T}^{(a)} + \boldsymbol{T}^{(b)} = \boldsymbol{0}\quad（S_{ab} 上） \tag{5.1.4}$$

式（5.1.4）在 $S_{ab}$ 面上约束条件的产生，是当弹性体离散后进行单元求和时出现的，由于最小余能原理要求场变量 $\boldsymbol{\sigma}$ 在整个定义域上满足平衡方程，现将定义域离散为许多单元，在两个相邻单元的交界面上，并不要求应力场连续，但要求由 $\boldsymbol{T}=\boldsymbol{\nu\sigma}$ 定义的边界力必须保持平衡。如图 5.1 所示平面问题，则要求分别作用于两个单元公共边界 $AB$ 上的边界力 $\boldsymbol{T}^{(a)}(s)$ 及 $\boldsymbol{T}^{(b)}(s)$ 需满足**互逆条件（或称平衡条件）**：

$$T_i^{(a)}(s)+T_i^{(b)}(s)=0 \quad (i=1,2) \tag{5.1.5}$$

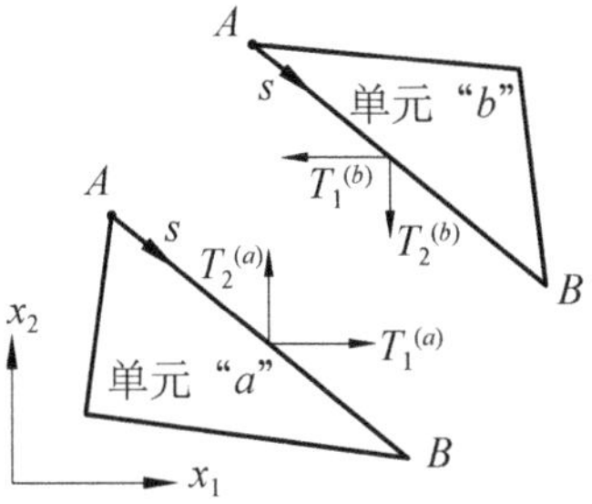


图 5.1　相邻单元交界面上边界力

### 5.1.2　修正的余能原理

现在导出将用到的一种修正的余能原理 $\Pi_{mc}$。

引用两组拉氏乘子 $\boldsymbol{\alpha}$ 及 $\boldsymbol{\beta}$，解除余能原理中外力已知边界条件及元间边界力互逆条件两组约束（式（5.1.3）及（5.1.4）），得到新泛函

$$\begin{aligned}\Pi^*(\boldsymbol{\sigma}^*,\boldsymbol{\alpha},\boldsymbol{\beta})=\Pi_c&+\sum_n\int_{S_{\sigma_n}}\alpha_i(\sigma_{ij}\nu_j-\overline{T}_i)\mathrm{d}S\\&+\sum_{ab}\int_{S_{ab}}\beta_i[T_i^{(a)}+T_i^{(b)}]\mathrm{d}S\end{aligned} \tag{a}$$

这样，只剩下约束条件

$$\sigma_{ij,j}+\overline{F}_i=0 \quad （V_n\text{ 内}） \tag{b}$$

对泛函 $\Pi^*$ 进行变分

$$\begin{aligned}\delta\Pi^*=&\sum_n\left\{\int_{V_n}\frac{\partial B}{\partial\sigma_{ij}}\delta\sigma_{ij}\,\mathrm{d}V-\int_{S_{u_n}}\overline{u}_i\,\delta(\sigma_{ij}\nu_j)\mathrm{d}S\right.\\&\left.+\int_{S_{\sigma_n}}[(\sigma_{ij}\nu_j-\overline{T}_i)\,\delta\alpha_i+\alpha_i\,\delta(\sigma_{ij}\nu_j)]\mathrm{d}S\right\}\\&+\sum_{ab}\int_{S_{ab}}\{[T_i^{(a)}+T_i^{(b)}]\delta\beta_i+\beta_i\,\delta T_i^{(a)}+\beta_i\,\delta T_i^{(b)}\}\mathrm{d}S\\=&0\end{aligned} \tag{c}$$

由式（b）可知

$$\delta\sigma_{ij,j}=0 \tag{d}$$

所以有

$$\int_{V_n} u_i\,\delta\sigma_{ij,j}\mathrm{d}V=0 \tag{e}$$

利用散度定理

$$\begin{aligned}\int_{V_n} u_i\,\delta\sigma_{ij,j}\mathrm{d}V=&-\int_{V_n}\left(\frac{1}{2}u_{i,j}+\frac{1}{2}u_{j,i}\right)\delta\sigma_{ij}\mathrm{d}V\\&+\int_{\partial V_n}u_i\nu_j\,\delta\sigma_{ij}\mathrm{d}S=0\end{aligned} \tag{f}$$

由于$\partial V_n=S_{\sigma_n}\cup S_{u_n}\cup S_{ab}$，同时，对小位移变形弹性体$\nu_j\delta\sigma_{ij}=\delta(\sigma_{ij}\nu_j)$，将式（f）代入式（c），可得

$$\begin{aligned}\delta\Pi^*=\sum_n\Bigg\{&\int_{V_n}\left(\frac{\partial B}{\partial\sigma_{ij}}-\frac{1}{2}u_{i,j}-\frac{1}{2}u_{j,i}\right)\delta\sigma_{ij}\mathrm{d}V\\&+\int_{S_{\sigma_n}}[(\sigma_{ij}\nu_j-\overline{T}_i)\,\delta\alpha_i+(\alpha_i+u_i)\delta(\sigma_{ij}\nu_j)]\,\mathrm{d}S\\&+\int_{S_{u_n}}(u_i-\overline{u}_i)\delta(\sigma_{ij}\nu_j)\,\mathrm{d}S\Bigg\}\\&+\sum_{ab}\int_{S_{ab}}\Big\{[T_i^{(a)}+T_i^{(b)}]\delta\beta_i\\&+[\beta_i+u_i^{(a)}]\,\delta T_i^{(a)}+[\beta_i+u_i^{(b)}]\,\delta T_i^{(b)}\Big\}\mathrm{d}S=0\end{aligned} \tag{g}$$

由于在$V_n$内的$\delta\sigma_{ij}$，在$S_{\sigma_n}$上的$\delta\alpha_i$及$\delta(\sigma_{ij}\nu_j)$，在$S_{u_n}$上的$\delta(\sigma_{ij}\nu_j)$，以及在$S_{ab}$上的$\delta\beta_i$、$\delta T_i^{(a)}$及$\delta T_i^{(b)}$均为独立变分，所以由式（g）及应用了应力-应变关系式后，得到如下欧拉方程及自然边界条件，同时，也得到识别的拉氏乘子：

$V_n$ 内
$$\varepsilon_{ij}=\frac{1}{2}(u_{i,j}+u_{j,i}) \tag{h}$$

$S_{u_n}$ 上
$$u_i=\overline{u}_i \tag{i}$$

$S_{\sigma_n}$ 上
$$\sigma_{ij}\nu_j-\overline{T}_i=0 \tag{j}$$
$$\alpha_i=-u_i \tag{k}$$

$S_{ab}$ 上
$$T_i^{(a)}+T_i^{(b)}=0 \tag{l}$$
$$\beta_i=-u_i^{(a)}=-u_i^{(b)} \tag{m}$$

所以有

$$u_i^{(a)}=u_i^{(b)}\quad（S_{ab}\text{上}） \tag{n}$$

将由式（k）及（m）识别的拉氏乘子$\boldsymbol{\alpha}$及$\boldsymbol{\beta}$代回原泛函$\Pi^*$，同时考虑到$\Pi^*$

的最后一项现在为

$$\sum_{ab}\int_{S_{ab}}\beta_i[T_i^{(a)}+T_i^{(b)}]\mathrm{d}S=-\sum_{ab}\int_{S_{ab}}[u_i^{(a)}T_i^{(a)}+u_i^{(b)}T_i^{(b)}]\mathrm{d}S \qquad \text{(o)}$$

可将以上积分的两项，分别归并至单元“ $a$ ”与单元“ $b$ ”各自的求和式中，于是得到泛函 $\Pi_{mc}$

$$\begin{aligned}\Pi_{mc}(\boldsymbol{\sigma}^*,\boldsymbol{u})=\sum_n\Bigg[&\int_{V_n}B(\sigma)\,\mathrm{d}V-\int_{S_{u_n}}T_i\,\overline{u}_i\,\mathrm{d}S\\&-\int_{S_{\sigma_n}}(T_i-\overline{T}_i)u_i\,\mathrm{d}S-\int_{S_{ab}}u_i\,T_i\mathrm{d}S\Bigg]\quad (T_i=\sigma_{ij}\nu_j)\end{aligned} \qquad \text{(p)}$$

由于此式中的位移 $\boldsymbol{u}$ 只在单元边界上选取，记为 $\tilde{\boldsymbol{u}}$ ，代表单元**边界上**的位移。从而得到第一种修正的余能原理。

$$\begin{aligned}\Pi_{mc}(\boldsymbol{\sigma}^*,\tilde{\boldsymbol{u}})=\sum_n\Bigg[&\int_{V_n}\boldsymbol{B}(\sigma)\,\mathrm{d}V-\int_{\partial V_n}\boldsymbol{T}^{\mathrm{T}}\tilde{\boldsymbol{u}}\,\mathrm{d}S+\int_{S_{\sigma_n}}\overline{\boldsymbol{T}}^{\mathrm{T}}\tilde{\boldsymbol{u}}\,\mathrm{d}S\Bigg]\\&=\text{驻值}\qquad\qquad (\boldsymbol{T}=\boldsymbol{\nu}\boldsymbol{\sigma})\end{aligned} \qquad (5.1.6)$$

约束条件

$$\boldsymbol{D}^{\mathrm{T}}\boldsymbol{\sigma}^*+\overline{\boldsymbol{F}}=\boldsymbol{0} \qquad (V_n\text{ 内}) \qquad (5.1.7)$$

$$\tilde{\boldsymbol{u}}=\overline{\boldsymbol{u}} \qquad (S_{u_n}\text{ 上}) \qquad (5.1.8)$$

后一组约束条件（式（5.1.8）），系将泛函式（p）简化为式（5.1.6）时得出。

这个变分原理具有两类独立的场变量：单元内部的应力 $\boldsymbol{\sigma}^*$ 及定义在**单元边界**上的位移 $\tilde{\boldsymbol{u}}$ 。该变分原理在变分时，要求所选择的 $\boldsymbol{\sigma}^*$ 满足平衡方程（**用带星号的** $\boldsymbol{\sigma}^*$ **表示满足平衡方程的应力**），选择的 $\tilde{\boldsymbol{u}}$ 需满足位移已知边界条件。其变分的结果满足应变-位移方程、外力已知表面上的边界条件、单元交界面 $S_{ab}$ 上的位移协调条件 $\boldsymbol{u}^{(a)}=\boldsymbol{u}^{(b)}$ 及边界力互逆条件 $\boldsymbol{T}^{(a)}+\boldsymbol{T}^{(b)}=\boldsymbol{0}$ 。再加上已应用的应力-应变关系，所以满足弹性理论全部基本方程，是弹性理论问题的正确解。

### 5.1.3　早期杂交应力元 I

杂交应力元为卞学鐄早在 1964 年所创立的，他建议利用最小余能原理建立单元刚度矩阵[2, 3]，以避免构造 $C_1$ 阶连续性板、壳元所遇到的困难。后来，这个方法又发展至在整个定义域上用修正余能原理进行列式，同时计入分布的体积力[4, 5]，使之更为完整。

正如前所述，有限元方法起始是基于最小势能原理的单场变量假定位移元，杂交应力元的创立，最先打开了多场变量有限元方法的大门，为有限元学科的发展开辟了广阔的新天地。

早期建立的杂交应力元有三类，现在先讨论第 I 类早期杂交应力元。

1. 早期杂交应力元 I 的单元列式

选取

$$\boxed{\begin{aligned}&\boldsymbol{\sigma}^{*}=\boldsymbol{P\beta}+\boldsymbol{P}_F\boldsymbol{\beta}_F\\&\tilde{\boldsymbol{u}}=\boldsymbol{Lq}\end{aligned}} \tag{5.1.9}$$

式中，$\boldsymbol{\sigma}^{*}$ 是平衡应力场；$\boldsymbol{P\beta}$ 为满足齐次平衡方程的一组通解；$\boldsymbol{P}_F\boldsymbol{\beta}_F$ 为与体积力等有关的一组特解；$\boldsymbol{L}$ 为单元边界面上位移插值函数；$\boldsymbol{q}$ 是待定位移参数，一般选为广义结点位移。

由应力 $\boldsymbol{\sigma}^{*}$ 求出边界力 $\boldsymbol{T}$

$$\boldsymbol{T}=\boldsymbol{\nu}\boldsymbol{\sigma}^{*}=\boldsymbol{R\beta}+\boldsymbol{R}_F\boldsymbol{\beta}_F \tag{q}$$

式中

$$\begin{aligned}\boldsymbol{R}&=\boldsymbol{\nu}\boldsymbol{P}\\\boldsymbol{R}_F&=\boldsymbol{\nu}\boldsymbol{P}_F\end{aligned} \tag{r}$$

将式（5.1.9）代入泛函（5.1.6），同时利用上式及线弹性体 $B(\boldsymbol{\sigma})=\dfrac{1}{2}\boldsymbol{\sigma}^{\mathrm{T}}\boldsymbol{S\sigma}$，可得

$$\Pi_{mc}(\boldsymbol{\beta},\boldsymbol{q})=\sum_{n}\left(\frac{1}{2}\boldsymbol{\beta}^{\mathrm{T}}\boldsymbol{H\beta}+\boldsymbol{\beta}^{\mathrm{T}}\boldsymbol{H}_F\boldsymbol{\beta}_F-\boldsymbol{\beta}^{\mathrm{T}}\boldsymbol{Gq}+\boldsymbol{S}^{\mathrm{T}}\boldsymbol{q}+\boldsymbol{B}_n\right) \tag{s}$$

式中

$$\begin{aligned}&\boldsymbol{H}=\int_{V_n}\boldsymbol{P}^{\mathrm{T}}\boldsymbol{SP}\mathrm{d}V &&\boldsymbol{H}_F=\int_{V_n}\boldsymbol{P}^{\mathrm{T}}\boldsymbol{SP}_F\,\mathrm{d}V\\&\boldsymbol{G}=\int_{\partial V_n}\boldsymbol{R}^{\mathrm{T}}\boldsymbol{L}\,\mathrm{d}S &&\boldsymbol{G}_F=\int_{\partial V_n}\boldsymbol{R}_F^{\mathrm{T}}\boldsymbol{L}\,\mathrm{d}S\\&\boldsymbol{S}^{\mathrm{T}}=-\boldsymbol{\beta}_F^{\mathrm{T}}\boldsymbol{G}_F+\int_{S_{\sigma_n}}\overline{\boldsymbol{T}}^{\mathrm{T}}\boldsymbol{L}\,\mathrm{d}S\\&\boldsymbol{B}_n=\frac{1}{2}\boldsymbol{\beta}_F^{\mathrm{T}}\left(\int_{V_n}\boldsymbol{P}_F^{\mathrm{T}}\boldsymbol{SP}_F\,\mathrm{d}V\right)\boldsymbol{\beta}_F\end{aligned} \tag{t}$$

由于各个单元的 $\boldsymbol{\sigma}^{*}$ 彼此独立，所以在单元上将 $\boldsymbol{\beta}$ 并缩掉

$$\frac{\partial\Pi_{mc}}{\partial\boldsymbol{\beta}}=\boldsymbol{0},\quad \boldsymbol{H\beta}+\boldsymbol{H}_F\boldsymbol{\beta}_F-\boldsymbol{Gq}=\boldsymbol{0} \tag{u}$$

解得

$$\boldsymbol{\beta}=\boldsymbol{H}^{-1}(\boldsymbol{Gq}-\boldsymbol{H}_F\boldsymbol{\beta}_F) \tag{v}$$

代回泛函得到

$$\Pi_{mc}(\boldsymbol{q})=-\sum_{n}\left(\frac{1}{2}\boldsymbol{q}^{\mathrm{T}}\boldsymbol{k}\,\boldsymbol{q}-\boldsymbol{q}^{\mathrm{T}}\overline{\boldsymbol{Q}}_n+\boldsymbol{C}_n\right) \tag{w}$$

式中，$\boldsymbol{k}$ 及 $\overline{\boldsymbol{Q}}_n$ 分别为单元的刚度矩阵及等效结点载荷；$\boldsymbol{C}_n$ 为常数阵。

$$
\begin{aligned}
&\boldsymbol{k}=\boldsymbol{G}^{\mathrm{T}}\boldsymbol{H}^{-1}\boldsymbol{G}\\
&\overline{\boldsymbol{Q}}_n=\boldsymbol{G}^{\mathrm{T}}\boldsymbol{H}^{-1}\boldsymbol{H}_F\boldsymbol{\beta}_F+\boldsymbol{S}\\
&\boldsymbol{C}_n=\frac{1}{2}\boldsymbol{\beta}_F^{\mathrm{T}}\boldsymbol{H}_F^{\mathrm{T}}\boldsymbol{H}^{-1}\boldsymbol{H}_F\boldsymbol{\beta}_F-\boldsymbol{B}_n=\text{常数阵}
\end{aligned}
\tag{5.1.10}
$$

由 $\mathrm{d}\Pi_{mc}(\boldsymbol{q})=\boldsymbol{0}$ 得待解方程

$$
\boldsymbol{Kq}=\boldsymbol{Q}\quad\left(\boldsymbol{K}=\sum_n\boldsymbol{k},\ \ \boldsymbol{Q}=\sum_n\overline{\boldsymbol{Q}}_n\right)\tag{5.1.11}
$$

利用位移已知表面上边界条件，由上式解得 $\boldsymbol{q}$，代回式（v）可得 $\boldsymbol{\beta}$，再利用式（5.1.9）得到应力 $\boldsymbol{\sigma}^*$。

总结以上讨论，当不考虑体积力时，杂交应力元Ⅰ的单元刚度矩阵，按照以下步骤求得

$$
\left\{\begin{aligned}&\boldsymbol{\sigma}^*=\boldsymbol{P\beta}\\&\left.\begin{aligned}\boldsymbol{T}=\boldsymbol{\nu P\beta}=\boldsymbol{R\beta}\\\tilde{\boldsymbol{u}}=\boldsymbol{Lq}\end{aligned}\right\}\end{aligned}\right.
\begin{aligned}\longrightarrow\\\longrightarrow\end{aligned}
\left\{\begin{aligned}&\boldsymbol{H}=\int_{V_n}\boldsymbol{P}^{\mathrm{T}}\boldsymbol{SP}\,\mathrm{d}V\\&\boldsymbol{G}=\int_{\partial V_n}\boldsymbol{R}^{\mathrm{T}}\boldsymbol{L}\,\mathrm{d}S\end{aligned}\right.
\longrightarrow\boldsymbol{k}=\boldsymbol{G}^{\mathrm{T}}\boldsymbol{H}^{-1}\boldsymbol{G}\tag{x}
$$

2. 几点说明

（1）由以上讨论可知，杂交应力元Ⅰ具有两类独立的场变量：元内满足平衡条件的应力场 $\boldsymbol{\sigma}^*$，以及元上满足位移已知边界条件的位移场 $\tilde{\boldsymbol{u}}$，它最后的待解方程是以结点位移 $\boldsymbol{q}$ 为未知量的矩阵位移法，所以是一种**杂交元**。

由于现在的杂交元是在单元内假定应力场，因此，这种杂交元称为**杂交应力元**（hybrid stress element），或者称为**假定应力杂交元**（assumed stress hybrid element），它是早期建立的三种杂交应力元的一种，现称其为早期杂交应力元Ⅰ。

（2）建立早期杂应应力元Ⅰ，关键在于适当地选择元内应力场及边界位移场，并使两类独立的场变量 $\boldsymbol{\sigma}^*$ 及 $\tilde{\boldsymbol{u}}$ 相互匹配。换而言之，应力参数 $\boldsymbol{\beta}$ 与结点位移 $\boldsymbol{q}$ 之间应取一种合理的配合，以提高单元的求解精度。

## 5.2　Hellinger-Reissner 原理及早期杂交应力元Ⅱ

### 5.2.1　变分泛函

Hellinger-Reissner 广义变分原理有两种表达式

$$
\begin{aligned}
\Pi_{\mathrm{HR}}(\boldsymbol{\sigma},\boldsymbol{u})=&\int_V[-B(\boldsymbol{\sigma})+\boldsymbol{\sigma}^{\mathrm{T}}(\boldsymbol{Du})-\overline{\boldsymbol{F}}^{\mathrm{T}}\boldsymbol{u}]\mathrm{d}V-\int_{S_\sigma}\overline{\boldsymbol{T}}^{\mathrm{T}}\boldsymbol{u}\,\mathrm{d}S\\
&-\int_{S_u}\boldsymbol{T}^{\mathrm{T}}(\boldsymbol{u}-\overline{\boldsymbol{u}})\,\mathrm{d}S=\text{驻值}\quad(\boldsymbol{T}=\boldsymbol{\nu\sigma})
\end{aligned}
\tag{5.2.1}
$$

或

$$\Pi_{\mathrm{HR}}^{1}(\boldsymbol{\sigma},\boldsymbol{u})=\int_{V}[-B(\boldsymbol{\sigma})-(\boldsymbol{D}^{\mathrm{T}}\boldsymbol{\sigma}+\bar{\boldsymbol{F}})^{\mathrm{T}}\boldsymbol{u}]\mathrm{d}V+\int_{S_u}\boldsymbol{T}^{\mathrm{T}}\bar{\boldsymbol{u}}\,\mathrm{d}S+\int_{S_\sigma}(\boldsymbol{T}-\bar{\boldsymbol{T}})^{\mathrm{T}}\boldsymbol{u}\,\mathrm{d}S=\text{驻值}\quad(\boldsymbol{T}=\boldsymbol{\nu}\boldsymbol{\sigma}) \tag{5.2.2}$$

当物体离散为 $N$ 个有限元时，与式（5.2.1）相应的泛函及约束条件为

$$\Pi_{\mathrm{HR}}(\boldsymbol{\sigma},\boldsymbol{u})=\sum_{n}\left\{\int_{V_n}[-B(\boldsymbol{\sigma})+\boldsymbol{\sigma}^{\mathrm{T}}(\boldsymbol{D}\boldsymbol{u})-\bar{\boldsymbol{F}}^{\mathrm{T}}\boldsymbol{u}]\mathrm{d}V-\int_{S_{\sigma_n}}\bar{\boldsymbol{T}}^{\mathrm{T}}\boldsymbol{u}\,\mathrm{d}S-\int_{S_{u_n}}\boldsymbol{T}^{\mathrm{T}}(\boldsymbol{u}-\bar{\boldsymbol{u}})\mathrm{d}S\right\}=\text{驻值}\quad(\boldsymbol{T}=\boldsymbol{\nu}\boldsymbol{\sigma}) \tag{5.2.3}$$

约束条件可取以下三者之一：

（1）$\boldsymbol{u}^{(a)}=\boldsymbol{u}^{(b)}$

（2）$\boldsymbol{\sigma}^{(a)}=\boldsymbol{\sigma}^{(b)}$　　（$S_{ab}$ 上）　　（5.2.4）

（3）部分 $\boldsymbol{\sigma}^{(a)}$ = 部分 $\boldsymbol{\sigma}^{(b)}$

另一部分 $\boldsymbol{u}^{(a)}$ = 另一部分 $\boldsymbol{u}^{(b)}$

以上约束条件的产生是由于，用泛函 $\Pi_{\mathrm{HR}}$（式（5.2.3））进行有限元列式时，可以同时选择应力 $\boldsymbol{\sigma}$ 及位移 $\boldsymbol{u}$，这时，所选择的 $\boldsymbol{\sigma}$ 无须事先满足平衡方程，但它必须使泛函有定义，如以 $\boldsymbol{I}$ 代表式（5.2.3）等号右侧的第二项积分

$$\boldsymbol{I}=\int_{V_n}\boldsymbol{\sigma}^{\mathrm{T}}(\boldsymbol{D}\boldsymbol{u})\,\mathrm{d}V \tag{a}$$

为使积分 $\boldsymbol{I}$ 有界，可以选取两相邻单元交界处的位移协调，而相应的应力不必连续；也可以选取两个单元的应力在交界处连续，而位移不连续；当然，也可以让部分应力连续，另一部分位移协调，以达到式（a）可积的目的。

同样，当利用式（5.2.2）进行有限元列时，其泛函也可以写为

$$\Pi_{\mathrm{HR}}^{1}(\boldsymbol{u},\boldsymbol{\sigma})=\sum_{n}\left\{\int_{V_n}[-B(\boldsymbol{\sigma})-(\boldsymbol{D}^{\mathrm{T}}\boldsymbol{\sigma}+\bar{\boldsymbol{F}})^{\mathrm{T}}\boldsymbol{u}]\mathrm{d}V+\int_{S_{u_n}}\boldsymbol{T}^{\mathrm{T}}\bar{\boldsymbol{u}}\,\mathrm{d}S+\int_{S_{\sigma_n}}(\boldsymbol{T}-\bar{\boldsymbol{T}})^{\mathrm{T}}\boldsymbol{u}\,\mathrm{d}S\right\}=\text{驻值}\quad(\boldsymbol{T}=\boldsymbol{\nu}\boldsymbol{\sigma}) \tag{5.2.5}$$

### 5.2.2　有限元列式

用 $\Pi_{\mathrm{HR}}$ 进行有限元列式时，由于单元间应力 $\boldsymbol{\sigma}$ 与位移 $\boldsymbol{u}$ 选择的连续条件不同，有限元列式可以完全不同。这里讨论的列式方法是基于元间位移连续，而应力是完全独立的情况[3, 6, 7]。

选取

$$\boxed{\begin{aligned}\boldsymbol{u}&=\boldsymbol{N}\boldsymbol{q}\\ \boldsymbol{\sigma}&=\boldsymbol{P}\boldsymbol{\beta}\end{aligned}} \tag{5.2.6}$$

式中，$\boldsymbol{q}$ 为广义结点位移；$\boldsymbol{\beta}$ 为应力参数。

这样选择的位移，沿两个单元相邻边界满足协调条件

$$\boldsymbol{u}^{(a)}=\boldsymbol{u}^{(b)}\quad（S_{ab}\text{ 上}） \tag{b}$$

同时假定 $\boldsymbol{u}$ 满足位移边界条件

$$\boldsymbol{u}=\bar{\boldsymbol{u}}\qquad（S_{u_n}\text{ 上}） \tag{c}$$

而应力 $\boldsymbol{\sigma}$ 不满足平衡条件。

将式（5.2.6）代入式（5.2.3），同时利用式（c），对线弹性体可得

$$\Pi_{\text{HR}}(\boldsymbol{q},\boldsymbol{\beta})=\sum_n\left(-\frac{1}{2}\boldsymbol{\beta}^{\text{T}}\boldsymbol{H}\boldsymbol{\beta}+\boldsymbol{\beta}^{\text{T}}\boldsymbol{G}\boldsymbol{q}-\boldsymbol{Q}_n^{\text{T}}\boldsymbol{q}\right) \tag{d}$$

其中

$$\begin{aligned}\boldsymbol{H}&=\int_{V_n}\boldsymbol{P}^{\text{T}}\boldsymbol{S}\boldsymbol{P}\,\mathrm{d}V\\ \boldsymbol{G}&=\int_{V_n}\boldsymbol{P}^{\text{T}}\boldsymbol{B}\,\mathrm{d}V\quad(\boldsymbol{B}=\boldsymbol{D}\boldsymbol{N})\\ \boldsymbol{Q}_n^{\text{T}}&=\int_{V_n}\bar{\boldsymbol{F}}^{\text{T}}\boldsymbol{N}\,\mathrm{d}V+\int_{S_{\sigma_n}}\bar{\boldsymbol{T}}^{\text{T}}\boldsymbol{N}\mathrm{d}S\end{aligned} \tag{5.2.7}$$

由于在 $S_{u_n}$ 上已满足位移已知边界条件式（c），所以泛函（5.2.3）中右侧的积分 $\int_{S_{u_n}}\boldsymbol{T}^{\text{T}}(\boldsymbol{u}-\bar{\boldsymbol{u}})\,\mathrm{d}S$ 为零。

在元上并缩掉参数 $\boldsymbol{\beta}$

$$\frac{\partial\Pi_{\text{HR}}}{\partial\boldsymbol{\beta}}=\boldsymbol{0},\quad\boldsymbol{\beta}=\boldsymbol{H}^{-1}\boldsymbol{G}\boldsymbol{q} \tag{5.2.8}$$

代回式（d），得到

$$\Pi_{\text{HR}}(\boldsymbol{q})=\sum_n\left(\frac{1}{2}\boldsymbol{q}^{\text{T}}\boldsymbol{k}\,\boldsymbol{q}-\boldsymbol{Q}_n^{\text{T}}\boldsymbol{q}\right) \tag{e}$$

其中，单元刚度矩阵 $\boldsymbol{k}$ 为

$$\boldsymbol{k}=\boldsymbol{G}^{\text{T}}\boldsymbol{H}^{-1}\boldsymbol{G} \tag{5.2.9}$$

由下式得到待解方程

$$\frac{\partial\Pi_{\text{HR}}}{\partial\boldsymbol{q}}=\boldsymbol{0},\quad\boldsymbol{K}\boldsymbol{q}=\boldsymbol{Q}\quad(\boldsymbol{K}=\sum_n\boldsymbol{k}) \tag{5.2.10}$$

可见，这种方法最终也归结为求解以结点位移 $\boldsymbol{q}$ 为未知数的刚度矩阵法。因而，这种有限元也是**一种杂交应力元**。

当利用上式解得结点位移 $\boldsymbol{q}$ 后，代入式（5.2.8）求得 $\boldsymbol{\beta}$，再利用式（5.2.6）则求得 $\boldsymbol{u}$ 及 $\boldsymbol{\sigma}$。

以上列式中，如应力分量选取为非耦合形式

$$\boldsymbol{P}=\begin{bmatrix}\boldsymbol{P}_1 & & & \boldsymbol{0}\\ & \boldsymbol{P}_2 & & \\ & & \ddots & \\ \boldsymbol{0} & & & \boldsymbol{P}_6\end{bmatrix} \tag{f}$$

则 $\boldsymbol{H}$ 阵成为

$$\boldsymbol{H}=\begin{bmatrix}\boldsymbol{H}_1 & & & \boldsymbol{0}\\ & \boldsymbol{H}_2 & & \\ & & \ddots & \\ \boldsymbol{0} & & & \boldsymbol{H}_6\end{bmatrix} \tag{g}$$

以及

$$\boldsymbol{H}^{-1}=\begin{bmatrix}\boldsymbol{H}_1^{-1} & & & \boldsymbol{0}\\ & \boldsymbol{H}_2^{-1} & & \\ & & \ddots & \\ \boldsymbol{0} & & & \boldsymbol{H}_6^{-1}\end{bmatrix} \tag{h}$$

这样，将大大简化式（5.2.9）中 $\boldsymbol{H}$ 阵取逆的计算量。

如利用在 $S_{ab}$ 上部分满足位移连续及部分满足应力连续的约束条件进行列式，则得到不同形式的有限元方程。

### 5.2.3 几点注意事项

1. 以上依照式（5.2.3）进行有限元列式，是基于对假定应力场 $\boldsymbol{\sigma}$ 没有约束。

依照上述方法，当选择的位移场 $\boldsymbol{u}$ 满足元间协调及位移已知边界条件时：

$$\begin{aligned}&\boldsymbol{u}^{(a)}=\boldsymbol{u}^{(b)} \quad （S_{ab}\text{ 上}）\\ &\boldsymbol{u}=\overline{\boldsymbol{u}} \qquad\quad （S_{u_n}\text{ 上}）\end{aligned} \tag{i}$$

如果所选择的应力场 $\boldsymbol{\sigma}$ 及位移场 $\boldsymbol{u}$ 同时还满足弹性理论协调方程，也就是说，选取足够的应力项，使得 $\boldsymbol{S\sigma}$ 能包括所有的应变项 $\boldsymbol{Du}$，满足协调方程

$$\boldsymbol{S\sigma}=\boldsymbol{Du} \tag{j}$$

**此外对应力再无限制时**，由 $\Pi_{\mathrm{HR}}$ 导出的单元刚度矩阵当不计体积力及表面力时，式（5.2.3）成为

$$
\begin{aligned}
\Pi_{\mathrm{HR}} &= \int_{V_n}\left[-\frac{1}{2}\boldsymbol{\sigma}^{\mathrm{T}}\boldsymbol{S}\boldsymbol{\sigma}+\boldsymbol{\sigma}^{\mathrm{T}}(\boldsymbol{D}\boldsymbol{u})\right]\mathrm{d}V \\
&= \int_{V_n}\frac{1}{2}\boldsymbol{\sigma}^{\mathrm{T}}(\boldsymbol{D}\boldsymbol{u})\mathrm{d}V=\int_{V_n}\frac{1}{2}(\boldsymbol{D}\boldsymbol{u})^{\mathrm{T}}\boldsymbol{C}(\boldsymbol{D}\boldsymbol{u})\mathrm{d}V \\
&= \frac{1}{2}\boldsymbol{q}^{\mathrm{T}}\boldsymbol{k}\boldsymbol{q}
\end{aligned} \tag{k}
$$

其中

$$
\boldsymbol{k}=\int_{V_n}(\boldsymbol{D}\boldsymbol{N})^{\mathrm{T}}\boldsymbol{C}(\boldsymbol{D}\boldsymbol{N})\mathrm{d}V \tag{l}
$$

可见，其单元刚度阵和利用最小势能原理 $\Pi_p$ 所建立的单元刚度阵恒等。

这个事实表明：**由 $\Pi_{\mathrm{HR}}$ 建立的单元，当元内假定应力场不受平衡方程约束时，将导致与位移元同样结果——这就是 Fraeijs de Veubeke 所指出的极限原则（limitation principle）**[8]。

2. 如所选位移场除满足条件式（i）外，同时应力 $\boldsymbol{\sigma}$ 还满足平衡方程

$$
\boldsymbol{D}^{\mathrm{T}}\boldsymbol{\sigma}+\bar{\boldsymbol{F}}=\boldsymbol{0}\quad（V_n\text{内}） \tag{m}
$$

利用散度定理

$$
\int_{V_n}\boldsymbol{\sigma}^{\mathrm{T}}(\boldsymbol{D}\boldsymbol{u})\mathrm{d}V=-\int_{V_n}(\boldsymbol{D}^{\mathrm{T}}\boldsymbol{\sigma})^{\mathrm{T}}\boldsymbol{u}\,\mathrm{d}V+\int_{\partial V_n}\boldsymbol{T}^{\mathrm{T}}\boldsymbol{u}\,\mathrm{d}S\quad(\boldsymbol{T}=\boldsymbol{\nu}\boldsymbol{\sigma}) \tag{n}
$$

则式（5.2.3）成为

$$
\begin{aligned}
\Pi_{\mathrm{HR}} &= \sum_n\int_{V_n}-B(\boldsymbol{\sigma})\,\mathrm{d}V+\int_{\partial V_n}\boldsymbol{T}^{\mathrm{T}}\boldsymbol{u}\,\mathrm{d}S-\int_{S_{\sigma_n}}\bar{\boldsymbol{T}}^{\mathrm{T}}\boldsymbol{u}\,\mathrm{d}S \\
&= -\Pi_{mc} \qquad\qquad (\boldsymbol{T}=\boldsymbol{\nu}\boldsymbol{\sigma})
\end{aligned} \tag{o}
$$

可见，对于 $\Pi_{\mathrm{HR}}$ ，如所选的位移 $\boldsymbol{u}$ 满足元间协调条件及位移已知边界条件；由单元内部位移 $\boldsymbol{u}$ 得到的单元边界位移，与 $\Pi_{mc}$ 的边界位移 $\tilde{\boldsymbol{u}}$ 相同；同时，所选应力 $\boldsymbol{\sigma}$ 还满足平衡方程，则由 $\Pi_{\mathrm{HR}}$ 所导出的单元刚度阵 $\boldsymbol{k}$ ，与 $\Pi_{mc}$ 的 $\boldsymbol{k}$ 恒等。

这种应力 $\boldsymbol{\sigma}$ 满足平衡方程，根据 $\Pi_{\mathrm{HR}}$ 所构造的杂交应力元，称为**早期杂交应力元**Ⅱ。它与 $\Pi_{mc}$ 列式的区别在于，$\Pi_{\mathrm{HR}}$ 是在单元**内部**选择协调的位移场 $\boldsymbol{u}$ ，而 $\Pi_{mc}$ 则是在单元**边界**上选择协调的位移场 $\tilde{\boldsymbol{u}}$ 。

**例 1** 利用 $\Pi_{\mathrm{HR}}$ 与 $\Pi_{mc}$ 构造平面 4 结点矩形杂交应力元

单元形状及结点位移如图 5.2 所示。$x$、$y$ 为整体坐标；$\xi$、$\eta$ 为局部等参坐标。

（1）$\boldsymbol{\sigma}$ 选择

根据 $\Pi_{\mathrm{HR}}$ 与 $\Pi_{mc}$ 构造杂交应力元时，所选单元假定应力 $\boldsymbol{\sigma}$ 均需满足平衡方程，当不计及体积力时，$\boldsymbol{\sigma}$ 可选为

$$\boldsymbol{\sigma}=\begin{Bmatrix}\sigma_x\\ \sigma_y\\ \tau_{xy}\end{Bmatrix}=\begin{bmatrix}1&0&0&y&0&x&0\\0&1&0&0&x&0&y\\0&0&1&0&0&-y&-x\end{bmatrix}\begin{Bmatrix}\beta_1\\ \vdots\\ \beta_7\end{Bmatrix}=\boldsymbol{P\beta} \tag{p}$$

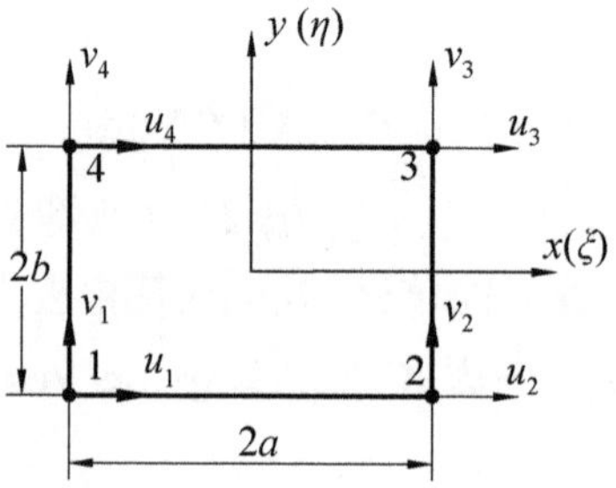


图 5.2　4 结点矩形平面元

此时应力参数$\beta$的数目为 7，大于所需最小数$(\beta_{\min}=5)$[①]；同时$\boldsymbol{\sigma}$（式（p））满足齐次平衡方程：

$$\boldsymbol{D}^{\mathrm{T}}\boldsymbol{\sigma}=\boldsymbol{0} \tag{q}$$

（2）位移选择

依据$\varPi_{mc}$及$\varPi_{\mathrm{HR}}$进行单元列式的区别在于，由$\varPi_{mc}$列式需选择协调的边界位移场$\tilde{\boldsymbol{u}}$

$$\tilde{\boldsymbol{u}}=\begin{Bmatrix}\tilde{\boldsymbol{u}}_{12}\\ \vdots\\ \tilde{\boldsymbol{u}}_{41}\end{Bmatrix}=\boldsymbol{Lq} \tag{r}$$

如沿边 12，可选取

$$\tilde{\boldsymbol{u}}_{12}=\begin{Bmatrix}\tilde{u}_{12}\\ \tilde{v}_{12}\end{Bmatrix}=\begin{bmatrix}\dfrac{1-\xi}{2}&0&\dfrac{1+\xi}{2}&0\\ 0&\dfrac{1-\xi}{2}&0&\dfrac{1+\xi}{2}\end{bmatrix}\begin{Bmatrix}u_1\\ v_1\\ u_2\\ v_2\end{Bmatrix} \tag{s}$$

同理，可得到其余三个边的边界位移$\tilde{\boldsymbol{u}}_{23}$、$\tilde{\boldsymbol{u}}_{34}$、$\tilde{\boldsymbol{u}}_{41}$。这时计算单元刚度矩阵中的$\boldsymbol{G}$阵，是沿 4 个侧表面进行积分

$$\boldsymbol{G}=\int_{\partial V_n}\boldsymbol{R}^{\mathrm{T}}\boldsymbol{L}\,\mathrm{d}S\ （表面积分） \tag{t}$$

① 此问题将在 5.4 节说明。

而由 $\Pi_{\mathrm{HR}}$ 列式，是在单元内部选择协调的位移场 $\boldsymbol{u}$ ，即

$$\boldsymbol{u}=\begin{Bmatrix} u \\ v \end{Bmatrix}=\frac{1}{4}\sum_{i=1}^{4}(1+\xi_i\xi)(1+\eta_i\eta)\begin{Bmatrix} u_i \\ v_i \end{Bmatrix}=\boldsymbol{N}\boldsymbol{q} \tag{u}$$

计算单刚中的 $\boldsymbol{G}$ 阵只需一个简单的体积分

$$\boldsymbol{G}=\int_{V_n}\boldsymbol{P}^{\mathrm{T}}(\boldsymbol{D}\boldsymbol{N})\,\mathrm{d}V \quad（体积分） \tag{v}$$

现在，由式（u）求得沿单元四个边界的位移，与 $\Pi_{mc}$ 的边界位移 $\tilde{\boldsymbol{u}}$ （式（s））相同，所以此例由 $\Pi_{\mathrm{HR}}$ 与 $\Pi_{mc}$ 分别算得的单刚 $\boldsymbol{k}$ 相等。

显然，$\Pi_{\mathrm{HR}}$ 中 $\boldsymbol{G}$ 阵的计算要比 $\Pi_{mc}$ 简便。尤其是对一个三维元，$\Pi_{\mathrm{HR}}$ 中的 $\boldsymbol{G}$ 阵只需计算一个体积分（式（v）），而 $\Pi_{mc}$ 的 $\boldsymbol{G}$ 阵则要计算 6 个面积分（式（t）），从这一点看，用 $\Pi_{\mathrm{HR}}$ 构造杂交应力元要比用 $\Pi_{mc}$ 节省 CPU 时间。但是有利就有弊，$\Pi_{\mathrm{HR}}$ 要求在单元内部选择位移场，这个位移场同时还需满足单元边界协调条件，对一般 $\mathrm{C}_0$ 阶元，应用等参变换达到此目的并不难；但对板、壳等 $\mathrm{C}_1$ 阶元，建立协调的位移场则非易事。而用 $\Pi_{mc}$ 来构造 $\mathrm{C}_1$ 阶杂交应力元，仅要求位移沿单元边界协调，选择这样的位移，就容易多了。

## 5.3　早期杂交应力元小结

### 5.3.1　两种早期杂交应力元

前面阐述了根据修正的余能原理，建立的一种早期杂交应力元，即，根据泛函 $\Pi_{mc}(\boldsymbol{\sigma}^*,\boldsymbol{u})$ 建立的杂交应力元 I，及根据泛函 $\Pi_{\mathrm{HR}}(\boldsymbol{\sigma}^*,\boldsymbol{u})$ 建立了杂交应力元 II，现将这两种早期杂交应力模式汇总，列于表 5.1，以资比较。

**表 5.1　两种早期杂交应力模式**

| 杂交应力元 I<br>$\Pi_{mc}(\boldsymbol{\sigma}^*,\tilde{\boldsymbol{u}})$ | 杂交应力元 II<br>$\Pi_{HR}(\boldsymbol{\sigma}^*,\boldsymbol{u})$ |
|---|---|
| $\boldsymbol{\sigma}^*=\boldsymbol{P}\boldsymbol{\beta}$ | |
| $\tilde{\boldsymbol{u}}=\boldsymbol{L}\boldsymbol{q}$ （$\partial V_n$ 上） | $\boldsymbol{u}=\boldsymbol{N}\boldsymbol{q}$ （$V_n$ 内） |
| $\Pi=\pm\sum_n\left(\frac{1}{2}\boldsymbol{\beta}^{\mathrm{T}}\boldsymbol{H}\boldsymbol{\beta}-\boldsymbol{\beta}^{\mathrm{T}}\boldsymbol{G}\boldsymbol{q}+\boldsymbol{Q}_n^{\mathrm{T}}\boldsymbol{q}\right)$ | |
| $\boldsymbol{H}=\int_{V_n}\boldsymbol{P}^{\mathrm{T}}\boldsymbol{S}\boldsymbol{P}\,\mathrm{d}V$<br>$\boldsymbol{G}=\int_{\partial V_n}\boldsymbol{R}^{\mathrm{T}}\boldsymbol{L}\,\mathrm{d}S$ | $\boldsymbol{H}=\int_{V_n}\boldsymbol{P}^{\mathrm{T}}\boldsymbol{S}\boldsymbol{P}\,\mathrm{d}V$<br>$\boldsymbol{G}=\int_{V_n}\boldsymbol{P}^{\mathrm{T}}(\boldsymbol{D}\boldsymbol{N})\,\mathrm{d}V$ |

续表

| 杂交应力元 I<br>$\Pi_{mc}$ $(\boldsymbol{\sigma}^*,\tilde{\boldsymbol{u}})$ | 杂交应力元 II<br>$\Pi_{HR}$ $(\boldsymbol{\sigma}^*,\boldsymbol{u})$ |
|---|---|
| $\dfrac{\partial \Pi}{\partial \boldsymbol{\beta}}=\boldsymbol{0}$<br>$\Pi=\mp\sum\limits_n\left(\dfrac{1}{2}\boldsymbol{q}^{\mathrm{T}}\boldsymbol{k}\,\boldsymbol{q}-\boldsymbol{Q}_n^{\mathrm{T}}\boldsymbol{q}\right)$<br>$=\mp\left(\dfrac{1}{2}\boldsymbol{q}^{T}\boldsymbol{K}\,\boldsymbol{q}-\boldsymbol{Q}^{\mathrm{T}}\boldsymbol{q}\right)$ | $\boldsymbol{\beta}=\boldsymbol{H}^{-1}\boldsymbol{G}\boldsymbol{q}$<br>$\boldsymbol{k}=\boldsymbol{G}^{\mathrm{T}}\boldsymbol{H}^{-1}\boldsymbol{G}$ |
| $\mathrm{d}\Pi=0 \quad \boldsymbol{K}\boldsymbol{q}=\boldsymbol{Q}$ | |
| 变分泛函 | |
| $\Pi_{mc}=\sum\limits_n\left\{\int_{V_n}\dfrac{1}{2}\boldsymbol{\sigma}^{*\mathrm{T}}\boldsymbol{S}\boldsymbol{\sigma}^*\mathrm{d}V-\int_{\partial V_n}\boldsymbol{T}^{\mathrm{T}}\tilde{\boldsymbol{u}}\mathrm{d}S+\int_{S_{\sigma_n}}\bar{\boldsymbol{T}}^{\mathrm{T}}\tilde{\boldsymbol{u}}\mathrm{d}S\right\}$ | $\Pi_{\mathrm{HR}}=\sum\limits_n\left\{\int_{V_n}\left[-\dfrac{1}{2}\boldsymbol{\sigma}^{*\mathrm{T}}\boldsymbol{S}\boldsymbol{\sigma}^*+\boldsymbol{\sigma}^{*\mathrm{T}}(\boldsymbol{D}\boldsymbol{u})-\bar{\boldsymbol{F}}^{\mathrm{T}}\boldsymbol{u}\right]\mathrm{d}V-\int_{S_{\sigma_n}}\bar{\boldsymbol{T}}^{\mathrm{T}}\boldsymbol{u}\mathrm{d}S\right\}$ |
| 约束条件 | |
| $\boldsymbol{D}^{\mathrm{T}}\boldsymbol{\sigma}^*+\bar{\boldsymbol{F}}=\boldsymbol{0}$ （$V_n$ 内）<br>$\tilde{\boldsymbol{u}}=\bar{\boldsymbol{u}}$ （$S_{u_n}$ 上） | $\boldsymbol{D}^{\mathrm{T}}\boldsymbol{\sigma}^*+\bar{\boldsymbol{F}}=\boldsymbol{0}$ （$V_n$ 内）<br>$\boldsymbol{u}^{(a)}=\boldsymbol{u}^{(b)}$ （$S_{ab}$ 上）<br>$\boldsymbol{u}=\bar{\boldsymbol{u}}$ （$S_{u_n}$ 上） |

### 5.3.2 假定应力杂交模式小结

这两种假定应力杂交应力模式具有以下特点：

（1）依据不同的变分原理 $\Pi_{mc}$ 及 $\Pi_{\mathrm{HR}}$，构造不同的杂交应力元。

（2）根据 $\Pi_{\mathrm{HR}}$ 构造三维及二维 $\mathrm{C}_0$ 阶元，较之用 $\Pi_{mc}$ 方便；对于板、壳问题，要求单元具有 $\mathrm{C}_1$ 阶连续性时，利用 $\Pi_{mc}$ 更为方便。

（3）杂交应力元易于计入无外力表面边界条件[9]。

（4）应用杂交应力元，处理接近不可压缩的材料或考虑横向剪切的梁、板等问题时，不会出现锁住现象[9]。

（5）应用杂交应力元，也可有效地分析具有随机增强相的非匀质材料问题[9]。

## 5.4 扫除附加的运动变形模式（扫除多余的零能模式）

### 5.4.1 附加运动变形模式

（1）如果一个单元除了刚体运动外，还有其他的变形模式，使它的变形能为零，则这种变形模式称为**多余的零能模式**，或称为**附加的运动变形模式**。

这里所谓的“附加”，是指单元除刚体运动使其变形能为零外，还有其他的变形模式，也使其变形能为零。为简单起见，省略“附加”两字，简称零能模式，意义不变。

一个单元的变形能为

$$\begin{aligned} 2U_d &= \int_{V_n} \boldsymbol{\sigma}^{\mathrm{T}} \boldsymbol{\varepsilon} \, \mathrm{d}V \\ &= \int_{V_n} \boldsymbol{\sigma}^{\mathrm{T}} (\boldsymbol{D} \boldsymbol{u}) \mathrm{d}V \end{aligned} \tag{a}$$

如果此单元分别独立地选取应力及位移

$$\begin{aligned} \boldsymbol{\sigma} &= \boldsymbol{P} \boldsymbol{\beta} \\ \boldsymbol{u} &= \boldsymbol{N} \boldsymbol{q} \end{aligned} \tag{b}$$

将式（b）代入式（a），得到

$$2U_d = \boldsymbol{\beta}^{\mathrm{T}} \boldsymbol{G} \boldsymbol{q} \tag{c}$$

式中

$$\boldsymbol{G} = \int_{V_n} \boldsymbol{P}^{\mathrm{T}} (\boldsymbol{D} \boldsymbol{N}) \mathrm{d}V \tag{d}$$

当所选择的应力与位移匹配不当而使

$$\boldsymbol{G} \boldsymbol{q} = \boldsymbol{0} \tag{e}$$

则单元的变形能为零，即

$$U_d = 0$$

从而产生附加运动变形模式（或多余能模式）。这时，没有任何外力作用，单元将产生机动变形，呈现不稳定状态。

（2）对一个单元，可以通过以下途径确定它是否具有附加的零能模式：设 $\lambda$ 为单元刚度矩阵 $\boldsymbol{k}$ 的本征值，则有

$$(\boldsymbol{k} - \lambda \boldsymbol{I}) \boldsymbol{q} = \boldsymbol{0} \tag{f}$$

于是，由有限元分析可知

$$2U_d = \boldsymbol{q}^{\mathrm{T}} \boldsymbol{k} \boldsymbol{q} = \lambda \boldsymbol{q}^{\mathrm{T}} \boldsymbol{q} \tag{g}$$

式中，如 $\lambda = 0$ ，则 $U_d = 0$ 。

所以，一个单元的附加机动变形模式，在数学上表现为单元刚度矩阵奇异，即不满秩，或者说，$\boldsymbol{k}$ 阵出现零的本征值。

若单刚 $\boldsymbol{k}$ 出现 $n$ 个零本征值，就称“此单元具有 $n$ 个多余零能模式”。

（3）对所建立的单元，学者们一般建议不应具有附加运动变形模式。因为如果单元具有这样模式，则由其组合而成的整体就有可能产生机动变形，这显然是需要排出的。

### 5.4.2　扫除附加运动变形模式

Babuska[10]及 Brezzi[11]对扫除零能变形模式，提出了应满足的数学形式稳定准

则——LBB 条件，Xue 等[12]也对此问题进行了研究。

Pian 及 Chen[13]从 Hellinger-Reissner 原理出发，建议适当地选择假定应力项，可以方便地扫除零能变形模式。

现在先来讨论当一个单元不具有附加零能模式时，应满足的必要条件。根据 Hellinger-Reissner 原理导出单元刚度矩阵时，其单元能量泛函为

$$\Pi_{\mathrm{HR}}(\boldsymbol{\sigma},\boldsymbol{u})=\int_{V_n}\left[-\frac{1}{2}\boldsymbol{\sigma}^{\mathrm{T}}\boldsymbol{S}\boldsymbol{\sigma}+\boldsymbol{\sigma}^{\mathrm{T}}(\boldsymbol{D}\boldsymbol{u})\right]\mathrm{d}V \tag{h}$$

选取

$$\boldsymbol{u}=\boldsymbol{N}\boldsymbol{q},\quad \boldsymbol{\sigma}=\boldsymbol{P}\boldsymbol{\beta} \tag{i}$$

则泛函成为

$$\Pi_{\mathrm{HR}}(\boldsymbol{\beta},\boldsymbol{q})=-\frac{1}{2}\boldsymbol{\beta}^{\mathrm{T}}\boldsymbol{H}\boldsymbol{\beta}+\boldsymbol{\beta}^{\mathrm{T}}\boldsymbol{G}\boldsymbol{q} \tag{j}$$

式中，

$$\begin{aligned}\underset{(m\times m)}{\boldsymbol{H}}&=\int_{V_n}\boldsymbol{P}^{\mathrm{T}}\boldsymbol{S}\boldsymbol{P}\,\mathrm{d}V\\ \underset{(m\times n)}{\boldsymbol{G}}&=\int_{V_n}\boldsymbol{P}^{\mathrm{T}}(\boldsymbol{D}\boldsymbol{N})\,\mathrm{d}V\end{aligned} \tag{k}$$

这里，$m$ 为应力参数 $\beta$ 的数目；$n$ 为结点自由度数；$r$ 为单元刚体自由度数。

由式（j）并缩掉 $\boldsymbol{\beta}$ 后，得到单元刚度矩阵

$$\underset{(n\times n)}{\boldsymbol{k}}=\underset{(n\times m)}{\boldsymbol{G}^{\mathrm{T}}}\;\underset{(m\times m)}{\boldsymbol{H}^{-1}}\;\underset{(m\times n)}{\boldsymbol{G}} \tag{l}$$

从式（l）等号**左边**可见

$$\text{秩}\,\boldsymbol{k}\geqslant n-r \tag{m}$$

由式(l)等号**右边**可见，当阵 $\boldsymbol{G}^{\mathrm{T}}(n\times m)$ 的秩由其列数 $m$ 确定时（即 $\boldsymbol{G}^{\mathrm{T}}$ 为高矩阵），则对任意的矩阵 $\boldsymbol{H}^{-1}$，只要可乘，就有

$$\text{秩}(\boldsymbol{G}^{\mathrm{T}}\boldsymbol{H}^{-1}\boldsymbol{G})=\text{秩}(\boldsymbol{H}^{-1}) \tag{n}$$

由于 $\boldsymbol{H}$ 阵正定对称，所以

$$\text{秩}\,\boldsymbol{H}=\text{秩}(\boldsymbol{H}^{-1})=m \tag{o}$$

因而

$$\text{秩}(\boldsymbol{G}^{\mathrm{T}}\boldsymbol{H}^{-1}\boldsymbol{G})=m \tag{p}$$

所以，从式（l）等号右边可知，如果阵 $\boldsymbol{G}^{\mathrm{T}}(n\times m)$ 的秩为 $m$，则 $\boldsymbol{G}^{\mathrm{T}}\boldsymbol{H}^{-1}\boldsymbol{G}$ 的秩也为 $m$。

对比式（m）与（p）可知，使 $\boldsymbol{k}$ 阵满秩的**必要条件为**

$$m\geqslant n-r \tag{5.4.1}$$

使 $\boldsymbol{k}$ 阵满秩的**必充条件为**

$$\text{秩}\underset{(n\times m)}{\boldsymbol{G}^{\mathrm{T}}}=n-r \tag{5.4.2}$$

这样才能保证 $\boldsymbol{G}^{\mathrm{T}}$ 阵为高矩阵，也只有在这个前提下，以上讨论才成立。

Pian 及 Chen 从物理方面分析了此问题[13]，由于单元的变形能为

$$\begin{aligned}2U_d&=\int_{V_n}\boldsymbol{\sigma}^{\mathrm{T}}\boldsymbol{\varepsilon}\,\mathrm{d}V\\&=\int_{V_n}\boldsymbol{\sigma}^{\mathrm{T}}(\boldsymbol{Du})\,\mathrm{d}V=\boldsymbol{\beta}^{\mathrm{T}}\boldsymbol{G}\boldsymbol{q}\end{aligned} \tag{q}$$

将位移 $\boldsymbol{u}$ 分解为刚体位移及引起物体变形的位移两部分，即令

$$\boldsymbol{u}=\bar{\boldsymbol{N}}\begin{Bmatrix}\boldsymbol{\alpha}_{(n-r)\times 1}\\ \boldsymbol{R}_{(r\times 1)}\end{Bmatrix} \tag{r}$$

式中，$\boldsymbol{\alpha}$ 为变形位移参数；$\boldsymbol{R}$ 为刚体位移参数。

比较式（r）及式（i）的第一式，设有

$$\boldsymbol{q}=\boldsymbol{T}\begin{Bmatrix}\boldsymbol{\alpha}\\ \boldsymbol{R}\end{Bmatrix} \tag{s}$$

因而

$$\begin{aligned}2U_d&=\boldsymbol{\beta}^{\mathrm{T}}\boldsymbol{G}\boldsymbol{q}=\boldsymbol{\beta}^{\mathrm{T}}\boldsymbol{G}\boldsymbol{T}\begin{Bmatrix}\boldsymbol{\alpha}\\ \boldsymbol{R}\end{Bmatrix}\\&=\boldsymbol{\beta}^{\mathrm{T}}[\boldsymbol{G}_{\alpha}\quad \boldsymbol{G}_R]\begin{Bmatrix}\boldsymbol{\alpha}\\ \boldsymbol{R}\end{Bmatrix}\\&=\underset{1\times m}{\boldsymbol{\beta}^{\mathrm{T}}}\ \underset{m\times(n-r)}{\boldsymbol{G}_{\alpha}}\ \underset{(n-r)\times 1}{\boldsymbol{\alpha}}\end{aligned} \tag{t}$$

刚体模式不产生变形能。

从而可见，对于任何 $\boldsymbol{\alpha}$ 的组合（或任何单独的变形模式 $\alpha_i$），使变形能 $U_d$ 为零，则形成一个附加零能模式。所以，为**避免附加零能模式，对任何的 $\boldsymbol{\alpha}$ 组合（或任何单独的** $\alpha_i$ **），** $U_d$ **必须不等于零**。因此，避免零能模式的必要条件是

$$m\geqslant n-r$$

即，**避免零能模式的必要与充分条件为**

$$\text{秩}\underset{m\times(n-r)}{\boldsymbol{G}_{a}}=n-r \tag{5.4.3}$$

对上述结论，有几点说明：

（1）一个单元，其刚体自由度的数目 $r$ 是确定的，单元结点自由度数 $n$ 也是确定的，这时，所选择元内假定应力场参数 $\boldsymbol{\beta}$ 的数目 $m$，必须满足式（5.4.1）。否则，即就是这个单元具有足够的约束防止它产生刚体位移，它还会产生附加的运动模式[14-16]，也就是说，当单元选择的应力项不恰当，其应力在所给应变上做功为零时，这个单元仍会产生附加的零能模式。

（2）条件（5.4.1）只是扫除附加零能模式的必要条件，而非充分条件。因为，即就是满足了这个条件，由于应力项选择不当，仍可能产生附加的零能模式[16, 17]。

（3）要保证一个单元没有附加零能模式，其充分必要条件是式（5.4.3）。如果阵 $\boldsymbol{G}_\alpha$ 所有的列是线性独立的，同时 $m=n-r$，当 $\boldsymbol{G}_\alpha$ 化为非零值对角阵时，式（5.4.3）就得以满足，这时 $U_d$ 将不为零。所以文献[13]建议，**选择一个独立的应力项 $\beta_i$ 与一个应变项 $\alpha_i$ 相匹配，来满足式**（5.4.3），**以扫除多余零能模式。**

对于一些多结点元，由于加入平衡条件等要求，一般 $\boldsymbol{G}_\alpha$ 并不是对角阵，此时可检查 $\boldsymbol{G}_\alpha$ 的秩是否满足条件（5.4.3）。

### 5.4.3　选择单元应力场扫除零能模式的方法及实例

文献[13]建议，一般可以通过以下步骤选择单元应力场，并检查此单元是否具有零能模式：

（1）根据单元形状及结点数选择位移场 $\boldsymbol{u}=\boldsymbol{N}\boldsymbol{q}$；

（2）求得应变 $\boldsymbol{\varepsilon}=\boldsymbol{D}\boldsymbol{u}$；

（3）通过选取一个应力项与一个应变项相对应的方法，来确定假定应力场 $\boldsymbol{\sigma}$；

（4）检查矩阵 $\boldsymbol{G}_\alpha$ 是否满秩（$\boldsymbol{G}_\alpha$ 阵的所有列是否线性相关）。

以下给出算例，说明上述步骤的具体应用。

**例 1**　确定图 5.3 所示 4 结点平面应力元的应力 $\boldsymbol{\sigma}$，并检查单元是否具有零能变形模式

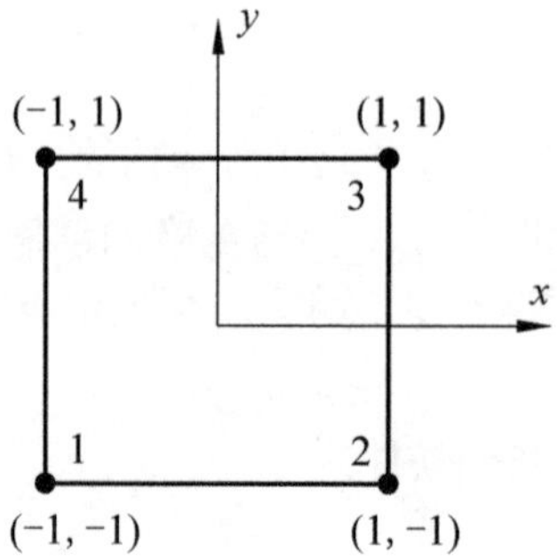


图 5.3　4 结点平面应力元

（1）选取位移

$$\boldsymbol{u}=[u \quad v]^{\mathrm{T}} =\frac{1}{4}\sum_{i=1}^{4}(1+x_i x)(1+y_i y)\begin{Bmatrix} u_i \\ v_i \end{Bmatrix} \tag{u}$$

上式展开得到

$$\begin{aligned} u &= \alpha_1 + \alpha_2 x + \alpha_3 y + \alpha_4 xy \\ v &= \alpha_5 + \alpha_6 x + \alpha_7 y + \alpha_8 xy \end{aligned} \tag{v}$$

（2）求得应变 $(\boldsymbol{\varepsilon} = \boldsymbol{B\alpha})$

$$\begin{aligned} \varepsilon_x &= \frac{\partial u}{\partial x} = \underline{\alpha_2} + \underline{\alpha_4} y \\ \varepsilon_y &= \frac{\partial v}{\partial y} = \underline{\alpha_7} + \underline{\alpha_8} x \\ \gamma_{xy} &= \frac{\partial u}{\partial y} + \frac{\partial v}{\partial x} = \underline{\underline{(\alpha_3 + \alpha_6)}} + \alpha_4 x + \alpha_8 y \end{aligned} \tag{w}$$

位移 $\boldsymbol{u}$ 中的刚体运动模式为

$$\begin{aligned} u &= \alpha_1 \\ v &= \alpha_5 \\ \omega &= \frac{\partial u}{\partial y} - \frac{\partial v}{\partial x} = \alpha_3 - \alpha_6 \end{aligned} \tag{x}$$

所以，位移 $\boldsymbol{u}$ 中共有 5 个变形模式：$\alpha_2$、$\alpha_4$、$\alpha_7$、$\alpha_8$ 及 $(\alpha_3 + \alpha_6)$。

（3）选取应力 $(\boldsymbol{\sigma} = \boldsymbol{P\beta})$

构造平衡应力场 $\boldsymbol{\sigma}$ 时，既可选择下列工况 A，也可选择工况 B，其中工况 A 的各个 $\beta$ 项，均与式（w）中带下划线的独立的 $\alpha$ 项一一对应，工况 A 对应式（w）中实线框内各项；而工况 B 对应式（w）中虚线框内各项。

$$\begin{array}{ll} \text{工况 A（不耦合）} & \text{工况 B（耦合）} \\ \sigma_x = \beta_1 + \beta_4 y & \sigma_x = \beta_1 - \beta_5 x \\ \sigma_y = \beta_2 + \beta_5 x & \sigma_y = \beta_2 - \beta_4 y \\ \tau_{xy} = \beta_3 & \tau_{xy} = \beta_3 + \beta_4 x + \beta_5 y \end{array} \tag{y}$$

（4）计算 $\boldsymbol{G}_\alpha$

这两种应力场算得的 $\boldsymbol{G}_\alpha$ 均为

$$\boldsymbol{G}_\alpha = \int_{-1}^{1}\int_{-1}^{1} \boldsymbol{P}^{\mathrm{T}} \boldsymbol{B}\, \mathrm{d}x\, \mathrm{d}y = \begin{array}{c} \begin{array}{ccccc} \alpha_2 & \alpha_7 & (\alpha_3+\alpha_6) & \alpha_4 & \alpha_8 \end{array} \\ \begin{bmatrix} 4 & 0 & 0 & 0 & 0 \\ 0 & 4 & 0 & 0 & 0 \\ 0 & 0 & 8 & 0 & 0 \\ 0 & 0 & 0 & 4/3 & 0 \\ 0 & 0 & 0 & 0 & 4/3 \end{bmatrix} \end{array} \begin{array}{c} \beta_1 \\ \beta_2 \\ \beta_3 \\ \beta_4 \\ \beta_5 \end{array} \tag{z}$$

可见，阵 $\boldsymbol{G}_\alpha$ 的秩 = 5，所以现在选取的两种应力场中的任一种，均不具有附加零能模式。

### 5.4.4　对单元稳定所需最小应力参数（式（5.4.1））的意见

Tong 建议[18]，对一个单元未必需要扫除其全部附加零能模式。他认为："如果一个单元存在附加运动模型，而由这类单元组装成的总体，再加上边界约束条件后，这类运动模式不大可能出现（除极少例外情况），这样，为了防止组装后很小可能出现的情况，扫除一个很好单元的全部附加运动模式，可能未必值得"。事实上，已经知道单元运动模式的存在及它们的形状，就可以在单元的组装时，发现与避免这些潜在的运动模式。

田宗漱[19]及 Kuna 和 Zwicke[20]分别利用不同的特殊三维杂交应力元与一般有限元组合，在分析具有孔槽或裂纹的构件时，采用的特殊单元应力参数 $\boldsymbol{\beta}$ 的数目，远小于式（5.4.1）所需的最少数，都得到了好的结果，证实了董平的建议。

也正如 Pian 在文献[1]中所指出的："有限元解的稳定性是一个整体性问题，它并不需要单个的单元去满足 LBB 条件，特别是当这种单元与一些相邻单元连接，而后者又具有大量结点的时候"。

## 5.5　杂交应力轴对称元

近半个世纪以来，杂交应力元取得快速进展，大量成果[9, 21]显示，它不仅可以提供较传统位移元更准确的应力结果，而且，对力学中一些极限情况，位移元产生锁住现象，而杂交应力元可以避免[9, 22]。

下面讨论杂交应力轴对称元的建立及其优越性。

### 5.5.1　杂交应力轴对称元列式

1. 单元列式

这种轴对称元可依据以下两种变分原理进行列式：

（1）修正的余能原理

$$\Pi_{mc}(\boldsymbol{\sigma}^*,\tilde{\boldsymbol{u}})=\sum_n\left[\int_{V_n}\boldsymbol{B}(\boldsymbol{\sigma}^*)\mathrm{d}V-\int_{\partial V_n}\boldsymbol{T}^{\mathrm{T}}\tilde{\boldsymbol{u}}\,\mathrm{d}S+\int_{S_{\sigma_n}}\overline{\boldsymbol{T}}^{\mathrm{T}}\tilde{\boldsymbol{u}}\,\mathrm{d}S\right] \tag{5.5.1}$$

约束条件

$$\begin{aligned}&\boldsymbol{D}^{\mathrm{T}}\boldsymbol{\sigma}^*+\overline{\boldsymbol{F}}=\boldsymbol{0}\quad（V_n\text{内}）\\&\tilde{\boldsymbol{u}}=\overline{\boldsymbol{u}}\qquad\qquad（S_{u_n}\text{上}）\end{aligned} \tag{5.5.2}$$

建立早期杂交应力元 I，当不计体积力 $\overline{\boldsymbol{F}}$ 时，选取

$$\boxed{\begin{aligned}\boldsymbol{\sigma}^* &= \boldsymbol{P}\boldsymbol{\beta}\\ \tilde{\boldsymbol{u}} &= \boldsymbol{L}\boldsymbol{q}\end{aligned}} \tag{5.5.3}$$

可得到单元刚度阵 $\boldsymbol{k}$

$$\boldsymbol{k} = \boldsymbol{G}^{\mathrm{T}}\boldsymbol{H}^{-1}\boldsymbol{G} \tag{5.5.4}$$

其中

$$\begin{aligned}\boldsymbol{H} &= \int_{V_n} \boldsymbol{P}^{\mathrm{T}}\boldsymbol{S}\boldsymbol{P}\,\mathrm{d}V\\ \boldsymbol{G} &= \int_{\partial V_n} \boldsymbol{R}^{\mathrm{T}}\boldsymbol{L}\,\mathrm{d}S \quad (\boldsymbol{R} = \boldsymbol{\nu}\boldsymbol{P})\end{aligned} \tag{5.5.5}$$

（2）Hellinger-Reissner 原理

$$\Pi_{\mathrm{HR}}(\boldsymbol{\sigma}^*,\boldsymbol{u}) = \sum_n \left\{\int_{V_n} [-B(\boldsymbol{\sigma}^*) + \boldsymbol{\sigma}^{*\mathrm{T}}(\boldsymbol{D}\boldsymbol{u}) - \overline{\boldsymbol{F}}^{\mathrm{T}}\boldsymbol{u}]\mathrm{d}V - \int_{S_{\sigma_n}} \overline{\boldsymbol{T}}^{\mathrm{T}}\boldsymbol{u}\,\mathrm{d}S\right\} \tag{5.5.6}$$

约束条件

$$\begin{aligned}&\boldsymbol{D}^{\mathrm{T}}\boldsymbol{\sigma}^* + \overline{\boldsymbol{F}} = \boldsymbol{0} && （V_n 内）\\ &\boldsymbol{u}^{(a)} = \boldsymbol{u}^{(b)} && （S_{ab} 上）\\ &\boldsymbol{u} = \overline{\boldsymbol{u}} && （S_{u_n} 上）\end{aligned} \tag{5.5.7}$$

式（5.5.7）系由式（5.2.3）中加上满足位移边界条件得到，这个条件原来并不是 Hellinger- Reissner 原理的本质约束条件，但在建立杂交应力轴对称元时，由这个条件易于满足，故事先引入，以简化计算。

建立早期杂交应力元Ⅱ，当不计体积力时，选取

$$\boxed{\begin{aligned}\boldsymbol{\sigma} &= \boldsymbol{P}\boldsymbol{\beta}\\ \boldsymbol{u} &= \boldsymbol{N}\boldsymbol{q}\end{aligned}} \tag{5.5.8}$$

可以得到同样单元刚度阵 $\boldsymbol{k}$ 式（5.5.4），其中子阵 $\boldsymbol{H}$ 与式（5.5.5）相同。$\boldsymbol{G}$ 阵由体积分确定：

$$\boldsymbol{G} = \int_{V_n} \boldsymbol{P}^{\mathrm{T}}\boldsymbol{B}\,\mathrm{d}V \quad (\boldsymbol{B} = \boldsymbol{D}\boldsymbol{N}) \tag{5.5.9}$$

2. 单元位移

建立早期杂交应力元，无论是第一种元的边界位移 $\tilde{\boldsymbol{u}}$ ，还是第二种元的元内位移 $\boldsymbol{u}$ ，均选取结点位移进行插值，这样可以保证元间位移协调（ $\boldsymbol{u}^{(a)} = \boldsymbol{u}^{(b)}$ （ $S_{ab}$ 上））。

3. 单元假定应力 $\boldsymbol{\sigma}$

对于杂交应力元，选择合理的应力场是单元建立的关键一步。当依据修正的余能原理，或 Hellinger-Reissner 原理，建立轴对称杂交应力元，选择元内应力场时，均需满足以下条件：

（1）轴对称平衡条件

不计体积力时，平衡条件为

$$\begin{bmatrix} \frac{\partial}{\partial r}+\frac{1}{r} & -\frac{1}{r} & 0 & \frac{\partial}{\partial z} \\ 0 & 0 & \frac{\partial}{\partial z} & \frac{\partial}{\partial r}+\frac{1}{r} \end{bmatrix} \begin{Bmatrix} \sigma_r \\ \sigma_\theta \\ \sigma_z \\ \tau_{rz} \end{Bmatrix} = \mathbf{0} \quad (\sigma_{ij,j}=0) \tag{5.5.10}$$

（2）无多余零能模式（或有少许可通过约束扫除的多余零能模式）

首先，单元应力参数 $\boldsymbol{\beta}$ 的数目 $m$ 应满足避免多余零能模式必要条件

$$m \geqslant n-r \tag{5.5.11}$$

式中，$n$ 为结点自由度数；$r$ 为单元刚体自由度数。

其次，对规则矩形元，由应力及位移算得的矩阵 $\boldsymbol{G}$

$$\boldsymbol{G}=\int_{V_n}\boldsymbol{P}^{\mathrm{T}}\boldsymbol{B}\,\mathrm{d}V=2\pi\int_{-1}^{1}\int_{-1}^{1}\boldsymbol{P}^{\mathrm{T}}\boldsymbol{B}r\,\mathrm{d}\xi\,\mathrm{d}\eta \tag{5.5.12}$$

应满秩。换而言之，单元刚度阵 $\boldsymbol{k}$ 满秩，不出现零本征值。

（3）几何不变性（invariance）

单元的刚度矩阵不因其做刚体运动而改变。这个条件对假定位移元是满足的，但对杂交应力元并不自动满足。

应用如下方法对轴对称元是否满足几何不变性进行校核。对一个轴对称元，其刚体运动只是沿旋转轴 $z$ 的移动，此移动以 $z_T$ 表示。以 $\bar{z}$ 表示未发生刚体移动前一点的坐标，当此点沿 $z$ 轴刚体移动 $z_T$ 后，该点的坐标成为

$$z=\bar{z}+z_T \tag{a}$$

设刚体移动前该点的应力为

$$\boldsymbol{\sigma}=\bar{\boldsymbol{P}}(r,\bar{z})\boldsymbol{\beta} \tag{b}$$

刚度移动后该点的应力变为

$$\boldsymbol{\sigma}'=\boldsymbol{P}(r,\bar{z}+z_T)\bar{\boldsymbol{\beta}} \tag{c}$$

如 $\boldsymbol{\beta}$ 与 $\bar{\boldsymbol{\beta}}$ 之间存在一个转换阵 $\boldsymbol{Q}$

$$\boldsymbol{\beta}=\boldsymbol{Q}\bar{\boldsymbol{\beta}} \tag{d}$$

而使该点在单元刚体运动前后应力**不变**，即存在

$$\boldsymbol{\sigma}=\boldsymbol{\sigma}' \tag{e}$$

则有

$$\boldsymbol{\sigma}=\bar{\boldsymbol{P}}(r,\bar{z})\boldsymbol{\beta}=\bar{\boldsymbol{P}}(r,\bar{z})\boldsymbol{Q}\bar{\boldsymbol{\beta}}=\boldsymbol{P}(r,\bar{z}+z_T)\bar{\boldsymbol{\beta}}=\boldsymbol{\sigma}'$$

从而得到

$$\bar{\boldsymbol{P}}(r,\bar{z})\boldsymbol{Q}=\boldsymbol{P}(r,\bar{z}+z_T) \tag{5.5.13}$$

即，$\bar{\boldsymbol{P}}\boldsymbol{Q}$ 的乘积产生的阵，与 $\bar{z}$ 以 $\bar{z}+z_T$ 改换的阵 $\boldsymbol{P}$ 相等。这时，单元刚体运动前

与运动后一点的应力相同，则其刚体运动前后两个状态的单刚相同。

所以，对于轴对称元，它仅可能产生一种刚体运动——沿旋转轴的移动 $z_T$ ，这时如能找得转换阵 $\boldsymbol{Q}$ ，并且 $\boldsymbol{Q}$ 满足式（5.5.13），则此单元刚度阵与 $z_T$ 无关，即具有不变性。

以上是一个轴对称杂交应力元必须具备的三个性质。有时，为了增进单元的合理性，还期望这个单元具有以下补充性质。

（4）不可压缩性

位移元的单元刚度矩阵可由应变能导出

$$U(\boldsymbol{\varepsilon}) = \int_V \frac{1}{2}\boldsymbol{\varepsilon}^{\mathrm{T}} \boldsymbol{C} \boldsymbol{\varepsilon} \, \mathrm{d}V \tag{f}$$

对各向同性材料，弹性阵为

$$\boldsymbol{C} = \boldsymbol{C}_0 \begin{bmatrix} 1 & & & & & \\ \frac{\nu}{1-\nu} & 1 & & & & \\ \frac{\nu}{1-\nu} & \frac{\nu}{1-\nu} & 1 & & \text{对称} & \\ 0 & 0 & 0 & \frac{1-2\nu}{2(1-\nu)} & & \\ 0 & 0 & 0 & 0 & \frac{1-2\nu}{2(1-\nu)} & \\ 0 & 0 & 0 & 0 & 0 & \frac{1-2\nu}{2(1-\nu)} \end{bmatrix} \tag{g}$$

式中

$$C_0 = \frac{E(1-\nu)}{(1+\nu)(1-2\nu)} \tag{h}$$

对于接近不可压缩的材料，泊松比 $\nu$ 趋近 0.5，由式（g）可见，矩阵 $\boldsymbol{C}$ 趋向无穷大，这时产生单元刚度矩阵过刚的锁住现象，因此一些学者曾建议采用选择或缩减积分的方法，来解决此类问题[22-25]。

对杂交应力元，Pian 及 Lee 的研究表明[26]，当 $\nu = 0.5$ 时，$\boldsymbol{H}$ 阵（式（5.5.5））会呈现奇异性，仔细检查单元应力场 $\boldsymbol{\sigma}$ 使 $\boldsymbol{H}$ 阵呈现奇异性时，诸应力参数 $\beta$ 之间的关系，再利用此关系消去 $\boldsymbol{H}$ 的奇异性，即可得到具有不可压缩性的单元，这样，解决了杂交应力元此时的锁住现象，这个问题在以下实例中进一步讨论。

### 5.5.2　单元位于对称轴上问题

用轴对称杂交应力元去处理厚球等问题时，可能出现两种困难：其一是单元位于对称轴上（$r=0$），这时单刚中 $\boldsymbol{k}$ 中出现包含 $1/r$ 函数项的积分；另一困难是假定应力的分量中含有 $1/r^m$ 类项，矩阵 $\boldsymbol{G}$ 的计算（式（5.5.5））中将出现 $1/r^m$ 项积分，这时也会出现可积困难。

为了避开以上困难，文献[27]建议采用以下三种方法：

（1）靠近转轴 $z$ 消去一个小的径向半径 $r_0$（图 5.4）。

（2）将坐标 $r$、$z$ 转化为无量纲参数 $s$，例如，$\boldsymbol{G}$ 阵可表示为积分

$$\boldsymbol{G}=2\pi\int_{-1}^{1}\boldsymbol{R}^{\mathrm{T}}(s)\,\boldsymbol{L}(s)\,r(s)\left|\boldsymbol{J}\right|\mathrm{d}s \tag{5.5.14}$$

式中参数 $s$ 的变化域从 $-1$ 至 $+1$。

（3）在 $r=0$ 处用一个特殊的杂交应力元，这个元的应力场不包含 $1/r$ 类项，例如，对 4 结点杂交应力元，Spliker 选择了如下的特殊元 $M$：

$$\begin{aligned}&\sigma_r=\beta_1+\beta_2 r+\beta_4 z\\&\sigma_\theta=\beta_1+2\beta_2 r+2\beta_4 z \qquad \text{（特殊元}M\text{，没有}1/r\text{项）}\\&\sigma_z=\beta_3+\beta_5 r+\beta_6 z\\&\tau_{rz}=\frac{1}{2}\beta_6 r\end{aligned} \tag{5.5.15}$$

这个元 $M$ 满足轴对称平衡方程，而且只应用于 $r=0$ 的边上。

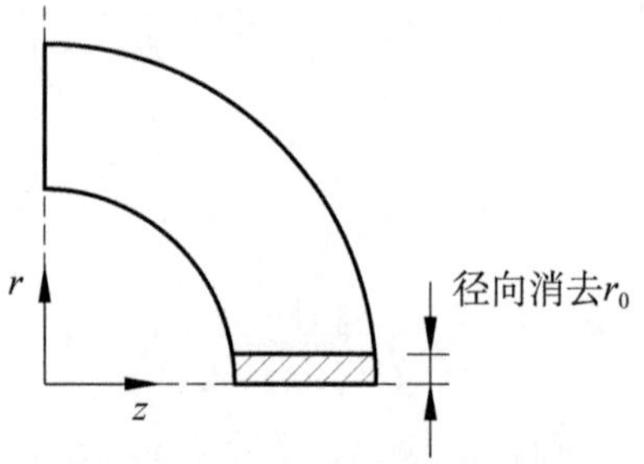


图 5.4　消去定义的径向半径 $r_0$

## 5.6　一般四边形 4 结点轴对称杂交应力元

Spilker[27, 28]创立了五种一般四边形 4 结点轴对称杂交应力元（图 5.5）。现在分别阐述这些元的建立。

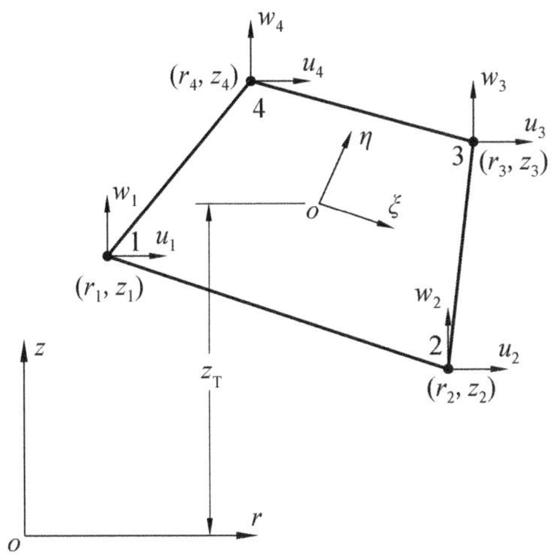


图 5.5 4 结点轴对称元

### 5.6.1 位移场 $\boldsymbol{u}$

1. 依据 $\Pi_{mc}$ 列式

$\boldsymbol{u}$：选择 $i$ 及 $i+1$ 两结点间线性插值

$$\tilde{\boldsymbol{u}}=\begin{Bmatrix}\tilde{u}\\ \tilde{w}\end{Bmatrix}=\frac{1}{2}(1-s)\begin{Bmatrix}\tilde{u}_i\\ \tilde{w}_i\end{Bmatrix}+\frac{1}{2}(1+s)\begin{Bmatrix}\tilde{u}_{i+1}\\ \tilde{w}_{i+1}\end{Bmatrix}=\boldsymbol{L}\boldsymbol{q} \tag{5.6.1}$$

式中，$\tilde{u},\tilde{w}$ 分别代表沿转轴 $z$ 及径向 $r$ 两个方向边界上的位移分量；$s$ 为正则化变量，取值为 $-1$ 与 $+1$ 之间；$\tilde{u}_i$ 及 $\tilde{u}_{i+1}$ 分别代表结点 $i$ 及 $i+1$ 处的位移 $\tilde{u}$ 值；$\boldsymbol{q}$ 为结点位移。

2. 依据 $\Pi_{NR}$ 列式

$\boldsymbol{u}$ 由下式内插得到

$$\boldsymbol{u}=\begin{Bmatrix}u\\ w\end{Bmatrix}=\sum_{i=1}^{4}N_i(\xi,\eta)\begin{Bmatrix}u_i\\ w_i\end{Bmatrix}=\boldsymbol{N}\boldsymbol{q} \tag{5.6.2}$$

式中

$$N_i(\xi,\eta)=\frac{1}{4}(1+\xi_i\xi)(1+\eta_i\eta)\quad (i=1,\cdots,4) \tag{5.6.3}$$

这里，$(\xi_i,\eta_i)$ 为单元 4 个结点的自然坐标。

3. 对以上两种位移场，可见：

（1）它们均保持与相邻单元位移协调，所以这样建立的单元是协调的杂交应力元。

（2）由式(5.6.2)求得沿单元四个边界的位移，与 $\Pi_{mc}$ 的边界位移 $\tilde{\boldsymbol{u}}$（式(5.6.1)）

相同，所以现在用 $\Pi_{mc}$ 及 $\Pi_R$ 算得的单元刚度阵 $\boldsymbol{k}$ 相同。

（3）现在构造的单元为等参元，其坐标采用同样的形函数

$$\begin{Bmatrix} r \\ z \end{Bmatrix} = \sum_{i=1}^{4} N_i(\xi,\eta)\begin{Bmatrix} r_i \\ z_i \end{Bmatrix} \tag{5.6.4}$$

其中，$(r_i, z_i)$ 为结点的整体坐标。

因而，对轴对称元，其应变-位移关系为

$$\boldsymbol{\varepsilon} = \begin{Bmatrix} \varepsilon_r \\ \varepsilon_\theta \\ \varepsilon_z \\ \gamma_{rz} \end{Bmatrix} = \frac{1}{|\boldsymbol{J}|}\begin{bmatrix} \left(\dfrac{\partial z}{\partial \eta}\dfrac{\partial}{\partial \xi} - \dfrac{\partial z}{\partial \xi}\dfrac{\partial}{\partial \eta}\right) & 0 \\ \dfrac{|\boldsymbol{J}|}{r} & 0 \\ 0 & \left(\dfrac{\partial r}{\partial \xi}\dfrac{\partial}{\partial \eta} - \dfrac{\partial r}{\partial \eta}\dfrac{\partial}{\partial \xi}\right) \\ \left(\dfrac{\partial r}{\partial \xi}\dfrac{\partial}{\partial \eta} - \dfrac{\partial r}{\partial \eta}\dfrac{\partial}{\partial \xi}\right) & \left(\dfrac{\partial z}{\partial \eta}\dfrac{\partial}{\partial \xi} - \dfrac{\partial z}{\partial \xi}\dfrac{\partial}{\partial \eta}\right) \end{bmatrix}\begin{Bmatrix} u \\ w \end{Bmatrix} \tag{5.6.5}$$

$$= \boldsymbol{B}\boldsymbol{q}$$

将位移 $\boldsymbol{u} = \boldsymbol{N}\boldsymbol{q}$ 代入上式，即得应变阵 $\boldsymbol{\varepsilon}$。

（4）对以下建立的五种 4 结点杂交应力轴对称元，如依据 $\Pi_{mc}$，则 $\tilde{\boldsymbol{u}}$ 选择式（5.6.1）；依据 $\Pi_R$，$\boldsymbol{u}$ 选择式（5.6.2）。

### 5.6.2　假定应力场

各种 4 结点元，尽管其单元内选择的假定应力场 $\boldsymbol{\sigma}$ 不同，但所有这些单元的应力 $\boldsymbol{\sigma}$ 场均需满足平衡方程，无多余（或具有少许）零能模式及具有几何不变性。当材料泊松比 $\nu$ 趋近 0.5 时，最好还具有不可压缩性。

下面介绍 Appa Rao 及 Spilker 建立的第一种 4 结点元，其应力场 $\boldsymbol{\sigma}$ 选择如下：

1. Appa Rao[29]选择的 $\boldsymbol{\sigma}$ 为

$$\boldsymbol{\sigma} = \begin{Bmatrix} \sigma_r \\ \sigma_\theta \\ \sigma_z \\ \tau_{r\theta} \end{Bmatrix} = \begin{bmatrix} \beta_1 + \beta_2\dfrac{z}{r} + \beta_3\dfrac{1}{r^2} + \beta_4\dfrac{1}{r^3} \\ \beta_5 + \beta_6\dfrac{z}{r} \\ \beta_7 + \beta_8\dfrac{z}{r} \\ \beta_8 - \beta_1\dfrac{z}{r} + \dfrac{1}{2}\beta_6\dfrac{z^2}{r^2} \end{bmatrix} = \boldsymbol{P}\begin{Bmatrix} \beta_1 \\ \beta_2 \\ \vdots \\ \beta_8 \end{Bmatrix} \tag{a}$$

此应力场 $\boldsymbol{\sigma}$ 含有 8 个应力参数，它满足齐次平衡条件（式（5.5.10）），但不满足不变性要求（式（5.5.13））。

Spilker 和 Pian[27]用此元对厚球进行了数值计算，结果表明：在靠近旋转轴处径向应力 $\sigma_R$ 的误差很大。由于这种元的应力 $\boldsymbol{\sigma}$ 项中含有高阶项 $(1/r^3)$，在靠近转轴 $r=0$ 处，矩阵 $\boldsymbol{G}$ $\left(\boldsymbol{G}=\int_{\partial V_n}(\boldsymbol{\nu P})^{\mathrm{T}}\boldsymbol{L}\,\mathrm{d}S\text{（式（5.5.5））}\right)$ 及矩阵 $\boldsymbol{H}$ $\left(\boldsymbol{H}=\int_{V_n}\boldsymbol{P}^{\mathrm{T}}\boldsymbol{S}\boldsymbol{P}\,\mathrm{dV}\text{（式（5.5.5））}\right)$ 中被积函数分母为零，单元变得十分刚硬，即就是沿旋轴用一组特殊元（式（5.5.15）），或切去一小段径向半径 $r_0$ 等方法进行修正，结果亦欠佳。

所以这种 4 结点元被舍去。以后所建单元的应力场 $\boldsymbol{\sigma}$，均只采用低阶项 $(1/r)$。

2. Spilker[28]建立的两种标准元 AXH8 及元 AXH9

Spilker 最初建立了 7 种 4 结点元，从中选出以下最佳者作为以后研究的标准元之一，并命名为元 AXH8，此元的 $\boldsymbol{\sigma}$ 为

$$
\begin{aligned}
&\sigma_r=\beta_1+\beta_2\frac{1}{r}+\beta_3\frac{z}{r}\\
&\sigma_\theta=\beta_4 \qquad\qquad\text{（元 AXH8——标准元 I）}\\
&\sigma_z=\beta_5+\beta_6\frac{1}{r}-\beta_7\frac{z}{r}\\
&\tau_{rz}=(\beta_4-\beta_1)\frac{z}{r}+\beta_7+\beta_8\frac{1}{r}
\end{aligned}
\tag{5.6.6}
$$

可以证明元 AXH8 的应力场具有以下性质：

（1）满足齐次平衡条件式（5.5.10）。

（2）其应力参数 $\beta$ 为 8，大于轴对称元所需 $\beta_{\min}$ 数 7。

$$
m\geqslant n-r=4\times2-1=7 \tag{b}
$$

对一个 4 结点轴对称元，每个结点 2 个自由度，而单元的刚体自由度 $r=1$，所以其 $\beta_{\min}=7$。

对规则矩形元，由位移 $\boldsymbol{u}$（式（5.6.2））通过式（5.6.5）找得 $\boldsymbol{B}$ 阵，由应力 $\boldsymbol{\sigma}$（式（5.6.6））得到 $\boldsymbol{P}$ 阵，从而有

$$
\boldsymbol{G}=\int_{V_n}\boldsymbol{B}^{\mathrm{T}}\boldsymbol{P}\,\mathrm{d}V \tag{5.6.7}
$$

如有 5.5 节方法，算得元 AXH8 具有一个零能模式，此零能模式为整个元像刚体一样绕其形心转动（图 5.6）。

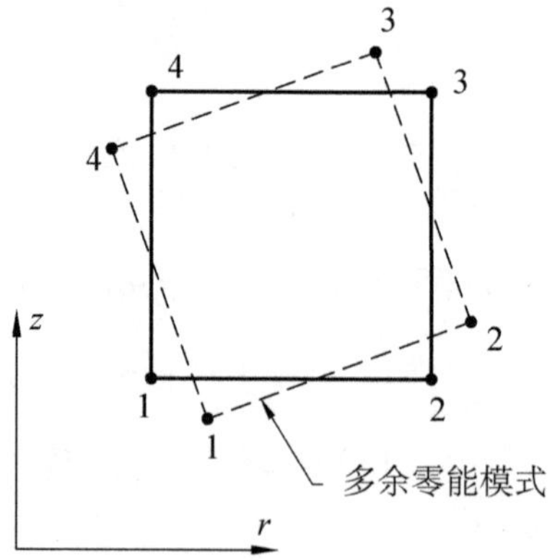


图 5.6　多余零能模式（元 AXH8 及元 AXH71）

为扫除这个零能模式，Spilker 在元 AXH8 的应力场上增加了一项 $\beta_4$：

$$
\begin{aligned}
\sigma_r &= \beta_1 + \beta_2\frac{1}{r} + \beta_3\frac{z}{r} + \beta_9 z \\
\sigma_\theta &= \beta_4 + \beta_9 z \qquad \text{（元 AXH9——标准元 2）} \\
\sigma_z &= \beta_5 + \beta_6\frac{1}{r} - \beta_7\frac{z}{r} \\
\sigma_{rz} &= (\beta_4 - \beta_1)\frac{z}{r} + \beta_7 + \beta_8\frac{1}{r}
\end{aligned}
\tag{5.6.8}
$$

这个元称为 AXH9，它作为推荐的第二个标准元，这个元既满足平衡方程，也不具有多余的零能模式。

（3）不变性。

为验证元 AXH9 沿旋转轴产生刚体运动 $z_T$ 时，其应力在刚体运动前后不发生变化，根据运动前、后应力相等，得其应力参数 $\boldsymbol{\beta}$ 与 $\overline{\boldsymbol{\beta}}$ 应具有如下关系：

$$
\begin{aligned}
\beta_1 &= \overline{\beta}_1 + \overline{\beta}_9 z_T \\
\beta_2 &= \overline{\beta}_2 + \overline{\beta}_3 z_T \\
\beta_3 &= \overline{\beta}_3 \\
\beta_9 &= \overline{\beta}_9 \\
\beta_4 &= \overline{\beta}_4 + \overline{\beta}_9 z_T \\
\beta_5 &= \overline{\beta}_5 \\
\beta_6 &= \overline{\beta}_6 - \overline{\beta}_7 z_T \\
\beta_7 &= \overline{\beta}_7
\end{aligned}
\tag{c}
$$

$$\beta_8=\overline{\beta}_8+\overline{\beta}_4 z_T-\overline{\beta}_1 z_T$$
$$\beta_4-\beta_1=\overline{\beta}_4-\overline{\beta}_1$$

即证明了无论包含 $\beta_9$ 与否，均有阵 $\boldsymbol{Q}$ 存在，使 $\boldsymbol{\beta}=\boldsymbol{Q}\overline{\boldsymbol{\beta}}$，并且满足式（5.5.13），所以元 AXH8 及 AXH9 均满足不变性条件。

以上论证表明：这两个标准元，都满足建立杂交应力元时，对元内应力场的基本要求。

3. Spilker[28]建立的不可压缩元 AXH71

对于轴对称元，当泊松比 $\nu=0.5$，材料不可压缩时，阵 $\boldsymbol{H}$ 奇异，进一步研究此奇异性揭示当 $\boldsymbol{H}$ 等于零时，其法向应力的参数间存在一定的关系，对元 AXH8 及 AXH9，此关系为

$$\beta_5=-(\beta_1+\beta_4) \tag{5.6.9}$$

将式（5.6.9）代入元 AXH8 的应力场式（5.6.6），消去一个 $\beta$ 项，得到仅含有 $7\beta$ 的元 AXH71——这个单元称为不可压缩元，当 $\nu=0.5$ 时其 $\boldsymbol{H}$ 阵将不再奇异。

不可压缩元 AXH71 同元 AXH8 一样，具有一个多余零能模式（图 5.6）。同时可验证它仍具有不变性。

但是，如将式（5.6.9）代入元 AXH9 的应力场式（5.6.8），也消去一个 $\beta$ 项，这样得到的单元 AXH8I，可以证明它不再保持不变性，这个元不成立。

4. Spilker[28]建立的两种轴对称杂交应力协调元——元 AXH9C 及元 AXH7C

Spilker 还建立了以下另两个 4 结点轴对称元。

（1）杂交应力协调元 1——元 AXH9C。

其建立步骤如下：首先，由于目前 4 结点轴对称元，位移场 $\boldsymbol{u}$ 采用了 $r$ 、$z$ 双线形式，根据应变-位移关系，可知其应变将包含常数、$r$ 、$z$ 、$1/r$ 及 $z/r$ 诸项。因此，假定单元内每个应力分量($\sigma_r$，$\sigma_\theta$，$\sigma_z$ 及 $\tau_{rz}$)也均包含这五项，即，初始选择具有 20 个 $\beta$ 项的应力场 $\boldsymbol{\sigma}$：

$$\left.\begin{aligned}
\sigma_r&=\beta_1+\beta_2 z+\beta_3 r+\beta_4\frac{1}{r}+\beta_5\frac{z}{r}\\
\sigma_\theta&=\beta_6+\beta_7 z+\beta_8 r+\beta_9\frac{1}{r}+\beta_{10}\frac{z}{r}\\
\sigma_z&=\beta_{11}+\beta_{12} z+\beta_{13} r+\beta_{14}\frac{1}{r}+\beta_{15}\frac{z}{r}\\
\tau_{rz}&=\beta_{16}+\beta_{17} z+\beta_{18} r+\beta_{19}\frac{1}{r}+\beta_{20}\frac{z}{r}
\end{aligned}\right\} \tag{d}$$

再将式（d）代入平衡方程（5.5.10），消去 8 个 $\beta$，进行重新 $\beta$ 排列，得到如下具

有 12 个 $\beta$ 的应力场：

$$\begin{aligned}
\sigma_r &= \beta_1 + \beta_2 z + \beta_3 r + \beta_4 \frac{1}{r} + \beta_5 \frac{z}{r} \\
\sigma_\theta &= \beta_8 + \beta_2 z + 2\beta_3 r \\
\sigma_z &= \beta_6 + \beta_7 z + \beta_{10} r + \beta_{11} \frac{1}{r} - \beta_{12} \frac{z}{r} \\
\sigma_{rz} &= \beta_{12} - \frac{1}{2}\beta_7 r^{①} + \beta_9 \frac{1}{r} + (\beta_8 - \beta_1)\frac{z}{r}
\end{aligned} \tag{e}$$

最后，根据弹性理论拉梅方程②，对静力平衡问题，当体积力为常数时，其三个法向应力组成的应力不变量 $\Theta$ 应满足拉普拉斯方程[30]：

$$\begin{aligned}
\nabla^2 \Theta &= \nabla^2(\sigma_r + \sigma_\theta + \sigma_z) \\
&= \left(\frac{\partial}{\partial r^2} + \frac{1}{r}\frac{\partial}{\partial r} + \frac{\partial^2}{\partial z^2}\right)(\sigma_r + \sigma_\theta + \sigma_z) \\
&= 0
\end{aligned} \tag{5.6.10}$$

利用上式再消去 3 个 $\beta$，最后得到第一个 $9\beta$ 的轴对称应力协调元 AXH9C：

（元 AXH9C——应力协调元 1）

$$\begin{aligned}
\sigma_r &= \beta_1 + \beta_2 z + \beta_3 r + \beta_4 \frac{1}{r} + \beta_5 \frac{z}{r} \\
\sigma_\theta &= \beta_8 + \beta_2 z + 2\beta_3 r \\
\sigma_z &= \beta_6 + \beta_7 z - 3\beta_3 r - \beta_4 \frac{1}{r} - \beta_5 \frac{z}{r} \\
\sigma_{rz} &= \beta_5 - \frac{1}{2}\beta_7 r + (\beta_8 - \beta_1)\frac{z}{r} + \beta_9 \frac{1}{r}
\end{aligned} \tag{5.6.11}$$

可以证明，元 AXH9C 没有多余零能模式，且具有不变性。

（2）杂交应力协调元 2——元 AXH7C。

进一步研究表明，对元 AXH9C 还可以消去应力参数 $\beta_9$ 及令 $\beta_1 = \beta_8$，这样就得到具有最少 7 个 $\beta$ 数的第二种杂交应力协调元 AXH7C：

（元 AXH7C——应力协调元 2）

$$\begin{aligned}
\sigma_r &= \beta_1 + \beta_2 z + \beta_3 r + \beta_4 \frac{1}{r} + \beta_5 \frac{z}{r} \\
\sigma_\theta &= \beta_1 + \beta_2 z + 2\beta_3 r \\
\sigma_z &= \beta_6 + \beta_7 z - 3\beta_3 r - \beta_4 \frac{1}{r} - \beta_5 \frac{z}{r} \\
\sigma_{rz} &= \beta_5 - \frac{1}{2}\beta_7 r
\end{aligned} \tag{5.6.12}$$

同样可以证明，这个 $7\beta$ 元也具有不变性及单刚 $\boldsymbol{k}$ 满秩。

---

① 文献[28]此处印刷有误。

② Spilker 认为是从 Betrami-Michell 应力协调方程得到的式（5.6.10），故称这样建立的元为应力协调元。

5. 小结

Spilker 共建立了五种 4 结点轴对称杂交应力元，将它们汇总，列于表 5.2。

**表 5.2　Spilker 建立的 4 结点轴对称杂交应力元**

| NO | 单元① | 应力参数 $\beta$ | 应力场 | 单元种类 | 多余零能模式 | 几何各向同性及平衡方程 |
|---|---|---|---|---|---|---|
| 1 | 标准元 1<br>AXH8 | 8 | 公式（5.6.6） | 标准元 | 1 | 满足 |
| 2 | 标准元 2<br>AXH9 | 9 | 公式（5.6.8） | 标准元 | 0 | 满足 |
| 3 | 不可压缩元<br>AXH71 | 7 | 公式（5.6.9） | 不可压缩元 | 1 | 满足 |
| 4 | 应力协调元 2<br>AXH7C | 7 | 公式（5.6.12） | 应力协调元 | 0 | 满足 |
| 5 | 应力协调元 1<br>AXH9C | 9 | 公式（5.6.11） | 应力协调元 | 0 | 满足 |

### 5.6.3　数值算例

**例 1**　无限长厚壁筒承受内压力[28]

筒内半径 5 in，外半径 10 in，承受内压 8000 psi，杨氏模量 $E=10^7$psi。有限元计算网格如图 5.7 所示，沿半径取一个$1\times N$ 个单元的长条，元的数目 $N$ 随研究内容而定。解析解由文献[31]给出；为了比较，同时给出 4 结点轴对称等参位移元 Q4 的结果。

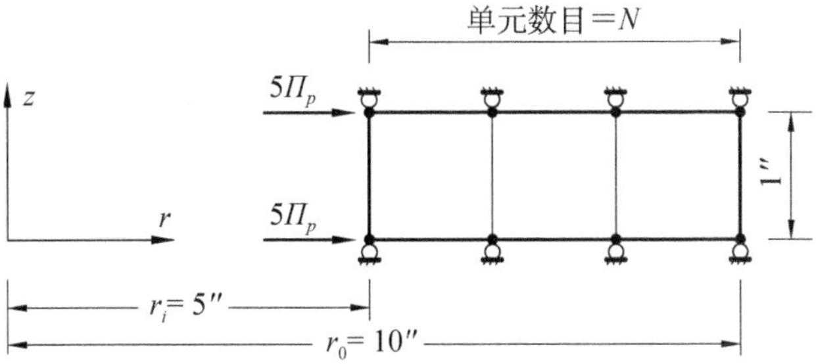


图 5.7　无限长厚壁筒有限元网格

1. 径向位移 $u_r$

当 $N$ 为 5 及 $\nu$=0.3 时，由杂交应力元 AXH8 及位移元 Q4，分别计算径向结点的径向位移 $u_r$，由表 5.3 给出，可见，元 AXU8 结果更为准确。

① 所有单元均满足平衡条件及不变性。

表 5.3　径向位移 $u_r$ 的误差（%）（厚壁筒承受内压）

| 类型 | 径向位置 r/in | | | | | |
|---|---|---|---|---|---|---|
| | 5.0 | 6.0 | 7.0 | 8.0 | 9.0 | 10.0 |
| AXH8 | −0.14 | −0.14 | −0.12 | −0.13 | −0.12 | −0.10 |
| Q4 | 0.66 | 0.61 | 0.56 | 0.55 | 0.53 | 0.49 |

当 $\nu$=0.3 时，网格单元数从 1 个增至 5 个，$u_r$ 随 $N$ 的变化如图 5.8 所示，可见，当 $N \geqslant 2$ 时，所有现在建立的杂交应力元之误差均小于 1.5%，其中元 AXH8 及元 AXH9 结果最佳。

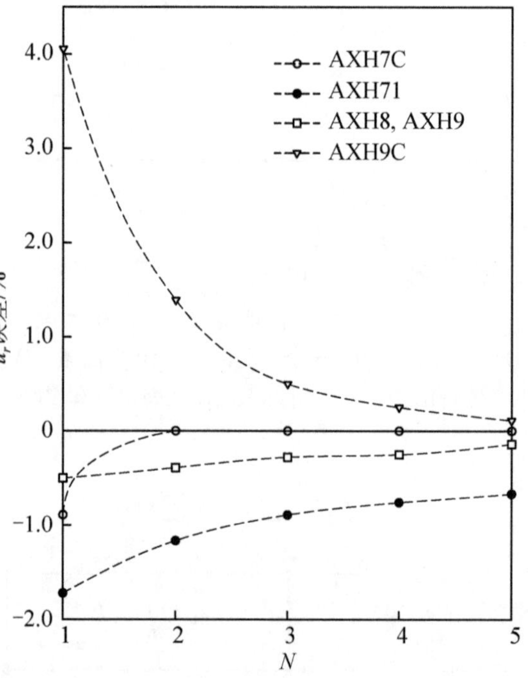


图 5.8　内表面径向位移 $u_r$ 收敛性（厚壁筒承受内压力，$\nu = 0.3$）

当 $N = 5$ 及泊松比 $\nu$ 趋向 0.5 时，表 5.4 给出计算所得筒内表面的径向位移 $u_r$，结果显示，现在的五种元均不产生锁住现象。但当 $\nu$ 严格等于 0.5 时，只有元 AXH71 的 $\boldsymbol{H}$ 阵非奇异，且其解与 $\nu = 0.4999999$ 时的值相同。

表 5.4　泊松比 $\nu$ 趋向 0.5 时内表面径向位移 $u_r$（$10^{-3}$ in）
（厚壁筒承受内压，$N = 5$）

| 泊松比 $\nu$ | AXH8<br>AXH9 | AXH71 | AXH7C | AXH9C | 解析解 |
|---|---|---|---|---|---|
| 0.3 | 7.64 | 7.68 | 7.63 | 7.63 | **7.63** |

续表

| 泊松比 $\nu$ | AXH8<br>AXH9 | AXH71 | AXH7C | AXH9C | 解析解 |
|---|---|---|---|---|---|
| 0.4 | 7.85 | 7.89 | 7.84 | 7.83 | **7.84** |
| 0.45 | 7.94 | 7.98 | 7.93 | 7.92 | **7.93** |
| 0.475 | 7.98 | 8.02 | 7.97 | 7.96 | **7.97** |
| 0.49 | 8.00 | 8.04 | 7.99 | 7.99 | **7.99** |
| 0.4999 | 8.01 | 8.06 | 8.00 | 7.99 | **8.00** |
| 0.49999 | 8.01 | 8.06 | 8.00 | 7.99 | **8.00** |
| 0.499999 | 8.01 | 8.06 | 8.00 | 7.99 | **8.00** |
| 误差/%（对所有 $\nu$）① | −0.13 | −0.75 | 0.0 | 0.13 | |

2. 应力 $\sigma_r$， $\sigma_\theta$ 及 $\sigma_z (N = 5)$

计算所得径向应力 $\sigma_r$ 沿 $r$ 方向分布，分别由图 5.9（a）及（b）表示。当 $\nu = 0.3$ 及 0.5 时，杂交应力元所得 $\sigma_r$ 与 $\nu$ 无关，在元中心，所有元的 $\sigma_r$ 均十分接近解析解；而元 AXH7C 的元内应力分布最好，元 AXH8、AXH9 及 AXH9C 相近，位移元 Q4 最差。对线弹性分析，元中点应力准确即可，但对弹-塑性及蠕变分析，元内应力分布的准确描述十分必要。

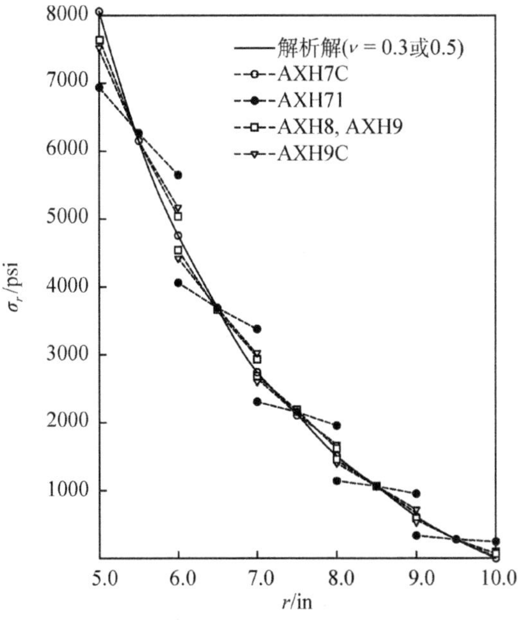


(a) $\nu = 0.3$ 及 $\nu \doteq 0.5$

① 误差 $\% = \left(1 - \frac{\text{计算值}}{\text{解析值}}\right) \times 100\%$ 。

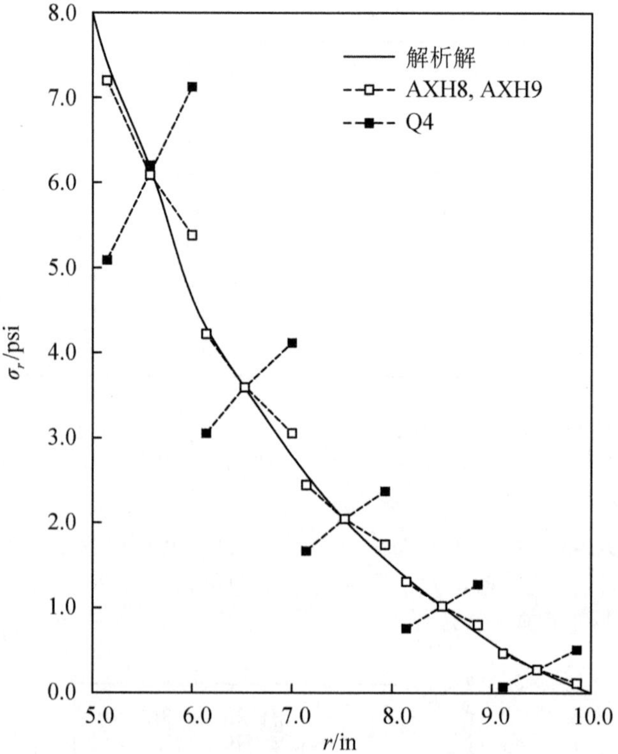


(b) $\nu=0.3$

图 5.9　应力 $\sigma_r$ 沿 $r$ 方向分布（厚壁筒承受内压力）

五种杂交应力元的环向应力 $\sigma_\theta$ 沿 $r$ 方向分布（$\nu=0.3$ 及 0.5），如图 5.10 所示。$\sigma_\theta$ 结果与 $\nu$ 无关，各种单元（除元 AXH71）在两种 $\nu$ 时所得 $\sigma_\theta$ 不变。在元中心，所有杂交应力元均给出好的结果，其中，元 AXH7C 及 AXH9C 给出最佳的元内 $\sigma_\theta$ 分布及横跨单元内部边界时 $\sigma_\theta$ 的连续性。

对平面应变问题（泊松比 $\nu$ 固定），应力 $\sigma_z$ 为常量，图 5.11 显示元 AXH7C 及 AXH9C 产生最接近常数值的近似解，而元 AXH71 结果最差。

同时，可以注意到，数值结果显示，元 AXH8、AXH9 及 AXH71 出现剪应力 $\tau_{rz}$，这个应力本应为零（而现在不为零），称之为伪剪应力，这个问题以后仔细讨论。

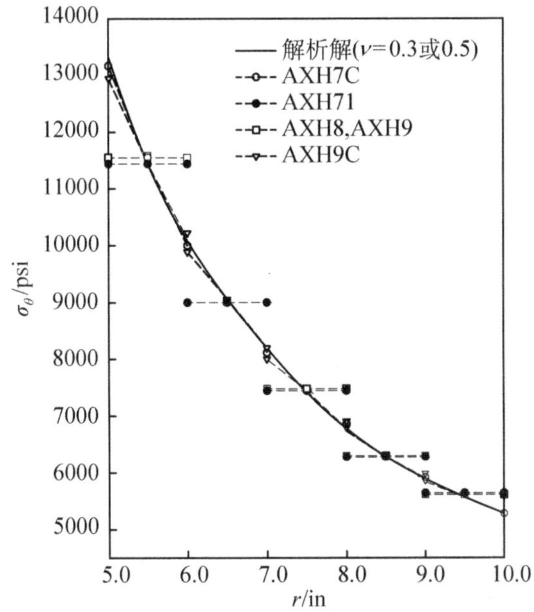


图 5.10　环向应力 $\sigma_\theta$ 沿 $r$ 方向分布（厚壁筒承受内压力）

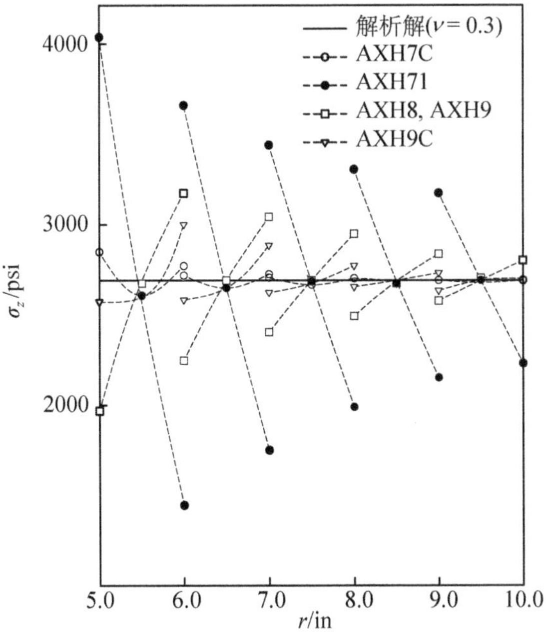


图 5.11　法向应力 $\sigma_z$ 沿 $r$ 方向分布（厚壁筒承受内压力）

**例 2**　厚球承受内压力

厚球尺寸及有限元网格如图 5.12 所示，承受内压 2500 psi，杨氏模量 $E$ 为 $10^7$psi，泊松比 $\nu$ 变化。文献[30]给出解析解。对球体承压，考虑以下三点：

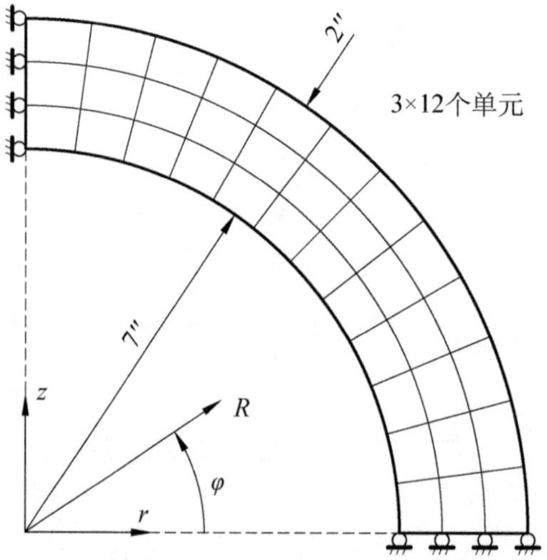


图 5.12　几何尺寸及有限元网格（厚球承受内压力）

1. $r=0$ 处奇异性

首先，考查单元位于旋转轴上（$r=0$）的情况，此时，采用 5.5 节所述三种方法处理：①靠近转轴消去小的半径 $r_0$，并令 $R_c=(r_1-r_0)/r_1$ ($r_1$ 为球内半径)，用式 $\boldsymbol{G}=\int_{\partial V_n}\boldsymbol{R}^{\mathrm{T}}\boldsymbol{L}\,\mathrm{d}S$ 计算阵 $\boldsymbol{G}$；②沿转轴 $r=0$，用特殊元 $M$，并且 $R_c=0.0$；③用 5.5 节式（5.5.14）计算阵 $\boldsymbol{G}$，及 $R_c=0.0$。

用方法①，取 $R_c=0.01$ 时元 AXH8 及等参位移元 Q4 的结果列入表 5.5 中，可以看到，当 $R_c=10^{-3}$ 时，应力与位移有轻微改进；当 $R_c$ 减至 $10^{-6}$ 时，以上结果变化很小以至于没有变化。用方法②及③，除了在 $\varphi=0$ 处 $u_R$ 产生轻微改善外，与方法①在 $R_c=10^{-3}$ 时结果基本一致。

2. 位移 $u_R$

对于五种杂交应力元，计算所得球内表面径向位移 $u_R$ 列于表 5.5 及表 5.6，由表可见，元 AXH8、AXH9、AXH9C 及位移元 Q4，除旋转轴上的点 ($\varphi=90°$) 外，其余各点 $u_R$ 的误差均小于 1%，而元 AXH71 及 AXH7C 给出较大的误差，特别当 $\varphi$ 大于 45° 时。

**表 5.5 位移及应力的误差（%）（厚球承受均匀内压，$\nu = 0.3$）**

| 类型 | | | AXH8 $R_c = 0.01$ | Q4 $R_c \approx 0.0$ |
|---|---|---|---|---|
| 1. $\varphi = 63.75°$ | $\sigma_R$ 的误差 | $R=$ 7.33″ | 1.01 | 0.74 |
| | | 8.0″ | 0.74 | 1.32 |
| | | 8.667″ | 1.35 | 3.79 |
| | $\sigma_\theta$ 的误差 | $R=$ 7.33″ | 0.33 | 0.42 |
| | | 8.0″ | 0.34 | 0.32 |
| | | 8.667″ | 0.40 | 0.32 |
| 2. $\varphi = 3.75°$ | $\sigma_R$ 的误差 | $R=$ 7.33″ | 0.90 | 0.80 |
| | | 8.0″ | 0.93 | 1.31 |
| | $\sigma_\theta$ 的误差 | $R=$ 7.33″ | 0.51 | 0.54 |
| | | 8.0″ | 0.45 | 0.39 |
| 3. 内表面径向位移 $u_R$ | | $\varphi=$ 90° | −2.89 | 2.24 |
| | | 75° | −0.32 | 0.32 |
| | | 60° | 0.0 | 0.22 |
| | | 45° | 0.18 | 0.18 |
| | | 30° | 0.29 | 0.18 |
| | | 15° | 0.32 | 0.22 |
| | | 0° | 0.32 | 0.22 |

**表 5.6 内表面 $u_R$ 的误差（%）（厚球承受均匀内压，$\nu = 0.3$）**

| $\varphi$ | AXH8 | AXH9 | AXH71 | AXH7C | AXH9C |
|---|---|---|---|---|---|
| 0.0 | −0.31 | −0.17 | −0.42 | −1.00 | −0.02 |
| 7.5 | −0.31 | −0.17 | −0.42 | −0.93 | −0.02 |
| 15.0 | −0.31 | −0.17 | −0.42 | −0.71 | −0.02 |
| 22.5 | −0.31 | −0.17 | −0.46 | −0.39 | −0.06 |
| 30.0 | −0.28 | −0.17 | −0.53 | −0.02 | −0.09 |
| 37.5 | −0.24 | −0.17 | −0.68 | 0.30 | −0.13 |
| 45.0 | −0.17 | −0.17 | −0.90 | 0.41 | −0.17 |
| 52.5 | −0.10 | −0.17 | −1.22 | 0.19 | −0.20 |
| 60.0 | −0.02 | −0.17 | −1.72 | −0.31 | −0.28 |
| 67.5 | 0.12 | −0.21 | −2.37 | −1.14 | −0.39 |
| 75.0 | 0.30 | −0.21 | −3.27 | −1.79 | −0.42 |
| 82.5 | 0.23 | −0.53 | −1.98 | −2.88 | −0.82 |
| 90.0 | 2.47① | 1.42 | 0.16 | −0.46 | 1.24 |

当 $\nu$ 趋近 0.5，球体内表面 $\varphi = 45°$ 时的 $u_R$ 值，由表 5.7 给出，如同厚壁筒一样，所有单元结果基本不受泊松比影响，$\nu = 0.499$ 代表不可压缩状态已足够。

① 文献[28]给出此点值与文献[27]（表 5.5）略有不同。

**表 5.7　不同泊松比 $\nu$ 时在内表面 $\varphi=45°$ 径向位移 $u_R$（$10^{-3}$ in）（厚球承受均匀内压）**

| 泊松比 $\nu$ | AXH8 | AXH9 | AXH71 | AXH7C | AXH9C | 解析解 |
|---|---|---|---|---|---|---|
| 0.3 | 2.779 | 2.775 | 2.795 | 2.759 | 2.775 | **2.770** |
| 0.4 | 2.629 | 2.628 | 2.647 | 2.614 | 2.628 | **2.625** |
| 0.45 | 2.555 | 2.555 | 2.573 | 2.541 | 2.555 | **2.552** |
| 0.499 | 2.483 | 2.483 | 2.501 | 2.470 | 2.483 | **2.480** |
| 0.4999 | 2.482 | 2.482 | 2.499 | 2.469 | 2.482 | **2.479** |
| 0.49999 | 2.482 | 2.482 | 2.499 | 2.469 | 2.482 | **2.479** |
| 0.499999 | 2.482 | 2.482 | 2.499 | 2.469 | 2.482 | **2.479** |
| ≐0.5 误差/% | −0.12 | −0.12 | −0.81 | 0.40 | −0.12 | |

3. *应力* $\sigma_R$ *及* $\sigma_\phi$

由元 AXH8 和位移元 Q4 算得的径向应力 $\sigma_R$ 及环向应力 $\sigma_\theta$ 沿 $\varphi=26.25°$ 线分布 ($\nu=0.3$)，及五个杂交应力元算得的 $\sigma_R$ 及 $\sigma_\theta$ 沿 $\varphi=41.25°$ 线分布 ($\nu=0.3$ 及 0.499)，分别由图 5.13 及图 5.14 给出。

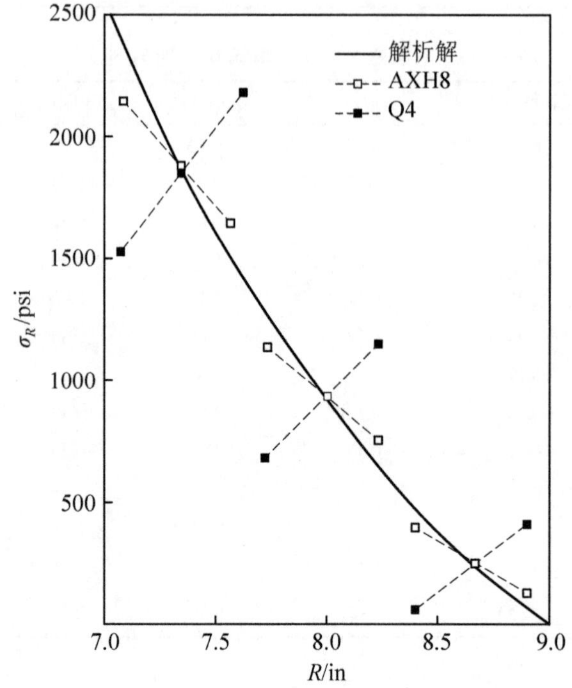


(a) $\varphi=26.25°$ ($\nu=0.3$)

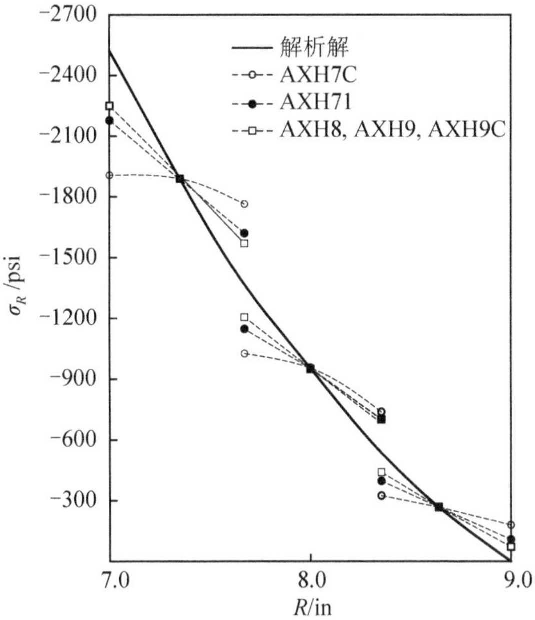


(b) $\varphi = 41.25°$ ($\nu = 0.3, 0.499$)

图 5.13　应力 $\sigma_R$ 分布（厚球承受内压力）

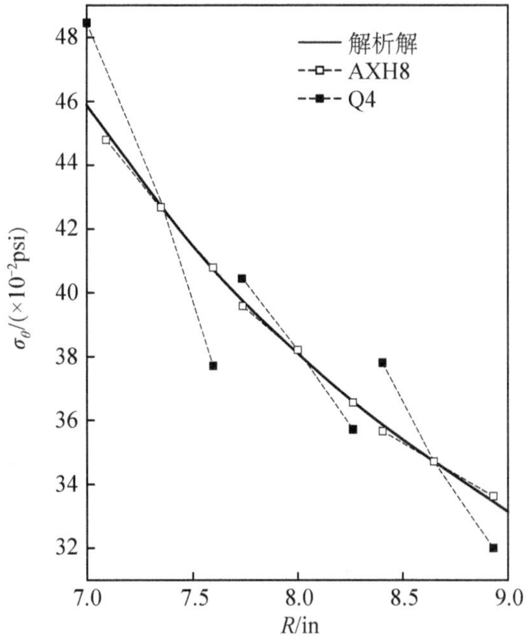


(a) $\varphi = 26.25°$ ($\nu = 0.3$)

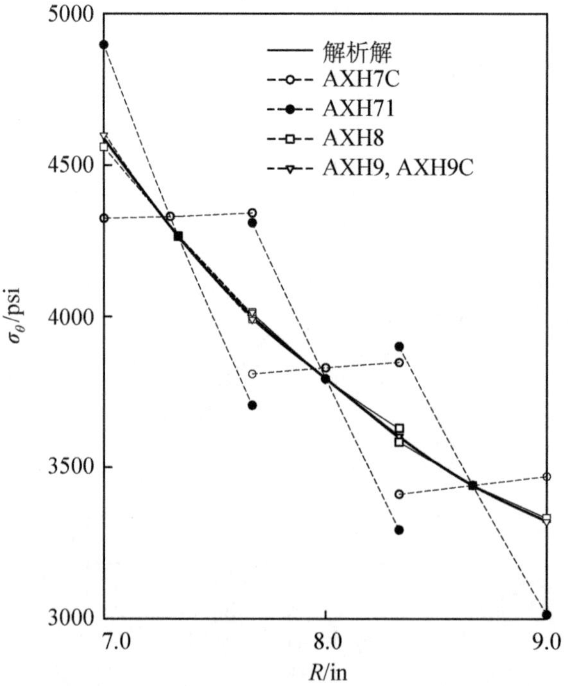


(b) $\varphi=41.25°$（$\nu=0.3, 0.499$）

图 5.14　应力 $\sigma_\theta$ 分布（厚球承受内压力）

以上结果显示：对于应力 $\sigma_R$，不论沿 $\varphi=26.25°$ 的元 AXH8，还是沿 $\varphi=41.25°$ 的五种杂交应力元，均给出与解析解定性一致的结果；而位移元 Q4 给出的 $\sigma_R$ 分布的斜率与解析解相反。对于应力 $\sigma_\theta$，位移元分布的斜率有所改善；杂交应力元 AXH8、AXH9 及 AXH9C 的结果，在所有点均十分接近准确解；而元 AXH71，虽然在元中心点与解析解一致，但其他点明显偏离准确值；元 AXH7C 的精度最差。

### 5.6.4　小结

对表 5.2 所列的五种 4 结点杂交应力元——标准元（AXH8 及 AXH9）、不可压缩元（AXH71）以及应力协调元（AXH7C 及 AXH9C）进行比较，数值结果显示：

（1）应力协调元 AXH7C 及 AXH9C 最好：对于圆柱体问题，仅考虑应力及位移沿 $r$ 方向分布，元 AXH7C 的结果又较 AXH9C 略好。但对于须考虑整体 $r$ 与 $z$

双向作用的球体问题，元 AXH9C 给出的元内的应力分布，显然较元 AXH7C 更佳，所以，元 AXH9C 是这五种元中最好的一个。

标准元 AXH9 是从元 AXH8 扫除多余零能模式得到的，它提供较 AXH8 相同或稍好一点的结果。

不可压缩元 AXH7C 纵然是从 $\nu = 0.5$ 导出的，但其结果，一般并不理想，而且，当 $\nu$ 趋近 0.5 时，所有五种元都没有变坏的迹象。

（2）采用协调应力的方法构造杂交应力元是可行的，但须保证所建立的单元满足平衡条件，单刚满秩，且具有不变性。

### 5.6.5　钢容器内圆柱形固体火箭推进剂受力分析

固体火箭发动机的工作原理如下（图 5.15）：点火器点燃，推进剂柱内表面产生高温燃气，使发动机内部气压升高，高温高压燃气通过喷管喷向外界，推动飞行器向前飞行。推进剂柱内表面被点燃后，产生高温高压燃气气流，同时推进剂柱继续燃烧，连续对飞行器提供前进推力，直至整个推进剂柱全部燃烧完毕，发动机停止工作。

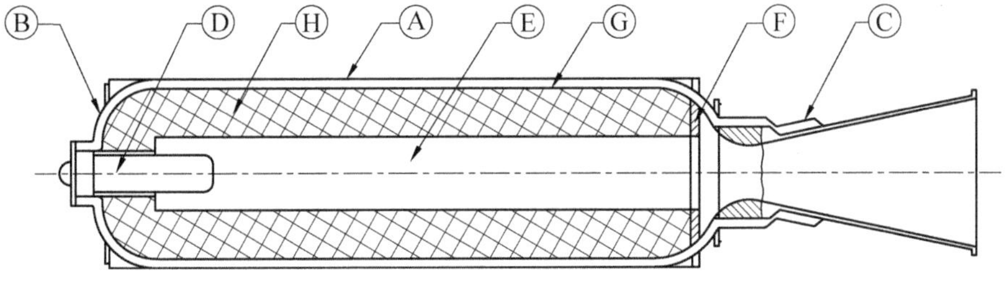


（A 发动机外壳，B 顶盖前端，C 喷管，D 点火器，E 气流通道，F 防腐蚀剂，G 隔热层，　H 推进剂柱）

图 5.15　典型固体火箭发动机

1. 具有柱形固体火箭推进剂的钢容器

文献[31]和[32]分析了图 5.16 所示一个圆柱形药筒，它由以下两部分组成：

（1）钢容器。其杨氏模量 $(E_c)$，泊松比 $(\nu_c)$，密度 $(\rho_c)$，线膨胀系数 $(\alpha_c)$ 及厚度（$h$）分别为：$E_c = 1.9\times10^6\,\mathrm{kg/cm^2}$，$\nu_c = 0.3$，$\rho_c = 1.78\times10^{-2}\,\mathrm{kg/cm^3}$，$\alpha_c = 1.1\times10^{-5}\,℃^{-1}$，$h = 0.78\,\mathrm{cm}$ 。

（2）火箭推进剂。其体积模量 $(k)$，密度 $(\rho)$，线膨胀系数 $(\alpha)$ 分别为：$k = 3.53\times10^4\,\mathrm{kg/cm^2}$，$\rho = 1.78\times10^{-3}\,\mathrm{kg/cm^3}$，$\alpha = 0.88\times10^{-5}\,℃^{-1}$；其内半径 $a = 50\,\mathrm{cm}$，外半径 $b = 138.9\,\mathrm{cm}$，长度/直径=1.14；绝缘层厚为 0.5cm。

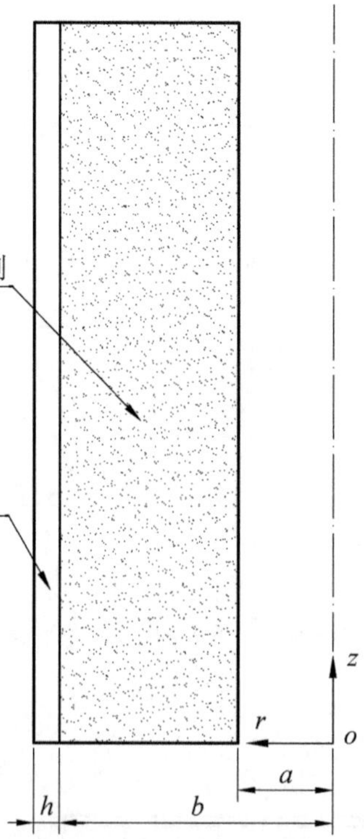


图 5.16　钢容器内圆柱形火药柱

2. 计算方法

如图 5.16 所示，一个固体火箭发动机理想化为一个弹性的钢容器，内部粘接有中空圆柱形火箭推进剂（即药柱），这个药柱可视为由线性粘弹性材料构成。

由于粘弹受力分析中，其应力、应变及位移均为时间函数，对其受力分析，首先依照变换算子，移去时间变量[33]，形成一个等价的组合弹性问题（associated elastic problem）。然后，通过反变换（即利用 Schapery[34]提出的直接方法），将组合弹性问题的解反演至真实时间，给出初始粘弹问题之解。

因此，固体火箭应力分析的第一步，是分析一个弹性药柱粘在弹性容器上的问题，即，将粘弹药柱有关参数，依照以下 Prong 级数表达式[35]，转换成组合弹性问题求解时所需杨氏模量 $E(s)$ 及泊松比 $\nu(s)$：

$$E(s) = E_{\infty} + \sum_{k=1}^{n} \frac{sA_k}{s + \dfrac{1}{2\tau_k}} \tag{5.6.13}$$

$$\nu(s) = \frac{1}{2}\left\{1 - \frac{E(s)}{2k}\right\} \tag{5.6.14}$$

式中，$E_{\infty}$ 为平衡模数；$\tau_k$ 为松弛时间；$A_k$ 为 Prong 级数常数；$k$ 为体积模量，对任何时间 $t$，$s = t/2$。

本节 HTPB 火箭推进剂应用的 $A_k$ 与 $\tau_k$ 如表 5.8 所示。平衡模数 $E_{\infty}$ =20 kg/cm$^2$。

**表 5.8　式（5.6.13）中 Prong 级数常数（HTPB 火箭推进剂，$E_{\infty}$ = 20 kg/cm$^2$）**

| $\log\tau_k(\tau_k/s)$ | $A_k$/(kg/cm$^2$) |
|---|---|
| −8 | 1.17 |
| −7 | 158.8 |
| −6 | 387.3 |
| −5 | 530.2 |
| −4 | 225.6 |
| −3 | 139.3 |
| −2 | 52.2 |
| −1 | 45.6 |
| 0 | 13.9 |
| 1 | 11.9 |
| 2 | 4.46 |
| 3 | 4.14 |
| 4 | 0.26 |
| 5 | 0.1 |
| 6 | 0.445 |
| 7 | 0.665 |

用有限元方法分析此组合弹性问题后，再进一步得到与时间有关的粘弹解。

3. 热载荷

现在分析图 5.16 所示固体火箭推进剂部件，其温度由浇注等过程的应力-自由温度 58℃，冷却至室温 30℃时，此部件顶部及底部两端均沿轴向被约束，由于热缩载荷它所产生的位移、应变及应力。

有限元分析时，用 Spilker 所建立的应力协调元 AXH7C（表 5.2），其应力场为

$$\sigma_r = \beta_1 + \beta_2 z + \beta_3 r + \beta_4 \frac{1}{r} + \beta_5 \frac{z}{r}$$

$$\sigma_\theta = \beta_1 + \beta_2 z + 2\beta_3 r$$

$$\sigma_z = \beta_6 + \beta_7 z - 3\beta_3 r - \beta_4 \frac{1}{r} - \beta_5 \frac{z}{r}$$

$$\tau_{rz} = \beta_5 - \frac{1}{2}\beta_7 r$$

计算所用粗网格如图 5.17 所示，其两端轴向位移被约束。文献[32]指出，作者还用了具有 440 个单元的细网格进行了计算（没给出网格图）。

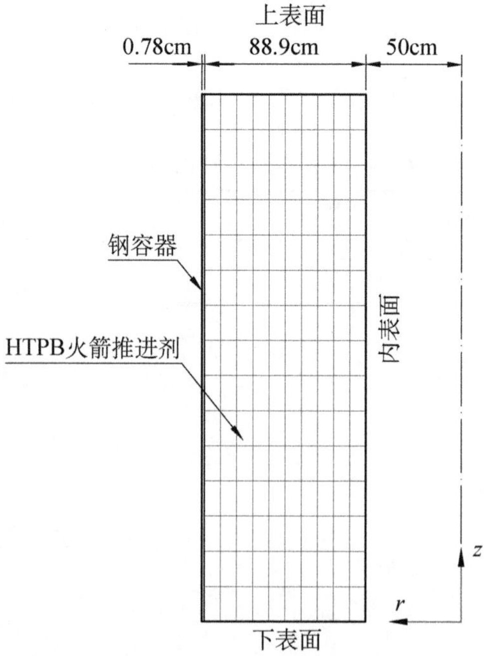


图 5.17　圆柱药柱有限元网格（粗网格）

固体火箭推进剂从应力-自由温度冷却至室温，需要一个较长的时间，随着冷却过程的进行，粘弹应力、应变及位移增加并达到平衡值。由于冷却时间 $t$ 较长，式（5.6.13）的 $E(s) \doteq E_{\infty}$，这样，粘弹平衡时的应力、应变及位移，可用 $E = E_{\infty} = 20.0\,\text{kg/cm}^2$ 和 $\nu = 0.499$ 得到。

表 5.9 给出对于平面应变状态，由应力-自由温度 58℃降至室温 30℃时，热压缩载荷在圆柱形药柱内产生的应力、应变及位移。为了比较，表 5.9 中还给出了 8 结点等参轴对称位移元的结果，由于固体火箭推进剂的泊松比 $\nu \doteq 0.5$，而经典假定位移元不能应用，所以这里应用了 Hermann 元，它的每个结点的自由度不再是两个，而是三个 $(u, w, \sigma_{\text{mean}})$，其中，$\sigma_{\text{mean}}$ 代表三个法向应力平均值。解析解由文献[36]给出。图 5.18 至图 5.20 给出火箭径向位移 $u_r$、环向应变 $\varepsilon_{\theta}$ 及环向应力 $\sigma_{\theta}$ 沿半径 $r$ 的变化曲线。

表及图中的粘弹解，系依照文献[34]，将应力、应变及位移理论公式[36]中的 $E(s)$ 及 $\nu(s)$ 值，以 $s = t/2$ 时的相应值代入得到。

**表 5.9　热压缩载荷产生的位移、应变及应力**
**（从应力-自由温度 58℃至室温 30℃，圆柱药柱）**

| | 8 结点等参轴对称 Hermann 元（MARC） | | 4 结点杂交应力轴对称元（AXH7C） | | 解析解[36] |
|---|---|---|---|---|---|
| | 粗网格 | 细网格 | 粗网格 | 细网格 | |
| 内部 ($r = a = 50.0$cm) | | | | | |
| $u$/mm | 12.20 | 10.69 | 10.685 | 10.685 | **10.665** |
| $\varepsilon_r$/% | −3.132 | −2.857 | −2.866 | −2.866 | **−2.132** |
| $\varepsilon_\theta$/% | 2.421 | 2.132 | 2.106 | 2.128 | **2.133** |
| $\sigma_r$/(kg/cm$^2$) | 0.005 | 0.001 | 0.000 | 0.000 | **0.000** |
| $\sigma_\theta$/(kg/cm$^2$) | 0.746 | 0.667 | 0.663 | 0.666 | **0.668** |
| 外部 ($r = b = 139.4$cm) | | | | | |
| $u$/mm | −0.000 | −0.59 | −0.593 | −0.593 | **−0.654** |
| $\varepsilon_r$/% | −0.726 | −0.686 | −0.686 | −0.686 | **−0.682** |
| $\varepsilon_\theta$/% | −0.002 | −0.043 | −0.042 | −0.043 | **−0.047** |
| $\sigma_r$/(kg/cm$^2$) | 0.326 | 0.291 | 0.291 | 0.291 | **0.291** |
| $\sigma_\theta$/(kg/cm$^2$) | 0.422 | 0.377 | 0.377 | 0.377 | **0.377** |

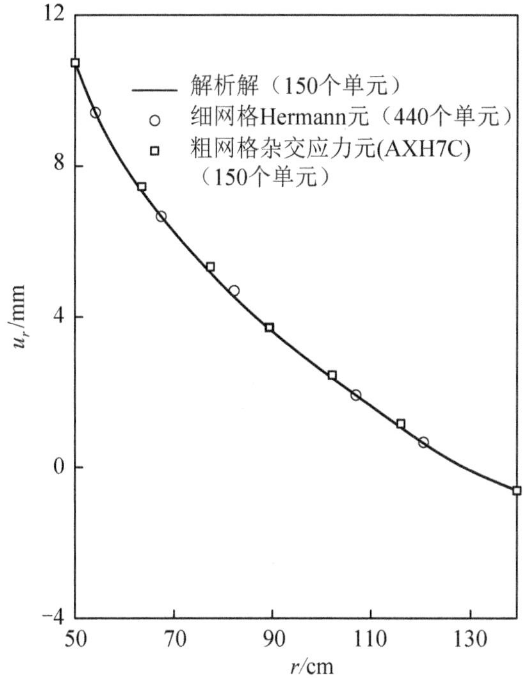


图 5.18　径向位移 $u_r$ 沿半径 $r$ 变化（热压缩载荷）（通过火箭推进剂药柱腹部）

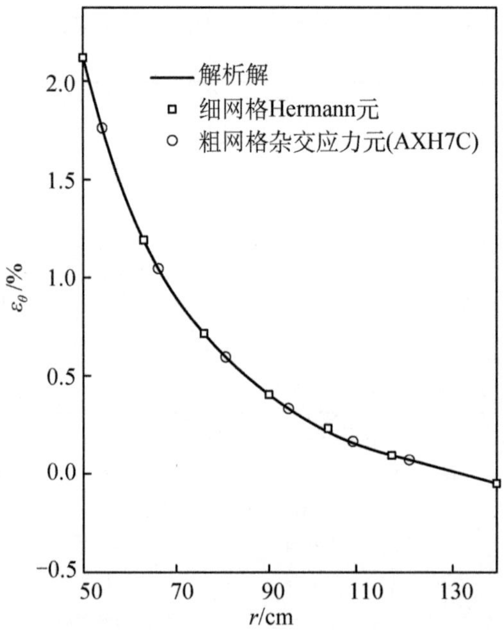


图 5.19　环向应变 $\varepsilon_\theta$ 沿半径 $r$ 变化（热压缩载荷）（通过火箭推进剂药柱腹部）

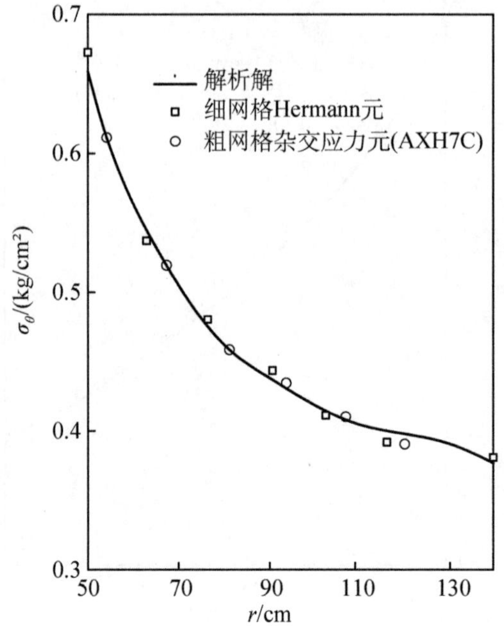


图 5.20　环向应力 $\sigma_\theta$ 沿半径 $r$ 变化（热压缩载荷）（通过火箭推进剂药柱腹部）

由表 5.9 可见，即就是在粗网格 150 个单元时（图 5.17），杂交应力元已给出十分准确的位移、应变及应力解；而要达到这个精度，Hermann 轴对称位移元需用具有 440 元的细网格，同时此元每个结点有三个自由度 $(u,w,\sigma_{\text{mean}})$ ，而杂交应力元一个结点只有两个自由度 $(u,w)$。图 5.18 至图 5.20 也显示，在粗网格下杂交应力元也给出十分准确的位移 $u_r$ 、应变 $\varepsilon_\theta$ 及环向应力 $\sigma_\theta$ 沿径向 $r$ 分布。

4. 内压载荷

对于圆柱形药柱，其初始最大发动机内压力为 53.0kg/cm$^2$，出现在 $t$=1s 时。用上述有限元网格，在两种轴对称元计算所得点火瞬时、最大发动机内压力作用下，推进剂药柱内的粘弹解，由表 5.10，以及图 5.21 及图 5.22 给出。此粘弹解系将式（5.6.13）及式（5.6.14）的 $E(s)$ 及 $\nu(s)$ 值中的 $s$ 值，令 $s=\dfrac{1}{2}t$ ，即 $t=1$时 $s=0.5$ 得到。

同时，由平面应变状态下的应力及位移理论公式，得到相应解析解[36]。

**表 5.10　内压力（53.0kg/cm²）下产生的位移、应变及应力**
**（1s 时运算模量： $E(s)=50$ kg/cm²， $\nu(s)=0.499$ ）**

| | 8 结点等参轴对称 Hermann 元（MARC） | | 4 结点杂交应力轴对称元（AXH7C） | | 解析解[36] |
|---|---|---|---|---|---|
| | 粗网格 | 细网格 | 粗网格 | 细网格 | |
| 内部 ($r=a=50.0$ cm) | | | | | |
| $u$/mm | 29.12 | 27.53 | 27.527 | 27.527 | **27.440** |
| $\varepsilon_r$/% | −6.359 | −6.097 | −6.117 | −6.118 | **−6.101** |
| $\varepsilon_\theta$/% | 5.785 | 5.495 | 5.432 | 5.485 | **5.488** |
| $\sigma_r$/(kg/cm$^2$) | −52.97 | −52.99 | −53.000 | −53.000 | **−53.000** |
| $\sigma_\theta$/(kg/cm$^2$) | −50.69 | −50.81 | −49.147 | −49.13 | **−49.135** |
| 外部 ($r=b=139.4$ cm) | | | | | |
| $u$/mm | 6.76 | 6.180 | 6.154 | 6.154 | **6.122** |
| $\varepsilon_r$/% | −1.097 | −1.057 | −1.054 | −1.054 | **−1.052** |
| $\varepsilon_\theta$/% | 0.486 | 0.444 | 0.442 | 0.442 | **0.439** |

续表

| | 8 结点等参轴对称 Hermann 元（MARC） | | 4 结点杂交应力轴对称元（AXH7C） | | 解析解[36] |
|---|---|---|---|---|---|
| | 粗网格 | 细网格 | 粗网格 | 细网格 | |
| | 外部 ($r = b = 139.4$ cm) | | | | |
| $\sigma_r/(\mathrm{kg/cm^2})$ | −51.22 | −51.31 | −51.313 | −51.311 | **−51.316** |
| $\sigma_\theta/(\mathrm{kg/cm^2})$ | −48.92 | −50.81 | −50.811 | −50.812 | **−50.819** |

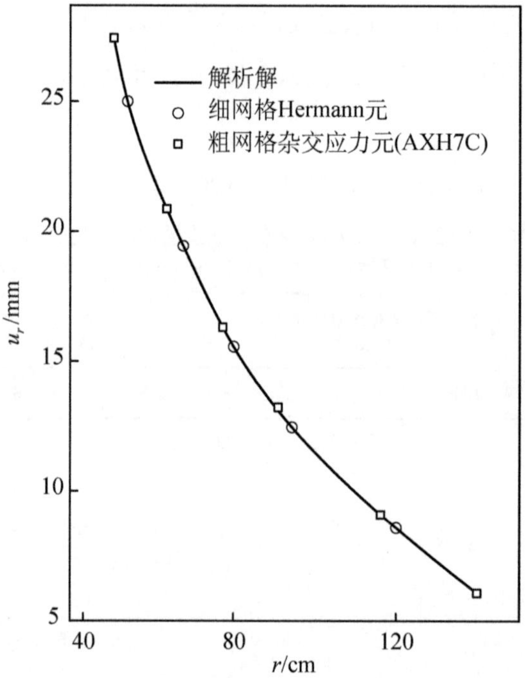


图 5.21　径向位移 $u_r$ 沿半径 $r$ 变化（内压力）
（通过火箭推进剂药柱腹部）

由以上图、表可见，在内压力 53 kg/cm$^2$ 作用下，当这个圆柱药柱作为弹性体分析时，其运算泊松比 $\nu(s)$ 已接近于不可压缩 ($\nu = 0.499$) 时，粗网格下用 Spilker 所建立的 4 结点杂交应力元 AXH7C 求解，已十分接近于解析解；而且，为得到相近精度，所用单元数目远少于位移元。

文献[37]还利用杂交应力元，有效地分析了轴对称热应力问题，不仅避免了用位移元处理这类问题的不足，同时还提高了计算精度。

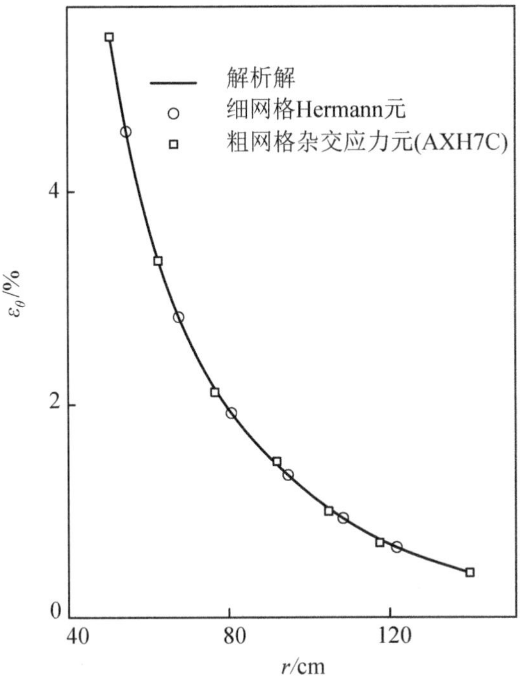


图 5.22　环向应变 $\varepsilon_\theta$ 沿半径 $r$ 变化（通过火箭推进剂药柱腹部）

## 5.7　一般四边形 8 结点轴对称杂交应力元

进一步讨论图 5.23 所示的一般四边形 8 结点杂交应力轴对称元的建立[38]。

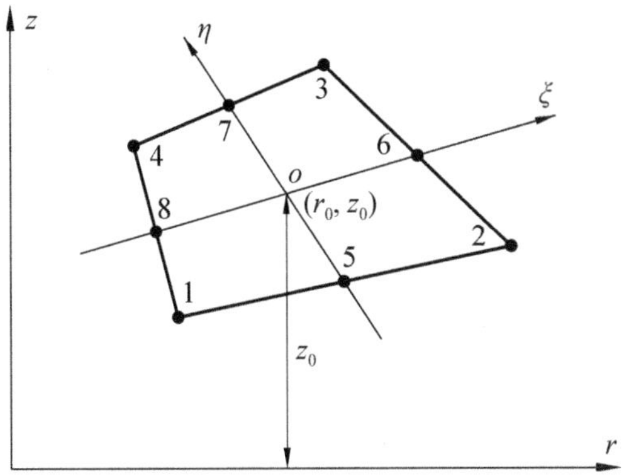


图 5.23　8 结点轴对称实体回转元的横截面

### 5.7.1 位移场 $\boldsymbol{u}$

选取 8 结点等参元位移元的位移场

$$\boldsymbol{u}=\begin{Bmatrix}u\\v\end{Bmatrix}=\sum_{i=1}^{8}N_i(\xi,\eta)\begin{Bmatrix}u_i\\w_i\end{Bmatrix}=\boldsymbol{Nq} \tag{5.7.1}$$

其中

$$\begin{aligned}&N_i=\frac{1}{4}(1+\xi_i\xi)(1+\eta_i\eta)(\xi_i\xi+\eta_i\eta-1) && (i=1,2,3,4)\\&N_i=\frac{1}{2}(1-\xi^2)(1+\eta_i\eta) && (i=5,7)\\&N_i=\frac{1}{2}(1-\eta^2)(1+\xi_i\xi) && (i=6,8)\end{aligned} \tag{5.7.2}$$

### 5.7.2 假定应力场 $\boldsymbol{\sigma}$

建立了表 5.10 列出的六种杂交应力元，它们分别由下式：

$$\begin{aligned}&\sigma_r=\beta_4+\beta_2\frac{1}{r}+\beta_5\frac{z}{r}+\beta_7 z+\beta_8\frac{z^2}{r}+\beta_{16}r+\beta_{17}r^2+\beta_{18}z^2+\beta_{19}rz\\&\sigma_\theta=\beta_1+\beta_3 z+\beta_6 r+\beta_{22}z^2+\beta_{23}rz+\beta_{20}r^2\\&\sigma_z=\beta_{12}+\beta_{10}\frac{1}{r}+\beta_{24}\frac{z}{r}+\beta_{13}z+\beta_{14}r+\beta_{28}\frac{z^2}{r}+\beta_{15}rz+\beta_{29}z^2+\beta_{21}r^2\\&\sigma_{rz}=\beta_{11}+\beta_9\frac{1}{r}+(\beta_1-\beta_4)\frac{z}{r}+\beta_{30}z+\beta_{25}r+\frac{1}{2}(\beta_3-\beta_7)\frac{z^2}{r}\\&\quad+\beta_{26}r^2+\beta_{27}rz\end{aligned} \tag{5.7.3}$$

消去表 5.10 中所列举的应力参数得到。

例如，对于元 E，其应力场为

$$\begin{aligned}&\sigma_r=\beta_4+\beta_2\frac{1}{r}+\beta_5\frac{z}{r}+\beta_7 z+\beta_8\frac{z^2}{r}+\beta_{16}r+\beta_{17}r^2+\beta_{18}z^2+\beta_{19}rz\\&\sigma_\theta=\beta_1+\beta_3 z+\beta_6 r+\beta_{18}z^2+2\beta_{19}rz+\beta_{20}r^2\\&\sigma_z=\beta_{12}+\beta_{10}\frac{1}{r}-\beta_{11}\frac{z}{r}+\beta_{13}z+\beta_{14}r+\left(\beta_{16}-\frac{1}{2}\beta_6\right)\frac{z^2}{r}\\&\quad+\beta_{15}rz+(3\beta_{17}-\beta_{20})z^2+\beta_{21}r^2\\&\sigma_{rz}=\beta_{11}+\beta_9\frac{1}{r}+(\beta_1-\beta_4)\frac{z}{r}+(\beta_6-2\beta_{16})z-\frac{1}{2}\beta_{13}r\\&\quad+\frac{1}{2}(\beta_3-\beta_7)\frac{z^2}{r}-\frac{1}{3}\beta_{15}r^2+(\beta_{20}-3\beta_{17})rz\end{aligned} \tag{5.7.4}$$

它包含了 21 个应力参数 $\beta$。对 8 结点轴对称元，为扫除多余的零能模式，所需最少的 $\beta$ 数为 15，即元 A 的 $\beta$ 数（表 5.11）。

**表 5.11　每个杂交应力元从方程（5.7.3）中消去的应力参数**

| 假定应力场 | $\beta$ 数 | 消去的应力参数或彼此的关系 |
|---|---|---|
| A | 15 | $\beta_{16},\beta_{17},\beta_{19},\beta_{6},\beta_{23},\beta_{20},\beta_{28},\beta_{29},\beta_{21},\beta_{30},\beta_{27}$<br>$\beta_{22}=\beta_{18},\beta_{24}=-\beta_{11},\beta_{25}=-\dfrac{\beta_{13}}{2},\beta_{26}=-\dfrac{\beta_{15}}{3}$ |
| B | 16 | $\beta_{17},\beta_{19},\beta_{6},\beta_{23},\beta_{20},\beta_{29},\beta_{21},\beta_{27},\beta_{22}=\beta_{18},\beta_{24}=-\beta_{11}$<br>$\beta_{28}=\beta_{16},\beta_{15}=-3\beta_{26},\beta_{25}=-\dfrac{\beta_{13}}{2},\beta_{30}=-2\beta_{28}$ |
| C | 17 | $\beta_{19},\beta_{6},\beta_{23},\beta_{29},\beta_{21},\beta_{27},\beta_{22}=\beta_{18},\beta_{20}=-3\beta_{17}$<br>$\beta_{28}=\beta_{16},\beta_{15}=-3\beta_{26},\beta_{25}=-\dfrac{\beta_{13}}{2},\beta_{30}=-2\beta_{28},\beta_{24}=-\beta_{11}$ |
| D | 17 | $\beta_{17},\beta_{19},\beta_{23},\beta_{20},\beta_{29},\beta_{21},\beta_{27},\beta_{25}=-\dfrac{1}{2}\beta_{13},\beta_{26}=-\dfrac{\beta_{15}}{3}$<br>$\beta_{22}=\beta_{18},\beta_{24}=-\beta_{11},\beta_{28}=\beta_{16}-\dfrac{1}{2}\beta_{6},\beta_{30}=\beta_{6}-2\beta_{16}$ |
| E | 21 | $\beta_{22}=\beta_{18},\beta_{23}=2\beta_{19},\beta_{24}=-\beta_{11},\beta_{28}=\beta_{16}-\dfrac{1}{2}\beta_{6}$<br>$\beta_{29}=3\beta_{17}-\beta_{20},\beta_{30}=\beta_{6}-2\beta_{16},\beta_{25}=-\dfrac{1}{2}\beta_{13}$<br>$\beta_{26}=-\dfrac{\beta_{15}}{3},\beta_{27}=\beta_{20}-3\beta_{17}$ |
| F | 16 | $\beta_{6}=2(\beta_{8}+\beta_{16}),\beta_{22}=\beta_{18},\beta_{23}=2\beta_{19},\beta_{10}=-\beta_{2}$<br>$\beta_{24}=-\beta_{11},\ \beta_{14}=-(3\beta_{16}+2\beta_{8}),\beta_{28}=-\beta_{8},\beta_{15}=-3\beta_{19}$<br>$\beta_{29}=3\beta_{17}-\beta_{20},\ \beta_{21}=-\dfrac{1}{2}(5\beta_{17}+\beta_{20}+2\beta_{22}),\beta_{30}=2\beta_{8}$<br>$\beta_{25}=-\dfrac{1}{2}\beta_{13},\beta_{26}=\beta_{19},\beta_{27}=\beta_{20}-3\beta_{17}$ |

以上六种元，分别从以下两类不同的出发点导出：

1. 第一种（建立应力场 A、B 及 C）

以应力场 A 为例，步骤如下所述。

（1）选取具有 15 个参数 $\alpha_i$ 的三次位移场

$$\boldsymbol{u}=\begin{Bmatrix}u\\w\end{Bmatrix}$$

$$
= \begin{bmatrix} \alpha_1 + \alpha_2 r + \alpha_3 z + \alpha_4 r^2 + \alpha_5 rz + \alpha_6 z^2 \\ +\alpha_7 r^2 z + \alpha_8 rz^2 \\ \alpha_9 r + \alpha_{10} z + \alpha_{11} r^2 + \alpha_{12} rz + \alpha_{13} z^2 \\ +\alpha_{14} r^2 z + \alpha_{15} rz^2 \end{bmatrix} \tag{a}
$$

式（a）中，删去了单元沿对称轴 $z$ 作刚体运动时的位移①。

（2）计算应变 $\boldsymbol{\varepsilon}$

$$
\begin{aligned}
\varepsilon_r &= \frac{\partial u}{\partial r} = \alpha_2 + 2\alpha_4 r + \alpha_5 z + 2\alpha_7 rz + \alpha_8 z^2 \\
\varepsilon_\theta &= \frac{u}{r} = \frac{\alpha_1}{r} + \alpha_2 + \frac{\alpha_3 z}{r} + \alpha_4 r + \alpha_5 z + \frac{\alpha_6 z^2}{r} + \alpha_7 rz + \alpha_8 z^2 \\
\varepsilon_z &= \frac{\partial w}{\partial z} = \alpha_{10} + \alpha_{12} r + 2\alpha_{13} z + \alpha_{14} r^2 + 2\alpha_{15} rz \\
\gamma_{rz} &= \frac{\partial u}{\partial z} + \frac{\partial w}{\partial r} = \alpha_3 + \alpha_5 r + 2\alpha_6 z + \alpha_7 r^2 + 2\alpha_8 rz \\
&\quad + \alpha_9 + 2\alpha_{11} r + \alpha_{12} z + 2\alpha_{14} rz + \alpha_{15} z^2
\end{aligned} \tag{b}
$$

（3）元内假定应力场

采用一个应变参数 $\alpha_i$ 与一个应力参数 $\beta_i$ 相对应的方法，选择一种初始应力场

$$
\begin{aligned}
\sigma_r &= \frac{\beta_2}{r} + \beta_4 + \frac{\beta_5 z}{r} + \beta_7 z + \frac{\beta_8 z^2}{r} \\
\sigma_\theta &= \beta_1 + \beta_3 z + \beta_6 z^2 \\
\sigma_z &= \frac{\beta_{10}}{r} + \beta_{12} + \beta_{13} rz + \beta_{14} r + \beta_{15} z \\
\sigma_{rz} &= \frac{\beta_9}{r} + \beta_{11}
\end{aligned} \tag{c}
$$

（4）使初始应力场（c）满足齐次平衡方程

$$
\begin{bmatrix} \dfrac{\partial}{\partial r} + \dfrac{1}{r} & -\dfrac{1}{r} & 0 & \dfrac{\partial}{\partial z} \\ 0 & 0 & \dfrac{\partial}{\partial z} & \dfrac{\partial}{\partial r} + \dfrac{1}{r} \end{bmatrix} \begin{Bmatrix} \sigma_r \\ \sigma_\theta \\ \sigma_z \\ \sigma_{rz} \end{Bmatrix} = \mathbf{0} \tag{d}
$$

这时，式（c）的应力分量需增加以下诸项：

$$
\begin{aligned}
\sigma_r &= \beta_6 z^2 \\
\sigma_z &= -\beta_{11} z / r
\end{aligned} \tag{e}
$$

① 轴对称元仅有一种刚体运动，即沿 $z$ 方向的移动（$w$=常数）。

$$\sigma_{rz} = \frac{z}{r}(\beta_1 - \beta_4) + \frac{z^2}{2r}(\beta_3 - \beta_7) - \frac{1}{2}\beta_{15} r - \frac{1}{3}\beta_{13} r^2$$

将式（c）和式（e）相加，就得到满足齐次平衡条件的应力场 $\boldsymbol{\sigma}^*$

$$\boldsymbol{\sigma}^* = \begin{Bmatrix} \sigma_r \\ \sigma_\theta \\ \sigma_z \\ \sigma_{rz} \end{Bmatrix} = \begin{bmatrix} \beta_4 + \dfrac{\beta_2}{r} + \beta_7 z + \dfrac{\beta_5 z}{r} + \beta_6 z^2 + \dfrac{\beta_8 z^2}{r} \\ \beta_1 + \beta_3 z + \beta_6 z^2 \\ \beta_{12} + \dfrac{\beta_{10}}{r} + \beta_{15} z - \dfrac{\beta_{11} z}{r} + \beta_{14} r + \beta_{13} r z \\ \beta_{11} + \dfrac{\beta_9}{r} + \dfrac{(\beta_1 - \beta_4) z}{r} - \dfrac{\beta_{15} r}{2} + \dfrac{(\beta_3 - \beta_7) z^2}{2r} - \dfrac{\beta_{13} r^2}{3} \end{bmatrix} = \boldsymbol{P}\boldsymbol{\beta} \tag{5.7.5}$$

（5）检查单元刚度矩阵 $\boldsymbol{k}$ 是否满秩

由应力场 $\boldsymbol{\sigma}^*$ 及位移场 $\boldsymbol{u}$ 得到的阵 $\overline{\boldsymbol{G}}$

$$\overline{\boldsymbol{G}} = 2\pi \int_{-1}^{1} \int_{-1}^{1} \boldsymbol{P}^{\mathrm{T}} \overline{\boldsymbol{B}} r |\boldsymbol{J}| \mathrm{d}\xi \mathrm{d}\eta$$ [①]

当 $\overline{\boldsymbol{G}}$ 阵满秩时，单元刚度阵即满秩。

对于应力场 $\boldsymbol{\sigma}^*$（式（5.7.5）），算得的阵 $\overline{\boldsymbol{G}}$ 为

$$\overline{\boldsymbol{G}} = 8\pi \begin{bmatrix} 1 & 0 & 0 & 1/3 & 0 & 1 & 0 & 0 & 0 & 0 & 0 & 1/3 & 0 & 0 & 0 \\ & 1 & 0 & 0 & 0 & 0 & 0 & 1/3 & 0 & 0 & 0 & 0 & 0 & 0 & 0 \\ & & 1 & 0 & 0 & 0 & 1/3 & 0 & 1 & 0 & 0 & 0 & 0 & 0 & 1/3 \\ & & & 1 & 0 & -1 & 0 & 0 & 0 & 0 & 0 & -1/2 & 0 & 0 & 0 \\ & & & & 1 & 0 & 0 & 0 & 0 & 0 & 0 & 0 & 0 & 0 & 0 \\ & & & & & 1 & 0 & r_0 & 0 & 0 & 0 & 0 & 0 & 0 & 0 \\ & & & & & & 1 & 0 & 0 & 0 & 0 & 0 & 0 & 0 & -1/5 \\ & & & & & & & 1 & 0 & 0 & 0 & 0 & 0 & 0 & 0 \\ & & & & & & & & 1 & 0 & 0 & 0 & 0 & 0 & 1/5 \\ & & & & & & & & & 1 & 0 & 0 & 0 & 1/3 & 0 \\ & & & & & & & & & & 1 & 0 & -1 & 0 & 0 \\ & & & & & \mathbf{0} & & & & & & 1 & 0 & 0 & 0 \\ & & & & & & & & & & & & 1 & 0 & \dfrac{213}{20} r_0 - \dfrac{15}{4} r_0^3 \\ & & & & & & & & & & & & & 1 & 0 \\ & & & & & & & & & & & & & & 1 \end{bmatrix} \tag{f}$$

---

① $\overline{\boldsymbol{B}}$ 阵通过单元的位移 $\boldsymbol{u} = \boldsymbol{N}\boldsymbol{q}$ 可以得到，由于 $\boldsymbol{\varepsilon} = \boldsymbol{D}\boldsymbol{u} = \boldsymbol{D}\boldsymbol{N}\boldsymbol{q} = \overline{\boldsymbol{B}}\boldsymbol{q}\,(\overline{\boldsymbol{B}} = \boldsymbol{D}\boldsymbol{N})$。

式中，$r_0$ 为单元形心坐标。现在 $\bar{\boldsymbol{G}}$ 阵满秩，所以单刚也满秩。

（6）几何不变性

对于一个单元，要求其单元刚度矩阵不因单元做刚度运动而改变，这个条件对杂交应力元并不自动满足，所以要检查现在建立的单元是否满足几何不变性。

以 $z$ 代表一点的 $z$ 坐标，当轴对称元沿 $z$ 轴刚体移动了 $z_T$ 时，这点坐标变为

$$\bar{z} = z + z_T \tag{g}$$

将式（g）代入式（5.7.5），得到

$$\bar{\boldsymbol{\sigma}}^* = \bar{\boldsymbol{P}}(r,\bar{z})\boldsymbol{\beta} \tag{h}$$

例如，此时 $\bar{\boldsymbol{\sigma}}^*$ 中的分量 $\bar{\sigma}_z$ 及 $\bar{\sigma}_{rz}$ 成为

$$\begin{aligned}\bar{\sigma}_z &= \beta_{12} + \frac{\beta_{10}}{r} + \beta_{15}(z+z_T) - \frac{\beta_{11}(z+z_T)}{r} + \beta_{14}r + \beta_{13}r(z+z_T)\\ &= (\beta_{12}+\beta_{15}z_T) + (\beta_{10}-\beta_{11}z_T)\frac{1}{r} + \beta_{15}z - \frac{\beta_{11}z}{r} + (\beta_{14}+\beta_{13}z_T)r\\ &\quad + \beta_{13}rz\end{aligned} \tag{i}$$

$$\begin{aligned}\bar{\sigma}_{rz} &= \beta_{11} + \frac{\beta_9}{r} + (\beta_1-\beta_4)\frac{(z+z_T)}{r} - \frac{1}{2}\beta_{15}r - (\beta_3-\beta_7)\frac{(z+z_T)^2}{2r}\\ &\quad - \frac{1}{3}\beta_{13}r^2\\ &= \beta_{11} + \left[\beta_9 + (\beta_1-\beta_4)z_T + \frac{1}{2}(\beta_3-\beta_7)z_T^2\right]\frac{1}{r}\\ &\quad + [(\beta_1-\beta_4)+(\beta_3-\beta_7)z_T]\frac{z}{r} - \frac{1}{2}\beta_{15}r + (\beta_3-\beta_7)\frac{z^2}{2r} - \frac{1}{3}\beta_{13}r^2\end{aligned} \tag{j}$$

如在式（i）及（j）中令下列关系成立：

$$\left.\begin{aligned}&\bar{\beta}_{12} = \beta_{12} + \beta_{15}z_T \qquad \bar{\beta}_{10} = \beta_{10} - \beta_{11}z_T\\ &\bar{\beta}_{15} = \beta_{15} \qquad \bar{\beta}_{11} = \beta_{11}\\ &\bar{\beta}_{14} = \beta_{14} + \beta_{13}z_T \qquad \bar{\beta}_{13} = \beta_{13}\\ &\bar{\beta}_9 = \beta_9 + (\beta_1-\beta_4)z_T + \frac{1}{2}(\beta_3-\beta_7)z_T^2\\ &\bar{\beta}_1 - \bar{\beta}_4 = (\beta_1-\beta_4) + (\beta_3-\beta_7)z_T\\ &\bar{\beta}_3 - \bar{\beta}_7 = \beta_3 - \beta_7\end{aligned}\right. \tag{k}$$

则 $\bar{\sigma}_z$ 及 $\bar{\sigma}_{rz}$ 成为

$$\bar{\sigma}_z = \bar{\beta}_{12} + \frac{\bar{\beta}_{10}}{r} + \bar{\beta}_{15}z - \frac{\bar{\beta}_{11}z}{r} + \bar{\beta}_{14}r + \bar{\beta}_{13}rz$$

$$\bar{\sigma}_{rz}=\bar{\beta}_{11}+\frac{\bar{\beta}_9}{r}+(\bar{\beta}_1-\bar{\beta}_4)\frac{z}{r}-\frac{1}{2}\bar{\beta}_{15}r+(\bar{\beta}_3-\bar{\beta}_7)\frac{z^2}{2r}-\frac{1}{3}\bar{\beta}_{13}r^2 \tag{l}$$

即成为与式（5.7.5）中 $\sigma_z$ 及 $\sigma_{rz}$ 同样的 $r$ 与 $z$ 函数关系。

同理，如将式（g）代入其余两个应力分量 $\sigma_\theta$ 及 $\sigma_z$，并令以下关系成立：

$$\begin{aligned}
&\bar{\beta}_1=\beta_{11}+\beta_3 z_r+\beta_6 z_T^2 && \bar{\beta}_2=\beta_2+\beta_5 z_T+\beta_8 z_T^2\\
&\bar{\beta}_3=\beta_3+2\beta_6 z_T && \bar{\beta}_4=\beta_4+\beta_7 z_T+\beta_6 z_T^2\\
&\bar{\beta}_5=\beta_5+2\beta_8 z_T && \bar{\beta}_6=\beta_6\\
&\bar{\beta}_7=\beta_7+2\beta_6 z_T && \bar{\beta}_8=\beta_8
\end{aligned} \tag{m}$$

则应力 $\boldsymbol{\bar{\sigma}}^*$ 可统一表示为

$$\boldsymbol{\bar{\sigma}}^*=\boldsymbol{P}(r,z)\boldsymbol{\bar{\beta}} \tag{n}$$

由式（n）可见，**现在 $\bar{\sigma}^*$ 所产生的单元刚度矩阵 $k$，与单元刚体移动 $z_T$ 无关，即，单元具有几何不变性。**

将以上讨论归纳如下：由式（k）及（m）解得 $\boldsymbol{\beta}$，以 $\boldsymbol{\bar{\beta}}$ 表示

$$\boldsymbol{\beta}=\boldsymbol{\Psi}\boldsymbol{\bar{\beta}} \tag{5.7.6}$$

如阵 $\boldsymbol{\Psi}$ 满足关系

$$\boldsymbol{\bar{P}}(r,\bar{z})\boldsymbol{\Psi}=\boldsymbol{P}(r,z) \tag{5.7.7}$$

则单元刚度矩阵与 $z_T$ 无关，即具有几何不变性。

由现在的应力场 $\boldsymbol{\bar{\sigma}}^*$，可解出阵 $\boldsymbol{\Psi}$ 为

$$\boldsymbol{\Psi}=\begin{bmatrix}
1 & 0 & -z_T & 0 & 0 & z_T^2 & 0 & 0 & 0 & 0 & 0 & 0 & 0 & 0 & 0\\
0 & 1 & 0 & 0 & -z_T & 0 & 0 & z_T^2 & 0 & 0 & 0 & 0 & 0 & 0 & 0\\
0 & 0 & 1 & 0 & 0 & -2z_T & 0 & 0 & 0 & 0 & 0 & 0 & 0 & 0 & 0\\
0 & 0 & 0 & 1 & 0 & z_T^2 & -z_T & 0 & 0 & 0 & 0 & 0 & 0 & 0 & 0\\
0 & 0 & 0 & 0 & 1 & 0 & 0 & -2z_T & 0 & 0 & 0 & 0 & 0 & 0 & 0\\
0 & 0 & 0 & 0 & 0 & 1 & 0 & 0 & 0 & 0 & 0 & 0 & 0 & 0 & 0\\
0 & 0 & 0 & 0 & 0 & -2z_T & 1 & 0 & 0 & 0 & 0 & 0 & 0 & 0 & 0\\
0 & 0 & 0 & 0 & 0 & 0 & 0 & 1 & 0 & 0 & 0 & 0 & 0 & 0 & 0\\
-z_T & 0 & \dfrac{z_T^2}{2} & z_T & 0 & 0 & -\dfrac{z_T^2}{2} & 0 & 1 & 0 & 0 & 0 & 0 & 0 & 0\\
0 & 0 & 0 & 0 & 0 & 0 & 0 & 0 & 0 & 1 & z_T & 0 & 0 & 0 & 0\\
0 & 0 & 0 & 0 & 0 & 0 & 0 & 0 & 0 & 0 & 1 & 0 & 0 & 0 & 0\\
0 & 0 & 0 & 0 & 0 & 0 & 0 & 0 & 0 & 0 & 0 & 1 & 0 & 0 & -z_T\\
0 & 0 & 0 & 0 & 0 & 0 & 0 & 0 & 0 & 0 & 0 & 0 & 1 & 0 & 0\\
0 & 0 & 0 & 0 & 0 & 0 & 0 & 0 & 0 & 0 & 0 & 0 & -z_T & 1 & 0\\
0 & 0 & 0 & 0 & 0 & 0 & 0 & 0 & 0 & 0 & 0 & 0 & 0 & 0 & 1
\end{bmatrix} \tag{o}$$

容易验证：矩阵 $\bar{\boldsymbol{P}}$ 左乘阵 $\boldsymbol{\Psi}$ 即得应力场（5.7.5）的阵 $\boldsymbol{P}$，式（5.7.7）成立，此应力场满足几何不变性。

现在选取应力场（式（5.7.5））为假定应力场 A。

汇总以上讨论可知，按上述方法一选择的假定应力场，同时满足三方面要求：

（1）齐次平衡方程；

（2）单元刚度矩阵满秩；（p）

（3）几何不变性。

对 8 结点轴对称元，为扫除多余零能模式，所需最少应力参数 $\beta$ 为 15，即现在应力场 A 的 $\beta$ 数。为了比较，按此法还建立了 $16\beta$ 的应力场 B 及 $17\beta$ 的应力场 C，并汇总列于表 5.11。

2. 第二种（建立应力场 D、E、F）

现在应用第二种方法构造单元应力场，这种方法开始将所有应力分量选取为相同的二次式

$$\boldsymbol{\sigma}=\begin{Bmatrix}\sigma_r\\ \sigma_\theta\\ \sigma_z\\ \sigma_{rz}\end{Bmatrix}=\begin{bmatrix}\boldsymbol{P}_0 & 0 & 0 & 0\\ 0 & \boldsymbol{P}_0 & 0 & 0\\ 0 & 0 & \boldsymbol{P}_0 & 0\\ 0 & 0 & 0 & \boldsymbol{P}_0\end{bmatrix}\begin{Bmatrix}\beta_1\\ \beta_2\\ \vdots\\ \beta_{36}\end{Bmatrix} \tag{q}$$

这里，

$$\boldsymbol{P}_0=\begin{bmatrix}1 & \dfrac{1}{r} & \dfrac{z}{r} & z & r & \dfrac{z^2}{r} & r^2 & z^2 & rz\end{bmatrix} \tag{r}$$

由于是轴对称元，假设应力场中包括了 $\dfrac{1}{r}$，$\dfrac{z}{r}$，$\dfrac{z^2}{r}$ 等 $r$ 负幂次项。

将此应力场，经调整系数及应力参数，达到同时满足式（p）的三点要求。由于这种方法开始假设的应力参数 $\beta$ 较多，有的应力场还利用了方程

$$\nabla^2(\sigma_r+\sigma_\theta+\sigma_z)=0 \tag{s}$$

以再消去一些应力参数，得到表 5.11 中的应力场 D、E 及 F。

### 5.7.3 数值算例

**例 1**　厚壁筒承受内压

无限长的厚壁筒承受均匀内压（材料、几何尺寸及压力同前例），用图 5.24 所示的 2 个单元网格 Ⅰ，及 3 个单元的网格 Ⅱ，对表 5.11 所示六种单元进行计算。

1. 网格 I (1×2)

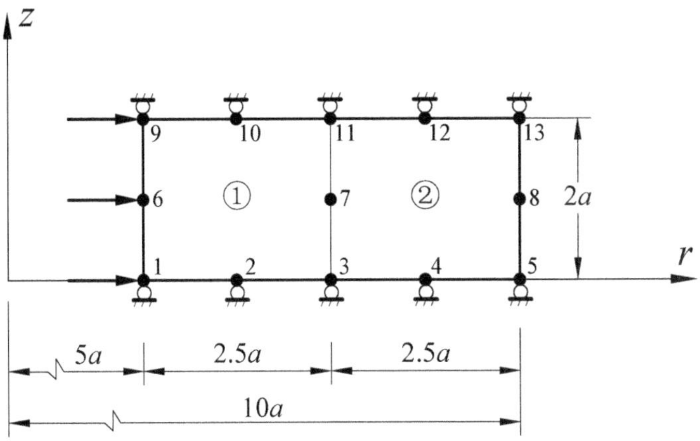


图 5.24　厚壁筒有限元网格（网格 I）

计算所得各种单元的径向和环向应力 $\sigma_r$ 及 $\sigma_\theta$ 与解析解相比的误差百分比，列于表 5.12。元 E、C 及 8 结点轴对称位移元的 $\sigma_r$ 及 $\sigma_\theta$ 误差沿径向的分布，如图 5.25 及图 5.26 所示。沿径向各结点的径向位移 $u_r$ 与解析解相比的误差百分比，列于表 5.14 的上部。

**表 5.12　应力及沿径向误差百分比**
**（厚壁筒承受内压力，网格 I （1×2））**

| 单元 | | A | B | C | D | F | E | 位移元 |
|---|---|---|---|---|---|---|---|---|
| $\beta$ 个数 | | 15 | 16 | 17 | 16 | 16 | 21 | — |
| $\sigma_r$ | $r$=5.528 | −4.05 | −4.21 | −4.47 | −0.74 | −0.05 | −0.22 | 0.10 |
| | 6.250 | −6.99 | −7.33 | −6.51 | −0.55 | −0.43 | −0.79 | −11.71 |
| | 6.972 | −5.72 | −6.00 | −6.25 | −0.13 | −0.07 | −0.80 | 0.11 |
| | 8.028 | −4.42 | −4.59 | −6.25 | −0.61 | −0.07 | −0.48 | 0.10 |
| | 8.750 | −9.43 | −9.88 | −8.45 | −0.72 | −1.94 | −1.15 | 15.35 |
| | 9.472 | −14.07 | −14.76 | −21.56 | 0.01 | 0.27 | 0.05 | 0.13 |
| $\sigma_\theta$ | $r$=5.528 | −14.44 | −14.14 | −13.59 | 0.13 | −0.34 | −0.33 | 0.29 |
| | 6.250 | −2.67 | 2.67 | 2.97 | 3.01 | −0.06 | −0.14 | −3.31 |
| | 6.972 | 19.55 | 19.55 | 18.71 | −0.07 | −0.38 | −0.45 | −0.35 |
| | 8.028 | −8.10 | −8.10 | −8.83 | 0.05 | 0.10 | 0.08 | 0.04 |
| | 8.750 | 1.68 | 1.68 | −1.64 | 1.20 | 0.10 | −0.09 | −0.94 |
| | 9.472 | 10.89 | 10.89 | 11.76 | 0.00 | −0.12 | −0.15 | −0.16 |

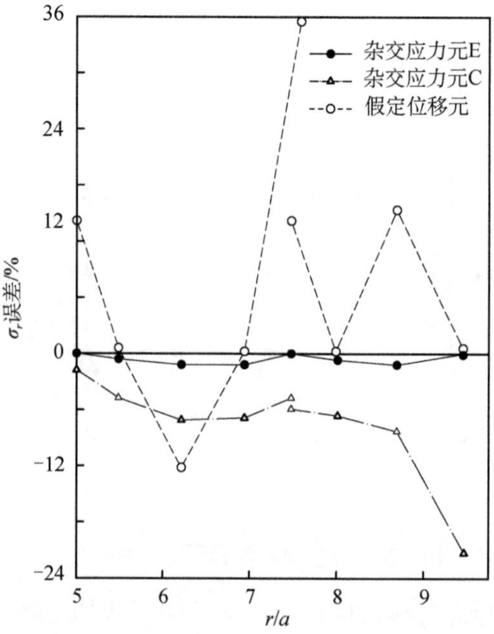


图 5.25　应力 $\sigma_r$ 沿径向变化（网格 I （1×2））（厚壁筒承受压力）

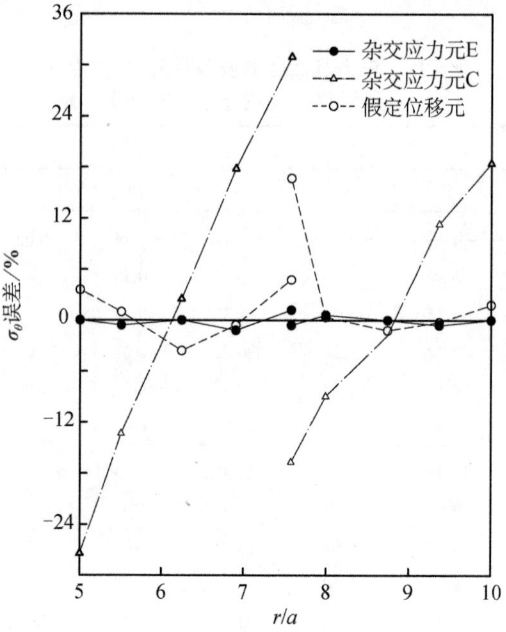


图 5.26　应力 $\sigma_\theta$ 沿径向变化（网格 I （1×2））（厚壁筒承受内压力）

可见，对于应力 $\sigma_r$，元 D、E、F 给出的结果远较其他三种元准确。对元内各点（不仅是元的中点），其最大误差绝对值，以上三种元均小于 2%；而位移元为 15.4%；元 C 误差最大，高达 21.6%，如考虑元的边界点在内，如图 5.25 所示，位移元的误差最大，增至 38.4%；元 C 的误差变化比较平缓；元 E 的误差波动最小。

应力 $\sigma_\theta$，其最大误差仍然是元 E、F 最小，元内各点均小于 0.5%；元 D 及位移元次之，介于 3%至 3.5%；元 A、B、C 误差均相当大，高峰值接近 20%。如考虑边界点，则位移元及元 C 的误差均有所增加，元 *C* 的结果最差（图 5.26）。

对于位移 $u_r$，由表 5.14 可见：各种元的误差都不大。相比较，位移元以及元 D、E、F 略好于元 A、B、C，前四种元最大误差绝对值均小于 0.4%；后三种元介于 2.5%至 3.5%。

2. 网格Ⅱ $(1\times3)$

算得各元应力 $\sigma_r$ 及 $\sigma_\theta$ 的误差如表 5.13 所示。径向位移 $u_r$ 的误差列于表 5.14 下部。

**表 5.13　应力 $\sigma_r$ 及 $\sigma_\theta$ 沿径向 $r$ 误差百分比（厚壁筒承受内压力，网格Ⅱ（$1\times3$））**

| 单元 | | A | B | C | D | F | E | 位移元 |
|---|---|---|---|---|---|---|---|---|
| $\beta$ 数 | | 15 | 16 | 17 | 16 | 16 | 21 | — |
| | $r$=5.352 | −1.97 | −1.97 | −2.07 | −0.26 | −0.02 | −0.11 | 0.03 |
| | 5.833 | −3.86 | −3.35 | −3.32 | −0.20 | −0.11 | −0.26 | −5.47 |
| | 6.314 | −2.44 | −2.53 | −2.48 | 0.04 | −0.03 | −0.23 | 0.02 |
| | 7.019 | −0.86 | −1.90 | −2.62 | 0.19 | −0.03 | −0.06 | 0.02 |
| $\sigma_r$ | 7.500 | −3.08 | −3.15 | −3.44 | −0.17 | −0.27 | 0.22 | −4.96 |
| | 7.981 | −2.54 | −2.63 | −3.77 | 0.01 | −0.04 | −0.11 | 0.02 |
| | 8.686 | −2.54 | −2.62 | −3.14 | −0.24 | −0.01 | −0.17 | 0.03 |
| | 9.167 | −5.51 | −5.71 | −5.89 | −0.31 | −0.53 | −0.43 | −9.09 |
| | 9.648 | −8.33 | −8.63 | −10.60 | −0.04 | −0.06 | −0.19 | 0.03 |
| | $r$=5.352 | −11.14 | −11.14 | −10.82 | 0.04 | 0.17 | 0.11 | 0.12 |
| | 5.833 | 1.32 | 1.32 | 1.46 | 1.55 | 0.02 | −0.05 | −1.17 |
| | 6.314 | 13.76 | 13.76 | 13.61 | −0.03 | −0.14 | −0.17 | −0.13 |
| | 7.019 | −7.48 | −7.48 | −7.61 | 0.02 | 0.04 | 0.04 | 0.04 |
| $\sigma_\theta$ | 7.500 | 0.92 | 0.92 | 0.93 | 0.80 | 0.02 | −0.04 | −0.61 |
| | 7.981 | 9.08 | 9.08 | 9.27 | −0.01 | −0.07 | −0.07 | −0.06 |
| | 8.686 | −5.14 | −5.14 | −5.22 | −0.01 | −0.02 | 0.01 | 0.01 |
| | 9.167 | 0.73 | 0.73 | 0.75 | −0.46 | 0.00 | 0.54 | −0.35 |
| | 9.648 | 6.35 | 6.35 | 6.52 | 0.00 | −0.03 | −0.04 | −0.04 |

**表 5.14　位移 $u_r$ 沿径向 $r$ 误差百分比（厚壁筒承受内压力，网格Ⅰ及网格Ⅱ）**

| 单元 | | A | B | C | D | F | E | 位移元 |
|---|---|---|---|---|---|---|---|---|
| $\beta$ 数 | | 15 | 16 | 17 | 17 | 16 | 21 | — |
| 网格Ⅰ | | | | | | | | |
| $u_r$ | $r$=5.000 | 1.44 | 1.18 | −0.26 | −0.39 | −0.26 | −0.26 | −0.13 |
| | 6.250 | 2.50 | 2.65 | 3.42 | 0.16 | 0.00 | 0.00 | 0.00 |
| | 7.500 | 1.41 | 1.24 | 0.18 | 0.00 | 0.18 | 0.18 | 0.00 |
| | 8.750 | 1.54 | 1.74 | 1.93 | 0.00 | 0.00 | −0.19 | −0.19 |
| | 10.000 | 1.24 | 1.24 | 0.62 | 0.00 | 0.00 | 0.21 | 0.00 |
| 网格Ⅱ | | | | | | | | |
| $u_r$ | $r$=5.000 | 0.66 | 0.52 | −0.13 | −0.13 | −0.13 | −0.13 | 0.00 |
| | 5.833 | 1.19 | 1.33 | 1.78 | 0.15 | 0.00 | 0.00 | 0.00 |
| | 6.667 | 0.65 | 0.65 | 0.0 | 0.00 | 0.16 | 0.00 | 0.00 |
| | 7.500 | 0.88 | 1.06 | 1.24 | 0.00 | 0.00 | 0.00 | 0.00 |
| | 8.333 | 0.56 | 0.38 | 0.19 | −0.19 | −0.19 | 0.00 | −0.19 |
| | 9.167 | 0.79 | 0.79 | 0.99 | 0.00 | 0.00 | 0.00 | 0.00 |
| | 10.000 | 0.62 | 0.62 | 0.41 | 0.00 | 0.00 | 0.00 | 0.00 |

以上结果显示：对应力 $\sigma_r$，考虑所有元内及边界点，元 D、E、F 给出的结果仍然最好，其最大误差均小于 0.6%；其余元 A、B、C 中，C 好一些；位移元最差，元内误差高至 9.1%，边界处达 15%；而元 C 较平稳。

环向应力 $\sigma_\theta$ 结果，亦与网格 I 的结果相同，元 E、F 的精度最佳；元 D 及位移元次之；A、B、C 的误差均相当大。

对径向位移 $u_r$，由表 5.14 可见：当网格由两个元加至三个元时，元 D、E、F 及位移元的最大误差均小于 0.2%；元 A、B、C 的也介于 1%至 2%，都十分接近解析解。

**例 2**　厚球承受内压力

具有内半径 $5a$ 及外半径 $20a$ 的厚球，承受均布内压力（材料、几何尺寸及压力同前例），分别用粗网格 I（半球分成 9 个元），及细网格 II（图 5.27，半球分成 30 个元）进行计算。

1. 网格 I$(3\times3)$

计算所得元内沿径向 $(\varphi=15°)$ 各点径向及环向应力 $\sigma_R$、$\sigma_\theta$ 的误差由表 5.15 给出。同样，元 E、C 及位移元的 $\sigma_R$、$\sigma_\theta$ 误差沿径向分布，也分别由图 5.28 及图 5.29 给出。球内边缘径向位移 $u_R$ 的误差，列于表 5.16 上部。

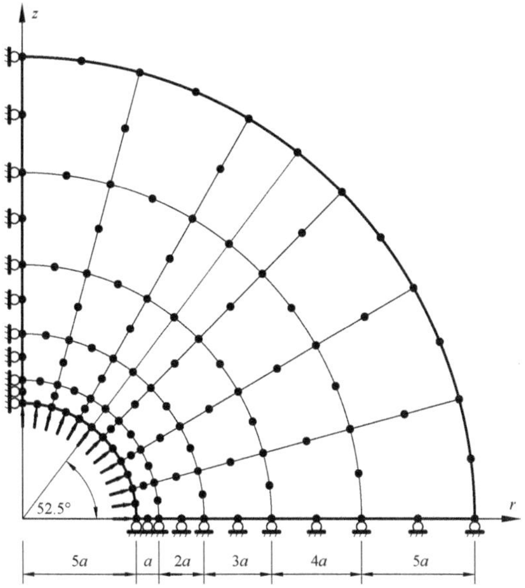


图 5.27 厚球承受内压力有限元网格（网格Ⅱ（6×5））

**表 5.15 应力 $\sigma_R$ 及 $\sigma_\theta$ 沿径向误差百分比 ($\varphi = 15°$)**
**（厚球承受内压力，网格Ⅰ（3×3））**

| 单元 | | A | B | C | D | F | E | 位移元 |
|---|---|---|---|---|---|---|---|---|
| $\beta$ 个数 | | 15 | 16 | 17 | 17 | 16 | 21 | — |
| $\sigma_R$ | $r$=5.634 | −3.44 | −1.45 | −3.19 | 1.37 | 3.39 | −0.50 | 2.63 |
| | 6.500 | −8.49 | −1.47 | −5.81 | 3.77 | 2.70 | 0.29 | −19.17 |
| | 7.366 | −10.30 | −1.77 | −4.77 | 2.32 | 0.27 | 0.53 | −2.40 |
| | 9.057 | −4.04 | −1.63 | −3.25 | 1.40 | −0.18 | −0.17 | 3.07 |
| | 10.500 | −8.27 | −1.50 | −6.58 | 4.61 | −0.45 | 0.04 | −23.06 |
| | 11.943 | −9.49 | −1.38 | −4.68 | 3.87 | 3.56 | 0.52 | −2.99 |
| | 14.479 | −3.84 | −1.19 | −1.17 | 2.37 | −1.34 | −0.36 | 3.34 |
| | 16.500 | −12.56 | −0.90 | −10.25 | 8.55 | 0.08 | −0.57 | 35.56 |
| | 18.521 | −28.07 | −2.04 | −17.96 | 13.95 | 12.17 | −0.78 | 8.29 |
| $\sigma_\theta$ | $r$=5.634 | −16.92 | −10.56 | −10.87 | −4.56 | 1.49 | −2.86 | 3.81 |
| | 6.500 | −20.53 | 4.06 | 2.88 | 5.40 | −4.04 | 3.02 | −15.89 |
| | 7.366 | 17.70 | 16.88 | 15.66 | 5.87 | −2.13 | 2.89 | −6.68 |
| | 9.057 | −11.13 | −8.32 | −9.04 | −1.79 | −3.72 | −1.25 | 3.88 |
| | 10.500 | −6.90 | 2.41 | 1.57 | 3.62 | −0.44 | 1.23 | −13.80 |
| | 11.943 | 14.82 | 11.01 | 11.10 | 3.73 | 0.96 | 0.80 | −5.34 |
| | 14.479 | −5.43 | −4.46 | −5.47 | 0.21 | −1.44 | −1.09 | 2.69 |
| | 16.500 | −2.71 | 0.96 | 0.86 | 1.70 | 1.11 | 0.63 | −6.85 |
| | 18.521 | 7.59 | 6.89 | 5.68 | 2.84 | 2.59 | 1.08 | −2.21 |

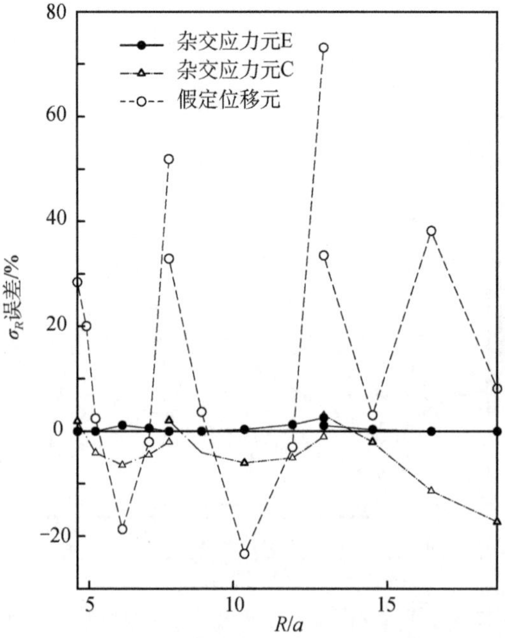


图 5.28　应力 $\sigma_R$ 沿径向变化（网格 I（3×3），$\varphi=15°$）（厚球承受内压力）

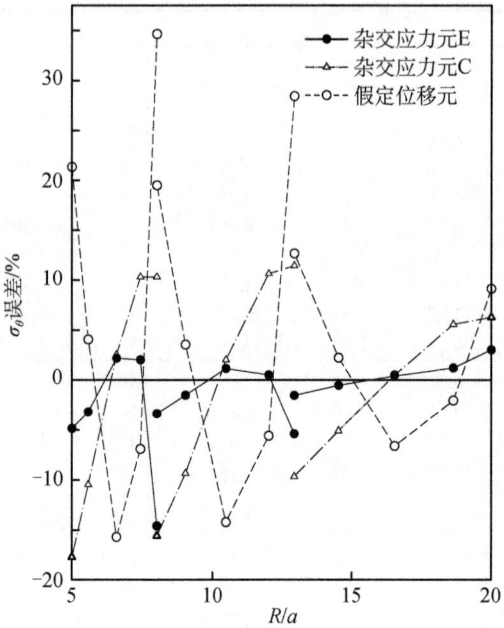


图 5.29　应力 $\sigma_\theta$ 沿径向变化（网格 I（3×3），$\varphi=15°$）（厚球承受内压力）

由表 5.15 可见，对元内各点应力 $\sigma_R$，元 E 产生的误差最小，其最大值为 0.8%；位移元最差，为 35.6%；其余的元中，元 B 较好；剩下各元的排列顺序是：F、D、C 及 A。如考虑元的边界点在内，由图 5.28 可见：位移元的误差上升至 73.3%，而元 C 显然波动较小，元 E 基本平稳。

至于环向应力 $\sigma_\theta$，如表 5.15 下部所示，元 E、F、D 仍给出好的结果；元 C、B 次之；元 A 最差。位移元的结果也不好，由图 5.29 可见，其在边界点处的误差，最大值高达 34.6%。

2. 网格 II $(6\times5)$

元内沿径向 $(\varphi=52.5°)$ 各点应力 $\sigma_R$ 及 $\sigma_\theta$ 的误差分别由表 5.16、表 5.17 给出。元 E、C 及位移元的误差沿径向分布也分别绘于图 5.30 与图 5.31 中，球内边缘各径向位移 $u_R$ 的误差列于表 5.18 下部。

**表 5.16　应力 $\sigma_R$ 沿径向误差百分比 $(\varphi = 52.5°)$**
**（厚球承受内压力，网格Ⅱ（6×5））**

| 单元 | | A | B | C | D | F | E | 位移元 |
|---|---|---|---|---|---|---|---|---|
| $\beta$ 数 | | 15 | 16 | 17 | 17 | 16 | 21 | — |
| | $r$=5.211 | −0.44 | −0.34 | −0.35 | −0.08 | −1.46 | −0.15 | 0.15 |
| | 5.500 | −1.12 | −0.85 | −0.67 | −0.49 | −1.65 | −0.08 | −2.97 |
| | 5.789 | −1.04 | −0.79 | −0.44 | −0.55 | −0.32 | −0.15 | −0.20 |
| | 6.423 | 0.13 | −0.08 | −0.24 | 0.28 | −0.25 | −0.27 | 0.55 |
| | 7.000 | −0.45 | −1.03 | −1.14 | −0.36 | −0.78 | −0.47 | −7.51 |
| | 7.577 | 0.00 | −0.89 | −0.90 | −0.27 | 0.27 | 0.08 | −0.59 |
| | 8.634 | 0.02 | −0.38 | −0.42 | 0.11 | −0.05 | −0.26 | 0.79 |
| $\sigma_R$ | 9.500 | −0.23 | −1.39 | −1.58 | −0.45 | −1.15 | −0.72 | −9.80 |
| | 10.370 | 0.70 | −1.11 | −1.34 | −0.20 | −0.13 | 0.01 | −0.80 |
| | 11.850 | −0.17 | −0.69 | −0.66 | 0.03 | 0.03 | −0.21 | 0.88 |
| | 13.000 | 0.02 | −1.73 | −1.95 | −0.51 | −1.28 | −0.83 | −11.42 |
| | 14.150 | 1.59 | −1.38 | −1.63 | −0.16 | −0.21 | 0.00 | −0.95 |
| | 16.060 | −0.28 | −1.34 | −1.20 | −0.20 | −0.03 | −0.33 | 1.19 |
| | 17.500 | 1.33 | −3.18 | −3.53 | −0.35 | −3.22 | −1.52 | −21.60 |
| | 18.940 | 8.23 | −4.17 | −5.63 | −0.36 | −5.95 | −1.10 | −3.31 |

**表 5.17　应力 $\sigma_\theta$ 沿径向误差百分比（$\varphi = 52.5°$）**
**（厚球承受内压力，网格Ⅱ（6×5））**

| 单元 | | A | B | C | D | F | E | 位移元 |
|---|---|---|---|---|---|---|---|---|
| $\beta$ 数 | | 15 | 16 | 17 | 17 | 16 | 21 | — |
| | $r$=5.211 | −2.26 | −1.61 | −2.01 | 0.68 | −3.07 | −0.08 | 0.09 |
| | 5.500 | 2.13 | 1.13 | 0.30 | 1.55 | −2.96 | −0.09 | −2.63 |
| | 5.789 | 1.94 | 1.20 | 1.64 | −1.56 | 2.13 | −0.26 | −0.61 |
| | 6.423 | −3.29 | −1.97 | −1.62 | 0.14 | −1.18 | 0.08 | 1.01 |
| | 7.000 | 3.41 | 0.69 | 0.28 | 1.77 | −3.19 | −0.23 | −5.78 |
| | 7.577 | 2.51 | 1.06 | 0.80 | −0.97 | 0.63 | −0.56 | −1.39 |
| | 8.634 | −2.59 | −1.70 | −1.65 | 0.22 | −0.97 | 0.17 | 1.34 |
| $\sigma_\theta$ | 9.500 | 2.59 | 0.47 | 0.16 | 1.54 | −2.59 | −0.36 | −6.21 |
| | 10.370 | 2.31 | 0.90 | 0.78 | −0.76 | 0.17 | −0.62 | −1.48 |
| | 11.850 | −2.17 | −1.49 | −1.48 | 0.16 | −0.51 | 0.14 | 1.02 |
| | 13.000 | 1.67 | 0.30 | 0.06 | 1.10 | −1.96 | −0.32 | −4.62 |
| | 14.150 | 2.03 | 0.91 | 0.81 | −0.45 | −0.05 | −0.48 | −1.04 |
| | 16.060 | −1.61 | −1.20 | −1.11 | −0.07 | −0.30 | 0.07 | 0.55 |
| | 17.500 | 1.51 | 0.35 | 0.25 | 0.58 | −1.61 | −0.11 | −2.66 |
| | 18.940 | 2.21 | 1.29 | 1.17 | −0.04 | −0.21 | −0.21 | −0.55 |

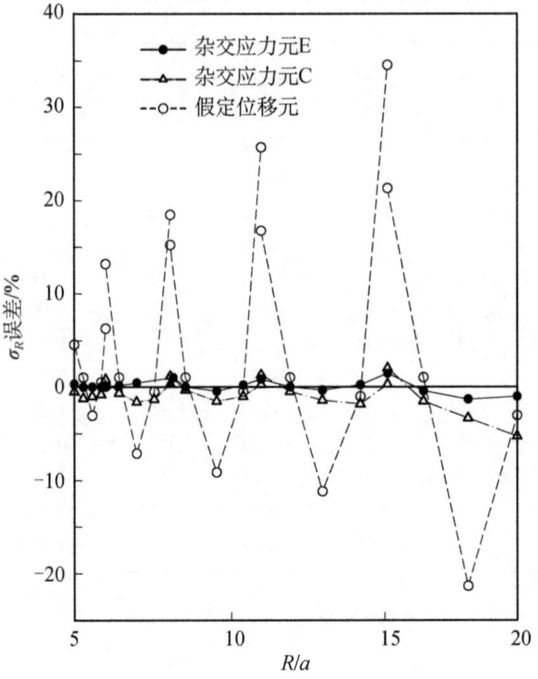


图 5.30　应力 $\sigma_R$ 沿径向变化（网格Ⅱ（6×5），$\varphi = 52.5°$）
（厚球承受内压力）

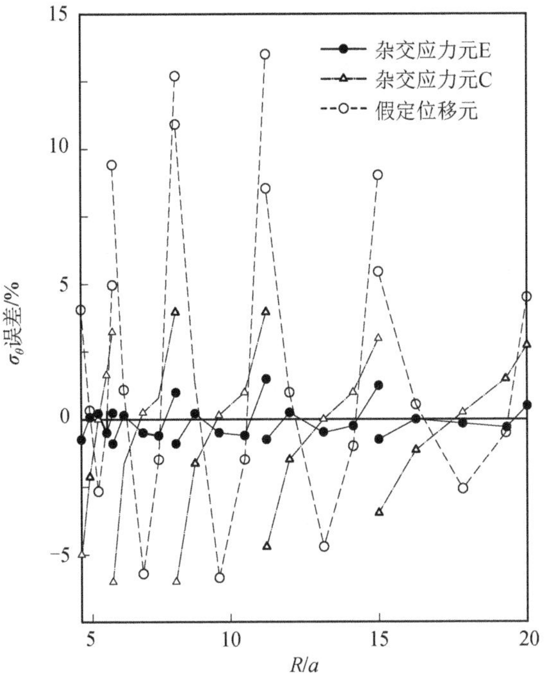


图 5.31　应力 $\sigma_\theta$ 沿径向变化（网格Ⅱ（6×5），$\varphi = 52.5°$）
（厚球承受内压力）

**表 5.18　位移 $u_R$ 沿径向误差百分比（厚球承受内压力，网格Ⅰ及网格Ⅱ）**

| 单元 | | A | B | C | D | F | E | 位移元 |
|---|---|---|---|---|---|---|---|---|
| $\beta$ 数 | | 15 | 16 | 17 | 17 | 16 | 21 | — |
| | | | | 网格 I | | | | |
| | $\theta = 0°$ | −49.55 | −21.32 | −2.40 | −26.43 | 0.00 | −12.61 | −0.60 |
| | 15° | 28.83 | 15.02 | 4.50 | −15.32 | 0.60 | 7.51 | −0.90 |
| | 30° | −29.13 | −18.32 | −2.40 | −22.22 | −1.80 | −9.61 | −0.90 |
| $u_R$ | 45° | 16.52 | 10.86 | 3.90 | 11.11 | 9.61 | 4.20 | −1.20 |
| | 60° | −16.82 | −14.11 | −5.41 | −15.62 | −22.52 | −7.21 | −0.90 |
| | 75° | 15.02 | 6.61 | 3.30 | 6.91 | 13.21 | 3.60 | −2.10 |
| | 90° | 55.66 | −14.71 | −20.42 | −24.92 | −39.04 | −21.92 | −4.50 |
| | | | | 网格 II | | | | |
| | $\theta = 0°$ | −6.91 | −2.70 | 0.00 | −4.20 | 0.00 | −0.90 | 0.00 |
| | 15° | −5.41 | −3.00 | 0.00 | −3.90 | 0.30 | −0.90 | 0.00 |
| | 30° | −3.91 | −2.10 | 0.00 | −3.30 | 0.00 | −0.30 | −0.30 |
| $u_R$ | 45° | −2.40 | −1.50 | −0.30 | −2.10 | −3.30 | −0.30 | −0.30 |
| | 60° | −1.80 | −1.20 | −0.30 | −1.50 | −4.20 | −0.30 | 0.00 |
| | 75° | −2.10 | −1.20 | −0.90 | −1.20 | −3.30 | −0.30 | −0.30 |
| | 90° | −6.31 | −3.00 | −2.40 | −2.70 | −5.41 | −1.20 | −0.60 |

对于应力 $\sigma_R$，表 5.16 表明：所有的杂交应力元 A 至 F，当网格加密时，$\sigma_R$ 精度的提高均较位移元快。正如表 5.16 及图 5.28 所示，元 E、D 仍给出最好结果，最大误差小于 1.6%；元 B 稍差，4.2%；元 C、F、A 次之，但均不超过 8.5%；位移元最差，它在元内及边界上均给出最大误差，分别为 21.6% 及 34.6%。

在细网格 II 时，所有杂交应力元中应力 $\sigma_\theta$ 精度的提高也较位移快。由表 5.17 可见，此时元 A 的误差与网格 I 不同，已小于位移元。元 E 的误差降至−0.6%；元 D、B、C 次之，介于±2%；位移元仍处于最低位，其在元内误差最大值为−6.2%，边界点上高至 13.4%（图 5.31）。

用以上两种网格算得的径向位移 $u_R$，由表 5.18 所示，可见，在网格 I，位移元给出的精度远比杂交应力元好，其中元 A 最差；但位移元的这种优势在网格 II 时已不明显，这时杂交应力元位移的精度迅速提高：元 E 的最大误差已降至−1.2%，十分接近于位移元的对应值−0.6%；元 D、C、B 的误差绝对值也均小于 4.2%。

总之，由以上算例可以看出：这些元中，元 E 给出了相对最精确的应力分布，在较细网格时，也给出了与位移元十分接近的准确位移值；元 D 次之。对厚壁筒的应力 $\sigma_r$，以及厚球的应力 $\sigma_R$ 与 $\sigma_\theta$（网格较细时）其计算结果表明：位移元的精度最差；它们排列的大致顺序是：E、D、B、F、C、A 及位移元。只在厚壁筒的应力 $\sigma_\theta$ 计算时，位移元给出的精度较元 A、B、C 好一些，与元 D 结果相近，但仍较元 E、F 差。

### 5.7.4　小结

本节用两类方法，导出了六种 8 结点轴对称实体回转杂交应力元，它们都准确满足平衡方程，不具有多余零能模式，并且单刚具有不变性。

元内中点应力以及应力分布两方面的计算结果显示，现在建立的杂交应力元，远较传统的 8 结点轴对称位移元准确；并且当网格较密时，也给出了与位移元十分接近的准确位移值。

用第二类方法导出的应力场（元 D、E、F）（即，诸应力分量开始均表示为相同的多项式，利用平衡方程或协调方程消去一些应力参数，并在检查零能模式及不变性时，对有关项进行必要的调整，这样得到的应力场），从目前研究结果表明，往往比用第一类方法导出应力场（即，开始选择应力与应变分量一一对应，再调整参数同时满足式（p）所示三方面要求，所得的应力场）更为合理。

与本书作者建立的 4 结点轴对称元的结果一样[39]，具有扫除多余零能模式所需最少 $\beta$ 数的应力场（元 A），常常并不一定是最好的应力场。

# 5.8　应用杂交应力模式进行任意载荷下轴对称构件受力分析

对于几何形状及材料特性与环向坐标无关的轴对称构件，其承受载荷与坐标相关的问题，第 3 章讨论了利用场变量展成傅里叶（Fourier）级数与位移元联合，将其转化为二维问题的半解析方法求解。现在，进一步阐述用 Fourier 级数与杂交应力元联合，解此问题[40]。

## 5.8.1　有限元列式

根据 Helliner-Reissner 原理，当满足位移已知边界条件时，由式（5.2.3）及式（5.2.4）成为

$$\Pi_{\mathrm{HR}}(\boldsymbol{\sigma},\boldsymbol{u})=\sum_{n}\left\{\int_{V_n}[-\boldsymbol{B}(\boldsymbol{\sigma})+\boldsymbol{\sigma}^{\mathrm{T}}(\boldsymbol{D}\boldsymbol{u})-\overline{\boldsymbol{F}}^{\mathrm{T}}\boldsymbol{u}]\mathrm{d}V-\int_{S_{\sigma_n}}\overline{\boldsymbol{T}}^{\mathrm{T}}\boldsymbol{u}\,\mathrm{d}S\right\}\quad(5.8.1)$$

约束条件

$$\begin{aligned}&\boldsymbol{u}^{(a)}=\boldsymbol{u}^{(b)}\quad(S_{ab}\text{上})\\&\boldsymbol{u}=\overline{\boldsymbol{u}}\quad(S_{u_n}\text{上})\end{aligned}\quad(5.8.2)$$

下面讨论利用 Hellinger-Reissner 原理建立的杂交应力元求解上述问题。同样，利用半解析技术，将轴对称构件有关量沿环向 $\theta$ 展成 Fourier 级数（构件几何形状与材料特性沿环向坐标不变）。

1. 应力

将三维应力场 $\boldsymbol{\sigma}=\begin{bmatrix}\sigma_r & \sigma_\theta & \sigma_z & \sigma_{rz} & \sigma_{z\theta} & \sigma_{r\theta}\end{bmatrix}^{\mathrm{T}}$ 沿 $\theta$ 轴展成 Fourier 级数

$$\boldsymbol{\sigma}=\sum_{i}(\boldsymbol{A}_i^s\boldsymbol{\sigma}_i^s+\boldsymbol{A}_i^a\boldsymbol{\sigma}_i^a)\quad(5.8.3)$$

式中，$\boldsymbol{\sigma}_i^s$ 及 $\boldsymbol{\sigma}_i^a$ 分别为第 $i$ 项 Fourier 级数展开的幅度，均为 $r$ 及 $z$ 的函数。$\boldsymbol{A}_i^s$ 为 $\theta$ 函数的对角阵

$$\boldsymbol{A}_i^s=\begin{bmatrix}\cos i\theta &&&&& \\ & \cos i\theta &&& \boldsymbol{0} & \\ && \cos i\theta &&& \\ &&& \cos i\theta && \\ & \boldsymbol{0} &&& \sin i\theta & \\ &&&&& \sin i\theta\end{bmatrix}\quad(5.8.4)$$

式（5.8.3）中的阵 $\boldsymbol{A}_i^a$，是将以上 $\boldsymbol{A}_i^s$ 阵中 $\cos i\theta$ 及 $\sin i\theta$ 分别以 $\sin i\theta$ 及 $-\cos i\theta$ 代替得到。式（5.8.3）中的诸项 $(\ )_i^s$ 及 $(\ )_i^a$，分别代表第 $i$ 项 Fourier 级数展开幅度的对称与反对称部分。

根据 Hellinger-Reissner 原理建立杂交应力元时，其应力场必须满足以柱坐标表示的平衡方程

$$
\begin{aligned}
&\frac{\partial \sigma_r}{\partial r}+\frac{1}{r}\frac{\partial \sigma_{r\theta}}{\partial \theta}+\frac{\partial \sigma_{rz}}{\partial z}+\frac{\sigma_r-\sigma_\theta}{r}=0\\
&\frac{\partial \sigma_{rz}}{\partial r}+\frac{1}{r}\frac{\partial \sigma_{z\theta}}{\partial \theta}+\frac{\partial \sigma_z}{\partial z}+\frac{\sigma_{rz}}{r}=0\\
&\frac{\partial \sigma_{r\theta}}{\partial r}+\frac{1}{r}\frac{\partial \sigma_\theta}{\partial \theta}+\frac{\partial \sigma_{\theta z}}{\partial z}+\frac{2\sigma_{r\theta}}{r}=0
\end{aligned}
\tag{a}
$$

将式（5.8.3）代入式（a），得到

$$
\begin{aligned}
\boldsymbol{E}_i\,\boldsymbol{\sigma}_i^s&=\boldsymbol{0}\\
\boldsymbol{E}_i\,\boldsymbol{\sigma}_i^a&=\boldsymbol{0}
\end{aligned}
\tag{5.8.5}
$$

这里，$\boldsymbol{E}_i$ 为对称与反对称部分第 $i$ 项 Fourier 级数展开幅度的平衡微分算子阵

$$
\boldsymbol{E}_i=\begin{bmatrix}
\left(\dfrac{1}{r}+\dfrac{\partial}{\partial r}\right) & -\dfrac{1}{r} & 0 & \dfrac{\partial}{\partial z} & 0 & \dfrac{i}{r}\\
0 & 0 & \dfrac{\partial}{\partial z} & \left(\dfrac{1}{r}+\dfrac{\partial}{\partial r}\right) & \dfrac{i}{r} & 0\\
0 & -\dfrac{i}{r} & 0 & 0 & \dfrac{\partial}{\partial z} & \left(\dfrac{\partial}{\partial r}+\dfrac{2}{r}\right)
\end{bmatrix}
\tag{5.8.6}
$$

应力 $\boldsymbol{\sigma}_i^s$ 及 $\boldsymbol{\sigma}_i^a$ 分别用应力参数 $\beta_i^s$ 及 $\beta_i^a$ 表示，由于对 $\boldsymbol{\sigma}_i^s$ 及 $\boldsymbol{\sigma}_i^a$ 的平衡方程式(5.8.5)是同样的，所以这两组应力采用相同的内插阵 $\boldsymbol{P}_i(r,z)$：

$$
\boldsymbol{\sigma}_i^s=\boldsymbol{P}_i\,\boldsymbol{\beta}_i^s \tag{5.8.7a}
$$

$$
\boldsymbol{\sigma}_i^a=\boldsymbol{P}_i\,\boldsymbol{\beta}_i^a \tag{5.8.7b}
$$

$\boldsymbol{P}_i(r,z)$ 满足式（5.8.5）。

将式（5.8.7）代入（5.8.3），得到

$$
\boldsymbol{\sigma}=\sum_i(\boldsymbol{A}_i^s\,\boldsymbol{P}_i\,\boldsymbol{\beta}_i^s+\boldsymbol{A}_i^a\,\boldsymbol{P}_i\,\boldsymbol{\beta}_i^a) \tag{5.8.8}
$$

2. 位移 $\boldsymbol{u}$

设三维位移 $\boldsymbol{u}=[u,v,w]^{\mathrm{T}}$，这里 $u$、$v$、$w$ 分别代表 $r$、$\theta$、$z$ 三个方向的位移。$\boldsymbol{u}$ 也沿 $\theta$ 展成 Fourier 级数

$$\boldsymbol{u}=\sum_{i}(\boldsymbol{C}_{i}^{s}\,\boldsymbol{u}_{i}^{s}+\boldsymbol{C}_{i}^{a}\,\boldsymbol{u}_{i}^{a}) \tag{5.8.9}$$

这里

$$\boldsymbol{C}_{i}^{s}=\begin{bmatrix}\cos i\theta & 0 & 0\\ 0 & -\sin i\theta & 0\\ 0 & 0 & \cos i\theta\end{bmatrix},\quad \boldsymbol{C}_{i}^{a}=\begin{bmatrix}\sin i\theta & 0 & 0\\ 0 & \cos i\theta & 0\\ 0 & 0 & \sin i\theta\end{bmatrix} \tag{5.8.10}$$

式（5.8.9）中位移 $\boldsymbol{u}_{i}^{s}$ 及 $\boldsymbol{u}_{i}^{(a)}$ 仅为 $r$、$z$ 的函数。在元内将它们以结点位移 $\boldsymbol{q}_{i}^{s}$ 及 $\boldsymbol{q}_{i}^{a}$ 进行插值

$$\boxed{\begin{aligned}\boldsymbol{u}_{i}^{s}&=\boldsymbol{N}\,\boldsymbol{q}_{i}^{s}\\ \boldsymbol{u}_{i}^{a}&=\boldsymbol{N}\,\boldsymbol{q}_{i}^{a}\end{aligned}} \tag{5.8.11}$$

式中，$\boldsymbol{N}$ 为形函数。

这样，保证了单元间 $C_0$ 阶连续性（$\boldsymbol{u}^{(a)}=\boldsymbol{u}^{(b)}$，$S_{ab}$ 上）。根据应变-位移方程

$$\begin{aligned}\varepsilon_{r}&=\frac{\partial u}{\partial r}\\ \varepsilon_{\theta}&=\frac{u}{r}+\frac{1}{r}\frac{\partial v}{\partial \theta}\\ \varepsilon_{z}&=\frac{\partial w}{\partial z}\\ \gamma_{rz}&=\frac{\partial u}{\partial z}+\frac{\partial w}{\partial r}\\ \gamma_{z\theta}&=\frac{\partial v}{\partial z}+\frac{1}{r}\frac{\partial w}{\partial \theta}\\ \gamma_{r\theta}&=\frac{1}{r}\frac{\partial u}{\partial \theta}+\frac{\partial v}{\partial r}-\frac{v}{r}\end{aligned} \tag{b}$$

求得应变 $\boldsymbol{\varepsilon}$，并将其以 $\boldsymbol{u}_{i}^{s}$ 及 $\boldsymbol{u}_{i}^{a}$ 表示为如下形式：

$$\boldsymbol{\varepsilon}=\sum_{i}(\boldsymbol{A}_{i}^{s}\,\boldsymbol{D}_{i}\,\boldsymbol{u}_{i}^{s}+\boldsymbol{A}_{i}^{a}\,\boldsymbol{D}_{i}\,\boldsymbol{u}_{i}^{a}) \tag{5.8.12}$$

式中，$\boldsymbol{D}_{i}$ 为微分算子矩阵

$$
\boldsymbol{D}_i=\begin{bmatrix} \dfrac{\partial}{\partial r} & 0 & 0 \\ \dfrac{1}{r} & -\dfrac{i}{r} & 0 \\ 0 & 0 & \dfrac{\partial}{\partial z} \\ \dfrac{\partial}{\partial z} & 0 & \dfrac{\partial}{\partial r} \\ 0 & -\dfrac{\partial}{\partial z} & -\dfrac{i}{r} \\ -\dfrac{i}{r} & \left(\dfrac{1}{r}-\dfrac{\partial}{\partial r}\right) & 0 \end{bmatrix} \tag{5.8.13}
$$

将式（5.8.13）代入式（5.8.12），并令

$$
\boldsymbol{B}_i=\boldsymbol{D}_i\,\boldsymbol{N} \tag{5.8.14}
$$

于是应变 $\boldsymbol{\varepsilon}$ 可以用 $\boldsymbol{q}_i^s$ 及 $\boldsymbol{q}_i^a$ 表示

$$
\boldsymbol{\varepsilon}=\sum_i(\boldsymbol{A}_i^s\,\boldsymbol{B}_i\,\boldsymbol{q}_i^s+\boldsymbol{A}_i^a\,\boldsymbol{B}_i\,\boldsymbol{q}_i^a) \tag{5.8.15}
$$

3. 给定表面力

设给定外载荷 $\overline{\boldsymbol{T}}^{\mathrm{T}}=[\overline{T}_r,\ \overline{T}_\theta,\ \overline{T}_z]$，将它们也展成与位移一致的 Fourier 级数

$$
\overline{\boldsymbol{T}}=\sum_i(\boldsymbol{C}_i^s\,\overline{\boldsymbol{T}}_i^s+\boldsymbol{C}_i^a\,\overline{\boldsymbol{T}}_i^a) \tag{5.8.16}
$$

4. 单刚及待解方程

将以上应力 $\boldsymbol{\sigma}$（式（5.8.8））、应变 $\boldsymbol{\varepsilon}$（式（5.8.15））及表面力 $\overline{\boldsymbol{T}}$（式（5.8.16）），代入泛函（5.8.1），得到

$$
\begin{aligned}
\Pi_{\mathrm{HR}}=\sum_n\Bigg\{\sum_i\sum_j\Bigg[&\frac{1}{2}\int_{V_n}(\boldsymbol{\beta}_i^{s\mathrm{T}}\,\boldsymbol{P}_i^{\mathrm{T}}\,\boldsymbol{A}_i^{s\mathrm{T}}+\boldsymbol{\beta}_i^{a\mathrm{T}}\,\boldsymbol{P}_i^{\mathrm{T}}\,\boldsymbol{A}_i^{a\mathrm{T}})\boldsymbol{S}(\boldsymbol{A}_j^s\,\boldsymbol{P}_j\,\boldsymbol{\beta}_j^s+\boldsymbol{A}_j^a\,\boldsymbol{P}_j\,\boldsymbol{\beta}_j^a)\mathrm{d}V\\
&-\int_{V_n}(\boldsymbol{\beta}_i^{s\mathrm{T}}\,\boldsymbol{P}_i^{\mathrm{T}}\,\boldsymbol{A}_i^{s\mathrm{T}}+\boldsymbol{\beta}_i^{a\mathrm{T}}\,\boldsymbol{P}_i^{\mathrm{T}}\,\boldsymbol{A}_i^{a\mathrm{T}})(\boldsymbol{A}_j^s\,\boldsymbol{B}_j\,\boldsymbol{q}_j^s+\boldsymbol{A}_j^a\,\boldsymbol{B}_j\,\boldsymbol{q}_j^a)\mathrm{d}V\\
&+\int_{S_{\sigma_n}}(\boldsymbol{q}_i^{s\mathrm{T}}\,\boldsymbol{N}^{\mathrm{T}}\,\boldsymbol{C}_i^{s\mathrm{T}}+\boldsymbol{q}_i^{a\mathrm{T}}\,\boldsymbol{N}^{\mathrm{T}}\,\boldsymbol{C}_i^{a\mathrm{T}})(\boldsymbol{C}_j^s\,\overline{\boldsymbol{T}}_j^s+\boldsymbol{C}_j^a\,\overline{\boldsymbol{T}}_j^a)\mathrm{d}S\Bigg]\Bigg\}
\end{aligned} \tag{5.8.17}
$$

式中大括号内部表示对 Fourier 级数全部求和，外部 $n$ 是对单元总数求和。

公式（5.8.17）对 $\theta$ 进行如下积分，其值为

$$
I_1=\int_0^{2\pi}\sin i\theta\,\sin j\theta\,\mathrm{d}\theta=\begin{cases}0 & i\neq j\\ 0 & i=j=0\\ \pi & i=j\ 及\ i,j\geqslant 1\end{cases}
$$

$$I_2 = \int_0^{2\pi} \cos i\theta \cos j\theta \mathrm{d}\theta = \begin{cases} 0 & i \neq j \\ 2\pi & i = j = 0 \\ \pi & i = j \text{ 及 } i, j \geqslant 1 \end{cases} \quad \text{(c)}$$

$$I_3 = \int_0^{2\pi} \sin i\theta \cos j\theta \, \mathrm{d}\theta = 0$$

利式（c），$\Pi_{\mathrm{HR}}$ 成为

$$\Pi_{\mathrm{HR}} = \sum_n \left\{ \sum_i \left[ \frac{1}{2} \boldsymbol{\beta}_i^{s\mathrm{T}} \boldsymbol{H}_i^s \boldsymbol{\beta}_i^s + \frac{1}{2} \boldsymbol{\beta}_i^{a\mathrm{T}} \boldsymbol{H}_i^a \boldsymbol{\beta}_i^a - \boldsymbol{\beta}_i^{s\mathrm{T}} \boldsymbol{G}_i^s \boldsymbol{q}_i^s - \beta_i^{a\mathrm{T}} \boldsymbol{G}_i^a \boldsymbol{q}_i^a + \boldsymbol{q}_i^{s\mathrm{T}} \boldsymbol{Q}_i^s + \boldsymbol{q}_i^{a\mathrm{T}} \boldsymbol{Q}_i^a \right] \right\} \quad (5.8.18)$$

式中，

$$\begin{aligned} \boldsymbol{H}_i^s &= \int_{V_n} \boldsymbol{P}_i^{\mathrm{T}} \boldsymbol{A}_i^{s\mathrm{T}} \boldsymbol{S} \boldsymbol{A}_i^s \boldsymbol{P}_i \mathrm{d}V \\ \boldsymbol{H}_i^a &= \int_{V_n} \boldsymbol{P}_{\mathrm{i}}^{\mathrm{T}} \boldsymbol{A}_i^{a\mathrm{T}} \boldsymbol{S} \boldsymbol{A}_i^a \boldsymbol{P}_i \mathrm{d}V \\ \boldsymbol{G}_i^s &= \int_{V_n} \boldsymbol{P}_{\mathrm{i}}^{\mathrm{T}} \boldsymbol{A}_i^{s\mathrm{T}} \boldsymbol{A}_i^s \boldsymbol{B}_i \mathrm{d}V \\ \boldsymbol{G}_i^a &= \int_{V_n} \boldsymbol{P}_{\mathrm{i}}^{\mathrm{T}} \boldsymbol{A}_i^{a\mathrm{T}} \boldsymbol{A}_i^a \boldsymbol{B}_i \mathrm{d}V \\ \boldsymbol{Q}_i^s &= \int_{S_{\sigma_n}} \boldsymbol{N}^{\mathrm{T}} \boldsymbol{C}_i^{s\mathrm{T}} \boldsymbol{C}_i^s \overline{\boldsymbol{T}}_i^s \mathrm{d}S \\ \boldsymbol{Q}_i^a &= \int_{S_{\sigma_n}} \boldsymbol{N}^{\mathrm{T}} \boldsymbol{C}_i^{a\mathrm{T}} \boldsymbol{C}_i^a \overline{\boldsymbol{T}}_i^a \mathrm{d}S \end{aligned} \quad (5.8.19)$$

如单元调和第 $i$ 项结点自由度 $\boldsymbol{q}$ 与装配结构自由度 $\boldsymbol{q}^*$ 的关系，借助 Boolean 阵 $\boldsymbol{L}_n$ 表示

$$\begin{aligned} (\boldsymbol{q}_i^s)_n &= \boldsymbol{L}_n \boldsymbol{q}_i^{*s} \\ (\boldsymbol{q}_i^a)_n &= \boldsymbol{L}_n \boldsymbol{q}_i^{*a} \end{aligned} \quad \text{(d)}$$

则变分 $\delta\Pi_{\mathrm{HR}}$ 成为

$$\begin{aligned} \delta\Pi_{\mathrm{HR}} = \sum_i \Big\{ \sum_n [ & \delta\boldsymbol{\beta}_i^{s\mathrm{T}} (\boldsymbol{H}_i^s \boldsymbol{\beta}_i^s - \boldsymbol{G}_i^s \boldsymbol{L}_n \boldsymbol{q}_i^{*s}) + \delta\boldsymbol{\beta}_i^{a\mathrm{T}} (\boldsymbol{H}_i^a \boldsymbol{\beta}_i^a - \boldsymbol{G}_i^a \boldsymbol{L}_n \boldsymbol{q}_i^{*a}) \\ & - \delta\boldsymbol{q}_i^{*s\mathrm{T}} (\boldsymbol{L}_n^{\mathrm{T}} \boldsymbol{G}_i^{s\mathrm{T}} \boldsymbol{\beta}_i^s - \boldsymbol{L}_n^{\mathrm{T}} \boldsymbol{Q}_i^s) - \delta\boldsymbol{q}_i^{*a\mathrm{T}} (\boldsymbol{L}_n^{\mathrm{T}} \boldsymbol{G}_i^{a\mathrm{T}} \boldsymbol{\beta}_i^a - \boldsymbol{L}_n^{\mathrm{T}} \boldsymbol{Q}_i^a) ] \Big\} = 0 \end{aligned} \quad \text{(e)}$$

由于各个单元应力独立，$\boldsymbol{\beta}_i^s$ 与 $\boldsymbol{\beta}_i^a$ 彼此无关，它们可以在单元上并缩掉，从而得到

$$\begin{aligned} \boldsymbol{\beta}_i^s &= \boldsymbol{H}_i^{s-1} \boldsymbol{G}_i^s \boldsymbol{L}_n \boldsymbol{q}_i^{*s} \\ \boldsymbol{\beta}_i^a &= \boldsymbol{H}_i^{a-1} \boldsymbol{G}_i^a \boldsymbol{L}_n \boldsymbol{q}_i^{*a} \end{aligned} \quad (5.8.20)$$

将上式代入式（e），产生

$$\sum_i \left\{ \sum_n (\boldsymbol{L}_n^{\mathrm{T}} \boldsymbol{k}_i^s \boldsymbol{L}_n) \boldsymbol{q}_i^{*s} = \sum_n (\boldsymbol{L}_n^{\mathrm{T}} \boldsymbol{Q}_i^s) \right\}$$

$$\sum_i \left\{ \sum_n (\boldsymbol{L}_n^{\mathrm{T}} \boldsymbol{k}_i^a \boldsymbol{L}_n) \boldsymbol{q}_i^{*a} = \sum_n (\boldsymbol{L}_n^{\mathrm{T}} \boldsymbol{Q}_i^a) \right\} \tag{5.8.21}$$

这里

$$\begin{aligned} \boldsymbol{k}_i^s &= \boldsymbol{G}_i^{s\mathrm{T}} \boldsymbol{H}_i^{s-1} \boldsymbol{G}_i^s \\ \boldsymbol{k}_i^a &= \boldsymbol{G}_i^{a\mathrm{T}} \boldsymbol{H}_i^{a-1} \boldsymbol{G}_i^a \end{aligned} \tag{5.8.22}$$

式中，$\boldsymbol{k}_i^s$ 及 $\boldsymbol{k}_i^a$ 分别代表与第 $i$ 项 Fourier 级数展开幅度的对称与反对称部分相应单元刚度阵。

进行单元组合，则有总刚 $\boldsymbol{K}$ 方程

$$\begin{aligned} \boldsymbol{K}_i^s \boldsymbol{q}_i^{*s} &= \boldsymbol{Q}_i^{*s} \\ \boldsymbol{K}_i^a \boldsymbol{q}_i^{*a} &= \boldsymbol{Q}_i^{*a} \end{aligned} \tag{5.8.23}$$

解方程时注意：①$i=0$ 的对称部分，相应于轴对称的载荷及变形；②$i=0$ 的反对称部分，相当于扭转；③当 $i>0$ 时，$\boldsymbol{K}_i^s$ 与 $\boldsymbol{K}_i^a$ 恒等。

从以上方程解得所有 $i$ 的 $\boldsymbol{q}_i^{*s}$ 及 $\boldsymbol{q}_i^{*a}$，由式（5.8.20）可得应力参数 $\boldsymbol{\beta}_i^s$ 及 $\boldsymbol{\beta}_i^a$，再从式（5.8.7）及式（5.8.8）得到 $\boldsymbol{\sigma}_i^s$、$\boldsymbol{\sigma}_i^a$ 及最终应力 $\boldsymbol{\sigma}$。同样，由式（d），得到 $\boldsymbol{q}_i^s$ 及 $\boldsymbol{q}_i^a$，由式（5.8.9）及式（5.8.11）得到 $\boldsymbol{u}_i^s$、$\boldsymbol{u}_i^a$ 及最终位移 $\boldsymbol{u}$。

### 5.8.2 建立杂交应力元

Spilker 及 Daugirla 建立了两种 4 结点四边形杂交应力元[40]（图 5.32）。

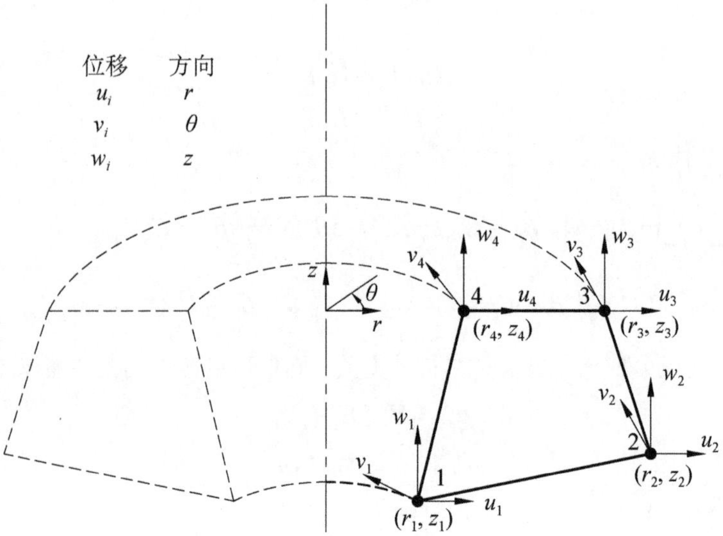


图 5.32　四边形 4 结点元

1. 单元位移场

两种元选择相同的位移，其 Fourier 级数展开幅度的对称部分为

$$
\begin{aligned}
u_i^s &= \sum_{j=1}^{4} N_j(\xi,\eta)(u_i^s)_j \\
v_i^s &= \sum_{j=1}^{4} N_j(\xi,\eta)(v_i^s)_j \\
w_i^s &= \sum_{j=1}^{4} N_j(\xi,\eta)(w_i^s)_j
\end{aligned}
\tag{5.8.24}
$$

式中，$N_j(\xi,\eta)$ 为 $(\xi,\eta)$ 面内的双线性形函数，$(u_i^s)_j$、$(v_i^s)_j$ 及 $(w_i^s)_j$ 分别为单元 $j$ 点沿 $r$、$\theta$ 及 $z$ 方向的自由度。

反对称部分的内插与式（5.8.24）相同。

单元坐标用同样内插公式进行转换：

$$
\begin{aligned}
r &= \sum_{j=1}^{4} N_j(\xi,\eta) r_j \\
z &= \sum_{j=1}^{4} N_j(\xi,\eta) z_j
\end{aligned}
\tag{f}
$$

式中，$(r_j, z_j)$ 为 $j$ 结点坐标。

2. 单元应力场 $\boldsymbol{\sigma}$

文献[40]选择了两种 $\boldsymbol{\sigma}$，建立了元 AXH14H 及元 AXH12H，先讨论第一种元。

1）元 AXH14H

应力场采取为①

$$
\begin{aligned}
\sigma_r &= \left(1-\frac{i^2}{2}\right)\beta_1 - 2ir\beta_2 + \frac{r(1+i^2)}{2}\beta_3 + z\left(1-\frac{i^2}{2}\right)\beta_4 \\
&\quad + \frac{z}{r}\beta_5 + \frac{1}{r}\beta_6 + \frac{rz}{2}\left(1-\frac{i^2}{3}\right)\beta_{14} \\
\sigma_\theta &= \beta_1 + r\beta_3 + z\beta_4 + rz\beta_{14} \\
\sigma_z &= \beta_7 + r\beta_8 - z(2\beta_9 + i\beta_{10}) - \frac{z}{r}(\beta_{11} + i\beta_{12}) + \frac{1}{r}\beta_{13} \\
\sigma_{rz} &= \beta_{11} + r\beta_9 + z(-i^2\beta_3 + 3i\beta_2) \\
\sigma_{z\theta} &= \beta_{12} + r\beta_{10} + z(i\beta_3 - 3\beta_2) \qquad \text{元 AXH14H} \\
\sigma_{r\theta} &= \frac{i}{2}\beta_1 + \frac{zi}{2}\beta_4 + r\beta_2 + \frac{rzi}{3}\beta_{14}
\end{aligned}
\tag{5.8.25}
$$

① 严格讲，对称部分应力场，其应力分量及 $\beta_i$ 应加记号 $(\ )_i^s$；反对称部分加 $(\ )_i^a$。

这个假定应力场满足平衡方程（5.8.5）；具有几何不变性；同时，单刚满秩。

现在进一步分析满秩问题，一个单元满秩的必要条件是

$$n_\beta \geqslant n_q - n_r \tag{5.8.26}$$

对目前分析，无论是 Fourier 级数的对称部分或是反对称部分，其每项级数展开幅度均应满足式（5.8.26），也就是说，为确定单元的最少 $\beta$ 个数 $n_\beta$，需考虑四种情况：

（1）$i=0$，对称；

（2）$i=0$，反对称；

（3）$i=1$，对称或反对称；

（4）$i>1$，对称与反对称。

对于现在的 4 结元，以上四方面的分析结果列入表 5.19。

**表 5.19　对称与反对称不同 Fourier 级数展开项单刚特性**

| Fourier 级数展开项 $i$ | 对称（s）或反对称（a） | 有效自由度数目 $n_q$ | 刚体运动模式数 $n_r$ | 有效应力参数目 $n_\beta$ | | 算得单刚 $\boldsymbol{k}$ 秩 |
|---|---|---|---|---|---|---|
| | | | | AXH14H | AXH12H | |
| 0 | s | 8 | 1 | 11 | 9 | 7 |
| 0 | a | 4 | 1 | 3 | 3 | 3 |
| 1 | s 或 a | 12 | 2 | 14 | 12 | 10 |
| ⩾2 | s 或 a | 12 | 0 | 14 | 12 | 12 |

表 5.19 中，$n_q$ 为有效自由度数目，如 $i=0$ 时为通常轴对称工况，只有两个位移分量 $u$、$w$ 是有效的；而 $i=0$ 的反对称工况，物体产生扭转变形，只有 $v$ 是有效自由度。

由表 5.19 可见，对于应力 $\sigma_i^{\mathrm{s}}$（及 $\sigma_i^{\mathrm{a}}$），当 $i>1$ 时，最少 $\beta$ 数为 12。所以文献[40]选取了式（5.8.25）构造第一种 4 结点元 AXH14H，它具有 14 个应力参数。

2）单元 AXH12H

进一步分析表明，对于单元 AXH14H，当令 $\beta_8=\beta_9=0$ 时，可以得到另一个具有最少 $\beta$ 数的单元 AXH12H。此元仍满足所需三点基本条件，即，平衡方程（5.8.5），不变性及与其轴向位置无关；且单刚满秩。

### 5.8.3　数值算例

以下用三个算例，进行数值比较。算例中，杨氏模量为 $3\times10^7\,\mathrm{psi}$；泊松比为 0.3。

物体表面载荷为

$$\overline{\boldsymbol{T}}_i = [\overline{T}_r \;\; \overline{T}_\theta \;\; \overline{T}_z]_i^{\mathrm{T}} = \begin{Bmatrix} \overline{\sigma}_r \nu_r & +\overline{\sigma}_{zr}\nu_z \\ \overline{\sigma}_{r\theta}\nu_r & +\overline{\sigma}_{z\theta}\nu_z \\ \overline{\sigma}_{rz}\nu_r & +\overline{\sigma}_z \nu_z \end{Bmatrix}_i \tag{5.8.27}$$

这里，$\nu_r$、$\nu_z$ 为载荷表面方向余弦。

**例 1**　空心圆柱承受扭转

圆轴内半径 $r_i = 5$ in，外半径 $r_0 = 10$ in，长 $L = 30$ in，上端 $z = L$ 处承受扭矩 $T = 10^6$ in • lb；下端 $z = 0$ 处固定，所有自由度均被约束。整个轴沿 $z$ 向分成 $N$ 个元（图 5.33）。

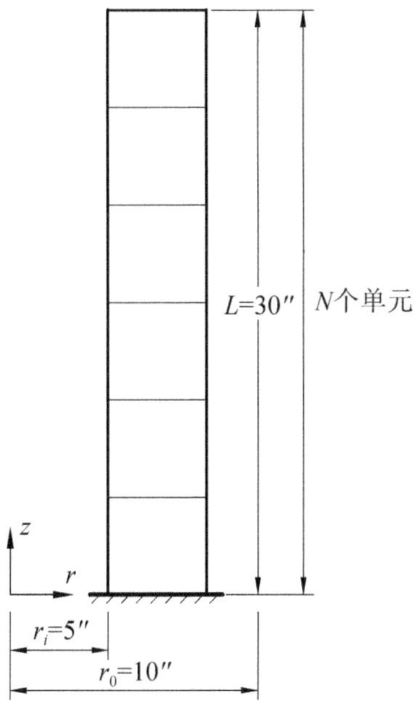


图 5.33　空心圆柱的有限元网格

扭矩 $T$ 所产生的剪应力 $\bar{\sigma}_{z\theta}$ 为

$$\bar{\sigma}_{z\theta} = \frac{T}{J} r \tag{g}$$

式中，$J$ 为极惯性矩；$r$ 为截面半径。对应于外载荷的此应力 Fourier 级数展开式，仅需其反对称的第零阶项 $(i = 0)$，将式（g）代入式（5.8.27)，再由式（5.8.19）得到 $\boldsymbol{Q}_i^{\mathrm{a}}$ 。

计算表明，当 $N \geqslant 2$ 时，以上两种元均给出准确的顶部 $\theta$ 方向位移（内径处 $r = r_i$， $v = 0.8828 \times 10^{-3}$ in；外径处 $r = r_0$ ， $v = 0.1766 \times 10^{-2}$ in）。$N = 2$ 时，剪应力 $\sigma_{z\theta}$ 沿 $r$ 方向变化如图 5.34 所示，可见两种元的解均与解析解相一致。

**例 2**　圆环承受内压

圆环内半径 $r_i = 100$ in，外半径 $r_0 = 104$ in。承受径向载荷（图 5.35)。有限元分析时，沿圆环 $r$ 方向取出一个长条，分成 4 个单元进行分析（图 5.36)。

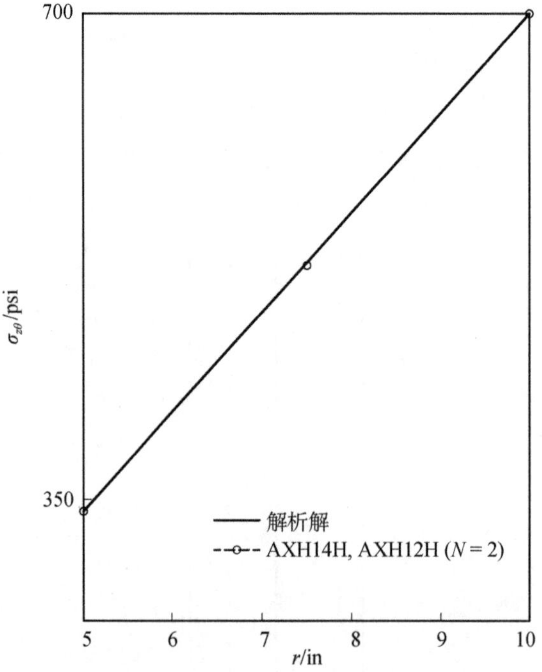


图 5.34　剪应力 $\sigma_{z\theta}$ 沿径向 $r$ 变化（空心圆轴扭转，$N=2$）

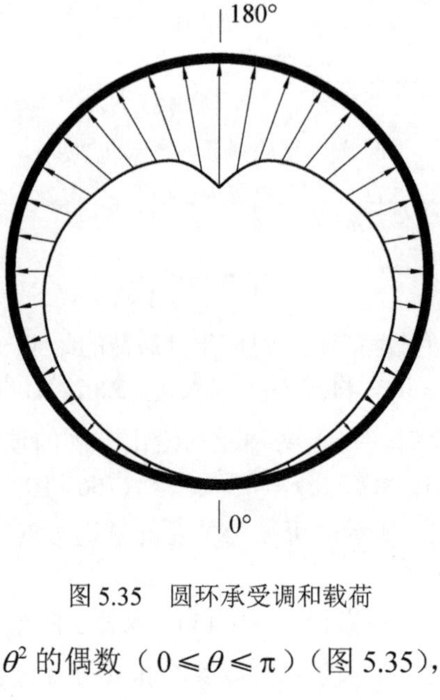


图 5.35　圆环承受调和载荷

给定的外载荷 $\overline{T}_r$ 为 $\theta^2$ 的偶数（$0 \leqslant \theta \leqslant \pi$）（图 5.35），其 Fourier 表达式为

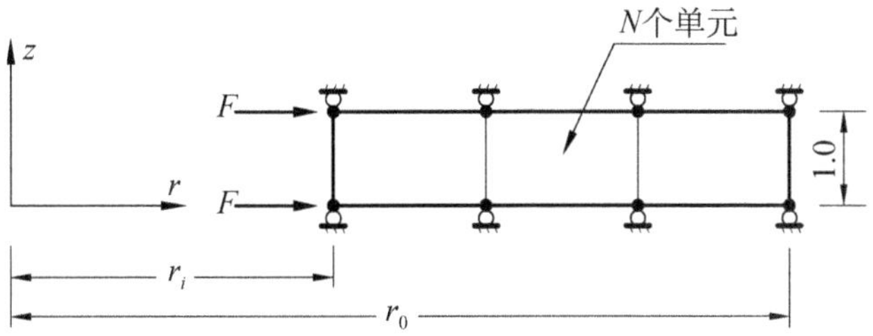


图 5.36 圆环沿 $r$ 方向有限元网格

$$\bar{T}_r = \frac{\pi^2}{3} - 4\sum_{i=2}^{5}\frac{(-1)^i \cos i\theta}{i^2} \text{①} \tag{h}$$

当 $\theta = 0°, z = 0.5$ in 时，算得的环向应力 $\sigma_\theta$ 随 $r$ 的变化，由图 5.37 给出。可见两种元在中心点处的 $\sigma_\theta$ 误差，均小于 5%。图 5.38 给出 $r = 101.5$ in 及 $z = 0.5$ in 时，第二个单元中心处 $\sigma_\theta$ 随 $\theta$ 角的变化，这个解也十分接近解析解[41]。可以注意到，$\theta = 0$ 时的 $\sigma_\theta$，小于 $\theta = \pi$ 处的相应值。

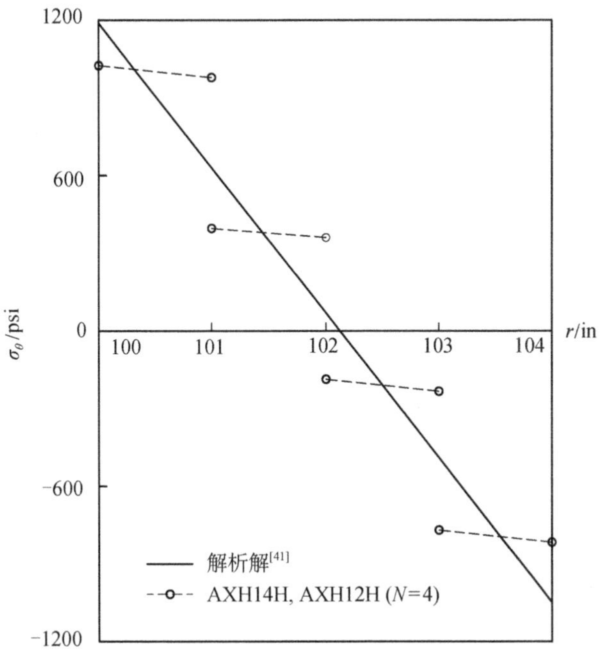


图 5.37 环向应力 $\sigma_\theta$ 随 $r$ 分布 ($\theta = 0°, z = 0.5$ in)（圆环承受内压）

① 由于载荷是对称的，所以其 Fourier 级数仅取对称项。又因为 $i = 1$ 时 $r\cos\theta$ 项存在一个刚体模式，所以删去了 $i = 1$ 项，$i$ 取 0，2，3，4，5 诸项。

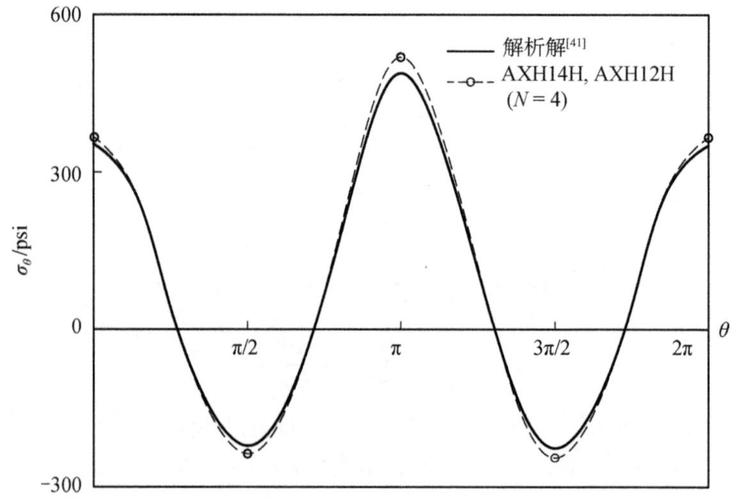


图 5.38　环向应力 $\sigma_\theta$ 随 $\theta$ 变化 ($r = 101.5$ in , $z = 0.5$ in)（圆环承受内压）

**例 3**　悬臂实心圆梁承受弯曲

实心圆截面悬臂梁 $r_i = 0.0$， $r_0 = 5.0$ in，长 $L = 220$ in，端部 $(z = L)$ 承受力矩 $M = 0.166 \times 10^7$ in • 1b（图 5.33）。

为确定外载荷的 Fourier 展开，端部力矩按下式表达：

$$M = \int_0^{2\pi} \int_{r_i}^{r_0} (r\sin\theta)\bar{\sigma}_z \, r \, \mathrm{d}r \, \mathrm{d}\theta \tag{i}$$

设梁内应力 $\bar{\sigma}_z$ 随 $r$ 线性变化

$$\bar{\sigma}_z(r,\theta) = \sum_{i=1}^{\infty} A_i \, r \sin i\theta \tag{j}$$

式（j）代入（i），有

$$M = \sum_{i=1}^{\infty} \int_0^{2\pi} \int_{r_i}^{r_0} r^3 A_i \sin i\theta \, \sin\theta \, \mathrm{d}r \, \mathrm{d}\theta \tag{k}$$

由于 $i > 1$ 时上式对 $M$ 无贡献，所以 $\bar{\sigma}_z$ 简化为

$$\bar{\sigma}_z = \frac{M}{I} r \sin\theta \tag{l}$$

式中，$I$ 为截面的惯性矩。对目前算例只应用一个调和项（$i = 1$，反对称部分）完成。

算得梁端部挠度如表 5.20 所示。可见当单元数 $N \geqslant 2$ 时，元 AXH14H 给出与解析解一致的挠度值，而元 AXH12H 的结果欠佳。

**表 5.20　悬臂端挠度的收敛性（实心圆截面悬臂梁承受弯曲）**

| 单元数 $N$ | 端部挠度/in① | |
|---|---|---|
| | AXH14H | AXH12H |
| 2 | 2.738 | 2.879 |
| 4 | 2.738 | 2.870 |
| 6 | 2.738 | 2.866 |
| 8 | 2.738 | 2.864 |
| 10 | 2.738 | 2.863 |
| 20 | 2.738 | 2.863 |

图 5.39 给出 $r=2.5\text{in}, \theta=90°$ 时，用 8 个单元算得的应力 $\sigma_z$ 沿梁轴 $z$ 的分布，可见沿整个 $z$ 轴，元 AXH14H 解与解析解一致；而元 AXH12H 的结果高于解析解大约 39%。

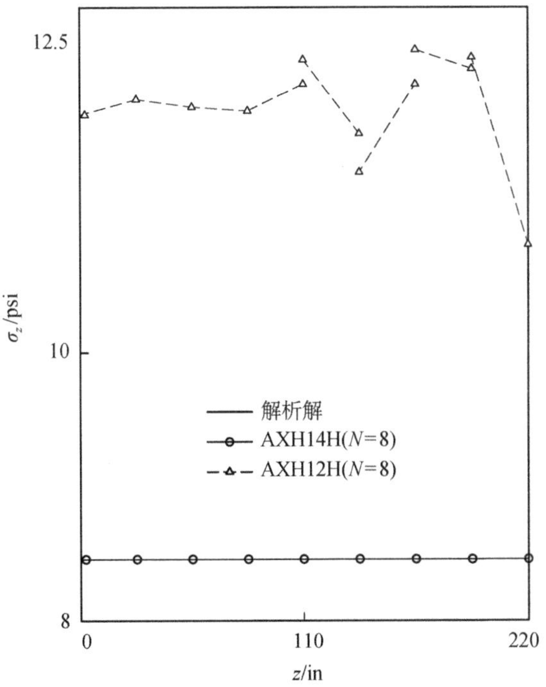


图 5.39　法向应力 $\sigma_z$ 沿梁轴向 $z$ 分布（ $r=2.5\text{in}, \theta=90°$ ）
（实心圆截面悬臂梁承受弯曲）

当径向 $r$ 仅用一个单元时，算得的法向应力 $\sigma_z$ 沿 $r$ 方向分布如图 5.40 所示。

① 梁的解析解为 2.738 in。

同样可见，元 AXH14H 的结果基本与解析解一致。对所有 $z$ 位置及 $N = 2,4,6$ 时均保持此属性。但元 AXH12H 的结果欠佳，特别是在 $r = 2.5$ in 处。所以，对弯曲问题，元 AXH12H 不合格。

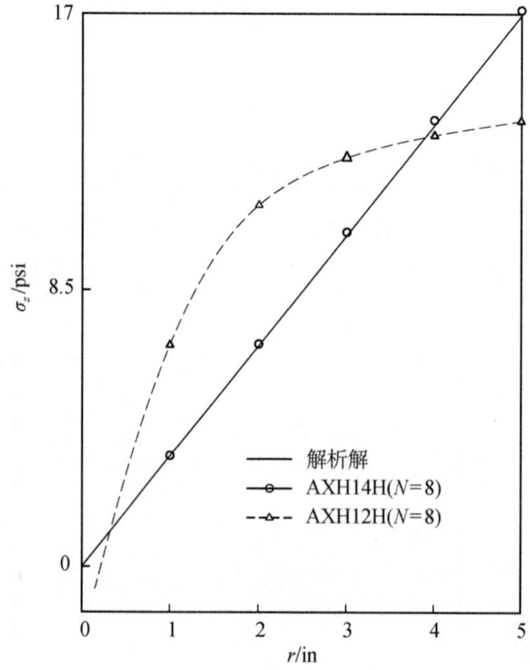


图 5.40　法向应力 $\sigma_z$ 沿 $r$ 分布（实心圆截面悬臂梁承受弯曲）

### 5.8.4　小结

本节根据通常的半解析方法，场变量及载荷均展成 Fourier 级数，从而将一个轴对称构件承受非轴对称载荷问题，化为一系列非耦合的二维问题进行分析；进而建立了两个分别具有 $14\beta$ 及 $12\beta$ 的杂交应力元，它们均满足平衡方程，具有正确秩量，以及几何不变性。

数值算例表明，$14\beta$ 元 AXH14H 结果很好。虽然对纯扭转等问题，$12\beta$ 元 AXH12H 也能提供较好的结果，但对弯曲问题，结果欠佳。

## 5.9　杂交-Trefftz 有限元

寻找微分方程边值问题的近似解，Trefftz 提出了一种变分方法[42]，此种方法选取域内满足微分方程的自变函数，而使边界条件成为变分后的自然边条，即，让边界条件由泛函的变分得以近似满足。

这种方法与 Tong，Pian 及 Lasry[43]提出的一种修正的余能原理 $\Pi_{mc}^{*}(\boldsymbol{u},\tilde{\boldsymbol{u}})$ 属于同一种变分方法，他们所选择的场变量事先也满足弹性理论域内的控制微分方程，而使边界条件通过变分得到满足。

由于这类有限元列式所依据的泛函仅包含两类独立的场变量——单元内部的位移 $\boldsymbol{u}$ 及单元边界的位移 $\tilde{\boldsymbol{u}}$ ，所以它属于一种杂交位移元。又由于单元内的位移 $\boldsymbol{u}$ 事先满足平衡方程、几何方程及本构关系，故可以将位移 $\boldsymbol{u}$ 转化为应力 $\boldsymbol{\sigma}^{*}$ ，所以这类单元又可以认为是**一种杂交应力元**，我们称之为早期杂交应力 III。

早期，Loof 也曾建议利用在有限元域内满足控制微分方程的 Trefftz 函数，来构造大的有限元[44]。Zienkiewicz 等[45, 46]提出了将 Trefftz 方法与积分方程联合求解。

Jirousek 及其研究组[47-55]用 Trefftz 法创立了一系列一般有限元（弯曲板元和平面元），以及分析应力奇异及应力集中的特殊有限元，这类有限元最初称为“大有限元”（large finite element），后来发现它们并不局限于大的范围。

由于这种方法也适用于发展简单而高效的其他类型单元，所以改称为“杂交-Trefftz 有限元”（hybrid-Trefftz finite element），现在来讨论这种有限元。

### 5.9.1　变分泛函

1. 弹性体基本方程及边界条件

考虑一个处于平衡状态的弹性体，其以位移表示的控制微分方程为

$$\boldsymbol{L}\boldsymbol{u}+\overline{\boldsymbol{F}}=\mathbf{0}\quad（V\text{ 内}）\tag{5.9.1}$$

式中， $\boldsymbol{L}$ 为线性微分算子； $\boldsymbol{u}$ 为广义位移； $\overline{\boldsymbol{F}}$ 为已知体积力。

对于三维弹性力学问题，式（5.9.1）为著名的拉梅-纳维（Lamé-Navier）方程。它的导出大家熟悉：首先将几何方程 $\boldsymbol{\varepsilon}=\boldsymbol{D}\boldsymbol{u}$ 代入应力-应变方程 $\boldsymbol{\sigma}=\boldsymbol{C}\boldsymbol{\varepsilon}$ ，得到以位移表示的应力

$$\boldsymbol{\sigma}=\boldsymbol{C}\boldsymbol{D}\boldsymbol{u}\tag{a}$$

再将此式代入平衡方程 $\boldsymbol{D}^{\mathrm{T}}\boldsymbol{\sigma}+\boldsymbol{F}=\mathbf{0}$ ，得到

$$\boldsymbol{D}^{\mathrm{T}}\boldsymbol{C}\boldsymbol{D}\boldsymbol{u}+\overline{\boldsymbol{F}}=\mathbf{0}\tag{b}$$

令微分算子阵 $\boldsymbol{D}^{\mathrm{T}}\boldsymbol{C}\boldsymbol{D}=\boldsymbol{L}$ ，就得到式（5.9.1），它是以位移表示的平衡方程，代表了几何方程、物理方程及平衡方程三方面的总和，所以称之为控制微分方程。

微分方程在弹性体的边界上，应满足边界条件

$$\begin{aligned}&\boldsymbol{u}(\boldsymbol{u})=\overline{\boldsymbol{u}}\quad（S_u\text{ 上}）\\&\boldsymbol{T}(\boldsymbol{u})=\overline{\boldsymbol{T}}\quad（S_\sigma\text{ 上}）\end{aligned}\tag{5.9.2}$$

此类问题是寻求在满足边界条件（5.9.2）下微分方程（5.9.1）的解。下面导出其变分求解时的泛函。

2. 整个域上的变分泛函

最小余能原理的变分泛函及约束条件为

$$\Pi_c(\boldsymbol{\sigma})=\int_V \boldsymbol{B}(\boldsymbol{\sigma})\mathrm{d}V-\int_{S_u}\boldsymbol{T}^{\mathrm{T}}\bar{\boldsymbol{u}}\,\mathrm{d}S\quad(\boldsymbol{T}=\boldsymbol{\nu\sigma})\tag{c}$$

约束条件

$$\boldsymbol{T}-\bar{\boldsymbol{T}}=\boldsymbol{0}\qquad（S_\sigma\text{ 上}）\tag{d}$$

$$\boldsymbol{D}^{\mathrm{T}}\boldsymbol{\sigma}+\bar{\boldsymbol{F}}=\boldsymbol{0}\quad（V\text{ 内}）\tag{e}$$

引入拉氏乘子$\boldsymbol{\alpha}$解除外力已知边界条件式（d），则有泛函

$$\Pi^*(\boldsymbol{\sigma},\boldsymbol{\alpha})=\int_V \boldsymbol{B}(\boldsymbol{\sigma})\mathrm{d}V-\int_{S_u}\boldsymbol{T}^{\mathrm{T}}\bar{\boldsymbol{u}}\,\mathrm{d}S+\int_{S_\sigma}(\boldsymbol{T}-\bar{\boldsymbol{T}})^{\mathrm{T}}\boldsymbol{\alpha}\,\mathrm{d}S\tag{f}$$

注意现在所讨论的问题，在域 V 内，其应力分量除满足平衡方程式（e）外，还必须满足协调方程（几何方程及应力-应变关系）

$$\boldsymbol{Du}=\boldsymbol{\varepsilon}=\boldsymbol{S\sigma}\tag{5.9.3}$$

因此其余能密度既可用应力表示为$B(\boldsymbol{\sigma})$，也可用位移表示为$B(\boldsymbol{u})$。

对泛函$\Pi^*$进行变分，利用了约束条件（5.9.3），可以识别拉氏乘子为

$$\boldsymbol{\alpha}=-\boldsymbol{u}\tag{g}$$

将已识别的拉氏乘子$\boldsymbol{\alpha}$代入式（f），得到修正的余能原理

$$\begin{aligned}\Pi_{mc}(\boldsymbol{u})=\Pi_{mc}(\boldsymbol{\sigma})&=\int_V B(\boldsymbol{\sigma})\mathrm{d}V-\int_{S_u}\boldsymbol{T}^{\mathrm{T}}\bar{\boldsymbol{u}}\,\mathrm{d}S-\int_{S_\sigma}(\boldsymbol{T}-\bar{\boldsymbol{T}})^{\mathrm{T}}\boldsymbol{u}\,\mathrm{d}S\\&=\text{驻值}\qquad\qquad(\boldsymbol{T}=\boldsymbol{\nu\sigma})\end{aligned}\tag{5.9.4}$$

约束条件

$$\boldsymbol{Lu}+\bar{\boldsymbol{F}}=\boldsymbol{0}\quad（V\text{ 内}）\tag{5.9.5}$$

可以证明，此泛函的变分的确给出边界条件（5.9.2），为此，对泛函取变分

$$\begin{aligned}\delta\Pi_{mc}=&\int_V\frac{\partial B}{\partial\sigma_{ij}}\delta\sigma_{ij}\mathrm{d}V-\int_{S_u}\bar{u}_i\,\delta(\sigma_{ij}\nu_j)\mathrm{d}S\\&-\int_{S_\sigma}[(\sigma_{ij}\nu_j-\bar{T}_i)\delta u_i+u_i\,\delta(\sigma_{ij}\nu_j)]\mathrm{d}S\\=&\,0\end{aligned}\tag{h}$$

由于满足平衡方程，所以

$$\delta\sigma_{ij,j}=0\tag{i}$$

从而有

$$\begin{aligned}\int_V u_i\,\delta\sigma_{ij,j}\,\mathrm{d}V&=-\int_V\frac{1}{2}(u_{i,j}+u_{j,i})\delta\sigma_{ij}\mathrm{d}V+\int_{\partial\mathrm{V}=S_u+S_\sigma}u_i\delta(\sigma_{ij}\nu_j)\mathrm{d}S\\&=0\end{aligned}\tag{j}$$

式（j）与式（h）相加，得到

$$
\begin{aligned}
\delta\Pi_{mc} &= \int_V\left[\frac{\partial B}{\partial\sigma_{ij}}-\frac{1}{2}(u_{i,j}+u_{j,i})\right]\delta\sigma_{ij}\mathrm{d}V+\int_{S_u}(u_i-\overline{u}_i)\,\delta(\sigma_{ij}\nu_j)\,\mathrm{d}S \\
&\quad -\int_{S_\sigma}(\sigma_{ij}\nu_j-\overline{T}_i)\,\delta u_i\,\mathrm{d}S \\
&=0
\end{aligned}
\tag{k}
$$

由于满足协调方程，即

$$
\frac{\partial B}{\partial\sigma_{ij}}=\varepsilon_{ij}=\frac{1}{2}(u_{i,j}+u_{j,i}) \tag{l}
$$

所以式（k）等号右侧第一项积分为零，从而有

$$
\begin{aligned}
\delta\Pi_{mc} &= \int_{S_u}(u_i-\overline{u}_i)\delta(\sigma_{ij}\nu_j)\mathrm{d}S-\int_{S_\sigma}(\sigma_{ij}\nu_j-\overline{T}_i)\delta u_i\,\mathrm{d}S \\
&=0
\end{aligned}
\tag{m}
$$

利用 $T_i=\sigma_{ij}\nu_j$，可见上式给出边界条件

$$
u_i=\overline{u}_i \quad （S_u\ 上） \tag{n}
$$

$$
T_i=\overline{T}_i \quad （S_\sigma\ 上） \tag{o}
$$

所以，如选择的位移场变分前满足控制方程（5.9.5），则泛函（5.9.4）的变分将给出全部边界条件（5.9.2）。所以，式（5.9.4）是此微分方程边值问题所对应的泛函。

3. 离散为子域的变分泛函

如果将域 $V$ 离散为 $N$ 个单元，第 $n$ 个单元的体积为 $V_n$，其表面积为 $\partial V_n$。

现在转向讨论域离散后的变分泛函。对于离散域，须考虑相邻单元间位移及作用力的连续性。为此，选取一组独立边界位移 $\tilde{\boldsymbol{u}}$, **$\tilde{\boldsymbol{u}}$ 定义于单元整个边界 $\partial V_n$ 上**①，而且满足约束条件

$$
\begin{aligned}
&\tilde{\boldsymbol{u}}^{(a)}=\tilde{\boldsymbol{u}}^{(b)} && （S_{ab}\ 上）\\
&\tilde{\boldsymbol{u}}=\overline{\boldsymbol{u}} && （S_{u_n}\ 上）\\
&\tilde{\boldsymbol{u}}=\boldsymbol{u}\ ② && （S_{\sigma_n}\ 上）
\end{aligned}
\tag{5.9.6}
$$

由于所考虑的域已离散为许多子域，引入拉氏乘子解除元间反力互逆条件 $\boldsymbol{T}^{(a)}+\boldsymbol{T}^{(b)}=\boldsymbol{0}$（$S_{ab}$ 上），则以上泛函（5.9.4）的等号右侧增加沿单元交界面上的

---

① 文献[48]及文献[49]还讨论了 $\tilde{\boldsymbol{u}}$ 仅定义于相邻单元交界面 $S_{ab}$ 上的情况，但其列式不如定义在整个单元上简便，所以现在只讨论后者。

② 文献[49]及[52]中均无此约束条件，作者考虑从下页式（p）推出泛函式（5.9.3）时，独立位移 $\tilde{\boldsymbol{u}}$ 是定义于整个边界 $\partial V_n$ 上的，故加了此条件。

项 $-\int_{S_{ab}} \boldsymbol{T}^{\mathrm{T}} \tilde{\boldsymbol{u}}\,\mathrm{d}S$，同时对所有单元取和，则有

$$\begin{aligned}\Pi_{mc}^{(1)}(\boldsymbol{u}, \tilde{\boldsymbol{u}}) = \sum_n \Big[ & \int_{V_n} \boldsymbol{B}(\boldsymbol{\sigma})\mathrm{d}V - \int_{S_{u_n}} \boldsymbol{T}^{\mathrm{T}} \bar{\boldsymbol{u}}\,\mathrm{d}S \\ & - \int_{S_{\sigma_n}} (\boldsymbol{T}-\bar{\boldsymbol{T}})^{\mathrm{T}} \boldsymbol{u}\,\mathrm{d}S - \int_{S_{ab}} \boldsymbol{T}^{\mathrm{T}} \tilde{\boldsymbol{u}}\,\mathrm{d}S \Big]\end{aligned} \qquad \text{(p)}$$

利用式（5.9.6）将此泛函简化，得到

$$\begin{aligned}\Pi_{mc}^{(1)}(\boldsymbol{u}, \tilde{\boldsymbol{u}}) &= \sum_n \left[ \int_{V_n} B(\boldsymbol{\sigma})\mathrm{d}V - \int_{\partial V_n} \tilde{\boldsymbol{u}}^{\mathrm{T}} \boldsymbol{T}\,\mathrm{d}S + \int_{S_{\sigma_n}} \tilde{\boldsymbol{u}}^{\mathrm{T}} \bar{\boldsymbol{T}}\,\mathrm{d}S \right] \\ &= \text{驻值} \qquad (\boldsymbol{T} = \boldsymbol{\nu\sigma})\end{aligned} \qquad (5.9.7)$$

约束条件

$$\begin{aligned} & \boldsymbol{L}\boldsymbol{u} + \bar{\boldsymbol{F}} = \boldsymbol{0} && (V_n \text{ 内}) \\ & \tilde{\boldsymbol{u}} = \bar{\boldsymbol{u}} && (S_{u_n} \text{ 上}) \\ & \tilde{\boldsymbol{u}} = \boldsymbol{u} && (S_{\sigma_n} \text{ 上}) \\ & \tilde{\boldsymbol{u}}^{(a)} = \tilde{\boldsymbol{u}}^{(b)} && (S_{ab} \text{ 上}) \end{aligned} \qquad (5.9.8)$$

对于线弹性体有

$$\int_{V_n} B(\boldsymbol{\sigma})\,\mathrm{d}V = \frac{1}{2}\int_{V_n} \boldsymbol{\sigma}^{\mathrm{T}} \boldsymbol{S}\boldsymbol{\sigma}\,\mathrm{d}V \qquad \text{(q)}$$

由于满足协调方程

$$\boldsymbol{S}\boldsymbol{\sigma} = \boldsymbol{\varepsilon} = \boldsymbol{D}\boldsymbol{u} \qquad \text{(r)}$$

所以

$$\int_{V_n} B(\boldsymbol{\sigma})\mathrm{d}V = \frac{1}{2}\int_{V_n} \boldsymbol{\sigma}^{\mathrm{T}} (\boldsymbol{D}\boldsymbol{u})\mathrm{d}V = \frac{1}{2}\left[ -\int_{V_n} (\boldsymbol{D}^{\mathrm{T}} \boldsymbol{\sigma})^{\mathrm{T}} \boldsymbol{u}\,\mathrm{d}V + \int_{\partial V_n} (\boldsymbol{\nu\sigma})^{\mathrm{T}} \boldsymbol{u}\,\mathrm{d}S \right] \qquad \text{(s)}$$

同时 $\boldsymbol{u}$ 还要满足平衡方程 $\boldsymbol{D}^{\mathrm{T}} \boldsymbol{\sigma} + \bar{\boldsymbol{F}} = \boldsymbol{0}$，加之利用 $\boldsymbol{T} = \boldsymbol{\nu\sigma}$ 后，式（s）成为

$$\int_{V_n} B(\boldsymbol{\sigma})\mathrm{d}V = \frac{1}{2}\left( \int_{V_n} \bar{\boldsymbol{F}}^{\mathrm{T}} \boldsymbol{u}\,\mathrm{d}V + \int_{\partial V_n} \boldsymbol{T}^{\mathrm{T}} \boldsymbol{u}\,\mathrm{d}S \right) \qquad \text{(t)}$$

所以泛函也可写为[49]

$$\begin{aligned}\Pi_{mc}^{(1)}(\boldsymbol{u}, \tilde{\boldsymbol{u}}) &= \sum_n \Big[ \frac{1}{2}\int_{V_n} \bar{\boldsymbol{F}}^{\mathrm{T}} \boldsymbol{u}\,\mathrm{d}V + \frac{1}{2}\int_{\partial V_n} \boldsymbol{T}^{\mathrm{T}} \boldsymbol{u}\,\mathrm{d}S - \int_{\partial V_n} \tilde{\boldsymbol{u}}^{\mathrm{T}} \boldsymbol{T}\,\mathrm{d}S \\ &\qquad + \int_{S_{\sigma_n}} \tilde{\boldsymbol{u}}^{\mathrm{T}} \bar{\boldsymbol{T}}\,\mathrm{d}S \Big] \\ &= \text{驻值} \qquad (\boldsymbol{T} = \boldsymbol{\nu\sigma})\end{aligned} \qquad (5.9.9)$$

化简后即得到文献[52]所给出的下式

$$\begin{aligned}\Pi_{mc}^{(1)}(\boldsymbol{u},\tilde{\boldsymbol{u}})&=\frac{1}{2}\sum_n\left[\int_{V_n}\bar{\boldsymbol{F}}^{\mathrm{T}}\boldsymbol{u}\,\mathrm{d}V-\int_{\partial V_n}\boldsymbol{T}^{\mathrm{T}}(2\tilde{\boldsymbol{u}}-\boldsymbol{u})\,\mathrm{d}S+2\int_{S_{\sigma_n}}\bar{\boldsymbol{T}}^{\mathrm{T}}\tilde{\boldsymbol{u}}\,\mathrm{d}S\right]\\&=\text{驻值}\qquad\qquad(\boldsymbol{T}=\boldsymbol{\nu}\boldsymbol{\sigma})\end{aligned}\tag{5.9.10}$$

现在证明此泛函给出弹性理论问题的正确解。对式（5.9.7）进行变分

$$\begin{aligned}\Pi_{mc}^{(1)}=\sum_n\Bigg\{&\int_{V_n}\frac{\partial B}{\partial\sigma_{ij}}\delta\sigma_{ij}\,\mathrm{d}V-\int_{\partial V_n}[\sigma_{ij}\nu_j\,\delta\tilde{u}_i+\tilde{u}_i\delta(\sigma_{ij}\nu_j)]\mathrm{d}S\\&+\int_{S_{\sigma_n}}\bar{T}_i\,\delta\tilde{u}_i\,\mathrm{d}S\Bigg\}=0\end{aligned}\tag{u}$$

利用平衡方程，所以 $\delta\sigma_{ij,j}=0$，从而有

$$\begin{aligned}\int_{V_n}u_i\,\delta\sigma_{ij,j}\mathrm{d}V&=-\int_{V_n}\frac{1}{2}(u_{i,j}+u_{j,i})\delta\sigma_{ij}\,\mathrm{d}V+\int_{\partial V_n}u_i\delta(\delta_{ij}\nu_j)\mathrm{d}S\\&=0\end{aligned}\tag{v}$$

代入式（u）得到

$$\begin{aligned}\delta\Pi_{mc}^{(1)}=\sum_n\Bigg[&\int_{V_n}\left(\frac{\partial B}{\partial\sigma_{ij}}-\frac{1}{2}u_{i,j}-\frac{1}{2}u_{j,i}\right)\delta\sigma_{ij}\mathrm{d}V\\&-\int_{\partial V_n}(\tilde{u}_i-u_i)\delta(\sigma_{ij}\nu_j)\mathrm{d}S-\int_{\partial V_n}\sigma_{ij}\nu_j\delta\tilde{u}_i\mathrm{d}S\\&+\int_{S_{\sigma_n}}\bar{T}_i\,\delta\tilde{u}_i\,\mathrm{d}S\Bigg]=0\end{aligned}\tag{w}$$

利用 $S_{u_n}$ 上 $\tilde{u}_i=\bar{u}_i$，即在 $S_{u_n}$ 面上 $\delta\tilde{u}_i=0$，得到

$$\begin{aligned}\delta\Pi_{mc}^{(1)}=\sum_n\Bigg\{&\int_{V_n}\left(\frac{\partial B}{\partial\sigma_{ij}}-\frac{1}{2}u_{i,j}-\frac{1}{2}u_{j,i}\right)\delta\sigma_{ij}\mathrm{d}V\\&-\int_{\partial V_n}(\tilde{u}_i-u_i)\delta(\sigma_{ij}\nu_j)\mathrm{d}S+\int_{S_{\sigma_n}}(\bar{T}_i-\sigma_{ij}\nu_j)\delta\tilde{u}_i\mathrm{d}S\\&-\int_{S_{ab}}\sigma_{ij}\nu_j\,\delta\tilde{u}_i\,\mathrm{d}S\Bigg\}=0\end{aligned}\tag{x}$$

由于在 $V_n$ 内满足协调方程

$$\frac{\partial B}{\partial\boldsymbol{\sigma}}=\boldsymbol{\varepsilon}=\boldsymbol{D}\boldsymbol{u}\tag{y}$$

所以泛函的变分成为

$$\delta\Pi_{mc}^{(1)}=\sum_n\Bigg[-\int_{\partial V_n}(\tilde{u}_i-u_i)\delta T_i\,\mathrm{d}S+\int_{S_{\sigma_n}}(\bar{T}_i-T_i)\delta\tilde{u}_i\mathrm{d}S$$

$$\left.-\int_{S_{ab}} T_i\,\delta\tilde{u}_i\,\mathrm{d}S\right]=0 \quad (T_i=\sigma_{ij}\nu_j) \tag{z}$$

根据式（5.9.8）的约束条件，可知在$\partial V_n$中的$S_{u_n}$及$S_{ab}$上的$\delta T_i$，$S_{\sigma_n}$和$S_{ab}$上的$\delta\tilde{u}_i$均为任意的独立变分，所以得到

$$\begin{aligned} u_i&=\tilde{u}_i \quad （S_{u_n}\text{ 及 }S_{ab}\text{ 上}）\\ T_i&=\overline{T}_i \quad （S_{\sigma_n}\text{ 上}）\end{aligned} \tag{5.9.11}$$

以及

$$\begin{aligned}\sum_n\int_{S_{ab}} T_i\,\delta\tilde{u}_i\mathrm{d}S&=\sum_n\left\{\int_{S_{ab}}[T_i^{(a)}\delta\tilde{u}_i^{(a)}+T_i^{(b)}\delta\tilde{u}_i^{(b)}]\mathrm{d}S\right\}\\&=0 \quad （S_{ab}\text{ 上}）\end{aligned} \tag{a}$$[1]

由于$\tilde{u}^{(a)}=\tilde{u}^{(b)}$（$S_{ab}$上），从而有

$$T_i^{(a)}+T_i^{(b)}=0 \quad （S_{ab}\text{ 上}） \tag{5.9.12}$$

将此泛函变分所得自然边界条件与式（5.9.7）变分前的约束条件合并在一起，可见，现在的变分原理满足：

（1）元内的控制方程；

（2）单元间位移的协调性及反力的互逆性；

（3）$S_{\sigma_n}$面上的外力已知边界条件，及$S_{u_n}$面上的位移已知边界条件。

所以是弹性体基本方程的正确解。

### 5.9.2 有限元列式

选取

$$\boxed{\begin{aligned}\boldsymbol{u}&=\mathring{\boldsymbol{u}}+\boldsymbol{\Phi a} \quad （V_n\text{ 内}）\\ \tilde{\boldsymbol{u}}&=\boldsymbol{N q} \quad （\partial V_n\text{ 上}）\end{aligned}} \tag{5.9.13}$$

式中，$\mathring{\boldsymbol{u}}$为满足控制微分方程$\boldsymbol{Lu}+\overline{\boldsymbol{F}}=\boldsymbol{0}$（$V_n$内）的一组特解；$\boldsymbol{\Phi}$为对应齐次控制微分方程$\boldsymbol{L\Phi}=\boldsymbol{0}$（$V_n$内）的一组通解；$\boldsymbol{a}$为单元内广义位移$\boldsymbol{u}$参数；$\boldsymbol{q}$为广义结点位移；$\boldsymbol{N}$为协调边界位移$\tilde{\boldsymbol{u}}$的插值函数；$\mathring{\boldsymbol{u}}$、$\boldsymbol{\Phi}$、$\boldsymbol{N}$均为已选定的坐标函数；而$\boldsymbol{a}$及$\boldsymbol{q}$为待定参数。

由式（5.9.13）可见，选择 Trefftz 场函数$\boldsymbol{u}$，它在变分前满足非齐次微分方程，但不涉及边界条件和单元间位移及作用力连续条件；其次，选择一组独立的元间位移$\tilde{\boldsymbol{u}}$，由于它以结点位移进行插值，所以是协调的位移场。

根据式（5.9.13）的$\boldsymbol{u}$，容易找得对应的边界位移$\boldsymbol{V}=\boldsymbol{V}(\boldsymbol{u})$，以及相应的边界力$\boldsymbol{T}=\boldsymbol{T}(\boldsymbol{u})$，将它们记为

$$\boldsymbol{V}=\mathring{\boldsymbol{V}}+\boldsymbol{\varphi a} \quad （\partial V_n\text{ 上}）$$

$$\boldsymbol{T}=\mathring{\boldsymbol{T}}+\boldsymbol{\theta a}\quad（\partial V_n\text{ 上}）\tag{5.9.14}$$

式中，$\mathring{\boldsymbol{V}}$ 和 $\mathring{\boldsymbol{T}}$ 由控制方程的特解 $\mathring{\boldsymbol{u}}$ 导出；而 $\boldsymbol{\varphi}$ 和 $\boldsymbol{\theta}$ 则由齐次解 $\boldsymbol{\Phi}$ 导出。

由于式（z）中 $\delta\boldsymbol{T}$ 及 $\delta\tilde{\boldsymbol{u}}$ 为两组独立变量的变分，要使 $\delta\Pi_{mc}^{(1)}=0$，应使 $\delta\boldsymbol{T}$ 及 $\delta\tilde{\boldsymbol{u}}$ 的对应项分别为零，同时，由于位移 $\boldsymbol{u}$ 对各个单元独立，故可在元上将参数 $\boldsymbol{a}$ 并缩掉，这时有

$$\int_{\partial V_n}\delta\boldsymbol{T}^{\mathrm{T}}(\tilde{\boldsymbol{u}}-\boldsymbol{V})\mathrm{d}S=\boldsymbol{0}\tag{b$^1$}$$

将有关插值函数表达式（5.9.13）及式（5.9.14）代入式（b）$^1$，得到

$$\delta\boldsymbol{a}^{\mathrm{T}}(\boldsymbol{Gq}-\boldsymbol{h}-\boldsymbol{Ha})=\boldsymbol{0}\tag{c$^1$}$$

式中，

$$\begin{aligned}&\boldsymbol{G}=\int_{\partial V_n}\boldsymbol{\theta}^{\mathrm{T}}\boldsymbol{N}\,\mathrm{d}S,\quad \boldsymbol{h}=\int_{\partial V_n}\boldsymbol{\theta}^{\mathrm{T}}\mathring{\boldsymbol{V}}\,\mathrm{d}S\\&\boldsymbol{H}=\int_{\partial V_n}\boldsymbol{\theta}^{\mathrm{T}}\boldsymbol{\varphi}\,\mathrm{d}S=\frac{1}{2}\int_{\partial V_n}(\boldsymbol{\theta}^{\mathrm{T}}\boldsymbol{\varphi}+\boldsymbol{\varphi}^{\mathrm{T}}\boldsymbol{\theta})\mathrm{d}S\end{aligned}\tag{d$^1$}$$

所以

$$\boldsymbol{a}=-\boldsymbol{H}^{-1}\boldsymbol{h}+\boldsymbol{H}^{-1}\boldsymbol{Gq}\tag{5.9.15}$$

用 $\delta_{\tilde{u}}\Pi_{mc}^{(1)}$ 表示式（z）中只包含 $\delta\tilde{\boldsymbol{u}}$ 的变分项，并令其为零，有

$$\delta_{\tilde{u}}\Pi_{mc}^{(1)}=\sum_n\left[\int_{S_{\sigma_n}}(\bar{\boldsymbol{T}}-\boldsymbol{T})^{\mathrm{T}}\delta\tilde{\boldsymbol{u}}\,\mathrm{d}S-\int_{S_{ab}}\boldsymbol{T}^{\mathrm{T}}\delta\tilde{\boldsymbol{u}}\,\mathrm{d}S\right]=\boldsymbol{0}\tag{e$^1$}$$

将 $\boldsymbol{T}$、$\tilde{\boldsymbol{u}}$ 的表达式代入上式，并注意在 $S_{u_n}$ 面上 $\delta\tilde{\boldsymbol{u}}=\delta\bar{\boldsymbol{u}}=\boldsymbol{0}$，从而得到

$$\begin{aligned}\delta_{\tilde{u}}\Pi_{mc}^{(1)}&=\sum_n\delta\boldsymbol{q}^{\mathrm{T}}\left[\int_{S_{\sigma_n}}\boldsymbol{N}^{\mathrm{T}}(\bar{\boldsymbol{T}}-\mathring{\boldsymbol{T}}-\boldsymbol{\theta a})\mathrm{d}S-\int_{S_{ab}+S_{u_n}}\boldsymbol{N}^{\mathrm{T}}(\mathring{\boldsymbol{T}}+\boldsymbol{\theta a})\mathrm{d}S\right]\\&=\sum_n\delta\boldsymbol{q}^{\mathrm{T}}\left[-\int_{\partial V_n}\boldsymbol{N}^{\mathrm{T}}\mathring{\boldsymbol{T}}\,\mathrm{d}S+\int_{S_{\sigma_n}}\boldsymbol{N}^{\mathrm{T}}\bar{\boldsymbol{T}}\,\mathrm{d}S-\left(\int_{\partial V_n}\boldsymbol{N}^{\mathrm{T}}\boldsymbol{\theta}\,\mathrm{d}S\right)\boldsymbol{a}\right]\\&=\boldsymbol{0}\end{aligned}\tag{f$^1$}$$

利用式（d）$^1$ 及式（5.9.15），及令

$$\mathring{\boldsymbol{g}}=\int_{\partial V_n}\boldsymbol{N}^{\mathrm{T}}\mathring{\boldsymbol{T}}\,\mathrm{d}S-\int_{S_{\sigma_n}}\boldsymbol{N}^{\mathrm{T}}\bar{\boldsymbol{T}}\,\mathrm{d}S\tag{g$^1$}$$

式（f）$^1$ 成为

$$\delta_{\tilde{u}}\Pi_{mc}^{(1)}=\sum_n-\delta\boldsymbol{q}^{\mathrm{T}}[\mathring{\boldsymbol{g}}+\boldsymbol{G}^{\mathrm{T}}(-\boldsymbol{H}^{-1}\boldsymbol{h}+\boldsymbol{H}^{-1}\boldsymbol{G}\boldsymbol{q})]=\boldsymbol{0}\tag{h$^1$}$$

从而有

$$\sum_n[(\boldsymbol{G}^{\mathrm{T}}\boldsymbol{H}^{-1}\boldsymbol{G})\boldsymbol{q}-(\boldsymbol{G}^{\mathrm{T}}\boldsymbol{H}^{-1}\boldsymbol{h}-\mathring{\boldsymbol{g}})]=\boldsymbol{0}\tag{i$^1$}$$

所以单元刚度矩阵及等效结点载荷为

$$\boldsymbol{k}=\boldsymbol{G}^{\mathrm{T}}\boldsymbol{H}^{-1}\boldsymbol{G},\quad \bar{\boldsymbol{Q}}_n=-\mathring{\boldsymbol{g}}+\boldsymbol{G}^{\mathrm{T}}\boldsymbol{H}^{-1}\boldsymbol{h}\tag{5.9.16}$$

当由式（i）[1]及式（5.9.16）利用边界条件解得$\boldsymbol{q}$后，利用式（5.9.15）得到位移参数$\boldsymbol{a}$，于是从式（5.9.13）得到$\boldsymbol{u}$及$\tilde{\boldsymbol{u}}$。

如前所述，这种单元具有两类独立的场变量——单元内部满足控制方程的位移$\boldsymbol{u}$，以及单元边界协调的位移$\tilde{\boldsymbol{u}}$，它最后求解的矩阵方程中的未知数是结点位移$\boldsymbol{q}$，所以它既是一种**杂交位移元**，也是**一种杂交应力元**。

对这种有限元列式可以注意以下几点：

（1）如果式（5.9.13）中$\boldsymbol{u}$的插值数$\boldsymbol{\Phi}$是一个刚体运动模式，求得式（4.9.14）中边界$\boldsymbol{T}$的$\boldsymbol{\theta}$阵为零。式（d）[1]中$\boldsymbol{H}$阵奇异，这时将无法导出单刚$\boldsymbol{k}$。所以，要特别小心选择阵$\boldsymbol{\Phi}=[\Phi_1,\cdots,\Phi_m]$中诸元素，排除所有刚体运动项，使$\boldsymbol{\Phi}$中元素为一组非零应变的线性独立坐标函数。这样，解得的单元位移$\boldsymbol{u}$代表其正确变形，并能由它们求得正确应力。

但需注意，现在仅能计算沿单元边界的位移$\tilde{\boldsymbol{u}}$，它不包括单元内部位移。如需计算包括刚体运动模式的内部位移$\boldsymbol{u}$，可参考文献[52]。

（2）为了避免出现多余的零能模式，矩阵$\boldsymbol{\Phi}$中元素的数目$m$，应满足

$$m \geqslant n-r \qquad \text{(j)}^1$$

式中，$n$为单元自由度数；$r$为刚体自由度数。

（3）当利用一些具有低$m$数的简单单元时，其插值函数$\boldsymbol{\Phi}$需包含能正确表示任意常应变的有关项。同时，为保证收敛，所有类型单元应通过分片试验。

Jirousek 等还分别从最小势能原理及最小余能原理加罚函数的方法，导出了这里所用的泛函及另一种杂交-Trefftz 元的泛函，读者如有兴趣可参考文献[56]。同时，他们还在整个单元域上选取了两类场变量，其中一类与以上一样，是非协调 Trefftz 型场函数$\boldsymbol{u}$，但另一类是**定义于**$V_n$上（**注意不是定义于**$\partial V_n$**上**）的协调位移场$\tilde{\boldsymbol{u}}$，并使两者差$\boldsymbol{u}-\tilde{\boldsymbol{u}}$的应变能取极小

$$U(\boldsymbol{u}-\tilde{\boldsymbol{u}})=\frac{1}{2}\int_{V_n}(\boldsymbol{\varepsilon}-\tilde{\boldsymbol{\varepsilon}})^{\mathrm{T}}\boldsymbol{C}(\boldsymbol{\varepsilon}-\tilde{\boldsymbol{\varepsilon}})\,\mathrm{d}V=\text{极小} \qquad \text{(k)}^1$$

再利用虚功原理，导出单元刚度矩阵及等效结点载荷，其公式外形与以上诸式一样，但其中一些矩阵的积分域已经改变[56, 57]。

### 5.9.3 修正的余能原理$\boldsymbol{\Pi}_{mc}^{(1)}(\boldsymbol{u},\tilde{\boldsymbol{u}})$与$\boldsymbol{\Pi}_{mc}(\boldsymbol{\sigma}^*,\tilde{\boldsymbol{u}})$的关系

在 5.1 节建立了将弹性体离散成有限元时的一种修正余能原理（式（5.1.6））

$$\begin{aligned}\Pi_{mc}(\boldsymbol{\sigma}^*,\tilde{\boldsymbol{u}})&=\sum_n\left(\int_{V_n}\frac{1}{2}\boldsymbol{\sigma}^{*\mathrm{T}}\boldsymbol{S}\boldsymbol{\sigma}^*\mathrm{d}V-\int_{\partial V_n}\boldsymbol{T}^{\mathrm{T}}\tilde{\boldsymbol{u}}\,\mathrm{d}S+\int_{S_{\sigma_n}}\overline{\boldsymbol{T}}^{\mathrm{T}}\tilde{\boldsymbol{u}}\,\mathrm{d}S\right)\\&=\text{驻值}\qquad(\boldsymbol{T}=\boldsymbol{\nu}\boldsymbol{\sigma})\end{aligned} \qquad (5.9.17)$$

约束条件为

$$\boldsymbol{D}^{\mathrm{T}}\boldsymbol{\sigma}^*+\overline{\boldsymbol{F}}=\boldsymbol{0}\quad（V_n\text{内}） \qquad (5.9.18)$$

$$\tilde{\boldsymbol{u}}=\bar{\boldsymbol{u}} \quad （S_{u_n} 上）$$

如果应力场 $\boldsymbol{\sigma}^*$ 除满足平衡条件外，在域 $V_n$ 内还满足协调方程

$$\boldsymbol{S}\boldsymbol{\sigma}^*=\boldsymbol{D}\boldsymbol{u} \tag{(l)$^1$}$$

则泛函 $\Pi_{mc}$ 成为

$$\Pi_{mc}^*(\boldsymbol{\sigma}^*,\ \tilde{\boldsymbol{u}})=\sum_n\left(\int_{V_n}\frac{1}{2}\boldsymbol{\sigma}^{*\mathrm{T}}\boldsymbol{D}\boldsymbol{u}\,\mathrm{d}V-\int_{\partial V_n}\boldsymbol{T}^{\mathrm{T}}\tilde{\boldsymbol{u}}\,\mathrm{d}S+\int_{S_{\sigma_n}}\bar{\boldsymbol{T}}^{\mathrm{T}}\tilde{\boldsymbol{u}}\,\mathrm{d}S\right) \tag{(m)$^1$}$$

当不考虑体积力时，应力满足齐次平衡方程

$$\sigma_{ij,j}^*=0 \tag{(n)$^1$}$$

利用散度定理，式（m）[1]等号右侧第一项成为

$$\begin{aligned}\int_{V_n}\frac{1}{2}\sigma_{ij}^* u_{i,j}\,\mathrm{d}V&=-\int_{V_n}\frac{1}{2}\sigma_{ij,j}^* u_i\,\mathrm{d}V+\frac{1}{2}\int_{\partial V_n}\sigma_{ij}\nu_i u_i\,\mathrm{d}S\\&=\frac{1}{2}\int_{\partial V_n}\sigma_{ij}\nu_i u_i\,\mathrm{d}S\end{aligned} \tag{(o)$^1$}$$

再代回式（m）[1]，就得到现在的修正余能原理式（5.9.19）（体积力 $\bar{\boldsymbol{F}}=\boldsymbol{0}$）：

$$\Pi_{mc}^{(1)}(\boldsymbol{u},\tilde{\boldsymbol{u}})=\sum_n\left[\int_{\partial V_n}\left(\frac{1}{2}\boldsymbol{T}^{\mathrm{T}}\boldsymbol{u}-\boldsymbol{T}^{\mathrm{T}}\tilde{\boldsymbol{u}}\right)\mathrm{d}S+\int_{S_{\sigma_n}}\bar{\boldsymbol{T}}^{\mathrm{T}}\tilde{\boldsymbol{u}}\,\mathrm{d}S\right] \tag{5.9.19}$$

$$=\text{驻值} \qquad (\boldsymbol{T}=\nu\boldsymbol{\sigma}^*)$$

约束条件

$$\left.\begin{aligned}&\boldsymbol{D}^{\mathrm{T}}\boldsymbol{\sigma}^*=\boldsymbol{0}\\&\boldsymbol{S}\boldsymbol{\sigma}^*=\boldsymbol{D}\boldsymbol{u}\end{aligned}\right\}\quad （V_n 内）$$

$$\tilde{\boldsymbol{u}}=\bar{\boldsymbol{u}} \quad （S_{u_n} 上） \tag{5.9.20}$$

此变分原理受到协调方程（l）[1]的约束，所以其内部位移 $\boldsymbol{u}$ 与应力 $\boldsymbol{\sigma}^*$ 两类场变量中，只有一类是独立的。因此，此泛函既可以认为是具有两类独立场变量 $\boldsymbol{u}$ 及 $\tilde{\boldsymbol{u}}$ ，即 $\Pi_{mc}^{(1)}(\boldsymbol{u},\tilde{\boldsymbol{u}})$，又可以认为是具有两类独立变量 $\boldsymbol{\sigma}^*$ 及 $\tilde{\boldsymbol{u}}$ ，即 $\Pi_{mc}(\boldsymbol{\sigma}^*,\tilde{\boldsymbol{u}})$ 。

这种修正余能原理的特点在于：泛函中诸项仅由单元边界的面积分组成，而不包含体积分。

## 5.10　4 结点轴对称杂交-Trefftz 元

### 5.10.1　柱坐标表示的基本方程及边界条件

对于轴对称问题，弹性体以位移表示的控制微分方程为[58]

$$\frac{\partial}{\partial r}\left(rk_r\frac{\partial \boldsymbol{u}}{\partial r}\right)+\frac{\partial}{\partial z}\left(rk_z\frac{\partial \boldsymbol{u}}{\partial z}\right)+r\bar{\boldsymbol{F}}=\boldsymbol{0} \quad （V\text{ 内}） \tag{5.10.1}$$

及边界条件

$$\begin{aligned} \boldsymbol{u}(r,z)&=\bar{\boldsymbol{u}}(r,z) && （S_u\text{ 上}） \\ \boldsymbol{T}(r,z)&=k_r\frac{\partial \boldsymbol{u}}{\partial r}\nu_r+k_z\frac{\partial \boldsymbol{u}}{\partial z}\nu_z \\ &=\bar{\boldsymbol{T}}(r,z) && （S_\sigma\text{ 上}） \end{aligned} \tag{5.10.2}$$

式中，$k_r$ 及 $k_z$ 为弹性体的特性系数；$\nu_r$ 及 $\nu_z$ 为边界上指定点外向法线方向余弦。

当物体为各向同性体 $(k_r=k_z)$，且 $\bar{\boldsymbol{F}}=\boldsymbol{0}$ 时，式（5.10.1）化简为拉普拉斯方程

$$\nabla^2\boldsymbol{u}=\frac{\partial^2\boldsymbol{u}}{\partial r^2}+\frac{1}{r}\frac{\partial \boldsymbol{u}}{\partial r}+\frac{\partial^2\boldsymbol{u}}{\partial z^2}=\boldsymbol{0} \tag{5.10.3}$$

所以，现在的问题归并为求解式（5.10.3）及式（5.10.2）的微分方程边值问题。

### 5.10.2　4 结点轴对称杂交-Trefftz 元

Wang 及 Zhang[59]建立了一个 4 结点轴对称杂交-Trefftz 元，如图 5.41 所示。

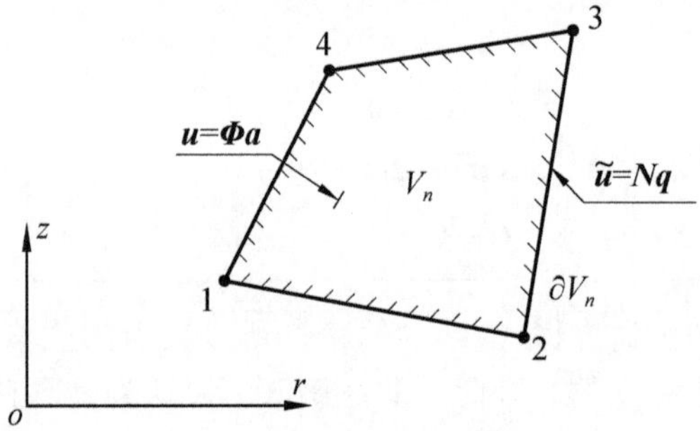


图 5.41　4 结点轴对称杂交-Trefftz 元

1. 单元边界位移 $\tilde{\boldsymbol{u}}$

依照式（5.9.13）选取以结点位移 $\boldsymbol{q}$ 插值的协调边界 $\tilde{\boldsymbol{u}}$（图 5.41）

$$\begin{aligned} \tilde{\boldsymbol{u}}&=\boldsymbol{N}\boldsymbol{q} \\ &=\begin{bmatrix}\tilde{\boldsymbol{u}}_{12} & \tilde{\boldsymbol{u}}_{23} & \tilde{\boldsymbol{u}}_{34} & \tilde{\boldsymbol{u}}_{41}\end{bmatrix} \\ &=\begin{bmatrix}\tilde{u}_{12} & \tilde{w}_{12} & \tilde{u}_{23} & \tilde{w}_{23} & \tilde{u}_{34} & \tilde{w}_{34} & \tilde{u}_{41} & \tilde{w}_{41}\end{bmatrix} \end{aligned} \tag{5.10.4}$$

其中两结点——例如结点 1 与 2 之间——用线性插值（图 5.42）

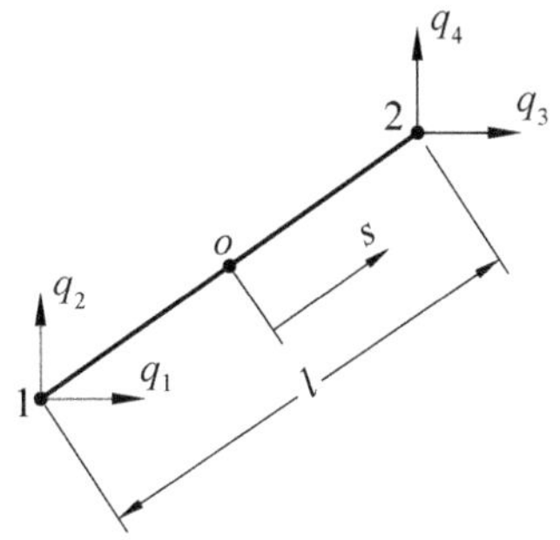


图 5.42　1 与 2 两结点之间的位移插值

$$
\tilde{\boldsymbol{u}}_{12}=\begin{Bmatrix}\tilde{u}_{12}\\ \tilde{w}_{12}\end{Bmatrix}
=\frac{1}{2}\begin{bmatrix}1-\dfrac{s}{l} & 0 & 1+\dfrac{s}{l} & 0\\ 0 & 1-\dfrac{s}{l} & 0 & 1+\dfrac{s}{l}\end{bmatrix}\begin{Bmatrix}q_1\\ \vdots\\ q_4\end{Bmatrix} \tag{a}
$$

其余结点间位移插值同此。

2. 单元内部位移 $\boldsymbol{u}$

$$
\boldsymbol{u}=\begin{Bmatrix}u\\ w\end{Bmatrix}=\begin{bmatrix}\boldsymbol{\Phi}^1 & 0\\ 0 & \boldsymbol{\Phi}^1\end{bmatrix}\boldsymbol{a}=\boldsymbol{\Phi}\boldsymbol{a}\quad（V_n \text{ 内}） \tag{5.10.5}
$$

以 $r$ 方向位移分量 $u$ 为例进行讨论，依式（5.10.5），有

$$
u=\sum_{i=1}^{m}\Phi_i^1 a_i \tag{5.10.6}
$$

设对应齐次控制方程（5.10.3）的一组 $\boldsymbol{\Phi}^1$ 的通解为[60]

$$
\Phi_i^1=\sum_{i=0}^{n} b_i\, r^{n-i}\, z^i \quad (n=1,2,\cdots) \tag{5.10.7}
$$

式（5.10.7）代入控制方程（5.10.3），即得到满足此方程系数 $b_i$ 的递推公式：

$$
b_{i+2}=-\frac{(n-i)^2}{(i+1)(i+2)}b_i \tag{b}
$$

当 $n$ 为偶数时，$b_0=1$ 及 $b_{2i}+1=0$； $n$ 为奇数时，$b_i=0,\ b_{2i}=0$。

注意到，$\Phi_0^1=1\ (n=0)$ 代表一个刚体运动模式，为使 $\boldsymbol{H}$ 阵非奇异，从式（5.10.6）中删除此项，$\Phi_i^1$ 从 $n=1$ 选取。依文献[59]的意见，计算单元内任一点位移 $\boldsymbol{u}$，需补充上 $n=0$ 项，以分量 $u$ 为例，即令

$$
u=C_0+\boldsymbol{\Phi}^1\boldsymbol{a} \tag{c}
$$

此补充项 $C_0$ 利用最小二乘法在元各结点

$$\sum_{i=1}^{n}(u_1-\tilde{u}_i)^2=\min \tag{d}$$

得到

$$C_0=\frac{1}{n}\sum_{i=1}^{n}(\tilde{u}_i-\Phi_i^1 a_i) \tag{e}$$

式中，$n$ 为单元结点数。

为满足单元扫除多余零能模式的要求，由式（5.10.6）求和上限 $m$，应满足条件

$$m\geqslant n-r=4\times 2-1=7 \tag{f}$$

现在的 4 结点轴对称环元，$m$ 应不小于 7。

### 5.10.3　数值算例

以下给出文献[59]构造的 4 结点轴对称元的两个算例。在实例中，作者均采用了如下的插值函数：

$$\boldsymbol{\Phi}^1=\begin{bmatrix} z & r^2-2z^2 & r^2z-\frac{2}{3}z^3 & r^4-8r^2z^2+\frac{8}{3}z^4 & r^4z-\frac{8}{3}r^2z^3+\frac{8}{15}z^5 \end{bmatrix}_{1\times 5}^{①} \tag{5.10.8}$$

进行计算。

**例 1**　实心圆柱稳态轴向热流

实心圆柱半径 $R=2$，高度 $h=2$，如图 5.43(a)所示。介质导热系数 $k_r=k_z=1$，圆柱侧面为绝热面，上、下端面施加给定边条，热流只沿轴向流动。

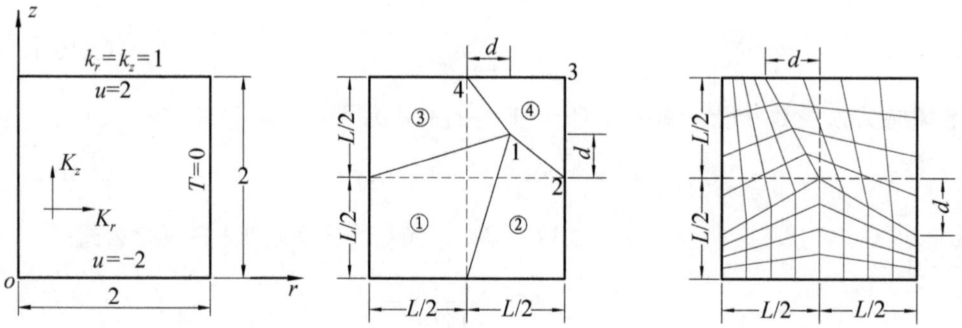


(a)　　(b) 网格A　　(c) 网格B

图 5.43　实体圆柱稳态轴向热流及有限元网格

温度场的解析解及其导数[61]为

① 式（f）指出，对一个 4 结点轴对称元，其应力参数（即现在位移参数）$m\geqslant 7$，不知此处为何只选了 $m=5$。

$$u=\frac{u_2-u_1}{h}z+u_1,\quad \frac{\partial u}{\partial r}=0,\quad \frac{\partial u}{\partial z}=\frac{u_2-u_1}{h} \tag{g}$$

式中，$u_2$ 及 $u_1$ 为上、下端面给定温度。

为检验所建立的 4 结点元 HT-FE 对单元歪斜的敏感性，采用了图 5.43 中（b）及（c）两种网格，以 $d/L$ 代表网格歪斜参数。其误差 $\varepsilon_D$ 为

$$\varepsilon_D=\frac{\varphi_D-\varphi_U}{\varphi_U}\times 100\% \tag{h}$$

这里，$\varphi_U$ 及 $\varphi_D$ 分别为均匀及歪斜网格的结果。

对网格 A，当 $d/L$=0.125，0.25，0.375 及 0.49 时；对网格 B，当 $d/L$=0.125，0.25，0.35 和 0.40 时，两种网格算得的温度及其导数的误差，分别由表 5.21 及表 5.22 给出，结果显示，现在的元 HT-FE 对网格歪斜不太敏感。

注意到当网格 A 中 $d/L$>0.25 时，图 5.43 中单元④成为一个内凹的四边形元，这是在传统的位移元中不希望呈现的状态，但对于现在的杂交-Trefftz 元，由于其形成单刚 $\boldsymbol{k}$ 的两个子阵 $\boldsymbol{G}$ 与 $\boldsymbol{H}$ ，均沿单元边界进行积分（5.9 节式（d）[1]），所以与边界凹陷与否无关。

**表 5.21　温度 $u$ 的误差 $\varepsilon_D$(%)（实心圆柱稳态轴向热流）**

| | $r$ | $z$ | $d/L$=0.125 | $d/L$=0.25 | $d/L$=0.375 | $d/L$=0.49 |
|---|---|---|---|---|---|---|
| 网格 A | 0.50 | 0.50 | 0.00000 | 0.04200 | 0.03600 | −0.06400 |
| | 1.00 | 0.50 | 0.02500 | 0.07700 | 0.01200 | −0.23900 |
| | 1.50 | 0.50 | 0.00000 | 0.01400 | 0.10000 | 0.30200 |
| | 1.00 | 1.00 | — | — | — | — |
| | 0.50 | 1.50 | −0.01800 | 0.30400 | −0.44200 | 0.27900 |
| | 1.00 | 1.50 | −0.01400 | −0.34400 | −0.58300 | 0.53300 |
| | 1.50 | 1.50 | 0.00200 | 0.03000 | −0.11600 | −0.24600 |
| | $r$ | $z$ | $d/L$=0.125 | $d/L$=0.25 | $d/L$=0.35 | $d/L$=0.40 |
| 网格 B | 0.50 | 0.50 | 0.00000 | −0.00100 | −0.00100 | −0.00200 |
| | 1.00 | 0.50 | 0.00000 | 0.00000 | 0.00000 | −0.01400 |
| | 1.50 | 0.50 | 0.00000 | 0.00000 | 0.00000 | 0.00000 |
| | 1.00 | 1.00 | — | — | — | — |
| | 0.50 | 1.50 | 0.00000 | 0.00200 | 0.00000 | −0.00100 |
| | 1.00 | 1.50 | 0.00000 | 0.00000 | 0.00000 | 0.00000 |
| | 1.50 | 1.50 | 0.00000 | 0.00000 | 0.00000 | 0.00000 |

**表 5.22　温度导数 $\partial u/\partial z$ 的误差 $\varepsilon_D$(%)**

| | $r$ | $z$ | $d/L$=0.125 | $d/L$=0.25 | $d/L$=0.375 | $d/L$=0.49 |
|---|---|---|---|---|---|---|
| 网格 A | 0.50 | 0.50 | 0.01700 | 0.05150 | 0.10750 | 0.21500 |
| | 1.00 | 0.50 | 0.02250 | −0.07350 | −0.30550 | −0.54000 |
| | 1.50 | 0.50 | −0.00050 | −0.00850 | −0.05200 | −0.14450 |
| | 1.00 | 1.00 | −0.02850 | 0.04150 | 0.08150 | 0.02850 |
| | 0.50 | 1.50 | 0.00300 | −0.02700 | −0.24200 | −0.61500 |

续表

| | $r$ | $z$ | $d/L$=0.125 | $d/L$=0.25 | $d/L$=0.375 | $d/L$=0.49 |
|---|---|---|---|---|---|---|
| 网格 A | 1.00 | 1.50 | −0.00650 | 0.25000 | 0.85350 | 1.35750 |
| | 1.50 | 1.50 | −0.00200 | −0.49650 | −0.44000 | 0.00850 |
| | $r$ | $z$ | $d/L$=0.125 | $d/L$=0.25 | $d/L$=0.35 | $d/L$=0.40 |
| 网格 B | 0.50 | 0.50 | 0.00213 | 0.00263 | −0.01488 | 0.00663 |
| | 1.00 | 0.50 | 0.00013 | 0.00013 | 0.00013 | 0.01225 |
| | 1.50 | 0.50 | 0.00000 | 0.00000 | 0.00000 | 0.00000 |
| | 1.00 | 1.00 | −0.05160 | −0.05160 | −0.05260 | −0.05360 |
| | 0.50 | 1.50 | −0.01075 | −0.00925 | −0.00475 | −0.00125 |
| | 1.00 | 1.50 | 0.00100 | 0.00000 | −0.00050 | −0.00050 |
| | 1.50 | 1.50 | −0.00012 | −0.00012 | −0.00012 | −0.00012 |

**例 2**　中空复合球体稳态热传导

中空球体由两个厚球粘合而成，尺寸及有关系数如图 5.44 所示，稳态下球体的温度及其径向导数为[62]

$$u=\frac{A_i}{R}+B_i,\quad \frac{\partial u}{\partial R}=-\frac{A_i}{R^2} \tag{i}$$

这里，$R=\sqrt{r^2+z^2}$；对内球，$A_1=4.8, B_1=0.2$；对外球，$A_2=2.4, B_2=1.8$[63]。

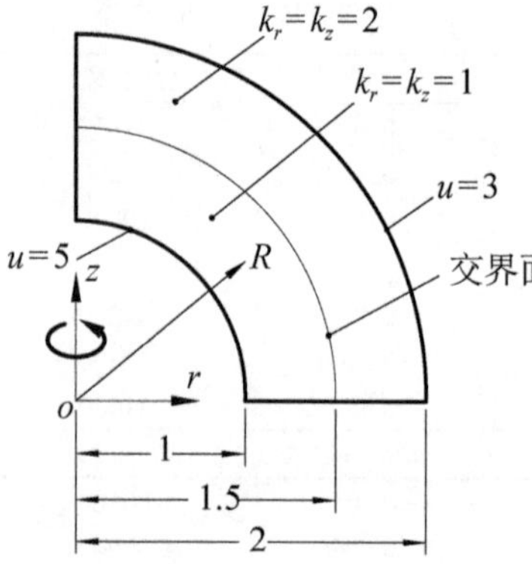


(a)

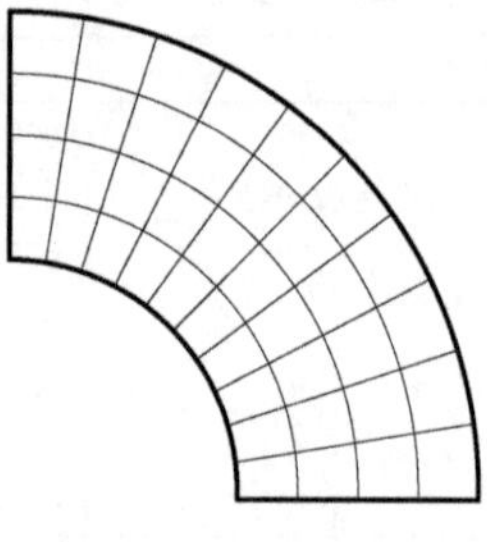

(b) 网格1（4×10）

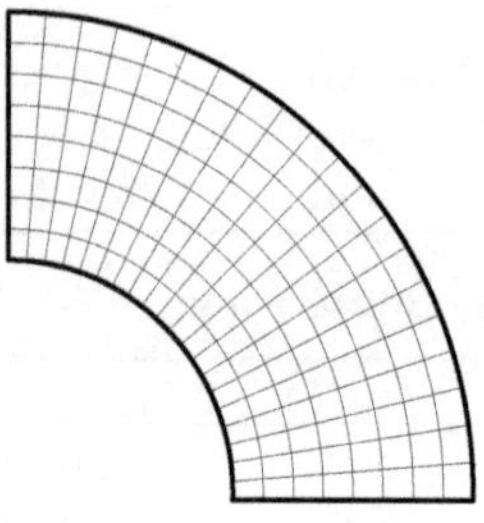

(c) 网格2（8×20）

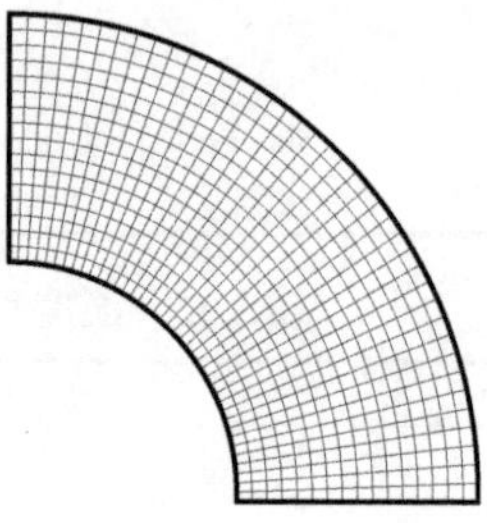

(d) 网格3（16×40）

图 5.44　中空复合球体内稳态热传导

四分之一球的三种有限元网格，由图 5.44 给出。计算所得温度 $u$ 及其法向梯度 $\partial u/\partial R$ 列于表 5.23。为比较，表中同时给出用宏大的有限元[64]的计算结果以资比较，可见，现在单元 HT-FE 的解十分接近解析解。

**表 5.23　复合球体温度及温度法向梯度**

| | 半径 $R$ | 网格 1 (4×10) | 网格 2 (8×20) | 网格 3 (16×40) | 宏大元[64] | 解析解 |
|---|---|---|---|---|---|---|
| $u$ | 1.125 | 4.51534 | 4.46727 | 4.46682 | 4.4648 | **4.46667** |
| | 1.250 | 4.04287 | 4.04075 | 4.04019 | 4.0412 | **4.04000** |
| | 1.375 | 3.71763 | 3.69157 | 3.69108 | 3.6895 | **3.69091** |
| | 1.500 | 3.40185 | 3.40048 | 3.40012 | 3.4000 | **3.40001** |
| | 1.625 | 3.28530 | 3.27729 | 3.27701 | 3.2763 | **3.27692** |
| | 1.750 | 3.17235 | 3.17167 | 3.17149 | 3.1715 | **3.17143** |
| | 1.875 | 3.08480 | 3.08012 | 3.08003 | 3.0797 | **3.08000** |
| $\frac{\partial u}{\partial R}$ | 1.125 | −3.88815 | −3.82301 | −3.80011 | — | **−3.79259** |
| | 1.250 | −3.16388 | −3.09401 | −3.07745 | — | **−3.07200** |
| | 1.375 | −2.60181 | −2.55555 | −2.54298 | — | **−2.53884** |
| | 1.500 | −2.18781 | −2.14651 | −2.13660 | — | **−2.13333** |
| | 1.625 | −1.86246 | −1.82846 | −1.82041 | — | **−1.81775** |
| | 1.750 | −1.77462 | −1.57629 | −1.56957 | — | **−1.56735** |
| | 1.875 | −1.39876 | −1.37294 | −1.36723 | — | **−1.36533** |

# 5.11　小　结

1. 本章阐述了根据修正的余能原理 $\Pi_{mc}$、$\Pi_{mc}^{(1)}$ 及 Hellinger-Reissner 原理 $\Pi_{\mathrm{HR}}$ 所建立的轴对称杂交应力元Ⅰ及Ⅱ，以及根据杂交-Treffte 模式建立的轴对称杂交应力元Ⅲ。这些有限元不同于传统轴对称位移元，它们打开了有限元发展的新领域，使有限元从单场变量——位移，扩展至多场变量——位移及应力或内位移及边界位移，从而引导有限元学科走向蓬勃发展的新时期。

现将早期轴对称杂交应力有限元汇总，列于表 5.24 及表 5.25 中。

**表 5.24　根据 $\Pi_{mc}$，$\Pi_{\mathrm{HR}}$ 及 $\Pi_{mc}^{(1)}$ 建立的早期轴对称杂交应力元**

| 变分原理 | 有限元模型 | 变量 | 矩阵方程中的未知数 | 矩阵方法 | 参考文献 |
|---|---|---|---|---|---|
| 1. $\Pi_{mc}(\boldsymbol{\sigma}^*,\tilde{\boldsymbol{u}})$ | 早期杂交应力元Ⅰ | 平衡应力：$\boldsymbol{\sigma}^* = \boldsymbol{P\beta} + \boldsymbol{P}_K\boldsymbol{\beta}_K$<br>$\boldsymbol{\beta}$：应力参数<br>（$\boldsymbol{\sigma}^*$ 满足平衡方程）<br>边界位移：$\tilde{\boldsymbol{u}} = \boldsymbol{Lq}$<br>$\boldsymbol{q}$：广义结点位移 | $\boldsymbol{q}$<br>$\Pi_{mc}(\boldsymbol{\beta},\boldsymbol{q}) \to \Pi_{mc}(\boldsymbol{q})$ | 位移法<br>$\boldsymbol{Kq} = \boldsymbol{Q}$ | Pian[65]（1964） |

续表

| 变分原理 | 有限元模型 | 变量 | 矩阵方程中的未知数 | 矩阵方法 | 参考文献 |
|---|---|---|---|---|---|
| 2. $\Pi_{HR}(\boldsymbol{\sigma}^*, \boldsymbol{u})$ | 早期杂交应力元II | 平衡应力：$\boldsymbol{\sigma}^* = \boldsymbol{P}\boldsymbol{\beta}$<br>（$\boldsymbol{\sigma}^*$ 满足平衡方程）<br>内部位移：$\boldsymbol{u} = \boldsymbol{N}\boldsymbol{q}$ | $\boldsymbol{q}$<br>$\Pi_{HR}(\boldsymbol{q},\boldsymbol{\beta}) \to \Pi_{HR}(\boldsymbol{q})$ | 位移法<br>$\boldsymbol{K}\boldsymbol{q} = \boldsymbol{Q}$ | Tong 和 Pian[8]（1969） |
| （1）4 结点轴对称元 AXH8 至 AXH9C | | | | | Spilker 和 Pian[27, 28]（1978，1981） |
| （2）8 结点轴对称元 A 至 F | | | | | 田宗漱[38]（1988） |
| 3. $\Pi_{mc}^{(1)}(\boldsymbol{u}, \tilde{\boldsymbol{u}})$ | 早期杂交应力元III（杂交-Trefftz 元） | 元内位移：$\boldsymbol{u} = \mathring{\boldsymbol{u}} + \boldsymbol{\phi}\boldsymbol{a}$<br>$\boldsymbol{a}$：元内位移参数<br>（$\boldsymbol{u}$：满足控制微分方程）<br>边界位移：$\tilde{\boldsymbol{u}} = \boldsymbol{N}\boldsymbol{q}$ | $\boldsymbol{q}$<br>$\Pi_{mc}^{(1)}(\boldsymbol{a},\boldsymbol{q}) \to \Pi_{mc}^{(1)}(\boldsymbol{q})$ | 位移法<br>$\boldsymbol{K}\boldsymbol{q} = \boldsymbol{Q}$ | Tong 和 Pian 等[43]（1973）<br>Jirousek 和 Leon[47]（1977） |
| 结点轴对称元 HT-FE | | | | | Wang 和 Zhang 等[59]（2012） |

**表 5.25　进一步比较根据 $\Pi_{mc}$ 及 $\Pi_{HR}$ 建立的两类杂交应力轴对称元**

| 单元名称 | $\beta$ 数 | 多余零能模式 | 不可压缩性 | 同类元中较好 | 参考文献 |
|---|---|---|---|---|---|
| 1. 4 结点杂交应力元 | | | | | |
| AXH8 | 8 | 1 | | | Spilker 和 Pian[27, 28]（1978，1981） |
| AXH9 | 9 | 0 | | | |
| AXH71 | 7 | 1 | | | |
| AXH7C | 7 | 0 | √ | | |
| AXH9C | 9 | 0 | | √ | |
| 2. 8 结点杂交应力元 | | | | | |
| A | 15 | 0 | — | | 田宗漱[38]（1988） |
| B | 16 | 0 | — | | |
| C | 17 | 0 | — | | |
| D | 17 | 0 | — | | |
| E | 21 | 0 | — | √ | |
| F | 16 | 0 | — | | |

表 5.24 及表 5.25 中用 Hellinger-Reissner$(\Pi_{HR})$（或修正的余能原理$(\Pi_{mc})$）所建立的杂交应力轴对称元，其应力场必须满足平衡方程，位移场 $\boldsymbol{u}(\Pi_{HR})$ 或 $\tilde{\boldsymbol{u}}(\Pi_{mc})$ 须满足元间协调条件。表 5.24 中用杂交-Trefftz 法建立的杂交应力轴对称元，其元内位移 $\boldsymbol{u}$ 要满足控制微分方程，边界位移 $\tilde{\boldsymbol{u}}$ 要满足协调条件。

2. 杂交应力模式与协调位移模式相比

协调位移模式是基于最小势能原理建立的，它给出系统总应变能的下界。而杂交应力模式则是根据修正的余能原理 $\Pi_{mc}$、 $\Pi_{mc}^{(1)}$ 或 Hellinger-Reissner 原理 $\Pi_{\mathrm{HR}}$ 建立的，它们在变分时取驻值而非极值，因而它们产生的应变能可能高于或低于系统总的应变能。

协调位移元须满足协调条件，而早期杂交应力元须满足平衡条件。

对于非协调位移模式，引入了内部附加位移参数，如 Wilson 元，这种更多位移参数的引入，可以理解为放松了人为位移的约束，也可以认为是为改善单元内部平衡的一种补偿。

对于非协调位移模式，选定了位移函数后，采用过多的附加内位移，不能降低其误差的量级。

对于早期杂交应力模式，其单元内部的平衡条件总是满足的，使用更多的应力参数 $\boldsymbol{\beta}$ ，会更好地满足单元内部的协调性，也就是说，使用更多的应力参数会使单元产生较大的刚度。

但是，同样不能由此得出，杂交应力模式中应力参数 $\boldsymbol{\beta}$ 越多越好的错误结论。如果使用 $i$ 个应力参数已经得到较准确的解，再采用比 $i$ 更多的应力参数，只能使解的精度降低。在杂交应力模式中，有一个应力参数 $\boldsymbol{\beta}$ 最佳数，使其两类独立场变量应力与位移相匹配。

3. 早期杂交应力元的特点

（1）易于建立高阶连续单元；

（2）在一些极限情况（如材料性质接近不可压缩等），许多位移元会产生锁住现象，而杂交应力元可避免这种困难；

（3）可以嵌入单元无外力边界条件；

（4）单元最终求解方程仍归结为求结点位移，所以易于和通用位移元程序连接；

（5）可以提供较位移元精度更高的应力解答，这是最关键之点。

4. 早期杂交应力元，也存在以下主要问题：

（1）这类元的应力场需事先满足平衡方程。而只满足平衡方程的应力场，往往有许多种选择，如何从这些可能应力场中选出最佳的一个？能否建立一套系统的方法，直接导出具有理想性质的应力场？这是首先需要解决的问题。

（2）由于杂交应力元独立地选择应力与位移两类场变量，这就存在两者之间的合理匹配问题[65]。如配合不当，就可能出现多余的机动变形模式，或者是结果不够理想。因此，需要建立一套系统的方法，以确保它们达到合理的匹配。

（3）当单元形状歪斜时，数值算例表明，杂交应力元的结果变坏，虽然其变坏程度不如位移元那样明显，但仍需改进。

（4）轴对称杂交应力元，为满足平衡方程，其假定应力场采用了以柱坐标表示的插值函数，这时，除非假定应力为完整的多项式，否则所形成的单元刚度阵将不是几何各向同性的，需采用一些方法，以达到各向同性的要求。

（5）场变量内含有1/r 项时，易产生解答奇异性。

# 参 考 文 献


[1] Pian T H H. State-of-the-art development of hybrid/mixed finite element method. J. Finite Elements Anal. Desi.，1995，21：5-20

[2] Pian T H H. Derivation of element stiffness matrices by assumed stress distributions. AIAA J.，1964，2：1333-1336

[3] Pian T H H. Element stiffness matrices for boundary compatibility and for prescribed bounday stresses. Proc. 1st Conf. on Matrix Methods in Struct Mech，1965：457-477

[4] Tong P，Pian T H H. A variational principle and the convergence of a finite element method base on assumed stress distribution. Int. J. Solids Struct.，1969，5：463-472

[5] Pian T H H. Formulations of finite element methods for solid contimua//Oden J T，Gallagher R H，Yamada Y. Recent Advances in Matrix Methods of Structural Analysis and Design. Alabama：Univ. of Alabama Press，1971：49-83

[6] Pian T H H，Tong P. Basis of finite elements methods for solid continua. Int. J. Num. Meth. Engng.，1969. 1：3-28

[7] Pian T H H. Reflections and remarks on hybrid and mixed finite eleemnt methods//Atluri S N，Gallagher R H，Zienkiewicz O C. Hybrid and Mixed Finite Element Methods. New York：John Wiley and Sons Ltd.，1983

[8] Fraeijs de Veubeke B M. Displacement and equilibrium models in the finite element method//Zienkiewicz O C，Holister G S. Stress Analysis. London：John Wiley and Sons Ltd.，1965

[9] 田宗漱，卞学鐄（Pian T H H）. 多变量变分原理与多变量有限元方法. 2 版. 北京：科学出版社，2014

[10] Babuska I. The finite element method with Lagrange multipliers. Number Math.，1973，20：179-192

[11] Brezzi F. On the existence，uniqueness and approximation of saddle point problems arising from Lagrangian multipliers. RAIRO，1974，8（NRz）：129-151

[12] Xue W M，Karloviz L A，Atluri S N. On the existence and stability conditions for mixed-hybrid finite element solutions based on Reissner's variational principle. Int. J. Solid Struct.，1985，21（1）：97-116

[13] Pian T H H，Chen P D. On the suppression of zero energy deformation modes. Int. Num. Meth. Engng.，1983，19：1741-1752

[14] Spilker R L. High order three dimensional hybrid stress elements for thick plate analysis. Int. J.

Num. Meth. Engng.，1981. 17：53-69

[15] Pian T H H，Mau S T. Recent studies in assumed stress hybrid model//Clough R W，Yamamoto Y，Oden J T. Advance in Computational Methods in Structural Mechanics and Design. Huntsville：UAH Press，1972：87-106

[16] Yang C T，Rubinstein R，Atluri S N. On some fundamental studies into the stability of hybrid/mixed finite element methods for Navier-Stokes equations in solid/fluid mechanics// Kardestuncer H. Finite Differences and Calculus of Variations. Ithca：Univ. of Conn. Press，1982：25-75

[17] Peterson K. Derivation of stiffness matrix for hexadedron elements by the assumed stress hybrid mothod [S M Thesis]. Dept of Aero. and Astro.，MIT，1972

[18] Tong P. Guidelines for stress distribution selection in hybrid stress method. 内部通讯，1983

[19] 田宗漱. 特殊杂交应力有限元与三维应力集中. 北京：科学出版社，2018

[20] Kuna M，Zwicke M. A mixed hybrid finite element for three-dimensional elastic crack analysis. Int. J. Fract.，1990，45：65-79

[21] Pian T H H. Selocted Papers of Theodore H H Pian. Beijing：Science Press，1992

[22] Naylor D J. Stresses in nearly incompressible materials for finite elements with application to the calculation of excess pore pressures. Int. J. Num. Meth. Engng.，1974，8：443-460

[23] Hughes T J R，Taylor R L，Levy J F. A finite element method for incompressible flows. Conf. Finite Element Methods in Flow Problems，St. Margharita，Italy，1976：1-16

[24] Nagtegaal J C，Parks D M，Rice J R. On numerically accurate finite element solutions in the fully plastic range. Comp. Meth. Appl. Mech. Engng.，1974，4：153-178

[25] Malkus D S，Hughes T J R. Mixed finite element methods-reduced and selective integration techniques：a unification of concepts. Comp. Meth. Appl. Mech. Engrg.，1978，15：63-81

[26] Pian T H H，Lee S W. Notes on finite elements for near incompressible materials. AIAA J.，1976，14：824-826

[27] Spilker R L，Pian T H H. A study of axisymmetric solid of revolution elements based on the assumed stress hybrid model. Comput. & Struc.，1978，9（3）：273-279

[28] Spilker R L. Improved hybrid – stress axisymmetric elements including behaviour for nearly incompressible materials. Int. J. Num. Meth. Engng.，1981，17：483-501

[29] Appa Rao T V S R. An assumed stress hybrid finite element model for the analysis of an axisymmetric thick – walled pressure vessel. Proc. 1st Int Conf. on Struc. Mech. in Reactor Tech.，Paper M6/3，1971，6：315-335

[30] 钱伟长. 弹性力学. 北京：科学出版社，1956

[31] Venkatramm B，Patel S A. Structural Mechanics with Introduction to Elasticity and Plasticity. New York：McGraw-Hill，1970

[32] Renganathan K，Nageswara R，Jana M K. An efficient axisymmetric hybrid – stress – displacement formulation for compressible / nearly in compressible materials. Int. J. Pressure Vessels and Piping，2000，77：651-667

[33] Lee E M. Stress analysis in viscoelastic bodies. Q. Appl. Math. 1955-1956，13：183-190

[34] Schapery R A. Two simple approximate methods of Laplace transform inversion for viscoelastic stress analysis. California Institute Technical Report，SM 61-23，Graduate Aero. Lab.，1961

[35] Schapery R A. Appoximate methods for transform inversion for viscoelastic stress analysis. Proc. 4th U. S. Cong. Appl. Mech.，1961：1075-1085

[36] Solid propellant grain structure integrity analysis. NASA SP-8073，1973

[37] 王耀平，佘颖禾. 用应力杂交有限元法计算平面及轴对称热应力问题. 固体力学学报，1984，9：428-435

[38] 田宗漱. 轴对称实体回转杂交应力元. 力学学报，1988，20[3]：251-263，ACTA Mech. Sinica，1988，4（1）：35-44

[39] Tian Z S，Pian T H H. Axisymmetric solid elements by a rational hybrid stress method. Comput. & Struc.，1985，20：141-149

[40] Spilker R L，Daugirda D M. Analysis of axisymmetric structures under arbitrary loading under the hybrid-stress model. Int. J. Num. Meth. Engng.，1981，17：801-828

[41] Langhaar H L. Energy Methods in Applid Mechanics. New York：Wiley，1962：48-52

[42] Trefftz E. Ein gegenstück zum Ritzschen verfahren. Proc. 2nd Int. Congr. Appl. Mech.，Zurich，1926：131-137

[43] Tong P，Pian T H H，Lasry S J. A hybrid element approach to crack problem in plane elasticity. Int. J. Num. Meth. Engng.，1973，7：297-308

[44] Loof H W. The economic computation of stiffness matrices of large structural element. Proc Int. Symp. on the Use of Digital Computers in Struc. Engng.，Univ. of Newcastle，1966

[45] Zienkiewicz O C，Kelly D W，Bettess P. The coupling of the finite element method and boundary solution procedures. Int. J. Num. Meth. Engng.，1977，11：355-375

[46] Zienkiewicz O C，Kelly D W，Bettess P. Marriage à la mode – the best of both words（finite elements and boundary integrals）//Glowinski R，et al. Engineering Methods in Finite Element Analysis. London，New York：John Wiley & Sons，1979

[47] Jirousek J，Leon N. A powerful finite element for plate bending. Comp. Meth. Appl. Mech. Engng.，1977，12（1）：77-96

[48] Jirousek J. Basis for development for large finite elements locally satisfying all field equations. Comp. Meth. Appl. Mech. Engng.，1978，14（1）：65-92

[49] Jirousek J，Teodorescu P. Large finite elements method for the solution of problems in the theory of elasticity. Comput. & Struc.，1982，15（5）：575-587

[50] Jirousek J. A contribution to finite element and associated techniues for the analysis of problems with stress singularities. Proc. 2nd Int. Symp. Num. Meth. Engng.（GAMNI），Paris： Dunod，1980，2：719-729

[51] Jirousek J，Teodorescu P. Large finite elements for the solution of problems of the theory of elasticity. Proc. 3rd Int. Symp. Num. Meth. Engng.，（GAMNI），Paris：Pluralis，1983，2：695-704

[52] Jirousek J，Guex L. The hybrid-Trefftz finite element model and its application to plate bending. Int. J. Num. Meth. Engng.，1986，23：651-693

[53] Jirousek J. Improvement of computational efficiency of the 9 DOF triangular hybrid-Trefftz plate bending element（Letter to the Editor）. Int. J. Num. Meth. Engng.，1986，23：2167-2168

[54] Venkatesh A，Jirousek J. An improved 9 DOF hybrid-Trefftz triangular element for plate bending. Eng. Computat.，1987，4：207-222

[55] Jirousek J，Zielinski A P. Survey of Trefftz-type element formulationts. Comput. & Struc.，1997，63（2）：225-242

[56] Jirousek J，Venkatesh A P. Hybrid Trefftz plane elasticity elements with p-method capabilities. Int. J. Num. Meth. Engng.，1992，35：1443-1472

[57] Jorousek J. Variational formulation of two complementary hybrid-Trefftz FE models. Int. J. Num. Meth. Engng.，1993，9：837-845

[58] Zienkiewicz O C. The Finite Element Method in Engineering Science. London：McGraw-Hill，1971

[59] Wang K Y，Zhang L Q，Li P C. A four-node hybrid–Trefftz annular element for analysis of axisymmetric potential problem. J. Finite Element Anal. Desi.，2012，60：49-56

[60] Purczynski J，Szczecin P W. Taking advantage of the quasiharomonic polynomials for analysis of stationary electro-magnetic fields by Trefftz's method. Arch fur Elektrotek，1978，60：337-343

[61] Karageorghis A，Fairweather G. The method of fundamental solutions for axisymmetric potential problems. Int. J. Num. Meth. Engng.，1999，44：1653-1669

[62] Garslaw H S，Jaeger J C. Conduction of Heart in Solids. London：Oxford University Press，1959

[63] Bakr A. The Boundary Integral Equation Method in Axisymmetric Stress Analysis Problems. Lecture Notes in Engineering，Berlin：Springer，1986

[64] Provatidis Ch，Kanarachos A. Performance of a macro-FEM approach using global interpolation（Coons'）functions in axisymmetric potential problems. Comput. & Struc.，2001，79：1769-1779

# 第 6 章　根据修正的 Hellinger-Reissner 原理 $\Pi_{mR}$ 及杂交应力元理性列式所建立的轴对称元（Ⅰ）

近几十年，一些学者致力于解决第 5 章所指出的早期杂交应力元存在的问题，以期找到一套系统的方法，使杂交应力元的场变量达到合理的匹配，单元具有几何不变性，对其几何形状歪斜不敏感，适用于不可压缩材料，同时提高解的精度。

为此，一些学者提出通过两条途径来建立杂交应力元关键的应力场：

（1）采用一个应力项与一个独立的应变项相对应的方法[1, 2]；

（2）通过群论分析的方法[3, 4]。

但是，即使是用这两种方法去建立合理的应力场，也非易事。

近些年，卞学鐄创立了杂交应力元的理性列式方法，这种方法，突破了早期杂交应力元的固有难点，另辟蹊径，建立了一系列高效的杂交应力元。本章将阐述这种理性方法及用其建立的轴对称杂交应力元。

由于这种理性方法是针对非协调位移进行列式，并建立在一系列修正的 Helliner-Reissner 原理[5]①基础之上，所以，在探讨这种理性方法之前，首先讨论其所依据的修正的 Hellinger-Reisser 原理。

## 6.1　修正的 Hellinger-Reissner 原理（一）

### 6.1.1　Hellinger-Reissner 原理的离散形式

离散后的 Hellinger-Reissner 原理，可以表示为

$$\begin{aligned}\Pi_{\mathrm{HR}}(\boldsymbol{\sigma},\boldsymbol{u})=\sum_{n}\Big\{&\int_{V_n}[-B(\boldsymbol{\sigma})+\boldsymbol{\sigma}^{\mathrm{T}}(\boldsymbol{D}\boldsymbol{u})-\boldsymbol{F}^{\mathrm{T}}\boldsymbol{u}]\mathrm{d}V\quad(\boldsymbol{T}=\boldsymbol{\nu}\boldsymbol{\sigma})\\&-\int_{S_{u_n}}\boldsymbol{T}^{\mathrm{T}}(\boldsymbol{u}-\overline{\boldsymbol{u}})\,\mathrm{d}S-\int_{S_{\sigma_n}}\overline{\boldsymbol{T}}^{\mathrm{T}}\boldsymbol{u}\,\mathrm{d}S\Big\}=\text{驻值}\end{aligned}\qquad(6.1.1)$$

约束条件　$\boldsymbol{u}^{(a)}=\boldsymbol{u}^{(b)}$　（$S_{ab}$上）

---

① 这些修正的Hellinger-Reissner变分原理，是利用拉氏乘子解除Hellinger-Reissner原理的约束条件，使元间边界上允许有不连续的场函数。卞及鹫津称它们为“连续性要求松弛了的变分原理”，以前 Prager[6]也用了这个名称，这个名称比称为“修正的原理”更为适宜。

这里，$n$ 为离散后的有限元数。

正如 5.2 节所述，式（6.1.1）中约束条件的产生，是由于用 $\varPi_{\mathrm{HR}}$ 进行有限元列式时，沿相邻单元边界面上，放松了应力及位移的连续条件，其放松的程度是泛函 $\varPi_{\mathrm{HR}}$ 要有定义。以平面应力问题为例，如选取局部坐标 $(n,s)$ 沿单元边界的法向及切向方向，则泛函（6.1.1）等号右侧积分的第二项为

$$I=\int_{V_n}\frac{1}{2}(u_{ij}+u_{j,i})\sigma_{ij}\mathrm{d}V=\int_A[\sigma_n u_{n,n}+\tau_{ns}(u_{n,s}+u_{s,n})+\sigma_s u_{s,s}]t\,\mathrm{d}A \qquad \text{(a)}$$

式中，$t$ 为单元厚度；$\sigma_n$、$\sigma_s$ 及 $\tau_{ns}$ 为沿 $n$ 和 $s$ 方向的法向应力及切应力；$u_n$ 及 $u_s$ 分别为沿 $n$ 及 $s$ 方向的位移。

在以下几种元间约束条件下，积分式（a）有定义：

（1）横过单元边界法向及切向位移均连续，即约束条件式（6.1.1）；

（2）横过单元边界法向位移和切向应力连续，或切向位移及法向应力连续；

（3）横过单元边界法向及切向应力连续。

这三类约束条件均可使式（a）有定义，以下主要讨论约束条件（1）的情况。

### 6.1.2　修正的 Hellinger-Reissner 原理（一）$\boldsymbol{\varPi}_{mR_1}(\boldsymbol{u},\tilde{\boldsymbol{u}},\boldsymbol{\sigma},\boldsymbol{T})$[7, 8]

这个变分原理放松了元间位移连续条件（$\boldsymbol{u}^{(a)}=\boldsymbol{u}^{(b)}$，$S_{ab}$上），为此，利用 Tong[8] 的建议，引入元间新位移 $\tilde{\boldsymbol{u}}$（图 6.1），将它作为一类新的独立变量，当满足条件

$$\begin{aligned}&\text{单元“}a\text{”}\qquad \boldsymbol{u}^{(a)}-\tilde{\boldsymbol{u}}=\boldsymbol{0}\quad (S_{ab}\text{上})\\&\text{单元“}b\text{”}\qquad \boldsymbol{u}^{(b)}-\tilde{\boldsymbol{u}}=\boldsymbol{0}\quad (S_{ab}\text{上})\end{aligned} \qquad \text{(b)}$$

则两个相邻单元位移相等。

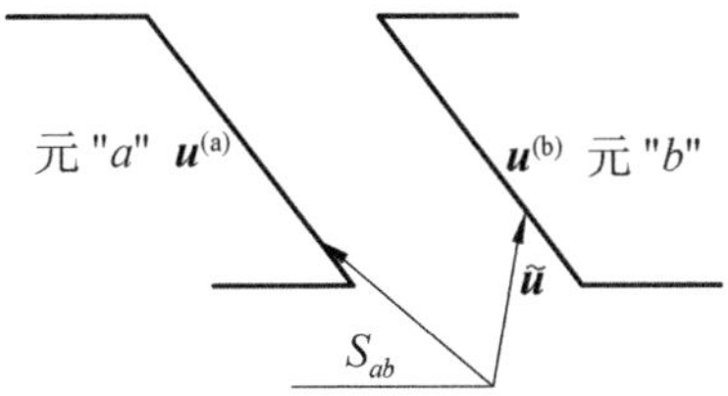


图 6.1　单元交界处的位移 $\tilde{\boldsymbol{u}}$

引入拉氏乘子 $\boldsymbol{\lambda}^{(a)}$ 及 $\boldsymbol{\lambda}^{(b)}$ 解除约束条件式（b），建立新泛函：

$$\varPi^*(\boldsymbol{u},\boldsymbol{\sigma},\tilde{\boldsymbol{u}},\boldsymbol{\lambda})=\varPi_{\mathrm{HR}}+\sum_{ab}\int_{S_{ab}}\{\lambda_i^{(a)}[u_i^{(a)}-\tilde{u}_i]+\lambda_i^{(b)}[u_i^{(b)}-\tilde{u}_i]\}\mathrm{d}S \qquad (6.1.2)$$

对 $\varPi^*$ 取变分，并令 $\delta\varPi^*=0$ 来确定拉氏乘子

$$\delta\Pi^* = \sum_n \left\{ \int_{V_n} \left[ -\frac{\partial B}{\partial \sigma_{ij}} \delta\sigma_{ij} + \frac{1}{2}(u_{i,j} + u_{j,i})\delta\sigma_{ij} + \sigma_{ij}\delta u_{i,j} - \bar{F}_i \delta u_i \right] \mathrm{d}V \right.$$
$$\left. - \int_{S_{u_n}} [(u_i - \bar{u}_i)\delta\sigma_{ij}\nu_j + \sigma_{ij}\nu_j \delta u_i] \mathrm{d}S - \int_{S_{\sigma_n}} \bar{T}_i \delta u_i \mathrm{d}S \right\} \tag{c}$$
$$+ \sum_{ab} \left\{ \int_{S_{ab}} \left[ (u_i^{(a)} - \tilde{u}_i)\delta\lambda_i^{(a)} + \lambda_i^{(a)}\delta u_i^{(a)} - \lambda_i^{(a)}\delta\tilde{u}_i \right. \right.$$
$$\left. \left. + \left(u_i^{(b)} - \tilde{u}_i\right)\delta\lambda_i^{(b)} + \lambda_i^{(b)}\delta u_i^{(b)} - \lambda_i^{(b)}\delta\tilde{u}_i \right] \mathrm{d}S \right\} = 0$$

利用变分恒等式

$$\int_{V_n} \sigma_{ij}\delta u_{i,j} \mathrm{d}V = -\int_{V_n} \sigma_{ij,j}\delta u_i \mathrm{d}V + \int_{\partial V_n} \sigma_{ij}\nu_j \delta u_i \mathrm{d}S \tag{d}$$

由于$\partial V_n = S_{u_n} + S_{\sigma_n} + S_{ab}$，可得

$$\delta\Pi^* = \sum_n \left\{ \int_{V_n} \left[ -\left( \frac{\partial B}{\partial \sigma_{ij}} - \frac{1}{2}u_{i,j} - \frac{1}{2}u_{j,i} \right)\delta\sigma_{ij} - (\sigma_{ij,j} + \bar{F}_i)\delta u_i \right] \mathrm{d}V \right.$$
$$\left. - \int_{S_{u_n}} (u_i - \bar{u}_i)\delta\sigma_{ij}\nu_j \mathrm{d}S - \int_{S_{\sigma_n}} (\bar{T}_i - \sigma_{ij}\nu_j)\delta u_i \mathrm{d}S \right\}$$
$$+ \sum_{ab} \left\{ \int_{S_{ab}} \left[ (u_i^{(a)} - \tilde{u}_i)\delta\lambda_i^{(a)} + (u_i^{(b)} - \tilde{u}_i)\delta\lambda_i^{(b)} \right. \right. \tag{e}$$
$$- (\lambda_i^{(a)} + \lambda_i^{(b)})\delta\tilde{u}_i + (\sigma_{ij}^{(a)}\nu_j^{(a)} + \lambda_i^{(a)})\delta u_i^{(a)}$$
$$\left. \left. + (\sigma_{ij}^{(b)}\nu_j^{(b)} + \lambda_i^{(b)})\delta u_i^{(b)} \right] \mathrm{d}S \right\} = 0$$

在$V_n$中的$\delta\sigma_{ij}$与$\delta u_i$，$S_{u_n}$上的$\delta\sigma_{ij}\nu_j$，$S_{\sigma_n}$上的$\delta u_i$，以及在$S_{ab}$上的$\delta\lambda_i^{(a)}$，$\delta\lambda_i^{(b)}$，$\delta\tilde{u}$，$\delta u_i^{(a)}$及$\delta u_i^{(b)}$均为独立变分，因而由式（e）得到

$V_n$内

$$\frac{\partial B}{\partial \sigma_{ij}} = \frac{1}{2}(u_{i,j} + u_{j,i}) \tag{f}$$
$$\sigma_{ij,j} + \bar{F}_i = 0$$

$S_{u_n}$上

$$u_i = \bar{u}_i \tag{g}$$

$S_{\sigma_n}$上

$$T_i = \bar{T}_i \quad (T_i = \sigma_{ij}\nu_j) \tag{h}$$

$S_{ab}$上

$$u_i^{(a)} = \tilde{u}_i$$
$$u_i^{(b)} = \tilde{u}_i$$
$$\lambda_i^{(a)} + \lambda_i^{(b)} = 0$$
$$T_i^{(a)} + \lambda_i^{(a)} = 0 \tag{i}$$

$$T_i^{(b)} + \lambda_i^{(b)} = 0 \tag{j}$$

$S_{ab}$ 上的自然边条整理为

$S_{ab}$ 上

$$u_i^{(a)} = u_i^{(b)} \tag{k}$$

$$T_i^{(a)} + T_i^{(b)} = 0 \tag{l}$$

$$\lambda_i^{(a)} = -T_i^{(a)}, \quad \lambda_i^{(b)} = -T_i^{(b)} \tag{m}$$

可见，新泛函变分后给出的结果，不仅满足小位移弹性理论全部基本方程，而且在单元交界面上也满足位移连续及面力连续条件。

将已识别的拉氏乘子代回泛函 $\Pi^*$，即得到修正的 Hellinger-Reissner 原理，考虑到 $\Pi^*$ 的最后一项现在为

$$\begin{aligned}
&\sum_{ab}\int_{S_{ab}}\{\lambda_i^{(a)}[u_i^{(a)}-\tilde{u}_i]+\lambda_i^{(b)}[u_i^{(b)}-\tilde{u}_i]\}\mathrm{d}S \\
&=-\sum_{ab}\int_{S_{ab}}\{T_i^{(a)}[u_i^{(a)}-\tilde{u}_i]+T_i^{(b)}[u_i^{(b)}-\tilde{u}_i]\}\mathrm{d}S
\end{aligned} \tag{n}$$

注意式（n）积分中的两项,可以分别归并至单元“$a$”与单元“$b$”的各自求和式中，于是得到泛函 $\Pi_{mR_1}$

$$\begin{aligned}
\Pi_{mR_1}(\boldsymbol{\sigma},\boldsymbol{u},\tilde{\boldsymbol{u}},\boldsymbol{T}) = \sum_n\Bigg\{&\int_{V_n}\left[-B(\sigma)+\frac{1}{2}\sigma_{ij}(u_{i,j}+u_{j,i})-\bar{F}_i u_i\right]\mathrm{d}V \\
&-\int_{S_{u_n}}T_i(u_i-\bar{u}_i)\,\mathrm{d}S-\int_{S_{\sigma_n}}\bar{T}_i u_i\,\mathrm{d}S-\int_{S_{ab}}T_i(u_i-\tilde{u}_i)\,\mathrm{d}S\Bigg\}
\end{aligned} \tag{o}$$

式（o）最后一项代表识别的拉氏乘子项。

利用

$$\partial V_n = S_{\sigma_n} + S_{u_n} + S_{ab} \tag{p}$$

式（o）化简，得到第一类修正的 Hellinger-Reissner 原理：

$$\begin{aligned}
\Pi_{mR_1}(\boldsymbol{\sigma},\boldsymbol{u},\tilde{\boldsymbol{u}},\boldsymbol{T}) = \sum_n\Bigg\{&\int_{V_n}\left[-B(\boldsymbol{\sigma})+\frac{1}{2}\boldsymbol{\sigma}^{\mathrm{T}}(\boldsymbol{D}\,\boldsymbol{u})-\bar{\boldsymbol{F}}^{\mathrm{T}}\boldsymbol{u}\right]\mathrm{d}V \\
&-\int_{\partial V_n}\boldsymbol{T}^{\mathrm{T}}(\boldsymbol{u}-\tilde{\boldsymbol{u}})\,\mathrm{d}S-\int_{S_{\sigma_n}}\bar{\boldsymbol{T}}^{\mathrm{T}}\tilde{\boldsymbol{u}}\,\mathrm{d}S\Bigg\} \\
=&\text{驻值}
\end{aligned}$$

约束条件　　(6.1.3)

$$\tilde{\boldsymbol{u}} = \bar{\boldsymbol{u}} \quad (S_{u_n}\text{上})$$

$$\boldsymbol{T} = \bar{\boldsymbol{T}} \quad (S_{\sigma_n}\text{上})$$

式（6.1.3）的约束条件，系将泛函（o）简化为式（6.1.3）时得出。

请注意，泛函（6.1.3）中引入了三组位移。

（1）$\tilde{\boldsymbol{u}}$：两个单元交界处的独立变化边界位移；

（2）$\boldsymbol{u}$：单元内部位移；

（3）$\bar{\boldsymbol{u}}$：单元位移已知表面上的给定位移。

由以上推导可见：

（1）式（6.1.3）是解除了元间位移协调条件得到的广义变分原理，称为修正的 Hellinger-Reissner 原理（一）。

（2）这个变分原理包含四类独立的自变函数：泛函（6.1.1）原有的自变函数——单元应力 $\boldsymbol{\sigma}$ 及单元内部位移 $\boldsymbol{u}$；解除元间位移协调条件，引入的单元交界处的边界位移 $\tilde{\boldsymbol{u}}$；作为已识别的拉氏乘子（式（m）），而进入泛函的独立变量 $\boldsymbol{T}$。

（3）建立这个修正的变分原理时，引入了式（b），而不是用拉氏乘子直接解除协调条件 $\boldsymbol{u}^{(a)}-\boldsymbol{u}^{(b)}=\boldsymbol{0}$，这是因为用现在方法，最后可以将涉及的拉氏乘子项（式（n））分别归并至单元“$a$”与“$b$”的各自求和式中，最后得到的变分泛函（式（6.1.3））只有单元总边界 $\partial V_n$ 积分，而不涉及元间交界面 $S_{ab}$，从而使有限元编程大大简化。

## 6.2　修正的 Hellinger-Reissner 原理（二）及修正的 Hellinger-Reissner 原理（三）

实际上，应用四类独立场变量的泛函 $\Pi_{mR_1}$ 进行有限元列式并不方便，为此，对它进行简化。

### 6.2.1　修正的 Hellinger-Reissner 原理（二）$\Pi_{mR_2}(\boldsymbol{\sigma},\boldsymbol{u},\tilde{\boldsymbol{u}})$[9-12]

很自然地想到，如在泛函 $\Pi_{mR_1}$ 中引入约束条件

$$\boldsymbol{T}=\boldsymbol{\nu}\boldsymbol{\sigma} \tag{a}$$

这样，就只剩三类独立自变函数：单元内部的 $\boldsymbol{\sigma}$ 与 $\boldsymbol{u}$ 及单元边界上的 $\tilde{\boldsymbol{u}}$。泛函 $\Pi_{mR_1}$ 变为 $\Pi_{mR_2}$：

$$\begin{aligned}\Pi_{mR_2}(\boldsymbol{\sigma},\boldsymbol{u},\tilde{\boldsymbol{u}})&=\sum_n\left\{\int_{V_n}\left[-B(\boldsymbol{\sigma})+\boldsymbol{\sigma}^{\mathrm{T}}(\boldsymbol{D}\boldsymbol{u})-\bar{\boldsymbol{F}}^{\mathrm{T}}\boldsymbol{u}\right]\mathrm{d}V\right.\\&\left.\quad-\int_{\partial V_n}\boldsymbol{T}^{\mathrm{T}}(\boldsymbol{u}-\tilde{\boldsymbol{u}})\,\mathrm{d}S-\int_{S_{\sigma n}}\bar{\boldsymbol{T}}^{\mathrm{T}}\tilde{\boldsymbol{u}}\,\mathrm{d}S\right\}\quad(\boldsymbol{T}=\boldsymbol{\nu}\boldsymbol{\sigma})\\&=\text{驻值}\end{aligned} \tag{6.2.1}$$

约束条件

$$\boldsymbol{T}=\boldsymbol{\nu}\boldsymbol{\sigma}=\bar{\boldsymbol{T}} \quad （S_{\sigma_n}\text{上}）$$

$$\tilde{\boldsymbol{u}}=\bar{\boldsymbol{u}} \quad （S_{u_n}\text{上}）$$

或利用变分恒等式

$$\int_{V_n}\boldsymbol{\sigma}^{\mathrm{T}}(\boldsymbol{D}\boldsymbol{u})\mathrm{d}V=-\int_{V_n}(\bar{\boldsymbol{D}}^{\mathrm{T}}\boldsymbol{\sigma})^{\mathrm{T}}\boldsymbol{u}\,\mathrm{d}V+\int_{\partial V_n}\boldsymbol{T}^{\mathrm{T}}\boldsymbol{u}\,\mathrm{d}S \quad (\boldsymbol{T}=\boldsymbol{\nu}\boldsymbol{\sigma}) \tag{b}$$

式中，$\boldsymbol{D}$ 为应变微分算子；$\bar{\boldsymbol{D}}$ 为平衡微分算子。

于是式（6.2.1）成为

$$\begin{aligned}\Pi_{mR_2}(\boldsymbol{\sigma},\boldsymbol{u},\tilde{\boldsymbol{u}})=&\sum_n\left\{\int_{V_n}\left[-B(\boldsymbol{\sigma})-(\bar{\boldsymbol{D}}^{\mathrm{T}}\boldsymbol{\sigma}+\bar{\boldsymbol{F}})^{\mathrm{T}}\boldsymbol{u}\right]\mathrm{d}V\right.\\&\left.+\int_{\partial V_n}\boldsymbol{T}^{\mathrm{T}}\tilde{\boldsymbol{u}}\,\mathrm{d}S-\int_{S_{\sigma_n}}\bar{\boldsymbol{T}}^{\mathrm{T}}\tilde{\boldsymbol{u}}\,\mathrm{d}S\right\} \quad (\boldsymbol{T}=\boldsymbol{\nu}\boldsymbol{\sigma})\\=&\text{驻值}\end{aligned} \tag{6.2.2}$$

约束条件

$$\boldsymbol{T}=\bar{\boldsymbol{T}} \quad （S_{\sigma_n}\text{上}）$$

$$\tilde{\boldsymbol{u}}=\bar{\boldsymbol{u}} \quad （S_{u_n}\text{上}）$$

式（6.2.1）及式（6.2.2）中的 $\boldsymbol{T}$ 必须等于 $\boldsymbol{\nu}\boldsymbol{\sigma}$，而位移 $\boldsymbol{u}$ 则不必满足协调条件。

对以上变分泛函再进行演化，以便后面应用。

### 6.2.2　修正的 Hellinger-Reissner 原理（三）$\Pi_{mR_3}(\boldsymbol{\sigma},\tilde{\boldsymbol{u}},\boldsymbol{u}_q,\boldsymbol{u}_\lambda)$[13]

如将位移 $\boldsymbol{u}$ 分成协调位移 $\boldsymbol{u}_q$ 及非协调位移 $\boldsymbol{u}_\lambda$ 两部分

$$\boldsymbol{u}=\boldsymbol{u}_q+\boldsymbol{u}_\lambda \tag{c}$$

代入泛函 $\Pi_{mR_2}$（式（6.2.1）），得到

$$\begin{aligned}\Pi_{mR_3}(\boldsymbol{\sigma},\boldsymbol{u}_q,\boldsymbol{u}_\lambda,\tilde{\boldsymbol{u}})=&\sum_n\left\{\int_{V_n}\left[-B(\sigma)+\frac{1}{2}\left(u_{i,j}^{(q)}+u_{j,i}^{(q)}\right)\sigma_{ij}\right.\right.\\&\left.+\frac{1}{2}\left(u_{i,j}^{(\lambda)}+u_{j,i}^{(\lambda)}\right)\sigma_{ij}-\bar{F}_i\left(u_i^{(q)}+u_i^{(\lambda)}\right)\right]\mathrm{d}V\\&-\int_{\partial V_n}T_i\left(u_i^{(q)}+u_i^{(\lambda)}-\tilde{u}_i\right)\mathrm{d}S\\&\left.-\int_{S_{\sigma_n}}\bar{T}_i\,\tilde{u}_i\,\mathrm{d}S\right\} \quad (T_i=\sigma_{ij}\nu_j)\end{aligned} \tag{d}$$

利用散度定理

$$\int_{V_n}\sigma_{ij}u_{i,j}^{(\lambda)}\mathrm{d}V=-\int_{V_n}\sigma_{ij,j}u_i^{(\lambda)}\mathrm{d}V+\int_{\partial V_n}\sigma_{ij}\nu_j u_i^{(\lambda)}\mathrm{d}S \tag{e}$$

式（d）即成为第三种形式的修正 Hellinger-Reissner 原理：

$$\begin{aligned}\Pi_{mR_3}(\boldsymbol{\sigma},\boldsymbol{u}_q,\boldsymbol{u}_\lambda,\tilde{\boldsymbol{u}}) = \sum_n \Big\{ & \int_{V_n} [-B(\boldsymbol{\sigma})+\boldsymbol{\sigma}^{\mathrm{T}}(\boldsymbol{D}\boldsymbol{u}_q) \\ & -(\bar{\boldsymbol{D}}^{\mathrm{T}}\boldsymbol{\sigma})^{\mathrm{T}}\boldsymbol{u}_\lambda - \bar{\boldsymbol{F}}^{\mathrm{T}}(\boldsymbol{u}_\lambda+\boldsymbol{u}_q)]\mathrm{d}V \\ & -\int_{\partial V_n}(\boldsymbol{\nu\sigma})^{\mathrm{T}}(\boldsymbol{u}_q-\tilde{\boldsymbol{u}})\,\mathrm{d}S - \int_{S_{\sigma_n}} \bar{\boldsymbol{T}}^{\mathrm{T}}\tilde{\boldsymbol{u}}\,\mathrm{d}S \Big\} \quad (\boldsymbol{T}=\boldsymbol{\nu\sigma}) \\ = & \text{驻值}\end{aligned} \tag{6.2.3}$$

约束条件

$$\tilde{\boldsymbol{u}} = \bar{\boldsymbol{u}} \qquad (S_{u_n}\text{上})$$

$$\boldsymbol{T}=\boldsymbol{\nu\sigma}=\bar{\boldsymbol{T}} \qquad (S_{\sigma_n}\text{上})$$

## 6.3 修正的 Hellinger-Reissner 原理及所建立的杂交应力元

Pian 和 Chen[14]提出，在式（6.2.3）基础上，依照以下变分原理进行有限元列式。

### 6.3.1 变分原理 $\Pi_{mR}(\boldsymbol{\sigma},\boldsymbol{u}_q,\boldsymbol{u}_\lambda)$

选取 $\boldsymbol{u}$ 及 $\tilde{\boldsymbol{u}}$ 满足以下条件：

$$\begin{aligned}\boldsymbol{u} &= \boldsymbol{u}_q+\boldsymbol{u}_\lambda \qquad (V_n\text{内}) \\ \boldsymbol{u}_\lambda &= \boldsymbol{u}-\tilde{\boldsymbol{u}} \qquad (\partial V_n\text{上})\end{aligned} \tag{6.3.1}$$

于是，式（6.2.3）成为

$$\begin{aligned}\Pi_{mR}(\boldsymbol{\sigma},\boldsymbol{u}_q,\boldsymbol{u}_\lambda) = \sum_n \Big\{ & \int_{V_n} [-B(\boldsymbol{\sigma})+\boldsymbol{\sigma}^{\mathrm{T}}(\boldsymbol{D}\boldsymbol{u}_q)-(\bar{\boldsymbol{D}}^{\mathrm{T}}\boldsymbol{\sigma})^{\mathrm{T}}\boldsymbol{u}_\lambda \\ & -\bar{\boldsymbol{F}}^{\mathrm{T}}(\boldsymbol{u}_\lambda+\boldsymbol{u}_q)]\mathrm{d}V - \int_{S_{\sigma_n}} \bar{\boldsymbol{T}}^{\mathrm{T}}\boldsymbol{u}_q\mathrm{d}S \Big\} \\ = & \text{驻值} \quad (\boldsymbol{T}=\boldsymbol{\nu\sigma})\end{aligned} \tag{6.3.2a}$$

或

$$\begin{aligned}\Pi_{mR}(\boldsymbol{\sigma},\boldsymbol{u}_q,\boldsymbol{u}_\lambda) = \sum_n \Big\{ & \int_{V_n} [-B(\boldsymbol{\sigma})+\boldsymbol{\sigma}^{\mathrm{T}}(\boldsymbol{D}\boldsymbol{u})-\bar{\boldsymbol{F}}^{\mathrm{T}}(\boldsymbol{u}_q+\boldsymbol{u}_\lambda)]\mathrm{d}V \\ & -\int_{\partial V_n} \boldsymbol{T}^{\mathrm{T}}\boldsymbol{u}_\lambda\,\mathrm{d}S - \int_{S_{\sigma_n}} \bar{\boldsymbol{T}}^{\mathrm{T}}\boldsymbol{u}_q\,\mathrm{d}S \Big\} \\ = & \text{驻值} \quad (\boldsymbol{T}=\boldsymbol{\nu\sigma})\end{aligned} \tag{6.3.2b}$$

约束条件

$$\boldsymbol{u}_q = \bar{\boldsymbol{u}} \qquad (S_{u_n}\text{上})$$

$$\boldsymbol{T}=\boldsymbol{\nu\sigma}=\bar{\boldsymbol{T}} \qquad (S_{\sigma_n}\text{上})$$

注意，以上修正的 Hellinger-Reissner 原理式（6.2.1）及式（6.3.2）中，两类自变函数 $\boldsymbol{\sigma}$ 及 $\boldsymbol{u}$ 均被放松：

（1）应力 $\boldsymbol{\sigma}$ 无须事先满足平衡方程，平衡方程由泛函的变分得到满足，成为变分后的自然条件。

（2）位移 $\boldsymbol{u}$ 也无须事先满足协调条件，以上变分原理中，引入了新的独立边界位移 $\tilde{\boldsymbol{u}}$，从而使元间位移的协调条件也变分得到满足。

### 6.3.2　有限元列式

选取

$$\boxed{\begin{aligned} \boldsymbol{u}_q &= \boldsymbol{N}\boldsymbol{q} \\ \boldsymbol{u}_\lambda &= \boldsymbol{M}\boldsymbol{\lambda} \\ \boldsymbol{\sigma} &= \boldsymbol{P}\boldsymbol{\beta} \end{aligned}} \tag{6.3.3}$$

式中，协调位移 $\boldsymbol{u}_q$ 以结点位移 $\boldsymbol{q}$ 进行插值；$\boldsymbol{\lambda}$ 为非协调位移参数；矩阵 $\boldsymbol{M}$ 是非协调插值函数（例如是泡状函数（bubble functions），沿单元边界为零）。

现在，$\boldsymbol{u}_q$ 虽然是协调的，但由于非协调位移 $\boldsymbol{u}_\lambda$ 的引入，所以二者组成的位移 $\boldsymbol{u}$ 将不再协调。同时，正如前述，这里的假定应力也无须事先满足平衡方程。

导出单元刚度阵时，可以只取一个单元的能量泛函，略去体积力及表面力，对各向同性线弹性材料，式（6.3.2）成为

$$\Pi_{mR} = \int_{V_n}\left[-\frac{1}{2}\boldsymbol{\sigma}^{\mathrm{T}}\boldsymbol{S}\boldsymbol{\sigma} + \boldsymbol{\sigma}^{\mathrm{T}}(\boldsymbol{D}\boldsymbol{u}_q) - (\bar{\boldsymbol{D}}^{\mathrm{T}}\boldsymbol{\sigma})^{\mathrm{T}}\boldsymbol{u}_\lambda\right]\mathrm{d}V \tag{6.3.4}$$

将式（6.3.3）代入上式，得到

$$\boldsymbol{\Pi}_{mR} = -\frac{1}{2}\boldsymbol{\beta}^{\mathrm{T}}\boldsymbol{H}\boldsymbol{\beta} + \boldsymbol{\beta}^{\mathrm{T}}\boldsymbol{G}\boldsymbol{q} - \boldsymbol{\beta}^{\mathrm{T}}\boldsymbol{J}\boldsymbol{\lambda} \tag{a}$$

式中

$$\begin{aligned} \boldsymbol{H} &= \int_{V_n}\boldsymbol{P}^{\mathrm{T}}\boldsymbol{S}\boldsymbol{P}\,\mathrm{d}V \\ \boldsymbol{G} &= \int_{V_n}\boldsymbol{P}^{\mathrm{T}}(\boldsymbol{D}\boldsymbol{N})\,\mathrm{d}V \\ \boldsymbol{J} &= \int_{V_n}(\bar{\boldsymbol{D}}^{\mathrm{T}}\boldsymbol{P})^{\mathrm{T}}\boldsymbol{M}\,\mathrm{d}V \end{aligned} \tag{6.3.5}$$

$\Pi_{mR}$ 对 $\boldsymbol{\beta}$ 及 $\boldsymbol{\lambda}$ 取驻值，有

$$\boldsymbol{\beta} = \boldsymbol{H}^{-1}(\boldsymbol{G}\boldsymbol{q} - \boldsymbol{J}\boldsymbol{\lambda}),\quad \boldsymbol{J}^{\mathrm{T}}\boldsymbol{\beta} = \boldsymbol{0} \tag{6.3.6}$$

利用以上两式，将 $\boldsymbol{\lambda}$ 及 $\boldsymbol{\beta}$ 以 $\boldsymbol{q}$ 表示，再代回式（a），得到单元刚度矩阵

$$\boldsymbol{k} = \boldsymbol{G}^{\mathrm{T}}\boldsymbol{H}^{-1}\boldsymbol{G} - \boldsymbol{G}^{\mathrm{T}}\boldsymbol{H}^{-1}\boldsymbol{J}(\boldsymbol{J}^{\mathrm{T}}\boldsymbol{H}^{-1}\boldsymbol{J})^{-1}\boldsymbol{J}^{\mathrm{T}}\boldsymbol{H}^{-1}\boldsymbol{G} \tag{6.3.7}$$

可见，这种单元列式，最终也归结于仅求结点位移 $\boldsymbol{q}$，它也属于一种**杂交应力模式**。

### 6.3.3　这种有限元列式的讨论

（1）早期杂交应力元根据修正的余能原理进行列式，其边界位移可以利用结点位移唯一确定，但是，单元应力的确定仍是一个问题。根据变分原理 $\Pi_{mc}$ 列式，其应力必须事先准确满足平衡方程，而满足平衡方程的应力场，可以有许多选择。

现在根据修正的 Hellinger-Reissner 原理 $\Pi_{mR}$ 进行列式，应力**无须**事先满足平衡方程。因此，应力可以用自然坐标表示，例如，对一般四边形或六面体单元，插值函数可应用等参坐标；对三角形或六面体单元，应用面积或体积坐标，不必局限于笛卡儿等坐标。由于所选应力的插值函数定义在局部坐标系中，将使构造的单元易于具有几何不变性，不仅使所形成的单元刚度矩阵对整体坐标系方位的选择敏感性降低，而且使单元性能优化。

早期杂交应力元的应力场，一般选择为以整体坐标表示的非完整多项式，因而单元特性不是几何各向同性的，一些算例表明，这种单元在一种坐标方位下结果可能很好，而在另一种坐标方位时将不是如此[15]。而现在的杂交应力元可以避免此类缺点。

（2）由泛函式（6.3.2）导出式（6.3.6）的过程可见，内位移 $\boldsymbol{u}_\lambda$ 的引入，将使齐次平衡方程变分得以满足。式（6.3.6）的第二式 $\boldsymbol{J}^{\mathrm{T}}\boldsymbol{\beta}=\boldsymbol{0}$ 是变分满足齐次平衡方程 $\bar{\boldsymbol{D}}^{\mathrm{T}}\boldsymbol{\sigma}=\boldsymbol{0}$ 时，对应力参数的一组约束方程。如所选的应力 $\boldsymbol{\sigma}$ 事先已满足平衡方程，则此组约束方程自动满足，这时单元刚度矩阵将退化为与早期杂交应力元相同。

由于所选的应力 $\boldsymbol{\sigma}$ 事前不满足平衡方程，式（6.3.4）最右边一项在泛函 $\Pi_{mR}$ 对 $\boldsymbol{u}_\lambda$ 取变分时成为

$$\delta\int_{V_n}(\bar{\boldsymbol{D}}^{\mathrm{T}}\boldsymbol{\sigma})^{\mathrm{T}}\boldsymbol{u}_\lambda\mathrm{d}V=\boldsymbol{0} \tag{b}$$

其意义为：**以非协调位移 $\boldsymbol{u}_\lambda$ 为拉氏乘子，使单元平衡方程得以变分满足。**这时，平衡方程的满足取决于内位移 $\boldsymbol{u}_\lambda$ 参数 $\boldsymbol{\lambda}$ 的选择。

## 6.4　非协调杂交应力元理性列式 I ——平衡法

20 世纪后期，卞学鐄在建立高效非协调杂交应力元的研究上，取得了突破性进展，他通过引入附加非协调位移建立合理的位移场；并引入与位移场相匹配的以自然坐标表示的应力场，从而大大改善了单元的性能，提高了解的精度。这种新的非协调杂交应力元的列式方法，卞学鐄统称之为**理性列式**。这种理性方法的特点在于：

（1）单元的建立依据一种修正的 Hellinger-Reissner 原理；

（2）引入非协调附加位移 $\boldsymbol{u}_\lambda$，使所形成的位移场 $\boldsymbol{u}$ 为以自然坐标系表示的完整多项式；

（3）选取以自然坐标表示的假定应力场，使它与假定的位移场相互匹配；

（4）利用非协调位移，建立对初始假定应力场的约束方程，从而求得单元内比较合理的假定应力场。

依据这种列式方法，由于对初始应力 $\boldsymbol{\sigma}$ 采用的约束方程不同，理性方法分为三类：平衡法，正交法及表面虚功法。下面分别阐述这三种方法，以及依照它们建立的各种杂交应力轴对称元。

### 6.4.1　非协调杂交应力元理性列式Ⅰ——平衡法

卞学鐄[16-18]建议用如下理性列式方法，建立新型杂交应力元—— 以二维问题为例。

1. 根据结点位移 $\boldsymbol{q}$ 及自然坐标系中构造的形函数 $\boldsymbol{N}(\xi,\eta)$，确定协调位移 $\boldsymbol{u}_q$

$$\boldsymbol{u}_q(\xi,\eta)=\boldsymbol{N}(\xi,\eta)\,\boldsymbol{q} \tag{6.4.1}$$

2. 确定非协调位移 $\boldsymbol{u}_\lambda$

$$\boldsymbol{u}_\lambda(\xi,\eta)=\boldsymbol{M}(\xi,\eta)\boldsymbol{\lambda} \tag{6.4.2}$$

使 $\boldsymbol{u}_\lambda$ 与 $\boldsymbol{u}_q$ 之和所产生的位移 $\boldsymbol{u}(=\boldsymbol{u}_q+\boldsymbol{u}_\lambda)$，为完整多项式（还可能包括一些更高阶的不完整项，以产生适当的约束方程，保持应力项的对称性）。

3. 确定初始应力 $\boldsymbol{\sigma}$，一般情况包括三点：

（1）检查单元零能模式：确定与所建立单元相对应的规则形状单元（例如，所建立的为一般四边形元，它所对应的规则单元为矩形元），确定规则单元在扫除多余零能模式后的应力项。

也就是说，由位移 $\boldsymbol{u}_q$ 确定应变项

$$\boldsymbol{\varepsilon}=\boldsymbol{D}\boldsymbol{u}_q=\boldsymbol{D}(\boldsymbol{N}\,\boldsymbol{q}) \tag{a}$$

选择具有最少参数的假定应力场 $\boldsymbol{\sigma}=\boldsymbol{P}_1\,\boldsymbol{\alpha}$，并计算应变能

$$U_d=\int_{V_n}\boldsymbol{\sigma}^{\mathrm{T}}\boldsymbol{\varepsilon}\,\mathrm{d}V=\boldsymbol{\alpha}^{\mathrm{T}}\boldsymbol{G}\,\boldsymbol{q} \tag{b}$$

$$\boldsymbol{G}=\int_{V_n}\boldsymbol{P}_1^{\mathrm{T}}(\boldsymbol{D}\boldsymbol{N})\mathrm{d}V \tag{c}$$

当阵 $\boldsymbol{G}$ 满秩时，单元就不具有多余零能模式。

（2）确定单元应力场，$\boldsymbol{\sigma}$ 可定义于任一种整体坐标系中。

（3）确定的初始应力 $\boldsymbol{\sigma}$，一般情况选为

$$\boldsymbol{\sigma}=\boldsymbol{P}\boldsymbol{\beta} \tag{6.4.3}$$

其插值函数 $\boldsymbol{P}(\xi,\eta)$ 需选取为以自然坐标表示的完整多项式，$\boldsymbol{\sigma}$ 的幂次与由位移 $\boldsymbol{u}\,(=\boldsymbol{u}_q+\boldsymbol{u}_\lambda)$ 导出的应变同阶（也许还保留一些高阶的不完整项）。

4. 应用约束方程

$$\boxed{\delta\int_{V_n}(\bar{\boldsymbol{D}}^{\mathrm{T}}\boldsymbol{\sigma})^{\mathrm{T}}\boldsymbol{u}_{\lambda}\mathrm{d}V=\mathbf{0}\quad \text{理性方法 I}} \tag{6.4.4}$$

或者应用由上式导出的下式

$$\boldsymbol{J}^{\mathrm{T}}\boldsymbol{\beta}=\mathbf{0},\quad \boldsymbol{J}=\int_{V_n}(\bar{\boldsymbol{D}}^{\mathrm{T}}\boldsymbol{P})^{\mathrm{T}}\boldsymbol{M}\,\mathrm{d}V \tag{6.4.5}$$

消去$\boldsymbol{\sigma}$（式（6.4.3））中的一些参数$\boldsymbol{\beta}$，使最后所选应力场$\boldsymbol{\sigma}^{+}$具有较少的独立应力参数$\boldsymbol{\beta}^{+}$

$$\boldsymbol{\sigma}^{+}=\boldsymbol{P}^{+}\boldsymbol{\beta}^{+} \tag{6.4.6}$$

如设$N$为式（6.4.5）（或式（6.4.4））所提供的独立约束方程的数目，$M$为内位移参数的数目，这时，可能出现三种情况。

（1）$M=N$：只需利用式（6.4.4）（或式（6.4.5））即可得到足够约束方程，并建立假定应力场$\boldsymbol{\sigma}^{+}$。

（2）$M>N$：这时需要再寻找补充的约束方程（比如，利用对单元的几何形状做小的摄动等方法），将它们和已有的约束方程（式（6.4.4）或式（6.4.5））一起，消去多余的$\boldsymbol{\beta}$数。

（3）$M<N$：对$\boldsymbol{u}_{\lambda}$补充高次幂，以便得到足够数目的约束方程。

5. 计算单元刚度矩阵$\boldsymbol{k}$。

利用了约束方程（6.4.4），泛函$\Pi_{mR}$（式（6.3.4））成为

$$\boxed{\Pi_{mR}(\boldsymbol{\sigma}^{+},\boldsymbol{u}_q)=\int_{V_n}\left[-\frac{1}{2}\boldsymbol{\sigma}^{+\mathrm{T}}\boldsymbol{S}\boldsymbol{\sigma}^{+}+\boldsymbol{\sigma}^{+\mathrm{T}}(\boldsymbol{D}\boldsymbol{u}_q)\right]\mathrm{d}V} \tag{6.4.7}$$

导出单元刚度矩阵

$$\boldsymbol{k}=\boldsymbol{G}^{\mathrm{T}}\boldsymbol{H}^{-1}\boldsymbol{G} \tag{6.4.8}$$

其中

$$\left.\begin{aligned}\boldsymbol{H}&=\int_{V_n}\boldsymbol{P}^{+\mathrm{T}}\boldsymbol{S}\boldsymbol{P}^{+}\mathrm{d}V\\ \boldsymbol{G}&=\int_{V_n}\boldsymbol{P}^{+\mathrm{T}}(\boldsymbol{D}\boldsymbol{N})\,\mathrm{d}V\end{aligned}\right. \tag{6.4.9}$$

这种有限元理性列式的步骤归纳如下：

$$\left.\begin{aligned}&\boldsymbol{u}_q=\boldsymbol{N}\boldsymbol{q}\\ &\left.\begin{aligned}\boldsymbol{u}_{\lambda}&=\boldsymbol{M}\boldsymbol{\lambda}\\ \boldsymbol{\sigma}&=\boldsymbol{P}\boldsymbol{\beta}\end{aligned}\right\}\rightarrow\delta\int_{V_n}(\bar{\boldsymbol{D}}^{\mathrm{T}}\boldsymbol{\sigma})^{\mathrm{T}}\boldsymbol{u}_{\lambda}\mathrm{d}V=\mathbf{0}\rightarrow\boldsymbol{\sigma}^{+}=\boldsymbol{P}^{+}\boldsymbol{\beta}^{+}\end{aligned}\right\}\rightarrow$$

$$\rightarrow\left.\begin{aligned}\boldsymbol{H}&=\int_{V_n}\boldsymbol{P}^{+\mathrm{T}}\boldsymbol{S}\boldsymbol{P}^{+}\mathrm{d}V\\ \boldsymbol{G}&=\int_{V_n}\boldsymbol{P}^{+\mathrm{T}}(\boldsymbol{D}\boldsymbol{N})\,\mathrm{d}V\end{aligned}\right\}\rightarrow\boldsymbol{k}=\boldsymbol{G}^{\mathrm{T}}\boldsymbol{H}^{-1}\boldsymbol{G} \tag{6.4.10}$$

### 6.4.2　用理性列式Ⅰ——平衡法建立杂交应力元的特点[18]

（1）由于这种方法在建立应力场 $\boldsymbol{\sigma}^+$ 时，利用了约束方程（6.4.4）（或式（6.4.5）），如前所述，这组约束方程其物理意义是，**以 $\boldsymbol{u}_\lambda$ 为权函数，使齐次平衡方程在元上变分满足，所以称这种理性列式方法为平衡法。**

（2）早期建立杂交应力元时，缺乏一个系统的方法去选择假定应力场。

而现在的理性模式，给出了一套系统的方法去选择元内应力场，使所构造的单元具有合理的性质。

（3）早期的杂交应力元，由于分别独立地选择应力与位移，它们之间存在一个合理匹配问题。

而新的理性列式方法，由于引入了非协调位移 $\boldsymbol{u}_\lambda$，使单元位移 $\boldsymbol{u}(=\boldsymbol{u}_q+\boldsymbol{u}_\lambda)$ 为自然坐标系内完整多项式；同时，选取应力 $\boldsymbol{\sigma}$，使其与位移 $\boldsymbol{u}$ 导出的应变（$\boldsymbol{Du}$）具有相同幂次的完整多项式，从而十分简便地达到了**应力与位移相匹配**①。

（4）计算杂交应力元的单元刚度阵，需对 $\boldsymbol{H}$ 阵取逆，该方阵的维数取决于应力参数 $\boldsymbol{\beta}$ 的数目 $m$，为了提高计算效率，应力场 $\boldsymbol{\sigma}$ 应选取扫除多余零能模式后的最少 $\boldsymbol{\beta}$ 数目（即 $m=n-r$）。但是，既就是满足此条件，$\boldsymbol{\sigma}$ 仍有多种选择的可能性，仍需确定其中哪一种应力场最佳。

新的理性方法，利用非协调内位移得到对应力参数的约束方程，**使 $\beta$ 数减少至靠近或等于最小 $\beta$ 数**，从而找到改善上述问题的一条途径。

（5）至于坐标系的选择，由于早期杂交应力模式要求所选的应力场严格满足平衡方程，所以应力场的插值函数 $\boldsymbol{P}$ 常用直角坐标、柱坐标等坐标系表示，这时，在满足了平衡方程后所得到的 $\boldsymbol{\sigma}^+$，常常不是完整的多项式，因而，所构造的单元也往往不具有几何各向同性，对规则形状的单元计算结果也许是好的，而当元的形状歪斜时，结果欠佳。因此，应选用以自然坐标表示的插值函数 $\boldsymbol{P}$，以改善此问题。但是，选取自然坐标表示的插值函数，又使应力场难以准确满足平衡方程。

现在新的方法，由于不要求所选应力场事先准确满足平衡方程，所以其**插值函数 $\boldsymbol{P}$ 完全可以用自然坐标表示（同时尽量选取完整的多项式），这样所建立的单元将会是各向同性的，同时，也减少了对单元几何形状歪斜的敏感性**[20]。

所以，新的理性列式方法，全面改进了早期杂交应力模式之不足。

---

① 文献[19]曾建议用另一种方法构造杂交应力元。而现在理性方法的关键在于：**它指出如何选择合理的内位移 $\boldsymbol{u}_\lambda$，使单元的假定应力 $\boldsymbol{\sigma}$ 与位移 $\boldsymbol{u}$ 相匹配。**

# 6.5 用理性列式 I——平衡法建立 4 结点轴对称元

## 6.5.1 利用理性平衡方法 I，建立一般形状 4 结点轴对称元[21]

图 6.2 为一个一般四边形轴对称元。

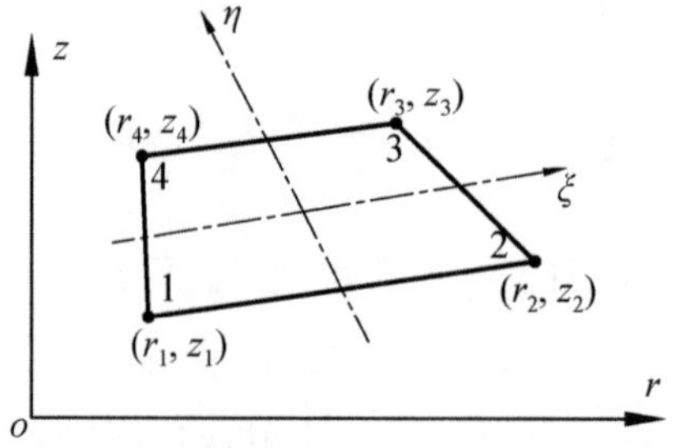


图 6.2 4 结点轴对称元

1. 单元协调位移及坐标以自然坐标表示

$$\boldsymbol{u}_q = \begin{Bmatrix} u_q \\ w_q \end{Bmatrix} = \sum_{i=1}^{4} (1+\xi_i\xi)(1+\eta_i\eta) \begin{Bmatrix} u_i \\ w_i \end{Bmatrix} = \boldsymbol{Nq} \tag{6.5.1}$$

$$\begin{aligned} \begin{Bmatrix} r \\ z \end{Bmatrix} &= \sum_{i=1}^{4} (1+\xi_i\xi)(1+\eta_i\eta) \begin{Bmatrix} r_i \\ z_i \end{Bmatrix} \\ &= \begin{Bmatrix} a_4 + a_1\xi + a_3\eta + a_2\xi\eta \\ b_4 + b_1\xi + b_3\eta + b_2\xi\eta \end{Bmatrix} \end{aligned} \tag{6.5.2}$$

其中，$u_i$、$w_i$ 为结点位移 $\boldsymbol{q}$；（$r_i, z_i$）为结点坐标。

式（6.5.2）中的常数为

$$\begin{bmatrix} a_1 & b_1 \\ a_2 & b_2 \\ a_3 & b_3 \\ a_4 & b_4 \end{bmatrix} = \frac{1}{4} \begin{bmatrix} -1 & 1 & 1 & -1 \\ 1 & -1 & 1 & -1 \\ -1 & -1 & 1 & 1 \\ 1 & 1 & 1 & 1 \end{bmatrix} \begin{Bmatrix} r_1 & z_1 \\ \vdots & \vdots \\ r_4 & z_4 \end{Bmatrix} \tag{6.5.3}$$

单元雅可比阵为

$$\boldsymbol{J} = \begin{bmatrix} \dfrac{\partial r}{\partial \xi} & \dfrac{\partial z}{\partial \xi} \\ \dfrac{\partial r}{\partial \eta} & \dfrac{\partial z}{\partial \eta} \end{bmatrix} = \begin{bmatrix} J_{11} & J_{12} \\ J_{21} & J_{22} \end{bmatrix} \tag{6.5.4}$$

其元素为

$$
\begin{aligned}
J_{11} &= a_1 + a_2\eta \\
J_{12} &= b_1 + b_2\eta \\
J_{21} &= a_3 + a_2\xi \\
J_{22} &= b_3 + b_2\xi
\end{aligned} \tag{a}
$$

从而有

$$
\begin{Bmatrix} \dfrac{\partial}{\partial r} \\ \dfrac{\partial}{\partial z} \end{Bmatrix} = \frac{1}{|\boldsymbol{J}|} \begin{bmatrix} J_{22} & -J_{12} \\ -J_{21} & J_{11} \end{bmatrix} \begin{Bmatrix} \dfrac{\partial}{\partial \xi} \\ \dfrac{\partial}{\partial \eta} \end{Bmatrix} \tag{b}
$$

2. 单元位移场 $\boldsymbol{u}$

协调位移 $\boldsymbol{u}_q$ 选取为

$$
\boldsymbol{u}_q = \sum_{i=1}^{4} (1+\xi_i\xi)(1+\eta_i\eta) \begin{Bmatrix} u_i \\ w_i \end{Bmatrix} = \boldsymbol{N}\,\boldsymbol{q} \tag{6.5.5}
$$

附加内位移选取为

$$
\boldsymbol{u}_\lambda = \begin{Bmatrix} u_\lambda \\ w_\lambda \end{Bmatrix} = \begin{bmatrix} 1-\xi^2 & 1-\eta^2 & 0 & 0 \\ 0 & 0 & 1-\xi^2 & 1-\eta^2 \end{bmatrix} \begin{Bmatrix} \lambda_1 \\ \vdots \\ \lambda_4 \end{Bmatrix} = \boldsymbol{M\lambda} \tag{6.5.6}
$$

这样，$\boldsymbol{u} = \boldsymbol{u}_q + \boldsymbol{u}_\lambda$ 为完整二次式，其应变为一次式，应力场初始也选取为完整一次式:

$$
\boldsymbol{\sigma} = \begin{Bmatrix} \sigma_r \\ \sigma_\theta \\ \sigma_z \\ \sigma_{rz} \end{Bmatrix} = \begin{bmatrix} 1\,\eta\,\xi\,0\,0\,0\,0\,0\,0\,0\,0\,0 \\ 0\,0\,0\,1\,\eta\,\xi\,0\,0\,0\,0\,0\,0 \\ 0\,0\,0\,0\,0\,0\,1\,\eta\,\xi\,0\,0\,0 \\ 0\,0\,0\,0\,0\,0\,0\,0\,0\,1\,\eta\,\xi \end{bmatrix} \begin{Bmatrix} \beta_1 \\ \beta_2 \\ \vdots \\ \beta_{12} \end{Bmatrix} = \boldsymbol{P}(\xi,\eta)\boldsymbol{\beta} \tag{6.5.7}
$$

利用式（6.4.4），有

$$
\begin{aligned}
\boldsymbol{I} &= \int_V (\bar{\boldsymbol{D}}^{\mathrm{T}}\boldsymbol{\sigma})^{\mathrm{T}} \boldsymbol{u}_\lambda \mathrm{d}V \\
&= 2\pi\int_{-1}^{1}\left[\left(\frac{\partial\sigma_r}{\partial r} + \frac{\partial\sigma_{rz}}{\partial z} + \frac{\sigma_r - \sigma_\theta}{r}\right)u_\lambda + \left(\frac{\partial\sigma_{rz}}{\partial r} + \frac{\partial\sigma_z}{\partial z} + \frac{\sigma_{rz}}{r}\right)w_\lambda\right] r|\boldsymbol{J}|\mathrm{d}\xi\mathrm{d}\eta \\
&= 2\pi\int_{-1}^{1}\int_{-1}^{1}\left\{r\left[\left(J_{22}\frac{\partial}{\partial\xi} - J_{12}\frac{\partial}{\partial\eta}\right)\sigma_r + \left(-J_{12}\frac{\partial}{\partial\xi} + J_{11}\frac{\partial}{\partial\eta}\right)\sigma_{rz}\right]\right. \\
&\quad \left. + |\boldsymbol{J}|(\sigma_r - \sigma_\theta)\right\} u_\lambda \mathrm{d}\xi\mathrm{d}\eta + 2\pi\int_{-1}^{1}\int_{-1}^{1}\left\{r\left[\left(J_{22}\frac{\partial}{\partial\xi} - J_{12}\frac{\partial}{\partial\eta}\right)\sigma_{rz}\right.\right. \\
&\quad \left.\left. + \left(-J_{12}\frac{\partial}{\partial\xi} + J_{11}\frac{\partial}{\partial\eta}\right)\sigma_z\right] + |\boldsymbol{J}|\sigma_{rz}\right\} w_\lambda \mathrm{d}\xi\mathrm{d}\eta
\end{aligned} \tag{c}
$$

再利用式（b），并将式（6.5.6）及式（6.5.7）代入上式（c），由 $\delta \boldsymbol{I}=\mathbf{0}$ 得到以下 4 个等式：

$$\begin{aligned}&(2a_3b_2-a_2b_3)\beta_2+(2a_1b_2-a_2b_1)\beta_3+(a_2b_3-a_3b_2)\beta_5\\&\quad+(-a_1b_2+a_2b_1)\beta_6-a_3a_2\beta_{11}-a_1a_2\beta_{12}=0\end{aligned} \tag{d}$$

$$\begin{aligned}&15(a_1b_3-a_3b_1)\beta_1-15a_4b_1\beta_2+(15a_4b_3+16a_1b_2-8a_2b_1)\beta_3-15(a_1b_3-a_3b_1)\beta_4\\&\quad-8(a_1b_2-a_2b_1)\beta_6+15a_4a_1\beta_{11}-(15a_4a_3+8a_1a_2)\beta_{12}=0\end{aligned} \tag{e}$$

$$(2a_1b_2-a_2b_1)\beta_{12}-a_1a_2\beta_9+(2a_3b_2-a_2b_3)\beta_{11}-a_3a_2\beta_8=0 \tag{f}$$

$$\begin{aligned}&(15a_4b_3+16a_1b_2-8a_2b_1)\beta_{12}-15a_4b_1\beta_{11}+15(a_1b_3-a_3b_1)\beta_{10}\\&\quad-(15a_4a_3+8a_1a_2)\beta_9+15a_4a_1\beta_8=0\end{aligned} \tag{g}$$

（1）对一般四边形元，以上 4 个方程彼此独立，可利用它们消去 4 个 $\beta_i$，从而有

$$\begin{Bmatrix}\beta_3\\\beta_6\\\beta_8\\\beta_9\end{Bmatrix}=\boldsymbol{A}_1^{-1}\boldsymbol{F}_1\begin{Bmatrix}\beta_1\\\beta_2\\\beta_4\\\beta_5\\\beta_{10}\\\beta_{11}\\\beta_{12}\end{Bmatrix}\qquad（元 8A） \tag{6.5.8}$$

其中

$$\boldsymbol{A}_1=\begin{bmatrix}2a_1b_2-a_2b_1 & a_2b_1-a_1b_2 & 0 & 0\\15a_4b_3+16a_1b_2-8a_2b_1 & 8(a_2b_1-a_1b_2) & 0 & 0\\0 & 0 & -a_3a_2 & -a_1a_2\\0 & 0 & 15a_4a_1 & -15a_4a_3-8a_1a_2\end{bmatrix} \tag{h}$$

$$\boldsymbol{F}_1=\begin{bmatrix}0 & a_2b_3-2a_3b_2 & 0 & a_3b_2-a_2b_3 & 0 & a_3a_2 & a_1a_2\\15(a_3b_1-a_1b_3) & 15a_4b_1 & 15(a_1b_3-a_3b_1) & 0 & 0 & -15a_4a_1 & 15a_4a_3+8a_1a_2\\0 & 0 & 0 & 0 & 0 & a_2b_3-2a_3b_2 & a_2b_1-2a_1b_2\\0 & 0 & 0 & 0 & 15(a_3b_1-a_1b_3) & 15a_4b_1 & -15a_4b_3-16a_1a_2+8a_2b_1\end{bmatrix} \tag{i}$$

这样得到仅含有 $8\beta$ 单元的应力场 $\boldsymbol{\sigma}^{+}$，这个单元称为元 8A。

（2）平行四边形元

当单元退化为平行四边形时（图 6.3），其系数 $a_i$ 与 $b_i$ 存在如下关系：

$$\begin{aligned}&a_2b_3=0\quad a_1b_2=0\quad a_2a_3=0\\&a_3b_2=0\quad a_2b_1=0\quad a_1a_2=0\end{aligned} \tag{j}$$

这时约束方程（d）及（f）均变成 $0=0$，只剩下两个独立约束方程。为获得所需补充方程，以消去单元多余的应力参数，给单元几何形状一个小的摄动（图 6.3）

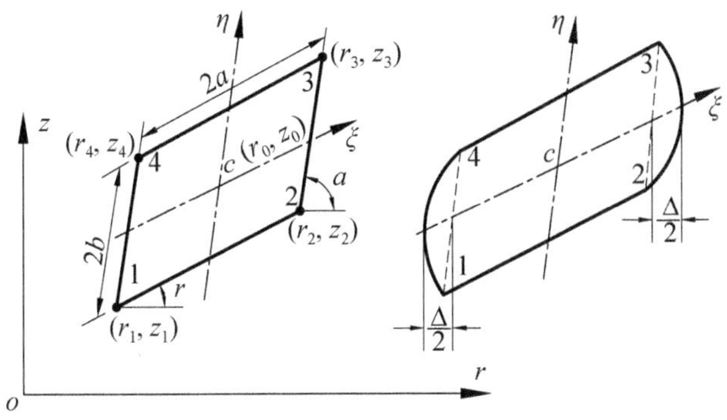


图 6.3　平行四边形元及单元几何形状的小摄动

因而坐标 $(r,z)$ 与 $(\xi,\eta)$ 的关系成为

$$\begin{Bmatrix} r \\ z \end{Bmatrix} = \begin{Bmatrix} a_4 + a_1\xi + a_3\eta + a_2\xi\eta + \dfrac{\Delta}{2}\xi(1-\eta^2) \\ b_4 + b_1\xi + b_3\eta + b_2\xi\eta \end{Bmatrix} \tag{6.5.9}$$

式中，Δ 为摄动参数。

通过与以上相同的变分计算，得到两个独立方程：

$$5(a_4\beta_{11} + b_3 a_4) + 2b_2\alpha_6 + a_2\beta_{12} + \alpha_2 = 0 \tag{k}$$[①]

$$3(a_4\beta_8 + b_3\beta_{10} + b_2\beta_{12}) + 2a_2\beta_9 + \alpha_8 = 0 \tag{l}$$

将这两个方程与式（e）及（g）联合，消去 4 个应力参数 $\beta_3$、$\beta_8$、$\beta_{11}$ 及 $\beta_{12}$，得到

$$\begin{Bmatrix} \beta_3 \\ \beta_8 \\ \beta_{11} \\ \beta_{12} \end{Bmatrix} = \boldsymbol{A}_2^{-1}\boldsymbol{F}_2 \begin{Bmatrix} \beta_1 \\ \beta_2 \\ \beta_4 \\ \beta_5 \\ \beta_6 \\ \beta_9 \\ \beta_{10} \end{Bmatrix} \quad （元 8B） \tag{6.5.10}$$

式中

$$\boldsymbol{A}_2 = \begin{bmatrix} 5(3a_4b_3 + 2a_1b_2 - a_2b_1) & 0 & 3(5a_1a_4 + a_2a_3) & -5a_1a_2 - 15a_3a_4 \\ 3b_2 & 0 & 5a_4 & 0 \\ 0 & 15a_1a_4 + 5a_2a_3 & 5(-3a_4b_1 + a_2b_3 - 2a_3b_2) & 15a_4b_3 + 6a_1b_2 - 3a_2b_1 \\ 0 & 3a_4 & 0 & 4b_2 \end{bmatrix} \tag{m}$$

$$\boldsymbol{F}_2 = \begin{bmatrix} 15(a_3b_1 - a_1b_3) & 3(5a_4b_1 - a_2b_3 + 3a_3b_2) & 15(a_1b_3 - a_3b_1) & 3(a_2b_3 - a_3b_2) & 5(a_1b_2 - a_2b_1) & 0 & 0 \\ -5b_3 & 0 & 5b_3 & 0 & 2b_2 & 0 & 0 \\ 0 & 0 & 0 & 0 & 0 & 15a_3a_4 + 3a_1a_2 & 15(a_3b_1 - a_1b_3) \\ 0 & 0 & 0 & 0 & 0 & -a_2 & -3b_3 \end{bmatrix} \tag{n}$$

---

① $\alpha_2 = b_2\beta_3 - \alpha_2\beta_{12}$，$\alpha_8 = b_2\beta_{12} - \alpha_2\beta_9$

得到具有 8 个应力参数的平行四边形元 8B。

（3）矩形元

单元为矩形，且 $\xi$ 及 $\eta$ 平行于 $r$ 及 $z$ 轴时，有

$$\begin{aligned} &a_1 = a, \quad b_3 = b, \quad a_4 = r_0 \\ &a_2 = a_3 = b_1 = b_2 = 0 \end{aligned} \tag{o}$$

由式（6.5.10）得到

$$\begin{aligned} &\beta_3 = 0 \qquad\qquad \beta_{11} = \frac{b}{r_0}(\beta_4 - \beta_1) \\ &\beta_8 = -\frac{b}{r_0}\beta_{10} \qquad \beta_{12} = 0 \end{aligned} \tag{p}$$

将式（p）代入式（6.5.7），得到矩形轴对称元的应力场 $\boldsymbol{\sigma}^+$

$$\begin{aligned} &\sigma_r = \beta_1 + \beta_2\eta \\ &\sigma_\theta = \beta_3 + \beta_4\eta + \beta_5\xi \\ &\sigma_z = \beta_6 - \frac{b}{r_0}\beta_7\eta + \beta_8\xi \qquad （元 8C） \\ &\tau_{rz} = \beta_7 + \frac{b}{r_0}(\beta_3 - \beta_1)\eta \end{aligned} \tag{6.5.11}$$

这个具有 8 个应力参数的矩形元称为元 8C。

元 8C 与 Sumihara 导出的矩形元一致[22]。这个元不具有多余零能模式[23]。

依照同样的方法及步骤，可以建立另一种具有最少 $7\beta$ 的轴对称元 7A[21]，此元也不具有多余零能模式。

### 6.5.2 数值算例

**例 1**　厚壁筒承受均匀内压

用以下三种有限元，分析一个承受均匀内压的无限长厚壁筒：

（1）本节所建立的单元 8C 及 7C；

（2）Spilker 所建立的 $9\beta$ 单元（AXH9C）[24]；

（3）4 结点等参位移轴对称元 Q4。

下面用两类网格进行计算。

1. 网格 I

圆筒沿径向分为 5 个矩形元（图 6.4）。计算所得各元中点的径向、环向及轴向应力 $\sigma_r$、$\sigma_\theta$ 及 $\sigma_z$，以及各结点的径向位移 $u_r$，它们与解析解相比误差百分比由表 6.1 给出。

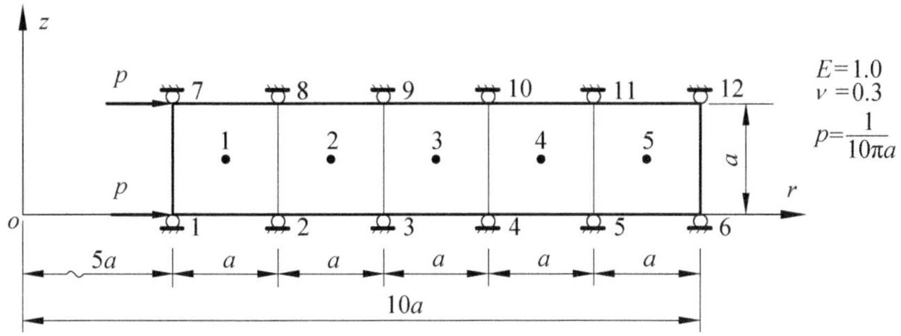


图 6.4 有限元网格Ⅰ（厚壁筒承受均匀内压）

**表 6.1 应力与位移误差百分比——网格Ⅰ（厚壁筒承受内压）**

| 单元 | 8C | 7C | AXH9C |
|---|---|---|---|
| 径向应力 $\sigma_r$ 误差 / % | | | |
| $r=5.5a$ | 0.0 | 2.1 | 0.2 |
| $6.5a$ | 0.0 | 2.1 | 0.1 |
| $7.5a$ | 0.1 | 2.3 | 0.1 |
| $8.5a$ | 0.1 | 2.8 | 0.1 |
| $9.5a$ | −0.2 | 5.5 | 0.4 |
| 环向应力 $\sigma_\theta$ 误差 / % | | | |
| $r=5.5a$ | 0.5 | −0.2 | 0.7 |
| $6.5a$ | 0.4 | 0.3 | 0.4 |
| $7.5a$ | 0.3 | 0.6 | 0.3 |
| $8.5a$ | 0.2 | 0.8 | 0.2 |
| $9.5a$ | 0.2 | 0.9 | 0.1 |
| 垂直应力 $\sigma_z$ 误差 / % | | | |
| $r=5.5a$ | 1.0 | −2.8 | −3.8 |
| $6.5a$ | 0.6 | −0.9 | 2.0 |
| $7.5a$ | 0.4 | 0.0 | 1.1 |
| $8.5a$ | 0.2 | 0.4 | 0.7 |
| $9.5a$ | 0.2 | −0.6 | 0.5 |
| 径向位移 $u_r$ 误差 / % | | | |
| $r=5.0a$ | 0.1 | 1.7 | 0.2 |
| $6.0a$ | 0.1 | 1.7 | −0.1 |
| $7.0a$ | 0.1 | 1.5 | 0.0 |
| $8.0a$ | 0.1 | 1.1 | 0.0 |
| $9.0a$ | 0.1 | 1.4 | 0.0 |
| $10.0a$ | 0.2 | 1.0 | 0.0 |

由表 6.1 可见，单元 8C 给出更为准确的应力 $\sigma_r$、$\sigma_\theta$ 及 $\sigma_z$。式（6.5.11）显示，元 8C 确实产生正比于坐标 $\eta$ 的伪剪应力[24]①，当应用 $2\times2$ 个高斯点计算时，此应力值为 $\sigma_r$ 最大值的 10%；各单元中点 $(\xi=\eta=0)$ 无伪剪应力。可用 Cook 建议的方法[25]，消除轴对称元的伪剪应力，这个问题，将在第 7 章讨论。

2. 网格Ⅱ

这里研究当有限元几何形状歪斜时，对单元解的影响，现在用网格Ⅱ（图 6.5）分析以上厚壁筒问题，以 $ea$ 表示单元歪斜程度，$e$ 从 0 变化至 0.75。其几何歪斜参数 $e$ 增加时，对位移 $u_r$ 及应力 $\sigma_r$ 的影响，分别由图 6.6 及图 6.7 给出。

图 6.6 及图 6.7 显示：单元 8A 给出的三种应力（$\sigma_r$、$\sigma_\theta$ 及 $\sigma_z$）结果最佳，同时可见，此元内边界处的位移 $u_r$ 及 $r=5.5a$ 处的应力 $\sigma_r$，只随参数 $e$ 的增加产生轻微的影响。而单元 7C、AHX9C 及等参位移元 Q4 对其几何形状的歪斜均十分敏感。

**例 2**　厚球承受内压

一个内半径为 $7a$，外半径为 $9a$ 的厚球（图 6.8），承受均匀内压，半个球离散为 $3\times12$ 个单元，表 6.2 给出计算所得沿两个环（$\varphi_1=26.25°$ 及 $\varphi_2=63.75°$）上各单元中心处径向应力 $\sigma_R$ 及环向应力 $\sigma_\theta$ 的误差百分比，图 6.9 给出径向应力 $\sigma_R$ 沿 $r=8.39a$ 圆环的误差分布。以上结果显示，现在单元 8A 提供最准确的 $\sigma_R$，所有单元给出的 $\sigma_\theta$ 误差小于 1.5%。

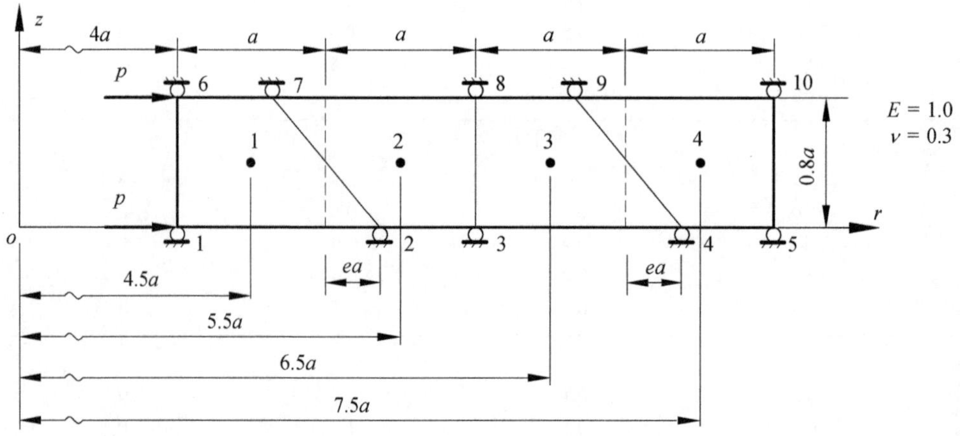


图 6.5　有限元网格 II（厚壁筒承受内压）

① 伪剪应力问题将在 7.2 节仔细讨论。

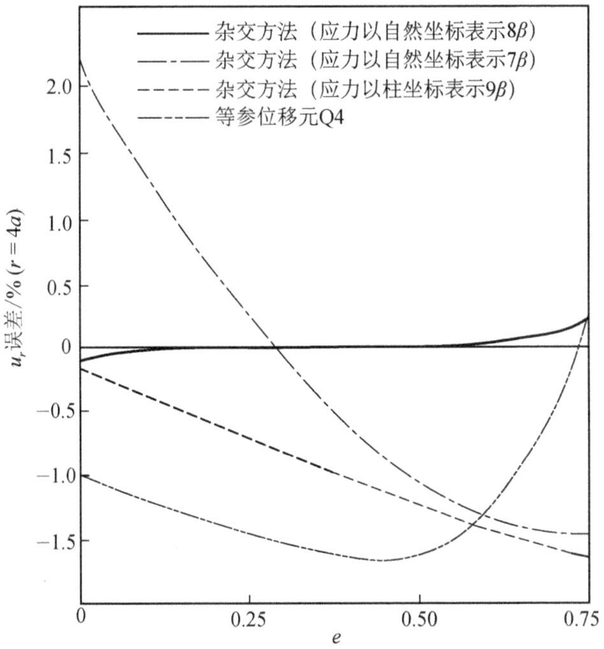


图 6.6　位移 $u_r$ 随歪斜参数 $e$ 的变化（厚壁筒承受内压）

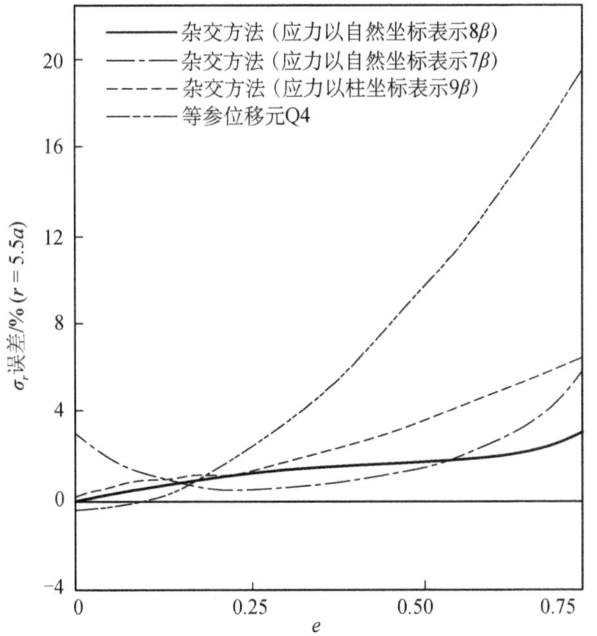


图 6.7　应力 $\sigma_r$ 随歪斜参数 $e$ 的变化（厚壁筒承受内压）

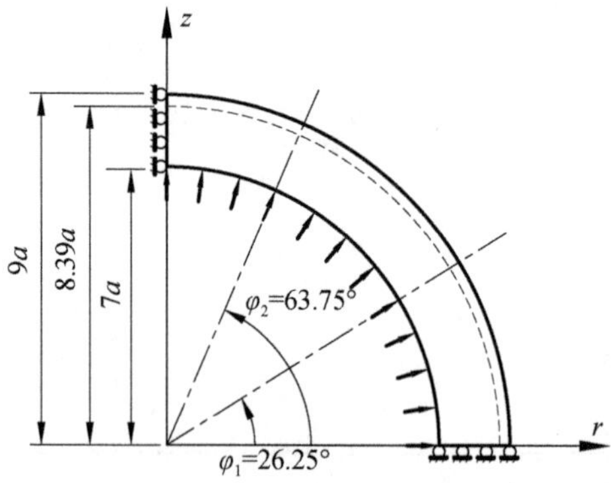


图 6.8　厚球承受均匀内压

**表 6.2　应力 $\sigma_R$ 及 $\sigma_\theta$ 的误差百分比（厚球承受内压）**

| 单元及角度 | 26.25° | | | 63.75° | | |
|---|---|---|---|---|---|---|
| | 8A | AXH9C | Q4 | 8A | AHX9C | Q4 |
| 径向应力 $\sigma_R$ 误差/% | | | | | | |
| $R=$ 7.318$a$ | −1.13 | −1.02 | −2.59 | −0.30 | −1.68 | −2.58 |
| 7.983$a$ | −1.77 | −1.74 | −3.75 | −0.08 | −2.59 | −3.75 |
| 8.390$a$ | −4.73 | −4.96 | −9.58 | −2.46 | −7.18 | −9.51 |
| 环向应力 $\sigma_\theta$ 误差/% | | | | | | |
| $R=$ 7.318$a$ | 0.23 | −0.14 | −0.10 | 1.15 | 0.32 | 0.28 |
| 7.983$a$ | 0.01 | 0.21 | −0.20 | 0.63 | 0.08 | 0.03 |
| 8.390$a$ | 0.00 | 0.27 | −0.26 | 0.17 | −0.14 | −0.17 |

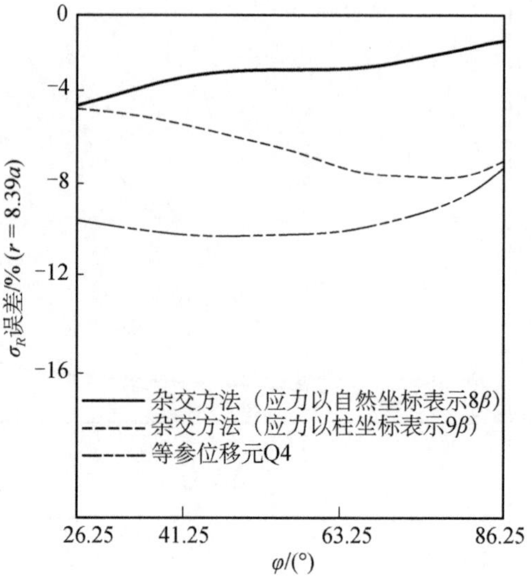


图 6.9　径向应力 $\sigma_R$ 沿角 $\varphi$ 变化（厚球承受内压）

以上结果表明，用现在理性平衡方法Ⅰ构造的 4 结点轴对称元，可以提供较以前整体坐标系内所建立的杂交应力元 AXH9C 及等参位移轴对称元 Q4 更为准确的结果；而且，用理性方法构造的单元，对其几何形状歪斜不敏感。

这个单元纵然具有以上突出优点，但从式（6.5.11）可见，它存在一个至关重要的缺点——**其应力项的常数项与线性项耦合，因此，这种元可能不通过分片试验**，这个问题必须特别注意。

## 6.6　非协调杂交应力元的理性列式——修正的平衡法 $\mathrm{I}_{\mathrm{m}}$

为解决上述用平衡方法Ⅰ建立轴对称元时，不通过分片试验这个关键问题，以及当单元几何形状歪斜时，用此法建立的单元有伪剪应力存在，作者建议用以下两种修正的理性平衡方法 $\mathrm{I}_{\mathrm{m}}$[26-31]进行改进。

1. 方法 $\mathrm{I}_{\mathrm{a}}^{\mathrm{m}}$

将初始的假定应力场 $\boldsymbol{\sigma}$ 分解为常数项 $\boldsymbol{\sigma}_{\mathrm{c}}$ 及高阶项 $\boldsymbol{\sigma}_{\mathrm{h}}$

$$\boldsymbol{\sigma}=\boldsymbol{\sigma}_{\mathrm{c}}+\boldsymbol{\sigma}_{\mathrm{h}} \tag{6.6.1}$$

使它们满足以下约束条件：

$$\boxed{\begin{array}{lll}\int_{V_n}(\bar{\boldsymbol{D}}^{\mathrm{T}}\boldsymbol{\sigma}_{\mathrm{c}})^{\mathrm{T}}\boldsymbol{u}_{\lambda}\mathrm{d}V=\boldsymbol{0} & \rightarrow & \boldsymbol{u}_{\lambda}^{+} \\ \delta\int_{V_n}(\bar{\boldsymbol{D}}^{\mathrm{T}}\boldsymbol{\sigma}_{\mathrm{h}})^{\mathrm{T}}\boldsymbol{u}_{\lambda}^{+}\mathrm{d}V=\boldsymbol{0} & \rightarrow & \boldsymbol{\sigma}^{+}\end{array}\quad（方法\ \mathbf{I}_{\mathbf{a}}^{\mathbf{m}}）} \tag{6.6.2}$$

即，首先由（6.6.2）的第一式，使常应力项满足平衡条件，找得位移 $\boldsymbol{u}_{\lambda}^{+}$；再将此 $\boldsymbol{u}_{\lambda}^{+}$ 代入第二式，得到高阶应力项满足平衡条件时的应力场 $\boldsymbol{\sigma}^{+}$。

这时，单元能量泛函式（6.3.4）成为

$$\Pi_{mR}^{1\mathrm{a}}=\int_{V_n}\left[-\frac{1}{2}\boldsymbol{\sigma}^{+\mathrm{T}}\boldsymbol{S}\boldsymbol{\sigma}^{+}+\boldsymbol{\sigma}^{+\mathrm{T}}(\boldsymbol{D}\boldsymbol{u}_q)\right]\mathrm{d}V\quad（方法\ \mathbf{I}_{\mathbf{a}}^{\mathbf{m}}） \tag{6.6.3}$$

方程（6.6.2）与方程（6.6.3）联合，构成第一种建立非协调杂交应力元的修正平衡法 $\mathbf{I}_{\mathbf{a}}^{\mathbf{m}}$。

当应力 $\boldsymbol{\sigma}^{+}$ 及位移 $\boldsymbol{u}_q$ 选取为

$$\boxed{\begin{aligned}\boldsymbol{\sigma}^{+}&=\boldsymbol{P}^{+}\boldsymbol{\beta}\\ \boldsymbol{u}_q&=\boldsymbol{N}\boldsymbol{q}\end{aligned}} \tag{6.6.4}$$

根据能量式（6.6.3）可得到单元刚度阵

$$\boldsymbol{k}_{1\mathrm{a}}=\boldsymbol{G}^{\mathrm{T}}\boldsymbol{H}^{-1}\boldsymbol{G} \tag{6.6.5}$$

其中

$$G = \int_{V_n} \boldsymbol{P}^{+\mathrm{T}} (\boldsymbol{D}\boldsymbol{N}) \mathrm{d}V, \quad \boldsymbol{H} = \int_{V_n} \boldsymbol{P}^{+\mathrm{T}} \boldsymbol{S} \boldsymbol{P}^{+} \mathrm{d}V \tag{6.6.6}$$

2. 方法 $\mathrm{I}_{\mathrm{b}}^{\mathrm{m}}$

以附加位移 $\boldsymbol{u}_\lambda$ 为拉氏乘子，只使高阶应力项的平衡条件在元上变分满足，以此作为约束条件，得到假定应力场 $\boldsymbol{\sigma}^+$：

$$\boxed{\delta \int_{V_n} (\bar{\boldsymbol{D}}^{\mathrm{T}} \boldsymbol{\sigma}_h)^{\mathrm{T}} \boldsymbol{u}_\lambda \mathrm{d}V = \boldsymbol{0} \ \rightarrow \ \boldsymbol{\sigma}^+ \quad (\text{方法 } \mathbf{I}_{\mathbf{b}}^{\mathbf{m}})} \tag{6.6.7}$$

此时单元能量泛函成为

$$\Pi_{mR}^{1b} = \int_{V_n} \left[ -\frac{1}{2} \boldsymbol{\sigma}^{+\mathrm{T}} \boldsymbol{S} \boldsymbol{\sigma}^+ + \boldsymbol{\sigma}^{+\mathrm{T}} (\boldsymbol{D}\boldsymbol{u}_q) - (\bar{\boldsymbol{D}}^{\mathrm{T}} \boldsymbol{\sigma}_{\mathrm{c}})^{\mathrm{T}} \boldsymbol{u}_\lambda \right] \mathrm{d}V \tag{a}$$

注意到，在建立这种单元时，其内部附加位移 $\boldsymbol{u}_\lambda$ 与协调位移 $\boldsymbol{u}_q$ 相比为高阶项，这样，泛函式（a）等号右边第三项非协调位移 $\boldsymbol{u}_\lambda$ 的积分，与等号右边前两项相比为高阶小量，可以略去，这时，方法 $\mathbf{I}_{\mathbf{b}}^{\mathbf{m}}$ 得到与式（6.6.3）相同的简化泛函，同样可用式（6.6.5）及式（6.6.6）计算单刚 $\boldsymbol{k}$ 及其子阵 $\boldsymbol{G}$ 与 $\boldsymbol{H}$。

3. 有限元的形状为平行四边形或矩形

用以上方法（$\mathbf{I}_{\mathbf{a}}^{\mathbf{m}}$ 与 $\mathbf{I}_{\mathbf{b}}^{\mathbf{m}}$）得到的约束方程不完全独立，不足以消去预期数目的应力参数时，可利用在元上高阶应力 $\boldsymbol{\sigma}_{\mathrm{h}}$ 与附加位移 $\boldsymbol{u}_\lambda$ 所产生的应变（$\boldsymbol{D}\boldsymbol{u}_\lambda$）相互正交变分满足下式：

$$\delta \int_{V_n} \boldsymbol{\sigma}_{\mathrm{h}}^{\mathrm{T}} (\boldsymbol{D}\boldsymbol{u}_\lambda) \, \mathrm{d}V = \boldsymbol{0} \text{①} \tag{6.6.8}$$

作为附加约束条件，找到补充约束方程，再与原来的约束方程一起，消去预期数目的应力参数。

这样，在以上平衡方法中，利用单元几何形状摄动寻找补充方程时，由摄动方式不同而导致所得结果不同的问题就可以得到避免[21]。

## 6.7 非协调杂交应力元的理性列式 II——正交法

1. 理性列式正交法的建立

Pian 和 Tong[32]通过非协调位移法及杂交应力法这两类变分泛函的对比，进一步阐明了非协调位移元及杂交应力元存在如下关系。

① 这将是 6.7 节论述的理性列式方法 $\mathbf{II}_{\mathrm{b}}$ ——正交法。现在作法的实质是将两种理性方法——平衡法 $\mathbf{I}_{\mathbf{b}}^{\mathbf{m}}$ 及与下节的正交法 $\mathbf{II}_{\mathrm{b}}$ 联合进行求解。

（1）非协调杂交应力元理性模式（Ⅰ）

6.6 节指出，这种理性列式方法依据如下修正的 Hellinger-Reissner 原理：当略去已知体积力及表面力时，单元能量表达式为

$$\Pi_{mR}(\boldsymbol{\sigma},\boldsymbol{u},\tilde{\boldsymbol{u}})=\int_{V_n}\left[-\frac{1}{2}\boldsymbol{\sigma}^{\mathrm{T}}\boldsymbol{S}\boldsymbol{\sigma}+\boldsymbol{\sigma}^{\mathrm{T}}(\boldsymbol{D}\boldsymbol{u})\right]\mathrm{d}V-\int_{\partial V_n}\boldsymbol{T}^{\mathrm{T}}(\boldsymbol{u}-\tilde{\boldsymbol{u}})\mathrm{d}S\quad(\boldsymbol{T}=\boldsymbol{v}\boldsymbol{\sigma})\tag{6.7.1}$$

引入协调位移 $\boldsymbol{u}_q$ 及非协调位移 $\boldsymbol{u}_\lambda$，并令

$$\left.\begin{aligned}&\boldsymbol{u}=\boldsymbol{u}_q+\boldsymbol{u}_\lambda=\boldsymbol{N}\boldsymbol{q}+\boldsymbol{M}\boldsymbol{\lambda}&&(V_n\text{内})\\&\boldsymbol{u}-\tilde{\boldsymbol{u}}=\boldsymbol{u}_\lambda&&(\partial V_n\text{上})\end{aligned}\right.\tag{a}$$

代入式（6.7.1），有

$$\Pi_{mR}(\boldsymbol{\sigma},\boldsymbol{u}_q,\boldsymbol{u}_\lambda)=\int_{V_n}\left[-\frac{1}{2}\boldsymbol{\sigma}^{\mathrm{T}}\boldsymbol{S}\boldsymbol{\sigma}+\boldsymbol{\sigma}^{\mathrm{T}}(\boldsymbol{D}\boldsymbol{u}_q)-(\bar{\boldsymbol{D}}^{\mathrm{T}}\boldsymbol{\sigma})^{\mathrm{T}}\boldsymbol{u}_\lambda\right]\mathrm{d}V\tag{6.7.2}$$

据此泛函按理性方法（Ⅰ）列式时，引入了应力约束条件①

$$\delta\int_{V_n}(\bar{\boldsymbol{D}}^{\mathrm{T}}\boldsymbol{\sigma})^{\mathrm{T}}\boldsymbol{u}_\lambda\mathrm{d}V=\boldsymbol{0}\tag{6.7.3}$$

（2）非协调位移模式[33]

Wilson 非协调位移模式是根据最小势能原理列式，当不计外力时，单元能量泛函为

$$\begin{aligned}\Pi_P&=\int_{V_n}A(\boldsymbol{\varepsilon})\mathrm{d}V\\&=\int_{V_n}\frac{1}{2}\boldsymbol{\varepsilon}^{\mathrm{T}}\boldsymbol{C}\boldsymbol{\varepsilon}\,\mathrm{d}V\end{aligned}\tag{6.7.4}$$

这里，应变与位移服从几何方程

$$\boldsymbol{\varepsilon}=\boldsymbol{D}\boldsymbol{u}\tag{b}$$

也依照式（a），将位移 $\boldsymbol{u}$ 分成协调位移 $\boldsymbol{u}_q$ 及非协调位移 $\boldsymbol{u}_\lambda$，并使它们分别以结点位移 $\boldsymbol{q}$ 及内位移参数 $\boldsymbol{\lambda}$ 进行插值，依照式（b）求得应变，代入泛函 $\Pi_P$，再在元上并缩掉 $\boldsymbol{\lambda}$，则单元的应变能以结点位移 $\boldsymbol{q}$ 表示，从而得到单元刚度矩阵。

（3）非协调位移模式与杂交应力模式的相应性

Wilson 非协调位移模式中，并没有引入元间位移 $\boldsymbol{u}-\tilde{\boldsymbol{u}}=\boldsymbol{0}$ 的条件，而这种非协调模式的泛函可以是

$$\begin{aligned}\Pi&=\int_{V_n}\left[-\frac{1}{2}\boldsymbol{\sigma}^{\mathrm{T}}\boldsymbol{S}\boldsymbol{\sigma}+\boldsymbol{\sigma}^{\mathrm{T}}(\boldsymbol{D}\boldsymbol{u})\right]\mathrm{d}V\\&=\int_{V_n}\left[-\frac{1}{2}\boldsymbol{\sigma}^{\mathrm{T}}\boldsymbol{S}\boldsymbol{\sigma}+\boldsymbol{\sigma}^{\mathrm{T}}(\boldsymbol{D}\boldsymbol{u}_q)+\boldsymbol{\sigma}^{\mathrm{T}}(\boldsymbol{D}\boldsymbol{u}_\lambda)\right]\mathrm{d}V\end{aligned}\tag{6.7.5}$$

应用上式进行列式时，假定应力为完整多项式；所选择 $\boldsymbol{u}=\boldsymbol{u}_q+\boldsymbol{u}_\lambda$ 也为完整多项式，但阶次更高；这样应力 $\boldsymbol{\sigma}$ 将和 $\boldsymbol{D}\boldsymbol{u}$ 同样幂次。如果希望依据式（6.7.5）所

---

① 这种理性列式Ⅰ——平衡法，以后称为方法Ⅰ。

得到的单元刚度阵，和具用同样形函数的 $\boldsymbol{u}_q$ 及 $\boldsymbol{u}_\lambda$ 非协调位移模式所得单刚相等，这时，泛函（6.7.5）的约束条件应是

$$\boxed{\delta\int_{V_n}\boldsymbol{\sigma}^{\mathrm{T}}(\boldsymbol{D}\boldsymbol{u}_\lambda)\mathrm{d}V=\boldsymbol{0}\ \rightarrow\ \boldsymbol{\sigma}^{+}\quad（方法\,\mathrm{II_a}）}\tag{6.7.6}$$

它表示，单元的假定应力 $\boldsymbol{\sigma}$ 与非协调应变 $\boldsymbol{D}\boldsymbol{u}_\lambda$ 正交。

所以，无论是根据泛函（6.7.2）及约束条件（6.7.3）得到应力场 $\boldsymbol{\sigma}^{+}$，还是根据泛函（6.7.5）及约束条件（6.7.6）得到应力场 $\boldsymbol{\sigma}^{+}$，它们的单刚都可以由下式导出：

$$\boxed{\Pi=\int_{V_n}\left[-\frac{1}{2}\boldsymbol{\sigma}^{+\mathrm{T}}\boldsymbol{S}\boldsymbol{\sigma}^{+}+\boldsymbol{\sigma}^{+\mathrm{T}}(\boldsymbol{D}\boldsymbol{u}_q)\right]\mathrm{d}V\quad（方法\,\mathrm{II_a}）}\tag{6.7.7}$$

2. 非协调杂交应力元理性列式（Ⅱ）——正交法 $\mathrm{II_a}$

根据以上讨论，Pian 和 Tong[32]提出可根据**泛函**（6.7.7）**及应力约束条件**（6.7.6）**进行杂交应力元理性列式**，并称其为**非协调杂交应力元理性列式——正交法 $\mathrm{II_a}$**。

理性列式正交法的步骤如下所述：

（1）选择位移 $\boldsymbol{u}=\boldsymbol{u}_q+\boldsymbol{u}_\lambda$ 为完整多项式；并满足分片试验

$$\int_{V_n}\boldsymbol{\varepsilon}_\lambda\mathrm{d}V=\boldsymbol{0}\tag{6.7.8}$$

（2）选取 $\boldsymbol{\sigma}$ 为非耦合的、以自然坐标插值函数表示的完整的多项式，其幂次与 $\boldsymbol{D}\boldsymbol{u}$ 相同。

（3）用正交约束条件（6.7.6）（如不够，还可与约束条件（6.7.3）联合）建立约束方程，求得元内假定应力场 $\boldsymbol{\sigma}^{+}$。

（4）依据式（6.7.7）建立单元刚度阵。

3. 非协调杂交应力元理性列式——正交法 $\mathrm{II_b}$

只利用高阶应力项与非协调应变正交，得到假定应力场：

$$\boxed{\delta\int_{V_n}\boldsymbol{\sigma}_{\mathrm{h}}^{\mathrm{T}}(\boldsymbol{D}\boldsymbol{u}_\lambda)\mathrm{d}V=\boldsymbol{0}\ \rightarrow\ \boldsymbol{\sigma}^{+}\quad（方法\,\mathrm{II_b}）}\tag{6.7.9}$$

在泛函中略去此时遗留的高阶分量 $\int_{V_n}\boldsymbol{\sigma}_{\mathrm{c}}^{\mathrm{T}}(\boldsymbol{D}\boldsymbol{u}_\lambda)\mathrm{d}V=\boldsymbol{0}$，同样可用式（6.7.7）计算单刚。

## 6.8 非协调杂交应力元的理性列式Ⅲ——表面虚功法

### 6.8.1 变分泛函及收敛条件

根据 6.3 节建立的修正的 Hellinger-Reissner 原理

$$\Pi_{mR}(\boldsymbol{\sigma},\boldsymbol{u}_q,\boldsymbol{u}_\lambda)=\sum_n\left\{\int_{V_n}[-B(\boldsymbol{\sigma})+\boldsymbol{\sigma}^{\mathrm{T}}(\boldsymbol{Du})-\boldsymbol{F}^{\mathrm{T}}(\boldsymbol{u}_q+\boldsymbol{u}_\lambda)]\,\mathrm{d}V\right.$$
$$\left.-\int_{\partial V_n}\boldsymbol{\sigma}^{\mathrm{T}}\boldsymbol{\nu}^{\mathrm{T}}\boldsymbol{u}_\lambda\mathrm{d}S-\int_{S_{\sigma_n}}\overline{\boldsymbol{T}}^{\mathrm{T}}\boldsymbol{u}_q\mathrm{d}S\right\} \tag{6.8.1}$$

选取如下应力约束条件[34]：

$$\sum_n\int_{\partial V_n}\boldsymbol{\sigma}^{\mathrm{T}}\boldsymbol{\nu}^{\mathrm{T}}\delta\boldsymbol{u}_\lambda\mathrm{d}S=\boldsymbol{0} \tag{6.8.2}$$

即，**沿单元表面，面力（$\boldsymbol{T}=\boldsymbol{\nu}\boldsymbol{\sigma}$）在附加非协调位移 $\delta\boldsymbol{u}_\lambda$ 上所做虚功之和为零**，文献[34]称之为非协调系统的能量一致条件。

当单元网格划分得极细小时，单元长度 $h$ 趋近于零，其应力趋于常应力状态，式（6.8.2）成为

$$\sum_n\int_{\partial V_n}\boldsymbol{\sigma}_{\mathrm{c}}^{\mathrm{T}}\boldsymbol{\nu}^{\mathrm{T}}\delta\boldsymbol{u}_\lambda\mathrm{d}S\xrightarrow{h\to 0}\boldsymbol{0} \tag{6.8.3}$$

取此式的闭合形式

$$\sum_n\int_{\partial V_n}\boldsymbol{\sigma}_{\mathrm{c}}^{\mathrm{T}}\boldsymbol{\nu}^{\mathrm{T}}\delta\boldsymbol{u}_\lambda\mathrm{d}S=\boldsymbol{0} \tag{6.8.4}$$

这就是 Irons 分片试验表达式。

文献[35, 36]指出：有些非协调元，并不通过分片实验，但它们的结果仍然收敛，其原因在于它们满足收敛极限式（6.8.3），此式也称为弱分片试验[37]。

式（6.8.3）及式（6.8.4）与单元网格划分有关，不便于应用，因此采用针对一个单元的式（6.8.4）之强形式：

$$\int_{\partial V_n}\boldsymbol{\sigma}_{\mathrm{c}}^{\mathrm{T}}\boldsymbol{\nu}^{\mathrm{T}}\delta\boldsymbol{u}_\lambda\mathrm{d}S=\boldsymbol{0} \tag{6.8.5}$$

也可以应用以下强形式

$$\int_{\partial V_n}\boldsymbol{\nu}^{\mathrm{T}}\boldsymbol{u}_\lambda\mathrm{d}S=\boldsymbol{0} \tag{6.8.6}$$

当利用散度定理，且 $\overline{\boldsymbol{D}}^{\mathrm{T}}\boldsymbol{\sigma}_{\mathrm{c}}=\boldsymbol{0}$ 时，则式（6.8.5）也可简化为

$$\int_{V_n}\boldsymbol{Du}_\lambda\mathrm{d}V=\int_{V_n}\boldsymbol{\varepsilon}_\lambda\mathrm{d}V=\boldsymbol{0} \tag{6.8.7}$$

式（6.8.5）至式（6.8.7）是收敛准则的更强形式[38]。

对以上收敛准则（式（6.8.3）至式（6.8.7）），其高阶应力项 $\boldsymbol{\sigma}_{\mathrm{h}}$ 对非协调位移所做虚功可以略去。由于高阶应力 $\boldsymbol{\sigma}_{\mathrm{h}}$ 在网格参数 $h\to 0$ 时已经很小，所以对非协调解的收敛性不产生影响。

### 6.8.2　理性方法Ⅲ——表面虚功法

1. 理性方法$\mathrm{Ⅲ}_{\mathrm{a}}$

Wu 和 Pian 提出[39-42]，根据以下约束方程：

$$\boxed{\begin{array}{ll} \int_{\partial V_n} \boldsymbol{\sigma}_{\mathrm{c}}^{\mathrm{T}} \boldsymbol{\nu}^{T} \boldsymbol{u}_{\lambda} \mathrm{d}S = \mathbf{0} \quad \rightarrow \quad \boldsymbol{u}_{\lambda}^{+} & \\ & (\text{方法}\mathrm{III}_{\mathrm{a}}) \\ \int_{\partial V_n} \boldsymbol{\sigma}_{\mathrm{h}}^{\mathrm{T}} \nu^{T} \delta \boldsymbol{u}_{\lambda}^{+} \mathrm{d}S = \mathbf{0} \quad \rightarrow \quad \boldsymbol{\sigma}^{+} & \end{array}} \tag{6.8.8}$$

得到假定应力场$\boldsymbol{\sigma}^{+}$。

式（6.8.8）的第一式，代表线弹性体通过分片试验收敛条件；而第二式则表示线弹性体的优化条件。

（1）单元的建立

设

$$\boldsymbol{u} = \boldsymbol{u}_q + \boldsymbol{u}_\lambda = \boldsymbol{N}\boldsymbol{q} + \boldsymbol{M}\boldsymbol{\lambda} \tag{a}$$

$$\boldsymbol{\sigma} = \boldsymbol{\sigma}_{\mathrm{c}} + \boldsymbol{\sigma}_{\mathrm{h}} = \boldsymbol{\varphi}_{\mathrm{c}}\boldsymbol{\beta}_{\mathrm{c}} + \boldsymbol{\varphi}_{\mathrm{h}}\boldsymbol{\beta}_{\mathrm{h}} = \boldsymbol{\beta}_{\mathrm{c}} + [\boldsymbol{\varphi}_{\mathrm{I}} \quad \boldsymbol{\varphi}_{\mathrm{II}}]\begin{Bmatrix} \boldsymbol{\beta}_{\mathrm{I}} \\ \boldsymbol{\beta}_{\mathrm{II}} \end{Bmatrix} \tag{b}$$

利用收敛条件

$$\int_{\partial V_n} \boldsymbol{\sigma}_{\mathrm{c}}^{\mathrm{T}} \boldsymbol{\nu}^{\mathrm{T}} \delta \boldsymbol{u}_{\lambda} \mathrm{d}S = \mathbf{0} \tag{c}$$

得到

$$\boldsymbol{u}_{\lambda}^{+} = \boldsymbol{M}^{+}\boldsymbol{\lambda} \tag{d}$$

再利用优化条件

$$\int_{\partial V_n} \boldsymbol{\sigma}_{\mathrm{h}}^{\mathrm{T}} \boldsymbol{\nu}^{\mathrm{T}} \delta \boldsymbol{u}_{\lambda}^{+} \mathrm{d}S = \mathbf{0} \tag{e}$$

得到

$$\delta \boldsymbol{\lambda}^{\mathrm{T}} \left[ \int_{\partial V_n} \boldsymbol{M}^{+T} \boldsymbol{\nu} (\boldsymbol{\varphi}_{\mathrm{I}} \quad \boldsymbol{\varphi}_{\mathrm{II}}) \mathrm{d}S \right] \begin{Bmatrix} \boldsymbol{\beta}_{\mathrm{I}} \\ \boldsymbol{\beta}_{\mathrm{II}} \end{Bmatrix} = \mathbf{0} \tag{f}$$

上式化简为

$$\delta \boldsymbol{\lambda}^{\mathrm{T}} \boldsymbol{M} \boldsymbol{\beta}_{\mathrm{h}} = \mathbf{0} \tag{g}$$

其中

$$\boldsymbol{M} = \int_{\partial V_n} \boldsymbol{M}^{+\mathrm{T}} \boldsymbol{\nu} (\boldsymbol{\varphi}_{\mathrm{I}} \quad \boldsymbol{\varphi}_{\mathrm{II}}) \mathrm{d}S = [\boldsymbol{M}_{\mathrm{I}} \quad \boldsymbol{M}_{\mathrm{II}}] \tag{h}$$

由式（g）有

$$\boldsymbol{M}\boldsymbol{\beta}_{\mathrm{h}} = [\boldsymbol{M}_{\mathrm{I}} \quad \boldsymbol{M}_{\mathrm{II}}] \begin{Bmatrix} \boldsymbol{\beta}_{\mathrm{I}} \\ \boldsymbol{\beta}_{\mathrm{II}} \end{Bmatrix} = \mathbf{0} \tag{i}$$

当$|\boldsymbol{M}_{\mathrm{II}}| \neq \mathbf{0}$时，用$\boldsymbol{\beta}_{\mathrm{I}}$表示$\boldsymbol{\beta}_{\mathrm{II}}$，从而有　（j）

$$\boldsymbol{\sigma}^{+} = \boldsymbol{\sigma}_{\mathrm{c}} + \boldsymbol{\sigma}_{\mathrm{h}}^{+} = [\mathrm{I} \quad \boldsymbol{\varphi}_{\mathrm{h}}^{+}] \begin{Bmatrix} \boldsymbol{\beta}_{\mathrm{c}} \\ \boldsymbol{\beta}_{\mathrm{I}} \end{Bmatrix} = \boldsymbol{P}^{+}\boldsymbol{\beta}^{+} \tag{k}$$

式中

$$\boldsymbol{\varphi}_{\mathrm{h}}^{+}=\boldsymbol{\varphi}_{\mathrm{I}}-\boldsymbol{\varphi}_{\mathrm{II}}\boldsymbol{M}_{\mathrm{II}}^{-1}\boldsymbol{M}_{\mathrm{I}} \tag{l}$$

（2）单刚计算

泛函（6.8.1）中不计体积力及表面力，同时满足应力约束条件（6.8.8）时，成为

$$\Pi_{mR}=\int_{V_n}\left[-\frac{1}{2}\boldsymbol{\sigma}^{+\mathrm{T}}\boldsymbol{S}\boldsymbol{\sigma}^{+}+\boldsymbol{\sigma}^{+\mathrm{T}}(\boldsymbol{D}\boldsymbol{u}_q)+\boldsymbol{\sigma}^{+\mathrm{T}}(\boldsymbol{D}\boldsymbol{u}_\lambda)\right]\mathrm{d}V \tag{6.8.9}$$

一般地，上式中最后一项在计算单刚时可以略去，这时 $\Pi_{mR}$ 成为

$$\boxed{\Pi_{mR}(\boldsymbol{\sigma}^{+},\boldsymbol{u}_q)=\int_{V_n}\left[-\frac{1}{2}\boldsymbol{\sigma}^{+\mathrm{T}}\boldsymbol{S}\boldsymbol{\sigma}^{\mathrm{T}}+\boldsymbol{\sigma}^{+\mathrm{T}}(\boldsymbol{D}\boldsymbol{u}_q)\right]\mathrm{d}V\quad \text{方法}\,\mathrm{III}_{\mathrm{a}}} \tag{6.8.10}$$

从而有

$$\boldsymbol{k}=\boldsymbol{G}^{\mathrm{T}}\boldsymbol{H}\boldsymbol{G} \tag{6.8.11}$$

$$\boldsymbol{G}=\int_{V_n}\boldsymbol{P}^{+\mathrm{T}}(\boldsymbol{D}\boldsymbol{N})\,\mathrm{d}V,\quad \boldsymbol{H}=\int_{V_n}\boldsymbol{P}^{+\mathrm{T}}\boldsymbol{S}\boldsymbol{P}^{+}\mathrm{d}V \tag{m}$$

2. 理性方法 $\mathrm{III}_{\mathrm{b}}$

只利用 $\boldsymbol{u}_\lambda$ 使高阶应力项满足约束方程

$$\boxed{\int_{\partial V_n}\boldsymbol{\sigma}_{\mathrm{h}}^{\mathrm{T}}\boldsymbol{\nu}^{\mathrm{T}}\delta\boldsymbol{u}_\lambda\mathrm{d}S=\boldsymbol{0}\qquad\rightarrow\quad\boldsymbol{\sigma}^{+}\quad \text{方法}\,\mathrm{III}_{\mathrm{b}}} \tag{6.8.12}$$

从而得到假定应力场 $\boldsymbol{\sigma}^{+}$。

这时取一个单元表达式，泛函 $\Pi_{mR}$ 成为

$$\boxed{\Pi_{mR}=\int_{V_n}\left[-\frac{1}{2}\boldsymbol{\sigma}^{+\mathrm{T}}\boldsymbol{S}\boldsymbol{\sigma}^{+}+\boldsymbol{\sigma}^{+\mathrm{T}}(\boldsymbol{D}\boldsymbol{u}_q)+\boldsymbol{\sigma}^{+\mathrm{T}}(\boldsymbol{D}\boldsymbol{u}_\lambda)\right]\mathrm{d}V-\int_{\partial V_n}\boldsymbol{\sigma}_{\mathrm{c}}^{\mathrm{T}}\boldsymbol{\nu}^{\mathrm{T}}\boldsymbol{u}_\lambda\mathrm{d}S} \tag{6.8.13}$$

利用散度定理

$$\int_{V_n}\boldsymbol{\sigma}_{\mathrm{c}}^{\mathrm{T}}(\boldsymbol{D}\boldsymbol{u}_\lambda)\,\mathrm{d}V-\int_{\partial V_n}\boldsymbol{\sigma}_{\mathrm{c}}^{\mathrm{T}}\boldsymbol{\nu}^{\mathrm{T}}\boldsymbol{u}_\lambda\mathrm{d}S=-\int_{V_n}(\bar{\boldsymbol{D}}^{\mathrm{T}}\boldsymbol{\sigma}_{\mathrm{c}})^{\mathrm{T}}\boldsymbol{u}_\lambda\mathrm{d}V \tag{n}$$

于是，式（6.8.13）成为

$$\Pi_{mR}(\boldsymbol{\sigma}^{+},\boldsymbol{u}_q,\boldsymbol{u}_\lambda)=\int_{V_n}\left[-\frac{1}{2}\boldsymbol{\sigma}^{+\mathrm{T}}\boldsymbol{S}\boldsymbol{\sigma}^{+}+\boldsymbol{\sigma}^{+\mathrm{T}}(\boldsymbol{D}\boldsymbol{u}_q)+\boldsymbol{\sigma}_{\mathrm{h}}^{+\mathrm{T}}(\boldsymbol{D}\boldsymbol{u}_\lambda)-(\bar{\boldsymbol{D}}^{\mathrm{T}}\boldsymbol{\sigma}_{\mathrm{c}})^{\mathrm{T}}\boldsymbol{u}_\lambda\right]\mathrm{d}V \tag{6.8.14}$$

对一般二维及三维问题，由于

$$\int_{V_n}(\bar{\boldsymbol{D}}^{\mathrm{T}}\boldsymbol{\sigma}_{\mathrm{c}})^{\mathrm{T}}\boldsymbol{u}_\lambda\mathrm{d}V=\boldsymbol{0} \tag{o}$$

同时，积分项 $\int_{V_n}\boldsymbol{\sigma}_{\mathrm{h}}^{+\mathrm{T}}(\boldsymbol{D}\boldsymbol{u}_\lambda)\mathrm{d}V$ 与式（6.8.14）中其他积分项相比较小，可以略去，这时可同样简化用下式计算单刚

$$\boxed{\Pi_{mR}(\boldsymbol{\sigma}^{+},\boldsymbol{u}_q)=\int_{V_n}\left[-\frac{1}{2}\boldsymbol{\sigma}^{+\mathrm{T}}\boldsymbol{S}\boldsymbol{\sigma}^{+}+\boldsymbol{\sigma}^{+\mathrm{T}}(\boldsymbol{D}\boldsymbol{u}_q)\right]\mathrm{d}V\quad \text{方法Ⅲ}_\mathrm{b}}\tag{6.8.15}$$

以上三种理性方法——平衡法、正交法、表面虚功法，其单刚的准确计算，见文献[31]。

### 6.8.3 非协调杂交应力元三种理性列式说明

对以上讨论的表面虚功列式方法Ⅲ$_\mathrm{a}$，其约束条件利用散度定理可知

$$\underbrace{\int_{\partial V_n}\boldsymbol{\sigma}^{\mathrm{T}}\boldsymbol{v}^{\mathrm{T}}\boldsymbol{u}_\lambda\,\mathrm{d}S}_{(\mathrm{A})}=\underbrace{\int_{V_n}\boldsymbol{\sigma}^{\mathrm{T}}(\boldsymbol{D}\boldsymbol{u}_\lambda)\mathrm{d}V}_{(\mathrm{B})}+\underbrace{\int_{V_n}(\bar{\boldsymbol{D}}^{\mathrm{T}}\boldsymbol{\sigma})^{\mathrm{T}}\boldsymbol{u}_\lambda\mathrm{d}V}_{(\mathrm{C})}\tag{p}$$

可见，此式左边（A）由右边（B）及（C）两部分组成。

（A）$=\int_{\partial V_n}\boldsymbol{\sigma}^{\mathrm{T}}\boldsymbol{v}^{\mathrm{T}}\boldsymbol{u}_\lambda\mathrm{d}S$：单元表面上的面力$(\boldsymbol{T}=\boldsymbol{v}\boldsymbol{\sigma})$在非协调位移$\boldsymbol{u}_\lambda$所做虚功之和。

（B）$=\int_{V_n}\boldsymbol{\sigma}^{\mathrm{T}}(\boldsymbol{D}\boldsymbol{u}_\lambda)\mathrm{d}V$：单元上应力$\boldsymbol{\sigma}$与非协调应变$\boldsymbol{D}\boldsymbol{u}_\lambda$乘积之和。

（C）$=\int_{V_n}(\bar{\boldsymbol{D}}^{\mathrm{T}}\boldsymbol{\sigma})^{\mathrm{T}}\boldsymbol{u}_\lambda\mathrm{d}V$：单元上非协调位移$\boldsymbol{u}_\lambda$与齐次平衡应力$(\bar{\boldsymbol{D}}^{\mathrm{T}}\boldsymbol{\sigma}=\boldsymbol{0})$乘积之和。

因此可见，以上所讨论三种理性模式约束条件的内在联系为：

（1）平衡模式，取

$$\delta\int_{V_n}(\bar{\boldsymbol{D}}^{\mathrm{T}}\boldsymbol{\sigma})^{\mathrm{T}}\boldsymbol{u}_\lambda\mathrm{d}V=\boldsymbol{0}\quad\rightarrow\quad\delta(\mathrm{C})=\boldsymbol{0}\tag{q}$$

即，单元上以附加非协调位移为权函数，使应力的齐次平衡方程变分满足。

（2）正交模式，取

$$\delta\int_{V_n}\boldsymbol{\sigma}^{\mathrm{T}}(\boldsymbol{D}\boldsymbol{u}_\lambda)\mathrm{d}V=\boldsymbol{0}\quad\rightarrow\quad\delta(\mathrm{B})=\boldsymbol{0}\tag{r}$$

即，单元上的应力与非协调应变正交条件变分满足。

（3）表面虚功模式，取

$$\int_{\partial V_n}\boldsymbol{\sigma}^{\mathrm{T}}\boldsymbol{v}^{\mathrm{T}}\delta\boldsymbol{u}_\lambda\mathrm{d}S=\boldsymbol{0}\quad\rightarrow\quad\delta(\mathrm{A})=\boldsymbol{0}\tag{s}$$

即，沿单元表面，其面力在非协调位移上所做虚功为零。

这种表面虚功模式，在采用简化公式（式(6.8.10)）计算单刚时，认为$\delta(\mathrm{B})=\boldsymbol{0}$。

对于平衡模式，当再利用正交条件去寻找补充方程时，其约束方程为$\delta(\mathrm{B})=\boldsymbol{0}$及$\delta(\mathrm{C})=\boldsymbol{0}$的联合，实质上就是取了$\delta(\mathrm{A})=\boldsymbol{0}$的强形式。由于这种模式强化了约束条件，可能会使所得应力场$\boldsymbol{\sigma}^{+}$出现多余零能模式，因而需用更多的初始应力项去扫除它。

# 6.9　利用三种理性方法建立 4 结点轴对称元

## 6.9.1　建立单元[27, 30]

1. 单元初始应力场选取为 $\xi$、$\eta$ 的线性函数

$$\boldsymbol{\sigma}=\begin{Bmatrix}\sigma_r\\ \sigma_\theta\\ \sigma_z\\ \sigma_{rz}\end{Bmatrix}=\begin{Bmatrix}\beta_1\\ \beta_2\\ \beta_3\\ \beta_4\end{Bmatrix}+\begin{bmatrix}\eta & 0 & 0 & 0 & \xi & 0 & 0 & 0\\ 0 & \eta & \xi & 0 & 0 & 0 & 0 & 0\\ 0 & 0 & 0 & \xi & 0 & \eta & 0 & 0\\ 0 & 0 & 0 & 0 & 0 & 0 & \eta & \xi\end{bmatrix}\begin{Bmatrix}\beta_5\\ \vdots\\ \beta_8\\ \beta_9\\ \vdots\\ \beta_{12}\end{Bmatrix}=\boldsymbol{\sigma}_{\mathrm{c}}+\boldsymbol{\sigma}_{\mathrm{h}} \quad (6.9.1)$$

协调位移 $\boldsymbol{u}_q$ 以结点位移 $\boldsymbol{q}$ 插值

$$\boldsymbol{u}_q=\begin{Bmatrix}u_q\\ w_q\end{Bmatrix}=\frac{1}{4}\sum_{i=1}^{4}(1+\xi_i\xi)(1+\eta_i\eta)\begin{Bmatrix}u_i\\ w_i\end{Bmatrix}=\boldsymbol{Nq} \quad (6.9.2)$$

附加位移选取为

$$\boldsymbol{u}_\lambda=\begin{Bmatrix}u_\lambda\\ w_\lambda\end{Bmatrix}=\begin{bmatrix}1-\xi^2 & 1-\eta^2 & 0 & 0\\ 0 & 0 & 1-\xi^2 & 1-\eta^2\end{bmatrix}\begin{Bmatrix}\lambda_1\\ \vdots\\ \lambda_4\end{Bmatrix}=\boldsymbol{M\lambda} \quad (6.9.3)$$

2. 利用以上三种方法中的 b 类列式：

$$\begin{aligned}&\text{方法 }\mathrm{I}_{\mathrm{b}}^{\mathrm{m}} \qquad \delta\int_{V_n}(\bar{\boldsymbol{D}}^{\mathrm{T}}\boldsymbol{\sigma}_{\mathrm{h}})^{\mathrm{T}}\boldsymbol{u}_\lambda\,\mathrm{d}V=\boldsymbol{0}\\ &\text{方法 }\mathrm{II}_{\mathrm{b}} \qquad \delta\int_{V_n}\boldsymbol{\sigma}_{\mathrm{h}}^{\mathrm{T}}(\boldsymbol{D}\boldsymbol{u}_\lambda)\,\mathrm{d}V=\boldsymbol{0}\\ &\text{方法 }\mathrm{III}_{\mathrm{b}} \qquad \int_{\partial V_n}\boldsymbol{\sigma}_{\mathrm{h}}^{\mathrm{T}}\boldsymbol{\nu}^{\mathrm{T}}\delta\boldsymbol{u}_\lambda\,\mathrm{d}S=\boldsymbol{0}\end{aligned} \quad (6.9.4)$$

得到具有以下 $8\beta$ 的假定应力场

$$\boldsymbol{\sigma}^{+}=\begin{Bmatrix}\beta_1\\ \vdots\\ \beta_4\end{Bmatrix}+[\boldsymbol{P}_1+\boldsymbol{P}_2(\boldsymbol{B}_{i\mathrm{b}})^{-1}\boldsymbol{F}_{i\mathrm{b}}]\begin{Bmatrix}\beta_5\\ \vdots\\ \beta_8\end{Bmatrix}=\boldsymbol{P}^{+}\boldsymbol{\beta} \quad (i=\mathrm{I}_{\mathrm{b}},\mathrm{II}_{\mathrm{b}},\mathrm{III}_{\mathrm{b}}) \quad (6.9.5)$$

$$\boldsymbol{P}_1=\begin{bmatrix}\eta & 0 & 0 & 0\\ 0 & \eta & \xi & 0\\ 0 & 0 & 0 & \xi\\ 0 & 0 & 0 & 0\end{bmatrix},\quad \boldsymbol{P}_2=\begin{bmatrix}\xi & 0 & 0 & 0\\ 0 & 0 & 0 & 0\\ 0 & \eta & 0 & 0\\ 0 & 0 & \eta & \xi\end{bmatrix} \quad \text{(a)}$$

方法$\mathrm{I}_{\mathrm{b}}^{\mathrm{m}}$

$$
\boldsymbol{B}_{1\mathrm{b}}=\begin{bmatrix}
-15a_4b_3-16a_1b_2+8a_2b_1 & 0 & -15a_1a_4 & 15a_3a_4+8a_1a_2\\
-2a_1b_2+a_2b_1 & 0 & a_2a_3 & a_1a_2\\
0 & -15a_1a_4 & 15a_4b_1 & -15a_4b_3-16a_1b_2+8a_2b_1\\
0 & a_2a_3 & -2a_3b_2+a_2b_3 & -2a_1b_2+a_2b_1
\end{bmatrix}
$$

（b）

$$
\boldsymbol{F}_{1\mathrm{b}}=\begin{bmatrix}
-15a_4b_1 & 0 & 8(-a_1b_2+a_2b_1) & 0\\
-a_2b_3+2a_3b_2 & -a_3b_2+a_2b_3 & a_2b_1-a_1b_2 & 0\\
0 & 0 & 0 & -15a_4a_3-8a_1a_2\\
0 & 0 & 0 & -a_1a_2
\end{bmatrix}
$$

方法$\mathrm{II}_{\mathrm{b}}$

$$
\boldsymbol{B}_{2\mathrm{b}}=\begin{bmatrix}
5(a_1b_2+a_2b_1) & 0 & -3(5a_4a_1+3a_2a_3) & -10a_1a_2\\
-3(5a_4b_3+3a_1b_2) & 0 & 10a_2a_3 & 3(5a_3a_4+3a_1a_2)\\
0 & -3(5a_1a_4+3a_2a_3) & 3(5a_4b_1+3a_3b_2) & 5(a_1b_2+a_2b_1)\\
0 & 10a_2a_3 & -5(a_3b_2+a_2b_3) & -3(5a_4b_3+3a_1b_2)
\end{bmatrix}
$$

（c）

$$
\boldsymbol{F}_{2\mathrm{b}}=\begin{bmatrix}
-3(5a_4b_1+3a_3b_2) & -3(a_2b_3-a_3b_2) & -5(a_1b_2-a_2b_1) & 0\\
5(a_2b_3+a_3b_2) & -5(a_2b_3-a_3b_2) & -3(a_1b_2-a_2b_1) & 0\\
0 & 0 & 0 & 10a_1a_2\\
0 & 0 & 0 & -3(5a_4a_3+3a_1a_2)
\end{bmatrix}
$$

方法$\mathrm{III}_{\mathrm{b}}$

$$
\boldsymbol{B}_{3\mathrm{b}}=\begin{bmatrix}
5(a_1b_2+a_4b_3) & 0 & -2a_2a_3 & -5(a_1a_2+a_3a_4)\\
-(a_1b_2+a_2b_1) & 0 & 5(a_1a_4+a_2a_3) & 2a_1a_2\\
0 & -2a_2a_3 & a_3b_2+a_2b_3 & 5(a_4b_3+a_1b_2)\\
0 & 5(a_1a_4+a_2a_3) & -5(a_4b_1+a_3b_2) & -(a_1b_2+a_2b_1)
\end{bmatrix}
$$

（d）

$$
\boldsymbol{F}_{3\mathrm{b}}=\begin{bmatrix}
-(a_2b_3+a_3b_2) & 0 & 0 & 0\\
5(a_4b_1+a_3b_2) & 0 & 0 & 0\\
0 & 0 & 0 & 5(a_1a_2+a_3a_4)\\
0 & 0 & 0 & -2a_1a_2
\end{bmatrix}
$$

3. 矩形元，方法 $\mathrm{I}_{\mathrm{b}}^{\mathrm{m}}$，$\mathrm{II}_{\mathrm{b}}$，$\mathrm{III}_{\mathrm{b}}$ 的结果相同，均为

$$\sigma^{+}=\begin{Bmatrix}\sigma_r^{+}\\ \sigma_\theta^{+}\\ \sigma_z^{+}\\ \sigma_{rz}^{+}\end{Bmatrix}=\begin{Bmatrix}\beta_1+\beta_5\eta\\ \beta_2+\beta_6\eta+\beta_7\xi\\ \beta_3+\beta_8\xi\\ \beta_4\end{Bmatrix}\quad（方法 \mathrm{I}_{\mathrm{b}}^{\mathrm{m}}，\mathrm{II}_{\mathrm{b}}，\mathrm{III}_{\mathrm{b}}）\tag{6.9.6}$$

### 6.9.2　数值算例

以下给出八类元的计算结果，以资比较。

（1）元 $\mathrm{I}_{\mathrm{b}}^{\mathrm{m}}$、$\mathrm{II}_{\mathrm{b}}$ 及 $\mathrm{III}_{\mathrm{b}}$：由修正的平衡法、正交法及表面虚功法中的第二种方法，建立的各类单元；

（2）$8\beta$ 元：由理性平衡法 I 建立的单元[21]；

（3）AXH9C：Spilker 用整体坐标建立的单元[24]；

（4）SQ4：Chen 和 Cheung 建立的广义杂交轴对称元[43]；

（5）QABI：Bachrach 和 Belytschko 基于 $\gamma$ 投影算子法建立的单元（在弯曲及不可压缩时进行了优化）[44]①；

（6）HA1/FA1：Sze 和 Chow 将雅可比伴随阵在单元形心（$\xi=\eta=0$）处取值建立的单元[45]①；

（7）$\mathrm{IAX}-\bar{\mathbf{B}}$ 及 $\mathrm{IAX}-\mathbf{C}$：Ju 及 Sin 建立的杂交应力元[46]①；

（8）Q4：4 结点等参位移轴对称元。

**例 1**　分片试验——厚壁筒

承受均匀内外压力的厚壁筒，计算网格如图 6.10 所示，算得的结点位移 $u_r$ 及单元应力由表 6.3 给出。可见现在所用理性方法 $\mathrm{I}_{\mathrm{b}}^{\mathrm{m}}$、$\mathrm{II}_{\mathrm{b}}$ 及 $\mathrm{III}_{\mathrm{b}}$ 建立的单元，均通过分片试验。

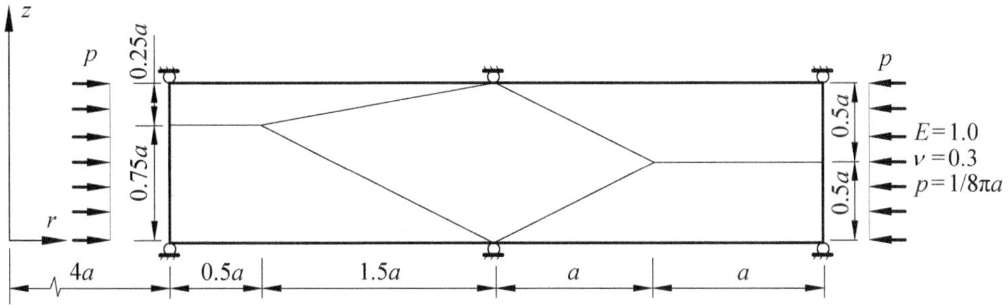


图 6.10　分片试验有限元网格（厚壁筒承受内外压力）

① 这类元的建立在第 7 章阐述，数值结果归并于此，以便于比较。

**表 6.3　位移 $u_r$ 及应力 $(\times 10^{-2})$（厚壁筒承受内外压力）**

| 单元 | $u_r$ | | $\sigma$ | | |
|---|---|---|---|---|---|
| | $r=4a$ | $r=8a$ | $\sigma_r$ | $\sigma_\theta$ | $\sigma_z$ |
| 理性方法 $\mathrm{I}_\mathrm{b}^\mathrm{m}$ | −2.080 | −4.160 | −1.000 | −1.000 | −0.600 |
| 理性方法 $\mathrm{II}_\mathrm{b}$ | −2.080 | −4.160 | −1.000 | −1.000 | −0.600 |
| 理性方法 $\mathrm{III}_\mathrm{b}$ | −2.080 | −4.160 | −1.000 | −1.000 | −0.600 |
| 解析解 | **−2.080** | **−4.160** | **−1.000** | **−1.000** | **−0.600** |

**例 2**　厚壁筒承受内压[29]

1. 网格 I（图 6.4）

计算所得各单元中心的径向、环向和轴向应力 $\sigma_r$、$\sigma_\theta$ 和 $\sigma_z$，以及各结点的径向位移 $u_r$，它们与相应解析解相比的误差百分比，列于表 6.4。结果显示，对于规则网格，所有理性方法中 b 类型单元，均给出满意的应力及位移，而且没有伪剪应力；而依整体坐标建立的元 AXH9C 产生伪剪应力。

当材料接近不可压缩时 $(\nu \to 0.5)$，各类单元的计算结果列于表 6.5，可见现在理性方法 b 类建立的三种单元、元 SQ4 以及 HA1/FA1 的结果相同，这些元显然不受材料接近不可压缩时的影响，然而位移元 Q4 的性能明显欠佳。

**表 6.4　应力及位移误差百分比（厚壁筒承受均匀内压，网格 I）**

| 单元 | | Q4 | $\mathrm{I}_\mathrm{b}^\mathrm{m}$，$\mathrm{II}_\mathrm{b}$，$\mathrm{III}_\mathrm{b}$ | AXH9C | $8\beta$ | SQ4 | LA1 | HA1/FA1 | IAX-$\bar{\mathrm{B}}$ IAX-C |
|---|---|---|---|---|---|---|---|---|---|
| $\sigma_r$ | $r=5.5a$ | 0.2 | 0.0 | 0.2 | 0.0 | 0.2 | −0.7 | 0.0 | 0.0 |
| | $6.5a$ | 0.3 | 0.0 | 0.1 | 0.0 | 0.1 | −0.5 | 0.1 | 0.0 |
| | $7.5a$ | 0.4 | 0.0 | 0.1 | 0.1 | 0.1 | −0.5 | 0.1 | 0.1 |
| | $8.5a$ | 0.5 | 0.0 | 0.1 | 0.1 | 0.1 | −0.6 | 0.2 | 0.1 |
| | $9.5a$ | 0.8 | 0.0 | 0.4 | −0.2 | 0.1 | −1.7 | 0.1 | 0.1 |
| $\sigma_\theta$ | $r=5.5a$ | −0.2 | −0.9 | 0.7 | 0.5 | −0.9 | 0.0 | −0.9 | −0.9 |
| | $6.5a$ | 0.0 | −0.4 | 0.4 | 0.4 | −0.4 | 0.1 | −0.4 | −0.4 |
| | $7.5a$ | 0.2 | −0.2 | 0.3 | 0.3 | −0.2 | 0.2 | −0.2 | −0.2 |
| | $8.5a$ | 0.2 | 0.0 | 0.2 | 0.2 | 0.0 | 0.3 | 0.0 | 0.0 |
| | $9.5a$ | 0.3 | 0.0 | 0.1 | 0.2 | 0.1 | 0.3 | 0.1 | 0.1 |
| $\sigma_z$ | $r=5.5a$ | −0.7 | −1.0 | −3.8 | 1.0 | −1.9 | 0.9 | −1.9 | −1.9 |
| | $6.5a$ | −0.2 | −0.5 | 2.0 | 0.6 | −0.8 | 0.6 | −0.8 | −0.8 |
| | $7.5a$ | 0.1 | −0.1 | 1.1 | 0.4 | −0.3 | 0.5 | −0.3 | −0.3 |
| | $8.5a$ | 0.2 | 0.0 | 0.7 | 0.2 | 0.0 | 0.4 | −0.1 | 0.0 |
| | $9.5a$ | 0.3 | 0.1 | 0.5 | 0.2 | −0.1 | 0.4 | −0.1 | −0.1 |

续表

| 单元 | | Q4 | $I_b^m$, $II_b$, $III_b$ | AXH9C | $8\beta$ | SQ4 | LA1 | HA1/FA1 | IAX-$\bar{B}$ IAX-C |
|---|---|---|---|---|---|---|---|---|---|
| $u_r$ | $r=5a$ | 0.6 | 0.5 | 0.2 | 0.1 | 0.5 | 0.5 | 0.5 | 0.5 |
| | $6a$ | 0.6 | 0.5 | −0.1 | 0.1 | 0.5 | 0.5 | 0.5 | 0.5 |
| | $7a$ | 0.6 | 0.4 | 0.0 | 0.1 | 0.4 | 0.5 | 0.5 | 0.5 |
| | $8a$ | 0.5 | 0.4 | 0.0 | 0.1 | 0.4 | 0.4 | 0.4 | 0.4 |
| | $9a$ | 0.5 | 0.4 | 0.0 | 0.1 | 0.4 | 0.4 | 0.4 | 0.4 |
| | $10a$ | 0.5 | 0.4 | 0.0 | 0.2 | 0.4 | 0.4 | 0.4 | 0.4 |
| $\tau_{rz}$ | | (—)① | 0.0 | (—) | (—) | 0.0 | 0.0 | 0.0 | |

① 有与单元局部坐标成比例的伪剪应力。

**表 6.5　对不同泊松比 $\nu$ 计算所得应力及位移（$\times10^{-2}$）（厚壁筒承受内压，规则网格Ⅰ）**

| 单　元 | $u_r(r=5a)$ | $\sigma_{ra}$ | $\sigma_{\theta a}$ | $\sigma_{za}$ |
|---|---|---|---|---|
| | | $\nu=0.49$ | | |
| Q4 | 28.79 | −2.00 | 4.40 | 1.17 |
| SQ4，HA1/FA1，$I_b^m$，$II_b$，$III_b$ | 31.53 | −2.44 | 4.62 | 1.07 |
| LA1 | 31.53 | −3.14 | 3.89 | 0.37 |
| IAX-$\bar{B}$，IAX-C | 31.53 | −2.44 | 4.62 | 1.07 |
| 解析解 | **31.78** | **−2.45** | **4.57** | **1.04** |
| | | $\nu=0.499$ | | |
| Q4 | 15.53 | 0.07 | 3.56 | 1.18 |
| SQ4，HA1/FA1，$I_b^m$，$II_b$，$III_b$ | 31.57 | −2.44 | 4.62 | 1.09 |
| LA1 | 31.57 | −2.67 | −2.67 | −6.17 |
| IAX-$\bar{B}$，IAX-C | 31.58 | −2.43 | 4.62 | 1.09 |
| 解析解 | **31.83** | **−2.45** | **4.57** | **1.06** |
| | | $\nu=0.4999$ | | |
| Q4 | 2.84 | 2.10 | 2.73 | 2.41 |
| SQ4，HA1/FA1，$I_b^m$，$II_b$，$III_b$ | 31.57 | −2.44 | 4.62 | 1.09 |
| LA1 | 31.57 | −75.29 | −68.26 | −71.16 |
| IAX-$\bar{B}$，IAX-C | 31.83 | −2.44 | 4.62 | 1.09 |
| 解析解 | **31.83** | **−2.45** | **4.57** | **1.06** |

2. 网格Ⅱ（图 6.5）

当单元的歪斜参数 $e$ 由 0.0 增至 1.0 时，筒内壁 $(r=4a)$ 各结点位移 $u_r$ 的误差百分比，由表 6.6 给出，可见，各三种理性方法建立的单元及位移元，给出的最大误差均不超过 3%。以上三种理性元得到的应力 $\sigma_\theta$ 误差也不超过 3%。

随歪斜参数 $e$ 的增大，1、2、4 点处径向应力 $\sigma_r$ 的变化曲线分别由图 6.11

至图 6.13 给出，可见，这时不仅等参位移元 Q4 的结果迅速变坏，理性正交法 $\text{II}_b$ 的结果也欠佳，相比之下，修正的理性平衡法 $\text{I}_b^m$ 及表面虚功法 $\text{III}_b$ 的结果要好一些。

至于伪剪应力，当元为矩形时，除方法 I 外，现在三种理性方法（$\text{I}_b^m$、$\text{II}_b$ 及 $\text{III}_b$）导出的元，均不存在伪剪应力；而当元歪斜时，方法 $\text{I}_b^m$、$\text{II}_b$ 及 $\text{III}_b$ 导出的元，也都有伪剪应力产生，但数值不大，方法 $\text{I}_b^m$ 在 $e$=1.0 时产生的最大伪剪应力，只有对应环向应力 $\sigma_\theta$ 的 5%。

**表 6.6　筒内边缘 ($r = 4a$) 处位移 $u_r$ 的误差百分比（厚壁筒承受内压）**

| 方　法 | $e$ | | | | |
|---|---|---|---|---|---|
| | 0.00 | 0.25 | 0.50 | 0.75 | 1.00 |
| $\text{I}_b^m$ | −0.9 | −1.5 | −2.1 | −2.4 | −2.4 |
| $\text{II}_b$ | −0.9 | −1.4 | −1.9 | −2.3 | −2.4 |
| $\text{III}_b$ | −0.9 | −1.1 | −1.7 | −2.1 | −2.3 |
| Q4 | −1.0 | −1.4 | −1.8 | 0.1 | −2.6 |

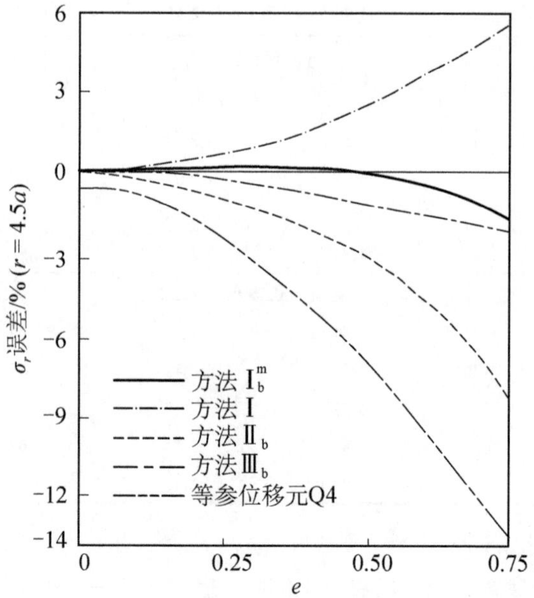


图 6.11　1 点处应力 $\sigma_r$ 随元几何形状歪斜 $e$ 的变化

（厚壁筒承受内压力）

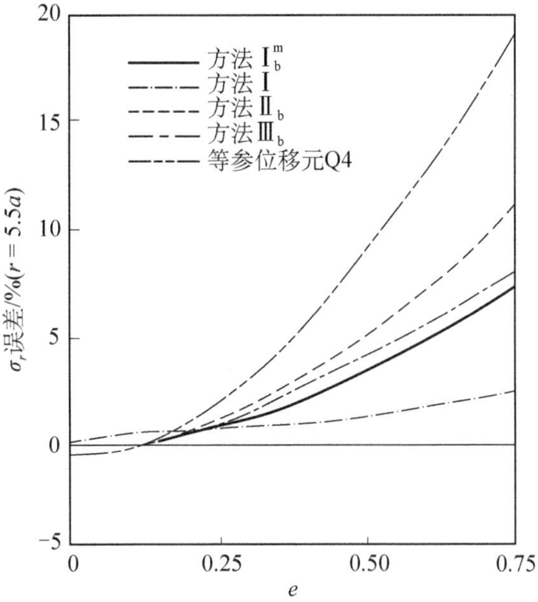


图 6.12　2 点处应力 $\sigma_r$ 随元几何形状歪斜 $e$ 的变化
（厚壁筒承受内压力）

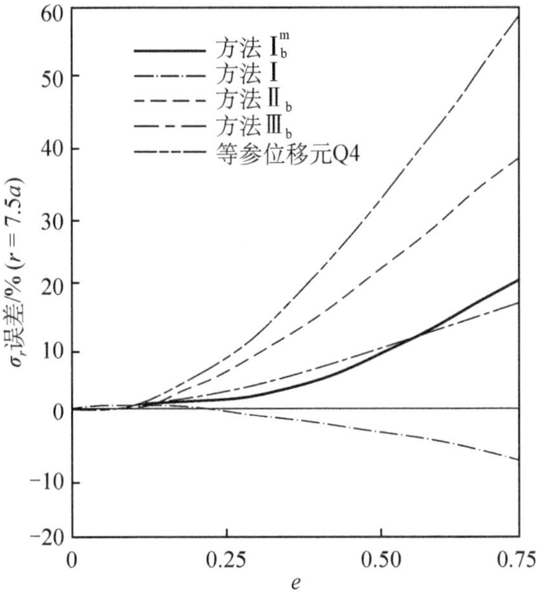


图 6.13　4 点处应力 $\sigma_r$ 随元几何形状歪斜 $e$ 的变化
（厚壁筒承受内压力）

**例 3**　厚球承受内压[29]

厚球的有限元网格如图 6.14 所示。辐角 $\varphi = 86.25°$ 时，计算所得各元中点的径向应力 $\sigma_R$、环向应力 $\sigma_\theta$，以及球内表面各点径向位移 $u_R$ 的误差百分比，分别由表 6.7、表 6.8 给出。可见，对于位移 $u_R$，各种方法所得精度均好，最大误差不超过 3%；对环向应力 $\sigma_\theta$，几种方法的结果也相近。对于径向应力 $\sigma_R$，方法 $\mathrm{I}_b^m$ 的结果更好一些。

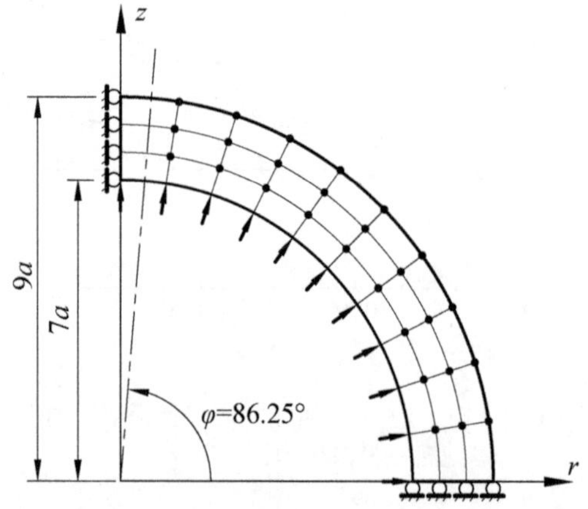


图 6.14　厚球承受均布内压的有限元网格

**表 6.7　应力 $\sigma_R$ 与 $\sigma_\theta$ 的误差百分比（厚球承受均布内压，$\varphi$=86.25°）**

| | R | 方法 | | |
|---|---|---|---|---|
| | | $\mathrm{I}_b^m$ | $\mathrm{II}_b$ | $\mathrm{III}_b$ |
| $\sigma_R$ | 7.318$a$ | 0.32 | −0.37 | 1.50 |
| | 7.983$a$ | 1.08 | 0.19 | 1.91 |
| | 8.648$a$ | −2.06 | −5.49 | −6.90 |
| $\sigma_\theta$ | 7.318$a$ | −1.74 | −1.54 | −3.27 |
| | 7.983$a$ | 1.35 | 1.35 | 0.93 |
| | 8.648$a$ | 4.36 | 3.99 | 4.21 |

**表 6.8　球内壁 $(r = 7a)$ 位移 $u_R$ 误差的百分比（厚球承受均布内压）**

| 辐角 $\varphi$ | 方法 | | | 辐角 $\varphi$ | 方法 | | |
|---|---|---|---|---|---|---|---|
| | $\mathrm{I}_b^m$ | $\mathrm{II}_b$ | $\mathrm{III}_b$ | | $\mathrm{I}_b^m$ | $\mathrm{II}_b$ | $\mathrm{III}_b$ |
| 7.5° | −0.59 | −0.57 | −0.58 | 52.5° | 0.07 | 0.22 | −0.36 |
| 15.0° | −0.56 | −0.49 | −0.54 | 60.0° | 0.53 | 0.08 | −0.06 |
| 22.5° | −0.64 | −0.17 | −0.31 | 67.5° | 1.43 | 0.56 | −0.11 |
| 30.0° | −0.68 | −0.19 | −0.37 | 75.0° | 2.10 | 1.08 | 0.36 |
| 37.5° | −0.42 | −0.13 | −0.36 | 82.5° | 2.95 | 1.87 | 1.11 |
| 45.0° | −0.19 | −0.19 | −0.44 | | | | |

**例 4**　简支圆板承受均匀横向载荷[30]

1. 网格 I

圆板分为 4 个矩形元（图 6.15（a））。不同泊松比下计算所得 $A$、$B$ 两点横向位移 $w_a$ 和 $w_b$ 以及 $A$ 点径向应力 $\sigma_{ra}$，由表 6.9 给出。可见，对规则网格，现在三种理性单元以及元 HA1/FA1 均很少受材料不可压缩性质的影响；但 4 结点等参位移元 Q4，当材料泊松比接近 0.5 时，明显变差。

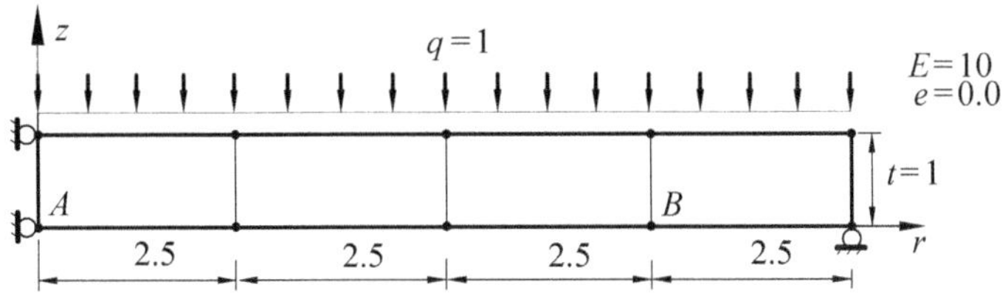


（a）网格 I

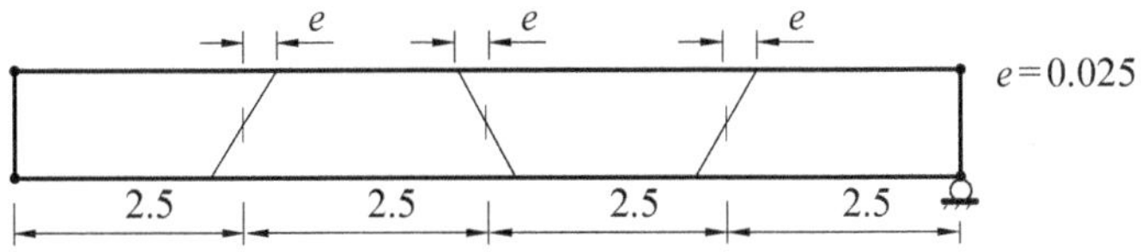


（b）网格 Ⅱ

图 6.15　简支圆板有限元网格

**表 6.9　不同泊松比下的应力及位移 ($t = 1$)（简支圆板承受均匀横向载荷，网格 I，$e = 0$）**

| 单元 | $\nu = 0.25$ | $\nu = 0.49$ | $\nu = 0.4999$ | $\nu = 0.499999$ |
|---|---|---|---|---|
| | | $w_a$ | | |
| Q4 | −513.52 | −41.46 | −8.11 | −7.77 |
| SQ4 | −763.24 | −530.58 | −404.83 | — |
| QAB1 | −755.19 | — | −538.36 | — |
| HA1/FA1 | −765.37 | −547.61 | −538.15 | −538.05 |
| LA1 | −763.24 | −539.59 | −4.48 | −392.24 |
| 方法 $\mathrm{I}_b^m$，$\mathrm{II}_b$，$\mathrm{III}_b$ | −765.37 | −547.61 | −538.14 | −538.05 |
| IAX-$\bar{\mathrm{B}}$，IAX-C | −765.36 | −547.61 | −538.14 | −538.05 |
| 解析解 | **−738.28** | **−524.98** | **−515.72** | **−515.63** |
| | | $w_b$ | | |
| Q4 | −168.67 | −14.61 | −3.42 | −3.31 |
| SQ4 | — | — | — | — |
| QAB1 | −316.10 | — | −224.31 | — |
| HA1/FA1 | −276.88 | −193.46 | −189.95 | −189.91 |

续表

| 单元 | $\nu=0.25$ | $\nu=0.49$ | $\nu=0.4999$ | $\nu=0.499999$ |
|---|---|---|---|---|
| LA1 | −276.67 | −199.57 | −189.44 | −189.91 |
| 方法 $\mathrm{I}_b^m$，$\mathrm{II}_b$，$\mathrm{III}_b$ | −276.88 | −193.46 | −189.95 | −189.91 |
| IAX-$\bar{\mathrm{B}}$，IAX-C | −276.88 | −193.44 | −189.98 | −189.91 |
| 解析解 | **−279.74** | **−194.61** | **−191.02** | **−190.98** |
| | | $\sigma_{ra}$ | | |
| Q4 | 0/0 | 0/0 | 0/0 | 0/0 |
| SQ4 | 121.77 | 122.65 | 78.37 | — |
| QAB1 | — | — | — | — |
| HA1/FA1 | 122.59 | 131.83 | 131.21 | 132.21 |
| LA1 | 0/0 | 0/0 | 0/0 | 0/0 |
| 方法 $\mathrm{I}_b^m$，$\mathrm{II}_b$，$\mathrm{III}_b$ | 122.63 | 131.97 | 132.35 | 132.36 |
| IAX-$\bar{\mathrm{B}}$，IAX-C | 122.63 | 131.79 | 132.53 | 132.35 |
| 解析解 | **121.88** | **130.88** | **131.25** | **131.25** |

2. 网格Ⅱ

此例主要用以检查各种单元对板厚变化的敏感性。当板的厚度 $t$ 从 0.1 减至 0.005，泊松比维持 0.25 不变，有限元网格轻微歪斜，歪斜参数 $e$ 分别为 0 及 0.025 时（图 6.15（b）），算得的 $A$ 点横向位移（以 $w_a t^3$ 表示），汇总列于表 6.10。结果显示，对不规则的网格，三种理性单元 $\mathrm{I}_b^m$、$\mathrm{II}_b$ 及 $\mathrm{III}_b$ 的结果，几乎独立于板的厚度。对歪斜网格，元 $\mathrm{III}_b$ 最佳。

**表 6.10　不同厚度比时的位移 $w_a t^3$（简支圆板承受均匀横向载荷，网格Ⅱ）**

| 单元厚度比 = 2.5 / $t$ | 25 | 100 | 250 | 500 |
|---|---|---|---|---|
| | | $w_a t^3$　1×4　矩形网格（$e=0$） | | |
| Q4 | −25.21 | −1.64 | −0.26 | −0.07 |
| LA1 | −756.66 | −756.61 | −756.61 | −765.61 |
| HA1/FA1 | −758.79 | −758.73 | −758.73 | −758.73 |
| 方法 $\mathrm{I}_b^m$，$\mathrm{II}_b$，$\mathrm{III}_b$ | −758.79 | −758.73 | −758.74 | −758.76 |
| 解析解 | | **−738.28** | | |
| | | $w_a t^3$　1×4　歪斜网格（$e=0.025$） | | |
| Q4 | −17.02 | −0.66 | −0.11 | −0.03 |
| LA1 | −470.14 | −405.30 | −403.35 | −403.09 |
| HA1 | −478.25 | −412.81 | −410.83 | −410.56 |
| FA1 | −478.16 | −412.81 | −410.84 | −410.55 |

续表

| 单元厚度比 = 2.5 / $t$ | 25 | 100 | 250 | 500 |
|---|---|---|---|---|
| | $w_a t^3$　1×4　歪斜网格（$e$ = 0.025） | | | |
| 方法 $\mathrm{I}_\mathrm{b}^\mathrm{m}$ | −496.55 | −495.59 | −495.54 | −495.56 |
| 方法 $\mathrm{II}_\mathrm{b}$ | −618.09 | −612.81 | −612.70 | −612.74 |
| 方法 $\mathrm{III}_\mathrm{b}$ | −657.04 | −655.88 | −655.85 | −655.24 |
| 解析解 | −738.28 | | | |

总之，通过以上算例显示，用三种理性方法可以构造具有优良性质的轴对称元，这种元具有几何不变性，单元满秩，通过分片试验，且当元的几何形状歪斜增大、材料性质接近不可压缩，以及板厚变化时，它们的解均接近于解析解。

同时，数值结果也表明，利用简化单刚进行计算，不仅节省了 CPU 时间，而且取得了满意的结果。

## 6.10　小　　结

1. 本章阐述了依据一种修正的 Hellinger-Reissner 原理，Pian 等发展的非协调杂交应力元理性列式方法——平衡法、修正的平衡法、正交法及表面虚功法，以及利用这些方法，建立的 4 结点非协调杂交应力轴对称元，现将其汇总，列于表 6.11。

**表 6.11　非协调杂交应力元理性列式 ($\boldsymbol{\sigma}=\boldsymbol{\sigma}_c+\boldsymbol{\sigma}_h$, $\boldsymbol{u}=\boldsymbol{u}_q+\boldsymbol{u}_\lambda$)**

| 单元能量表达式 | 应力约束条件 | 建立单刚的能量表达式 |
|---|---|---|
| | **修正的平衡模式** | |
| $\Pi_{mR}=\int_{V_n}\Big[-B(\boldsymbol{\sigma})+\boldsymbol{\sigma}^\mathrm{T}(\boldsymbol{D}\boldsymbol{u}_q)$ $-(\bar{\boldsymbol{D}}^\mathrm{T}\boldsymbol{\sigma})^\mathrm{T}\boldsymbol{u}_\lambda\Big]\mathrm{d}V$ | （1）方法 $\mathrm{I}_\mathrm{a}^\mathrm{m}$<br>$\boldsymbol{\sigma}=\boldsymbol{\sigma}_\mathrm{c}+\boldsymbol{\sigma}_\mathrm{h}$<br>· $\int_{V_n}(\bar{\boldsymbol{D}}^\mathrm{T}\boldsymbol{\sigma}_c)^\mathrm{T}\boldsymbol{u}_\lambda\,\mathrm{d}V=\mathbf{0}\rightarrow\boldsymbol{u}_\lambda^+$<br>· $\delta\int_{V_n}(\bar{\boldsymbol{D}}^\mathrm{T}\boldsymbol{\sigma}_\mathrm{h})^\mathrm{T}\boldsymbol{u}_\lambda^+\mathrm{d}V=\mathbf{0}\rightarrow\boldsymbol{\sigma}_\mathrm{h}^+$<br>（2）方法 $\mathrm{I}_\mathrm{b}^\mathrm{m}$<br>· $\delta\int_{V_n}(\bar{\boldsymbol{D}}^\mathrm{T}\boldsymbol{\sigma}_\mathrm{h})^\mathrm{T}\boldsymbol{u}_\lambda\,\mathrm{d}V=\mathbf{0}\rightarrow\boldsymbol{\sigma}^+$<br>· 必要时可通过单元几何形状或应力摄动等方法寻找补充约束方程<br>· 必要时也可通过正交条件寻找补充约束方程<br>$\delta\int_{V_n}\boldsymbol{\sigma}_\mathrm{h}^\mathrm{T}(\boldsymbol{D}\boldsymbol{u}_\lambda)\,\mathrm{d}V=\mathbf{0}$ | $\Pi_{mR}=\int_{V_n}\Big[-B(\boldsymbol{\sigma}^+)+\boldsymbol{\sigma}^{+\mathrm{T}}(\boldsymbol{D}\boldsymbol{u}_q)\Big]\mathrm{d}V$ |

续表

| 单元能量表达式 | 应力约束条件 | 建立单刚的能量表达式 |
|---|---|---|
| | **正交法** | |
| $\Pi=\int_{V_n}\left[-B(\boldsymbol{\sigma})+\boldsymbol{\sigma}^{\mathrm{T}}(\boldsymbol{D}\boldsymbol{u}_q)+\boldsymbol{\sigma}^{\mathrm{T}}(\boldsymbol{D}\boldsymbol{u}_\lambda)\right]\mathrm{d}V$ | （1）方法 $\mathrm{II}_{\mathrm{a}}$<br>· $\int_{V_n}(\boldsymbol{D}\boldsymbol{u}_\lambda)\mathrm{d}V=\boldsymbol{0}\to\boldsymbol{u}_\lambda^+$<br>· $\delta\int_{V_n}\boldsymbol{\sigma}_{\mathrm{h}}^{\mathrm{T}}(\boldsymbol{D}\boldsymbol{u}_\lambda^+)\mathrm{d}V=\boldsymbol{0}\to\boldsymbol{\sigma}_{\mathrm{h}}^+$<br>（2）方法 $\mathrm{II}_{\mathrm{b}}$<br>· $\delta\int_{V_n}\boldsymbol{\sigma}_{\mathrm{h}}^{\mathrm{T}}(\boldsymbol{D}\boldsymbol{u})\mathrm{d}V=\boldsymbol{0}\to\boldsymbol{\sigma}^+$<br>· 必要时可通过平衡模式寻找补充约束<br>$\delta\int_{V_n}(\bar{\boldsymbol{D}}^{\mathrm{T}}\boldsymbol{\sigma}_{\mathrm{h}})^{\mathrm{T}}\boldsymbol{u}_\lambda\mathrm{d}V=\boldsymbol{0}$ | $\Pi=\int_{V_n}\left[-B(\boldsymbol{\sigma}^+)+\boldsymbol{\sigma}^{+\mathrm{T}}(\boldsymbol{D}\boldsymbol{u}_q)\right]\mathrm{d}V$<br>[略去 $\int_{V_n}\boldsymbol{\sigma}_{\mathrm{c}}^{\mathrm{T}}(\boldsymbol{D}\boldsymbol{u}_\lambda)\mathrm{d}V$] |
| | **表面虚功法** | |
| $\Pi_{mR}=\int_{V_n}\left[-B(\boldsymbol{\sigma})+\boldsymbol{\sigma}^{\mathrm{T}}\boldsymbol{D}(\boldsymbol{u}_q+\boldsymbol{u}_\lambda)\right]\mathrm{d}V-\int_{\partial V_n}\boldsymbol{\sigma}^{\mathrm{T}}\boldsymbol{\nu}^{\mathrm{T}}\boldsymbol{u}_\lambda\mathrm{d}S$ | （1）方法 $\mathrm{III}_{\mathrm{a}}$<br>· $\int_{\partial V_n}\boldsymbol{\sigma}_{\mathrm{c}}^{\mathrm{T}}\boldsymbol{\nu}^{\mathrm{T}}\boldsymbol{u}_\lambda\mathrm{d}S=\boldsymbol{0}\to\boldsymbol{u}_\lambda^+$<br>· $\int_{\partial V_n}\boldsymbol{\sigma}_{\mathrm{h}}^{\mathrm{T}}\boldsymbol{\nu}^{\mathrm{T}}\delta\boldsymbol{u}_\lambda^+\mathrm{d}S=\boldsymbol{0}\to\boldsymbol{\sigma}_{\mathrm{h}}^+$<br>（2）方法 $\mathrm{III}_{\mathrm{b}}$<br>· $\int_{\partial V_n}\boldsymbol{\sigma}_{\mathrm{h}}^{\mathrm{T}}\boldsymbol{\nu}^{\mathrm{T}}\delta\boldsymbol{u}_\lambda\mathrm{d}S=\boldsymbol{0}\to\boldsymbol{\sigma}_{\mathrm{h}}^+$ | $\Pi_{mR}=\int_{V_n}[-B(\boldsymbol{\sigma}^+)+\boldsymbol{\sigma}^{+\mathrm{T}}(\boldsymbol{D}\boldsymbol{u}_q)]\mathrm{d}V$<br>[略去 $\int_{V_n}\boldsymbol{\sigma}^{+\mathrm{T}}(\boldsymbol{D}\boldsymbol{u}_\lambda^+)\mathrm{d}V$]<br>[略去 $\int_{V_n}\boldsymbol{\sigma}^{+\mathrm{T}}(\boldsymbol{D}\boldsymbol{u}_\lambda)\mathrm{d}V$ 及 $\int_{\partial V_n}\boldsymbol{\sigma}_{\mathrm{c}}^{\mathrm{T}}\boldsymbol{\nu}^{\mathrm{T}}\boldsymbol{u}_\lambda\mathrm{d}S$] |
| 同上 | （3）方法 $\mathrm{III}_{\mathrm{c}}$ ①<br>· $\int_{\partial V_n}\boldsymbol{\sigma}_{\mathrm{c}}^{\mathrm{T}}\boldsymbol{\nu}^{\mathrm{T}}\delta\boldsymbol{u}_\lambda\mathrm{d}S=\boldsymbol{0}\to\boldsymbol{u}^+$ | 同上 |

2. 依据一种修正的 Hellinger-Reissner 原理建立非协调杂交应力元，既不要求单元的位移场事先满足协调条件，也不要求其应力场事先满足平衡方程，并且所构造的单元具有如下优点：

（1）通过常应力（应变）的分片试验，具有较好的收敛性；

（2）单元几何各向同性，且满秩；

（3）对单元几何形状歪斜的敏感性降低；

（4）成功地用于接近不可压缩的材料；

（5）当单元由四边形退化为矩形元时，没有伪剪力存在；

（6）利用简化单刚进行计算时，通常可得到满意的结果，并节省 CPU 时间；

（7）提供高应力及位移解的精度。

这三种理性方法构造的单元性能相近，其中表面虚功法有时更好一点。

---

① 这个方法在第 7 章讨论。

# 参 考 文 献


[1] Pian T H H. Recent advances in hybrid / mixed finite elements. Proc. Int. Conf. on Finite Element Methods. Beijing：Science Press，1982：82-89

[2] Pian T H H，Chen D P，Kang D. A new formulation of hybrid / mixed finite element. Comput. & Struc.，1983，16：81-87

[3] Rubinstein R，Punch E F，Atluri S N. An analysis of，and remedies for，kinematic modes in hybrid-stress finite elements：selection of stable，invariant stress fields. Comput. Meth. Appl. Mech. Engng.，1983，28：63-92

[4] Yang C T，Rubinstein R，Atluri S N. On some fundamental studies into the stability of hybrid / mixed finite element methods for Navier-stokes equations in solid / fluid mechanics// Kardestuncer H. Finite Differences and Calculus of Variations. Ithca：Univ. of Conn. Press，1982：25-75

[5] Pian T H H. Finite element methods by variational principles with relaxed continuity requirement// Brebbia C A，Tottengam E. Variational Method in Engineering. Southampton：Southampton Univ. Press，1973：3/1-3/24

[6] Prager W. Variational principles for elastic plates with relaxed continuity requirements. Int. J. Solid Struc.，1968，4（9）：837-844

[7] Pian T H H，Tong P. Basis of finite element methods for solid continua. Int. J. Num. Meth. Engng.，1969，1：3-28

[8] Tong P. New displacement hybrid element model for solid continua. Int. J. Num. Meth. Engng.，1967，2：78-83

[9] Washizu K. Outline of Variational Principle in Easticity. Series in Computer Oriented Structural Engineering. Tokyo：Baifufan Publishing Co.，1972

[10] Wolf J P. Generalized hybrid stress finite element models. AIAA J.，1973，11（3）：386-388

[11] Prager W. Variational principles for linear elastostatics for discontinuous displacements，strains and stresses//Broberg J H，Niordson F. Recent Progress in Applied Mechanics，The Folke Odqvist Volume. Stockholm：Almqvist & Wiksell，1967：463-474

[12] Allman D J. Finite element analysis of plate bucking using a mixed variational principle. Proc. 3rd Conf. on Matrix Mothed in Structural Enginnering，Wright Patterson Air Force Base，1971：19-21

[13] Pian T H H. Finite elements based on consistently assumed stresses and displacements. J. Finite Elements in Anal. and Des.，1985，1：131-140

[14] Pian T H H，Chen D P. Alternative ways for formulation of hybrid stress elements. Int. J. Num.

Meth. Engng.，1982，18：1679-1685

［15］ Pian T H H. Hybrid Finite Element Methods. Boston：Teaching Materials of MIT，1983.

［16］ 卞学鐄. 关于非协调位移元与杂交应力元的对应性. 应用数学与力学，1982，3（6）：715-718

［17］ Pian T H H，Sumihara K. Rational approach for assumed stress finite elements. Int. J. Num. Meth. Engng.，1984. 20：1685-1695

［18］ 田宗漱，卞学鐄（Pian T H H）. 多变量变分原理与多变量有限元方法. 2 版. 北京：科学出版社，2014

［19］ Spilker R L，Maskeri S M，Kania E. Plane isoparametric hybrid stress elements：invariance and optimal sampling. Int. J. Num. Meth. Engng.，1981. 17：1469-1496

［20］ Pian T H H. On hybrid and mixed finite element methods. Proc. Invitational Symp. on Finite Element Method. Beijing：Science Press，1982：1-19

［21］ Tian Z S，Pian T H H. Axisymmetric solid elements by a rational hybrid stress method，Comput. & Struc.，1985，20：141-149

［22］ Sumihara K. Thin shell and new invariant elements by hybrid stress method. Ph D thesis. Boston：Department of Aero. and Astro.，MIT，1983

［23］ Pian T H H，Chen D P. On the suppression of zero energy deformation modes. Int. J. Num. Meth. Engng.，1983，19：1741-1752

［24］ Spilker R L. Improved hybrid-stress axisymmetric elements including behaviour for nearly incompressible materials. Int. J. Num. Meth. Engng.，1981，17：483-501

［25］ Cook R D. A note on certain incompatible elements. Int. J. Num. Meth. Engng.，1973，6：146-147

［26］ 田宗漱. 用新方法建立轴对称实体回转元. 第二届华东地区计算力学会议，杭州：1989

［27］ 田宗漱，田宗若，谢剑璠. 新的一种修正的理性方法建立轴对称实体回转杂交应力有限元. 物理化学力学进展，1990，3：135-144

［28］ Tian Z S，Tian Z R. Further study of construction of axisymmetric finite element by hybrid stress method. Proc. 3rd Int. Conf. on Education，Practice and Promotion of Computational Method in Engineering Using Small Computers （EPMESC'III），Macao：1990：549-558

［29］ Tian Z S，Zhang X Q，Tian J. New axisymmetric solid element by an extended Hellinger - Reissner principle. Proc. Int. Conf. on Comput. Engineering Science （ICES'92），Hong Kong：1992，77

［30］ Tian Z S，Liu J S，Tian J. New axisymmetric solid elements based on extended Hellinger-Reissner principle. ACTA Mechanics Sinica，1994，10（4）：349-359

［31］ 田炯，田宗漱. 非协调轴对称杂交应力元的单元刚度矩阵的准确建立. 中国科学院研究生院学报，1994，11（1）：39-44

[32] Pian T H H，Tong P. Relations between incompatible displacement model and hybrid stress model. Int. J. Num. Meth. Engng.，1973，7：433-437

[33] Wilson E L，Taylor R L，Doherty W P，et al. Imcompatible displacement model//Fenves S T，et al. Numerical and Computer Methods in Structural Mechanics. London：Academic Press，1973，43-51

[34] Wu C C，Hans B. Multiveriable finite clements：consistency and optimization. Science in China（Seri-A），1991，34（3）：284-299

[35] Sander G，Beckers P. The influence of the choice of connectors in the finite element method. Int. J. Num. Meth. Engng.，1977，11：1491-1505

[36] Shi Z C. On the convergence properties of the quadrilateral elements of Sander and Beckers. Math. Comp.，1984，42：493-504

[37] Taylor R L，Simo J C，Zienkiewicz O C，et al. The patch test — a condition for assessing FEM convergence. Int. J. Num. Meth. Engng.，1986，22：39-62

[38] Strang G，Jix G J. An Analysis of Finite Element Method. New York：Prantice-Hall，1973

[39] Wu C C，Huang M G，Pian T H H. Consistency condition and convergence criteria of incompatible elements：general formulation of incompatible functions and its application. Comput. & Struc.，1987，27（5）：639-644

[40] 吴长春，狄生林. 轴对称杂交应力元的优化列式. 第三届华东固体力学会议，九华山：1986

[41] 吴长春，狄生林，卞学鐄. 轴对称杂交应力元的优化列式. 航空学报，1987，8（9）：A439-A448

[42] Pian T H H，Wu C C. A rational approach for choosing stress terms for hybrid finite element formation. Int. J. Num. Meth. Engng.，1988，26：2331-2341

[43] Chen W C，Cheung Y K. Axisymmetric solid elements by the generalized hybrid method. Comput. & Struc.，1987，27：745-752

[44] Bachrach W E，Belytschko T. Axisymmetric elements with high coarse-mesh accuracy. Comput. & Struc.，1986，3：323-331

[45] Sze K Y，Chow C L. An incompatible element for axisymmetric structure and its modified by hybrid method. Int. J. Num. Meth. Engng.，1991，31：385-405

[46] Ju J B，Sin H C. New incompatible four-node axisymmtric elements with assumed strains. Comput & Struc.，1996，60（2）：269-278

# 第 7 章　根据修正的 Hellinger-Reissner 原理 $\Pi_{mR_2}$ 及修正的两变量变分原理 $\Pi_{p2}$ 建立的轴对称元（Ⅱ）

## 7.1　利用另一种表面虚功法建立轴对称元

### 7.1.1　变分泛函

由式（6.2.1）可知

$$\Pi_{mR_2}(\boldsymbol{\sigma},\boldsymbol{u},\tilde{\boldsymbol{u}})=\sum_n\left\{\int_{V_n}\left[-\frac{1}{2}\boldsymbol{\sigma}^{\mathrm{T}}\boldsymbol{S}\boldsymbol{\sigma}+\boldsymbol{\sigma}^{\mathrm{T}}(\boldsymbol{D}\boldsymbol{u})-\overline{\boldsymbol{F}}^{\mathrm{T}}\boldsymbol{u}\right]\mathrm{d}V-\int_{\partial V_n}\boldsymbol{T}^{\mathrm{T}}(\boldsymbol{u}-\tilde{\boldsymbol{u}})\,\mathrm{d}S-\int_{S_{\sigma_n}}\overline{\boldsymbol{T}}^{\mathrm{T}}\tilde{\boldsymbol{u}}\,\mathrm{d}S\right\}=\text{驻值}\qquad(\boldsymbol{T}=\boldsymbol{\nu}\boldsymbol{\sigma})\tag{7.1.1}$$

约束条件

$$\begin{aligned}&\tilde{\boldsymbol{u}}=\overline{\boldsymbol{u}}\qquad(S_{u_n}\text{ 上})\\&\boldsymbol{T}=\boldsymbol{\nu}\boldsymbol{\sigma}=\overline{\boldsymbol{T}}\qquad(S_{\sigma_n}\text{ 上})\end{aligned}\tag{7.1.2}$$

选取

$$\begin{aligned}&\boldsymbol{\sigma}=\boldsymbol{\sigma}_{\mathrm{h}}+\boldsymbol{\sigma}_{\mathrm{c}}\\&\boldsymbol{u}=\boldsymbol{u}_q+\boldsymbol{u}_\lambda\qquad(V_n\text{ 内})\\&\boldsymbol{u}_\lambda=\boldsymbol{u}-\tilde{\boldsymbol{u}}\qquad(\partial V_n\text{ 内})\end{aligned}\tag{7.1.3}$$

则式（7.1.1）成为

$$\Pi_{mR_2}(\boldsymbol{\sigma},\boldsymbol{u}_q,\boldsymbol{u}_\lambda)=\sum_n\left\{\int_{V_n}\left[-\frac{1}{2}\boldsymbol{\sigma}^{\mathrm{T}}\boldsymbol{S}\boldsymbol{\sigma}+\boldsymbol{\sigma}^{\mathrm{T}}(\boldsymbol{D}\boldsymbol{u}_q)+\boldsymbol{\sigma}^{\mathrm{T}}(\boldsymbol{D}\boldsymbol{u}_\lambda)-\overline{\boldsymbol{F}}^{\mathrm{T}}\boldsymbol{u}\right]\mathrm{d}V-\int_{\partial V_n}(\boldsymbol{\nu}\boldsymbol{\sigma})^{\mathrm{T}}\boldsymbol{u}_\lambda\mathrm{d}S-\int_{S_{\sigma_n}}\overline{\boldsymbol{T}}^{\mathrm{T}}\tilde{\boldsymbol{u}}\,\mathrm{d}S\right\}\qquad(\boldsymbol{T}=\boldsymbol{\nu}\boldsymbol{\sigma})\tag{7.1.4}$$

约束条件

$$\begin{aligned}&\boldsymbol{u}_q=\overline{\boldsymbol{u}}\qquad(S_{u_n}\text{ 上})\\&\boldsymbol{T}=\overline{\boldsymbol{T}}\qquad(S_{\sigma_n}\text{ 上})\end{aligned}\tag{7.1.5}$$

进行单刚列式，略去表面力及体积力，取一个单元能量表达式，对线弹性体有

$$\Pi_{mR_2}=\left[-\frac{1}{2}\boldsymbol{\sigma}^{\mathrm{T}}\boldsymbol{S}\boldsymbol{\sigma}+\boldsymbol{\sigma}^{\mathrm{T}}(\boldsymbol{D}\boldsymbol{u}_q)+\boldsymbol{\sigma}_{\mathrm{c}}^{\mathrm{T}}(\boldsymbol{D}\boldsymbol{u}_\lambda)^{①}+\boldsymbol{\sigma}_{\mathrm{h}}^{\mathrm{T}}(\boldsymbol{D}\boldsymbol{u}_\lambda)\right]\mathrm{d}V \\ -\int_{\partial V_n}(\boldsymbol{\nu}\boldsymbol{\sigma})^{\mathrm{T}}\boldsymbol{u}_\lambda\mathrm{d}S^{②} \tag{7.1.6}$$

Dong 和 Teixeira de Freitas[1]，Sze 和 Chow[2]均是根据以上泛函建立了 4 结点轴对称元。

在讨论他们用式（7.1.6）建立轴对称元之前，对此式中的角标作两点说明：

①文献[1]利用泛函（7.1.6）时，少了角标①这一项。

②文献[2]作者指出，他们是根据如下修正的 Hellinger-Reissner 原理：

$$\Pi_{mR}^{*}=\int_{V_n}\left[-\frac{1}{2}\boldsymbol{\sigma}^{\mathrm{T}}S\boldsymbol{\sigma}+\boldsymbol{\sigma}^{\mathrm{T}}(\boldsymbol{D}\boldsymbol{u}_q)+\boldsymbol{\sigma}^{\mathrm{T}}(\boldsymbol{D}\boldsymbol{u}_\lambda)\right]\mathrm{d}V \tag{a}$$

及约束条件

$$\int_{V_n}\boldsymbol{D}\boldsymbol{u}_\lambda\,\mathrm{d}V=\boldsymbol{0} \tag{b}$$

进行其杂交应力元列式（文献[2]中第 390 页式（9）及式（10））。

这里有三点值得商榷：

（1）式（a）并不是像文献[2]所述是修正的 Hellinger-Reissner 原理的泛函，而是**未修正**的 Hellinger-Reissner 原理的泛函。

式（a）与修正的 Hellinger-Reissner 原理泛函的差异，在于式（a）缺少了如下关键的修正项（即现在式（7.1.6）中右上角标②这一项）：

$$\int_{\partial V_n}(\boldsymbol{\nu}\boldsymbol{\sigma})^{\mathrm{T}}\boldsymbol{u}_\lambda\,\mathrm{d}S \tag{c}$$

（2）文献[2]给出泛函式（a）的约束条件为式（b），而式（b）既不是 Hellinger-Reissner 原理的约束条件，也不是修正的 Hellinger-Reissner 原理的约束条件，而是非调元的收敛准则。修正的 Hellinger-Reissner 原理的约束条件是式（7.1.5）。

（3）文献[2]之所以能得到正确的结果，是由于他们在单元列式时，应用的式（b）相当于应用了式（c）中常应力项约束条件 $\int_{\partial V_n}(\boldsymbol{\nu}\boldsymbol{\sigma}_{\mathrm{c}})^{\mathrm{T}}\boldsymbol{u}_\lambda\,\mathrm{d}S=\boldsymbol{0}$，文献[2]并未论及对式（c）中剩余的高阶应力项 $\int_{\partial V_n}(\boldsymbol{\nu}\boldsymbol{\sigma}_{\mathrm{h}})^{\mathrm{T}}\boldsymbol{u}_\lambda\,\mathrm{d}S$ 是如何处置的。事实是，这一高阶应力项与泛函中的其余项相比，正好为高阶小量，可以略去，这样导致式（c）变分后等于零，所以文献[2]是歪打正着了。

基于以上原因，本书仍将文献[1]及文献[2]中的方法归于此处一并进行讨论。它们实质都是依据了 $\Pi_{mR_2}$ 进行的列式。

### 7.1.2 单元建立

1. 第 6 章理性方法Ⅲa——表面虚功法列式时，假定应力场同时满足约束条件（d）¹ 及（d）²

$$\int_{\partial V_n} (\boldsymbol{\nu\sigma}_c)^{\mathrm{T}} \delta \boldsymbol{u}_\lambda \,\mathrm{d}S = \boldsymbol{0} \quad \rightarrow \quad \boldsymbol{u}^+ \tag{d$^1$}$$

$$\int_{\partial V_n} (\boldsymbol{\nu\sigma}_h)^{\mathrm{T}} \delta \boldsymbol{u}_\lambda^+ \,\mathrm{d}S = \boldsymbol{0} \quad \rightarrow \quad \boldsymbol{\sigma}^+ \tag{d$^2$}$$

2. 现在文献[1]及文献[2]只利用了理性方法Ⅲa 的约束条件（d）¹ 进行列式，因此其单刚建立所依据的能量公式及约束条件成为

$$\Pi_{mR_2}^+ = \int_{V_n} \left[ -\frac{1}{2} \boldsymbol{\sigma}^{\mathrm{T}} \boldsymbol{S} \boldsymbol{\sigma} + \boldsymbol{\sigma}^{\mathrm{T}} (\boldsymbol{D} \boldsymbol{u}_q) + \boldsymbol{\sigma}^{\mathrm{T}} (\boldsymbol{D} \boldsymbol{u}_\lambda^+) \right] \mathrm{d}V - \int_{\partial V_n} (\boldsymbol{\nu\sigma}_{\mathrm{h}})^{\mathrm{T}} \boldsymbol{u}_\lambda^+ \mathrm{d}S \tag{7.1.7}$$

约束条件 $\int_{\partial V_n} (\boldsymbol{\nu\sigma}_{\mathrm{c}})^{\mathrm{T}} \delta \boldsymbol{u}_\lambda \,\mathrm{d}S = \boldsymbol{0}$ （$\partial V_n$ 上）

如选取

$$\begin{aligned} \boldsymbol{u}_q &= \boldsymbol{N q} \\ \boldsymbol{u}_\lambda^+ &= \boldsymbol{M \lambda} \\ \boldsymbol{\sigma} &= \boldsymbol{P}_{\mathrm{c}} \boldsymbol{\beta} + \boldsymbol{P}_{\mathrm{h}} \boldsymbol{\beta} = \boldsymbol{P \beta} \end{aligned} \tag{7.1.8}$$

代入泛函（7.1.7），得到

$$\Pi_{mR_2}^+ = -\frac{1}{2} \boldsymbol{\beta}^{\mathrm{T}} \boldsymbol{H \beta} + \boldsymbol{\beta}^{\mathrm{T}} \boldsymbol{G q} + \boldsymbol{\beta}^{\mathrm{T}} \boldsymbol{G}_1 \boldsymbol{\lambda} - \boldsymbol{\beta}^{\mathrm{T}} \boldsymbol{G}_2 \boldsymbol{\lambda} \tag{e}$$

式中

$$\begin{aligned} \boldsymbol{H} &= \int_{V_n} \boldsymbol{P}^{\mathrm{T}} \boldsymbol{S P} \,\mathrm{d}V & \boldsymbol{G} &= \int_{V_n} \boldsymbol{P}^{\mathrm{T}} (\boldsymbol{D N}) \,\mathrm{d}V \\ \boldsymbol{G}_1 &= \int_{V_n} \boldsymbol{P}^{\mathrm{T}} (\boldsymbol{D M}) \,\mathrm{d}V & \boldsymbol{G}_2 &= \int_{\partial V_n} (\boldsymbol{\nu P}_{\mathrm{h}})^{\mathrm{T}} \boldsymbol{M} \,\mathrm{d}V \end{aligned} \tag{f}$$

并缩掉 $\boldsymbol{\lambda}$ 及 $\boldsymbol{\beta}$，有

$$\frac{\partial \Pi_{mR_2}^+}{\partial \boldsymbol{\lambda}} = \boldsymbol{0}, \quad \boldsymbol{G}_1^{\mathrm{T}} \boldsymbol{\beta} - \boldsymbol{G}_2^{\mathrm{T}} \boldsymbol{\beta} = \boldsymbol{0} \quad \rightarrow \quad \overline{\boldsymbol{G}}^{\mathrm{T}} \boldsymbol{\beta} = \boldsymbol{0} \tag{g}$$

式中

$$\overline{\boldsymbol{G}} = \boldsymbol{G}_1 - \boldsymbol{G}_2 \tag{h}$$

$$\frac{\partial \Pi_{mR_2}^+}{\partial \boldsymbol{\beta}} = \boldsymbol{0}, \quad \boldsymbol{H \beta} - \boldsymbol{G q} - \boldsymbol{G}_1 \boldsymbol{\lambda} + \boldsymbol{G}_2 \boldsymbol{\lambda} = \boldsymbol{0} \ \rightarrow \ \boldsymbol{\beta} = \boldsymbol{H}^{-1} (\boldsymbol{G q} + \overline{\boldsymbol{G}} \boldsymbol{\lambda}) \tag{i}$$

式（i）代入式（g），得到

$$\boldsymbol{\lambda} = -(\bar{\boldsymbol{G}}\boldsymbol{H}^{-1}\bar{\boldsymbol{G}})^{-1}\bar{\boldsymbol{G}}^{\mathrm{T}}\boldsymbol{H}^{-1}\boldsymbol{G}\boldsymbol{q} \tag{j}$$

以及

$$\boldsymbol{\beta} = \boldsymbol{H}^{-1}[\boldsymbol{G} - \bar{\boldsymbol{G}}(\bar{\boldsymbol{G}}^{\mathrm{T}}\boldsymbol{H}^{-1}\bar{\boldsymbol{G}})^{-1}\bar{\boldsymbol{G}}^{\mathrm{T}}\boldsymbol{H}^{-1}\boldsymbol{G}]\boldsymbol{q} \tag{k}$$

从而得出单元刚度矩阵

$$\boldsymbol{k} = \boldsymbol{G}^{\mathrm{T}}[\boldsymbol{H}^{-1} - \boldsymbol{H}^{-1}\bar{\boldsymbol{G}}(\bar{\boldsymbol{G}}^{\mathrm{T}}\boldsymbol{H}^{-1}\bar{\boldsymbol{G}})^{-1}\bar{\boldsymbol{G}}^{\mathrm{T}}\boldsymbol{H}^{-1}]\boldsymbol{G} \tag{7.1.9}$$

可以注意到：

（1）如式（f）中的阵 $\boldsymbol{G}_2$ 与 $\boldsymbol{G}_1$ 相比可以略去，则 $\bar{\boldsymbol{G}} = \boldsymbol{G}_1$，同时雅可比阵取逆时，其伴随阵 $\boldsymbol{J}$ 可取原点值 $\xi = \eta = 0$，即

$$\boldsymbol{J}^{-1} = \begin{bmatrix} \dfrac{\partial \xi}{\partial r} & \dfrac{\partial \eta}{\partial r} \\ \dfrac{\partial \xi}{\partial z} & \dfrac{\partial \eta}{\partial z} \end{bmatrix} = \frac{\boldsymbol{J}(0.0)}{|\boldsymbol{J}(\xi, \eta)|} \tag{l}$$

则单刚 $\boldsymbol{k}$（式（7.1.9））退化为文献[2]的单刚（文献[2]第 391 页式（12））；

（2）如 $\boldsymbol{G}_1$ 及 $\boldsymbol{G}_2$ 阵与 $\boldsymbol{G}$ 阵相比均可以略去，则 $\boldsymbol{k}$ 简化成

$$\boldsymbol{k} = \boldsymbol{G}^{\mathrm{T}}\boldsymbol{H}^{-1}\boldsymbol{G} \tag{m}$$

下面分别阐述文献[1]及文献[2]用上述方法建立的 4 结点轴对称非协调元。

### 7.1.3　Dong 及 Teixeira de Freitas 建立的 4 结点轴对称非协调杂交应力元[1]

1. 协调位移选取为

$$\boldsymbol{u}_q = \sum_{i=1}^{4}\frac{1}{4}(1+\xi_i\xi)(1+\eta_i\eta)\begin{Bmatrix} u_i \\ w_i \end{Bmatrix} = \boldsymbol{N}\boldsymbol{q} \tag{7.1.10}$$

2. 应力场

$$\boldsymbol{\sigma} = \begin{Bmatrix} \sigma_r \\ \sigma_z \\ \sigma_\theta \\ \sigma_{rz} \end{Bmatrix} = \left[\begin{array}{cccc|cccc|cccc} 1 & 0 & 0 & 0 & \xi & 0 & 0 & 0 & \eta & 0 & 0 & 0 \\ 0 & 1 & 0 & 0 & 0 & \xi & 0 & 0 & 0 & \eta & 0 & 0 \\ 0 & 0 & 1 & 0 & 0 & 0 & \xi & 0 & 0 & 0 & \eta & 0 \\ 0 & 0 & 0 & 1 & 0 & 0 & 0 & \xi & 0 & 0 & 0 & \eta \end{array}\right]\begin{Bmatrix} \beta_1 \\ \vdots \\ \beta_{12} \end{Bmatrix}$$

$$= [\boldsymbol{I} \;\; \boldsymbol{I}\xi \;\; \boldsymbol{I}\eta]\begin{Bmatrix} \boldsymbol{\beta}_{\mathrm{c}} \\ \boldsymbol{\beta}_{\mathrm{h}} \end{Bmatrix} = \boldsymbol{P}\boldsymbol{\beta} \tag{7.1.11}$$

其中，$\boldsymbol{I}$ 为 $4 \times 4$ 单位阵。

3. 非协调位移 $\boldsymbol{u}_\lambda^+$ 为

$$\boldsymbol{u}_\lambda^+ = \begin{Bmatrix} u_\lambda^+ \\ w_\lambda^+ \end{Bmatrix} = \begin{bmatrix} M_1 & M_2 & 0 & 0 \\ 0 & 0 & M_1 & M_2 \end{bmatrix} \begin{Bmatrix} \lambda_1 \\ \vdots \\ \lambda_4 \end{Bmatrix} = \boldsymbol{M\lambda} \tag{7.1.12}$$

其中，

$$M_1 = \xi^2 - \frac{2a_1}{3a_4}\xi - \frac{1}{3},\quad M_2 = \eta^2 - \frac{2a_3}{3a_4}\eta - \frac{1}{3} \tag{7.1.13}$$

$$\begin{bmatrix} a_1 & b_1 \\ a_2 & b_2 \\ a_3 & b_3 \\ a_4 & b_4 \end{bmatrix} = \frac{1}{4}\begin{bmatrix} -1 & 1 & 1 & -1 \\ 1 & -1 & 1 & -1 \\ -1 & -1 & 1 & 1 \\ 1 & 1 & 1 & 1 \end{bmatrix}\begin{bmatrix} r_1 & z_1 \\ r_2 & z_2 \\ r_3 & z_3 \\ r_4 & z_4 \end{bmatrix} \tag{n}$$

文献[1]指出，对于矩形元①，此非协调位移满足约束条件（式（7.1.7））

$$\int_{\partial V_n} (\boldsymbol{\nu\sigma}_{\mathrm{c}})^{\mathrm{T}} \boldsymbol{u}_\lambda^+ \,\mathrm{d}S = \boldsymbol{0} \tag{7.1.14}$$

将以上 $\boldsymbol{u}_q$ 、$\boldsymbol{\sigma}$ 及 $\boldsymbol{u}_\lambda^+$ 代入式（7.1.9）或式（m），即可得到单刚。

**例 1**　简支圆板承受横向均布载荷

圆板的有限元网格如图 7.1 所示。计算所得圆板中心 $A$ 点的应力 $\sigma_{rA}$ 及挠度 $w_A$，由表 7.1 给出。为了比较，表中同时给出 4 结点等参轴对称位移元 Q4、广义杂交元 SQ4[3]、通过分片试验的一种非协调位移元 LA1 及非协调杂交应力元 HA1[2]的结果，以资比较。

可见，当材料的泊松比趋近于 0.5 时，现在的单元给出相当精确的 $A$ 点应力 $\sigma_{rA}$ 及挠度 $w_A$ 值。

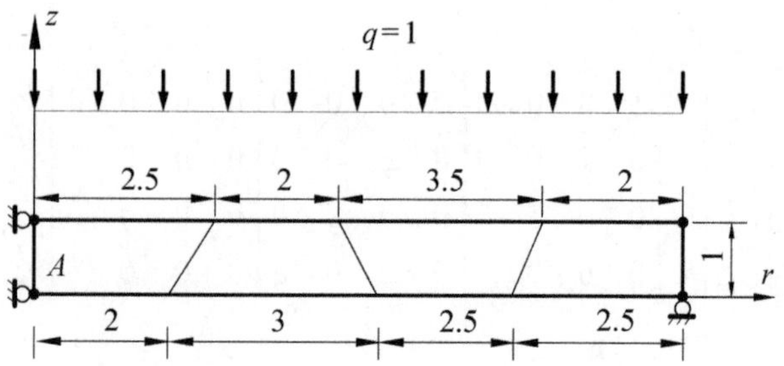


图 7.1　简支圆板承受横向均布载荷

① 注意约束条件（7.1.14）应对一般四边形元均满足，而不局限于矩形元。

**表 7.1　应力 $\sigma_{rA}$ 及挠度 $w_A$**
**（简支圆板承受均布载荷）**

| | $\nu$ | Q4 | SQ4 | LA1 | HA1 | 现在元 | 解析解 |
|---|---|---|---|---|---|---|---|
| $w_A$ | 0.25 | −469.15 | −668.79 | −671.07 | −675.51 | −686.06 | **−738.28** |
| | 0.49 | −46.08 | — | −473.97 | −512.52 | −516.04 | **−524.98** |
| | 0.499999 | −9.78 | — | −290.28 | −504.76 | −508.11 | **−515.63** |
| $\sigma_{rA}$ | 0.25 | 0/0 | 163.46 | 0/0 | 149.46 | 148.09 | **121.88** |
| | 0.49 | 0/0 | — | 0/0 | 136.48 | 139.08 | **130.88** |
| | 0.499999 | 0/0 | — | 0/0 | 135.14 | 138.05 | **131.25** |

**例 2**　厚壁筒承受均匀内压

应用图 7.2 所示 MacNeal-Hander 提出的规格及歪斜两种网格进行计算，所得 $A$ 点 $r$ 方向正则化位移值 $u_r$ 列入表 7.2。结果同样显示，当泊松比 $\nu$ 趋于 0.5 时，现在的单元，以及 Weissman 和 Taylor 建立的单元 FSF[4]，结果均相当好；而等参元 Q4 同以前各例一样，当材料接近不可压缩时，变得很刚硬。

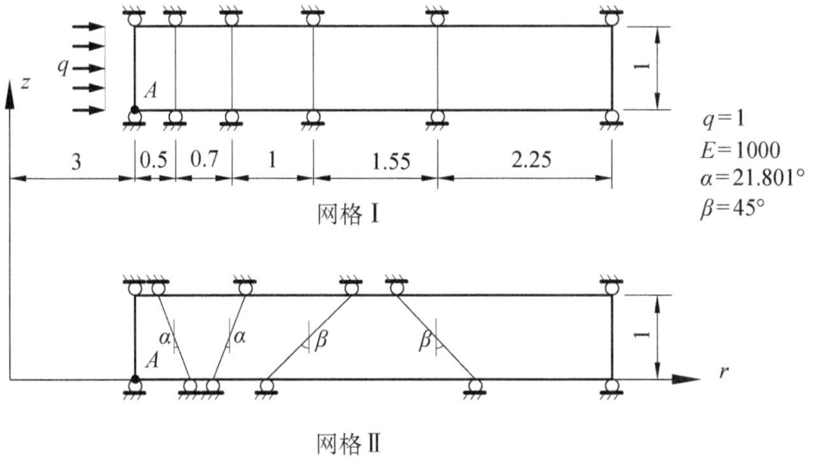


图 7.2　承受均匀内压厚壁筒的有限元网格

**表 7.2　*A* 点正则化位移 $u_r$**
**（厚壁筒承受均匀内压）**

| $\nu$ | 网格 I | | | 网格 II | | |
|---|---|---|---|---|---|---|
| | FSF | 现在元 | Q4 | FSF | 现在元 | Q4 |
| 0.0000 | 0.99363 | 0.99363 | 0.99363 | 0.98488 | 0.98960 | 0.98864 |
| 0.3000 | 0.99035 | 0.99031 | 0.98820 | 0.98071 | 1.01354 | 0.98218 |
| 0.4900 | 0.98623 | 0.98612 | 0.84650 | 0.97605 | 0.98305 | 0.81615 |
| 0.4999 | 0.98593 | 0.98582 | 0.05313 | 0.97572 | 0.98278 | 0.04370 |

**例 3**　圆柱薄壳承受端部力矩

圆柱薄壳承受端部力矩，其有限元网格如图 7.3 所示。算得的 $A$ 点正则化位移 $u_A$ 由表 7.3 给出。

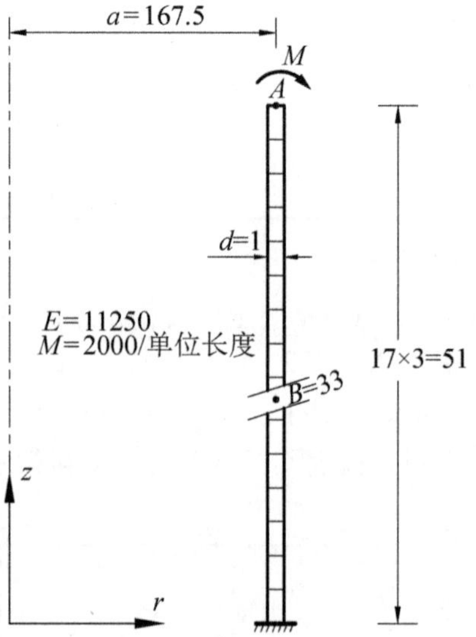


图 7.3　一端固支圆柱薄壳及有限元网格

**表 7.3　$A$ 点正则化位移 $u_A$**
**（圆柱薄壳承受端部力矩）**

| $\nu$ | 0.0 | 0.25 | 0.30 | 0.49 | 0.499 | 0.49999 |
|---|---|---|---|---|---|---|
| FSF | 0.98464 | 0.98414 | 0.98411 | 0.98423 | 0.98424 | 0.98424 |
| 现在元 | 0.98468 | 0.98560 | 0.98474 | 0.98519 | 0.98520 | 0.98527 |
| Q4 | 0.41994 | 0.46419 | 0.47047 | 0.24025 | 0.08112 | 0.01412 |

由表 7.3 同样可见：当泊松比趋于 0.5 时，现在元的结果很好。

以上三例表明，现在建立的这种非协调杂交应力轴对称元，易于解除材料接近不可压缩时的“锁住”现象。

### 7.1.4　4 结点非协调轴对称元 LA1、HA1 及 FA1

Sze 和 Chow[2]建立了以下三种 4 结点非协调轴对称元。

1. 非协调位移元 LA1

（1）协调位移选择同前

$$\boldsymbol{u}_q = \frac{1}{4}(1+\xi_i\xi)(1+\eta_i\eta)\begin{Bmatrix} u_i \\ w_i \end{Bmatrix} = \boldsymbol{N}\boldsymbol{q} \tag{7.1.15}$$

（2）非协调位移选为

$$\boldsymbol{u}_\lambda = \begin{Bmatrix} u_\lambda \\ w_\lambda \end{Bmatrix} = [M_1\boldsymbol{I}_3 \quad M_2\boldsymbol{I}_2]\begin{Bmatrix} \lambda_1 \\ \vdots \\ \lambda_4 \end{Bmatrix} = \boldsymbol{M}\boldsymbol{\lambda} \tag{7.1.16}$$

其中，$\boldsymbol{I}_2$ 为 $2\times 2$ 的单位阵。$M_1$ 及 $M_2$ 依照文献[5]的方法，得到

$$M_1 = \frac{1}{3} - \frac{2}{9}\frac{a_1 f_2}{a_4 f_1} + \frac{2}{3}\frac{a_1}{a_4}\xi - \xi^2 \tag{7.1.17}$$

$$M_2 = \frac{1}{3} - \frac{2}{9}\frac{a_3 f_3^{①}}{a_4 f_1} + \frac{2}{3}\frac{a_3}{a_4}\eta - \eta^2$$

其中，$a_i(i=1,\cdots,4)$ 见式（n）；$f_j(j=1,2,3)$ 由下式（q）确定。

单元坐标

$$\begin{Bmatrix} r \\ z \end{Bmatrix} = \frac{1}{4}\sum_{i=1}^{4}(1+\xi_i\xi)(1+\eta_i\eta)\begin{Bmatrix} r_i \\ z_i \end{Bmatrix} = \begin{Bmatrix} a_4 + a_1\xi + a_2\xi\eta + a_3\eta \\ b_4 + b_1\xi + b_2\xi\eta + b_3\eta \end{Bmatrix} \tag{o}$$

坐标转换为

$$\boldsymbol{J} = \begin{bmatrix} \dfrac{\partial r}{\partial \xi} & \dfrac{\partial z}{\partial \xi} \\ \dfrac{\partial r}{\partial \eta} & \dfrac{\partial z}{\partial \eta} \end{bmatrix} = \begin{bmatrix} J_{11} & J_{12} \\ J_{21} & J_{22} \end{bmatrix} = \begin{bmatrix} a_1 + a_2\eta & b_1 + b_2\eta \\ a_3 + a_2\xi & b_3 + b_2\xi \end{bmatrix} \tag{p}$$

行列式为

$$|\boldsymbol{J}| = f_1 + f_2\xi + f_3\eta \tag{q}$$

这里

$$f_1 = a_1b_3 - a_3b_1,\ f_2 = a_1b_2 - a_2b_1,\ f_3 = a_2b_3 - a_3b_2$$

（3）非调元收敛准则的简化

非调元的收敛准则式（b）为

$$\int_{V_n} \boldsymbol{D}\boldsymbol{u}_\lambda \,\mathrm{d}V = \boldsymbol{0} \tag{7.1.18}$$

由于

$$\begin{Bmatrix} \partial/\partial r \\ \partial/\partial z \end{Bmatrix} = \frac{1}{|\boldsymbol{J}|}\begin{bmatrix} J_{22} & -J_{12} \\ -J_{21} & J_{11} \end{bmatrix}\begin{Bmatrix} \partial/\partial \xi \\ \partial/\partial \eta \end{Bmatrix} \tag{r}$$

而 $\boldsymbol{J}$ 的逆阵

$$\boldsymbol{J}^{-1} = \frac{\boldsymbol{J}^*}{|\boldsymbol{J}|} = \frac{1}{|\boldsymbol{J}|}\begin{bmatrix} b_3 + b_2\eta & -b_1 - b_2\eta \\ -a_3 - a_2\xi & a_1 + a_2\eta \end{bmatrix} \tag{s}$$

① 文献[2]中第 389 页式（8），此处误印为 $f_2$。

文献[2]建议，**为简化式（7.1.9）的计算，用 Lu[6]等建议的方法，在 $J$ 取逆的伴随阵 $J^{*}$ 用其在原点 $\xi=\eta=0$ 的值，而行列式 $|J|$ 维持不变**——这是 Sze 及 Chow 建立新的非协调元关键所在。

因此，式（r）简化为

$$
\begin{aligned}
\frac{\tilde{\partial}}{\partial r} &= \frac{1}{|\boldsymbol{J}|}\left(b_3\frac{\partial}{\partial \xi} - b_1\frac{\partial}{\partial \eta}\right) \\
\frac{\tilde{\partial}}{\partial z} &= \frac{1}{|\boldsymbol{J}|}\left(-a_3\frac{\partial}{\partial \xi} + a_1\frac{\partial}{\partial \eta}\right)
\end{aligned} \tag{t}
$$

从而第 5 章应变位移微分算子 $\boldsymbol{D}$（式（5.6.5））简化为 $\tilde{\boldsymbol{D}}$

$$
\tilde{\boldsymbol{D}} = \frac{1}{|\boldsymbol{J}|}\begin{bmatrix}
b_3\frac{\partial}{\partial \xi} - b_1\frac{\partial}{\partial \eta} & 0 \\
\frac{|\boldsymbol{J}|^{①}}{r} & 0 \\
0 & -a_3\frac{\partial}{\partial \xi} + a_1\frac{\partial}{\partial \eta} \\
-a_3\frac{\partial}{\partial \xi} + a_1\frac{\partial}{\partial \eta} & b_3\frac{\partial}{\partial \xi} - b_1\frac{\partial}{\partial \eta}
\end{bmatrix} \tag{7.1.19}
$$

利用式（7.1.19）可以证明，非协调位移 $\boldsymbol{u}_\lambda$ 式（7.1.16），满足约束条件式（7.1.18）：

$$
\int_V \tilde{\boldsymbol{D}}\boldsymbol{u}_\lambda \,\mathrm{d}V = 2\pi\int_{-1}^{1}\int_{-1}^{1}(\tilde{\boldsymbol{D}}\boldsymbol{u}_\lambda)|\boldsymbol{J}|r\,\mathrm{d}\xi\mathrm{d}\eta = \boldsymbol{0} \tag{7.1.20}
$$

Sze 及 Chow 提出由协调位移 $\boldsymbol{u}_q$ 式（7.1.15）及非协调位移 $\boldsymbol{u}_\lambda$ 式（7.1.17）构成非协调轴对称位移元 LA1。

2. 非协调杂交应力元 HA1

（1）杂交应力元 HA1 依据泛函（7.1.7）建立，其协调位移 $\boldsymbol{u}_q$、非协调位移 $\boldsymbol{u}_\lambda$，以及简化的微分算子 $\tilde{\boldsymbol{D}}$ 与单元 LA1 相同。

应力场同样选取如下具有 12 个应力参数 $\beta$

$$
\boldsymbol{\sigma} = \begin{Bmatrix} \sigma_r \\ \sigma_\theta \\ \sigma_z \\ \tau_{r\theta} \end{Bmatrix} = \begin{bmatrix} \boldsymbol{I}_4 & \boldsymbol{I}_4\xi & \boldsymbol{I}_4\eta \end{bmatrix}\begin{Bmatrix} \beta_1 \\ \vdots \\ \beta_{12} \end{Bmatrix} = \boldsymbol{P}\boldsymbol{\beta} \tag{7.1.21}
$$

---

① 文献[2]中第 389 页式（6），此处误印为 $1/r$。

（2）根据式（f）及式（7.1.19），由于在建立单元 HA1 时，文献[2]中泛函 $\Pi^{*}_{mR_2}$（式（7.1.5））少了最后一项 $-\int_{\partial V_n}(\boldsymbol{\nu}\boldsymbol{\sigma}_{\mathrm{h}}^{\mathrm{T}})^{\mathrm{T}}\boldsymbol{u}_{\lambda}\,\mathrm{d}S$，所以导出的单刚 $\boldsymbol{k}$ 中 $\boldsymbol{G}_2=\boldsymbol{0}$，$\overline{\boldsymbol{G}}=\boldsymbol{G}_1$。这时式（7.1.7）中的 $\boldsymbol{D}\boldsymbol{u}_{\lambda}$ 以 $\tilde{\boldsymbol{D}}\boldsymbol{u}_{\lambda}$ 代替，而 $\boldsymbol{D}\boldsymbol{u}_q$ 不变。

导出的 $\boldsymbol{k}$ 中诸子阵的显式表达式如下：

$$\boldsymbol{G}=2\pi\int_{-1}^{1}\int_{-1}^{1}\boldsymbol{P}^{\mathrm{T}}(\boldsymbol{D}\boldsymbol{N})r|\boldsymbol{J}|\mathrm{d}\xi\mathrm{d}\eta$$

$$=2\pi\int_{-1}^{1}\int_{-1}^{1}\boldsymbol{P}^{\mathrm{T}}\frac{1}{4|\boldsymbol{J}|}\left(\begin{bmatrix}\boldsymbol{B}_{01}\\ \dfrac{|\boldsymbol{J}|}{r}\boldsymbol{B}_{02}\\ \boldsymbol{B}_{03}\\ \boldsymbol{B}_{04}\end{bmatrix}+\xi\begin{bmatrix}\boldsymbol{B}_{11}\\ \dfrac{|\boldsymbol{J}|}{r}\boldsymbol{B}_{12}\\ \boldsymbol{B}_{13}\\ \boldsymbol{B}_{14}\end{bmatrix}+\xi\eta\begin{bmatrix}0\\ \dfrac{|\boldsymbol{J}|}{r}\boldsymbol{B}_{22}\\ 0\\ 0\end{bmatrix}+\eta\begin{bmatrix}\boldsymbol{B}_{31}\\ \dfrac{|\boldsymbol{J}|}{r}\boldsymbol{B}_{32}\\ \boldsymbol{B}_{33}\\ \boldsymbol{B}_{34}\end{bmatrix}\right)r|\boldsymbol{J}|\mathrm{d}\xi\mathrm{d}\eta$$

$$=2\pi\begin{bmatrix}a_4\boldsymbol{B}_{01}+\dfrac{1}{3}(a_1\boldsymbol{B}_{11}+a_3\boldsymbol{B}_{31})\\ f_1\boldsymbol{B}_{02}+\dfrac{1}{3}(f_2\boldsymbol{B}_{12}+f_3\boldsymbol{B}_{32})\\ a_4\boldsymbol{B}_{03}+\dfrac{1}{3}(a_1\boldsymbol{B}_{13}+a_3\boldsymbol{B}_{33})\\ a_4\boldsymbol{B}_{04}+\dfrac{1}{3}(a_1\boldsymbol{B}_{14}+a_1\boldsymbol{B}_{34})\\ \dfrac{1}{3}(a_4\boldsymbol{B}_{11}+a_1\boldsymbol{B}_{01})+\dfrac{1}{9}a_2\boldsymbol{B}_{31}\\ \dfrac{1}{3}(f_1\boldsymbol{B}_{12}+f_2\boldsymbol{B}_{02})+\dfrac{1}{9}f_3\boldsymbol{B}_{22}\\ \dfrac{1}{3}(a_4\boldsymbol{B}_{13}+a_1\boldsymbol{B}_{03})+\dfrac{1}{9}a_2\boldsymbol{B}_{33}\\ \dfrac{1}{3}(a_4\boldsymbol{B}_{14}+a_1\boldsymbol{B}_{04})+\dfrac{1}{9}a_2\boldsymbol{B}_{34}\\ \dfrac{1}{3}(a_4\boldsymbol{B}_{31}+a_3\boldsymbol{B}_{01})+\dfrac{1}{9}a_1\boldsymbol{B}_{11}\\ \dfrac{1}{3}(f_1\boldsymbol{B}_{32}+f_3\boldsymbol{B}_{02})+\dfrac{1}{9}f_2\boldsymbol{B}_{22}\\ \dfrac{1}{3}(a_4\boldsymbol{B}_{33}+a_3\boldsymbol{B}_{03})+\dfrac{1}{9}a_1\boldsymbol{B}_{13}\\ \dfrac{1}{3}(a_4\boldsymbol{B}_{34}+a_3\boldsymbol{B}_{04})+\dfrac{1}{9}a_1\boldsymbol{B}_{14}\end{bmatrix}\tag{u}$$

其中

$$
\begin{aligned}
&\boldsymbol{B}_{01}=\begin{bmatrix} b_1-b_3 & 0 & b_1+b_3 & 0 & -b_1+b_3 & 0 & -b_1-b_3 & 0 \end{bmatrix}\\
&\boldsymbol{B}_{02}=\begin{bmatrix} 1 & 0 & 1 & 0 & 1 & 0 & 1 & 0 \end{bmatrix}\\
&\boldsymbol{B}_{03}=\begin{bmatrix} 0 & -a_1+a_3 & 0 & -a_1-a_3 & 0 & a_1-a_3 & 0 & a_1+a_3 \end{bmatrix}\\
&\boldsymbol{B}_{04}=\begin{bmatrix} -a_1+a_3 & b_1-b_3 & -a_1-a_3 & b_1+b_3 & a_1-a_3 & -b_1+b_3 & a_1+a_3 & -b_1-b_3 \end{bmatrix}\\
&\boldsymbol{B}_{11}=\begin{bmatrix} -b_1-b_2 & 0 & b_1+b_2 & 0 & -b_1+b_2 & 0 & b_1-b_2 & 0 \end{bmatrix}\\
&\boldsymbol{B}_{12}=\begin{bmatrix} -1 & 0 & 1 & 0 & 1 & 0 & -1 & 0 \end{bmatrix}\\
&\boldsymbol{B}_{13}=\begin{bmatrix} 0 & a_1+a_2 & 0 & -a_1-a_2 & 0 & a_1-a_2 & 0 & -a_1+a_2 \end{bmatrix}\\
&\boldsymbol{B}_{14}=\begin{bmatrix} a_1+a_2 & -b_1-b_2 & -a_1-a_2 & b_1+b_2 & a_1-a_2 & -b_1+b_2 & -a_1+a_2 & b_1-b_2 \end{bmatrix}\\
&\boldsymbol{B}_{22}=\begin{bmatrix} 1 & 0 & -1 & 0 & 1 & 0 & -1 & 0 \end{bmatrix}\\
&\boldsymbol{B}_{31}=\begin{bmatrix} b_2+b_3 & 0 & b_2-b_3 & 0 & -b_2+b_3 & 0 & -b_2-b_3 & 0 \end{bmatrix}\\
&\boldsymbol{B}_{32}=\begin{bmatrix} -1 & 0 & -1 & 0 & 1 & 0 & 1 & 0 \end{bmatrix}\\
&\boldsymbol{B}_{33}=\begin{bmatrix} 0 & -a_2-a_3 & 0 & -a_2+a_3 & 0 & a_2-a_3 & 0 & a_2+a_3 \end{bmatrix}\\
&\boldsymbol{B}_{34}=\begin{bmatrix} -a_2-a_3 & b_2+b_3 & -a_2+a_3 & b_2-b_3 & a_2-a_3 & -b_2+b_3 & a_2+a_3 & -b_2-b_3 \end{bmatrix}
\end{aligned}
\tag{v}
$$

$$
\overline{\boldsymbol{G}}=\boldsymbol{G}_1=2\pi\int_{-1}^{1}\int_{-1}^{1}\boldsymbol{P}^{\mathrm{T}}(\tilde{\boldsymbol{D}}\boldsymbol{M})\,r\,\boldsymbol{J}\,\mathrm{d}\xi\mathrm{d}\eta
$$

$$
=2\pi\begin{bmatrix}
0 & 0 & 0 & 0\\
0 & 0 & 0 & 0\\
0 & 0 & 0 & 0\\
0 & 0 & 0 & 0\\
\dfrac{8b_3}{9}\left(\dfrac{a_1a_1}{a_4}-a_4\right) & 0 & \dfrac{8b_1}{9}\left(a_2-\dfrac{a_1a_3}{a_4}\right) & 0\\
\tilde{M}_1 & 0 & \dfrac{-8}{27}\dfrac{a_3f_3}{a_4f_1} & 0\\
0 & \dfrac{8a_3}{3}\left(a_4-\dfrac{a_1a_1}{3a_4}\right) & 0 & \dfrac{8a_1}{3}\left(a_2-\dfrac{a_1a_3}{a_4}\right)\\
\dfrac{8a_3}{3}\left(a_4-\dfrac{a_1a_1}{3a_4}\right) & \dfrac{8b_3}{9}\left(\dfrac{a_1a_1}{a_4}-a_4\right) & \dfrac{8a_1}{3}\left(a_2-\dfrac{a_1a_3}{a_4}\right) & \dfrac{8b_1}{9}\left(a_2-\dfrac{a_1a_3}{a_4}\right)\\
\dfrac{8b_3}{9}\left(\dfrac{a_1a_3}{a_4}-a_2\right) & 0 & \dfrac{8b_1}{3}\left(a_4-\dfrac{a_3a_3}{a_4}\right) & 0\\
\dfrac{-8}{27}\dfrac{a_1f_2}{a_4f_1} & 0 & \tilde{M}_2 & 0\\
0 & \dfrac{8a_3}{9}\left(a_2-\dfrac{a_1a_3}{a_4}\right) & 0 & \dfrac{8a_1}{3}\left(a_4-\dfrac{a_3a_3}{3a_4}\right)\\
\dfrac{8a_3}{9}\left(a_2-\dfrac{a_1a_3}{a_4}\right) & \dfrac{8b_3}{3}\left(\dfrac{a_1a_3}{a_4}-a_2\right) & \dfrac{8a_1}{3}\left(a_4-\dfrac{a_3a_3}{3a_4}\right) & \dfrac{8b_1}{3}\left(a_4-\dfrac{a_3a_3}{a_4}\right)
\end{bmatrix}
\tag{w}
$$

其中

$$\tilde{M}_1=\frac{8a_1f_1}{9a_4}-\frac{8f_2}{9}\left(\frac{a_1f_2}{3a_4f_1}+\frac{2}{5}\right),\quad \tilde{M}_2=\frac{8a_3f_1}{9a_4}-\frac{8f_3}{9}\left(\frac{a_3f_3}{3a_4f_1}+\frac{2}{5}\right) \tag{x}$$

式（w）的前四行为零，对杂交应力元，为了通过分片试验，其常应力分量不能与高阶应力项耦合，这是文献[7]和文献[8]多次强调的问题；也是文献[9]中 Pian 与 Tian 早期建立的轴对称元不能通过分片试验的原因所在。

单刚 $\boldsymbol{k}$ 中子阵

$$\boldsymbol{H}=2\pi\int_{-1}^{1}\int_{-1}^{1}\boldsymbol{P}^{\mathrm{T}}\boldsymbol{S}\boldsymbol{P}r|\boldsymbol{J}|\mathrm{d}\xi\mathrm{d}\eta=\begin{bmatrix}Q_{11}\boldsymbol{S} & Q_{12}\boldsymbol{S} & Q_{13}\boldsymbol{S}\\ & Q_{22}\boldsymbol{S} & Q_{23}\boldsymbol{S}\\ \text{对称} & & Q_{33}\boldsymbol{S}\end{bmatrix},\quad \boldsymbol{Q}=[Q_{ij}] \tag{y}$$

这里

$$\boldsymbol{Q}=8\pi\begin{bmatrix}a_4f_1+\dfrac{a_1f_2+a_3f_3}{3} & \dfrac{a_4f_2+a_1f_1}{3}+\dfrac{a_2f_3}{9} & \dfrac{a_4f_3+a_3f_1}{3}+\dfrac{a_2f_3}{9}\\ & \dfrac{a_4f_1}{3}+\dfrac{a_1f_2}{5}+\dfrac{a_3f_3}{9} & \dfrac{a_1f_3+a_2f_1+a_3f_2}{9}\\ \text{对称} & & \dfrac{a_4f_1}{3}+\dfrac{a_1f_2}{9}+\dfrac{a_3f_3}{5}\end{bmatrix} \tag{z}$$

由于式（n）中的 $b_4$ 不出现在以上矩阵 $\boldsymbol{G}$ 、$\bar{\boldsymbol{G}}$ 及 $\boldsymbol{H}$ 中，所以单元 HA1 几何各向同性[10]。

3. 非协调杂交应力元 FA1

早期 Bergan 和 Nygård 等提出了用自由列式方法构造有限元[11-16]，这种单元的关键在于，将单刚 $\boldsymbol{k}$ 分成基础刚度 $\boldsymbol{k}_{\mathrm{b}}$ 及高阶刚度 $\boldsymbol{k}_{\mathrm{h}}$ 之和。其基础刚度一般与常应变模式的秩相同，均不满秩，它是由收敛性要求构造；而高阶刚度则是为了满足稳定性及精确性的要求。

单元基础刚度 $\boldsymbol{k}_{\mathrm{b}}$ 只与基本模式（刚体、常应变模式）有关，具有相同自由度、相同类型的单元，其 $\boldsymbol{k}_{\mathrm{b}}$ 相同。而高阶刚度 $\boldsymbol{k}_{\mathrm{h}}$ 则取决于所选取线性独立的高阶变形模式，同时，对于高阶刚度，乘以一个正定系数 $(1-\gamma)$，也许可以增进粗网格时单元的性能，而无损于单元的基本收敛性质[17]，即

$$\boldsymbol{k}=\boldsymbol{k}_{\mathrm{b}}+(1-\gamma)\boldsymbol{k}_{\mathrm{h}} \tag{a$^1$}$$

这种列式可应用于任何非协调位移场，其主要优点在于选取位移模式时的灵活性，易于建立高性能的非协调元，Bergan 等用此方法已成功地建立了一系列新型单元。Felippa 证明，这种自由列式，$\boldsymbol{k}_{\mathrm{h}}$ 是建立在一种单参数、多场变量变分原理基础上的特殊杂交应力元[18-20]，而且这种方法，现在已发展至建立杂交应力元等多类有限元，有关这方面的详细阐述，可参考文献[21]。

Sze 和 Chow 在文献[22]中指出：根据自由列式方法，将上面的阵$\boldsymbol{Q}$（式（z））简化为如下阵$\tilde{\boldsymbol{Q}}$，不会损失单元稳定性及满足分片试验：

$$\tilde{\boldsymbol{Q}}=8\pi\begin{bmatrix} a_4 f_1+\dfrac{a_2 f_2+a_3 f_3}{3} & \dfrac{a_4 f_2+a_1 f_1}{3}+\dfrac{a_2 f_3}{9} & \dfrac{a_4 f_3+a_3 f_1}{3}+\dfrac{a_2 f_3}{9} \\ & \dfrac{a_4 f_1}{3}+\dfrac{a_1 f_2}{5}+\dfrac{a_3 f_3}{9} & 0 \\ \text{对称} & & \dfrac{a_4 f_1}{3}+\dfrac{a_1 f_2}{9}+\dfrac{a_3 f_3}{5} \end{bmatrix} \quad \text{(b)}^{1}$$

这样由$\tilde{\boldsymbol{Q}}$形成的杂交应力元，称为元 FA1。

当单元退化为两边平行于 $r$ 及 $z$ 轴的矩形时，以上两类杂交应力元 HA1 及 FA1 相同。

4. 数值算例

算例中给出以下轴对称元的结果，以资比较：

（1）LA1：Sze 和 Chow 建立的非协调位移元[2]；

（2）HA1，FA1：Sze 和 Chow 建立的两种杂交应力元[2]；

（3）$8\beta$：Tian 和 Pian 建立的杂交应力元[9]；

（4）SQ4：Chen 和 Cheung 建立的广义杂交应力元[3]；

（5）OABI：Bachrach 和 Belytschko 建立的单元[23]；

（6）JAX-$\overline{\text{B}}$ 及 IAX-C：Dong 及 Teixeira de Freitas 建立的杂交应力元[1]；

（7）Q4：4 结点位移等参轴对称元。

**例 1**　分片试验——厚壁筒

承受均匀内外压力的厚壁筒，如图 6.10 所示，现在建立的三种元 LA1、HA1 及 FA1 计算所得结点位移及单元应力，均和解析解一致。反之，当边界位移替代表面力时，结果也无误。

**例 2**　厚壁筒承受均匀内压

（1）网格 I

用图 6.4 所示 5 个矩形单元进行分析，计算所得单元中心的应力$\sigma_r$、$\sigma_\theta$及$\sigma_z$，以及各结点径向位移$u_r$与解析解相比，误差百分比由表 6.4 给出。可见杂交应力元 HA1 及 FA1 的以上结果，均较非协调位移元 LA1 要好一些。现在的三种单元 HA1、FA1 及 LA1 均不产生伪剪应力。

当材料的泊松比趋近 0.5 时，计算所得单元中心各点应力及结点径向位移，列于表 6.5 中，结果也显示，非协调位移元 LA1 不够正确，而其他几种元，结果满意。

（2）网格 II

用图 6.5 中 4 个歪斜网格进行分析。算得的 A 点径向位移$u_r$及径向应力$\sigma_r$，

随歪斜参数 $e$ 的变化，分别如图 7.4 及图 7.5 所示。

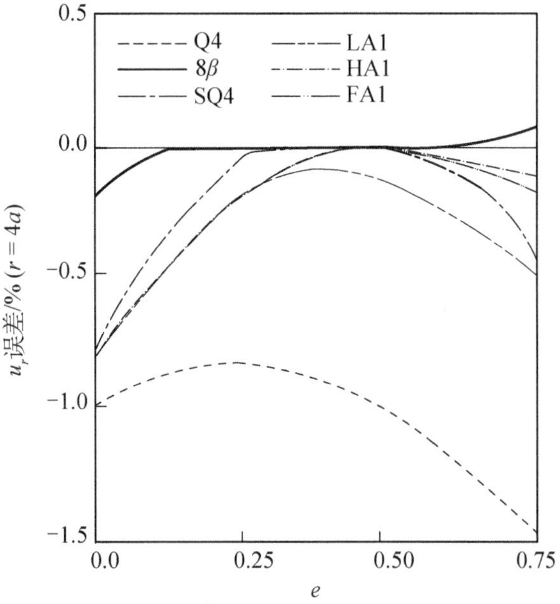


图 7.4　位移 $u_r$ 随歪斜参数 $e$ 的变化（厚壁筒承受内压力）

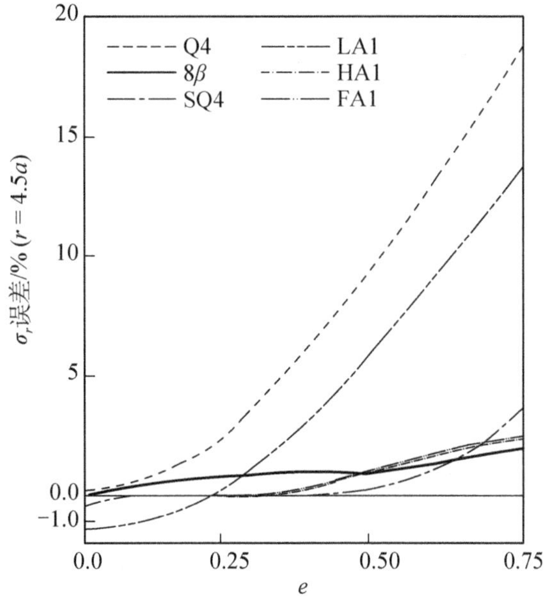


图 7.5　应力 $\sigma_r$ 随歪斜参数 $e$ 的变化（厚壁筒承受内压力）

由以上两图可见，杂交应力元 HA1、FA1 及 SQ4 均给出略次于 $8\beta$ 元的位移及应力。非协调位移元 LA1 给出的位移 $u_r$ 与 SQ4 相近；对单元歪斜的敏感性，较位移元 Q4 低，但当参数 $e$ 增大时，元 LA1 的应力 $\sigma_r$ 明显变差。

**例 3**　简支圆板承受均匀横向载荷[7]

1. 网格Ⅰ、Ⅱ、Ⅲ

简支圆板承受均匀横向载荷，用图 7.6 所示三种网格进行分析。由规则网格（$e=0$），计算所得 $A$ 点、$B$ 点横向位移 $w_a$ 与 $w_b$ 以及 $B$ 点应力由表 6.9 给出。当 $e=0.025$ 时，计算所得的相应值分别列于表 7.4 及表 7.5 中。网格歪斜 $e$ 增大时（图 7.6，网格Ⅲ），对不同泊松比，计算得到的位移及径向应力列于表 7.6。以上结果显示：元 HA1 及 FA1 在单元歪斜且泊松比 $\nu \to 0.5$ 时，给出高的精度。

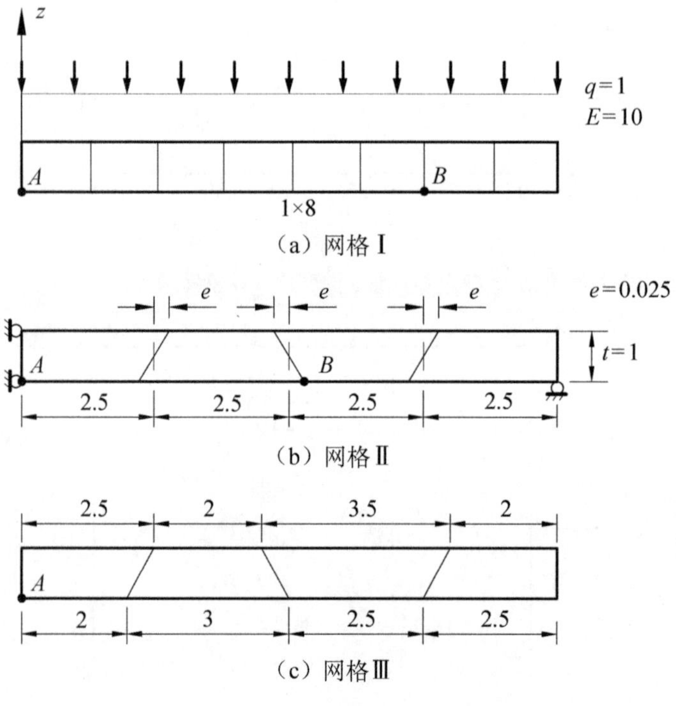


图 7.6　简支圆板的有限元网格

**表 7.4　不同泊松比下的位移（$t=1$）**
**（简支圆板承受均匀横向载荷，网格Ⅱ（1×4），$e=0.025$）**

| 单元 | $w_a$ | | | | $w_b$ | | | |
|---|---|---|---|---|---|---|---|---|
| | $\nu=0.25$ | $\nu=0.49$ | $\nu=0.4999$ | $\nu=0.499999$ | $\nu=0.25$ | $\nu=0.49$ | $\nu=0.4999$ | $\nu=0.499999$ |
| Q4 | −512.10 | −415.5 | −8.076 | −7.742 | −169.33 | −148.13 | −3.50 | −3.38 |
| QABI | −767.81 | — | −577.61 | — | −269.99 | — | 194.81 | — |

续表

| 单元 | $w_a$ | | | | $w_b$ | | | |
|---|---|---|---|---|---|---|---|---|
| | $\nu=0.25$ | $\nu=0.49$ | $\nu=0.4999$ | $\nu=0.499999$ | $\nu=0.25$ | $\nu=0.49$ | $\nu=0.4999$ | $\nu=0.499999$ |
| LA1 | −758.00 | 527.95 | −400.96 | −388.42 | −275.20 | −191.09 | −168.72 | −166.30 |
| HA1 | −760.28 | −545.78 | −536.44 | −536.34 | −275.43 | −193.08 | −189.59 | −189.55 |
| FA1 | −760.24 | −545.72 | −536.38 | −536.29 | −275.41 | −193.03 | −189.54 | −189.50 |
| IAX-$\overline{\text{B}}$ | −762.39 | −536.91 | −536.82 | −536.81 | −277.46 | −194.34 | −190.82 | −190.79 |
| IAX-C | −762.35 | −546.53 | −537.14 | −537.05 | −277.31 | −194.12 | −190.60 | −189.56 |
| 解析解 | **−738.28** | **−524.98** | **−515.72** | **−515.63** | **−282.42** | **−196.51** | **−192.88** | **−192.85** |

**表 7.5　不同泊松比下的位移（$t$=1）**
**（简支圆板承受均匀横向载荷，网格Ⅱ（1×4），$e$= 0.025）**

| 单元 | $\sigma_{rA}$ | | | |
|---|---|---|---|---|
| | $\nu=0.25$ | $\nu=0.49$ | $\nu=0.4999$ | $\nu=0.499999$ |
| Q4 | 0/0 | 0/0 | 0/0 | 0/0 |
| QABI | — | — | — | — |
| LA1 | 0/0 | 0/0 | 0/0 | 0/0 |
| HA1 | 120.46 | 121.67 | 121.32 | 121.32 |
| FA1 | 121.49 | 122.82 | 122.49 | 122.49 |
| IAX-$\overline{\text{B}}$ | 124.04 | 134.08 | 134.50 | 134.28 |
| IAX-C | 120.01 | 122.91 | 122.72 | 122.57 |
| 解析解 | **121.88** | **130.88** | **131.25** | **131.25** |

**表 7.6　不同泊松比下应力及位移（$t$=1）**
**（简支圆板承受均匀横向载荷，网格Ⅲ（1×4））**

| 单元 | $w_a$ | | | | $\sigma_{rA}$ | | | |
|---|---|---|---|---|---|---|---|---|
| | $\nu=0.25$ | $\nu=0.49$ | $\nu=0.4999$ | $\nu=0.499999$ | $\nu=0.25$ | $\nu=0.49$ | $\nu=0.4999$ | $\nu=0.499999$ |
| Q4 | −469.15 | −46.08 | −8.53 | −9.78 | 0/0 | 0/0 | 0/0 | 0/0 |
| SQ4 | −668.79 | — | — | — | 163.46 | — | — | — |
| LA1 | −671.07 | −473.97 | −304.53 | −290.28 | 0/0 | 0/0 | 0/0 | 0/0 |
| HA1 | −677.51 | −512.52 | −504.83 | −504.76 | 149.46 | 136.48 | 135.15 | 135.14 |
| FA1 | −675.68 | −509.96 | −502.24 | −502.16 | 164.73 | 152.70 | 151.40 | 151.38 |
| IAX-$\overline{\text{B}}$ | −673.06 | −510.62 | −503.00 | −502.91 | 163.30 | 182.09 | 182.65 | 182.49 |
| IAX-C | −670.54 | −507.90 | −500.14 | −500.07 | 142.86 | 123.96 | 122.14 | 122.94 |
| 解析解 | **−738.28** | **−524.98** | **−515.72** | **−515.63** | **121.88** | **130.88** | **131.25** | **131.25** |

2. 网格Ⅱ——薄板分析

当圆板变薄，$t$ 从 1 减至 0.005 时（泊松比$\nu = 0.25$不变），矩形有限元网格（网格Ⅰ，$e=0$）或轻微歪斜（网格Ⅱ，$e=0.025$），算得的 $A$ 点横向位移（以$w_{A}t^{3}$表示）列于表 6.10 中。结果可见，对矩形网格，除传统 4 结点等参元 Q4 及 LA1 外，其余几种元的结果相近；网格稍微歪斜时，目前的三种单元，以及以前$\mathrm{I}_{b}^{m}$建立的单元，结果略差。同样，等参位移元的结果最不理想。

## 7.2　轴对称元中伪剪应力的几点说明

从以上算例可知，对一个无限长的厚壁筒，在均匀压力作用下，其对称截面上的剪应力$\sigma_{rz}$本应为零。但用一些有限元分析此问题时，由于单元的约束或应力选择不够恰当，用这类单元进行计算常导致所得剪应力并不为零，我们将这种依照解析解本该为零、但是用这些有限元的计算结果并不为零的剪应力$\sigma_{rz}$，称为“伪剪应力”。

数值算例表明：不管是用假定位移元，还是用杂交应力元计算，都可能出现伪剪应力。Cook 指出[24]：对于轴对称位移元，由于附加了某些内部不相容的非协调位移项，虽然可能改善这类单元的应力及位移解的精度，但会引起伪剪应力现象，在某些单元的边界上，其值甚至可高达径向应力$\sigma_{r}$值的 50%。

以上讨论的杂交应力元中，也有伪剪应力出现。而且有些单元，在规则的矩形网格下不出现伪剪应力，当单元歪斜时却出现伪剪切现象。左德元和陈大鹏[25]对伪剪应力出现的机理，进行了简洁的分析。

### 7.2.1　矩形网格下伪剪切现象产生的原因及消除

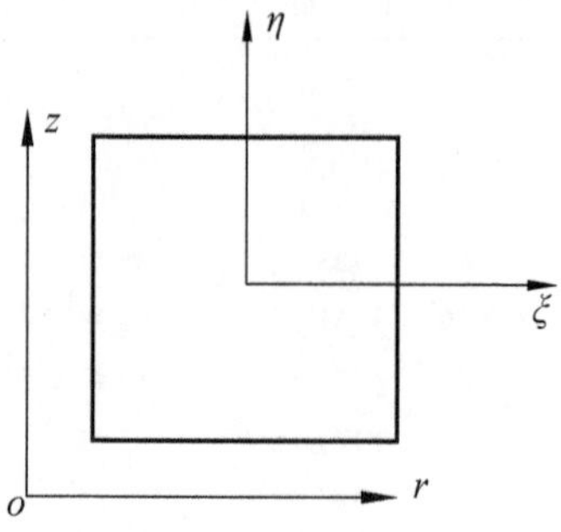

图 7.7　轴对称矩形单元

文献[25]认为，矩形单元（图 7.7）下出现伪剪切，是由于剪应力$\sigma_{rz}$的各应力参数$\beta$，受到$\sigma_{r}$、$\sigma_{z}$、$\sigma_{\theta}$分量中的$\beta$项的不合理约束。

设应力为

$$\boldsymbol{\sigma} = \left[\sigma_{r}, \sigma_{z}, \sigma_{rz}, \sigma_{\theta}\right]^{\mathrm{T}} = \boldsymbol{P}(x)\boldsymbol{\beta} \tag{7.2.1}$$

这里，$\boldsymbol{P}(x)$为应力插值阵。当应力以整体坐标$(r,z)$表达时，$\boldsymbol{P}(x)=\boldsymbol{P}(r,z)$；应力以局部坐标$(\xi,\eta)$表达时，$\boldsymbol{P}(x)=\boldsymbol{P}(\xi,\eta)$。

以前讨论过的几种矩形轴对称元，它们应力场的插值函数分别为：

## 1. AXH7C[10]

$$\boldsymbol{P}(r,z) = \begin{array}{c} \begin{array}{ccccccc} 1 & 2 & 3 & 4 & 5 & 6 & 7 \end{array} \\ \left[\begin{array}{ccccccc} 1 & z & r & \dfrac{1}{r} & \dfrac{z}{r} & 0 & 0 \\[2mm] 0 & 0 & -3r & -\dfrac{1}{r} & -\dfrac{z}{r} & 1 & z \\[2mm] 0 & 0 & 0 & 0 & 1 & 0 & -\dfrac{r}{2} \\[2mm] 1 & z & 2r & 0 & 0 & 0 & 0 \end{array}\right]_{4\times 7} \end{array} \quad \begin{array}{l} \sigma_r \\[2mm] \sigma_z \\[2mm] \sigma_{rz} \\[2mm] \sigma_\theta \end{array} \qquad （a）$$

## 2. AXH9C[10]

$$\boldsymbol{P}(r,z) = \begin{array}{c} \begin{array}{ccccccccc} 1 & 2 & 3 & 4 & 5 & 6 & 7 & 8 & 9 \end{array} \\ \left[\begin{array}{ccccccccc} 1 & z & r & \dfrac{1}{r} & \dfrac{z}{r} & 0 & 0 & 0 & 0 \\[2mm] 0 & 0 & -3r & -\dfrac{1}{r} & -\dfrac{z}{r} & 1 & z & 0 & 0 \\[2mm] -\dfrac{z}{r} & 0 & 0 & 0 & 1 & 0 & -\dfrac{r}{2} & \dfrac{z}{r} & \dfrac{1}{r} \\[2mm] 0 & z & 2r & 0 & 0 & 0 & 0 & 1 & 0 \end{array}\right]_{4\times 9} \end{array} \quad \begin{array}{l} \sigma_r \\[2mm] \sigma_z \\[2mm] \sigma_{rz} \\[2mm] \sigma_\theta \end{array} \quad （b）$$

## 3. 8$\beta$ [9]

$$\boldsymbol{P}(\xi,\eta) = \begin{array}{c} \begin{array}{cccccccc} 1 & 2 & 3 & 4 & 5 & 6 & 7 & 8 \end{array} \\ \left[\begin{array}{cccccccc} 1 & \eta & 0 & 0 & 0 & 0 & 0 & 0 \\[2mm] 0 & 0 & 0 & 0 & 0 & 1 & -\dfrac{b\eta}{r_0} & \xi \\[2mm] -\dfrac{b\eta}{r_0} & 0 & \dfrac{b\eta}{r_0} & 0 & 0 & 0 & 1 & 0 \\[2mm] 0 & 0 & 1 & \eta & \xi & 0 & 0 & 0 \end{array}\right]_{4\times 8} \end{array} \quad \begin{array}{l} \sigma_r \\[2mm] \sigma_z \\[2mm] \sigma_{rz} \\[2mm] \sigma_\theta \end{array} \qquad （c）$$

## 4. 优化元[26]

$$\boldsymbol{P}(\xi,\eta) = \left[\begin{array}{cccccccc} 1 & 0 & 0 & 0 & \eta & 0 & 0 & 0 \\ 0 & 1 & 0 & 0 & 0 & \xi & 0 & 0 \\ 0 & 0 & 1 & 0 & 0 & 0 & 0 & 0 \\ 0 & 0 & 0 & 1 & 0 & 0 & \eta & \xi \end{array}\right]_{4\times 8} \quad \begin{array}{l} \sigma_r \\ \sigma_z \\ \sigma_{rz} \\ \sigma_\theta \end{array} \qquad （d）$$

用以上四种矩形单元，分析均匀内压下无限长的厚壁筒时，这些单元内的应力分量应满足以下条件：

当剪应力$\sigma_{rz}$对应的$z$（或$\eta$）各$\beta$项趋于零时，法向应力$(\sigma_r, \sigma_z, \sigma_\theta)$中与其相对应的$\beta$项也应趋于零。

现在来检查以上的四种单元：首先，对元AXH7C，为得到剪应力$\sigma_{rz}$为零，式（a）中$\beta_5$、$\beta_7$项应趋于零。现在$\sigma_r$和$\sigma_z$中的$\beta_5$及$\beta_7$项正好与$z$有关，即这时$\sigma_r$、$\sigma_z$也要求$\beta_5$及$\beta_7$（还有$\beta_2$）趋于零，所以元AXH7C为矩形时，不存在非合理约束，也不会出现伪剪应力现象。

其次，元AXH9C（式（b）），由于$\sigma_{rz}$受到$\beta_1$和$\beta_8$的约束，当$\beta_1$与$\beta_8$有关项为零时，$\sigma_r$中的$\beta_1$项及$\sigma_\theta$中的$\beta_8$项并不为零，故该元有伪剪应力出现。

对于元$8\beta$（式（c）），$\sigma_{rz}$受$\beta_1$及$\beta_3$的约束，当$\beta_1$与$\beta_3$有关项为零时，$\sigma_r$的$\beta_1$项与$\sigma_\theta$的$\beta_3$项，并不为零，所以也产生伪剪应力。

而式（d）的优化元，$P(\xi, \eta)$中各量彼此不耦合，因而没有不合理约束，也不产生伪剪应力。

因此文献[25]指出："采用非耦合的应力布局是克服非合理约束的最有效的方法。即使在应力分量$(\sigma_r, \sigma_z, \sigma_\theta)$是$z$（或$\eta$）函数的一般情况下，$\sigma_{rz}$也不会受到其他应力分量中$\beta$项的约束。"

### 7.2.2　歪斜网格下伪剪应力的抑制

以上研究表明，有些单元，如AXH7C元，在矩形网格下不产生伪剪应力，但当网格歪斜时，则不然。

一般在歪斜单元下，多种单元均产生大小不等的伪剪应力，所谓"抑制伪剪应力"，就是使其数值不超过单元数值计算时的精度要求。为此，文献[25]指出："最好的办法是采用非耦合的应力插值，并使之满足对称性条件"。

## 7.3　杂交应力扭转元

### 7.3.1　应力约束方程和单元刚矩阵

考虑轴对称构件，承受反对称载荷情况。为此，这里分析一个变截面圆形扭轴，两端承受扭矩$M_T$作用（图7.8），沿柱坐标$r$、$\theta$、$z$方向的位移分别以$u$、$v$、$w$表示。

对此问题，仅有位移$v$、应力$\tau_{r\theta}$和$\tau_{z\theta}$，以及应变$\gamma_{r\theta}$和$\gamma_{z\theta}$，其余位移、应力及应变分量均为零。

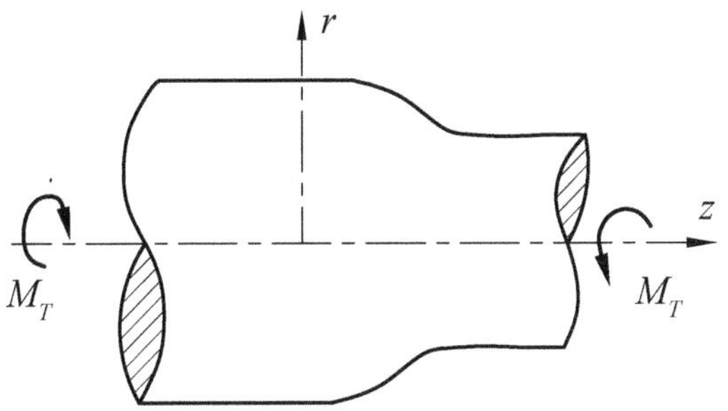


图 7.8　承受扭矩 $M_T$ 的扭轴

1. 弹性力学基本方程

几何方程

$$\boldsymbol{\varepsilon}=\begin{Bmatrix}\gamma_{r\theta}\\ \gamma_{z\theta}\end{Bmatrix}=\begin{Bmatrix}\dfrac{\partial}{\partial r}-\dfrac{1}{r}\\ \dfrac{\partial}{\partial z}\end{Bmatrix}v=\boldsymbol{D}v \tag{a}$$

平衡方程

$$\begin{bmatrix}\dfrac{\partial}{\partial r}+\dfrac{2}{r}\dfrac{\partial}{\partial z}\end{bmatrix}\begin{Bmatrix}\tau_{r\theta}\\ \tau_{z\theta}\end{Bmatrix}=\bar{\boldsymbol{D}}\boldsymbol{\sigma}=\boldsymbol{0} \tag{b}$$

本构关系

$$\boldsymbol{\varepsilon}=\begin{bmatrix}\dfrac{1}{G} & 0\\ 0 & \dfrac{1}{G}\end{bmatrix}\boldsymbol{\sigma}=\boldsymbol{S}\boldsymbol{\sigma} \tag{c}$$

其中，$G$ 为剪切弹性模量。

2. 有限元列式

选取单元位移 $v$，则

$$v=v_q+v_\lambda=\boldsymbol{N}\boldsymbol{q}+\boldsymbol{M}\boldsymbol{\lambda} \tag{7.3.1}$$

单元假定应力

$$\boldsymbol{\sigma}=\boldsymbol{\sigma}_{\mathrm{c}}+\boldsymbol{\sigma}_{\mathrm{h}}=\boldsymbol{P}_{\mathrm{c}}\boldsymbol{\beta}+\boldsymbol{P}_{\mathrm{h}}\boldsymbol{\beta} \tag{7.3.2}$$

单元应力约束方程采用以下三种模式：

（1）方法 $\mathrm{I_b^m}$：单元上高阶应力 $\boldsymbol{\sigma}_{\mathrm{h}}$ 平衡条件变分满足

$$\delta\int_{V_n}(\bar{\boldsymbol{D}}^{\mathrm{T}}\boldsymbol{\sigma}_{\mathrm{h}})^{\mathrm{T}}v_\lambda\mathrm{d}V=\boldsymbol{0} \tag{7.3.3}$$

（2）方法 $\text{II}_\text{b}$：单元上高阶应力 $\boldsymbol{\sigma}_\text{h}$ 与应变 $\boldsymbol{D}\boldsymbol{v}_\lambda$ 正交条件变分满足

$$\delta\int_{V_n}\boldsymbol{\sigma}_\text{h}^\text{T}(\boldsymbol{D}\boldsymbol{v}_\lambda)\,\text{d}V=\boldsymbol{0} \tag{7.3.4}$$

（3）方法 $\text{III}_\text{b}$：沿单元表面高阶应力 $\boldsymbol{\sigma}_\text{h}$ 对应的表面力在 $\delta\boldsymbol{v}_\lambda$ 上可做虚功为零

$$\int_{\partial V_n}(\boldsymbol{\nu}\boldsymbol{\sigma}_\text{h})^\text{T}\delta\boldsymbol{v}_\lambda\text{d}S=\boldsymbol{0} \tag{7.3.5}$$

满足约束方程式（7.3.3）至式（7.3.5）的假定应力场统一表示为

$$\begin{aligned}\boldsymbol{\sigma}^+&=\boldsymbol{\sigma}_\text{c}+\boldsymbol{\sigma}_\text{h}^+\\&=\boldsymbol{P}_\text{c}\boldsymbol{\beta}+\boldsymbol{P}_\text{h}^+\boldsymbol{\beta}=\boldsymbol{P}^+\boldsymbol{\beta}\end{aligned} \tag{7.3.6}$$

三种方法的单元刚度阵，统一用简化公式计算：

$$\boldsymbol{k}=\boldsymbol{G}^\text{T}\boldsymbol{H}^{-1}\boldsymbol{G}$$

其中

$$\boldsymbol{G}=\int_{V_n}\boldsymbol{P}^{+\text{T}}(\boldsymbol{D}\boldsymbol{N})\,\text{d}V,\quad \boldsymbol{H}=\int_{V_n}\boldsymbol{P}^{+\text{T}}\boldsymbol{S}\boldsymbol{P}^+\,\text{d}V \tag{7.3.7}$$

### 7.3.2　4 结点一般形状杂交应力扭转元[27-29]

单元形状如图 6.2 所示。这里分别建立了以下 $4\beta$ 及 $6\beta$ 两种单元。

1. $4\beta$ 元

$v_q$ 采取双线性内插函数，选取如下两项内位移 $v_\lambda$，使总位移 $v$ 为完整二次式：

$$v=\frac{1}{4}\sum_{i=1}^{4}(1+\xi_i\xi)(1+\eta_i\eta)v_i+(1-\xi^2)\lambda_i+(1-\eta^2)\lambda_2 \tag{7.3.8}$$

与位移匹配，选择初始应力场为完整一次式

$$\boldsymbol{\sigma}=\begin{Bmatrix}\tau_{r\theta}\\\tau_{z\theta}\end{Bmatrix}=\begin{bmatrix}1&\xi&\eta&0&0&0\\0&0&0&1&\xi&\eta\end{bmatrix}\begin{Bmatrix}\beta_1\\\vdots\\\beta_6\end{Bmatrix} \tag{7.3.9}$$

应用以上三组约束方程式（7.3.3）至式（7.3.5），得到仅含 $4\beta$ 的不同应力场 $\boldsymbol{\sigma}^+$，它们统一表示为

$$\boldsymbol{\sigma}^+=\begin{Bmatrix}\tau_{r\theta}^+\\\tau_{z\theta}^+\end{Bmatrix}=\begin{bmatrix}1&A_1\xi+\eta&0&A_2\xi\\0&B_1\eta&1&B_2\eta+\xi\end{bmatrix}\begin{Bmatrix}\beta_1\\\vdots\\\beta_4\end{Bmatrix} \tag{7.3.10}$$

$$A_i=\frac{(R_{1m}R_{26}-R_{2m}R_{16})}{(R_{22}R_{16}-R_{12}R_{26})},\quad B_i=\frac{(R_{1m}R_{22}-R_{2m}R_{12})}{(R_{26}R_{12}-R_{16}R_{22})} \tag{d}$$

当 $i=1$ 时，$m=3$； 当 $i=2$ 时，$m=5$。$R_{ij}$ 由表 7.7 给出，表中 $a_i$、$b_i(i=1至4)$ 同 7.1 节式（n）。

**表 7.7　应力场（式（7.3.10）及式（7.3.13））的系数 $R_{ij}$**
（$4\beta$ 元：$R_{ij}$，$i=1$，2；$j=2$，3，5，6）
（$6\beta$ 元：$R_{ij}$，$i=1$，2；$j=2$，3，5，6，7，8）

| 方法 | $\mathrm{I_b^m}$ | $\mathrm{II_b}$ | $\mathrm{III_b}$ |
|---|---|---|---|
| $R_{12}$ | $15a_4b_3+9a_1b_2-6a_2b_1$ | $-15a_4b_1-12a_1b_2+3a_2b_1$ | $-a_1b_2-a_2b_1$ |
| $R_{13}$ | $-15a_4b_1+10a_2b_3-15a_3b_2$ | $-10a_2b_3$ | $-5a_4b_1-5a_3b_2$ |
| $R_{15}$ | $-15a_3a_4-3a_1a_2$ | $15a_3a_4+9a_1a_2$ | $2a_1a_2$ |
| $R_{16}$ | $15a_1a_4+5a_2a_3$ | $10a_2a_3$ | $5a_1a_4+5a_2a_3$ |
| $R_{17}$ | $-3a_1b_1+5a_3b_3$ | $-5a_3b_3-3a_2b_2$ | $-a_1b_1-a_2b_2$ |
| $R_{18}$ | $3a_1^2-5a_3^2$ | $3a_2^2+5a_3^2$ | $a_1^2+a_2^2$ |
| $R_{22}$ | $15a_4b_3+15a_1b_2-10a_2b_1$ | $10a_2b_1$ | $5a_4b_3+5a_1b_2$ |
| $R_{23}$ | $-15a_4b_1-9a_3b_2+6a_2b_3$ | $15a_4b_1+12a_3b_2-3a_2b_3$ | $a_3b_2+a_2b_3$ |
| $R_{25}$ | $-15a_3a_4-5a_1a_2$ | $-10a_1a_2$ | $-5a_3a_4-5a_1a_2$ |
| $R_{26}$ | $15a_1a_4+3a_2a_3$ | $-15a_1a_4-9a_2a_3$ | $-2a_2a_3$ |
| $R_{27}$ | $-5a_1b_1+3a_3b_3$ | $5a_1b_1+3a_2b_2$ | $a_3b_3+a_2b_2$ |
| $R_{28}$ | $5a_1^2-3a_3^2$ | $-5a_1^2-3a_2^2$ | $-a_3^2-a_2^2$ |

对矩形元，由于方法 $\mathrm{I_b^m}$ 只得到一个独立方程，即，得到一个 $5\beta$ 元，这时，无论是用正交方法 $\mathrm{II_b}$ 作补充约束条件，还是对元的几何形状做一个小的摄动

$$r=\frac{\Delta}{2}\xi(1-\eta^2) \tag{e}$$

均找得一个补充约束方程，再消去一个应力参数，两个方法都得到具有相同 $4\beta$ 的应力场，用方法 $\mathrm{III_b}$ 也得到相同的 $4\beta$ 应力场：

$$\boldsymbol{\sigma}^+=\begin{Bmatrix}\tau_{r\theta}^+\\ \tau_{z\theta}^+\end{Bmatrix}=\begin{bmatrix}\beta_1+\beta_3\eta\\ \beta_2+\beta_4\xi\end{bmatrix}\quad(\mathrm{I_b^m},\ \mathrm{II_b},\ \mathrm{III_b}) \tag{7.3.11}$$

易于证明，此应力场通过分片试验，不具有多余的零能模式。

2. $6\beta$ 元

$v_q$ 与 $v_\lambda$ 选择用式（7.3.8），但初始应力场选择具有 8 个应力参数：

$$\boldsymbol{\sigma}=\begin{Bmatrix}\tau_{r\theta}\\ \tau_{z\theta}\end{Bmatrix}=\begin{bmatrix}1&\xi&\eta&0&0&0&\xi\eta&0\\0&0&0&1&\xi&\eta&0&\xi\eta\end{bmatrix}\begin{Bmatrix}\beta_1\\ \vdots\\ \beta_8\end{Bmatrix} \tag{7.3.12}$$

同上述步骤，消去 2 个 $\beta$，最后得到 $6\beta$ 的应力场

$$\boldsymbol{\sigma}^+=\begin{bmatrix}1&A_{11}\xi+\eta&0&A_{12}\xi&A_{13}\xi&A_{14}\xi+\xi\eta\\0&A_{21}\xi\eta&1&A_{22}\xi\eta+\xi&A_{23}\xi\eta+\eta&A_{24}\xi\eta\end{bmatrix}\begin{Bmatrix}\beta_1\\ \vdots\\ \beta_6\end{Bmatrix} \tag{7.3.13}$$

其中

$$A_{1m}=\frac{(R_{1m}R_{28}-R_{2m}R_{18})}{(R_{22}R_{18}-R_{12}R_{28})},\quad A_{2m}=\frac{(R_{1m}R_{22}-R_{2m}R_{12})}{(R_{28}R_{12}-R_{18}R_{22})} \tag{f}$$

这里，$m=1, 2, 3, 4$；$R_{1m}$，$R_{2m}$ 列于表 7.7。

### 7.3.3　数值算例

**例 1**　扭转圆筒[29]

这里主要研究对元形状歪斜的敏感性。圆筒用两个具有歪斜参数 $e$ 的单元计算。

算得圆筒外沿 $A$ 点的位移 $v_A$ 及剪应力 $\tau_{\theta z}$，随 $e$ 增大的误差变化如图 7.9 至图 7.12 所示。当元为梯形时，用方法 $\mathrm{I}_\mathrm{b}^\mathrm{m}$、$\mathrm{II}_\mathrm{b}$、$\mathrm{III}_\mathrm{b}$ 所导出 $4\beta$ 的应力场相同，同时对 $4\beta$ 元用简化单刚计算，所得结果也一样。为了比较，图中同时给出等参位移元 Q4、以柱坐标表示的两种杂交应力扭转元[30,31]，以及以自然坐标表示的三种杂交应力扭转元[32,33]的相应结果。

由图可见，对矩形元，所有单元的结果均十分准确。当元歪斜时，所有杂交应力元的结果都比位移元 Q4 好；而以自然坐标表示的杂交应力元[32,33]及现在理性的方法 $4\beta$ 元，一般又比以柱坐标 $(r, z)$ 表示的杂交应力元好；其中，现在导出的 $4\beta$ 元，给出十分准确的应力及位移值。

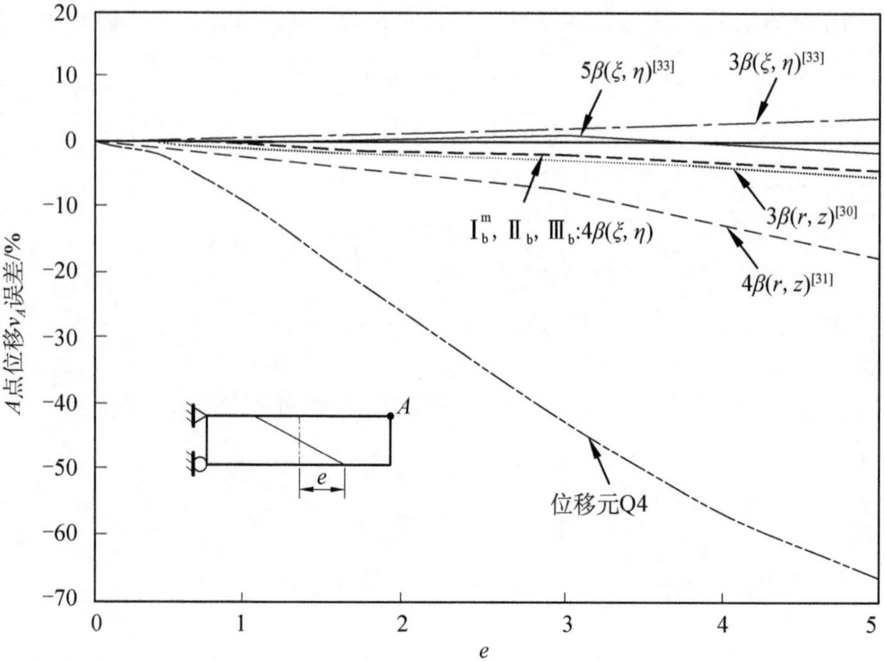


图 7.9　$A$ 点位移 $v_A$ 随歪斜参数 $e$ 的变化（方法 $\mathrm{I}_\mathrm{b}^\mathrm{m}$，$\mathrm{II}_\mathrm{b}$，$\mathrm{III}_\mathrm{b}$，$4\beta$ 元）

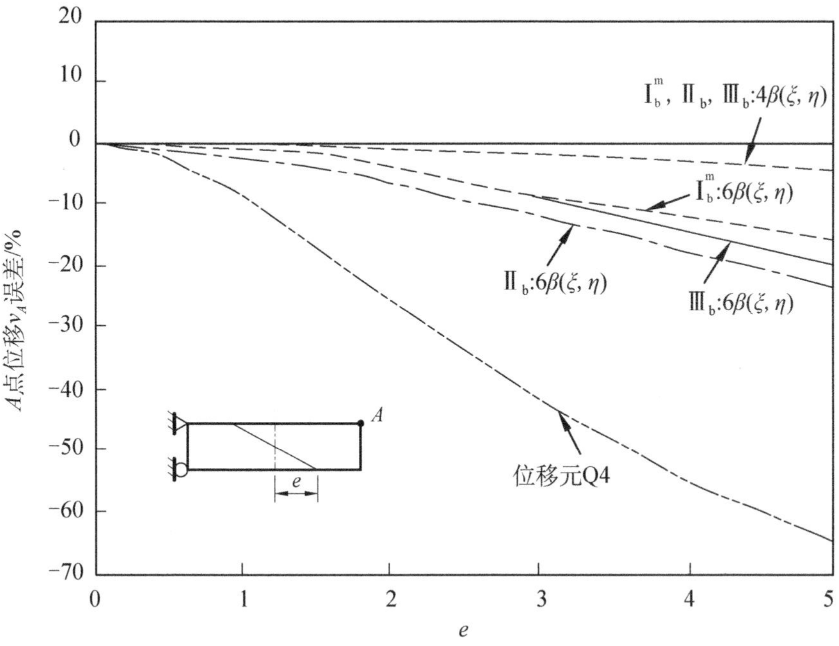


图 7.10　$A$ 点位移 $v_A$ 随歪斜参数 $e$ 的变化（方法 $\mathrm{I}_b^m$，$\mathrm{II}_b$，$\mathrm{III}_b$，6$\beta$ 元）

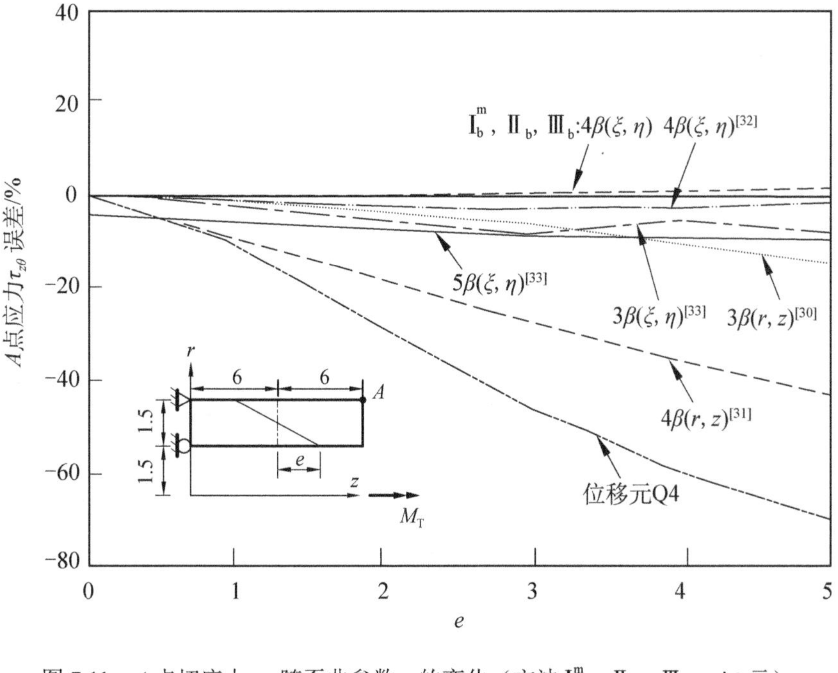


图 7.11　$A$ 点切应力 $\tau_{z\theta}$ 随歪曲参数 $e$ 的变化（方法 $\mathrm{I}_b^m$，$\mathrm{II}_b$，$\mathrm{III}_b$，4$\beta$ 元）

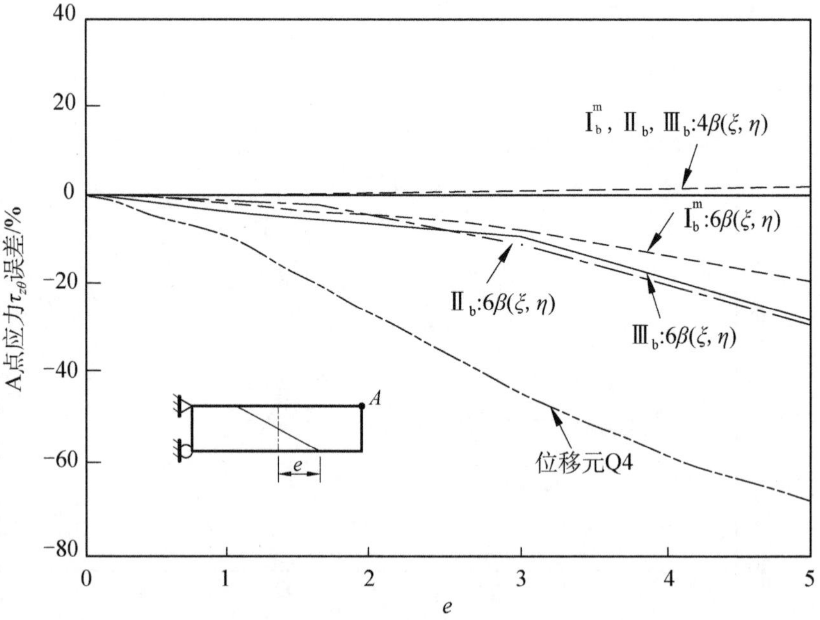


图 7.12　$A$ 点切应力 $\tau_{z\theta}$ 随歪斜参数 $e$ 的变化（方法 $I_b^m$，$II_b$，$III_b$，$6\beta$ 元）

同样可见，用相同的初始应力及相同的内位移 $v_\lambda$，三种理性方法导出的 $6\beta$ 元，得到的应力与位移精度相近。进一步比较显示，方法 $I_b^m$ 及 $III_b$ 给出的应力更好一点；由于 $I_b^m$ 的约束条件只作体积分，在计算上比要求作表面积分的方法 $III_b$ 简单。

以上结果也表明，对 4 结点元，只需确定元中点应力，对此问题，用较少应力参数的 $4\beta$ 应力场及简化单刚计算，精度已经足够。

**例 2**　圆锥扭转[28]

这里主要比较各种元的收敛性，扭转圆锥分别用 2、4、8、24 个单元进行计算。

算得 $4\beta$ 元及 $6\beta$ 元锥体外沿 $A$ 点的剪应力 $\tau_{z\theta}$，以及 $B$ 点的切向位移 $v_B$，如图 7.13 及图 7.14 所示，图中同时给出位移元 Q4、以柱坐标表示的杂交应力元[30]以及以自然坐标表示的杂交应力元[32]的结果，以资比较。

由图可见，对于位移，现在用三种方法导出的 $4\beta$ 元、杂交应力元[32]及传统位移元的结果，均十分相近，都比以柱坐标表示的杂交应力元[30]准确。数值算例表明，在粗网格时，现在用方法 $I_b^m$、$II_b$ 所导出的 $6\beta$ 元，比三组 $4\beta$ 元更准确一些；但当网格加密时，$6\beta$ 元这种优越性消失。

对于应力 $\tau_{z\theta}$，用三种理性方法导出的 $4\beta$ 元及 $6\beta$ 元，都给出远较其他类型元准确的解答；其中三种 $4\beta$ 元的结果又较 $6\beta$ 元更为准确。至于三种方法 $I_b^m$、$II_b$ 及 $III_b$ 相比，方法 $I_b^m$ 给出最快的应力收敛速度。

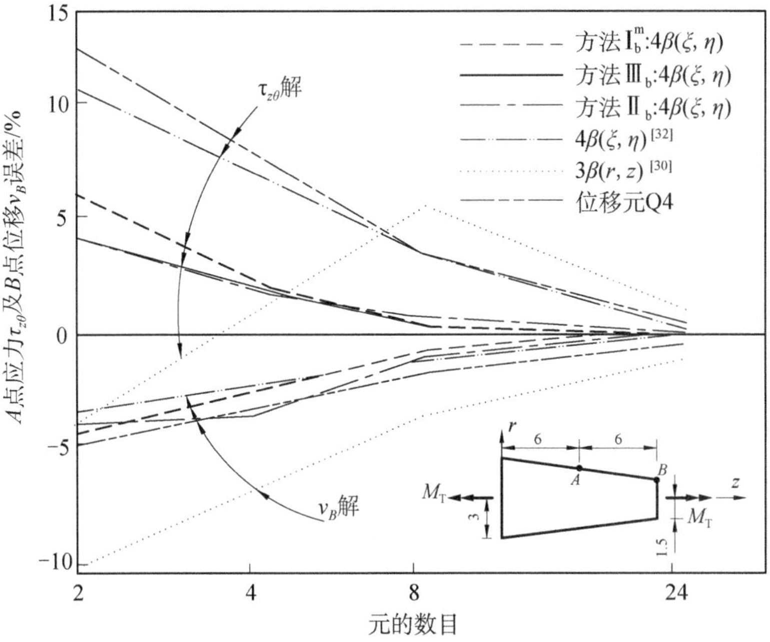


图 7.13　有限元解的收敛性（扭转圆锥 $I_b^m$，$Ⅱ_b$，$Ⅲ_b$，4$\beta$ 元）

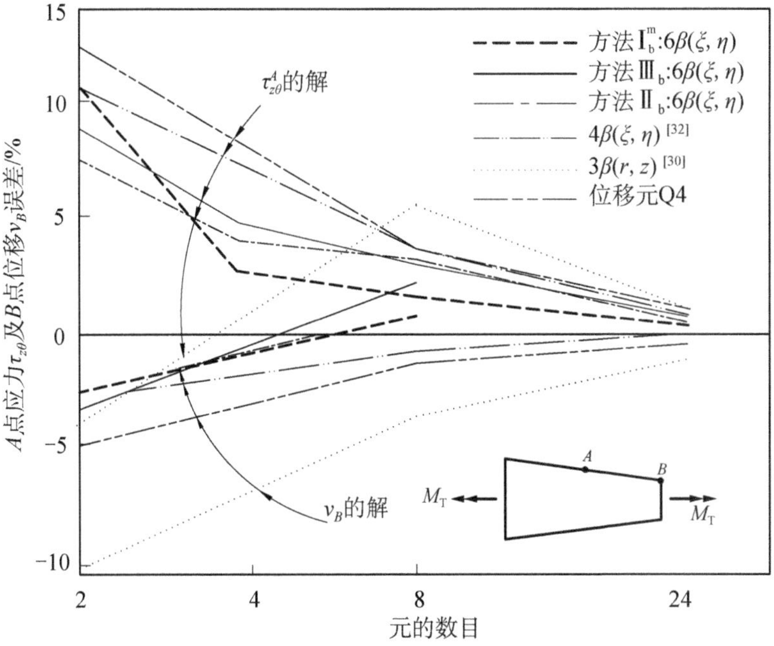


图 7.14　有限元解的收敛性（扭转圆锥 $I_b^m$，$Ⅱ_b$，$Ⅲ_b$，6$\beta$ 元）

以上结果进一步表明，用三种方法建立的理性杂交应力扭转元，可以给出十分准确的位移及应力解，三种结果的误差量级相近；同时，计算表明，用简化单元刚度矩阵进行计算，可以得到满意的结果。

# 7.4 修正的$(\boldsymbol{\varepsilon},\boldsymbol{u})$双变量变分原理$\Pi_{mp2}$及根据$\Pi_{mp2}$建立的轴对称元

## 7.4.1 修正的$(\boldsymbol{\varepsilon},\boldsymbol{u})$双变量变分原理

1. $(\boldsymbol{\varepsilon},\boldsymbol{u})$双变量变分原理$\Pi_{mp2}$[34]

最小势能原理的变分泛函$\Pi_p$及约束条件为

$$\Pi_p(u)=\int_V[A(\varepsilon)-\overline{F}_i u_i]\mathrm{d}V-\int_{S_\sigma}\overline{T}_i u_i\,\mathrm{d}S=\min \tag{7.4.1}$$

约束条件
$$\varepsilon_{ij}=\frac{1}{2}(u_{i,j}+u_{j,i})\quad（V\text{内}）$$
$$u_i=\overline{u}_i\quad（S_u\text{上}）$$

引入两组拉氏乘子$\lambda_{ij}$及$\beta_i$解除以上两组约束，从而有

$$\begin{aligned}\Pi^*(u_i,\ \varepsilon_{ij},\ \lambda_{ij},\ \beta_j)=\Pi_p&+\int_V\lambda_{ij}\left(\varepsilon_{ij}-\frac{1}{2}u_{i,j}-\frac{1}{2}u_{j,i}\right)\mathrm{d}V\\&+\int_{S_u}\beta_i(u_i-\overline{u}_i)\mathrm{d}S\end{aligned} \tag{a}$$

通过$\delta\Pi^*=0$，可以识别两组拉氏乘子

$$\begin{aligned}\lambda_{ij}&=-\frac{\partial A}{\partial\varepsilon_{ij}}\\\beta_i&=-\frac{\partial A}{\partial\varepsilon_{ij}}\nu_j\end{aligned} \tag{b}$$

将已识别的拉氏乘子$\lambda_{ij}$、$\beta_i$代回式（a），得到 Fraeijs de Veubeke 所创立的两变量变分原理$\Pi_{p2}$，这个原理与应力无关，其泛函为

$$\begin{aligned}\Pi_{p2}(\boldsymbol{\varepsilon},\ \boldsymbol{u})=&\int_V\left[A(\varepsilon)-\frac{\partial A}{\partial\varepsilon_{ij}}\left(\varepsilon_{ij}-\frac{1}{2}u_{i,j}-\frac{1}{2}u_{j,i}\right)-\overline{F}_i u_i\right]\mathrm{d}V\\&-\int_{S_\sigma}\overline{T}_i u_i\mathrm{d}S-\int_{S_u}\frac{\partial A}{\partial\varepsilon_{ij}}\nu_j(u_i-\overline{u}_i)\mathrm{d}S\end{aligned} \tag{c}$$

这个变分原理包括两类独立的场变量：位移$\boldsymbol{u}$及应变$\boldsymbol{\varepsilon}$，与应力无关。Hellinger-Reissner 原理包括两类独立的场变量：位移$\boldsymbol{u}$及应力$\boldsymbol{\sigma}$，而与应变$\boldsymbol{\varepsilon}$无关。应力-应变关系均为这两类变分原理的非变分约束条件。

将式（c）离散，可以得到

$$\Pi_{p2}(\boldsymbol{\varepsilon},\ \boldsymbol{u})=\sum_{n}\left\{\int_{V_n}\left[A(\boldsymbol{\varepsilon})-\left(\frac{\partial A}{\partial \boldsymbol{\varepsilon}}\right)^{\mathrm{T}}(\boldsymbol{\varepsilon}-\boldsymbol{D}\boldsymbol{u})-\boldsymbol{F}^{\mathrm{T}}\boldsymbol{u}\right]\mathrm{d}V-\int_{S_{u_n}}\left(\frac{\partial A}{\partial \boldsymbol{\varepsilon}}\right)^{\mathrm{T}}\boldsymbol{\nu}^{\mathrm{T}}(\boldsymbol{u}-\bar{\boldsymbol{u}})\mathrm{d}S\right.$$
$$\left.-\int_{S_{\sigma_n}}\bar{\boldsymbol{T}}^{\mathrm{T}}\boldsymbol{u}_i\,\mathrm{d}S\right\}=\text{驻值} \qquad (7.4.2)$$

约束条件 $\boldsymbol{u}^{(\mathrm{a})}=\boldsymbol{u}^{(\mathrm{b})}$ （$S_{ab}$ 上）

2. 修正的 $(\boldsymbol{\varepsilon},\ \boldsymbol{u})$ 两变量变分原理

为解除 $S_{ab}$ 面上的协调条件，再利用拉氏乘子 $\gamma_i$，建立新泛函

$$\Pi^{*}(\boldsymbol{\varepsilon},\ \boldsymbol{u},\ \boldsymbol{\gamma})=\Pi_{p2}+\sum_{ab}\left\{\int_{S_{ab}}[\gamma_i^{(a)}(u_i^{(a)}-\tilde{u}_i)+\gamma_i^{(b)}(u_i^{(b)}-\tilde{u}_i)]\mathrm{d}S\right\} \qquad (\mathrm{d})$$

由 $\delta\Pi^{*}=0$ 可以得到

$$\left.\begin{aligned}\gamma_i^{(a)}+\left(\frac{\partial A}{\partial \varepsilon_{ij}}\nu_i\right)^{(a)}&=0\\ \gamma_i^{(b)}+\left(\frac{\partial A}{\partial \varepsilon_{ij}}\nu_i\right)^{(b)}&=0\end{aligned}\right\} \qquad (\mathrm{e})$$

将识别的拉氏乘子式（e）代回泛函（d），从而得到如下修正的 $(\boldsymbol{\varepsilon},\boldsymbol{u})$ 两变量变分原理：

$$\Pi_{mp2}^{1}(\boldsymbol{\varepsilon},\boldsymbol{u},\tilde{\boldsymbol{u}})=\sum_{n}\left\{\int_{V_n}\left[A(\boldsymbol{\varepsilon})-\left(\frac{\partial A}{\partial \boldsymbol{\varepsilon}}\right)^{\mathrm{T}}(\boldsymbol{\varepsilon}-\boldsymbol{D}\boldsymbol{u})-\bar{\boldsymbol{F}}^{\mathrm{T}}\boldsymbol{u}\right]\mathrm{d}V-\int_{S_{u_n}}\left(\frac{\partial A}{\partial \boldsymbol{\varepsilon}}\right)^{\mathrm{T}}\boldsymbol{\nu}^{\mathrm{T}}(\boldsymbol{u}-\bar{\boldsymbol{u}})\mathrm{d}S\right.$$
$$\left.-\int_{S_{\sigma_n}}\bar{\boldsymbol{T}}^{\mathrm{T}}\boldsymbol{u}\,\mathrm{d}S-\int_{S_{ab}}\left(\frac{\partial A}{\partial \boldsymbol{\varepsilon}}\right)^{\mathrm{T}}\boldsymbol{\nu}^{\mathrm{T}}(\boldsymbol{u}-\tilde{\boldsymbol{u}})\mathrm{d}S\right\} \qquad (\mathrm{f})$$

对式（f）进行化简，得到第一种修正的 $(\boldsymbol{\varepsilon},\ \boldsymbol{u})$ 双变量变分原理 $\Pi_{mp2}^{1}$：

$$\Pi_{mp2}^{1}(\boldsymbol{\varepsilon},\ \boldsymbol{u},\ \tilde{\boldsymbol{u}})=\sum_{n}\left\{\int_{V_n}\left[A(\boldsymbol{\varepsilon})-\left(\frac{\partial A}{\partial \boldsymbol{\varepsilon}}\right)^{\mathrm{T}}(\boldsymbol{\varepsilon}-\boldsymbol{D}\boldsymbol{u})-\bar{\boldsymbol{F}}^{\mathrm{T}}\boldsymbol{u}\right]\mathrm{d}V\right.$$
$$\left.-\int_{\partial V_n}\left(\frac{\partial A}{\partial \boldsymbol{\varepsilon}}\right)^{\mathrm{T}}\boldsymbol{\nu}^{\mathrm{T}}(\boldsymbol{u}-\tilde{\boldsymbol{u}})\mathrm{d}S-\int_{S_{\sigma_n}}\bar{\boldsymbol{T}}^{\mathrm{T}}\tilde{\boldsymbol{u}}\,\mathrm{d}S\right\}=\text{驻值} \qquad (7.4.3)$$

约束条件

$$\boldsymbol{\nu}\left(\frac{\partial A}{\partial \boldsymbol{\varepsilon}}\right)=\bar{\boldsymbol{T}} \qquad （S_{\sigma_n}\ \text{上}）$$
$$\tilde{\boldsymbol{u}}=\bar{\boldsymbol{u}} \qquad （S_{u_n}\ \text{上}）$$

以上约束条件是化简时产生的，这时元间位移不必满足协调条件。

3. 修正的$(\boldsymbol{\varepsilon},\ \boldsymbol{u})$两变量变分原理的$\Pi_{mp2}^{2}$

如将位移$\boldsymbol{u}$分成协调位移$\boldsymbol{u}_q$及非协调位移两部分，并令其满足条件：

$$\begin{aligned} &\boldsymbol{u}=\boldsymbol{u}_q+\boldsymbol{u}_\lambda \quad （V_n\text{内}）\\ &\boldsymbol{u}_\lambda=\boldsymbol{u}-\tilde{\boldsymbol{u}} \quad （\partial V_n\text{上}）\end{aligned} \tag{7.4.4}$$

则泛函（7.4.3）成为

$$\Pi_{mp2}^{2}(\boldsymbol{\varepsilon},\ \boldsymbol{u}_q,\ \boldsymbol{u}_\lambda)=\sum_n\left\{\int_{V_n}\left[A(\boldsymbol{\varepsilon})-\left(\frac{\partial A}{\partial\boldsymbol{\varepsilon}}\right)^{\mathrm{T}}\boldsymbol{\varepsilon}+\left(\frac{\partial A}{\partial\boldsymbol{\varepsilon}}\right)^{\mathrm{T}}(\boldsymbol{D}\boldsymbol{u}_q+\boldsymbol{D}\boldsymbol{u}_\lambda)-\bar{\boldsymbol{F}}^{\mathrm{T}}\boldsymbol{u}\right]\mathrm{d}V\right.$$
$$\left.-\int_{\partial V_n}\left(\frac{\partial A}{\partial\boldsymbol{\varepsilon}}\right)\boldsymbol{\nu}^{\mathrm{T}}\boldsymbol{u}_\lambda\,\mathrm{d}S-\int_{S_{\sigma_n}}\bar{\boldsymbol{T}}^{\mathrm{T}}\tilde{\boldsymbol{u}}\,\mathrm{d}S\right\}$$

约束条件 （7.4.5）

$$\begin{aligned} &\boldsymbol{\nu}\left(\frac{\partial A}{\partial\boldsymbol{\varepsilon}}\right)=\bar{\boldsymbol{T}} \quad （S_{\sigma_n}\text{上}）\\ &\tilde{\boldsymbol{u}}=\bar{\boldsymbol{u}} \quad （S_{u_n}\text{上}）\end{aligned}$$

### 7.4.2 根据$\Pi_{mp2}^{2}$进行有限元列式

对线弹性体

$$A=\frac{1}{2}\boldsymbol{\varepsilon}^{\mathrm{T}}\boldsymbol{C}\boldsymbol{\varepsilon} \tag{g}$$

如再加上如下约束条件：

$$\int_{\partial V_n}\left(\frac{\partial A}{\partial\boldsymbol{\varepsilon}}\right)_{\mathrm{c}}^{\mathrm{T}}\boldsymbol{\nu}^{\mathrm{T}}\boldsymbol{u}_\lambda\,\mathrm{d}S=\boldsymbol{0} \tag{7.4.6}$$

即，在泛函$\Pi_{mp2}^{2}$中略去高阶微量$\int_{\partial V_n}\left(\frac{\partial A}{\partial\boldsymbol{\varepsilon}}\right)_{\mathrm{h}}^{\mathrm{T}}\boldsymbol{\nu}^{\mathrm{T}}\boldsymbol{u}_\lambda\,\mathrm{d}S$以及体积力$\bar{\boldsymbol{F}}$和表面力$\bar{\boldsymbol{T}}$，则得到其单元的能量表达式为①

$$\Pi_{mp2}^{2}(\boldsymbol{\varepsilon},\ \boldsymbol{u}_q,\ \boldsymbol{u}_\lambda)=\int_{V_n}\left[-\frac{1}{2}\boldsymbol{\varepsilon}^{\mathrm{T}}\boldsymbol{C}\boldsymbol{\varepsilon}+\boldsymbol{\varepsilon}^{\mathrm{T}}\boldsymbol{C}(\boldsymbol{D}\boldsymbol{u}_q)+\boldsymbol{\varepsilon}^{\mathrm{T}}\boldsymbol{C}(\boldsymbol{D}\boldsymbol{u}_\lambda)\right]\mathrm{d}V \tag{7.4.7}$$

---

① 此式就是文献[35]建立轴对称元时所依据的变分泛函（该文献中的式(a)）。泛函（7.4.7）实质上是一种修正的两变量——应变及位移——的变分原理，而不是文献[35]所述的修正的 Hellinger-Reissner 原理$\Pi_{mR}$，$\Pi_{mR}$包含应力与位移的两类场变量，而不包含应变。

### 7.4.3　利用修正的两变量变分原理 $\Pi_{mp2}^2$ 进行单元列式

选取

$$\boxed{\begin{aligned} \boldsymbol{u}_q &= \boldsymbol{N}\boldsymbol{q} \\ \boldsymbol{u}_\lambda &= \boldsymbol{M}\boldsymbol{\lambda} \\ \boldsymbol{\varepsilon} &= \boldsymbol{L}\boldsymbol{\alpha} \end{aligned}} \tag{7.4.8}$$

代入泛函（7.4.7），得到

$$\Pi_{mP2}^2 = -\frac{1}{2}\boldsymbol{\alpha}^{\mathrm{T}}\boldsymbol{H}\boldsymbol{\alpha} + \boldsymbol{\alpha}^{\mathrm{T}}\boldsymbol{G}\boldsymbol{q} + \boldsymbol{\alpha}^{\mathrm{T}}\boldsymbol{J}\boldsymbol{\lambda} \tag{h}$$

式中

$$\begin{aligned} \boldsymbol{H} &= \int_{V_n} \boldsymbol{L}^{\mathrm{T}}\boldsymbol{C}\boldsymbol{L}\,\mathrm{d}V \\ \boldsymbol{G} &= \int_{V_n} \boldsymbol{L}^{\mathrm{T}}\boldsymbol{C}\boldsymbol{B}\,\mathrm{d}V \qquad (\boldsymbol{B} = \boldsymbol{D}\boldsymbol{N}) \\ \boldsymbol{J} &= \int_{V_n} \boldsymbol{L}^{\mathrm{T}}\boldsymbol{C}\boldsymbol{B}_\lambda\,\mathrm{d}V \qquad (\boldsymbol{B}_\lambda = \boldsymbol{D}\boldsymbol{M}) \end{aligned} \tag{i}$$

$\Pi_{mp2}^2$ 对 $\boldsymbol{\alpha}$ 及 $\boldsymbol{\lambda}$ 取驻值，有

$$\begin{aligned} \boldsymbol{\alpha} &= \boldsymbol{H}^{-1}(\boldsymbol{G}\boldsymbol{q} + \boldsymbol{J}\boldsymbol{\lambda}) \\ \boldsymbol{J}^{\mathrm{T}}\boldsymbol{\alpha} &= \boldsymbol{0} \end{aligned} \tag{j}$$

代入式（h），即得到单刚矩阵

$$\boldsymbol{k} = \boldsymbol{G}^{\mathrm{T}}\boldsymbol{H}^{-1}\boldsymbol{G} + \boldsymbol{G}^{\mathrm{T}}\boldsymbol{H}^{-1}\boldsymbol{J}(\boldsymbol{J}^{\mathrm{T}}\boldsymbol{H}^{-1}\boldsymbol{J})^{-1}\boldsymbol{J}^{\mathrm{T}}\boldsymbol{H}^{-1}\boldsymbol{G} \tag{7.4.9}$$

### 7.4.4　建立 4 结点轴对称元

Ju 和 Sin[35]利用上述原理，建立了以下两种 4 结点轴对称元。

1. 元 IAX-$\overline{\mathrm{B}}$

首先利用散度原理，依照约束方程（7.4.6）成为

$$\int_{\partial V_n}\left(\boldsymbol{v}\frac{\partial A}{\partial \boldsymbol{\varepsilon}}\right)_{\mathrm{c}}^{\mathrm{T}}\boldsymbol{u}_\lambda\,\mathrm{d}S = \int_{V_n}\left[\boldsymbol{D}\left(\frac{\partial A}{\partial \boldsymbol{\varepsilon}}\right)_{\mathrm{c}}\right]^{\mathrm{T}}\boldsymbol{u}_\lambda\,\mathrm{d}V + \int_{V_n}\left(\frac{\partial A}{\partial \boldsymbol{\varepsilon}}\right)_{\mathrm{c}}^{\mathrm{T}}(\boldsymbol{D}\boldsymbol{u}_\lambda)\,\mathrm{d}V = \boldsymbol{0} \tag{k}$$

式（k）等号右边第一项为零，则第二项成为

$$\int_{V_n}\boldsymbol{D}\boldsymbol{u}_\lambda\,\mathrm{d}V = \boldsymbol{0} \tag{l}$$

而要满足式（l），现在引入常应变 $\boldsymbol{\varepsilon}_{\mathrm{c}}$，令单元非协调应变由以下两部分组成：

$$\boldsymbol{D}^{*}\boldsymbol{u}_\lambda = \overline{\boldsymbol{B}}\boldsymbol{\lambda} + \boldsymbol{\varepsilon}_{\mathrm{c}} \tag{m}$$

将式（m）代入约束条件式（l），有

$$\int_{V_n}(\bar{\boldsymbol{B}}_\lambda \boldsymbol{\lambda}+\boldsymbol{\varepsilon}_\mathrm{c})\mathrm{d}V=\boldsymbol{0} \tag{n}$$

可以得到

$$\boldsymbol{\varepsilon}_\mathrm{c}=-\frac{1}{V_n}\int_{V_n}\bar{\boldsymbol{B}}_\lambda \mathrm{d}V\boldsymbol{\lambda} \tag{o}$$

这样，满足约束条件（1）的非协调应变 $\boldsymbol{D}^*\boldsymbol{u}_\lambda$ 为

$$\boldsymbol{D}^*\boldsymbol{u}_\lambda=\boldsymbol{B}_\lambda^+\boldsymbol{\lambda} \tag{7.4.10}$$

其中

$$\boldsymbol{B}_\lambda^+=\bar{\boldsymbol{B}}_\lambda-\frac{1}{V_n}\int_{V_n}\bar{\boldsymbol{B}}_\lambda \mathrm{d}V \tag{p}$$

文献[35]指出，以 $\boldsymbol{B}_\lambda^+$ 代替 $\boldsymbol{D}\boldsymbol{u}_\lambda=\boldsymbol{B}_\lambda\boldsymbol{\lambda}$ $(\boldsymbol{B}_\lambda=\boldsymbol{D}\boldsymbol{M})$ 中 $\boldsymbol{B}_\lambda$ 阵，可保证单元收敛。因此用式（7.4.9）计算单刚时，应以阵 $\boldsymbol{B}_\lambda^+$ 代替其中的 $\boldsymbol{B}_\lambda$。

因而式（7.4.8）用以下三组应变表示：

$$\boxed{\begin{aligned}&\boldsymbol{D}\boldsymbol{u}_q=\boldsymbol{D}\boldsymbol{N}\boldsymbol{q}=\boldsymbol{B}\boldsymbol{q}\\&\boldsymbol{D}^*\boldsymbol{u}_\lambda=\boldsymbol{B}_\lambda^+\boldsymbol{\lambda}\\&\boldsymbol{\varepsilon}=\boldsymbol{L}\boldsymbol{\alpha}\end{aligned}} \tag{7.4.11}$$

选取

$$\boldsymbol{u}_q=\frac{1}{4}(1+\xi_i\xi)(1+\eta_i\eta)\begin{Bmatrix}u_i\\w_i\end{Bmatrix}=\boldsymbol{N}\boldsymbol{q}$$

$$\boldsymbol{u}_\lambda=\begin{bmatrix}1-\xi^2 & 1-\eta^2 & 0 & 0\\0 & 0 & 1-\xi^2 & 1-\eta^2\end{bmatrix}\begin{Bmatrix}\lambda_1\\\vdots\\\lambda_4\end{Bmatrix}=\boldsymbol{M}\boldsymbol{\lambda}$$

$$\begin{aligned}\boldsymbol{\varepsilon}&=\begin{Bmatrix}\varepsilon_r\\\varepsilon_z\\\gamma_{rz}\\\varepsilon_\theta\end{Bmatrix}=\boldsymbol{\varepsilon}_\mathrm{c}+\boldsymbol{\varepsilon}_\mathrm{h}\\&=\begin{bmatrix}1&0&0&0\\0&1&0&0\\0&0&1&0\\0&0&0&1\end{bmatrix}\begin{Bmatrix}\alpha_1\\\vdots\\\alpha_4\end{Bmatrix}+\begin{bmatrix}\xi^*&\eta^*&0&0&0&0&0&0\\0&0&\xi^*&\eta^*&0&0&0&0\\0&0&0&0&\xi^*&\eta^*&0&0\\0&0&0&0&0&0&\xi^*&\eta^*\end{bmatrix}\begin{Bmatrix}\alpha_5\\\vdots\\\alpha_{12}\end{Bmatrix}\\&=\boldsymbol{I}\boldsymbol{\alpha}_\mathrm{c}+\boldsymbol{L}_\mathrm{h}\boldsymbol{\alpha}_\mathrm{h}=\boldsymbol{L}\boldsymbol{\alpha}\end{aligned} \tag{7.4.12}$$

其中，$\boldsymbol{I}$ 为 $4\times4$ 单位阵，$\xi^*$ 及 $\eta^*$ 满足

$$\int_{V_n} \boldsymbol{L}_{\mathrm{h}}\, \mathrm{d}V = \boldsymbol{0} \tag{q}$$

如以结点参数表示则为

$$\begin{gathered}
\xi^* = \xi - \xi_0,\quad \eta^* = \eta - \eta_0 \\
\xi_0 = \frac{3a_1 f_1 + 3a_4 f_2 + a_2 f_3}{9a_4 f_1 + 3a_1 f_2 + 3a_3 f_3} \\
\eta_0 = \frac{3a_4 f_3 + 3a_3 f_1 + a_1 f_2}{9a_4 f_1 + 3a_1 f_2 + 3a_3 f_3}
\end{gathered} \tag{r}$$

式中，$a_i (i=1,\ \cdots,\ 4)$ 同 7.1.3 节式（n）；$f_j (j=1,\ 2,\ 3)$ 同 7.1.4 节式（q），是 $|\boldsymbol{J}|$ 的系数。由 $\boldsymbol{D}\boldsymbol{u}_q$、$\boldsymbol{D}^*\boldsymbol{u}_\lambda = \boldsymbol{B}^+\boldsymbol{\lambda}$ 及 $\boldsymbol{\varepsilon}$，利用式（7.4.9）求得单刚。

2. 元 IAX-C

其 $\boldsymbol{u}_q$ 及 $\boldsymbol{\varepsilon}$ 的选择同上，$\boldsymbol{u}_\lambda$ 直接选择满足约束方程（l）：

$$2\pi \int_{-1}^{1}\int_{-1}^{1} \boldsymbol{D}\boldsymbol{u}_\lambda\, r\, |\boldsymbol{J}|\, \mathrm{d}\xi \mathrm{d}\eta = \boldsymbol{0} \tag{s}$$

文献[35]选取 $\boldsymbol{u}_\lambda$ 的插值函数 $\boldsymbol{M}$ 为

$$\begin{aligned}
\boldsymbol{M}_\lambda = &\begin{bmatrix} C_1 - \xi^2 & D_1 - \eta^2 & 0 & 0 \\ 0 & 0 & C_1 - \xi^2 & D_1 - \eta^2 \end{bmatrix} \\
&+ \begin{bmatrix} C_2\xi + C_3\eta & D_2\xi + D_3\eta & 0 & 0 \\ 0 & 0 & C_2\xi + C_3\eta & D_2\xi + D_3\eta \end{bmatrix}
\end{aligned} \tag{7.4.13}$$

将式（7.4.13）代入式（s）得到系数 $C_1$、$C_2$、$C_3$ 及 $D_1$、$D_2$、$D_3$：

$$\begin{gathered}
C_1 = \frac{1}{3} + \frac{A_{C_{11}} B_{C_{11}} + A_{C_{12}} B_{C_{12}}}{9K} \\
D_1 = \frac{1}{3} + \frac{A_{D_{11}} B_{D_{11}} + A_{D_{12}} B_{D_{12}}}{9K} \\
C_2 = \frac{A_{C_2}}{3K} \qquad D_2 = \frac{A_{D_2}}{3K} \\
D_3 = \frac{A_{D_3}}{3K} \qquad C_3 = \frac{A_{C_3}}{3K}
\end{gathered} \tag{t}$$

其中，系数 $A_{C_{11}}$、$A_{C_{12}}$、$A_{D_{11}}$、$A_{D_{12}}$、$B_{C_{11}}$、$B_{C_{12}}$、$A_{C_2}$、$A_{D_2}$、$A_{D_3}$，$A_{C_3}$ 及 $K$ 由单元雅可比行列式（7.1.4 节式（q））及坐标参数阵（7.1.3 节式（n））确定，文献[35]给出了式（t）中一些系数的具体表达式（见文献[35]第 272 页），但其中的 $B_{D11}$、$B_{D12}$ 以及五项 $a_i (i=0,\ 1,\ 2,\ 3,\ 4)$ 中漏掉一项，没有给出。

3. 数值算例

**例 1**　分片实验

厚壁筒承受内、外压力，其有限元网格如图 7.15 所示，计算所得结点位移及元内应力列于表 7.8，可见，现在两个单元 LAX-$\bar{\text{B}}$ 及 LAX-C 均通过分片试验。

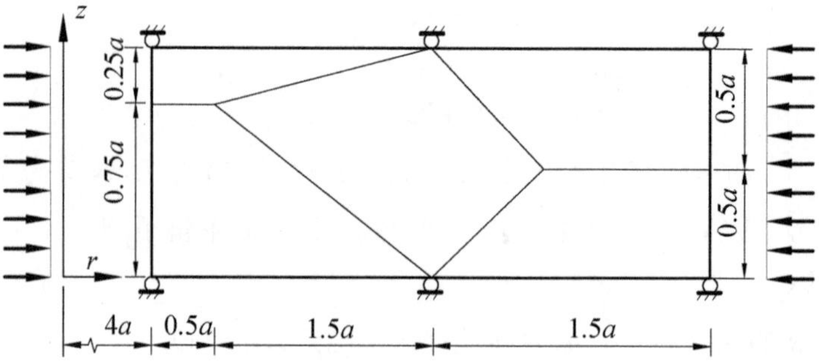


图 7.15　分片试验的有限元网格

（厚壁筒承受内、外压力）

**表 7.8　结点位移及元内应力（厚壁筒承受内、外压力）**

| 单元 | $u_r$ $(r=8a)$ | $u_r$ $(r=8a)$ | $\sigma_r$ | $\sigma_\theta$ | $\sigma_z$ |
|---|---|---|---|---|---|
| IAX-$\bar{\text{B}}$ | −8.275 | −16.225 | −3.979 | −3.979 | 2.389 |
| IAX-C | −8.275 | −16.225 | −3.979 | −3.979 | 2.389 |
| 解析解 | **−8.275** | **−16.225** | **−3.979** | **−3.979** | **2.389** |

**例 2**　厚壁筒承受均匀内压

1. 网格 I

圆筒沿径向分片为五个规则矩形网格（图 7.16），计算所得元中点的应力 $\sigma_r$、$\sigma_\theta$、$\sigma_z$，以及元各结点径向位移 $u_r$，分别由表 6.4 及表 6.5 给出。结果显示，现在两种元的精度与三种理性方法建立单元的精度十分相近，同时也均不受材料泊松比接近于不可压缩时的影响。

2. 网格 II

用图 7.17 的歪斜网格进行分析，计算得到元 $A$ 中点 1 处的径向应力 $\sigma_r$ 随歪斜参数 $e$ 的变化曲线，绘于图 7.18 中①。结果表明，现在两种元的结果十分相近，并且对单元几何形状歪斜不敏感。

① 文献[35]中，此图左侧图标有误。

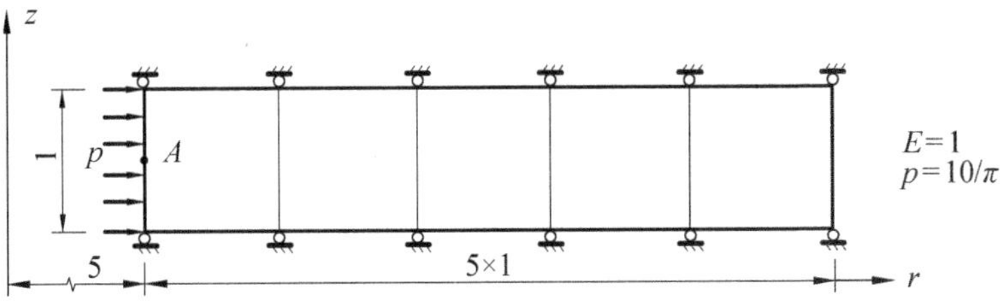


图 7.16　厚壁筒（承受内压）的有限元网格

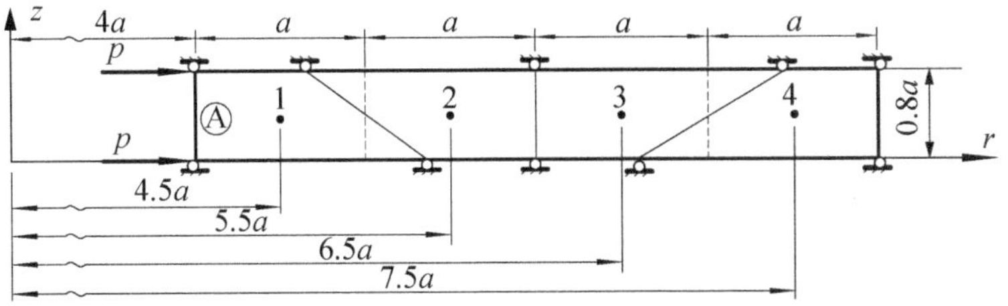


图 7.17　厚壁筒有限元网格

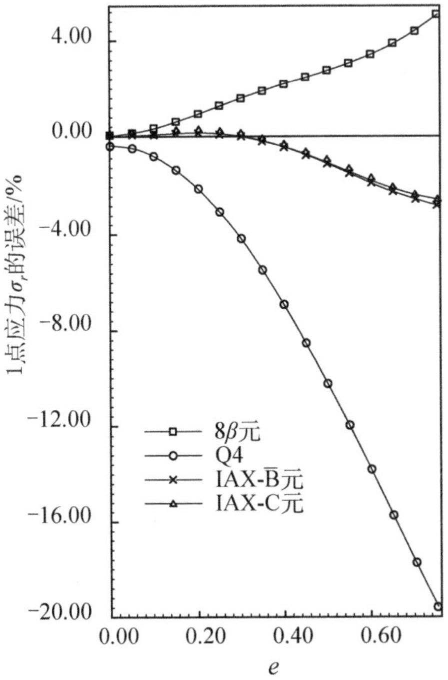


图 7.18　1 点应力 $\sigma_r$ 随参数 $e$ 变化（厚壁筒承受内压）

**例 3**　简支圆板承受均匀横向载荷

用图 7.6 所示三种网格计算。当歪斜参数 $e=0.025$ 时（网格Ⅱ）计算所得 $A$、$B$ 两点的挠度 $w_a$、$w_b$，以及应力 $\sigma_{rA}$，由表 7.4 及表 7.5 给出。网格Ⅲ时算得的 $w_a$ 及 $\sigma_{rA}$ 由表 7.6 给出。可见，现在两种单元在不同的泊松比下，均给出满意的应力及位移。而这两种元相比，元 IAX-C 在网格Ⅲ时给出的应力更好一点。

# 7.5　用罚平衡法建立轴对称元

## 7.5.1　罚函数法

处理在某些约束条件下的极值问题，也可以用罚函数（penalty function）方法[36]。例如，求函数

$$F=F(x_1,x_2,\cdots,x_n) \tag{a}$$

在约束条件

$$g(x_1,x_2,\cdots,x_n)=0 \tag{b}$$

下的极大值。

如果约束条件只是近似满足，则式（b）将不等于零

$$e=g(x_1,x_2,\cdots,x_n)\neq 0 \tag{7.5.1}$$

用一个已给的数 $\alpha$ 去乘 $e^2$，得到

$$P=\alpha e^2 \tag{7.5.2}$$

式中，$\alpha$ 称为罚数，而 $e^2$ 总取正数；$P$ 称为罚函数项。将此罚函数项加到原来的函数 $F$ 上，得到新函数

$$F^*(x_1,x_2,\cdots,x_n)=F(x_1,x_2,\cdots,x_n)+\alpha e^2 \tag{7.5.3}$$

于是，可以由 $F^*$ 的驻值条件

$$\frac{\partial F^*}{\partial x_i}=0\quad (i=1,\ 2,\ \cdots,\ n) \tag{7.5.4}$$

求得函数 $F$ 在约束条件（b）下的极大点的坐标。

由式（7.5.3）可知：当约束条件准确满足时，$g=0, F^*$ 则退化为 $F$；当约束条件近似满足时，$\alpha e^2$ 就是一个修正项。当 $\alpha<0$ 时，$F^*$ 的最大值一定小于 $F$ 的最大值。$|\alpha|$ 越大，罚函数项 $\alpha e^2$ 在求 $F^*$ 极大值时所占的比重越大，也就迫使约束条件越趋近于满足。

如果要求函数 $F(x_1,x_2,\cdots,x_n)$ 在约束条件 $g=0$ 下取极小值，罚数 $\alpha$ 取正值，而且当约束条件近似满足时，由式（7.5.3）求得的 $F^*$ 最小值一定大于 $F$ 的最小值。

在实际计算中，希望 $\alpha \to \infty$ 以得到精确解是不可能的，只是取 $\alpha$ 为有限值，从而找到问题的近似解。

罚函数法与拉氏乘子法的不同点在于：首先，罚数 $\alpha$ 并不是新函数的变量，罚函数法不增加新函数待解变量的数目；其次，如果原来的函数取极值，用罚函数法构造的新函数仍取极值。

### 7.5.2　罚平衡法

1. 单元内应力分布

如上所述，杂交应力元一般可以提供较位移元更为准确的应力解。但是，提供好的应力解，并不意味提供单元内好的应力分布，例如 4 结点杂交应力元，一般给出元中心的准确解答，但在元边界或结点上，应力会出现较大的误差。

文献[37]指出：应力在元内的分布，一方面与假定应力场是否很好地满足平衡方程有关，另一方面也与此应力场是否是整体坐标的完整表达式有关。

例如，对一个二次假定应力场，如以单元自然坐标 $(\xi, \eta)$ 表示为完整的二次式，则其表达式为

$$\sigma_{ij} = \begin{bmatrix} 1 & \xi & \eta & \xi\eta & \xi^2 & \eta^2 \end{bmatrix} \begin{Bmatrix} \beta_1 \\ \vdots \\ \beta_6 \end{Bmatrix} \in P_2(\xi, \eta) \tag{c}$$

对于非规则元，这个假定应力场对于整体坐标（如笛卡儿坐标 $(x, y)$ ）通常并不是完整的。为了得到元内合理的应力分布，对 $(x, y)$ 坐标中的应力场应采用如下完整二次式：

$$\sigma_{ij} = \begin{bmatrix} 1 & \xi & \eta & \xi^2 & \eta^2 & \xi\eta & \xi^2\eta & \xi\eta^2 & \xi^2\eta^2 \end{bmatrix} \begin{Bmatrix} \beta_1 \\ \vdots \\ \beta_9 \end{Bmatrix} \in P_2(x, y) \tag{d}$$

这种假定应力场的完整性，只是杂交应力元能得到元内合理的应力分布条件之一。

为得到合理的元内应力分布的另一个条件，文献[38]认为，对假定应力场应加以更强的平衡条件，而达到此目的的最有效途径就是罚平衡法。

2. 罚平衡法[38]

此方法是在 Hellinger-Reissner 原理上，加上单元应力齐次平衡方程：

$$\boldsymbol{D}^{\mathrm{T}} \boldsymbol{\sigma} = \boldsymbol{0} \tag{e}$$

为此，引入一个罚数 $\alpha$，在略去体积力及表面力时，得到如下另一种修正的 Hellinger- Reissner 原理的泛函：

$$\boxed{\Pi_{mR}^{e}(\boldsymbol{\sigma}, \boldsymbol{u}) = \Pi_{\mathrm{HR}}^{e} - \alpha \int_{V_n} (\boldsymbol{D}^{\mathrm{T}} \boldsymbol{\sigma})^{\mathrm{T}} (\boldsymbol{D}^{\mathrm{T}} \boldsymbol{\sigma}) \mathrm{d}V} \tag{7.5.5}$$

采用

$$\boxed{\begin{aligned} \boldsymbol{u} &= \boldsymbol{u}_q = \boldsymbol{N}\boldsymbol{q} \\ \boldsymbol{\sigma} &= \boldsymbol{P}\boldsymbol{\beta} \end{aligned}} \tag{7.5.6}$$

将上式代入（7.5.5）的单元表达式中，并略去外力，从而有

$$\Pi_{mR}^{e}(\boldsymbol{\beta},\boldsymbol{q}) = \boldsymbol{\beta}^{\mathrm{T}}\boldsymbol{G}\boldsymbol{q} - \frac{1}{2}\boldsymbol{\beta}^{\mathrm{T}}\boldsymbol{H}\boldsymbol{\beta} - \alpha\boldsymbol{\beta}^{\mathrm{T}}\boldsymbol{H}_{P}\boldsymbol{\beta} \tag{f}$$

其中，

$$\begin{aligned} &\boldsymbol{G} = \int_{V_n}\boldsymbol{P}^{\mathrm{T}}(\boldsymbol{D}\boldsymbol{N})\mathrm{d}V \qquad \boldsymbol{H} = \int_{V_n}\boldsymbol{P}^{\mathrm{T}}\boldsymbol{S}\boldsymbol{P}\mathrm{d}V \\ &\boldsymbol{H}_{P} = \int_{V_n}(\boldsymbol{D}\boldsymbol{N})^{\mathrm{T}}(\boldsymbol{D}\boldsymbol{N})\mathrm{d}V \end{aligned} \tag{g}$$

为了使 $\Pi_{mR}^{e}$ 中罚数项和单元余能的维数一致，用 $\dfrac{\alpha}{2E}$ 代替式（7.5.5）中的罚数因子 $\alpha$，这里，$E$ 为杨氏模量，从而得到单刚

$$\boldsymbol{k} = \boldsymbol{G}^{\mathrm{T}}\left(\boldsymbol{H} + \frac{\alpha}{E}\boldsymbol{H}_{P}\right)^{-1}\boldsymbol{G} \tag{7.5.7}$$

### 7.5.3　用罚平衡法建立 4 结点轴对称元[38]

1. 4 结点轴对称元 $8\beta^{*}$

选取位移

$$\boldsymbol{u} = \begin{Bmatrix} w \\ u \end{Bmatrix} = \boldsymbol{u}_q = \boldsymbol{N}\boldsymbol{q} \tag{7.5.8}$$

初始应力选取为

$$\boldsymbol{\sigma} = \begin{bmatrix} \sigma_r \\ \sigma_z \\ \sigma_{rz} \\ \sigma_\theta \end{bmatrix} = \begin{bmatrix} 1 & 0 & 0 & 0 & r & z & 0 & 0 \\ 0 & 1 & 0 & 0 & 0 & 0 & 0 & 0 \\ 0 & 0 & 1 & 0 & 0 & 0 & 0 & 0 \\ 0 & 0 & 0 & 1 & 0 & 0 & r & z \end{bmatrix} \begin{bmatrix} \beta_1 \\ \vdots \\ \beta_8 \end{bmatrix} = \boldsymbol{P}\boldsymbol{\beta} \tag{7.5.9}$$

这里

$$\begin{aligned} r &= a_1\xi + a_2\xi\eta + a_3\eta + a_4 \\ z &= b_1\xi + b_2\xi\eta + b_3\eta + b_4 \end{aligned} \tag{h}$$

其中，系数 $a_i$，$b_i (i=1, \cdots, 4)$ 的意义同 7.1 节式（n）。

这里，式（7.5.9）的应力 $\sigma_r$ 及 $\sigma_\theta$ 选取为柱坐标 $(r, z)$ 的完整一次式。这样，此轴对称元可以得到更理性的径向及环向应力 $\sigma_r$ 及 $\sigma_\theta$ 线性分布。

对轴对称元，其平衡算子为

$$\bar{\boldsymbol{D}}^{\mathrm{T}}=\begin{bmatrix}\left(\dfrac{\partial}{\partial r}\right)+\dfrac{1}{r} & 0 & \dfrac{\partial}{\partial z} & -\dfrac{1}{r}\\ 0 & \dfrac{\partial}{\partial z} & \left(\dfrac{\partial}{\partial r}+\dfrac{1}{r}\right) & 0\end{bmatrix} \tag{i}$$

单刚中子阵式（g）现在为

$$\begin{aligned}&\boldsymbol{G}=2\pi\int_{-1}^{1}\int_{-1}^{1}\boldsymbol{P}^{\mathrm{T}}(\boldsymbol{D}\boldsymbol{N}_q)r|\boldsymbol{J}|\mathrm{d}\xi\mathrm{d}\eta\\&\boldsymbol{H}=2\pi\int_{-1}^{1}\int_{-1}^{1}\boldsymbol{P}^{\mathrm{T}}\boldsymbol{S}\boldsymbol{P}r|\boldsymbol{J}|\mathrm{d}\xi\mathrm{d}\eta\\&\boldsymbol{H}_p=2\pi\int_{-1}^{1}\int_{-1}^{1}(\bar{\boldsymbol{D}}^{T}\boldsymbol{\sigma})^{\mathrm{T}}(\bar{\boldsymbol{D}}^{\mathrm{T}}\boldsymbol{\sigma})r|\boldsymbol{J}|\mathrm{d}\xi\mathrm{d}\eta\end{aligned} \tag{j}$$

为得到显式表达，罚–平衡约束条件仅在元的中心点$(r_0, z_0)$处取值，这样得到

$$\boldsymbol{H}_p=\frac{2\pi A^{\mathrm{e}}}{r_0}\begin{bmatrix}1&0&0&-1&2r_0&0&-r_0&-z_0\\ &0&0&0&0&0&0&0\\ &&1&0&0&0&0&0\\ &&&1&-2r_0&0&r_0&z_0\\ &&&&4r_0^2&0&-2r_0^2&-2r_0z_0\\ &&\text{对称}&&&0&0&0\\ &&&&&&r_0^2&r_0z_0\\ &&&&&&&z_0^2\end{bmatrix} \tag{k}$$

其中，$A^{\mathrm{e}}$为单元面积。

2. 数值算例

一个承受内压力的无限长厚壁筒，分成 5 个规则单元进行分析（图 7.16）。计算所得圆筒内壁 $A$ 点的径向位移 $u_{\mathrm{A}}$ 及 $A$ 点的应力分量值，列于表 7.9。图 7.19 给出径向应力 $\sigma_r$ 沿 $r$ 方向的分布。

**表 7.9　A 点径向位移及应力**
**（圆筒承受内压力）**

| 单元 | $u_r$ | $\sigma_r$ | $\sigma_z$ | $\sigma_{rz}$ | $\sigma_\theta$ |
|---|---|---|---|---|---|
| Q4 | 30.15 | −1.914 | 1.17 | 0.00 | 5.806 |
| $8\beta$ | 30.185 | −2.164 | 0.64 | 0.00 | 5.52 |
| $8\beta^*$ | 30.345 | −3.119 | 0.637 | 0.00 | 5.241 |
| 解析解 | **30.35** | **−3.183** | **0.637** | **0.00** | **5.305** |

图及表中 $8\beta^*$ 是目前罚平衡元的结果。为比较，图、表中还给出由理性平衡法Ⅰ得到的元 $8\beta$[9]，以及 4 结点位移元 Q4 的结果。

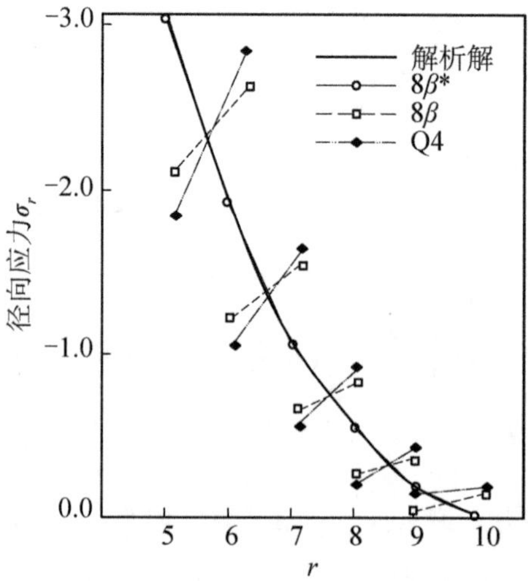


图 7.19　径向应力 $\sigma_r$ 沿 $r$ 方向分布

（厚壁筒承受内压）

可见，对规则单元，三种单元的结果相近。但沿单元边沿，目前 $8\beta^*$ 元（罚因子 $\alpha=10^4$）给出更好的结果，其径向应力 $\sigma_r$ 也十分理想地沿其解析解的切线分布，而元 $8\beta$ 及 Q4 结果欠佳。

## 7.6　具有转动自由度的 4 结点轴对称元

从 1965 年起，众多学者试图建立结点具有转动自由度的膜元，以改善单元性质，但是，除了少数的研究工作[39,40]，许多学者的努力未获得成功。

直到 20 世纪 90 年代，Allman[41]，Bergan 和 Felippa[17]分别成功地建立了具有转动自由度的三角形膜元，这些单元不仅改善了原有膜元的性质，提高了精度，而且易与弯曲单元组合，成为分析线性壳体的有力工具。这些工作也大大激发了许多后继研究工作者的兴趣。

现在介绍 Long 及 Loveday 等[42]根据修正的 Hellinger-Reissner 原理及 Allman 方法，建立的结点具有转动自由度的杂交应力轴对称元。

### 7.6.1　具有转动自由度的 4 结点轴对称元

选取如图 7.20 所示的单元，其每个结点具有 3 个自由度 $(u_i, w_i, \omega_i)$：

$$
\begin{aligned}
u_i &= u(r_i, z_i) \\
w_i &= w(r_i, z_i) \quad (i = 1, 2, 3, 4) \\
\omega_i &= \omega(r_i, z_i)
\end{aligned}
$$

式中，$u_i$ 及 $w_i$ 分别为结点 $i$ 沿 $r$ 及 $z$ 方向的线性位移；$\omega_i$ 为结点 $i$ 的转动（定义以下讨论），因此，单元每个结点具有 3 个自由度①。

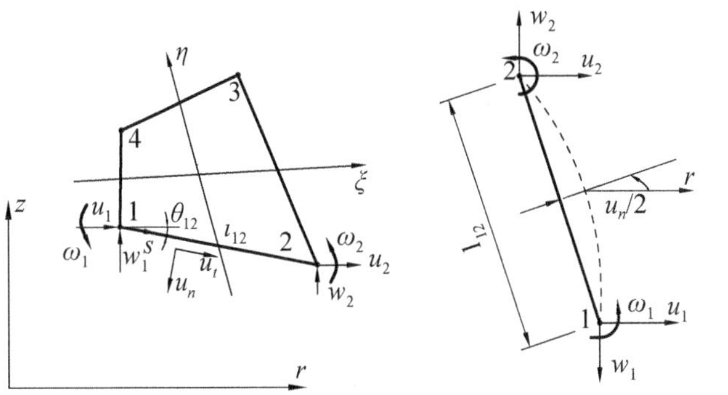


（a） 4结点元的结点自由度　　（b） 自由度$\omega_1$及$\omega_2$引起的边12位移

图 7.20　具有结点转动自由度的轴对称元

1. 单元建立

（1）轴对称元的应变场选取为

$$
\boldsymbol{\varepsilon} = \begin{Bmatrix} \varepsilon_r \\ \varepsilon_\theta \\ \varepsilon_z \\ \gamma_{rz} \end{Bmatrix} = \begin{bmatrix} \partial u / \partial r \\ u / r \\ \partial w / \partial z \\ \partial u / \partial z + \partial w / \partial r \end{bmatrix} \tag{7.6.1}
$$

及转动

$$
\psi_{rz} = \frac{1}{2}\left(\frac{\partial w}{\partial r} - \frac{\partial u}{\partial z}\right) \tag{7.6.2}
$$

（2）为了与文献[42]一致，弹性理论基本方程采用以下表达式：

一个张量 $\boldsymbol{A}$，可以分解为对称 $\boldsymbol{A}^{\mathrm{s}}$ 及反对称 $\boldsymbol{A}^{\mathrm{w}}$ 两部分

$$
\boldsymbol{A} = \text{对称 } \boldsymbol{A} + \text{偏斜 } \boldsymbol{A} = \boldsymbol{A}^{\mathrm{s}} + \boldsymbol{A}^{\mathrm{w}}
$$

其中

$$
\boldsymbol{A}^{\mathrm{s}} = \frac{1}{2}(\boldsymbol{A} + \boldsymbol{A}^{\mathrm{T}}) \tag{a}
$$

① 注意，现在引入的结点转动 $\omega_i$，并不是本书式（7.6.2）给出的结点的真正转动 $\psi_{rz}$。

$$\boldsymbol{A}^{\mathrm{w}}=\frac{1}{2}(\boldsymbol{A}-\boldsymbol{A}^{\mathrm{T}})$$

线弹性边值问题可表示为

$$\left.\begin{aligned}&\mathrm{Div}\,\boldsymbol{\sigma}+\overline{\boldsymbol{F}}=\boldsymbol{0}\quad \boldsymbol{\sigma}^{\mathrm{w}}=\boldsymbol{0}\\&\qquad\qquad\qquad\ \boldsymbol{\psi}=\nabla^{\mathrm{w}}\boldsymbol{u}\\&\boldsymbol{\varepsilon}=\nabla^{\mathrm{s}}\boldsymbol{u}\\&\boldsymbol{\sigma}^{\mathrm{s}}=\boldsymbol{C}\nabla^{\mathrm{s}}\boldsymbol{u}\end{aligned}\right\}\quad (V\text{内})\tag{7.6.3}$$

$$\begin{aligned}&\boldsymbol{\sigma}^{\mathrm{s}}\boldsymbol{n}=\overline{\boldsymbol{T}}\qquad (S_{\sigma}\text{上})\\&\boldsymbol{u}=\overline{\boldsymbol{u}}\qquad (S_{\mathrm{u}}\text{上})\end{aligned}\tag{7.6.4}$$

式（7.6.3）及式（7.6.4）分别代表应力对称时的平衡方程、以位移梯度定义的转动、位移-应变方程、本构方程，以及边界条件。$\boldsymbol{n}$ 为元外表面方向余弦。

（3）对轴对称问题式（7.6.3）中的分量分别为

$$\boxed{\begin{aligned}&\boldsymbol{\sigma}^{\mathrm{s}}=[\sigma_r\quad \sigma_\theta\quad \sigma_z\quad \tau_{rz}]^{\mathrm{T}}\\&\boldsymbol{\sigma}=\boldsymbol{\sigma}^{\mathrm{s}}+\boldsymbol{\sigma}^{\mathrm{w}}\\&\boldsymbol{\sigma}^{\mathrm{s}}=\frac{1}{2}(\boldsymbol{\sigma}+\boldsymbol{\sigma}^{\mathrm{T}})\\&\boldsymbol{\sigma}^{\mathrm{w}}=\frac{1}{2}(\boldsymbol{\sigma}-\boldsymbol{\sigma}^{\mathrm{T}})\end{aligned}}\tag{7.6.5}$$

$$\begin{aligned}&\nabla^{\mathrm{s}}\boldsymbol{u}=[u_{,r}\quad u/r\quad w_{,z}\quad u_{,z}+w_{,r}]^{\mathrm{T}}\\&\nabla^{\mathrm{w}}\boldsymbol{u}=\frac{1}{2}[w_{,r}-u_{,z}]\end{aligned}\tag{7.6.6}$$

2. 轴对称问题修正的 Hellinger-Reissner 原理

由式（5.2.3）可知，离散的 Hellinger-Reissner 原理为

$$\begin{aligned}\Pi_{\mathrm{HR}}(\boldsymbol{\sigma},\boldsymbol{u})=\sum_n\Big\{&\int_{V_n}[-B(\boldsymbol{\sigma})+\boldsymbol{\sigma}^{\mathrm{T}}(\boldsymbol{D}\boldsymbol{u})-\overline{\boldsymbol{F}}^{\mathrm{T}}\boldsymbol{u}]\mathrm{d}V-\int_{S_{\sigma_n}}\overline{\boldsymbol{T}}^{\mathrm{T}}\boldsymbol{u}\,\mathrm{d}S\\&-\int_{S_{u_n}}\boldsymbol{T}^{\mathrm{T}}(\boldsymbol{u}-\overline{\boldsymbol{u}})\mathrm{d}S\Big\}\quad (\boldsymbol{T}=\boldsymbol{\nu}\boldsymbol{\sigma})\end{aligned}\tag{7.6.7}$$

约束条件

$$\boldsymbol{u}^{(\mathrm{a})}=\boldsymbol{u}^{(\mathrm{b})}\qquad (S_{ab}\text{上})$$

将此式的位移场扩为线性移动 $\boldsymbol{u}(u,w)$ 及转动 $\psi$，令其满足位移已知面上边界条件并引入罚函数 $\gamma$ 解除转动约束 $\psi-\nabla^{\mathrm{w}}\boldsymbol{u}=\boldsymbol{0}$，得到如下轴对称问题修正的 Hellinger-Reissner 原理 $\Pi_{mR}$：

$$\Pi_{mR}(\boldsymbol{u},\ \psi,\ \boldsymbol{\sigma}^s)=\sum_n\left\{\int_{V_n}\left[-\frac{1}{2}(\boldsymbol{\sigma}^s)^{\mathrm{T}}\boldsymbol{S}\boldsymbol{\sigma}^s+(\boldsymbol{\sigma}^s)^{\mathrm{T}}\nabla^s\boldsymbol{u}-\bar{\boldsymbol{F}}^{\mathrm{T}}\boldsymbol{u}\right]\mathrm{d}V+\frac{\gamma}{2}\int_{V_n}[\nabla^{\mathrm{w}}\boldsymbol{u}-\psi]^2\mathrm{d}V+\int_{S_{\sigma n}}\bar{\boldsymbol{T}}^{\mathrm{T}}\boldsymbol{u}\,\mathrm{d}S\right\} \tag{7.6.8}$$

泛函中包括移动位移 $\boldsymbol{u}$ 、转动 $\psi$ 及对称应力场 $\boldsymbol{\sigma}^s$ 三类独立变量。关于此泛函的详细数学推导，见文献[43]和文献[44]。

3. 单刚列式

Long 及 Philip 等[42]选取以下三组插值公式：

$$\begin{aligned}&\boldsymbol{\sigma}^{\mathrm{s}}=\boldsymbol{P}_{\mathrm{c}}\boldsymbol{\beta}+\boldsymbol{P}_{\mathrm{h}}\boldsymbol{\beta}=\boldsymbol{P}\boldsymbol{\beta}\\&\nabla^{\mathrm{s}}\boldsymbol{u}=\boldsymbol{B}_1\boldsymbol{q}+\boldsymbol{B}_2\boldsymbol{\omega}\\&\nabla^{\mathrm{w}}\boldsymbol{u}-\psi=\boldsymbol{b}_1\boldsymbol{q}+\boldsymbol{b}_2\boldsymbol{\omega}\end{aligned} \tag{7.6.9}$$

式中，$\boldsymbol{\beta}$、$\boldsymbol{q}$ 及 $\boldsymbol{\omega}$ 分别为应力参数、结点位移及结点转动；$\boldsymbol{P}$ 、$\boldsymbol{B}_1$ 、$\boldsymbol{B}_2$ 、$\boldsymbol{b}_1$ 及 $\boldsymbol{b}_2$ 为对应的插值函数。

利用单元能量表达式建立单刚，当略去体积 $\bar{\boldsymbol{F}}$ 及表面力 $\bar{\boldsymbol{T}}$ ，同时满足位移已知边条时，泛函（7.6.8）成为

$$\Pi_{mR}(\boldsymbol{u},\ \psi,\ \boldsymbol{\sigma}^{\mathrm{s}})=\int_{V_n}\left[-\frac{1}{2}(\boldsymbol{\sigma}^{\mathrm{s}})^{\mathrm{T}}\boldsymbol{S}\boldsymbol{\sigma}^{\mathrm{s}}+(\boldsymbol{\sigma}^{\mathrm{s}})^{\mathrm{T}}\nabla^{\mathrm{s}}\boldsymbol{u}\right]\mathrm{d}V+\frac{\gamma}{2}\int_{V_n}[\nabla^{\mathrm{w}}\boldsymbol{u}-\psi]^2\mathrm{d}V \tag{7.6.10}$$

将式（7.6.9）代入上式，同时令

$$\boldsymbol{\Delta}=\begin{Bmatrix}\boldsymbol{q}\\\boldsymbol{\omega}\end{Bmatrix} \tag{b}$$

以及利用

$$\begin{aligned}&\nabla^{\mathrm{s}}\boldsymbol{u}=\boldsymbol{B}_1\boldsymbol{q}+\boldsymbol{B}_2\boldsymbol{\omega}=[\boldsymbol{B}_1\quad\boldsymbol{B}_2]\begin{Bmatrix}\boldsymbol{q}\\\boldsymbol{\omega}\end{Bmatrix}=[\boldsymbol{B}_1\quad\boldsymbol{B}_2]\boldsymbol{\Delta}\\&\nabla^{\mathrm{w}}\boldsymbol{u}-\psi=[\boldsymbol{b}_1\quad\boldsymbol{b}_2]\begin{Bmatrix}\boldsymbol{q}\\\boldsymbol{\omega}\end{Bmatrix}=[\boldsymbol{b}_1\quad\boldsymbol{b}_2]\boldsymbol{\Delta}\end{aligned} \tag{c}$$

代入式（7.6.10）得到

$$\Pi_{mR}(\boldsymbol{\Delta},\boldsymbol{\beta})=-\frac{1}{2}\boldsymbol{\beta}^{\mathrm{T}}\left(\int_{V_n}\boldsymbol{P}^{\mathrm{T}}\boldsymbol{S}\boldsymbol{P}\,\mathrm{d}V\right)\boldsymbol{\beta}+\boldsymbol{\beta}^{\mathrm{T}}\left(\int_{V_n}\boldsymbol{P}^{\mathrm{T}}[\boldsymbol{B}_1\quad\boldsymbol{B}_2]\mathrm{d}V\right)\boldsymbol{\Delta}+\frac{\gamma}{2}\boldsymbol{\Delta}^{\mathrm{T}}\left(\int_{V_n}\begin{Bmatrix}\boldsymbol{b}_1\\\boldsymbol{b}_2\end{Bmatrix}[\boldsymbol{b}_1\quad\boldsymbol{b}_2]\,\mathrm{d}V\right)\boldsymbol{\Delta} \tag{d}$$

令

$$\boldsymbol{H}=\int_{V_n}\boldsymbol{P}^{\mathrm{T}}\boldsymbol{S}\boldsymbol{P}\,\mathrm{d}V \qquad \boldsymbol{G}=\int_{V_n}\boldsymbol{P}^{\mathrm{T}}[\boldsymbol{B}_1\ \ \boldsymbol{B}_2]\,\mathrm{d}V$$
$$\boldsymbol{p}=\gamma\int_{V_n}\begin{Bmatrix}\boldsymbol{b}_1\\\boldsymbol{b}_2\end{Bmatrix}[\boldsymbol{b}_1\ \ \boldsymbol{b}_2]\,\mathrm{d}V \tag{e}$$

则有

$$\Pi_{mR}(\boldsymbol{\Delta},\boldsymbol{\beta})=-\frac{1}{2}\boldsymbol{\beta}^{\mathrm{T}}\boldsymbol{H}\boldsymbol{\beta}+\boldsymbol{\beta}^{\mathrm{T}}\boldsymbol{G}\boldsymbol{\Delta}+\frac{1}{2}\boldsymbol{\Delta}^{\mathrm{T}}\boldsymbol{p}\boldsymbol{\Delta} \tag{f}$$

在元上并缩掉 $\boldsymbol{\beta}$

$$\frac{\partial\Pi_{mR}}{\partial\boldsymbol{\beta}}=\boldsymbol{0}\ \rightarrow\ \boldsymbol{\beta}=\boldsymbol{H}^{-1}\boldsymbol{G}\boldsymbol{\Delta} \tag{g}$$

代回泛函式（f），即得单元刚度阵①

$$\boxed{\boldsymbol{k}=\boldsymbol{G}^{\mathrm{T}}\boldsymbol{H}\boldsymbol{G}+\boldsymbol{p}} \tag{7.6.11}$$

计算 $\boldsymbol{k}$ 值时，$\boldsymbol{p}$ 阵采用一点高斯积分，$\boldsymbol{G}$ 及 $\boldsymbol{H}$ 阵采用 5 点高斯积分即可。一些研究表明[43-47]，其中的罚数 $\gamma$ 采用剪切模量。

4. 建立单元 A4R6

（1）位移场

考虑一个图 7.20 所示 4 结点轴对称元，取出其边界 12（图 7.20（b））进行位移分析。Aliman 选择沿单元边界 12 的法线方向位移 $u_n$ 为自然坐标 $s$ 的二次式②，而切线方向位移 $u_s$ 为 $s$ 的一次式

$$\begin{aligned}u_n&=a_1+a_2s+a_3s^2\\u_t&=a_4+a_5s\end{aligned} \tag{h}$$

式中的五个待定常数 $a_1$ 至 $a_5$，可以利用两端点给定的 4 个端点位移边界条件（图 7.20（b），$l_{12}$ 为 12 边长）

$$\begin{aligned}u_n\big|_{s=0}&=u_{n1}\\u_n\big|_{s=l_{12}}&=u_{n2}\\u_t\big|_{s=0}&=u_{t1}\\u_t\big|_{s=l_{12}}&=u_{t2}\end{aligned} \tag{i}$$

以及如下定义的两端点 $u_n$ 的导数差（即转动 $\omega_1$ 与 $\omega_2$ 之差）

① 文献[42]中 P125 点式（43）错误，此式不成立。

② 以前许多学者选择 $u_n$ 为 $s$ 的三次式。

$$\frac{\partial u_n}{\partial s}\Big|_{s=l_{12}} - \frac{\partial u_n}{\partial s}\Big|_{s=0} = -\omega_2 + \omega_1 \tag{j}$$

共 5 个边界条件确定。其值为

$$\begin{aligned} &a_1 = u_{n1} && a_4 = u_{t1} \\ &a_2 = \frac{1}{l_{12}}(u_{n2} - u_{n1}) + \frac{1}{2}(\omega_2 - \omega_1) && a_5 = \frac{1}{l_{12}}(u_{t2} - u_{t1}) \\ &a_3 = \frac{1}{2l_{12}}(\omega_1 - \omega_2) \end{aligned} \tag{k}$$

将以上 $a_1$ 至 $a_5$ 值代回式（h），得到沿边 12 的法向及切向边界位移 $u_n$ 及 $u_t$

$$\begin{aligned} u_n &= \left(1 - \frac{s}{l_{12}}\right)u_{n1} + \left(\frac{s}{l_{12}}\right)u_{n2} + \frac{4}{l_{12}}s\left(1 - \frac{s}{l_{12}}\right)u_{n12} \\ u_t &= \left(1 - \frac{s}{l_{12}}\right)u_{t1} + \left(\frac{s}{l_{12}}\right)u_{t2} \end{aligned} \tag{l}$$

式中

$$u_{n12} = \frac{l_{12}}{8}(\omega_2 - \omega_1) \tag{m}$$

利用坐标转换

$$\begin{aligned} u &= u_n\cos\theta_{12} - u_t\sin\theta_{12} \\ v &= u_n\sin\theta_{12} + u_t\cos\theta_{12} \end{aligned} \tag{n}$$

式中

$$\cos\theta_{12} = \frac{y_2 - y_1}{l_{12}},\quad \sin\theta_{12} = \frac{x_1 - x_2}{l_{12}}$$

利用以上两式，由边界位移可求得元内位移，以边 12 为例，有

$$\begin{aligned} u &= \left[u_{n1}\left(1 - \frac{s}{l_{12}}\right) + u_{n2}\frac{s}{l_{12}} + \frac{1}{2}s\left(1 - \frac{s}{l_{12}}\right)(\omega_2 - \omega_1)\right]\cos\theta_{12} \\ &\quad - \left[u_{t1}\left(1 - \frac{s}{l_{12}}\right) + u_{t2}\frac{s}{l_{12}}\right]\sin\theta_{12} \\ &= u_1\left[\frac{1}{2}(1 - \xi)\right] + u_2\left[\frac{1}{2}(1 + \xi)\right] + (1 - \xi^2)\frac{l_{12}}{8}(\omega_2 - \omega_1)\cos\theta_{12} \end{aligned} \tag{o}$$

式中

$$\xi = \frac{2s}{l_{12}} - 1,\quad \frac{1}{2}(1 - \xi) = 1 - \frac{s}{l_{12}}$$

$$\frac{1}{2}(1+\xi)=\frac{s}{l_{12}} \qquad \frac{1}{8}(1-\xi^2)=\frac{1}{2}\frac{s}{l_{12}}\left(1-\frac{s}{l_{12}}\right)$$
$$u_1=u_{n1}\cos\theta_{12}-u_{t1}\sin\theta_{12} \quad u_2=u_{n2}\cos\theta_{12}-u_{t2}\sin\theta_{12} \tag{p}$$

将式（o）放入 4 结点元内，可以写成

$$\begin{aligned} u=&\frac{1}{4}(1-\xi)(1-\eta)u_1+\frac{1}{4}(1+\xi)(1-\eta)u_2\\ &+\frac{1}{2}(1-\xi^2)(1-\eta)\frac{l_{12}}{8}(\omega_2-\omega_1)\cos\theta_{12} \end{aligned} \tag{q}$$

同样可处理其余三个边的位移，将它们合并，即得到单元位移场

$$\boxed{\boldsymbol{u}=\begin{Bmatrix}u\\w\end{Bmatrix}=\sum_{i=1}^{4}N_i^{\mathrm{e}}(\xi,\eta)\boldsymbol{u}_i+\sum_{i=5}^{8}N_i^{\mathrm{s}}(\xi,\eta)\frac{l_{Jk}}{8}(\omega_k-\omega_J)\boldsymbol{n}_{Jk}} \tag{7.6.12}$$

式中

$$\begin{aligned} &\boldsymbol{u}_i=\begin{Bmatrix}u_i\\w_i\end{Bmatrix}\\ &N_i^{\mathrm{e}}=\frac{1}{4}(1+\xi_i\xi)(1+\eta_i\eta) \quad i=1,2,3,4\\ &N_i^{\mathrm{s}}=\frac{1}{2}(1-\xi^2)(1+\eta_i\eta) \quad i=5,7\\ &N_i^{\mathrm{s}}=\frac{1}{2}(1+\xi_i\xi)(1-\eta^2) \quad i=6,8 \end{aligned} \tag{r}$$

而

$$\begin{aligned} &\boldsymbol{n}_{Jk}=\begin{pmatrix}\cos\theta_{Jk}\\ \sin\theta_{Jk}\end{pmatrix}\\ &l_{Jk}=[(r_k-r_J)^2+(z_k-z_J)^2]^{1/2} \end{aligned} \tag{s}$$

相邻结点类似 FORTRAN 定义

$$J=I-4;\quad k=\mathrm{mod}(I,\ 4)+1;\quad I=5,\ 6,\ 7,\ 8 \tag{t}$$

（2）轴对称元位移梯度

由式（7.6.12）可知，位移梯度的对称部分

$$\boxed{\begin{aligned} \nabla^{\mathrm{s}}\boldsymbol{u}&=[u_{,r}\quad u/r\quad w_{,z}\quad u_{,z}+w_{,r}]^{\mathrm{T}}\\ &=\boldsymbol{B}_{1i}\boldsymbol{u}_i+\boldsymbol{B}_{2i}\omega_i \end{aligned}} \tag{7.6.13}$$

其中

$$\boldsymbol{B}_{1i}=\begin{bmatrix} N_{i,r}^{\mathrm{e}} & 0 \\ N_i^{\mathrm{e}}/r & 0 \\ 0 & N_{i,z}^{\mathrm{e}} \\ N_{i,z}^{\mathrm{e}} & N_{i,r}^{\mathrm{e}} \end{bmatrix}\quad i=1,\ 2,\ 3,\ 4 \tag{u}$$

以及

$$\boldsymbol{B}_{2i}=\frac{1}{8}\begin{bmatrix} l_{ij}\cos\theta_{ij}N_{L,r}^{\mathrm{s}}-l_{ik}\cos\theta_{ik}N_{M,r}^{\mathrm{s}} \\ 0 \\ l_{ij}\sin\theta_{ij}N_{L,z}^{\mathrm{s}}-l_{ik}\sin\theta_{ik}N_{M,z}^{\mathrm{s}} \\ (l_{ij}\cos\theta_{ij}N_{L,z}^{\mathrm{s}}-l_{ik}\cos\theta_{ik}N_{M,z}^{\mathrm{s}})+(l_{ij}\sin\theta_{ij}N_{L,r}^{\mathrm{s}}-l_{ik}\sin\theta_{ik}N_{M,r}^{\mathrm{s}}) \end{bmatrix} \tag{v}$$

与反对称梯度有关部分为

$$\boxed{\nabla^{w}\boldsymbol{u}-\psi=\boldsymbol{b}_{1i}^{\mathrm{e}}\boldsymbol{u}_i+b_{2i}^{\mathrm{e}}\omega_i} \tag{7.6.14}$$

其中

$$\boldsymbol{b}_{1i}^{\mathrm{e}}=\begin{bmatrix}-\frac{1}{2}N_{i,z}^{\mathrm{e}} & \frac{1}{2}N_{i,r}^{\mathrm{e}}\end{bmatrix}$$

$$b_{2i}^{\mathrm{e}}=\Big[-\frac{1}{16}(l_{ij}\cos\theta_{ij}N_{L,z}^{\mathrm{s}}-l_{ik}\cos\theta_{ik}N_{M,z}^{\mathrm{s}}) \tag{w}$$

$$+\frac{1}{16}(l_{ij}\sin\theta_{ij}N_{L,r}^{\mathrm{s}}-l_{ik}\sin\theta_{ik}N_{M,r}^{\mathrm{s}})-N_i^{\mathrm{e}}\Big]^{①}\qquad i=1,\ 2,\ 3,\ 4$$

$$\psi=\sum_{i=1}^{4}N_i^{e}\omega_i \tag{x}$$

公式（v）及（x）中的指标为②

$$\begin{aligned} &i=1,\ 2,\ 3,\ 4:\quad M=i+4 && L=M-1+4\,\mathrm{aint}(1/i) \\ &\qquad\qquad\qquad k=\mathrm{mod}(M,4)+1 && j=L-4 \end{aligned} \tag{y}$$

（3）对称应力场

根据位移场，并参照文献[48]和文献[49]，这里选取了如下与之对应的对称应力场：

---

① 文献[42]中此式印刷有误。

② aint($x$)：减去 $x$ 的小数部分，返回整数部分。mod($A,P$):$A/P$ 的余数。式（y）的具体值为

| $i$ | $M$ | $L$ | $k$ | $j$ |
|---|---|---|---|---|
| 1 | 5 | 8 | 2 | 4 |
| 2 | 6 | 5 | 3 | 1 |
| 3 | 7 | 6 | 4 | 2 |
| 4 | 8 | 7 | 1 | 3 |

$$\boxed{\begin{aligned}\boldsymbol{\sigma}^{\mathrm{s}} &= [\sigma_r \quad \sigma_\theta \quad \sigma_z \quad \tau_{rz}]^{\mathrm{T}} \\ &= \boldsymbol{I}_{\mathrm{c}}\boldsymbol{\beta}_{\mathrm{c}} + \boldsymbol{T}_o\boldsymbol{P}_{\mathrm{h}}(\xi,\eta)\boldsymbol{\beta}_{\mathrm{h}} = \boldsymbol{P}(r,z)\boldsymbol{\beta}\end{aligned}} \tag{7.6.15}$$

式中，$\boldsymbol{I}_{\mathrm{c}}$ 为 $4\times4$ 单位阵。高阶应力项的插值函数 $\boldsymbol{P}_{\mathrm{h}}$ 以自然坐标表示为

$$\boldsymbol{P}_{\mathrm{h}}(\xi,\eta)\boldsymbol{\beta} = \begin{bmatrix} \eta & 0 & 0 & 0 & \eta^2 & 0 \\ 0 & 0 & 0 & 0 & 0 & z_g \\ 0 & \xi & 0 & 0 & -\xi^2 & 0 \\ 0 & 0 & \eta & \xi & 0 & 0 \end{bmatrix} \begin{Bmatrix} \beta_5 \\ \vdots \\ \beta_{10} \end{Bmatrix} \tag{z}$$

这里，

$$z_g = J_{12}\xi + J_{22}\eta \tag{a$^1$}$$

$J_{12}$ 及 $J_{22}$ 为雅可比阵元素

$$\boldsymbol{J}(\xi,\eta) = \begin{bmatrix} J_{11} & J_{12} \\ J_{21} & J_{22} \end{bmatrix} \tag{b$^1$}$$

式（7.6.15）中引入转化阵

$$\boldsymbol{T}_0 = \begin{bmatrix} (J_{11})^2 & 0 & (J_{21})^2 & 2J_{11}J_{21} \\ 0 & 1 & 0 & 0 \\ (J_{22})^2 & 0 & (J_{22})^2 & 2J_{12}J_{22} \\ J_{11}J_{12} & 0 & J_{21}J_{22} & J_{11}J_{22}+J_{12}J_{21} \end{bmatrix} \tag{c$^1$}$$

以便将式（z）中以自然坐标表示的插值函数 $\boldsymbol{P}_{\mathrm{h}}(\xi,\ \eta)$，转化为笛卡儿坐标。Kasper 和 Taylor[50]建议在计算转化阵 $\boldsymbol{T}_0$ 时采用平均雅可比值，在现在的文献[42]中，对式（a）$^1$ 及（c）$^1$ 中雅可比元素均采用了局部坐标原点值。

此应力场（z）系作者 Long 等对文献[49]给出的具有 Allman 型转动自由度平面元的应力场上，又增加了项 $z_g$，以扫除轴对称问题时的平面刚体转动。

根据位移梯度（式（7.6.13））、（式（7.6.14））、对称应力（式（7.6.15）），以及修正的 Hellinger-Reissner 原理（式（7.6.8）），Long 及 Philip 等[42]建立了具有转动自由度的轴对称杂交应力元 A4R$\sigma$。

### 7.6.2　数值算例

为了进行比较，文献[42]给出以下轴对称元的结果：

（1）Q4：4 结点等参位移元；

（2）LA1：Sze 和 Chow 所建立的非协调四边形位移元[2]；

（3）AQ6：Wu 和 Cheung 所建立的非协调四边形杂交应力元[51]；

（4）SQ4：Chen 和 Cheung 所建立的广义杂交四边形元[3]；

（5）HA1/FA1：Sze 和 Chow 所建立的杂交应力元[2]；

（6）FSF/DSF：Weissman 和 Taylor 所建立的 4 结点杂交应力元[4]；

（7）NAQ6：Chen 和 Cheung 所建立的非协调位移元[52]①；

（8）RHAQ6：Chen 和 Cheung 所建立的杂交应力元[52]；

（9）A4R$\sigma$：Long 及 Philip 等所建立的 4 结点具有转动自由度的杂交应力元[42]。

**例 1**　分片试验

采用图 7.21 所示试验网格，给出边界位移 $u=2r$，$v=1+4z$。数值结果表明，现在元 A4R$\sigma$ 对任何 $\gamma>0$ 的值通过分片试验。

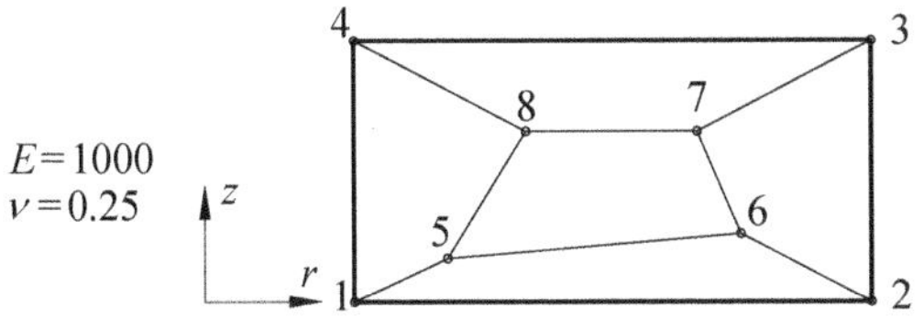


坐标

| 结点 | $r_i$ | $z_i$ |
|---|---|---|
| 1 | 0.20 | 0.00 |
| 2 | 0.44 | 0.00 |
| 3 | 0.44 | 0.12 |
| 4 | 0.20 | 0.12 |
| 5 | 0.24 | 0.02 |
| 6 | 0.38 | 0.03 |
| 7 | 0.36 | 0.08 |
| 8 | 0.28 | 0.08 |

图 7.21　分片试验

**例 2**　无限长厚壁筒承受均匀内压

采用单位厚度的薄片，用图 7.22 所示三种网格进行计算，计算结果列入表 7.10 和表 7.11。可见，现在带转动的单元 A4R$\sigma$，当材料趋近于不可压缩时，不仅提供相当准确的应力及位移，而且其位移值对单元几何形状歪斜不敏感。

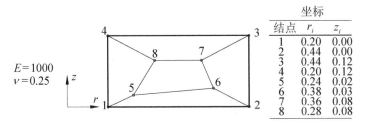

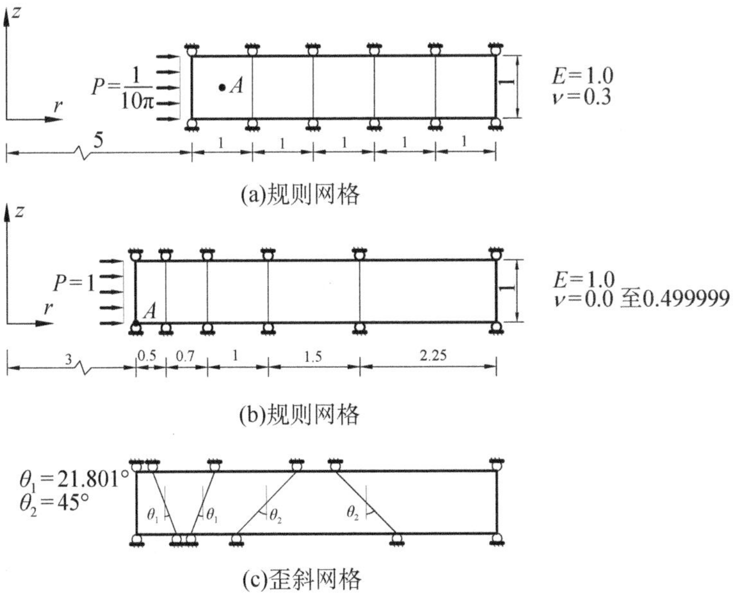


图 7.22　无限长厚壁筒承受内压力

① 此元建立在 8.1 节。

**表 7.10　正则化径向位移及应力 ($\times 10^{-2}$, $r=5$)**
**（厚壁筒承受均匀内压，规则网格（a））**

| 单元 | $\nu=0.49$ | | | |
|---|---|---|---|---|
| | $u_r^2$ | $\sigma_{rA}$ | $\sigma_{\theta A}$ | $\sigma_{zA}$ |
| Q4 | 0.906 | 0.817 | 0.963 | 1.129 |
| LA1 | 0.992 | −1.282 | 0.851 | 0.356 |
| AQ6 | 0.992 | 0.996 | 1.011 | 1.029 |
| NAQ6 | 0.992 | 0.996 | 1.011 | 1.029 |
| SQ4 | 0.992 | 0.996 | 1.011 | 1.029 |
| HA1/FA1 | 0.992 | 0.996 | 1.011 | 1.029 |
| RHAQ6 | 0.992 | 0.996 | 1.011 | 1.029 |
| A4R$\sigma$ | 1.000 | 1.011 | 1.006 | 1.000 |
| 解析解 | **31.780** | **−2.450** | **4.570** | **1.040** |
| 单元 | $\nu=0.499$ | | | |
| | $u_r^2$ | $\sigma_{rA}$ | $\sigma_{\theta A}$ | $\sigma_{zA}$ |
| Q4 | 0.494 | −0.026 | 0.778 | 1.704 |
| LA1 | 0.992 | 1.090 | −0.584 | −5.821 |
| AQ6 | 0.992 | 0.996 | 1.011 | 1.028 |
| NAQ6 | 0.992 | 0.996 | 1.011 | 1.028 |
| SQ4 | 0.992 | 0.996 | 1.011 | 1.028 |
| HA1/FA1 | 0.992 | 0.996 | 1.011 | 1.028 |
| RHAQ6 | 0.992 | 0.996 | 1.011 | 1.028 |
| A4R$\sigma$ | 1.000 | 1.011 | 1.006 | 0.999 |
| 解析解 | **31.830** | **−2.450** | **4.570** | **1.060** |
| 单元 | $\nu=0.4999$ | | | |
| | $u_r^2$ | $\sigma_{rA}$ | $\sigma_{\theta A}$ | $\sigma_{zA}$ |
| Q4 | 0.089 | −0.856 | 0.597 | 2.275 |
| LA1 | 0.992 | 30.731 | −14.937 | −67.698 |
| AQ6 | 0.992 | 0.996 | 1.011 | 1.028 |
| NAQ6 | 0.992 | 0.996 | 1.011 | 1.028 |
| SQ4 | 0.992 | 0.996 | 1.011 | 1.028 |
| HA1/FA1 | 0.992 | 0.996 | 1.011 | 1.028 |
| RHAQ6 | 0.992 | 0.996 | 1.011 | 1.028 |
| A4R$\sigma$ | 1.000 | 1.011 | 1.006 | 1.001 |
| 解析解 | **31.830** | **−2.450** | **4.570** | **1.060** |

**表 7.11　MacNeal-Harder 试验正则化 $A$ 点位移**
**（厚壁筒承受均匀内压，图 7.22 网格（b）及（c））**

| 单元 | $\nu=0.0$ | $\nu=0.3$ | $\nu=0.49$ | $\nu=0.499$ | $\nu=0.4999$ | $\nu=0.499999$ |
|---|---|---|---|---|---|---|
| | | | 网格（b） | | | |
| Q4 | 0.994 | 0.988 | 0.847 | 0.359 | 0.053 | $5.61\times10^{-4}$ |
| FSF | 0.994 | 0.990 | 0.986 | 0.986 | 0.986 | — |
| DSF | 1.000 | 1.000 | 1.000 | 1.000 | 1.000 | — |
| AQ6 | 0.994 | 0.990 | 0.986 | 0.985 | 0.986 | 0.985 |
| NAQ6 | 0.994 | 0.990 | 0.933 | 0.986 | 0.986 | 0.986 |
| RHAQ6 | 0.994 | 0.990 | 0.986 | 0.986 | 0.986 | 0.986 |
| A4R$\sigma$ | 1.000 | 1.000 | 1.000 | 1.000 | 1.000 | 1.000 |
| | | | 网格（c） | | | |
| Q4 | 0.989 | 0.982 | 0.816 | 0.315 | 0.044 | $4.43\times10^{-4}$ |
| FSF | 0.985 | 0.981 | 0.976 | 0.976 | 0.976 | — |
| DSF | 0.997 | 0.997 | 0.997 | 0.997 | 0.997 | — |
| AQ6 | 0.991 | 0.985 | 0.938 | 0.718 | 0.472 | 0.410 |
| NAQ6 | 0.989 | 0.985 | 0.939 | 0.713 | 0.445 | 0.372 |
| RHAQ6 | 0.989 | 0.987 | 0.983 | 0.983 | 0.983 | 0.983 |
| A4R$\sigma$ | 0.994 | 0.993 | 0.984 | 0.982 | 0.982 | 0.982 |

**例 3**　承受均匀压力的简支圆板（图 7.6）

此例主要检查规则与非规则网格对板弯曲的影响，以及当板的厚度 $t$ 从 0.005 增至1时，对不可压缩材料是否会产生锁住现象。

圆板的有限元网格划分如图 7.6 的网格Ⅰ至Ⅲ所示。当歪斜参数 $e$ 分别为 0 及 0.025 时，计算所得不同泊松比时，$A$ 点正则化的挠度及径向应力值，分别由表 7.12 及表 7.13 给出。表 7.14 列出单元高度歪斜时，不同泊松比下 $A$ 点的挠度及径向应力值。表 7.15 给出具有不同高宽比的单元，在规则网格及不规格网格下 $A$ 点正则化的挠度。以上结果显示，现在的元 A4R$\sigma$，与其他各类杂交应力轴对称元相比，均提供了准确的应力及位移解。

**表 7.12　不同泊松比时正则化 $A$ 点的位移及应力 ($t=1$, $e=0$)**
**（简支圆板承受弯曲，网格Ⅰ（规则网格 1×4））**

| 单元 | $w_A$ | | | |
|---|---|---|---|---|
| | $\nu=0.25$ | $\nu=0.49$ | $\nu=0.4999$ | $\nu=0.499999$ |
| Q4 | 0.696 | 0.079 | 0.016 | 0.015 |

续表

| 单元 | $w_A$ | | | |
|---|---|---|---|---|
| | $\nu=0.25$ | $\nu=0.49$ | $\nu=0.4999$ | $\nu=0.499999$ |
| LA1 | 1.034 | 1.011 | 0.785 | 0.761 |
| AQ6 | 1.034 | 1.011 | 0.785 | 0.761 |
| NAQ6 | 1.034 | 1.011 | 0.785 | 0.761 |
| SQ4 | 1.034 | 1.011 | 0.785 | 0.761 |
| HA1/FA1 | 1.037 | 1.043 | 1.043 | 1.043 |
| RHAQ6 | 1.037 | 1.043 | 1.043 | 1.043 |
| A4R$\sigma$ | 1.004 | 1.009 | 1.009 | 1.009 |
| 解析解 | **−738.280** | **−524.980** | **−515.720** | **−515.630** |

| 单元 | $\sigma_{rA}$ | | | |
|---|---|---|---|---|
| | $\nu=0.25$ | $\nu=0.49$ | $\nu=0.4999$ | $\nu=0.499999$ |
| Q4 | — | — | — | — |
| LA1 | — | — | — | — |
| AQ6 | 0.999 | 0.937 | 0.597 | 0.567 |
| NAQ6 | 0.999 | 0.936 | 0.596 | 0.566 |
| SQ4 | 0.999 | 0.937 | 0.597 | 0.567 |
| HA1/FA1 | 1.006 | 1.007 | 1.007 | 1.007 |
| RHAQ6 | 1.006 | 1.008 | 1.008 | 1.008 |
| A4R$\sigma$ | 1.000 | 1.000 | 1.000 | 1.000 |
| 解析解 | **121.880** | **130.880** | **131.250** | **131.250** |

**表 7.13　不同泊松比时 $A$ 点正则化的应力及位移 ($t=1$, $e=0.025$)**
**（简支圆板承受弯曲，网格Ⅱ（微歪网格1×4））**

| 单元 | $w_A$ | | | |
|---|---|---|---|---|
| | $\nu=0.25$ | $\nu=0.49$ | $\nu=0.4999$ | $\nu=0.499999$ |
| Q4 | 0.694 | 0.079 | 0.016 | 0.015 |
| LA1 | 1.027 | 1.006 | 0.777 | 0.753 |
| AQ6 | 1.030 | 1.008 | 0.781 | 0.756 |
| NAQ6 | 1.030 | 1.008 | 0.781 | 0.757 |
| SQ4 | 1.030 | 1.008 | 0.781 | 0.756 |
| HA1 | 1.030 | 1.040 | 1.040 | 1.043 |
| FA1 | 1.030 | 1.040 | 1.040 | 1.040 |
| RHAQ6 | 1.030 | 1.041 | 1.041 | 1.041 |
| A4R$\sigma$ | 1.004 | 1.009 | 1.009 | 1.009 |
| 解析解 | **−738.280** | **−524.980** | **−515.720** | **−515.630** |

续表

| 单元 | $\sigma_{rA}$ | | | |
|---|---|---|---|---|
| | $\nu=0.25$ | $\nu=0.49$ | $\nu=0.4999$ | $\nu=0.499999$ |
| Q4 | — | — | — | — |
| LA1 | — | — | — | — |
| AQ6 | 1.005 | 0.933 | 0.585 | 0.555 |
| NAQ6 | 0.980 | 0.879 | 1.344 | 1.329 |
| SQ4 | 1.011 | 0.948 | 0.599 | 0.568 |
| HA1 | 0.988 | 0.930 | 0.924 | 0.924 |
| FA1 | 0.997 | 0.938 | 0.933 | 0.933 |
| RHAQ6 | 0.994 | 0.998 | 0.998 | 0.998 |
| A4R$\sigma$ | 1.003 | 1.003 | 1.003 | 1.003 |
| 解析解 | **121.880** | **130.880** | **131.250** | **131.250** |

**表 7.14　不同泊松比时 *A* 点的正则化应力及位移 ($t=1$)**
**（简支圆板承受弯曲，网格Ⅲ（高度歪斜网格 1×4））**

| 单元 | $w_A$ | | | |
|---|---|---|---|---|
| | $\nu=0.25$ | $\nu=0.49$ | $\nu=0.4999$ | $\nu=0.499999$ |
| Q4 | 0.635 | 0.088 | 0.017 | 0.019 |
| LA1 | 0.909 | 0.903 | 0.590 | 0.563 |
| AQ6 | 0.907 | 0.906 | 0.593 | 0.566 |
| NAQ6 | 0.912 | 0.906 | 0.592 | 0.565 |
| SQ4 | 0.906 | 0.904 | 0.593 | 0.566 |
| HA1 | 0.918 | 0.976 | 0.979 | 0.979 |
| FA1 | 0.915 | 0.971 | 0.974 | 0.974 |
| RHAQ6 | 0.928 | 0.977 | 0.979 | 0.979 |
| A4R$\sigma$ | 0.998 | 1.005 | 1.005 | 1.005 |
| 解析解 | **−738.280** | **−524.980** | **−515.720** | **−515.630** |
| 单元 | $\sigma_{rA}$ | | | |
| | $\nu=0.25$ | $\nu=0.49$ | $\nu=0.4999$ | $\nu=0.499999$ |
| Q4 | — | — | — | — |
| LA1 | — | — | — | — |
| AQ6 | 1.389 | 1.132 | 0.370 | 0.328 |
| NAQ6 | 1.154 | 0.800 | 3.254 | 3.590 |
| SQ4 | 1.341 | 1.164 | 0.469 | 0.430 |
| HA1 | 1.226 | 1.043 | 1.030 | 1.030 |
| FA1 | 1.352 | 1.167 | 1.154 | 1.153 |
| RHAQ6 | 0.974 | 1.029 | 1.032 | 1.032 |
| A4R$\sigma$ | 1.053 | 1.039 | 1.039 | 1.039 |
| 解析解 | **121.880** | **130.880** | **131.250** | **131.250** |

**表 7.15　不同高宽比（= 2.5/$t$）时 $A$ 点的正则化位移 ($\nu = 0.25$, $e = 0.0$及0.025)**
**（简支圆板承受弯曲，网格Ⅱ，规则网格及微歪网格 1×4 ）**

| 单元 | | $w_A t^3$ 规则网格（$e = 0.0$） | |
|---|---|---|---|
| 高宽比 | 2.5 | 100 | 500 |
| Q4 | 0.696 | $2.22\times10^{-3}$ | $8.89\times10^{-5}$ |
| LA1 | 1.034 | 1.025 | 1.025 |
| AQ6 | 1.034 | 1.025 | 1.025 |
| NAQ6 | 1.034 | 1.025 | 1.025 |
| SQ4 | 1.034 | 1.025 | 1.025 |
| HA1 | 1.037 | 1.028 | 1.028 |
| FA1 | 1.037 | 1.028 | 1.028 |
| RHAQ6 | 1.037 | 1.028 | 1.028 |
| A4R$\sigma$ | 1.004 | 0.994 | 0.995 |
| 解析解 | **−738.280** | | |

| 单元 | | $w_A t^3$ 歪斜网格（$e = 0.025$） | |
|---|---|---|---|
| 高宽比 | 2.5 | 100 | 500 |
| Q4 | 0.694 | $8.87\times10^{-4}$ | $3.84\times10^{-5}$ |
| LA1 | 1.027 | 0.549 | 0.546 |
| AQ6 | 1.030 | 0.493 | 0.491 |
| NAQ6 | 1.030 | 0.493 | 0.491 |
| SQ4 | 1.030 | 0.493 | 0.491 |
| HA1 | 1.030 | 0.559 | 0.556 |
| FA1 | 1.030 | 0.559 | 0.556 |
| RHAQ6 | 1.030 | 0.738 | 0.738 |
| A4R$\sigma$ | 1.004 | 0.941 | 0.897 |
| 解析解 | **−738.28** | | |

**例 4**　薄球壳承受内压

薄球壳尺寸如图 7.23 所示，承受单位内压，用$10\times1$个单元网格进行分析，当泊松比从$\nu=0$增至$\nu=0.4999$时，计算所得 $A$ 点及 $B$ 点正则化位移列于表 7.16，解析解由 Roak 和 Young[53]给出。可见，现在的元 A4R$\sigma$ 给出十分准确的结果，当$\nu\to0.5$时，4 结点位移元 Q4 产生锁住现象。

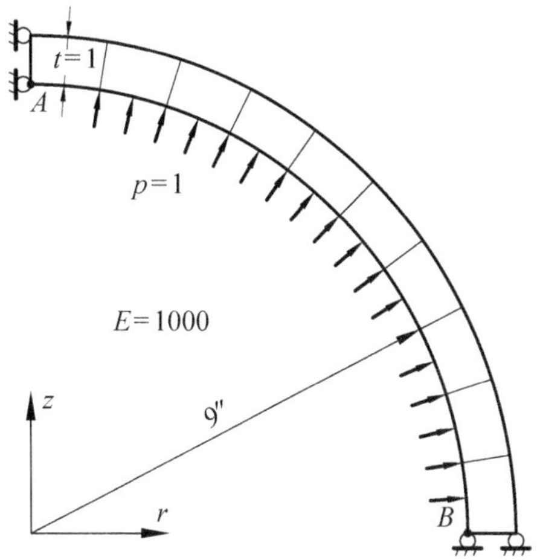


图 7.23　薄球壳承受内压有限元网格

**表 7.16　计算所得 *A*、*B* 两点正则化位移**
**（薄球壳承受均匀内压）**

| 单元 | $w_A$ | | | | |
|---|---|---|---|---|---|
| | $\nu=0$ | $\nu=0.3$ | $\nu=0.49$ | $\nu=0.499$ | $\nu=0.4999$ |
| Q4 | 1.024 | 1.027 | 0.896 | 0.424 | 0.068 |
| FSF | 1.061 | 1.076 | 1.085 | 1.085 | 1.085 |
| DSF | 1.059 | 1.074 | 1.085 | 1.086 | 1.086 |
| A4R$\sigma$ | 0.994 | 0.991 | 0.987 | 0.986 | 0.986 |
| 解析解（$\times 10^{-2}$） | **4.081** | **3.127** | **2.523** | **2.494** | **2.491** |
| 单元 | $w_B$ | | | | |
| | $\nu=0$ | $\nu=0.3$ | $\nu=0.49$ | $\nu=0.499$ | $\nu=0.4999$ |
| Q4 | 0.997 | 0.992 | 0.876 | 0.419 | 0.067 |
| FSF | 0.994 | 0.990 | 0.984 | 0.984 | 0.984 |
| DSF | 0.995 | 0.992 | 0.988 | 0.988 | 0.988 |
| A4R$\sigma$ | 0.999 | 0.997 | 0.994 | 0.994 | 0.994 |
| 解析解（$\times 10^{-2}$） | **4.081** | **3.127** | **2.523** | **2.494** | **2.491** |

## 7.7　小　　结

1. 根据几种修正的 Hellinger-Reissner 原理及一种修正的两变量变分原理，建立了一些具有优良性能的非协调杂交应力轴对称元，使多场变量有限元得到快速的发展，现将它们汇总于表 7.17。

**表 7.17　根据修正的 Hellinger-Reissner 原理 $\Pi_{mR}$ 及修正的两变量变分原理 $\Pi_{mp2}$ 建立的轴对称元及扭转元**

| | 变分原理 | 有限元模型 | 变量 | 矩阵方程中的未知数 | 矩阵方程 | 参考文献 |
|---|---|---|---|---|---|---|
| 1 | $\Pi^{+}_{mR_2}(\boldsymbol{\sigma},\boldsymbol{u}_q,\boldsymbol{u}^{+}_{\lambda})$ | 非协调杂交应力轴对称元 | 位移：$\boldsymbol{u}=\boldsymbol{u}_q+\boldsymbol{u}_\lambda$<br>$\boldsymbol{u}_q=\boldsymbol{N}\boldsymbol{q}$<br>$\boldsymbol{u}^{+}_{\lambda}=\boldsymbol{M}\boldsymbol{\lambda}$<br>应力：$\boldsymbol{\sigma}=\boldsymbol{P}_c\boldsymbol{\beta}+\boldsymbol{P}_h\boldsymbol{\beta}$ | $\boldsymbol{q}$<br>$\Pi^{+}_{mR_2}(\boldsymbol{q},\boldsymbol{\lambda},\boldsymbol{\beta})$<br>$\to\Pi^{+}_{mR_2}(\boldsymbol{q})$ | 位移<br>$\boldsymbol{K}\boldsymbol{q}=\boldsymbol{Q}$ | Dong 和 Teixeira de Freitas[1]（1992）<br>Sze 和 Chow[2]（1991） |
| 2 | $\Pi_{mR}(\boldsymbol{\sigma}^{+},\boldsymbol{u}_q,\boldsymbol{u}_\lambda)$ | 非协调杂交应力扭转元 | 位移：$\boldsymbol{u}=\boldsymbol{u}_q+\boldsymbol{u}_\lambda$<br>$\boldsymbol{u}_q=\boldsymbol{N}\boldsymbol{q}$<br>$\boldsymbol{u}_\lambda=\boldsymbol{M}\boldsymbol{\lambda}$<br>应力：$\boldsymbol{\sigma}^{+}=\boldsymbol{P}_c\boldsymbol{\beta}+\boldsymbol{P}^{+}_h\boldsymbol{\beta}$ | $\boldsymbol{q}$<br>$\Pi_{mR}(\boldsymbol{\beta},\boldsymbol{\lambda},\boldsymbol{q})$<br>$\to\Pi_{mR}(\boldsymbol{q})$ | 位移<br>$\boldsymbol{K}\boldsymbol{q}=\boldsymbol{Q}$ | 田宗漱和吴亚东[27]（1988） |
| 3 | $\Pi^{2}_{mP2}(\boldsymbol{\varepsilon},\boldsymbol{u}_q,\boldsymbol{u}_\lambda)$ | 非协调杂交应力轴对称元 | 位移：$\boldsymbol{u}=\boldsymbol{u}_q+\boldsymbol{u}_\lambda$<br>$\boldsymbol{u}_q=\boldsymbol{N}\boldsymbol{q}$<br>$\boldsymbol{u}_\lambda=\boldsymbol{M}\boldsymbol{\lambda}$<br>应变：$\boldsymbol{\varepsilon}=\boldsymbol{L}\boldsymbol{\alpha}$ | $\boldsymbol{q}$<br>$\Pi^{2}_{mP2}(\boldsymbol{q},\boldsymbol{\lambda},\boldsymbol{\alpha})$<br>$\to\Pi^{2}_{mP2}(\boldsymbol{q})$ | 位移<br>$\boldsymbol{k}\,\boldsymbol{q}=\boldsymbol{Q}$ | Ju 和 Sin[35]（1996） |
| 4 | $\Pi_{mR}(\boldsymbol{\sigma}^{s},\psi,\boldsymbol{u})$ | 带转动自由度的杂交应力轴对称元 | 对称应力：$\boldsymbol{\sigma}^{s}=\boldsymbol{P}\boldsymbol{\beta}$<br>对称位移梯度：<br>$\nabla^{s}\boldsymbol{u}=\boldsymbol{B}_1\boldsymbol{q}+\boldsymbol{B}_2\boldsymbol{\omega}$<br>反对称位移梯度及转动：<br>$\nabla^{w}\boldsymbol{u}-\psi=\boldsymbol{b}_1\boldsymbol{q}+\boldsymbol{b}_2\boldsymbol{\omega}$ | $\boldsymbol{q}$<br>$\Pi_{mR}(\boldsymbol{\beta},\boldsymbol{q},\boldsymbol{\omega})$<br>$\to\Pi_{mR}(\boldsymbol{q})$ | 位移<br>$\boldsymbol{K}\,\boldsymbol{q}=\boldsymbol{Q}$ | Long 和 Philip 等[42]（2009） |
| 5 | $\Pi_{mR}(\boldsymbol{u},\boldsymbol{\sigma})$ | 罚平衡法建立轴对称元 | 位移：$\boldsymbol{u}=\boldsymbol{N}\boldsymbol{q}$<br>应力：$\boldsymbol{\sigma}=\boldsymbol{P}\boldsymbol{\beta}$ | $\Pi_{mR}(\boldsymbol{\beta},\boldsymbol{q})$<br>$\to\Pi_{mR}(\boldsymbol{q})$ | 位移<br>$\boldsymbol{K}\boldsymbol{q}=\boldsymbol{Q}$ | Jiao 和 Wu 等[38]（1992） |

2. 第 6 章各节所阐述的三种理性方法，为改善杂交应力元的性能，均是采用了前处理的方法，即引入非协调位移 $\boldsymbol{u}_\lambda$，使初始假定应力场 $\boldsymbol{\sigma}$ 满足一种理性能量约束条件，作为单元的优化条件，得到一个优化的应力场 $\boldsymbol{\sigma}^{+}$，再进行单刚计算。

本章讨论了一种罚平衡方法，它属于一种后处理方法。这个方法既不需要引入非协调位移 $\boldsymbol{u}_\lambda$，也不需要对初始假定应力场 $\boldsymbol{\sigma}$ 进行修正。为了得到单元内优良的应力分布，其所选的应力场应为整体坐标下严格的完整多项式，同时，也应尽可能地满足平衡条件，作者指出，这个方法对轴对称及二维/三维问题均十分有效。但有的研究指出[54]，对结点具有转动自由度的单元，这样处理所得结果并不理想，看来，此法仍需进一步探讨。

3. 具有结点转动自由度的轴对称元，更易于与轴对称壳或轴对称实体连接，而且一些数值算例表明，这类元能提供更高的精度。

# 参考文献


[1] Dong Y F，Teixeira de Freitas J A. On the hybrid stress methods for axisymmetric and qusi-incompressible solids. Proc. EPMESC'4，Dalian：1992，2：1252-1256

[2] Sze K Y，Chow C L. An incompatible element for axisymmetric structure and its modified by hybrid method. Int. J. Num. Meth. Engng.，1991，31：385-405

[3] Chen W C，Cheung Y R. Axisymmetric solid elements by the generalized hybrid method. Comput. & Struc.，1987，27：745-752

[4] Weissman S L，Taylor R L. Four-node axisymmetric element based upon the Hellinger- Reissner functional. Comp. Meth. Appl. Mech. Engng.，1991，85：39-53

[5] Wu C C，Hans B. Multiveriable finite elements：consistency and optimization. Science in China (Seri-A)，1991，34（3Z）：284-299

[6] Lu X Y，Liu Y W，Xh H R，et al. Investigation and improvement of Wilson nonconforming element. ACTA Mechanica Sinica，1989，21：379-384

[7] Tian Z S，Liu J S，Tian J. New axisymmetric solid elements based on extended Hellinger-Reissner principle. ACTA Mechanics Sinica，1994，10（4）：349-384

[8] Pian T H H，Tong P. Relations between incompatible displacement model and hybrid stress model. Int. J. Num. Meth. Engng.，1973，7：433-437

[9] Tian Z S，Pian T H H. Axisymmefric solid elements by a rational hybrid stress method. Comput. & Struc.，1985，20：141-149

[10] Spilker R L. Improved hybrid-stress axisymmetric elements including behavior for nearly incompressible materials. Int. J. Num. Meth. Engng.，1981，17：483-501

[11] Bergan P G. Correction and further discussion on finite elements based on energy orthogonal functions. Int. J. Num. Meth. Engng.，1981，17：154-155

[12] Bergan P G，Nygård M K. Finite elements with increased freedom in choosing shape functions. Int. J. Num. Meth. Engng.，1984，20：643-663

[13] Bergan P G，Nygård M K. Plate bending elements based on orthogonal functions//Haghes T J，Garthing D，Spilker R L. New Concepts in Finite Elements Analysis. Colorado：ASME，1981

[14] Militello C，Felippa C A. The individual element test revisited//Ontae E，Periaux J，Samuelsson A. Finite Elements in the 90's—A Book Dedicated to Zienkiewicz O C. Bracelona：Springer，1991：554-564

[15] Bergan P G，Wang X. Quadrilateral plate bending elements with shear deformations. Comput. & Struc.，1984，19：25-34

［16］ Bergan P G，Nygård M K. Nonlinear shell analysis using free formulation finite elements. Proc. Europe-US Symp. on Finite Elements Methods for Nonlinear Problems，Trondheim，1985：317-318

［17］ Bergan P G，Felippa C A. A triangular membrane element with rotational degrees of freedom. Comput. Meth. Appl. Meth. Engng.，1985，50：25-69

［18］ Felippa C A. The extended free formulation of finite element in linear elasticity. J. Appl. Mech.，1989，56：609-616

［19］ Felippa C A. Parametrized multifield variation principle in elasticity：II. Hybrid functionals and free formulation. Commun. Appl. Num. Meth.，1989，5：89-98

［20］ Felippa C A. Parametrized multified variational principles in elasticity. I. Mixed functionals. Commun. Appl. Num. Meth.，1989，5：79-88

［21］ 田宗漱，卞学鐄（Pian T H H）. 多变量变分原理与多变量有限元方法. 2 版. 北京：科学出版社，2014

［22］ Sze K Y，Chow C L. Efficient hybrid / mixed element formulations by free formulation and energy orthognality. Proc. 1st Int. Conf. on Computer-aided Assessment and Control of Localized Damage. 3-Advanced Computational Method，1990：143-156

［23］ Bachrach W E，Belytschko T. Axisymmetric elements with high coarse-mesh accuracy. Comput. & Struc.，1986，3：323-331

［24］ Cook R D. A note on certain incompatible elements. Int. J. Num. Meth. Engng.，1973，6：146-147

［25］ 左德元，陈大鹏. 关于轴对称有限元中伪剪应力问题. 西南交通大学学报，1992，87：27-32

［26］ 吴长春，狄生林，卞学鐄. 轴对称杂交应力的优化列式. 航空学报，1987，8（9）：A439-A448

［27］ 田宗漱，吴亚东. 用杂交/混合模式构造高精度扭转元及方法比较. 第五届华东地区固体力学会议，无锡，1988

［28］ Tian Z S，Tian Z R. Further study of construction of axisymmetric finite element by hybrid stress method. Proc. EPMESC'Ⅲ，1990：549-558

［29］ Tian Z S. Hybrid stress axisymmetric torsion element constructed by another method//Zhu D H，Chen D P，Yuan M W. Advances in Engineering Mechanics，Peking University，1991：103-111

［30］ Tsui T Y. Finite element stress analysis of axisymmetric bodics under torsion. AIAA J.，1979，17：441-442

［31］ Miwa H. Torsion of shaft with variable cross-scction by assumed stress hybrid fintic element method. M S Thesis，MIT，1981

［32］ Pian T H H，Li M S，Kang D. Hybrid stress elements based on natural isoparametric coordinates.

Proc. Invitational China-American Workshop on FEM，Chende，1986：1-11

[33] Wu C C，Dong Y F，Huang M G. Optimization of stress moded of hybrid element and its application to torsion of shaft. Proc. 2nd ICEPPEMEUS，1988：224-226

[34] Fraeijs de Veubeke B M. Diffusion des inconnues hyperstatiques dans les voilures à longerons couplés. Bull. Serv. Technique Aeronautique，1951，24：1-8

[35] Ju S B，Sin H C. New incompatible four-node axisymmetric elements with assumed strains. Comput. & Struc.，1996，60（2）：269-278

[36] Zangwil W I. Nonlinear programming via penalty functions. Management Sci.，1967，13（5）：344-358

[37] Wu C，Cheung Y K. On optimization approaches of hybrid stress elements. J. Finite Elements Anal. Des.，1995，21：111-128

[38] Jiao Z P，Wu C C，Huang M G. A study on the completeness of displacement trial function of incompatible elements with internal parameters. J. China Univ. Sci. Technol.，1992，22：308-317

[39] Mohr G A. Finite element formulation by nested interpolations：Application to the drilling freedom problem. Comput. & Struc.，1982. 15：185-190

[40] Abu-Gazaleh B N. Analysis of plate-type prismatic structure. Ph D Dissertation，Berkeley：Dept. of Civil Eng.，Uni. of California，1965

[41] Allman D J. A compatible triangular element including vertex rotations for plane elasticity analysis. Comput. & Struc.，1984，19：1-8

[42] Long G S，Philip W，Loveday P W，et al. Axisymmetric solid-of-revolution finite element with rotational degrees of freedom. J. Finite Element Anal. Des.，2009，45：121-131

[43] Hughes T J R，Brezzi F. On drilling degress of freedom. Comput. Meth. Appl. Mech. Engng.，1989，72：105-121

[44] Hughes T J R，Brezzi F，Masud A，et al. Finite element with drilling degree of freedom：theory and numerical evaluation//Gruber R，Periaux J，Shaw R P. Proc. Fifth Int. Sym. Num. Meth. Eng.，vol 1. Berlin：Springer，1989，3-17

[45] Ibrahimbegovic A，Taylor R L，Wilson E L. A robust quadrilateral membrane finite element with drilling degrees of freedom. Int. J. Num. Meth. Engng.，1990，80：445-457

[46] Hughes T J R，Masud A，Harari I. Numerical assessment of some membrane elements with drilling degrees of freedom. Comput. & Struc.，1995，55：297-314

[47] Long C S，Geyer S，Groenwold A A. A numerical study of the effect of penalty parameters for membrane elements with independent rotation fields and penalized equilibrium. J. Finite Element Anal. Des.，2006，42：757-765

[48] Sze K Y，Ghali A. Hybrid plane quadrilateral element with corner rotations. ASCE J.，Struct.

Eng.，1993，119：2552-2572

[49] Jog S K，Annabattula R. The development of hybrid axisymmetric elements based on the Hellinger-Reissner variational principle. Int. J. Num. Meth. Engng.，2007，65：2279-2291

[50] Kasper E P，Taylor R L. Mixed-enhanced formulation for geometrically linear axisymmetric problems. Int. J. Num. Meth. Engng.，2002，53：2061-2086

[51] Wu C C，Cheung Y K. The patch test condition in curvilinear coordinates-formulation and application. Sci. China A.，1992，8：385-405

[52] Chen C，Cheung Y K. The nonconforming element method and refined hybrid element method for axisymmetric solid. Int. J. Num. Meth. Engng.，1996，39：2509-2529

[53] Roak R J，Young W C. Formulas for Stress and Strain. New York：McGraw-Hill，1959

[54] 王安平. 带转动自由度的特殊杂交应力元. 博士论文，北京：中国科学院研究生院，2006

# 第 8 章　根据 Hu-Washizu 原理 $\Pi_{\mathrm{HW}}$ 建立的轴对称有限元模式

我们进一步讨论由 Hu-Washizu 变分原理所建立的各种轴对称有限元。

## 8.1　根据 Hu-Washizu 原理 $\Pi_{\mathrm{HW}}$ 建立的 4 结点精化杂交应力轴对称元（refined hybrid stress axisymmetric element）

Chen 和 Cheung[1]将他们根据 $\Pi_{\mathrm{HW}}$ 所建立的这类单元，称为精化杂交元（refined hybrid element）；而将他们根据 $\Pi_{\mathrm{HR}}$ 所建立的相应单元，称为精化杂交应力元（refined hybrid stress element）。现在，根据杂交应力元的定义，将上述两种元统称为杂交应力元。

### 8.1.1　Hu-Washizu 原理 $\Pi_{\mathrm{HW}}$

离散后的 Hu-Washizu 原理为

$$
\begin{aligned}
\Pi_{\mathrm{HW}} = \sum_{n}\Big\{ & \int_{V_n} [A(\boldsymbol{\varepsilon}) - \boldsymbol{\sigma}^{\mathrm{T}}\boldsymbol{\varepsilon} + \boldsymbol{\sigma}^{\mathrm{T}}(\boldsymbol{D}\boldsymbol{u}) - \boldsymbol{F}^{\mathrm{T}}\boldsymbol{u}]\,\mathrm{d}V \\
& - \int_{S_{u_n}} \boldsymbol{T}^{\mathrm{T}}(\boldsymbol{u} - \bar{\boldsymbol{u}})\,\mathrm{d}S - \int_{S_{\sigma_n}} \bar{\boldsymbol{T}}^{\mathrm{T}}\boldsymbol{u}\,\mathrm{d}S \Big\} \\
= {} & \text{驻值}
\end{aligned}
\tag{8.1.1}
$$

约束条件

$$
\boldsymbol{u}^{(a)} = \boldsymbol{u}^{(b)} \qquad (S_{ab}\ \text{上}) \tag{8.1.2}
$$

### 8.1.2　精化杂交应力轴对称元[1]

1. 有限元列式

Chen 和 Cheung 根据 Hu-Washizu 原理建立精化杂交应力元 RHAQ6，方法①如下所述。

选取

① 文献[1]在建立此类单元时，考虑到解除 Hu-Washizu 原理对元间位移连续的要求，但其推导，阐述不详。

$$\begin{aligned}&\boldsymbol{\varepsilon}=\left[\boldsymbol{I}_4,\frac{\xi}{r|\boldsymbol{J}|}\boldsymbol{I}_4,\frac{\eta}{r[\boldsymbol{J}]}\boldsymbol{I}_4\right]\boldsymbol{\alpha}=\boldsymbol{N}\boldsymbol{\alpha}\\&\boldsymbol{\sigma}=[\boldsymbol{I}_4,\xi\boldsymbol{I}_4,\eta\boldsymbol{I}_4]\boldsymbol{\beta}=\boldsymbol{P}\boldsymbol{\beta}\\&\boldsymbol{\sigma}_{\mathrm{h}}=[0,\xi\boldsymbol{I}_4,\eta\boldsymbol{I}_4]\boldsymbol{\beta}=\boldsymbol{P}_{\mathrm{h}}\boldsymbol{\beta}\\&\boldsymbol{u}_q=\boldsymbol{F}\boldsymbol{q}\\&\boldsymbol{u}_\lambda=\boldsymbol{M}\boldsymbol{\lambda}\end{aligned}\tag{8.1.3}$$

式中，$\boldsymbol{I}_4$ 为 $4\times4$ 的单位阵；$\boldsymbol{\alpha}$ 为应变参数；$\boldsymbol{\beta}$ 为应力参数；$\boldsymbol{\lambda}$ 为内位移参数，$\boldsymbol{q}=[u_1,v_1,u_2,v_2,u_3,v_3,u_4,v_4]^{\mathrm{T}}$ 为结点位移。

现选取内位移为

$$\boldsymbol{u}_\lambda=\begin{bmatrix}1-\omega\xi^2 & 1-\omega\eta^2 & 0 & 0\\ 0 & 0 & 1-\omega\xi^2 & 1-\omega\eta^2\end{bmatrix}\begin{Bmatrix}\lambda_1\\ \lambda_2\\ \lambda_3\\ \lambda_4\end{Bmatrix}=\boldsymbol{M}\boldsymbol{\lambda}\tag{8.1.4}$$

式中，$\omega$ 为一个指定参数，数值计算结果表明，$\omega$ 最佳值为−0.4。对目前的单元列式，类似于四边形平面元，其值的选取可参考文献[1]。

建立单元刚度矩阵时，采取一个单元的能量表达式，略去体积力及表面力，同时选取

$$\begin{aligned}&\boldsymbol{u}=\bar{\boldsymbol{u}}\qquad（S_{u_n}\ 上）\\&\boldsymbol{u}=\boldsymbol{u}_q+\boldsymbol{u}_\lambda\qquad（V_n\ 内）\end{aligned}\tag{a}$$

与 Wilson 元一样，不去顾及元间位移的协调性，对线弹性体，泛函（8.1.1）成为

$$\Pi_{\mathrm{HW}}=\int_{V_n}\left[\frac{1}{2}\boldsymbol{\varepsilon}^{\mathrm{T}}\boldsymbol{C}\boldsymbol{\varepsilon}-\boldsymbol{\sigma}^{\mathrm{T}}\boldsymbol{\varepsilon}+\boldsymbol{\sigma}^{\mathrm{T}}(\boldsymbol{D}\boldsymbol{u}_q+\boldsymbol{D}\boldsymbol{u}_\lambda)\right]\mathrm{d}V\tag{8.1.5}$$

为了通过分片试验，选取

$$\int_{V_n}\boldsymbol{D}\boldsymbol{u}_\lambda\,\mathrm{d}V=\boldsymbol{0}\tag{b}$$

这样，式（8.1.5）的最后一项就只剩高阶应力项（即 $\boldsymbol{\sigma}_{\mathrm{h}}^{\mathrm{T}}(\boldsymbol{D}\boldsymbol{u}_\lambda)$），于是有

$$\Pi_{\mathrm{HW}}=\int_{V_n}\left[\frac{1}{2}\boldsymbol{\varepsilon}^{\mathrm{T}}\boldsymbol{C}\boldsymbol{\varepsilon}-\boldsymbol{\sigma}^{\mathrm{T}}\boldsymbol{\varepsilon}+\boldsymbol{\sigma}^{\mathrm{T}}(\boldsymbol{D}\boldsymbol{u}_q)+\boldsymbol{\sigma}_{\mathrm{h}}^{\mathrm{T}}(\boldsymbol{D}\boldsymbol{u}_\lambda)\right]\mathrm{d}V\tag{8.1.6}$$

将式（8.1.3）代入上式，得到

$$\Pi_{\mathrm{HW}}=\frac{1}{2}\boldsymbol{\alpha}^{\mathrm{T}}\boldsymbol{H}\boldsymbol{\alpha}-\boldsymbol{\beta}^{\mathrm{T}}\boldsymbol{W}\boldsymbol{\alpha}+\boldsymbol{\beta}^{\mathrm{T}}\boldsymbol{G}_q\boldsymbol{q}+\boldsymbol{\beta}^{\mathrm{T}}\boldsymbol{G}_\lambda\boldsymbol{\lambda}\tag{c}$$

式中

$$\begin{aligned}
\boldsymbol{H} &= \int_{-1}^{1}\int_{-1}^{1} \boldsymbol{N}^{\mathrm{T}}\,\boldsymbol{C}\,\boldsymbol{N}\,r\left|\boldsymbol{J}\right|\mathrm{d}\xi\mathrm{d}\eta \\
\boldsymbol{W} &= \int_{-1}^{1}\int_{-1}^{1} \boldsymbol{P}^{\mathrm{T}}\,\boldsymbol{N}\,\boldsymbol{r}\left|\boldsymbol{J}\right|\mathrm{d}\xi\mathrm{d}\eta \\
\boldsymbol{G}_q &= \int_{-1}^{1}\int_{-1}^{1} \boldsymbol{P}^{\mathrm{T}}\,\boldsymbol{B}_q\,r\left|\boldsymbol{J}\right|\mathrm{d}\xi\mathrm{d}\eta \quad (\boldsymbol{B}_q = \boldsymbol{DF}) \\
\boldsymbol{G}_\lambda &= \int_{-1}^{1}\int_{-1}^{1} \boldsymbol{P}_h\,\boldsymbol{B}_\lambda\,r\left|\boldsymbol{J}\right|\mathrm{d}\xi\mathrm{d}\eta \quad (\boldsymbol{B}_\lambda = \boldsymbol{DM})
\end{aligned} \tag{d}$$

为了使应变能中的应变项正交，$r\left|\boldsymbol{J}\right|$ 项用其平均值代替

$$r\left|\boldsymbol{J}\right| \doteq \frac{\int_{-1}^{1}\int_{-1}^{1} r\left|\boldsymbol{J}\right|\mathrm{d}\xi\mathrm{d}\eta}{\int_{-1}^{1}\int_{-1}^{1}\mathrm{d}\xi\mathrm{d}\eta} = \frac{1}{4}f_0 \tag{e}$$

这样 $\boldsymbol{H}$ 阵简化为

$$\boldsymbol{H} = \begin{bmatrix} A_0\boldsymbol{I}_4 & & \\ & A_1\boldsymbol{I}_4 & \\ & & A_2\boldsymbol{I}_4 \end{bmatrix} \tag{f}$$

式中

$$A_0 = f_0, \quad A_1 = A_2 = \frac{4}{3f_0} \tag{g}$$

选取 4 结点元的坐标如图 8.1 所示。

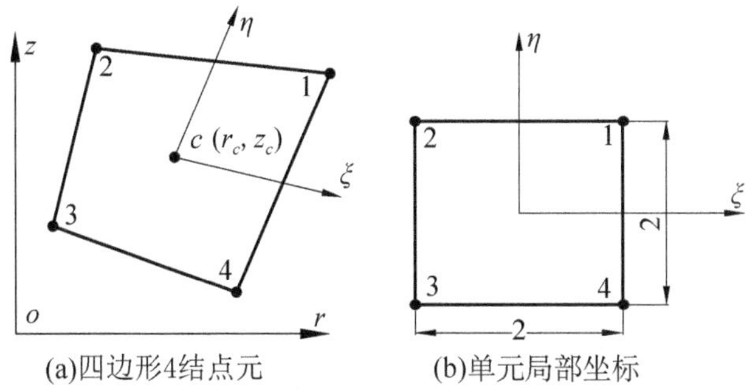


图 8.1　4 结点四边形轴对称元

这里

$$\begin{Bmatrix} r \\ z \end{Bmatrix} = \sum_{i=1}^{4}\frac{1}{4}(1+\xi\xi_i)(1+\eta\eta_i)\begin{Bmatrix} r_i \\ z_i \end{Bmatrix} = \begin{Bmatrix} a_0 + a_1\xi + a_2\eta + a_3\xi\eta \\ b_0 + b_1\xi + b_2\eta + b_3\xi\eta \end{Bmatrix} \tag{h}$$

其中

$$\begin{bmatrix} a_0 & b_0 \\ a_1 & b_1 \\ a_2 & b_2 \\ a_3 & b_3 \end{bmatrix} = \frac{1}{4}\begin{bmatrix} 1 & 1 & 1 & 1 \\ 1 & -1 & -1 & 1 \\ 1 & 1 & -1 & -1 \\ 1 & -1 & 1 & -1 \end{bmatrix}\begin{bmatrix} r_1 & z_1 \\ r_2 & z_2 \\ r_3 & z_3 \\ r_4 & z_4 \end{bmatrix} \tag{i}$$

式中，$(r_i, z_i)\ (i=1,2,3,4)$ 为各结点的坐标。

单元的雅可比行列式为

$$|\boldsymbol{J}| = g_0 + g_1\xi + g_2\eta \tag{j}$$

其中

$$g_0 = a_0b_3 - a_3b_0，\quad g_1 = a_0b_1 - a_1b_0，\quad g_2 = a_1b_2 - a_2b_1$$

由应变-位移方程可知，其微分算子阵为

$$\boldsymbol{D} = \begin{bmatrix} \dfrac{\partial}{\partial r} & 0 \\ 0 & \dfrac{\partial}{\partial z} \\ \dfrac{1}{r} & 0 \\ \dfrac{\partial}{\partial z} & \dfrac{\partial}{\partial r} \end{bmatrix} \quad (\varepsilon = [\varepsilon_r \quad \varepsilon_z \quad \varepsilon_\theta \quad \gamma_{rz}]^{\mathrm{T}}) \tag{k}$$

从而得到

$$\boldsymbol{B}_q = \boldsymbol{DF} = \frac{\boldsymbol{E}}{4|\boldsymbol{J}|}[\boldsymbol{B}_{0q} + \xi\boldsymbol{B}_{1q} + \eta\boldsymbol{B}_{2q} + \xi\eta\boldsymbol{B}_{3q}] \tag{l}$$

这里

$$\boldsymbol{B}_{0q} = \begin{bmatrix} b_1-b_2 & 0 & b_1+b_2 & 0 & -b_1+b_2 & 0 & -b_1-b_2 & 0 \\ 0 & -a_1+a_2 & 0 & -a_1-a_2 & 0 & a_1-a_2 & 0 & a_1+a_2 \\ 1 & 0 & 1 & 0 & 1 & 0 & 1 & 0 \\ -a_1+a_2 & b_1-b_2 & -a_1-a_2 & b_1+b_2 & a_1-a_2 & -b_1+b_2 & a_1+a_2 & -b_1-b_2 \end{bmatrix}$$

$$\boldsymbol{B}_{1q} = \begin{bmatrix} -b_1-b_3 & 0 & b_1+b_3 & 0 & -b_1+b_3 & 0 & -b_1-b_3\text{①} & 0 \\ 0 & a_1+a_3 & 0 & -a_1-a_3 & 0 & a_1-a_3 & 0 & -a_1+a_3 \\ 1 & 0 & -1 & 0 & -1 & 0 & 1 & 0 \\ a_1+a_3 & -b_1-b_3 & -a_1-a_3 & b_1+b_3 & a_1-a_3 & -b_1+b_3 & -a_1+a_3 & b_1-b_3 \end{bmatrix}$$

$$\boldsymbol{B}_{2q} = \begin{bmatrix} b_3+b_2 & 0 & b_3-b_2 & 0 & -b_3+b_2 & 0 & -b_3-b_2 & 0 \\ 0 & -a_3-a_2 & 0 & -a_3+a_2 & 0 & a_3-a_2 & 0 & a_3+a_2 \\ 1 & 0 & 1 & 0 & -1 & 0 & -1 & 0 \\ -a_3-a_2 & b_3+b_2 & -a_3+a_2 & b_3-b_2 & a_3-a_2 & -b_3+b_2 & a_3+a_2 & -b_3-b_2 \end{bmatrix}$$

① 此值疑有误。

$$\boldsymbol{B}_{3q}=\begin{bmatrix}0&0&0&0&0&0&0&0\\0&0&0&0&0&0&0&0\\1&0&-1&0&1&0&-1&0\\0&0&0&0&0&0&0&0\end{bmatrix}\tag{m}$$

$$\boldsymbol{E}=\begin{bmatrix}1&&&\\&1&&\\&&|\boldsymbol{J}|/r&\\&&&1\end{bmatrix}\tag{n}$$

以及

$$\boldsymbol{B}_{\lambda}=\boldsymbol{DM}=\frac{\boldsymbol{E}}{4|\boldsymbol{J}|}[\boldsymbol{B}_{0\lambda}+\xi\boldsymbol{B}_{1\lambda}+\eta\boldsymbol{B}_{2\lambda}+\xi^{2}\boldsymbol{B}_{3\lambda}+\eta^{2}\boldsymbol{B}_{4\lambda}]\tag{o}$$

其中

$$\boldsymbol{B}_{0\lambda}=4\begin{bmatrix}0&0&0&0\\0&0&0&0\\1&1&0&0\\0&0&0&0\end{bmatrix}\qquad\boldsymbol{B}_{1\lambda}=8\boldsymbol{\alpha}\begin{bmatrix}-b_2&0&0&0\\0&0&a_2&0\\0&0&0&0\\a_2&0&-b_2&0\end{bmatrix}$$

$$\boldsymbol{B}_{2\lambda}=8\boldsymbol{\alpha}\begin{bmatrix}0&b_1&0&0\\0&0&0&-a_1\\0&0&0&0\\0&-a_1&0&b_1\end{bmatrix}\qquad\boldsymbol{B}_{3\lambda}=8\boldsymbol{\alpha}\begin{bmatrix}-b_3&0&0&0\\0&0&a_3&0\\-\frac{1}{2}&0&0&0\\a_3&0&-b_3&0\end{bmatrix}\tag{p}$$

$$\boldsymbol{B}_{4\lambda}=8\boldsymbol{\alpha}\begin{bmatrix}0&b_3&0&0\\0&0&0&-a_3\\0&-\frac{1}{2}&0&0\\0&-a_3&0&b_3\end{bmatrix}$$

令

$$\boldsymbol{G}=\begin{bmatrix}\boldsymbol{G}_q&\boldsymbol{G}_{\lambda}\end{bmatrix}=\begin{bmatrix}\boldsymbol{G}_{0q}&\boldsymbol{O}\\\boldsymbol{G}_{1q}&\boldsymbol{G}_{1\lambda}\\\boldsymbol{G}_{2q}&\boldsymbol{G}_{2\lambda}\end{bmatrix}\tag{q}$$

由于

$$\boldsymbol{G}_q = \int_{-1}^{1}\int_{-1}^{1} \boldsymbol{P}^{\mathrm{T}} \boldsymbol{B}_q r |\boldsymbol{J}| \mathrm{d}\xi \mathrm{d}\eta = \begin{Bmatrix} \boldsymbol{G}_{0q} \\ \boldsymbol{G}_{1q} \\ \boldsymbol{G}_{2q} \end{Bmatrix}$$

$$\boldsymbol{G}_\lambda = \int_{-1}^{1}\int_{-1}^{1} \boldsymbol{P}_{\mathrm{h}}^{\mathrm{T}} \boldsymbol{B}_\lambda r |\boldsymbol{J}| \mathrm{d}\xi \mathrm{d}\eta = \begin{Bmatrix} 0 \\ \boldsymbol{G}_{1\lambda} \\ \boldsymbol{G}_{2\lambda} \end{Bmatrix} \tag{r}$$

所以式（q）中

$$\begin{aligned} \boldsymbol{G}_{0q} &= \boldsymbol{a}_0 \boldsymbol{B}_{0q} + \frac{1}{3}(\boldsymbol{a}_1 \boldsymbol{B}_{1q} + \boldsymbol{a}_2 \boldsymbol{B}_{2q}) \\ \boldsymbol{G}_{1q} &= \frac{1}{3}(\boldsymbol{a}_0 \boldsymbol{B}_{1q} + \boldsymbol{a}_1 \boldsymbol{B}_{0q}) + \frac{1}{9}\boldsymbol{a}_3 \boldsymbol{B}_{2q} + \frac{1}{9} g_2 \boldsymbol{B}_{3q} \\ \boldsymbol{G}_{2q} &= \frac{1}{3}(\boldsymbol{a}_0 \boldsymbol{B}_{2q} + \boldsymbol{a}_2 \boldsymbol{B}_{0q}) + \frac{1}{9}\boldsymbol{a}_3 \boldsymbol{B}_{1q} + \frac{1}{9} g_1 \boldsymbol{B}_{3q} \end{aligned} \tag{s}$$

$$\boldsymbol{a}_0 = \begin{bmatrix} a_0 & & & \\ & a_0 & & \\ & & g_0 & \\ & & & a_0 \end{bmatrix} \quad \boldsymbol{a}_1 = \begin{bmatrix} a_1 & & & \\ & a_1 & & \\ & & g_1 & \\ & & & a_1 \end{bmatrix}$$

$$\boldsymbol{a}_2 = \begin{bmatrix} a_2 & & & \\ & a_2 & & \\ & & g_2 & \\ & & & a_2 \end{bmatrix} \quad \boldsymbol{a}_3 = \begin{bmatrix} a_3 & & & \\ & a_3 & & \\ & & 0 & \\ & & & a_3 \end{bmatrix} \tag{t}$$

$$\begin{aligned} \boldsymbol{G}_{1\lambda} &= \frac{1}{3}(\boldsymbol{a}_0 \boldsymbol{B}_{1\lambda} + \boldsymbol{a}_1 \boldsymbol{B}_{0\lambda}) + \frac{1}{9}(\boldsymbol{a}_1 \boldsymbol{B}_{4\lambda} + \boldsymbol{a}_3 \boldsymbol{B}_{2\lambda}) + \frac{1}{3}\boldsymbol{a}_1 \boldsymbol{B}_{3\lambda} \\ \boldsymbol{G}_{2\lambda} &= \frac{1}{3}(\boldsymbol{a}_0 \boldsymbol{B}_{2\lambda} + \boldsymbol{a}_2 \boldsymbol{B}_{0\lambda}) + \frac{1}{9}(\boldsymbol{a}_2 \boldsymbol{B}_{3\lambda} + \boldsymbol{a}_3 \boldsymbol{B}_{1\lambda}) + \frac{1}{3}\boldsymbol{a}_2 \boldsymbol{B}_{4\lambda} \end{aligned} \tag{u}$$

对式（c）的 $\Pi_{\mathrm{HW}}$ 取变分，同时在单元上并缩掉 $\boldsymbol{\alpha}$ 及 $\boldsymbol{\beta}$，从而有

$$\frac{\partial \Pi_{\mathrm{HW}}}{\partial \boldsymbol{\alpha}} = \boldsymbol{0} \quad \boldsymbol{H}\boldsymbol{\alpha} - \boldsymbol{W}^{\mathrm{T}} \boldsymbol{\beta} = \boldsymbol{0} \tag{v}$$

$$\frac{\partial \Pi_{\mathrm{HW}}}{\partial \boldsymbol{\beta}} = \boldsymbol{0} \quad -\boldsymbol{W}\boldsymbol{\alpha} + \boldsymbol{G}_q \boldsymbol{q} + \boldsymbol{G}_\lambda \boldsymbol{\lambda} = \boldsymbol{0} \tag{w}$$

由式（w）得

$$\boldsymbol{\alpha} = \boldsymbol{W}^{-1} \boldsymbol{G} \boldsymbol{q}^{\mathrm{e}} \quad (\boldsymbol{q}^{\mathrm{e}} = [\boldsymbol{q} \quad \boldsymbol{\lambda}]^{\mathrm{T}}) \tag{x}$$

再代入式（v）得

$$\boldsymbol{\beta} = \boldsymbol{W}^{-\mathrm{T}} \boldsymbol{H} \boldsymbol{\alpha} = \boldsymbol{W}^{-\mathrm{T}} \boldsymbol{H} \boldsymbol{W}^{-1} \boldsymbol{G} \boldsymbol{q}^{\mathrm{e}} \qquad (\mathrm{y})$$

于是可得到单元应变及应力

$$\begin{aligned} \boldsymbol{\varepsilon} &= \boldsymbol{N} \boldsymbol{W}^{-1} \boldsymbol{G} \boldsymbol{q}^{\mathrm{e}} \\ \boldsymbol{\sigma} &= \boldsymbol{P} \boldsymbol{W}^{-\mathrm{T}} \boldsymbol{H} \boldsymbol{W}^{-1} \boldsymbol{G} \boldsymbol{q}^{\mathrm{e}} \end{aligned} \qquad (\mathrm{z})$$

以及单元刚度阵

$$\boldsymbol{k} = \boldsymbol{G}^{\mathrm{T}} \boldsymbol{W}^{-\mathrm{T}} \boldsymbol{H} \boldsymbol{W}^{-1} \boldsymbol{G} \qquad (\mathrm{a})^{1}$$

令

$$\boldsymbol{B}^{*} = \boldsymbol{W}^{-1} \boldsymbol{G} \qquad (\mathrm{b})^{1}$$

于是单元刚度阵就分解为一系列矩阵之和，而此矩阵相应于每个应变的插值模式

$$\boldsymbol{k} = \boldsymbol{B}^{*\mathrm{T}} \boldsymbol{H} \boldsymbol{B}^{*} = \sum_{i=0}^{2} A_i \boldsymbol{B}_i^{*\mathrm{T}} \boldsymbol{C} \boldsymbol{B}_i^{*} \qquad (8.1.7)$$

其中，$A_i$ 由式（g）给出，$\boldsymbol{B}_i^{*}$ 如下：

$$\begin{bmatrix} \boldsymbol{B}_0^{*} \\ \boldsymbol{B}_1^{*} \\ \boldsymbol{B}_2^{*} \end{bmatrix} = \begin{bmatrix} \dfrac{1}{f_0} \boldsymbol{G}_{0q} & 0 \\ \dfrac{3}{4}\left( \boldsymbol{G}_{1q} - \dfrac{f_1}{f_0} \boldsymbol{G}_{0q} \right) & \dfrac{3}{4} \boldsymbol{G}_{1\lambda} \\ \dfrac{3}{4}\left( \boldsymbol{G}_{2q} - \dfrac{f_2}{f_0} \boldsymbol{G}_{0q} \right) & \dfrac{3}{4} \boldsymbol{G}_{2\lambda} \end{bmatrix} \qquad (\mathrm{c})^{1}$$

$$\begin{aligned} f_i &= \int_{-1}^{1}\int_{-1}^{1} P_i r |\boldsymbol{J}| \mathrm{d}\xi \mathrm{d}\eta \quad (i = 0,1,2) \\ f_0 &= 4\left[ a_0 g_0 + \frac{1}{3}(a_1 g_1 + a_2 g_2) \right] \end{aligned} \qquad (\mathrm{d})^{1}$$

$$\begin{aligned} f_1 &= 4\left[ \frac{1}{3}(a_0 g_1 + a_1 g_0) + \frac{1}{9} a_3 g_2 \right] \\ f_2 &= 4\left[ \frac{1}{3}(a_0 g_2 + a_2 g_0) + \frac{1}{9} a_3 g_1 \right] \end{aligned} \qquad (\mathrm{e})^{1}$$

单元应力可以表示为

$$\boldsymbol{\sigma}^{*} = 4\left[ \left( \frac{1}{4} \boldsymbol{\sigma}_0^{*} - \frac{f_1}{f_0^2} \boldsymbol{\sigma}_1^{*} - \frac{f_2}{f_0^2} \boldsymbol{\sigma}_2^{*} \right) + \frac{\xi}{f_0} \boldsymbol{\sigma}_1^{*} + \frac{\eta}{f_0} \boldsymbol{\sigma}_0^{*} \right] \qquad (8.1.8)$$

这里

$$\begin{bmatrix} \boldsymbol{\sigma}_0^{*} \\ \boldsymbol{\sigma}_1^{*} \\ \boldsymbol{\sigma}_2^{*} \end{bmatrix} = \begin{bmatrix} \boldsymbol{C} \boldsymbol{B}_0^{*} \boldsymbol{q}^{\mathrm{e}} \\ \boldsymbol{C} \boldsymbol{B}_1^{*} \boldsymbol{q}^{\mathrm{e}} \\ \boldsymbol{C} \boldsymbol{B}_2^{*} \boldsymbol{q}^{\mathrm{e}} \end{bmatrix} \qquad (\mathrm{f})^{1}$$

2. 数值算例

以下各算例中同时给出了下列轴对称元的计算结果，以资比较。

（1）Q4：4 结点等参位移元；

（2）LA1：Sze 和 Chow 所建立的非协调四边形位移元[2]；

（3）AQ6：Wu 和 Cheung 所建立的非协调四边形杂交应力元[3]；

（4）SQ4：Chen 和 Cheung 所建立的广义杂交四边形元[4]；

（5）HA1/FA1：Sze 和 Chow 所建立的非协调杂交应力元[2]；

（6）FSF/DSF：Weissman 和 Taylor 所建立的 4 结点杂交应力元[5]；

（7）NAQ6：Chen 和 Cheung 所建立的非协调位移元[1]①。

**例 1**　分片试验

本例采用图 8.2 所示试验网格[6]，给出边界位移 $u=2r$，$v=1+4z$，其多结点坐标 $(r_1, z_1)$ 为（0.04，0.02），$(r_2, z_2)$ 为（0.18，0.03），$(r_3, z_3)$ 为（0.16，0.08），$(r_4, z_4)$ 为（0.08，0.08）；杨氏模量 $E$ 为 1500；泊松比 $\nu$ 为 0.25。数值结果由表 8.1 给出，由表可见，现在元 RHAQ6，以及 8.2 节的单元 NAQ6 均通过分片试验。正如文献[1]所指出的，需注意，完整的边界位移，可能并不适用于轴对称元任意常应力分析，因为当位移为完整的线性函数 $u=a+br+cz$（其中 $a$、$b$、$c$ 为任意常数）时，对应的 $u/r$ 可能不产生常应变。

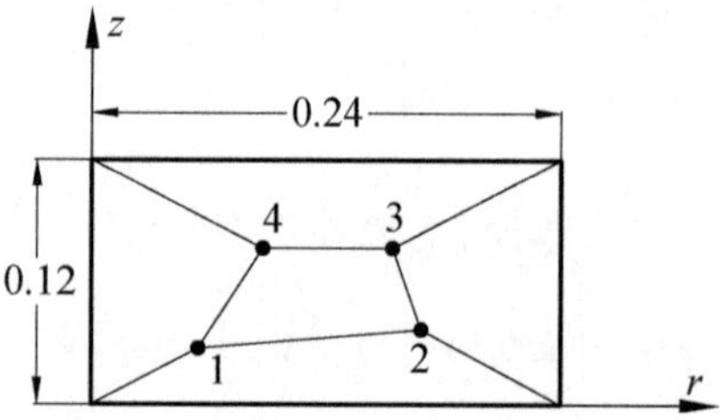


图 8.2　分片试验

**表 8.1　分片试验结果（图 8.2）**

| 单元 | A 点位移② | | B 点应力② | | | |
|---|---|---|---|---|---|---|
| | $u_A$ | $v_A$ | $\sigma_{rB}$ | $\sigma_{zB}$ | $\sigma_{\theta B}$ | $\tau_{rzB}$ |
| Q4 | 0.08000 | 1.08000 | 480.000 | 640.000 | 480.000 | 0.000 |
| AQ6 | 0.08000 | 1.08000 | 480.000 | 640.000 | 480.000 | 0.000 |

① 此元的建立见 8.2 节，计算结果一并列入本节各图、表中，以便比较。

② 文献[1]未标明 A 及 B 点位置。

续表

| 单元 | A 点位移 | | B 点应力 | | | |
|---|---|---|---|---|---|---|
| | $u_A$ | $v_A$ | $\sigma_{rB}$ | $\sigma_{zB}$ | $\sigma_{\theta B}$ | $\tau_{rzB}$ |
| SQ4 | 0.08000 | 1.08000 | 480.000 | 640.000 | 480.000 | 0.000 |
| HA1/FA1 | 0.08000 | 1.08000 | 480.000 | 640.000 | 480.000 | 0.000 |
| RHAQ6 | 0.08000 | 1.08000 | 480.000 | 640.000 | 480.000 | 0.000 |
| NAQ6 | 0.08000 | 1.08000 | 480.000 | 640.000 | 480.000 | 0.000 |
| 解析解 | **0.08000** | **1.08000** | **480.000** | **640.000** | **480.000** | **0.000** |

**例 2**　无限长厚壁筒承受内压力（图 8.3）

对单位壁厚筒的计算结果由表 8.2 及表 8.3 给出，可以看到，对于规则的网格（图 8.3（a）、（b）），除了元 Q4 外，所有单元均给出较好的结果，不产生伪剪应力及不可压缩材料的锁住现象；但当网格歪斜（图 8.3（c）），根据 MacNeal-Harder 提出的标准试验[6]，当材料趋于不可压缩时，元 Q4、AQ6、NAQ6 均出现锁住现象，而现在的元 RHAQ6 的结果很好。

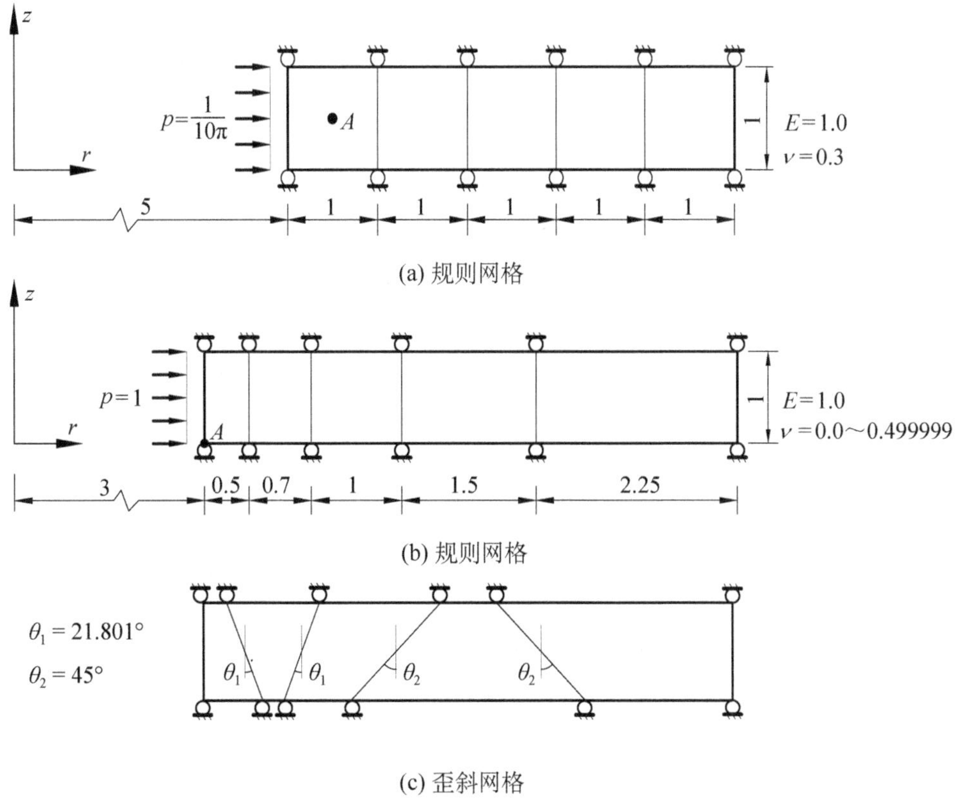


图 8.3　无限长厚壁筒承受内压力

**表 8.2　径向位移及应力 ($\times 10^{-2}$)（厚壁筒承受均匀内压）规则网格（a）**

| 单元 | $u_r(r=5)$ | $\sigma_{rA}$ | $\sigma_{\theta A}$ | $\sigma_{zA}$ |
|---|---|---|---|---|
| | | $\nu=0.49$ | | |
| Q4 | 28.79 | 2.00 | 4.40 | 1.17 |
| LA1 | 31.53 | 3.14 | 3.89 | 0.37 |
| AQ6 | 31.53 | −2.44 | 4.62 | 1.07 |
| SQ4 | 31.53 | −2.44 | 4.62 | 1.07 |
| HA1/FA1 | 31.53 | −2.44 | 4.62 | 1.07 |
| RHAQ6 | 31.53 | −2.44 | 4.62 | 1.07 |
| NAQ6 | 31.53 | −2.44 | 4.62 | 1.07 |
| 解析解 | **31.83** | **−2.45** | **4.52** | **1.06** |
| | | $\nu=0.499$ | | |
| Q4 | 15.53 | 0.07 | 3.56 | 1.18 |
| LA1 | 31.57 | −2.67 | −2.67 | −6.17 |
| AQ6 | 31.57 | −2.44 | 4.62 | 1.09 |
| SQ4 | 31.57 | −2.44 | 4.62 | 1.09 |
| HA1/FA1 | 31.57 | −2.44 | 4.62 | 1.09 |
| RHAQ6 | 31.57 | −2.44 | 4.62 | 1.09 |
| NAQ6 | 31.57 | −2.44 | 4.62 | 1.09 |
| 解析解 | **31.83** | **−2.45** | **4.52** | **1.06** |
| | | $\nu=0.4999$ | | |
| Q4 | 2.84 | 2.10 | 4.40 | 1.17 |
| LA1 | 31.57 | −75.29 | −68.26 | −71.76 |
| AQ6 | 31.57 | −2.44 | 4.62 | 1.09 |
| SQ4 | 31.57 | −2.44 | 4.62 | 1.09 |
| HA1/FA1 | 31.57 | −2.44 | 4.62 | 1.09 |
| RHAQ6 | 31.57 | −2.44 | 4.62 | 1.09 |
| NAQ6 | 31.57 | −2.44 | 4.62 | 1.09 |
| 解析解 | **31.83** | **−2.45** | **4.52** | **1.06** |

**表 8.3　正则化 A 点径向位移 $u_r$（厚壁筒承受均匀内压）网格（b）及（c）**

| $\nu$ | Q4 | FSF | DSF | AQ6 | RHAQ6 | NAQ6 |
|---|---|---|---|---|---|---|
| | | | 规则网格（图 8.3（b）） | | | |
| 0.0 | 0.994 | 0.994 | 1.000 | 0.994 | 0.994 | 0.994 |
| 0.30 | 0.988 | 0.990 | 1.000 | 0.990 | 0.990 | 0.990 |
| 0.49 | 0.847 | 0.986 | 1.000 | 0.986 | 0.986 | 0.933 |
| 0.499 | 0.359 | 0.986 | 1.000 | 0.985 | 0.986 | 0.986 |
| 0.4999 | 0.053 | 0.986 | 1.000 | 0.986 | 0.986 | 0.986 |
| 0.499999 | 0.00056 | — | — | 0.985 | 0.986 | 0.986 |
| | | | 歪斜网格（图 8.3（c）） | | | |
| 0.0 | 0.989 | 0.985 | 0.997 | 0.991 | 0.989 | 0.989 |
| 0.30 | 0.982 | 0.981 | 0.997 | 0.985 | 0.987 | 0.985 |
| 0.49 | 0.816 | 0.976 | 0.997 | 0.938 | 0.983 | 0.939 |
| 0.499 | 0.315 | 0.976 | 0.997 | 0.718 | 0.983 | 0.713 |
| 0.4999 | 0.044 | 0.976 | 0.997 | 0.472 | 0.983 | 0.445 |
| 0.499999 | 0.00044 | — | — | 0.410 | 0.983 | 0.372 |

**例 3**　厚壁筒承受内压

单元逐渐歪斜时，计算所得径向位移 $u_r$ 及径向应力 $\sigma_r$ 分别由图 8.4 及图 8.5 给出，由图可见，现在的单元 RHAQ6 给出相当好的结果。

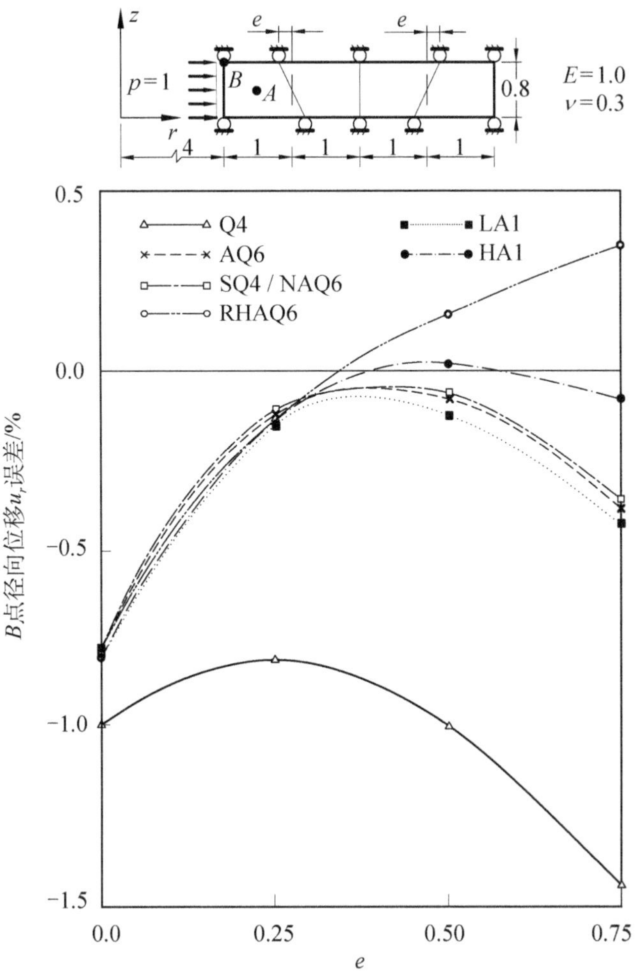


图 8.4　$B$ 点径向位移 $u_r$ 随歪斜参数 $e$ 的变化（厚壁筒承受内压）

**例 4**　承受均布载荷的简支圆板

此例主要用以检查规则与非规则网格对板弯曲的影响，以及当板的厚度 $t$ 从 0.005 增至 1 时，对不可压缩材料是否会产生锁住现象。

圆板的有限元网格划分如图 8.6 所示。当歪斜参数 $e$ 分别为 0 及 0.025 时，计算所得不同泊松比时 $A$ 点的挠度及径向应力，分别由表 8.4 及表 8.5 给出。表 8.6 列出当单元高度歪斜时，不同泊松比下 $A$ 点的挠度及径向应力值。表 8.7 给出具有不同高宽比的单元，在规则网格及不规格网格下 $A$ 点的挠度。以上结果显示，元 RHAQ6 对单元的几何形状歪斜及不可压缩的敏感性远低于其他类型元。同时，这种元还具有显式表达式，不需要数值积分，具有高的计算效率。

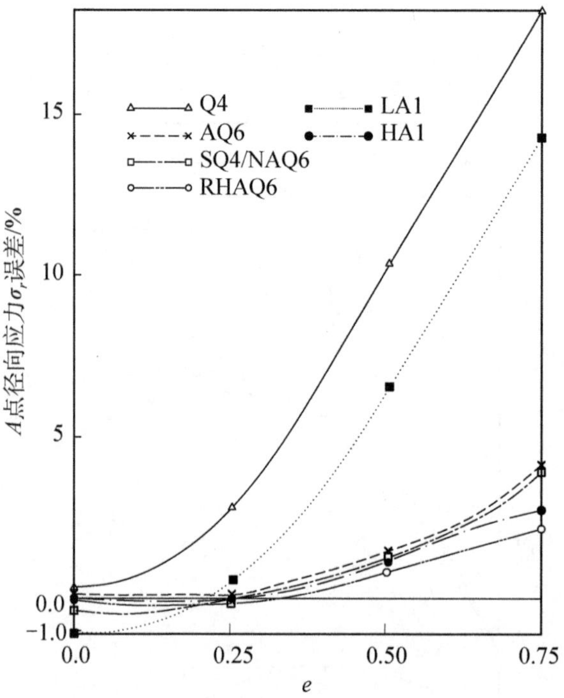


图 8.5　径向应力 $\sigma_r$ 随歪斜参数 $e$ 的变化（厚壁筒承受内压力）

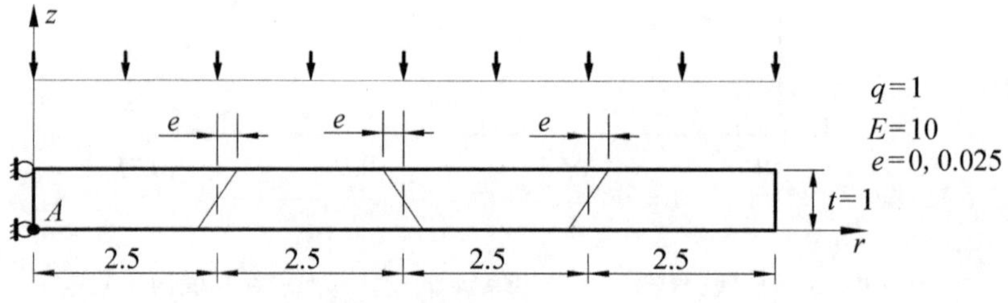


（a）微歪斜网格

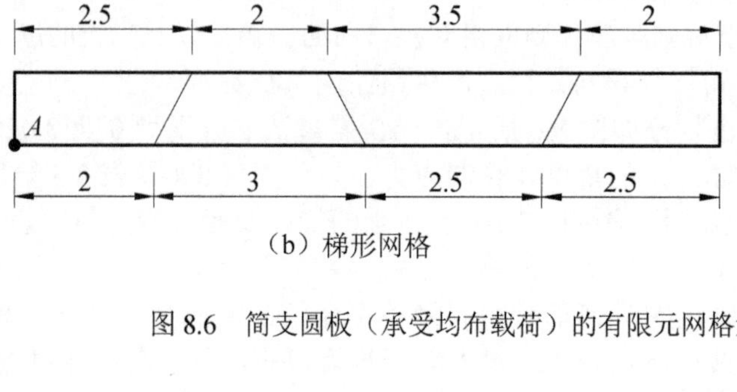


（b）梯形网格

图 8.6　简支圆板（承受均布载荷）的有限元网格划分

表 8.4　$A$ 点的挠度 $w_A$ 及径向应力 $\sigma_{rA}$（圆板承受均布载荷）
规则网格 1×4, $t=1$, $e=0$ ，图 8.6（a）

| 单元 | $\nu$ | | | |
|---|---|---|---|---|
| | 0.25 | 0.49 | 0.4999 | 0.499999 |
| | | $w_A$ | | |
| Q4 | −513.52 | −41.67 | −8.11 | −7.77 |
| LA1 | −763.24 | −530.59 | −404.83 | −392.24 |
| AQ6 | −763.24 | −530.59 | −404.83 | −392.24 |
| SQ4 | −763.24 | −530.59 | −404.83 | −392.24 |
| HA1/FA1 | −765.37 | −547.61 | −538.15 | −538.05 |
| RHAQ6 | −765.36 | −547.61 | −538.15 | −538.05 |
| NAQ6 | −763.24 | −530.59 | −404.83 | −392.24 |
| 解析解 | **−738.28** | **−524.98** | **−515.72** | **−515.63** |
| | | $\sigma_{rA}$ | | |
| Q4 | — | — | — | — |
| LA1 | — | — | — | — |
| AQ6 | 121.75 | 122.61 | 78.33 | 74.36 |
| SQ4 | 121.77 | 122.65 | 78.38 | 74.40 |
| HA1/FA1 | 122.59 | 131.83 | 132.21 | 132.21 |
| RHAQ6 | 122.63 | 131.97 | 132.35 | 132.35 |
| NAQ6 | 121.73 | 122.52 | 78.23 | 74.26 |
| 解析解 | **121.88** | **130.88** | **131.25** | **131.25** |

表 8.5　$A$ 点挠度 $w_A$ 及径向应力 $\sigma_{rA}$（圆板承受均布载荷）
微歪网格 1×4, $t=1$, $e=0.025$ ，图 8.6（a）

| 单元 | $\nu$ | | | |
|---|---|---|---|---|
| | 0.25 | 0.49 | 0.4999 | 0.499999 |
| | | $w_A$ | | |
| Q4 | −512.10 | −415.5 | −8.08 | −7.74 |
| LA1 | −758.00 | −527.95 | −400.96 | −388.42 |
| AQ6 | −760.26 | −529.13 | −402.60 | −389.98 |
| SQ4 | −760.23 | −529.05 | −402.53 | −389.91 |
| HA1 | −760.28 | −545.78 | −536.44 | −538.05 |
| FA1 | −760.24 | −545.72 | −536.38 | −536.29 |
| RHAQ6 | −760.43 | −546.32 | −536.92 | −536.82 |
| NAQ6 | −760.28 | −529.23 | −402.70 | −390.16 |
| 解析解 | **−738.28** | **−524.98** | **−515.72** | **−515.63** |
| | | $\sigma_{rA}$ | | |
| Q4 | — | — | — | — |
| LA1 | — | — | — | — |
| AQ6 | 122.54 | 122.14 | 76.82 | 72.82 |
| SQ4 | 123.25 | 124.10 | 78.65 | 74.52 |
| HA1 | 120.46 | 121.67 | 121.32 | 121.32 |
| FA1 | 121.49 | 122.82 | 122.49 | 122.49 |
| RHAQ6 | 121.11 | 130.56 | 130.95 | 130.95 |
| NAQ6 | 119.48 | 115.10 | 176.38 | 174.40 |
| 解析解 | **121.88** | **130.88** | **131.25** | **131.25** |

**表 8.6　$A$ 点挠度 $w_A$ 及径向应力 $\sigma_{rA}$（圆板承受均布载荷）**
**高度歪斜网格，$t=1$，图 8.6（b）**

| 单元 | $\nu$ | | | |
|---|---|---|---|---|
| | 0.25 | 0.49 | 0.4999 | 0.499999 |
| | $w_A$ | | | |
| Q4 | −469.15 | −46.08 | −8.53 | −9.78 |
| LA1 | −671.07 | −473.97 | −304.53 | −290.28 |
| AQ6 | −669.87 | −475.81 | −305.77 | −291.72 |
| SQ4 | −668.79 | −474.51 | −305.98 | −291.94 |
| HA1 | −677.51 | −512.52 | −504.83 | −504.76 |
| FA1 | −675.68 | −509.96 | −502.24 | −502.16 |
| RHAQ6 | −685.20 | −512.89 | −504.95 | −504.87 |
| NAQ6 | −673.55 | −475.70 | −305.28 | −219.20 |
| 解析解 | **−738.28** | **−524.98** | **−515.72** | **−515.63** |
| | $\sigma_{rA}$ | | | |
| Q4 | — | — | — | — |
| LA1 | — | — | — | — |
| AQ6 | 169.32 | 148.15 | 48.53 | 43.02 |
| SQ4 | 163.46 | 152.39 | 61.55 | 56.43 |
| HA1 | 149.46 | 136.48 | 135.15 | 135.14 |
| FA1 | 164.73 | 152.70 | 151.40 | 151.38 |
| RHAQ6 | 118.75 | 134.73 | 135.42 | 135.43 |
| NAQ6 | 140.62 | 104.64 | 427.03 | 471.14 |
| 解析解 | **121.88** | **130.88** | **131.25** | **131.25** |

**表 8.7　$A$ 点挠度 $w_At^3$（圆板承受均布载荷）**
**不同高度比 $2.5/t$，图 8.6（a）**

| 单元 | 单元的高宽比 | | | | | |
|---|---|---|---|---|---|---|
| | $w_At^3$（1×4 规则网格，$e=0$） | | | $w_At^3$（1×4 微歪网格，$e=0.025$） | | |
| | 2.5 | 100 | 500 | 2.5 | 100 | 500 |
| Q4 | −513.52 | −1.64 | −0.07 | −512.10 | −0.66 | −0.03 |
| LA1 | −763.24 | −756.61 | −756.61 | −758.00 | −405.30 | −403.09 |
| AQ6 | −763.24 | −756.60 | −756.75 | −760.26 | −363.77 | −362.28 |
| SQ4 | −763.24 | −756.61 | −756.96 | −760.23 | −363.78 | −362.36 |
| HA1 | −765.37 | −758.73 | −758.73 | −760.28 | −412.81 | −410.56 |
| FA1 | −765.37 | −758.73 | −758.73 | −760.24 | −412.81 | −410.55 |
| RHAQ6 | −765.36 | −758.73 | −758.65 | −762.43 | −545.14 | −544.78 |
| NAQ6 | −763.24 | −756.60 | −756.65 | −760.28 | −363.82 | −362.30 |
| 解析解 | | **−738.28** | | | **−738.28** | |

Chen 和 Cheung 还参考 Pian 和 Sumihara 所用方法[7]，对 Chen 和 Cheung 所创立的精化杂交应力元方法作了进一步改善[8,9]，消除了内位移后再导出单刚，进一步提高了单元计算效率。

# 8.2　根据最小势能原理建立轴对称四边形非协调位移元

这一节应是本书第 4 章的内容，现在进行讨论，是由于 Chen 和 Cheung 所建立的这种非协调位移元[1]，所用算例与 8.1 节相同，放在这里便于对比及分析。

## 8.2.1　有限元列式

1. 选取位移 $\boldsymbol{u}$ 由协调位移 $\boldsymbol{u}_q$ 及非协调位移 $\boldsymbol{u}_\lambda$ 两部分组成

$$\boldsymbol{u}=\boldsymbol{u}_q+\boldsymbol{u}_\lambda \tag{8.2.1}$$

其中

$$\boxed{\begin{aligned}\boldsymbol{u}_q&=\boldsymbol{N}\boldsymbol{q}\\ \boldsymbol{u}_\lambda&=\boldsymbol{M}\boldsymbol{\lambda}\end{aligned}} \tag{8.2.2}$$

这里，$\boldsymbol{N}$、$\boldsymbol{M}$ 为插值函数；$\boldsymbol{q}$ 为结位移；$\boldsymbol{\lambda}$ 为内位移参数。

2. 由 $\boldsymbol{u}_\lambda$ 构造满足分片试验的非协调位移 $\boldsymbol{u}_\lambda^*$

这是建立这种非协调元的关键一步，而满足分片试验的条件为

$$\int_{V_n}\boldsymbol{\varepsilon}_\lambda \mathrm{d}V=\int_{V_n}\boldsymbol{D}\boldsymbol{u}_\lambda \mathrm{d}V=\boldsymbol{0} \tag{8.2.3}$$

其中

$$\boldsymbol{D}=\begin{bmatrix}\dfrac{\partial}{\partial r} & 0\\ 0 & \dfrac{\partial}{\partial z}\\ \dfrac{1}{r} & 0\\ \dfrac{\partial}{\partial z} & \dfrac{\partial}{\partial r}\end{bmatrix}\quad(\boldsymbol{\varepsilon}_\lambda=[\varepsilon_{r\lambda}\quad \varepsilon_{z\lambda}\quad \varepsilon_{\theta\lambda}\quad \gamma_{rz\lambda}]^{\mathrm{T}}) \tag{a}$$

实际上，严格满足式（8.2.3）是困难的。为此，文献[2]采用了近似的积分方法，文献[3]则略去了积分项 $\int_{V_n}\dfrac{u_\lambda}{r}\mathrm{d}V$。现在 Chen 和 Cheung[1]则是通过以下方法巧妙地解决了此问题。

（1）首先，采用修正的内位移 $\boldsymbol{u}_\lambda^*$，使其满足式（8.2.3）的一种强形式

$$\boxed{\begin{aligned}&\int_{V_n}u_{\lambda i,j}^*\, r\,\mathrm{d}r\,\mathrm{d}z=0\\ &\int_{V_n}u_{\lambda i}^*\,\mathrm{d}r\,\mathrm{d}z=0\end{aligned}\quad(i,j=1,2)} \tag{8.2.4}$$

令修正的单元位移为

$$\boldsymbol{u}^{*}=\boldsymbol{u}_{q}+\boldsymbol{u}_{\lambda}^{*} \tag{8.2.5}$$

（2）确定 $\boldsymbol{u}_{\lambda}^{*}$

选取上式中 $\boldsymbol{u}_{\lambda}^{*}$ 为

$$\boldsymbol{u}_{\lambda}^{*}=\begin{Bmatrix} u_{\lambda}^{*} \\ w_{\lambda}^{*} \end{Bmatrix}=\begin{bmatrix} u_{\lambda}+\alpha_{11}r+\alpha_{12}z+\beta_{1} \\ w_{\lambda}+\alpha_{21}r+\alpha_{22}z+\beta_{2} \end{bmatrix} \tag{b}$$

这里，$\alpha_{ij},\beta_{i}\quad(i=1,2)$ 为待定参数。

分片试验的强形式（8.2.4）成为

$$\begin{aligned}
&\int_{V_n}\frac{\partial u_{\lambda}^{*}}{\partial r}r\,\mathrm{d}r\,\mathrm{d}z=0\\
&\int_{V_n}\frac{\partial u_{\lambda}^{*}}{\partial z}r\,\mathrm{d}r\,\mathrm{d}z=0\\
&\int_{V_n}\frac{\partial w_{\lambda}^{*}}{\partial r}r\,\mathrm{d}r\,\mathrm{d}z=0\\
&\int_{V_n}\frac{\partial w_{\lambda}^{*}}{\partial z}r\,\mathrm{d}r\,\mathrm{d}z=0\\
&\int_{V_n}u_{\lambda}^{*}\,\mathrm{d}r\,\mathrm{d}z=0\\
&\int_{V_n}w_{\lambda}^{*}\,\mathrm{d}r\,\mathrm{d}z=0
\end{aligned} \tag{c}$$

将式（b）代入式（c）中，有

$$\begin{aligned}
&\int_{V_n}\left(\frac{\partial u_{\lambda}}{\partial r}+\alpha_{11}\right)r\,\mathrm{d}r\,\mathrm{d}z=0\\
&\int_{V_n}\left(\frac{\partial u_{\lambda}}{\partial z}+\alpha_{12}\right)r\,\mathrm{d}r\,\mathrm{d}z=0\\
&\int_{V_n}\left(\frac{\partial w_{\lambda}}{\partial r}+\alpha_{21}\right)r\,\mathrm{d}r\,\mathrm{d}z=0\\
&\int_{V_n}\left(\frac{\partial w_{\lambda}}{\partial z}+\alpha_{22}\right)r\,\mathrm{d}r\,\mathrm{d}z=0\\
&\int_{V_n}(u_{\lambda}+\alpha_{11}r+\alpha_{12}z+\beta_{1})\,\mathrm{d}r\,\mathrm{d}z=0\\
&\int_{V_n}(w_{\lambda}+\alpha_{21}r+\alpha_{22}z+\beta_{2})\,\mathrm{d}r\,\mathrm{d}z=0
\end{aligned} \tag{d}$$

利用积分

$$\begin{aligned}\Delta &= \int_{V_n} r\,\mathrm{d}r\,\mathrm{d}z \\ \Delta_1 &= \int_{V_n} \mathrm{d}r\,\mathrm{d}z\end{aligned} \tag{e}$$

从式（d）得到

$$\begin{aligned}
\alpha_{11} &= -\frac{1}{\Delta}\int_{V_n}\frac{\partial u_\lambda}{\partial r} r\,\mathrm{d}r\,\mathrm{d}z \\
\alpha_{12} &= -\frac{1}{\Delta}\int_{V_n}\frac{\partial u_\lambda}{\partial z} r\,\mathrm{d}r\,\mathrm{d}z \\
\alpha_{21} &= -\frac{1}{\Delta}\int_{V_n}\frac{\partial w_\lambda}{\partial r} r\,\mathrm{d}r\,\mathrm{d}z \\
\alpha_{22} &= -\frac{1}{\Delta}\int_{V_n}\frac{\partial w_\lambda}{\partial z} r\,\mathrm{d}r\,\mathrm{d}z \\
\beta_1 &= -\frac{1}{\Delta_1}\int_{V_n}(u_\lambda + \alpha_{11} r + \alpha_{12} z)\,\mathrm{d}r\,\mathrm{d}z \\
\beta_2 &= -\frac{1}{\Delta_1}\int_{V_n}(w_\lambda + \alpha_{21} r + \alpha_{22} z)\,\mathrm{d}r\,\mathrm{d}z
\end{aligned} \tag{f}$$

再利用单元中心点的坐标

$$\begin{aligned}
r_c &= \frac{\int_{V_n} r\,\mathrm{d}r\,\mathrm{d}z}{\int_{V_n}\mathrm{d}r\,\mathrm{d}z} = \frac{\Delta}{\Delta_1} \\
z_c &= \frac{\int_{V_n} z\,\mathrm{d}r\,\mathrm{d}z}{\int_{V_n}\mathrm{d}r\,\mathrm{d}z}
\end{aligned} \tag{g}$$

可以得到

$$\begin{aligned}
\beta_1 &= -\frac{1}{\Delta_1}\left(\int_{V_n} u_\lambda \mathrm{d}r\,\mathrm{d}z + \int_{V_n}\alpha_{11} r\,\mathrm{d}r\,\mathrm{d}z + \int_{V_n}\alpha_{12} z\,\mathrm{d}r\,\mathrm{d}z\right) \\
&= -\frac{1}{\Delta_1}\int_{V_n} u_\lambda \mathrm{d}r\,\mathrm{d}z - \frac{\alpha_{11}}{\Delta_1}\int_{V_n} r\,\mathrm{d}r\,\mathrm{d}z - \frac{\alpha_{12}}{\Delta_1}\int_{V_n} z\,\mathrm{d}r\,\mathrm{d}z \\
&= -\frac{r_c}{\Delta}\int_{V_n} u_\lambda \mathrm{d}r\,\mathrm{d}z - \alpha_{11} r_c - \alpha_{12} z_c \\
\beta_2 &= -\frac{r_c}{\Delta}\int_{V_n} w_\lambda \mathrm{d}r\,\mathrm{d}z - \alpha_{21} r_c - \alpha_{22} z_c
\end{aligned} \tag{h}$$

（3）由非协位移 $\boldsymbol{u}_\lambda^*$ 求得应变

利用式（b）及式（h），有

$$
\boldsymbol{D}\begin{Bmatrix} u_\lambda^* \\ w_\lambda^* \end{Bmatrix} = \begin{bmatrix} \dfrac{\partial u_\lambda^*}{\partial r} & 0 \\ 0 & \dfrac{\partial w_\lambda^*}{\partial z} \\ \dfrac{u_\lambda^*}{r} & 0 \\ \dfrac{\partial w_\lambda^*}{\partial r} & \dfrac{\partial u_\lambda^*}{\partial z} \end{bmatrix} = \boldsymbol{D}\begin{Bmatrix} u_\lambda \\ w_\lambda \end{Bmatrix} + \begin{bmatrix} \alpha_{11} & 0 \\ 0 & \alpha_{22}^{①} \\ \varphi_1 & 0 \\ \alpha_{21}^{①} & \alpha_{12} \end{bmatrix} \tag{i}
$$

这里

$$
\begin{aligned}
\varphi_1 &= \frac{1}{r}(\alpha_{11} r + \alpha_{12} z + \beta_1) \\
&= \frac{1}{r}\left(\alpha_{11} r + \alpha_{12} z - \frac{r_c}{\Delta}\int_{V_n} u_\lambda \mathrm{d}r\,\mathrm{d}z - \alpha_{11} r_c - \alpha_{12} z_c\right) \\
&= \frac{1}{r}\left[\alpha_{11}(r - r_c) + \alpha_{12}(z - z_c) - \frac{r_c}{\Delta}\int_{V_n} u_\lambda \mathrm{d}r\,\mathrm{d}z\right] \\
&= \frac{1}{r}\left[\alpha_{11}(r - r_c) + \alpha_{12}(z - z_c) - \frac{r_c}{\Delta}\int_{V_n} u_\lambda \mathrm{d}r\,\mathrm{d}z + \frac{r}{\Delta}\int_{V_n} u_\lambda \mathrm{d}r\,\mathrm{d}z - \frac{r}{\Delta}\int_{V_n} u_\lambda \mathrm{d}r\,\mathrm{d}z\right] \\
&= \frac{1}{r}\left[\alpha_{11}(r - r_c) + \alpha_{12}(z - z_c) + \frac{r - r_c}{\Delta}\int_{V_n} u_\lambda \mathrm{d}r\,\mathrm{d}z\right] - \frac{1}{\Delta}\int_{V_n} u_\lambda \mathrm{d}r\,\mathrm{d}z
\end{aligned} \tag{j}
$$

将式（f）中的$\alpha_{11}$、$\alpha_{12}$代入式（j），得到

$$
\begin{aligned}
\varphi_1 &= -\frac{1}{\Delta}\int_{V_n} u_\lambda \mathrm{d}r\,\mathrm{d}z + \frac{1}{r}\left(\frac{r - r_c}{\Delta}\int_{V_n} u_\lambda \mathrm{d}r\,\mathrm{d}z - \frac{r - r_c}{\Delta}\int_{V_n} \frac{\partial u_\lambda}{\partial r} r\,\mathrm{d}r\,\mathrm{d}z - \frac{z - z_c}{\Delta}\int_{V_n} \frac{\partial u_\lambda}{\partial z} r\,\mathrm{d}r\,\mathrm{d}z\right) \\
&= -\frac{1}{\Delta}\int_{V_n} u_\lambda \mathrm{d}r\,\mathrm{d}z + \frac{1}{\Delta}\left(\frac{r - r_c}{r}\int_{V_n} u_\lambda \mathrm{d}r\,\mathrm{d}z - \frac{r - r_c}{r}\int_{V_n} \frac{\partial u_\lambda}{\partial r} r\,\mathrm{d}r\,\mathrm{d}z - \frac{z - z_c}{r}\int_{V_n} \frac{\partial u_\lambda}{\partial z} r\,\mathrm{d}r\,\mathrm{d}z\right)
\end{aligned} \tag{k}
$$

进一步化简化，即得到满足分片试验非协调位移$\boldsymbol{u}_\lambda^*$的应变

① 文献[1]中第 2527 页此处印刷有误。

$$
\boldsymbol{D}\begin{Bmatrix} u_\lambda^* \\ w_\lambda^* \end{Bmatrix} = \boldsymbol{D}\begin{Bmatrix} u_\lambda \\ w_\lambda \end{Bmatrix} + \begin{bmatrix} \alpha_{11} & 0 \\ 0 & \alpha_{22}^{①} \\ -\dfrac{1}{\Delta}\int_{V_n} u_\lambda \mathrm{d}r\,\mathrm{d}z & 0 \\ \alpha_{21}^{①} & \alpha_{12} \end{bmatrix} + \begin{bmatrix} 0 & 0 \\ 0 & 0 \\ \varphi & 0 \\ 0 & 0 \end{bmatrix}
$$

$$
= \boldsymbol{D}\begin{Bmatrix} u_\lambda \\ w_\lambda \end{Bmatrix} - \frac{1}{\Delta}\int_{V_n} \begin{bmatrix} \partial u_\lambda/\partial r & 0 \\ 0 & \partial w_\lambda/\partial z \\ u_\lambda/r & 0 \\ \partial w_\lambda/\partial r & \partial u_\lambda/\partial z \end{bmatrix} r\,\mathrm{d}r\,\mathrm{d}z + \begin{bmatrix} 0 & 0 \\ 0 & 0 \\ \varphi & 0 \\ 0 & 0 \end{bmatrix} \tag{8.2.6}
$$

$$
= \boldsymbol{D}\begin{Bmatrix} u_\lambda \\ w_\lambda \end{Bmatrix} - \frac{1}{\Delta}\int_{V_n} \boldsymbol{D}\begin{Bmatrix} u_\lambda \\ w_\lambda \end{Bmatrix} r\,\mathrm{d}r\,\mathrm{d}z + \begin{bmatrix} 0 & 0 \\ 0 & 0 \\ \varphi & 0 \\ 0 & 0 \end{bmatrix}
$$

式中

$$
\varphi = \frac{1}{\Delta}\left( \frac{r-r_c}{r}\int_{V_n} u_\lambda \,\mathrm{d}r\,\mathrm{d}z - \frac{r-r_c}{r}\int_{V_n} \frac{\partial u_\lambda}{\partial r} r\,\mathrm{d}r\,\mathrm{d}z - \frac{z-z_c}{r}\int_{V_n} \frac{\partial u_\lambda}{\partial z} r\,\mathrm{d}r\,\mathrm{d}z \right) \tag{l}
$$

（4）单元刚度阵

由式（8.2.5）及式（8.2.6）可知，单元应变阵 $\boldsymbol{B}^*$ 为

$$
\boldsymbol{B}^* = \left[ \boldsymbol{B}_q,\ \left( \boldsymbol{B}_\lambda - \boldsymbol{B}_\lambda^0 + \boldsymbol{B}_\lambda^1 \right) \right] \tag{8.2.7}
$$

其中

$$
\left.\begin{aligned} \boldsymbol{B}_q &= \boldsymbol{D}\boldsymbol{N} \\ \boldsymbol{B}_\lambda &= \boldsymbol{D}\boldsymbol{M} \end{aligned}\right\} \tag{m}
$$

$$
\left.\begin{aligned} \boldsymbol{B}_\lambda^0 &= \frac{1}{\Delta}\int_{V_n} \boldsymbol{B}_\lambda \, r\,\mathrm{d}r\,\mathrm{d}z \\ \boldsymbol{B}_\lambda^1 &= \begin{bmatrix} 0 & 0 \\ 0 & 0 \\ \varphi & 0 \\ 0 & 0 \end{bmatrix} \end{aligned}\right\} \tag{n}
$$

从而可以导出单元刚度阵。

### 8.2.2 建立四边形 4 结点非协调轴对称位移元 NAQ6

选择非协调位移 $\boldsymbol{u}_\lambda$ 为

① 文献[1]此处印刷有误。

$$\boldsymbol{u}_\lambda=\begin{Bmatrix}u_\lambda\\w_\lambda\end{Bmatrix}=\begin{bmatrix}(1-\xi^2)\lambda_1+(1-\eta^2)\lambda_4\\(1-\xi^2)\lambda_3+(1-\eta^2)\lambda_4\end{bmatrix}\tag{8.2.8}$$

$\boldsymbol{u}_q$ 同一般 4 结点元。由式（8.2.7）即可得到 $\boldsymbol{B}^*$，此元称为 NAQ6。

各种算例的数值结果，列于 8.1 节的表 8.1 至表 8.7，以及图 8.4 和图 8.5 中。

结果显示：元 NAQ6 通过分片试验。对于承受均匀内压无限长厚壁筒，在规则网格时，其结果与非协调元 AQ6，杂交应力元 SQ4、HA1/HF1 和 RHAQ6 相同；对接近于不可压缩的材料，不产生锁住现象；并且没有伪剪应力。但在歪斜网格下，材料接近于不可压缩时，元 NAQ6 及 AQ6 的结果均欠佳。

厚壁筒在均匀内压下，其径向位移及径向应力，结果与 Chen 和 Cheung 所建的 SQ4 元[4]相近。

对规则与非规则网格下简支圆板的弯曲问题，元 NAQ6 对不可压缩材料产生锁住现象；对均布载荷下不同高宽比的板，计算所得挠度值欠佳。

比较元 NAQ6 与 Wu 和 Cheung 所建非协调元 AQ6[3]，可见，元 AQ6 相当于在元 NAQ6 的式（n）中略去变量 $\varphi$。同时，元 AQ6 的结果与内位移 $u_\lambda=(1-\alpha\xi^2)\lambda_1+(1-\alpha\eta^2)\lambda_2$ 及 $w_A=(1-\alpha\xi^2)\lambda_3+(1-\alpha\eta^2)\lambda_4$ 中的常数 $\alpha$ 有关，而元 NAQ6 的结果与 $\alpha$ 无关。

## 8.3　根据 Hu-Washizu 原理及 $\gamma$-投影和正交内插所建立的 4 结点轴对称元

Bachrach 和 Belytschko[10]根据他们提出的 $\gamma$-投影及正交插法[11-13]，建立了如下三种 4 结点杂交应力轴对称元。

### 8.3.1　有限元列式

选取

$$\boxed{\begin{aligned}&\boldsymbol{\varepsilon}=\boldsymbol{E}_T\,\boldsymbol{e}^{①}\\&\boldsymbol{\sigma}=\boldsymbol{S}_T\,\boldsymbol{s}\\&\boldsymbol{D}^{\mathrm{s}}\,\boldsymbol{u}=\boldsymbol{B}\boldsymbol{q}\end{aligned}}\tag{8.3.1}$$

式中，$\boldsymbol{e}$ 为独立应变参数；$\boldsymbol{E}_T$ 为应变插值函数；$\boldsymbol{s}$ 为独立应力参数；$\boldsymbol{S}_T$ 为应力插值函数；$\boldsymbol{q}$ 为结点位移矢量；$\boldsymbol{B}=\boldsymbol{D}^{\mathrm{s}}\boldsymbol{N}$，$\boldsymbol{D}^{\mathrm{s}}$ 为位移梯度算子的对称部分；$\boldsymbol{N}$ 为位移形函数。

① 应变场 $\boldsymbol{\varepsilon}$ 所包含的函数不在 $\boldsymbol{D}^{\mathrm{s}}\boldsymbol{u}$ 之内。

导出单元刚度矩阵，只应用单元能量表达式，略去体积力及表面力①。同时，在位移已知表面上满足了位移边界条件 $\boldsymbol{u}-\bar{\boldsymbol{u}}=\boldsymbol{0}$（$S_{u_n}$ 上），这时有

$$\Pi_{\mathrm{HW}}=\int_{V_n}\left[\frac{1}{2}\boldsymbol{\varepsilon}^{\mathrm{T}}\boldsymbol{C}\boldsymbol{\varepsilon}-\boldsymbol{\sigma}^{\mathrm{T}}\boldsymbol{\varepsilon}+\boldsymbol{\sigma}^{\mathrm{T}}(\boldsymbol{D}^{\mathrm{s}}\boldsymbol{u})\right]\mathrm{d}V \tag{8.3.2}$$

将式（8.3.1）代入上式，得到

$$\Pi_{\mathrm{HW}}(\boldsymbol{e},\boldsymbol{s},\boldsymbol{q})=\frac{1}{2}\boldsymbol{e}^{\mathrm{T}}\bar{\boldsymbol{D}}_T\boldsymbol{e}-\boldsymbol{s}^{\mathrm{T}}\bar{\boldsymbol{E}}_T\boldsymbol{e}+\boldsymbol{s}^{\mathrm{T}}\bar{\boldsymbol{B}}_T\boldsymbol{q} \tag{a}$$

式中

$$\left.\begin{aligned}&\bar{\boldsymbol{D}}_T=\int_{V_n}\boldsymbol{E}_T^{\mathrm{T}}\boldsymbol{C}\boldsymbol{E}_T\,\mathrm{d}V,\quad \bar{\boldsymbol{E}}_T=\int_{V_n}\boldsymbol{S}_T^{\mathrm{T}}\boldsymbol{E}_T\,\mathrm{d}V\\&\bar{\boldsymbol{B}}_T=\int_{V_n}\boldsymbol{S}_T^{\mathrm{T}}\boldsymbol{B}\,\mathrm{d}V\end{aligned}\right\} \tag{b}$$

由 $\dfrac{\partial\Pi_{\mathrm{HW}}}{\partial\boldsymbol{e}}=\boldsymbol{0}$ 及 $\dfrac{\partial\Pi_{\mathrm{HW}}}{\partial\boldsymbol{s}}=\boldsymbol{0}$，有

$$\left.\begin{aligned}&\bar{\boldsymbol{D}}_T\boldsymbol{e}=\bar{\boldsymbol{E}}_T^{\mathrm{T}}\boldsymbol{s}\\&\bar{\boldsymbol{E}}_T\boldsymbol{e}=\bar{\boldsymbol{B}}_T\boldsymbol{q}\end{aligned}\right\} \tag{c}$$

由式（c）中第二式解得

$$\boldsymbol{e}=\bar{\boldsymbol{E}}_T^{-1}\bar{\boldsymbol{B}}_T\boldsymbol{q} \tag{d}$$

再代入式（c）中第一式

$$\boldsymbol{s}=\bar{\boldsymbol{E}}_T^{-\mathrm{T}}\bar{\boldsymbol{D}}_T\boldsymbol{e}=\bar{\boldsymbol{E}}_T^{-\mathrm{T}}\bar{\boldsymbol{D}}_T\bar{\boldsymbol{E}}_T^{-1}\bar{\boldsymbol{B}}_T\boldsymbol{q} \tag{e}$$

将式（d）及式（e）代回式（a），即求得单元刚度矩阵

$$\boldsymbol{k}=\bar{\boldsymbol{B}}_T^{\mathrm{T}}(\bar{\boldsymbol{E}}_T^{-1})^{\mathrm{T}}\bar{\boldsymbol{D}}_T\bar{\boldsymbol{E}}_T^{-1}\bar{\boldsymbol{B}}_T \tag{8.3.3}$$

### 8.3.2　4 结点四边形轴对称元

Belytschko 和 Bachrach 依照以上列式[11]，构造了三种四边形 4 结点轴对称元（元 OAB、元 OABI 及元 OAI），如图 8.7 所示，其方法统一如下所述。

1. 应力 $\boldsymbol{\sigma}$，应变 $\boldsymbol{\varepsilon}$，以及位移梯度的对称部分 $\boldsymbol{D}^{\mathrm{s}}\boldsymbol{u}$ 分别为

$$\left.\begin{aligned}&\boldsymbol{\sigma}=\left[\sigma_r,\sigma_z,\sigma_\theta,\sigma_{rz}\right]^{\mathrm{T}}\\&\boldsymbol{\varepsilon}=\left[\varepsilon_r,\varepsilon_z,\varepsilon_\theta,2\varepsilon_{rz}\right]^{\mathrm{T}}\\&\boldsymbol{D}^{\mathrm{s}}\boldsymbol{u}=\left[u_{r,r},u_{z,z},u_r/r,u_{r,z}+u_{z,r}\right]\end{aligned}\right\} \tag{f}$$

① 文献[10]中用具有结点力 $\boldsymbol{f}$ 的一个单元之泛函 $\Pi_{\mathrm{HW}}$ 进行变分，导出该文中式（2.15f），这种作法欠妥。因为用有限元计算，当计入外力，根据变分原理进行列式时，泛函 $\Pi_{\mathrm{HW}}$ 必须是所有单元的总和。只有在导出单刚时，可以不计外力，只用一个单元能量表达式进行推导，因为这时单刚的结果与计入外力总体变分的结果一样。

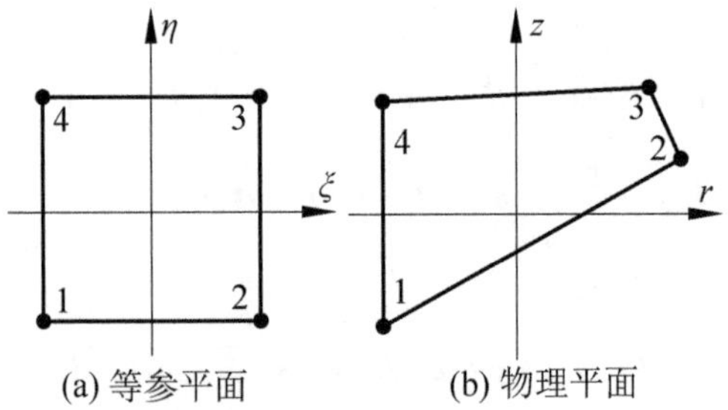


图 8.7　4 结点四边形元

2. 选取应力场 $\boldsymbol{\sigma}$ 及应变场 $\boldsymbol{\varepsilon}$

（1）对线性各向同性材料，应变场 $\boldsymbol{\varepsilon}$ 选为

$$\boldsymbol{\varepsilon} = \boldsymbol{E}_T \boldsymbol{e} = \boldsymbol{E}\boldsymbol{T}\boldsymbol{e} = \begin{bmatrix} 1 & 0 & 0 & 0 & H_1 & \bar{\nu}H_2 & \bar{\nu}H_3 \\ 0 & 1 & 0 & 0 & \bar{\nu}H_1 & H_2 & \bar{\nu}H_3 \\ 0 & 0 & 1 & 0 & \bar{\nu}H_1 & \bar{\nu}H_2 & H_3 \\ 0 & 0 & 0 & 1 & 0 & 0 & 0 \end{bmatrix} \boldsymbol{e} \tag{8.3.4}$$

所建立的三种不同单元，其 $\bar{\nu}$ 分别为

$$\bar{\nu} = \begin{cases} 0 & \text{元OAB} \\ -\dfrac{1}{2} & \text{元OABI} \\ -\dfrac{\nu}{2(1-\nu)} & \text{元OABI} \end{cases} \tag{g}$$

利用 Gram-Schmidt 正交化，式(8.3.4)中的两个函数 $H_1$ 及 $H_2$ 选取为如下形式[14]：

$$\begin{aligned} H_1 &= \hbar_{,r} - \frac{\int_{S_n} \hbar_{,r} r \, \mathrm{d}S}{\int_{S_n} r \, \mathrm{d}S} = \hbar_{,r} - h_r \\ H_2 &= \hbar_{,z} - \frac{\int_{S_n} \hbar_{,z} r \, \mathrm{d}S}{\int_{S_n} r \, \mathrm{d}S} = \hbar_{,z} - h_z \end{aligned} \tag{h}$$

而 $H_3$ 为

$$H_3 = \frac{\hbar_{,r}}{r} \text{①} \tag{i}$$

式（h）中

① 文献[10]表 1 中 $H_3$ 式的等号右侧此项印刷有误。

$$\hbar = \xi\eta$$

$$h_r = \frac{\int_{S_n} \hbar_{,r}\, r\, \mathrm{d}S}{\int_{S_n} r\, \mathrm{d}S} \tag{j}$$

$$h_z = \frac{\int_{S_n} \hbar_{,z}\, r\, \mathrm{d}S}{\int_{S_n} r\, \mathrm{d}S}$$

同时，式（8.3.4）中矩阵 $\boldsymbol{E}$ 及正交转化阵 $\boldsymbol{T}$ 定义为

$$\boldsymbol{E} = \begin{bmatrix} & \hbar_{,r} & \bar{\nu}\hbar_{,z} & \bar{\nu}\dfrac{\hbar_{,r}}{r} \\ \boldsymbol{I}_{(4\times4)} & \bar{\nu}\hbar_{,r} & \hbar_{,z} & \bar{\nu}\dfrac{\hbar_{,r}}{r} \\ & \bar{\nu}\hbar_{,r} & \bar{\nu}\hbar_{,z} & \dfrac{\hbar_{,r}}{r} \\ & 0 & 0 & 0 \end{bmatrix} \tag{k}$$

$$\boldsymbol{T} = \begin{bmatrix} & -h_r & -\bar{\nu}h_z & 0 \\ & -\bar{\nu}h_r & -h_z & 0 \\ \boldsymbol{I}_{(4\times4)} & -\bar{\nu}h_r & -\bar{\nu}h_z & 0 \\ & 0 & 0 & 0 \\ \boldsymbol{0}_{(3\times4)} & & \boldsymbol{I}_{(3\times3)} & \end{bmatrix} \tag{l}$$

$$\boldsymbol{e} = [\bar{\varepsilon}_r,\ \bar{\varepsilon}_z,\ \bar{\varepsilon}_\theta, 2\bar{\varepsilon}_{rz},\ p_r,\ p_z,\ p_\theta] \tag{m}$$

应变参数 $\boldsymbol{e}$（式（m））中，$\bar{\varepsilon}_r$、$\bar{\varepsilon}_z$、$\bar{\varepsilon}_\theta$、$2\bar{\varepsilon}_{rz}$ 代表常应变分量；$p_r$、$p_z$、$p_\theta$ 代表与非常应变项对应的应变参数。

（2）应力 $\boldsymbol{\sigma}$

选取

$$\boxed{\begin{aligned} &\boldsymbol{\sigma} = \boldsymbol{S}_T\,\boldsymbol{s} = \boldsymbol{S}\boldsymbol{T}\boldsymbol{s} \\ &\quad \boldsymbol{S} = \boldsymbol{E}(\bar{\nu}=0) \text{ 或 } \boldsymbol{S}_T = \boldsymbol{S}\,\boldsymbol{T} \end{aligned}} \tag{8.3.5}$$

其中

$$\boldsymbol{s} = [\bar{\sigma}_r,\ \bar{\sigma}_z,\ \bar{\sigma}_\theta,\ \bar{\tau}_{r\theta},\ Q_r,\ Q_z,\ Q_\theta] \tag{n}$$

式中，$\bar{\sigma}_r$、$\bar{\sigma}_z$、$\bar{\sigma}_\theta$、$\bar{\tau}_{r\theta}$ 代表常应力分量；$Q_r$、$Q_z$、$Q_\theta$ 代表与非常应力项对应的应力参数。

3. 确定位移梯度场中对称部分 $\boldsymbol{D}^{\mathrm{s}}\boldsymbol{u}$

由于泛函（8.3.2）中的位移场 $\boldsymbol{u}$ 应为 $\mathrm{C}_0$ 阶函数，现选取 $\boldsymbol{u}$ 为标准的等参插值形式：

$$\boldsymbol{u}(\xi,\eta)=\sum_{I=1}^{4}N_I\,\boldsymbol{q}_I,\quad N_I=\frac{1}{4}(1+\xi_I\xi)(1+\eta_I\eta) \tag{o}$$

式中，$\boldsymbol{q}_I=[q_{rI}\ \ q_{zI}]^{\mathrm{T}}$，为结点 $I$ 处的位移；$\xi_I$、$\eta_I$ 为结点 $I$ 的局部坐标。

同样，有坐标的转换

$$r=\sum_{I=1}^{4}N_I\,r_I,\quad z=\sum_{I=1}^{4}N_I\,z_I \tag{p}$$

式中，$[r_I\ \ z_I]$ 为结点 $I$ 在物理平面上的整体坐标。令

$$\boldsymbol{r}=\boldsymbol{r}_1=[r_1\ \ r_2\ \ r_3\ \ r_4]^{\mathrm{T}} \tag{q}$$

$$\mathbf{z}=\boldsymbol{r}_2=[z_1\ \ z_2\ \ z_3\ \ z_4]^{\mathrm{T}} \tag{r}$$

$$\boldsymbol{t}=[1\quad 1\quad 1\quad 1]^{\mathrm{T}}$$

$$\boldsymbol{\Omega}=[1\quad -1\quad 1\quad -1]^{\mathrm{T}}$$

$$\boldsymbol{b}_1=\boldsymbol{b}_r=\frac{1}{2A}[z_{24}\quad z_{31}\quad z_{42}\quad z_{13}]^{\mathrm{T}} \tag{s}$$

$$\boldsymbol{b}_2=\boldsymbol{b}_z=\frac{1}{2A}[r_{42}\quad r_{13}\quad r_{24}\quad r_{31}]^{\mathrm{T}}$$

式中

$$r_{IJ}=r_I-r_J,\quad z_{IJ}=z_I-z_J \tag{t}$$

$A$ 为单元面积；$\mathbf{b}_r$ 及 $\mathbf{b}_z$ 是在原点 $\xi=\eta=0$ 处形函数的导数值（$\partial\boldsymbol{N}/\partial r$ 及 $\partial\boldsymbol{N}/\partial z$）。

将位移 $\boldsymbol{u}$ 展开，则有

$$\begin{aligned}u_r&=a_{0r}+a_{1r}r+a_{2r}z+a_{3r}\hbar\\ u_z&=a_{0z}+a_{1z}r+a_{2z}z+a_{3z}\hbar\end{aligned} \tag{u}$$

其中，$\hbar=\xi\eta$（式（j））。

同理，对结点位移有

$$\begin{aligned}\boldsymbol{q}_r&=[q_{r1}\quad q_{r2}\quad q_{r3}\quad q_{r4}]^{\mathrm{T}}=a_{0r}\,\boldsymbol{t}+a_{1r}\,\boldsymbol{r}+a_{2r}\boldsymbol{z}+a_{3r}\boldsymbol{\Omega}\\ \boldsymbol{q}_z&=[q_{z1}\quad q_{z2}\quad q_{z3}\quad q_{z4}]^{\mathrm{T}}=a_{0z}\,\boldsymbol{t}+a_{1z}\,\boldsymbol{r}+a_{2z}\boldsymbol{z}+a_{3z}\boldsymbol{\Omega}\end{aligned} \tag{v}$$

同时，式（q）、式（r）及式（s）之间有如下正交性质：

$$\begin{aligned}&\boldsymbol{b}_i^{\mathrm{T}}\,\boldsymbol{t}=\boldsymbol{b}_i^{\mathrm{T}}\,\boldsymbol{\Omega}=\mathbf{0}\quad(i=1,2)\\ &\boldsymbol{t}^{\mathrm{T}}\,\boldsymbol{\Omega}=\mathbf{0}\\ &\boldsymbol{b}_i^{\mathrm{T}}\,\boldsymbol{r}_j=\delta_{ij}\end{aligned} \tag{w}$$

于是，用 $\boldsymbol{b}_r^{\mathrm{T}}$ 左乘式（v）并用式（w），有

$$\boldsymbol{b}_r^{\mathrm{T}}\,\boldsymbol{q}_r=a_{01}\,\boldsymbol{b}_r^{\mathrm{T}}\,\boldsymbol{t}+a_{1r}\,\boldsymbol{b}_r^{\mathrm{T}}\,\boldsymbol{r}+a_{2r}\,\boldsymbol{b}_r^{\mathrm{T}}\,\boldsymbol{z}+a_{3r}\,\boldsymbol{b}_r^{\mathrm{T}}\,\boldsymbol{\Omega}=a_{1r} \tag{x}$$

同理

$$a_{2r} = \boldsymbol{b}_z^{\mathrm{T}} \boldsymbol{q}_r$$

再用 $\boldsymbol{t}^{\mathrm{T}}$ 左乘式（v），得到

$$\boldsymbol{t}^{\mathrm{T}} \boldsymbol{q}_r = \boldsymbol{t}^{\mathrm{T}} \boldsymbol{t} a_{0r} + \boldsymbol{t}^{\mathrm{T}} \boldsymbol{r} a_{1r} + \boldsymbol{t}^{\mathrm{T}} \boldsymbol{z} a_{2r} + \boldsymbol{t}^{\mathrm{T}} \boldsymbol{\Omega} a_{3r}$$

利用式（w）及式（x）得

$$\begin{aligned} a_{0r} &\overset{式(w)}{=\!=\!=} \frac{1}{4}(\boldsymbol{t}^{\mathrm{T}} \boldsymbol{q}_r - \boldsymbol{t}^{\mathrm{T}} \boldsymbol{r} a_{1r} - \boldsymbol{t}^{\mathrm{T}} \boldsymbol{z} a_{2r}) \\ &\overset{式(x)}{=\!=\!=} \frac{1}{4}(\boldsymbol{t}^{\mathrm{T}} \boldsymbol{q}_r - \boldsymbol{t}^{\mathrm{T}} \boldsymbol{r} \boldsymbol{b}_r^{T} \boldsymbol{q}_r - \boldsymbol{t}^{\mathrm{T}} \boldsymbol{z} \boldsymbol{b}_z^{\mathrm{T}} \boldsymbol{q}_r) \\ &= \frac{1}{4}[\boldsymbol{t}^{\mathrm{T}} - (\boldsymbol{t}^{\mathrm{T}} \boldsymbol{r}) \boldsymbol{b}_r^{\mathrm{T}} - (\boldsymbol{t}^{\mathrm{T}} \boldsymbol{z}) \boldsymbol{b}_z^{\mathrm{T}}] \boldsymbol{q}_r \end{aligned} \tag{y}$$

同理，

$$a_{3r} = \frac{1}{4}[\boldsymbol{\Omega}^{\mathrm{T}} - (\boldsymbol{\Omega}^{\mathrm{T}} \boldsymbol{r}) \boldsymbol{b}_r^{\mathrm{T}} - (\boldsymbol{\Omega}^{\mathrm{T}} \boldsymbol{z}) \boldsymbol{b}_z^{\mathrm{T}}] \boldsymbol{q}_r \tag{z}$$

利用式（s）以上两式可以改写为

$$\left.\begin{aligned} a_{0r} &= \frac{1}{4}[\boldsymbol{t}^{\mathrm{T}} - (\boldsymbol{t}^{\mathrm{T}} \boldsymbol{r}_i) \boldsymbol{b}_i^{\mathrm{T}}] \boldsymbol{q}_r \\ a_{3r} &= \frac{1}{4}[\boldsymbol{\Omega}^{\mathrm{T}} - (\boldsymbol{\Omega}^{\mathrm{T}} \boldsymbol{r}_i) \boldsymbol{b}_i^{\mathrm{T}}] \boldsymbol{q}_r \end{aligned}\right\} \tag{a$^1$}$$

这里重复的下标代表哑标求和。

引入表达式

$$\left.\begin{aligned} \boldsymbol{\Delta}^{\mathrm{T}} &= \frac{1}{4}[\boldsymbol{t}^{\mathrm{T}} - (\boldsymbol{t}^{\mathrm{T}} \boldsymbol{r}_i) \boldsymbol{b}_i^{\mathrm{T}}] \\ \boldsymbol{\gamma}^{\mathrm{T}} &= \frac{1}{4}[\boldsymbol{\Omega}^{\mathrm{T}} - (\boldsymbol{\Omega}^{\mathrm{T}} \boldsymbol{r}_i) \boldsymbol{b}_i^{\mathrm{T}}] \end{aligned}\right\} \tag{8.3.6}$$

式（8.3.6）中的 $\boldsymbol{\gamma}$ 即是 Flanagan 和 Belytschko 等提出的 $\boldsymbol{\gamma}$ -投影算子[12,13]，引入 $\boldsymbol{\gamma}$ -投影算子是 Bachrach 和 Belytschko 建立现在单元的关键所在，正是由于 $\boldsymbol{\gamma}$ -投影算子的引入，使应力场及应变场以正交投影相联系，从而使一般四边形轴对称元的单刚，成为块形对角阵或对角阵，大大减少了计算工作量。

由于式（8.3.6），式（a）$^1$ 成为

$$\left.\begin{aligned} a_{0r} &= \boldsymbol{\Delta}^{\mathrm{T}} \boldsymbol{q}_r \\ a_{3r} &= \boldsymbol{\gamma}^{\mathrm{T}} \boldsymbol{q}_r \end{aligned}\right\} \tag{b$^1$}$$

这样，上式和式（v）联合，式（u）成为

$$\boldsymbol{u} = \begin{Bmatrix} u_r \\ u_z \end{Bmatrix} = (\boldsymbol{\Delta}^{\mathrm{T}} + r \boldsymbol{b}_r^{\mathrm{T}} + z \boldsymbol{b}_z^{\mathrm{T}} + \xi\eta\boldsymbol{\gamma}^{\mathrm{T}}) \begin{Bmatrix} \boldsymbol{q}_r \\ \boldsymbol{q}_z \end{Bmatrix} = \boldsymbol{N} \boldsymbol{q} \tag{c$^1$}$$

由于式（j）$\hbar=\xi\eta$，从而得到位移梯度场的对称部分

$$
\boldsymbol{D}^{\mathrm{s}}\boldsymbol{u}=\begin{Bmatrix} u_{r,r} \\ u_{z,z} \\ u_r/r \\ u_{r,z}+u_{z,r} \end{Bmatrix}=\begin{bmatrix} \dfrac{\partial}{\partial r} & 0 \\ 0 & \dfrac{\partial}{\partial z} \\ \dfrac{1}{r} & 0 \\ \dfrac{\partial}{\partial z} & \dfrac{\partial}{\partial r} \end{bmatrix}\begin{Bmatrix} u_r \\ u_z \end{Bmatrix}
=\begin{bmatrix} \boldsymbol{b}_1^{\mathrm{T}}+\hbar_{,r}\boldsymbol{\gamma}^{\mathrm{T}} & 0 \\ 0 & \boldsymbol{b}_2+\hbar_{,z}\boldsymbol{\gamma}^{\mathrm{T}} \\ \boldsymbol{N}/r & 0 \\ \boldsymbol{b}_2^{\mathrm{T}}+\hbar_{,z}\boldsymbol{\gamma}^{\mathrm{T}} & \boldsymbol{b}_1^{\mathrm{T}}+\hbar_{,r}\boldsymbol{\gamma}^{\mathrm{T}} \end{bmatrix}\begin{Bmatrix} \boldsymbol{q}_r \\ \boldsymbol{q}_z \end{Bmatrix}
=\boldsymbol{B}\boldsymbol{q} \tag{8.3.7}
$$

将式（8.3.4）与式（8.3.5）及式（8.3.7）联合，汇总得到表 8.8 中有关的量，这样，根据不同的$\bar{\nu}$，分别建立了三种 4 结点轴对称元：元 OAB、元 OAI 及元 OABI。

**表 8.8　单元$\boldsymbol{\sigma},\boldsymbol{\varepsilon}$及$\boldsymbol{D}^{\mathrm{s}}\boldsymbol{u}$的选择（元 OAB、元 OAI、元 OABI）**

| $\boldsymbol{\varepsilon}$ | $\boldsymbol{\sigma}$ | $\boldsymbol{D}^{\mathrm{s}}\boldsymbol{u}$ | 注：$\bar{\nu}=$ | |
|---|---|---|---|---|
| $\bar{\varepsilon}_r+p_rH_1+p_z\bar{\nu}H_2+p_\theta\bar{\nu}H_3$<br>$\bar{\varepsilon}_z+p_r\bar{\nu}H_1+p_zH_2+p_\theta\bar{\nu}H_3$<br>$\bar{\varepsilon}_\theta+p_r\bar{\nu}H_1+p_z\bar{\nu}H_2+p_\theta H_3$<br>$2\bar{\varepsilon}_{rz}$ | $\bar{\sigma}_r+Q_rH_1$<br>$\bar{\sigma}_z+Q_zH_2$<br>$\bar{\sigma}_\theta+Q_\theta H_3$<br>$\bar{\sigma}_{r\theta}$ | $\begin{bmatrix} \boldsymbol{b}_1^{\mathrm{T}}+\hbar_{,r}\boldsymbol{\gamma}^{\mathrm{T}} & 0 \\ 0 & \boldsymbol{b}_2^{\mathrm{T}}+\hbar_{,z}\boldsymbol{\gamma}^{\mathrm{T}} \\ \boldsymbol{N}/r & 0 \\ \boldsymbol{b}_2^{\mathrm{T}}+\hbar_{,z}\boldsymbol{\gamma}^{\mathrm{T}} & \boldsymbol{b}_1^{\mathrm{T}}+\hbar_{,r}\boldsymbol{\gamma}^{\mathrm{T}} \end{bmatrix}$ | 0：<br>$-1/2$：<br>$-\dfrac{\nu}{2(1-\nu)}$： | 优化弯曲轴对称元（OAB）<br>优化不可压缩轴对称元（OAI）<br>优化弯曲/不可压缩轴对称元（OABI） |

4. 计算单刚

根据 Belytschko 和 Ong 等[13]所指出的常数项及拟线性项$H_1$、$H_2$与$H_3$之间的正交性①：

$$
\int_{S_n} H_1\,r\,\mathrm{d}S=\int_{S_n} H_2\,r\,\mathrm{d}S=\int_{S_n} H_3\,r\,\mathrm{d}S=0 \tag{d}
$$
[1]

将式（8.3.4）代入式（b），对各向同性线弹性材料，可得到块状对角矩$\bar{\boldsymbol{D}}_T$[14]

① 这个正交性将使所形成的单刚，仅需分块对角阵取逆或对角阵取逆。

$$
\bar{\boldsymbol{D}}_T=\int_{V_n}\boldsymbol{E}_{\mathrm{T}}^{\mathrm{T}}\boldsymbol{C}\,\boldsymbol{E}_{\mathrm{T}}\,\mathrm{d}V=\begin{bmatrix} V\begin{bmatrix} C_1 & C_2 & C_2 & 0\\ C_2 & C_1 & C_2 & 0\\ C_2 & C_2 & C_1 & 0\\ 0 & 0 & 0 & C_3\end{bmatrix} & \boldsymbol{0}_{(4\times3)}\\ \boldsymbol{0}_{(3\times4)} & \begin{matrix} H_{11}C_4 & H_{12}C_5 & H_{13}C_5\\ H_{12}C_5 & H_{22}C_4 & H_{23}C_5\\ H_{13}C_5 & H_{23}C_5 & H_{33}C_4\end{matrix}\end{bmatrix} \tag{e}^1
$$

式中

$$
\begin{aligned}
V&=\int_{S_n}r\,\mathrm{d}S\\
H_{ij}&=\int_{S_n}H_iH_jr\,\mathrm{d}S\quad(i,j=1,3)
\end{aligned} \tag{f}^1
$$

式（e）[1] 中，$H_{12}=H_{21}$，$H_{13}=H_{31}$，$H_{23}=H_{32}$，对三种元的常数 $C_1$ 至 $C_5$ 的定义，汇总列于表 8.9 中。

**λ 表 8.9　三种单元 $C_1$ 至 $C_5$ 的定义**

| | OAB | OABI | OAI |
|---|---|---|---|
| $C_1$ | $\lambda+2\mu$ ① | $\lambda+2\mu$ | $\lambda+2\mu$ |
| $C_2$ | $\lambda$ | $\lambda$ | $\lambda$ |
| $C_3$ | $\mu$ | $\mu$ | $\mu$ |
| $C_4$ | $\lambda+2\mu$ | $\dfrac{E[2(1-\nu)-\nu^2]}{2(1-\nu^2)(1-\nu)}$ | $\dfrac{3E}{2(1+\nu)}$ |
| $C_5$ | $\lambda$ | $-\dfrac{3E\nu^2}{4(1-\nu^2)(1-\nu)}$ | $-\dfrac{3E}{4(1+\nu)}$ |

同理，由式（b）求得 $\bar{\boldsymbol{E}}_T^{-1}$（$\bar{\nu}$ 由表 8.8 给出）

$$
\bar{\boldsymbol{E}}_T^{-1}=\begin{bmatrix} \dfrac{1}{V}\boldsymbol{I}_{(4\times4)} & \boldsymbol{0}_{(4\times3)}\\ \boldsymbol{0}_{(3\times4)} & \begin{bmatrix} H_{11} & H_{12}\bar{\nu} & H_{13}\bar{\nu}\\ H_{12}\bar{\nu} & H_{22} & H_{23}\bar{\nu}\\ H_{13}\bar{\nu} & H_{23}\bar{\nu} & H_{33}\end{bmatrix}^{-1}\end{bmatrix} \tag{g}^1
$$

及矩阵 $\bar{\boldsymbol{B}}_T$

---

① $\lambda,\mu$ 为拉梅系数。

$$
\overline{\boldsymbol{B}}_T=\begin{bmatrix}
V\boldsymbol{b}_1+\overline{h}_1\boldsymbol{\gamma}^{\mathrm{T}} & \mathbf{0}\\
\mathbf{0} & V\boldsymbol{b}_2^{\mathrm{T}}+\overline{h}_2\boldsymbol{\gamma}^{\mathrm{T}}\\
\overline{h}_3\boldsymbol{\Delta}^{\mathrm{T}}+V\boldsymbol{b}_1^{\mathrm{T}}+\overline{h}_4\boldsymbol{b}_2^{\mathrm{T}} & \mathbf{0}\\
V\boldsymbol{b}_2^{\mathrm{T}}+\overline{h}_2\boldsymbol{\gamma}^{\mathrm{T}} & V\boldsymbol{b}_1^{\mathrm{T}}+\overline{h}_1^{\mathrm{T}}\boldsymbol{\gamma}^{\mathrm{T}}\\
H_{11}\boldsymbol{\gamma}^{\mathrm{T}} & \mathbf{0}\\
\mathbf{0} & H_{22}\boldsymbol{\gamma}^{\mathrm{T}}\\
\overline{h}_5\boldsymbol{\Delta}^{\mathrm{T}}+\overline{h}_6\boldsymbol{b}_2^{\mathrm{T}}+\overline{h}_7\boldsymbol{\gamma}^{\mathrm{T}} & \mathbf{0}
\end{bmatrix} \tag{h}^1
$$

式中

$$
\begin{aligned}
&\overline{h}_1=\int_{S_n}\hbar_{,r}\,r\,\mathrm{d}S \qquad \overline{h}_5=\int_{S_n}\frac{\hbar_{,r}}{r}\mathrm{d}S\\
&\overline{h}_2=\int_{S_n}\hbar_{,z}\,r\,\mathrm{d}S \qquad \overline{h}_6=\int_{S_n}\frac{z\hbar_{,r}}{r}\mathrm{d}S\\
&\overline{h}_3=\int_{S_n}\mathrm{d}S \qquad\qquad \overline{h}_7=\int_{S_n}\frac{\hbar\hbar_{,r}}{r}\mathrm{d}S\\
&\overline{h}_4=\int_{S_n}z\,\mathrm{d}S
\end{aligned} \tag{i}^1
$$

小结：对这类轴对称元，其单刚可按以下流程计算：

1. 由式（s）计算 $\xi=\eta=0$ 处的 $\dfrac{\partial \boldsymbol{N}}{\partial r}$，$\dfrac{\partial \boldsymbol{N}}{\partial z}$，得到 $\boldsymbol{b}_1$、$\boldsymbol{b}_2$ → 2. 由式（8.3.6）计算 $\boldsymbol{\Delta}$ 及 $\boldsymbol{\gamma}$ → 3. 由式（f）[1]及（i）[1]计算 $H_{ij}$ 及 $\overline{h}_i$

4. 由表 8.8 及表 8.9 计算各种元的 $\overline{v}$，$C_1$ 至 $C_5$ → 5. 由式（e）[1]、（g）[1]、（h）[1]计算 $\overline{\boldsymbol{D}}_T$、$\overline{\boldsymbol{E}}_T^{-1}$ 及 $\overline{\boldsymbol{B}}_T$ → 6. 由式（8.3.3）计算单刚 $\boldsymbol{k}=\overline{\boldsymbol{B}}_T^T(\overline{\boldsymbol{E}}_T^{-1})^{\mathrm{T}}\,\overline{\boldsymbol{D}}_T\,\overline{\boldsymbol{E}}_T^{-1}\,\overline{\boldsymbol{B}}_T$

5. 数值算例

**例 1**　圆筒承受均匀内压（图 8.8）

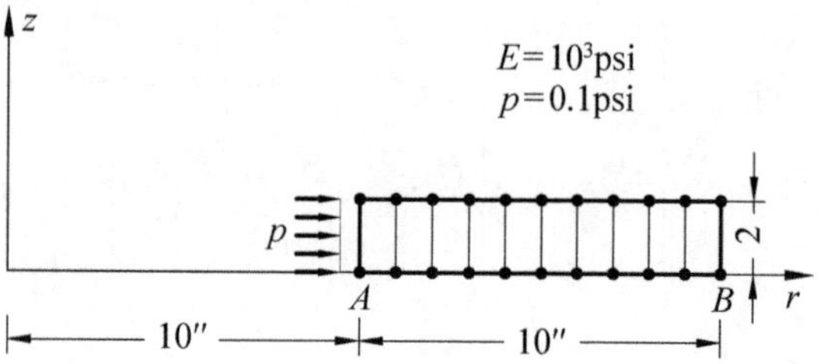


图 8.8　均匀内压圆筒的有限元网格

圆筒材料的泊松比 $\nu = 0.25$ 及 0.4999。沿径向分为 10 个矩形单元，计算所得 $A$ 点及 $B$ 点位移与解析解[15]之比，由表 8.10 给出，可见，对规则元，三种元的结果均很好，而 4 结点位移元 Q4 在 $\nu = 0.4999$ 时结果欠佳。

**表 8.10　计算所得圆筒的正则化位移**
**（圆筒承受内压）**

| 单元 | $\nu = 0.25$ | | $\nu = 0.4999$ | |
|---|---|---|---|---|
| | $A$ 点 | $B$ 点 | $A$ 点 | $B$ 点 |
| Q4 | 0.999 | 0.999 | 0.881 | 0.904 |
| OAB | 1.000 | 1.000 | 1.000 | 1.000 |
| OABI | 1.000 | 1.000 | 1.000 | 1.000 |
| OAI | 1.000 | 1.000 | 1.000 | 1.000 |

**例 2**　简支圆板承受均匀横向载荷

圆板尺寸及材料性质如图 8.9 所示。圆板的厚度发生变化时，计算其 $A$、$B$ 两点的挠度值。

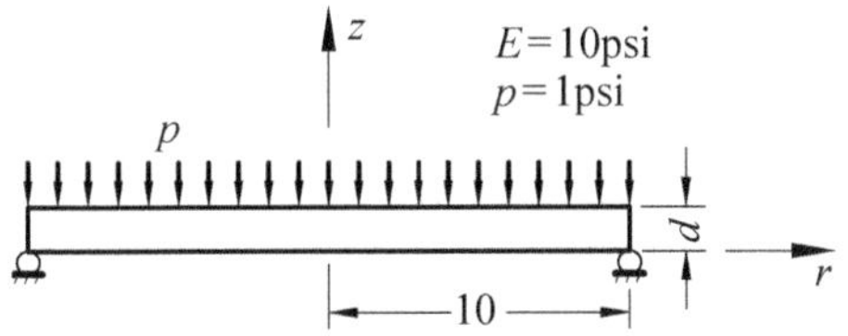


图 8.9　承受均布载荷的简支圆板

首先，取板厚 $d = 1.0$ in，用图 8.10（a）的规则网格及图 8.10（b）的轻微歪网格，对泊松比 $\nu$ 分别为 0.25 及 0.4999 两种数值，单元纵横比为 1∶2.5，进行计算，所得圆板 $A$、$B$ 两点挠度与其解析解[16]之比，列于表 8.11。可见，网格轻微歪斜，$\nu = 0.25$ 时，对元 OAB 及 OABI 的挠度影响不大；但当泊松比趋近于 0.5 时，元 Q4 及 OAB 明显变硬，而元 OABI 及 OAI 变化不大。

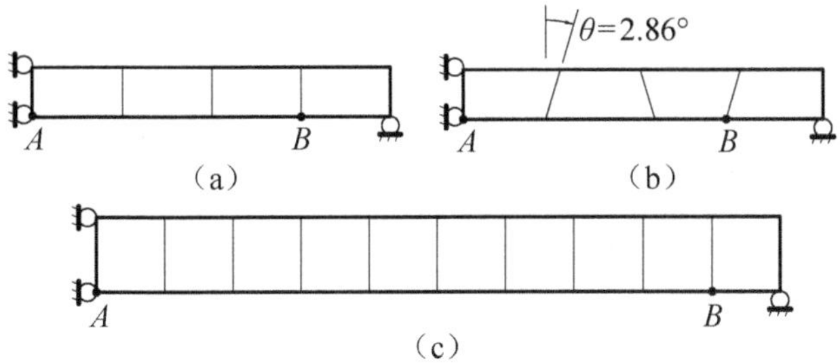


图 8.10　简支圆板的有限元网格

**表 8.11　正则化挠度（简支圆板承受均布载荷）**
**（板厚 $d=1.0$ in）**

| 单元 | $\nu=0.25$ | | $\nu=0.4999$ | |
|---|---|---|---|---|
| | *A* 点 | *B* 点 | *A* 点 | *B* 点 |
| 规格网格（图 8.10（a）） | | | | |
| Q4 | 0.688 | 0.595 | 0.016 | 0.018 |
| OAB | 0.919 | 0.850 | 0.016 | 0.018 |
| OABI | 1.05 | 0.982 | 1.13 | 1.03 |
| OAI | 0.663 | 0.591 | 1.13 | 1.03 |
| 歪斜网格（图 8.10（b）） | | | | |
| Q4 | 0.683 | 0.589 | 0.015 | 0.018 |
| OAB | 0.909 | 0.803 | 0.015 | 0.018 |
| OABI | 1.04 | 0.956 | 1.12 | 1.01 |
| OAI | 0.659 | 0.583 | 1.12 | 1.01 |

其次，当板厚增至 $d=2.5$ in 时，用规则网格（图 8.10（a））计算的结果由表 8.12 给出，可见，无论薄板与厚板，元 OABI 的结果都较好。

**表 8.12　正则化挠度（简支圆板承受均布载荷）**
**（板厚 $d=2.5$ in）**

| 单元 | $\nu=0.25$ | | $\nu=0.4999$ | |
|---|---|---|---|---|
| | *A* 点 | *B* 点 | *A* 点 | *B* 点 |
| Q4 | 0.835 | 0.787 | 0.086 | 0.097 |
| OAB | 0.920 | 0.872 | 0.086 | 0.097 |
| OABI | 1.05 | 0.999 | 1.12 | 1.06 |
| OAI | 0.678 | 0.629 | 1.12 | 1.06 |

最后，当板变薄（$d=1.0$ in 及 0.5 in）时，用具有 10 个单元的规则网格（图 8.10（c））进行计算，单元纵横比为 1.1，结果由表 8.13 给出。可见，当板厚减小，及 $\nu=0.25$ 时，元 Q4 的刚度近似增大 10%，而其余三种元的刚度仅降低 1%。同时可见，板厚的连续减小，伪剪切并不影响精度[13]。

**表 8.13　正则化挠度（简支圆板承受均布载荷）**
**（板厚 $d=1.0$ in 及 0.5 in）**

| 单元 | $d=1.0$in | | $d=0.5$in | |
|---|---|---|---|---|
| | *A* 点 | *B* 点 | *A* 点 | *B* 点 |
| $\nu=0.25$ | | | | |
| Q4 | 0.814 | 0.775 | 0.730 | 0.653 |
| OAB | 0.864 | 0.842 | 0.865 | 0.838 |
| OABI | 0.991 | 0.974 | 0.992 | 0.972 |
| OAI | 0.605 | 0.572 | 0.603 | 0.566 |

续表

| 单元 | $d=1.0\,\text{in}$ | | $d=0.5\,\text{in}$ | |
|---|---|---|---|---|
| | $A$ 点 | $B$ 点 | $A$ 点 | $B$ 点 |
| | | $\nu=0.4999$ | | |
| Q4 | 0.015 | 0.019 | 0.004 | 0.005 |
| OAB | 0.015 | 0.019 | 0.004 | 0.005 |
| OABI | 1.03 | 1.01 | 1.04 | 1.01 |
| OAI | 1.03 | 1.01 | 1.04 | 1.01 |

**例 3**　悬臂圆柱壳自由端承受弯矩

一端固支的圆柱壳，如图 7.3 所示。材料的泊松比 $\nu=0.25$ 及 $0.4999$，端部 $A$ 承受力矩 $M$ 作用，沿壳体高度分为 17 个矩形单元进行计算，每个单元的纵横比为 1∶3。计算所得 $A$、$B$ 二点挠度，由表 8.14 给出。

表中解析解，采用文献[16]所给的无限长壳体值(此结果在接近于给定位移边界处并不正确)。由表中结果可知，当材料接近于不可压缩时，元 Q4 及 OAB 产生锁住现象，而元 OABI 及 OAI 的结果很好。当 $\nu=0.25$ 时，元 Q4 的结果同样欠佳。表中下部现在建立的三种元相比，元 OABI 的性能更好一些。

**表 8.14　计算所得正则化挠度比**
**（悬臂圆柱壳承受力矩作用）**

| 单元 | $\nu=0.25$ | | $\nu=0.4999$ | |
|---|---|---|---|---|
| | $A$ 点 | $B$ 点 | $A$ 点 | $B$ 点 |
| Q4 | 0.465 | 1.92 | 0.013 | −0.032 |
| OAB | 0.929 | 1.21 | 0.014 | −0.041 |
| OABI | 1.01 | 0.968 | 1.02 | 0.943 |
| OAI | 0.927 | 1.21 | 1.02 | 0.943 |

## 8.4　根据 Hellinger-Reissner 原理及 $\gamma$-投影算子建立的 4 结点轴对称元

Weissman 和 Taylor[5]根据 Hellinger-Reissner 原理建立了两种 4 结点轴对称元，此内容本应在第 7 章进行阐述，但考虑到这两种单元的位移场系引入了本章 Bachrach 和 Belytschko[10]的 $\gamma$-投影算子方法，而应力场又是对 Pian 和 Sumihara[7]的结果进行了修正得到，熟悉了后两种方法，更易于了解 Weissman 和 Taylor 的创新；同时，也便于与 Bachrach 和 Belytschko 建立的单元进行对比，为此，放在了本章进行讨论。

### 8.4.1　有限元列式

离散后的 Hellinger-Reissner 原理为

$$\Pi_{\mathrm{HR}}(\boldsymbol{u},\boldsymbol{\sigma})=\sum_{n}\left\{\int_{V_n}\left[-\frac{1}{2}\boldsymbol{\sigma}^{\mathrm{T}}\boldsymbol{S}\boldsymbol{\sigma}+\boldsymbol{\sigma}^{T}(\boldsymbol{D}\boldsymbol{u})-\bar{\boldsymbol{F}}^{\mathrm{T}}\boldsymbol{u}\right]\mathrm{d}V\right.$$

$$\left.-\int_{S_{u_n}}\boldsymbol{T}^{\mathrm{T}}(\boldsymbol{u}-\bar{\boldsymbol{u}})\,\mathrm{d}S-\int_{S_{\sigma_n}}\bar{\boldsymbol{T}}^{\mathrm{T}}\boldsymbol{u}\,\mathrm{d}S\right\}=\text{驻值}\quad(\boldsymbol{T}=\boldsymbol{\nu}\boldsymbol{\sigma})\tag{8.4.1}$$

约束条件

$$\boldsymbol{u}^{(a)}=\boldsymbol{u}^{(b)}\qquad(S_{ab}\text{上})$$

选取

$$\boldsymbol{u}=\boldsymbol{N}\boldsymbol{q},\qquad \boldsymbol{\sigma}=\boldsymbol{P}\boldsymbol{\beta}\tag{8.4.2}$$

式中，$\boldsymbol{N}$ 为形函数；$\boldsymbol{q}$ 为结点位移；$\boldsymbol{P}$ 应力插值函数；$\boldsymbol{\beta}$ 为应力参数。

选取位移 $\boldsymbol{u}$ 满足位移边界条件。只推导单刚时，可用一个单元的能量表达式，并令外力 $\bar{\boldsymbol{T}}=\bar{\boldsymbol{F}}=\boldsymbol{0}$①，于是得到

$$\Pi_{\mathrm{HR}}=\int_{V_n}\left[-\frac{1}{2}\boldsymbol{\sigma}^{\mathrm{T}}\boldsymbol{S}\boldsymbol{\sigma}+\boldsymbol{\sigma}^{\mathrm{T}}(\boldsymbol{D}\boldsymbol{u})\right]\mathrm{d}V\tag{8.4.3}$$

将式（8.4.2）代入式（8.4.3），进行变分，得到单元刚度矩阵

$$\boldsymbol{k}=\boldsymbol{G}^{\mathrm{T}}\boldsymbol{H}^{-1}\boldsymbol{G}\tag{8.4.4}$$

式中

$$\boldsymbol{G}=\int_{V_n}\boldsymbol{P}^{\mathrm{T}}(\boldsymbol{D}\boldsymbol{u})\mathrm{d}V,\qquad \boldsymbol{H}=\int_{V_n}\boldsymbol{P}^{\mathrm{T}}\boldsymbol{S}\boldsymbol{P}\,\mathrm{d}V\tag{8.4.5}$$

### 8.4.2　4 结点四边形轴对称元

1. *位移场及应变场*

单元的形状及坐标如图 8.7 所示，选取位移为

$$\boldsymbol{u}=\begin{Bmatrix}u\\w\end{Bmatrix}=\sum_{i=1}^{4}N_iq_i\tag{a}$$

而形函数为

$$N_i(\xi,\eta)=\frac{1}{4}(1+\xi_i\xi)(1+\eta_i\eta)\tag{b}$$

式中，$\xi_i$ 及 $\eta_i$ 为结点坐标。

---

① 文献[5]中 P45 推导出有限元的待解方程式（3.13）不能成立。

依照 8.3 节 Bachrach 和 Belytschko[10]同样的方法，引入 $\gamma$ -投影算子，此位移（式（a））可同样表示为

$$\boldsymbol{u}=\begin{Bmatrix} u \\ w \end{Bmatrix}=(\boldsymbol{\Delta}^{\mathrm{T}}+r\,\boldsymbol{b}_r^{\mathrm{T}}+z\,\boldsymbol{b}_z^{\mathrm{T}}+\xi\eta\boldsymbol{\gamma}^{\mathrm{T}})\begin{Bmatrix} \boldsymbol{q}_r \\ \boldsymbol{q}_z \end{Bmatrix}=\boldsymbol{N}\boldsymbol{q} \tag{8.4.6}$$

式中

$$\begin{aligned} \boldsymbol{\Delta}^{\mathrm{T}}&=\frac{1}{4}[\boldsymbol{t}^{\mathrm{T}}-(\boldsymbol{t}^{\mathrm{T}}\boldsymbol{r}_i)\boldsymbol{b}_i^{\mathrm{T}}] \\ \boldsymbol{\gamma}^{\mathrm{T}}&=\frac{1}{4}[\boldsymbol{\Omega}^{\mathrm{T}}-(\boldsymbol{\Omega}^{\mathrm{T}}\boldsymbol{r}_i)\boldsymbol{b}_i^{\mathrm{T}}] \end{aligned} \tag{c}$$

这里，重复下标代表哑标求和。

式（c）中诸项定义也与 8.3 节相同：

$$\boldsymbol{t}=[1\quad 1\quad 1\quad 1]^{\mathrm{T}},\quad \boldsymbol{\Omega}=[1\quad -1\quad 1\quad -1]^{\mathrm{T}}$$

$$\begin{aligned} \boldsymbol{b}_1&=\boldsymbol{b}_r=\frac{1}{2A}[z_{24}\quad z_{31}\quad z_{42}\quad z_{13}]^{\mathrm{T}}=\left.\frac{\partial \boldsymbol{N}}{\partial r}\right|_{\xi=\eta=0} \\ \boldsymbol{b}_2&=\boldsymbol{b}_z=\frac{1}{2A}[r_{42}\quad r_{13}\quad r_{24}\quad r_{31}]^{\mathrm{T}}=\left.\frac{\partial \boldsymbol{N}}{\partial z}\right|_{\xi=\eta=0} \end{aligned} \tag{d}$$

$$\begin{aligned} &r_{IJ}=r_I-r_J,\quad z_{IJ}=z_I-z_J\quad (I,J=1,2,3,4) \\ &\boldsymbol{r}=[r_1\quad r_2\quad r_3\quad r_4]^{\mathrm{T}},\quad \boldsymbol{z}=[z_1\quad z_2\quad z_3\quad z_4]^{\mathrm{T}} \\ &\hbar=\xi\eta \end{aligned} \tag{e}$$

式中，$A$ 为单元面积。

根据位移 $\boldsymbol{u}$，可求得应变 $\boldsymbol{\varepsilon}$

$$\begin{aligned} \boldsymbol{\varepsilon}&=[\varepsilon_r\quad \varepsilon_z\quad \gamma_{rz}\quad \varepsilon_\theta]^{\mathrm{T}} \\ &=\boldsymbol{D}\boldsymbol{u} \\ &=[u_{,r}\quad w_{,z}\quad u_{,z}+w_{,r}\quad u/r]^{\mathrm{T}} \end{aligned} \tag{f}$$

将式（c）代入式（f），得到

$$\boldsymbol{\varepsilon}=\begin{bmatrix} \boldsymbol{b}_1^{\mathrm{T}}+\hbar_{,r}\boldsymbol{\gamma}^{\mathrm{T}} & \boldsymbol{0} \\ \boldsymbol{0} & \boldsymbol{b}_2^{\mathrm{T}}+\hbar_{,z}\boldsymbol{\gamma}^{\mathrm{T}} \\ \boldsymbol{b}_2^{\mathrm{T}}+\hbar_{,z}\boldsymbol{\gamma}^{\mathrm{T}} & \boldsymbol{b}_1^{\mathrm{T}}+\hbar_{,r}\boldsymbol{\gamma}^{\mathrm{T}} \\ \boldsymbol{0} & \boldsymbol{N}/r \end{bmatrix}\begin{Bmatrix} \boldsymbol{q}_r \\ \boldsymbol{q}_z \end{Bmatrix}=\boldsymbol{B}\boldsymbol{q} \tag{8.4.7}$$

式中

$$\begin{Bmatrix} \dfrac{\partial \hbar}{\partial r} \\ \dfrac{\partial \hbar}{\partial z} \end{Bmatrix}=\frac{1}{|\boldsymbol{J}|}\begin{bmatrix} b_3 & -b_1 \\ -a_3 & a_1 \end{bmatrix}\begin{Bmatrix} \eta \\ \xi \end{Bmatrix} \tag{g}$$

$$
\begin{bmatrix} a_0 & b_0 \\ a_1 & b_1 \\ a_2 & b_2 \\ a_3 & b_3 \end{bmatrix} = \frac{1}{4}\begin{bmatrix} 1 & 1 & 1 & 1 \\ -1 & 1 & 1 & -1 \\ 1 & -1 & 1 & -1 \\ -1 & -1 & 1 & 1 \end{bmatrix}\begin{bmatrix} r_1 & z_1 \\ \vdots & \vdots \\ r_4 & z_4 \end{bmatrix} \tag{h}
$$

2. *应力场*

文献[5]对 Pian 和 Sumihara[7]所得平面问题 4 结点元的应力场$\boldsymbol{\sigma}$，依据轴对称问题特点进行了修正，首先，增加了环向应力$\sigma_\theta$，其次，为了扫除单元绕 $z$ 轴的刚体转动，对$\sigma_\theta$增加了 $r$ 及 $z$ 两个线性项（实际$\sigma_\theta$只需一个方向变化即可），从而得到如下轴对称元的应力场：

$$
\boldsymbol{\sigma} = \begin{Bmatrix} \sigma_r \\ \sigma_z \\ \sigma_{rz} \\ \sigma_\theta \end{Bmatrix} = \begin{bmatrix} 1 & 0 & 0 & 0 & a_1^2\bar{\eta} & a_3^2\bar{\xi} & 0 & 0 \\ 0 & 1 & 0 & 0 & b_1^2\bar{\eta} & b_3^2\bar{\xi} & 0 & 0 \\ 0 & 0 & 1 & 0 & a_1b_1\bar{\eta} & a_3b_3\bar{\xi} & 0 & 0 \\ 0 & 0 & 0 & 1 & 0 & 0 & \bar{r} & \bar{z} \end{bmatrix}\begin{Bmatrix} \bar{\sigma}_r \\ \bar{\sigma}_z \\ \bar{\sigma}_{rz} \\ \bar{\sigma}_\theta \\ Q_r \\ Q_z \\ Q_{r\theta} \\ Q_{z\theta} \end{Bmatrix} = \boldsymbol{P\beta} \tag{8.4.8}
$$

式中

$$
\begin{aligned} &\bar{r} = a_1\bar{\xi} + a_3\bar{\eta} + a_2\bar{h}, \quad \bar{z} = b_1\bar{\xi} + b_3\bar{\eta} + b_2\bar{h} \\ &\bar{\xi} = \xi - \xi_0, \quad \bar{\eta} = \eta - \eta_0, \quad \bar{h} = h - h_0 \end{aligned} \tag{i}
$$

式（h）中引入$\eta_0$、$\xi_0$及$h_0$，是为了使求得的$\boldsymbol{H}$成为块对角阵，为此$\bar{\xi}$、$\bar{\eta}$及$\bar{h}$三项需满足

$$
\int_{S_n} \bar{\xi} r\mathrm{d}S = 0, \quad \int_{S_n} \bar{\eta} r\mathrm{d}S = 0, \quad \int_{S_n} \bar{h} r\mathrm{d}S = 0 \tag{j}
$$

从而得到

$$
\xi_0 = \frac{\sum_{l=1}^{4}\left(J_1 + J_0\xi_l + \frac{1}{3}J_2\xi_l\eta_l\right)r_l}{\alpha} \quad \eta_0 = \frac{\sum_{l=1}^{4}\left(J_2 + J_0\eta_l + \frac{1}{3}J_1\xi_l\eta_l\right)r_l}{\alpha}
$$

$$
h_0 = \frac{\sum_{l=1}^{4}(\xi_l\eta_l J_0 + \eta_l J_1 + \xi_1 J_2)r_l}{3\alpha} \tag{k}
$$

这里，$J_0$、$J_1$、$J_2$ 是雅可比行列式的系数

$$
|\boldsymbol{J}(\xi,\eta)| = J_0 + J_1\xi + J_2\eta \tag{l}
$$

其中

$$J_0 = a_1 b_3 - a_3 b_1 \,,\quad J_1 = a_1 b_2 - a_2 b_1 \,,\quad J_2 = a_2 b_3 - a_3 b_2 \tag{m}$$

及

$$\alpha = \sum_{l=1}^{4} (3J_0 + J_1 \xi_l + J_2 \eta_l) r_l \tag{n}$$

Weissman 和 Taylor 利用应变 $\boldsymbol{\varepsilon}$（式（8.4.7））及应力 $\boldsymbol{\sigma}$（式（8.4.8））建立了具有 $8\beta$ 的 4 结点轴对称元 FSF。同时，应变 $\boldsymbol{\varepsilon}$ 不变，而 $\boldsymbol{\sigma}$ 项中消去 $Q_{r\theta}$ 一项，建立了具有 $7\beta$ 最少应力参数的元 DSF（这种元，为了使 $\sigma_\theta$ 沿 $r$ 方向发生变化，计算时沿 $r$ 方向至少需要用两个单元）。

3. 单刚子阵 $\boldsymbol{G}$ 及 $\boldsymbol{H}$ 的显式表达式

对 $8\beta$ 元 FSF，将式（8.4.7）及式（8.4.8）代入式（8.4.5）第一式，得到 $\boldsymbol{G}$ 阵表达式

$$\boldsymbol{G} = \int_{V_n} \boldsymbol{P}^{\mathrm{T}} \boldsymbol{B} \, \mathrm{d}V$$
$$= \begin{bmatrix} \boldsymbol{b}_r^{\mathrm{T}} V & 0 \\ 0 & \boldsymbol{b}_z^{\mathrm{T}} V \\ \boldsymbol{b}_z^{\mathrm{T}} V & \boldsymbol{b}_r^{\mathrm{T}} V \\ 0 & 0 \\ 0 & 0 \\ 0 & 0 \\ 0 & 0 \\ 0 & 0 \end{bmatrix} + \begin{bmatrix} L_r \boldsymbol{\gamma}^{\mathrm{T}} & 0 \\ 0 & L_z \boldsymbol{\gamma}^{\mathrm{T}} \\ L_z \boldsymbol{\gamma}^{\mathrm{T}} & L_r \boldsymbol{\gamma}^{\mathrm{T}} \\ I_n & 0 \\ (a_1^2 L_{\eta r} + a_1 b_1 L_{\eta z}) \boldsymbol{\gamma}^{\mathrm{T}} & (b_1^2 L_{\eta z} + a_1 b_1 L_{\eta r}) \boldsymbol{\gamma}^{\mathrm{T}} \\ (a_3^2 L_{\xi r} + a_3 b_3 L_{\xi z}) \boldsymbol{\gamma}^{\mathrm{T}} & (b_3^2 L_{\xi z} + b_3 a_3 L_{\xi r}) \boldsymbol{\gamma}^{\mathrm{T}} \\ a_1 \bar{N}_\xi + a_3 \bar{N}_\eta + a_2 \bar{N}_{\xi\eta} & 0 \\ b_1 \bar{N}_\xi + b_3 \bar{N}_\eta + b_2 \bar{N}_{\xi\eta} & 0 \end{bmatrix} \tag{8.4.9}$$

式中

$$\begin{aligned} &\bar{N}_\eta = \int_{S_n} N_l \bar{\eta} \, \mathrm{d}S \quad \bar{N}_\xi = \int_{S_n} N_l \bar{\xi} \, \mathrm{d}S \quad \bar{N}_{\xi\eta} = \int_{S_n} N_l \bar{h} \, \mathrm{d}S \\ &I_n = \int_{S_n} N_l \, \mathrm{d}S \\ &L_r = \int_{S_n} h_{,r} r \, \mathrm{d}S \qquad L_z = \int_{S_n} h_{,z} r \, \mathrm{d}S \\ &L_{\eta r} = \int_{S_n} \bar{\eta} h_{,r} r \, \mathrm{d}S \quad L_{\eta z} = \int_{S_n} \bar{\eta} h_{,z} r \, \mathrm{d}S \\ &L_{\xi r} = \int_{S_n} \bar{\xi} h_{,r} r \, \mathrm{d}S \quad L_{\xi z} = \int_{S_n} \bar{\xi} h_{,z} r \, \mathrm{d}S \end{aligned} \tag{o}$$

这里，$V$ 为单元体积。

将式（8.4.8）代入式（8.4.5）第二式，得到阵

$$\boldsymbol{H} = \int_{V_n} \boldsymbol{P}^{\mathrm{T}} \boldsymbol{S} \boldsymbol{P} \, \mathrm{d}V = \begin{bmatrix} \boldsymbol{H}^{1} & \boldsymbol{0}_{4\times4} \\ \boldsymbol{0}_{4\times4} & \boldsymbol{H}^{11} \end{bmatrix} \tag{8.4.10}$$

式中

$$\boldsymbol{H}^1 = \boldsymbol{S}V \tag{p}$$

$\boldsymbol{H}^{11}$为$4\times 4$的子阵，其元素为

$$\begin{aligned}
&\boldsymbol{H}_{11}^{11} = [a_1^4 S_{11} + b_1^4 S_{22} + a_1^2 b_1^2 (S_{12} + S_{21} + S_{33})] I_1 \\
&\boldsymbol{H}_{12}^{11} = [a_1^2 (a_3^2 S_{11} + b_3^2 S_{12}) + b_1^2 (a_3^2 S_{21} + b_3^2 S_{22}) + a_1 a_3 b_1 b_3 S_{33}] I_2 \\
&\boldsymbol{H}_{13}^{11} = [a_1 I_3 + b_3 I_1 + a_2 I_5] a_1^2 S_{41} + [a_1 I_3 + a_3 I_1 + a_2 I_5] b_1^2 S_{42} \\
&\boldsymbol{H}_{14}^{11} = [b_1 I_3 + b_3 I_1 + b_2 I_5] a_1^2 S_{41} + [b_1 I_3 + b_3 I_1 + b_2 I_5] b_1^2 S_{42} \\
&\boldsymbol{H}_{22}^{11} = [a_3^4 S_{11} + a_3^2 b_3^2 (S_{12} + S_{21} + S_{33}) + b_3^4 S_{22}] I_2 \\
&\boldsymbol{H}_{23}^{11} = [a_1 I_2 + a_3 I_3 + a_2 I_4] a_1^2 S_{41} + [a_1 I_2 + a_3 I_3 + a_2 I_4] b_3^2 S_{42} \\
&\boldsymbol{H}_{24}^{11} = [b_1 I_2 + b_3 I_3 + b_2 I_4] a_3^2 S_{41} + [b_1 I_2 + b_3 I_3 + b_2 I_4] b_3^2 S_{42} \\
&\boldsymbol{H}_{33}^{11} = [a_1^2 I_2 + 2(a_1 a_3 I_3 + a_1 a_2 I_4 + a_3 a_2 I_5) + a_3^2 I_1 + a_2^2 I_6] S_{44} \\
&\boldsymbol{H}_{34}^{11} = [(b_1 I_2 + b_3 I_3 + b_2 I_4) a_1 + (b_1 I_3 + b_3 I_1 + b_2 I_5) a_3 + (b_1 I_4 + b_3 I_5 + b_2 I_6) a_2] S_{44} \\
&\boldsymbol{H}_{44}^{11} = [b_1^2 I_2 + 2(b_1 b_3 I_3 + b_1 b_2 I_4 + b_3 b_2 I_5) + b_3^2 I_1 + b_2^2 I_6] S_{44}
\end{aligned} \tag{q}$$

这里

$$\begin{aligned}
&I_1 = \int_{S_n} \overline{\eta}^2 r\,\mathrm{d}S \qquad I_2 = \int_{S_n} \overline{\xi}^2 r\,\mathrm{d}S \qquad I_3 = \int_{S_n} \overline{\xi}\,\overline{\eta} r\,\mathrm{d}S \\
&I_4 = \int_{S_n} \overline{\xi}\,\overline{\hbar}\, r\,\mathrm{d}S \qquad I_5 = \int_{S_n} \overline{\eta}\,\overline{\hbar}\, r\,\mathrm{d}S \qquad I_6 = \int_{S_n} \overline{\hbar}\,\overline{\hbar}\, r\,\mathrm{d}S
\end{aligned} \tag{r}$$

由于引入$\overline{\xi}$、$\overline{\eta}$及$\overline{\hbar}$，使$\boldsymbol{H}$阵成为对角阵，这样，对 FSF 元需一个$4\times 4$的阵取逆，DSF 元仅需一个$3\times 3$阵取逆。

对线弹性各向同性材料，$\boldsymbol{S}$阵为①

$$\boldsymbol{S} = \begin{bmatrix} S_{11} & S_{12} & 0 & S_{14} \\ S_{21} & S_{22} & 0 & S_{24} \\ 0 & 0 & S_{33} & 0 \\ S_{41} & S_{42} & 0 & S_{44} \end{bmatrix} \quad (S_{ij}=S_{ji}) \tag{s}$$

如删去$\boldsymbol{G}$及$\boldsymbol{H}$阵中对应$\beta_7$的行及列，即可得到元 DSF 的对应阵。

### 8.4.3　数值算例

**例 1**　厚壁筒承受均匀内压

这是 MacNeal 及 Harder[6]提出的标准测量，圆筒尺寸及有限元网格划分如图 8.3 的（b）及（c）所示，计算结果由表 8.3 给出。结果表明，对于规则网格，元 DSF 给出准确解；元 FSF 的最大误差也只有 1.5%。网格歪斜时，元 DSF 的误差

① $\boldsymbol{S}$阵具体值见文献[5]中 P43 式（2.18）。

小于 0.5%，元 FSF 的误差接近于 2.5%。

**例 2**　简支圆板承受均匀压力

圆板尺寸由图 8.11 给出。承受单位均布横向载荷，其有限元网格如 8.11（a）及（b）所示，歪斜角度 $\theta = 26.565°$。当板厚 $t=1$ 时，计算所得 $A$ 点位移由表 8.15 给出（解析解见文献[16]）。可见，对规则网格，两种元 DSF 及 FSF 的结果相同；元歪斜时，元 DSF 的结果略好一点。泊松比 $\nu$ 趋近于 0.5 时，两种元的结果变化不大；而元 OABI 并不如此。

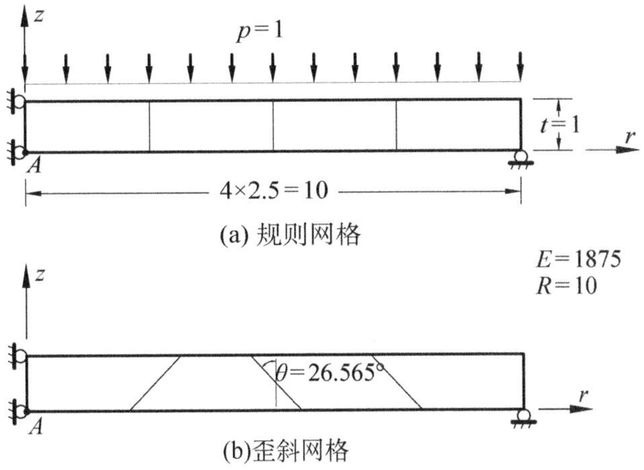


图 8.11　承受均布载荷的简支圆板

**表 8.15　$A$ 点正则化位移 $w_A$**
**（承受均布载荷的简支圆板，$t$=1）**

| $\nu$ | 规则网格 | | | | 歪斜网格 | | |
|---|---|---|---|---|---|---|---|
| | FSF | DSF | Q4 | OABI | FSF | DSF | Q4 |
| 0 | 1.02470 | 1.02470 | 0.67555 | — | 0.85328 | 0.85438 | 0.57400 |
| 0.25 | 1.02540 | 1.02541 | 0.68799 | 1.05 | 0.91316 | 0.91513 | 0.61117 |
| 0.30 | 1.02718 | 1.02718 | 0.64493 | — | 0.92399 | 0.92621 | 0.58294 |
| 0.49 | 1.02605 | 1.02606 | 0.07770 | — | 0.96496 | 0.96786 | 0.08608 |
| 0.499 | 1.02607 | 1.02608 | 0.02137 | — | 0.96698 | 0.96987 | 0.02275 |
| 0.4999 | 1.02607 | 1.02608 | 0.01546 | 1.13 | 0.96718 | 0.97008 | 0.01625 |

当板的厚度 $t$ 减至 0.5 及 0.25 时，表 8.16 给出计算所得 $A$ 点位移 $w_A$，可见，这时两种元 DSF 及 FSF 的结果不仅十分接近，而且相当准确，不受泊松比 $\nu$ 变化的影响。元 OABI 的结果与以上两元相比，略差一点。

**表 8.16　A 点正则化位移 $w_A$**
**（承受均布载荷的简支圆板，$t=0.5, 0.25$）**

| $\nu$ | $t=0.5$ | | | | $t=0.25$ | | | |
|---|---|---|---|---|---|---|---|---|
| | FSF | DSF | OABI① | Q4 | FSF | DSF | OABI① | Q4 |
| 0 | 1.02653 | 1.02653 | — | 0.35265 | 1.01823 | 1.01823 | — | 0.93003 |
| 0.25 | 1.02708 | 1.02708 | 0.992 | 0.43360 | 1.02116 | 1.02128 | 1.05 | 0.83512 |
| 0.30 | 1.02718 | 1.02718 | — | 0.43024 | 1.02175 | 1.02191 | — | 0.76415 |
| 0.49 | 1.02756 | 1.02756 | — | 0.06530 | 1.02412 | 1.02447 | — | 0.14579 |
| 0.499 | 1.02758 | 1.02758 | — | 0.01037 | 1.02425 | 1.02460 | — | 0.09198 |
| 0.4999 | 1.02758 | 1.02758 | 1.04 | 0.00441 | 1.02426 | 1.02460 | 1.12 | 0.08578 |

**例 3**　悬臂圆柱壳自由端承受弯矩

圆柱壳的尺寸、弹性系数和载荷，以及有限元网格划分，与图 7.3 相同。但材料泊松比 $\nu$ 从 0 至 0.4999 变化。计算所得 $A$ 点挠度列于表 8.17。可见，元 FSF 给出误差小于 1.6%的最佳值。当 $r$ 方向只用一个单元计算，泊松比从 $\nu=0$ 增至 $\nu=0.4999$ 时，元 DSF 的误差从 1.6%增至 13.6%。$r$ 方向用 2 个单元（$z$ 方向仍用 17 个元）进行分析时（这时环向应力 $\sigma_\theta$ 可以沿 $r$ 方向变化），由表 8.17 可见，元 DSF 给出的 $A$ 点挠度的误差降至 1.5%。元 OABI 的结果与元 FSF 相近。

**表 8.17　A 点正则化挠度 $w_A$**
**（悬臂圆柱壳承受弯矩作用）**

| $\nu$ | FSF | DSF | DSF② | OABI | Q4 |
|---|---|---|---|---|---|
| 0 | 0.98464 | 0.98051 | 0.98464 | — | 0.41994 |
| 0.25 | 0.98414 | 1.01649 | 0.99152 | 1.01 | 0.46419 |
| 0.30 | 0.98411 | 1.03165 | 0.99485 | — | 0.47047 |
| 0.49 | 0.98423 | 1.12857 | 1.01397 | — | 0.24025 |
| 0.499 | 0.98424 | 1.13522 | 1.01515 | — | 0.08112 |
| 0.4999 | 0.98424 | 1.13590 | 1.01527 | 1.02 | 0.01412 |

**例 4**　球壳承受内压力

薄球壳尺寸如图 7.23 所示，承受单位内压，用$10\times1$个单元网格进行分析，当泊松比从 $\nu=0$ 增至 $\nu=0.4999$ 时，计算所得 $A$ 点及 $B$ 点正则化位移，列于表 7.16。可见，现在的两种元 DSF 及 FSF 均给出十分准确的结果。

**例 5**　厚球承受内压

厚球尺寸如图 8.12 所示，用 $4\times10$ 个有限元网格进行分析。得到的 $A$ 点及 $B$ 点位移列于表 8.18（解析解由文献[16]给出），结果显示，对低的 $\nu$ 值，元 DSF 的解答均好，而当 $\nu\to0.5$ 时，元 FSF 的结果较元 DSF 略好一点。

---

① 元 OABI 的结果由 $r$ 方向 10 个单元，以及 $z$ 方向尺寸为 1 得出。

② $r$ 方向 2 个单元，$z$ 方向 17 个单元的计算结果。

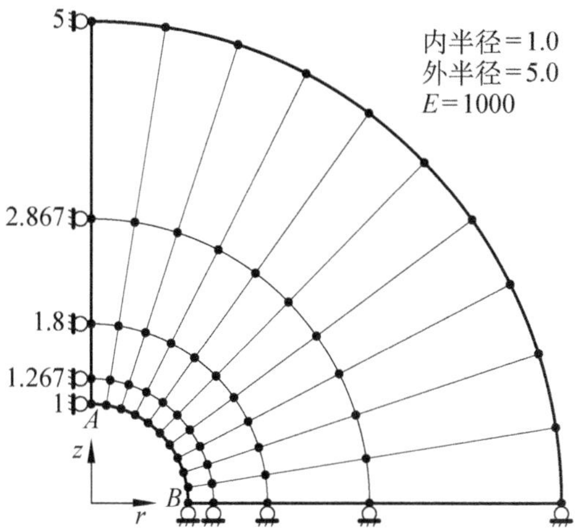


图 8.12　厚球壳（承受内压）的有限元网格

**表 8.18　计算所得正则化 A 点及 B 点位移（厚球承受内压）**

| $\nu$ | A 点 | | | B 点 | | |
|---|---|---|---|---|---|---|
| | FSF | DSF | Q4 | FSF | DSF | Q4 |
| 0 | 0.97467 | 0.96934 | 0.96385 | 0.94756 | 0.95782 | 0.94808 |
| 0.3 | 0.94910 | 0.94898 | 0.92714 | 0.92804 | 0.94963 | 0.91279 |
| 0.49 | 0.92016 | 0.92727 | 0.42590 | 0.90397 | 0.94273 | 0.42190 |
| 0.499 | 0.91830 | 0.92584 | 0.06945 | 0.90237 | 0.94237 | 0.06924 |
| 0.49999 | 0.91811 | 0.92569 | 0.00740 | 0.90220 | 0.94233 | 0.00740 |

# 8.5　根据 Hu-Washizu 原理及混合增强列式建立 4 结点轴对称元

Kasper 和 Taylor[17,18]提出根据混合增强列式（mixed-enhanced formulation），利用 Hu-Washizu 原理建立 4 结点轴对称元，其作法如下。

## 8.5.1　单元刚度矩阵

1. 离散后的 Hu-Washizu 原理为

$$\Pi_{HW}=\sum_n\left\{\int_{V_n}[A(\boldsymbol{\varepsilon})-\boldsymbol{\sigma}^{T}\boldsymbol{\varepsilon}-\boldsymbol{\sigma}^{T}(\boldsymbol{D}\boldsymbol{u})-\bar{\boldsymbol{F}}^{T}\boldsymbol{u}]\mathrm{d}V-\int_{S_{u_n}}\boldsymbol{T}^{T}(\boldsymbol{u}-\bar{\boldsymbol{u}})\mathrm{d}S-\int_{S_{\sigma_n}}\bar{\boldsymbol{T}}^{T}\boldsymbol{u}\,\mathrm{d}S\right\}=\text{驻值} \tag{8.5.1}$$

约束条件　　$\boldsymbol{u}^{(a)}=\boldsymbol{u}^{(b)}$　（$S_{ab}$ 上）

建立单元刚度阵，采用一个单元的能量表达式，略去外力，并且满足位移已知边界条件 $\boldsymbol{u}=\overline{\boldsymbol{u}}$（$S_{u_n}$ 上）时，对线弹性体，泛函式（8.5.1）成为

$$\Pi_{\mathrm{HW}}(\boldsymbol{\sigma},\boldsymbol{\varepsilon},\boldsymbol{u})=\int_{V_n}\left[\frac{1}{2}\boldsymbol{\varepsilon}^{\mathrm{T}}\boldsymbol{C}\boldsymbol{\varepsilon}-\boldsymbol{\sigma}^{\mathrm{T}}\boldsymbol{\varepsilon}+\boldsymbol{\sigma}^{\mathrm{T}}(\boldsymbol{D}\boldsymbol{u})\right]\mathrm{d}V \tag{8.5.2}$$

约束条件

$$\boldsymbol{u}^{(a)}=\boldsymbol{u}^{(b)}\qquad（S_{ab}\text{ 上}）$$
$$\boldsymbol{u}=\overline{\boldsymbol{u}}\qquad（S_{u_n}\text{ 上}）$$

对轴对称元，选取应力场 $\boldsymbol{\sigma}$、应变场 $\boldsymbol{\varepsilon}$ 及材料弹性阵 $\boldsymbol{C}$ 分别为

$$\boldsymbol{\sigma}=\begin{Bmatrix}\sigma_r\\ \sigma_z\\ \sigma_\theta\\ \sigma_{rz}\end{Bmatrix},\quad \boldsymbol{\varepsilon}=\begin{Bmatrix}\varepsilon_r\\ \varepsilon_z\\ \varepsilon_\theta\\ \gamma_{rz}\end{Bmatrix} \tag{a}$$

$$\boldsymbol{C}=\frac{E}{(1+\nu)(1-2\nu)}\begin{bmatrix}1-\nu & \nu & \nu & 0\\ \nu & 1-\nu & \nu & 0\\ \nu & \nu & 1-\nu & 0\\ 0 & 0 & 0 & \frac{1}{2}(1-2\nu)\end{bmatrix} \tag{b}$$

2. 现在的混合增强列式，其关键步骤，是采用如下约束方程，建立增强应变 $\hat{\boldsymbol{\varepsilon}}$ 表达式：

$$\boxed{\int_{V_n}\delta\boldsymbol{\sigma}^{\mathrm{T}}[\boldsymbol{D}\boldsymbol{u}-\boldsymbol{\varepsilon}]\mathrm{d}V=\boldsymbol{0}\rightarrow\hat{\boldsymbol{\varepsilon}}} \tag{8.5.3}$$

如以 $\boldsymbol{D}\boldsymbol{u}$ 代表协调应变 $\boldsymbol{\varepsilon}^{u}$，利用式（8.5.3）得到的增强应变 $\hat{\boldsymbol{\varepsilon}}$，这个 $\hat{\boldsymbol{\varepsilon}}$ 将不同于 $\boldsymbol{D}\boldsymbol{u}$，它是应变的增强部分。根据 Hu-Washizu 原理，此附加应变 $\hat{\boldsymbol{\varepsilon}}$ 不需要元间连续。

采用式（8.5.3）得到了增强应变 $\hat{\boldsymbol{\varepsilon}}$，式（8.5.2）等号右侧第二和第三项变分时消失，此时应力退出泛函表达式，于是，式（8.5.2）取变分时，成为

$$\Pi_{\mathrm{HW}}(\hat{\boldsymbol{\varepsilon}},\boldsymbol{u})=\int_{V_n}\frac{1}{2}\hat{\boldsymbol{\varepsilon}}^{\mathrm{T}}\boldsymbol{C}\hat{\boldsymbol{\varepsilon}}\mathrm{d}V \tag{8.5.4}$$

3. 单元刚度阵

选取

$$\boxed{\begin{aligned}&\boldsymbol{u}=\boldsymbol{N}\boldsymbol{q}\\ &\hat{\boldsymbol{\varepsilon}}=\overline{\boldsymbol{B}}_u\boldsymbol{u}+\boldsymbol{B}_\alpha\boldsymbol{\alpha}\end{aligned}} \tag{8.5.5}$$

式中，$\boldsymbol{N}$ 为等参坐标中的形函数；$\boldsymbol{q}$ 为待定结点位移；$\hat{\boldsymbol{\varepsilon}}$ 式中的 $\boldsymbol{u}$ 为协调位移（式（8.5.5）中第一式）；$\boldsymbol{\alpha}$ 为另一类待解变量；$\overline{\boldsymbol{B}}_u$ 及 $\boldsymbol{B}_\alpha$ 为给定插值函数。增强应变 $\hat{\boldsymbol{\varepsilon}}$ 的具体建立在 8.6 节讨论。

现在建立的 4 结点一般四边形轴对称元。如 $\boldsymbol{N}$ 为 4 结点元协调位移的形函数

$$\boldsymbol{u}=\sum_{i=1}^{4} N_i \boldsymbol{q}_i=\boldsymbol{N}\boldsymbol{q},\quad N_i=\frac{1}{4}(1+\xi_i\xi)(1+\eta_i\eta) \tag{c}$$

这样，泛函 $\Pi_{\mathrm{HW}}(\boldsymbol{\sigma},\boldsymbol{\varepsilon},\boldsymbol{u})$ 中的位移 $\boldsymbol{u}$ 将满足 $\boldsymbol{u}^{(a)}=\boldsymbol{u}^{(b)}$（$S_{ab}$ 上）约束条件。

将式（c）的位移 $\boldsymbol{u}$ 代入式（8.5.5）的第二式，则有

$$\begin{aligned}\hat{\boldsymbol{\varepsilon}}&=\overline{\boldsymbol{B}}_u(\boldsymbol{N}\boldsymbol{q})+\boldsymbol{B}_\alpha\boldsymbol{\alpha}\\&=\boldsymbol{B}_u\boldsymbol{q}+\boldsymbol{B}_\alpha\boldsymbol{\alpha}\quad(\boldsymbol{B}_u=\overline{\boldsymbol{B}}_u\boldsymbol{N})\end{aligned} \tag{d}$$

再将式（d）代回式（8.5.4），得到

$$\Pi_{\mathrm{HW}}(\boldsymbol{q},\boldsymbol{\alpha})=\frac{1}{2}\boldsymbol{q}^{\mathrm{T}}\overline{\boldsymbol{B}}\boldsymbol{q}+\frac{1}{2}\boldsymbol{\alpha}^{\mathrm{T}}\overline{\boldsymbol{C}}\boldsymbol{\alpha}+\boldsymbol{\alpha}^{\mathrm{T}}\boldsymbol{L}\boldsymbol{q} \tag{e}$$

其中

$$\begin{aligned}&\overline{\boldsymbol{B}}=\int_{V_n}\boldsymbol{B}_u^{\mathrm{T}}\boldsymbol{C}\boldsymbol{B}_u\mathrm{d}V\\&\overline{\boldsymbol{C}}=\int_{V_n}\boldsymbol{B}_\alpha^{\mathrm{T}}\boldsymbol{C}\boldsymbol{B}_\alpha\mathrm{d}V,\quad \boldsymbol{L}=\int_{V_n}\boldsymbol{B}_\alpha^{\mathrm{T}}\boldsymbol{C}\boldsymbol{B}_u\mathrm{d}V\end{aligned} \tag{f}$$

在元上并缩掉参数 $\boldsymbol{\alpha}$

$$\frac{\partial\Pi_{\mathrm{HW}}}{\partial\boldsymbol{\alpha}}=\boldsymbol{0},\quad \boldsymbol{\alpha}=-\overline{\boldsymbol{C}}^{-1}\boldsymbol{L}\boldsymbol{q} \tag{g}$$

将 $\boldsymbol{\alpha}$ 代回泛函（e），即得到单元刚度阵

$$\boldsymbol{k}=\overline{\boldsymbol{B}}-\boldsymbol{L}^{\mathrm{T}}\overline{\boldsymbol{C}}^{-1}\boldsymbol{L} \tag{8.5.6}$$

在进一步讨单元增强应变 $\hat{\boldsymbol{\varepsilon}}$ 的建立之前，根据式（8.5.3），先讨论这类单元应力场及应变场的建立，为此，以下介绍此文献所用一般歪斜单元合理应力场及位移场的建立方法。

### 8.5.2　通过张量转换建立几何形状歪斜单元的应力场与应变场

对于建立一般非规则形状单元的应力场，Pian 和 Sumihara[7]建议，可以先找得相应规则单元的应力场，再通过简单的张量转换，得到形状不规则单元的应力场。现在通过以下二维 4 结点平面元实例，说明这种方法。

（1）首先，求得**矩形单元**的应力场

$$\boldsymbol{\sigma}=\overline{\boldsymbol{P}}\boldsymbol{\beta}=\begin{bmatrix}1&0&0&y&0\\0&1&0&0&x\\0&0&1&0&0\end{bmatrix}\begin{Bmatrix}\beta_1\\\vdots\\\beta_5\end{Bmatrix} \tag{h}$$

由于单元为规则矩形，其自然坐标$(\xi,\eta)$中的插值函数$\overline{\boldsymbol{P}}(\xi,\eta)$与笛卡儿坐标$\overline{\boldsymbol{P}}(x,y)$中的插值函数一致。

（2）其次，将上述应力场（式（h））代之以自然坐标系内的应力场量，即令

$$\tilde{\boldsymbol{\tau}}=\begin{Bmatrix}\tau^{11}\\ \tau^{22}\\ \tau^{12}\end{Bmatrix}=\begin{bmatrix}1&0&0&\eta&0\\0&1&0&0&\xi\\0&0&1&0&0\end{bmatrix}\begin{Bmatrix}\beta_1\\ \vdots\\ \beta_5\end{Bmatrix}=\overline{\boldsymbol{P}}(\xi,\eta)\boldsymbol{\beta} \tag{8.5.7}$$

这时$\overline{\boldsymbol{P}}(\xi,\eta)$是线性的，而且与单元几何形状无关。

（3）最后，计算**一般四边形**单元的应力场$\boldsymbol{\sigma}^+$。

设一般形状单元的应力场为

$$\boldsymbol{\sigma}^+=\boldsymbol{P}(\xi,\eta)\boldsymbol{\beta} \tag{8.5.8}$$

式中，$\boldsymbol{\sigma}^+$是式（8.5.7）应力张量$\tau^{ij}$对应的物理量$\boldsymbol{\sigma}^{ij}$，它的分量由下式确定：

$$\sigma^{ij}(\xi,\eta)=J_k^i(\xi,\eta)\,J_l^j(\xi,\eta)\,\tau^{kl}(\xi,\eta) \tag{i}$$

这里

$$J_k^i=\frac{\partial x^i}{\partial \xi^k},\quad J_l^j=\frac{\partial x^j}{\partial \xi^l} \tag{j}$$

为雅可比阵元素。

注意，应用上式将应力由等参空间（式（8.5.7））转换为物理空间（式（8.5.8））时，对于现在的平面四边形元，它们之间的转换关系需满足以下要求：

（1）式（8.5.7）中$\overline{\boldsymbol{P}}(\xi,\eta)$是线性的，转换后式（8.5.8）的$\boldsymbol{P}(\xi,\eta)$也应是线性的；

（2）转换后的式（8.5.8）的$\boldsymbol{\sigma}^+$，应包括常数项，以通过分片试验。

对于歪斜单元，由于它们的$J_k^i$和$J_l^j$是$\xi$及$\eta$的函数，直接应用式（i）求得的应力场$\boldsymbol{\sigma}^+$，难以满足以上要求。为了使转换后的插值函数$\boldsymbol{P}(\xi,\eta)$也是线性的，而且包含常数项，文献[7]建议，式(i)中应用原点的$J_k^i(0,0)$及$J_l^j(0,0)$代替$J_k^i(\xi,\eta)$及$J_l^j(\xi,\eta)$，这样，矩阵$\overline{\boldsymbol{P}}$及$\boldsymbol{P}$都将是线性的，同时保证了应力分量中独立的常数项，因而，式（i）改成

$$\boxed{\sigma^{ij}(\xi,\eta)=J_k^i(0,0)\tau^{kl}J_l^j(0,0)} \tag{8.5.9}$$

将式（8.5.7）代入上式，即得到一般四边形4结点平面元的应力场

$$\boldsymbol{\sigma}^+=\begin{Bmatrix}\sigma_x\\ \sigma_y\\ \tau_{xy}\end{Bmatrix}\begin{bmatrix}1&0&0&a_1^2\eta&a_3^2\xi\\0&1&0&b_1^2\eta&b_3^2\xi\\0&0&1&a_1b_1\eta&a_3b_3\xi\end{bmatrix}\begin{Bmatrix}\beta_1\\ \vdots\\ \beta_5\end{Bmatrix} \tag{k}$$

式中，$a_i$、$b_j(i,j=1,2,3)$ 由结点坐标确定：

$$\begin{bmatrix} a_1 & b_1 \\ a_2 & b_2 \\ a_3 & b_3 \end{bmatrix} = \frac{1}{4}\begin{bmatrix} -1 & 1 & 1 & -1 \\ 1 & -1 & 1 & -1 \\ -1 & -1 & 1 & 1 \end{bmatrix}\begin{bmatrix} x_1 & y_1 \\ \vdots & \vdots \\ x_4 & y_4 \end{bmatrix} \tag{l}$$

同时可见，此应力场（k）与文献[7]中用理性平衡法所得 4 结点一般四边形平面元的应力场一致。

### 8.5.3　建立 4 结点混合增强应变的轴对称元

Kasper 和 Taylor 在文献[17]中用以上方法，建立了 4 结点轴对称元的应力场 $\boldsymbol{\sigma}$ 及应变场 $\boldsymbol{\varepsilon}$，再利用变分约束条件式（8.5.3），得到增强应变 $\hat{\boldsymbol{\varepsilon}}$，具体步骤如下：

1. 4 结点一般四边形轴对称元的应力 $\boldsymbol{\sigma}$ 与应变 $\boldsymbol{\varepsilon}$

1）选择自然坐标系的应力张量及应变张量

$$\begin{aligned} \tilde{\boldsymbol{\tau}}(\boldsymbol{\beta}) &= \tilde{\boldsymbol{\beta}}_0 + \boldsymbol{\varepsilon}_1(\boldsymbol{\beta}) \\ \tilde{\boldsymbol{\varepsilon}}(\boldsymbol{\gamma}) &= \tilde{\boldsymbol{\gamma}}_0 + \frac{1}{|\boldsymbol{J}|}[\boldsymbol{\varepsilon}_1(\boldsymbol{\gamma}) + \boldsymbol{\varepsilon}_2(\boldsymbol{\alpha})] \end{aligned} \tag{m}$$

其中，$\tilde{\boldsymbol{\beta}}_0$ 为 $\tilde{\boldsymbol{\gamma}}_0$ 常数参数；$\boldsymbol{\varepsilon}_1(\boldsymbol{\beta})$、$\boldsymbol{\varepsilon}_1(\boldsymbol{\gamma})$ 及 $\boldsymbol{\varepsilon}_2(\boldsymbol{\alpha})$ 均为线性形式

$$\begin{aligned} \boldsymbol{\varepsilon}_1(\boldsymbol{\beta}) &= \sum_{k=1}^{n} \varepsilon_{k1}(\xi,\eta)\beta_k = \boldsymbol{E}_1\boldsymbol{\beta} \\ \boldsymbol{\varepsilon}_1(\boldsymbol{\gamma}) &= \sum_{k=1}^{n} \varepsilon_{k1}(\xi,\eta)\gamma_k = \boldsymbol{E}_1\boldsymbol{\gamma} \\ \boldsymbol{\varepsilon}_2(\boldsymbol{\alpha}) &= \sum_{k=1}^{m} \varepsilon_{k2}(\xi,\eta)\alpha_k = \boldsymbol{E}_2\boldsymbol{\alpha} \end{aligned} \tag{n}$$

这里，$n$ 及 $m$ 为混合增强场参数的数目。对现在的轴对称元，文献[17]选取

$$\boldsymbol{\varepsilon}_1(\boldsymbol{\gamma}) = \boldsymbol{E}_1\boldsymbol{\gamma} = \begin{bmatrix} \eta-\bar{\eta} & 0 & 0 & 0 \\ 0 & \xi-\bar{\xi} & 0 & 0 \\ 0 & 0 & \xi-\bar{\xi} & \eta-\bar{\eta} \\ 0 & 0 & 0 & 0 \end{bmatrix}\begin{Bmatrix} \gamma_1 \\ \gamma_2 \\ \gamma_3 \\ \gamma_4 \end{Bmatrix} \tag{o}$$

$$\boldsymbol{\varepsilon}_2(\boldsymbol{\alpha}) = \boldsymbol{E}_2\boldsymbol{\alpha} = \begin{bmatrix} \xi-\bar{\xi} & 0 \\ 0 & \eta-\bar{\eta} \\ 0 & 0 \\ 0 & 0 \end{bmatrix}\begin{Bmatrix} \alpha_1 \\ \alpha_2 \end{Bmatrix} \tag{p}$$

$\boldsymbol{\varepsilon}_1(\boldsymbol{\beta})$ 与 $\boldsymbol{\varepsilon}_1(\boldsymbol{\gamma})$ 数组相同，仅以 $\boldsymbol{\beta}$ 代替 $\boldsymbol{\gamma}$。式（o）及式（p）中 $\bar{\xi}$ 及 $\bar{\eta}$ 值见下式（r）

同时，选取$\boldsymbol{\varepsilon}_1$及$\boldsymbol{\varepsilon}_2$在等参空间上满足正交条件，即

$$\begin{aligned}&\int_{\square}\boldsymbol{\varepsilon}_1(*)r(\xi)\mathrm{d}\square=\mathbf{0}\\&\int_{\square}\boldsymbol{\varepsilon}_2(*)r(\xi)\mathrm{d}\square=\mathbf{0}\\&\int_{\square}\boldsymbol{\varepsilon}_1(*)\boldsymbol{\varepsilon}_2(*)\,r(\xi)\mathrm{d}\square=\mathbf{0}^{①}\end{aligned}\tag{q}$$

式中，□代表等参域。

应用式（q）将使式（m）中的参数项$\tilde{\boldsymbol{\beta}}_0$、$\boldsymbol{\beta}$、$\tilde{\boldsymbol{\gamma}}_0$、$\boldsymbol{\gamma}$与$\boldsymbol{\alpha}$彼此解耦。利用式（q）的前两式，可以得到式（o）及式（p）插值函数$\boldsymbol{E}_1$及$\boldsymbol{E}_2$中的$\bar{\xi}$及$\bar{\eta}$值

$$\begin{aligned}&\int_{\square}(\eta-\bar{\eta})r\,\mathrm{d}\square=0\quad\rightarrow\quad\bar{\eta}=\frac{\int_{\square}\eta r\mathrm{d}\square}{\int_{\square}r\mathrm{d}\square}=\frac{(r_4-r_1)+(r_3-r_2)}{3\bar{r}}\\&\int_{\square}(\xi-\bar{\xi})r\,\mathrm{d}\square=0\quad\rightarrow\quad\bar{\xi}=\frac{\int_{\square}\xi r\mathrm{d}\square}{\int_{\square}r\mathrm{d}\square}=\frac{(r_2-r_1)+(r_3-r_4)}{3\bar{r}}\end{aligned}\tag{r}$$

这里，$r_i$为单元各结点的径向坐标；$\bar{r}=r_1+r_2+r_3+r_4$。

注意式（m）的第二式$\tilde{\boldsymbol{\varepsilon}}(\boldsymbol{\gamma})$表达式中，引入了两类参数$\boldsymbol{\gamma}$及$\boldsymbol{\alpha}$，这是基于两个原因：其一，为改善材料接近不可压缩时，单元的性能；其二，为改善对弯曲控制问题用粗网格求解时的精度。

2）确定增强应变$\hat{\boldsymbol{\varepsilon}}$

文献[18]指出：将应力张量$\tilde{\boldsymbol{\tau}}$及应变张量$\tilde{\boldsymbol{\varepsilon}}$转化为物理空间的相应量，这时的雅可比变换阵$\boldsymbol{T}$可以用上述文献[7]所指出的原点雅可比元素，也可以用它在单元上的平均值$\boldsymbol{T}$，即

$$\boldsymbol{T}=\frac{1}{V_n}\int_{V_n}\boldsymbol{J}(\xi,\eta)\mathrm{d}V=\boldsymbol{J}_{\text{平均}}\tag{s}$$

式中，$\boldsymbol{T}$是一个常量变换。

应用$\boldsymbol{T}$阵可将现在式（m）中等参空间的应力$\tilde{\boldsymbol{\tau}}(\boldsymbol{\beta})$和应变$\tilde{\boldsymbol{\varepsilon}}(\boldsymbol{\gamma})$转化为物理空间的应力$\boldsymbol{\sigma}$及应变$\hat{\boldsymbol{\varepsilon}}$：

$$\boxed{\begin{aligned}&\boldsymbol{\sigma}=\boldsymbol{\beta}_0+\boldsymbol{T}\boldsymbol{\varepsilon}_1(\boldsymbol{\beta})\boldsymbol{T}^{\mathrm{T}}\\&\hat{\boldsymbol{\varepsilon}}=\boldsymbol{\gamma}_0+\frac{1}{|\boldsymbol{J}|}\boldsymbol{T}^{-\mathrm{T}}[\boldsymbol{\varepsilon}_1(\boldsymbol{\gamma})+\boldsymbol{\varepsilon}_2(\boldsymbol{\alpha})]\boldsymbol{T}^{-1}\end{aligned}}\tag{8.5.10}$$

式中，$\boldsymbol{\beta}_0$及$\boldsymbol{\gamma}_0$为转化后的常数项参数。

---

① 注意，式（q）中第三式这个正交条件，通常并不能保证自动满足，文献[17]给出实现此正交条件的简易方法。

2. 根据约束条件（式（8.5.3））确定增强应变 $\hat{\boldsymbol{\varepsilon}}$

式（8.5.10）中的 $\hat{\boldsymbol{\varepsilon}}$ 应满足约束条件（8.5.3），同时，利用式（o）及式（p）得到

$$
\begin{aligned}
&\int_{V_n} \delta\boldsymbol{\sigma}^{\mathrm{T}}[\boldsymbol{D}\boldsymbol{u}-\hat{\boldsymbol{\varepsilon}}]\mathrm{d}V \\
&=\int_{V_n}\left\{\delta\boldsymbol{\beta}_0^{\mathrm{T}}+\boldsymbol{T}^{\mathrm{T}}\,\delta[\boldsymbol{\varepsilon}_1(\boldsymbol{\beta})]^{\mathrm{T}}\boldsymbol{T}\right\}\left\{\boldsymbol{D}\boldsymbol{u}-\boldsymbol{\gamma}_0-\frac{1}{|\boldsymbol{J}|}\boldsymbol{T}^{-\mathrm{T}}[\boldsymbol{\varepsilon}_1(\boldsymbol{\gamma})+\boldsymbol{\varepsilon}_2(\boldsymbol{\alpha})]\boldsymbol{T}^{-1}\right\}\mathrm{d}V \\
&=\delta\boldsymbol{\beta}_0^{\mathrm{T}}\int_{V_n}(\boldsymbol{D}\boldsymbol{u}-\boldsymbol{\gamma}_0)\mathrm{d}V-\delta\boldsymbol{\beta}_0^{\mathrm{T}}\int_{V_n}\left[\boldsymbol{T}^{-\mathrm{T}}\left(\int_{V_n}\frac{1}{|\boldsymbol{J}|}\boldsymbol{\varepsilon}_1(\boldsymbol{\gamma})\mathrm{d}V\right)\boldsymbol{T}^{-1}\right]\mathrm{d}V \\
&\quad-\delta\boldsymbol{\beta}_0^{\mathrm{T}}\int_{V_n}\left[\boldsymbol{T}^{-\mathrm{T}}\left(\int_{V_n}\frac{1}{|\boldsymbol{J}|}\boldsymbol{\varepsilon}_2(\boldsymbol{\alpha})\mathrm{d}V\right)\boldsymbol{T}^{-1}\right]\mathrm{d}V \\
&\quad+\delta\boldsymbol{\beta}^{\mathrm{T}}\int_{V_n}\boldsymbol{E}_1^{\mathrm{T}}\left\{\boldsymbol{T}^{\mathrm{T}}(\boldsymbol{D}\boldsymbol{u}-\boldsymbol{\gamma}_0)\boldsymbol{T}-\frac{1}{|\boldsymbol{J}|}\boldsymbol{E}_1\boldsymbol{\gamma}-\frac{1}{|\boldsymbol{J}|}\boldsymbol{E}_2\boldsymbol{\alpha}\right\}\mathrm{d}V=\boldsymbol{0}
\end{aligned}
\tag{t}
$$

利用式（q），式（t）进一步简化得到

$$
\delta\boldsymbol{\beta}_0^{\mathrm{T}}\int_{V_n}(\boldsymbol{D}\boldsymbol{u}-\boldsymbol{\gamma}_0)\mathrm{d}V+\delta\boldsymbol{\beta}^{\mathrm{T}}\int_{V_n}\boldsymbol{E}_1^{\mathrm{T}}\left\{\boldsymbol{T}^{\mathrm{T}}(\boldsymbol{D}\boldsymbol{u}-\boldsymbol{\gamma}_0)\boldsymbol{T}-\frac{1}{|\boldsymbol{J}|}\boldsymbol{E}_1\boldsymbol{\gamma}\right\}\mathrm{d}V=\boldsymbol{0} \tag{u}
$$

选择 $\boldsymbol{\gamma}_0$ 使之满足①：

$$
\int_{V_n}(\boldsymbol{D}\boldsymbol{u}-\boldsymbol{\gamma}_0)\,\mathrm{d}V=\boldsymbol{0} \tag{v}
$$

求得

$$
\boldsymbol{\gamma}_0=\frac{1}{V_n}\left(\int_{V_n}\boldsymbol{D}\boldsymbol{N}\,\mathrm{d}V\right)\boldsymbol{q}=\tilde{\boldsymbol{B}}\boldsymbol{q}\quad(\text{令}\boldsymbol{B}=\boldsymbol{D}\boldsymbol{N},\ \tilde{\boldsymbol{B}}=\boldsymbol{B}/V_n) \tag{w}
$$

其中

$$
\boldsymbol{B}=\boldsymbol{D}\boldsymbol{N}=[\boldsymbol{B}_1\quad\boldsymbol{B}_2\quad\boldsymbol{B}_3\quad\boldsymbol{B}_4],\quad \boldsymbol{B}_I=\begin{bmatrix} N_{I,r} & 0 \\ 0 & N_{I,z} \\ N_I/r & 0 \\ N_{I,z} & N_{I,r}\end{bmatrix}\quad(I=1,2,3,4) \tag{x}
$$

令

$$
\boldsymbol{T}^{\mathrm{T}}(\boldsymbol{D}\boldsymbol{u}-\boldsymbol{\gamma}_0)\boldsymbol{T}=\boldsymbol{T}^{\mathrm{T}}(\boldsymbol{B}\boldsymbol{q}-\tilde{\boldsymbol{B}}\boldsymbol{q})\boldsymbol{T}=\boldsymbol{E}_3\boldsymbol{B}^*\boldsymbol{q} \tag{y}
$$

其中

---

① 这里，文献[17]从式（u）中的第一项等于零得出式（v），值得探讨。文献[17]指出：“**由于 $\delta\boldsymbol{\beta}_0$ 是任意的**”，所以得到式（v）。而现在，**由于 $\boldsymbol{\beta}_0$ 为常数阵，所以其变分 $\delta\boldsymbol{\beta}_0=\boldsymbol{0}$（它并不是任意的变量）**。也正因为 $\delta\boldsymbol{\beta}_0=\boldsymbol{0}$，所以不能从式（u）的第一项为零，导出式（v）。

$$\boldsymbol{E}_3=\begin{bmatrix} T_{11}^2 & T_{21}^2 & 0 & T_{11}T_{21} \\ T_{12}^2 & T_{22}^2 & 0 & T_{12}T_{22} \\ 0 & 0 & 1 & 0 \\ 2T_{11}T_{12} & 2T_{21}T_{22} & 0 & T_{11}T_{22}+T_{12}T_{21} \end{bmatrix} \tag{z}$$

$$\boldsymbol{B}^*=\boldsymbol{B}-\tilde{\boldsymbol{B}}$$

式中，$T_{ij}$ 是 $\boldsymbol{T}$ 矩阵元素（$i$，$j=1$，2）。

将式（y）代入式（u），同时利用式（v），当令式（u）中 $\delta\boldsymbol{\beta}^{\mathrm{T}}$ 的系数为零时，得到

$$\int_{V_n}\boldsymbol{E}_1^{\mathrm{T}}\left[\boldsymbol{E}_3\,\boldsymbol{B}^*\boldsymbol{q}-\frac{1}{|\boldsymbol{J}|}\boldsymbol{E}_1\boldsymbol{\gamma}\right]\mathrm{d}V=\boldsymbol{0} \tag{a$^1$}$$

令

$$\boldsymbol{H}_\gamma=\int_\square\boldsymbol{E}_1^{\mathrm{T}}\,\boldsymbol{E}_1\,r(\xi)\mathrm{d}\square=\begin{bmatrix} \lambda_1 & 0 & 0 & 0 \\ 0 & \lambda_2 & 0 & 0 \\ 0 & 0 & \lambda_2 & \lambda_3 \\ 0 & 0 & \lambda_3 & \lambda_1 \end{bmatrix} \tag{b$^1$}$$

式中

$$\begin{aligned}
\lambda_1&=\int_\square(\eta-\bar{\eta})^2r(\xi)\mathrm{d}\square=\frac{2}{9\bar{r}}[(r_1+r_2)^2+(r_3+r_4)^2+4(r_1+r_2)(r_3+r_4)]\\
\lambda_2&=\int_\square(\xi-\bar{\xi})^2r(\xi)\mathrm{d}\square=\frac{2}{9\bar{r}}[(r_1+r_4)^2+(r_2+r_3)^2+4(r_1+r_4)(r_2+r_3)]\\
\lambda_3&=\int_\square(\eta-\bar{\eta})(\xi-\bar{\xi})r(\xi)\mathrm{d}\square=\frac{4}{9\bar{r}}(r_1r_3-r_2r_4)
\end{aligned} \tag{c$^1$}$$

由式（a）[1]得到

$$\boldsymbol{\gamma}=\boldsymbol{H}_\gamma^{-1}\left(\int_{V_n}\boldsymbol{E}_1^{\mathrm{T}}\,\boldsymbol{E}_3\,\boldsymbol{B}^*\,\mathrm{d}V\right)\boldsymbol{q}=\boldsymbol{H}\boldsymbol{q} \tag{d$^1$}$$

这时阵 $\boldsymbol{H}$ 的显式表达式成为

$$\begin{aligned}
\boldsymbol{H}&=\boldsymbol{H}_\gamma^{-1}\left(\int_{V_n}\boldsymbol{E}_1^{\mathrm{T}}\,\boldsymbol{E}_3\,\boldsymbol{B}^*\,\mathrm{d}V\right)\\
&=\int_{V_n}\begin{bmatrix}
\dfrac{\eta-\bar{\eta}}{\lambda_1}(T_{11}^2N_{I,r}^*+T_{11}T_{21}N_{I,z}^*) & \dfrac{\eta-\bar{\eta}}{\lambda_1}(T_{11}T_{21}N_{I,r}^*+T_{21}^2N_{I,z}^*)\\
\dfrac{\xi-\bar{\xi}}{\lambda_2}(T_{12}^2N_{I,r}^*+T_{12}T_{22}N_{I,z}^*) & \dfrac{\xi-\bar{\xi}}{\lambda_2}(T_{12}T_{22}N_{I,r}^*+T_{22}^2N_{I,z}^*)\\
-\varGamma_1N_I/r & 0\\
-\varGamma_2N_I/r & 0
\end{bmatrix}\mathrm{d}V
\end{aligned} \tag{e$^1$}$$

其中

$$
\begin{aligned}
\Gamma_1(\xi,\eta) &= \frac{1}{\lambda_3^2-\lambda_1\lambda_2}[(\xi-\bar{\xi})\lambda_1-(\eta-\bar{\eta})\lambda_3] \\
\Gamma_2(\xi,\eta) &= \frac{1}{\lambda_3^2-\lambda_1\lambda_2}[(\eta-\bar{\eta})\lambda_2-(\xi-\bar{\xi})\lambda_3]
\end{aligned} \tag{f}^1
$$

由所求得的 $\boldsymbol{\gamma}_0$（式（w））、$\boldsymbol{\gamma}$（式（d）[1]）及式（p），即得到满足式（8.5.3）的增强应变 $\hat{\boldsymbol{\varepsilon}}$ 表达式

$$
\begin{aligned}
\hat{\boldsymbol{\varepsilon}} &= \boldsymbol{\gamma}_0 + \frac{1}{|\boldsymbol{J}|}\boldsymbol{T}^{-\mathrm{T}}[\boldsymbol{\varepsilon}_1(\boldsymbol{\gamma})+\boldsymbol{\varepsilon}_2(\boldsymbol{\alpha})]\boldsymbol{T}^{-1} \\
&= \tilde{\boldsymbol{B}}\boldsymbol{q} + \frac{1}{|\boldsymbol{J}|}\boldsymbol{T}^{-\mathrm{T}}[\boldsymbol{E}_1\boldsymbol{H}\boldsymbol{q}]\boldsymbol{T}^{-1} + \frac{1}{|\boldsymbol{J}|}\boldsymbol{T}^{-\mathrm{T}}(\boldsymbol{E}_2\boldsymbol{\alpha})\boldsymbol{T}^{-1} \\
&= \boldsymbol{B}_u\boldsymbol{q} + \boldsymbol{B}_\alpha\boldsymbol{\alpha}
\end{aligned} \tag{g}^1
$$

其中

$$
\begin{aligned}
\boldsymbol{B}_u &= \tilde{\boldsymbol{B}} + \frac{1}{|\boldsymbol{J}|}\boldsymbol{T}^{-\mathrm{T}}\boldsymbol{E}_1\boldsymbol{H}\boldsymbol{T}^{-1} \\
&= \begin{bmatrix} \bar{N}_{I,r} & 0 \\ 0 & \bar{N}_{I,z} \\ \bar{N}_I/r & 0 \\ \bar{N}_{I,z} & \bar{N}_{I,r} \end{bmatrix} + \frac{1}{|\boldsymbol{J}|}\begin{bmatrix} t_{11}^2 & t_{21}^2 & 0 \\ t_{12}^2 & t_{22}^2 & 0 \\ 0 & 0 & 1 \\ 2t_{11}t_{12} & 2t_{21}t_{22} & 0 \end{bmatrix} \\
&\quad \times \begin{bmatrix} \eta-\bar{\eta} & 0 & 0 & 0 \\ 0 & \xi-\bar{\xi} & 0 & 0 \\ 0 & 0 & \xi-\bar{\xi} & \eta-\bar{\eta} \end{bmatrix}\begin{bmatrix} H_{11} & H_{12} \\ H_{21} & H_{22} \\ H_{31} & 0 \\ H_{41} & 0 \end{bmatrix}
\end{aligned} \tag{h}^1
$$

$$
\begin{aligned}
\boldsymbol{B}_\alpha &= \frac{1}{|\boldsymbol{J}|}\boldsymbol{T}^{-\mathrm{T}}\boldsymbol{E}_2\boldsymbol{T}^{-1} \\
&= \frac{1}{|\boldsymbol{J}|}\begin{bmatrix} t_{11}^2 & t_{21}^2 & 0 \\ t_{12}^2 & t_{22}^2 & 0 \\ 0 & 0 & 1 \\ 2t_{11}t_{12} & 2t_{21}t_{22} & 0 \end{bmatrix}\begin{bmatrix} (\xi-\bar{\xi})-\dfrac{\lambda_3}{\lambda_1}(\eta-\bar{\eta}) & 0 \\ 0 & (\eta-\bar{\eta})-\dfrac{\lambda_3}{\lambda_2}(\xi-\bar{\xi}) \\ 0 & 0 \end{bmatrix}
\end{aligned} \tag{i}^1
$$

式中，$t_{ij}\,(i,j\!=\!1,2)$为$\boldsymbol{T}$逆阵$(\boldsymbol{t}=\boldsymbol{T}^{-1})$的元素；$\bar{N}_I$及$\bar{N}_{I,i}$为平均形函数及式（w）给出的形函数导数。

文献[18]还给出这类单元其增强应力（式（8.5.10））$\boldsymbol{\sigma}$的显式表达式，读者有兴趣可参看有关文献[17-19]。

### 8.5.4　数值算例

用以下算例，对三种单元进行计算：

（1）元 Q4：4 结点等参位移元；

（2）Q4/E5：4 结点具有 5 个增强模式的单元[19]；

（3）Q4/MEI：4 结点现在具有 2 个增强模式的单元[18]。

**例 1**　厚壁筒承受均匀内压

圆筒内半径$r_i=1$，外半径$r_0=2$，高度$h=1$，杨氏模量$E=250$，承受均匀内压$p_i=1$（图 8.13）。用图 8.14 所示的两种网格进行分析，歪斜网格$B$其中心点偏移$[\Delta r,\Delta z]=[+0.12,+0.11]$。当泊松比$\nu$从零增至 0.4999 时，圆筒内表面正则化径向位移的计算结果，由表 8.19 给出。

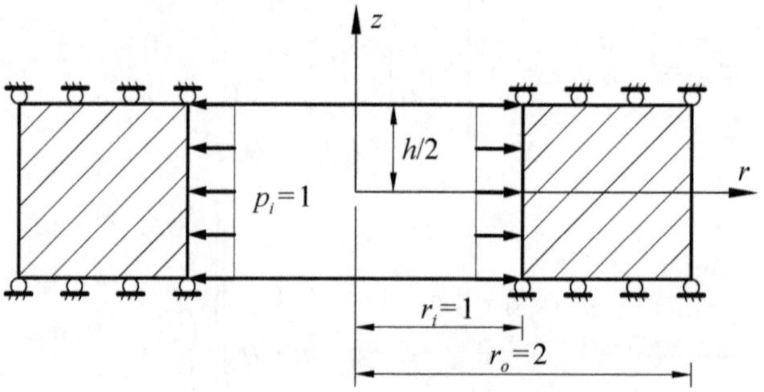


图 8.13　厚壁筒承受均匀内压

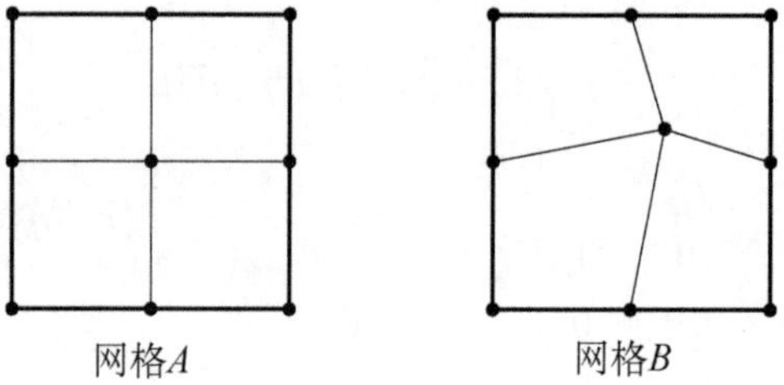

网格$A$　　　网格$B$

图 8.14　厚壁筒的有限元网格

**表 8.19　圆筒内表面正则化径向位移 $u_r$**
**（厚壁筒承受内压）**

| $\nu$ | Q4 | Q4/E5 | Q4/ME2 |
|---|---|---|---|
| | 网格 *A* | | |
| 0.00000 | 0.98159 | 0.98306 | 0.98159 |
| 0.10000 | 0.97849 | 0.98125 | 0.97875 |
| 0.20000 | 0.97352 | 0.97899 | 0.97513 |
| 0.30000 | 0.96401 | 0.97608 | 0.97040 |
| 0.40000 | 0.93714 | 0.97222 | 0.96401 |
| 0.49000 | 0.62662 | 0.96744 | 0.95605 |
| 0.49900 | 0.14535 | 0.96687 | 0.95509 |
| 0.49990 | 0.01674 | 0.96681 | 0.95499 |
| 0.49999 | 0.00170 | 0.96680 | 0.95498 |
| | 网格 *B* | | |
| 0.00000 | 0.97487 | 0.97944 | 0.97751 |
| 0.10000 | 0.97091 | 0.97767 | 0.97306 |
| 0.20000 | 0.96458 | 0.97547 | 0.96795 |
| 0.30000 | 0.95251 | 0.97263 | 0.96184 |
| 0.40000 | 0.91893 | 0.96873 | 0.95412 |
| 0.49000 | 0.56252 | 0.96366 | 0.94489 |
| 0.49900 | 0.08748 | 0.96303 | 0.94379 |
| 0.49990 | 0.00137 | 0.96297 | 0.94368 |
| 0.49999 | 0.00016 | 0.96296 | 0.94367 |

对两种有限元网格，当 $\nu = 0.499$ 径向有限元的数目从 $n = 2$ 增至 $n = 60$ 时，圆筒内表面正则化径向位移 $u_r$ 的变化如图 8.15（a）及（c）所示。图 8.15 的（b）及（d）分别给出 $n \in [2,10]$ 区间上，这两类单元的收敛速度。

以上结果显示，无论是规则网格，还是歪斜网格，现在单元 Q4/ME2 均不产生锁住现象，且其在不同的泊松比时的收敛速度，均与元 Q4/E5 相近。

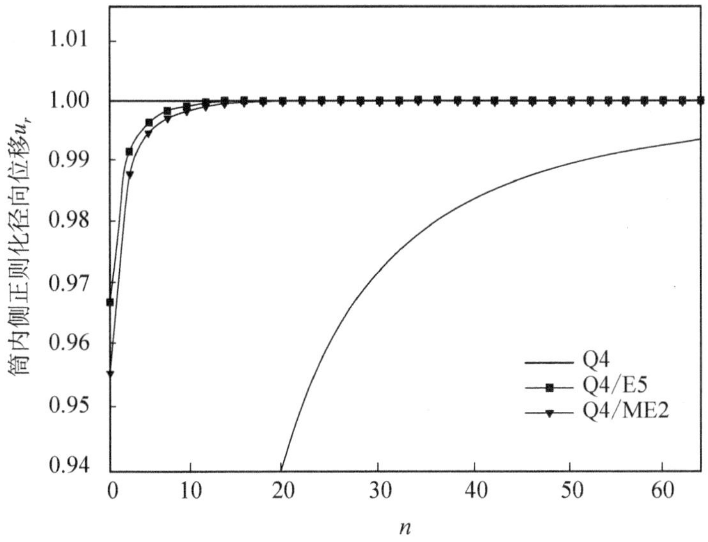


（a）网格*A*

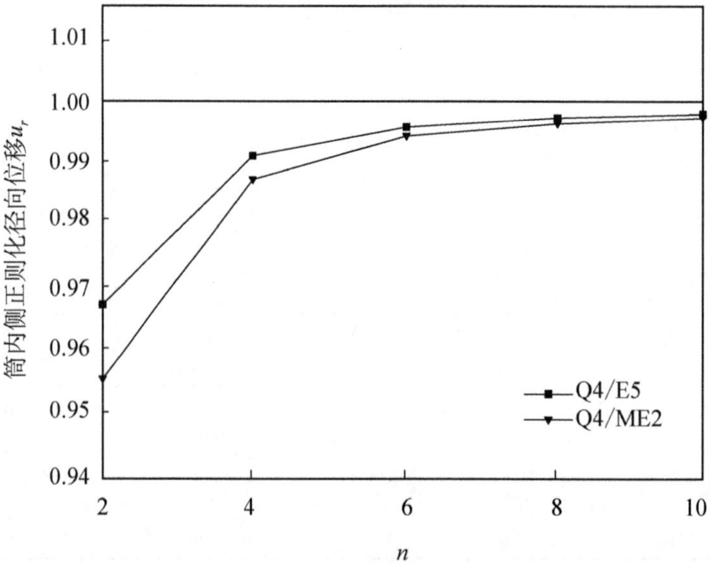
1.01
1.00
0.99
0.98
0.97
0.96
0.95
0.94
筒内侧正则化径向位移$u_r$
Q4/E5
Q4/ME2
2
4
6
8
10
n

（b）网格*A*放大

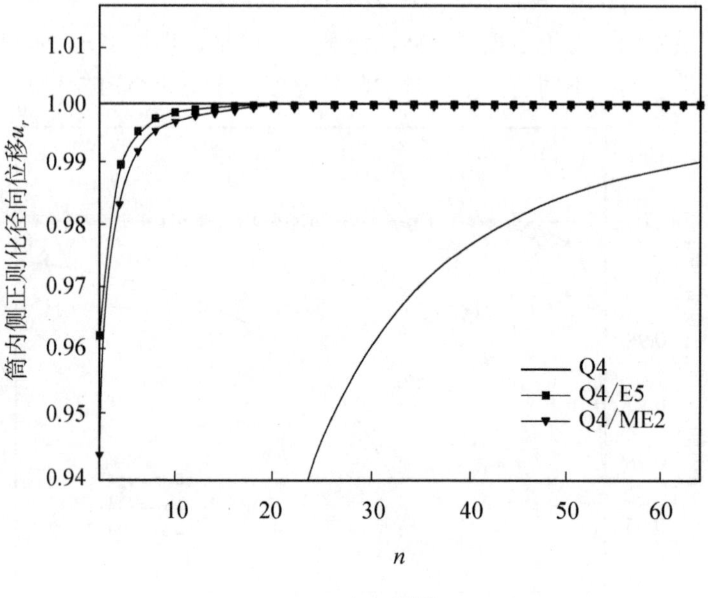
1.01
1.00
0.99
0.98
0.97
0.96
0.95
0.94
筒内侧正则化径向位移$u_r$
Q4
Q4/E5
Q4/ME2
10
20
30
40
50
60
n

（c）网格*B*

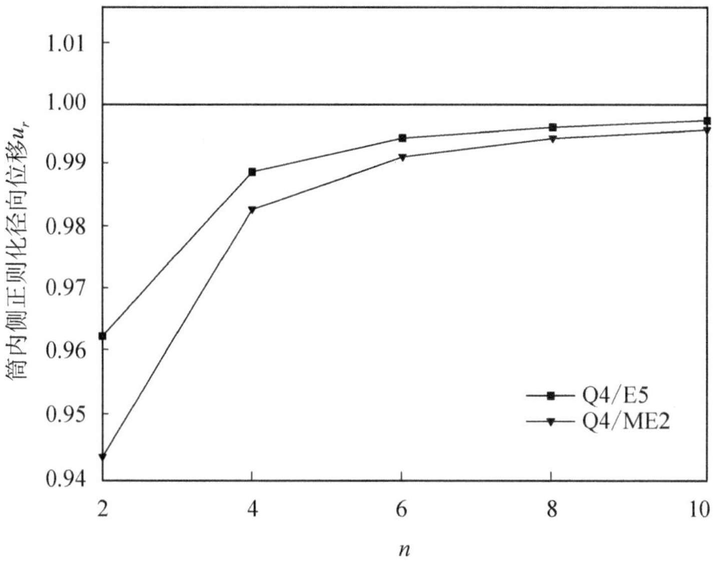


（d）网格$B$放大

图 8.15 筒内表面正则化径向位移 $u_r$ 随径向单元数 $n$ 的变化（厚壁筒承受均匀内压）

**例 2** 厚球承受均匀内压

内、外半径分别为 1 及 2 的厚球，承受内压 $p_i = 1$，材料的杨氏模量 $E = 250$。本例采用 $n \times m$ 的有限元网格进行分析（$n$ 为径向单元数，$m$ 为环向数目，$m = 2n$，图 8.16）。当用 $2 \times 4$ 及 $4 \times 8$ 两种网格进行分析时，计算所得球体内壁正则化径向位移 $u_R$ 由表 8.20 给出。图 8.17 给出不同泊松比时，随网格加密，元 Q4/ME2 径向位移的收敛速度。以上结果表明，元 Q4/ME2 的解，受泊松比 $\nu$ 变化的影响不大，在接近不可压缩时，不产生锁住现象。同时，其收敛速度也相当快。

**例 3** 圆板承受均匀横向载荷

简支与固支两种圆板（图 8.18），具有相同半径 $a = 10$，承受均匀横向载荷 $q = 1$，杨氏模量 $E = 10^7$。沿径向分为 $n = 2, 4, 8$ 三种网格（垂直方向 $m = 1$）。

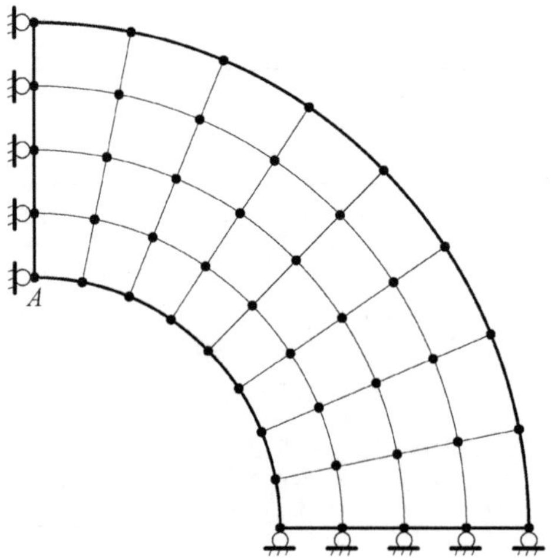


图 8.16　有限元网格（4×8）
（厚球承受均匀内压）

**表 8.20　球内壁正则化径向位移 $u_R$**
**（厚球承受均匀内压）**

| $\nu$ | Q4 | Q4/E5 | Q4/ME2 |
|---|---|---|---|
| | 网格 2×4 | | |
| 0.00000 | 0.99527 | 1.20939 | 1.01252 |
| 0.10000 | 0.98591 | 1.22088 | 1.00686 |
| 0.20000 | 0.97059 | 1.23364 | 0.99774 |
| 0.30000 | 0.94148 | 1.24915 | 0.98451 |
| 0.40000 | 0.86488 | 1.27000 | 0.96607 |
| 0.49000 | 0.35545 | 1.29755 | 0.94348 |
| 0.49900 | 0.05121 | 1.30103 | 0.94083 |
| 0.49990 | 0.00534 | 1.30139 | 0.94056 |
| 0.49999 | 0.00054 | 1.30143 | 0.94053 |
| | 网格 4×8（图 8.18） | | |
| 0.00000 | 1.00392 | 1.07602 | 1.00679 |
| 0.10000 | 1.00136 | 1.08122 | 1.00536 |
| 0.20000 | 0.99699 | 1.08784 | 1.00291 |
| 0.30000 | 0.98837 | 1.09721 | 0.99930 |
| 0.40000 | 0.96373 | 1.11190 | 0.99429 |
| 0.49000 | 0.67076 | 1.13439 | 0.98822 |
| 0.49900 | 0.16657 | 1.13745 | 0.98751 |
| 0.49990 | 0.01952 | 1.13776 | 0.98744 |
| 0.49999 | 0.00198 | 1.13779 | 0.98743 |

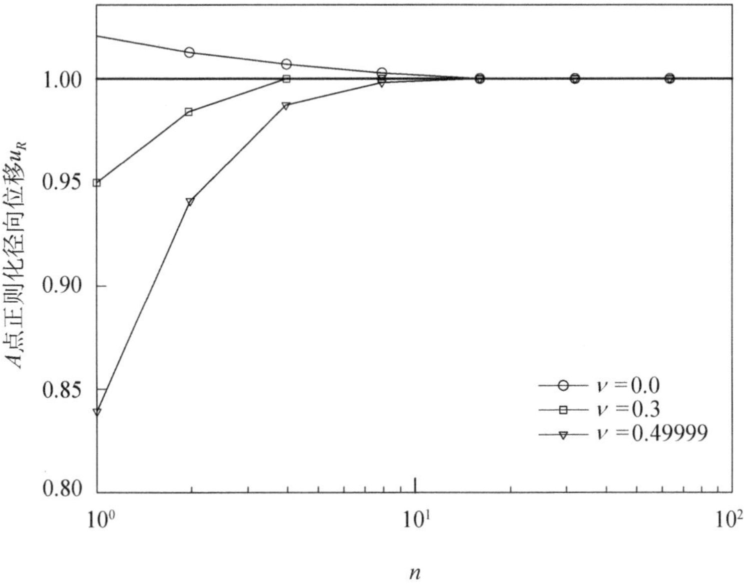


图 8.17　元 Q4/ME2 算得 $A$ 点径向位移 $u_R$ 随网格加密的变化
（厚球承受均匀内压）

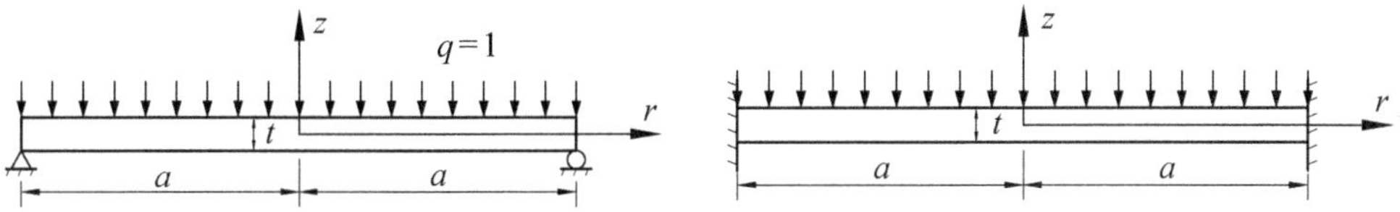


(a) 简支　　　　(b) 固支

图 8.18　圆板承受均匀横向载荷

对此问题，分为薄板、厚板、均匀与随机网格三种工况进行分析。

1. 薄板 ($t/a=1/100$)

设板厚 $t=0.1$，当泊松比 $\nu=0.3$ 时，用现在元 Q4/ME2 对三种网格 ($n\times m=2\times1$，$4\times1$，$8\times1$) 进行计算，图 8.19 给出板的挠度 $w_z$ 随径向半径增大的变化曲线。表 8.21 给出了对于 $8\times1$ 网格，当泊松比发生变化时，板中心处正则化的挠度 $w_z$。

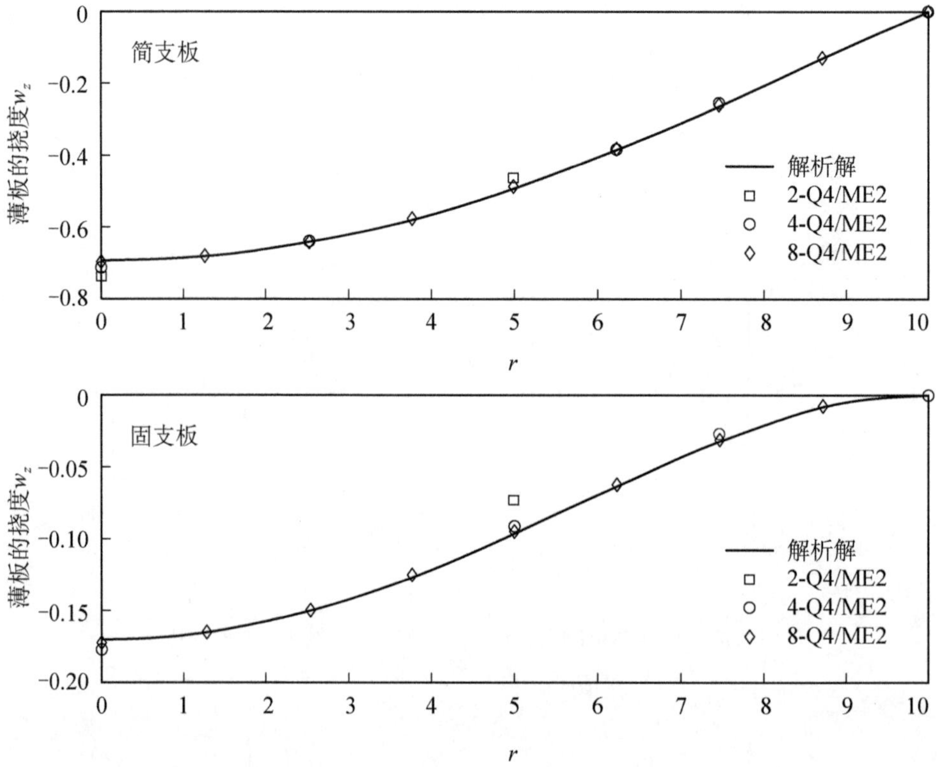


图 8.19　薄板横向位移 $w_z$ 随径向半径 $r$ 的变化（薄板 $t/a$=1/100， $\nu$ =0.3， $n\times m=2\times1$，$4\times1$，$8\times1$ ）

**表 8.21　板中心点正则化挠度 $w_z$**

**（薄板 $t/a=1/100$， $n\times m=8\times1$ ）**

| $\nu$ | Q4 | Q4/E5 | Q4/ME2 |
|---|---|---|---|
| | | 简支薄板 | |
| 0.00000 | 0.09666 | 0.99678 | 1.00899 |
| 0.10000 | 0.11344 | 0.99694 | 1.00908 |
| 0.20000 | 0.13202 | 0.99710 | 1.00916 |
| 0.30000 | 0.15041 | 0.99724 | 1.00924 |
| 0.40000 | 0.15638 | 0.99739 | 1.00932 |
| 0.49000 | 0.05093 | 0.99751 | 1.00939 |
| 0.49900 | 0.00652 | 0.99752 | 1.00939 |
| 0.49990 | 0.00080 | 0.99753 | 1.00940 |
| 0.49999 | 0.00021 | 0.99752 | 1.00932 |
| | | 固支薄板 | |
| 0.00000 | 0.02476 | 1.00475 | 1.01326 |
| 0.10000 | 0.02741 | 1.00474 | 1.01324 |
| 0.20000 | 0.03066 | 1.00472 | 1.01322 |
| 0.30000 | 0.03464 | 1.00470 | 1.01320 |
| 0.40000 | 0.03909 | 1.00467 | 1.01317 |
| 0.49000 | 0.02948 | 1.00463 | 1.01313 |
| 0.49900 | 0.00732 | 1.00463 | 1.01312 |
| 0.49990 | 0.00133 | 1.00463 | 1.01312 |
| 0.49999 | 0.00062 | 1.00463 | 1.01309 |

2. 厚板 ($t/a=1/5$)

板厚 $t=2$，当 $\nu=0.3$ 时，用元 Q4/ME2 算得的挠度 $w_z$ 随板径向距离 $r$ 增大的变化曲线，由图 8.20 给出。表 8.22 给出网格 $n\times m=8\times1$ 时，对不同泊松比计算所得板中心点的挠度 $w_z$ 。

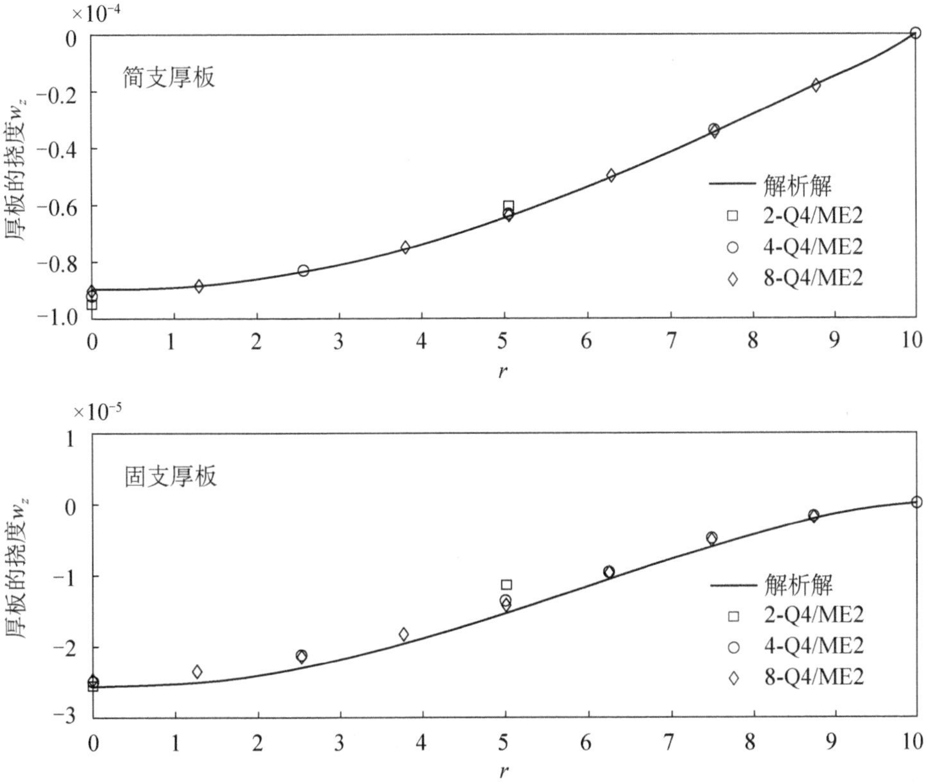


图 8.20　厚板挠度随径向半径的变化（厚板 $t/a=1/5, \nu=0.3, n\times m=2\times1, 4\times1, 8\times1$）

**表 8.22　厚板中心点正则化挠度 $w_z$**
**（厚板 $t/a=1/5$，　$n\times m=8\times1$ ）**

| $\nu$ | Q4 | Q4/E5 | Q4/ME2 |
|---|---|---|---|
| | 简支厚板 | | |
| 0.00000 | 0.96434 | 0.99307 | 1.00457 |
| 0.10000 | 0.95455 | 0.99402 | 1.00534 |
| 0.20000 | 0.89550 | 0.99497 | 1.00610 |
| 0.30000 | 0.76294 | 0.99593 | 1.00684 |
| 0.40000 | 0.51310 | 0.99691 | 1.00756 |
| 0.49000 | 0.11627 | 0.99784 | 1.00822 |
| 0.49900 | 0.06224 | 0.99794 | 1.00829 |
| 0.49990 | 0.05588 | 0.99795 | 1.00830 |
| 0.49999 | 0.05514 | 0.99795 | 1.00830 |

续表

| $\nu$ | Q4 | Q4/E5 | Q4/ME2 |
|---|---|---|---|
| | 固支厚板 | | |
| 0.00000 | 0.87429 | 0.96250 | 0.96838 |
| 0.10000 | 0.87062 | 0.95827 | 0.96391 |
| 0.20000 | 0.83929 | 0.95307 | 0.95845 |
| 0.30000 | 0.75575 | 0.94651 | 0.95163 |
| 0.40000 | 0.56920 | 0.93792 | 0.94284 |
| 0.49000 | 0.21993 | 0.92746 | 0.93240 |
| 0.49900 | 0.16920 | 0.92621 | 0.93118 |
| 0.49990 | 0.16391 | 0.92608 | 0.93105 |
| 0.49999 | 0.16338 | 0.92607 | 0.93104 |

由以上结果可见，对于弯曲控制的应力状态，纵然泊松比$\nu$不同，现在元Q4/ME2仍呈现其优越性，给出与元Q4/ES十分相近的结果。如前所述，元Q4在$\nu$趋向0.5时，产生锁住现象。

3. 用歪斜元分析固支薄板及厚板

这里对以上尺寸的固支薄板及厚板，用文献[20]具有定数的有限元进行随机离散。其单元开始为规则形状，后随径向歪斜参数$e$的增大而歪斜（$e$从0.0增至0.5），这样，薄板网格成为$4\times400$，厚板网格成为$4\times20$（图8.21）。当泊松比$\nu$从0.0变化至0.49990时，算得固支圆板中心点正则化挠度如图8.22和图8.23所示。可见，除Q4元外，其余两种元的结果相近。

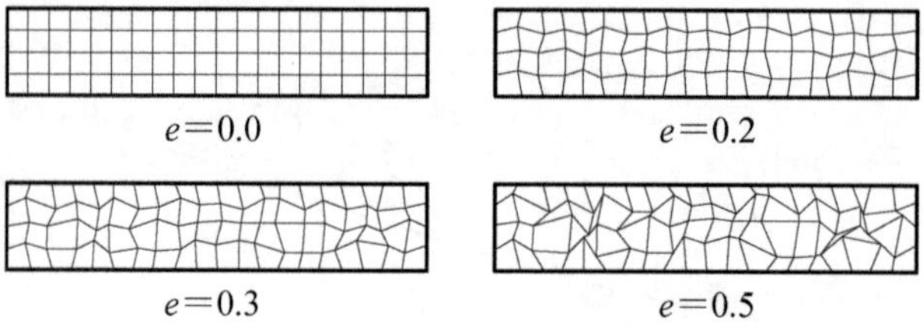


图8.21　随机产生的不同有限元网格

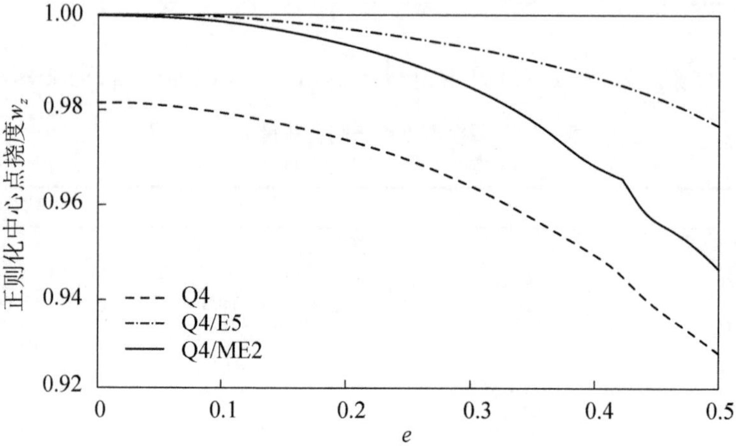


（a）$\nu=0$（$e\in[0.0,0.5]$）

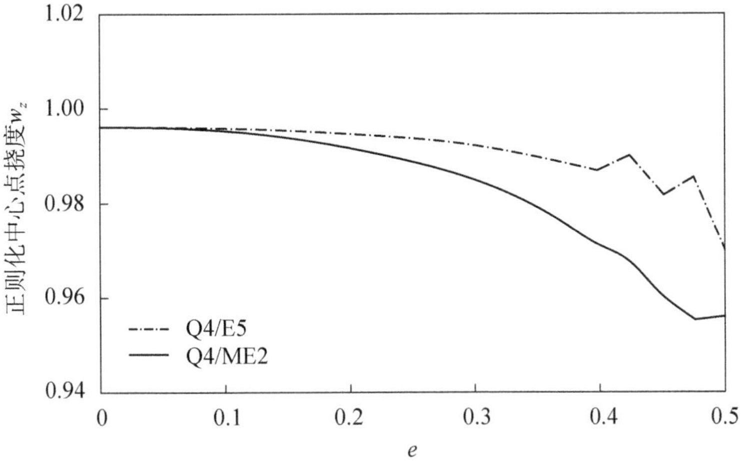


（b）$\nu$ =0.49990（$e\in[0.0,0.5]$）

图 8.22　固支薄板中心点正则化挠度 $w_z$ 随歪斜参数 $e$ 的变化

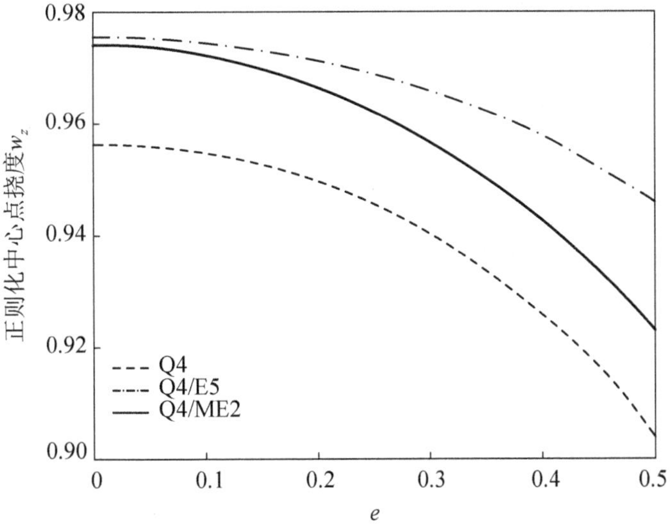


(a) $\nu$=0（$e\in[0.0,0.5]$）

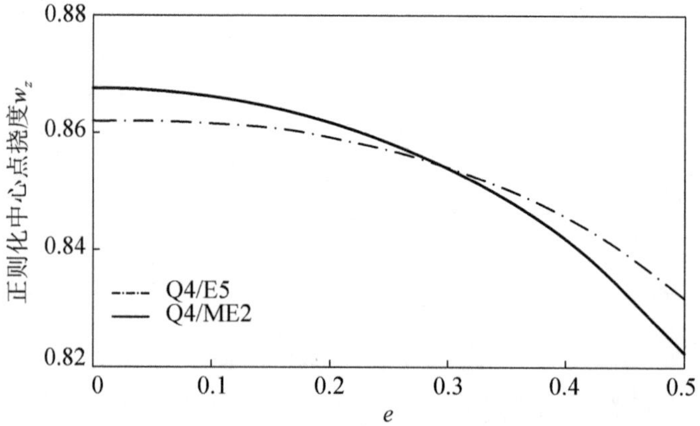


(b) $\nu=0.49990$ （$e\in[0.0,0.5]$）

图 8.23　固支厚板中心点正则化挠度 $w_z$ 随歪斜参数 $e$ 的变化

**例 4**　悬臂圆柱壳自由端承受弯矩

圆柱壳平均半径 $a=100$，高度 $L=51$，壁厚 $t=1$，杨氏模量 $E=11250$，悬臂端承受弯矩 $M_0$=1000（图 8.24）。沿壳高度分成$17\times1$个单元。对于不同泊松比，算得的自由端正则化径向位移 $u_r$ 由表 8.23 给出。可见，对圆柱壳，无论是用元 Q4/ME2 还是用元 Q4/E5 分析，均给出十分准确的结果，相比之下，现在的元 Q4/ME2 较元 Q4/E5 少用了三个增强应变。

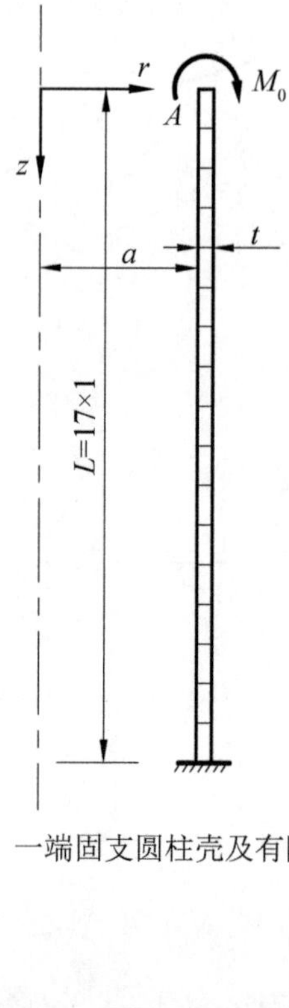


图 8.24　一端固支圆柱壳及有限元网格

**表 8.23　自由端正则化径向位移**
**（悬臂圆柱壳自由端承受弯矩）**

| $\nu$ | Q4 | Q4/E5 | Q4/ME2 |
|---|---|---|---|
| 0.00000 | 0.42165 | 0.97460 | 0.97460 |
| 0.10000 | 0.43943 | 0.97489 | 0.97489 |
| 0.20000 | 0.45749 | 0.97536 | 0.97536 |
| 0.30000 | 0.47204 | 0.97601 | 0.97601 |
| 0.40000 | 0.46427 | 0.97684 | 0.97684 |
| 0.49000 | 0.24361 | 0.97774 | 0.97773 |
| 0.49900 | 0.07925 | 0.97784 | 0.97783 |
| 0.49990 | 0.01711 | 0.97785 | 0.97784 |
| 0.49999 | 0.00070 | 0.97785 | 0.97784 |

## 8.6　根据 Hu-Washizu 原理及增强应变（EAS）方法所建立的轴对称有限元

Simo 和 Rifai[19]提出了增强假设应变（enhanced assumed strain，EAS）方法，简称增强应变方法，并根据 Hu-Washizu 原理建立了 4 结点轴对称，其作法如下。

### 8.6.1　单元能量表达式及单刚建立

1. 单元能量表达式

当略去外力，且满足位移已知边界条件 $\boldsymbol{u}=\bar{\boldsymbol{u}}$（在 $S_{u_n}$ 上）时，Hu-Washizu 原理的单元能量表达式为

$$\Pi_{\mathrm{HW}}(\boldsymbol{\varepsilon},\boldsymbol{\sigma},\boldsymbol{u})=\int_{V_n}\left[\frac{1}{2}\boldsymbol{\varepsilon}^{\mathrm{T}}\boldsymbol{C}\boldsymbol{\varepsilon}-\boldsymbol{\sigma}^{\mathrm{T}}\boldsymbol{\varepsilon}+\boldsymbol{\sigma}(\boldsymbol{D}\boldsymbol{u})\right]\mathrm{d}V \tag{8.6.1}$$

对于 EAS 方法，其关键一步是将应变场选为以下两部分的组合：

$$\boldsymbol{\varepsilon}=\boldsymbol{D}\boldsymbol{u}+\tilde{\boldsymbol{\varepsilon}} \tag{8.6.2}$$

如以 $\boldsymbol{\varepsilon}^{u}=\boldsymbol{D}\boldsymbol{u}$ 代表协调应变，则上式中 $\tilde{\boldsymbol{\varepsilon}}$ 是对 $\boldsymbol{\varepsilon}^{u}$ 增强的额外应变，称为增强应变。根据 Hu-Washizu 变分原理，此增强应变 $\tilde{\boldsymbol{\varepsilon}}$ 不需要连续。

将式（8.6.2）代入式（8.6.1），有

$$\Pi_{\mathrm{HW}}=\int_{V_n}\left[\frac{1}{2}(\boldsymbol{D}\boldsymbol{u}+\tilde{\boldsymbol{\varepsilon}})^{\mathrm{T}}\boldsymbol{C}(\boldsymbol{D}\boldsymbol{u}+\tilde{\boldsymbol{\varepsilon}})-\boldsymbol{\sigma}^{\mathrm{T}}\tilde{\boldsymbol{\varepsilon}}\right]\mathrm{d}V \tag{a}$$

如果选择的应力场与附加的应变场正交

$$\int_{V_n}\boldsymbol{\sigma}^{\mathrm{T}}\tilde{\boldsymbol{\varepsilon}}\,\mathrm{d}V=\boldsymbol{0} \tag{8.6.3}$$

则式（a）的最后一项消失，注意，这时应力 $\boldsymbol{\sigma}$ 也同时退出泛函表达式，于是式（a）成为

$$\Pi_{\mathrm{HW}}(\boldsymbol{u},\tilde{\boldsymbol{\varepsilon}})=\int_{V_n}\frac{1}{2}(\boldsymbol{Du}+\tilde{\boldsymbol{\varepsilon}})^{\mathrm{T}}\boldsymbol{C}(\boldsymbol{Du}+\tilde{\boldsymbol{\varepsilon}})\mathrm{d}V \tag{8.6.4}$$

它仅包含两类独立的场变量：位移$\boldsymbol{u}$及附加的增强应变$\tilde{\boldsymbol{\varepsilon}}$。

2. 单元刚度阵

选取

$$\boxed{\begin{aligned}\boldsymbol{u}&=\boldsymbol{N}\boldsymbol{q}\\ \tilde{\boldsymbol{\varepsilon}}&=\boldsymbol{M}\boldsymbol{\alpha}^{①}\end{aligned}} \tag{8.6.5}$$

式中，$\boldsymbol{N}$为等参元的位移形函数；$\boldsymbol{q}$为结点位移参数；$\boldsymbol{M}$为附加应变的插值函数；$\boldsymbol{\alpha}$为独立的附加应变参数。

将上式代入泛函（8.6.4），并令$\boldsymbol{DN}=\boldsymbol{B}$，则有

$$\Pi_{\mathrm{HW}}(\boldsymbol{q},\boldsymbol{\alpha})=\frac{1}{2}\boldsymbol{q}^{\mathrm{T}}\overline{\boldsymbol{B}}\boldsymbol{q}+\frac{1}{2}\boldsymbol{\alpha}^{\mathrm{T}}\overline{\boldsymbol{C}}\boldsymbol{\alpha}+\boldsymbol{\alpha}^{\mathrm{T}}\boldsymbol{L}\boldsymbol{q} \tag{b}$$

其中，

$$\begin{aligned}&\overline{\boldsymbol{B}}=\int_{V_n}\boldsymbol{B}^{\mathrm{T}}\boldsymbol{C}\boldsymbol{B}\mathrm{d}V && (\boldsymbol{B}=\boldsymbol{DN})\\ &\overline{\boldsymbol{C}}=\int_{V_n}\boldsymbol{M}^{\mathrm{T}}\boldsymbol{C}\boldsymbol{M}\mathrm{d}V && \boldsymbol{L}=\int_{V_n}\boldsymbol{M}^{\mathrm{T}}\boldsymbol{C}\boldsymbol{B}\mathrm{d}V\end{aligned} \tag{c}$$

在元上并缩掉$\boldsymbol{\alpha}$

$$\frac{\partial\Pi_{\mathrm{HW}}}{\partial\boldsymbol{\alpha}}=\boldsymbol{0},\quad \boldsymbol{\alpha}=-\overline{\boldsymbol{C}}^{-1}\boldsymbol{L}\boldsymbol{q} \tag{d}$$

代回泛函（h）就得到单元刚度阵

$$\boldsymbol{k}=\overline{\boldsymbol{B}}-\boldsymbol{L}^{\mathrm{T}}\overline{\boldsymbol{C}}^{-1}\boldsymbol{L} \tag{8.6.6}$$

对于此方法，文献[19]指出，需注意以下三点②：

（1）增强应变的插值函数阵$\boldsymbol{M}$的列需线性独立，这样由式（c）产生的阵$\overline{\boldsymbol{C}}$正定。增强应变$\tilde{\boldsymbol{\varepsilon}}$不与协调应变$\boldsymbol{Du}$耦合，彼此独立，即

$$\tilde{\boldsymbol{\varepsilon}}\cap\boldsymbol{Du}=\varnothing \tag{8.6.7}$$

从而保证增强应变近似解的唯一性。

同时，协调应变与增强应变组成完整的双线性多项式。

（2）单元的应力场$\boldsymbol{\sigma}$与增强应变场$\tilde{\boldsymbol{\varepsilon}}$正交

$$\int_{V_n}\boldsymbol{\sigma}^{\mathrm{T}}\tilde{\boldsymbol{\varepsilon}}\,\mathrm{d}V=\left(\int_{V_n}\boldsymbol{\sigma}^{\mathrm{T}}\boldsymbol{M}\,\mathrm{d}V\right)\boldsymbol{\alpha}=\boldsymbol{0} \tag{8.6.8}$$

这样，应力从求单刚的能量表达式（8.6.4）中消除。

（3）由于式（8.6.8）可能对应力产生过分的约束，致使此方法不能收敛，因

---

① $\tilde{\boldsymbol{\varepsilon}}=[\varepsilon_r,\ \varepsilon_z,\ \gamma_{rz},\ \varepsilon_\theta]^{\mathrm{T}}$

② 这三点证明，见文献[19]。

此，在实施了正交条件（8.6.8）后，单元应力场至少应具有分段的常数值 $\boldsymbol{\sigma}_{\mathrm{c}}$，这样，当 $\boldsymbol{\sigma}=\boldsymbol{\sigma}_{\mathrm{c}}$ 时，上式成为

$$\int_{V_n}\boldsymbol{\sigma}_{\mathrm{c}}^{\mathrm{T}}\boldsymbol{M}\,\mathrm{d}V=\mathbf{0} \tag{e}$$

从而得到，对任何的 $\boldsymbol{\sigma}_{\mathrm{c}}$，有

$$\boldsymbol{\sigma}_{\mathrm{c}}^{\mathrm{T}}\bar{\boldsymbol{M}}=\mathbf{0}\qquad\left(\text{其中 }\bar{\boldsymbol{M}}=\int_{V_n}\boldsymbol{M}\,\mathrm{d}V\right) \tag{8.6.9}$$

式（c）中矩阵 $\bar{\boldsymbol{C}}$ 的正定及上式（8.6.9），保证了该方法满足分片试验。作为满足上式的特殊情况，即

$$\bar{\boldsymbol{M}}=\int_{-1}^{1}\int_{-1}^{1}\boldsymbol{M}\left|\boldsymbol{J}\right|\mathrm{d}\xi\,\mathrm{d}\eta=\mathbf{0} \tag{8.6.10}$$

这就是 Taylor 等[20]所提出的非协调元通过分片试验的条件。

### 8.6.2　有限元列式

1. 单元建立的关键在于确定增强应变 $\tilde{\boldsymbol{\varepsilon}}$，Simo 和 Rifai 提出按以下步骤建立 $\tilde{\boldsymbol{\varepsilon}}$：

（1）首先选择定义于等参坐标中的增强应变 $\tilde{\boldsymbol{\varepsilon}}_{\xi}$，其插值函数 $\boldsymbol{M}_{\xi}$ 定义于局部坐标中，而式（8.6.5）中 $\tilde{\boldsymbol{\varepsilon}}$ 的插值函数 $\boldsymbol{M}$ 是定义于整体坐标中。

（2）需将等参空间上的插值函数 $\boldsymbol{M}_{\xi}$ 转化为物理空间插值函数 $\boldsymbol{M}$，即

$$\boldsymbol{M}=\frac{\left|\boldsymbol{J}_0\right|}{\left|\boldsymbol{J}\right|}\boldsymbol{T}_0^{-\mathrm{T}}\boldsymbol{M}_{\xi} \tag{8.6.11}$$

式中，同前节 $\left|\boldsymbol{J}\right|$ 是雅可比行列式，而

$$\boldsymbol{J}=\begin{bmatrix} r_{,\xi} & z_{,\xi}\\ r_{,\eta} & z_{,\eta}\end{bmatrix}=\begin{bmatrix} J_{11} & J_{12}\\ J_{21} & J_{22}\end{bmatrix}$$

$\left|\boldsymbol{J}_0\right|$ 为 $\left|\boldsymbol{J}\right|$ 在原点值；$\boldsymbol{T}_0$ 为转化阵，下式中，$J_{ijo}$ 是（$J_0$）的对应元素。

$$T_0=\begin{bmatrix} J_{110}^2 & J_{120}^2 & 2J_{110}J_{210} & 0\\ J_{210}^2 & J_{220}^2 & 2J_{120}J_{220} & 0\\ J_{110}J_{120} & J_{210}J_{220} & J_{110}J_{220}+J_{120}J_{210} & 0\\ 0 & 0 & 0 & 1\end{bmatrix} \tag{f}$$

（3）利用式（8.6.11），通过对矩阵 $\boldsymbol{M}$ 的约束条件，式（8.6.10）成为

$$\int_{-1}^{1}\int_{-1}^{1}\boldsymbol{M}_{\xi}r\,\mathrm{d}\xi\,\mathrm{d}\eta=\mathbf{0} \tag{8.6.12}$$

式（8.6.12）及式（8.6.11）保证了有限元近似解中包含了逐段常应力项，因而使分片试验得到满足。

有了阵 $\boldsymbol{M}$，依照式（8.6.5）得到单元的增强应变 $\tilde{\boldsymbol{\varepsilon}}=\boldsymbol{M}\boldsymbol{\alpha}$。

位移 $\boldsymbol{u}$ 的选择，同以前等参协调位移元。

2. 由以上讨论可见，以前讨论的非协调位移元，只是现在增强应变元的一种特例。

正如 3.2 节所述，要使非协调元

$$\boldsymbol{u}=\boldsymbol{u}_q+\boldsymbol{u}_\lambda=\boldsymbol{N}\boldsymbol{q}+\boldsymbol{M}\boldsymbol{\lambda} \tag{g}$$

通过分片试验，非协调位移的对应应变 $\boldsymbol{\varepsilon}_\lambda$ 需满足：

$$\int_{V_n}\boldsymbol{B}_\lambda \mathrm{d}V=\boldsymbol{0}\quad (\boldsymbol{B}_\lambda=\boldsymbol{D}\boldsymbol{M}) \tag{h}$$

或

$$\int_{V_n}\boldsymbol{\sigma}_\mathrm{c}^\mathrm{T}\boldsymbol{\varepsilon}_\lambda \mathrm{d}V=\boldsymbol{0}\quad (\boldsymbol{\varepsilon}_\lambda=\boldsymbol{D}\boldsymbol{u}_\lambda=\boldsymbol{D}\boldsymbol{M}\boldsymbol{\lambda}=\boldsymbol{B}_\lambda\boldsymbol{\lambda}) \tag{i}$$

对轴对称元，如 4.6 节所述，还需对以上公式进行修正。

而 EAS 法仅采用非协调位移插值函数 $\boldsymbol{M}$ 满足条件（8.6.12），因而较一般非协调元更为简便。

### 8.6.3　用 EAS 法建立的三种 4 结点轴对称元

单元应力场及应变场为

$$\begin{aligned}\boldsymbol{\sigma}&=[\sigma_r\quad \sigma_z\quad \sigma_{rz}\quad \sigma_\theta]^\mathrm{T}\\ \boldsymbol{\varepsilon}&=[\varepsilon_r\quad \varepsilon_z\quad 2\varepsilon_{rz}\quad \varepsilon_\theta]^\mathrm{T}\end{aligned} \tag{j}$$

选取增量应变 $\tilde{\boldsymbol{\varepsilon}}_\xi$ 在等参空间的插值函数为

$$\boldsymbol{M}_\xi^*=\begin{bmatrix}\xi & 0 & 0 & 0 & 0\\ 0 & \eta & 0 & 0 & 0\\ 0 & 0 & \xi & \eta & 0\\ 0 & 0 & 0 & 0 & \xi\eta\end{bmatrix} \tag{k}$$

注意，对于插值函数 $\boldsymbol{M}_\xi^*$，由于被积函数中 $r(\xi)$ 的存在，不满足约束条件（8.6.12）：

$$\int_{-1}^{1}\int_{-1}^{1}\boldsymbol{M}_\xi^* r(\xi)\mathrm{d}\xi\mathrm{d}\eta\neq\boldsymbol{0} \tag{l}$$

为此，文献[19]采用了三种方法，得到不同的修正的 $\boldsymbol{M}_\xi$，使之均满足式（8.6.12），从而建立了三种 4 结点轴对称元（分别称之为元 A、元 B 及元 C）。

1. 元 A 选取

$$\boldsymbol{M}_\xi=\frac{r_0}{r(\xi)}\boldsymbol{M}_\xi^*\qquad (\text{元 A}) \tag{8.6.13}$$

这里

$$r(\xi)=\sum_{i=1}^{4}N_i r_i,\quad r_0=r(\xi)\big|_{\xi=\eta=0}$$

2. 元 B

$$\boldsymbol{M}_{\xi}=\boldsymbol{M}_{\xi}^{*}-\frac{1}{\int_{-1}^{1}\int_{-1}^{1}r(\xi)\mathrm{d}\xi\mathrm{d}\eta}\int_{-1}^{1}\int_{-1}^{1}\boldsymbol{M}_{\xi}^{*}r(\xi)\mathrm{d}\xi\mathrm{d}\eta \tag{m}$$

将上式展开，可得显式表达式：

$$\boldsymbol{M}_{\xi}=\begin{bmatrix}\xi-\bar{\xi} & 0 & 0 & 0 & 0\\ 0 & \eta-\bar{\eta} & 0 & 0 & 0\\ 0 & 0 & \xi-\bar{\xi} & \eta-\bar{\eta} & 0\\ 0 & 0 & 0 & 0 & \xi\eta-\overline{\xi\eta}\end{bmatrix}\quad（元 B）\tag{8.6.14}$$

式中

$$\bar{\xi}=\frac{1}{3}\frac{\boldsymbol{r}^{\mathrm{T}}\boldsymbol{a}_{1}}{\boldsymbol{r}^{\mathrm{T}}\boldsymbol{a}_{0}},\quad \bar{\eta}=\frac{1}{3}\frac{\boldsymbol{r}^{\mathrm{T}}\boldsymbol{a}_{2}}{\boldsymbol{r}^{\mathrm{T}}\boldsymbol{a}_{0}},\quad \overline{\xi\eta}=\frac{1}{9}\frac{\boldsymbol{r}^{\mathrm{T}}\boldsymbol{h}}{\boldsymbol{r}^{\mathrm{T}}\boldsymbol{a}_{0}} \tag{n}$$

$$\begin{aligned}
\boldsymbol{a}_{0}&=\frac{1}{4}[1\quad 1\quad 1\quad 1]^{\mathrm{T}}\\
\boldsymbol{a}_{1}&=\frac{1}{4}[-1\quad 1\quad 1\quad 1]^{\mathrm{T}}\\
\boldsymbol{a}_{2}&=\frac{1}{4}[-1\quad -1\quad 1\quad 1]^{\mathrm{T}}\\
\boldsymbol{h}&=\frac{1}{4}[1\quad -1\quad 1\quad -1]^{\mathrm{T}}\\
\boldsymbol{r}&=\frac{1}{4}[\mathrm{r}_{1}\quad r_{2}\quad r_{3}\quad r_{4}]^{\mathrm{T}}\\
\mathbf{z}&=\frac{1}{4}[z_{1}\quad z_{2}\quad z_{3}\quad z_{4}]^{\mathrm{T}}
\end{aligned} \tag{o}$$

3. 元 C

$$\boldsymbol{M}_{\xi}=\begin{bmatrix}\xi-\bar{\xi} & 0 & 0 & 0 & 0\\ 0 & \eta-\bar{\eta} & 0 & 0 & 0\\ 0 & 0 & \xi-\bar{\xi} & \eta-\bar{\eta} & 0\\ 0 & 0 & 0 & 0 & \xi\eta\dfrac{|\boldsymbol{J}(\xi)|}{J_{0}r(\xi)}\end{bmatrix}\quad（元 C）\tag{8.6.15}$$

这里，$\bar{\xi},\bar{\eta}$ 的意义同式（n），而

$$|\boldsymbol{J}|=J_{0}+J_{1}\xi+J_{2}\eta \tag{p}$$

其系数 $J_0$、$J_1$ 及 $J_2$ 可由 8.4 节式（m）求得。

由于$|\boldsymbol{J}|$是$\xi,\eta$的线性函数，所以式（8.6.15）中与环向应变$\varepsilon_\theta$有关的项满足关键特性：

$$\int_{-1}^{1}\int_{-1}^{1}\left[\xi\eta\frac{|\boldsymbol{J}|}{J_0 r}\right]r\,\mathrm{d}\xi\mathrm{d}\eta=0 \tag{8.6.16}$$

这样，插值函数$\boldsymbol{M}_\xi$满足条件（8.6.12）。

将以上三个函数，转化为增强应变在物理平面$(r,z)$上的插值函数$\boldsymbol{M}$（式（8.6.11）），进而得到三组增强应变

$$\tilde{\boldsymbol{\varepsilon}}=\boldsymbol{M\alpha} \tag{8.6.17}$$

建立了三组轴对称元 A、B、C。

### 8.6.4 数值算例

以下所有算例，依照位移分量排列（8.5 节式（a）），其弹性常数阵$\boldsymbol{C}$为

$$\boldsymbol{C}=\frac{E}{(1+\nu)(1-2\nu)}\begin{bmatrix}1-\nu & \nu & 0 & \nu\\ \nu & 1-\nu & 0 & \nu\\ 0 & 0 & \dfrac{1-2\nu}{2} & 0\\ \nu & \nu & 0 & 1-\nu\end{bmatrix}$$

**例 1**　无限长厚壁筒承受均匀内压

筒内半径$=3$，外半径$=9$，承受均匀内压$p=1$。以杨氏模量$E=1000$，泊松比从 0.0 至 0.4999，沿$z$方向取厚度为 1 的平面变形问题进行计算。有限元网格类似如图 8.3 所示。规则网格（图 8.3（b））及歪斜网格（图 8.3（c））的计算结果，分别列于表 8.24 及表 8.25。结果显示，对此问题三种元均给出十分准确的结果，并且不产生锁住现象。

**表 8.24　筒内壁处径向位移$u_r$ $(\times10^{-3})$（规则网格 b）**
**（无限长厚壁筒承受均匀内压）**

| $\nu$ | 元 A | 元 B | 元 C | 解析解 |
|---|---|---|---|---|
| 0.0 | 3.72611 | 3.72611 | 3.72611 | **3.7500** |
| 0.25 | 4.41340 | 4.41340 | 4.41340 | **4.4531** |
| 0.3 | 4.53826 | 4.53826 | 4.53826 | **4.5825** |
| 0.49 | 4.97054 | 4.97055 | 4.97055 | **5.0399** |
| 0.499 | 4.98921 | 4.98921 | 4.98921 | **5.0602** |
| 0.4999 | 4.99107 | 4.99107 | 4.99107 | **5.0623** |

**表 8.25　筒内壁处径向位移 $u_r$ $(\times10^{-3})$（歪斜网格 c）**
**（无限长厚壁筒承受均匀内压）**

| $\nu$ | 元 A | 元 B | 元 C | 解析解 |
|---|---|---|---|---|
| 0.0 | 3.72361 | 3.72355 | 3.72666 | **3.7500** |
| 0.25 | 4.41005 | 4.40991 | 4.41540 | **4.4531** |
| 0.3 | 4.53463 | 4.53447 | 4.54076 | **4.5825** |
| 0.49 | 4.96376 | 4.96375 | 4.97625 | **5.0399** |
| 0.499 | 4.98207 | 4.98209 | 4.99514 | **5.0602** |
| 0.4999 | 4.98388 | 4.98391 | 4.99702 | **5.0623** |

**例 2**　一端固支圆柱壳承受弯曲

壳体几何尺寸、承受的弯矩 $M$、杨氏模量 $E$，以及有限元网格划分，与图 7.3 全同。计算所得最大挠度，由表 8.26 给出。结果同样显示，三种元也均给出好的结果，而且不受泊松比变化的影响。

**表 8.26　悬臂圆柱壳的最大挠度**
**（一端固支圆柱壳承受弯曲）**

| $\nu$ | 元 A | 元 B | 元 C | 解析解 |
|---|---|---|---|---|
| 0.0 | 0.60637 | 0.60637 | 0.60637 | **0.6158** |
| 0.25 | 0.58708 | 0.58708 | 0.58708 | **0.5963** |
| 0.3 | 0.57845 | 0.57845 | 0.57845 | **0.5875** |
| 0.49 | 0.52889 | 0.52899 | 0.52899 | **0.5368** |
| 0.499 | 0.52580 | 0.52580 | 0.52580 | **0.5337** |
| 0.4999 | 0.52548 | 0.52549 | 0.52548 | **0.5334** |

**例 3**　简支圆板承受均布载荷

圆板半径为 10，厚度 =1，杨氏模量 $E=1875$，承受均布载荷 $p=1$，用图 8.11（a）所示 4 个规则网格的单元进行分析，对不同泊松比 $\nu$，计算所得中心的点挠度值如表 8.27 所示。图 8.25 给出三种单元，其中心点正则化挠度随泊松比 $\nu$ 的变化曲线。

**表 8.27　圆板中心点挠度（规则网格（a））**
**（简支圆板承受均布载荷）**

| $\nu$ | 元 A | 元 B | 元 C | 解析解 |
|---|---|---|---|---|
| 0.0 | 5.16485 | 5.34791 | 5.16485 | **5.0320** |
| 0.25 | 4.01647 | 4.27654 | 4.08232 | **3.9707** |
| 0.3 | 3.74893 | 4.03096 | 3.85023 | **3.7436** |
| 0.49 | 2.55261 | 2.90557 | 2.92096 | **2.8248** |
| 0.499 | 2.48632 | 2.83936 | 2.87508 | **2.7900** |
| 0.4999 | 2.47963 | 2.83264 | 2.87048 | **2.7855** |

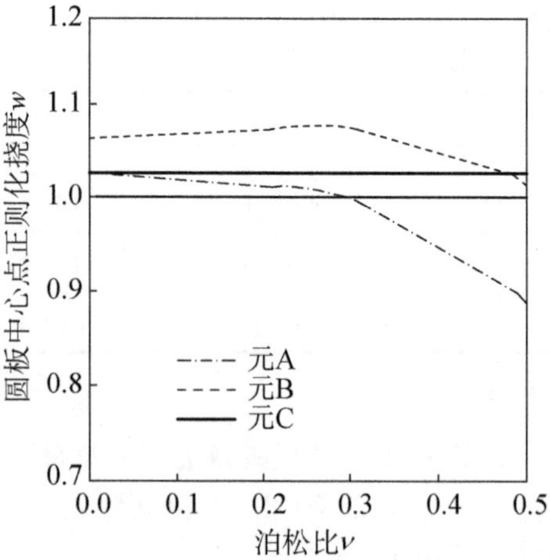


图 8.25　圆板中心点挠度随泊松比的变化
（圆板承受均布载荷，规则网格（a））

从以上结果可见，随泊松比$\nu$趋向于 0.5，元 A 的误差从 2%（$\nu=0$）变至 −11% ($\nu = 0.4999$)；元 B 由 6%变为 1%；而在此泊松比范围，元 C 比较稳定，从 2.5%增至 3%，较元 A 及 B 更好一点。

## 8.7　小　　结

1. 本章介绍了根据 Hu-Washizu 原理建立的四种轴对称杂交应力元，一种根据最小势能原理建立的非协调轴对称位移元，以及一种根据 Hellinger-Reissner 原理建立的轴对称协调杂交应力元。后两种元编入此章是为了便于讨论。

现将本章讨论的各种有限元模式汇总，列于表 8.28

**表 8.28　根据 $\Pi_{\text{HW}}$、$\Pi_{\text{HR}}$ 建立的轴对称杂交应力元，以及根据 $\Pi_p$ 建立的轴对称非协调位移元**

| | 变分原理 | 有限元模型 | 变量 | 矩阵方程中的未知数 | 矩阵方法 | 参考文献 |
|---|---|---|---|---|---|---|
| 1 | $\Pi_{\text{HW}}(\boldsymbol{\sigma},\boldsymbol{\sigma}_h,\boldsymbol{u}_q,\boldsymbol{u}_\lambda,\boldsymbol{\varepsilon})$ | 精化杂交应力元 | 应变：$\boldsymbol{\varepsilon}=\boldsymbol{N}\boldsymbol{\alpha}$<br>高阶应力：$\boldsymbol{\sigma}_{\text{h}}=\boldsymbol{P}_{\text{h}}\boldsymbol{\beta}$<br>应力：$\boldsymbol{\sigma}=\boldsymbol{P}\boldsymbol{\beta}$<br>协调位移：$\boldsymbol{u}_q=\boldsymbol{F}\boldsymbol{q}$<br>非协调位移：$\boldsymbol{u}_\lambda=\boldsymbol{M}\boldsymbol{\lambda}$ | $\boldsymbol{q},\boldsymbol{\lambda}$<br>$\Pi_{\text{HW}}(\boldsymbol{\alpha},\boldsymbol{\beta},\boldsymbol{q},\boldsymbol{\lambda})$<br>$\to\Pi_{\text{HW}}(\boldsymbol{q},\boldsymbol{\lambda})$ | 位移及 $\boldsymbol{\lambda}$<br>$\sum\boldsymbol{k}\,\boldsymbol{q}^{\text{e}}=\boldsymbol{Q}$<br>$\boldsymbol{q}^{\text{e}}=\begin{Bmatrix}\boldsymbol{q}\\\boldsymbol{\lambda}\end{Bmatrix}$ | Chen 和 Cheung[1]（1996） |

续表

| | 变分原理 | 有限元模型 | 变量 | | 矩阵方程中的未知数 | 矩阵方法 | 参考文献 |
|---|---|---|---|---|---|---|---|
| 2 | $\Pi_{HW}(\boldsymbol{\sigma},\boldsymbol{\varepsilon},\boldsymbol{D}^s\boldsymbol{u})$ | 杂交应力元 | 应变：<br>应力：<br>位移导出的对称应变： | $\boldsymbol{\varepsilon}=\boldsymbol{E}_T\boldsymbol{e}$<br>$\boldsymbol{\sigma}=\boldsymbol{S}_T\boldsymbol{s}$<br>$\boldsymbol{D}^s\boldsymbol{u}=\boldsymbol{B}\boldsymbol{q}$ | $\boldsymbol{q}$<br>$\Pi_{HW}(\boldsymbol{e},\boldsymbol{s},\boldsymbol{q})\to\Pi_{HW}(\boldsymbol{q})$ | 位移<br>$\boldsymbol{Kq}=\boldsymbol{Q}$ | Belytschko 和 Bachrach[10]（1986） |
| 3 | $\Pi_{HW}(\boldsymbol{\sigma},\boldsymbol{\varepsilon},\boldsymbol{u})$ | 混合增强杂交应力元 | 协调位移：<br>增强应变： | $\boldsymbol{u}=\boldsymbol{N}\boldsymbol{q}$<br>$\hat{\boldsymbol{\varepsilon}}=\bar{\boldsymbol{B}}_u\boldsymbol{u}+\boldsymbol{B}_\alpha\boldsymbol{\alpha}$ | $\boldsymbol{q}$<br>$\Pi_{HW}(\boldsymbol{q},\boldsymbol{\alpha})\to\Pi_{HW}(\boldsymbol{q})$ | 位移<br>$\boldsymbol{Kq}=\boldsymbol{Q}$ | Kasper 和 Taylor[18]（2002） |
| 4 | $\Pi_{HW}(\boldsymbol{u},\tilde{\boldsymbol{\varepsilon}})$ | 增强应变杂交应力元 | 协调位移：<br>增强应变： | $\boldsymbol{u}=\boldsymbol{N}\boldsymbol{q}$<br>$\tilde{\boldsymbol{\varepsilon}}=\boldsymbol{M}\boldsymbol{\alpha}$ | $\boldsymbol{q}$<br>$\Pi_{HW}(\boldsymbol{q},\boldsymbol{\alpha})\to\Pi_{HW}(\boldsymbol{q})$ | 位移<br>$\boldsymbol{Kq}=\boldsymbol{Q}$ | Simo 和 Rifai[19]（1990） |
| 5 | $\Pi_P(\boldsymbol{u}_q,\boldsymbol{u}_\lambda)$ | 非协调位移元 | 协调位移：<br>非协调位移： | $\boldsymbol{u}_q=\boldsymbol{N}\boldsymbol{q}$<br>$\boldsymbol{u}_\lambda=\boldsymbol{M}\boldsymbol{\lambda}$ | $\boldsymbol{q}$<br>$\Pi_P(\boldsymbol{q},\boldsymbol{\lambda})\to\Pi_P(\boldsymbol{q})$ | 位移<br>$\boldsymbol{Kq}=\boldsymbol{Q}$ | Chen 和 Cheung[1]（1996） |
| 6 | $\Pi_{HR}(\boldsymbol{u},\boldsymbol{\sigma})$ | 杂交应力元 | 应力：<br>协调位移： | $\boldsymbol{\sigma}=\boldsymbol{P}\boldsymbol{\beta}$<br>$\boldsymbol{u}=\boldsymbol{N}\boldsymbol{q}$ | $\boldsymbol{q}$<br>$\Pi_{HR}(\boldsymbol{\beta},\boldsymbol{q})\to\Pi_{HR}(\boldsymbol{q})$ | 位移<br>$\boldsymbol{Kq}=\boldsymbol{Q}$ | Weissman 和 Taylor[5]（1991） |

2. Chen 和 Cheung[1]基于 Hu-Washizu 原理及应变能正交方法，构造了精化杂交应力轴对称元，使单元刚度阵可以分解为一系列对应于假定应变模式的矩阵之和，从而导出其显式表达式（或形成低阶数值积分），使杂交应力元单刚的形成及一些矩阵的乘积及取逆计算，大大简化。Chen 和 Cheung 还参考 Pian 和 Sumihara 的理性平衡模式[7]，进一步改善了精化杂交应力元方法[8]，先行消除了内位移后再计算单刚，进一步提高了单元计算效率。

Bachrach 和 Belytschko[10,11]根据 Hu-Washizu 原理，利用$\gamma$-投影算子，建立了杂交应力轴对称元。这类单元的应力参数接近或等于最小$\beta$值，并且得到满秩的非耦合刚度阵。其重要特点在于：单元数值积分仅限于少许标量函数，且仅有小的矩阵取逆。但这类单元不是几何各向同性的，它依赖于所选坐标的方位。同时，当单元几何形状歪斜较大时，是否有伪剪应力产生等问题，有待进一步探讨。

Kasper 和 Taylor[17,18]根据 Hu-Washizu 原理，利用增强应变方法，建立了杂交应力轴对称元。这类单元的特点，是将单元的应变场以两组参数表示。同时引入应力与应变正交函数使之解耦，最终单元能量以增强应变$\hat{\boldsymbol{\varepsilon}}$表示，进而导出单元刚度阵。这样建立的单元，对弯曲控制的问题，在粗网格可提供精度较高的解；而且可用变分进行应力恢复；以及延伸至非线性本构关系问题。文献[17]和[18]指出，当材料泊松比接近 0.5 时，不产生锁住现象；但没有涉及伪剪应力问题。

3. Weissman 和 Taylor[5]依据 Hellinger-Reissner 原理，对 Pian 和 Sumihara 提出的一种平面问题的应力场[7]进行了修正，得到适用于轴对称元的应力场 $\boldsymbol{\sigma}$；同时又利用上述 Bachrach 和 Belytschko[10]的 $\gamma$ -投影算子方法构造的位移场 $\boldsymbol{u}$，巧妙地建立了具有最少应力参数的 4 结点轴对称元。

以上几类杂交应力轴对称元，均具有高的计算精度；在各类边界条件下，解答稳定；对有限元网格小的歪斜，不敏感；并且当材料泊松比 $\nu$ 趋近 0.5 时，不产生锁住现象。

4. 这里，Weissman 和 Taylor 的工作[5]，促使我们考虑以下这个关键问题：

第 5 章曾指出，**根据 Hellinger-Reissner 原理（而不是根据修正的 Hellinger-Reissner 原理）进行有限元列式时，其单元内的假定应力场 $\boldsymbol{\sigma}$，必须事前满足平衡方程。如果假定的应力场 $\boldsymbol{\sigma}$ 事先不严格满足平衡方程，将导致和位移元同样的结果——这就是 Fraeijs de Veubeke 所指出的极限原理（limitation principle）[21]**。

正因如此，第 5 章介绍的根据 $\Pi_{\mathrm{HR}}$ 建立的所有杂交应力轴对称元，它们的假定应力场，在变分前均严格地满足平衡方程。

而现在 Weissman 和 Taylor 根据 Hellinger-Reisser 原理 $\Pi_{\mathrm{HR}}$（注意：不是**修正的** Hellinger-Reissner 原理 $\Pi_{mR}$），建立的两种单元 DSF 及 FSF，**其单元假定应力场（式（8.4.8）），事先并不满足平衡方程**（事实上，以自然坐标表示的应力场，也很难严格满足平衡方程）。

Jog 和 Annabattula[22]也曾利用 Hellinger-Reissner 原理 $\Pi_{\mathrm{HR}}$，根据文献[23]建议的扫除单元零能的方法①，建立了 4 结点及 9 结点两类轴对称杂交应力元，这两类元的应力场变分前也均不严格满足平衡方程，但其数值算例结果尚佳。文献[22]给出的 4 结点元与 Weissman 和 Taylor 的 4 结点元 DSF 结果十分接近。

**这种作法显然突破了极限定理的藩篱**②，而且现在建立的两种元 DSF 及 FSF，其数值结果也远比位移元 Q4 优越。

其原因何在，这是一个值得深入探讨十分有趣的问题。

5. 应用变分原理去推导单刚，可以略去体积力及表面力，只用一个单元的能量表达式计算，因为这样导出的单刚与用整体导出的结果一致。

但是，当利用这些变分原理，去建立有限元的最终待解欧拉方程及自然边界条件时，**必需用离散后所有单元组成的总能量表达式**。这是因为，对一个单元而

① 此处所提扫除零能模式与文献[24]不同。

② Weissman 和 Taylor[25]也曾提出一种根据 Hu-Washizu 原理 $\Pi_{\mathrm{HW}}$，应用一组综合方法处理内部约束，构造了 4 结点平面元，其假定的应力及应变场，不成为从位移场导出的相应场变量的子集，从而绕过了极限准则。

言，其结点位移及结点力均与相邻单元相关，它们不是独立的；同时，这些变分原理都只对整个弹性体而言成立，只拿出一个单元，并不成立。

# 参 考 文 献


[1] Chen W，Cheung Y K. The nonconforming element method and refined hybrid element method for axisymmetric solid. Int. J. Num. Meth. Engng.，1996，39：2509-2529

[2] Sze K Y，Chow C L. An incompatible element for axisymmetric structure and its modification by hybrid method. Int. J. Num. Meth. Engng.，1991，31：385-405

[3] Wu C C，Cheung Y K. The patch test condition in curvilinear coordinates formulation and application. Science China（A），1992，8：849-858

[4] Chen C，Cheung Y K. Axisymmetric solid element by the generalized hybrid method. Comput. & Struc.，1987，27：745-752

[5] Weissman S L，Taylor R L. Four-node axisymmetric element based upon the Hellinger- Reissner founctional. Comput. Meth. Appl. Mech. Engng.，1991，85：39-55

[6] MacNeal R H，Harder R L. A proposed standard set of problems to test finite element accuracy. J. Finite Elements Anal. Des.，1985，1：3-20

[7] Pian T H H，Sumihara K. Rational approach for assumed stress finite elements. Int. J. Num. Meth. Engng.，1984，20：1685-1696

[8] Chen W，Cheung Y K. A robust refined quadrilateral plane element. Int. J. Num. Meth. Engng.，1995，38：649-666

[9] 田宗漱，卞学鐄（Pian T H H）. 多变量变分原理与多变量有限元方法. 2 版. 北京：科学出版社，2014

[10] Bachrach W E，Belytschko T. Axisymmetric elements with high coarse-mesh accuracy. Comput. & Struc.，1986，23（3）：323-331

[11] Belytschko T，Bachrach W E. Efficient implementation of equadrilaterals with high coarse-mesh accuracy. Comput. Meth. Appl. Mech. Engng.，1986，54：279-301

[12] Flanagan D P，Belytschko T. A uniform strain hexahedron and quadrilateral with orthogonal hourglass control. Int. J. Num. Meth. Engng.，1981，17：679-706

[13] Belytschko T，Ong J S-J，Liu W K，et al. Hourglass control in linear and nonlinear problems. Comput. Meth. Appl. Mech. Engng.，1984，43：251-276

[14] Strang G. Linear Algebra and Its Application. Now York：Academic，1976

[15] Timoshenko S，Goodier J N. Theory of Elasticity. New York：McGraw-Hill，1970

[16] Timoshenko S，Woinowsky-Krieger S. Theory of Plates and Shells. New York：McGraw-Hill，1959

[17] Kasper E P，Taylor R L. A mixed-enchanced strain method part I：geometrically linear problems. Comput. & Struc.，2000，75（3）：237-250

[18] Kasper E P，Taylor R L. Mixed-enhanced formulation for geometrically linear axisymmetric problems. Int. J. Num. Meth. Engng.，2002，53：2061-2086

[19] Simo J C，Rifai M S. A class of mixed assumed strain methods and the mothod of incompatible modes. Int. J. Num. Meth. Engng.，1990，29：1595-1638

[20] Taylor R L，Simo J C，Wilson E L. A no-conforming element for stress analysis. Int. J. Num. Meth. Engng.，1976，10：1211-1219

[21] Fraeijs de Veubeke B M. Displacement and equilibrim modeles in the finite element method// Zienkiewicz O C，Holister G S. Stress Analysis. London：Jhon Wiley and Sons Ltd，1965

[22] Jog C S，Annabattula R. The development of hybrid axisymmetric elements based on the Hellinger-Reissner variational principle. Int. J. Num. Meth. Engng.，2006，65：2279-2291

[23] Lee S W，Rhiu J J. A new efficient approach to the formulation of mixed finite element methods for structural analysis. Int. J. Num. Meth. Engng.，1986，21：1629-1641

[24] Pian T H H，Chen P D. On the suppression of zero energy deformation modes. Int. J. Num. Meth. Engng.，1983，19：1741-1752

[25] Weissman S L，Taylor R L. Treatment of internal constaints by mixed finite element methods：Unification of concepts. Int. J. Num. Meth. Engng.，1992，33：131-141

# 第 9 章　根据更一般形式的广义变分原理 $\Pi_{\lambda G}$ 所建立的轴对称有限元

Chen 和 Cheung 创立了另一种广义杂交应力轴对称元，这种单元是建立在更一般形式的广义变分原理基础之上。我们首先阐述建立这种单元所依据的广义变分原理。

## 9.1　更一般形式的广义变分原理（I）$\Pi_{\lambda G}$

20 世纪 90 年代，钱伟长提出了一种更一般形式的广义变分原理，其论证如下所述。

钱伟长认为[1]，泛函

$$\begin{aligned}\Pi_{\mathrm{HW}} &= \int_V [A(\boldsymbol{\varepsilon}) - \boldsymbol{\sigma}^{\mathrm{T}}\boldsymbol{\varepsilon} + \boldsymbol{\sigma}^{\mathrm{T}}(\boldsymbol{D}\boldsymbol{u}) - \bar{\boldsymbol{F}}^{\mathrm{T}}\boldsymbol{u}]\mathrm{d}V \\ &\quad - \int_{S_\sigma} \boldsymbol{T}^{\mathrm{T}}(\boldsymbol{u} - \bar{\boldsymbol{u}})\mathrm{d}S - \int_{S_\sigma} \bar{\boldsymbol{T}}^{\mathrm{T}}\boldsymbol{u}\,\mathrm{d}S = 驻值 \qquad (\boldsymbol{T} = \boldsymbol{\nu}\boldsymbol{\sigma})\end{aligned} \tag{9.1.1}$$

并不像胡海昌和鹫津久一郎所认为的那样，$\sigma_{ij}$、$\varepsilon_{ij}$、$u_i$ 三类变量都是独立的，变分是没有约束的，恰恰相反，它们受应力-应变关系式

$$\sigma_{ij} = \frac{\partial A}{\partial \varepsilon_{ij}} \tag{a}$$

的约束，也就是说，这三类变量中只有两类是独立的，我们可以把 $\sigma_{ij}$、$u_i$ 看作为独立变量，也可以把 $\varepsilon_{ij}$、$u_i$ 看作为独立变量①。

为了进一步阐明他的观点，下面 9.1.1 节及 9.1.2 节两小节，我们直接引用钱伟长在文献[2]中的论述及推导。

### 9.1.1　用拉氏乘子法在 Hu-Washizu 原理中解除应力–应变关系约束的失败[2]

有没有可能用通常的拉氏乘子法把 Hu-Washizu 原理中的约束条件式（a）解除呢？为此，利用拉氏乘子，把 Hu-Washizu 原理的泛函式（9.1.1）修正为

---

① 关于 Hu-Washizu 原理中到底有几类独立的场变量，一些学者持不同的观点，读者如感兴趣可参看文献[1]～文献[20]。

$$\Pi_{\mathrm{HW}}^{*}=\Pi_{\mathrm{HW}}+\int_{V}\lambda_{ij}\left(\frac{\partial A}{\partial\varepsilon_{ij}}-\sigma_{ij}\right)\mathrm{d}V \tag{9.1.2}$$

对上式取变分，有

$$\begin{aligned}\delta\Pi_{\mathrm{HW}}^{*}=\int_{V}\bigg[&\frac{\partial A}{\partial\varepsilon_{ij}}\delta\varepsilon_{ij}-\sigma_{ij}\delta\varepsilon_{ij}-^{①}\varepsilon_{ij}\delta\sigma_{ij}+\sigma_{ij}\delta u_{i,j}\\&+^{①}\left(\frac{1}{2}u_{i,j}+\frac{1}{2}u_{j,i}\right)\delta\sigma_{ij}-\bar{F}_{i}\delta u_{i}+\left(\frac{\partial A}{\partial\varepsilon_{ij}}-\sigma_{ij}\right)\delta\lambda_{ij}\\&+\lambda_{ij}\frac{\partial^{2}A}{\partial\varepsilon_{ij}\partial\varepsilon_{ke}}\delta\varepsilon_{ij}-\lambda_{ij}\delta\sigma_{ij}\bigg]\mathrm{d}V\\&-\int_{S_u}[(u_i-\bar{u}_i)\delta\sigma_{ij}\nu_j+\sigma_{ij}\nu_j\delta u_i]\mathrm{d}S-\int_{S_\sigma}\bar{T}_i\delta u_i\mathrm{d}S=0\end{aligned} \tag{b}$$

合并同类项得到

$$\begin{aligned}\delta\Pi_{\mathrm{HW}}^{*}=\int_{V}\bigg[&\left(\frac{\partial A}{\partial\varepsilon_{ij}}-\sigma_{ij}+\lambda_{ij}\frac{\partial^{2}A}{\partial\varepsilon_{ij}\partial\varepsilon_{ke}}\right)\delta\varepsilon_{ij}-(\sigma_{ij,j}+\bar{F}_i)\delta u_i\\&-^{①}\left(\varepsilon_{ij}-\frac{1}{2}u_{i,j}-\frac{1}{2}u_{i,j}+^{①}\lambda_{ij}\right)\delta\sigma_{ij}+\left(\frac{\partial A}{\partial\varepsilon_{ij}}-\sigma_{ij}\right)\delta\lambda_{ij}\bigg]\mathrm{d}V\\&-\int_{S_u}(u_i-\bar{u}_i)\delta\sigma_{ij}\nu_j\mathrm{d}S+\int_{S_\sigma}(\sigma_{ij}\nu_j-\bar{T}_i)\delta u_i\mathrm{d}S=0\end{aligned} \tag{c}$$

由于这时 $V$ 中的 $\delta\varepsilon_{ij}$ 、$\delta u_i$ 、$\delta\sigma_{ij}$ 、$\delta\lambda_{ij}$，$S_u$ 上的 $\delta\sigma_{ij}\nu_j$ 以及 $S_\sigma$ 上的 $\delta u_i$ 均为独立变分，所以有

$V$ 内

$$\frac{\partial A}{\partial\varepsilon_{ij}}-\sigma_{ij}+\lambda_{ij}\frac{\partial^{2}A}{\partial\varepsilon_{ij}\partial\varepsilon_{ke}}=0 \tag{d}$$

$$\sigma_{ij,j}+\bar{F}_i=0 \tag{e}$$

$$\varepsilon_{ij}-\frac{1}{2}u_{i,j}-\frac{1}{2}u_{j,i}+^{①}\lambda_{ij}=0 \tag{f}$$

$$\frac{\partial A}{\partial\varepsilon_{ij}}-\sigma_{ij}=0 \tag{g}$$

$S_u$ 上

$$u_i=\bar{u}_i \tag{h}$$

$S_\sigma$ 上

$$\sigma_{ij}\nu_j=\bar{T}_i \tag{i}$$

如果式（g）成立，则由式（d）可证明

$$\lambda_{ij}=0$$

这与得出式（g）矛盾，因为要从式（c）得到式（g），就要

① 文献[2]中这几处符号有误。

$$\lambda_{ij} \neq 0$$

这又与式（d）矛盾。所以，用现在的线性拉氏乘子法不能解除应力-应变关系这组约束。

### 9.1.2　高阶拉氏乘子法，更一般形式的广义变分原理（I）$\Pi_{\lambda G}$[2]

现在让我们用高阶拉氏乘子法解除此约束。

设 $f=0$ 为某一变分原理泛函的约束，为解除此约束，对泛函增加一个修正项 $\varphi(f)$，而且有

$$\varphi(f)_{f=0}=0 \tag{j}$$

也就是当 $f=0$ 时，泛函退化为原来的泛函。如果 $\varphi(f)$ 是 $f$ 的正规函数，当 $f$ 很小时，可以展成 $f$ 的幂级数

$$\varphi(f)=a_1 f+a_2 f^2+\cdots \quad (a_1 \neq 0) \tag{k}$$

当 $f$ 很小时，可以略去 $f^2$ 以上的高阶项，从而有

$$\varphi(f)=a_1 f \quad (a_1 \neq 0) \tag{l}$$

这时，$a_1$ 称为拉氏乘子，它是 $f$ 线性项的乘子，故称其为线性拉氏乘子。

而当 $a_1=0$ 时，泛函需增加高阶的修正项，即

$$\varphi=a_2 f^2 \quad (a_1=0, a_2 \neq 0) \tag{m}$$

式中，$a_2$ 称为高阶拉氏乘子。

现在转回来考虑应力-应变关系，设此关系为线性的，从而有

$$A=\frac{1}{2}C_{ijkl}\varepsilon_{ij}\varepsilon_{kl}, \quad B=\frac{1}{2}S_{ijkl}\sigma_{ij}\sigma_{kl} \tag{n}$$

此时应力-应变关系为

$$\frac{\partial A}{\partial \varepsilon_{ij}}=C_{ijkl}\varepsilon_{kl}=\sigma_{ij}, \quad \frac{\partial B}{\partial \sigma_{ij}}=S_{ijkl}\sigma_{kl}=\varepsilon_{ij} \tag{o}$$

我们的约束条件是

$$f=\varepsilon_{ij}-S_{ijkl}\sigma_{kl} \tag{p}$$

取（f）的二次式

$$\begin{aligned}\varphi(f)&=S_{ijkl}(C_{ijkl}\varepsilon_{kl}-\sigma_{ij})(C_{klpq}\varepsilon_{pq}-\sigma_{kl})\\&=-(C_{ijkl}\varepsilon_{kl}-\sigma_{ij})(S_{ijkl}\sigma_{kl}-\varepsilon_{ij})\end{aligned} \tag{q}$$

或写成

$$\begin{aligned}\varphi(f)&=-2\varepsilon_{ij}\sigma_{ij}+C_{ijkl}\varepsilon_{ij}\varepsilon_{kl}+S_{ijkl}\sigma_{ij}\sigma_{kl}\\&=2[A(\varepsilon)+B(\sigma)-\varepsilon_{ij}\sigma_{ij}]\end{aligned} \tag{r}$$

可见 $A+B-\varepsilon_{ij}\sigma_{ij}$ 是应力-应变关系的一种二次项，因此可在 Hu-Washizu 原理中

引入高阶拉氏乘子 $\mu$，以解除应力-应变关系的约束，从而建立一种新的更一般形式的广义变分原理的泛函

$$\Pi_{\lambda G} = \Pi_{\mathrm{HW}} + \int_V \mu[A(\varepsilon) + B(\sigma) - \sigma_{ij}\varepsilon_{ij}]\mathrm{d}V \tag{9.1.3}$$

从而有

$$\begin{aligned}\Pi_{\lambda G}(\boldsymbol{\sigma},\boldsymbol{\varepsilon},\boldsymbol{u},\mu) = &\int_V \left\{ A(\varepsilon) - \sigma_{ij}\left(\varepsilon_{ij} - \frac{1}{2}u_{i,j} - \frac{1}{2}u_{j,i}\right) - \bar{F}_i u_i \right.\\ &\left. + \mu[A(\varepsilon) + B(\sigma) - \sigma_{ij}\varepsilon_{ij}] \right\}\mathrm{d}V \\ &- \int_{S_u} \sigma_{ij}\nu_j(u_i - \bar{u}_i)\mathrm{d}S - \int_{S_\sigma} \bar{T}_i u_i \mathrm{d}S \\ &= \text{驻值}\end{aligned} \tag{9.1.4}$$

对上式进行变分，得到

$$\begin{aligned}\delta\Pi_{\lambda G} = &\int_V \left\{ (1+\mu)\left(\frac{\partial A}{\partial \varepsilon_{ij}} - \sigma_{ij}\right)\delta\varepsilon_{ij} - (\sigma_{ij,j} + \bar{F}_i)\delta u_i \right.\\ &+ \left[\mu\left(\frac{\partial B}{\partial \sigma_{ij}} - \varepsilon_{ij}\right) - \left(\varepsilon_{ij} - \frac{1}{2}u_{i,j} - \frac{1}{2}u_{j,i}\right)\right]\delta\sigma_{ij} \\ &\left. + (A + B - \sigma_{ij}\varepsilon_{ij})\delta\mu \right\}\mathrm{d}V \\ &- \int_{S_u} (u_i - \bar{u}_i)\delta\sigma_{ij}\nu_j \mathrm{d}S + \int_{S_\sigma} (\sigma_{ij}\nu_j - \bar{T}_i)\delta u_i \mathrm{d}S = 0\end{aligned} \tag{s}$$

由于 $V$ 内的 $\delta\varepsilon_{ij}$、$\delta u_i$、$\delta\sigma_{ij}$、$\delta\mu$、$S_u$ 上的 $\delta\sigma_{ij}\nu_j$，以及 $S_\sigma$ 上的 $\delta u_i$ 都是独立变分，因此 $\delta\Pi_{\lambda G}$ 的驻值为

$$\begin{aligned}&V\text{内} \quad && \left(\frac{\partial A}{\partial \varepsilon_{ij}} - \sigma_{ij}\right)(1+\mu) = 0 \\ & && \sigma_{ij,j} + \bar{F}_i = 0 \\ & && \mu\left(\frac{\partial B}{\partial \sigma_{ij}} - \varepsilon_{ij}\right) - \left(\varepsilon_{ij} - \frac{1}{2}u_{i,j} - \frac{1}{2}u_{j,i}\right) = 0 \\ & && A + B - \sigma_{ij}\varepsilon_{ij} = 0 \\ &S_u\text{上} && u_i = \bar{u}_i \\ &S_\sigma\text{上} && \sigma_{ij}\nu_j = \bar{T}_i\end{aligned} \tag{t}$$

只要 $\mu \neq 0$，即得到如下自然条件：

$$
\begin{aligned}
&V\text{ 内} \quad && \frac{\partial A}{\partial \varepsilon_{ij}}=\sigma_{ij}, \quad \frac{\partial B}{\partial \sigma_{ij}}=\varepsilon_{ij} \\
& && \text{或}\, A+B-\sigma_{ij}\varepsilon_{ij}=0 \\
& && \sigma_{ij,j}+\bar{F}_i=0 \qquad\qquad (\mathrm{u}) \\
& && \varepsilon_{ij}=\frac{1}{2}(u_{i,j}+u_{j,i}) \\
&S_u\text{ 上} && u_i=\bar{u}_i \\
&S_\sigma\text{ 上} && \sigma_{ij}\nu_j=\bar{T}_i
\end{aligned}
$$

钱伟长通过以上论证及推导，得出了**更一般形式的广义变分原理（Ⅰ）式（9.1.4）**，并说明“它有三类完全独立的变量，它们在变分时不受任何约束条件的限制”[2]。

这是一个驻值原理，也可以写成

$$
\begin{aligned}
\Pi_{\lambda G}(\boldsymbol{\varepsilon},\boldsymbol{\sigma},\boldsymbol{u},\mu)=&\int_V[-B(\sigma)-u_i(\sigma_{ij,j}+\bar{F}_i)+\mu(A+B-\varepsilon_{ij}\sigma_{ij})]\mathrm{d}V \\
&+\int_{S_\sigma}(\sigma_{ij}\nu_j-\bar{T}_i)u_i\,\mathrm{d}S+\int_{S_u}\bar{u}_i\sigma_{ij}\nu_j\,\mathrm{d}S \\
&=\text{驻值}
\end{aligned}
\tag{9.1.5}
$$

式（9.1.4）及式（9.1.5）中的 $\mu$ 为一个非零乘子，它可以是 $x_i$、$u_i$、$\varepsilon_{ij}$、$\sigma_{ij}$ 的任意函数。

## 9.2　更一般形式广义变分原理（Ⅱ）$\Pi^1_{MG\lambda}$

Chen 和 Cheung[21]将式（9.1.4）中高阶拉氏项中的应力以 $\boldsymbol{\sigma}^{(1)}$ 表示①，以区别等式右边其余应力项，因此泛函（9.1.5）的独立变量多了一项，成为 $\boldsymbol{\sigma},\boldsymbol{\varepsilon},\boldsymbol{u},\mu$ 及 $\boldsymbol{\sigma}^{(1)}$。

$$
\begin{aligned}
\Pi_{\lambda G}(\boldsymbol{\varepsilon},\boldsymbol{\sigma},\boldsymbol{u},\mu,\boldsymbol{\sigma}^{(1)})=&\int_V\left\{A(\varepsilon)-\sigma_{ij}\left(\varepsilon_{ij}-\frac{1}{2}u_{i,j}-\frac{1}{2}u_{j,i}\right)-\bar{F}_iu_i\right. \\
&\left.+\mu[A(\varepsilon)+B(\sigma^{(1)})-\sigma^{(1)}_{ij}\varepsilon_{ij}]\right\}\mathrm{d}V \\
&-\int_{S_u}\sigma_{ij}\nu_j(u_i-\bar{u}_i)\mathrm{d}S-\int_{S_\sigma}\bar{T}_iu_i\,\mathrm{d}S \\
&=\text{驻值}
\end{aligned}
\tag{9.2.1}
$$

① 这样将使以后由插值求得的应力，较之用应变求得的应力更为准确。

现在来证明此变分原理，上式取变分

$$\begin{aligned}\delta\Pi_{G\lambda}=&\int_V\left\{\frac{\partial A}{\partial\varepsilon_{ij}}\delta\varepsilon_{ij}-\left(\varepsilon_{ij}-\frac{1}{2}u_{i,j}-\frac{1}{2}u_{j,i}\right)\delta\sigma_{ij}-\sigma_{ij}\delta\varepsilon_{ij}\right.\\&+\sigma_{ij}\delta u_{i,j}-\bar{F}_i\delta u_i+[A(\varepsilon)+B(\sigma^{(1)})-\sigma_{ij}^{(1)}\varepsilon_{ij}]\delta\mu\\&\left.+\mu\frac{\partial A}{\partial\varepsilon_{ij}}\delta\varepsilon_{ij}+\mu\frac{\partial B}{\partial\sigma_{ij}^{(1)}}\delta\sigma_{ij}^{(1)}-\mu\sigma_{ij}^{(1)}\delta\varepsilon_{ij}-\mu\varepsilon_{ij}\delta\sigma_{ij}^{(1)}\right\}\mathrm{d}V\\&-\int_{S_u}[(u_i-\bar{u}_i)\delta\sigma_{ij}\nu_j+\sigma_{ij}\nu_j\delta u_i]\mathrm{d}S-\int_{S_\sigma}\bar{T}_i\delta u_i\mathrm{d}S=0\end{aligned}\tag{a}$$

整理后得到

$$\begin{aligned}\delta\Pi_{G\lambda}=&\int_V\left\{\left[\left(\frac{\partial A}{\partial\varepsilon_{ij}}-\sigma_{ij}\right)+\mu\left(\frac{\partial A}{\partial\varepsilon_{ij}}-\sigma_{ij}^{(1)}\right)\right]\delta\varepsilon_{ij}-(\sigma_{ij,j}+\bar{F}_i)\delta u_i\right.\\&-\left(\varepsilon_{ij}-\frac{1}{2}u_{i,j}-\frac{1}{2}u_{j,i}\right)\delta\sigma_{ij}+\mu\left(\frac{\partial B}{\partial\sigma_{ij}^{(1)}}-\varepsilon_{ij}\right)\delta\sigma_{ij}^{(1)}\\&\left.+[A(\varepsilon)+B(\sigma^{(1)})-\sigma_{ij}^{(1)}\varepsilon_{ij}]\delta\mu\right\}\mathrm{d}V\\&-\int_{S_u}(u_i-\bar{u}_i)\delta\sigma_{ij}\nu_j\mathrm{d}S+\int_{S_\sigma}(\sigma_{ij}\nu_j-\bar{T}_i)\delta u_i\mathrm{d}S=0\end{aligned}\tag{b}$$

由于 $\mu\neq0$，从而有

$V$ 内

$$\begin{gathered}\frac{\partial A}{\partial\varepsilon_{ij}}-\sigma_{ij}=0\quad\frac{\partial A}{\partial\varepsilon_{ij}}=\sigma_{ij}^{(1)}\\\sigma_{ij,j}+\bar{F}_i=0\\\varepsilon_{ij}-\frac{1}{2}\left(u_{i,j}-\frac{1}{2}u_{j,i}\right)=0\\\frac{\partial B}{\partial\sigma_{ij}^{(1)}}-\varepsilon_{ij}=0\\A(\varepsilon)+B(\sigma^{(1)})-\sigma_{ij}^{(1)}\varepsilon_{ij}=0\end{gathered}\tag{c}$$

$S_u$ 上　　$u_i=\bar{u}_i$

$S_\sigma$ 上　　$\sigma_{ij}\nu_j-\bar{T}_i=0$

化简为

$V$ 内

$$\begin{gathered}\sigma_{ij}=\sigma_{ij}^{(1)}\\\sigma_{ij,j}+\bar{F}_i=0\\\varepsilon_{ij}=\frac{1}{2}(u_{i,j}+u_{j,i})\end{gathered}\tag{d}$$

$$\frac{\partial A}{\partial \varepsilon_{ij}} = \sigma_{ij} \quad \frac{\partial B}{\partial \sigma_{ij}} = \varepsilon_{ij} \quad A + B = \sigma_{ij}\varepsilon_{ij}$$

$S_u$ 上　　$u_i = \bar{u}_i$

$S_\sigma$ 上　　$\sigma_{ij}\nu_j = \bar{T}_i$

可见，泛函（9.2.1）变分满足弹性力学全部基本方程，同时，变分结果给出 $\boldsymbol{\sigma} = \boldsymbol{\sigma}^{(1)}$。

将泛函（9.2.1）离散为有限元列式，同时引入拉氏乘子 $\lambda_i^{(a)}$ 及 $\lambda_i^{(b)}$ 以解除元间位移协调条件 $\boldsymbol{u}^{(a)} = \boldsymbol{u}^{(b)}$（$S_{ab}$ 上），得到

$$\begin{aligned}
&\Pi^*(\boldsymbol{\varepsilon},\boldsymbol{\sigma},\boldsymbol{u},\mu,\boldsymbol{\sigma}^{(1)},\boldsymbol{\lambda}^{(a)},\boldsymbol{\lambda}^{(b)},\tilde{\boldsymbol{u}}) \\
&= \sum_n \left\{ \int_{V_n} A(\varepsilon) - \sigma_{ij}\left(\varepsilon_{ij} - \frac{1}{2}u_{i,j} - \frac{1}{2}u_{j,i}\right) - \bar{F}_i u_i \right. \\
&\quad \left. + \mu[A(\varepsilon) + B(\sigma^{(1)}) - \sigma_{ij}^{(1)}\varepsilon_{ij}] \right\} \mathrm{d}V \\
&\quad - \sum_n \left[ \int_{S_{u_n}} \sigma_{ij}\nu_j(u_i - \bar{u}_i)\mathrm{d}S - \int_{S_{\sigma_n}} \bar{T}_i u_i \mathrm{d}S \right] \\
&\quad + \sum_{ab} \int_{S_{ab}} \{\lambda_i^{(a)}[u_i^{(a)} - \tilde{u}_i] + \lambda_i^{(b)}[u_i^{(b)} - \tilde{u}_i]\}\mathrm{d}S
\end{aligned} \tag{e}$$

式中，$\tilde{\boldsymbol{u}}$ 为元间位移。

取 $\delta\Pi^* = 0$，运用与以前同样的运算，可以识别拉氏乘子

$S_{ab}$ 上

$$\begin{aligned}
&\lambda_i^{(a)} + \lambda_i^{(b)} = 0 \\
&\lambda_i^{(a)} = -\sigma_{ij}^{(a)}\nu_j^{(a)} = -T_i^{(a)} \\
&\lambda_i^{(b)} = -\sigma_{ij}^{(b)}\nu_j^{(b)} = -T_i^{(b)}
\end{aligned} \tag{f}$$

将已识别的拉氏乘子代回泛函（e），以 $\omega$ 代表 $-\mu/2$，整理后有

$$\begin{aligned}
&\Pi_{MG\lambda}^1(\boldsymbol{\sigma},\boldsymbol{\sigma}^{(1)},\boldsymbol{\varepsilon},\boldsymbol{u},\tilde{\boldsymbol{u}},\omega) \\
&= \sum_n \left\{ \int_{V_n} [A(\boldsymbol{\varepsilon}) - \boldsymbol{\sigma}^{\mathrm{T}}(\boldsymbol{\varepsilon} - \boldsymbol{D}\boldsymbol{u}) - \bar{\boldsymbol{F}}^{\mathrm{T}}\boldsymbol{u} \right. \\
&\quad + \omega(\boldsymbol{\sigma}^{(1)} - \boldsymbol{C}\boldsymbol{\varepsilon})^{\mathrm{T}}(\boldsymbol{\varepsilon} - \boldsymbol{S}\boldsymbol{\sigma}^{(1)})]\mathrm{d}V \\
&\quad - \int_{\partial V_n} \boldsymbol{T}^{\mathrm{T}}(\boldsymbol{u} - \tilde{\boldsymbol{u}})\,\mathrm{d}S - \int_{S_{\sigma_n}} \bar{\boldsymbol{T}}^{\mathrm{T}}\tilde{\boldsymbol{u}}\mathrm{d}S - \int_{S_{u_n}} \boldsymbol{T}^{\mathrm{T}}(\tilde{\boldsymbol{u}} - \bar{\boldsymbol{u}})\mathrm{d}S \\
&\quad \left. + \int_{S_{\sigma_n}} (\boldsymbol{T} - \bar{\boldsymbol{T}})^{\mathrm{T}}(\boldsymbol{u} - \tilde{\boldsymbol{u}})\mathrm{d}S \right\} = \text{驻值} \quad (\boldsymbol{T} = \boldsymbol{\nu}\boldsymbol{\sigma})
\end{aligned} \tag{9.2.2}$$

由于泛函 $\Pi_{MG\lambda}^1$ 中位移 $\boldsymbol{u}$ 为非协调的，文献[21]中将式（9.2.2）中的 $\boldsymbol{u}$ 分为协调位移 $\boldsymbol{u}_q$ 及非协调位移 $\boldsymbol{u}_\lambda$ 两部分

$$\boldsymbol{u}=\boldsymbol{u}_q+\boldsymbol{u}_\lambda \tag{g}$$

沿单元边界选取

$$\tilde{\boldsymbol{u}}-\tilde{\boldsymbol{u}}=\boldsymbol{u}_\lambda \quad (\partial V_n\text{上})$$

$$\tilde{\boldsymbol{u}}-\bar{\boldsymbol{u}}=\boldsymbol{0} \quad (S_{u_n}\text{上})$$

$$\boldsymbol{T}-\bar{\boldsymbol{T}}=\boldsymbol{0} \quad (S_{\sigma_n}\text{上})$$

则式（9.2.2）成为

$$\begin{aligned}\Pi_{MG\lambda}^{1}=\sum_{n}\Big\{&\int_{V_n}[A(\boldsymbol{\varepsilon})-\boldsymbol{\sigma}^{\mathrm{T}}(\boldsymbol{\varepsilon}-\boldsymbol{D}\boldsymbol{u}_q-\boldsymbol{D}\boldsymbol{u}_\lambda)-\bar{\boldsymbol{F}}^{\mathrm{T}}\boldsymbol{u}\\&+\omega(\boldsymbol{\sigma}^{(1)}-\boldsymbol{C}\boldsymbol{\varepsilon})^{\mathrm{T}}(\boldsymbol{\varepsilon}-\boldsymbol{S}\boldsymbol{\sigma}^{(1)})]\mathrm{d}V\\&-\int_{\partial V_n}\boldsymbol{T}^{\mathrm{T}}\boldsymbol{u}_\lambda\mathrm{d}S-\int_{S_{\sigma_n}}\bar{\boldsymbol{T}}^{\mathrm{T}}\tilde{\boldsymbol{u}}\,\mathrm{d}S\Big\} \quad (\boldsymbol{T}=\boldsymbol{\nu}\boldsymbol{\sigma})\end{aligned} \tag{h}$$

利用散度定理

$$\int_{V_n}\boldsymbol{\sigma}^{\mathrm{T}}(\boldsymbol{D}\boldsymbol{u}_\lambda)\mathrm{d}V=-\int_{V_n}(\bar{\boldsymbol{D}}^{\mathrm{T}}\boldsymbol{\sigma})^{\mathrm{T}}\boldsymbol{u}_\lambda\mathrm{d}V+\int_{\partial V_n}(\boldsymbol{\nu}\boldsymbol{\sigma})^{\mathrm{T}}\boldsymbol{u}_\lambda\mathrm{d}S \tag{i}$$

所以有如下更一般形式的广义变分原理（Ⅱ）$\Pi_{MG\lambda}^{1}$：

$$\begin{aligned}&\Pi_{MG\lambda}^{1}[\boldsymbol{\sigma},\boldsymbol{\sigma}^{(1)},\boldsymbol{\varepsilon},\boldsymbol{u}_q,\boldsymbol{u}_\lambda,\omega]\\&=\sum_{n}\Big\{\int_{V_n}\Big[A(\boldsymbol{\varepsilon})-\boldsymbol{\sigma}^{\mathrm{T}}(\boldsymbol{\varepsilon}-\boldsymbol{D}\boldsymbol{u}_q)-(\bar{\boldsymbol{D}}^{\mathrm{T}}\boldsymbol{\sigma})^{\mathrm{T}}\boldsymbol{u}_\lambda-\bar{\boldsymbol{F}}^{\mathrm{T}}\boldsymbol{u}\\&\quad+\omega(\boldsymbol{\sigma}^{(1)}-\boldsymbol{C}\boldsymbol{\varepsilon})^{\mathrm{T}}(\boldsymbol{\varepsilon}-\boldsymbol{S}\boldsymbol{\sigma}^{(1)})\Big]\mathrm{d}V-\int_{S_{\sigma_n}}\bar{\boldsymbol{T}}^{\mathrm{T}}\tilde{\boldsymbol{u}}\,\mathrm{d}S\Big\}=\text{驻值} \quad (\boldsymbol{T}=\boldsymbol{\nu}\boldsymbol{\sigma})\end{aligned} \tag{9.2.3}$$

约束条件

$$\boldsymbol{u}-\tilde{\boldsymbol{u}}=\boldsymbol{u}_\lambda \quad (\partial V_n\text{上})$$

$$\boldsymbol{T}-\bar{\boldsymbol{T}}=\boldsymbol{0} \quad (S_{\sigma_n}\text{上})$$

$$\tilde{\boldsymbol{u}}-\bar{\boldsymbol{u}}=\boldsymbol{0} \quad (S_{u_n}\text{上})$$

## 9.3 根据更一般形式的广义变分原理（Ⅲ）$\Pi_{MG\lambda}^{2}$ 建立的轴对称广义杂交应力元

Chen 和 Cheung 利用更一般形式的广义变分原理（Ⅱ）式（9.2.3），建立了轴对称广义杂交应力元[22]。

### 9.3.1 变分原理 $\Pi_{MG\lambda}^{2}$

首先进一步引入附加应变 $\boldsymbol{\varepsilon}^{(1)}$，当略去载荷项时，对单个元泛函（9.2.3）成为

$$\Pi_{MG\lambda}^{2}(\boldsymbol{\varepsilon},\boldsymbol{\varepsilon}^{(1)},\boldsymbol{\sigma},\boldsymbol{\sigma}^{(1)},\boldsymbol{u}_q,\boldsymbol{u}_\lambda,\omega)=\int_{V_n}\{A(\boldsymbol{\varepsilon})-\boldsymbol{\sigma}^{\mathrm{T}}(\boldsymbol{\varepsilon}-\boldsymbol{D}\boldsymbol{u}_q)-(\bar{\boldsymbol{D}}^{\mathrm{T}}\boldsymbol{\sigma})^{\mathrm{T}}\boldsymbol{u}_\lambda + \omega(\boldsymbol{\sigma}^{(1)}-\boldsymbol{C}\boldsymbol{\varepsilon})^{\mathrm{T}}(\boldsymbol{\varepsilon}^{(1)}-\boldsymbol{S}\boldsymbol{\sigma}^{(1)})\}\mathrm{d}V \tag{9.3.1}$$

以下来证明此泛函 $\Pi_{MG\lambda}^{2}$ 成立。对于轴对称问题，式中，

$$\boldsymbol{\varepsilon}^{\mathrm{T}}=[\varepsilon_r \quad \varepsilon_\theta \quad \varepsilon_z \quad \gamma_{rz}], \quad \boldsymbol{\sigma}^{\mathrm{T}}=[\sigma_r \quad \sigma_\theta \quad \sigma_z \quad \tau_{rz}] \tag{a}$$

$$\boldsymbol{D}^{\mathrm{T}}=\begin{bmatrix}\dfrac{\partial}{\partial r} & \dfrac{1}{r} & 0 & \dfrac{\partial}{\partial z}\\ 0 & 0 & \dfrac{\partial}{\partial z} & \dfrac{\partial}{\partial r}\end{bmatrix} \tag{b}$$

$$\bar{\boldsymbol{D}}^{\mathrm{T}}=\begin{bmatrix}\dfrac{\partial}{\partial z}+\dfrac{1}{r} & -\dfrac{1}{r} & 0 & \dfrac{\partial}{\partial z}\\ 0 & 0 & \dfrac{\partial}{\partial z} & \dfrac{\partial}{\partial z}+\dfrac{1}{r}\end{bmatrix} \tag{c}$$

当满足边界条件

$$\begin{aligned}&\boldsymbol{u}_q-\tilde{\boldsymbol{u}}=\boldsymbol{0} \quad （\partial V_n\text{上}）\\ &\tilde{\boldsymbol{u}}-\bar{\boldsymbol{u}}=\boldsymbol{0} \quad （S_{u_n}\text{上}）\\ &\boldsymbol{T}-\bar{\boldsymbol{T}}=\boldsymbol{0} \quad （S_{\sigma_n}\text{上}） \quad （\boldsymbol{T}=\boldsymbol{\nu}\boldsymbol{\sigma}）\end{aligned} \tag{d}$$

时，依据泛函（9.2.2）及略去已知载荷项，满足边界条件，并将式中 $\omega$ 项的第二项 $(\boldsymbol{\varepsilon}-\boldsymbol{S}\boldsymbol{\sigma}^{(1)})$ 换为 $(\boldsymbol{\varepsilon}^{(1)}-\boldsymbol{S}\boldsymbol{\sigma}^{(1)})$，得到

$$\begin{aligned}\Pi_{MG\lambda}^{2}=\sum\Big\{&\int_{V_n}[A(\boldsymbol{\varepsilon})-\boldsymbol{\sigma}^{\mathrm{T}}\boldsymbol{\varepsilon}+\boldsymbol{\sigma}^{\mathrm{T}}\boldsymbol{D}(\boldsymbol{u}_q+\boldsymbol{u}_\lambda)\\ &+\omega(\boldsymbol{\sigma}^{(1)}-\boldsymbol{C}\boldsymbol{\varepsilon})^{\mathrm{T}}(\boldsymbol{\varepsilon}^{(1)}-\boldsymbol{S}\boldsymbol{\sigma}^{(1)})]\mathrm{d}V\\ &-\int_{\partial V_n}(\boldsymbol{\nu}\boldsymbol{\sigma})^{\mathrm{T}}[(\boldsymbol{u}_q+\boldsymbol{u}_\lambda)-\tilde{\boldsymbol{u}}]\mathrm{d}S\Big\}\end{aligned} \tag{e}$$

如 9.2 节所述，最后一项引入元间位移 $\tilde{\boldsymbol{u}}$ 是为了放松元间位移协调条件。

化简后，成为

$$\begin{aligned}\Pi_{MG\lambda}^{2}=\sum_n\Big\{&\int_{V_n}[A(\boldsymbol{\varepsilon})-\boldsymbol{\sigma}^{\mathrm{T}}(\boldsymbol{\varepsilon}-\boldsymbol{D}\boldsymbol{u}_q-\boldsymbol{D}\boldsymbol{u}_\lambda)\\ &+\omega(\boldsymbol{\sigma}^{(1)}-\boldsymbol{C}\boldsymbol{\varepsilon})^{\mathrm{T}}(\boldsymbol{\varepsilon}^{(1)}-\boldsymbol{S}\boldsymbol{\sigma}^{(1)})]\mathrm{d}V-\int_{\partial V_n}(\boldsymbol{\nu}\boldsymbol{\sigma})^{\mathrm{T}}\boldsymbol{u}_\lambda\mathrm{d}S\Big\}\end{aligned} \tag{9.3.2}$$

以下证明，此泛函变分给出弹性理论的全部基本方程。为此，对泛函取变分：

$$\begin{aligned}\delta \Pi_{MG\lambda}^{2}=\sum_{n}\int_{V_n}\Bigg[&\frac{\partial A}{\partial \varepsilon_{ij}}\delta\varepsilon_{ij}-(\varepsilon_{ij}-u_{i,j}^{(q)}-u_{i,j}^{(\lambda)})\delta\sigma_{ij}\\&-\sigma_{ij}\delta\varepsilon_{ij}+\sigma_{ij}\delta u_{i,j}^{(q)}+\sigma_{ij}\delta u_{i,j}^{(\lambda)}\\&+(\sigma_{ij}^{(1)}-C_{ijkl}\varepsilon_{kl})(\varepsilon_{ij}^{(1)}-S_{ijkl}\sigma_{kl}^{(1)})\delta\omega\\&+\omega(\sigma_{ij}^{(1)}\delta\varepsilon_{ij}^{(1)}+\varepsilon_{ij}^{(1)}\delta\sigma_{ij}^{(1)}-C_{ijkl}\varepsilon_{kl}\delta\varepsilon_{ij}^{(1)}-C_{ijkl}\varepsilon_{kl}^{(1)}\delta\varepsilon_{ij}\\&-2S_{ijkl}\sigma_{kl}^{(1)}\delta\sigma_{ij}^{(1)}+\varepsilon_{ij}\delta\sigma_{ij}^{(1)}+\sigma_{ij}^{(1)}\delta\varepsilon_{ij})\Bigg]\mathrm{d}V\\&-\sum_{n}\int_{\partial V_n}[u_i^{(\lambda)}\delta\sigma_{ij}\nu_j+\sigma_{ij}\nu_j\delta u_i^{(\lambda)}]\mathrm{d}S=0\end{aligned}\qquad\text{(f)}$$

整理后有

$$\begin{aligned}\delta \Pi_{MG\lambda}^{2}=\sum_{n}\int_{V_n}\Bigg\{&\Bigg[\left(\frac{\partial A}{\partial \varepsilon_{ij}}-\sigma_{ij}\right)+\omega(\sigma_{ij}^{(1)}-C_{ijkl}\varepsilon_{kl}^{(1)})\Bigg]\delta\varepsilon_{ij}-^{①}(\varepsilon_{ij}-u_{i,j}^{(q)}-u_{i,j}^{(\lambda)})\delta\sigma_{ij}\\&+^{②}[(\sigma_{ij}^{(1)}-C_{ijkl}\varepsilon_{kl})(\varepsilon_{ij}^{(1)}-S_{ijkl}\sigma_{kl}^{(1)})]\delta\omega-^{①}(\sigma_{ij,j})(\delta u_i^{(q)}+\delta u_i^{(\lambda)})\\&+\omega^{③}(\varepsilon_{ij}^{(1)}-2S_{ijkl}\sigma_{kl}^{(1)}+\varepsilon_{ij})\delta\sigma_{ij}^{(1)}+\omega^{③}(\sigma_{ij}^{(1)}-C_{ijkl}\varepsilon_{kl})\delta\varepsilon_{ij}^{(1)}\Bigg\}\mathrm{d}V\\&-\sum_{n}\left\{\int_{\partial V_n}\left[u_i^{(\lambda)}\delta\sigma_{ij}\nu_j-\sigma_{ij}\nu_j\delta u_i^{(q)}\right]\mathrm{d}S\right\}=0\end{aligned}\qquad\text{(g)}$$

由于$V_n$内$\delta\varepsilon_{ij},\delta\sigma_{ij},\delta\omega,\delta u_i^{(q)},\delta u_i^{(\lambda)},\delta\sigma_{ij}^{(1)},\delta\varepsilon_{ij}^{(1)}$，以及$\partial V_n$上$\delta\sigma_{ij}\nu_j$均为独立变分，同时在$\partial V_n$上$\delta u_i^{(q)}=0$，所以由式（g）得到

$V_n$内

$$\frac{\partial A}{\partial \varepsilon_{ij}}-\sigma_{ij}+\omega[\sigma_{ij}^{(1)}-C_{ijkl}\varepsilon_{kl}^{(1)}]=0$$

$$\varepsilon_{ij}-u_{i,j}^{(q)}-u_{i,j}^{(\lambda)}=0$$

$$\sigma_{ij}^{(1)}-C_{ijkl}\varepsilon_{kl}=0\quad\text{(h)}$$

$$^{④}\varepsilon_{ij}^{(1)}-S_{ijkl}\sigma_{kl}^{(1)}=0$$

$$\sigma_{ij,j}=0$$

$$\varepsilon_{ij}^{(1)}-2S_{ijkl}\sigma_{kl}^{(1)}+\varepsilon_{ij}=0$$

$\partial V_n$上

$$u_i^{(\lambda)}=0$$

注意到高阶拉氏乘子$\omega$可选为任意不为零的值，所以式（h）的第一式成为

① 文献[22]此式中这两项前符号有误。

② 文献[22]中没有$\delta\omega$这一项（即该文献中的$\mu$），因为文献[22]认为$\omega$为任意常数，故$\delta\omega=0$。实际上$\omega$是任意函数。

③ 文献[22]此式中漏掉两项前的$\omega$。

④ 因为文献[22]认为$\delta\omega=0$，所以变分结果也没有此式。

$$\frac{\partial A}{\partial \varepsilon_{ij}} - \sigma_{ij} = 0, \quad \sigma_{ij}^{(1)} = C_{ijkl}\, \varepsilon_{kl}^{(1)} \tag{i}$$

将式（i）与式（h）的第 3、6 两式对比可得

$$\sigma_{ij} = \sigma_{ij}^{(1)}, \quad \varepsilon_{ij} = \varepsilon_{ij}^{(1)} \tag{j}$$

所以，此泛函变分给出弹性理论的全部基本方程。Chen 和 Cheung[22]根据此变分原理建立了以下轴对称元。

### 9.3.2　有限元列式

选取

$$\boxed{\begin{aligned} &\boldsymbol{\varepsilon} = \frac{1}{|\boldsymbol{J}|}\boldsymbol{N\alpha} \\ &\boldsymbol{\sigma} = \frac{1}{r}\boldsymbol{P\beta} \\ &\boldsymbol{\sigma}^{(1)} = \overline{\boldsymbol{P}}\overline{\boldsymbol{\beta}} \\ &\boldsymbol{\varepsilon}^{(1)} = \frac{1}{r|\boldsymbol{J}|}\overline{\boldsymbol{N}}\overline{\boldsymbol{\alpha}} \\ &\boldsymbol{u}_q = \boldsymbol{Fq} \\ &\boldsymbol{u}_\lambda = \boldsymbol{M\lambda} \end{aligned}} \tag{9.3.3}$$

代入式（9.3.1），有

$$\begin{aligned} \Pi_{MG\lambda}^2 = 2\pi\Big[ & \frac{1}{2}\boldsymbol{\alpha}^{\mathrm{T}}\boldsymbol{H\alpha} - \boldsymbol{\beta}^{\mathrm{T}}\boldsymbol{W\alpha} + \boldsymbol{\beta}^{\mathrm{T}}\boldsymbol{G}_1\boldsymbol{q} - \boldsymbol{\beta}^{\mathrm{T}}\boldsymbol{G}_2\boldsymbol{\lambda} \\ & + \omega(\overline{\boldsymbol{\beta}}^{\mathrm{T}}\boldsymbol{W}_1\overline{\boldsymbol{\alpha}} - \overline{\boldsymbol{\alpha}}^{\mathrm{T}}\boldsymbol{H}_1\boldsymbol{\alpha} - \overline{\boldsymbol{\beta}}^{\mathrm{T}}\boldsymbol{H}_2\overline{\boldsymbol{\beta}} + \overline{\boldsymbol{\beta}}^{\mathrm{T}}\boldsymbol{W}_2\boldsymbol{\alpha})\Big] \end{aligned} \tag{k}$$

式中

$$\begin{aligned} &\boldsymbol{H} = \int_{-1}^{1}\int_{-1}^{1}\boldsymbol{N}^{\mathrm{T}}\boldsymbol{CN}\frac{r}{|\boldsymbol{J}|}\,\mathrm{d}\xi\,\mathrm{d}\eta \\ &\boldsymbol{W} = \int_{-1}^{1}\int_{-1}^{1}\boldsymbol{P}^{\mathrm{T}}\boldsymbol{N}\,\mathrm{d}\xi\,\mathrm{d}\eta \\ &\boldsymbol{G}_1 = \int_{-1}^{1}\int_{-1}^{1}\boldsymbol{P}^{\mathrm{T}}(\boldsymbol{DF})|\boldsymbol{J}|\,\mathrm{d}\xi\,\mathrm{d}\eta \\ &\boldsymbol{G}_2 = \int_{-1}^{1}\int_{-1}^{1}(\overline{\boldsymbol{D}}^{\mathrm{T}}\boldsymbol{P})^{\mathrm{T}}\boldsymbol{M}|\boldsymbol{J}|\,\mathrm{d}\xi\,\mathrm{d}\eta \\ &\boldsymbol{W}_1 = \int_{-1}^{1}\int_{-1}^{1}\overline{\boldsymbol{P}}^{\mathrm{T}}\overline{\boldsymbol{N}}\,\mathrm{d}\xi\,\mathrm{d}\eta \\ &\boldsymbol{H}_1 = \int_{-1}^{1}\int_{-1}^{1}\overline{\boldsymbol{N}}^{\mathrm{T}}\boldsymbol{C}\,\boldsymbol{N}\frac{1}{|\boldsymbol{J}|}\,\mathrm{d}\xi\,\mathrm{d}\eta \end{aligned} \tag{l}$$

$$H_2 = \int_{-1}^{1}\int_{-1}^{1} \bar{P}^{\mathrm{T}} S \bar{P} r |J| \,\mathrm{d}\xi \,\mathrm{d}\eta$$

$$W_2 = \int_{-1}^{1}\int_{-1}^{1} \bar{P}^{\mathrm{T}} N r \,\mathrm{d}\xi \,\mathrm{d}\eta$$

取 $\delta\Pi_{MG\lambda}^2 = 0$，得到

$$\begin{aligned} &H\alpha - W^{\mathrm{T}}\beta - \omega(H_1^{\mathrm{T}}\bar{\alpha} - W_2^{\mathrm{T}}\bar{\beta}) = 0 \\ &-W\alpha + G_1 q - G_2 \lambda = 0 \\ &G_2^{\mathrm{T}}\beta = 0^{①} \\ &W_1^{\mathrm{T}}\bar{\beta} - H_1\alpha = 0 \\ &W_1\bar{\alpha} - 2H_2\bar{\beta} + W_2\alpha = 0 \end{aligned} \tag{m}$$

从而可以得到单刚

$$k = G^{\mathrm{T}} W^{-\mathrm{T}} H W^{-1} G \tag{9.3.4}$$

及单元应力计算式

$$\sigma^{(1)} = \bar{P} W_1^{-\mathrm{T}} H_1 W^{-1} G q^{\mathrm{e}} \tag{9.3.5}$$

其中

$$G = [G_1 \quad -G_2], \quad q^{\mathrm{e}} = [q \quad \lambda]^{\mathrm{T}} \tag{n}$$

由于 $W$ 及 $W_1$ 阵便于选为对角阵（或接近对角阵），容易取逆。只要选择相当，$G$ 阵就能导出显式表达式。同时，利用式（9.3.5）求应力，不但比用应力-应变关系求应力更准确，而且简单、可靠。

### 9.3.3　建立 4 结点四边形轴对称广义杂交应力元[22]

单元形状如图 9.1 所示，其场变量选择为

$$u_q = \begin{Bmatrix} u \\ v \end{Bmatrix} = \sum_{i=1}^{4} \frac{1}{4}(1+\xi\xi_i)(1+\eta\eta_i) \begin{Bmatrix} u_i \\ v_i \end{Bmatrix} \tag{o}$$

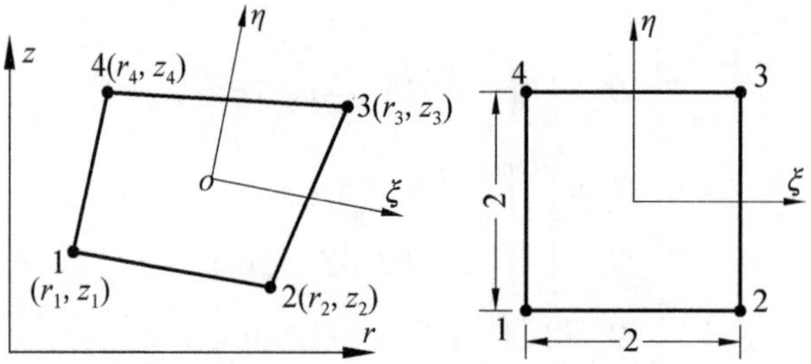

(a) 四边形4结点元　　(b) 单元局部坐标

图 9.1　4 结点四边形轴对称元

① 文献[22]在此式前还得到式 $G_1^{\mathrm{T}}\beta = 0$（文献中式（6c）的第三式），由于 $q$ 是结点位移，对单元而言不是独立变量，所以上式不可能由单元的变分得出。

相应坐标转换为

$$
\begin{aligned}
\begin{Bmatrix} r \\ z \end{Bmatrix} &= \sum_{i=1}^{4}\frac{1}{4}(1+\xi\xi_i)(1+\eta\eta_i)\begin{Bmatrix} r_i \\ z_i \end{Bmatrix} \\
&= \begin{Bmatrix} a_1 + a_2\xi + a_3\eta + a_4\xi\eta \\ b_1 + b_2\xi + b_3\eta + b_4\xi\eta \end{Bmatrix}
\end{aligned} \tag{p}
$$

其中，

$$
\begin{bmatrix} a_1 & b_1 \\ a_2 & b_2 \\ a_3 & b_3 \\ a_4 & b_4 \end{bmatrix} = \begin{bmatrix} 1 & 1 & 1 & 1 \\ -1 & 1 & 1 & -1 \\ -1 & -1 & 1 & 1 \\ 1 & -1 & 1 & -1 \end{bmatrix} \begin{bmatrix} r_1 & z_1 \\ r_2 & z_2 \\ r_3 & z_3 \\ r_4 & z_4 \end{bmatrix} \tag{q}
$$

由泛函（9.3.1）建立的 4 结点轴对称元，其诸变量选取为

$$
\boldsymbol{\varepsilon} = \frac{1}{|\boldsymbol{J}|}\begin{bmatrix} \boldsymbol{N}_1 & & & \\ & \boldsymbol{N}_2 & & \mathbf{0} \\ & & \boldsymbol{N}_1 & \\ \mathbf{0} & & & \boldsymbol{N}_1 \end{bmatrix}\begin{Bmatrix} \alpha_1 \\ \alpha_2 \\ \vdots \\ \alpha_{13} \end{Bmatrix} \tag{r}
$$

$$
\boldsymbol{\sigma} = \frac{1}{r}\begin{bmatrix} \boldsymbol{P}_1 & & & \\ & \boldsymbol{P}_2 & & \mathbf{0} \\ & & \boldsymbol{P}_1 & \\ \mathbf{0} & & & \boldsymbol{P}_1 \end{bmatrix}\begin{Bmatrix} \beta_1 \\ \beta_2 \\ \vdots \\ \beta_{13} \end{Bmatrix} \tag{s}
$$

$$
\boldsymbol{\sigma}^{(1)} = \begin{bmatrix} \bar{\boldsymbol{P}}_1 & & & \\ & \bar{\boldsymbol{P}}_2 & & \mathbf{0} \\ & & \bar{\boldsymbol{P}}_1 & \\ \mathbf{0} & & & \bar{\boldsymbol{P}}_1 \end{bmatrix}\begin{Bmatrix} \bar{\beta}_1 \\ \bar{\beta}_2 \\ \vdots \\ \bar{\beta}_{13} \end{Bmatrix} \tag{t}
$$

$$
\boldsymbol{\varepsilon}^{(1)} = \frac{1}{r|\boldsymbol{J}|}\begin{bmatrix} \bar{\boldsymbol{N}}_1 & & & \\ & \bar{\boldsymbol{N}}_2 & & \mathbf{0} \\ & & \bar{\boldsymbol{N}}_1 & \\ \mathbf{0} & & & \bar{\boldsymbol{N}}_1 \end{bmatrix}\begin{Bmatrix} \bar{\alpha}_1 \\ \bar{\alpha}_2 \\ \vdots \\ \bar{\alpha}_{13} \end{Bmatrix} \tag{u}
$$

$$
\boldsymbol{u}_\lambda = \begin{bmatrix} M_1 & M_2 & & \mathbf{0} \\ & \mathbf{0} & M_1 & M_2 \end{bmatrix}\begin{Bmatrix} \lambda_1 \\ \lambda_2 \\ \lambda_3 \\ \lambda_4 \end{Bmatrix} \tag{v}
$$

文献[22]中构造了两种元 SQ4 及 $SQ_{4-A}$，其各矩阵中的元素列于表 9.1 及表 9.2。

**表 9.1　单元 SQ4 及 $SQ_{4\text{-}A}$ 诸矩阵 $\boldsymbol{\varepsilon}$ ，$\boldsymbol{\sigma}$ ，$\boldsymbol{\sigma}^{(1)}$ 及 $\boldsymbol{\varepsilon}^{(1)}$ 中的元素**

| 单元 | $SQ_{4\text{-}A}$ | SQ4 |
|---|---|---|
| $\boldsymbol{N}_1, \bar{\boldsymbol{N}}_1, \bar{\boldsymbol{P}}_1$ ① | $1,\xi,\eta$ | $1,\xi,\eta$ |
| $\boldsymbol{N}_2$ | $1,\xi,\eta,\xi\eta$ | $\frac{\lvert\boldsymbol{J}\rvert}{r}(1,\xi,\eta,\xi\eta)$ |
| $\bar{\boldsymbol{N}}_2$ | $1,\xi,\eta,\xi\eta$ | $1,\xi,\eta,\xi\eta$ |
| $\boldsymbol{P}_1$ | $r,\xi\eta^2,\xi^2\eta$ | $r,\xi\eta^2,\xi^2\eta$ |
| $\boldsymbol{P}_2$ | $1,\xi,\eta,\xi\eta$ | $\frac{r}{\lvert\boldsymbol{J}\rvert}(1,\xi,\eta,\xi\eta)$ |

**表 9.2　单元 SQ4 及 $SQ_{4\text{-}A}$ 矩阵 $\boldsymbol{u}_\lambda$ 中的元素**

| 单元 | $SQ_{4\text{-}A}$ | SQ4 |
|---|---|---|
| $M_1$ | $\frac{1}{3}-\xi^2$ | $\frac{1}{3}-\xi^2$ |
| $M_2$ | $\frac{1}{3}-\eta^2$ | $\frac{1}{3}-\eta^2$ |

可见，当略去内部参数后，元 SQ4 退化为 4 结点等参元 Q4[23]。

根据插值公式（9.3.3）及式（m）得到

$$
\begin{aligned}
\boldsymbol{\varepsilon} &= \frac{1}{|\boldsymbol{J}|}\boldsymbol{N}\boldsymbol{W}^{-1}[\boldsymbol{G}_1 \quad -\boldsymbol{G}_2]\begin{Bmatrix}\boldsymbol{q}\\ \boldsymbol{\lambda}\end{Bmatrix} \\
&= \frac{1}{|\boldsymbol{J}|}\boldsymbol{N}\boldsymbol{W}^{-1}\boldsymbol{G}_1\boldsymbol{q} - \frac{1}{|\boldsymbol{J}|}\boldsymbol{N}\boldsymbol{W}^{-1}\boldsymbol{G}_2\boldsymbol{\lambda} \\
&= \boldsymbol{B}\boldsymbol{q} + \boldsymbol{B}_\lambda\boldsymbol{\lambda}
\end{aligned} \tag{w}
$$

式中

$$
\boldsymbol{q} = [u_1 \quad u_2 \quad u_3 \quad u_4 \quad w_1 \quad w_2 \quad w_3 \quad w_4]^{\mathrm{T}} \tag{x}
$$

$$
\boldsymbol{\lambda} = [\lambda_1 \quad \lambda_2 \quad \lambda_3 \quad \lambda_4]^{\mathrm{T}} \tag{y}
$$

① 文献[22]中没给出 $\bar{\boldsymbol{P}}_2$ 的元素。

$$\boldsymbol{W}^{-1}=\begin{bmatrix}\boldsymbol{W}_a^{-1} & & & \\ & \boldsymbol{W}_b^{-1} & \boldsymbol{0} & \\ & & \boldsymbol{W}_a^{-1} & \\ \boldsymbol{0} & & & \boldsymbol{W}_a^{-1}\end{bmatrix} \tag{z}$$

$$\boldsymbol{W}_a^{-1}=\frac{1}{4}\begin{bmatrix}\dfrac{1}{a_1} & -\dfrac{3a_2}{a_1} & -\dfrac{3a_3}{a_1}\\ 0 & 9 & 0\\ 0 & 0 & 9\end{bmatrix} \tag{a}^1$$

$$\boldsymbol{W}_b^{-1}=\frac{1}{4}\begin{bmatrix}1 & & & \\ & 3 & \boldsymbol{0} & \\ & & 3 & \\ \boldsymbol{0} & & & 9\end{bmatrix} \tag{b}^1$$

$$\boldsymbol{W}_a^{-1}\boldsymbol{G}_1=\frac{1}{4}\begin{bmatrix}\boldsymbol{A}_x & 0\\ \boldsymbol{B}_a & 0\\ 0 & \boldsymbol{A}_y\\ \boldsymbol{A}_y & \boldsymbol{A}_x\end{bmatrix} \tag{c}^1$$

$$\boldsymbol{A}_x=\begin{bmatrix}b_2-b_3 & b_2+b_3 & -b_2+b_3 & -b_2-b_3\\ -b_2-b_4 & b_2+b_4 & -b_2+b_4 & b_2-b_4\\ b_4+b_3 & b_4-b_3 & -b_4+b_3 & -b_4-b_3\end{bmatrix} \tag{d}^1$$

$$\boldsymbol{A}_y=\begin{bmatrix}-a_2+a_3 & -a_2-a_3 & a_2-a_3 & a_2+a_3\\ a_2+a_4 & -a_2-a_4 & a_2-a_4 & -a_2+a_4\\ -a_4-a_3 & -a_4+a_3 & a_4-a_3 & a_4+a_3\end{bmatrix} \tag{e}^1$$

$$\boldsymbol{B}_a=\begin{bmatrix}1 & 1 & 1 & 1\\ -1 & 1 & 1 & -1\\ -1 & -1 & 1 & 1\end{bmatrix} \tag{f}^1$$

$$\boldsymbol{W}^{-1}\boldsymbol{G}_2=\begin{bmatrix}\boldsymbol{B}_0 & 0\\ 0 & 0\\ 0 & \boldsymbol{A}_0\\ \boldsymbol{A}_0 & \boldsymbol{B}_0\end{bmatrix} \tag{g}^1$$

$$\boldsymbol{B}_0=\frac{16}{45}\begin{bmatrix}0 & 0\\ 0 & -b_3\\ b_2 & 0\end{bmatrix} \tag{h}^1$$

$$\boldsymbol{A}_0 = \frac{16}{45}\begin{bmatrix} 0 & 0 \\ 0 & a_3 \\ -a_2 & 0 \end{bmatrix} \tag{i}$$

选择以上插值函数时，注意以下几点：

（1）现在的两种单元，其应变以结点参数的函数表达，满足常应变准则要求；其非协调部分，可以证明[22]通过分片试验

$$\int_{-1}^{1}\int_{-1}^{1} \boldsymbol{B}_\lambda r |\boldsymbol{J}| \mathrm{d}\xi \mathrm{d}\eta = \boldsymbol{0} \tag{j}$$

但是，为了通过分片试验，要小心选择各插值函数，例如，以 $\boldsymbol{\varepsilon} = (\boldsymbol{N\alpha})/(|\boldsymbol{J}|r)$ 代替 $\boldsymbol{\varepsilon} = (\boldsymbol{N\alpha})/(|\boldsymbol{J}|)$；$\overline{\boldsymbol{P}}$ 的 $r$ 项以 1 代替；或者删去 $\boldsymbol{N}_2$ 中的 $\xi\eta$ 项，均不通过分片试验。

（2）如前所述，$\boldsymbol{\sigma}$ 仅仅用以计算应变参数，而不用其计算单元应力。也不用 $\boldsymbol{C\varepsilon}$ 计算应力，因为 $1/|\boldsymbol{J}|$ 项对单元的歪斜十分敏感，当 $r \to 0$ 时，引起 $\varepsilon_\theta$ 奇异。现在通过泛函中引入 $\boldsymbol{\sigma}^{(1)}$ 与 $\boldsymbol{\varepsilon}^{(1)}$ 解决以上问题。

（3）选择内插值也要十分小心，例如，以 $\overline{\boldsymbol{P}}=[r \;\; \xi \;\; \eta]$ 代替 $\overline{\boldsymbol{P}}=[r \;\; \xi\eta^2 \;\; \xi^2\eta]$ 将产生奇异性。

### 9.3.4 数值算例

**例 1**　无限长厚壁筒承受均匀内压力

这里用规则网格（图 9.2）进行分析。现在单元 SQ4、协调位移元 Q4，以及杂交应力元 $9\beta$ 和 $8\beta$ [24]的计算结果均列于表 9.3 中，可见，所有单元均提供较好结果，元 SQ4 较元 $8\beta$ 及 $9\beta$ 的更好之点在于它不存在伪剪应力。表 9.4 给出当材料接近于不可压缩时，元 SQ4 和 Q4 的计算结果，可见 SQ4 元也适于不可压缩的材料。

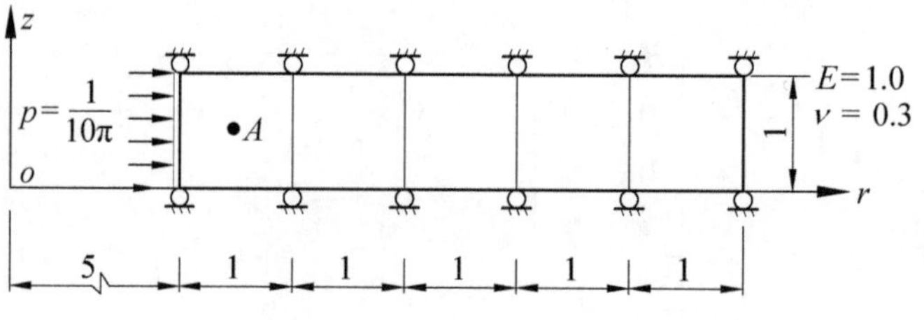


图 9.2　承受内压的厚壁筒的有限元网格

**表 9.3　应力及位移误差（%）（厚壁筒承受均匀内压，规则网格）**

| 单元 | | Q4 | $9\beta$ [23] | $8\beta$ [24] | SQ4[22] |
|---|---|---|---|---|---|
| $\sigma_r$: $r=$ | 5.5 | 0.2 | 0.2 | 0.0 | 0.0 |
| | 6.5 | 0.3 | 0.1 | 0.0 | 0.0 |
| | 7.5 | 0.4 | 0.1 | 0.1 | 0.1 |
| | 8.5 | 0.5 | 0.1 | 0.1 | 0.1 |
| | 9.5 | 0.8 | 0.4 | −0.2 | 0.1 |
| $\sigma_\theta$: $r=$ | 5.5 | −0.2 | 0.7 | 0.5 | −0.9 |
| | 6.5 | 0.0 | 0.4 | 0.4 | −0.4 |
| | 7.5 | 0.0 | 0.3 | 0.3 | −0.2 |
| | 8.5 | 0.2 | 0.2 | 0.2 | 0.0 |
| | 9.5 | 0.3 | 0.1 | 0.2 | 0.1 |
| $\sigma_z$: $r=$ | 5.5 | −0.7 | −3.8 | 1.0 | −1.9 |
| | 6.5 | −0.2 | 2.0 | 0.6 | −0.8 |
| | 7.5 | 0.1 | 1.1 | 0.4 | −0.3 |
| | 8.5 | 0.2 | 0.7 | 0.2 | 0.0 |
| | 9.5 | 0.3 | 0.5 | 0.2 | −0.1 |
| $u$: $r=$ | 5 | 0.6 | 0.2 | 0.1 | 0.5 |
| | 6 | 0.6 | −0.1 | 0.1 | 0.5 |
| | 7 | 0.6 | 0.0 | 0.1 | 0.4 |
| | 8 | 0.5 | 0.0 | 0.1 | 0.4 |
| | 9 | 0.5 | 0.0 | 0.1 | 0.4 |
| | 10 | 0.5 | 0.0 | 0.2 | 0.4 |
| $\tau_{rz}$ $(5<r<10)$ | | 0.0 | — | — | 0.0 |

**表 9.4　材料接近于不可压缩时的应力及位移（厚壁筒承受均匀内压）**

| 泊松比 | | 0.49 | | | | 0.4999 | | | |
|---|---|---|---|---|---|---|---|---|---|
| | | $u\ (r=5)$ | $\sigma_{rA}$ | $\sigma_{\theta A}$ | $\sigma_{zA}$ | $u\ (r=5)$ | $\sigma_{rA}$ | $\sigma_{\theta A}$ | $\sigma_{zA}$ |
| 单元 | Q4 | 28.79 | −2.00 | 4.40 | 1.17 | 2.84 | 2.10 | 2.73 | 2.41 |
| | $SQ_4$ | 31.53 | −2.44 | 4.62 | 1.07 | 31.57 | −2.44 | 4.62 | 1.09 |
| 解析解 | | **31.78** | **−2.45** | **4.57** | **1.04** | **31.83** | **−2.45** | **4.57** | **1.06** |

**例 2**　无限长厚壁筒承受内压力（歪斜网格，图 9.3）

用逐渐歪斜的网格来分析上例（图 9.3），当歪斜参数 $e$ 从 0 增至 0.75 时，由元 SQ4、Q4、$8\beta$ 及 $9\beta$ 计算所得径向位移及径向应力，分别由图 9.4 及图 9.5 给出。可见，现在的 SQ4 元对单元几何形状歪斜不敏感，特别是应力。

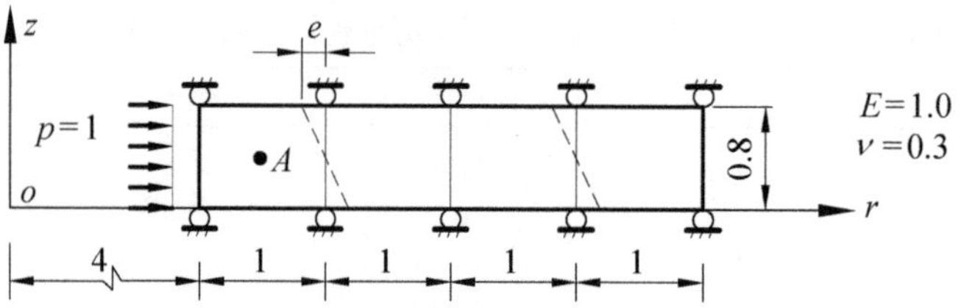


图 9.3　厚壁筒承受内压力（歪斜网格）

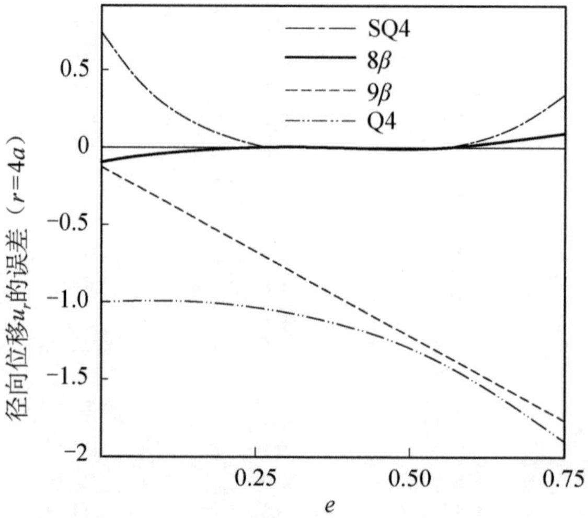


图 9.4　厚壁筒径向位移 $u_r$ 随单元形状歪斜 $e$ 的变化

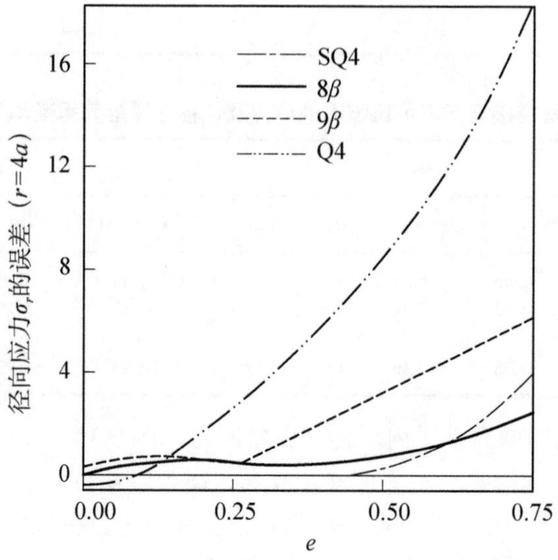


图 9.5　厚壁筒径向应力 $\sigma_r$ 随单元形状歪斜 $e$ 的变化

**例 3**　简支圆板承受均布载荷

圆板划分为三种有限元网格（图 9.6），表 9.5 给出当泊松比 $\nu = 0.25$ 时的计算结果，元 OABI 由文献[25]给出；解析解由文献[26]给出。可见，元 SQ4 的结果十分准确（特别是应力）；同时，此单元对其几何形状歪斜不甚敏感。对两种网格及不同泊松比时，元 SQ4 及 Q4 的结果由表 9.5 及表 9.6 给出，可见，元 SQ4 也适用于不可压缩材料，不产生锁住现象。

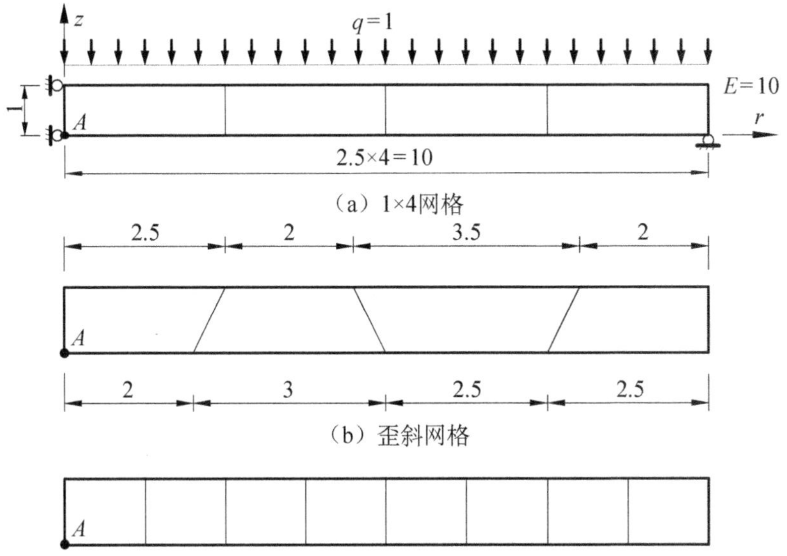


（a）1×4网格

（b）歪斜网格

（c）1×8网格

图 9.6　简支圆板承受均布载荷有限元网格

**表 9.5　简支圆板 $A$ 点的挠度 $w_A$ 及径向应力 $\sigma_r$（泊松比 $\nu = 0.25$）**

| 网格 | $w_A$ | | | $\sigma_r$ | | |
|---|---|---|---|---|---|---|
| | 1×4 | | 1×8 | 1×4 | | 1×8 |
| | 规则网格 | 歪斜网格 | | 规则网格 | 歪斜网格 | |
| SQ4 | −763.24 | −668.79 | −751.22 | 121.77 | 163.46 | 122.31 |
| OABI | −775.2 | — | — | — | — | — |
| Q4 | −513.52 | −469.15 | −595.41 | 0/0 | 0/0 | 0/0 |
| 解析解[26] | | **−738.28** | | | **121.88** | |

**表 9.6　简支圆板 $A$ 点挠度 $w_A$ 及径向应力 $\sigma_r$**

| 泊松比 $\nu$ | $w_A$ | | | $\sigma_r$ | | |
|---|---|---|---|---|---|---|
| | 0.25 | 0.49 | 0.4999 | 0.25 | 0.49 | 0.4999 |
| | | | 1×4 网格 | | | |
| SQ4 | −763.24 | −530.58 | −404.83 | 121.77 | 122.65 | 78.37 |
| Q4 | −513.52 | −41.67 | −8.11 | 0/0 | 0/0 | 0/0 |
| 解析解[26] | **−738.28** | **−524.98** | **−515.72** | **121.88** | **130.88** | **131.25** |
| | | | 1×8 网格 | | | |
| SQ4 | −751.22 | −533.07 | −425.66 | 122.31 | 127.80 | 87.44 |
| Q4 | −595.41 | −41.10 | −7.93 | 0/0 | 0/0 | 0/0 |
| 解析解[26] | **−738.28** | **−524.98** | **−515.72** | **121.88** | **130.88** | **131.25** |

## 9.4　小　　结

1. 根据更一般形式的广义变分原理，Chen 及 Cheung 建立了具有十分优良性质的广义杂交应力轴对称元，它包括了应力、应变及位移三类场变量，同时，应力及应变又进一步各分为两部分，这样可以改善单元的精度。由于通过理性地选择这些变量的内插函数，所以单刚的导出更为简化，且无需矩阵取逆。

这种方法构造的元 SQ4 通过分片试验；具有高的计算精度（特别是对于应力）；无多余零能模式；对规则的元不产生伪剪应力；当材料接近不可压缩时，也不发生锁住现象。

2. Chen 及 Cheung 运用了独特的方法，将此类单元的推导分为两部分：用包含内位移更一般形式的广义变分原理，导出单元刚度阵；用 $\boldsymbol{\sigma}^{(1)} = \overline{\boldsymbol{P}}\overline{\boldsymbol{\beta}}$ 计算应力。

作者还指出，用更一般形式的广义变分原理导出单刚，又可分为两部分：首先，获得应变 $\boldsymbol{\varepsilon}$ 和结点位移 $\boldsymbol{q}^{\mathrm{e}}$ 的关系；其次，依此关系，直接利用势能原理导出单刚。

注意，其应变插值中引入雅可比行列式 $|\boldsymbol{J}|$

$$\boldsymbol{\varepsilon} = \frac{\boldsymbol{N}}{|\boldsymbol{J}|}\boldsymbol{\alpha}$$

同时，以自然坐标表示的应力插值函数 $\boldsymbol{P}$（及 $\overline{\boldsymbol{P}}$）与应变插值函数 $\boldsymbol{N}$ 正交，从而使矩阵 $\boldsymbol{W}$ 及 $\boldsymbol{W}_1$ 对角化，大大减少了在单刚及 $\boldsymbol{\sigma}^{(1)}$ 计算的工作量；而且，由于 $|\boldsymbol{J}|$ 的存在，发挥了单元形状对应力及应变分布的影响，尤其是单元歪斜的影响；同时，$\boldsymbol{\varepsilon}$ 的这种表达式，可以使位移模式与应变进行比较，易于确定单刚满秩的条件。

注意此方法中应力 $\boldsymbol{\sigma}^{(1)}$ 的引入，由于 $\bar{\boldsymbol{P}}$ 的选择并不影响 $\boldsymbol{G}$ 阵，所以 $\boldsymbol{\sigma}^{(1)}$ 可以按十分理性的方法假定。

Chen 和 Cheung 总结了此种列式的特点[27]：①此高精度无 SQ4 能直接由协调元 Q4 导出，无须矩阵取逆；②$\boldsymbol{G}$ 阵可用显示式表示；③$\boldsymbol{H}$ 阵通常需要数值积分。

Chen 和 Cheung 也将此方法推广至板壳等诸多领域[28-30]。

表 9.7 为根据更一般形式的广义变分原理建立的轴对称杂交应力元。

**表 9.7　根据更一般形式的广义变分原理建立的轴对称杂交应力元**

| 变分原理 | 有限元模型 | 变量 | 矩阵方程中的未知数 | 矩阵方法 | 参考文献 |
|---|---|---|---|---|---|
| $\Pi^2_{MG\lambda}(\boldsymbol{\sigma},\boldsymbol{\sigma}^{(1)},\boldsymbol{\varepsilon},\boldsymbol{\varepsilon}^{(1)},\boldsymbol{u}_q,\boldsymbol{u}_\lambda,\omega)$ | 广义杂交应力轴对称元 | 应力：$\boldsymbol{\sigma}=\frac{1}{r}\boldsymbol{P}\boldsymbol{\beta}$<br>$\boldsymbol{\sigma}^{(1)}=\bar{\boldsymbol{P}}\bar{\boldsymbol{\beta}}$<br>应变：$\boldsymbol{\varepsilon}^{(1)}=\frac{1}{r\lvert\boldsymbol{J}\rvert}\bar{\boldsymbol{N}}\bar{\boldsymbol{\alpha}}$<br>$\boldsymbol{\varepsilon}=\frac{1}{\lvert\boldsymbol{J}\rvert}\boldsymbol{N}\boldsymbol{\alpha}$<br>协调位移：$\boldsymbol{u}_q=\boldsymbol{F}\boldsymbol{q}$<br>非协调位移：$\boldsymbol{u}_\lambda=\boldsymbol{M}\boldsymbol{\lambda}$ | $\boldsymbol{q},\boldsymbol{\lambda}$<br>$\Pi^2_{MG\lambda}(\boldsymbol{\beta},\bar{\boldsymbol{\beta}},\boldsymbol{\alpha},\bar{\boldsymbol{\alpha}},\boldsymbol{\lambda},\boldsymbol{q},\omega)$<br>$\to\Pi^2_{MG\lambda}(\boldsymbol{q}^e)$<br>$\boldsymbol{q}^e=[\boldsymbol{q},\boldsymbol{\lambda}]^{\mathrm{T}}$ | 位移<br>$\sum\boldsymbol{k}\boldsymbol{q}^e=\boldsymbol{Q}$ | Chen 和 Cheung[22]（1987） |

# 参 考 文 献


[1] 钱伟长. 高阶拉氏乘子法和弹性理论中更一般的广义变分原理. 应用数学与力学，1983，4（2）：137-150

[2] 钱伟长. 广义变分原理. 上海：知识出版社，1985

[3] 钱伟长. 弹性理论中广义变分原理的研究及其有限元计算中的应用. 中国机械工程学报，1979，2：1-23

[4] 钱伟长. 再论弹性力学中的广义变分原理——就等价问题和胡海昌先生商榷. 力学学报，1983. 4：325-340

[5] 钱伟长. 弹性理论中各种变分原理的分类. 应用数学与力学，1984，5（6）：765-770

[6] 钱伟长. 亦论广义变分原理与无条件变分原理——就本题答胡海昌先生. 固体力学学报，1984，3：451-468

[7] 钱伟长. 对合变换和薄板弯曲问题的多变量变分原理. 应用数学及力学，1985，6（1）：25-49

[8] 钱伟长. 非线性弹性体的弹性力学变分原理. 应用数学与力学，1987，8（7）：567-577

[9] 钱伟长. 大位移非线性弹性理论的变分原理和广义变分原理. 应用数学与力学，1988，9：1（1）-11

［10］钱伟长. 论拉氏乘子法及其唯一性问题. 力学学报，1988，20（4）：313-323
［11］钱伟长. 变分法及有限元（上册）. 北京：科学出版社，1980
［12］胡海昌. 弹性力学的变分原理及其应用. 北京：科学出版社，1981
［13］胡海昌. 弹性力学变分原理简介. 北京：中国科学院研究生院，1982
［14］胡海昌. 广义变分原理在近似解中的合理应用. 力学学报，1982，1：1-17
［15］胡海昌. 广义变分原理与无条件变分原理. 固体力学学报，1983，3：462-463
［16］胡海昌. 略论 Hellinger-Reissner 原理和胡海昌-鹫津久一郎两种广义变分原理的联系. 力学学报，1983，3：301-304
［17］胡海昌. 关于拉氏乘子法及其它. 力学学报，1985，5：426-434
［18］Hu H C. Necessary and sufficient conditions for correct use of generalized viriational principles of elasticity in approximate solutions. Science in China（A），1990，33（2）：196-205
［19］Washuzi K. On the variational principles of elasticity and plasticity. Aero. and Struct. Research Lab.，MIT，Technical Report，1955：25-18
［20］鹫津久一郎. 弹性和塑性力学中的变分法. 老亮，郝松林，译. 北京：科学出版社，1984
［21］Chen W J，Cheung Y K. A new approach for the hybrid element method. Int. J. Num. Meth. Engng.，1987，24：1697-1709
［22］Chen W J，Cheung Y K. Axisymmetric solid elements by the generalized hybrid method. Comput. & Struc.，1987，22（6）：745-752
［23］Zienkiewicz O C，Chenng Y K. The Finite Element Method in Structural and Continuum Methanics，London：McGraw-Hill，1967
［24］Tian Z S，Pian T H H. Axisymmetric solid elements by a rational hybrid stress method. Comput. & Struc.，1985，20：141-149
［25］Bachrach W E，Belytschko T. Axisymmetric elements with high coarse-mesh accuracy. Comput. & Struc.，1986，3：323-331
［26］Timoshenko S，Woinowsky-Krieger S. Theory of Plates and Shells. London：McGraw-Hill，1967
［27］Cheung Y K，Chen W J. Isoparametric hybrid herahedral elements for three dimensional stress analysis. Int. J. Num. Meth. Engng.，1988，26：677-693
［28］Cheung Y K，Chen W. Hybrid element methods for incompressible and nearly incompressible materials. Int. J. Solids. Struc.，1989，25：483-495
［29］Cheung Y K，Chen W. Hybrid quadrilateral element based on Mindlin / Reissner plate theory. Comput. & Struc.，1989，32：327-339
［30］Cheung Y K，Chen W. Generalized hybrid degenerated elements for plates and shells. Comput，& Struc.，1990，36（12）：279-290

# 第 10 章　轴对称转移元

有限元方法是用于寻找微分方程边值问题的近似解，当初始选择的单元计算所得误差过大时，就需要改进单元模式，以减少误差。

由于有限元的精度取决于单元的尺寸、形状，以及插值函数的阶数，所以一般有三种方法，以改善其精度。

1. *r-方法*[1-4]

图 10.1（a）代表最初误差较大的网格，可用图 10.1（b）在维持单元数目及插值多项式的阶数不变的情况下，而改变结点的重新配置，创造一个优化的网格，以减少离散化的误差。这种方法称为 r-方法，又称为网格优化法（grid optimization）。

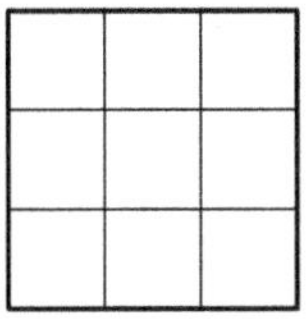

（a）初始网格（误差过大）

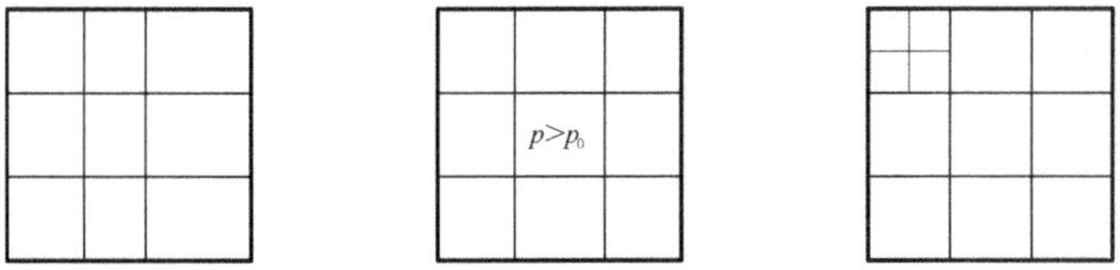


（b）r-方法　　（c）p-方法　　（d）h-方法

图 10.1　三种基本精化方案

这个方法看似简单，实际上要产生一个优化网格，不仅要确定新的网格，同时涉及确定结点位置、单元尺寸及形状。其主要缺点在于，这种方法限定了总的结点数，导致误差不一定会减少太多。

一般是将 r-这种重新配置法，与以下 p-方法或 h-方法联合使用。

2. *p-方法*[5-12]

这种方法是保持网格（a）不变，而增加其插值函数的阶数（图 10.1（b））。

因为高阶元不仅能更好地弥合定义域的几何形状，而且特别适用于由低阶元形成的网格，其单元尺寸纵横比不恰当的情况；同时，高阶元可以提供较低阶元更高的精度。但 p-方法的主要不足，在于其优化过程的收敛性高度取决于初始所选的单元网格。这个缺点可以通过与 r-方法或 h-方法配合，给予克服。但是，使用 r-方法或 h-方法，又会使网格发生变化，这样，将降低 p-方法的优点。因此，促使一些学者研究如何建立自适应过程，使 r-方法或 h-方法与 p-方法联合，以得到合理组合。

3. *h-方法*[13-18]

在误差估计量未建立前，这个方法是将网格均匀加密，现在，h-方法只是将误差显著的区域，再划分为小的单元。后者的划分数目，取决于单元的误差估计量，以及对这些单元所期望达到的精度要求。单纯用 h-方法，并不产生优化网格，所以它一般并不经济有效。

这三种方法的详细阐述，可参考有关文献。由于工程问题不同，三种方法的实施取决于所需解决问题的检验标准，每种方法均有其不同的侧重特性。

这一章，我们只简单介绍基于 h-方法与 r-方法联合建立的自适应方法，以及它在轴对称问题上的应用。由于这种联合，将会保持 h-方法的优点，又能克服其不足，既可以通过以前网格中单元的位置及尺寸，进一步确定优化网格，又可以确定新网格中单元尺寸，简单而有效，因而得到广泛的应用[19-34]。

## 10.1　转　移　元

对于 h-方法，当一个求解域被细划分时，会在相邻单元的边界上出现具有新结点的元，这种元称为转移元（transition element）。

用 Gupta[35]给出的一个典型例子，说明此问题。

考虑一个弹性半无限平面，承受均匀线性载荷（图 10.2），对于这个平面应变问题，由于力 $p$ 的作用点附近具有高的应力梯度，考虑对称性取一半平面用有限元求解时，可用图 10.3 的矩形网格，也可用图 10.4 三角形及四边形元的联合网格。

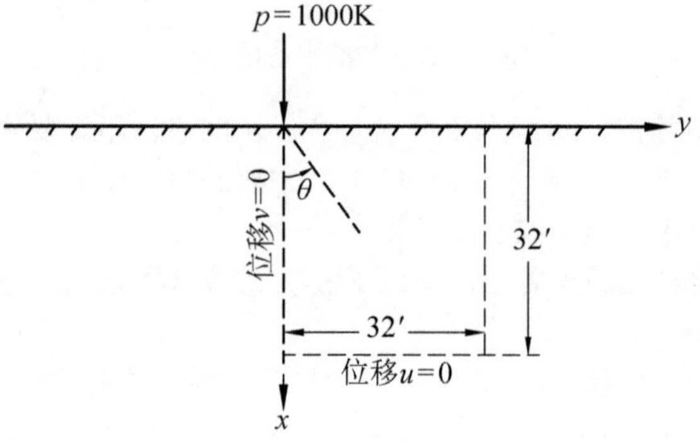


图 10.2　弹性半无限平面（承受均匀线性载荷）

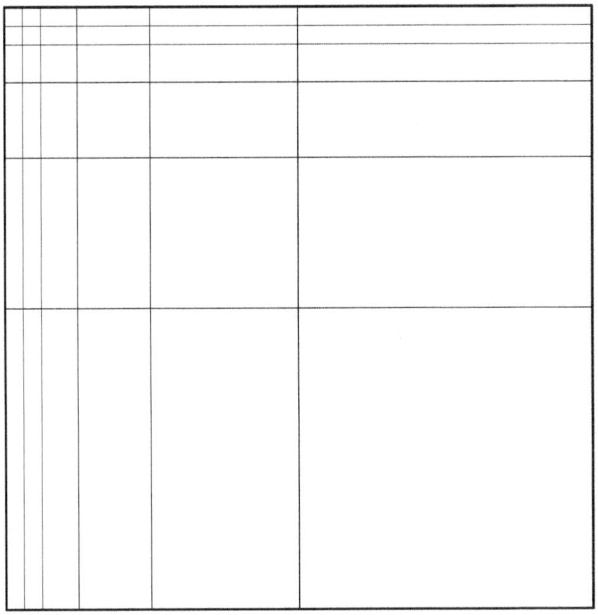

图 10.3　矩形有限元网格
（弹性半无限平面问题）

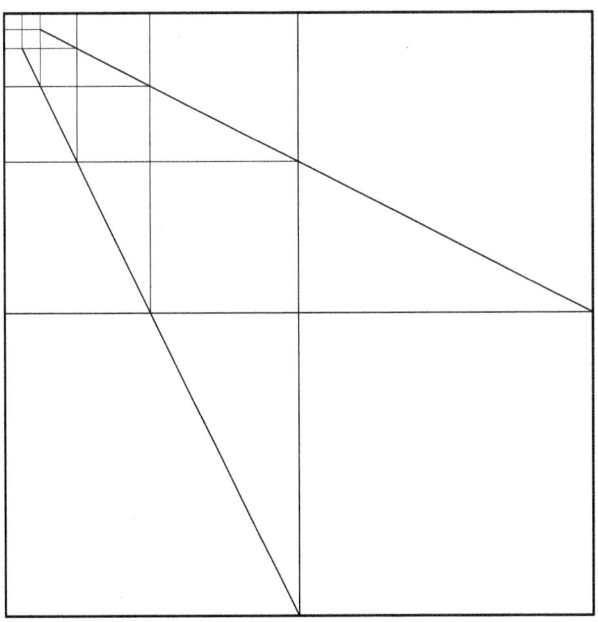

图 10.4　三角形及矩形联合网格
（弹性半无限平面问题）

由图 10.3 可见，这种网格在远离孔边时矩形单元的长宽比不好，导致计算结果欠佳。而图 10.4，由于矩形网格歪斜变成梯形，结果精度也不会提高。为此，Gupta 建议采用具有转移四边形元的网格（图 10.5）进行计算。

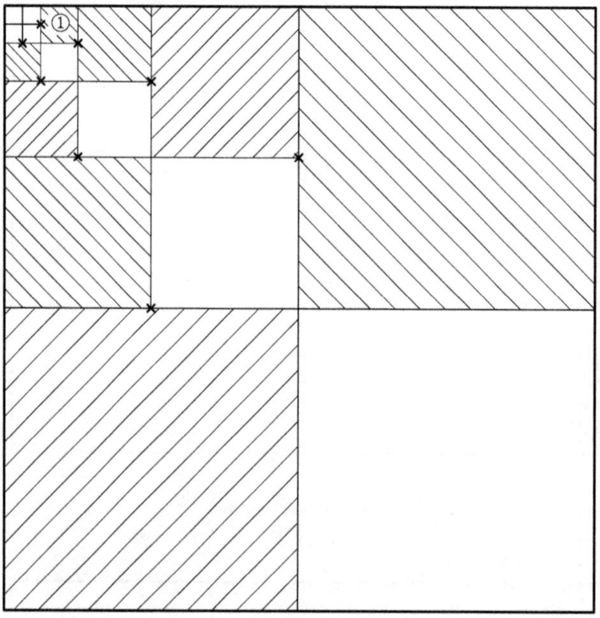


图 10.5　具有转移元的有限元网格
（弹性半无限平面问题）

图 10.5 中带影线的单元，为转移元。以其中元①为例，其左侧带叉号（×）的结点，是其左侧两个小元及右侧一个大元的公共点，它也是右侧大元垂直边的中点，这个大的 5 结点元①，即为转移元。当我们讨论如图 10.5 所示的四边形元时，对于 h-方法，由于单元被细分，而在直接邻域单元的边界上出现新的结点，这类单元称为转移元。对于转移元，每条边上均可能出现中间结点。而且这个边由相邻的具有直线边界的单元所均分，如图 10.5 所示。

现在再返回半无限平面问题，当用了图 10.5 的转移元后，网格所有单元均成矩形，整个网格所用单元数较图 10.3 和图 10.4 要少，而且成型优化，图 10.6 给出用此网格分析上述平面问题的结果，可见它们与解析解[36]十分接近。

与三角形元相比，一般讲，四边形元更为通用及精度更高；同时，在某些高应力梯度的关键区域，有时会利用图 10.7 所示的边界上具有不同结点数的转移元，而不改变单元的形状。

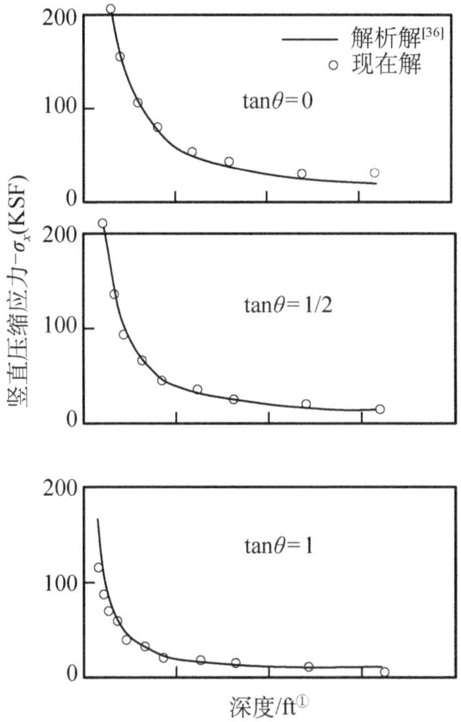


图 10.6　竖向压缩应力 $-\sigma_x$ 随深度的变化
（弹性半无限平面承受均匀线性载荷）

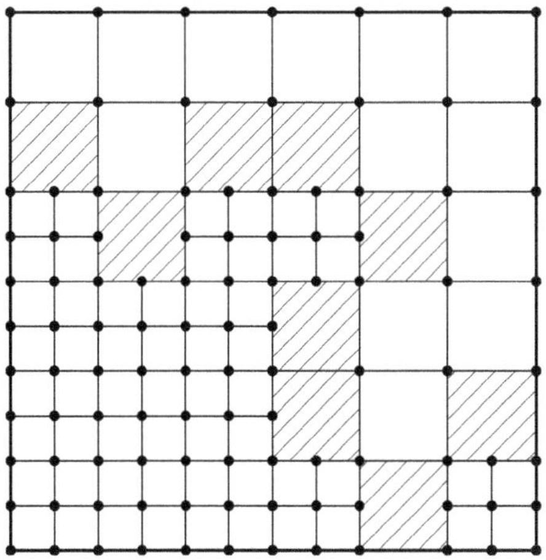

图 10.7　利用转移元进行网格加密

① $1\text{ft} = 3.048 \times 10^{-1}\text{m}$。

这一章，我们将阐述图 10.8 中具有 4、5、6 或 7 个结点不同四边形轴对称转移元的构造与应用。

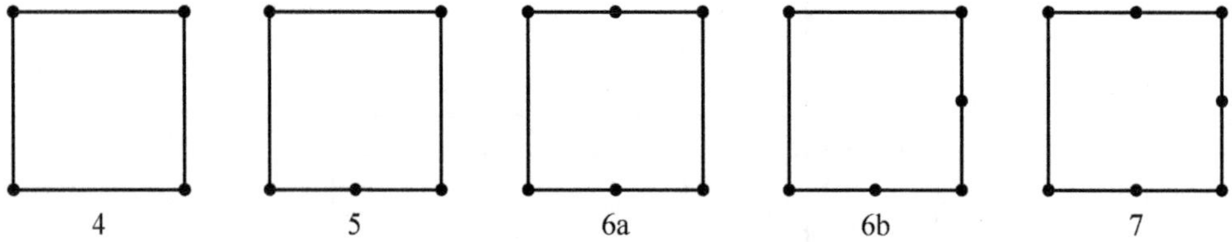

图 10.8　4 至 7 个结点的四边形轴对称元和转移元的结点构型

## 10.2　轴对称协调位移转移元

### 10.2.1　最小势能原理及单元刚度矩阵

1. 如第 3 章所述，当域 $V$ 离散为 $n$ 个单元时，其总势能为

$$\Pi_P(\boldsymbol{u})=\sum_n\left\{\int_{V_n}\left[\frac{1}{2}(\boldsymbol{Du})^{\mathrm{T}}\boldsymbol{C}(\boldsymbol{Du})-\boldsymbol{u}^{\mathrm{T}}\overline{\boldsymbol{F}}\right]\mathrm{d}V-\int_{S_{\sigma_n}}\boldsymbol{u}^{\mathrm{T}}\overline{\boldsymbol{T}}\,\mathrm{d}S\right\}=\min \qquad (10.2.1)$$

约束条件

$$\boldsymbol{u}=\overline{\boldsymbol{u}} \qquad (S_{u_n}\text{ 上}) \qquad (10.2.2)$$

$$\boldsymbol{u}^{(a)}=\boldsymbol{u}^{(b)} \qquad (S_{ab}\text{ 上}) \qquad (10.2.3)$$

应用最小势能原理，其场变量位移 $\boldsymbol{u}$ 需满足协调条件（10.2.3）。

2. 单元刚度矩阵

选取单元位移 $\boldsymbol{u}$

$$\boldsymbol{u}=\boldsymbol{Nq} \qquad (10.2.4)$$

式中，$\boldsymbol{q}$ 为结点位移；$\boldsymbol{N}$ 为插值函数。正因为 $\boldsymbol{u}$ 以结点位移插值，所以满足协调条件。

只用一个单元的能量表达式，并略去体积力及表面力，以确定单元刚度阵 $\boldsymbol{k}$，从而有

$$\Pi_P=\int_{V_n}\frac{1}{2}(\boldsymbol{Du})^{\mathrm{T}}\boldsymbol{C}(\boldsymbol{Du})\mathrm{d}V \qquad (\mathrm{a})$$

式（10.2.4）代入上式，即得协调位移元的单刚 $\boldsymbol{k}$

$$\boldsymbol{k}=\int_{V_n}\boldsymbol{B}^{\mathrm{T}}\boldsymbol{CB}\,\mathrm{d}V \quad (\boldsymbol{B}=\boldsymbol{DN}) \qquad (10.2.5)$$

3. 考虑图 10.9 中第一个 4 结点元

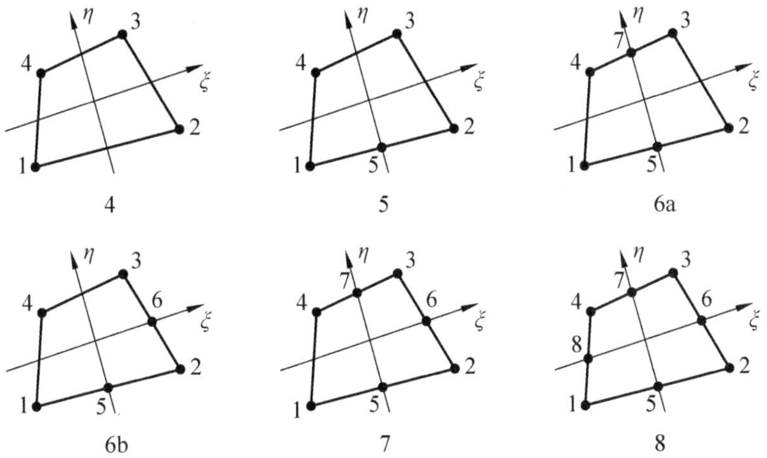


图 10.9　转移元结点数

其形函数以 $\bar{\boldsymbol{N}}$ 表示：

$$
\begin{aligned}
\bar{N}_1 &= \frac{1}{4}(1-\xi)(1-\eta) \\
\bar{N}_2 &= \frac{1}{4}(1+\xi)(1-\eta) \\
\bar{N}_3 &= \frac{1}{4}(1+\xi)(1+\eta) \\
\bar{N}_4 &= \frac{1}{4}(1-\xi)(1+\eta)
\end{aligned} \tag{b}
$$

### 10.2.2　协调位移转移元

进一步讨论图 10.9 所示具有 5 至 7 个结点的四边形转移元，它们的形函数。

1. 5 结点元

对于图 10.9 所示的 5 结点元，其边 152 上有三个结点，按照一般等参元，应选择二次插值函数，但是，作为转移元，其边界 15 下部要与一个线性元连接，而边界 52 将与另一个线性元连接，因此，其形函数 $N_5$ 选取为

$$
N_5 = \begin{cases} (1-\xi)(1-\eta)/2, & \xi \geqslant 0 \\ (1+\xi)(1-\eta)/2, & \xi \leqslant 0 \end{cases} \quad 或 \quad N_5 = \frac{1}{2}(1-|\xi|)(1-\eta) \tag{c}
$$

这里| |代表所包含的量取绝对值。

由式（c）可见：在结点5处$(\xi_5 = 0, \eta_5 = -1)$，$N_5 = 1$；而在其余 1 至 4 结点上，$N_5$ 均为零。如果仍用式（b）中 $\bar{N}_1$ 至 $\bar{N}_4$ 作为现在 5 结点元中对应点的形函数，显然不行，应对其进行修正，即令

$$N_1 = \bar{N}_1 - \frac{1}{2}N_5,\quad N_2 = \bar{N}_2 - \frac{1}{2}N_5,\quad N_3 = \bar{N}_3,\quad N_4 = \bar{N}_4 \tag{d}$$

这样，就满足了形函数的条件

$$N_i(\xi_j, \eta_j) = \delta_{ij}$$

式（b）与式（d）组成 5 结点转移元位移场的插值函数 $\boldsymbol{N}$。

2. 二维（2D）协调转移元

对于图 10.9 中 5 至 7 结点二维协调四边形转移元，用以上方法 Gupta 将其位移插值函数汇总如下：

$$\begin{aligned}
&N_5 = \frac{\Delta_5}{2}(1-|\xi|)(1-\eta) && N_6 = \frac{\Delta_6}{2}(1+\xi)(1-|\eta|)\\
&N_7 = \frac{\Delta_7}{2}(1-|\xi|)(1+\eta) && N_8 = \frac{\Delta_8}{2}(1-\xi)(1-|\eta|)\\
&N_1 = \frac{1}{4}(1-\xi)(1-\eta) - \frac{1}{2}(N_5+N_8) && N_2 = \frac{1}{4}(1+\xi)(1-\eta) - \frac{1}{2}(N_5+N_6)\\
&N_3 = \frac{1}{4}(1+\xi)(1+\eta) - \frac{1}{2}(N_6+N_7) && N_4 = \frac{1}{4}(1-\xi)(1+\eta) - \frac{1}{2}(N_7+N_8)
\end{aligned} \tag{10.2.6}$$

式中

$$\Delta_i = \begin{cases} 1 & i\text{结点} \\ 0 & \text{其他} \end{cases} \tag{e}$$

单元位移场为

$$\boldsymbol{u} = \begin{Bmatrix} u \\ w \end{Bmatrix} = \begin{Bmatrix} \sum_{i=1}^{n} N_i u_i \\ \sum_{i=1}^{n} N_i w_i \end{Bmatrix} = \boldsymbol{N}\boldsymbol{q} \tag{10.2.7}$$

而单元内各点坐标，经常仍采用 4 个角点坐标进行计算：

$$\begin{aligned}
\boldsymbol{r} &= \begin{Bmatrix} r \\ z \end{Bmatrix}\\
&= \frac{1}{4}(1-\xi)(1-\eta)\begin{Bmatrix} r_1 \\ z_1 \end{Bmatrix} + \frac{1}{4}(1+\xi)(1-\eta)\begin{Bmatrix} r_2 \\ z_2 \end{Bmatrix}\\
&\quad + \frac{1}{4}(1+\xi)(1+\eta)\begin{Bmatrix} r_3 \\ z_3 \end{Bmatrix} + \frac{1}{4}(1-\xi)(1+\eta)\begin{Bmatrix} r_4 \\ z_4 \end{Bmatrix}
\end{aligned} \tag{10.2.8}$$

在对单刚或其他数值进行积分时，如沿 $\xi$ 方向的积分

$$I=\int_{-1}^{1}F(\xi)\mathrm{d}\xi \tag{f}$$

如果此时在 $\xi=0$ 点处 $F(\xi)$ 不连续，则需采取分段积分

$$I=\int_{-1}^{0}F(\xi)\mathrm{d}\xi+\int_{0}^{1}F(\xi)\mathrm{d}\xi \tag{g}$$

## 10.3 轴对称协调杂交应力转移元

Sze 和 Wu[37]根据 Hellinger-Reissner 原理，建立了两种轴对称杂交应力转移元。

### 10.3.1 Hellinger-Reissner 原理及单刚建立

$$\Pi_{\mathrm{HR}}(\boldsymbol{\sigma},\boldsymbol{u})=\sum_{n}\left\{\int_{V_n}[-B(\boldsymbol{\sigma})+\boldsymbol{\sigma}^{\mathrm{T}}(\boldsymbol{D}\boldsymbol{u})-\bar{\boldsymbol{F}}^{\mathrm{T}}\boldsymbol{u}]\mathrm{d}V-\int_{S_{\sigma_n}}\bar{\boldsymbol{T}}^{\mathrm{T}}\boldsymbol{u}\,\mathrm{d}S\right.$$
$$\left.-\int_{S_{u_n}}\boldsymbol{T}^{\mathrm{T}}(\boldsymbol{u}-\bar{\boldsymbol{u}})\mathrm{d}S\right\}\quad(\boldsymbol{T}=\boldsymbol{\nu\sigma}) \tag{10.3.1}$$

约束条件

$$\boldsymbol{u}^{(a)}=\boldsymbol{u}^{(b)}\qquad(S_{ab}\text{ 上}) \tag{10.3.2}$$

选择

$$\begin{aligned}\boldsymbol{u}&=\boldsymbol{N}\boldsymbol{q}\\ \boldsymbol{\sigma}^{*}&=\boldsymbol{P}\boldsymbol{\beta}\end{aligned} \tag{10.3.3}$$

这里的位移场 $\boldsymbol{u}$，同样选择以结点位移 $\boldsymbol{q}$ 插值；同时，选择位移在已知位移边界面 $S_{u_n}$ 上，满足条件：$\boldsymbol{u}=\bar{\boldsymbol{u}}$（$S_{u_n}$ 上）。

应力场依照 Fraeijs de Veubeke 所指出的极限原则[38]，需满足平衡条件，此时的应力用 $\boldsymbol{\sigma}^{*}$ 表示。

略去体积力 $\bar{\boldsymbol{F}}$ 及表面力 $\bar{\boldsymbol{T}}$，得到单元能量表达式

$$\Pi_{\mathrm{HR}}(\boldsymbol{u},\boldsymbol{\sigma}^{*})=\int_{V_n}[-B(\boldsymbol{\sigma}^{*})+\boldsymbol{\sigma}^{*}(\boldsymbol{D}\boldsymbol{u})]\mathrm{d}V \tag{a}$$

将式（10.3.3）代入上式，即得单元刚度阵

$$\boldsymbol{k}=\boldsymbol{G}^{\mathrm{T}}\boldsymbol{H}^{-1}\boldsymbol{G} \tag{10.3.4}$$

对线弹性体，上式中

$$\begin{aligned}\boldsymbol{H}&=\int_{V_n}\boldsymbol{P}^{\mathrm{T}}\boldsymbol{S}\boldsymbol{P}\,\mathrm{d}V\\ \boldsymbol{G}&=\int_{V_n}\boldsymbol{P}^{\mathrm{T}}(\boldsymbol{D}\boldsymbol{N})\mathrm{d}V\end{aligned} \tag{b}$$

这里，$\boldsymbol{S}$ 为材料柔度阵。

### 10.3.2 轴对称协调杂交应力转移元

1. 位移场 $\boldsymbol{u}$

同式（10.2.6）。

2. 5 结点元应力场 $\boldsymbol{\sigma}^*$

对 5 结点元，其最少 $\beta$ 数目为 9（$\beta_{\min} = 2\times5-1$，刚体位移为 1），为了满足轴对称问题齐次平衡方程

$$\begin{aligned}&\frac{\partial\sigma_r}{\partial r}+\frac{\partial\tau_{rz}}{\partial z}+\frac{\sigma_r-\sigma_\theta}{r}=0\\&\frac{\partial\tau_{rz}}{\partial r}+\frac{\partial\sigma_z}{\partial z}+\frac{\tau_{rz}}{r}=0\end{aligned}\tag{c}$$

Sze 和 Wu[37]选择了如下两组满足平衡方程（c）的应力场 $\boldsymbol{\sigma}^*$：

（1）10$\beta$ 元 AHS-10

其应力 $\boldsymbol{\sigma}_{10}^*$ 选取为

$$\boldsymbol{\sigma}_{10}^* = \begin{Bmatrix}\sigma_r\\ \sigma_z\\ \tau_{rz}\\ \sigma_\theta\end{Bmatrix} = \boldsymbol{P\beta}$$

$$= \begin{bmatrix}1/r & 1 & z'/r & 0 & 0 & 0 & 0 & 0 & r/2 & z'\\ 0 & 0 & 0 & 1/r & 1 & z'/r & 0 & 0 & 0 & 0\\ 0 & 0 & 0 & 0 & 0 & -1 & z'/r & 1/r & 0 & 0\\ 0 & 1 & 0 & 0 & 0 & 0 & 1 & 0 & r & z'\end{bmatrix}\begin{Bmatrix}\beta_1\\ \vdots\\ \beta_{10}\end{Bmatrix}\tag{10.3.5}$$

式中

$$z' = z - z_0$$
$$z_0 = (z_1+z_2+z_3+z_4)/4$$

文献[37]指出：虽然式（10.3.5）中的应力分量含有$1/r$项，但通过高斯点进行数值积分，计算单元矩阵及应力时，由于所选高斯点的值远离$r=0$，所以并不产生奇异性。

这个单元称为元 AHS-10。

计算此单元的单刚 $\boldsymbol{H}$ 阵时，采用$2\times2$个高斯点；由于 5 结点的存在，$\boldsymbol{DN}$ 不连续，$\boldsymbol{G}$ 阵需分段进行计算。

（2）12$\beta$ 元 AHS-12

其应力场在式（10.3.5）上增加两项

$$\boldsymbol{\sigma}_{12}^{*}=\boldsymbol{\sigma}_{10}^{*}+\begin{bmatrix}0 & rz'/2\\ z' & 0\\ -r/2 & 0\\ 0 & rz'\end{bmatrix}\begin{Bmatrix}\beta_{11}\\ \beta_{12}\end{Bmatrix} \tag{10.3.6}$$

这样，$\boldsymbol{u}$（式（10.2.6））与 $\boldsymbol{\sigma}_{10}^{*}$（式（10.3.5）及 $\boldsymbol{\sigma}_{12}^{*}$ 式（10.3.6））分别构成两种 5 结点杂交应力轴对称转移元：AHS-10 及 AHS-12。

3. 6 结点及 7 结点转移元的应力场 $\boldsymbol{\sigma}^{*}$

如前所述，杂交应力元的单元刚度阵，需对 $\boldsymbol{H}$ 阵取逆，该方阵的维数取决于应力参数 $\beta$ 的数目 $m$，为提高计算效率，应力场 $\boldsymbol{\sigma}$ 应选取扫除多余零能模式后的最小 $\beta$ 数，即 $m=n-r$。对于 6 结点及 7 结点轴对称，它们最小 $\beta$ 数目应分别为 11 及 13。

但是如前所述，Tong 建议[39]，对一个单元未必需要扫除其全部附加零能模式。他认为，如果一个单元存在附加运动模式，而由这类单元组装成的总体，再加上边界约束条件后，这类运动模式不大可能出现（除极少例外情况）。这样，为了防止组装后很少可能出现的情况，而扫除一个很好单元的全部附加运动模式，可能未必值得。事实上，已经知道单元运动模式的存在及它们的形状，就可能在单元的组装时，发现与避免这些潜在的运动模式。

田[40]及 Kuna 和 Zwicke[41]分别利用不同的特殊三维杂交应力元与一般三维元组合，在分析具有圆孔或裂纹的构件时，所用特殊元应力参数 $\beta$ 的数目，远小于 $m=n-r$ 所需的最少数目，都得到了好的结果，证实了 Tong 的建议。

也正如 Pian 在文献[42]中所指出的："有限元解的稳定性是一个整体性问题，它并不需要单个的单元去满足 LBB 条件，特别是当这种单元与一些相邻单元连接，而后者又具有大量结点的时候"。

所以，以下用 6 及 7 结点杂交应力轴对称元进行数值计算时，仍选用了与 5 结点元相同的应力场（式（10.3.5）及（10.3.6））。

## 10.4　轴对称非协调位移转移元

### 10.4.1　最小势能原理及单元刚度矩阵

（1）对线弹性体，最小势能原理如式（10.4.1）所示。

$$\Pi_P(\boldsymbol{u})=\sum_n\left\{\int_{V_n}\left[\frac{1}{2}(\boldsymbol{D}\boldsymbol{u})^{\mathrm{T}}\boldsymbol{C}(\boldsymbol{D}\boldsymbol{u})-\boldsymbol{u}^{\mathrm{T}}\overline{\boldsymbol{F}}\right]\mathrm{d}V-\int_{S_{\sigma_n}}\boldsymbol{u}^{\mathrm{T}}\overline{\boldsymbol{T}}\,\mathrm{d}S\right\}=\min \tag{10.4.1}$$

约束条件

$$\boldsymbol{u}=\overline{\boldsymbol{u}} \qquad (S_{u_n}\text{上}) \tag{10.4.2}$$

$$\boldsymbol{u}^{(a)}=\boldsymbol{u}^{(b)} \qquad (S_{ab}\text{上}) \tag{10.4.3}$$

（2）单元刚度矩阵

选取位移 $\boldsymbol{u}$ 由协调位移 $\boldsymbol{u}_q$ 及附加位移 $\boldsymbol{u}_\lambda=\boldsymbol{M\lambda}$ 组成：

$$\boxed{\boldsymbol{u}=\boldsymbol{u}_q+\boldsymbol{u}_\lambda=\boldsymbol{Nq}+\boldsymbol{M\lambda}} \tag{10.4.4}$$

其中，$\boldsymbol{u}_q$ 中插值函数 $\boldsymbol{N}$ 及结点位移 $\boldsymbol{q}$ 同 10.1 节；$\boldsymbol{u}_\lambda$ 中 $\boldsymbol{M}$ 阵为内位移插值函数，$\boldsymbol{\lambda}$ 为内位移参数。

计算单刚时，如单元能量表达式仍用

$$\Pi_P=\int_{V_n}\frac{1}{2}(\boldsymbol{Du})\boldsymbol{C}(\boldsymbol{Du})\mathrm{d}V \tag{a}$$

由式（10.4.4）求得

$$\boldsymbol{\varepsilon}=\boldsymbol{Du}=\boldsymbol{\varepsilon}_q+\boldsymbol{\varepsilon}_\lambda=\boldsymbol{Bq}+\boldsymbol{B}_\lambda\boldsymbol{\lambda} \tag{b}$$

式中

$$\boldsymbol{B}=\boldsymbol{DN},\quad \boldsymbol{B}_\lambda=\boldsymbol{DM} \tag{c}$$

代入 $\Pi_P$，得到

$$\Pi_P^{①}=\frac{1}{2}[\boldsymbol{q}\quad\boldsymbol{\lambda}]\begin{bmatrix}\boldsymbol{k}_{qq} & \boldsymbol{k}_{q\lambda}\\ \boldsymbol{k}_{\lambda q} & \boldsymbol{k}_{\lambda\lambda}\end{bmatrix}\begin{Bmatrix}\boldsymbol{q}\\ \boldsymbol{\lambda}\end{Bmatrix} \tag{d}$$

式中

$$\begin{aligned}\boldsymbol{k}_{qq}&=\int_{V_n}\boldsymbol{B}^{\mathrm{T}}\boldsymbol{CB}\mathrm{d}V\\ \boldsymbol{k}_{q\lambda}&=\int_{V_n}\boldsymbol{B}^{\mathrm{T}}\boldsymbol{CB}_\lambda\mathrm{d}V=\boldsymbol{k}_{\lambda q}^{\mathrm{T}}\\ \boldsymbol{k}_{\lambda\lambda}&=\int_{V_n}\boldsymbol{B}_\lambda^{\mathrm{T}}\boldsymbol{CB}_\lambda\mathrm{d}V\end{aligned} \tag{e}$$

在单元上将 $\boldsymbol{\lambda}$ 并缩掉，由 $\dfrac{\partial\Pi_P}{\partial\boldsymbol{\lambda}}=\boldsymbol{0}$ 得到

$$\boldsymbol{k}_{\lambda q}\boldsymbol{q}+\boldsymbol{k}_{\lambda\lambda}\boldsymbol{\lambda}=\boldsymbol{0} \tag{f}$$

从而有

$$\boldsymbol{\lambda}=-\boldsymbol{k}_{\lambda\lambda}\boldsymbol{k}_{\lambda q}\boldsymbol{q} \tag{g}$$

代回式（d），得到单元刚度阵

$$\boldsymbol{k}=\boldsymbol{k}_{qq}-\boldsymbol{k}_{q\lambda}\boldsymbol{k}_{\lambda\lambda}^{-1}\boldsymbol{k}_{\lambda q} \tag{10.4.5}$$

为了使非协调通过分片试验，如第 3 章所论证，需满足

① 对非协调元，这里简单地略去了元间位移不连续性的影响，因此不能保证单调收敛。

$$\int_{V_n} \boldsymbol{B}_\lambda \mathrm{d}V = \boldsymbol{0} \tag{h}$$

Choi 和 Lee[43,44]建立了两类非协调位移转移元，他们的作法是将上式非协调应变 $\boldsymbol{B}_\lambda$ 修正为 $\boldsymbol{B}_\lambda^*$，以通过分片试验，即令

$$\boldsymbol{\varepsilon} = \boldsymbol{N}\boldsymbol{q} + \boldsymbol{B}_\lambda^* \boldsymbol{\lambda} \tag{10.4.6}$$

式中

$$\boldsymbol{B}_\lambda^* = \boldsymbol{B}_\lambda - \frac{1}{V_n}\int_{V_n} \boldsymbol{B}_\lambda \,\mathrm{d}V \qquad \int_{V_n} \boldsymbol{B}_\lambda^* \,\mathrm{d}V = \boldsymbol{0} \tag{i}$$

### 10.4.2　两类轴对称非协调转移元

1. 二维非协调转移元（NQV 元）

建立这种元的关键，是选择非协调位移 $\boldsymbol{u}_\lambda$，对于四边形非协调元，其非协调位移 $\boldsymbol{u}_\lambda$ 选取为

$$\boldsymbol{u}_\lambda = \boldsymbol{M}\boldsymbol{\lambda} = [M_1 \boldsymbol{I}_{2\times2} \quad M_2 \boldsymbol{I}_{2\times2}]\boldsymbol{\lambda} \tag{j}$$

Choi 和 Lee[43]建立了以下非协调形函数：

对 5 结点及 6 结点元：

$$\begin{aligned} M_1 &= (1-\xi^2)\left[1 - \frac{\Delta_5}{2}(1-\eta) - \frac{\Delta_7}{2}(1+\eta)\right] \\ M_2 &= (1-\eta^2)\left[1 - \frac{\Delta_6}{2}(1+\xi) - \frac{\Delta_8}{2}(1-\xi)\right] \end{aligned} \tag{10.4.7}$$

对 7 结点元：

$$M_b = (1-\xi^2)(1-\eta^2) \tag{10.4.8}$$

式中，$\Delta_i$ 的意义同前。

这些非协调形函数的得到，如图 10.10 所示。此阵 $\boldsymbol{M}$ 是用以补充双线性模式中，由于缺少某些边的中间结点而缺失的二次项。例如，当结点 5 及结点 7 存在时，补充项 $(1-\xi^2)$ 不需要，$M_1$ 消去。

通过式（10.4.7）也可以得到 7 结点元的形函数，但 Choi 和 Lee 用了泡沫函数式（10.4.8），并且没有给出解释。

2. 二维非协调位移转移元（元 NCV）

Choi 和 Lee[44]又建立了另一类适用于二维及轴对称问题的转移元 NCV，其插值函数为

$$\begin{aligned} M_1 &= (1-\xi^2) - (N_5 + N_7) \\ M_2 &= (1-\eta^2) - (N_6 + N_8) \end{aligned} \tag{10.4.9}$$

式中，$N_5$ 至 $N_8$ 同式（10.2.6）。这组插值函数使用十分方便。

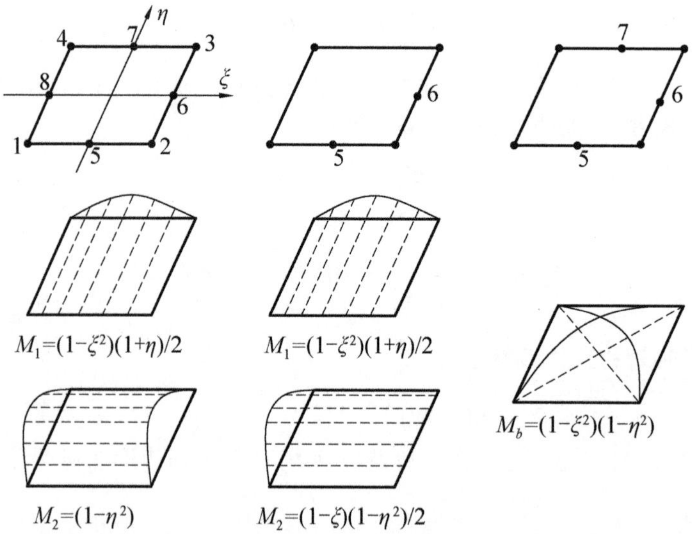


（a）5结点　　（b）6结点　　（c）7结点

图 10.10　NQV 转移元非协调位移插值函数

# 10.5　用增强应变构造轴对称转移元

## 10.5.1　增强应变方法及单刚列式

1. Hu-Washizu 变分原理

离散以后的 Hu-Washizu 原理为

$$\Pi_{\mathrm{HW}}(\boldsymbol{\sigma},\boldsymbol{u},\boldsymbol{\varepsilon})=\sum_{n}\left\{\int_{V_n}[A(\boldsymbol{\varepsilon})-\boldsymbol{\sigma}^{\mathrm{T}}\boldsymbol{\varepsilon}+\boldsymbol{\sigma}^{\mathrm{T}}(\boldsymbol{D}\boldsymbol{u})-\overline{\boldsymbol{F}}^{\mathrm{T}}\boldsymbol{u}]\mathrm{d}V\right.$$

$$\left.-\int_{S_{u_n}}\boldsymbol{T}^{\mathrm{T}}(\boldsymbol{u}-\overline{\boldsymbol{u}})\mathrm{d}S-\int_{S_{\sigma_n}}\overline{\boldsymbol{T}}^{\mathrm{T}}\boldsymbol{u}\mathrm{d}S\right\}$$

$$=\text{驻值}\tag{10.5.1}$$

约束条件

$$\boldsymbol{u}^{(a)}=\boldsymbol{u}^{(b)}\quad（S_{ab}\text{ 上}）\tag{10.5.2}$$

2. 增强应变方法单刚导出

正如 8.5 节所述，Simo 和 Rifai[45]提出的增强应变（EAS）方法，是将应变场分为协调应变 $\boldsymbol{D}\boldsymbol{u}$ 及增强应变 $\hat{\boldsymbol{\varepsilon}}$ 两部分：

$$\boldsymbol{\varepsilon} = \boldsymbol{D}\boldsymbol{u} + \hat{\boldsymbol{\varepsilon}} \tag{a}$$

这时增强应变 $\hat{\boldsymbol{\varepsilon}}$ 在元间无需连续。

对式（10.5.1）略去外力，并满足位移边界条件，其单元能量表达式为

$$\Pi_{\text{HW}}(\boldsymbol{\varepsilon},\boldsymbol{\sigma},\boldsymbol{u}) = \int_{V_n}\left[\frac{1}{2}\boldsymbol{\varepsilon}^{\text{T}}\boldsymbol{C}\boldsymbol{\varepsilon} - \boldsymbol{\sigma}^{\text{T}}\boldsymbol{\varepsilon} + \boldsymbol{\sigma}(\boldsymbol{D}\boldsymbol{u})\right]\text{d}V \tag{b}$$

将式（a）代入上式，得到

$$\Pi_{\text{HW}} = \int_{V_n}\left[\frac{1}{2}(\boldsymbol{D}\boldsymbol{u}+\hat{\boldsymbol{\varepsilon}})^{\text{T}}\boldsymbol{C}(\boldsymbol{D}\boldsymbol{u}+\hat{\boldsymbol{\varepsilon}}) - \boldsymbol{\sigma}^{\text{T}}\hat{\boldsymbol{\varepsilon}}\right]\text{d}V \tag{c}$$

当选择的应力场 $\boldsymbol{\sigma}$ 与附加的应变场 $\hat{\boldsymbol{\varepsilon}}$ 正交时

$$\int_{V_n}\boldsymbol{\sigma}^{\text{T}}\hat{\boldsymbol{\varepsilon}}\,\text{d}V = \boldsymbol{0} \tag{10.5.3}$$

则式（c）的最后一项消失，这时应力 $\boldsymbol{\sigma}$ 也同时退出泛函（c），于是有

$$\Pi_{\text{HW}}(\boldsymbol{u},\hat{\boldsymbol{\varepsilon}}) = \int_{V_n}\frac{1}{2}(\boldsymbol{D}\boldsymbol{u}+\hat{\boldsymbol{\varepsilon}})^{\text{T}}\boldsymbol{C}(\boldsymbol{D}\boldsymbol{u}+\hat{\boldsymbol{\varepsilon}})\text{d}V \tag{10.5.4}$$

它仅包含两类独立的场变量：位移 $\boldsymbol{u}$ 及附加的增强应变 $\hat{\boldsymbol{\varepsilon}}$ 。

选取

$$\boxed{\begin{aligned}\boldsymbol{u} &= \boldsymbol{N}\boldsymbol{q}\\ \hat{\boldsymbol{\varepsilon}} &= \boldsymbol{M}\boldsymbol{\alpha}\end{aligned}} \tag{10.5.5}$$

式中，$\boldsymbol{N}$ 为协调的位移形函数；$\boldsymbol{q}$ 为结点位移参数；$\boldsymbol{M}$ 为附加应变的插值函数；$\boldsymbol{\alpha}$ 为独立的附加应变参数。

将上式代入泛函（10.5.4），并令 $\boldsymbol{D}\boldsymbol{N} = \boldsymbol{B}$，则有

$$\Pi_{\text{HW}}(\boldsymbol{q},\boldsymbol{\alpha}) = \frac{1}{2}\boldsymbol{q}^{\text{T}}\bar{\boldsymbol{B}}\boldsymbol{q} + \frac{1}{2}\boldsymbol{\alpha}^{\text{T}}\bar{\boldsymbol{C}}\boldsymbol{\alpha} + \boldsymbol{\alpha}^{\text{T}}\boldsymbol{L}\boldsymbol{q} \tag{d}$$

其中

$$\begin{aligned}&\bar{\boldsymbol{B}} = \int_{V_n}\boldsymbol{B}^{\text{T}}\boldsymbol{C}\boldsymbol{B}\text{d}V \qquad (\boldsymbol{B} = \boldsymbol{D}\boldsymbol{N})\\ &\bar{\boldsymbol{C}} = \int_{V_n}\boldsymbol{M}^{\text{T}}\boldsymbol{C}\boldsymbol{M}\text{d}V, \quad \boldsymbol{L} = \int_{V_n}\boldsymbol{M}^{\text{T}}\boldsymbol{C}\boldsymbol{B}\text{d}V\end{aligned} \tag{e}$$

在元上并缩掉 $\boldsymbol{\alpha}$

$$\frac{\partial \Pi_{\text{HW}}}{\partial \boldsymbol{\alpha}} = \boldsymbol{0}, \quad \boldsymbol{\alpha} = -\bar{\boldsymbol{C}}^{-1}\boldsymbol{L}\boldsymbol{q} \tag{f}$$

代回泛函（d）就得到单元刚度阵

$$\boldsymbol{k} = \bar{\boldsymbol{B}} - \boldsymbol{L}^{\text{T}}\bar{\boldsymbol{C}}^{-1}\boldsymbol{L} \tag{10.5.6}$$

比较 EAS 方法的单刚（式（10.5.6））与 10.4 节的非协调元单刚 $\boldsymbol{k}$（式（10.4.5）），可见二者相同，只是这里用阵 $\boldsymbol{M}$ 代替了 10.4 节的 $\boldsymbol{B}_{\lambda}$。一般讲，非协调位移元是现在 EAS 法的特例。

### 10.5.2 建立增强应变

Sze 和 Wu[37]用增强应变 EAS 方法，在以上 Choi 和 Lee 的非协调转移元的基础上，建立了两种 EAS 转移元，其增强应变的选择步骤如下：

（1）以自然坐标表示与增强应变有关的位移

$$\boldsymbol{u}(\xi,\eta)=\begin{Bmatrix} u_\xi \\ u_\eta \end{Bmatrix}_\lambda=\boldsymbol{E}(\xi,\eta)\boldsymbol{\alpha} \tag{g}$$

利用雅可比变换，将等参空间此位移 $\boldsymbol{u}(\xi,\eta)$ 转化为物理空间位移 $\boldsymbol{u}(r,z)$

$$\begin{Bmatrix} u_r \\ u_z \end{Bmatrix}_\lambda=\boldsymbol{J}^{-1}\begin{Bmatrix} u_\xi \\ u_\eta \end{Bmatrix}=\begin{bmatrix} \xi_r & \eta_r \\ \xi_z & \eta_z \end{bmatrix}\begin{Bmatrix} u_\xi \\ u_\eta \end{Bmatrix}=\begin{bmatrix} \xi_r & \eta_r \\ \xi_z & \eta_z \end{bmatrix}\boldsymbol{E}(\xi,\eta)\boldsymbol{\alpha} \tag{h}$$

式中

$$\boldsymbol{J}^{-1}=\begin{bmatrix} \xi_r & \eta_r \\ \xi_z & \eta_z \end{bmatrix}=\begin{bmatrix} \partial\xi/\partial r & \partial\eta/\partial r \\ \partial\xi/\partial z & \partial\eta/\partial z \end{bmatrix} \tag{i}$$

（2）根据 $\boldsymbol{u}(r,z)$ 得到物理空间的增强应变 $\hat{\boldsymbol{\varepsilon}}(r,z)$，对轴对称问题，$\hat{\boldsymbol{\varepsilon}}(r,z)$ 为

$$\begin{aligned}\hat{\boldsymbol{\varepsilon}}&=\begin{Bmatrix} \varepsilon_r \\ \varepsilon_z \\ \gamma_{rz} \\ \varepsilon_\theta \end{Bmatrix}=\boldsymbol{D}\begin{Bmatrix} u_r \\ u_z \end{Bmatrix}_\lambda \\ &=\begin{bmatrix} \partial/\partial r & 0 \\ 0 & \partial/\partial z \\ \partial/\partial z & \partial/\partial r \\ 1/r & 0 \end{bmatrix}\begin{bmatrix} \xi_r & \eta_r \\ \xi_z & \eta_z \end{bmatrix}\boldsymbol{E\alpha}\end{aligned} \tag{j}$$

由于

$$\begin{Bmatrix} \dfrac{\partial}{\partial r} \\ \dfrac{\partial}{\partial z} \end{Bmatrix}=\boldsymbol{J}^{-1}\begin{Bmatrix} \dfrac{\partial}{\partial \xi} \\ \dfrac{\partial}{\partial \eta} \end{Bmatrix}=\begin{bmatrix} \xi_r & \eta_r \\ \xi_z & \eta_z \end{bmatrix}\begin{Bmatrix} \dfrac{\partial}{\partial \xi} \\ \dfrac{\partial}{\partial \eta} \end{Bmatrix} \tag{k}$$

所以式（j）成为

$$\hat{\boldsymbol{\varepsilon}}=\left(\begin{bmatrix} \xi_r(\partial/\partial\xi)+\eta_r(\partial/\partial\eta) & 0 \\ 0 & \xi_z(\partial/\partial\xi)+\eta_z(\partial/\partial\eta) \\ \xi_z(\partial/\partial\xi)+\eta_z(\partial/\partial\eta) & \xi_r(\partial/\partial\xi)+\eta_r(\partial/\partial\eta) \\ 1/r & 0 \end{bmatrix}\begin{bmatrix} \xi_r & \eta_r \\ \xi_z & \eta_z \end{bmatrix}\right)\boldsymbol{E\alpha} \tag{l}$$

式（1）进一步化简为

$$\hat{\boldsymbol{\varepsilon}}=\begin{bmatrix}\xi_r\xi_r & \eta_r\eta_r & \xi_r\eta_r & 0\\ \xi_z\xi_z & \eta_z\eta_z & \xi_z\eta_z & 0\\ 2\xi_r\xi_z & 2\eta_r\eta_z & \xi_r\eta_z+\xi_z\eta_r & 0\\ 0 & 0 & 0 & 1\end{bmatrix}\begin{bmatrix}\partial/\partial\xi & 0\\ 0 & \partial/\partial\eta\\ \partial/\partial\eta & \partial/\partial\xi\\ \xi_r/r & \eta_r/r\end{bmatrix}\boldsymbol{E}\boldsymbol{\alpha} \tag{m}$$

上式等号右侧第一个括号中的 $\xi_r$、$\eta_r$，以及第二个括号中的 $r$ 均选取为坐标原点值，并以 $\overline{\xi}_r$、$\overline{\eta}_r$ 及 $\overline{r}$ 表示：

$$\begin{bmatrix}\overline{\xi}_r & \overline{\eta}_r\\ \overline{\xi}_z & \overline{\eta}_z\end{bmatrix}=\overline{\boldsymbol{J}}^{-1}=\left(\boldsymbol{J}\big|_{\xi=\eta=0}\right)^{-1}\quad 及\quad \overline{r}=r\big|_{\xi=\eta=0} \tag{n}$$

同时令

$$\overline{\boldsymbol{T}}_0=\begin{bmatrix}\overline{\xi}_r\overline{\xi}_r & \overline{\eta}_r\overline{\eta}_r & \overline{\xi}_r\overline{\eta}_r & 0\\ \overline{\xi}_z\overline{\xi}_z & \overline{\eta}_z\overline{\eta}_z & \overline{\xi}_z\overline{\eta}_z & 0\\ 2\overline{\xi}_r\overline{\xi}_z & 2\overline{\eta}_r\overline{\eta}_z & \overline{\xi}_r\overline{\eta}_z+\overline{\xi}_z\overline{\eta}_r & 0\\ 0 & 0 & 0 & 1\end{bmatrix} \tag{o}$$

于是式（m）成为

$$\hat{\boldsymbol{\varepsilon}}\doteq\overline{\boldsymbol{T}}_0\begin{bmatrix}\dfrac{\partial}{\partial\xi} & 0\\ 0 & \dfrac{\partial}{\partial\eta}\\ \dfrac{\partial}{\partial\eta} & \dfrac{\partial}{\partial\xi}\\ \dfrac{\overline{\xi}_r}{\overline{r}} & \dfrac{\overline{\eta}_r}{\overline{r}}\end{bmatrix}\boldsymbol{E}\boldsymbol{\alpha} \tag{p}$$

（3）为了简化计算，Simo 和 Rifai[45]将式（p）修正为

$$\hat{\boldsymbol{\varepsilon}}=\frac{\overline{r}\left|\overline{\boldsymbol{J}}\right|}{r\left|\boldsymbol{J}\right|}\overline{\boldsymbol{T}}_0\begin{bmatrix}\dfrac{\partial}{\partial\xi} & 0\\ 0 & \dfrac{\partial}{\partial\eta}\\ \dfrac{\partial}{\partial\eta} & \dfrac{\partial}{\partial\xi}\\ \dfrac{\overline{\xi}_r}{\overline{r}} & \dfrac{\overline{\eta}_r}{\overline{r}}\end{bmatrix}\boldsymbol{E}\boldsymbol{\alpha}=\boldsymbol{M}\boldsymbol{\alpha} \tag{q}$$

为了通过分片试验，要求

$$\int_{V_n} \boldsymbol{M}\,\mathrm{d}V = \boldsymbol{0} \tag{r}$$

所以有

$$2\pi\int_{-1}^{1}\int_{-1}^{1}\boldsymbol{M}r\left|\boldsymbol{J}\right|\mathrm{d}\xi\,\mathrm{d}\eta = 2\pi\bar{r}\left|\bar{\boldsymbol{J}}\right|\bar{\boldsymbol{T}}_0\int_{-1}^{+1}\int_{-1}^{+1}\begin{bmatrix}\dfrac{\partial}{\partial\xi} & 0\\ 0 & \dfrac{\partial}{\partial\eta}\\ \dfrac{\partial}{\partial\eta} & \dfrac{\partial}{\partial\xi}\\ \dfrac{\bar{\xi}_r}{\bar{r}} & \dfrac{\bar{\eta}_r}{\bar{r}}\end{bmatrix}\boldsymbol{E}\,\mathrm{d}\xi\,\mathrm{d}\eta \tag{s}$$

进一步简化为

$$\int_{-1}^{+1}\int_{-1}^{+1}\begin{bmatrix}\dfrac{\partial}{\partial\xi} & 0\\ 0 & \dfrac{\partial}{\partial\eta}\\ \dfrac{\partial}{\partial\eta} & \dfrac{\partial}{\partial\xi}\\ \dfrac{\bar{\xi}_r}{\bar{r}} & \dfrac{\bar{\eta}_r}{\bar{r}}\end{bmatrix}\boldsymbol{E}\,\mathrm{d}\xi\,\mathrm{d}\eta = \boldsymbol{0} \tag{10.5.7}$$

### 10.5.3　轴对称增强应变转移元

Sze 等[37, 46]根据 Choi 和 Lee[43,44]所建立的两种非协调转移元 NQV 及 NCV，进一步使之非协调位移式（10.4.7）至式（10.4.9）满足式（10.5.7），得到以下两种增强应变转移元。

1. EAS-NQV 转移元

这类 5 至 7 个结点元，它们在自然坐标时的增强应变均采用

$$\begin{aligned}M_1 &= \left(\frac{1}{3}-\xi^2\right)\left[1-\frac{\Delta_5}{2}(1-\eta)-\frac{\Delta_7}{2}(1+\eta)\right]\\ M_2 &= \left(\frac{1}{3}-\eta^2\right)\left[1-\frac{\Delta_6}{2}(1+\xi)-\frac{\Delta_8}{2}(1-\xi)\right]\end{aligned} \tag{10.5.8}$$

对于 7 结点，Choi 和 Lee 曾用了不同的插值函数（式（10.4.8））。而现在的 EAS-NQV 7 结元，Sze 等分别用了式（10.5.8）及修正的式（10.4.8），即 $M_b =$

$\left(\frac{1}{3}-\xi^2\right)\left(\frac{1}{3}-\eta^2\right)$两种插值函数进行了计算，结果二者十分相近，所以以后 7 结点元也采用式（10.5.8）进行计算。

2. EAS-NCV 转移元

NCV 元的非协调位移式（10.4.9）用式（10.5.7）修正后，得到 EAS-NCV 转移元，其非协调位移插值函数修正为

$$\begin{aligned} M_1 &= \left(\frac{1}{3}-\xi^2\right)-\frac{1}{2}\left(\frac{1}{2}-|\xi|\right)[\Delta_5(1-\eta)-\Delta_7(1+\eta)] \\ M_2 &= \left(\frac{1}{3}-\eta^2\right)-\frac{1}{2}\left(\frac{1}{2}-|\eta|\right)[\Delta_6(1+\xi)-\Delta_8(1-\xi)] \end{aligned} \tag{10.5.9}$$

## 10.6　运用转移元进行自适应精化分析

有限元方法的解一般并不完全准确，由于结点变量及场变量的近似性，将引起离散误差。为了评价所得解的精度，需要进行误差分析。

如果误差超标，就要通过减小单元尺寸，增加内插函数的阶次，以及利用转移元等前述方法，去重新分析问题，以及重新进行误差估计。这个过程要反复进行，直到误差减至规定的允许值，如图 10.11 所示[33, 47]。

这个过程的特点在于网格细化的自动加密——我们称之为自适应精细分析（adaptive refinement analysis）。有关离散误差分析，以及应力恢复两个关键步骤，将在 10.7 节分别讨论。

对这个自适应细化过程，注意以下几点：

（1）自适应分析是一个迭代过程，对于每一次迭代，其误差均被重新估计。这样，在进行有限元分析时，开始可以选用相对粗的网格，通过自动细化过程及离散误差分析，给出目前解答所达到的精度。

（2）自适应分析是用一种智能的方式，以便应用更少的自由度，使求解问题达到给定的精度。尤其是对具有应力奇异性的问题——例如应力集中，用这种方法，远较用均匀加密网格的方法高效，且节省机时[48, 49]。

（3）由于这时误差估计不仅提供有限元求解精度的信息，而且给出在当前网格下误差的分布，因此，可将此误差分布作为一个标识，去细化网格，故称之为**自适应有限元方法**。例如，我们可以将误差较大的地方划分为更细的单元，而在远处采用较稀疏的网格，这样，最终在求解域上用自适应有限元分析得到整体合理的精度解。

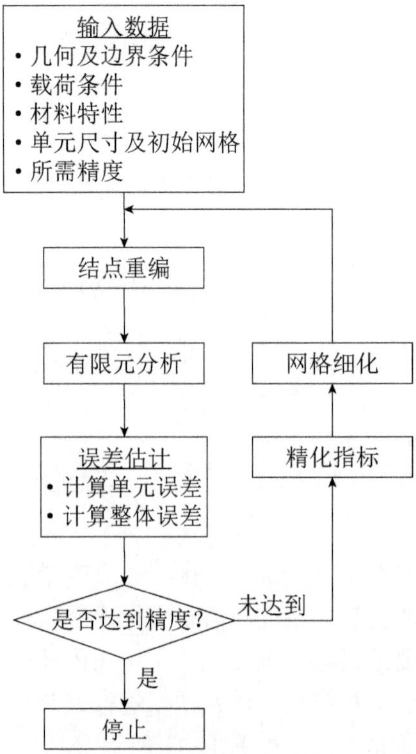


图 10.11　自适应细化过程的流程

## 10.7　误差估计

误差估计是自适应有限元分析中关键一步，对每一种由单元组成的网格，都需要估计它与准确解（或推算解）的误差，当这个误差超过给定的允许值时，这组网格则需进行细分，然后再进行计算。现在，我们来讨论待解问题的准确解已知或未知这两种工况下，有限元方法的误差计算。

### 10.7.1　已知准确解时进行误差计算

有限元的误差为准确解与有限元解之差，因此，当误差由位移或应力产生时，其值为

$$\begin{aligned} \boldsymbol{e}_u &= \boldsymbol{u} - \boldsymbol{u}_\mathrm{h} \\ \boldsymbol{e}_\sigma &= \boldsymbol{\sigma} - \boldsymbol{\sigma}_\mathrm{h} \end{aligned} \qquad (10.7.1)$$

式中，$\boldsymbol{u}$ 及 $\boldsymbol{\sigma}$ 分别为位移及应力准确解；$\boldsymbol{u}_\mathrm{h}$ 与 $\boldsymbol{\sigma}_\mathrm{h}$ 为位移及应力的有限元解。

这个误差以能量模度量时①为

$$\|\boldsymbol{e}_u\| = \left[\int_{S_n} (\boldsymbol{D}\boldsymbol{e}_u)^{\mathrm{T}} \boldsymbol{C} (\boldsymbol{D}\boldsymbol{e}_u) \mathrm{d}S\right]^{1/2} \tag{10.7.2}$$

或

$$\|\boldsymbol{e}_u\| = \left[\int_{S_n} \boldsymbol{e}_\sigma^{\mathrm{T}} \boldsymbol{C}^{-1} \boldsymbol{e}_\sigma \mathrm{d}V\right]^{1/2} \tag{10.7.3}$$

以 $\|\boldsymbol{u}\|$ 代表准确解的能量模

$$\|\boldsymbol{u}\| = \int_{S_n} (\boldsymbol{D}\boldsymbol{u})^{\mathrm{T}} \boldsymbol{C} (\boldsymbol{D}\boldsymbol{u}) \mathrm{d}S \tag{10.7.4}$$

于是，得到相对误差 $\eta$ [28]

$$\eta = \frac{\|\boldsymbol{e}_u\|}{\|\boldsymbol{u}\|} \tag{10.7.5}$$

### 10.7.2　未知准确解时的误差估计——$Z$-$Z$ 误差估计量

许多工程问题，事前并不知道准确解。1987 年，Zienkiewicz 和 Zhu[28]提出了应用恢复应力（recovered stress）作为参考解去估算误差，通常称之为 $Z$-$Z$ 误差估计。其作法如下。

（1）以 $\boldsymbol{\sigma}^*$ 代表恢复应力，以 $\boldsymbol{\sigma}_{\mathrm{h}}$ 表示由有限元所得应力，则对一个单元及整个系统能量模的估计误差分别为

$$\begin{aligned} \|\boldsymbol{e}_\sigma^*\|_e &= \int_{S_n} \left[(\boldsymbol{\sigma}^* - \boldsymbol{\sigma}_{\mathrm{h}})^{\mathrm{T}} \boldsymbol{C}^{-1} (\boldsymbol{\sigma}^* - \boldsymbol{\sigma}_{\mathrm{h}}) \mathrm{d}S\right]^{1/2} \quad &(\text{单元}) \\ \|\boldsymbol{e}_\sigma^*\| &= \left[\sum_{e=1}^{n} (\|\boldsymbol{e}_\sigma^*\|_e)^2\right]^{1/2} \quad &(\text{整体}) \end{aligned} \tag{10.7.6}$$

式中，$n$ 为有限元总数；$\boldsymbol{\sigma}^*$ 为恢复应力。

类似上式，此估计的能量模对一个单元及整体也可表示为

$$\begin{aligned} \|\boldsymbol{u}_\sigma^*\|_e &= \left[\int_{S_n} \boldsymbol{\sigma}_{\mathrm{h}}^{\mathrm{T}} \boldsymbol{C}^{-1} \boldsymbol{\sigma}_{\mathrm{h}} \mathrm{dS}\right]^{1/2} \quad &(\text{单元}) \\ \|\boldsymbol{u}_\sigma^*\| &= \left[\sum_{e=1}^{n} (\|\boldsymbol{u}_\sigma^*\|_e)^2\right]^{1/2} \quad &(\text{整体}) \end{aligned} \tag{10.7.7}$$

（2）准确解的估算能量模 $\|\bar{\boldsymbol{u}}\|$ 通常近似等于

$$\|\bar{\boldsymbol{u}}\| = \left[\|\boldsymbol{e}_\sigma^*\|^2 + \|\boldsymbol{u}_\sigma^*\|^2\right]^{1/2} \tag{10.7.8}$$

（3）估计的相对误差 $\eta^*$ 为

$$\eta^* = \left(\|\boldsymbol{e}_\sigma^*\| / \|\bar{\boldsymbol{u}}\|\right) \times 100\% \tag{10.7.9}$$

---

① 这是被许多学者接受的概念[28,50]。

对整体自适应分析时，当 $\eta^* <$ 给定值 $\bar{\eta}$ 时，循环计算即告停止。

对于一个单元，估计的相对误差 $\eta_i^*$ 为

$$\eta_i^* = \left[ \frac{\left\| e_\sigma^* \right\|_e^2}{\left\| \bar{u} \right\|^2 / n} \right]^{\frac{1}{2}} \times 100\% \tag{10.7.10}$$

当 $\eta_i^* > \bar{\eta}$ 时，单元需细分。

Zienkiewicz 和 Zhu[28]证实：如果恢复应力渐近于准确解，则网格连续加密时，上述误差估计常常收敛于准确的误差。

用这个恢复应力 $\boldsymbol{\sigma}^*$ 代替准确应力，计算误差估计量值，被命名为 Zienkiewicz-Zhu (Z-Z) error estmator。这种 Z-Z 误差计量的本质，是通过有限元推算所得恢复解，去代替未知的准确解。

### 10.7.3　恢复应力——超级收敛小片恢复

成功的误差估计，取决于有限元解的恢复应力的准确性。为此，1992 年 Zienkiewicz 和 Zhu[30,31]提出了超级收敛小片恢复（superconvergent patch recovery，SPR）技术。它是一种准确而且有效的方法，正是这种技术的提出，才导致上述 Z-Z 误差估计量的推广。

SPR 方法首先是围绕非边界的域内各点，由一些单元组成一个小片（图 10.12），这种域内的点称为装配点。

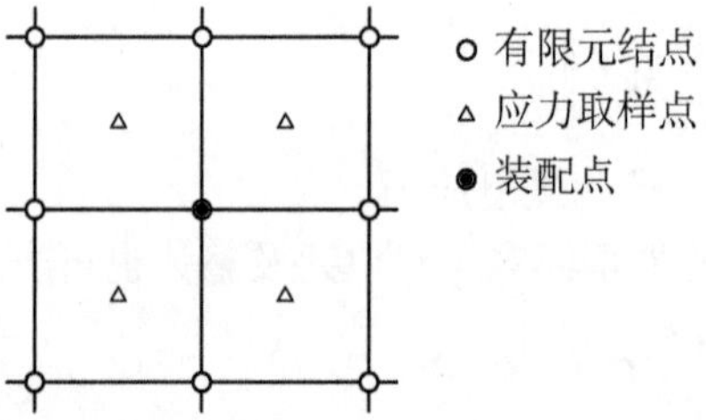


图 10.12　超级收敛小片恢复的一个小片

围绕装配点，这个小片内的应力分布，通过最小二乘方拟合的多项式得到，此多项式与规则元协调位移的内插同阶，对于 4 结点的规则元，其每个恢复应力分量选为

$$\begin{aligned} \sigma^* &= \boldsymbol{Q}\boldsymbol{a} \\ &= [1, r-r_0, z-z_0, (r-r_0)(z-z_0)]\{a_1, \cdots, a_4\}^{\mathrm{T}} \end{aligned} \tag{10.7.11}$$

式中，$\boldsymbol{a}$ 为待定系数；$(r_0, z_0)$ 为装配点的坐标。

Zienkiewicz 和 Zhu 指出：当恢复应力 $\boldsymbol{\sigma}^*$ 密切拟合呈现超级收敛的应力取样

点时，$\boldsymbol{\sigma}^*$ 将超级收敛。

通过函数 $S(\boldsymbol{a})$

$$S(\boldsymbol{a})=\sum_{i=1}^{n}[\sigma_{\mathrm{h}}(r_i,z_i)-\sigma^*(r_i,z_i)]^2=\sum_{i=1}^{n}[\sigma_{\mathrm{h}}(r_i,z_i)-\boldsymbol{Q}(r_i,z_i)\boldsymbol{a}]^2 \quad (10.7.12)$$

对 $\boldsymbol{a}$ 取极小值

$$\frac{\partial S(\boldsymbol{a})}{\partial \boldsymbol{a}}=\boldsymbol{0} \quad (a)$$

得到

$$\begin{aligned}\boldsymbol{a}&=\left[\sum_{j=1}^{n}\boldsymbol{Q}^T(r_j,z_j)\boldsymbol{Q}(r_j,z_j)\right]^{-1}\left[\sum_{i=1}^{n}\boldsymbol{Q}^{\mathrm{T}}(r_i,z_i)^{\mathrm{T}}\sigma_{\mathrm{h}}(r_i,z_i)\right]\\&=\boldsymbol{A}^{-1}\left[\sum_{i=1}^{n}\boldsymbol{Q}^{\mathrm{T}}(r_i,z_i)\sigma_{\mathrm{h}}(r_i,z_i)\right]\end{aligned} \quad (10.7.13)$$

式中，矩阵 $\boldsymbol{A}$ 自定义且不随应力分量变化；$n$ 为小片内部应力取样点个数；$\sigma_{\mathrm{h}}$ 为未处理的有限元解。

通过式（10.7.13）得到待定系数 $\boldsymbol{a}$，代入式（10.7.11）即得装配点的最小二乘方拟合应力。

对 SPR 方法有几点说明：

1. 由式（10.7.13）可知，要求得矢量 $\boldsymbol{a}$，阵 $\boldsymbol{A}$ 需能取逆。为检查阵 $\boldsymbol{A}$ 取逆的条件，将阵 $\boldsymbol{A}$ 分解：

$$\boldsymbol{A}=\boldsymbol{LDL}^{\mathrm{T}} \quad (b)$$

式中，$\boldsymbol{L}$ 与 $\boldsymbol{D}$ 分别为下三角及对角阵。$\boldsymbol{A}$ 阵取逆条件可转化为求变量

$$\rho=d_{\max}/d_{\min} \quad (c)$$

其中，$d_{\max}$ 及 $d_{\min}$ 为阵 $\boldsymbol{D}$ 的最大及最小对角项。

当 $\rho$ 趋于无穷大时，$\boldsymbol{A}$ 阵奇异。$\rho$ 的取值范围可参考文献[46]和文献[51]。

2. 一般得到的边界结点上的恢复应力，不如内部结点的准确，此时的改正方法，可参考文献[30]，[31]及[46]。

3. SPR 的成功与否，取决于取样点的应力是否准确及超级收敛。对于目前的协调、非协调、EAS 及杂交应力转移元，文献[46]指出：尚无确定的超级收敛应力点。但是，对于协调、非协调及 EAS 元，缩减积分点相对更准确一些；对杂交应力元，单元原点更为准确；这些点可用于作为 SPR 方法的应力取样点。

## 10.8 数值算例

用以下几类轴对称元进行数值计算，以资比较：

1. F1：Gupta[35]建立的协调位移元（采用 2 阶求积）；

2. AHS-10 及 AHS-12：Sze 和 Wu[37]建立的具有 $10\beta$ 及 $12\beta$ 应力参数的杂交应力元；

3. NQV：Choi 和 Lee[43]建立的非协调元；

4. NCV：Choi 和 Lee[44]建立的另一种非协调元；

5. EAS-NQV：Sze 和 Wu[37]由 NQV 建立的增强应变元；

6. EAS-NCV：Sze 和 Wu[37]由 NCV 建立的增强应变元。

### 10.8.1　算例中注意事项[37]

1. 相同的 4 结点规则元，均采用应变场

$$\boldsymbol{\varepsilon}_{\lambda}=\frac{\bar{r}\left|\bar{\boldsymbol{J}}\right|}{r\left|\boldsymbol{J}\right|}\bar{\boldsymbol{T}}_0\begin{bmatrix}\partial/\partial\xi & 0\\ 0 & \partial/\partial\eta\\ \partial/\partial\eta & \partial/\partial\xi\\ \bar{\xi}_r/\bar{r} & \bar{\eta}_r/\bar{r}\end{bmatrix}\times\begin{bmatrix}\dfrac{1}{3}-\xi^2 & 0 & \dfrac{1}{3}-\eta^2 & 0\\ 0 & \dfrac{1}{3}-\xi^2 & 0 & \dfrac{1}{3}-\eta^2\end{bmatrix}\boldsymbol{\lambda} \tag{10.8.1}$$

2. 为了简化，以下各例中仅给出由 AHS-10 元所生成的网格。

3. 在各算例中，将比较由规则元与转移元所产生的总误差。由于转移元数一般少于单元总数的 10%，所以由常规元控制总误差。为了更好地用图形说明不同转移元的相对精度，由元 NQV 产生的网格用于各工况；同时，转移元的误差总和，由下式计算：

$$\left\|\boldsymbol{e}_{\text{Tran.Err.}}\right\|=\left[\sum_{i=1}^{m}(\left\|\boldsymbol{e}_{\sigma}\right\|_e)^2\right]^{1/2} \tag{10.8.2}$$

式中，$m$ 为网格中转移元数目。

4. 以下各算例中，增强应变元 EAS-NQV 及 EAS-NCV 经常与非协调位移元 NQV 及 NCV，分别产生十分相近的结果，例如，以下图形显示，元 EAS-NQV 和元 NQV 呈现为同一条线，对 EAS-NCV 及 NCV 亦如此。

### 10.8.2　算例

以下算例，均由文献[37]给出。

**例 1**　分片试验

厚壁筒具有边界位移 $u=2r$，$w=1+4z$ [52]，用图 10.13 所示单元进行分析。不管转移元边上的中间结点位于其哪个边上，所有元均给出准确的应力及位移，通过分片试验。

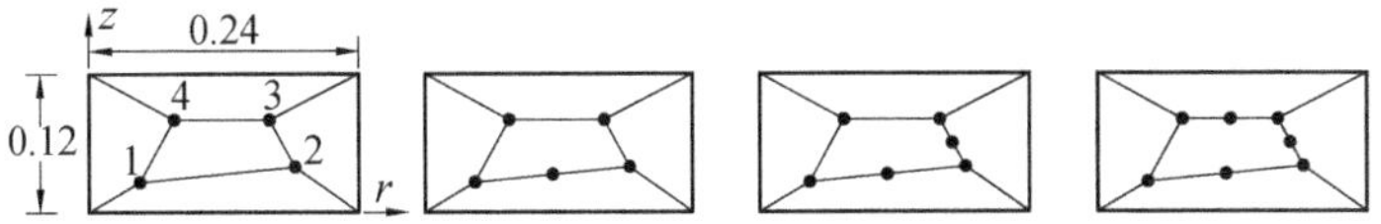


| 结点 | $r_i$ | $z_i$ |
|---|---|---|
| 1 | 0.04 | 0.02 |
| 2 | 0.18 | 0.03 |
| 3 | 0.16 | 0.08 |
| 4 | 0.08 | 0.08 |

图 10.13　分片试验（$E=1000, \nu=0.25$）

**例 2**　厚球承受内压

厚球内半径 $R_i=5$，外半径 $R_0=20$，承受均匀内压 $P=1$，如图 10.14（a）所示。球内准确的应变及应力由文献[53]给出。此问题可算得准确误差，其终点相对误差 $\eta_t$ 定为 3%。利用图 10.14（b）给出的六组网格进行计算，达到此目的。对于不同类型转移元，其总的误差比较，由图 10.14（c）给出；转移元的误差总和，由图 10.14（d）表示。

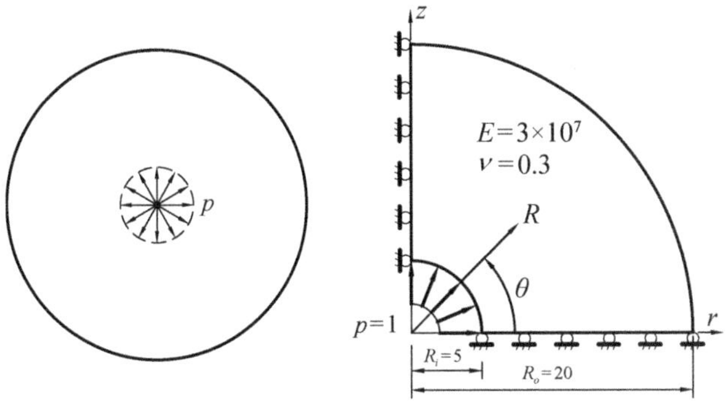


(a) 厚球尺寸

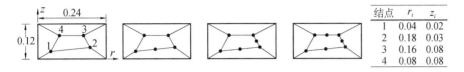

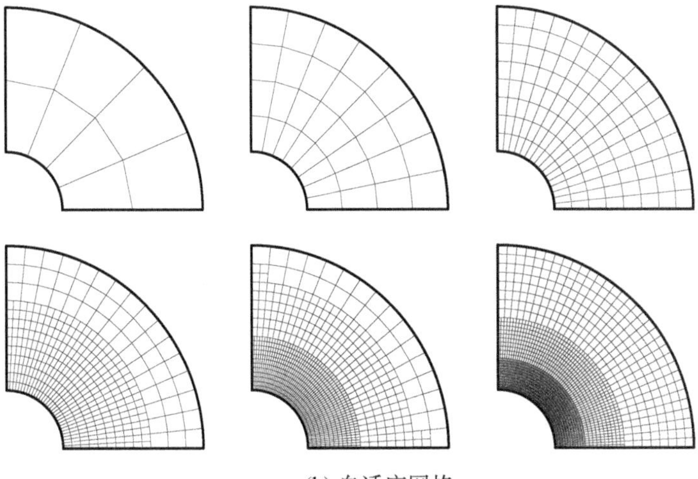

(b) 自适应网格

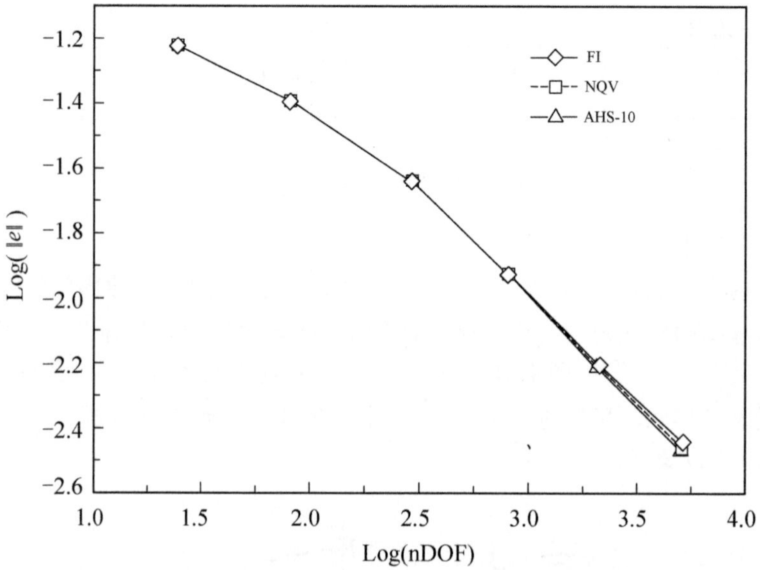


(c) 总体误差‖e‖随总自由度nDOF变化曲线

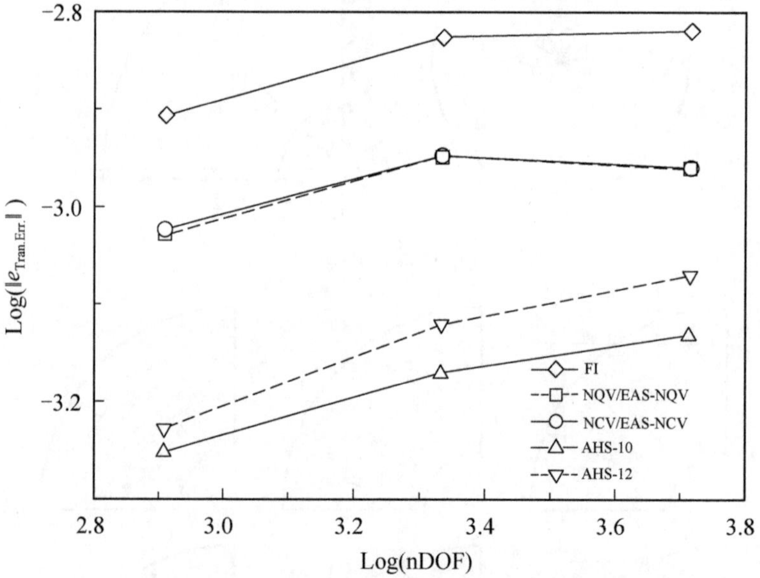


(d) 转移元误差之和$\|e_{\text{Tran.Err.}}\|$随总自由度nDOF变化曲线

图 10.14　中空厚球承受内压

由图（c）可见，总体误差$\|e\|$与总自由度 nDOF 的对数，基本上呈直线关系。由于图（b）中第一及第二个自适应网格中不包含转移元，所以图（d）中转移元

的误差总和 $\|e_{\text{Tran.Err.}}\|$ 为零。同时，图(d)显示。随着转移元总的百分比增大，$\|e_{\text{Tran.Err.}}\|$ 也增大；同时，$\|e_{\text{Tran.Err.}}\|$ 随 nDOF 的对数变化曲线中有多个转折点出现。

以下各例，也均呈现以上类似现象。

**例 3**　具有球形空腔圆柱承受轴向拉伸

半径为 10 的圆柱，内含半径为 1 的空腔，承受轴拉伸 $p=1000$（图 10.15（a）），终点相对误差 $\eta_t$ 等于 0.5%，通过图（b）所示六组自适应网格，达此要求。不同转移元产生的总体误差，及转移元误差随总自由度的变化曲线，分别由图（c），图（d）给出。

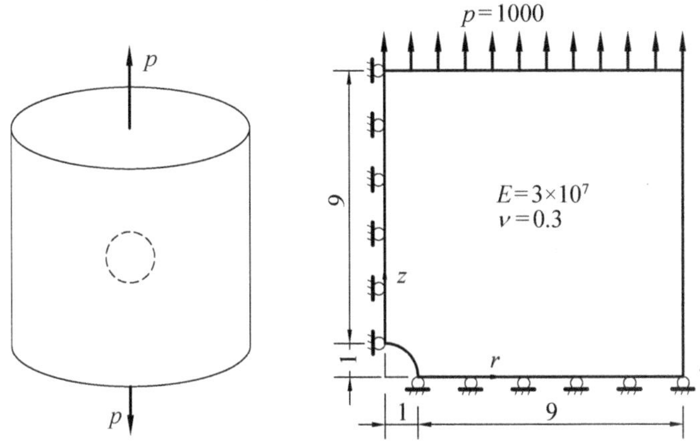


(a) 具有球形空腔圆柱的几何尺寸

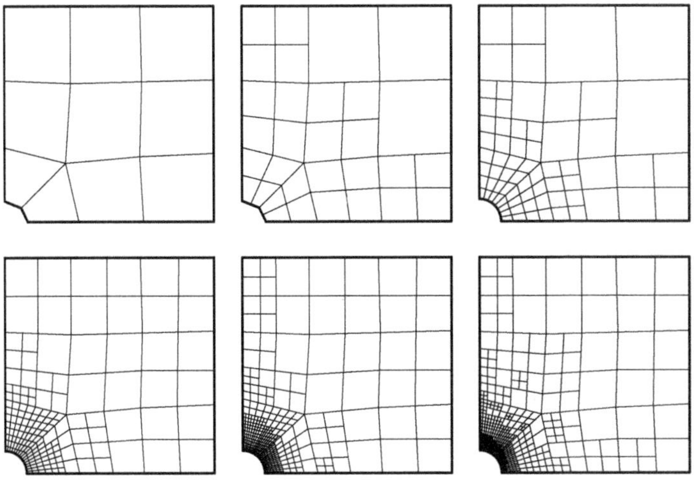

(b) 自适应网格

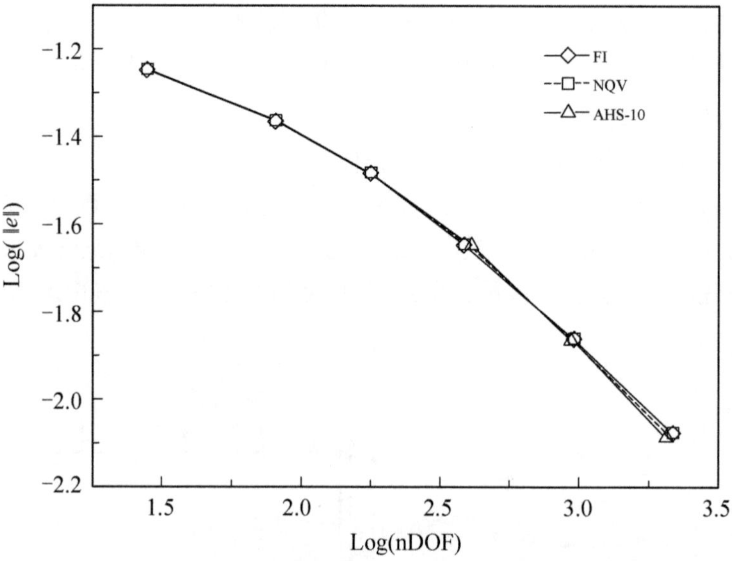


(c) 总体误差‖$e$‖随总自由度nDOF的变化曲线

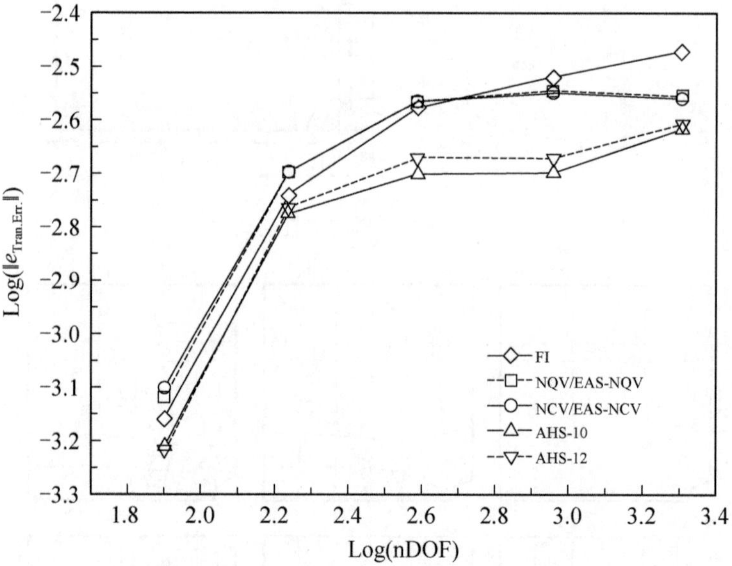


(d) 转移元误差之和‖$e_{\text{Tran.Err.}}$‖随总自由度nDOF的变化曲线

图 10.15　具有球形空腔圆柱承受轴向拉伸

**例 4**　具有扁平裂纹圆柱承受拉伸

半径为 2 的圆柱，内部中心具有长度等于 2 的扁平裂纹，沿 $z$ 方向承受均匀拉伸 $p = 1000$（图 10.16（a））。其 $\eta_t = 4\%$，用图（b）所示 8 组网格进行分析，由于裂纹尖端应力梯度很大，所以自适应网格局部加密。计算所得总体误差及转移元误差，分别由图（c）、图（d）给出。

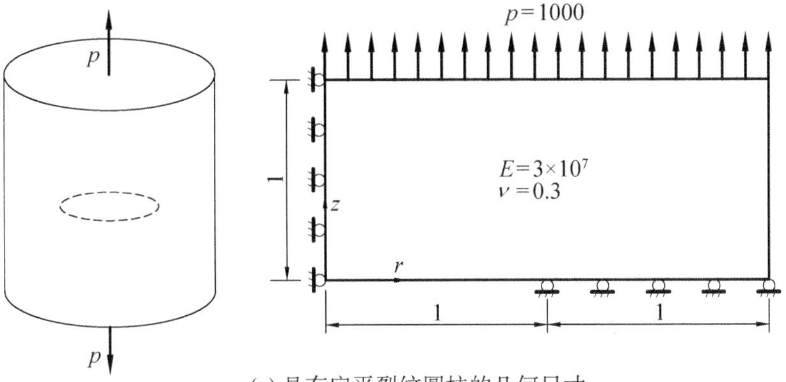


(a) 具有扁平裂纹圆柱的几何尺寸

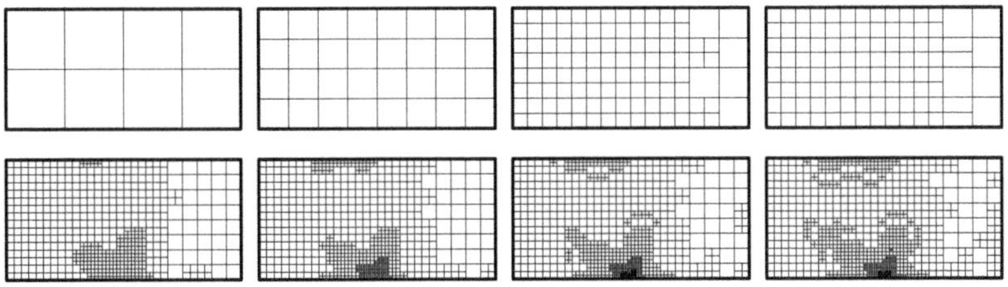

(b) 自适应网格

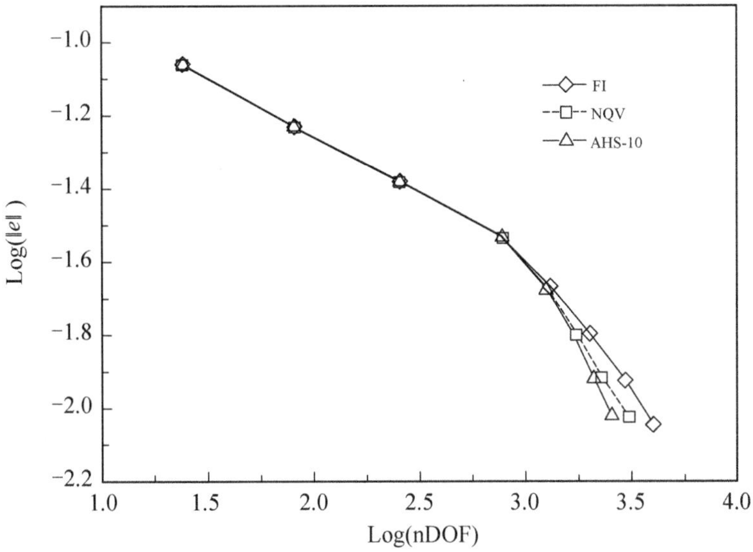


(c) 总体误差‖e‖随总自由度nDOF的变化曲线

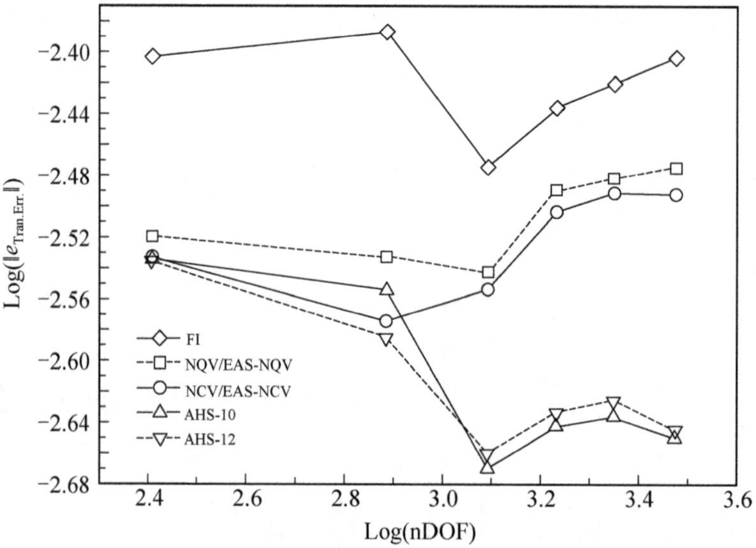


(d) 转移元误差之和‖$e_{\text{Tran.Err.}}$‖随总自由度nDOF的变化曲线

图 10.16　具有扁平裂纹圆柱承受拉伸

**例 5**　具有柱形中空圆柱体承受拉伸

中空圆柱体的内半径为 1（图 10.17（a）），外半径等于 2，承受 $z$ 方向均匀拉伸 $P=1000$。$\eta_t$ 选取为 2%。利用图（b）所示的 7 个自适应网格进行计算，所得总体误差及转移元误差，分别由图（c）、图（d）给出。

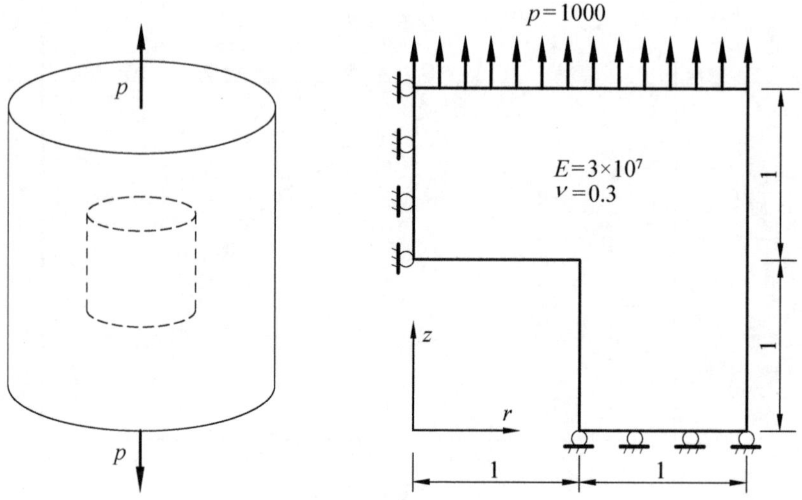


(a) 具有柱形中控圆柱体的几何尺寸

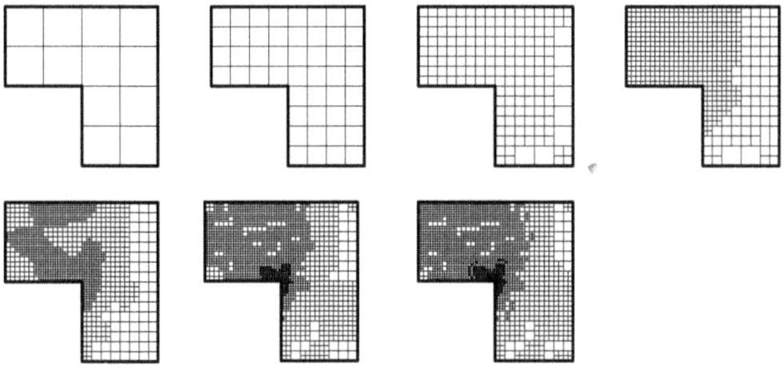

(b) 自适应网格

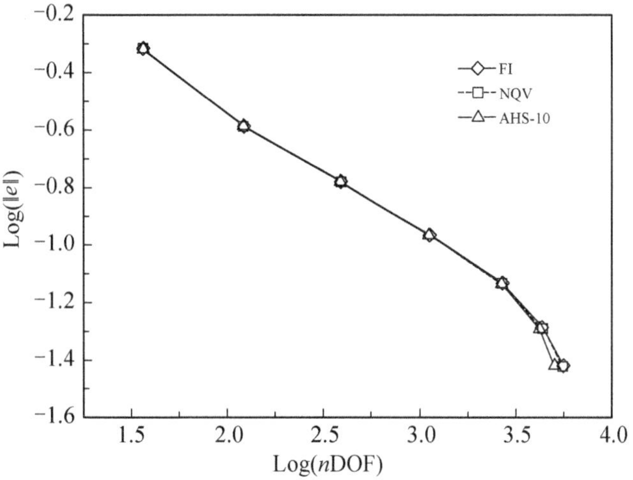


(c) 总体误差‖e‖随总自由度nDOF的变化曲线

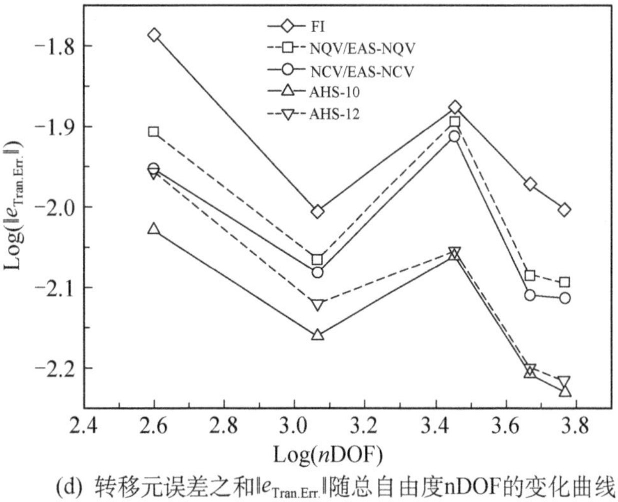


(d) 转移元误差之和$\|e_{\text{Tran.Err.}}\|$随总自由度nDOF的变化曲线

图 10.17　具有柱形中空圆柱体承受拉伸

**例 6**　轴对称机械零件

轴对称的机械零件（图 10.18（a））承受均匀拉伸，$\eta_t$ 选取为 2%。通过图（b）所示 4 组网格达此目标，图中圆孔附近由于应力集中，网格明显加密。对不同转移元，算得的总体误差及转移元误差，分别由图（c）及图（d）表示。

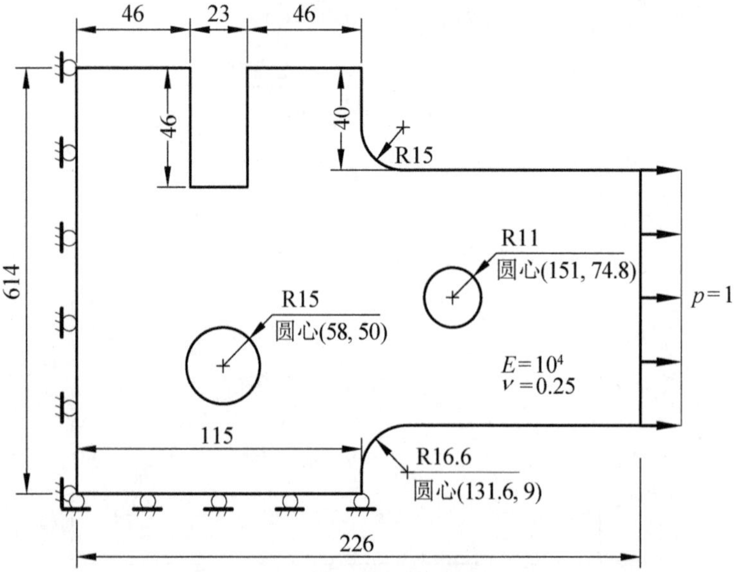


(a) 轴对称机械零件

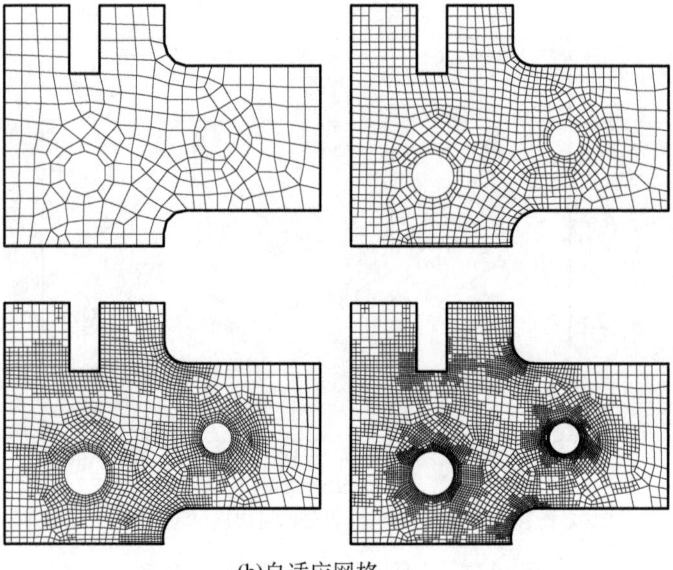

(b)自适应网格

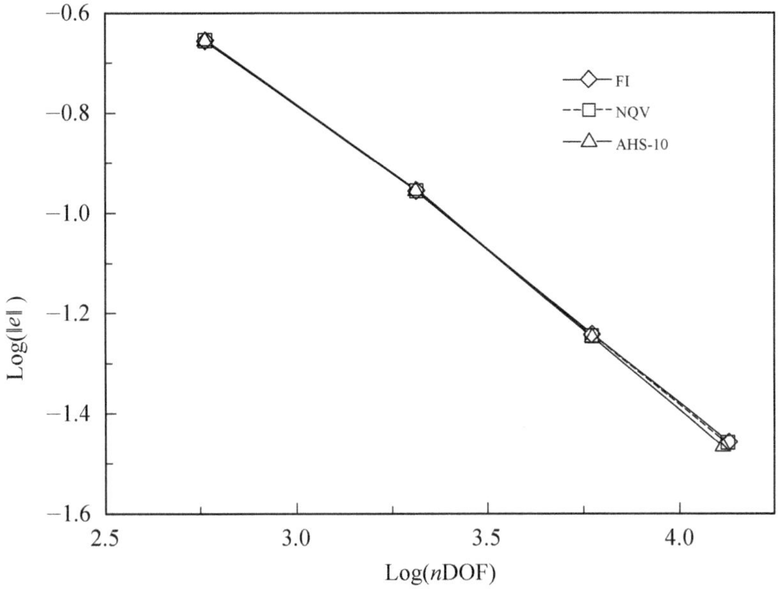


(c) 总体误差$\|e\|$随总自由度$n$DOF的变化曲线

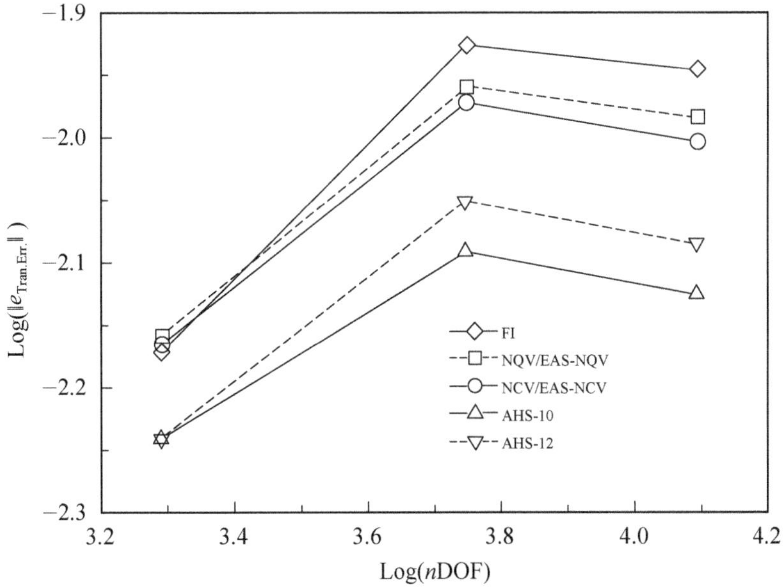


(d) 转移元误差之和$\|e_{\text{Tran.Err.}}\|$随总自由度$n$DOF的变化曲线

图 10.18　轴对称机械零件

# 10.9 小　　结

（1）本章阐述了四类轴对称转移元，汇总于表 10.1。

**表 10.1　根据 $\varPi_P$，$\varPi_{HR}$ 及 $\varPi_{HW}$ 建立的协调及非协调轴对称转移元**

| 变分原理 | 有限元模型 | 变量 | | 矩阵方程中的未知数 | 矩阵方法 | 参考文献 |
|---|---|---|---|---|---|---|
| 1. $\varPi_p(\boldsymbol{u})$ | 位移协调转移元 | 协调位移： | $\boldsymbol{u}=\boldsymbol{N}\boldsymbol{q}$ | $\boldsymbol{q}$<br>$\varPi_P(\boldsymbol{q})$ | 位移<br>$\boldsymbol{K}\boldsymbol{q}=\boldsymbol{Q}$ | Gupta[35]（1978） |
| 2. $\varPi_P(\boldsymbol{u}_q,\boldsymbol{u}_\lambda)$ | 位移非协调转移元 | 协调位移：<br>非协调位移： | $\boldsymbol{u}_q=\boldsymbol{N}\boldsymbol{q}$<br>$\boldsymbol{u}_\lambda=\boldsymbol{M}\boldsymbol{\lambda}$ | $\boldsymbol{q},\boldsymbol{\lambda}$<br>$\varPi_P(\boldsymbol{q},\boldsymbol{\lambda})$<br>$\to\varPi_P(\boldsymbol{q})$ | 位移<br>$\boldsymbol{K}\boldsymbol{q}=\boldsymbol{Q}$ | Choi 和 Lee[43,44]（2004，1993） |
| 3. $\varPi_{HR}(\boldsymbol{u},\boldsymbol{\sigma})$ | 杂交应力转移元 | 平衡应力：<br>协调位移： | $\boldsymbol{\sigma}^*=\boldsymbol{P}\boldsymbol{\beta}$<br>$\boldsymbol{u}=\boldsymbol{N}\boldsymbol{q}$ | $\boldsymbol{q}$<br>$\varPi_{HR}(\boldsymbol{\beta},\boldsymbol{q})$<br>$\to\varPi_{HR}(\boldsymbol{q})$ | 位移<br>$\boldsymbol{K}\boldsymbol{q}=\boldsymbol{Q}$ | Sze 和 Wu[37]（2011） |
| 4. $\varPi_{HW}(\boldsymbol{u},\hat{\boldsymbol{\xi}})$ | 增强应变（EAS）转移元 | 协调位移：<br>增强应变： | $\boldsymbol{u}=\boldsymbol{N}\boldsymbol{q}$<br>$\hat{\boldsymbol{\varepsilon}}=\boldsymbol{M}\boldsymbol{\alpha}$ | $\boldsymbol{q}$<br>$\varPi_{HW}(\boldsymbol{q},\boldsymbol{\alpha})$<br>$\to\varPi_{HW}(\boldsymbol{q})$ | 位移<br>$\boldsymbol{K}\boldsymbol{q}=\boldsymbol{Q}$ | Sze 和 Wu[37]（2011） |

（2）对于这四类转移元，数值算例表明，具有 10 个应力参数 $\beta$ 的 5 结点杂交应力元 AHS-10 能提供最佳解答，而 $12\beta$ 元 AHS-12 稍逊一点。

（3）两种增强应变转移元 EAS-NQV 及 EAS-NCV 与两种非协调转移元 NQV 及 NCV 的精度十分相近；并且均较完整积分的协调位移元精度高；但低于杂交应力元。

（4）两种增强应变及非协调位移转移元相比，元 EAS-NCV/NCV 较元 EAS-NQV/NQV 的精度更高一点。

# 参 考 文 献


[1] Diaz A R，Kikuchi N，Papatambros P，et al. Design of an optimal grid for finite element methods. J. Struct. Mech.，1983，11：215-230

[2] Diaz A R，Kikuchi N，Taylor J E. Method of grid optimization for finite element methods. Comput. Meth. Appl. Mech. Engng.，1983，41：29-45

[3] Hsu T S，Saxena S K. New guidelines for optimization of finite element solution. Comput. Struc.，

1989，31：203-210

[4] Shephard M S，Gallagher R H，Abel J F. Synthesis of nearoptimum finite element meshes with interactive computer graphics. Int. J. Num. Meth. Engng.，1980，15：1021-1039

[5] Shephard M S，Yerry M A，Baehmann P L. Automatic mesh generation allowing for efficient a priori and a posteriori mesh refinement. Comput. Meth. Appl. Mech. Engng.，1986，55：161-180

[6] Basu P K，Pcano A G. Adaptivity in p-version finite element analysis. J. Struct. Eng.，1983，109：2310-2324

[7] Oden J T，Demkowicz L. Adaptive finite element methods for complex problems in solid and fluid mechanics. Int. Conf. FEICOM，India：Pergamon Press，1985：3-14

[8] Oden J T，Demkowicz L，Sroubolis T，et al. Adaptive methods for complex problems in solid and fluid mechanics//Babuska I，et al. Accuracy Estimates and Adaptive Refinements in Finite Element Computations. New York：Wiley，1986

[9] Peano A G. Hierarchies of conforming finite elements for plane elasticity and plate bending. Comput. Meth. Appl. Mech. Eng.，1976，2：211-224

[10] Peano A G，Pasini A，Riccioni R，et al. Adaptive approximations in finite element structural analysis. Comput. Struc.，1979，19：333-342

[11] Szabo B A. Implementation of a finite element software system with h- and p-extension capabilities. J. Finite Element Anal. Des.，1986，2：177-194

[12] Szabo B，Babuska I. Finite Element Analysis. New York：John Wiley and Sons，1991

[13] Demkowicz L，Devloo P，Oden J T. H-type mesh refinement strategy based on minimization of interpolation errors. Comput. Meth. Appl. Mech. Eng.，1985，53：67-89

[14] Demkowicz L，Oden J T. Adaptive characteristic Petrov-Galerkin finite element method for convection-dominated linear and nonlinear parabolic problems in two space variables. Comput. Meth. Appl. Mech. Eng.，1986，55：63-87

[15] Demkowicz L，Karafiat A，Oden J T. Solution of elastic scattering problems in linear acoustics using h-p boundary element method. Comput. Meth. Appl. Mech. Eng.，1991，101：251-282

[16] Demkowicz L，Oden J T. Elastic scattering problems in linear acoustics using an h-p boundary finite element method//Brebbia C A，Aliabadi M H. Adaptive Finite and Boundary Element Methods. Comput. Mech. Publ.，1993

[17] Demkowicz L，Oden J T. Recent progress on application of hp-adaptive BE/FE methods to elastic scattering. Int. J. Num. Meth. Engng.，1994，37：2893-2910

[18] Devloo P R. Three-dimensional adaptive finite element strategy. Comput. Struc.，1991，38：121-130

[19] Babuska I，Rank E. Expert-system-like feedback approach in the hp-version of the finite element

method. J. Finite Elements Anal. Des.，1987，3：127-147

[20] Gui W，Babuska I. The h，p，and h-p versions of the finite element method in one dimension，Part I，II，III. Numerische Mathematik，1986，49：577-684

[21] Guo B，Babuska I. The h-p version of the finite element method. Part I，II. Comput. Mech.，1986，I（21-41）：203-320

[22] Kittur M G，Huston R L. Finite element mesh refinement criteria for stress analysis. Comput. Struc.，1990，34：251-255

[23] Li L Y，Bettess P. Notes on mesh optimal criteria in adaptive finite element computations，. Commun. Num. Meth. Eng.，1995，11：911-916

[24] Li L Y，Bettess P，Bull J，et al. Mesh refinement formutations in adaptive finite element methods. Proc. Inst. Mech. Eng.，1996，210：Part C，353-361

[25] Li L Y，Bettess P. Error estimates and adaptive remeshing techniques in elastoplasticity. Commun. Num. Meth. Eng.，1997，13：285-299

[26] Oden J T，Patra A，Feng Y. H-p adaptive strategy. Proc. Symp. on Adaptive，Multilevel，and Hierarchical Computational Strategies，ASME Winter Annual Meeting，1992

[27] Zhu J Z，Zienkiewicz O C. Adaptive techniques in the finite element methods. Commun. Num. Meth. Eng.，1988，4：197-204

[28] Zienkiewicz O C，Zhu J Z. Simple error estimator and adaptive procedure for practical engineering analysis. Int. J. Num. Meth. Engng.，1987，24：337-357

[29] Zienkiewicz O C，Zhu J Z，Gong N G. Effective and practical h-p version adaptive analysis procedures for the finite element method. Int. J. Num. Meth. Engng.，1989，28：879-891

[30] Zienkiewicz O C，Zhu J Z. Superconvergent patch recovery and a posteriori error estimates：Part 1. The recovery technique. Int. J. Num. Meth. Engng.，1992，33：1331-1364

[31] Zienkiewicz O C，Zhu J Z. Superconvergent patch recovery and a posteriori error estimates：Part II. Error estimates and adaptivity. Int. J. Num. Meth. Engng.，1992，33：1365-1382

[32] Zienkiewicz O C，Zhu J Z，Wu J. Superconvergent patch recovery techniques，Some further tests. Commun. Num. Meth. Engng.，1993，9：251-258

[33] Li L Y，Bettes P. Adaptive finite element methods：A review. American Society of Mech. Eng.，Appl. Mech. Rev.，1997，50（10）：581-591

[34] Aliabadi M H，Brebbia C A. Adaptive Finite and Boundary Element Methods. Southampton：Computational Mechanics Publ.，Elsevier Appl. Sci.，1993

[35] Gupta A K. A finite element for transition from a fine to coarse grid. Int. J. Num. Meth. Engng.，1978，12：34-45

[36] Timoshenko S，Goodier J N. Theory of Easticity. New York：McGraw-Hill，1951

[37] Sze K Y，Wu D. Transition finite elements families for adaptive analysis of axisymmetric

elasticity problems. J. Finite Elements Anal. Des.，2011，47：360-372
[38] Fraeijs de Veubeke B M. Displacement and Equilibrium Models in the Finite Element Method// Zienkiewicz O C，Holister G S. Stress Analysis. London：John Wiley and Sons Ltd.，1965
[39] Tong P. Guidelines for stress distribution selection in hybrid stress method. 内部通讯，1983
[40] 田宗漱. 特殊杂交应力元与三维应力集中. 北京：科学出版社，2018
[41] Kuna M，Zwicke M. A mixed hybrid finite element for three-dimensional elastic crack analysis. Int. J. Fract.，1990，45：65-79
[42] Pian T H H. State-of-the-art development of hybrid / mixed finite element method. J. Finite Element Anal. Des.，1995，21：5-20
[43] Choi C K，Lee E J. Nonconforming variable-node axisymmetric solid element. J. Eng. Mech.，2004，130：578-588
[44] Choi C K，Lee N H. Three dimensional transition solid element for adaptive mesh gradation. Struc. Eng. Mech.，1993，1：61-74
[45] Simo J C，Rifa M S. A class of mixed assumed strain methods and the mothod of incompatible modes. Int. J. Num. Meth. Engng.，1990，29：1595-1638
[46] Wu D，Sze K Y，Lo S H. Two-and three-dimensional transition element families for adaptive refinement analysis of elasticity problems. Int. J. Num. Meth. Engng.，2009，78：587-630
[47] Lo S H，Wan K H，Sze K Y. Adaptive refinement analysis using hybrid-stress transition elements. Comput. & Struc.，2006，84：2212-2230
[48] Lee C K，Lo S H. An automatic adaptive refinement finite element procedure for 2D elastostatic analysis. Int. J. Num. Meth. Engng.，1992，35：1967-1989
[49] Lee C K，Lo S H. An automatic adaptive refinement finite element procedure for 3D stress analysis. J. Finite Elem. Anal. Des.，1997，25（1-2）：135-66
[50] Choi C K，Park Y M. Transition plate-bending elements for compatible mesh gradation. J. Eng. Mech.，1992，118：462-80
[51] Lec C K，Lo S H. In Computational Mechanics//Valliappan S，Pulmano V A，Tin-Loi F. Balkema：Rotterdam，1993
[52] Chen W J，Cheung Y K. Nonconforming element method and refined hybrid element method for axisymmetric solid. Int. J. Num. Meth. Engng.，1996，39：2509-2529
[53] Atanackovic T M，Guran A. Theory of Elasticity for Scientists and Engineers. Basel，Switzerland：Birkhauser，2000

www.sciencep.com
（O-8651.31）
ISBN 978-7-03-071870-9
9 787030 718709 >
定 价：258.00 元